ANDREAS GMINDER
PETER KARASCH

Das Kosmos Handbuch Pilze

MIT ILLUSTRATIONEN VON
ERHARD LUDWIG
SYLVIA HEIDEMANN

KOSMOS

Vorwort

Der Bedarf für einen neuen Führer mit Illustrationen und einem modernisierten Bestimmungsschlüssel bestand schon länger. Dieses Handbuch soll diese Lücke füllen. Es soll als kompakter, moderner, aber trotzdem umfangreicher Pilzführer dienen, den man noch mit „ins Feld" nehmen kann.

Als sich die Gelegenheit ergab, Bilder aus dem Nachlass von Erhard Ludwig zu verwenden, rückte die Verwirklichung in greifbare Nähe. Regina Ludwig sei an dieser Stelle herzlich für die Zusammenarbeit gedankt. Ebenso Sylvia Heidemann, die fehlende Illustrationen mit eigenen Aquarellen ergänzt hat und die Zeichnungen von Sporen und Zystiden beitrug.

Die Vorteile von Aquarellen gegenüber Fotografien liegen in der Möglichkeit, phänotypische Exemplare darzustellen und wichtige Bestimmungsmerkmale deutlich hervorzuheben. Vom rein ästhetischen Vergnügen abgesehen.

Auch bei Felix Hampe bedanken wir uns herzlich für seine Unterstützung bei der Erstellung der Artporträts für die Gattung *Russula*.

Die eigens entwickelten Bestimmungsschlüssel in Kombination mit den naturgetreuen Illustrationen und den Artporträts helfen Interessierten bei einer ersten, zuverlässigen Bestimmung. Zeichnungen mikroskopischer Merkmale ergänzen die Artporträts.

Die Auswahl der 1514 Arten wurde auf die von der *Deutschen Gesellschaft für Mykologie* angebotene Qualifizierung zur Feldmykologie (siehe www.dgfm-ev.de) zugeschnitten.

Weit über den Tellerrand der vorwiegend kulinarisch motivierten Pilzkunde hinaus beschäftigen sich in den letzten Jahren immer mehr Menschen mit der Artenvielfalt der Pilze und ihrer Lebensräume. Sie sind fasziniert von der Farben- und Formenvielfalt, den Gerüchen, Verwendungen und nicht zuletzt ihrer Schlüsselrolle in Ökosystemen. Und kaum ein Lebewesen auf unserem Planeten scheint als Sinnbild für die Vernetztheit alles Lebendigen besser geeignet als der Pilz.

Die Beschäftigung mit Pilzen ist eine Leidenschaft, und wen das Pilzfieber einmal gepackt hat, der findet mit diesem Buch eine Möglichkeit, systematisch in die Pilzbestimmung einzusteigen und sich mit einem Organismenreich auseinanderzusetzen, mit dessen Erforschung wir noch am Anfang stehen.

Peter Karasch und Andreas Gminder, Autoren
Heiko Fischer, Redaktion KOSMOS

Sommer 2023

Inhalt

Einleitung

Was ist ein Pilz? 4
Bestimmen, sammeln und dokumentieren 6
Pilz-Vergiftungen 8
Pilze und Naturschutz 14

Biologie & Lebensräume – Biotope

Basenreiche Buchenwälder 16
Bodensaure Buchenwälder 17
Fichtenwälder und -forste 18
Eichen-Hainbuchenwälder 19
Submediterrane Eichenmischwälder 20
Bergmischwälder mit Weißtannen 21
Kiefernwälder 22
Erlenbrüche und Auwälder 23
Pionierwälder mit Birken 24
Moore und Feuchtwiesen 25
Blumenwiesen und Bergweiden 26
Parkanlagen und Gärten 27

Bestimmungsschlüssel und Artenteil

Einteilung in die Gruppenschlüssel 30
Röhrlinge 32
Blätterpilze 70
Porlinge 510
Rindenpilze 552
Nichtblätterpilze 568
Bauchpilze und Hypogäen 620
Schlauchpilze 645
Phytoparasiten 722

Service

Glossar 728
Register 730
Literatur und Weblinks 750
Giftnotruf-Zentralen 750

Was ist ein Pilz?

Naturwissenschaftlich betrachtet wird unsere belebte Umwelt in drei große Organismenreiche eingeteilt: Pflanzen, Tiere und Pilze oder auch Flora, Fauna und Funga. Das war nicht immer so: Noch bis in die 60er-Jahre des letzten Jahrhunderts galten Pilze zusammen mit Flechten und Moosen als „niedere Pflanzen". Leider bildet sich dieser Irrtum bis heute in deutschen Gesetzen, Verordnungen und vielfach noch im allgemeinen und journalistischen Sprachgebrauch ab, auch wenn die Zuordnung schon lange nicht mehr dem Wissensstand entspricht.

Pilze sind also weder Pflanze, noch Tier – was sind sie dann? „Fadenwesen" trifft es bei Betrachtung des Myzels ganz gut. Denn das, was wir gemeinhin als Pilz bezeichnen, ist nur der Fruchtkörper, in dem die Verbreitungsorgane der Pilze, die Sporen, gebildet werden.

Da Pilze kein Chlorophyll bilden, ernähren sie sich genau wie Tiere heterotroph, also von organischer Materie. Im Unterschied zu Tieren verdauen Pilze ihre Nahrung aber nicht in einem Darmsystem (endogen). Mit ihrem feinen und weit verzweigten Hyphensystem wachsen sie in das Substrat ein, sondern Verdauungsenzyme ab und nehmen dann die exogen verdauten Stoffe zusammen mit Wasser wieder auf.

Fortpflanzung

Die sexuelle Verbreitung der Pilze erfolgt über Sporen. Diese sind mikroskopisch klein (1 bis 60 µm, 1 µm = 1/1000 mm) und einkernig. Damit sich ein neues, fortpflanzungsfähiges Pilzindividuum bilden kann, müssen zwei Sporen der gleichen Art auf geeignetem Substrat auskeimen und sich zu einem zweikernigen Myzel vereinigen. Da schon ein einzelner Champignon bis 80 Millionen Sporen bilden kann, ist die Wahrscheinlichkeit recht hoch, nimmt aber mit der Distanz, die Fruchtkörper von einander haben, kontinuierlich ab. Pilzfruchtkörper sind also für die Sporenbildung optimiert.

Systematik

Das große Reich der Fungi ist noch lange nicht hinreichend erforscht. Weltweit ca. 330 000 wissenschaftlich beschriebenen stehen schätzungsweise noch 2,5–3 Millionen unbeschriebene Pilzarten gegenüber.

Die Systematik der Pilze unterscheidet die Klassen nach der Art ihrer Sporenbildung: Die **Schlauchpilze** (Ascomycota) bilden meist acht Sporen in einer länglichen oder sackförmigen Zelle aus, dem Ascus = Schlauch. Bekannte Schlauchpilzarten sind z. B. die Becherlinge, Lorcheln und Morcheln, aber auch alle Echten Mehltaupilze. Ein großer Teil der Flechten (Lichenes), die auch zum Reich der Pilze gehören, besteht aus Schlauchpilzen und Algen.

Die **Ständerpilze** (Basidiomycota) sind die evolutionsbiologisch jüngere Gruppe. Zu ihnen gehören so bekannte Vertreter wie Fliegenpilz und Steinpilz, aber auch Zunderschwamm und Rosenrost. Sie bilden meist vier Sporen auf sogenannten Basidien (= Ständerzellen). Diese befinden sich auf der Oberfläche von Ästen (Korallen), Lamellen (Champignon), Stacheln (Habichtspilz) oder der Innenseite von Röhren (Ziegenlippe). Auch die Boviste und Stäublinge gehören zu dieser Klasse. Die Ständerpilze werden verwandschaftlich in Homobasidiomyceten und Heterobasidiomyceten unterteilt. Letztere weisen septierte Basidien auf und meist sehr lange, unregelmäßige Sterigmen. Bekannte Vertreter sind z. B. die Gallerttränen und die Leistlinge.

Die moderne, anatomisch-phylogenetisch basierte Taxonomie hat in den letzten 20 Jahren viele neue Erkenntnisse zu den Verwandschaftsverhältnissen der Pilze gebracht. Tausende von Pilzarten wurden in neue Familien oder Gattungen eingeordnet. Die dadurch möglichen, teils auch notwendigen, Umbenennungen von wissenschaftlichen Namen werden wohl noch eine Zeitlang anhalten, zumal die Methoden ständig weiterentwickelt werden. Nicht wenige Pilzarten sind heutzutage nur noch mit molekularen Methoden auf dieser Ebene sicher trennbar. Daher wurden für die Kartierung sogenannte Arten-Aggregate (siehe z. B. *Russula delica* agg.) eingeführt. Der makroskopische Fruchtkörperaufbau lässt nicht immer nachvollziehbare Schlüsse auf die Verwandschaft von Gattungen zu. Beispielsweise gehören zur Ordnung der Russulales neben den Sprödblättlern (Milchlinge, Täublinge) auch Nichtblätterpilze, wie der Bergporling oder die Becherkorallen.

Fortpflanzung Basidiomyceten **Fortpflanzung Ascomyceten**

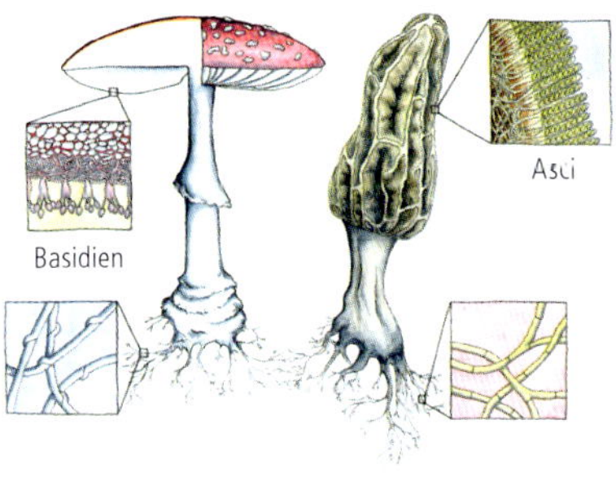

Ernährungsstrategien

Genau wie Tiere ernähren sich Pilze von vorhandenem organischen Material pflanzlichen, pilzlichen oder tierischen Ursprungs. Pilze verdauen ihre Nahrung aber nicht in einem Darmsystem (endogen), sondern wachsen mit ihrem feinen und weit verzweigten Hyphensystem (Hyphen = Pilzfäden) in das Substrat hinein, geben Verdauungsenzyme nach außen ab und nehmen die exogen verdauten Stoffe zusammen mit Wasser wieder auf.

Als **Symbionten** gehen sie eine Lebensgemeinschaft mit Pflanzen ein. Hier wird die Mykorrhiza (= Pilzwurzel) gebildet, bei der die Pilzfäden in die Wurzelzellen der Pflanzen eindringen (arbusculäre Mykorrhiza) oder diese mit einem Mantel umspinnen und in die Zellzwischenräume wachsen (Ekto-Mykorrhiza).

Mit dieser Kooperationsstrategie können Pflanzen und Pilze auch unwirtliche Lebensräume erschließen. So gelang ihnen gemeinsam die Besiedlung der Landmasse aus dem Meer heraus. Bekannte Ekto-Mykorrhizabildner sind z. B. alle Leistlinge, Milchlinge, Röhrlinge, Schleierlinge und Täublinge.

Als **Saprobionten** ernähren Pilze sich von abgestorbener organischer Materie wie Laub (z. B. Efeublatt-Schwindling), Nadeln (z. B. Nadelstinkschwindling), Tierdung (z. B. Blasenbecherling) oder Zapfen (z. B. Fichtenzapfen-Rübling).

Beim Holzabbau spielen **xylobiontische** Pilze die Hauptrolle gemeinsam mit Bakterien und Insekten, weil sie die komplexen Holzstoffe aufbrechen und verdauen können.

Nicht wenige Pilzarten leben als **Parasiten**, indem sie lebende Organismen angreifen und von deren Gewebe leben. Pflanzenparasitische Pilze wie z. B. der Rosenrost besiedeln oft nur einen Pflanzenteil, z. B. die Blätter. Selbst bei starkem Befall wird die Pflanze zwar geschwächt, stirbt aber nicht ab. Auch Insekten können von parasitischen Pilzen befallen werden. Die Kernkeulen (*Cordyceps* s. l.) können mit ihren Sporen durch die Hautöffnungen von Raupen dringen und dann bis zur Verpuppung ausharren. Dann wächst das Myzel aus, tötet die Larve ab und bildet Fruchtkörper aus, die wiederum einige Millionen von Sporen bilden. Unter den Großpilzen gibt es einige Schwächeparasiten, dazu gehören z. B. viele Hallimasch-Arten. Sie können Bäume angreifen und zum Absterben bringen. Danach leben sie im Holz noch solange als Xylobionten weiter, bis es aufgezehrt ist. Eine Pilzart kann also durchaus zwei Ernährungsstrategien verfolgen. Auch Mykorrhizapilze können sich zusätzlich saprobiontisch ernähren.

Bestimmen, sammeln und dokumentieren

Vom Sammeln

Die meisten Pilzenthusiasten hatten ihre ersten positiven Begegnungen mit Pilzen in der Küche. Aber es macht einen Unterschied, ob man Pilze für kulinarische Zwecke sammelt oder für die weitere Bestimmung zuhause oder im Labor. Für erstere gilt, je frischer und sauberer sie in den Sammelkorb und danach in die Küche kommen, umso besser. Natürlich muss man die Speisepilzarten schon im Wald sicher identifizieren, wenn man sie abschneidet und geputzt in den Korb gibt. Bei jedem nicht hundertprozentig bestimmten oder unbekannten Pilz kann es sich potenziell um eine sehr giftige Art handeln!

Möchte man durch eigenes Bestimmen seine Artenkenntnis erweitern, empfiehlt sich folgendes Vorgehen: erst fotografieren und mehrere junge bis reife Fruchtkörper vorsichtig und mitsamt der Stielbasis und dem Substrat entnehmen, sorgfältig nach mutmaßlichen Arten getrennt halten. Daheim in frischem Zustand untersuchen, mikroskopieren und bestimmen. Für die sichere Bestimmung unbekannter Arten sind alte, trockene, angefressene oder auch unreife junge Exemplare ungeeignet. So ist es sinnvoller, wenige Arten in schönen Kollektionen zu sammeln, als Dutzende Einzelexemplare.

Für die Feldmykologie nimmt man am besten auswaschbare Kunststoffgefäße. Wiederverwendete Lebensmittelbehälter (z. B. Eisdosen) mit 1–2 Liter Fassungsvermögen für die größeren oder Schraubenkisten aus dem Baumarkt für kleine Exemplare haben sich hier bewährt.

Schon im Gelände notiert man Begleitpflanzen, den Geruch der Pilze und andere Auffälligkeiten. Gute Fotos von oben, seitlich, von unten und im Längsschnitt sind für spätere Bestimmungen und auch Diskussionen in Pilzforen oder mit Pilzsachverständigen nicht nur hilfreich, sondern oft auch unentbehrlich. Je kühler Pilze transportiert und später daheim gelagert werden, umso frischer bleiben sie: ob für die Bestimmung oder die Verwendung in der Küche. Ideal sind Gemüsefächer mit max. 4 Grad.

Geschmückter Gürtelfuß *(Cortinarius armilatus)*

Die Pilzbestimmung

Die Bestimmung von Pilzen kann eine spannende, aber auch anspruchsvolle und zeitintensive Detektivarbeit sein. Selbst erfahrene Mykologen und Mykologinnen stoßen dabei immer wieder an ihre Grenzen. Weichen Kollektionen signifikant von bereits beschriebenen Arten ab, ist es in Europa immer noch möglich, neue, für die Wissenschaft bislang unbekannte Pilzarten zu entdecken. Doch bis dahin ist es oft ein steiniger Weg.

Dieses Buch bietet mit seinen Gattungs- und Artschlüsseln eine autodidaktische Grundlage. Das Ergebnis des Bestimmungsschlüssels sollte man dann mit weiterer Literatur, Be-

Auch ein Schnittbild lohnt sich fotografisch festzuhalten.

Dokumentation im Feld

schreibungen im Internet und zusammen mit aussagekrätigen Bildern in Pilzforen im Internet gegenprüfen. Auf diese Weise selbst erarbeitete Bestimmungsergebnisse bleiben meist ein Leben lang haften. Kennt man eine Pilzart in all ihren Erscheinungsformen von jung bis reif, feucht und trocken, dann hat man sie wirklich erlernt.

Ideal für die Bestimmung sind frische Fruchtkörper. Wenn man sich der Bestimmung nicht am selben Tag widmen möchte, dann sollte man diese möglichst kühl bei 2–5 °C lagern. Es hat sich auch bewährt, einen Teil der Kollektion zeitnah schonend bei max. 40 °C zu trocknen. Für spätere molekulare Untersuchungen sind bei minus 25–40 °C gefrorene Fruchtkörper ideal, aber in den meisten Fällen geht es auch mit getrocknetem Material (sog. Exsikkat). Solche Exsikkate sind theoretisch noch nach hundert Jahren für eine mikroskopische Untersuchung geeignet, wenn sie richtig gelagert werden. Der Vorteil einer Beschreibung des frischen Fruchtkörpers mit aussagefähigen Fotos und einem Exsikkat liegt darin, dass man die Bestimmung auch zu einem späteren Zeitpunkt (z. B. im Winter) fortsetzen kann. Der Nachteil besteht darin, dass wesentliche Frischemerkmale verloren gehen bzw. übersehen werden können. Bei Schlauchpilzen (Ascomycota) hat sich die Vitaltaxonomie bereits etabliert. Daher empfiehlt es sich, nie mehr Kollektionen im Gelände zu sammeln, als man realistisch in den folgenden Tagen bearbeiten kann.

Mit rein makroskopischen Merkmalen inkl. Botanikerlupe (10-fach mit LED), chemischen Reaktionen (z. B. KOH und weitere) und Sporenabwurf stößt man bei vielen Pilzfunden bald an die Grenzen. Wer darüber hinaus bestimmen möchte, dem wird der Besuch eines Seminars zur Pilz-Mikroskopie empfohlen. Hier erschließt sich eine Welt von Merkmalen, die dem bloßen Auge verborgen bleibt, die aber entscheidend für die Identifikation einer Art sein können. So enthält auch dieser Band Abbildungen von Sporen und Zystiden, um auch mikroskopisch Orientierung zu bieten.

▸ VOM FUND ZUR BESTIMMUNG

1. Gute Foto- und Funddokumentation im Biotop
2. Geruch und Geschmack testen, notieren
3. Sporenabwurf mit reifen Fruchtkörpern anfertigen
4. Bestimmungsschlüssel anwenden
5. Bestimmungsergebnis absichern durch weitere Literatur, Pilzsachverständige, Pilzforen, Internetrecherchen

Pilz-Vergiftungen

Um das Risisko von Pilz-Vergiftungen auszuschließen, sollte man folgende Grundregeln in der Küche beachten:

- Nur Wildpilze verwenden, die man mit absoluter Sicherheit kennt und eindeutig identifiziert hat
- Nur frische, knackige Fruchtkörper in der Küche verwenden. Der Geruch sollte angenehm pilzig sein, die Konsistenz fest
- Pilze stets gut durchgaren – mindestens 15 Minuten bei mindestens 80 °C

Treten nach einer Pilzmahlzeit Symptome wie Übelkeit, Durchfall, Erbrechen, Unwohlsein, Schweißausbrüche oder Schwindel auf, sollten Sie umgehend Kontakt mit einer Giftnotrufzentrale aufnehmen, eine Liste finden Sie im Serviceteil dieses Buches auf Seite 750. In ernsten Fällen wählen Sie sofort den Notruf 112.

Unechte Pilz-Vergiftungen

Recht häufig sind mitunter Erkrankungen, die auf den Verzehr von verdorbenen Pilzen zurückzuführen sind. Wildpilze sollten daher nur in einwandfreiem Zustand zubereitet oder konserviert werden. Ein Fingerdruck auf den Hut lässt schon vor dem Pflücken Rückschlüsse auf das Alter des Fruchtkörpers zu. Bleibt die Druckstelle sichtbar eingedellt, sind die Pilze nicht mehr frisch. Mit matschigen Stellen oder gar Schimmel sind Pilze gänzlich unbrauchbar für die Küche. Alte Ware wird leider auch im Handel angeboten, Kulturpilze sind da leider keine Ausnahme.

Allergien

Manche Menschen reagieren allergisch auf einige Inhaltsstoffe von Lebensmitteln, beson-

Für Anfänger empfiehlt es sich, den Korb von einem Pilzsachverständigen durchsehen zu lassen.

ders Eiweißverbindungen. Die Reaktionen können bei Pilzen genauso auftreten wie bei Erdbeeren oder Haselnüssen. Es gibt Menschen, die keine Röhrlinge vertragen, mit Täublingen aber kein Probleme haben und umgekehrt. Daher empfehlen wir grundsätzlich, eine neue Art beim ersten Mal nur in geringen Mengen zu verkosten. Treten Symptome wie anschwellende Schleimhäute oder Magen-Darm-Probleme auf, so sollte man diese Lebensmittel meiden. Grundsätzlich gilt, dass rohe Pilze unverträglicher sind als ausreichend gegarte.

Das Paxillus-Syndrom (Immunhämolyse) ist eine solche Unverträglichkeit/Allergie mit einer kurzen Latenzzeit von 15 Min. bis 2 Std. Durch wiederholte, auch ausreichend gegarte Mahlzeiten reichern sich im Körper Antigene an, die die roten Blutkörperchen verklumpen und auflösen (Hämolyse). Kremplinge (*Paxillus* s. l.) gelten daher als potenziell tödlich giftig.

Echte Vergiftungssyndrome

Die Schwere einer Vergiftung ist abhängig von der Menge der aufgenommenen Pilzgifte und der Konstitution des Patienten. Pilzgifte wirken nicht auf alle Organismen gleich. So können Insekten, Säugetiere oder Schnecken bei Verzehr von Knollenblätterpilzen symptomfrei bleiben. Umgekehrt hört man immer wieder von Hunden, die nach dem Verzehr von für Menschen ungefährlichen Pilzarten Vergiftungssymptome zeigen. Grundsätzlich gilt: je länger die Latenzzeit, desto gefährlicher ist das aufgenommene Gift.

Phalloides-Syndrom

Der Verzehr von Grünen Knollenblätterpilzen *(Amanita phalloides)* führt in Mitteleuropa am häufigsten zu lebensbedrohlichen Vergiftungen. Aber auch Frühlings- und Kegelhütiger Knollenblätterpilz (*Amanita verna* u. *virosa*), Gifthäublinge (*Galerina marginata* agg.), Fleischrosa Giftschirmling *(Lepiota subincarnata)*, Fleischbräunlicher Giftschirmling *(L. brunneoincarnata)* und evtl. weitere kleine fleischbraune Schirmlinge enthalten Amatoxine, die ohne Behandlung zu tödlichem Leberversagen führen können.

<u>Latenzzeit:</u> Meist 8–12 Stunden (mind. 4 und max. 36 Stunden).

<u>Symptome:</u> Heftige Brechdurchfälle, anschließend scheinbare Besserung, jedoch Beginn der Leberschädigung bis zum Leberzerfall, Störung der Blutgerinnung, Organversagen.

Fleischrosa Schirmling *(Lepiota subincarnata)*

Orangefuchsiger Raukopf *(Cortinarius orellanus)*

Orellanus-Syndrom

Orangefuchsiger und Spitzgebuckelter Raukopf (*Cortinarius orellanus* u. *rubellus* = *speciosissimus*) enthalten das Nierengift Orellanlin, das ohne Behandlung zu einer tödlichen Nierenschädigung führen kann.

Latenzzeit: 2–21 Tage.
Symptome: Durst, Kopfschmerzen, Nierenschmerzen, Versagen der Urinproduktion, akutes Nierenversagen.

Gyromitra-Syndrom
Frühjahrslorcheln (*Gyromitra esculenta* u. *G. gigas*) und Bischofsmützen *(Gyromitra infula)* enthalten das flüchtige und potenziell tödliche Nervengift Gyromitrin.
Latenzzeit: 6–24 Stunden.
Symptome: Heftige Brechdurchfälle, Schädigung des zentralen Nervensystems, Bewusstseinsstörungen, Kopfschmerzen, Krampfanfälle, Leber- u. Nierenschädigung, Koma.

Magen-Darm-Gifte

Gastrointestinales Syndrom
Störungen des Magen-Darm-Traktes werden nach dem Verzehr von fast allen Giftpilzen hervorgerufen. Das gilt auch für nur roh giftige Pilzarten wie z. B. Butterpilz *(Suillus luteus)*, Hallimasch *(Armillaria)*, Hexen-Röhrlingen *(Suillellus)*, Perlpilz *(Amanita rubescens)* und Rotkappen *(Leccinum)*. Unter anderem bei den nachfolgenden Arten sind heftige Brechdurchfälle bekannt: Bauchwehkoralle *(Ramaria mairei)*, Birken-Milchling *(Lactarius torminosus)*, Grünblättriger Schwefelkopf *(Hypholoma fasciculare)*,Karbolegerling *(Agaricus xanthodermus* u. Verwandte), Kartoffelbovist (*Scleroderma* spp.), Maggipilz *(Lactarius helvus)*, Riesenrötling *(Entoloma sinuatum)*, Speitäubling (*Russula emetica* agg.), Satansröhrling *(Rubroboletus satanas)* und Tigerritterling (*Tricholoma filamentosum* u. *pardinum*).
Latenzzeit: 15 Minuten bis 5 Stunden.
Symptome: Durchfall, Erbrechen, Übelkeit.

Nervengifte

Muskarin-Syndrom
Viele Risspilze wie z. B. *Inocybe erubescens*, *I. geophylla* und *I. rimosa* und Trichterlinge wie *Clitocybe fragrans*, *C. quisquilliarum (= dealbata)*, *C. rivulosa* enthalten das neurologisch wirksame Muscarin. Auch in Rettichhelmlingen *(Mycena pura* u. *M. rosea)* ist es enthalten.

Erdblättriger Risspilz *(Inocybe geophylla)*

Latenzzeit: 15 Minuten bis 2 Stunden.
Symptome: Neurologische Störungen, oft zusammen mit Magen-Darm-Problemen, Schweißausbrüche, Speichelfluss, Tränenfluss, verlangsamter Puls, Pupillenverengung, Sehstörungen.

Pantherina-Syndrom
In Pantherpilzen, Fliegenpilzen (*Amanita pantherina* und *muscaria*, *A. regalis*) und Narzissengelbem Wulstling *(A. gemmata)* sind Ibotensäure und Muscimol enthalten, wobei erstere die zehnfache Dosis von Fliegenpilzen enthalten können. Daher sind bei hoher Dosierung nicht nur komatöse Zustände sondern auch Todesfälle möglich. Es gibt auch viele glaubhafte Berichte von symptomfreien Fliegenpilzmahlzeiten. Es wird vermutet, das es starke regionale Unterschiede im Giftgehalt gibt.
Latenzzeit: 15 Minuten bis 2 Stunden.
Symptome: Halluzinationen, Rauschzustände

mit komatösem Finale, erhöhter/verlangsamter Puls, hoher/niedriger Blutdruck, Speichelfluss, seltener Magen-Darm-Beschwerden.

Psilocybin-Syndrom
Kahlköpfe wie *Psilocybe cyanescens*, *P. cubensis*, *P. semilanceata*, ferner einige, oft irgendwo blaugrün gefärbte Arten aus den Gattungen *Galerina*, *Gymnopilus*, *Inocybe*, *Panaeolus* und *Stropharia*.
Latenzzeit: 15 Minuten bis 4 Stunden.
Symptome: Rauschzustände mit Benommenheit, Gleichgewichtsstörungen, Wahrnehmungsveränderungen, Halluzinationen, Schwindel, Unruhe, Magen-Darm-Symptomatik.

Spitzkegeliger Kahlkopf *(Psilocybe semilanceata)*

Sonstige Gifte

Coprinus-Syndrom
Faltentintlinge (*Coprinopsis atramentaria* s. l.) und Specht-Tintling *(C. picacea)* enthalten höhere Dosen Coprin, die bei Verzehr der Pilze und Alkoholkonsum (bis zu 3 Tage vorher/nachher) den Abbau von Alkohol (Acetaldehyd) stark hemmen. Ähnliche Symptome sind auch vom Spitzschuppigen Schirmling *(Echinoderma aspera)* bekannt, der Wirkstoff ist aber noch unbekannt.
Latenzzeit: 15 Minuten bis 2 Stunden.
Symptome: Atemnot, Hautrötungen, Herzrasen, Hitzegefühl, Schweißausbrüche, Schwindel.

Equestre-Syndrom
Vom Grünling *(Tricholoma equestre)*, der jahrhundertelang als Marktpilz verkauft wurde, sind nach wiederholtem Verzehr häufig Todesfälle nachgewiesen, die auf ein noch unbekanntes Myolysin zurückgeführt werden konnten. In anderen Ritterlingsarten (z. B. *T. terreum*) konnten ebenfalls Myolysine nachgewiesen werden, allerdings in noch deutlich niedrigeren Dosierungen.
Latenzzeit: 24–72 Stunden.
Symptome: Muskelzerfall (Rhabdomyolyse), verbunden mit Müdigkeit, Muskelschwäche, Muskelschmerzen, brauner Urin, ggf. Nierenversagen.

Acromelalga-Syndrom
Der Parfümierte Trichterling *(Paralepistopsis = Clitocybe amoenolens)* und der Bambustrichterling *(Paralepistopsis = Clitocybe acromelalga)* enthalten Acromelsäure. Es gibt in Deutschland bis dato keine rezenten Nachweise der beiden Arten. Allerdings wurde 1996 in der Schweiz der erste Vergiftungsnachweis bekannt.

Parfümierter Trichterling *(Paralepistopsis amoenolens)*

Latenzzeit: 1–2 (7) Tage.
Symptome: Brennen, starke Schmerzen und Überwärmung, Schwellung und Rötung bis Dunkelfärbung der Extremitäten, wiederkehrend, dosisabhängig über Tage bis Wochen anhaltend. Nur Kühlen lindert die Schmerzen. Gegenmittel sind noch nicht bekannt.

Weitere bekannte Syndrome

— **Morchella-Syndrom** (*Morchella* spp.)
Morcheln sind Handelspilze und werden von den meisten Menschen gut vertragen. Nach dem Genuß größerer Mengen meist frisch zubereiteter Morcheln wurden einige Hundert Fälle dokumentiert, bei denen es durch ein noch unbekanntes Neurotoxin zu Gleichgewichtsstörungen, Schwindel, Sehstörungen, Taubheitsgefühl oder Zittern kam. Diese Symptome treten innerhalb von 12 Stunden nach den Mahlzeiten auf und verschwinden in der Regel innerhalb weiterer 12 Stunden wieder.

— **Omphalotus-Syndrom** (Ölbaumtrichterlinge)
Innerhalb 4 Stunden nach der Mahlzeit kommt es zu Bauchschmerzen, Durchfall, Erbrechen und Übelkeit, die mehrere Tage anhalten können.

— **Pleurocybella-Syndrom** (Ohrförmiger Seitling – *Pleurocybella porrigens*)
Vergiftungsfälle sind bislang nur aus Japan bekannt geworden. Alle Patienten hatten eine Vorschädigung der Nieren. Epileptische Anfälle, Koma, Tremor oder die Symptomatik eines Schlaganfalls wurden dokumentiert.

— **Polyporsäure (Hapalopilus)-Syndrom** (Zimtfarbener Weichporling – *Hapalopilus nidulans*)
Die im Pilz enthaltenen hohen Dosen von Polyporsäure verursachen innerhalb von 12 Stunden eine violette Urinverfärbung, Erbrechen, Geh- und Sehstörungen bis hin zu einem akuten Nierenversagen.

Mittelmeerwulstling *(Amanita boudieri)*

— **Nierentoxisches Amanita-Syndrom** (*Amanita proxima, A. echinocephala, A. gracilior* u. *A. boudieri*)
Innerhalb von 6–12 Stunden nach dem Verzehr treten Übelkeit mit starken, lang anhaltenden Brechdurchfällen auf. Es kann zu reversiblen Nierenschäden kommen.

— **Scleroderma-Syndrom** (Kartoffelboviste – *Scleroderma* spp.)
Bereits ab 20 Minuten nach dem Verzehr sind Übelkeit und heftiges Erbrechen, oft gefolgt von Kopfschmerzen, Sehstörungen und Schwindel bis hin zum Kollaps möglich.

— **Shiitake-Syndrom** *(Lentinula edodes)*
Es sind bisher nur sehr wenige Fälle bekannt, bei denen es insbesondere nach Rohverzehr zu einer Flagellanten-Dermatitis mit schmerzhaften Hautirritationen kam.

Mutagene (kanzerogene) Inhaltsstoffe

Folgende Arten, die in älterer Literatur als essbar definiert sind und grundsätzlich symptomfrei bleiben, gelten aufgrund der angegebenen Inhaltsstoffe als ungesund:

— Giftlorcheln (*Gyromitra esculenta* agg.) – Gyromitrin
— Lorcheln (*Gyromitra* ssp.) – Hydrazinverbindungen
— Nebelkappe *(Clitocybe nebularis)* – Nebularin
— Olivbrauner Milchling *(Lactarius turpis)* – Necatoron
— Weißer Rasling *(Lyophyllum connatum)* – Lyophyllin und Connatin

Frühlings-Giftlorchel *(Gyromitra esculenta)*

Radioaktive Belastung von Pilzen

Als Folge des Reaktorunfalls in Tschernobyl 1986 gelangten größere Mengen an Cäsium-137 in die Umwelt. Die von einigen Pilzarten wie z. B. Maronen-Röhrling, Reifpilz, Semmelstoppelpilz und Trompetenpfifferling aufgenommenen Mengen variieren je nach Region und Exposition stark. Sie können auch nach über 35 Jahren noch deutlich über den amtlich festgelegten Grenzwerten von 600 Becquerel je kg liegen. Vertiefte Informationen zum Thema finden sich auf der offiziellen Webseite des Bundesamtes für Strahlenschutz (www.bfs.de). Das BfS führt Messungen von eingesandten Pilzproben durch. Auch einige Umweltinstitute bieten Informationen und Messungen an.

Maronen-Röhrling *(Imleria badia)*

Schwermetalle und Arsenverbindungen

Verbesserte Labordiagnostik brachte in den letzten Jahren immer mehr Forschungsergebnisse zum Schwermetallgehalt in Wildpilzen. Arsen (As) und Arsenverbindungen, Blei (Pb), Cadmium (Cd) und Quecksilber (Hg) können in Wildpilzen in deutlich höheren Konzentrationen enthalten sein als in Lebensmitteln des öffentlichen Handels. Erhöhte Werte wurden auch auf unbelasteten Böden festgestellt. Beispielsweise liegen die durschnittlichen Cadmium-Werte vieler Wildpilze bei 0,5–5 mg/kg, beim Schafegerling *(Agaricus arvensis)*, Schiefknolligen Anisegerling *(A. essettei)* und Dünnschfleischigen Anisegerling *(A. sylvicola)* jedoch zwischen 14 und 53 mg/kg.

Das Bundesministerium für Umwelt, Naturschutz und nukleare Sicherheit empfiehlt Erwachsenen, nicht mehr als 200–250 Gramm Wildpilze pro Woche zu verzehren.

Fazit

Bei aller Vorsicht um unsere Gesundheit sollte man auch bedenken, dass essbare Wildpilze sehr viele gesunde Inhaltsstoffe bieten und zudem ein natürliches, nicht industriell verändertes Lebensmittel darstellen. Eine ausgewogene, vielseitige Ernährung bedeutet im Hinblick auf die Pilze, sich nicht „nur" von Steinpilzen zu ernähren, sondern weitere 30 bis 150 schmackhafte Arten zu erlernen und damit den Genuss und das persönliche Wohlbefinden zu steigern. Gönnen wir uns den Luxus, Pilze als gesunde Genussmittel zu betrachten anstelle von billigen Sattmachern. Jeder frische Pfifferling ist es wert!

Naturnaher Buchenwald mit Zunderschwamm

Pilze und Naturschutz

Auch wenn das Reich der Pilze im Vergleich zu jenem der Pflanzen und Tiere im Naturschutz noch deutlich hinterherhinkt, hat sich in den letzten Jahren manches positiv entwickelt.

Der Tannen-Stachelbart ist ein Naturnähezeiger.

Es wurden Naturnähezeiger für die Qualität von Wäldern ausfindig gemacht, und mit der aktuellen Roten Liste der Großpilze hat man 93 Arten veröffentlicht, für deren Erhalt Deutschland eine besondere Verantwortung trägt. Diese Verantwortungsarten sollen in einer nächsten Stufe als Anhangsarten zu FFH-Lebensraumtypen (Flora-Fauna-Habitaten) werden und können dann deutlich besser in ihren natürlichen Lebensräumen geschützt werden. Pilze werden in letzter Zeit auch immer häufiger in Forschungs-Monitoringprojekten mitberücksichtigt.

In vielfältiger Weise wird uns Menschen immer bewusster, wie wichtig die Pilze für unsere eigene Gesundheit (Nahrungsmittel, Heil- und Vitalpilze – von der Pilzflora in unseren Körpern, dem menschlichen Biom, ganz abgesehen) und vor allem für die Stabilität unserer

Ökosysteme sind. Schon seit den 1980er-Jahren sind einige Pilze in der Bundesartenschutzverordnung geschützt. Die Fruchtkörper der dort gelisteten Arten dürfen nur in geringen Mengen zum Eigenbedarf gesammelt werden. Von Steinpilzen und Raufußröhrlingen sind das je nach Bundesland 1–2 kg pro Person und Tag. Echte Trüffeln (*Tuber* spec.) sind streng geschützt, sie dürfen nur mit naturschutzrechtlichen Ausnahmegenehmigungen (z. B. zu Forschungszwecken) entnommen werden.

Der Schutz der Fruchtkörper greift allerdings fachlich viel zu kurz, wenn andererseits Tausende Hektar Wälder gerodet und umgebaut werden, ohne vorher die Auswirkungen auf die Pilzgemeinschaften zu bewerten. Daher gilt: Biotopschutz ist der beste Pilzschutz.

Neben den klimabedingten, gravierenden Veränderungen der Lebensräume ist das größte Umweltproblem in Deutschland die anhaltende Eutrophierung (unnatürliche, teils extreme Nährstoffanreicherung) der Landschaft, insbesondere mit Stickstoffverbindungen. Die intensive Landwirtschaft gilt als Hauptverursacherin. Deshalb ist eine Umkehr zu nachhaltiger Bodennutzung notwendig. Unabhängig von Gesetzen und Verordnungen können sich alle Pilzfreunde für den Erhalt unserer Funga einsetzen, indem sie verantwortungsvoll mit unseren Naturschätzen umgehen, achtsam und angemessene Mengen sammeln, Waldbesitzer auf wertvolle Pilzvorkommen hinweisen und versuchen, Respekt und Begeisterung für diese wunderbaren Geschöpfe zu entfachen. Jedes Gespräch, jeder Film, Forenbeitrag und Zeitungsartikel, in dem die Faszination für Pilze geweckt wird, kann hilfreich sein. Findet man seltene oder gefährdete Pilzarten, deren Vorkommen noch unbekannt sind, so ist es hilfreich, diese an die zuständigen Behörden zu melden und für die Kartierung der Deutschen Gesellschaft für Mykologie zu erfassen. Die Plattform www.pilze-deutschland.de gibt Auskunft über das bekannte Verbreitungsbild von mehr als 14 000 Pilzarten und deren Gefährdungsstatus in Deutschland.

Der Bleiche Urwaldschüppling wird nur in alten Wäldern gefunden.

Basenreiche Buchenwälder

Sogenannte Kalk-Buchenwälder finden sich in vielen Gegenden mit basenreichem Ausgangsgestein: von den Kalkfelsen auf Rügen über den Nationalpark Hainich in Thüringen bis in die Kalkalpen bei Mittenwald oder im Schweizer Kanton Neuenburg (Neuchâtel). Die häufigsten Buchenwald-Gesellschaften sind Orchideen- und Waldmeister-Buchenwälder sowie in montanen Lagen die Bergahorn-Buchenwälder. Deutschland hat mit seinem hohen Flächenanteil eine internationale Verantwortung für den Erhalt dieser einzigartigen Lebensräume. Ein großer Teil der deutschen Verantwortungsarten unter den Großpilzen lebt in Kalk-Buchenwäldern.

Baum- und Strauchschicht

Der „Hallenbestand" ist die typische Bestandsform der Kalk-Buchenwälder. Bäume einer Altersklasse bilden hier einen hallenartigen Bestand mit langen Stämmen und einem geschlossenen Kronendach. Darunter haben Konkurrenten aufgrund des Lichtmangels keine Chance. Junge Buchen müssen warten, bis durch das Umstürzen alter Baumriesen genügend Sonnenlicht auf den Boden fällt. An lichteren Stellen und Waldrändern finden sich typische, bestandbildende Frühjahrsgeophyten. In naturnahen Beständen wächst auch das Rote Waldvögelein, die Leitart des *Cephalanthero-Fagenions*, der Orchideen-Buchenwälder. Solche Bestände werden in staunassen Geländesenken strukturreicher, weil dort Eichen und Hainbuchen die Rot-Buche ersetzen. Auch die Bergahorn-Buchenwälder sind aufgrund der abwechslungsreicheren Geländeform strukturreicher.

Blütenpflanzen und Gräser

An lichteren Stellen beherbergen Kalk-Buchenwälder eine große Vielfalt an krautigen Pflanzen, darunter den selten gewordenen Frauenschuh, Rotes Waldvögelein, Haselwurz, Leberblümchen, Seidelbast und die farbenfrohe Türkenbund-Lilie. Auf neutraleren Böden übernehmen im Waldmeister-Buchenwald Waldmeister, Buschwindröschen, Weißes Waldvögelein und Stendelwurz. An schattig-feuchten Stellen gedeiht Bärlauch, oft in Begleitung von Märzenbecher und Hohlem Lerchensporn. Es gibt nur wenige standorttypische Moose wie Kamm- und Kräuselmoos.

▸ TYPISCHE PILZARTEN

Parasiten Zunderschwamm (auch Xylobiont).

Symbionten Buchen-Speitäubling, Blasse Koralle, Fleischblasser Milchling, Frauen-Täubling, Herbsttrompete, Sommer-Steinpilz.

Saprobionten Buchenblatt-Helmling, Waldfreundrübling.

Xylobionten Austernseitling, Breitblatt-Rübling, Bucheckern-Holzkeule, Buchen-Schleimrübling, Geweihförmige Holzkeule, Saitenstieliger Knoblauchschwindling, Schmetterlings-Tramete.

▸ CHARAKTERPFLANZEN, FARNE, MOOSE

Sind z. B. Dornfarn, Eiben-Spaltzahnmoos, Haselwurz, Leberblümchen, Stinkende Nieswurz, Violette Stendelwurz, Waldgerste, Waldmeister, Waldvögelein.

▸ NATURNÄHEZEIGER

Sind z. B. Nördlicher Stachelseitling, Schwarzflockiger Dachpilz, Stachelbart, Zarter Stachelrindenpilz, Zunderschwamm.

▸ VERANTWORTUNGSARTEN

Sind z. B. Buchen-Klumpfuß, Isabellrötlicher Schneckling, Königsröhrling, Kronenbecherling, Rosagelbe Koralle, Satansröhrling, Silber-Röhrling.

Bodensaure Buchenwälder

Auf sauren Ausgangsgesteinen wie Gneis, Granit, Basalt und Buntsandstein ist der Hainsimsen-Buchenwald die häufigste natürliche Waldgesellschaft. Extreme Standorte wie Moore, Auwälder oder trockene Sandböden meidet die Buche. Auch auf sauren Böden ist sie oft in Altersklassenbeständen anzutreffen, Hallenbestände sind häufig. Da das Einschlagsalter erst bei 60 bis über 120 Jahren liegt, finden sich noch relativ häufig pilzreiche Bestände. Besonders in schwer zu bewirtschaftenden Hanglagen können totholzreiche Bestände eine höhere Pilzvielfalt aufweisen. Solche Wälder sind ab Mai für Speisepilzsammler und für Feldmykologen ganzjährig interessant. Auch wenn die Artenvielfalt recht hoch ist, gibt es nur sehr wenige Pilzarten, die ausschließlich in sauren Buchenwäldern vorkommen. Die meisten der angeführten Arten kann man auch in basischen Buchenwäldern sowie in Nadel- und Laubmischwäldern antreffen.

Baum- und Strauchschicht

In niederschlagsreicheren Bergmischwäldern gesellen sich auf sauren Böden Weißtanne und Fichte sowie Bergahorn, Bergulme und Vogelbeere zur Buche. In niedrigeren, wärmeren Lagen ist sie oft mit Hainbuchen und Eichen vergesellschaftet. Die Strauchschicht besteht häufig aus Gruppen von Jungbäumen. Stickstoffreiche Stellen werden durch Holunder angezeigt, feuchtere durch den Faulbaum. An nassen, lichten Stellen wachsen Weiden.

Blütenpflanzen und Gräser

Das dichte Kronendach der Buchen lässt nur wenigen krautigen Pflanzen genug Licht. Entsprechend artenarm sind diese Laubwaldgesellschaften. Am ehesten kommen Frühjahrsgeophyten wie das Buschwindröschen damit zurecht. Charakterarten sind die Weiße Hainsimse und der Purpurlattich. An feuchteren Stellen findet sich oft die Zittergrassegge. Gute Säurezeiger sind das Schöne Widertonmoos sowie gelegentlich an trockenen und nährstoffarmen Stellen das Weißkissen-Moos. Feuchtere Stellen besiedelt das Eiben-Spaltzahnmoos. Der Dornfarn bevorzugt luftfeuchte, schattige Lagen mit guten Humusauflagen.

▸ TYPISCHE PILZARTEN

Parasiten Zunderschwamm (auch Xylobiont).

Symbionten Braunfleckender Milchling, Gallen-Täubling, Harter Zinnober-Täubling, Goldblatt, Pfeffer-Milchling, Rotschuppiger Raukopf, Samt-Pfifferling, Schönfuß-Röhrling, Strubbelkopf-Röhrling.

Saprobionten Brennender Rübling, Gallertkäppchen.

Xylobionten Breitblatt-Rübling, Buchecken-Holzkeule, Buchen-Aderzähling, Buchen-Schleimrübling, Stockschwämmchen.

▸ CHARAKTERPFLANZEN, FARNE, MOOSE

Sind z. B. Dornfarn, Purpurlattich, Schönes Widertonmoos, Wald-Ehrenpreis, Waldschwingel (felsige, trockene Lagen), Wald-Wachtelweizen, Weiße Hainsimse, Weißkissenmoos (trocken), Zweiblättrige Schattenblume.

▸ NATURNÄHEZEIGER

Sind z. B. Nördlicher Stachelseitling, Stachelbart, Zarter Stachelrindenpilz, Zunderschwamm.

▸ VERANTWORTUNGSARTEN

Sind z. B. Fleischblasser Milchling, Graugrüner Milchling, Trockener Schneckling.

Fichtenwälder und Forste

In Deutschland kommen Fichtenwälder natürlicherweise in montanen Lagen ab 900 Meter (NN) und bis in die subalpine Zone auf ca. 1600 Metern vor. Da die Fichte sehr schnellwüchsig ist, wurde sie ab dem 19. Jahrhundert in allen Höhenlagen bis an die Küsten aufgeforstet. So entstanden die sogenannten Fichten-Nachfolgeforste, durch die der Mensch standortgerechte natürliche Vegetation wie z. B. Buchenwälder ersetzte. In den letzten Jahren treten verstärkt klimatische Probleme auf und machen einen neuerlichen Waldumbau insbesondere in den trockeneren Regionen notwendig. Fichtenmonokulturen sind trotzdem immer noch häufig, werden aber bei Neuaufforstungen durch Mischpflanzungen ersetzt.

Je nach Bodentyp finden sich sehr saure bis oberflächlich übersauerte Fichtenwälder. Auf reinen Kalkgesteinen können in der sauren Nadelschicht säuretolerante Pilzarten wachsen. Die Artenvielfalt ist je nach Alter, Pflegezustand und Standort sehr unterschiedlich. Vom artenarmen Fichtenstangenforst bis zum artenreichen Bergwald in den Kalkalpen sind alle Gradienten vorhanden. Geschlossene Jungbestände (unter 20 Jahre) können sehr üppige Pilzbestände aufweisen. Basen- und mineralreiche Böden sind tendenziell artenreicher als saure Bestände. Sehr nasse bis anmoorige, sogenannte Aufichtenwälder finden sich oft in Randlagen von Mooren. Für Feldmykologen sind sie insbesondere in sommerlichen Trockenphasen interessant.

Baum- und Strauchschicht

Je länger die Habitattradition ohne forstliche Störungen anhält, umso struktur- und artenreicher können Fichtenwälder sein. Birke, Faulbaum, Hasel, Holunder, Salweide und Zitterpappel treten hier untergemischt auf. Heidekraut zeigt trockene, saure Standorte an, Heidelbeeren, Preiselbeeren und Rauschbeeren feuchtere.

Blütenpflanzen und Gräser

In natürlichen, bodensauren Fichtenwäldern sind Heidekraut, Wald-Wachtelweizen und Reitgras auf trockenen Böden typisch. Frauenfarn, Siebenstern, Klauenmoos und Torfmoose zeigen feuchte bis nasse Standorte an.

▸ TYPISCHE PILZARTEN

Parasiten Dunkler Hallimasch (auch Xylobiont).

Symbionten Fichtensteinpilz, Flaschenstäubling, Fliegenpilz, Flockenstieliger Hexenröhrling, Flattermilchling, Gallen-Röhrling, Hirschtrüffeln, Maronen-Röhrling, Mohrenkopfmilchling, Ockertäubling, Pfifferling, Rotfuß-Röhrling, Speitäublinge, Spitzgebuckelter Raukopf, Trompeten-Pfifferling.

Saprobionten Nadelschwindlinge, Stinkmorchel, Weißmilchender Helmling.

Xylobionten Klebriger Hörnling, Rotrandporling.

▸ CHARAKTERPFLANZEN, FARNE, MOOSE

Sind z. B. Faulbaum (nass), Frauenfarn, Heidekraut (trocken), Heidelbeere, Klauenmoos (trocken), Preißelbeere, Rauschbeere (nass), Reitgras (trocken), Sauerklee, Siebenstern (feucht), Torfmoos (nass), Wald-Wachtelweizen (trocken). Brombeeren und Himbeeren zeigen Störungen und Stickstoff an.

▸ NATURNÄHEZEIGER

Sind z. B. Holz-Nabeling, Rosenroter Baumschwamm.

▸ VERANTWORTUNGSARTEN

Sind z. B. Amethyst-Pfifferling und Blaunuss.

Eichen-Hainbuchenwälder

Eichen-Hainbuchenwälder gelten als Ersatzgesellschaften der Buchenwälder auf extremeren Standorten. Sie wurden aber traditionell durch die Hute-, Mittel-, und Niederwaldnutzung stark gefördert, da die Eiche ein wichtiger Mastbaum für die Schweinehaltung war. Sie kommen oft auf neutralen, tonig-lehmigen Böden vor, können aber auch auf saurem oder basischem Ausgangsgestein in Lagen bis 600 Meter (NN) wachsen. Der Sternmieren-Eichen-Hainbuchenwald gedeiht auf wechselfeuchten, neutralen Böden mit der Stieleiche als Hauptbaumart. Im Labkraut-Eichen-Hainbuchenwald auf sommertrockenen, im Winter staunassen Tonböden ist die Traubeneiche vorherrschend. Neben den Eichen ist die Hainbuche die zweithäufigste Baumart. Oft sind noch Eschen, Feldahorn und Wildkirsche untergemischt. Auch Linden sind an geeigneten, besseren Standorten darunter, besonders in Osteuropa. In wärmeren Gebieten mit Weinbauklima kann die selten gewordene Elsbeere vorkommen.

In solch strukturreichen Wäldern können viele Arten von Leistlingen, Milchlingen, Röhrlingen, Rötlingen, Schleierlingen, Schnecklingen, Streiflingen und Täublingen angetrotten werden. Schon ab Mai erscheinen für Speisepilzsammler die ersten Röhrlinge und Täublinge. Für Feldmykologen sind solche Wälder ganzjährig interessante Sammelgebiete, auch in feucht-milden Wintern. In naturnahen Wäldern kann z. B. der Mosaik-Schichtpilz an alten Stämmen wachsen.

Baum- und Strauchschicht

In der Strauchschicht und am Waldrand finden sich oft Hartriegel, Haselsträucher, Heckenrosen, Liguster, Schlehen und Weißdorn. An basenreichen Standorten gesellt sich oft die Waldrebe hinzu. In feuchteren, atlantisch geprägten Gegenden werden Stechpalme und Waldgeißblatt häufiger.

Blütenpflanzen und Gräser

Insgesamt gibt es nur wenige besonders charakteristische Arten wie z. B. Weißes Fingerkraut, Färberginster und Wald-Ehrenpreis in warmen Gegenden.
In feuchten Bruchwäldern sind Hain-Sternmiere, Quell-Sternmiere und Zittergrassegge oft flächendeckend vorhanden.

▸ TYPISCHE PILZARTEN

Parasiten Eichhase (auch Xylobiont).

Symbionten Eichenwald-Öhrling, Gold-Täubling, Grüner Knollenblätterpilz, Hainbuchen-Raufuß, Hain-Schneckling, Kaiserling.

Saprobionten Mairitterling, Riesenrötling.

Xylobionten Braunhaariger Wurzelrübling, Eichenwirrling, Goldgelber Zitterling, Leberreischling, Schmutzbecherling, Stoppeliger Drüsling

▸ CHARAKTERPFLANZEN, FARNE, MOOSE

Sind z. B. Berg-Segge, Blut-Storchschnabel, Breitblättrige Stendelwurz, Buschwindröschen, Diptam (trocken), Finger-Segge (trocken), Goldschopf-Hahnenfuß, Große Sternmiere, Purpurblauer Steinsame (trocken), Schatten-Segge, Vielblütige Weißwurz, Wald-Geißblatt.

▸ NATURNÄHEZEIGER

Sind z. B. Eichen-Zungenporling, Eichen-Schillerporling, Filziger Zähling, Igelstachelbart, Mosaik-Schichtpilz.

▸ VERANTWORTUNGSARTEN

Sind z. B. Dreifarbiger Krempenritterling und Hainbuchen-Täubling.

Submediterrane Eichenmischwälder

Dieser Waldtyp ist nördlich der Alpen nur in sehr warmen Weinbaugegenden wie z. B. Mainfranken oder dem Kaiserstuhl ansatzweise zu finden. Edelkastanien, Flaumeichen, Hopfenbuchen, Steineichen und Zerr-Eichen charakterisieren diese Wälder südlich des Alpenhauptkamms z. B. südlich von Trento am Gardasee oder im Schweizer Tessin. In Frankreich, Griechenland, Italien, Kroatien oder Spanien bedecken solche Wälder weite Landstriche auf ca. 300 bis 900 Meter (NN). Die Edelkastanie wurde in vielen Regionen als Brotbaum gefördert, da das Kastanienmehl als Hauptnahrungsmittel für die Bevölkerung und für die Schweinemast verwendet wurde.

Hier gibt es nicht nur Pflanzen, die an winterfeuchte und sommertrockene Klimate angepasst sind, sondern Hunderte von charakteristischen Pilzarten. Nördlich der Alpen gelten z. B. Satansröhrlinge und viele Schleierlinge als Kalkzeiger. Diese Bodenansprüche gelten im submediterranen Klima nicht mehr in gleichem Umfang. Dort sind viele dieser bei uns kalkliebenden Arten auch auf neutralen Böden zu finden. Die Pilzartengemeinschaften unterscheiden sich aber auch südlich der Alpen je nach Basengehalt. Während der schöne und feine Kaiserling in Deutschland als absolute Rarität gilt und in der Roten Liste als vom Aussterben bedroht geführt wurde, ist er in Italien ein sehr häufiger und weit verbreiteter Marktpilz. In Deutschland sehr selten gewordene Pilze wie z. B. der Königsröhrling sind hier noch häufig.

Baum- und Strauchschicht

In der Strauchschicht und am Waldrand finden sich oft Baumheide, Goldregen, Hartriegel, Haselsträucher, Heckenrosen, Liguster, Lorbeerseidelbast, Mispel, Schlehen und Weißdorn. Auch Waldreben und Brombeergebüsche sind häufig anzutreffen. In feuchteren Lagen können Stechpalmen und Mäusedorn wachsen.

Blütenpflanzen und Gräser

Je nach Licht- und Feuchteverhältnissen kann man viele der unten angeführten Blütenpflanzen antreffen. Moose und Gräser sind eher spärlich vorhanden. Optische Highlights sind z. B. Alpenveilchen, Frühlingsplatterbse und Feuerlilie.

▸ TYPISCHE PILZARTEN

Parasiten Klapperschwamm, Ölbaumtrichterling, (auch Xylobionten).

Symbionten Echte Trüffeln, Gerippter Ritterling, Glattstieliger Hexenröhrling, Goldtäubling, Kaiserling, Kröten-Öhrling, Olivgestiefelter Schneckling, Sommer-Steinpilz.

Saprobionten Riesenrötling, Veilchenblauer Schönkopf.

Xylobionten Leberreischling, Striegeliger Schichtpilz.

▸ CHARAKTERPFLANZEN, FARNE, MOOSE

Sind z. B. Alpenveilchen, Blauroter Steinsame, Edel-Gamander, Färberscharte, Frühlingsplatterbse, Mandel-Wolfsmilch, Stinkende Nieswurz, Sommerwurz-Arten, Stechwinde, Strauch-Kronwicke, Wald-Ziest, Weißes Fingerkraut, Beblättertes Blasenmoos, Eingekrümmtes Skorpionsspitzenmoos.

▸ NATURNÄHEZEIGER

Sind z. B. Breitstacheliger Schwammporling, Mosaik-Schichtpilz und Eichen-Schillerporling.

▸ VERANTWORTUNGSARTEN

Sind z. B. Ästiger Stachelbart, Königsröhrling und Violetter Klumpfuß.

Bergmischwälder mit Weißtannen

Bergmischwälder mit den drei Hauptbaumarten Buche, Fichte und Weißtanne kommen natürlicherweise in Höhenlagen von 600 bis 1400 Meter (NN) vor. Auf Kalkgesteinen z. B. im Alpenraum gehören sie zu den artenreichsten Waldtypen überhaupt. In Deutschland finden wir vom Schwarzwald entlang der gesamten Nordalpen bis ins Alpenvorland noch viele solcher interessanter Waldbiotope. Im Südosten ist der Bayerische Wald das kontinentale Pendant zum Schwarzwald. Der Thüringer Wald beheimatet die nordöstlichsten, natürlichen Tannenvorkommen. In Mitteleuropa sind ca. 10 Millionen Hektar Waldfläche mit Bergmischwäldern bedeckt.

Dass Mischwälder stabiler sind als forstliche Monokulturen, ist inzwischen wohlbekannt. In den letzten Jahren zeigt sich, dass die mehr als 150 Jahre lang zu Gunsten der schnellwüchsigeren Fichte vernachlässigten Weißtannen viel resistenter gegenüber trockenen Sommerperioden sind. Die Naturverjüngung der Tanne wird allerdings durch zu hohe Wildbestände gefährdet. In einer Handvoll kleiner Schutzgebiete mit urwaldähnlichen Beständen haben sich neben den unten angeführten Naturnähezeigern auch ein paar sogenannte Urwaldreliktarten erhalten, Organismen wie Käfer und Pilze, die nur in totholzreichen Strukturen mit alten Baumriesen überleben können. Hierzu gehört der Rosenduft-Feuerschwamm *(Phellinidium pouzarii)*, der weltweit von weniger als zehn Wuchsorten bekannt ist.

Baum- und Strauchschicht

In naturnahen Wäldern können zusätzlich noch Bergahorn, Birken, Espen und Vogelbeeren vorkommen. In der Strauchschicht kann in höheren Lagen die Alpen-Heckenkirsche, in niedrigeren die Schwarze Heckenkirsche wachsen. Basenreiche Standorte zeigt der Seidelbast an.

Blütenpflanzen und Gräser

In basenreichen, montanen Beständen finden sich oft die Quirlblütige Weißwurz, der Stinklattich und das Etagenmoos. Auf sauren Böden sind Hoher Schwingel, Wald-Wachtelweizen, Zweiblättrige Schattenblume und der Rippenfarn charakteristisch.

▸ TYPISCHE PILZARTEN

Parasiten Breitblättrige Glucke, Schwarzhaariger Wurzelrübling, Tannen-Feuerschwamm (auch Xylobionten).

Symbionten Abgestutzte Herkuleskeule, Hohlstieliger Täubling, Lachs-Reizker, März-Schneckling, Schwarzgrüner Klumpfuß.

Saprobionten Purpurschneidiger Bluthelmling, Tannenzapfen-Schuppenbecherling.

Xylobionten Blutrote Borstenscheibe, Orangerote Mehlscheibe, Tannen-Fingerhut, Violetter Zwergknäueling.

▸ CHARAKTERPFLANZEN, FARNE, MOOSE

Sind z. B. Alpen-Heckenkirsche, Ausdauerndes Bingelkraut, Kleines Wintergrün, Korallenwurz, Quirlblütige Weißwurz, Seidelbast, Stinklattich, Wald-Wachtelweizen, Zweiblättrige Schattenblume, Rippenfarn, Etagenmoos.
In sauren Bereichen: Heidelbeere, Preiselbeere.

▸ NATURNÄHEZEIGER

Sind z. B. Dunkelgezonter Feuerschwamm, Tannen-Kugelschwamm, Tannen-Stachelbart.

▸ VERANTWORTUNGSARTEN

Sind z. B. Grubiger Weißtannen-Milchling, Schweinsohr, Terpentin-Schneckling.

Kiefernwälder

Kiefern (*Pinus* spp.) sind sehr anspruchslose Waldbaumarten, die relativ oft in reinen Beständen wachsen oder aufgeforstet wurden. Auf den nährstoffarmen Sandböden der norddeutschen Tiefebene, in großen Teilen Brandenburgs, aber auch im Nürnberger Reichswald finden sich große Waldkieferbestände. Ebenso werden Moorränder und Hochmoore besiedelt. Auch Pionierstandorte wie große ehemalige Abbauflächen des Braunkohletagebaus werden oft von Kiefern und Birken besiedelt. Basenreiche Wacholderheiden an trockenen Südhängen sind ebenso mit Waldkiefern bestanden. Im Gebirge finden sich oft üppige Bestände mit Latschenkiefern. Im Alpenraum sind die Zirbelkiefern, die bis zu 1000 Jahre alt und 25 Meter hoch werden können, imposante Bäume mit spezialisierten Pilzsymbionten wie z. B. dem Zirben-Röhrling.

Kiefernwälder und -forste können sehr üppige Pilzvorkommen für Speisepilzsammler hervorbringen. In den Kiefernforsten Brandenburgs werden etwa seit dem Jahr 2015 Vorkommen eines invasiven Neomyceten, der Falschen Rotkappe *(Aureoboletus projectellus)* mit Tausenden von Fruchtkörpern auf 100 m² vermeldet, die sich von Polen ausgehend nach Deutschland ausbreiten. Flechtenkiefernwälder, Moorkiefernbestände, Zirben und Kiefern auf Kalktrockenrasen bieten sehr reizvolle Biotope für die Feldmykologie.

Hier finden wir z. B. selten gewordene Ritterlinge und Stachelinge.

Baum- und Strauchschicht

In Pioniergesellschaften finden sich neben Kiefern auch Birken und Espen. Im Tiefland kommen nicht selten Mischbestände mit Eichen vor. Stickstoffreiche Wälder in der Nähe von landwirtschaftlich genutzten Flächen werden durch üppige Brombeerbestände angezeigt. In Kiefernheiden finden sich oft Schlehe, Wacholder und Weißdorn als Weidezeiger. In Moorwäldern dominieren Heidel- und Rauschbeeren.

Blütenpflanzen und Gräser

Auf kalkreichen Wacholderheiden finden sich Ästige Graslilie, Anemonen, Blaugras, Küchenschelle und Silberdistel. In Mooren sind Krähenbeeren, Sumpfporst und Wollgras typisch. Auf trockenen Böden dominiert das Heidekraut.

▸ TYPISCHE PILZARTEN

Parasiten Krause Glucke, Wurzelschwamm (auch Xylobionten).

Symbionten Blut-Täubling, Butterpilz, Fastberingter Ritterling, Echter Reizker, Frost-Schneckling, Gemeiner Erdritterling, Grünling, Heide-Schleimfuß, Körnchen-Röhrling, Kiefern-Steinpilz, Kuh-Röhrling, Maronen-Röhrling, Sand-Röhrling.

Saprobionten Kiefernnadel-Spaltlippe, Ohrlöffel-Stacheling.

Xylobionten Kiefern-Braunporling, Kiefern-Fältling, Rotrandporling, Samtfuß-Krempling.

▸ CHARAKTERPFLANZEN, FARNE, MOOSE

Sind z. B. Ästige Graslilie, Bärentraube, Graslilie, Heidelbeere, Heidekraut, Hirschwurz, Krähenbeere, Preiselbeere, Rosmarinheide, Sumpfporst, Weißkissenmoos, Wintergrün, Wollgras.

▸ NATURNÄHEZEIGER

Sind z. B. Alpine Braunfäuletramete und Kiefern-Feuerschwamm.

▸ VERANTWORTUNGSARTEN

Sind z. B. Orange-Ellerling, Rosafarbener Waldrötling, Schwarzfaseriger Schneckling, Weißer Ellerling.

Erlenbrüche und Auwälder

Dort, wo die hydrologischen Bodenverhältnisse nicht zulassen, dass Buchenwälder gedeihen, entstehen Hart- und Weichholzauen, Birken und Erlenbruchwälder mit ihrer arttypischen Pilzflora. Baumarten wie Birke, Erle, Pappel und Weide vertragen wechselnde Wasserverhältnisse mit längeren Stau- und Überschwemmungsphasen. Solche Verhältnisse finden sich vor allem entlang von Fließgewässern oder in Verlandungsbereichen von Seen.

Bruchwälder sind nur sehr aufwendig für die Holznutzung zu bewirtschaften. Daher gibt es hier sehr viel Totholz mit entsprechend artenreichen Pilzgemeinschaften. Die Weichholzauen befinden sich unmittelbar an der strömungsintensiven Wasserlinie. Sie werden von Pappeln und Weiden dominiert und sind sehr regenerationsfähig. Die Hartholzaue besteht aus Eschen, Erlen, Ahorn, Eichen und Ulmen mit viel Unterwuchs aus Hartriegel, Hasel, Holunder, Liguster und Weißdorn. Auch die Waldrebe fühlt sich hier wohl und bildet oftmals schwer durchdringbare Dickichte. Eine eigene Pflanzengemeinschaft bilden die moosreichen Fichtenauwälder. Die hohe Luftfeuchte und das verhältnismäßig mildere Klima an Gewässern machen die Auwälder auch im Winterhalbjahr attraktiv für die Feldmykologie. Auch die Speisepilzsammler werden hier mit Judasohren und Samtfußrüblingen schnell fündig. Zur Apfelblüte im April/Mai beginnt die Morchelsaison im Eschenauwald. Darüber hinaus gibt es in Bruchwäldern und Auen unzählige attraktive, teils selten gewordene Pilzarten.

Baum- und Strauchschicht

Je nach mittlerem Wasserstand kann die Strauchschicht schwach ausgeprägt sein oder alle Übergänge bis hin zum nahezu undurchdringlichen Dschungel mit Hartriegel, Hopfen, Weißdorn, Waldrebe und Zaunrübe bilden.

Blütenpflanzen und Gräser

Von nackter, humusreicher schwarzer Erde über Wasserpflanzen- und Sumpf-Flora bis hin zum ausgeprägten Bärlauchbestand mit eingestreuten Aronstäben oder Buschwindröschen ist alles möglich. Eutrophierte, letztlich denaturierte Stellen zeigen Brennnessel, Brombeere, Goldrute und Indisches Springkraut an.

▸ TYPISCHE PILZARTEN

Parasiten Schwefelporling (auch Xylobionten).

Symbionten Erlen-Grübling, Erlen-Kremplinge, Erlen-Schnitzlinge.

Saprobionten Morcheln, Grünschuppiger Schirmling, Verpeln.

Xylobionten Erlen-Schillerporling, Judasohr, Kastanienbrauner Schwarzfußporling, Wabenporling, Weiden-Feuerschwamm, Winter-Samtfußrüblinge.

▸ CHARAKTERPFLANZEN, FARNE, MOOSE

Sind z. B. Aronstab, Bärlauch, Buschwindröschen, Drachenwurz, Echter Steinsame, Feld-Ulme, Giersch, Mittleres Hexenkraut, Purpurweide, Silber-Weide, Walzensegge, Wilde Weinrebe, Zweihäusige Zaunrübe, Kammfarn, Königsfarn, Torfmoose.

▸ NATURNÄHEZEIGER

Sind z. B. Klebriger Schleierseitling, Reichsporiger Kugelschwamm, Schwarzflockiger Dachpilz, Sklerotienporling, Ulmenrasling und Verzweigte Becherkoralle.

▸ VERANTWORTUNGSARTEN

Sind z. B. Erlen-Scheidenstreifling, Lila Milchling, Silbergrauer Auenrötling, Zweisporiger Goldnabeling.

Pionierwälder mit Birken

Ob auf Industriebrachen im Ruhrgebiet, Renaturierungsflächen im Braunkohletagebau, Kahlflächen nach Borkenkäfermanagement oder Sturmwürfen im Bayerischen Wald: Pionierbaumarten wie Birke, Salweide, Vogelbeere und Zitterpappel bilden binnen zehn bis zwanzig Jahren arten- und strukturreiche Ersatzbiotope, oft zusammen mit den vorher dominanten Waldbaumarten – wenn man sie lässt. Das sogenannte Rewilding ist eine sehr preiswerte und effiziente Möglichkeit der Renaturierung von Brachflächen. Idealerweise bleibt noch Totholz in den Flächen liegen, das dann über Jahrzehnte als Pilz- und Insektennahrung dienlich ist und dem jungen Wald sukzessive als Nährstoff- und Humusquelle zur Verfügung steht.

Die Birke ist völlig anspruchslos, trockenresistent und gedeiht auf allen Bodentypen, sogar in Mauerritzen und Felshängen. Diese Eigenschaften kann sie nur in Verbindung mit zahlreichen Mykorrhizapilzarten entfalten, die sie mit Wasser und den darin gelösten Nährstoffen versorgen. Je nach vorhandenem Saatgutpotenzial in der Umgebung keimen Ahorn, Buchen, Eichen, Fichten, Hasel, Kiefern und Tannen. Hier entstehen stabile Zukunftswälder ohne aufwendiges forstliches Management. Sobald die Bestände 4–5 Meter hoch sind, lohnen sich auch mykologische Streifzüge. Die Mykoflora von Pioniergesellschaften ist artenreich und wird von Jahr zu Jahr interessanter. Insbesondere auf mageren Rohböden fühlen sich stickstoffempfindliche Pilzarten wohl.

Baum- und Strauchschicht

Je nach Bestandsalter bilden sich dichte Bestände aus Jungbäumen, die von Himbeer- und Brombeerfluren unterbrochen sein können. Nährstoffreiche Plätze werden gern von Rotem oder Schwarzem Holunder besiedelt.

Blütenpflanzen und Gräser

Pionierstandorte sind anfangs sehr licht und bieten einer ganzen Reihe von standorttypischen Blütenpflanzen Raum. Nicht selten trifft man neben den unten angeführten Moos- und Grasarten Johanniskraut- oder Weidenröschen-Bestände an. Auch invasive Arten wie Goldruten sind häufig.

▸ TYPISCHE PILZARTEN

Parasiten fehlen meist.

Symbionten Birkenpilze, Birkenreizker, Dickschaliger Kartoffelbovist, Erbsenstreuling, Erdritterlinge, Erdwarzenpilz, Flaumiger Milchling, Grasgrüner Täubling, Kahle Kremplinge, Lacktrichterlinge, Steinpilze.

Saprobionten Boviste, Helmlinge.

Xylobionten Klebriger Hörnling, Trompetenschnitzling

▸ CHARAKTERPFLANZEN, FARNE, MOOSE

Sind z. B. Behaarte Segge, Drahtschmiele, Goldrute, Himbeere, Schmalblättriges Greiskraut, Sommerflieder, Weiden, Weidenröschen. Großes Kranzmoos, Spitzblättriges Sternmoos auf basischen Böden. Etagenmoos, Gewöhnliches Gabelzahnmoos, Rotstängelmoos und Schönes Widertonmoos auf sauren Standorten.

▸ NATURNÄHEZEIGER

Sind abhängig vom Totholzangebot. Auf Fichtenstämmen kann der Rosenrote Baumschwamm wachsen.

▸ VERANTWORTUNGSARTEN

Sind hier kaum zu finden. Am ehesten siedeln sich Amethyst-Pfifferlinge und Weißer Ellerling an.

Moore und Feuchtwiesen

Hochmoore, Niedermoore und Seggenriede sind ein spezieller, oft sehr nährstoffarmer Lebensraum mit daran angepasster Pflanzen-, Pilz- und Tierwelt. Ist die natürliche Zersetzung von organischem Material aufgrund hoher Grundwasserstände stark eingeschränkt, können Moore entstehen. In Deutschland gelten nur noch 2 % der ursprünglichen Moore als intakt. Mehr als 90 % der ursprünglich vorhandenen 1,6 Mio. ha wurden seit Beginn des 19. Jahrhunderts entwässert, abgebaut oder in landwirtschaftliche Nutzflächen umgewandelt. Es ist also kein Wunder, dass ein Großteil der an diesen Lebensraum angepassten Organismen auf den Roten Listen der gefährdeten Arten zu finden sind. Auf der Liste der in Deutschland vom Aussterben bedrohten Arten steht beispielsweise der Moor-Hallimasch. Feuchtgebiete sind sehr sensible Lebensräume mit trittempfindlicher Vegetation. Für Speisepilzwanderungen sind sie aber auch wegen der geringen Aussicht auf Essbares eher ungeeignet. Für behutsame Naturbeobachtungen möglichst auf oder an Wegen sind sie ein faszinierender Lebensraum. Einige Erdzungen-, Rötlings- und Saftlingsarten findet man vorwiegend in naturnahen Feuchtwiesen. Aber auch Weidengebüsche sind hinsichtlich ihrer eigenen Pilzartengemeinschaften mit Ektomykorrhiza und Xylobionten nicht zu unterschätzen.

Baum- und Strauchschicht

Birken, Kiefern und auch Fichten sind die häufigsten Baumarten in Mooren bzw. an Moorrändern. Deutlich niedriger bleiben Latschen und Spirken. Die klassische Strauchschicht besteht aus Heidelbeersträuchern und Verwandten. Je nach Grundwasserstand können Faulbäume oder große Weidengebüsche eingestreut sein.

Blütenpflanzen und Gräser

Während nur wenige Gras- und Blütenpflanzen an die nährstoffarmen Hochmoore angepasst sind, nimmt die Artenvielfalt in Feuchtwiesen je nach Bodenart und Nutzungsart zu. Hier sind Fingerkräuter wie die Blutwurz, Knabenkräuter, Sumpfständelwurz oder die Trollblume sehr auffällige Arten. Sumpfseggen, Pfeifengras und Schilfgras sind die häufigsten Gräser.

▸ TYPISCHE PILZARTEN

Parasiten Andromedaheiden-Runzelschorf, Schiefer Schillerporling, Zunderschwamm (auch Xylobiont).

Symbionten Dickschaliger Kartoffelbovist, Kahle Kremplinge, Lacktrichterlinge, Gelber Graustieltäubling, Kuh-Röhrling, Kuhrötlicher Moor-Milchling, Moor-Birkenpilz, Moor-Klumpfuß, Moor-Röhrling, Moor-Speitäubling, Vielvertarbender Birkenpilz.

Saprobionten Moor-Muscheling, Schuppiger Moor-Saftling, Sumpf-Bovist, Sumpf-Graublatt, Sumpf-Häubling.

Xylobionten Birken-Feuerschwamm, Birkenporling, Lundell's Feuerschwamm.

▸ CHARAKTERPFLANZEN, FARNE, MOOSE

Sind z. B. Andromedaheide, (Moor-)Birke, Heidekraut, Heidelbeere, Kiefern, Moosbeere, Preiselbeere, Rauschbeere, Rosmarinheide, Sonnentau, Torfmoose.

▸ NATURNÄHEZEIGER

Ist z. B. der Beringte Trompetenschnitzling.

▸ VERANTWORTUNGSARTEN

Sind z. B. Moor-Hallimasch, Torfmoos-Rötling, Sumpf-Saftling.

Blumenwiesen und Bergweiden

Allmenden, Almen, Bergmähwiesen und Wacholderheiden prägten jahrhundertelang das Landschaftsbild in Europa. In den letzten 70 Jahren wurden ca. 90 % dieser wertvollen Biotope durch intensive Landnutzung, Landwirtschaft und Bebauung zerstört. In der Landwirtschaft wird Grünland nach Ertragsklassen (Meliorationsstufen von 0 = sehr ertragsarm bis 9 = höchste Ertragsstufe) eingeteilt. Für die Artenvielfalt läuft es leider tendenziell entgegengesetzt. Beweidete Kalkmagerrasen-Komplexe mit jahrhundertealten Hutebäumen sind Hotspots der Artenvielfalt. Auch die sauren Bergmähwiesen im Böhmerwald, Erzgebirge oder Schwarzwald beherbergen eine reichhaltige Pflanzen-, Pilz- und Tierwelt. Stark gedüngtes, „ertragsstarkes" und intensiv genutztes Grünland ist extrem artenarm. Solche Wiesen werden als Tintlingswiesen bezeichnet, da hier hauptsächlich stickstofftolerante Pilze wie Tintlinge, Düngerlinge und Samthäubchen wachsen.

Wiesen und Weiden sind vom Menschen gemachte Biotope, die unsere traditionelle bäuerliche Kulturlandschaft hervorgebracht hat. Ihr Erhalt ist aufwendig, denn die traditionelle extensive Nutzung ist nur noch selten wirtschaftlich. Dafür werden Natur- und Pilzfreunde mit Tausenden von faszinierenden Pilzarten belohnt. Bunte Erdzungen, Rötlinge, Saftlinge und Wiesenkeulchen können wir bis zu den ersten Bodenfrösten dort entdecken. Und auch die Speisepilzsammler kommen nicht zu kurz, wenn sie zwischen Huteeichen nach Sommersteinpilzen suchen. Wiesen-Champignons wachsen auf extensiv genutztem Grünland, das mit Stallmist nach traditioneller Art behutsam gedüngt wird.

Baum- und Strauchschicht

Diese ist abhängig von der Nutzung und der potenziellen natürlichen Vegetation. Häufig sind sogenannte Beweidungszeiger wie Schlehe, Wacholder, Weißdorn und Wildrosen. Im subalpinen und alpinen Raum kommen Zwergweiden hinzu.

Blütenpflanzen und Gräser

Je nach Standort und Habitattradition können Hunderte von Pflanzenarten auf wenigen Hektar Fläche vorkommen.

▸ TYPISCHE PILZARTEN

Parasiten Gras-Kernpilz.

Symbionten Sind abhängig von den vorhandenen Baumarten.

Saprobionten Fleischfarbenes Wiesenkeulchen, Gelbe Wiesenkoralle, Hasen-Bovist, Kirschroter Saftling, Riesenschirmlinge, Salzwiesen-Egerling, Behaarte Erdzunge, Wiesen-Champignon, Wiesen-Staubbecher, Zwerg-Erdstern.

Xylobionten Sind abhängig vom Totholzvorrat.

▸ CHARAKTERPFLANZEN, FARNE, MOOSE

Sind z. B. Arnika, Enziane, Goldhafer, Glockenblumen, Habichtskräuter, Heidenelke, Orchideen, Ruchgras, Schafschwingel, Schlüsselblumen, Silberdistel, Spitzwegerich, Thymian, Wiesensalbei, Rentierflechten, Großes Kranzmoos, Rotstängelmoos.

▸ NATURNÄHEZEIGER

Sind z. B. alle Arten von Erdzungen und Saftlingen.

▸ VERANTWORTUNGSARTEN

Sind z. B. Bläulichbereifte Keule, Gelbfüßiger Ellerling, Hauhechel-Samtfußrübling, Lilastieliger Rötelritterling, Schwarzblauer Rötling, Trockener Saftling.

Parkanlagen und Gärten

Der Reiz solcher von Menschen gestalteten Anlagen liegt in der offenen Landschaft mit oftmals majestätischen alten Bäumen. Die Klassiker sind sicherlich die englischen Landschaftsparks, traditionell von Schafen beweidet und mit jahrhundertealten Eichen bestanden. In dicht besiedelten Städten sind diese Parkanlagen, auch wenn sie schon seit der Renaissance bestehen, oft anderen Bedürfnissen wie Picknick und Sport untergeordnet. Daher finden wir in Deutschland alle Qualitätsstufen von Parkanlagen, jene mit klassisch kurz gemähten, nährstoffarmen Moosrasen, im Idealfall im Wechsel mit artenreichen, 2- bis 3-schürigen, artenreichen Blumenwiesen, sowie im Extremfall stark gedüngte Sportrasenanlagen mit Rosen und Rhododendronrabatten, intensiv genutzten Spielplätzen und Hundetoiletten.

Für pilzkundliche Spaziergänge und Fotosafaris eignen sich grundsätzlich alle Parkanlagen bis hin zum Waldfriedhof. In den eutrophierten Anlagen finden sich manchmal interessante Exoten und Neomyceten oder Rindenmulchmorcheln. In den altehrwürdigen Schlossgärten, wo weitgehend traditionell und ohne Düngemitteleinsatz gepflegt wird, entdecken wir unzählige Raritäten von Dickröhrlingen, Milchlingen, Täublingen oder selten gewordene Porlinge an den Methusalembäumen. Diese alten Bäume sind sehr wertvolle und artenreiche Lebensräume für Flechten, Moose, Pilze und Tiere. Hohle Baumstümpfe bieten besondere Lebensräume.

Baum- und Strauchschicht

Im Idealfall werden in Parkanlagen heimische Gehölze wie Buchen, Eichen, Hainbuchen, Kiefern, Linden und Weißtannen verwendet. Ungünstig sind Platanen, Rosskastanien, Zypressen und weitere exotische Baumarten, die keine Ektomykorrhiza bilden.

Blütenpflanzen und Gräser

Die Artenvielfalt ist wie bei den Blumenwiesen stark abhängig von der gärtnerischen Pflege und dem Nährstoffgehalt der Böden. Je extensiver, umso artenreicher. Zeigerarten für nährstoffarme Verhältnisse sind z. B. Anemonen, Habichtskräuter, Heidenelke, Kranzmoos oder sogar heimische Orchideenarten.

▸ TYPISCHE PILZARTEN

Parasiten Brandkruste, Eichen-Feuerschwamm, Leberreischling, Riesen-Porling, Schuppiger Porling.

Symbionten Eingeschnittener Öhrling, Hainbuchen-Raufuß, Leopardenfell-Bovist, Queraderiger Milchling, Rötender Risspilz, Rotstieliger Ledertäubling, Silber-Röhrling, Weißtäublinge, Wurzelnder Bitterröhrling, Zedern-Sandborstling.

Saprobionten Mai-Morchel, Herbst-Lorchel, Orangeroter Träuschling, Schopftintling, Stadt-Champignon, Stink-Schirmling.

Xylobionten Blauer Rindenhelmling, Spindeliger Rübling.

▸ CHARAKTERPFLANZEN, FARNE, MOOSE

Sind z. B. Farne, Flechten und Moose, Buschwindröschen, Buchen, Eichen, Hainbuchen, Hasel, Leberblümchen, Lungenflechte, Schlüsselblumen, Rippenfarn, Kranzmoos.

▸ NATURNÄHEZEIGER

Sind z. B. Dickröhrlinge, Milchlinge, Schleierlinge und Täublinge.

▸ VERANTWORTUNGSARTEN

Sind z. B. Gelbfüßiger Ellerling, Satansröhrling, Zweisporiger Goldnabeling.

Bestimmungsschlüssel und Artenteil

Einteilung in die Gruppenschlüssel

Die Schlüsselung zu den Hauptgruppen verwendet – wie auch alle weiteren Bestimmungsschlüssel – nach Möglichkeit gut erkennbare, makroskopische Merkmale. Daher verzichten wir meist auf die wissenschaftliche Benennungen der Gruppen, die nach neueren Erkenntnissen oft künstliche Einheiten bilden.

1a	FK in Hut und Stiel gegliedert und auf der Hutunterseite mit einer +/- gut ablösbaren Röhrenschicht **→ Röhrlinge *(Boletales)*, S. 32**
1b	FK in Hut und Stiel gegliedert (seltener muschelförmig) und auf der Hutunterseite mit Lamellen und weichfleischig **→ Blätterpilze und einige lamellige Porlinge, S. 31**
1c	FK entweder nicht in Hut und Stiel gegliedert oder Hutunterseite weder mit Röhren noch mit Lamellen **→ 2**
2a (1)	FK unterirdisch (höchstens alt etwas aus dem Boden ragend); rundlich bis kartoffelförmig; Sporenbildung im Inneren des FK **→ Hypogäen, S. 644**
2b	FK zumindest bei Reife komplett oberirdisch (selten in sehr jungen Stadien unterirdisch) **→ 3**
3a (2)	FK jung geschlossen; rundlich, kartoffel- bis birnförmig oder napfartig; Sporenbildung im Inneren des FK; SP als staubendes Pulver oder linsenförmige Päckchen; Freisetzung durch Abblättern oder Aufreißen der Außenhaut **→ Bauchpilze *(Gasteromycetes)*, S. 620**
3b	FK jung geschlossen; rundlich, bei Reife oben aufplatzend; Sporenbildung außen am FK in einer schleimigen olivgrünen Masse **→ Blumenpilze *(Phallales)*, S. 622**
3c	FK geschlossen, krustig-hart, als rundliches, birn- bis keulenförmiges oder flächiges Stroma ausgebildet; Sporenbildung in einem farblosen Gel im Inneren des FK in einer oder mehreren Höhlungen **→ Kernpilze *(Pyrenomycetes)*, S. 681**
3d	Sporenbildung erfolgt außen am FK, jedoch nicht in einer schleimigen Masse **→ 4**
4a (3)	Hym besteht aus runden, eckigen, länglichen, zerschlitzten oder labyrinthischen Poren, die nicht vom FK ablösbar sind; V meist an Holz, seltener auf Erde **→ Porlinge, S. 510**
4b	Hym nicht porig, sondern glatt, runzelig, leistenförmig, stachelig oder mit Zähnchen **→ 5**
5a (4)	Hym aus Stacheln oder Zähnchen bestehend und FK gestielt und auf dem Erdboden wachsend **→ Nichtblätterpilze p. p., S. 568**
5b	Hym glatt, runzelig oder leistenförmig oder wenn mit Stacheln oder Zähnchen dann FK ohne deutlichen Stiel und auf Holz wachsend **→ 6**
6a (5)	FK gallertig bis knorpelig, getrocknet dünn und hornartig hart; klumpen-, hirn-, kreisel-, ohr- bis napfförmig; immer an Holz (Ausnahme: eine Art terrestrisch, rot, tütenförmig) **→ Gallertpilze *(Heterobasidiomycetes)*, S. 610**
6b	FK andersartig **→ 7**
7a (6)	FK als filziger, spinnwebartiger oder fester Überzug auf Holz; Hym glatt, runzelig, gewunden-faltig, warzig oder mit Zähnchen; vollständig anliegend oder am Rand abgebogen bis schwach hutbildend **→ Rindenpilze *(„Corticiaceae")*, S. 552**
7b	FK andersartig **→ 8**
8a (7)	FK meist schüssel- bis linsenförmigen, wachsartig oder weich; Außenseite glatt oder behaart; Hym immer glatt bis höchstens leicht runzelig; Sporenbildung in Schläuchen; selten kommen keulige bis gestielt-kopfige FK vor (im Zweifelsfall mikroskopieren) **→ Schlauchpilze (*Ascomycetes* p. p.), S. 645**
8b	FK mit bisher nicht genannten Formen, z. B. korallen-, keulen- oder kreiselförmig; Hym leistenförmig oder glatt, selten mit Zähnchen (Stachelbärte) **→ Nichtblätterpilze p. p., S. 568**
8c	FK im Gewebe lebender Pflanzen parasitierend oder als mehliger Belag auf diesen liegend (Mehltaue); befallene Pflanzenteile oft verfärbt und/oder deformiert **→ Phytoparasiten, S. 722 ff.**

Blätterpilze

Die Blätter- oder Lamellenpilze stellen die größte Gruppe der als Speisepilze bekannten Arten, abgesehen von den Röhrlingen. Allerdings findet sich hier auch die überwiegende Mehrheit der Giftpilze, und nahezu alle tödlich giftigen Pilze tragen Lamellen unter dem Hut. Der größte Teil der Blätterpilze ist in Hut und Stiel gegliedert, doch kommen auch einige wenige Arten mit rudimentärem oder fehlendem Stiel vor.

Sofern die Gattung nicht bereits aufgrund der eigenen Erfahrung erkannt wird, muss bei unbekannten Arten zwingend die Farbe des Sporenpulvers bekannt sein. Da diese sehr konstant ist und nicht durch Witterungs- oder Wachstumsbedingungen beeinflusst wird, ist dies ein Merkmal von höchster Bedeutung. Sie steht daher gleich am Anfang des Bestimmungsteils. Im Regelfall ergibt sich ein eindeutiges Ergebnis, jedoch ist es bisweilen schwierig, die verschiedenen Brauntöne der richtigen Gruppe zuzuordnen. Bisweilen kann man die Sporenpulverfarbe am Vergleich von jungen zu alten Lamellen einschätzen, doch führt dies in nicht wenigen Fällen zu falschen Ergebnissen (z. B. Hallimasch: Lamellen braun, aber Sporenpulver weißlich).

1a	Stieltrama spröde, nicht in Längsrichtung zerfaserbar, sondern stückchenweise brechend **→ Sprödstielige: Milchlinge, S. 74 und Täublinge, S. 102** Die hierher gehörigen Gattungen zeichnen sich entweder durch einen Milchsaft aus (Milchlinge) oder durch weitgehend fehlende Lamelletten (Täublinge, mit Ausnahme der Schwärz- und Weißtäublinge). Vorsicht vor brüchigen Faserstieligen, die aber trotz fehlendem Milchsaft reichlich Lamelletten hätten!
1b	Stieltrama lässt sich in Längsrichtung zerfasern **→ 2**
2a	Spp. weiß bis cremefarben; SP im Mikroskop völlig farblos **→ Hellsporer, S. 138**
2b	Spp. rosa bis fleischfarben; SP im Mikroskop fast farblos bis schwach gelblich **→ Rosasporer, S. 284**
2c	Spp. gelb-, rost-, oliv- bis graubraun; SP im Mikroskop braungelb **→ Braunsporer, S. 380**
2d	Spp. dunkel- bis violettbraun bis schwarz; SP im Mikroskop grau-, rot- bis dunkelbraun, teils fast undurchsichtig **→ Dunkelsporer, S. 362**
2e	Spp. frisch grün, entweder braunrötlich werdend oder grün bleibend **→ Buntschirmlinge *(Melanophyllum)*, S. 342**

Röhrlinge

Die Röhrlinge sind in Mitteleuropa generell in Hut und Stiel gegliederte Pilze, die auf der Unterseite ein ablösbares Röhrenpolster aufweisen. Lediglich das Goldblatt hat eine Lamellenstruktur. Abgesehen vom Nadelholzröhrling bilden sie eine Ektomykorrhiza mit Bäumen. Die Verwandtschaft der Röhrlingsartigen schließt allerdings auch weitere Lamellen bildende Gattungen mit ein; sogar Rindenpilze (Hausschwamm u. ä.) und Bauchpilze (Kartoffelboviste) zählen dazu.

Allgemein gelten die Röhrlinge als einfach bestimmbar, was nur bedingt zutrifft. Insbesondere die Filz- und die Raustielröhrlinge bereiten oft Bestimmungsprobleme. Wichtig für die Bestimmung ist häufig ein Schnittbild, um eine eventuelle arttypische Verfärbung feststellen zu können.

1a		Spp. blassgelb, cremefarben; Stiel gekammert-hohl und Hut glatt bis schwach schorfig → **Blasssporröhrlinge, S. 48**
1b		Spp. olivlich, olivockerbraun, seltener rosa, porphyrbraun oder schwarz; Stiel stets voll, oder hohl und dann Hut schuppig → **2**
2a	(1)	Hutoberfläche abstehend faserschuppig, gelb, orange bis braun, selten rot; Poren etwas am Stiel herablaufend; Stiel bald hohl werdend; Trama unveränderlich; Spp. oliv; nur bei Lärche (selten bei Douglasie: eingeschleppte Arten) → **Hohlfußröhrling und verwandte Douglasienröhrlinge, S. 50**
2b		Hutoberfläche wollig-schuppig, weißgrau bis schwärzlich; Poren nicht herablaufend, Stiel voll; Trama rötend, dann schwärzlich; Spp. schwarz; vor allem bei Buche und Fichte → **Strubbelkopfröhrling, S. 50**
2c		Hutoberfläche glatt oder rissig, aber nicht (abstehend) schuppig; nicht mit obigen Merkmalskombinationen → **3**
3a	(2)	Spp. fleischrosa; Stiel grob oliv genetzt; Geschmack bitter → **Gallen-Röhrling, S. 50**
3b		Spp. wein- bis porphyrbraun; Hut und Stiel düster schwarzbraun, trocken; Geschmack mild → **Düsterer Röhrling, S. 50**
3c		Spp. gelboliv bis olivbraun (wenn rotbräunlich und Hut schleimig; vgl. Grauer Lärchenröhrling); Geschmack mild, bitter oder schärflich → **4**
4a	(3)	Stiel mit Ringzone vom Teilvelum; Hut schmierig-schleimig (Schmierröhrlinge p. p.) → **5**
4b		Stiel ohne Ringzone; Hut trocken oder schmierig bis schleimig → **7**
5a	(4)	Hut schokoladen- bis dunkel gelbbraun; Poren sehr fein; Vorkommen bei Kiefern → **Butterpilz, S. 52**
5b		Hut goldgelb, orange, hell gelbbraun oder grau bis weißlich; Poren entweder größer oder Vorkommen bei Lärche → **6**
6a	(5)	Hut gelb, oft etwas konisch; Poren groß, eckig; auf sumpfigen Böden unter Kiefer → **Moor-Röhrling, S. 52**
6b		Hut grau oder orange, wenn gelb dann Poren fein; stets bei Lärche → **Lärchenröhrlinge, S. 52**
7a	(4)	Poren jung reinweiß, alt gelbgrün bis oliv und Stieloberfläche mit Netz; Trama nicht verfärbend → **Steinpilze, S. 36**
7b		Poren jung nicht reinweiß oder Stieloberfläche kein Netz aufweisend → **8**
8a	(7)	Porenschicht am Stiel herablaufend, sehr fein; Trama etwas blauend; SP max. 8 µm lang; Vorkommen bei Erlen oder Hainbuche → **Erlengrübling, S. 48**
8b		Merkmalskombination anders → **9**
9a	(8)	auf Kartoffelbovisten parasitierend; FK einheitlich olivgelb → **Parasitischer Röhrling, S. 62**
9b		nicht auf Kartoffelbovisten parasitierend → **10**

10a (9) Poren und Röhren einheitlich himbeerrot oder rostorange; FK relativ klein; Trama oft scharf oder bitter, in der Stielbasis meist chromgelb **→ Pfeffer- und Zwergröhrlinge, S. 46**

10b Poren anders gefärbt, wenn rot oder orange, dann die Röhren gelb **→ 11**

11a (10) Stieloberfläche mit erhabenen Schüppchen oder Flöckchen besetzt **→ 12**

11b Stieloberfläche glatt, punktiert (aber nicht erhaben!) oder genetzt **→ 19**

12a (11) Trama stark blauend; Poren rot **→ Flockenstieliger Hexenröhrling, S. 40**

12b Trama violettgrau bis schwarzviolett verfärbend, meist vorher rötend **→ 13**

12c Trama unveränderlich oder etwas rötend, aber nicht violettgrau oder dunkler werdend **→ 17**

13a (12) FK ganz oder teilweise mit gelben Farbtönen; Huthaut nicht überhängend; HDS meist aus aufsteigenden, kurzgliedrigen Zellen aufgebaut (gelbporige Raufüße) **→ 14**

13b Huthaut überhängend; HDS aus liegenden fädigen Zellen aufgebaut (Rotkappen) **→ 15**

14a (13) Poren graucreme; unter Hainbuche **→Hainbuchen-Raufuß, S. 64**

14b Poren gelb; unter laubabwerfenden Eichen **→ Gelber Raufuß, S. 64**

14c Poren gelb; unter immergrünen Eichen **→ Steineichen-Raufuß, S. 64**

15a (13) Hut braun, graubraun, ohne Rottöne; Stielschüppchen schwarz; unter Pappeln **→ Pappel-Raufuß, S. 64**

15b Hut gelborange, orangerot, fuchsig bis bräunlich rot; wenn unter Pappeln dann Stielschüppchen weiß oder rotbräunlich **→ 16**

16a (15) Stielschüppchen schwarz; Hut gelborange bis orangerot; unter Birke **→ Heide-Rotkappe, S. 66**

16b Stielschüppchen jung weiß; Hut gelborange bis orangerot; unter Zitter-Pappel **→ Espen-Rotkappe, S. 66**

16c Stielschüppchen von jung an rotbraun; Hut fuchsig bis braunrot; unter Eiche, selten anderen Laubbäumen (auch Pappel!) **→ Laubwald-Rotkappe, S. 66**

16d Stielschüppchen grau (selten jung weiß); Hut fuchsig, orangebraun bis braunrot; unter Fichte und Kiefer **→ Nadelwald Rotkappe, S. 66**

17a (12) Poren jung lebhaft gelb; Stielbasis nach Jodoform oder Zedernholz riechend; Trama unveränderlich gelblich **→ Fahler und Gehämmerter Röhrling, S. 62**

17b Poren jung weißlich bis schmutzig eierschalfarben; ohne besonderen Geruch; Trama weißlich oder etwas rötend, manchmal mit bläulichen oder grünlichen Flecken in der Stielbasis **→ 18 (Birkenpilze)**

18a (17) Trama +/- unveränderlich weiß, in Fraßstellen ockerlich; Stielbasis nie mit bläulichen Flecken; Stielschüppchen +/- schwarz, isoliert; Hut rotbraun **→ Gewöhnlicher Birkenpilz, S. 68**

18b Trama schwach rötend; Stielbasis oft blaufleckig; Stielschüppchen dunkelgrau, wollig-filzig; Hut graubraun **→ Wollstieliger Birkenpilz, S. 68**

18c Trama im Hut rötend, im Stiel grünend; Stielbasis blaufleckig; Stielschüppchen +/- schwarz, isoliert; Hut graubraun, wie Granit wirkend **→ Vielverfärbender Birkenpilz, S. 68**

18d Trama schwach rötend oder unveränderlich; Stielbasis oft blaufleckig; Stielschüppchen weißlich, oft grob; Hut weiß bis cremefarben, alt meist olivlich getönt **→ Moor-Birkenpilz, S. 68**

19a (11) Poren jung orange bis rot **→ 20**

19b Poren jung goldgelb bis grüngelb **→ 24**

20a (19) Stieltrama stark amyloid, in der Basis rhabarberrot (auch außen) **→ Hexenröhrlinge, S. 44**

20b Stieltrama ohne oder mit nur schwacher amyloider Reaktion, in der Basis gewöhnlich nicht rhabarberrot **→ 21**

21a (20) Hutoberfläche auf Reiben bläulich-grünlich-schwärzlich fleckend **→ Purpurröhrlinge, S. 44**

21b Hutoberfläche auf Reiben nicht so, bisweilen etwas bräunend oder weinrot werdend → **22**

22a (21) Stiel glatt oder sehr fein gepunktet, gelblich; Hut jung lebhaft rosa; (sub-)mediterrane Art → **Wolfsröhrling, S. 42**

22b Stiel mit Netz; Hut jung weiß bis grau (bisweilen abgerieben zunehmend weinrosa) → **23**

23a (20) Hut kalkweiß, älter hell lederfarben; Stiel unterwärts karminrot, mit karminrotem Netz; Trama gleichmäßig blauend; Geruch unangenehm, alt aasartig → **Satansröhrling, S. 42**

23b Hut jung graufilzig, zunehmend weinrosa werdend; Stiel mit orangeroten Tönen; Trama gleichmäßig blauend; Geruch trocknend etwas maggiartig → **Falscher Satansröhrling, S. 42**

23c Hut jung graufilzig, zunehmend (hell) rosa werdend; Stiel mit blutrotem Netz auf gelbem Grund; Trama nur im Hut blauend; Geruch unspezifisch → **Blasser Purpurröhrling, S. 42**

24a (19) Stieloberfläche wenigstens an der Spitze mit einem Netz (beim Wurzelnden Bitterröhrling manchmal schwer sichtbar!) → **25**

24b Stieloberfläche glatt, aber manchmal an der Spitze mit groben Längsrippen, die sich teils überkreuzen → **29**

25a (24) Trama nicht blauend; Hut kirschrosa; unter Eiche/Buche, auf basischen Böden → **Königsröhrling, S. 38**

25b Trama nicht blauend; Hut gelbbraun; unter Nadelbäumen, meist auf sauren Böden → **Nadelwald-Anhängselröhrling, S. 38**

25c Trama blauend, bisweilen nur schwach und nur im Hut über der Röhrenschicht → **26**

26a (25) Trama überall gleichmäßig blauend, meist bitter <u>oder</u> Hutoberfläche bei Berührung blauend → **27**

26b Trama nur im Hut blauend, in der Stielbass meist rötlich, immer mild → **Anhängsel-, Silber- und Falscher Königsröhrling, S. 38**

27a (26) Hut jung grünlich, bei Berührung dunkelblau fleckend; Trama stark blauend, nach 24 Stunden rötlich → **Ochsenröhrling, S. 44**

27b Hut jung weiß bis grau, bei Berührung nicht verfärbend; Trama stark blauend, nach 24 Stunden graugelblich → **28**

28a (27) Stieltrama amyloid; meist im Nadelwald auf sauren Böden; Stiel frisch kräftig rot gefärbt → **Schönfußröhrling, S. 40**

28b Stieltrama nicht amyloid; unter Laubbäumen auf Kalk, oft in Parks und an Wegrändern; Stiel normalerweise ohne Rottöne → **Wurzelnder Bitterröhrling, S. 40**

29a (24) Hut bei feuchter Witterung deutlich schleimig-schmierig → **30**

29b Hut trocken, oft samtig oder rissig → **36**

30a (29) Hut kirsch- bis bräunlich rosa, Poren auffallend leuchtend goldgelb → **Goldporiger Röhrling, S. 46**

30b Hut gelb-, orange- bis dunkelbraun, selten weißlich → **31**

31a (30) Stiel ohne Drüsenpunkte → **32**

31b Stiel an der Spitze mit Drüsenpunkten → **34**

32a (31) Hut maronenbraun; Poren cremegelb, auf Druck blauend → **Maronen-Röhrling, S. 62**

32b Hut braungelb; Poren oliv, auf Druck nicht blauend → **33**

33a (32) Hut trocken filzig-feinschuppig; Trama über den Röhren leicht blauend, gekocht gelblich → **Sand-Röhrling, S. 56**

33b Hut trocken klebrig, glatt; Trama nirgendwo blauend, gekocht violett → **Kuh-Röhrling, S. 56**

34a (31) Hut elfenbeinweiß bis blassgelblich; Stiel weinrötlich bis braun gepunktet; Habitus schlankstielig; nur unter fünfnadligen Kiefern → **Elfenbein-Röhrling, S. 56**

34b Hut braun mit deutlicher weißer Randzone; Stiel orange bis rot gepunktet; Habitus gedrungen; unter 2- bis 5-nadeligen (mediterranen) Kiefern → **Weißbrauner Schmierröhrling, S. 54**

34c	Hut einheitlich gelb-bis graubraun; Drüsenpunkte weniger bunt; unter 2- bis 5-nadeligen Kiefern **→ 35**
35a (34)	Stielbasis und Basalfilz rosa; Hut graubraun, eingewachsen faserig **→ Ringloser Butterpilz, S. 54**
35b	Stielbasis und Basalfilz weiß bis blassgelblich; Hut orangebraun, +/- glatt **→ Körnchen-Röhrlinge, S. 54**
36a (29)	Trama unter der Huthaut mit gelatinöser Schicht, nur über den Röhren leicht blauend; an Holz oder (vergrabenen) Wurzeln von Nadelbäumen **→ Nadelholzröhrling, S. 48**
36b	Trama ohne gelatinöse Schicht unter der Huthaut, meist nicht nur über den Röhren blauend; nicht an Holz oder nur zufällig auf stark vermorschtem Holz **→ 37**
37a (36)	Stieloberfläche bei Berührung sofort tief dunkelblau verfärbend, ebenso die gesamte Trama (vgl. auch *Xerocomellus cisalpinus*) **→ Schwarzblauender Röhrling, S. 40**
37b	Nicht oder nicht so stark blauend, insbesondere nicht auf dem Stiel **→ 38**
38a (37)	Poren jung lebhaft gelb ohne Grünton; Stiel an der Spitze oft etwas gerippt **→ Ziegenlippe und verwandte Arten, S. 58**
38b	Poren jung grünlich gelb, oliv oder cremegelb, nicht so lebhaft wie vorige; Stiel nie gerippt **→ 39**
39a (38)	Hut gelb- bis ockerbraun, trocken filzig-feinschuppig; Trama über den Röhren leicht blauend; unter Kiefer auf Sandboden **→ Sand-Röhrling, S. 56**
39b	nicht mit dieser Merkmalskombination **→ 40**
40a (39)	Hut maronenbraun, feucht etwas schmierig; Poren cremegelb, auf Druck blauend; FK ohne rote Töne **→ Maronen-Röhrling, S. 62**
40b	nicht mit dieser Merkmalskombination **→ 41**
41a (40)	Endhyphen der Hutdeckschicht mit in Kongorot intensiv anfärbbaren Placken; Hut orange- bis rosenrot; Stiel hutfarben überlaufen; Poren gelb **→ Aprikosen-Röhrling, S. 60**
41b	Endhyphen der Hutdeckschicht ohne kongophile Placken; Hut und Stiel manchmal anders gefärbt **→ 42**
42a (41)	Stielbasis in der Trama mit karottenfarbenen Pigmentpünktchen; Hut meist rosalich getönt bis blutrot, aber alt verblassend **→ Blutroter und Eichen-Filzröhrling, S. 58**
42b	Hut düster olivbraun; Stiel unterwärts hutfarben überlaufen; SP zum Großteil mit abgestutztem Ende **→ Falscher Rotfußröhrling, S. 60**
42c	Hut ohne düsteren Olivton, Oberfläche jung etwas höckerig-uneben, nicht rissig; Stiel jung rein gelb; Trama nach einigen Minuten im unteren Stielbereich blauend **→ Herbst-Rotfußröhrling, S. 60**
42d	Arten mit anderer Merkmalskombination, insbesondere mit meist (rot-)rissigem Hut, von jung an teilweise rotem Stiel und andersartigem Blauen der Trama **→ Gewöhnlicher Rotfußröhrling und verwandte Arten, S. 60**

1 Schwarzhütiger Steinpilz, Bronze-Röhrling

Boletus aereus

RL-V | §§

H 8–20 cm, jung halbkugelig, später polsterförmig gewölbt, alt oft ganz verflachend, auch bei feuchtem Wetter kaum schmierig, dunkel- bis zigarrenbraun, sepia, oft fleckweise olivgelblich. **R** Lange weiß bleibend (länger als bei anderen Steinpilzarten), im Alter zunehmend olivgelb bis -grün. **S** 5–15 × 1,5–4 cm, zylindrisch bis leicht bauchig, Basis abgerundet bis leicht zuspitzend, dem Hut gleichfarben oder etwas heller, mit feinem gleichfarbenen Netz. **F** Weiß, unveränderlich, unter der Huthaut im Alter etwas bräunlich, mild. **V** August bis Oktober. In warmen Eichenmischwäldern, selten unter Buche, auf mäßig sauren bis basenreichen Böden; in Mitteleuropa weit verbreitet, aber überall selten. **W** Aufgrund der dunklen Färbung und den lange weißlich bleibenden Poren gut von den anderen Steinpilzarten unterscheidbar. Die Art zeigt in Mitteleuropa in den letzten 20 Jahren leichte Bestandszunahmen, was auf die Klimaerwärmung zurückgeführt wird.

SP 11–19 × 4–6,5 µm, spindelig, glatt

2 Sommer-Steinpilz

Boletus aestivalis

H 8–25 cm, jung halbkugelig, später polsterförmig gewölbt, alt ausgebreitet und verflachend, trocken, fein filzig, oft feldrig aufreißend, hell lederbräunlich bis blass graugelb, nussbraun, aber auch in einer rotbräunlichen Farbform vorkommend, die dem Kiefern-Steinpilz ähnelt (s. u.). **R** Jung weiß, schnell zunehmend olivgrün werdend. **S** 8–20 × 1,5–5 cm, zylindrisch bis leicht bauchig, dem Hut gleichfarben oder etwas heller, mit deutlichem, etwas erhabenem Netz, das bisweilen auch etwas dunkler als die Stielfarbe sein kann. **F** Weiß oder stellenweise etwas cremefarben getönt, unveränderlich, mild, schnell wattig-weich werdend. **V** Juni bis Oktober. In Buchen- und Eichenwäldern oder in Parks, auf mäßig sauren bis basenreichen Böden; in Mitteleuropa weit verbreitet. **W** Junge Exemplare können dem bitteren Gallen-Röhrling (→ S. 50) sehr ähnlich sehen. Trotz der ziemlich weichen Konsistenz ein geschätzter Speisepilz!

SP 11–19 × 3,5–5,5 µm, spindelig, glatt

3 Steinpilz, Fichten-Steinpilz

Boletus edulis

§

H 8–25 cm, jung halbkugelig, schnell polsterförmig, alt meist verflachend, bei feuchtem Wetter deutlich schmierig-klebrig, anfangs weißlich (besonders bei Lichtmangel), dann nuss- bis dunkelbraun, manchmal fast schwärzlich, mit weißem Randsaum. **R** Jung weiß, schnell zunehmend olivgelb bis -grün. **S** 5–20 × 1,5–5 cm, zylindrisch bis leicht bauchig, Basis abgerundet bis knollig, grauweißlich bis hellbeige, mit feinem weißlichen Netz im oberen Teil. **F** Weiß, unveränderlich, unter der Huthaut rotbräunlich, mild. **V** August bis Dezember. Auf sauren Böden unter Fichte, Kiefer oder Buche, seltener unter Linde, Birke oder Hainbuche; in Mitteleuropa weit verbreitet und häufig. **W** In der Literatur werden noch ein Birken-Steinpilz *(B. betulicolus)* und ein Hainbuchen-Steinpilz *(B. carpinaceus)* beschrieben, deren Status unklar ist. Ferner kommen reinweiße Albinos und reingelbe Farbformen vor.

SP 12–18(–20) × 4–6,5 µm, spindelig, glatt

4 Kiefern-Steinpilz

Boletus pinophilus

RL-V | §§

H 10–30 cm, jung halbkugelig, später polsterförmig gewölbt, auch alt nicht verflachend, bei feuchtem Wetter etwas schmierig, weinbraun, purpurbraun bis rötlich braun, jung weiß überreift. **R** Lange weiß bleibend, dann olivgelb, erst im Alter olivgrün. **S** 5–15 × 2–6 cm, bauchig bis knollig, dem Hut gleichfarben rötlich braun, mit feinem hellen Netz. **F** Weiß, unveränderlich, unter der Huthaut weinrötlich, mild. **V** August bis November. In nährstoffarmen Flechten-Kiefernwäldern auf Sandböden, selten unter Fichte, stets auf sauren Böden; in Mitteleuropa stark rückläufig aufgrund von Stickstoffanreicherung in den Waldböden, in Skandinavien und Osteuropa örtlich (noch) häufig. **W** Insbesondere die weinrötliche Stielfärbung kennzeichnet diese Art gegenüber dem Fichtensteinpilz gut. Die Art soll sehr selten auch unter Laubbäumen wachsen (Eiche, Linde).

SP 12–21 × 4–6,5 µm, spindelig, glatt

1

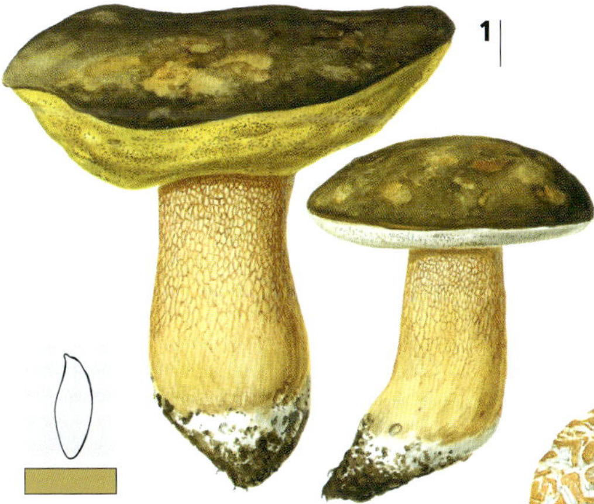

2

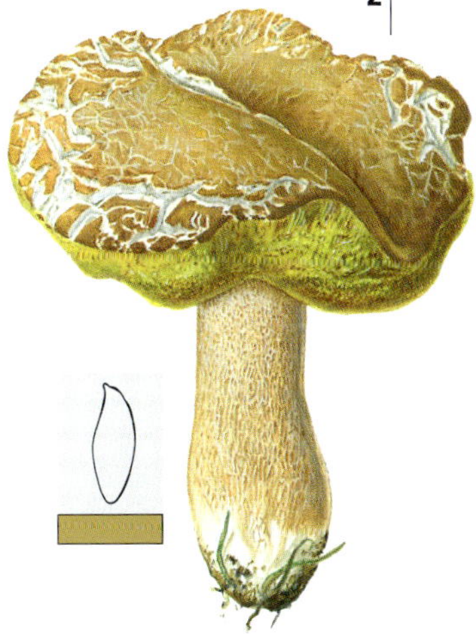

3

4

1 | Echter Anhängselröhrling

Butyriboletus appendiculatus (Syn. *Boletus appendiculatus*) RL-3 | §§

H 8–20 cm, jung halbkugelig, später polsterförmig gewölbt, selten verflachend, fein filzig, trocken, rot- bis dunkelbraun, seltener heller gelb- bis ockerbraun. **R** Lange lebhaft goldgelb, im Alter zunehmend olivgelb, Mündungen oft etwas rostfarben überhaucht, auf Druck blauend. **S** 5–15 × 1,5–4 cm, zylindrisch bis leicht bauchig, Basis spindelig zuspitzend, gold- bis ockergelb, mit gleichfarbenem Netz. **F** Hell- bis zitronengelb, über der Röhrenschicht blauend, mild. **V** August bis Oktober. In warmen Eichen- und Buchenmischwäldern, selten unter Linde, auf mäßig sauren bis basenreichen Böden; in Mitteleuropa weit verbreitet, aber überall selten. **W** Die Art wird örtlich auch (fälschlich) als Gelber Steinpilz bezeichnet.

SP 9–15 × 3,5–5,5 µm, spindelig, glatt

2 | Nadelwald-Anhängselröhrling

Butyriboletus subappendiculatus (Syn. *Boletus subappendiculatus*) §§

H 5–12 cm, jung halbkugelig, später polsterförmig gewölbt, fein filzig, matt, gelbbraun (heller als vorige Art). **R** Lebhaft gelb, im Alter zunehmend olivgelb, nicht blauend. **S** 5–10 × 1,5–4 cm, zylindrisch, mit abgerundeter Basis, hellgelb, mit feinem weißlichen Netz. **F** Gelblich, unveränderlich, mild. **V** August bis Oktober. In naturnahen Fichtenwäldern der Mittelgebirgslagen, stets auf sauren Böden; in Mitteleuropa weit verbreitet, aber selten. **W** Unterscheidet sich vom Echten Anhängselröhrling (s. o.) durch fehlendes Blauen, hellere Hutfarbe, abgerundete Stielbasis und Vorkommen in Bergfichtenwäldern. Die Art scheint seit den 80er-Jahren etwas zugenommen zu haben.

SP 10–15 × (3–)3,5–4,5 µm, spindelig, glatt

3 | Silberröhrling

Butyriboletus fechtneri (Syn. *Boletus fechtneri*) RL-2 | V !! | §§

H 5–15 (–20) cm, jung halbkugelig, später polsterförmig gewölbt, selten verflachend, jung weißlich und durch die fein seidenfaserige Oberfläche etwas silbrig glänzend, im Alter lederfarben bis cremegrau, Randzone manchmal mit schwachem Rosaton. **R** Lebhaft goldgelb, alt zunehmend olivgelb, Mündungen oft etwas rostfarben überhaucht, auf Druck blauend. **S** 5–15 × 1,5–5 cm, zylindrisch bis bauchig, Basis abgerundet, gold- bis ockergelb, mit gleichfarbenem Netz, an der Basis oft mit weinrötlichen Zonen. **F** Hell- bis zitronengelb, im Hut hellblau verfärbend, im unteren Stielbereich braunrötlich, mild. **V** August bis Oktober. In warmen Eichen- und Buchenmischwäldern, auf Kalkboden; europaweit seltene und gefährdete Art! **W** Im jungen Zustand ist der seidige Hut kennzeichnend, alte Exemplare sind oft nur schwer von anderen gelbporigen Röhrlingen zu unterscheiden.

SP 9–16 × 3,5–5,5 µm, spindelig, glatt

4 | Falscher Königsröhrling, Blauender Königsröhrling

Butyriboletus fuscoroseus (Syn. *Boletus pseudoregius*) §§

Unterscheidet sich vom Silberröhrling (s. o) durch jung braunrote Hutfärbung, weniger seidig-filzige Huthaut und trüber gelbe Poren. Alte Exemplare sind oft nicht mehr sicher zu trennen. **V** August bis Oktober. In denselben Biotopen wie der Silberröhrling und nicht selten mit diesem vergesellschaftet. **W** Im Nadelwald kommt der kaum unterscheidbare *B. roseogriseus* vor. Beide Arten sind stark gefährdet, konnten aber aufgrund schlechter Datenlage nicht in die Rote Liste aufgenommen werden.

SP 10–15 × 4–5,5 µm, spindelig, glatt

5 | Königsröhrling

Butyriboletus regius (Syn. *Boletus regius*) RL-2 | §§

H 8–20 cm, jung halbkugelig, später polsterförmig gewölbt, nur selten verflachend, fein faserig, teilweise zu feinen Büscheln verklebt (Lupe!), kirsch- bis purpurrosa, pink, auch nur fleckweise auf gelbem Grund. **R** Leuchtend goldgelb, erst im Alter olivgelb. **S** 6–15 × 2,5–6 cm, zylindrisch bis bauchig, lebhaft zitronen- bis goldgelb, mit feinem gleichfarbenen Netz, Basis manchmal mit purpurroten Bereichen. **F** Lebhaft gelb, unveränderlich, mild. **V** Ende Juli bis Oktober. Lichte Buchen- und Eichenwälder in wärmebegünstigter Lage, stets auf Kalkböden; in Mitteleuropa stark rückläufig, überall selten. **W** Der bis auf den kirschrosa Hut in allen Teilen leuchtend gelbe Fruchtkörper ist unverwechselbar.

SP 11–16 × 3,5–5 µm, spindelig, glatt

1
2
3
4
5

1 Schönfußröhrling

Caloboletus calopus (Syn. *Boletus calopus*)

H 4–15(–20) cm, jung halbkugelig, später polsterförmig gewölbt, glatt, trocken, stein- bis cremegrau, älter auch oliv braungrau. **R** Schwefelgelb, im Alter zunehmend gelbgrün, blauend. **S** 5–15 × 1–4 cm, zylindrisch bis leicht bauchig, sehr variabel in der Form, oberwärts lebhaft gelb, mit weißlichem Netz, im unteren Teil karminrot mit gelbem bis gleichfarbenem Netz. **F** Hellgelb, im Stiel gelber als im Hut, gleichmäßig schnell stark blauend, bitter, Stielfleisch J+. **V** Juli bis Oktober. In montanen, sauren Nadelwäldern, seltener in lehmigen Laubwäldern; in Mitteleuropa weit verbreitet, in höheren Lagen nicht selten. **W** Das rote Pigment des Stiels ist lichtempfindlich und kann fehlen. Kleine Exemplare aus Laubwäldern können mit dem Rotfußröhrling (→ S. 60) verwechselt werden.

SP 11–16 × 4–5,5 µm, spindelig, glatt

2 Wurzelnder Bitterröhrling

Caloboletus radicans (Syn. *Boletus radicans*)

RL-G

H 6–25 cm, jung halbkugelig, später polsterförmig gewölbt, matt, weißgrau, kittfarben, bald lederfarben, graubräunlich, häufig feldrig aufreißend. **R** Schwefelgelb, im Alter zunehmend grünlich gelb bis olivgrün, blauend. **S** 5–12 × 3–8 cm, rundlich-knollig, seltener bauchig-zylindrisch, blass primelgelb, mit sehr feinem Netz an der Spitze (Lupe!), an der Basis bisweilen mit rotbräunlichen Stellen. **F** Hellgelb, gleichmäßig schnell stark blauend, bitter (selten auch nahezu mild), Stielfleisch J-. **V** Juli bis Oktober. In lichten Buchen- und Eichenwäldern, in Parks, Friedhöfen und Straßenbanketten, oft unter Linde, aber auch mit anderen Laubbäumen; in Mitteleuropa weit verbreitet, etwas in Zunahme begriffen. **W** Von oben dem Satansröhrling sehr ähnlich. Die Art bildet vor allem in städtischer Umgebung oft Massenfruktifikationen.

SP 10–15 × 4–6 µm, spindelig, glatt

3 Schwarzblauender Röhrling

Cyanoboletus pulverulentus (Syn. *Boletus pulverulentus*)

H 3–8 cm, jung halbkugelig, später polsterförmig, alt meist verflacht und etwas verbogen, gelb-, dunkel- bis umbrabraun, selten weinrosa, wildlederartig, feucht leicht schmierig. **R** Lebhaft zitronengelb, alt olivgelb, auf Druck sofort schwarzblau verfärbend. **S** 4–8 × 0,5–2 cm, zylindrisch, meist schlank, oft etwas gebogen, lebhaft gelb, zur Basis hin bräunlich, bei Berührung sofort tief blauschwarz. **F** Weißlich bis hellgelb, schnell tief tintenblau verfärbend, mild. **V** Juli bis Oktober. In Laub- und Nadelwäldern auf sauren, oft sandigen Böden; in Mitteleuropa weit verbreitet, aber nur regional häufig. **W** Die Art ähnelt stark einer Ziegenlippe oder einem Maronen-Röhrling. Da sie größere Mengen der krebserregenden Dimethylarsensäure anreichert, wird heute vom Verzehr abgeraten.

SP 11–16 × 4–5,5 µm, spindelig, glatt

4 Flockenstieliger Hexenröhrling, Schusterpilz

Neoboletus erythropus (Syn. *Boletus luridiformis*)

H 6–20 cm, jung halbkugelig, später polsterförmig gewölbt, alt oft verflacht, dunkel- bis umbrabraun, maronenfarben, manchmal mit olivgelben Stellen, die bisweilen den größeren Teil des Huts einnehmen, fein samtig, feucht leicht schmierig, auf Druck blauend. **R** Olivgelb, Mündungen orange bis blutrot, zum Hutrand hin oft gelborange, auf Druck dunkelblau. **S** 4–15 × 1,5–4 cm, zylindrisch bis etwas bauchig, auf gelblichem Grund dicht mit feinen orange- bis blutroten Flocken besetzt, an der Basis mit einem olivgelben Filz überzogen. **F** Gleichmäßig gelb von der Stielbasis bis zum Hut, selten die Stielbasis mit einigen purpurroten Bereichen, sofort tintenblau verfärbend, wild, J- im Stiel. **V** Mai bis November. In Laub- und Nadelwäldern auf sauren Böden; in Mitteleuropa weit verbreitet und häufig. **W** Ein wichtiges Merkmal der Gattung *Neoboletus* ist der olivgelbe Filz an der Stielbasis und die fehlende Jodreaktion im Stielfleisch.

SP 11–16 × 4–5,5 µm, spindelig, glatt

5 Falscher Schwefelröhrling

Neoboletus erythropus var. *junquilleus* (Syn. *Boletus junquilleus*)

Hierbei handelt es sich um eine Farbform des Flockenstieligen Hexenröhrlings (s. o.), dem die roten und braunen Pigmente fehlen. Alle weiteren Merkmale und auch die ökologischen Ansprüche sind identisch. **W** Solche gelben Formen sind auch von allen Arten der Gattung *Suillellus* (→ S. 44) bekannt, weshalb unbedingt auf die Stieloberflächenstruktur und die J-Reaktion im Stielfleisch geachtet werden muss.

1

2

3

4

5

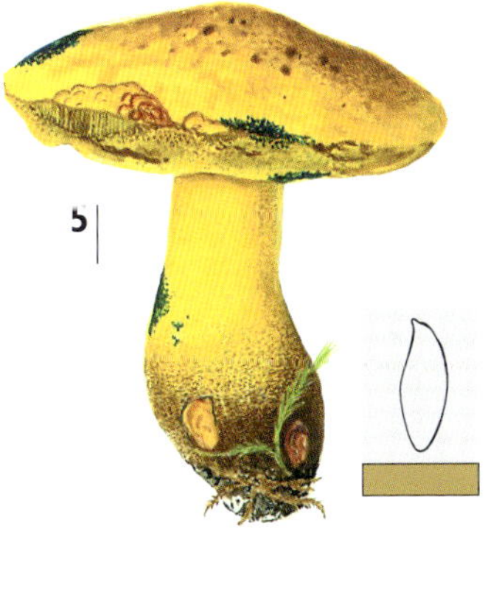

1 | Satansröhrling

Rubroboletus satanas (Syn. *Boletus satanas*)

RL-V | V !!

H 10–30 cm, jung halbkugelig, später polsterförmig gewölbt, nicht verflachend, jung nahezu weiß, wie Kalkstein, dann blass graugelb, hell ledergrau, älter auch olivlich-cremegrau, selten mit schwach rosalichem Rand. **R** Grüngelb, Mündungen blutrot bis orange, zum Hutrand hin heller, auf Druck blauend. **S** 5–12 × 4–12 cm, kugelig bis knollig-bauchig, immer deutlich kürzer als Hutbreite, oberwärts gelb, im unteren Teil karminrot, mit feinem rotem Netz. **F** Weißlich bis hellgelb, gleichmäßig aber nicht sehr stark blauend, mild, jung mit Geruch nach Babywindeln, alt eher aasartig; Stielfleisch J-. **V** Juli bis Oktober. Unter Buchen, Eichen, Linden, auf Kalkboden, mit Schwerpunkt im Seggen-Buchenwald, seltener in Parks und Straßenbanketten; in Mitteleuropa in den Kalkgebieten weit verbreitet, regional nicht selten. **W** Der riesige Hut scheint oft wegen des kurzen Stiels direkt auf dem Boden zu liegen und sieht auch wie die umliegenden Kalksteinbrocken aus.

SP 10–16 × 4,5–6,5 µm, spindelig, glatt

2 | Wolfsröhrling

Rubroboletus lupinus (Syn. *Boletus lupinus*)

RL-R

H 6–20 cm, jung halbkugelig, später polsterförmig, matt, jung weißlich bis blassgrau überfilzt, schnell lebhaft pink, lachsfarben bis rötlich rosa, alt lederfarben verblassend, die rosa Farbe am Rand lange beibehaltend. **R** Grünlich gelb, Mündungen orange bis tief blutrot, blauend. **S** 5–10 × 2,5–5 cm, bauchig-zylindrisch, schwefel- bis primelgelb, mit sehr feinen gleichfarbenen Flöckchen (Lupe!), an der Basis bisweilen mit rotbräunlichen Stellen. **F** Hellgelb, gleichmäßig schnell stark blauend, mild, Stielfleisch J-. **V** September bis Januar. In lichten Eichenwäldern und Parks, unter immergrünen wie laubabwerfenden Eichenarten; im Mittelmeergebiet weit verbreitet, nördlich der Alpen praktisch fehlend. **W** In Deutschland wurde die Art ein einziges Mal um 1980 südlich von Freiburg gefunden.

SP 10–15 × 4,5–6 µm, spindelig, glatt

3 | Blasser Purpurröhrling

Rubroboletus rhodoxanthus (Syn. *Boletus rhodoxanthus*)

RL-3 | V !!

H 6–15 cm, jung halbkugelig, später polsterförmig gewölbt, nicht verflachend, jung filzig, weiß, hellgrau, dann blass ockergrau, mit deutlichem rosa Rand oder auch komplett graurosa gefärbt, bei Berührung nicht verfärbend. **R** Grüngelb, Mündungen blutrot bis orange, auf Druck blauend. **S** 5–10 × 2–5 cm, zylindrisch bis leicht keulig, Grundfarbe leuchtend gelb, Netz blut- bis karminrot, zur Basis hin sehr engmaschig. **F** Lebhaft gelb, im Hut blauend, aber im Stiel nahezu unveränderlich, mild, Geruch unspezifisch; Stielfleisch J+. **V** Juli bis Oktober. Unter Buchen oder Eichen in warmen Laubwäldern auf Kalkboden; in Mitteleuropa überall selten. **W** Der auffallende Kontrast von Stiel- zu Netzfarbe sowie das unterschiedliche Blauen in Hut und Stiel machen diese Art fast unverwechselbar.

SP 10–16 × 4–6 µm, spindelig, glatt

4 | LeGals Purpurröhrling, Falscher Satansröhrling

Rubroboletus legaliae (Syn. *Boletus legaliae*)

RL-1 | V !!

H 6–15 cm, jung halbkugelig, später polsterförmig, selten verflachend, jung fein grau filzig, dann blass ockergrau, am Rand oder komplett rosa bis weinrosa gefärbt, bei Berührung nicht verfärbend. **R** Grüngelb, Mündungen orangerot, auf Druck blauend. **S** 5–10 × 2–5 cm, zylindrisch bis leicht keulig, oben orangegelb, über orange zu orangerot zur Basis hin, mit Netz, das sich zur Basis hin oft unregelmäßig auflöst. **F** Blass schwefelgelb, blauend, mild, Geruch beim Trocknen kumarinartig; Stielfleisch J+. **V** Juli bis Oktober. Unter Eichen (selten Buchen) in warmen Laubwäldern und Parks, meist auf Kalkboden; in Mitteleuropa überall selten, vor allem in den tieferen Lagen vorkommend. **W** Im Vergleich zu ähnlichen Arten fällt neben dem Kumaringeruch auch die insgesamt eher orange Farbtönung auf.

SP 10–15 × 4–6 µm, spindelig, glatt

5 | Weinroter Purpurröhrling, Falscher Satansröhrling

Rubroboletus rubrosanguineus (Syn. *Boletus rubrosanguineus*)

Insgesamt dem LeGals Purpurröhrling (s. o.) sehr ähnlich, jedoch durch intensiver weinrosa Hutfarbe und insgesamt eher weinrote als orangerote Färbung unterscheidbar. **V** Juli bis Oktober. In montanen Nadel- und Laubwäldern, auf Kalkböden; in ganz Europa selten, in den Kalkalpen zerstreut. **W** Auch diese Art wurde früher Falscher Satansröhrling genannt. Außerhalb des Alpenraumes sind ihre Bestände rückläufig und gefährdet.

SP 10–15 × 4–6 µm, spindelig, glatt

1
2
3
4
5

1 Blaufleckender Purpurröhrling
Imperator rhodopurpureus (Syn. *Boletus rhodopurpureus*) RL-R

H 10–20 cm, jung halbkugelig, später polsterförmig gewölbt, nicht verflachend, jung lachs-, wein- bis purpurrosa (kupferfarben oder gelb- bis orangeocker beim ansonsten identischen Kupferhütigen Purpurröhrling *(Imperator luteocupreus)*), bei Berührung sofort stark blau fleckend, daher zunehmend buntscheckiger werdend. **R** Grüngelb, Mündungen blutrot bis orange, auf Druck blauend. **S** 6–10 × 3–7 cm, bauchig-zylindrisch, zitronen- bis orangegelb, basal rhabarberrot, oben mit feinem roten Netz, bei Berührung stark blauend. **F** Hellgelb, in der Stielrinde orangegelb, gleichmäßig stark blauend, mild; Stielfleisch J+. **V** August bis Oktober (in Südeuropa bis Dezember). Unter Eichen, seltener Buchen, mit Schwerpunkt in thermophilen Eichenwäldern auf eher sauren Böden; in Mitteleuropa eher in Kalkgebieten, äußerst selten. **W** Die Art sieht sowohl dem Weinroten Purpurröhrling (→ S. 42) als auch dem Wolfsröhrling (→ S. 42) sehr ähnlich, die jedoch beide bei Druck auf dem Hut nicht blauen.

SP 11–16 × 5–6,5 µm, spindelig, glatt

2 Ochsenröhrling
Imperator torosus (Syn. *Boletus torosus*)

H 10–20 cm, jung halbkugelig, später polsterförmig gewölbt, nicht verflachend, jung blass grau- bis ockergelb, bald zunehmend olivgrün, bisweilen mit rosaroten Flecken, bei Berührung sofort tief blau fleckend, mit zunehmendem Alter immer buntscheckiger werdend. **R** Grüngelb, Mündungen schwefelgelb, im Alter manchmal orange überlaufen, auf Druck blauend. **S** 4–7 × 5–10 cm, bauchig-zylindrisch, zitronen- bis orangegelb, im unteren Teil rhabarberrot, mit feinem gleichfarbenen Netz im oberen Bereich, bei Berührung stark blauend. **F** Goldgelb, gleichmäßig stark blauend, mild; Stielfleisch J+ (schwach). **V** August bis Oktober (in Südeuropa bis Dezember). Unter Eichen, seltener Buchen, mit Schwerpunkt in thermophilen Eichenwäldern auf eher sauren Böden; in Mitteleuropa auch in montanen Nadelwäldern, äußerst selten. **W** Der Ochsenröhrling ist die einzige Art aus diesem Verwandtschaftskreis, der gelbe statt orangerote Röhrenmündungen hat.

SP 13–16 × 5–6 µm, spindelig, glatt

3 Netzstieliger Hexenröhrling
Suillellus luridus (Syn. *Boletus luridus*)

H 6–15 cm, jung halbkugelig, später polsterförmig gewölbt, alt verflachend, oliv- bis graugelb, mit ziegelrotem bis rosa Rand oder auch komplett ziegelfarben, auf Druck blauend. **R** Grüngelb, Mündungen blutrot bis orange, auf Druck blauend. **S** 5–10 × 2–5 cm, zylindrisch bis leicht keulig, blass bis lebhaft gelb, basal rotviolett, mit grobmaschigem orange- bis blutrotem Netz, das zur Basis hin sehr engmaschig wird, blauend **F** Gelb, über den Röhren eine dünne rote Schicht, in der Stielbasis rotviolett, stark blauend, mild, Geruch unspezifisch; Stielfleisch J+ (stark). **V** Juni bis Oktober. Unter Laub- und Nadelbäumen, auf Kalkboden, oft in Parks und Alleen; in Mitteleuropa weit verbreitet. **W** Die früher geäußerten Bedenken zu Verträglichkeit der Art in Verbindung mit gleichzeitigem Alkoholgenuss sind nach heutigen Erkenntnissen unbegründet.

SP 10–16 × 4,5–6,5 µm, spindelig, glatt

Sehr ähnlich ist der erst kürzlich neu beschriebene Kurznetzige Hexenröhrling *(S. mendax)*. Dessen Stielnetz ist typischerweise nur an der Stielspitze vorhanden und löst sich zur Basis hin in ein Flockenmuster auf. Sicher abgrenzbar ist er aber nur über statistische Sporenmessung.

4 Glattstieliger Hexenröhrling
Suillellus queletii (Syn. *Boletus queletii*) RL-3

H 6–15 cm, jung halbkugelig, später polsterförmig gewölbt, alt bisweilen verflachend, meist ziegelrot bis rostorange, auch olivgelb (wie *S. luridus*) oder weinrot, auf Druck blauend. **R** Grüngelb, Mündungen orangerot, bisweilen orangegelb, auf Druck blauend. **S** 5–10 × 2–5 cm, zylindrisch bis leicht keulig, schwefel- bis ockergelb, mit sehr feinen orangeroten Pünktchen besetzt, Basis rhabarberrot. **F** Gelb, in der Stielbasis violettrot, blauend, mild, Geruch unspezifisch; Stielfleisch J+ (stark). **V** Juli bis Oktober. Unter Eichen, Buchen, Linden, in warmen Laubwäldern und Parks, meist auf Kalkboden; in Mitteleuropa selten, in Südeuropa weit verbreitet. **W** Die fehlende rote Linie über der Röhrenschicht und die gedrungenen Sporen sind Trennmerkmale zum Netzstieligen und Kurznetzigen Hexenröhrling (s. o.). Da die Bewertung als Speisepilz uneinheitlich gesehen wird, empfehlen wir, die Art nicht zu verzehren.

SP 9–14 × 5–6,5 µm, spindelig, glatt

1

2

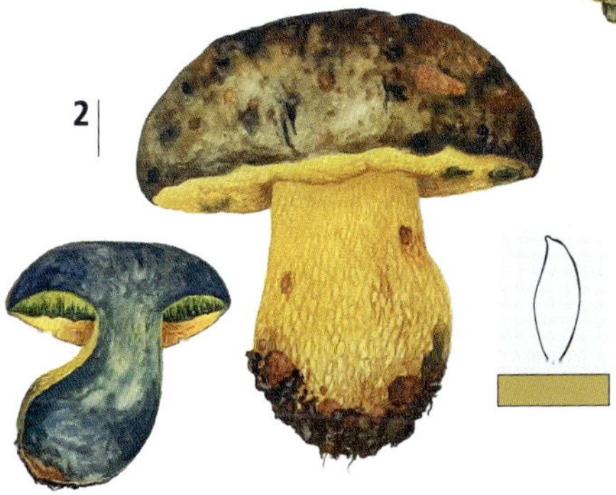

3

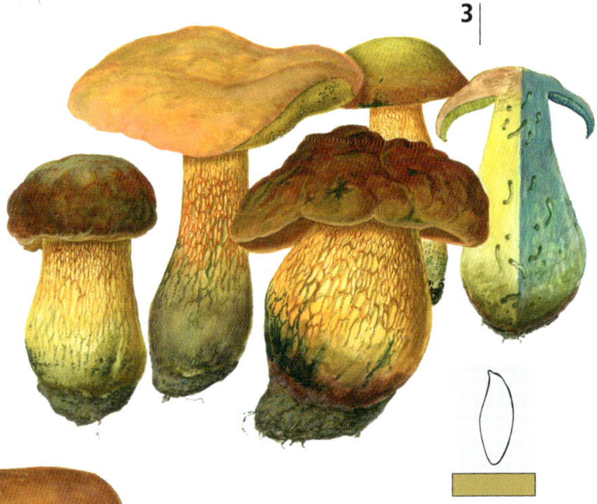

4

1 Pfefferröhrling
Chalciporus piperatus

H 3–8 cm, jung halbkugelig, bald flach polsterförmig, alt meist verflacht, ocker-, orange- bis rostbraun, zimtfarben, schmierig bis klebrig. **R** Gelbbraun bis rostorange, Mündungen kupfer- bis rostorange, selten gelb (var. *hypochryseus*), oft etwas am Stiel herablaufend. **S** 3–8 × 0,5–1,5 cm, zylindrisch, schlank, basal oft zuspitzend, blassgelb, Basis und Myzel schwefel- bis chromgelb. **F** Hellgelb, blass rosagelblich, in der Stielbasis lebhaft chromgelb, unveränderlich, roh deutlich scharf. **V** Juli bis Oktober. Unter Laub- wie Nadelbäumen, bodenvag, aber saure Böden bevorzugend und auffallend oft in Gemeinschaft mit Fliegenpilz und Steinpilz wachsend; in ganz Europa verbreitet. **W** Der scharfe Geschmack geht beim Kochen verloren. Ähnlich ist der seltene, mild schmeckende Rosaporige Zwergröhrling *(Ch. amarellus)* mit himbeerrosa Röhren und Poren, sowie größeren Sporen.

SP 7,5–11,5 × 3–4,5 µm, spindelig, glatt

2 Kurzsporiger Zwergröhrling
Rubinoboletus rubinus

RL-R

H 5–8 cm, jung halbkugelig, später polsterförmig gewölbt, alt fast flach, orange- bis rötlich braun, seltener gelbbraun, oft mit weinrosa Tönung. **R** Rosa- bis karminrot, Mündungen ebenso, meist etwas am Stiel herabziehend. **S** 3–6 × 1–2 cm, zylindrisch, relativ gedrungen, zur Basis hin zuspitzend, oben rosa bis weinfarben, fein filzig-flockig, im unteren Teil schwefelgelb. **F** Im Hut blassgelb, bisweilen rosalich, im unteren Stielbereich chromgelb, mild, Geruch unspezifisch. **V** August bis Oktober. Unter Eichen, mit Schwerpunkt in Parks und thermophilen Eichenwäldern auf eher sauren Böden; in ganz Europa sehr selten. **W** Der Kurzsporige Zwergröhrling sieht mehreren anderen kleinen orange- bis rotporigen Röhrlingen recht ähnlich, ist jedoch anhand seiner Sporenform und -größe zweifelsfrei bestimmbar.

SP 6–8,5 × 3,5–5,5 µm, breit elliptisch, glatt

3 Goldporiger Röhrling
Aureoboletus gentilis (Syn. *Pulveroboletus cramesinus*)

RL-3

H 3–7 cm, jung halbkugelig, später polsterförmig gewölbt, alt verflachend, kirschrosa, rosabeige bis gelbbräunlich mit nur schwachem Rosaton, feucht deutlich schleimig, trocken etwas eingewachsen-faserig und klebrig. **R** Ebenso wie die Mündungen lebhaft chromgelb, unveränderlich. **S** 3–8 × 0,7–1,5 cm, zylindrisch, basal meist zuspitzend, gelblich und oft stellenweise etwas hutfarben überlaufen, glatt. **F** Weißlich bis blass gelblich, unter der Huthaut oder im ganzen Hut rosa, unveränderlich, mild (aber Huthaut salzig-seifig!), Geruch unspezifisch. **V** Juni bis Oktober. Unter Eichen und Buchen, auf Kalkboden; in Mitteleuropa weit verbreitet, aber selten. **W** Die auffallend leuchtend gelben Poren in Verbindung mit dem rosa getönten, schmierigen Hut machen die Art unverwechselbar. An ihren Standorten finden sich meist noch weitere seltene und gefährdete Pilzarten.

SP 10–16 × 4,5–6,5 µm, spindelig, glatt

4 Großsporiger Kiefernröhrling, Falsche Rotkappe
Aureoboletus projectellus (Syn. *Boletellus projectellus*)

RL-R

H 5–15 cm, jung halbkugelig, später polsterförmig gewölbt, alt verflachend, orange- bis rostbraun, nach außen zu etwas heller, Rand überstehend und herabhängend. **R** Olivgelb, Mündungen gelb bis olivgrünlich. **S** 5–10 × 2–5 cm, zylindrisch, schlank, anfangs gelb, dann bräunlich, mit erhabenen, sich überkreuzenden Längsrippen besetzt, die ein langgezogenes Netz vortäuschen. **F** Weißlich oder mit schwachem Rosaton, nicht verfärbend, mild, Geruch unspezifisch. **V** September bis Oktober. Unter Kiefern in heideartigen Nadelmischwäldern; in Europa um 2014 eingewandert. **W** Dieser Neubürger ist erst vor wenigen Jahren in Deutschland eingewandert und stammt ursprünglich aus Nordamerika und Asien. Er hat sich vor allem in Brandenburg und Sachsen bereits etabliert und stark ausgebreitet. Die riesigen Sporen sind artkennzeichnend.

SP 22–35 × 8–13 µm, spindelig, glatt

1

2

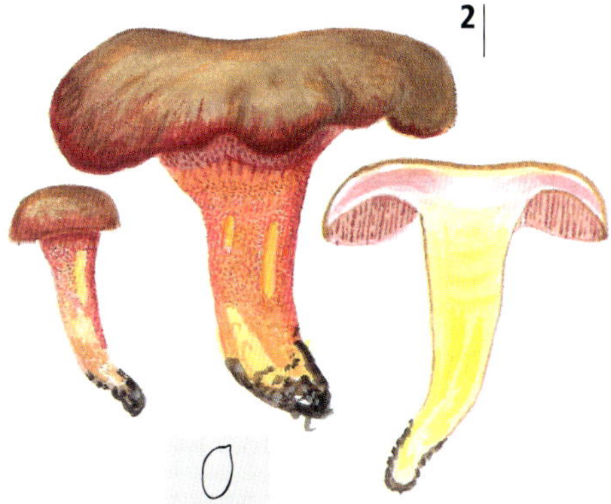

3

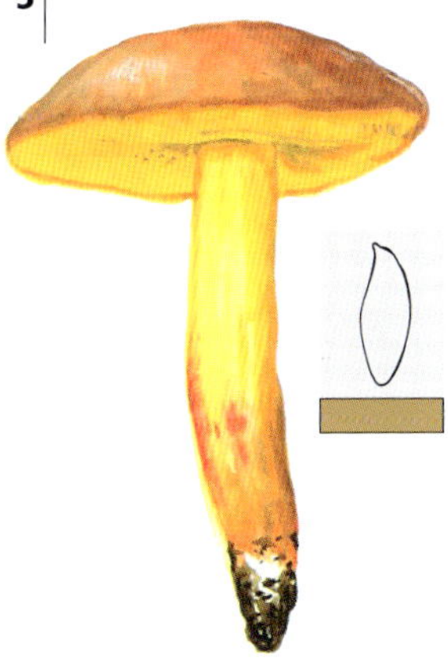

4

1 Nadelholzröhrling

Buchwaldoboletus lignicola

H 5–10 cm, jung halbkugelig, bald flach polsterförmig und auch alt so bleibend, gelb- bis orangeocker, beigebräunlich, zimtfarben, filzig und trocken, Huthaut oft in Schollen aufbrechend und abziehbar, mit gallertiger Unterschicht. **R** Lebhaft gelb, dann olivgelb, Mündungen gleichfarben, auf Druck unveränderlich. **S** 3–8 × 1–2 cm, zylindrisch, basal zuspitzend, blassgelb bis ocker. **F** Weißlich bis blassgelb, in der Rinde und Basis orangegelb, unveränderlich, nur über den Röhren schwach blauend, mild, ohne spezifischen Geruch. **V** Juli bis Oktober. An Stümpfen und Hauptwurzeln von Nadelbäumen, oft scheinbar bodenständig, meist zusammen oder nach dem Kiefernbraunporling (→ S. 522); in ganz Europa verbreitet, aber überall selten. **W** Diese sehr seltene Art ist einer der ganz wenigen nicht Mykorrhiza bildenden Röhrlinge in Europa. Die gallertige Schicht unter der Huthaut ist ein gutes Erkennungsmerkmal.

SP 7–9 × 2,5–3,5(–4) µm, spindelig bis elliptisch, glatt

2 Erlengrübling

Gyrodon lividus

§§

H 5–12 cm, jung polsterförmig, bald verflachend, alt flach bis leicht vertieft, olivlich- bis graugelb, lederfarben, etwas dunkler eingewachsen-faserig, glatt, feucht schmierig. **R** Schwefel- bis olivgelb, Mündungen gleichfarben, oft etwas unregelmäßig und fast labyrinthisch, deutlich am Stiel herablaufend, auf Druck blauend. **S** 3–6 × 1–2 cm, zylindrisch, relativ kurz und schlank, oft exzentrisch, bisweilen büschelig, glatt, blass schwefel- bis braungelb. **F** Im Hut blassgelb, blauend, im Stiel orangegelb bis bräunlich, nicht oder kaum blauend, mild, Geruch unspezifisch. **V** August bis Oktober. Unter Erlen (fast immer Grau-Erle), sehr selten unter Hainbuche, in Erlenbrüchen oder an Stellen mit Grau-Erle; in ganz Europa verbreitet, meist selten. **W** Aufgrund der engen Verwandtschaft mit Kremplingen soll die Art gemieden werden, zudem ist sie in Deutschland streng geschützt.

SP 5–7,5 × 3,5–4,5 µm, breit elliptisch, glatt

3 Hasenröhrling

Gyroporus castaneus

RL-G

H 3–8 cm, jung halbkugelig, später polsterförmig gewölbt, alt oft verflachend, dunkel-, maronen- bis umberbraun, selten ockerbraun, zum Rand hin oft heller, samtig. **R** Ebenso wie die Mündungen jung weiß, dann blass strohgelblich, unveränderlich. **S** 3–8 × 0,7–2 cm, zylindrisch, basal oft etwas verdickt, dem Hut gleichfarben oder wenig heller, glatt. **F** Weißlich, unveränderlich, im Stiel gekammert-hohl, mild, Geruch unspezifisch. **V** Juli bis Oktober. Unter Eiche, Buche, Kiefer, bodenvag, häufiger auf sauren Böden; in Mitteleuropa weit verbreitet, meist selten, in Südeuropa häufiger. **W** Die Gattung *Gyroporus* ist durch die Kombination aus gekammertem Stiel und hellgelbem Sporenpulver gekennzeichnet. Während die Hasenröhrlinge mehr oder weniger unveränderliches Fleisch haben, blauen die Kornblumenröhrlinge (s. u.).

SP 9–11 × 5,5–6,5 µm, elliptisch, glatt

4 Kornblumenröhrling

Gyroporus cyanescens agg.

RL-G

H 5–15 cm, jung halbkugelig, später polsterförmig gewölbt, alt meist verflachend, weißlich, gelblich creme, faserig-filzig, gerieben blauend. **R** Weißlich bis blass cremefarben, Mündungen jung weiß, bald schmutzig bis blass strohgelblich, auf Druck blauend. **S** 5–10 × 1–2,5 cm, zylindrisch, basal meist zuspitzend, an der Spitze weißlich, darunter je nach Art mehr oder weniger deutlich abgesetzt in Hutfarbe, faserig-filzig oder fast glatt. **F** Weißlich, je nach Art stark oder schwächer kornblumen- bis tintenblau anlaufend, im Stiel gekammert-hohl, mild, Geruch unspezifisch. **V** August bis Oktober. Im Buchenwald, aber auch in Nadelwäldern unter Fichte oder Kiefer, auf sauren, sandigen, nährstoffarmen Böden. **W** Im Artenkomplex Kornblumenröhrlinge gibt es stärker und schwächer blauende Arten, sowie solche mit und ohne faserfilzigem Stielüberzug. In Deutschland kommen mindestens zwei dieser Arten vor.

SP 9–11 × 4,5–6 µm, spindelig, glatt

1
2
3
4

1 Gallen-Röhrling
Tylopilus felleus

H 5–15 cm, jung halbkugelig, bald flach polsterförmig, olivgelb bis braunoliv, gelbbräunlich, samtig-filzig. **R** Weißlich, dann zunehmend rosa, alt und auf Druck schmutzig fleischrosa, Mündungen rundlich. **S** 5–10 × 1–3,5 cm, zylindrisch bis keulig, basal meist etwas verbreitert, olivgelb, mit grobem, erhabenem, dunklerem Netz. **F** Weißlich, unveränderlich, bitter (sehr selten mild), ohne spezifischen Geruch. **V** Juni bis Oktober. In Nadel- und Laubwäldern, meist auf sauren Böden, auch auf stark vermorschtem Holz; in ganz Europa verbreitet, in Südeuropa seltener. **W** In Europa ist der Gallen-Röhrling die einzige Röhrlingsart mit fleischrosa Sporenpulver.

SP 11–17 × 4–5 µm, spindelig, glatt

2 Düsterer Röhrling, Porphyrröhrling
Porphyrellus porphyrosporus

H 5–12 cm, jung polsterförmig, bald verflachend, alt flach bis leicht vertieft, düster grau- bis sepiabraun, grauoliv, fein wildlederartig filzig, glatt, feucht schwach schmierig. **R** Jung weißgrau, bald dunkler, graubraun, Mündungen von jung an graubraun bis sepia, alt porphyrbraun, rundlich, meist auf Druck blauend. **S** 5–10 × 1,5–3 cm, zylindrisch, dem Hut gleichfarben, glatt. **F** Weißlich, im Anschnitt schwach und ungleichmäßig weinrötlich und/oder blaugrünlich anlaufend, mild, Geruch unspezifisch. **V** Juni bis Oktober. In Nadel-, seltener Laubwäldern, auf sauren Böden, vor allem in höheren Lagen ab 400 m; in Mittel- und Nordeuropa verbreitet, im Süden selten. **W** Die Art ist geschmacklich kaum als Speisepilz zu gebrauchen.

SP 13–18 × 5,5–7 µm, spindelig, glatt

3 Strubbelkopfröhrling
Strobilomyces strobilaceus

H 5–15 cm, jung halbkugelig, später polsterförmig gewölbt, auch alt nicht verflachend, grau bis fast schwarz, wollig, in grobe Schuppen aufreißend, Huthaut abziehbar, Velum am Rand fetzig herabhängend. **R** Jung weißgrau, dann schwärzlich, Mündungen ebenso, rundlich, auf Druck rötend. **S** 6–16 × 1–3 cm, zylindrisch, oberwärts grau, zur Basis hin schwarz, grob längsfaserig, von anfangs hellen, dann dunklen Velumflocken bedeckt, die jung eine Ringzone bilden. **F** Weißlich grau, bei Bruch sofort orange, dann rot und schließlich violettschwarz bis schwarz, im Hut weich, im Stiel holzig-faserig, mild, Geruch unspezifisch. **V** Juli bis Oktober. Unter Buche, seltener Eiche, meist auf sauren Böden; in Mitteleuropa weit verbreitet, in Südeuropa meist selten. **W** Dieser Röhrling ist unverwechselbar, ähnliche Arten gibt es nur außerhalb Europas. Er ist nicht sehr wohlschmeckend.

SP 9–14 × 8–12 µm, rundlich, grob netzig

4 Hohlfußröhrling
Boletinus cavipes

H 4–10(–15) cm, jung gewölbt mit stumpfem Buckel, alt verflachend, ocker- bis rotbraun (goldgelb in *f. aureus*), faserig-filzig, zur Mitte hin abstehend schuppig, trocken. **R** Blass gelblich, alt grüngelb, kurz, am Stiel herablaufend, ziemlich fest mit dem Hut verwachsen, Mündungen gleichfarben, langgezogen-eckig bis wabenförmig, bis 3 mm lang, mit längsradialer Ausrichtung ähnlich Lamellen. **S** 4–8 × 0,5–1,5 cm, zylindrisch, an der Spitze etwas netzig durch die Poren, ocker- bis olivlich gelb, mit deutlicher Ringzone, darunter etwas faserig-flockig. **F** Weißlich, unveränderlich, im Stiel gekammert-hohl, mild, Geruch unspezifisch. **V** Juli bis November. Ausschließlich unter Lärchen, bodenvag, vor allem in höheren Lagen. **W** Die Art ist farblich recht veränderlich.

SP 8–11 × 3,5–4,5 µm, spindelig, glatt.

5 Weinroter Schuppenröhrling
Suillus spraguei (Syn. *Suillus pictus*)

Vom Hohlfußröhrling (s. o.) durch die wein- bis violettrote Hutfarbe, den vollen Stiel und anderen Mykorrhizapartner unterschieden. **V** August bis Oktober. Ausschließlich unter Weymouths-Kiefer, in Europa bislang nur in Norddeutschland. **W** Diese Art ist ursprünglich in Nordamerika beheimatet und wurde von dort eingeschleppt.

SP 9–11 × 4,5–6 µm, spindelig, glatt

1

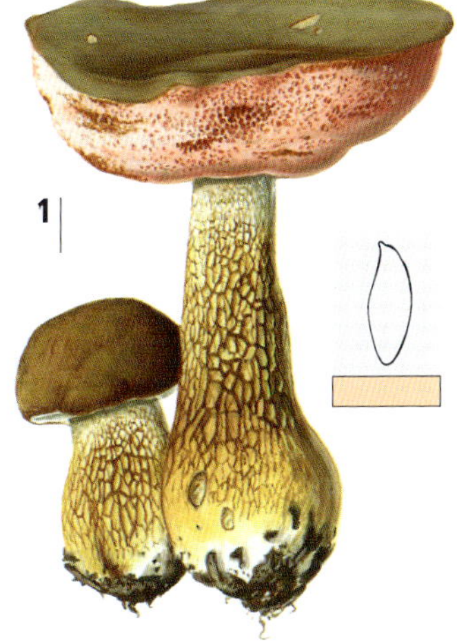

2

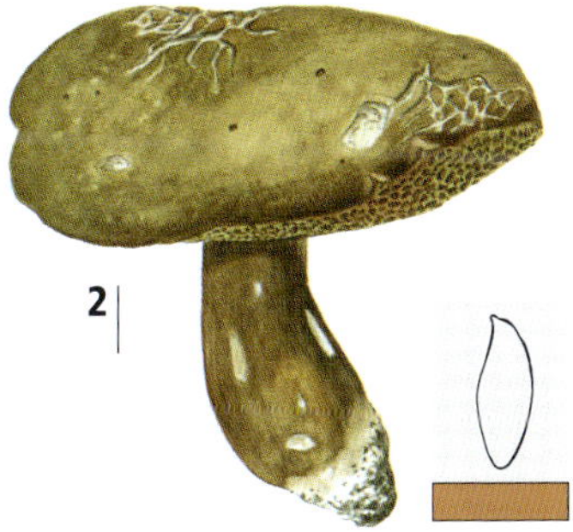

3

4

5

1 | Gold-Röhrling
Suillus grevillei

H 5–15 cm, jung halbkugelig, bald flach polsterförmig, zitronen-, gold- bis orangegelb, gelb- bis braunorange, feucht sehr schleimig, Schleimschicht gelb färbend, feucht abziehbar. **R** Gelb bis bräunlich gelb, Mündungen gleichfarbig, auf Druck schmutzig bräunlich verfärbend, sehr fein (2–3 pro mm). **S** 4–12 × 0,5–2,5 cm, zylindrisch bis schwach keulig, oberhalb des mit gelbem Schleim besetzten Rings zitronen- bis goldgelb, unterhalb orangegelb bis braunorange. **F** Blass bis lebhaft zitronengelb, bei Anschnitt schwach rosalich getönt, weich, mild, ohne spezifischen Geruch. **V** Juni bis November. Ausschließlich unter Lärchen, bodenvag; in ganz Europa verbreitet, in Südeuropa seltener. **W** Der Gold-Röhrling ist einer der wenigen Lärchenbegleiter, der bei angepflanzten Lärchen ebenso häufig vorkommt wie im natürlichen Lärchenareal.

SP 7,5–11 × 3–4,5 µm, spindelig, glatt

2 | Grauer Lärchenröhrling
Suillus viscidus

H 5–15 cm, jung halbkugelig, dann polsterförmig, weißlich grau, olivgrau bis rötlich grau, rötlich graubraun, grünlich grau, feucht sehr schleimig, Schleimschicht schmutzig weißlich, feucht abziehbar. **R** Hellgrau bis graubraun, Mündungen gleichfarbig, auf Druck schmutzig bräunlich verfärbend, selten etwas blauend, eckig (1 pro mm). **S** 4–12 × 0,5–2,5 cm, zylindrisch bis schwach keulig, oberhalb des mit weißlichem Schleim besetzten Rings blass bräunlich grau, unterhalb etwas hutfarben. **F** Weißlich, manchmal in der Stielbasis blauend, weich, mild, ohne spezifischen Geruch. **V** Juni bis November. Ausschließlich unter Lärchen, vor allem auf basischen Böden; in ganz Europa verbreitet, in Südeuropa seltener. **W** Ebenso weite Röhrenmündungen, aber ein gelbes Velum wie der Gold-Röhrling, weist der Gelbbeschleierte Lärchenröhrling *(S. bresadolae)* auf, der außerhalb der Alpen sehr selten ist.

SP 8–13 × 3,5–4,5 µm, spindelig, glatt

3 | Rostroter Lärchenröhrling
Suillus tridentinus

Vom Grauen Lärchenröhrling durch Färbung und fehlendes Blauen, vom Goldröhrling durch größere Poren unterschieden. **V** Wie vorige; in ganz Europa verbreitet, aber meist selten, nur im weiteren Alpenraum etwas häufiger. **W** Der Rostrote Lärchenröhrling ist deutlich seltener als der Graue Lärchenröhrling und der Goldröhrling.

SP 8–13 × 3,5–4,5 µm, spindelig, glatt

4 | Moor-Röhrling
Suillus flavidus

RL-G

H 2–8 cm, jung kegelig bis gewölbt mit spitzem Buckel, alt verflachend jedoch weiterhin gebuckelt, schmutzig zitronen- bis olivgelb, oft mit ocker- bis rostbräunlichen Flecken oder Strähnen, feucht sehr schleimig und diese Schicht feucht abziehbar. **R** Olivgelblich, kurz, am Stiel angewachsen bis leicht herablaufend, ziemlich fest mit dem Hut verwachsen, Mündungen gleichfarben, langgezogen-eckig bis wabenförmig, bis 1,5 mm lang. **S** 3–8 × 0,5–1,2 cm, zylindrisch, blass- bis olivlich gelb, mit deutlicher, schleimiger, gelblicher Ringzone, darüber mit bräunlichen Drüsenpunkten. **F** Blassgelb, unveränderlich, mild, Geruch unspezifisch. **V** Juli bis Oktober. Ausschließlich unter Wald- und Moor-Kiefer, auf nassen Böden, meist im Torfmoos wachsend. **W** Die Art gilt als Zeiger für hochwertige Moorgebiete.

SP 7,5–11 × 3–4,5 µm, spindelig, glatt

5 | Butterpilz
Suillus luteus

H 5–15 cm, jung gewölbt halbkugelig, dann polsterförmig, alt verflachend, schokoladen-, rot- bis dunkel orangebraun, seltener gelbbraun (vor allem alt), glatt, feucht mit einer abziehbaren, violettbraunen Schleimschicht überzogen. **R** Jung blass gelblich, alt butter- bis grünlich gelb, Mündungen gleichfarben, fein (1–2 pro mm), rundlich bis etwas labyrinthisch. **S** 4–10 × 0,5–2 cm, zylindrisch bis schwach keulig, weißgelblich, an der Spitze mit bräunlichen Drüsenpunkten, Ring hängend, weiß, unterseits vom violetten Schleim bedeckt ist. **F** Blass gelblich im Hut, zitronengelb im Stiel, unveränderlich, mild, Geruch unspezifisch. **V** Juni bis November. Vor allem unter Kiefern (selten Fichte), bodenvag; in ganz Europa verbreitet. **W** Zusammen mit Kiefernarten wurde der Butterpilz inzwischen weltweit verschleppt.

SP 7–10 × 3–4 µm, spindelig, glatt

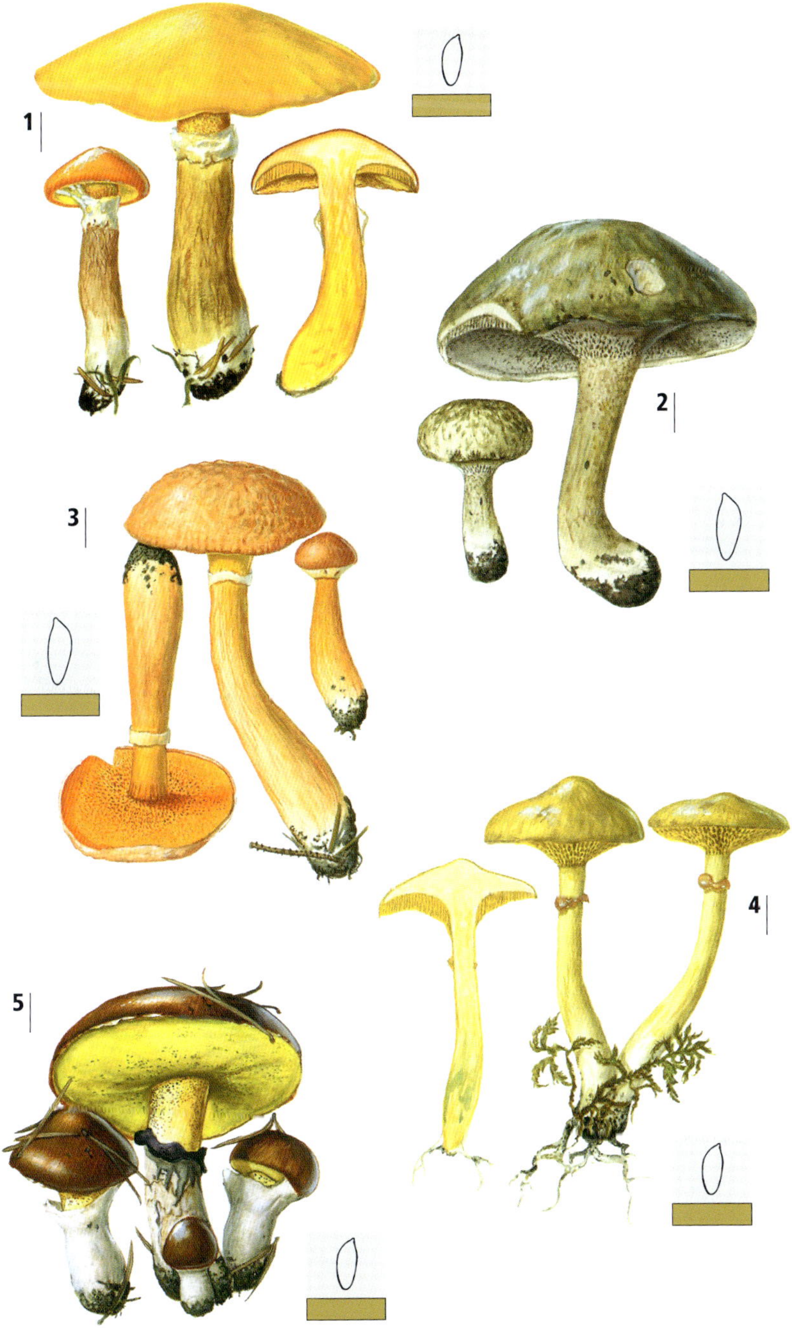
1
2
3
4
5

1 Körnchen-Röhrling
Suillus granulatus

H 4–12 cm, jung halbkugelig, bald flach polsterförmig, ocker-, gelb- bis orangebraun, glatt, feucht sehr schleimig, Schleimschicht feucht abziehbar. **R** Jung blass cremegelb, alt olivgelb, Mündungen gleichfarbig, rundlich, sehr fein (1–1,5 pro mm), frisch mir milchigen Tröpfchen besetzt. **S** 3–8 × 0,5–2 cm, zylindrisch bis schwach zuspitzend, selten etwas keulig, weißlich gelb, an der Spitze mit bräunlichen Drüsenpunkten, frisch mit milchigen Tröpfchen, unberingt, basal mit weißlichem Basalmyzel. **F** Blass bis lebhaft zitronengelb, weich, mild, ohne spezifischen Geruch. **V** Juni bis November. Fast ausschließlich unter Kiefern (sehr selten Fichte), bodenvag, Kalkböden bevorzugend; in ganz Europa verbreitet. **W** Der Körnchen-Röhrling ist nicht selten mit der vorigen und/oder der nachfolgenden Art vergesellschaftet.

SP 7–10 × 3–4,5 µm, spindelig, glatt

2 Ringloser Butterpilz
Suillus collinitus

H 4–12 cm, jung halbkugelig, bald flach polsterförmig, dunkel- bis schokoladenbraun, oft mit olivlicher oder grauer Tönung, selten gelbbraun, strähnig eingewachsenfaserig, feucht sehr schleimig, Schleimschicht feucht abziehbar. **R** Jung blass cremegelb, alt olivgelb, Mündungen gleichfarbig, rundlich, fein (1 pro mm), frisch gelegentlich mit wasserklaren Tröpfchen besetzt. **S** 3–8 × 0,5–2 cm, zylindrisch bis etwas zuspitzend, weißlich gelb, an der Spitze mit rotbräunlichen Drüsenpunkten, frisch mit wasserklaren Guttationstropfen, unberingt. an der Basis mit rosalichem Basalmyzel. **F** Blass bis lebhaft zitronengelb, weich, mild, ohne spezifischen Geruch. **V** Juni bis November. Fast ausschließlich unter Kiefern, Kalkböden bevorzugend; in ganz Europa verbreitet, eher südlich verbreitet. **W** Es gibt sehr seltene verbürgte Funde mit Birke als Mykorrhizapartner.

SP 8–10 × 3–4,5 µm, spindelig, glatt

3 Mediterraner Körnchen-Röhrling
Suillus mediterraneensis

H 4–12 cm, jung halbkugelig, bald flach polsterförmig, alt manchmal verflachend, kastanien-, rot- bis dunkel orangebraun, schwach eingewachsen-faserig, feucht sehr schleimig, Schleimschicht feucht abziehbar. **R** Jung lebhaft cremegelb, alt olivgelb, Mündungen gleichfarbig, erst rundlich, dann etwas eckig, mäßig fein (1–0,8 pro mm), keine Tröpfchen ausscheidend. **S** 3–8 × 0,5–2 cm, zylindrisch bis schwach zuspitzend, weißlich gelb, weit herab mit bräunlichen Drüsenpunkten besetzt, unberingt, basal mit weißlichem bis sehr blass rosalichem Basalmyzel. **F** Blass bis lebhaft zitronengelb, weich, mild, ohne spezifischen Geruch. **V** Oktober bis Februar (je nach Höhenlage). Ausschließlich unter verschiedenen Kiefernarten, sowohl auf sauren als auch auf Kalkböden; in Südeuropa im Mittelmeergebiet weit verbreitet. **W** Mehr noch als bei den anderen Schmierröhrlingen wird bei dieser Art von individuellen Unverträglichkeiten berichtet. Die Unterscheidung zu den vorigen beiden Arten kann schwierig sein, insbesondere wenn sie im selben Biotop zusammen vorkommen.

SP 8–12 × 3,5–5 µm, spindelig, glatt

4 Weißbrauner Schmierröhrling
Suillus bellinii

H 4–12 cm, jung halbkugelig, lange polsterförmig, selten verflachend, jung gänzlich elfenbein bis gelblich weiß, dann nuss- bis schokoladenbraun, oft fleckweise gefärbt, meist eine ausgeprägte weißliche Randzone beibehaltend, glatt, feucht sehr schleimig, Schleimschicht feucht abziehbar, Hutrand jung eingerollt. **R** Ziemlich kurz, jung cremegelb, alt olivgelb, Mündungen gleichfarbig, erst rundlich, dann etwas eckig, sehr fein (2–3 pro mm), milchige Tröpfchen ausscheidend. **S** 3–8 × 1–2 cm, kürzer als Hutbreite, zylindrisch bis schwach zuspitzend, weißlich gelb, weit herab mit weinroten, gelblichen und bräunlichen Drüsenpunkten besetzt, unberingt, basal mit weißlichem Basalmyzel. **F** Weißlich bis blassgelb, im Hut vergleichsweise dick, weich, mild, ohne spezifischen Geruch. **V** Oktober bis Januar. Ausschließlich unter zweinadligen Kiefern, bodenvag; in Südeuropa rund um das Mittelmeergebiet weit verbreitet. **W** Weißer Hutrand, weinroten Stielpunkte und dickfleischige Fruchtkörper sind gute Erkennungsmerkmale.

SP 7–10 × 3,5–5 µm, spindelig, glatt

1

2

3

4

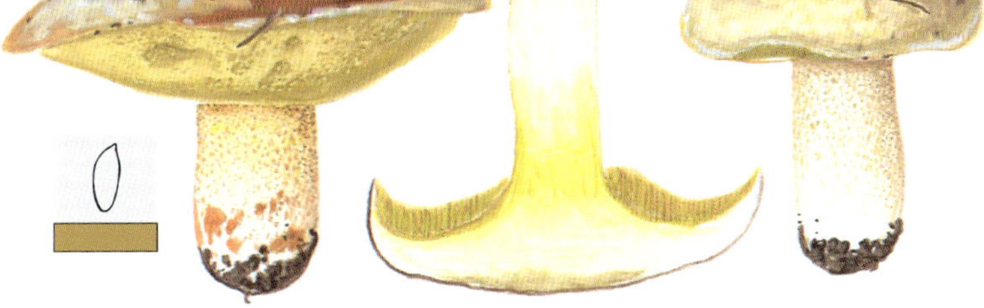

1 | Elfenbein-Röhrling
Suillus placidus

RL -G

H 4–12 cm, jung halbkugelig, bald flach polsterförmig, weißlich bis elfenbeinfarben, blass graugelb, glatt, feucht sehr schleimig, Schleimschicht feucht abziehbar. **R** Jung weißlich bis blass cremegelb, Mündungen gleichfarbig, alt hell olivgelb und oft mit bräunlichen Flecken, rundlich, fein (1–1,5 pro mm), frisch mit milchigen Tröpfchen besetzt. **S** 5–15 × 0,5–2 cm, zylindrisch bis schwach zuspitzend, auf hell weißlich gelbem Grund, mit rötlichen und bräunlichen Drüsenpunkten besetzt, frisch an der Spitze mit milchigen Tröpfchen, unberingt, basal mit weißlichem Basalmyzel. **F** Weißlich, weich, mild, ohne spezifischen Geruch. **V** Juli bis November. Im alpinen Gebiet unter Zirbel-Kiefer, außeralpin unter Weymouths-Kiefer, bodenvag; in Mitteleuropa in den höheren Lagen zerstreut, in Südeuropa selten. **W** Die Art ist nicht häufig, kann an ihren Standorten aber bisweilen zu Hunderten vorkommen.

SP 7–10 × 3–4,5 µm, spindelig, glatt

2 | Dunkler Arven-Röhrling
Suillus plorans

RL-R

H 4–12 cm, jung halbkugelig, dann flach polsterförmig, alt oft verflachend, ocker-, orangebraun bis rötlich braun, manchmal mit olivlichem Ton, etwas eingewachsen-faserig, feucht sehr schleimig, Schleimschicht feucht abziehbar. **R** Relativ kurz, jung hell orangebräunlich, bald olivocker, Mündungen gleichfarbig, rundlich, fein (1 pro mm), frisch gelegentlich mit milchigen Tröpfchen. **S** 4–12 × 0,5–2 cm, zylindrisch bis etwas keulig, weißlich gelb, auf ganzer Länge mit zunächst hellen, dann gelb- bis dunkelbräunlichen Drüsenpunkten besetzt, unberingt. An der Basis mit rosalichem Basalmyzel. **F** Zitronen- bis orangegelb, weich, mild, ohne spezifischen Geruch. **V** August bis Oktober. In alpiner bis subalpiner Zone unter Zirbel-Kiefer, bodenvag; in Europa in den Alpen verbreitet, in der Tatra selten. **W** Es sind seltene Fälle bekannt, in denen der Arven-Röhrling bei angepflanzten Zirbel-Kiefern in tieferen Lagen auftrat. Er kann dem Sand-Röhrling (s. u.) sehr ähnlich sehen, unterscheidet sich aber durch den Stiel mit Drüsenpunkten und fehlendes Blauen im Fleisch.

SP 8,5–12 × 3,5–5 µm, spindelig, glatt

3 | Kuh-Röhrling
Suillus bovinus

H 3–8 cm, jung halbkugelig, bald flach polsterförmig, alt meist verflachend, ockerlich, semmelfarben, aprikosen- bis orangebraun, glatt, feucht schmierig, schnell abtrocknend und dann sehr klebrig, Huthaut auch feucht nur schlecht abziehbar. **R** Kurz, olivgrau, alt oliv graugrün, Mündungen gleichfarbig, eckig, relativ weit (1–2 mm). **S** 2–8 × 0,5–1,5 cm, zylindrisch bis schwach zuspitzend, oft etwas dezentriert, ledergelb, blass ockerbraun, unberingt, basal mit blass rosalichem Basalmyzel. **F** Blassgelb, weich, elastisch, mild, ohne spezifischen Geruch, beim Erhitzen rotviolett verfärbend. **V** Juni bis November. Ausschließlich unter Kiefern auf sauren, nährstoffarmen Böden; in Südeuropa seltener. **W** Neben der auffallend gummiartigen Konsistenz des Hutes ist die violette Verfärbung beim Erhitzen ein markantes Merkmal. Er ist oft vergesellschaftet mit dem Rosenroten Schmierling (*G. roseus*, → S. 72).

SP 7,5–11 × 3–4,5 µm, spindelig, glatt

4 | Sand-Röhrling
Suillus variegatus

H 4–15 cm, jung halbkugelig, dann flach polsterförmig, nur selten verflachend, gelb-, aprikosen-, ocker- bis orangebraun, oft etwas olivstichig, jung vollständig filzig, älter nur mit fleckweisem Filz, auch feucht kaum schmierig, Huthaut kaum abziehbar. **R** Kurz, olivgrau, alt oliv graugrün, Mündungen gleichfarbig, eckig, relativ klein (1–2 pro mm). **S** 3–12 × 1–2,5 cm, zylindrisch, oft basal schwach unregelmäßig verdickt, hutfarben, unberingt, basal mit weißlichem Basalmyzel. **F** Ocker bis safrangelb, feucht etwas marmoriert, vor allem über den Röhren schwach blauend, mild, ohne spezifischen Geruch. **V** Juni bis November. Ausschließlich unter Kiefern auf sauren, nährstoffarmen Böden; in Südeuropa seltener. **W** Aufgrund seines filzigen, nicht schleimigen Huts hat der Sand-Röhrling eine Ausnahmestellung innerhalb der Schmierröhrlinge. Achtet man zudem auf das Blauen, ist eine Verwechslung mit anderen Schmierröhrlingen ausgeschlossen.

SP 7,5–11 × 3–4,5 µm, spindelig, glatt

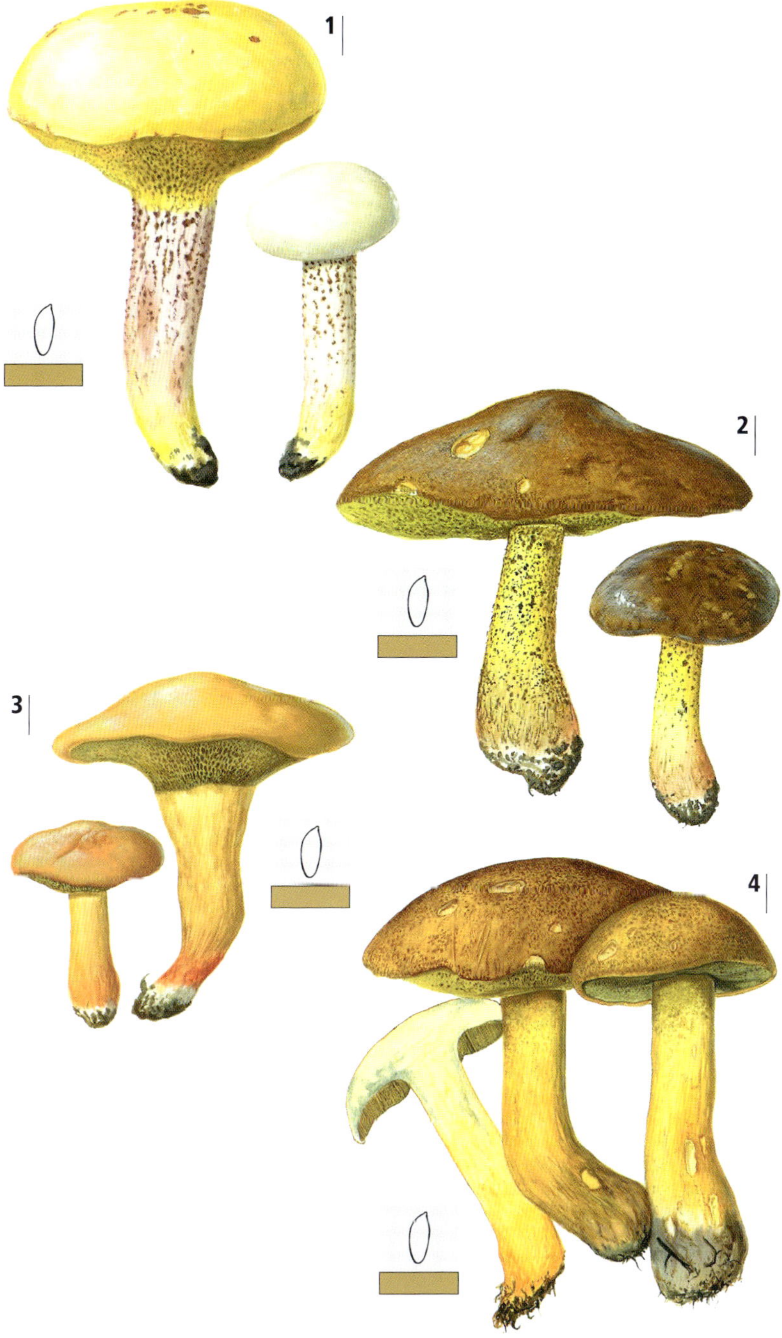
1
2
3
4

1 Ziegenlippe
Xerocomus subtomentosus

H 4–12 cm, jung halbkugelig, bald flach polsterförmig, ocker-, oliv- bis dunkelbraun, seltener orangeocker oder braunrot, wildlederartig filzig, nur selten rissig werdend. **R** Jung lebhaft gelb, alt grünlich gelb, Mündungen gleichfarbig, auf Druck blauend, jung labyrinthisch-rundlich, fein (1 mm), älter zunehmend eckig. **S** 3–10 × 0,5–2 cm, zylindrisch bis zuspitzend, ledergelb, oben mit rötlichen bis bräunlichen Flöckchen, die teils rippenartig oder fast netzig verbunden sind, Basalmyzel weiß. **F** Weißlich bis hellgelb, in der Stielbasis rosaocker, schwach blauend in Hut und oberem Stiel, mild, ohne spezifischen Geruch. **V** Juni bis November. Vor allem unter Laubbäumen (Eiche), bodenvag; in ganz Europa verbreitet. **W** Der Artenkomplex der Ziegenlippen umfasst mehrere Arten. Trennmerkmale sind Verfärbung, Farbe im Stiel und Basalmyzel.

SP 10–15 × 4–6 µm, spindelig, glatt

2 Brauner Filzröhrling
Xerocomus ferrugineus

Insgesamt sehr ähnlich voriger Art. Die Unterschiede liegen im Fleisch, das auch in der Stielbasis höchstens etwas gelblich ist, im fehlenden Blauen und im gelben Basalmyzel. **V** Juli bis November. Vorwiegend unter Nadelbäumen, bodenvag; in Europa weit verbreitet. **W** Berichte dieser Art unter Laubbäumen könnten auch auf Verwechslungen mit anderen Arten dieser Gruppe zurückzuführen sein.

SP 10–16 × 4–6 µm, spindelig, glatt

3 Eichen-Filzröhrling
Hortiboletus engelii (Syn. *Xerocomus quercinus* ad int.)

H 3–8 cm, jung halbkugelig, bald flach polsterförmig und mit welligem, etwas aufgebogenem Rand, schmutzig aprikosen- bis olivlich braun, meist mit deutlichem Rotton (zumindest am Rand), jung samtig, alt kahl, meist nicht rissig oder nur am Rand so. **R** Zitronengelb, schnell grünlich gelb werdend, alt olivgelb, Mündungen gleichfarbig, auf Druck blauend, eckig-labyrinthisch, relativ weit (0,8–1,5 mm). **S** 3–8 × 0,5–1,5 cm, zylindrisch bis zuspitzend, gelbbraun, oft etwas rötlich gestreift. **F** Blassgelb, im Hut schwach blauend, basal mit karottenroten Pigmentkörnchen, mild, ohne spezifischen Geruch. **V** Juni bis November. Unter Laubbäumen, vor allem Eiche und Linde, in Parks und Gärten, seltener in geschlossenen Wäldern; in ganz Europa verbreitet. **W** Die orangen Pigmentkörnchen in der Stielbasis sind ein wichtiges Merkmal.

SP 9–13 × 4,5–6 µm, spindelig, glatt

4 Blutroter Filzröhrling
Hortiboletus rubellus (Syn. *Xerocomus rubellus*)

H 3–8 cm, jung halbkugelig, bald flach polsterförmig, alt verflachend, lebhaft kirsch- bis blutrot, Rand oft gelblich, meist lederbräunlich ausblassend, samtig. **R** Blass goldgelb, alt grünlich gelb, Mündungen gleichfarbig, auf Druck blauend, eckig-labyrinthisch, relativ weit (bis 1 mm). **S** 3–8 × 0,5–1,5 cm, zylindrisch bis zuspitzend, hutfarben oder zumindest stark rötlich gestreift, Spitze gelb. **F** Blassgelb, im Hut und Stiel blauend, karottenrote Pigmentkörnchen nur selten vorhanden, mild, ohne spezifischen Geruch. **V** Juli bis Oktober. Unter Laubbäumen, oft in lichten Biotopen, häufig an etwas feuchteren Stellen; in ganz Europa verbreitet. **W** Rote Hutfarben weisen noch eine ganze Reihe weiterer Arten auf.

SP 9–13 × 4,5–6 µm, spindelig, glatt.

5 Rosafleischiger Filzröhrling, Rötender Filzröhrling
Hortiboletus bubalinus (Syn. *Xerocomus bubalinus*)

H 4–15 cm, jung halbkugelig, dann verflachend, gelboliv bis -braun, aprikosenfarben, fein filzig, oft etwas unebenhöckerig. **R** Blass goldgelb, alt grünlich gelb, Mündungen gleichfarbig, auf Druck blauend, eckig-labyrinthisch, relativ weit (1–1,5 mm). **S** 3–8 × 0,5–1,5 cm, zylindrisch bis zuspitzend, hell gelblich, deutlich und dicht rötlich gestreift. **F** Blassgelb, unter dem Hut mit einer deutlich rosa Zone, die oft mehr als den halben Hut einnimmt, über den Röhren und in der Stielspitze hellblau anlaufend, mild, ohne spezifischen Geruch. **V** Juni bis Oktober. Parks und Alleen, vor allem bei Pappel und Eiche, meist auf sandigen Böden; in Europa zerstreut bis selten. **W** Die Art wurde erst vor einigen Jahren neu beschrieben, daher ist ihre Verbreitung noch wenig bekannt.

SP 11–16 × 4–5,5 µm, spindelig, glatt

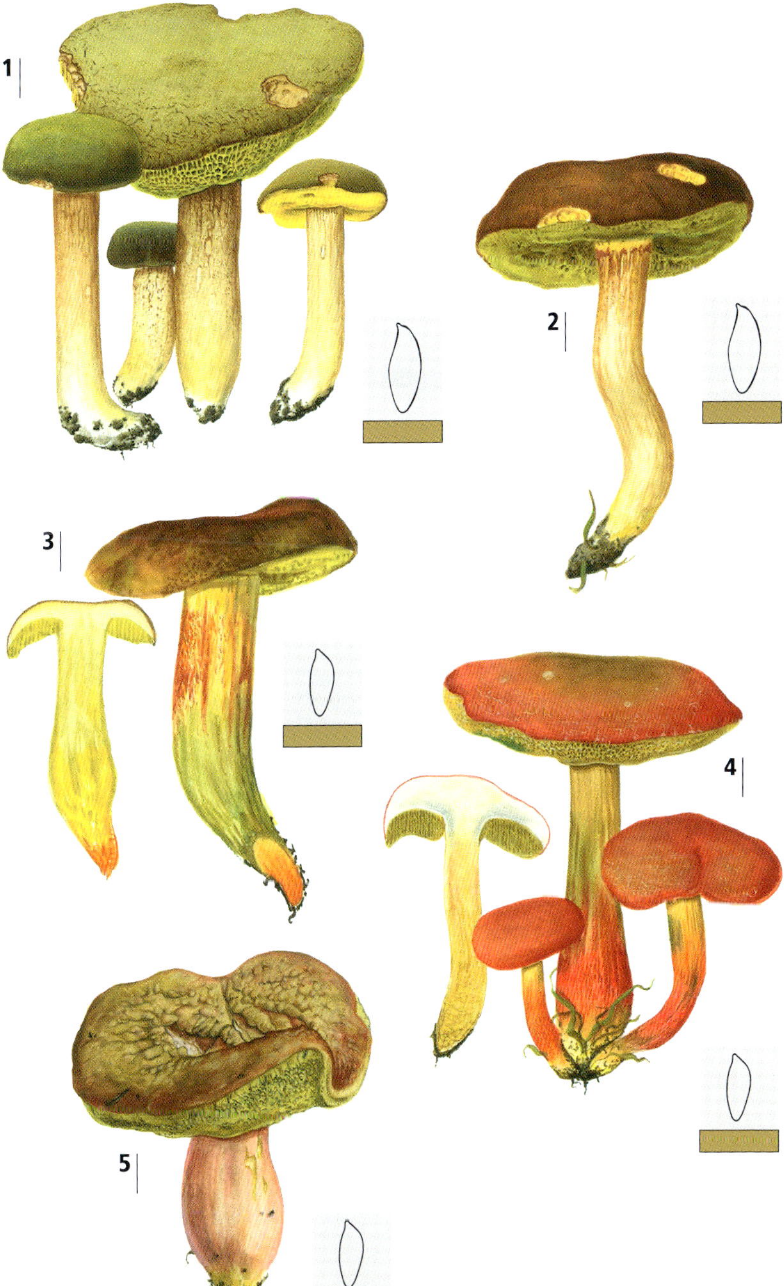
1
2
3
4
5

1 | Aprikosen-Filzröhrling
Rheubarbariboletus armeniacus (Syn. *Xerocomus armeniacus*)

H 3–8 cm, jung halbkugelig, bald flach polsterförmig, alt meist nicht ganz verflachend, ziegelrosa, lachsorange bis orangerot, samtig, meist vom Rand her fein rissig. **R** Lebhaft goldgelb, alt grünlich gelb, Mündungen gleichfarbig, auf Druck blauend, eckig-labyrinthisch, relativ fein (< 1 mm). **S** 3–8 × 0,5–1,5 cm, zylindrisch bis zuspitzend, hutfarben, am intensivsten im mittleren Bereich, manchmal schwach rötlich gestreift, Spitze gelb. **F** Jung gelb, alt gelblich weiß, im unteren Stielbereich aprikosenfarben bis ockergelb, im Hut und in der Stielspitze schwach blauend, mild, ohne spezifischen Geruch. **V** Juli bis Oktober. In Laub- und Nadelwäldern, vor allem auf sauren, eher mineralreichen Böden; in ganz Europa verbreitet aber überall sehr selten. **W** Die Art ist makroskopisch oft schwierig zu erkennen. Mikroskopisch ist sie an den arttypischen Pigmentklumpen an den Huthauthyphen gut bestimmbar.

SP 9–13 × 4,5–6 µm, spindelig, glatt

2 | Gewöhnlicher Rotfußröhrling
Xerocomellus chrysenteron

H 3–8 cm, jung halbkugelig, bald polsterförmig, alt verflachend,grau- bis olivbraun, nur jung etwas filzig, dann kahl, meist mit rötlichen Fraßstellen und Rissen. **R** Grünlich gelb, alt olivgrünlich, Mündungen gleichfarbig, auf Druck etwas blauend, eckig-labyrinthisch, relativ groß (1–2 mm). **S** 3–8 × 0,5–1,5 cm, zylindrisch bis zuspitzend oder tönnchenförmig, gelblich, im unteren Bereich wein- bis violettrot, alt auch gänzlich so. **F** Blass gelblich, langsam schwach blauend, im Stiel innen wie außen gefärbt, mild, ohne spezifischen Geruch. **V** Juni bis November. Bevorzugt unter Nadelbäumen auf sauren Böden, seltener unter Laubbäumen, ziemlich stickstofftolerant; in ganz Europa verbreitet. **W** Die Art wird wie alle Filzröhrlinge schnell vom Goldschimmel befallen.

SP 11–16 × 4,5–6 µm, spindelig, glatt

3 | Starkblauender Rotfußröhrling
Xerocomellus cisalpinus

Dem Gewöhnlichen Rotfußröhrling (s. o.) in allen Merkmalen äußerst ähnlich, jedoch Fleisch und Stiel viel stärker blauend. **V** Juni bis November. In Laub- und Nadelwäldern, vor allem Eiche, Buche und Kiefer; vermutlich in ganz Europa verbreitet. **W** Unter dem Elektronenmikroskop zeigen die Sporen eine schwache Riefung.

SP 10–15 × 4–5,5 µm, spindelig, glatt

4 | Falscher Rotfußröhrling
Xerocomellus porosporus

H 3–8 cm, jung halbkugelig, bald flach polsterförmig, alt verflachend, oliv graubraun, sepia bis rußbraun, jung etwas filzig, dann kahl, Hutrisse und Fraßstellen weißlich (nicht rot!). **R** Grünlich gelb, alt olivgrünlich, Mündungen gleichfarbig, auf Druck etwas blauend, eckig-labyrinthisch, relativ klein (1–3 pro mm). **S** 3–8 × 0,5–1,5 cm, zylindrisch bis zuspitzend oder tönnchenförmig, im unteren Bereich hutfarben, düster olivbraun, bei älteren Exemplaren dieser Bereich mit einer roten Zone abschließend, Spitze blass gelblich, alt auch mit größeren violettroten Bereichen. **F** Blass gelblich, in allen Teilen schwach blauend, mild, ohne spezifischen Geruch. **V** Juni bis Oktober. In Laubwäldern auf nicht zu saurem Boden; in ganz Europa verbreitet. **W** Die düstere Farbe macht die Art bereits makroskopisch gut kenntlich, die teilweise abgestutzten Sporen sichern die Bestimmung mikroskopisch ab.

SP 11–16 × 4,5–6 µm, spindelig, Ende oft abgestutzt, glatt

5 | Bereifter Rotfußröhrling, Herbst-Rotfußröhrling
Xerocomellus pruinatus

H 5–12 cm, jung halbkugelig, dann flach polsterförmig, alt verflachend, purpur- bis rötlich graubraun, alt oft grau olivbraun, selten gänzlich rot, Randsaum violettrot, jung wie bereift, Oberfläche uneben-höckerig, alt meist glatt, selten rissig werdend. **R** Lebhaft gelb, alt grünlich gelb, Mündungen gleichfarbig, auf Druck schwach bis gar nicht blauend, eckig-labyrinthisch, relativ klein (1–2 pro mm). **S** 3–8 × 0,8–2 cm, zylindrisch oder tönnchenförmig, jung einheitlich blass gelb, älter mit zunehmend größeren violettroten Bereichen. **F** Gelb, im Stiel etwas intensiver, erst nach mehreren Minuten im Stiel blau anlaufend, im Hut fast unveränderlich, mild, ohne spezifischen Geruch. **V** Juli bis Dezember. In Laub- und Nadelwäldern, bodenvag; in ganz Europa verbreitet, im Süden etwas seltener. **W** Alte Exemplare sind oft nur schwer vom Gewöhnlichen Rotfußröhrling (s. o.) zu unterscheiden.

SP 11–16 × 4–5,5 µm, spindelig, glatt

1
2
3
4
5

1 Europäisches Goldblatt, Blätter-Röhrling

Phylloporus pelletieri

H 3–8 cm, jung halbkugelig, bald flach polsterförmig, alt fast verflachend, rötlich braun, purpurbraun bis schokoladenbraun, jung fein samtig, verkahlend. **L** Lebhaft goldgelb, alt mehr rostgelb, deutlich queradrig verbunden, relativ leicht ablösbar. **S** 3–8 × 0,5–1,5 cm, zylindrisch bis zuspitzend, oft etwas exzentrisch, ledergelb an der Spitze, nach unten zu rotbräunlich überlaufen, glatt bis feinst flockig, Basalmyzel gelb. **F** Blassgelb, unveränderlich, mild, ohne spezifischen Geruch. **V** Juli bis Oktober. In Laub- und Nadelwäldern oder Parks, vor allem auf sauren, nährstoffarmen, meist sandigen Böden; in ganz Europa verbreitet aber in den meisten Ländern selten, als europaweit gefährdet eingestuft. **W** Als einziger Lamellen tragender Röhrling in Europa unverkennbar. Die Art erleidet in den letzten 30 Jahren starke Bestandsverluste durch anthropogene Stickstoffeinträge aus der Luft.

SP 10–13,5 × 4–5 µm, spindelig, glatt

2 Maronen-Röhrling

Imleria badia (Syn. *Xerocomus badius*)

H 4–12 cm, jung halbkugelig, dann polsterförmig, alt oft verflachend, rot- bis maronenbraun, seltener gelb- oder olivbraun, jung filzig, alt meist kahl, bei feuchtem Wetter deutlich schmierig. **R** Cremegelb, alt grüngelb, Mündungen gleichfarbig, auf Druck sofort blauend, rundlich bis etwas eckig, relativ fein (1–2 pro mm). **S** 3–12 × 0,5–2 cm, selten noch dicker, zylindrisch oder bauchig, gelblich, im unteren Bereich braungelb bis hell rötlich braun, glatt oder mit feinsten Flöckchen besetzt, Basalmyzel weißlich. **F** Blass gelblich, im unteren Stielbereich bräunlich gelb, jung nicht oder kaum blauend, älter deutlich blau verfärbend, mild, ohne spezifischen Geruch. **V** Juni bis November. Bevorzugt unter Nadelbäumen auf sauren Böden, seltener unter Laubbäumen; in Mittel- und Nordeuropa verbreitet und häufig, in Südeuropa seltener. **W** Da junge Fruchtkörper nicht blau verfärben, können diese manchmal dem Gallen-Röhrling (→ S. 50) ähnlich sehen, der allerdings ein Stielnetz aufweist.

SP 11–16 × 4,5–6 µm, spindelig, glatt

3 Parasitischer Röhrling

Pseudoboletus parasiticus

RL-G

H 2–6 cm, jung halbkugelig, dann polsterförmig, alt verflachend, olivgelb, gelbbraun, samtig, verkahlend. **R** Blass bis lebhaft gelb, alt braungelb, Mündungen gleichfarben, etwas eckig bis labyrinthisch, relativ weit (0,8–1,2 mm). **S** 3–8 × 0,4–1 cm, zylindrisch, meist gebogen, oft etwas exzentrisch, olivlich ledergelb, Basalmyzel blassgelb. **F** Hell- bis bräunlich gelb, unveränderlich, mild, ohne spezifischen Geruch. **V** Juli bis Oktober. In Nadelwäldern, selten unter Eiche, Birke, Buche, auf sauren, nährstoffarmen, meist sandigen Böden, parasitisch auf Dickschaligem Kartoffelbovist (→ S. 630), selten auf anderen *Scleroderma*-Arten; in ganz Europa verbreitet, überall selten. **W** Die gedrängt unter den Fruchtkörpern von Kartoffelbovisten hervorwachsende Art ist unverkennbar.

SP 11–20 × 4–6 µm, spindelig, glatt

4 Fahler Röhrling

Hemileccinum impolitum (Syn. *Boletus impolitus*)

RL-3

H 6–15 cm, jung halbkugelig, dann polsterförmig, alt bisweilen verflachend, gelb- bis ockergrau, graulich sandfarben, glatt, vor allem jung etwas bereift wirkend. **R** Lebhaft gelb, alt olivlich gelb, Mündungen gleichfarbig, auf Druck unveränderlich, rundlich, fein (1,5–3 pro mm). **S** 5–12 × 2–4 cm, schwach keulig, zylindrisch oder bauchig, jung einheitlich blassgelb, älter oft an der Basis mit rötlichen Flecken, mit blass- bis bräunlich gelben Pusteln besetzt. **F** Blassgelb, im Stiel etwas intensiver, unveränderlich, mild, mit deutlichem Jodoform-Geruch in der Stielbasis. **V** Juni bis Oktober. In Laubwäldern und Parks auf meist basischen Böden, vor allem unter Eiche; in Süd- und Mitteleuropa verbreitet, aber selten, in Nordeuropa sehr selten. **W** Mit Ausnahme des Gehämmerten Röhrlings (s. u.) haben ähnliche Arten entweder ein Netz oder verfärbendes Fleisch.

SP 10–16 × 4–6 µm, spindelig, glatt

5 Gehämmerter Röhrling

Hemileccinum depilatum (Syn. *Boletus depilatus*)

RL-G

Vom Fahlen Röhrling in erster Linie durch die braune, wie gehämmert wirkende Hutoberfläche verschieden. **V** Juni bis Oktober. In Parks und Laubwäldern, unter Hainbuche; in Süd- und Mitteleuropa verbreitet, aber selten, in Nordeuropa sehr selten. **W** Mikroskopisch von vorigem durch den Aufbau der HDS unterschieden.

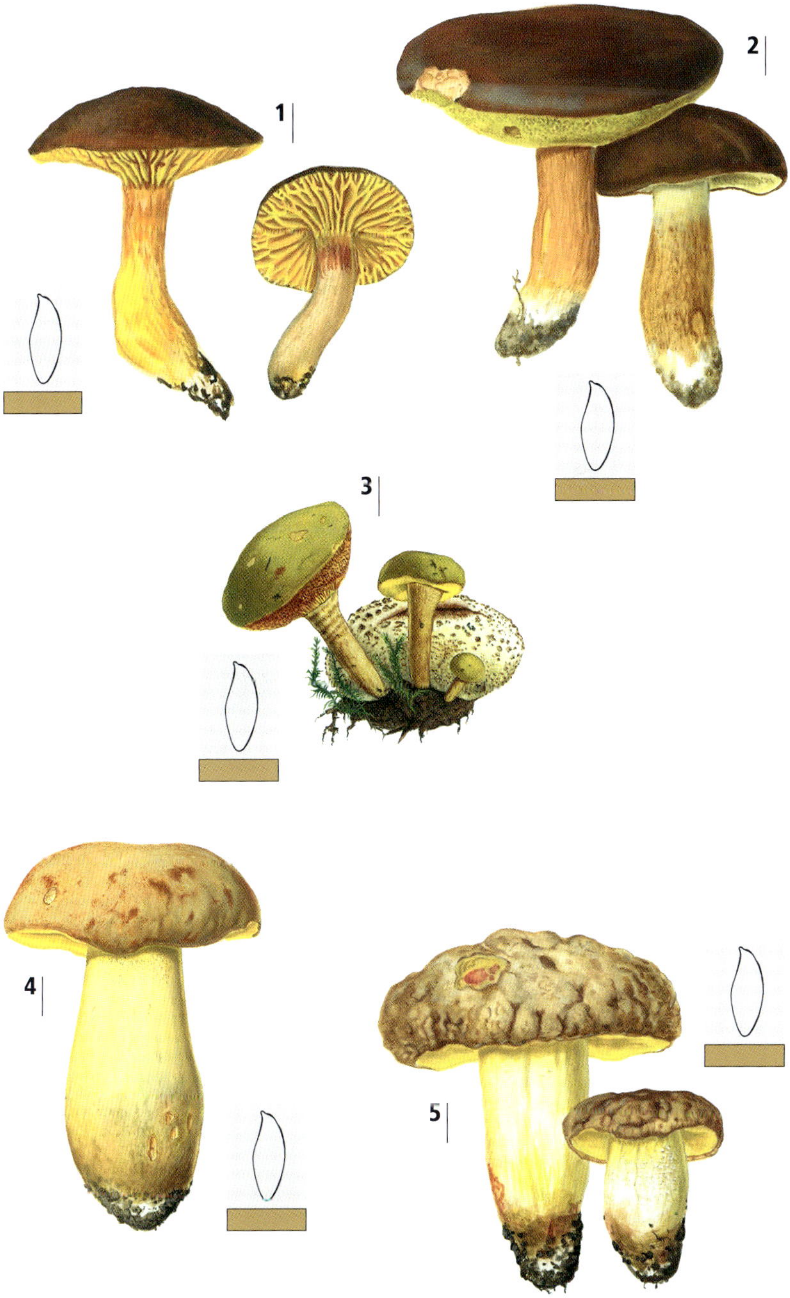
1
2
3
4
5

1 | Gelber Raufuß
Leccinellum crocipodium

RL-3 | §

H 6–15 cm, jung halbkugelig, dann polsterförmig, auch alt nicht verflachend, zitronen- bis orangegelb, gelbbraun, alt bräunlich, glatt, etwas uneben, bei Trockenheit feldrig aufreißend, Rand etwas überhängend. **R** Schwefelgelb, alt olivgelb, Mündungen gleichfarbig, auf Druck etwas violettbräunlich verfärbend, rundlich bis etwas eckig, fein (2 pro mm). **S** 5–15 × 1,5–4 cm, zylindrisch bis zuspitzend, schwefel- bis zitronengelb, mit der Zeit eher gelbbräunlich, mit dunkler gelben Pusteln besetzt, die teilweise tendenziell längsrillig angeordnet sind, Basalmyzel gelblich. **F** Blass zitronengelb, im Schnitt zunächst rötend, dann zunehmend violettschwarz, mild, ohne spezifischen Geruch. **V** Juli bis Oktober. In wärmebegünstigten Eichenwäldern und Parks, vor allem auf basischen Böden; im südlichen und mittleren Europa verbreitet, nach Norden hin zunehmend seltener. **W** Im Gegensatz zu den Birkenpilzen und Rotkappen (s. u.) weisen die Raufüße der Gattung *Leccinellum* einen vorwiegend rundlichzelligen Aufbau der Huthaut auf.

SP 13–18 × 4,5–6,5 µm, spindelig, glatt

2 | Steineichen-Raufuß
Leccinellum lepidum

H 6–15 cm, jung halbkugelig, dann polsterförmig, selten verflachend, orangegelb, gelb-, rot- bis dunkelbraun, fein filzig bis glatt, etwas uneben, feucht schmierig, Rand leicht überhängend. **R** Schwefel- bis goldgelb, alt olivgelb, Mündungen gleichfarbig, auf Druck etwas ockerbräunlich verfärbend, rundlich bis etwas eckig, fein (2 pro mm). **S** 5–15 × 1,5–4 cm, zylindrisch bis bauchig, zuspitzend, schwefel- bis zitronengelb, mit dunkler gelben bis rostbräunlichen Pusteln besetzt, die teilweise tendenziell längsrillig angeordnet sind, Basalmyzel gelblich. **F** Weißlich bis blass zitronengelb, im Schnitt zunächst rötend, dann zunehmend grau bis violettlich grau, mild, ohne spezifischen Geruch. **V** September bis Januar. Selten bis März. In mediterranen und atlantischen Eichenwäldern unter Stein- und Kork-Eiche, im Mittelmeergebiet nicht selten. **W** Der Steineichen-Raufuß sieht der vorigen Art sehr ähnlich, verfärbt aber schwächer und kommt nur unter immergrünen Eichenarten vor.

SP 14–20 × 5–7 µm, spindelig, glatt

3 | Hainbuchen-Raufuß
Leccinellum pseudoscabrum

§

H 4–15 cm, jung halbkugelig, dann flach polsterförmig, alt fast verflachend, grau- bis gelbbraun, rußgrau bis fast schwarzbraun, oft uneinheitlich fleckig, glatt, etwas uneben, bei Trockenheit feldrig aufreißend, im Alter schwärzlich verfärbend. **R** Jung schmutzig weißlich, dann cremegrau, Mündungen gleichfarben, etwas eckig bis labyrinthisch, relativ fein (1–2 pro mm), auf Druck braungrau bis schwärzlich. **S** 3–12 × 0,5–3 cm, zylindrisch oder etwas bauchig, weißlich bis hellgrau, mit grauen bis schwarzbraunen Pusteln besetzt, die teilweise tendenziell längsrillig angeordnet sind, Basalmyzel weißlich. **F** Weißlich, im Schnitt rötlich violettlich bis grauviolett anlaufend, zuletzt fast schwarz, mild, ohne spezifischen Geruch. **V** Juli bis Oktober. Unter Hainbuche oder Hasel in Parks und lichten Laubwäldern, bodenvag; in ganz Europa verbreitet. **W** Bisweilen soll die Art auch unter anderen Laubbäumen wie Pappel, Eiche oder Birke vorkommen.

SP 13–20 × 5–7 µm, spindelig, glatt

4 | Pappel-Raufuß
Leccinum duriusculum

RL-3 | §

H 6–20 cm, jung halbkugelig, dann flach polsterförmig, alt nicht selten nahezu verflachend, braun- bis rußgrau, rot- bis schwarzbraun, fein filzig, alt verkahlend, Hutrand überhängend. **R** Jung schmutzig weißlich, dann hell braungrau, Mündungen gleichfarben, etwas eckig bis labyrinthisch, relativ fein (1–2 pro mm), auf Druck ockerbräunlich fleckend. **S** 6–15 × 1,5–4 cm, zylindrisch oder bauchig, weißlich an der Spitze, zur Basis hin bräunlich, mit tabak- bis schwarzbraunen feinen Pusteln besetzt, die teilweise fast netzig angeordnet sind, Basis meist mit grünblauen Stellen. **F** Weißlich, im Schnitt erst rosalich, dann rötlich violettgrau anlaufend, zuletzt grauschwarz, mild, ohne spezifischen Geruch. **V** Juli bis Oktober. Unter Pappeln, insbesondere Espe, bodenvag; in ganz Europa verbreitet, jedoch meist selten. **W** Der Pappel-Raufuß hat eine überhängende Huthaut und Fleischverfärbung wie die Rotkappen, ist jedoch am braunem Hut gut zu unterscheiden.

SP 13–20 × 4,5–6 µm, spindelig, glatt

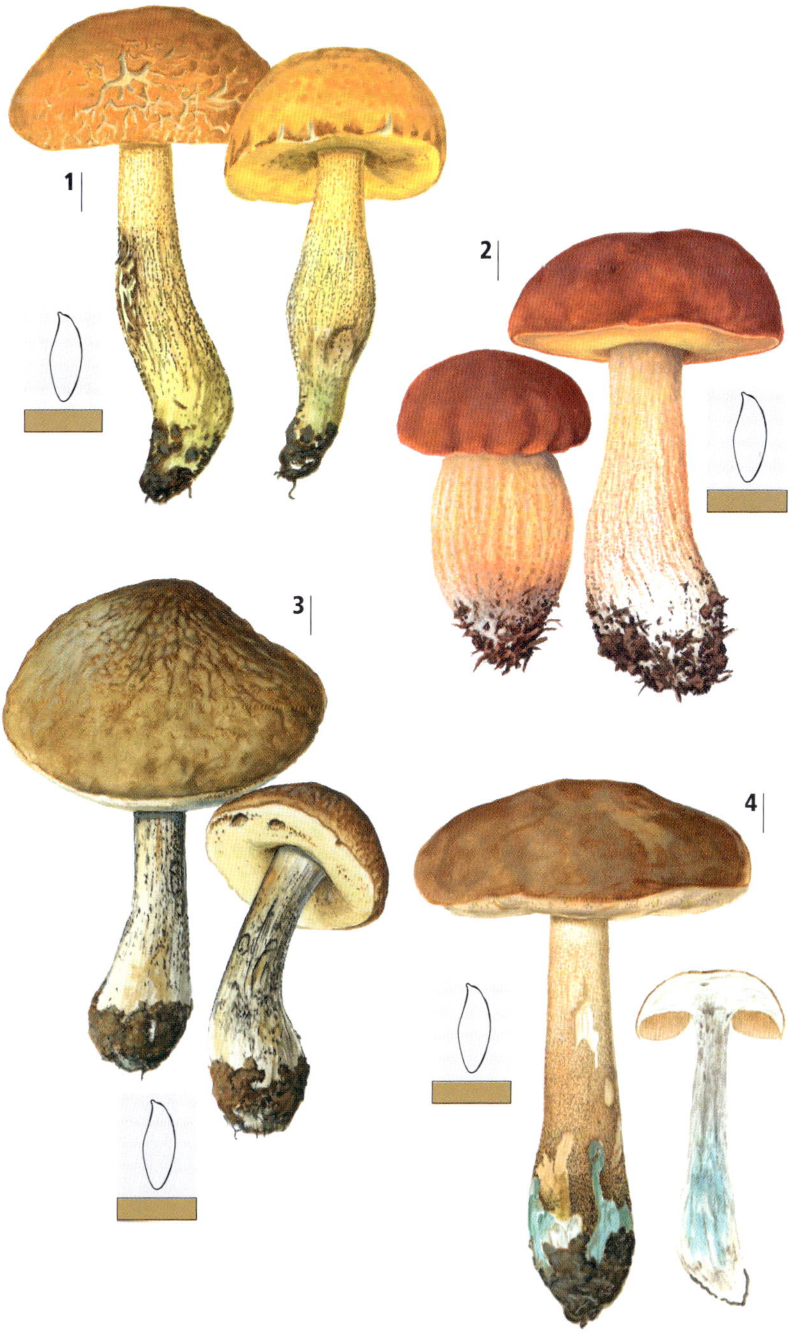
1
2
3
4

1 | Espen-Rotkappe

Leccinum leucopodium (Syn. *L. albostipitatum*)

§

H 8–20 cm, jung halbkugelig, dann polsterförmig, nur alt manchmal verflachend, orangegelb, ocker-, rost- bis rotorange, glatt, Rand unregelmäßig überhängend. **R** Jung weißlich, dann schmutzig cremegrau, Mündungen gleichfarbig, auf Druck dunkler verfärbend, rundlich bis etwas eckig, fein (2 pro mm). **S** 5–15 × 1,5–5 cm, zylindrisch bis etwas bauchig, weiß, mit anfangs weißen, bald mehr und mehr rostbräunlich gefärbten Pusteln besetzt, Basis mit blaugrünen Flecken, Basalmyzel weiß. **F** Weiß, im Schnitt zunächst weinrötlich bis grauviolett verfärbend, dann zunehmend violettschwarz, in der Basis oft blau- oder gelbgrünlich, mild, ohne spezifischen Geruch. **V** Juli bis Oktober. Unter Zitter-Pappel, sehr selten bei anderen Pappel-Arten, bodenvag; im südlichen Europa selten, nach Nord- und Osteuropa hin zunehmend häufiger. **W** Der weiße Stiel mit den zunehmend rostbräunlich werdenden Schüppchen kennzeichnet die Art gut. Durch die Intensivierung der Forstwirtschaft ist sie gebietsweise selten geworden.

SP 12–17 × 4–5,5 µm, spindelig, glatt

2 | Heide-Rotkappe, Birken-Rotkappe

Leccinum versipelle (Syn. *L. testaceoscabrum*)

RL-V | §

H 8–20 cm, jung halbkugelig, dann polsterförmig, alt verflachend, orangegelb, gelb- bis orangeocker, safranfarben, rostorange, selten reingelb *(f. flavescens)*, glatt bis fein angedrückt schuppig, Rand überhängend. **R** Jung schmutzig weißlich, dann gelblich grau, Mündungen gleichfarbig, auf Druck dunkler verfärbend, rundlich bis etwas eckig, fein (2 pro mm). **S** 6–15 × 1,5–4 cm, zylindrisch bis etwas bauchig, weiß, mit kontrastierenden, schwarzen, groben Pusteln besetzt, Basis mit blaugrünen Flecken. **F** Weiß, im Schnitt zunächst weinrötlich bis grauviolett verfärbend, dann zunehmend violettschwarz, in der Basis oft blau- oder gelbgrünlich, mild, ohne spezifischen Geruch. **V** Juli bis Oktober. Unter Birke, vor allem in Heiden, Mooren, Pionierwäldern oder eingestreuten Birken in Fichtenwäldern, bodenvag; im südlichen Europa selten, in Nord- und Osteuropa häufiger. **W** Exemplare mit eher beige getöntem, deutlich angedrückt-schuppigem Hut, wurden als *L. callitrichum* beschrieben. Albinotische Formen wurden ebenfalls beobachtet. *(L. percandidum, L. roseotinctum).*

SP 12–18 × 4–5,5 µm, spindelig, glatt

3 | Laubwald-Rotkappe

Leccinum aurantiacum (Syn. *L. quercinum*)

RL-G | §

H 8–20 cm, jung halbkugelig, dann polsterförmig, auch alt meist nicht ganz flach werdend, rost-, fuchs-, ziegel- bis braunrot, fein faserfilzig, bald verkahlend, Rand unregelmäßig überhängend. **R** Jung weißlich, dann cremegrau, Mündungen gleichfarbig, auf Druck dunkler, rundlich, fein (2 pro mm). **S** 5–15 × 1,5–5 cm, zylindrisch bis etwas bauchig, weiß, zur Basis hin rostbräunlich, mit anfangs orangerötlichen, bald rostbräunlich gefärbten Pusteln besetzt, Basis mit blaugrünen Flecken. **F** Weiß, im Schnitt zunächst fleischrötlich bis grauviolett verfärbend, dann zunehmend violettschwarz, in der Basis oft blau- oder gelbgrünlich, mild, ohne spezifischen Geruch. **V** Juli bis Oktober. In Laubwäldern, vor allem Eiche, aber auch Pappel, Buche und weitere Laubbäume, bodenvag; in ganz Europa zerstreut verbreitet, nach Nord- und Osteuropa hin selten werdend. **W** Wenn die Art unter Pappel wächst, ist sie oft nur schwer von der Espen-Rotkappe (s. o.) unterscheidbar.

SP 12–17 × 4–5,5 µm, spindelig, glatt

4 | Nadelwald-Rotkappe

Leccinum vulpinum

RL-2 | §

H 6–15 cm, jung halbkugelig, dann polsterförmig, nicht ganz verflachend, ziegel-, fuchs- bis braunrot, ocker- bis hell purpurbraun, glatt oder fein filzig, Rand unregelmäßig überhängend. **R** Jung weißlich, dann schmutzig cremegrau, Mündungen gleichfarbig, auf Druck dunkler verfärbend, rundlich bis etwas eckig, fein (2 pro mm). **S** 5–10 × 1,5–3 cm, zylindrisch bis etwas bauchig, weiß, mit anfangs blassgrau, bald mehr und mehr rauchgrau gefärbten Pusteln besetzt, selten sehr jung vollständig weiß, Basis meist mit blaugrünen Flecken, Basalmyzel weiß. **F** Weiß, im Schnitt schwach grauviolett verfärbend, manchmal fast unveränderlich, in der Basis oft blaugrün, mild, ohne spezifischen Geruch. **V** Juli bis Oktober. Unter Nadelbäumen, auf nährstoffarmen Böden; im südlichen Europa sehr selten, nach Nord- und Osteuropa hin zunehmend häufiger. **W** Es ist nicht ganz klar, ob die unter Fichte wachsenden Rotkappen eine eigenständige Art darstellen *(L. piceinum).*

SP 13–17 × 3,5–5 µm, spindelig, glatt

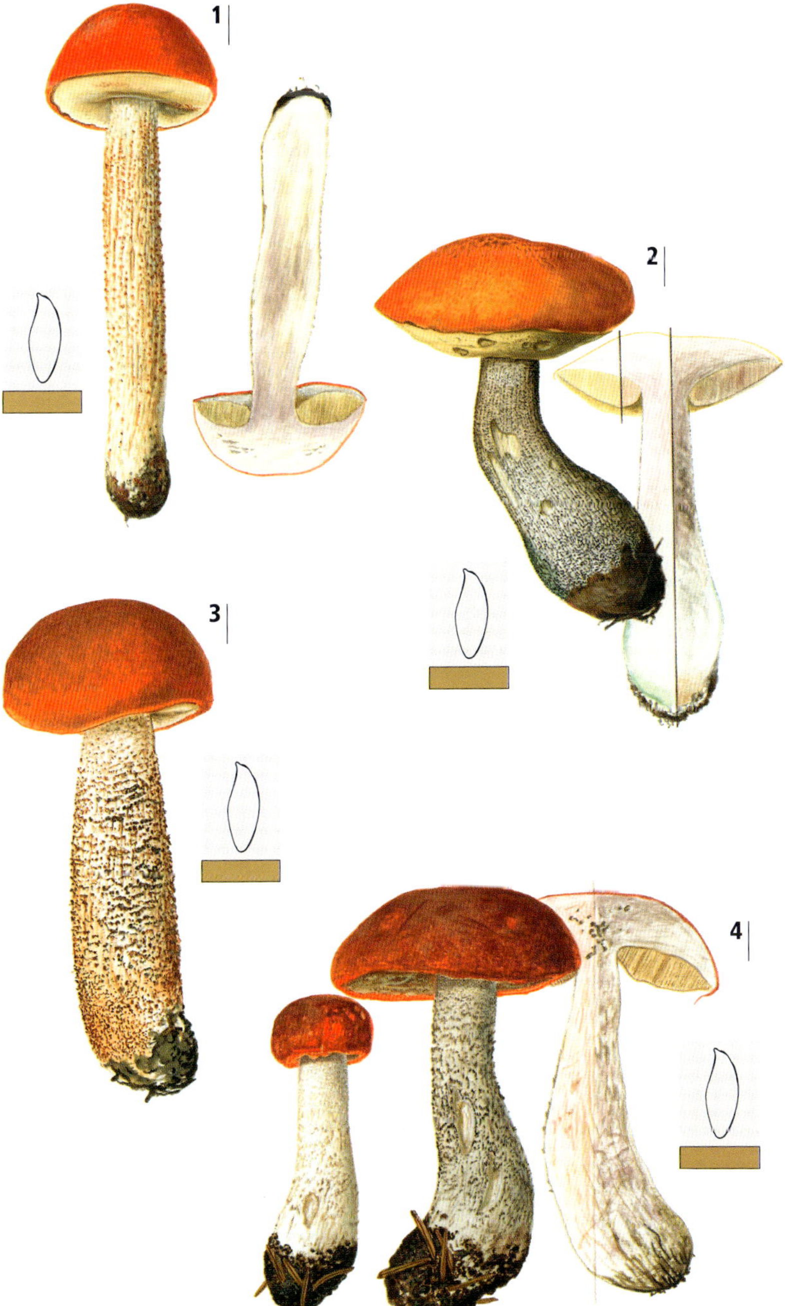
1
2
3
4

1 Gewöhnlicher Birkenpilz

Leccinum scabrum

§

H 5–15 cm, jung halbkugelig, dann polsterförmig, alt verflachend, nuss- bis dunkelbraun, auch entfärbend oder fleckweise getönt, alt und nass oft mit olivlichen Tönen am Rand, jung feinfilzig, dann glatt. **R** Jung weißlich, dann schmutzig cremegrau, im Alter unter dem Hut vorgewölbt, Mündungen gleichfarbig, auf Druck schmutzig rosabräunlich, rundlich bis etwas eckig, fein (1–2 pro mm). **S** 5–15 × 1–3 cm, zylindrisch, weißlich, im Alter und in Fraßstellen safranfarben überlaufen, mit anfangs schwarzen bis dunkelbraunen Pusteln besetzt, Basis immer ohne blaugrünen Flecken, Basalmyzel weiß. **F** Weiß, im Schnitt unveränderlich oder schwach rosalich verfärbend, mild, ohne spezifischen Geruch. **V** Juni bis Oktober. In Wäldern und Parks, stets unter Birke, gerne an menschlich beeinflussten, eher trockenen Stellen; in ganz Europa mit Ausnahme des Mittelmeergebietes häufig. **W** Keinerlei blaue Flecken im Stiel und der Standort an eher trockenen Stellen unterscheidet den Gewöhnlichen Birkenpilz von seinen Verwandten.

SP 14–20 × 4,5–6,5 µm, spindelig, glatt

2 Zwergbirken-Birkenpilz

Leccinum rotundifoliae (Syn. *L. pulchrum* ss. orig.)

§

Arktisch-alpine Art, von voriger durch meist blasseren Hut und den Standort, von nachfolgender durch fehlende blaugrünen Flecken an der Stielbasis unterschieden. **V** Juli bis Oktober. Unter Zwerg- und Moor-Birke, in Tundren und Mooren; in Europa im äußersten Norden, sowie in den Alpen in der subalpinen und alpinen Zone.

3 Moor-Birkenpilz

Leccinum holopus

§

H 4–12 cm, jung halbkugelig, dann polsterförmig, meist auch alt so bleibend, weißlich bis lederbraun, alt olivlich getönt. **R** Jung weißlich, dann schmutzig cremegrau, Mündungen gleichfarbig, auf Druck fleischbräunlich, rundlich, fein (1–2 pro mm). **S** 5–12 × 1–2,5 cm, zylindrisch, weiß bis blass graucreme, mit weißlichen bis cremefarbenen, feinen bis groben Pusteln besetzt, Basis mit blaugrünen Flecken, Basalmyzel weiß. **F** Weiß, alt etwas olivlich getönt, im Schnitt meist schwach rosalich in der Stielspitze, manchmal unveränderlich, in der Basis oft blau- oder gelbgrünlich, mild, ohne spezifischen Geruch. **V** Juli bis Oktober. In Mooren und feuchten Birkenwäldern, stets unter Birke; in Mitteleuropa zerstreut bis selten, in Nord- und Osteuropa regional häufig, in Südeuropa weitgehend fehlend. **W** Hell bräunlich gefärbte Kollektionen von meist trockeneren Standorten werden bisweilen als eigene Art angesehen *(L. nucatum)*.

SP 13–18 × 4,5–6,5 µm, spindelig, glatt

4 Wollstieliger Birkenpilz

Leccinum cyaneobasileucum

§

Vom Gewöhnlichen Birkenpilz (s. o.) wie folgt unterschieden. **H** Grau- bis tabakbraun, selten weiß. **S** Mit rauchgrauen Pusteln, die zur Basis hin wollig-filzig sind, Basis blaugrün fleckig. **F** Weiß, im Schnitt schwach rosa verfärbend, manchmal fast unveränderlich, in der Basis oft blaugrün, mild, ohne spezifischen Geruch. **V** Juli bis Oktober. Unter Birken, in Birkenwäldern, Mooren oder bei eingestreuten Birken in feuchten Nadelwäldern, meist auf sauren, nährstoffarmen Böden; im südlichen Europa selten, in Mittel-, Nord- und Osteuropa zerstreut. **W** Die vor allem jung deutlich wolligen Stielschüppchen und der graubraune Hut ohne Rottöne sind gute Artmerkmale.

SP 14–20 × 5–7 µm, spindelig, glatt

5 Vielfarbiger Birkenpilz

Leccinum variicolor

RL-G | §

H 6–15 cm, halbkugelig bis polsterförmig, alt verflachend, grau- bis schwarzbraun, aschgrau, meist arttypisch in unterschiedlichen Anteilen gesprenkelt und mit weißen Flecken untermischt, oft wie Granit wirkend, glatt, etwas uneben bis fast höckerig, Rand nicht überhängend. **R** Jung weißlich, dann schmutzig cremegrau, Mündungen gleichfarbig, auf Druck dunkler verfärbend, rundlich bis etwas eckig, fein (1–2 pro mm). **S** 8–15 × 1,5–3 cm, zylindrisch, weiß, mit dunkel graubraunen bis schwarzen Pusteln besetzt, Basis mit blaugrünen Flecken, Basalmyzel weiß. **F** Weiß, im Schnitt im Hut und oberen Stielbereich kräftig rosa verfärbend, im unteren Stielbereich gelbgrün anlaufend, in der Basis grünblau, mild, ohne spezifischen Geruch. **V** Juli bis Oktober. Unter Birke, in feuchten Birkenwäldern und Mooren, selten an trockeneren Heidestandorten; im südlichen Europa sehr selten, in Mitteleuropa zerstreut, nach Nord- und Osteuropa hin zunehmend häufiger. **W** Die verschiedenen Verfärbungen im Anschnitt gaben der Art ihren Namen.

SP 13–18 × 4,5–6,5 µm, spindelig, glatt

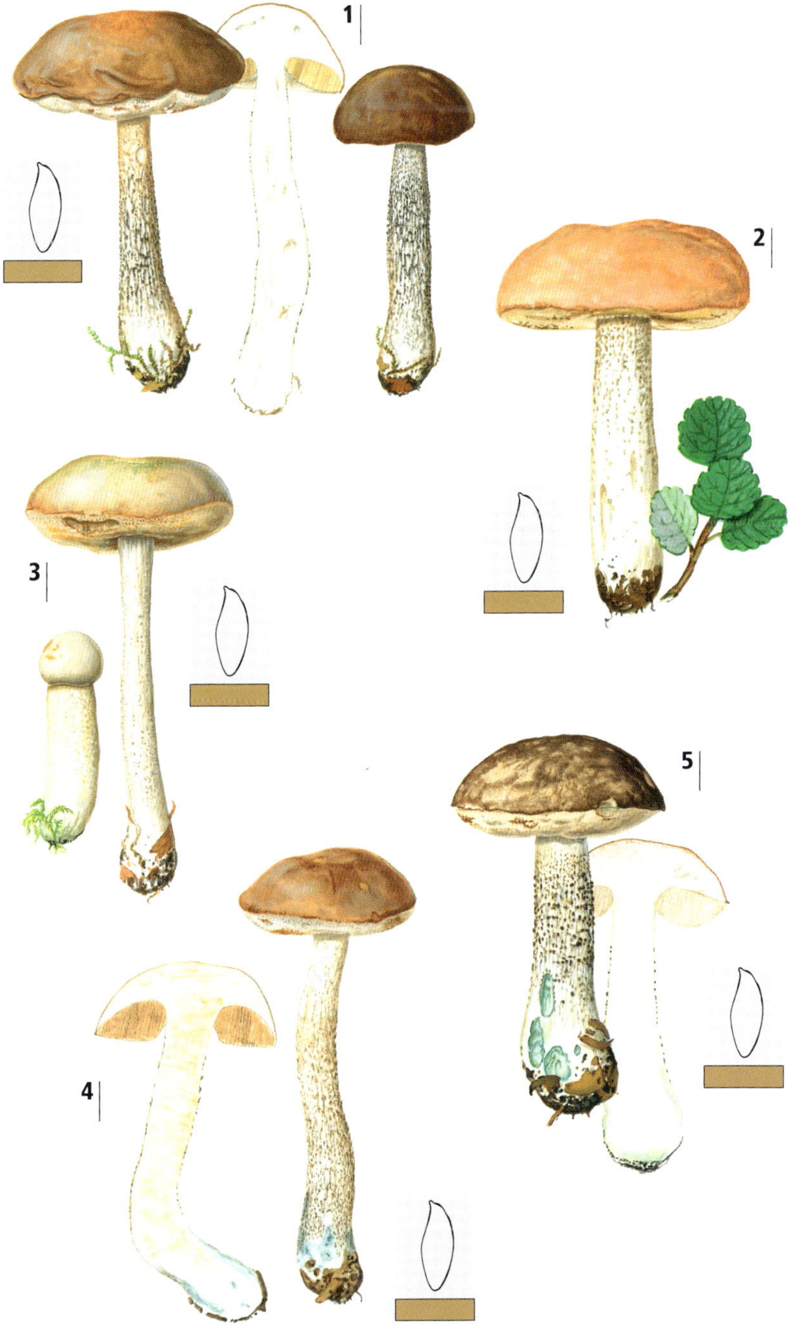
1
2
3
4
5

1 | Verkahlender Krempling
Paxillus involutus

H 5–12 cm, jung gewölbt, bald flach, alt trichterig vertieft, ocker-, gelb-, oliv- bis nussbraun, jung samtig-filzig, alt kahl und speckig, Rand dauerhaft eingerollt. **L** Trüb blass ockerbräunlich, dicht stehend, ablösbar, auf Druck rotbraun verfärbend. **S** 3–8 × 0,5–1,5 cm, zylindrisch, meist zuspitzend, nicht selten etwas exzentrisch, dem Hut gleichfarben oder etwas heller. **F** Ocker bis gelbbraun, im Schnitt schnell rotbraun anlaufend, Geruch unspezifisch, Geschmack mild, etwas säuerlich. **V** Juli bis November. Unter Fichte, Kiefer und Birke, auf sauren Böden in Wäldern, oft an krautigen Stellen; in Europa weit verbreitet, regional einer der häufigsten Pilze überhaupt. **W** Unter Laubbäumen (Linde, Pappel), insbesondere in Parks und Alleen, kommen weitere Kremplingsarten vor, die oft sehr massige Fruchtkörper bilden. Vermutlich lösen alle Sippen bisweilen eine potenziell tödliche Hämolyse aufgrund einer Antigen-Reaktion des Körpers hervor.

SP 8–11 × 4,5–6 µm, schwach dextrinoid

2 | Porphyrsporiger Krempling
Paxillus obscurisporus

Dieser Krempling unterscheidet sich von vorigem durch fleischigere Fruchtkörper, rötlich getöntes Sporenpulver und den Standort. **V** August bis November. In Parks, Alleen und Gärten, unter Linde, Hainbuche und weiteren Laubbäumen, bodenvag; in Mitteleuropa vermutlich nicht selten. **W** Weitere sehr ähnliche Kremplingsarten unter Laubbäumen sind *P. validus* (Pappel, Spp. olivbraun) und *P. cuprinus* (andere Sporenform), sowie der Erlen-Krempling (s. u).

3 | Erlen-Krempling
Paxillus rubicundulus agg.

H 4–8 cm, jung gewölbt, bald flach werdend, alt unregelmäßig vertieft, gelb-, oliv- bis nussbraun, mit dunklen (rot-)braunen Faserschuppen bedeckt, Rand dauerhaft eingerollt. **L** Lebhaft gelbbräunlich, dicht stehend, ablösbar, auf Druck rotbraun verfärbend. **S** 2–5 × 0,5–1,5 cm, zylindrisch, meist zuspitzend, nicht selten etwas exzentrisch, dem Hut gleichfarben oder etwas heller; Rhizomorphen bräunlich. **F** Ocker- bis braungelb, im Schnitt schnell rotbraun anlaufend, Geruch unspezifisch, Geschmack mild, etwas säuerlich. **V** Juli bis November. Unter Erle, sehr selten Hainbuche, auf feuchten bis moorigen Böden, bodenvag; in Europa weit verbreitet, in Südeuropa selten. **W** Spezialisten trennen heute drei Erlen begleitende Arten, die sich ohne Gensequenzierung kaum bestimmen lassen. Ob auch die Erlen-Kremplinge eine Antigen-Reaktion hervorrufen können, ist unbekannt.

SP 6–8,5 × 3,5–5 µm, schwach dextrinoid

4 | Samtfuß-Holzkrempling
Tapinella atrotomentosa

H 8–25 cm, jung halbkugelig, später flach gewölbt bis ausgebreitet, oft etwas vertieft, meist muschelförmig, samtig, dunkel gelbbraun, sepia, maronen- bis kaffeebraun, manchmal rotbräunlich, Rand lange eingerollt. **L** Cremegelb, dicht stehend, stark herablaufend, ablösbar. **S** 4–8 × 1,5–5 cm, selten fast fehlend, zylindrisch, meist exzentrisch oder seitlich ansitzend, mit schwarzbraunem plüschigen Filz überzogen. **F** Weißlich im Hut, cremegelb im Stiel, bisweilen schwach violettlich verfärbend, Geschmack fade bis etwas erdig, Geruch schwach rettichartig. **V** Mai bis November. In Nadelwäldern aller Art, an morschem Nadelholz, vor allem um Stümpfe herum; in ganz Europa häufig. **W** Auf übliche Weise zubereitet hat dieser Pilz einen unangenehmen Geschmack, er ist aber nicht giftig.

SP 4,5–6 × 3–4,5 µm, dextrinoid

5 | Muschel-Holzkrempling
Tapinella panuoides

H 2–8 cm, jung flach gewölbt, bald ausgebreitet, muschel-, zungen-, halbkreis- bis nierenförmig, olivgelb, ocker- bis gelbbraun, jung fein wildlederartig, Rand eingerollt. **L** Gelb bis olivocker, dicht stehend, teilweise gegabelt, ablösbar. **S** Fehlend oder sehr kurz, 0–1 × 0–1 cm, zylindrisch, olivgelb, manchmal mit violettem Filz (var. *ionipus*). **F** Cremegelblich, weich, Geruch und Geschmack unspezifisch. **V** Juli bis November. Auf totem Nadelholz, Holzresten und verbautem Nadelholz; in ganz Europa verbreitet. **W** Von ähnlich aussehenden muschelförmigen Arten durch das braune Sporenpulver gut abgrenzbar. Die Art wächst auch in Kellern und selbst in Bergwerken tief unter der Erde, wo sie oft ungewöhnlich geformte FK bildet.

SP 4,5–6 × 3–4,5 µm, dextrinoid

1

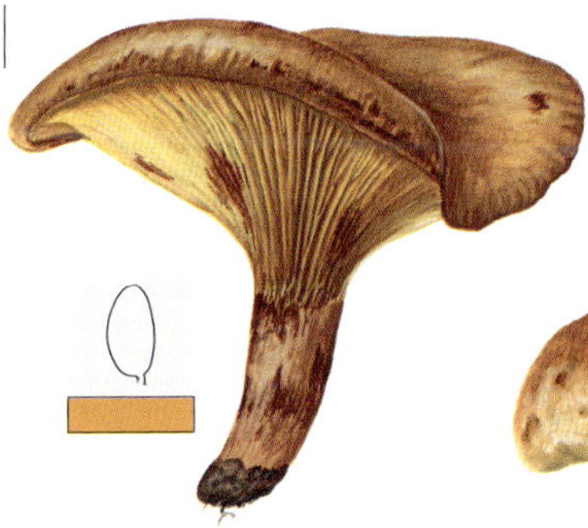

2

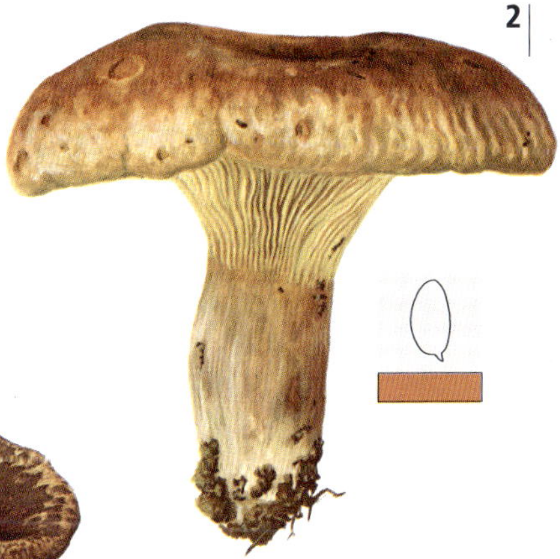

3

4

5

1 | Kuhmaul, Großer Schmierling
Gomphidius glutinosus

H 5–15 cm, jung halbkugelig, dann polsterförmig gewölbt, meist ungebuckelt, alt flach werdend, schokoladen-, violett- bis graubraun oder violettgrau, alt zunehmend schwarz fleckig, mit dicker Schleimschicht überzogen. **L** Jung weiß, dann grau und zunehmend schwarzgrau, stark herablaufend, ablösbar, weich, auf Druck dunkel fleckend. **S** 5–10 × 1–2,5 cm, zylindrisch, basal etwas zuspitzend, weiß, etwas faserig, an der Basis chromgelb, schleimig überzogen und mit schleimiger Ringzone. **F** Weiß, im unteren Stielbereich chromgelb, nicht amyloid, weich, Geruch unspezifisch, Geschmack mild, etwas säuerlich. **V** Juli bis November. Unter Fichte, auf sauren bis neutralen Böden in Nadel- und Mischwäldern; in Europa weit verbreitet, in Südeuropa vor allem in höheren Lagen. **W** Das Kuhmaul wächst gerne neben dem Steinpilz und parasitiert möglicherweise auf dessen Mykorrhiza.

SP 18–21 × 5–6,5 µm, inamyloid

2 | Fleckender Schmierling
Gomphidius maculatus

Dem Kuhmaul sehr ähnlich, jedoch etwas schmächtiger, sowie **F** und **S** rötend. **V** Juli bis November. Unter Lärche, bodenvag; in Europa in den höheren Lagen weit verbreitet, in tieferen Lagen und in Südeuropa selten. **W** Das Röten des Fleisches und der fleckige Stiel unterscheidet diese Art vom Kuhmaul.

SP 17–21 × 6–8 µm, inamyloid

3 | Rosenroter Schmierling
Gomphidius roseus

H 2–8 cm, jung halbkugelig, dann polsterförmig gewölbt, bald flach werdend, alt etwas vertieft, rosa-, kirsch- bis karminrot, stark schleimig. **L** Jung weiß, dann grau bis schwarzgrau, stark herablaufend, ablösbar, weich. **S** 3–6 × 0,5–1,2 cm, zylindrisch, basal zuspitzend, weiß, an der Basis chromgelb und mit schleimiger Ringzone. **F** Weiß, im Hut oft etwas rosa, in der Stielbasis ockerlich, weich, nicht amyloid, Geruch unspezifisch, Geschmack mild. **V** August bis November. Unter Kiefer, auf sauren, nährstoffarmen Böden in Kiefernwäldern, Heiden und Mooren; in Europa weit verbreitet, aber zerstreut, in Südeuropa selten. **W** Der Rosenrote Schmierling parasitiert auf der Mykorrhiza des Kuh-Röhrlings, weswegen man beide meist in unmittelbarer Nähe zueinander findet.

SP 16–20 × 5–6,5 µm, inamyloid

4 | Kupferroter Gelbfuß
Chroogomphus rutilus

H 4–10 cm, jung polsterförmig gewölbt, meist ungebuckelt, alt flach bis leicht trichterig werdend, ocker-, hasel-, kupfer- bis weinbraun, etwas faserig, verkahlend, schmierig. **L** Jung gelbocker, dann zunehmend purpur- bis schwarzbraun, stark herablaufend, etwas entfernt, ablösbar. **S** 5–12 × 0,8–2 cm, zylindrisch, basal etwas zuspitzend, orange- bis bräunlich ocker, heller hutfarbig, etwas faserig bis genattert, seltener kahl, zur Basis hin zunehmend safranfarben, trocken, mit Faserringzone. **F** Orangeocker, im unteren Stielbereich safrangelb, amyloid, beim Kochen rotviolett verfärbend, Geruch unspezifisch, Geschmack mild, etwas säuerlich. **V** Juli bis November. Unter Kiefer, in Wäldern, Mooren und Parks, auf sauren wie basischen Böden; in Europa weit verbreitet. **W** Spezialisten unterscheiden neuerdings mehrere Arten. Unter Fichte wächst der Filzige Gelbfuß *(Ch. helveticus)* mit filzigem, trockenem Hut

SP 15–20 × 6–8 µm, inamyloid

5 | Falscher Pfifferling
Hygrophoropsis aurantiaca

H 2–8 cm, jung flach gewölbt, bald flach und meist vertieft bis trichterig werdend, Rand meist wellig-verbogen, gelb bis sattorange, selten rotbraun (var. *rufa*), fein filzig, in manchen Formen etwas schuppig. **L** gelb bis rotorange, etwa hutfarbig, kurz bis weit herablaufend, ablösbar, mit gelegentlichen Gabelungen. **S** 2–6 × 0,3–0,8 cm, zylindrisch bis zuspitzend, oft etwas exzentrisch, hutfarbig oder etwas heller, glatt, elastisch-zäh. **F** Creme- bis orangegelb, elastisch bis zäh, weich, Geruch unspezifisch, Geschmack mild, etwas säuerlich. **V** Juli bis Dezember; in der Streu oder auf vermorschtem Holz, vor allem in Nadelwäldern, bodenvag; in Europa weit verbreitet und häufig. **W** In größeren Mengen ist dieser Pilz aufgrund des zähen Fleisches unverträglich.

SP 5–7,5 × 3–5 µm, dextrinoid

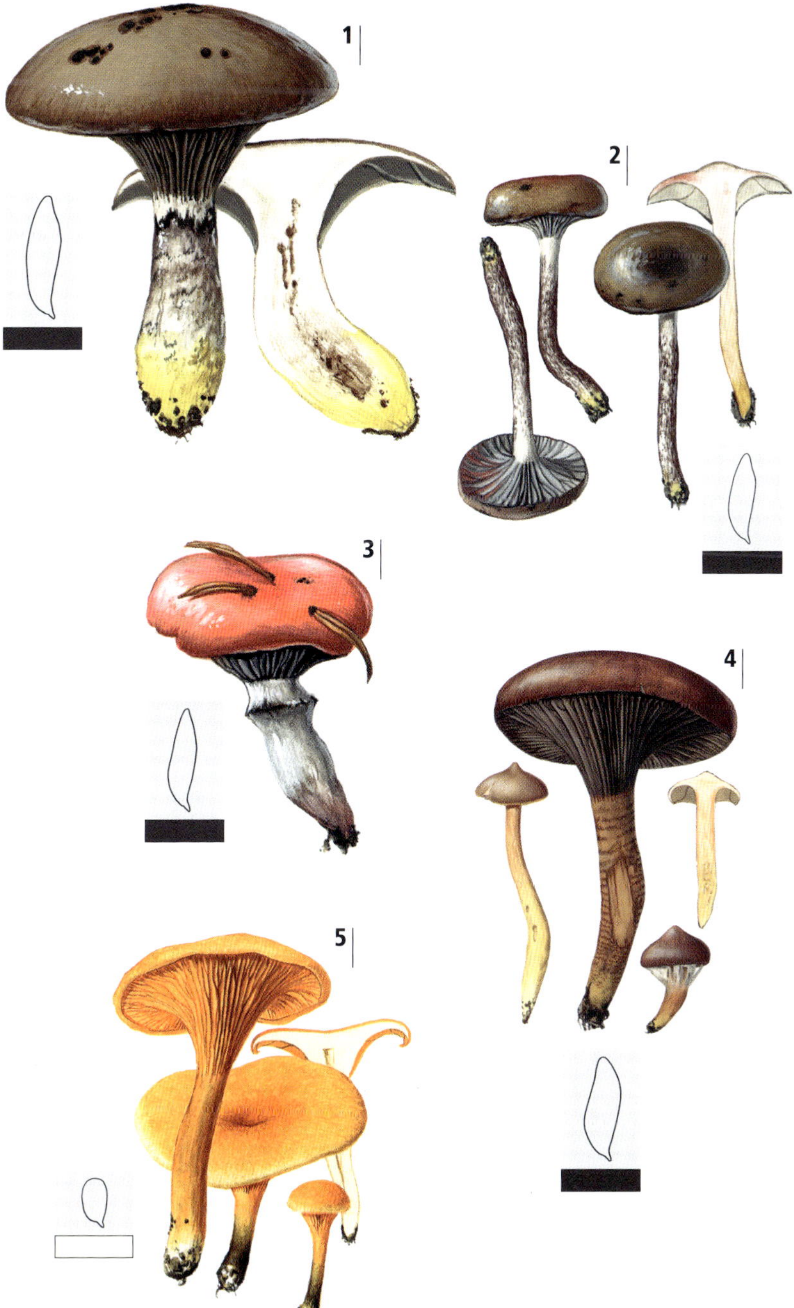
1
2
3
4
5

Milchlinge

1a	Milch weiß bis creme, molkeartig oder farblos und auch so bleibend (manchmal auf Taschentuch gelb) oder nach Stunden graugrün eintrocknend → **16**
1b	Milch weiß, braun fleckig eintrocknend und dann heringsartig riechend, sehr reichlich; Hut orange- bis rotbraun, samtig; Stiel heller hutfarbig → **Brätlinge, S. 100**
1c	Milch wasserklar; Hut creme- bis ockergrau, rosalich lederfaben, wildlederartig; Geruch eintrocknend stark nach Maggi, Liebstöckel → **Maggipilz, S. 96**
1d	Milch sofort oder nach bis zu 30 Minuten orange- bis blutrot, violett, pink, lachsrosa oder gelb → **2**
2a (1)	Milch orange bis rot → **Reizker 3**
2b	Milch violett werdend, meist erst nach 20 Minuten → **Violettmilchlinge 7**
2c	Milch (bzw. Bruchstelle) pink oder rosalich werdend, oft erst nach 20 Minuten → **Korallenmilchlinge 10**
2d	Milch gelb, teils erst nach zwei Minuten → **14**
3a (2)	Milch blutrot; L weinviolett bis graurosa → **Blut-Reizker, S. 78**
3b	Milch zunächst orange; L orange → **4**
4a (3)	Milch nach 10–20 Minuten weinrot, nicht vergrünend; Hut orange mit blasseren Zonen, an Hokkaido-Kürbis erinnernd; V unter Weißtanne → **Lachs-Reizker, S. 78**
4b	Milch meist schneller oder gar nicht weinrot werdend, stets vergrünend → **5**
5a (4)	Milch unveränderlich orange (aber vergrünend); Hut orange und silbrig zoniert; meist deutliche Stielgruben vorhanden → **Echter Reizker, S. 78**
5b	Milch nach 5–15 Minuten weinrot umfärbend; Hut ohne silbrige Zonierung → **6**
6a (5)	Stiel meist ohne Gruben; Milch nach 10–15 Minuten weinrot: Hut orange, stark vergrünend; V unter Fichte → **Fichten-Reizker, S. 78**
6b	Stiel mit Gruben; Milch nach 5–7 Minuten weinrot; Hut meist mit verwaschenen Braun- oder Olivtönen, stark vergrünend; V unter Kiefer → **Spangrüner Kiefern-Reizker, S. 78**
7a (2)	Hut braungrau, violettbraun → **8**
7b	Hut creme- bis strohgelb → **9**
8a (7)	Hut feucht stark schleimig, +/- ungezont; SP-Ornament gratig, bis 0,7 µm hoch; V meist auf sauren, oft moorigen Böden → **Ungezonter Violettmilchling, S. 80**
8b	Hut höchstens schwach schmierig, meist mit deutlicher Zonierung; SP-Ornament netzig-gratig, 1–1,5 µm hoch; V unter Laubbäumen auf meist basenreichen, trockenen Böden → **Fahler und Gezonter Violettmilchling *(L. luridus, L. violascens)***
9a (7)	Hut creme- bis graugelb, deutlich gezont, meist wasserfleckig, feucht höchstens klebrig, glatt; Milch abgetropft verfärbend; V unter Hainbuche (und Eiche?), auf Kalkböden in warmen Lagen → **Hellgelber Violett-Milchling, S. 80**
9b	Hut creme- bis ledergelb, ungezont, feucht schmierig, glatt; Milch abgetropft weiß bleibend; V unter Weide → **Blasser Violettmilchling, S. 80**
9c	Hut chrom- bis ockergelb, zumindest am Rand faserig bis faserschuppig; V unter Fichte, selten → **Zottiger Violett-Milchling, S. 80**
10a (2)	Milch abgetropft in ca. 2 Min. pink umfärbend; Hut feucht schmierig → **Rosaanlaufender Milchling, S. 82**
10b	Milch nur mit Fleischkontakt umfärbend, abgetropft weiß bleibend; Hut nicht schmierig → **11**
11a (10)	Hut und Stiel dunkel- bis schwarzbraun → **12**

11b FK heller, insbesondere der Stiel weiß bis rauchbraun → **13**

12a (11) V im Kalk-Buchenwald; Hutrand auffallend gerippt; L deutlich entfernt; Stielspitze glatt; SP-Ornament bis 2,5 µm Höhe → **Schwarzbrauner Milchling, S. 82**

12b V im Nadelwald bei Fichte, Hutrand nur schwach gekerbt; L nicht entfernt, stark zu Hut und Stiel kontrastierend; Stielspitze gerippt; SP-Ornamentbis 1,8 µm Höhe → **Schwarzkopf-Milchling, S. 82**

12c V im Nadelwald bei Fichte, aber auch bei Birke, Pappel; Hutrand glatt; L nicht entfernt; Stielspitze glatt; SP-Ornament bis 1,3 µm Höhe → **Pechschwarzer Milchling, S. 82**

13a (11) Hut ocker- bis nussbraun, fein runzelig, Rand glatt, SP-Ornament bis 3 µm Höhe → **Flügelsporiger Milchling, S. 82**

13b Hut graubraun, hellgrau, oft fleckig, glatt; Rand gekerbt oder glatt; SP-Ornament bis 2 µm Höhe → **Rauchgrauer und Kerbrandiger Korallenmilchling *(L. azonites, L. ruginosus)***

14a (2) Hut und Hutrand glatt, rosalich-lederfarben bis lachsrosa; V ausschließlich unter Eiche → **Goldflüssiger-Milchling, S. 98**

14b Hut und Hutrand glatt, mit vielen konzentrischen Grübchen, ocker bis orangegelb; V unter mediterranen-Eichen → **Mediterraner Gruben-Milchling, S. 84**

14c Hut gänzlich oder am Rand faserig bis zottig oder zumindest flaumig, gelb bis ocker oder weißlich; V unter Nadel- und Laubbäumen, nur selten unter Eiche → **15**

15a (14) V unter Buche, Hainbuche, Eiche, auf Kalkböden in wärmebegünstigten Gegenden; Hut cremegelblich, Rand mit trockenen (!) Fransen → **Fransen-Milchling *(L. citriolens)***

15b V unter Fichte, auf basenreichen Böden; Hut ockergelb, gezont, Rand mit trockenen, dunkleren Fransen → **Grubiger Fichten-Milchling, S. 86**

15c V unter Weißtanne, auf basenreichen Böden; Hut blassgelb, fast ungezont, Rand mit gelifizierten, farblosen Fransen → **Weißtannen-Grubenmilchling *(L. intermedius)***

15d V unter Kiefer, selten Birke, auf nährstoffarmen Böden; Hut weißlich bis strohgelb fleckig, (fast) ungezont, Rand samtig-flaumig → **Wimpern-Milchling, S. 86**

15e V unter Pappel, Birke, Weide, selten Kiefer, auf nährstoffarmen Böden; Hut wie 15d, aber Rand mit gelifizierten, farblosen Fransen → **Wässriggezonter Fransen-Milchling *(L. aquizonatus)***

16a (1) Hutrand zumindest jung fransig-haarig → **17**

16b Hutrand glatt bis fein samtig → **19**

17a (16) Hut 2–6 cm, Rand mit abstehenden Schüppchen, weinviolett, fleischrosa; SP-Ornament zebriert → **Schüppchen-Milchling, S. 98**

17b Hutrand haarig, fransig; Hut meist größer, eher lachsrosa, orangerosa oder blasser; SP-Ornament nicht zebriert → **18**

18a (17) Hut fleisch- bis orangerosa, ziegelfarben, dunkler zoniert; SP7,5–9,5 × 5,5–7 µm; V bei Birke → **Birken-Milchling, S. 86**

18b Hut cremerosa, rosalich lederfarben, blass fleischfarben, +/- unzoniert; SP 6–8,5 × 4,5–6 µm, bei Birke → **Flaumiger Milchling, S. 86**

18c Hut creme- bis gelbbraun, beige, ledergelb; SP 6–8,5 × 5–7 µm; V bei Eiche an wärmebegünstigten Stellen → **Braunzottiger Milchling, S. 86**

19a (16) Hut weiß, trocken → **20**

19b Hut weiß, schmierig bis schleimig, im Alter etwas rosa gefleckt werdend; L rosalich; meist bei Pappel → **Rosascheckiger Milchling, S. 100**

19c Hut zumindest blass cremegrau gefärbt, trocken oder schleimig → **21**

20a (19) Hut glatt, etwas runzelig werdend; L äußerst eng stehend → **Pfeffer-Milchlinge, S. 100**

20b Hut samtig, gänsehautartig; L mäßig entfernt stehend → **Wollige Milchlinge, S. 100**

21a (19) Hut schmierig bis schleimig, ocker- bis orangegelb, orange, meist zoniert → **Zonen-Milchlinge 22**

21b Hut schmierig bis schleimig, rötlich bis braun, creme, grau, grünlich, violettlich, zoniert oder unzoniert → **24**

21c Hut trocken → **31**

22a (20) Stiel auffallend kurz; FK meist unregelmäßig verbogen; L am Stielansatz deutlich queradrig; Basidien 2-sporig → **Queradriger Milchling, S. 84**

22b Stiel und FK normal ausgebildet; L kaum queradrig; Basidien mehrheitlich 4-sporig → **23**

23a (22) Milch mild; Hut lebhaft orange, schwach gezont; V bei Lärche → **Lärchen-Milchling, S. 84**

23b Milch scharf; Hut gelb bis orangeocker, schwach bis deutlich gezont; SP 6–9 × 5–7,5 µm; V bei Eiche, Pappel, Buche → **Schöner und Blasser Zonen-Milchling, S. 84**

23c Milch scharf; Hut gelb bis orangeocker, gezont; SP 8–10 × 7–8,5 µm; V montan bei Fichte, Tanne → **Montaner Zonen-Milchling, S. 84**

23d Milch scharf, meist gilbend; Hut ocker bis orangegelb, mit vielen Grübchen gezont; SP 9,5–12 × 8–9,5 µm; V bei mediterranen Eichen → **Mediterraner Gruben-Milchling, S. 84**

24a (21) Hut düster olivgrün, am Rand oliv gelb, flaumig und dort mit Lauge purpurviolett → **Olivbrauner Milchling, S. 88**

24b nicht so gefärbt und ohne derartige KOH-Reaktion → **25**

25a (24) Hut blass und fahl gefärbt, creme, graucreme, blass fleischfarben → **26**

25b Hut intensiver und oft lebhafter gefärbt→ **27**

26a (25) V im basischen bis neutralen Buchenwald → **Fleischblasser Milchling, S. 90**

26b V im nährstoffarmen Kiefernwald, auf Kiefern-Heiden → **Heide-Milchling, S. 90**

26c V im basischen Tannen- und Tannenmischwald → **Graublasser Milchling, S. 90**

27a (25) V im nemoralen Laubwald bei Buche, Hainbuche, Linde, Hasel; SP-Ornament zebriert bis undeutlich netzig → **28**

27b V unter Birke, Pappel oder Nadelbäumen; SP-Ornament +/- netzig, kaum zebriert → **29**

28a (27) Hut graubeige, wenig zoniert; L entfernt, alt orangeocker; V bei Hasel → **Hasel-Milchling, S. 90**

28b Hut grau bis violettgrau, deutlich zoniert; L mäßig eng stehend, alt cremeocker; V bei Hainbuche → **Hainbuchen-Milchling, S. 90**

28c Hut grün- bis braungrau, zoniert; L mäßig eng stehend, weißlich bis creme; V bei Buche → **Graugrüner und Braunfleckiger Milchling, S. 88**

29a (27) Milch (nach Stunden) graugrün eintrocknend; Hut jung beige, schiefer- bis violettgrau, ziegel- bis fuchsbraun, alt manchmal etwas blasser → **Graufleckender Milchling und verwandte Arten, S. 88**

29b Milch (nach Stunden) graugrün eintrocknend; Hut jung blauviolett, bald lederfarben entfärbend → **Nordischer Milchling, S. 88**

29c Milch unveränderlich; Hutfarben meist etwas anders, stets jung wie alt gleich gefärbt → **30**

30a (29) Hut schiefer- bis violettgrau, graurosa, rosabraun; L entfernt; FK meist gedrungen und kurzstielig; Stiel an der Basis gelblich; Geruch unspezifisch → **Verbogener Milchling *(Lactarius flexuosus)***

30b Hut rotbraun, ziegelbraun; L mäßig eng stehend; FK nicht kurzstielig; Stiel ohne Gelbtöne an der Basis; Geruch ähnlich Mandarinenschale → **Kuhroter Milchling *(Lactarius hysginus)***

31a (21) Hut fein filzig oder filzig-schuppig werdend; FK entweder mit violetten Tönen oder mit Geruch nach Kokos → **32**

31b Hut +/- glatt oder schwach runzelig; FK weder violett, weinrot noch mit Kokosgeruch → **35**

32a (31) Hut in violetten Tönen; Geruch unspezifisch → **33**

32b Hut creme- bis fleischgrau, beige, grau- bis umbrabraun; Geruch nach Kokos → **34**

33a (32) Hut violett- bis weinrosa, fleischfarben, zoniert, Rand mit aufgerichteten Schüppchen; SP deutlich zebriert; V bei Birke auf sauren, nährstoffarmen Böden → **Schüppchen-Milchling, S. 98**

33b Hut wein- bis bräunlich rosa, fleischfarben, nicht oder wenig zoniert, am Rand filzig feinschuppig; SP +/- netzig; V bei Erlen auf feuchten bis nassen Böden → **Lila Milchling, S. 98**

34a (32) Hut graucreme, graurosalich, hellbeige; FK meist relativ zierlich, trichterlingsartig; V unter Birke an feuchten Stellen → **Kleiner Duft-Milchling, S. 98**

34b Hut grau-, rot- bis umbrabraun; FK robuster als vorige; V unter Fichte oder Kiefer, meist an trockenen Stellen → **Dunkler Duft-Milchling, S. 98**

35a (31) Hut 1–3 cm, feucht stark gerieft, orange- bis rotbraun, oft mittig oliv; V unter Erle an feuchten Stellen → **Erlen-Milchlinge, S. 96**

35b Hut größer, nur am Rand oder gar nicht gerieft, ohne Olivtöne; V nur ausnahmsweise unter Erle in Sümpfen → **36**

36a (35) Hut und Stiel violettlich rotbraun; Geruch beim Trocknen stark nach Maggi, Liebstöckel → **Kampfer-Milchling, S. 96**

36b FK weniger violett getönt; Geruch nie nach Liebstöckel → **37**

37a (36) Milch wässrig-weiß, molkeartig → **38**

37b Milch undurchsichtig weiß bis cremeweiß → **39**

38a (37) Hut 2–5 cm, orangebraun, Rand heller, glatt; keine Makrozystiden vorhanden (wenn doch vgl. *L. rostratus*); V vor allem in nährstoffarmen, sandigen Buchenwäldern → **Orangefuchsiger Zwerg-Milchling *(Lactarius cremor)***

38b Hut 3–8 cm, kastanien-, umbra- bis schwarzbraun, Rand meist gleichfarben, gekerbt; keine Makrozystiden vorhanden; V vor allem in Eichenwäldern → **Wässriger Milchling, S. 96**

39a (37) Trama sehr scharf; Hut rotbraun, mit spitzem Buckel → **Rotbrauner Milchling, S. 92**

39b Trama mild oder bitterlich, aber nicht scharf → **40**

40a (39) Milch auf Taschentuch schwefelgelb verfärbend; Hut abtrocknend fein radialrunzelig → **Flatter-Milchling, S. 92**

40b Milch auf Taschentuch weiß bis cremefarben; Hut nicht runzelig werdend → **41**

41a (40) Hut zoniert, trüb fleischbräunlich, rosabräunlich; Milch schwach cremegelb; V unter Eichen → **Eichen-Milchling, S. 92**

41b Hut ungezont, orange-, rot- bis dunkelbraun; Milch reinweiß; V meist bei anderen Bäumen → **42**

42a (41) Stielbasis mit stark ausgeprägtem striegeligen Filz; V unter Eiche, mediterran-atlantisch → **Atlantischer Milchling, S. 94**

42b Stielbasis ohne striegeligem Filz → **43**

43a (42) Hut leber- bis umbrabraun, trocknend graubräunlich; V unter Kiefern, nicht vor Oktober → **Leberbrauner Milchling, S. 94**

43b Hut nicht so dunkel, mit Rottönen; V meist in anderen Biotopen, nur zufällig im Kiefernwald → **schwer bestimmbare Gruppe von orange bis rotbraunen Milchlingen 44**

44a (43) Hut einheitlich trüb olivlich ziegelbraun, fleischbräunlich, stumpf orangebraun; V an Buche gebunden → **Süßlicher Milchling, S. 92**

44b Hut feucht lebhaft orangebraun bis dunkel rotbraun, Rand heller, lebhaft gelb bis orangegelb; oft mit unauffälligen Wärzchen oder Wasserflecken; V in Laub- und Nadelwäldern, basischen Böden → **Rotbrauner Milchling, S. 94**

44c Hut und Stiel lebhaft einheitlich orange, Hut meist regelmäßig rund und wenig vertieft; V in Laub- und Nadelwäldern → **Orangemilchling, S. 94**

44d Hut einheitlich orange- bis rötlich braun; V an sumpfigen Stellen, Teichufern, oft unter Weide → **Pfützen-Milchling, S. 92**

44e Hut rosskastanienfarben, lange glänzend; Rand heller; V in Mooren, meist bei Torfmoosen → **Torfmoos-Milchling *(L. sphagneti)***

44f Hut rostorange bis orangebraun, etwas radial runzelig; Stiel orangebraun, mit abgesetzt braunroter Zone an der Spitze → **Rotgegürtelter Milchling, S. 94**

1 | Echter Reizker
Lactarius deliciosus

H 5–10 (15) cm, jung gewölbt, bald ausgebreitet und vertieft, matt glänzend, +/- klebrig, ockerorange bis ziegelrot, silbrig, gezont, getropft, Rand jung +/- eingebogen, reif oft wellig. **L** Breit angewachsen, lebhaft karottenrot, verletzt mit oranger Milch, +/- grünend. **S** 3–7 × 1,5–2,5 cm, zylindrisch-hohl, +/- wie der Hut gefärbt mit Gruben. **F** Weiß bis orange, schwach grünend, Geruch +/- fruchtig, Geschmack mild, +/- bitter. **M** Orange, nach 10 Min. weinbraun. **V** Juli bis November. Planar bis subalpin bis 1500 m NN. Verbreitet, nur lokal häufig auf +/- basischen Böden, assoziiert mit Kiefern. **W** Ähnlich ist *L. quieticolor*, der zimtbraune und graugrüne Töne aufweist sowie *L. torminosus*, der aber weiße Milch hat.

SP 8–10,5 × 6,5–8 µm, J+

2 | Fichten-Reizker
Lactarius deterrimus

H 3–12 cm, jung konvex, dann flach gewölbt, +/- kreiselförmig, alt trichterig, gezont lebhaft orange ohne Flecken, bei Frost und im Alter grünend. **L** Angewachsen bis herablaufend, lachs- karottenrot, bei Verletzung orange. **S** 2–7 × 1–1,5 cm, orange, +/- glatt, zylindrisch, hohl. **F** Brüchig, weiß, wattig, milchend, Geruch fruchtig, rübenartig, Geschmack herb, leicht bitter. **M** Orange, nach 20 Min. weinrot-bräunlich, nach Stunden grünend. **V** Juli bis November. Weit verbreitet und häufig bis in die subalpine Zone. Einzeln bis gesellig, stets mit Fichten in Wäldern, Jungforsten. **W** Bei den rotmilchenden Reizker-Arten sind die Baumpartner und Fleischverfärbungen im Längsschnitt für die Bestimmung wichtig.

SP 8–11,5 × 6,5–8,5 µm, J+

3 | Lachs-Reizker
Lactarius salmonicolor

H 4–12 (15) cm, jung konvex, dann flacher, mittig vertieft, lachsorange, +/- konzentrisch gezont, fleckig. Feucht glänzend schmierig, Rand jung eingebogen, alt oft wellig verbogen. **L** +/- breit angewachsen, lachsorange. Bei Verletzung lebhaft orange milchend. **S** 4–8 × 1–2 cm, +/- wie der Hut gefärbt mit wenigen Gruben, +/- zylindrisch, hohl. **F** Weiß-wattig, durch Milch orange, Geruch schwach seifig, Geschmack leicht bitter. **M** Orange, nach 10 Min. weinbraun. **V** Juni bis November. In Mitteleuropa vorwiegend montan verbreitet im Weißtannenareal. Gesellig in Wäldern und Parkanlagen, obligatorisch mit Weißtannen, bodenvag. **W** Die Milch färbt intensiv, auch eine braunrötliche Urinverfärbung ist möglich.

SP 9,5–12 × 7–9,5 µm, J+

4 | Blut-Reizker
Lactarius sanguifluus

RL-2

H 5–12 cm, jung konvex, dann flach und vertieft, rosaorange gezont, +/- grünend, feucht bis fast zur Mitte gerieft. Rand jung etwas eingebogen, im Alter etwas wellig. **L** Breit angewachsen, orangerot mit Rosaschimmer, reif weinrot. Bei Verletzung durch Milch rotviolett. **S** 3–5 × 1–2,5 cm, rötlich orange, glatt, teils grubig, zylindrisch, hohl. **F** Weißlich, durch rote Milch gefärbt, Geruch schwach obstig, Geschmack mild bis herb. **M** Weinrot, lila, schwach bräunend. **V** Juni bis November. In Südeuropa weit verbreitet, stets bei Kiefern, wärmeliebende Art, die nördlich der Alpen nur in basenreichen Biotopen in milderen Gegenden wächst. **W** Sehr ähnlich ist *L. semisanguifluus*. Beide Arten werden in Südeuropa auf Märkten angeboten.

SP 8–9,5 × 6,5–8 µm, J+

5 | Spangrüner Kiefern-Reizker
Lactarius semisanguifluus

RL-3

Im Gegensatz zu *L. sanguifluus* ist bei dieser Art die Milch orangerot-fleischrosa und verfärbt in wenigen Minuten weinrot, nach einem Tag zu Grün. **V** August bis Oktober. Planar bis montan. In Kiefernwäldern, Heiden und Parkanlagen auf basischen Böden verbreitet, aber nicht häufig.

SP 7,5–9,5 × 6–8 µm, J+

1

2

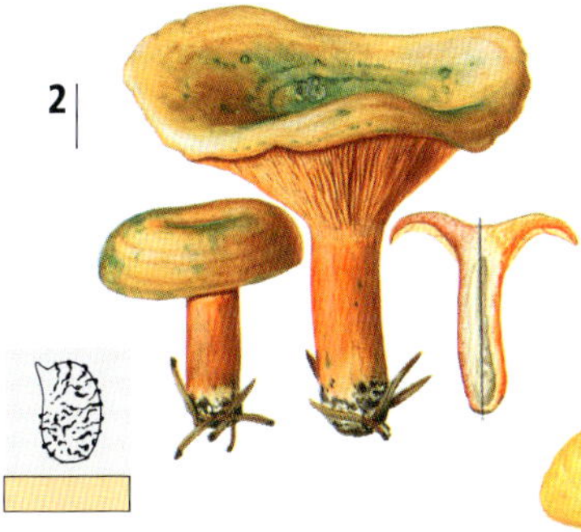

3

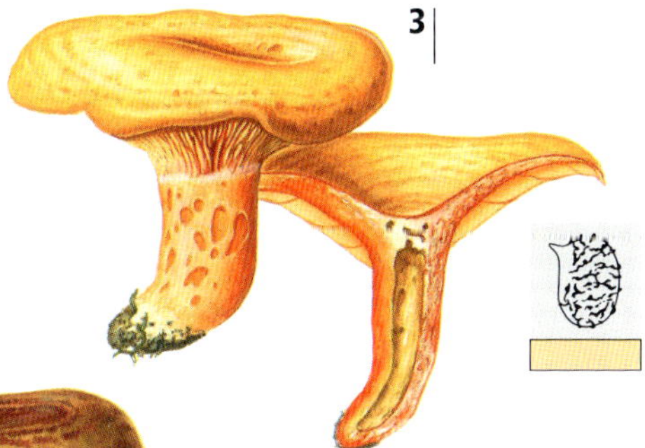

4

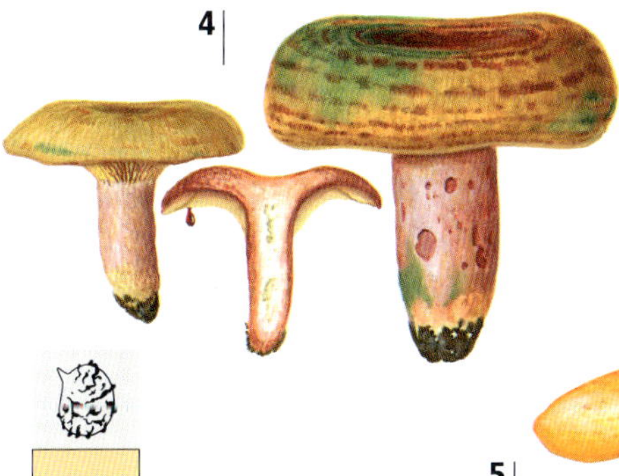

5

1 | Blasser Violett-Milchling
Lactarius aspideus

RL-2 | V!-Art

H 1–7 cm, jung gewölbt, bald ausgebreitet und vertieft, matt glänzend, +/- klebrig, strohgelb bis blasscreme, nur schwach gezont, Rand jung +/- eingebogen. **L** Breit angewachsen bis herablaufend, blasscreme. **S** 1–6,5 × 0,5–2 cm, zylindrisch, +/- wie der Hut gefärbt, fettig. **F** Im Hut brüchig, im Stiel fest, weiß, verletzt langsam graulila, Geruch schwach, +/- fruchtig, Geschmack mild bis +/- bitter. **M** Reichlich, weiß, isoliert unverändert, eingetrocknet graulila. **V** Juni bis Oktober. Planar bis hochmontan, zerstreut bis sehr selten in naturnahen Wäldern an feuchten Bachrändern oder Verlandungszonen unter Weiden, bodenvag. **W** Da die Art nur in naturnahen, alten Feuchtgebieten vorkommt, kann sie dort als Naturnähezeiger gelten.

SP 7–9,5 × 5,5–8 µm, J+

2 | Hellgelber Violett-Milchling
Lactarius flavidus

RL-2

H 4–9 cm, jung gewölbt, bald ausgebreitet, mittig vertieft, matt glänzend, +/- klebrig, blass- bis gelbcreme, +/- gezont und fleckig, Rand jung eingerollt. **L** Breit angewachsen mit Zahn, blasscreme, verletzt lila. **S** 4,5–6 × 1–2 cm, zylindrisch, hohl, cremegelblich, glatt, trocken. **F** Im Hut brüchig, im Stiel fest, weiß, verletzt lila. Geruch schwach, +/- fruchtig, Geschmack schärflich-bitter. **M** Reichlich, weiß, isoliert +/- violett. **V** Juni bis Oktober. Planar bis hochmontan, selten, in naturnahen Buchen-Eichen-Hainbuchenwäldern, bodenvag. **W** Lange als Varietät von *L. aspideus* angesehen. In alpinen Silberwurz-Beständen vgl. *L. dryadophilus*.

SP 8,5–10 × 6,5–7 µm, J+

3 | Zottiger Violett-Milchling
Lactarius repraesentaneus

RL-2

H 3–10 (16) cm, jung gewölbt, bald ausgebreitet und vertieft, +/- klebrig, eingewachsen faserig-schuppig, hell- bis orangegelb, Rand stark fransig-zottig und lange eingerollt. **L** Breit angewachsen bis herablaufend, blasscreme, verletzt langsam lilaviolett. **S** 4–12 × 1–3 cm, zylindrisch, hohl, blass chromgelb, schmierig-schleimig. **F** Fest, weiß, bei Verletzung langsam graulila, Geruch würzig, nach Hyazinthen, Geschmack mild, bald bitter. **M** Reichlich, weiß, isoliert lila. **V** Juni bis Oktober. Montan bis hochmontan, sehr selten bis selten, in naturnahen Wäldern an nassen, oft anmoorigen Stellen in Gebirgsnadelwäldern, oft bei Fichten oder Birken, bodenvag. **W** Ähnliche Arten kommen arktisch-alpin bei Zwergweiden oder Silberwurz vor.

SP 9–11 × 7,5–9 µm, J+

4 | Klebriger Violett-Milchling
Lactarius uvidus

RL-2

H 3–7 (10) cm, jung gewölbt, bald ausgebreitet und vertieft, feucht sehr schleimig, trocken klebrig, beige lilabraun, +/- gezont, Rand jung +/- eingebogen. **L** Breit angewachsen bis herablaufend, blasscreme, verletzt lila fleckend. **S** 2–10 × 1–2,5 cm, zylindrisch, +/- wie der Hut gefärbt, glatt bis schwach klebrig. **F** Weiß, bei Verletzung langsam graulila, Geruch +/- fruchtig, Geschmack +/- bitter, adstringierend. **M** Reichlich, weiß, isoliert unverändert, bitter. **V** August bis Oktober. Planar bis subalpin mit montanem Schwerpunkt. Gebietsweise häufig, in bodenfeuchten, wechselnassen, eher sauren Nadel-, Moor- und Auwäldern bei Birken und Fichten. **W** Ähnlich ist *L. luridus* auf basischen Böden bei Buchen und Eichen.

SP 8,5–11,5 × 6,5–8,5 µm, J+

5 | Trockener Violett-Milchling
Lactarius violascens

RL-1

H trocken matt, feucht nur leicht schmierig. **V** August bis Oktober. Planar bis montan, selten und vorwiegend in basenreichen Eichen-Hainbuchenwäldern anzutreffen.

SP 7,5–11,5 × 6,5–8,5 µm, J+

1
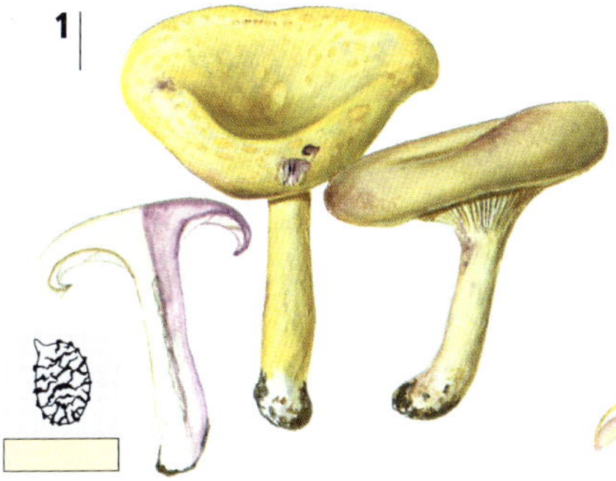

2

3

4
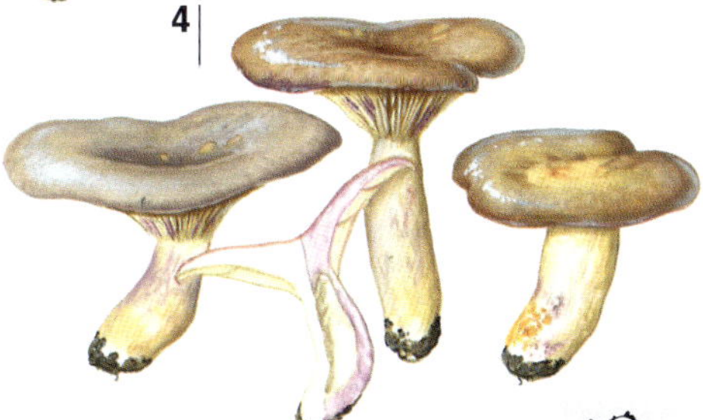

5

1 Rosaanlaufender Milchling

Lactarius acris (Syn. *Lactarius acer*)

RL-3

H 5–8 cm, jung gewölbt, bald ausgebreitet und vertieft, +/- gebuckelt, beige- bis schwarzbraun, matt bis glänzend, oft runzelig, Rand +/- gekerbt. **L** +/- herablaufend, blass gelblich, verletzt rosa fleckend. **S** 3–7 × 0,5–2 cm, zylindrisch, brüchig, +/- runzelig, schwach bereift. **F** Weiß, bei Verletzung schnell fleischrosa, Geruch unangenehm, Geschmack brennend scharf. **M** Reichlich, weiß, in Sekunden pink, scharf. **V** Juli bis Oktober. Planar bis hochmontan, mäßig verbreitet in basenreichen Buchenmischwäldern, obligatorischer Symbiont der Rotbuche. **W** Einer der schärfsten Milchlinge, im Gelände leicht an der pinkfarbenen Sauerstoffreaktion der Milch erkennbar.

SP 7–9,5 × 6,5–8,5 µm, J+

2 Mohrenkopf, Schwarzkopf-Milchling

Lactarius lignyotus

RL-3

H 2–7 cm, jung gewölbt, ausgebreitet mit vertiefter Zone spitz gebuckelt, braun bis schwarzbraun, matt bereift, oft runzelig, Rand jung eingebogen, alt grob gekerbt. **L** Herablaufend, jung schneeweiß zu ockergelblich, verletzt lachsrosa. **S** 5–9 × 0,5–1,5 cm, zylindrisch, schwarzbraun samtig, Spitze +/- tief runzelig. **F** Weiß, bei Verletzung hell- bis lachsrosa, Geruch schwach, Geschmack mildnussig. **M** Wässrig-weiß, bald rosarot, mild. **V** Juni bis November. Planar bis subalpin, in Gebirgsregionen häufig als obligatorischer Symbiont der Fichte, bodenvag. **W** Die Art gilt auch als roh essbar und schmeckt nach längerem Kauen ähnlich wie Steinpilze.

SP 8,5–10 × 7,5–9 µm, J+

3 Pechschwarzer Milchling

Lactarius picinus

H 4–10 cm, jung gewölbt, ausgebreitet, +/- vertieft, pechschwarz, sepiabraun ausblassend, matt, samtig bereift, Rand jung eingerollt, alt rissig-wellig. **L** Breit angewachsen, jung ockergelblich zu falb fuchsig. **S** 4,5–7 × 1–2 cm, zylindrisch, +/- sepiabraun, +/- runzelig, längsrillig. **F** Weiß, bei Verletzung blassrosa bis lachsrot, Geruch schwach, Geschmack kurz mild, bald brennend scharf. **M** Wenig, weiß, bald rosarot, scharf. **V** Juli bis November. Montan bis subalpin verbreitet in Gebirgsnadelwäldern, fast ausschließlich bei Fichten, bodenvag. **W** Der lange Zeit als eigene Art geführte *Lactarius fuliginosus* wurde 2012 als genetisch identisch erkannt.

SP 7,5–8,5 × 6,5–7,5 µm, J+

4 Flügelsporiger Milchling

Lactarius pterosporus

H 4–8,5 cm, jung gewölbt, bald ausgebreitet und vertieft, strahlig runzelig, ockergelb, fleckig bis graubraun bereift, Rand jung +/- eingebogen. **L** Breit angewachsen bis herablaufend, jung gelblich, älter orangerötlich. **S** 2,5–7 × 1–1,5 cm, zylindrisch, +/- blass gelblich grau, +/- bereift, kahl. **F** Weiß, bei Verletzung in 2–3 Min. lilarosa, Geruch +/- nach Petroleum, Geschmack mild bis schärflich. **M** Weiß, isoliert erst beim Eintrocknen blassrosa, mild bis scharf. **V** Juli bis Oktober. Planar bis hochmontan, nur gebietsweise häufig, auf basischen Böden bei Buchen, Eichen und Hainbuchen. **W** Geflügelte Sporen und eine meist radialrunzelige Huthaut sind wichtige Merkmale. Ähnlich sind der Rauchfarbene Milchling *(L. azonites)* und die Korallenmilchlinge (*L. ruginosus* und *L. subruginosus*).

SP 7–8,5 × 6–8 µm, J+

5 Schwarzbrauner Milchling

Lactarius romagnesii

RL-G

H 3–10 cm, rußbraun mit gekerbtem Rand. Insgesamt seltener, nur im Norden häufigerer Buchenbegleiter, auf kalkreichen Böden mit gefurchtem Hutrand. **V** August bis Oktober. Planar bis submontan. Lokal häufig, gebietsweise komplett fehlend. **W** Bei Fichten wächst der Doppelgänger *L. picinus*.

SP 7,5–10 × 6,5–8,5 µm, J+

1
2
3
4
5

1 | Queradriger Milchling
Lactarius acerrimus

RL-3

H 4–12 cm, jung gewölbt, bald ausgebreitet und vertieft, glatt, klebrig, gezont wasserfleckig, blass ockergelb mit orangenen Zonen, Rand jung eingebogen, alt unregelmäßig wellig. **L** Etwas herablaufend, ockergelb-rosa, dick, entfernt und stark queraderig verbunden. **S** 2–5 × 1–3 cm, kurz und kegelig verjüngt, voll oder hohl. **F** Fest, weiß, Geruch fruchtig (Apfelkompott), Geschmack brennend scharf. **M** Reichlich, weiß, sehr scharf. **V** Juni bis Oktober. Planar bis montan, mäßig verbreitet in basenreichen Wäldern und Parkanlagen mit alten Eichen. **W** Wasserfleckige Hüte, deutlich queradrige Lamellen und zweisporige Basidien sind wesentliche Bestimmungsmerkmale.

SP 9,5–14 × 8–11,5 µm, J+, **BAS** 2-sporig

2 | Mediterraner Gruben-Milchling
Lactarius mediterraneensis

H 4–10 (15) cm, jung gewölbt, bald ausgebreitet und trichterig vertieft, glatt, feucht klebrig, blassocker bis orangegelb mit vielen, dunkleren Grübchen, Rand jung eingebogen, alt +/- verbogen, unregelmäßig wellig. **L** Etwas herablaufend, cremeocker, mit Lamelletten. **S** 2–6 × 1–3 cm, kurz, zylindrisch, zur Basis konisch verjüngt, alt hohl. **F** Fest, dick, weiß, im Schnitt gelblich. Geruch nach Honig, Geschmack sehr scharf und bitter. **M** Weiß, gilbend, scharf. **V** September bis Dezember. Planar bis submontan, bislang nur im Mittelmeerraum (Italien, Spanien, Algerien), meist bei immergrünen Eichen nachgewiesen. **W** Die Art wurde erst 1996 neu beschrieben und ist habituell dem Tannen-Milchling *(L. intermedius)* ähnlich.

SP 8,5–12 × 8–10,5 µm, J+. KOH + im Fleisch chromgelb

3 | Lärchen-Milchling
Lactarius porninsis

H 3–8 cm, jung konvex, dann flach gewölbt, mittig vertieft mit lange eingebogenem Rand, gezont lebhaft orange, feucht schmierig glänzend. **L** Angewachsen bis herablaufend, oft gegabelt, cremerosa bis blass gelborange. **S** 2–7 × 0,5–2 cm, creme bis blassorange, +/- glatt, zylindrisch, voll, alt hohl. **F** Brüchig, weiß, milchend, im Stiel wattig, Geruch schwach, +/- fruchtig, Geschmack erst mild, dann unangenehm bitter. **M** Weiß, unveränderlich, +/- bitter. **V** Juli bis Oktober. Planar bis subalpin, in Gebirgsregionen häufig und adventiv in Pflanzungen als obligatorischer Symbiont der Lärche, bodenvag. **W** Die Art schaut von oben Fichtenreizkern ähnlich, hat aber weiße, bittere Milch.

SP 6,5–9,5 × 5,5–7 µm, J+

4 | Schöner Zonen-Milchling
Lactarius zonarius (Syn. *Lactarius insulsus*)

H 5–10 cm, jung konvex, bald ausgebreitet und vertieft, glatt, klebrig, vom Rand her deutlich gezont, blass cremeockergelb mit zimtbraunen Zonen, Rand jung eingebogen, alt unregelmäßig wellig. **L** Deutlich herablaufend, weiß bis creme, am Stiel +/- gegabelt. **S** 2–5,5 × 1–2,5 cm, zylindrisch bis keulig, glatt, voll oder hohl. **F** Fest und elastisch, weiß bis creme, im Anschnitt langsam rosa. Geruch süßlich-fruchtig, +/- spermatisch, Geschmack erst mild, bald brennend scharf. **M** Reichlich, unveränderlich weiß, scharf. **V** Juli bis Oktober. Planar bis montan, nur gebietsweise häufig, auf basischen Böden in Wäldern und Parkanlagen, vorwiegend bei Eichen. **W** Der habituell ähnliche Montane Zonen-Milchling *(L. zonarioides)* ist vorwiegend montan bis subalpin bei Fichten anzutreffen.

SP 6,5–9 × 5–7,5 µm, J+

5 | Blasser Zonen-Milchling
Lactarius evosmus

RL-V

H 4–10 cm, Milch sehr scharf. Zerstreut bis selten, bei Eichen, Pappeln und Weiden mit blassgelbem, nur zum Rand hin gezonten Hut. **V** Juli bis November, planar bis montan. **W** Die wässrig-weiße, sehr scharfe Milch und die blass gezonten Hüte sind gute Geländemerkmale.

SP 6–9 × 5–7 µm, J+

1

2

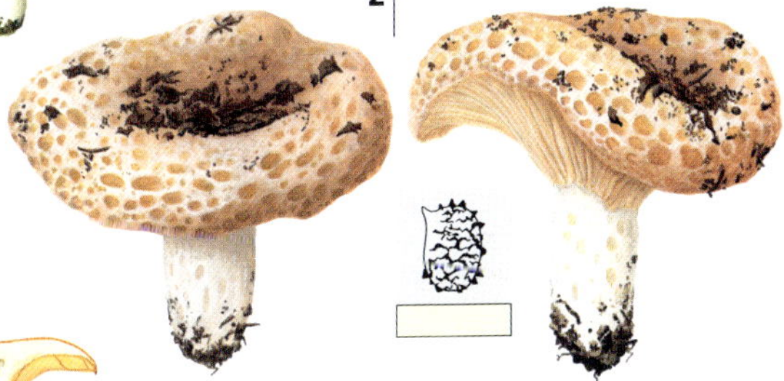

3

4

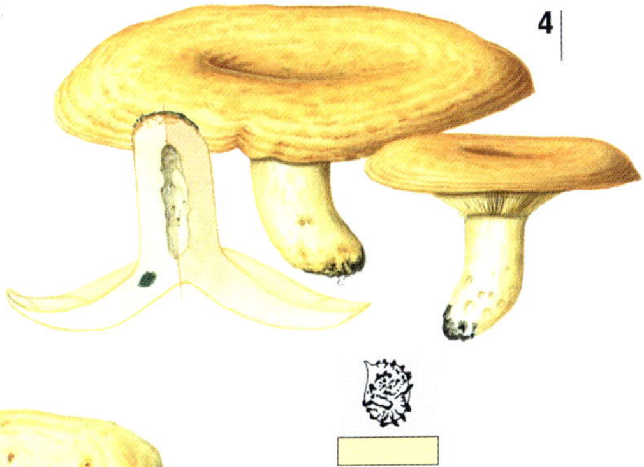

5

1 | Flaumiger Milchling
Lactarius pubescens

H 3,5–8 (10) cm, jung konvex, bald ausgebreitet und vertieft, glatt bis angedrückt faserig, ungezont, weiß bis creme, ocker fleckig, Rand jung eingebogen, deutlich haarig. **L** Breit angewachsen bis herablaufend, creme- bis blassocker, am Stiel oft gegabelt. **S** 2,5–6,5 × 1–2 cm, zylindrisch, weiß bereift, blass lachsrosa, voll, alt +/- hohl. **F** Fest, weiß bis cremerosa, Geruch säuerlich-fruchtig, Geschmack schnell unangenehm scharf. **M** Mäßig, unveränderlich weiß, sehr scharf. **V** August bis November. Planar bis hochmontan, weit verbreitet in Wäldern, Gärten und Pioniergesellschaften stets bei Birken, oft mit dem Birken-Milchling vergesellschaftet, bodenvag. **W** Sehr ähnlich und nahe stehend ist der Flaumige Moor-Milchling *(L. scoticus)*, der bei Birken in Hochmooren wächst.

SP 6–8,5 × 4–6 µm, J+

2 | Wimpern-Milchling
Lactarius resimus

RL-1

H 6–15 (20) cm, jung flach konvex, bald ausgebreitet und trichterig, glatt, feucht schleimig, ungezont, jung weiß, bald ockergelb fleckig, Rand lange eingebogen. **L** Eng, etwas herablaufend, creme bis blass rosaocker, am Stiel +/- gegabelt. **S** 3–6 × 2–3 cm, recht kurz, zylindrisch, weiß feinflaumig, +/- fleckig, voll, alt +/- hohl. **F** Fest, weiß, im Schnitt zitronengelb, Geruch schwach fruchtig, Geschmack mild, langsam scharf-bitter. **M** Spärlich, weiß, schnell zitronengelb, scharf. **V** Juli bis September. Planar bis montan, Symbiont von Birken und Kiefern auf sauren, mageren Böden. **W** Die Art ist in Deutschland vielerorts verschollen, aktuelle Nachweise sollten gut dokumentiert werden und die Biotope geschützt.

SP 7–9 × 5,5–7 µm, J+

3 | Grubiger Fichten-Milchling
Lactarius scrobiculatus

RL-3

H 6–15 (20) cm, jung halbkugelig, genabelt, bald trichterig vertieft, feucht schleimig-klebrig, gezont, mit Grübchen, gelbocker bis zitronengelb, Rand lange eingerollt, zottig-haarig. **L** Breit angewachsen mit Zahn, sahnegelblich. **S** 2,5–8 × 1,5–4 cm, zylindrisch, cremeweiß ockergelb grubig, brüchig hohl. **F** Im Hut fest, weiß, im Schnitt schnell gelb, Geruch deutlich obstartig säuerlich, Geschmack unangenehm bitter-scharf. **M** Reichlich, weiß, schnell schwefelgelb, kurz mild, bald scharf. **V** Juli bis November. Planar bis subalpin verbreitet, bei Fichten auf +/- basenreichen Böden. **W** Funde bei Weißtannen sollten mit *L. intermedius* verglichen werden. Roh magen-darmgiftig, eingesalzen oder siliert in Osteuropa ein geschätzter Speisepilz.

SP 7–9 × 6–7,5 µm, J+

4 | Birken-Milchling
Lactarius torminosus

H 4–8 (11) cm, jung konvex, bald ausgebreitet trichterig, fleischrosa gezont mit zottigem Rand, jung eingerollt. **L** Mit Zahn herablaufend, creme bis blassrosa, am Stiel gegabelt. **S** 3,5–7 × 1–3 cm, zylindrisch verjüngt, cremerosa, markig, hohl, brüchig. **F** Fest, weiß, Geruch säuerlich (Rhabarber), Geschmack scharf. **M** Reichlich, unveränderlich weiß, sehr scharf. **V** Juli bis November. Planar bis hochmontan, weit verbreitet in Wäldern, Parkanlagen und Pioniergesellschaften, stets bei Birken, bodenvag. **W** Bei konventioneller Zubereitung stark magen-darmgiftig, siliert oder fermentiert essbar.

SP 7,5–9,5 × 5,5–7 µm, J+

5 | Braunzottiger Milchling
Lactarius mairei

RL-R

H 4–10 cm, Geschmack sehr scharf, habituell dem Birken-Milchling sehr ähnlich, aber mit gelbbraunen Hutfarben. In Deutschland sehr selten, vorwiegend mediterran verbreitet bei Eichen auf basenreichen Böden. **V** August bis Dezember. Planar bis montan.

SP 6–9 × 5–7 µm, J+

1

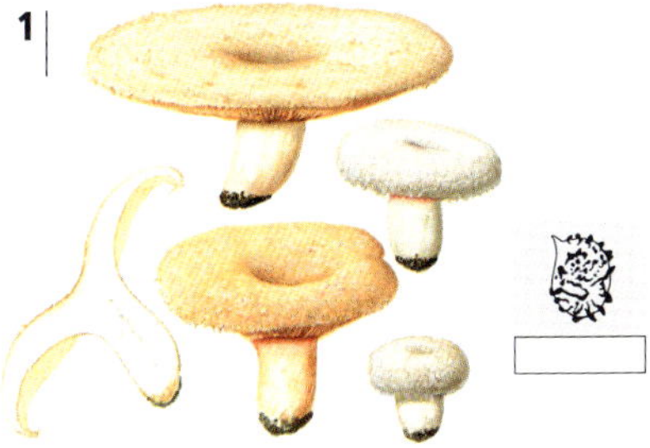

2

3

4

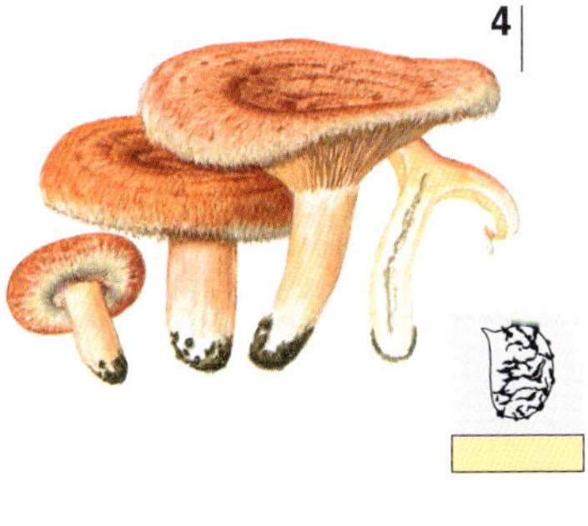

5

1 | Graugrüner Milchling
Lactarius blennius

H 3,5–9,5 cm, jung konvex mit eingerolltem Rand, bald ausgebreitet und vertieft, glänzend, feucht schleimig-klebrig, variabel grau olivgrün gezont, fleckig,. **L** Breit angewachsen bis leicht herablaufend, weiß bis creme. **S** 3–7 × 1–2 cm, zylindrisch, jung markig, alt hohl, blass graugrün. **F** Fest, elastisch, weiß, +/- olivgrau, Geruch schwach säuerlich, Geschmack scharf. **M** Weiß, beim Eintrocknen olivgrau, scharf. **V** Juli bis November. Planar bis hochmontan, weit verbreitet und häufig in Laub- und Laubmischwäldern, vorwiegend bei Buchen, bodenvag. **W** *L. fluens* ist sehr ähnlich und kommt teilweise im gleichen Habitat vor (s. u.).

SP 5,5–8 × 4,5–6,5 µm, J+

2 | Braunfleckiger Milchling
Lactarius fluens

H 3–10 cm, Geschmack scharf. Die Art wurde lange Zeit als Varietät von *Lactarius blennius* geführt. Neben den braunfleckigen Lamellen sind die Hutränder oft heller abgesetzt. **V** Juli bis November, planar bis hochmontan. Weit verbreitet und stellenweise häufig in Buchenwäldern, bodenvag.

SP 6–8 × 5–6,5 µm, J+

3 | Nordischer Milchling, Blaureizker
Lactarius trivialis

RL-G

H 4–10 (25) cm, jung konvex mit eingerolltem Rand, gezont mit Wasserflecken, bald ausgebreitet bis trichterig vertieft, glänzend, feucht schleimig-klebrig, variabel dunkel blaugrau, braunviolett bis ledergelb, fleckig, Huthaut leicht abziehbar. **L** Breit angewachsen bis leicht herablaufend, weiß bis creme. **S** 3–10 × 1–2,5 cm, zylindrisch, jung voll, bald hohl, blass bleigrau bis gelblich, schleimig-klebrig. **F** Fest, elastisch, weiß, +/- olivgrau, Geruch +/- obstartig, Geschmack scharf. **M** Weiß, beim Eintrocknen schwefelgelblich, mild, bald brennend scharf. **V** Juli bis September. Planar bis hochmontan, weit verbreitet in anmoorigen Wäldern mit Birken und Fichten, bodenvag. **W** In Deutschland vielerorts als rückläufig wegen Biotopveränderungen. In Osteuropa ist sie nach Einsalzen ein beliebter Speisepilz.

SP 7,5–10 × 6–8 µm, J+

4 | Olivbrauner Milchling, Tannen-Reizker
Lactarius turpis (Syn. *Lactarius necator*)

H 4–12 (20) cm, jung konvex mit eingerolltem, zottig-filzigem Rand, bald ausgebreitet und vertieft, glänzend, feucht schleimig-klebrig, dunkel olivbraun, jung mit gelbgrünem Rand, fleckig. **L** Breit angewachsen bis leicht herablaufend, weiß bis blassgelb, braunschwarz fleckend. **S** 3–7 × 1–2,5 cm, zylindrisch, voll, gelb- bis braunoliv, dunkler grubig. **F** Fest, weiß bis blassgelb, bräunend, Geruch +/- harzig, Geschmack kurz mild, dann scharf. **M** Weiß, erst mild, bald sehr scharf. **V** Juli bis November. Planar bis hochmontan, in basen- und nährstoffarmen Wäldern mit Birke und Fichte, auch in Moornähe. **W** Auch wegen kanzerogener Eigenschaften sollte die Art nicht mehr verzehrt werden.

SP 6,5–9 × 5–6,5 µm, J+

5 | Graufleckender Milchling, Welker Milchling
Lactarius vietus

H 3–7 cm, jung konvex mit eingebogenem Rand, bald ausgebreitet und vertieft, +/- papilliert, feucht klebrig, trocken glänzend, blass graubraun, weinrot grau. **L** Breit angewachsen bis leicht herablaufend, blass cremerosa. **S** 3–7 × 0,5–1,5 cm, +/- zylindrisch, zur Basis verjüngt, jung markig, alt hohl, brüchig, blass gelblich violettgrau. **F** Fest, elastisch, weiß, +/- olivgrau, Geruch schwach fruchtig, Geschmack bald scharf. **M** Weiß, beim Eintrocknen graugrünlich, scharf. **V** Juli bis Oktober. Planar bis montan, verbreitet, teils selten und rückläufig in anmoorigen, staunassen Wäldern als obligater Birkensymbiont, bodenvag. **W** Ebenfalls in Birkenmooren kommt der ähnliche, aber sehr seltene *L. pilatii* vor.

SP 6,5–9 × 5,5–7 µm, J+

1

2

3

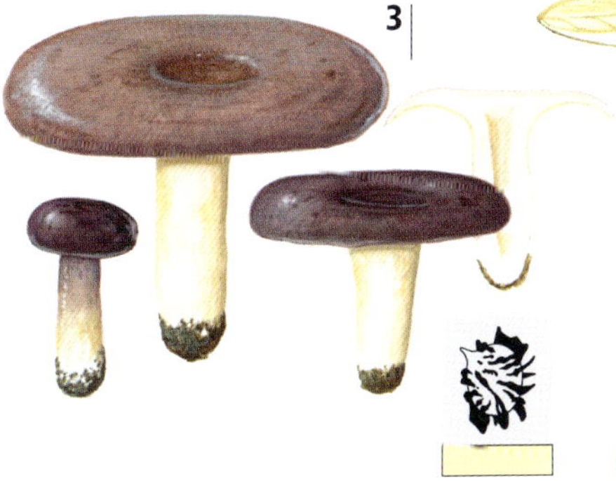

4

5

1 | Graublasser Milchling

Lactarius albocarneus (Syn. *Lactarius glutinopallens*) RL-V

H 3–7 cm, jung konvex mit eingebogenem Rand, bald ausgebreitet und vertieft mit welligem Rand, feucht sehr schleimig, trocken glänzend, blass ockergrau. **L** Breit angewachsen bis leicht herablaufend, hell ockergelblich. **S** 3–7 × 1–1,5 cm, +/- zylindrisch, jung voll, alt hohl, feucht schleimig, weißlich, ocker fleckend. **F** Mäßig fest, im Stiel weich, weiß, verletzt schwefelgelb, Geruch säuerlich, obstig, Geschmack scharf. **M** Mäßig, weiß, beim Eintrocknen gelblich, scharf-bitter bis brennend. **V** August bis November. Kollin bis hochmontan, zerstreut bis selten im Tannenareal in alten Wäldern mit Weißtannen, bodenvag. **W** Die meisten Fundorte liegen in alten, extensiv genutzten naturnahen Wäldern, älteren forstlichen Pflanzungen oder Schutzgebieten.

SP 7–9,5 × 6,5–8 µm, J+

2 | Gebänderter Hainbuchen-Milchling, Brennreizker

Lactarius circellatus (Syn. *Lactarius pyrogalus* ss. auct.)

H 3–10 cm, jung konvex mit eingebogenem, alt welligem Rand, bald ausgebreitet und vertieft, trocken matt, +/- stark gebändert, rauchgrau bis graubraun. **L** Schmal angewachsen, weiß bis cremegelblich, eng stehend. **S** 2–6 × 1–2,5 cm, zylindrisch-bauchig, zur Basis verjüngt, voll, alt hohl, blass cremegrau. **F** Fest, elastisch, weißlich, Geruch fruchtig, Geschmack erst mild, bald bitter-scharf. **M** Weiß, langsam gilbend, beim Eintrocknen blassoliv, schnell scharf. **V** Juni bis November. Planar bis montan, weit verbreitet in Wäldern und Parkanlagen, obligatorisch mit Hainbuchen, bodenvag. **W** In arktisch-subalpinen (Zwerg-)Birkenbeständen kann man den nahe stehenden *L. subcircellatus* finden.

SP 5,5–8 × 4,5–6,5 µm, J+

3 | Fleischblasser Milchling, Falber Milchling

Lactarius pallidus

H 4–10 cm, jung konvex mit eingebogenem Rand, bald ausgebreitet und vertieft, glatt, feucht schleimig-klebrig, trocken glänzend, fein geadert (Lupe!), ockergelblich-fleischrosa. **L** Breit angewachsen bis leicht herablaufend, blass gelblich ocker, +/-fleckig. **S** 3–8 × 1–2,5 cm, +/- zylindrisch, jung markig, bald hohl, blass cremerosa, an Druckstellen dunkler fleckend. **F** Mäßig fest, elastisch, blass gelblich. Geruch schwach fruchtig, Geschmack erst mild, bald scharf. **M** Reichlich, weiß, beim Eintrocknen blass gelblich rosa, erst mild, dann kratzend. **V** Juli bis November. Planar bis hochmontan, weit verbreitet in Buchenwaldgesellschaften, Parkanlagen, häufiger auf basischen Böden, aber bodenvag. **W** Verwechslungen sind möglich mit dem sehr seltenen, netzsporigen *L. illyricus*.

SP 6,5–8,5 × 5–6,5 µm, J+

4 | Heide-Milchling

Lactarius musteus RL-2

H 3–10 cm. Die *L. pallidus* farblich ähnliche, seltene Art ist ein obligatorischer Kiefernbegleiter. **V** September bis Oktober, planar bis hochmontan, bodenvag. **W** Nährstoffarme Kiefernwälder sind in Deutschland selten geworden. Entsprechend gefährdet sind viele Arten, die an diese Lebensräume angepasst sind.

SP 7–9,5 × 5,5–7,5 µm, J+

5 | Hasel-Milchling, Perlblättriger Milchling

Lactarius pyrogalus (Syn. *Lactarius hortensis*)

H 3–8 (11) cm, jung konvex mit eingebogenem Rand, bald ausgebreitet und vertieft, +/- klebrig, trocken matt bereift, grauoliv, +/- gezont. **L** Breit angewachsen, leicht herablaufend, mäßig entfernt, ockergelb, oft mit eingetrockneten Milchtropfen. **S** 3–7 × 0,5–1,5 cm, +/- zylindrisch, jung markig, alt hohl, blass. **F** Fest, elastisch, weiß, gilbend, Geruch nach Äpfeln, Geschmack sehr scharf. **M** Weiß, beim Eintrocknen sahnegelb bis grünlich grau, sofort sehr scharf. **V** Juli bis Oktober. Planar bis hochmontan, weit verbreitet an Waldrändern, in Feldgehölzen und Gärten mit Haselsträuchern, bodenvag. **W** Das Synonym *hortensis* deutet auf die Verbreituung in Park- und Gartenanlagen hin.

SP 5–7,5 × 4,5–6 µm, J+

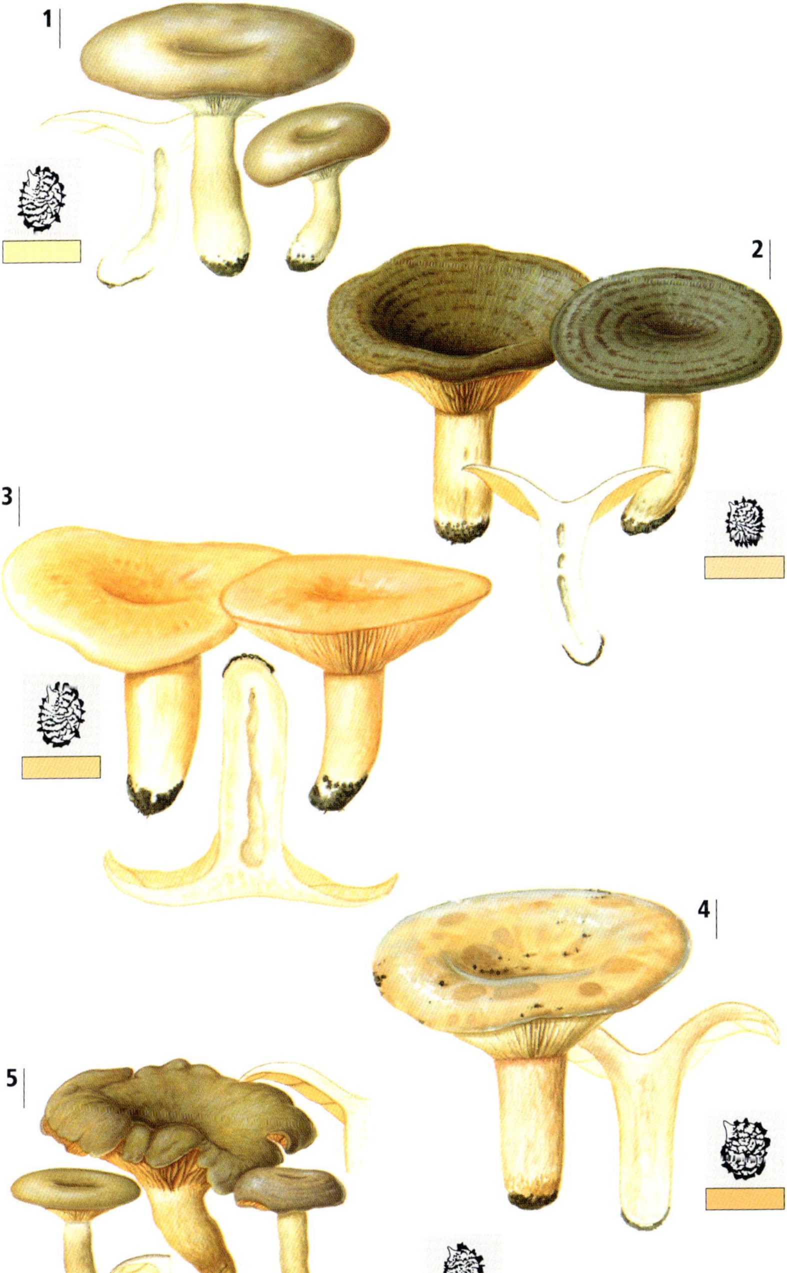
1
2
3
4
5

1 | Eichen-Milchling, Eichen-Reizker
Lactarius quietus

H 3–8 (10) cm, jung gewölbt, bald ausgebreitet und vertieft, matt, tonfarben rosa bis fleischrötlich braun, schwach gezont, Rand lang eingebogen, reif oft wellig, +/- gekerbt. **L** Breit angewachsen, +/- herablaufend, rosagelblich bis blass zimtfarben. **S** 3–7 × 0,5–2 cm, zylindrisch, zur Basis verjüngt, voll, blass zimtbraun. **F** Blass rotbräunlich, Geruch nach Blattwanzen, Geschmack mild, +/- schärflich-bitter. **M** Jung reichlich, gelblich, mild, +/- adstringierend. **V** Juni bis November. Planar bis montan, weit verbreitet im gesamten Eichenareal in Wäldern und Parkanlagen, bodenvag. **W** *L. chrysorrheus* wächst auch bei Eichen, hat ähnliche Hutfarben, ist durch die schwefelgelb verfärbende Milch unterscheidbar.

SP 6,5–9 × 5,5–7 µm, J+

2 | Rotbrauner Milchling
Lactarius rufus

H 3–10 (14) cm, jung gewölbt, bald ausgebreitet und +/- trichterig, stets mit charakteristischem, kleinen spitzen Buckel, matt, rotbraun, ungezont, Rand lang eingebogen. **L** Breit angewachsen, +/- herablaufend, creme- bis rosagelblich. **S** 4–8 (12) × 0,5–2 cm, zylindrisch, zur Basis verjüngt, voll, alt hohl, hell rotbräunlich. **F** Blass rosagelblich, fest, Geruch harzig (ähnlich *L. quietus*), Geschmack schnell brennend scharf. **M** Reichlich, weiß, sehr scharf. **V** Juni bis November. Planar bis hochmontan, weit verbreitet in Wäldern, vorwiegend bei Fichten und Waldkiefern, bodenvag. **W** Von den rotbraun fuchsig gefärbten Milchlingen die einzige mit deutlich scharfem Geschmack.

SP 6,5–10 × 5,5–7,5 µm, J+

3 | Süßlicher Milchling
Lactarius subdulcis

H 3–7 cm, jung gewölbt, bald ausgebreitet und vertieft mit +/- deutlicher kleiner Papille, matt, trocken, ohne Schleim, ungezont, tonfarben rosa bis zimtbraun, Rand jung eingebogen. **L** Breit angewachsen, +/- herablaufend, weiß bis blassocker. **S** 3–7 × 0,5–1 cm, zylindrisch, zur Basis verjüngt, voll, hellocker bis orangebraun. **F** Weiß bis blassocker, Geruch +/- nach Blattwanzen, Geschmack erst mild süßlich, dann +/- adstringierend-bitter. **M** Jung reichlich, weiß, mild, +/- bitter. **V** Juli bis November. Planar bis hochmontan, weit verbreitet, stets mit Buchen in allen Waldgesellschaften, meist in der Laubstreu, bodenvag. **W** Bei Eichen und Edelkastanien wächst *L. decipiens*, mit gilbender Milch.

SP 7–9,5 × 5,5–7,5 µm, J+

4 | Flatter-Milchling
Lactarius tabidus (Syn. *Lactarius theiogalus*)

H 3–5 (8) cm, jung flach gewölbt, bald ausgebreitet und vertieft, oft mit Papille, blass roströtlich bis zimtbraun, ungezont, Rand durchscheinend gerieft, zimtgelbbraun, oft wellig. **L** Breit angewachsen, +/- herablaufend, blass gelblich bis hell zimtocker. **S** 3–6 × 0,5–1 cm, zylindrisch, zur Basis verjüngt, voll, blass zimtbraun. **F** Brüchig, weich, blass, im Schnitt gilbend, Geruch +/- nach Blattwanzen, Geschmack mild, +/- adstringierend. **M** Jung reichlich, weiß, beim Trocknen gilbend, mild, +/- schärflich-bitter. **V** Juni bis November. Planar bis hochmontan, weit verbreitet in feuchten, nassen bis anmoorigen, nährstoffarmen Nadelwäldern, Birkenbrüchen, vorwiegend mit Birke und Fichte, bodenvag. **W** Die schwach gilbende Milch erkennt man am besten auf weißem Zellstoff.

SP 6–8,5 × 5–7 µm, J+

5 | Pfützen-Milchling
Lactarius lacunarum

RL-G

H 2–5 cm, rotbraun, glatt (ohne runzelige Oberfläche). *L. tabidus* sehr ähnlich, aber insgesamt mit dunkleren Farben, insbesondere am Stiel mehr rotbraun. **V** August bis Oktober, zerstreut mit lokalen Verbreitungsschwerpunkten in Erlensümpfen und Birkenbrüchen, bodenvag.

SP 6–8,5 × 5–6,5 µm, J+

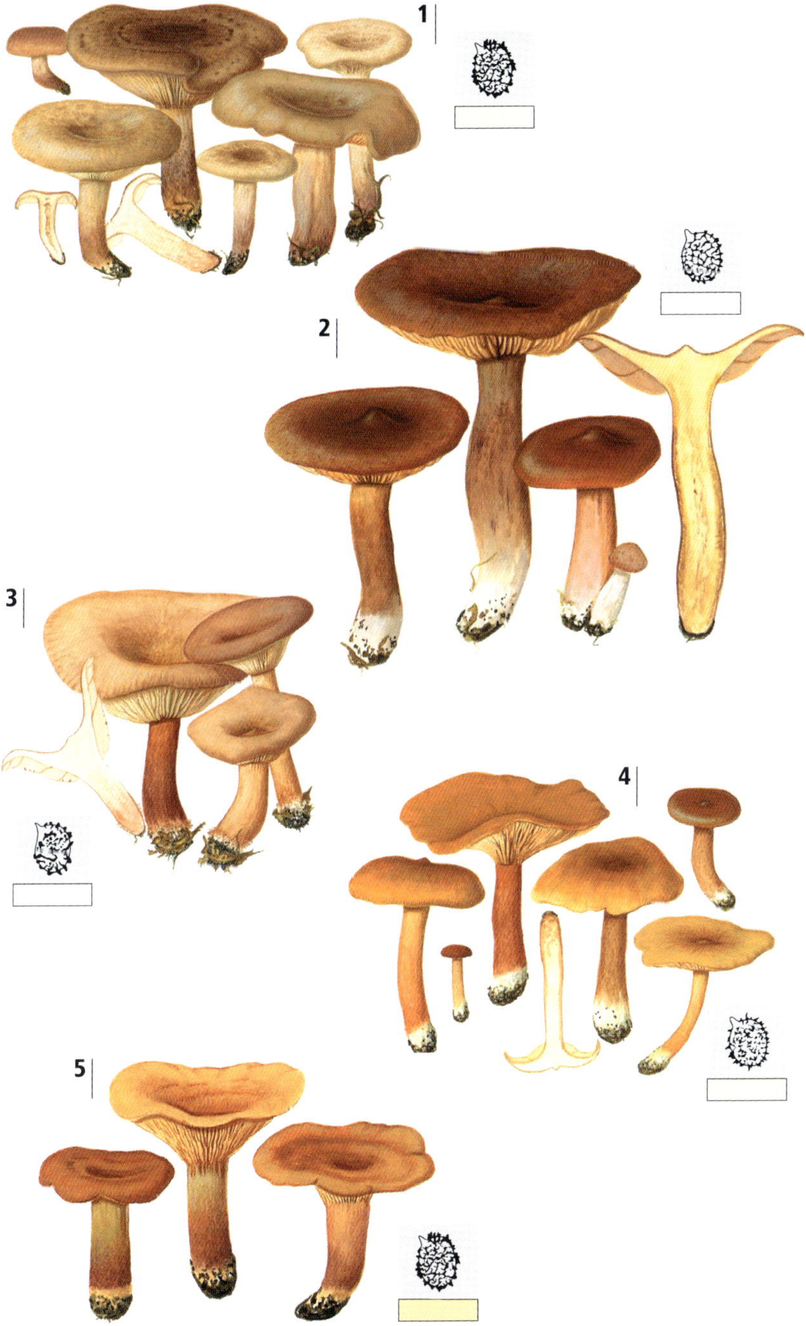
1
2
3
4
5

1 | Milder Milchling, Bitterer Orangemilchling

Lactarius aurantiacus (Syn. *Lactarius mitissimus*)

H 2–5 cm, jung flach gewölbt, bald ausgebreitet bis trichterig, oft mit kleiner Papille, orangebraun bis ockerorange, trocken glänzend, feucht schmierig, ungezont. Rand +/- gekerbt, safranorange, +/- verbogen. **L** Breit angewachsen, +/- herablaufend, blass gelblich bis hell zimtocker. **S** 3–6,5 × 0,5–1 cm, +/- zylindrisch, oft hohl, orangebraun. **F** Ziemlich brüchig, weich, blasscreme gelblich rosa, Geruch schwach, +/- nach Blattwanzen, Geschmack mild, +/- bitter. **M** Jung reichlich, weiß, +/- mild. **V** Juli bis November. Planar bis hochmontan, weit verbreitet und häufig in Wäldern, vorwiegend bei Fichten, bodenvag. **W** In älterer Literatur wurde *L. mitissimus* mit blasseren Hutfarben getrennt.

SP 6,5–9,5 × 5,5–7,5 µm, J+

2 | Atlantischer Milchling

Lactarius atlanticus

H 2–8 cm, matt bis glänzend orangebraun bis fuchsig. Im Mittelmeergebiet findet man ab September bis Dezember bei immergrünen Steineichen die häufige, ebenfalls milde und rotbraun gefärbte Art mit stark striegeliger Stielbasis.

SP 7–9 × 6,5–8,5 µm, J+

3 | Orangefuchsiger Milchling

Lactarius fulvissimus

H 3–8 (11) cm, jung konvex, bald ausgebreitet bis trichterig vertieft, fuchsig orange, matt, trocken, undeutlich gezont mit blassem gelbraunem, +/- wellig verbogenem Rand. **L** Ausgerandet bis leicht herablaufend, jung creme, älter ockerlich und rostfleckig. **S** 3–7,5 × 0,5–2 cm, zylindrisch, glatt, voll, alt hohl, ockerorange. **F** Mäßig fest, im Stiel brüchig, weich, weißlich, Geruch +/- nach Blattwanzen, Geschmack mild, langsam bitter. **M** Ziemlich reichlich, weiß, +/- wässrig, mild, langsam unangenehm bitter. **V** Juli bis November. Planar bis montan, weit verbreitet auf lehmigen, basenreichen Böden in Wäldern, typische Parkart, oft bei Buche, Eiche, Hasel, Linde. **W** Vgl. *L. rubrocinctus* und *L. aurantiacus*.

SP 6–9 × 5,5–7,5 µm, J+

4 | Später Milchling, Leberbrauner Milchling

Lactarius hepaticus

H 3–7 cm, jung konvex, bald ausgebreitet, flach trichterig und oft spitz gebuckelt, matt sepia bis dunkel rotbraun, milchkaffeebraun, +/- scheckig, Rand gekerbt. **L** +/- herablaufend, blass- bis fuchsig ocker. **S** 3–7 × 0,5–1 cm, +/- zylindrisch, zur Basis verjüngt, alt hohl, +/- rotbraun. **F** Mäßig fest, brüchig, cremegelblich, Geruch +/- nach Blattwanzen, Geschmack mild, +/- bitter. **M** Weiß, nach 2–3 Min. schwefelgelb, mild, +/- bitter. **V** Spät im Jahr Oktober bis Dezember. Planar bis montan, weit verbreitet im Nord-Westen und streng an Kiefern gebunden, bodenvag. **W** Ähnliche Farben, aber kleinere Fruchtkörper hat der in subalpinen Grünerlengebüschen wachsende *L. brunneohepaticus*.

SP 6,5–9,5 × 5,5–7,5 µm, J+

5 | Rotgegürtelter Milchling, Runzelmilchling

Lactarius rubrocinctus (Syn. *L. tithymalinus*)

RL-G

H 4–8 (10) cm, jung flach gewölbt, bald ausgebreitet trichterig, blassorange, +/- deutlich runzelig, Rand jung eingerollt, alt lappig. **L** +/- herablaufend, rosagelblich, rostfleckig, auf Druck braunviolett. **S** 3–7 × 1–2,5 cm, zylindrisch, zur Basis verjüngt, hohl, +/- blass bis intensiv orangebraun, an der Spitze dunkler. **F** Fest, rosagelblich, Geruch unangenehm, +/- nach *Lepiota cristata*, Geschmack mild, langsam schärflich-bitter. **M** Jung reichlich, weiß, mild, +/- schärflich-bitter. **V** August bis Oktober. Planar bis hochmontan, zerstreut, regional häufig auf basen- und mineralreichen Böden, obligatorisch bei Rotbuchen. **W** Die dunkler abgesetzte Zone an der Stielspitze ist ein gutes Merkmal für die Feldbestimmung.

SP 6,5–9,5 × 5,5–7,5 µm, J+

1

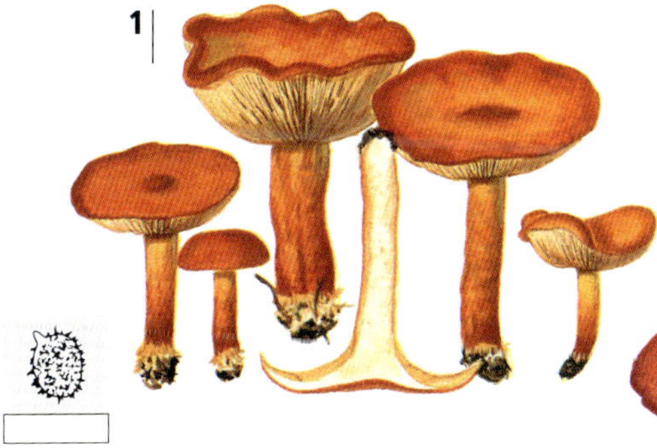

2

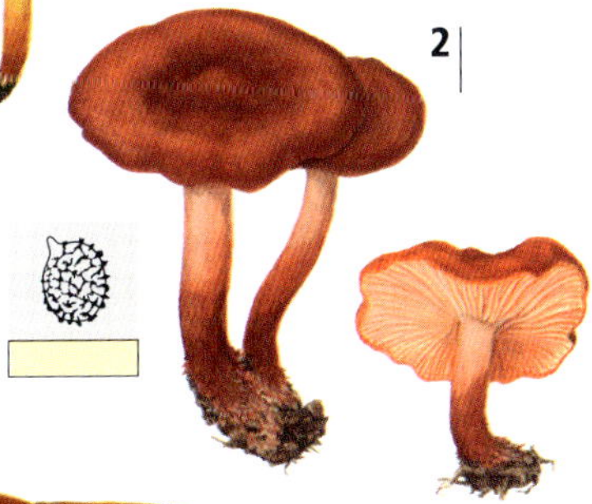

3

4

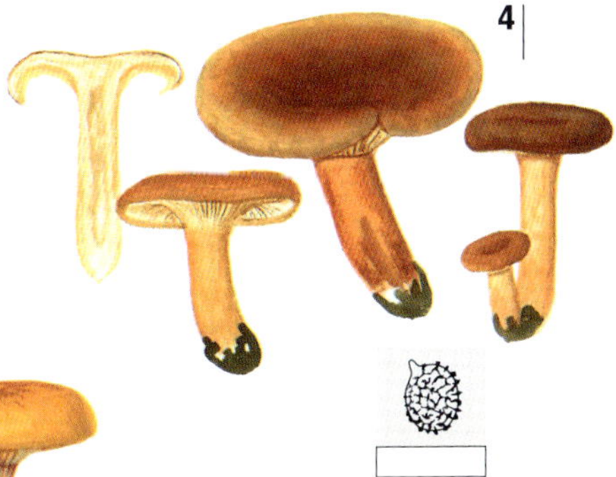

5

1 | Kampfer-Milchling
Lactarius camphoratus

H 2–5 (8) cm, jung konvex, bald ausgebreitet, flach trichterig und oft papilliert, trüb rotbraun dunkelkastanienbraun, ungezont, Rand runzelig-höckerig. **L** +/- breit angewachsen, ockerrosa, auf Druck weinrötlich. **S** 3–7 × 0,5–1 cm, +/- zylindrisch, Basis striegelig-filzig, alt hohl, +/- dunkelrotbraun, +/- bereift. **F** Mäßig fest, brüchig, graurosa rot, Geruch beim Eintrocknen nach Cumarin, Maggi und Zichorien, Geschmack mild, nach Haselnuss, +/- adstringierend. **M** Weiß, unveränderlich, mild, +/- bitter. **V** Juli bis Oktober. Planar bis hochmontan, weit verbreitet und häufig in Wäldern bei Buchen, Fichten und Tannen, bodenvag. **W** Durch den beim Eintrocknen intensiv würzigen Geruch gut gekennzeichnet. Getrocknet als Würzpulver verwendbar.

SP 6–7,5 × 5,5–7 µm, J+

2 | Maggipilz, Bruch-Reizker
Lactarius helvus

H 3–12 (16) cm, jung flach gewölbt, bald ausgebreitet bis trichterig, fein- bis grobfilzig, schuppig aufgerissen, graubeige bis rosabraun, Rand glatt, nur jung eingebogen. **L** +/- mit Zähnchen herablaufend, hellcreme bis ockergelb. **S** 3–10 × 1–3 cm, +/- zylindrisch, ausgestopft, alt hohl, ockerrosa. **F** Mäßig fest, im Alter sehr brüchig, weißlich bis rötlich ocker, Geruch +/- nach Liebstöckel, Maggi, Geschmack mild, +/- nussartig mit Curry-Komponenten. **M** Spärlich, wässrig, mild. **V** Juli bis November. Planar bis montan, weit verbreitet auf sauren, nährstoffarmen Böden mit Birken, Fichten und Kiefern, oft in Moorwäldern. **W** Der intensive Geruch nach Liebstöckel und die wässrige Milch sind wichtige Merkmale. Der Pilz ist dosisabhängig magen-darmgiftig und sollte nicht verwendet werden, auch wenn er bisweilen als Würzpulver empfohlen wird.

SP 7–9 × 5,5–7 µm, J+

3 | Erlen-Milchling
Lactarius obscuratus

H 0,5–4 cm, jung flach, bald trichterig mit spitzer Papille, glatt, farbvariabel, jung honigfarben oliv, dann von sepia, ziegelrot bis orangebraun, fast zur Hälfte durchscheinend gerieft, Rand gekerbt. **L** Breit angewachsen bis leicht herablaufend, blass gelblich bis zimtrötlich. **S** 1,5–4 × 0,2–0,5 cm, +/- zylindrisch, hohl, +/- rötlich ocker. **F** Mäßig fest, brüchig, cremegelblich, Geruch schwach, süßlich, Geschmack mild. **M** Spärlich, weiß, wässrig, nach 2–3 Min. auf weißem Zellstoff gilbend, mild. **V** Juni bis Oktober. Planar bis subalpin, weit verbreitet, aber nicht häufig. In Erlenbrüchen und Hartholzauen, streng an Erlen gebunden, bodenvag. **W** Sehr ähnlich sind zwei weitere Erlenbegleiter, *L. cyathuliformis* und *L. omphaliformis*.

SP 7–9 × 6–7 µm, J+

4 | Wässriger Milchling
Lactarius serifluus

RL-V

H 2,5–6 (9) cm, jung konvex, bald ausgebreitet, mittig genabelt bis trichterig, oft mit kleiner Papille, +/- höckerig-runzelig, fein samtig, sepia bis dunkelrotbraun. Rand jung eingerollt und bereift. **L** Breit angewachsen bis +/- herablaufend, gelblich bis ockergelb. **S** 3–7 × 0,4–1 cm, +/- zylindrisch, zur Basis verjüngt, alt hohl, ockergelb bis rotbraun. **F** Mäßig fest, elastisch, ocker bis zimtbraun Geruch +/- nach Blattwanzen, Geschmack mild. **M** Spärlich, wässrig-milchig, mild. **V** Juni bis November. Planar bis montan, breit gestreut, gebietsweise selten, auf mineralreichen Böden meist bei Eichen, seltener Hainbuchen und Buchen, in Südeuropa verbreitet bei Zerreichen. **W** Frische Fruchtkörper riechen ähnlich wie der größere und gezonte Eichen-Milchling. Beim Trocknen wandelt sich der Geruch jedoch deutlich nach Maggi.

SP 6,5–8,5 × 6–7,5 µm, J+, **CH** blasig, Makrozystiden fehlen

1

2

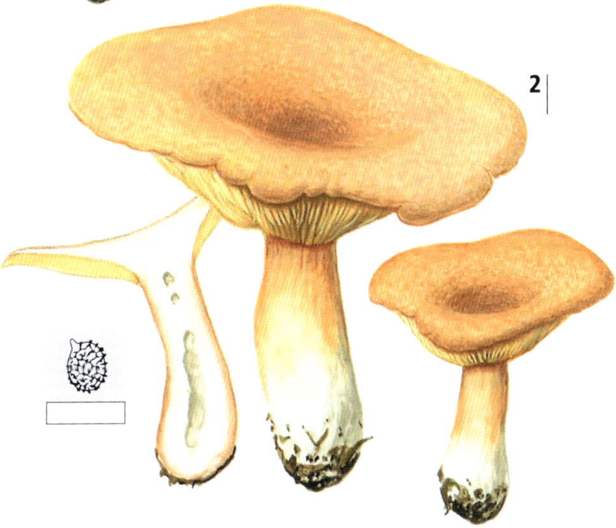

3

4

1 | Goldflüssiger-Milchling
Lactarius chrysorrheus

H 3–6 (9) cm, jung konvex mit eingerolltem Rand, bald ausgebreitet und vertieft bis trichterig, orangegelb bis rötlich ocker, dunkler gezont und unregelmäßig wasserfleckig. **L** Breit angewachsen, etwas herablaufend, am Stiel gegabelt, hellcreme bis rötlich ocker. **S** 2–8 × 0,5–2 cm, +/- zylindrisch, jung voll und bereift, alt hohl, weiß bis blass rosabräunlich. **F** Starr, brüchig, weißlich, bei Verletzung schnell schwefelgelb, Geruch schwach süßlich-fruchtig, Geschmack mild, bald bitter-scharf. **M** Weiß, in Sekunden schwefelgoldgelb, anfangs mild, bald bitter bis brennend scharf. **V** August bis November. Planar bis submontan, weit verbreitet und häufig in wärmeren Gegenden bei Eichen und Edelkastanien, bodenvag. **W** Bei Fichten und Tannen wachsen mit *L. intermedius*, *L. leonis* und *L. scrobiculatus* noch drei weitere Arten mit gelber Milch.

SP 6,5–8,5 × 5,5–7 µm, J+

2 | Kleiner Duft-Milchling
Lactarius glyciosmus

H 1,5–4 (5,5) cm, jung konvex mit eingerolltem Rand, oft mit kleinem Buckel, bald ausgebreitet trichterig, gelblich rosagrau gezont. **L** +/- herablaufend, blass- bis dunkelrosagelblich **S** 2–7 × 0,3–1 cm, +/- zylindrisch, weißlich, alt gilbend. **F** Weich und brüchig, weißlich, Geruch (beim Trocknen) süßlich nach Kokosflocken, Geschmack lange mild, dann scharf. **M** Weiß, unveränderlich, scharf. **V** Juli bis November. Planar bis montan, weit verbreitet und streng an Birken gebunden in Mooren, Wäldern und Gartenanlagen, bodenvag. **W** Den feinen Kokosduft hat nur noch der nachfolgende Milchling.

SP 6–8 × 5–7 µm, J+

3 | Dunkler Duft-Milchling
Lactarius mammosus (Syn. *Lactarius fuscus*)

H 3–6 (10) cm, grau- bis olivbraun, feucht schmierig. Dieser dunkelbraune Milchling mit gekerbtem Hutrand und feinem Kokosduft wächst von Juli bis Oktober, planar bis montan vorwiegend in sauren Nadelwäldern bei Fichten und Kiefern. **W** Wenn man in Mischwäldern mit Fichten und Birken Milchlinge mit ihrem charakteristischen Kokosduft findet, kann man *L. mammosus* mit den deutlich dunkleren Hutfarben unterscheiden.

SP 6,5–8,5 × 5–7 µm, J+

4 | Lila Milchling
Lactarius lilacinus

RL-3 | V!-Art

H 2–7 (12) cm, jung konvex mit eingebogenem, flaumigem Rand, bald ausgebreitet, flach trichterig, samtig bis feinfilzig lebhaft rosa-lila gezont. **L** Etwas herablaufend, ockergelblich. **S** 2–7 × 0,5–2 cm, +/- zylindrisch, hohl, blasser rosaockerlich. **F** Brüchig, creme bis rosagelblich. Geruch schwach fruchtig oder nach Wanzen, Geschmack mild, bald würzig-bitter. **M** Spärlich, wässrig weiß, +/- bitter-schärflich. **V** August bis Oktober. Planar bis montan, verbreitet, aber nicht häufig. In Erlenbrüchen und Hartholzauen, streng an Erlen gebunden, bodenvag. **W** Die in Europa endemische Art wird in fast allen Ländern als gefährdet eingestuft. Deutschland ist mit mindestens 15 % des Gesamtareals in hohem Maße für den Erhalt der Art verantwortlich.

SP 6,5–9 × 5,5–7 µm, J+

5 | Schüppchen-Milchling
Lactarius spinosulus

RL-3

H 2–7 cm, jung konvex mit striegeligem Rand, bald ausgebreitet und vertieft, flach trichterig, lila bis fleischrosa gezont mit dunkleren borstigen Schüppchen. **L** Etwas herablaufend, blass rötlich ocker. **S** 3–5 × 0,5–1 cm, +/- zylindrisch, lila fleischfarben. **F** Mäßig fest, weißlich, Geruch nach Stachelbeeren oder Wanzen, Geschmack mild bis bitter-schärflich. **M** Wässrig-weiß, mild, +/- bitter-schärflich. **V** Juni bis November. Planar bis montan, breit gestreut, insgesamt selten, eher auf sauren Böden in Parkanlagen und Wäldern, an Birken gebunden. **W** Ähnliche Fruchtkörperfarben haben *L. lilacinus* (bei Erle mit hellen Spp.) und *L. torminosus* ebenfalls bei Birken mit sehr scharfer Milch.

SP 6,5–8 × 5,5–7 µm, J+

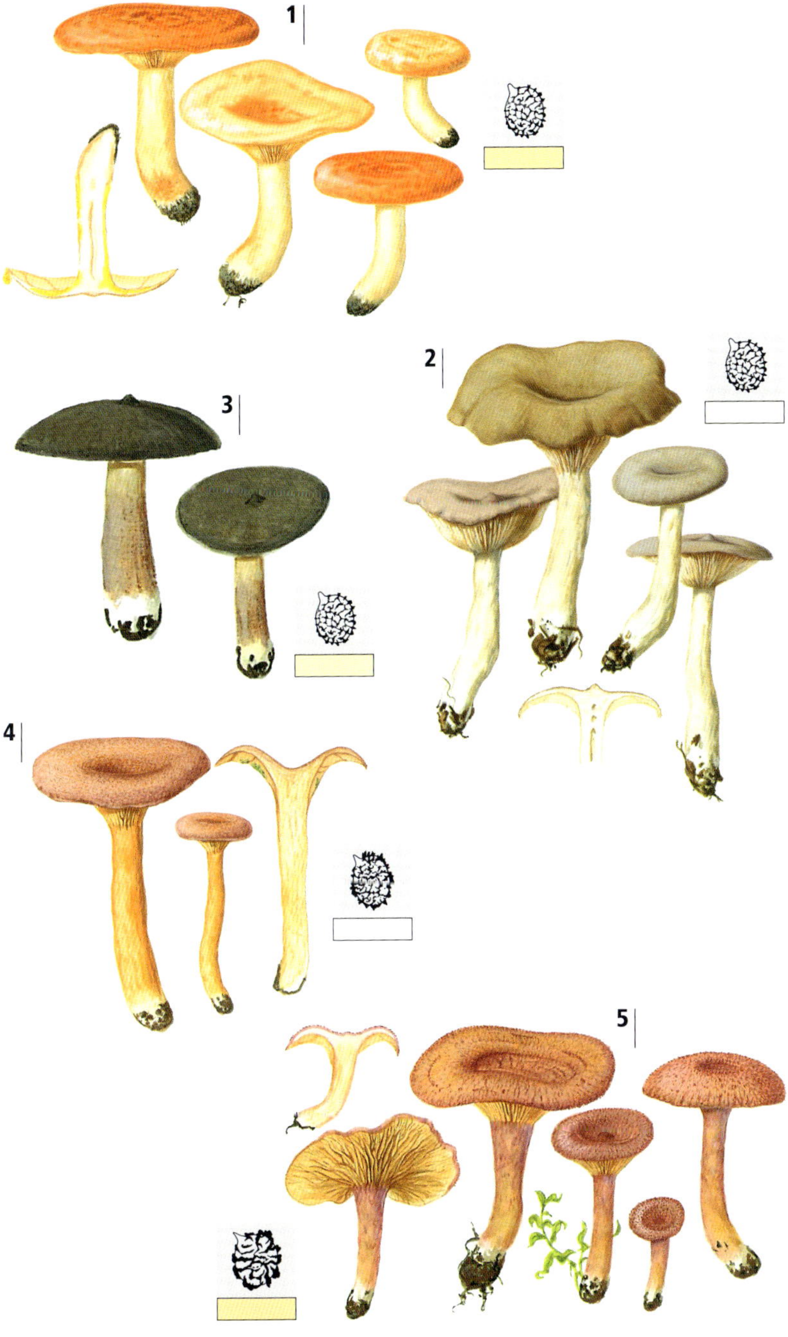
1
2
3
4
5

1 Rosascheckiger Milchling
Lactarius controversus

H 8–12 (25) cm, jung flach konvex, dann +/- trichterig vertieft, matt glänzend, +/- schmierig-klebrig, konzentrisch rosa gefleckt auf cremeweißem Grund. **L** Kurz herablaufend, creme bis fleischrosa. **S** 2,5–4,5 × 1,5–4 cm, auffällig kurz zylindrisch, weißlich, jung bereift. **F** Weißlich, Geruch +/- obstig oder nach Pelargonien, Geschmack schärflich und bitter. **M** Spärlich, weiß, scharf. **V** August bis November. Planar bis submontan, weit verbreitet in Auwäldern, Parkanlagen, Alleen auf nährstoffreichen Böden mit Pappeln. **W** Die rosafleckigen, leicht gezonten Fruchtkörper und das Vorkommen bei Pappeln sind gute Erkennungsmerkmale.

SP 5,5–7,5 × 4,5–6 µm, J+

2 Langstieliger Pfeffer-Milchling
Lactifluus piperatus (Syn. *Lactarius piperatus*)

H 4–12 (16) cm, jung flach konvex mit eingerolltem Rand, dann +/- trichterig vertieft, glatt, trocken, fein rissig, netzigaderig, cremeweiß, unregelmäßig gelbbraun gefleckt. **L** Kurz herablaufend, eng stehend, oft gegabelt, hellcreme bis orangecreme. **S** 4–12 (16) × 1,5–3 cm, +/- zylindrisch, zur Basis verjüngt, cremeweiß. **F** Weißlich, Geruch säuerlich, beim Trocknen nach Äpfeln oder Honig, Geschmack schnell sehr scharf. **M** Mäßig, weiß, KOH -, bald scharf. **V** Juli bis Oktober. Planar bis hochmontan, zerstreut bis mäßig verbreitet in Buchenmischwäldern, meist bei Buchen, aber auch anderen Laub- und Nadelbaumarten, bodenvag. **W** Sehr ähnlich ist *Lactifluus glaucescens*, dessen Milch beim Eintrocknen blaugrünlich verfärbt.

SP 6,5–9,5 × 5–6,5 µm, J+

3 Wolliger Milchling
Lactifluus vellereus (Syn. *Lactarius vellereus*)

H 5–30 cm, jung konvex, bald ausgebreitet schüsselförmig, matt filzig-wollig, oft rissig, konzentrisch rosa gefleckt auf cremeweißem Grund. **L** Bogig herablaufend, entfernt stehend, cremeweiß. **S** 2–7 × 2–5 cm, auffällig kurz stämmig, weißlich. **F** Weißlich, derb, fest, Geruch säuerlich, Geschmack schnell sehr scharf. **M** Reichlich, weiß, KOH -, mild bis bitterlich. **V** August bis Oktober. Planar bis hochmontan, verbreitet und häufig in Buchenmischwäldern, oft bei Buchen, bodenvag. **W** Funde auf basenreichen Böden sollten mit *L. bertillonii* abgeglichen werden, dessen isoliert scharfe Milch mit KOH orange verfärbt.

SP 7–9,5 × 6,5–8,5 µm, J+

4 Milch-Brätling
Lactifluus volemus s. str. (Syn. *Lactarius volemus*)

RL-V

H 5–9,5 (12) cm, jung konvex mit eingerolltem Rand, dann flacher und mittig vertieft, braun bis orangebraun, Huthaut tocken, glatt, +/- bereift, am Rand runzelig. **L** +/- kurz herablaufend, blasscreme bis gelblich creme, verletzt durch Milch bräunend. **S** 3,5–8,5 × 1,5–3 cm, cremegelb bis blass orangebraun, glatt, matt, +/- zylindrisch, voll. **F** Weißlich, im Schnitt mit Milch in Minuten rostbraun. Geruch deutlich nach Meeresfrüchten, Geschmack mild. **M** Reichlich, weiß, isoliert nach Stunden bräunend, klebrig, mild. **V** Juli bis Oktober. Planar bis montan, weit verbreitet in Wäldern bei Birken, Buchen, Eichen, Hainbuchen, Fichten und Tannen, bodenvag. **W** Erst 2015 wurde die Sammelart in drei Arten (*L. oedematopus*, *L. subvolemus* und *L. volemus*) aufgetrennt, die sich nur mikroskopisch sicher trennen lassen. *L. oedematopus* hat deutlich kürzere Huthauthaare.

SP 8,5–10 × 8,5–9,5 µm, J+, Hh-Haare 15–125 µm lang

5 Heller Milch-Brätling
Lactifluus subvolemus

H 4–10 cm. Im Vergleich zu. *L. volemus* sind die Hüte heller gelbbraun mit dunklerer Mitte. Die bisherigen Funde liegen in sauren Laubmischwäldern bei Buchen, Eichen, Fichten und Tannen. **V** Juli bis September. Planar bis montan. Aktuelle Kartierungsergebnisse zeigen, das die erst vor wenigen Jahren neu beschriebene Art im Bayerischen Wald verbreitet ist.

SP 9–10 × 8–9,5 µm, J+, Hh-Haare 15–125 µm lang

1

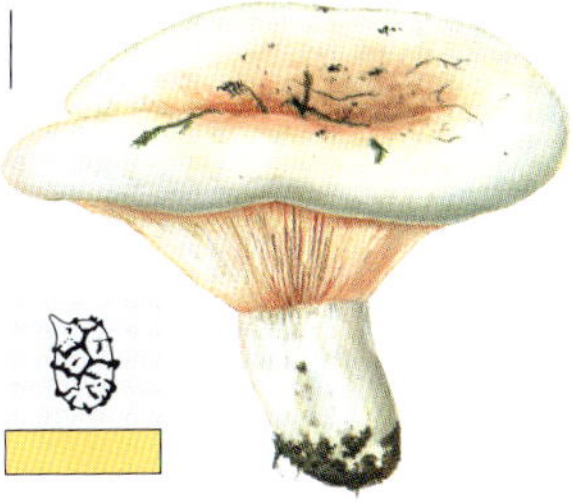

2

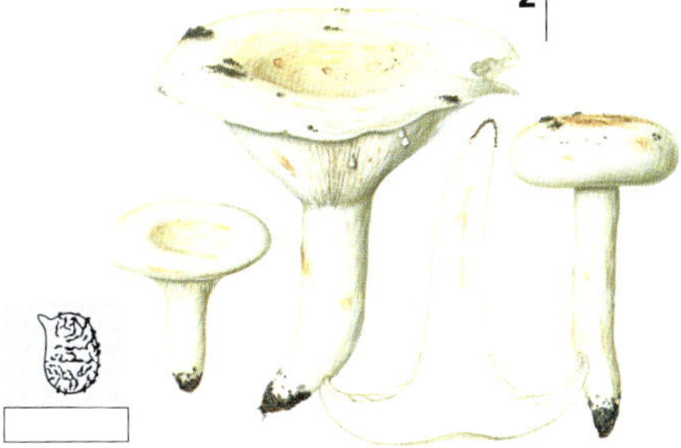

3

4

5

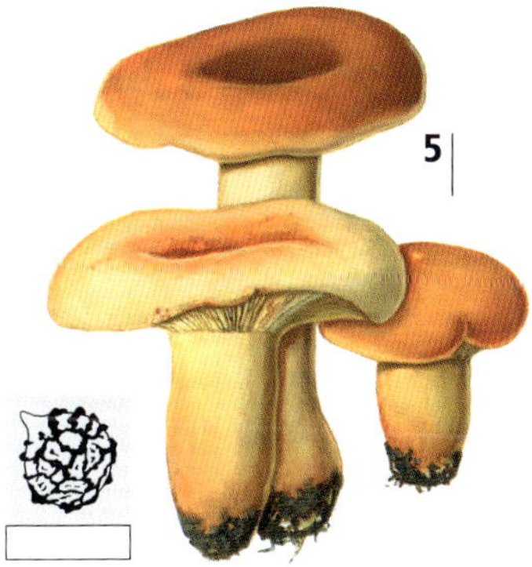

Täublinge

Die Angabe der Spp.-Farbe in römischen Ziffern („Ib"), „IVa" usw.) bezieht sich auf den Farbcode von Romagnesi (1967). Diese ist für die Bestimmung von Täublingen eines der Hauptkriterien.
Ein weiteres wichtiges Merkmal ist die Reaktion der Stieloberfläche mit diversen Reagenzien, z. B. Eisensulfat ($FeSO_4$), Guajak, Kalilauge 20 % (KOH), Anilin, Ammoniak (NH_3) und Sulfovanillin (SV).

Code	Farbe
Ia	weiß
Ib	weißlich
IIa	hellcreme
IIb	mittelcreme
IIc	sattcreme
IIIa	blassocker
IIIb	mittelocker
IIIc	sattocker
IVa	blassgelb
IVb	hellgelb
IVc	mittelgelb
IVd	dunkelgelb
IVe	orangegelb

1a	an frischen FK bei Anschnitt des Hutes ein weißer, farbiger oder farbloser Milchsaft austretend; Lamelletten zahlreich vorhanden **→ Milchlinge, S. 74**
1b	kein Milchsaft vorhanden; Lamelletten zahlreich vorhanden; Hüte weißlich, grauschwarz oder graubraun; Trama oft schwärzend, rötend oder schwach bräunend **→ Weiß- und Schwärztäublinge 2**
1c	kein Milchsaft vorhanden; Lamelletten weitgehend fehlend **→ Täublinge p. p. 5**
2a (1)	Trama im Schnitt nach einiger Zeit schwärzlich, oft vorher rötlich verfärbend; Hutfarben meist mit düster bräunlichen bis schwarzgrauen Farben und nur bei Lichtabschluss weiß **→ Schwärztäublinge 3**
2b	Trama nicht schwärzend; Hutfarben weißlich bis creme; Spp. weißlich (Ib) **→ Gemeiner Weißtäubling, S. 108**
2c	Trama nicht schwärzend; Hutfarben weißlich bis creme; Spp. gelblich (IVa) **→ Gelbsporiger Weißtäubling, S. 108**
3a (2)	Trama erst rötend, dann schwärzend; mild bis scharf, aber nicht mentholartig **→ 4**
3b	Trama direkt schwärzend; mentholartiger Geschmack **→ Menthol-Schwärztäubling, S. 108**
4a (3)	L auffallend entfernt und dick; Trama mild **→ Dickblättriger Schwärztäubling, S. 108**
4b	L auffallend dicht stehend; Trama wenig scharf bis mild **→ Dichtblättriger Schwärztäubling, S. 108**
4c	L normal stehend; Trama meist sehr scharf **→ Scharfblättriger Schwärztäubling *(R. acrifolia)* und weitere Arten**
5a (1)	Spp. weiß bis weißlich (Ia-Ib) **→ 6**
5b	Spp. creme (IIa–IIc) **→ 21**
5c	Spp. ocker bis gelb (IIIa–IVe) **→ 41**

6a (5)	L mild → **7**
6b	L schärflich bis sehr scharf → **11**
7a (6)	L biegsam, bei mehrmaligem Reiben matschig werdend; Reaktion auf $FeSO_4$ negativ oder schwach grünlich → **Frauentäubling, S. 110**
7b	L nicht matschig werdend auf Druck und zumindest bei älteren FK brüchig; $FeSO_4$-Reaktion orangegelb bis rosa → **8**
8a (7)	Hut orangerötlich bis rosarot; Stiel an der Spitze mit feiner weißer netzartiger Bereifung (Lupe!) vergleichbar einer Mullbinde; Guajak-Reaktion auf Stiel negativ, auf L langsam positiv, SV-Reaktion auf Stiel eosinrot → **Netzflockiger Rosa-Täubling, S. 134**
8b	Hut lebhaft kirschrot; SV-Reaktion auf Stiel negativ (schwach rosalich); Stiel ohne feinnetzige Spitze; Guajak-Reaktion auf Stiel und L identisch → **Zinnoberroter Reiftäubling, S. 134**
8c	Hut grün oder fleischfarben bis weinrosa; SV-Reaktion negativ (schwach rosalich) → **9**
9a (8)	relativ kleine und zerbrechliche Art; Hut violettlich, fleischfarben und bereift; Stiel bisweilen mit rötlichem Anflug → **Violetter Reif-Täubling *(R. lilacea)***
9b	robuste und oft große Arten; Hut in Grüntönen oder fleischfarben, rosaviolett; Stiel nie mit rötlichem Anflug → **10**
10a (9)	Hut arttypisch gefeldert aufreißend, blau- bis spangrün, cremegelblich entfärbend; HDS ohne nadelartige Elemente (Crins) → **Grüngefelderter Täubling, S. 110**
10b	Hut höchstens witterungsbedingt aufreißend, oliv- bis gelbgrün oder fleischfarben; HDS mit nadelartigen Elementen (Crins) → **Speise-Täublinge, S. 110**
11a (6)	Hut rein kirschrot bis rosa, ohne violette Nuance → **Speitäublinge 12**
11b	Hut violett, purpurn, violettrot, grün oder gemischt → **Wechselfarbige Speitäublinge 15**
11c	Hut zitronen- bis olivgelb, ocker → **18**
12a (11)	FK an Verletzungsstellen über Nacht intensiv chromgelb verfärbend; V unter Laubbäumen auf lehmigen, oft basenreichen Böden → **Gelbfleckender Täubling, S. 118**
12b	FK nicht oder höchstens unauffällig gilbend → **13**
13a (12)	Hut blass bis satt rosa, oft nahezu weiß entfärbt; bei Birke auf feuchten Böden → **Birken-Speitäubling, S. 118**
13b	Hut intensiver kirschrot, wenn auch bisweilen entfärbend; nicht an Birke gebunden → **14**
14a (13)	V im Buchenwald; Guajak-Reaktion positiv → **Buchenspeitäubling, S. 118**
14b	V im Nadelwald, meist an etwas trockeneren Stellen; Guajak-Reaktion negativ → **Kirschroter Speitäubling, S. 118**
14c	V im Nadelwald an moorigen Stellen; Guajak-Reaktion positiv → **Graustieliger Speitäubling *(R. grisescens)***
15a (11)	V bei Weißtanne; FK langsam gilbend; Stiel gekammert-hohl; mit Ammoniak L rot → **Hohlstiel-Täubling, S. 120**
15b	V bei Erle; Stiel gelblich oder grau werdend, wenn hohl werdend dann nicht gekammert; keine Reaktion auf Ammoniak → **Erlen-Täubling *(R. pumila)***
15c	Nicht an Weißtanne oder Erle gebunden; nicht gilbend oder gelbstielig → **16**
16a (15)	Lamellen-Schneiden fein gesägt; Geruch nach Eisbonbons; Hut violett mit grünlicher Mitte; V bei Laubbäumen; Guajak-Reaktion fast negativ → **Wechselfarbiger Speitäubling, S. 120**
16b	Merkmalskombination anders → **17**
17a (16)	Spp. weiß; Hut purpurviolett, Mitte fast schwarz; V unter Eichen oder Buchen auf sandigen Böden → **Purpurschwarzer Täubling, S. 120**
17b	Spp. weiß bis hell creme (IIa); Hut purpurrot mit dunkler Mitte, auch violettrot mit grünlichen Tönen; V im Nadelwald und im feuchten Weidengebüsch → **Schwarzroter Speitäubling, S. 120**

17c Spp. weiß bis hellcreme (IIa); Hut violett mit olivgräulichen und cremeockerlichen, selten grünlichen Partien; V unter Pappeln; FK mit Pelargonien-Geruch → **Pelargonien-Täubling, S. 120**

18a (11) Hut blass grüngelblich, oft nur in der Mitte so getönt; SP-Ornament netzig verbunden → **Blassgelber Täubling, S. 116**

18b Hut einheitlicher und stärker ocker, olivgelb bis -ocker gefärbt; SP-Ornament isoliert oder gratig, aber nicht netzig → **19**

19a (18) Lamellenfarbe zu Hutfarbe einen Kontrast bildend; Guajak-Reaktion stark positiv; mit KOH an der Stielbasis braunrot → **Ockergelber Täubling, S. 116**

19b Lamellen- und Hutfarbe einheitlich oder wenig kontrastierend; Guajak-Reaktion langsam bis negativ; nicht braunrot mit KOH an der Stielbasis → **20**

20a (19) FK einheitlich honiggelb, ocker; SP-Ornament gratig verbunden → **Gallen-Täubling, S. 116**

20b Hut hell ocker, gelblich; SP isoliert-warzig → **Mehlstiel-Täubling, S. 116**

21a (5) L mild → **22**

21b L schärflich bis sehr scharf → **34**

22a (21) FK beim Reiben zunehmend gelbbraun fleckig und nach Hering riechend; Reaktion auf $FeSO_4$ graugrün → **Heringstäublinge 23**

22b $FeSO_4$-Reaktion rosalich bis orangegelb; Geruch anders → **24**

23a (22) Hut lebhaft johannisbeerrot; Stiel lebhaft pink überlaufen; V im Nadelwald → **Roter Nadelwald-Heringstäubling, S. 132**

23b Hut mit vorherrschend grünlichen bis oliv- oder ockerbräunlichen Tönen, am Rand oft fleischrosa Farben beigemischt; V im Nadelwald → **Olivgrüner Heringstäubling, S. 132**

23c Hut fleischbräunlich, matt weinbraun, in der Mitte oft etwas olivlich; V in Laubwäldern und Parks, vor allem unter Eiche → **Eichen-Heringstäubling, S. 132**

23d Hut bräunlich rosa, mit olivlich gelben bis cremefarbenen Schattierungen beigemischt; FK oft so groß wie Rotstielige Ledertäublinge werdend; V in Laubwäldern und Parks, vor allem unter Buche → **Buchen-Heringstäubling, S. 132**

24a (22) Hut und Stiel fein bereift und nach dem Anfassen auf den Fingern ein wachsartiges Gefühl hinterlassend; Geruch nach Topinambur oder gekochten Krabben; Hymenialzystiden ohne Inhalt und daher nicht in SV anfärbbar → **Pfirsich- und Samttäublinge 25**

24b Merkmale anders; Hymenialzystiden in SV violettschwarz verfärbend → **26**

25a (24) Hut vanille- bis grünlich gelb, im Alter rotviolett gefleckt oder gänzlich violett; Stiel weiß, im Alter zunehmend violett überlaufen; Phenol-Reaktion am Stiel bräunlich → **Pfirsich-Täubling, S. 112**

25b Hut rot- bis weinviolett, samtig; Stiel von Beginn an rosaviolett; Phenol-Reaktion am Stiel violettpurpur → **Schöner Täubling, Samt-Täubling, S. 112**

26a (25) angekratzte Stielrinde nach 2–3 Stunden dunkelgrau verfärbt → **Graustieltäublinge 27**

26b nach Ankratzen nicht dunkelgrau werdend (manchmal aber Stiel feucht wässrig-graulich) → **28**

27a (26) Hut lebhaft gelb; V bei Birke → **Gelber Graustieltäubling, S. 128**

27b Hut orange bis orangegelb; V bei Kiefer → **Oranger Graustieltäubling, S. 128**

27c Hut wein- bis violettrot; V bei Fichte → **Weinroter Graustieltäubling, S. 128**

27d Hut wein- bis violettrot oder kupferbraun; V bei Eichen im Mittelmeergebiet → **Mediterraner Graustieltäubling, S. 128**

28a (26) Hut in braunen oder gelben Tönen → **29**

28b Hut in roten, violetten oder grünen Tönen → **30**

29a (28) Hut warm braun, hasel- bis gelbbraun, Rand lange glatt bleibend; $FeSO_4$-Reaktion kräftig orangerosa; V unter Fichte in montaner Lage → **Wiesel-Täubling, S. 132**

29b Hut graubraun, gelbgrau, kartonfarben, Rand von jung an gerieft; $FeSO_4$-Reaktion blassrosalich; V unter Eiche → **Kratzender Kammtäubling und ähnliche Arten, S. 114**

30a (23) Hut auffallend matt, lebhaft rot (aber oft verblasst oder ganz weiß); Trama hart; Zystideninhalt mit SV nicht schwärzlich
→ **Harter Zinnober-Täubling, S. 134**

30b andere Merkmalskombination; Zystideninhalt mit SV schwärzlich → **31**

31a (30) Fraßstellen gilbend oder Stiel im unteren Bereich mit gelbem Überzug → **32**

31b weder gilbend noch mit solcher Stielfärbung
→ ***Griseinae* 33**

32a (31) FK eher klein und zerbrechlich; Hut violett oder weinrot, Rand gerieft; V unter Fichte, Kiefer oder Eiche (wenn bei Birke: vgl. *R. versicolor* agg.)
→ **Milder Wachstäubling, S. 136**

32b FK robuster; Hut schwarzrötlich, kupferbraun, ohne Violetttöne, Rand lange glatt; Geruch nach Honig; SP auffallend groß, rund und sehr schwach ornamentiert (Unterschied zu *R. globispora* und anderen!) → **Honig-Täubling *(R. melliolens)***

32c FK sehr robust; Hut dunkelviolett, weinrot oder olivgelb, oft gescheckt, Rand glatt; nicht eigentlich gilbend, aber Stiel in unterer Hälfte mit gelbem Überzug → **Lederstiel-Täubling *(R. viscida)***

33a (31) Hut rein grün, ohne graue oder violette Töne; Trama leicht schärflich; Huthaare fädig, wenig septiert; V bei Birke (selten unter Fichte)
→ **Grasgrüner Birkentäubling, S. 110**

33b Hut graugrün, bläulich grau, olivgrau (selten fleischbräunlich), jung deutlich bereift (selten ohne); SP-Ornament netzig
→ **Blaugrüner Reiftäubling, S. 112**

33c Hut violett und grün gemischt, zumindest Fraßstellen; Stiel oft mit rosalichem Hauch; SP-Ornament gratig, aber nicht netzig → **Papagei-Täubling und Tauben-Täubling *(R.grisea)*, S. 112**

34a (21) Hut gelb, braun oder grau → **35**

34b Hut grün, violett, weinrot → **39**

34c Hut rein rot, blutrot; V unter Eiche (wenn unter Nadelbäumen: vgl. *R. sanguinaria*, *R. rhodopus*, *R. helodes*)
→ **Schwachfleckender Täubling, S. 118**

35a (34) FK graubraun, sepia, ockergrau; Geruch nach Camembert oder unauffällig → **36**

35b FK bräunlich- bis ockergelb; Geruch ölig-chemisch, nach Bittermandel oder Obstkompott → **37**

36a (35) Hutrand gerippt; Trama unveränderlich; V unter Eiche und Kiefer, meist in tieferen Lagen; Geruch nach Camembert; Guajak positiv (wenn negativ: vgl. *R. sororia*); sehr scharf
→ **Camembert-Täubling, S. 114**

36b Hutrand glatt; Trama grauend; Geruch unspezifisch; V nordisch-montane Art unter Fichte
→ **Rußgrauer Täubling *(R. consobrina)***

37a (35) Hut lebhaft zitronen- bis goldgelb; FK relativ zerbrechlich; Geruch nach Obstkompott; Guajak positiv; sehr scharf
→ **Sonnen-Täubling, S. 116**

37b Hut stumpf bräunlich- bis ockergelb; FK robust und derbfleischig; Geruch ölig chemisch oder nach Bittermandel → **38**

38a (37) Lamellen-Schneiden braun gestrichelt; Geruch ölig mit schwacher Bittermandel-Komponente; SP-Ornament warzig bis gratig → **Morse-Täubling *(Russula illota)***

38b Lamellen-Schneiden gleichfarben; Geruch deutlich nach Bittermandel; SP-Ornament geflügelt-gratig
→ **Mandeltäubling, S. 114**

38c Lamellen-Schneiden gleichfarben; Geruch ölig-chemisch, nach heißem Gummi; SP-Ornament warzig bis gratig
→ **Stink-Täublinge, S. 114**

39a (34) L mit NH_3 nach einigen Minuten eosinrot; Stiel weiß, gilbend, gekammert-hohl; Spp. IIa–b; V unter Weißtanne; SP-Ornament netzig-gratig
→ **Hohlstieliger Tannentäubling, S. 120**

39b L mit NH_3 nach einigen Minuten eosinrot; Stiel violett überlaufen, voll; Spp. IId; V unter Kiefer und Fichte; SP-Ornament netzig-gratig
→ **Zitronenblättriger Täubling, S. 122**

39c	L mit NH_3 ohne Reaktion; SP-Ornament isoliert-warzig oder netzig-gratig → **40**
40a (39)	Vorkommen unter Fichte, Tanne; SP-Ornament isoliert-warzig → **Stachelbeer-Täubling, S. 122**
40b	Vorkommen unter Kiefer; SP-Ornament netzig-gratig → **Wolfstäubling, S. 122**
41a (5)	Trama mild → **42**
41b	Trama schärflich bis sehr scharf → **56**
42a (41)	angekratzte Stielrinde nach 2–3 Stunden dunkelgrau verfärbt → **27**
42b	nach Ankratzen nicht dunkelgrau werdend (manchmal aber Stiel wässrig-graulich) → **43**
43a (42)	FK zerbrechlich, relativ klein und schlankstielig; Hutrand von jung an gerieft → **44**
43b	FK größer und robuster; Hutrand meist glatt → 46
44a (43)	Hut in violetten, weinroten, rosa oder grünen Tönen (sehr selten rot: *R. melzeri*, *R. rhodella*); Huthaut mit nicht-inkrustierten Dermatozystiden → **45**
44b	Hut in gelben, orangen bis roten Tönen; Huthaut mit inkrustierten Hyphen → **Artengruppe Dottertäublinge, S. 134**
44c	Hut ziegelrot bis rot; Huthaut mit inkrustierten Dermatozystiden → **Ziegelroter Täubling, S. 126**
45a (44)	V im Nadelwald; Stiel weiß → **Artengruppe Geriefte Weichtäublinge, S. 136**
45b	V unter Birke; Stiel oft rötlich überlaufen → **Milder Glanztäubling *(R. nitida)***
45c	V unter Eiche; Stiel weiß; Geruch oft süßlich-obstig → **Duft-Täubling *(R. odorata)***
45d	V unter Hainbuche; Stiel weiß, oft etwas gilbend → **Hainbuchen-Täubling, S. 130**
46a (43)	Hut orangegelb, orange-, kirsch- bis fleischrot, ohne violette oder grüne Töne; Trama manchmal leicht schärflich → **47**
46b	Hut mit (wein-)violetten, grünen oder braunen Tönen, zumindest stellenweise → **51**
47a (46)	Lamellen-Schneiden goldgelb; Stiel oben meist goldgelb; Hut oft fleckweise orange- bis goldgelb; HDS ohne Zystiden und ohne Inkrustationen → **Goldtäubling, S. 126**
47b	nicht so gefärbt; HDS entweder mit Zystiden oder mit Inkrustationen → **48**
48a (47)	Spp. IIIa–b (selten bis IVa) → **49**
48b	Spp. IVb–d → **50**
49a (48)	Hut bis 15 cm, orangerot, auffallend glänzend; V im sauren Nadelwald, vor allem bei Kiefer → **Apfeltäubling, S. 126**
49b	Hut bis 8 cm, orange- bis ziegelrot, matt; V im Laubwald, vor allem bei Birke → **Ziegelroter Täubling, S. 126**
49c	Hut bis 15 cm, stumpf fleischrot, Mitte oft cremegelb; V im mäßig sauren Buchenwald → **Kurzstieliger Ledertäubling, S. 130**
50a (48)	Hut lebhaft orangerot; V unter Birke; Hymenialzystiden glatt → **Scharfer Birken-Dottertäubling, S. 126**
50b	Hut orangerosa bis -rot, stellenweise blasser, mit ockergelben Flecken; V unter Eiche und Buche; Hymenialzystiden glatt → **Gefleckter-Täubling, S. 124**
50c	Hut satt kirschrot; V unter Eiche und Buche; Hymenialzystiden mit inkrustierender Ummantelung → **Ockerblättriger Zinnober-Täubling, S. 134**
51a (46)	V im Nadelwald, bei Fichten, Kiefern; Stiel immer weiß (wenn rosa überlaufen Alternative 51b nehmen) → **52**
51b	V im Laubwald, bei Birke, Buche, Hainbuche, Eiche → **53**
52a (51)	Hut einheitlich dunkelviolett, gebuckelt; Huthaut bitter; SV auf Stiel eosinrot; Geruch unspezifisch; HDS mit Zystiden → **Buckel-Täubling, S. 136**
52b	Hut violett, meist in der Mitte abgesetzt dunkler; Huthaut mild, bereift; SV auf Stiel nur schwach rosalich; Geruch in der Stielbasis meist nach Jodoform; HDS mit inkrustierten Hyphen → **Artengruppe Jodoform-Täubling, S. 136**

52c Hut braun, blassgrün, violettlich, nie gebuckelt; mild; SV auf Stiel nur rosarot; Geruch unspezifisch; HDS mit Zystiden
→ **Brauner Ledertäubling, S. 130**

53a (51) Spp. hellocker (IIIa–b); Hut violettrot, meist stark zu olivlich cremegrau ausblassend; Stiel oft wässriggrau; V bei Birke
→ **Verblassender Täubling, S. 126**

53b Spp. gelb (IVb–d); V bei Buche, Eiche, Hainbuche
→ **54**

54a (53) Stiel rosa überlaufen, teils nur als Zone an der Spitze; mit Phenol lebhaft rotviolett; HDS ohne Zystiden und ohne Inkrustationen
→ **Rotstieliger Ledertäubling, S. 130**

54b Stiel weiß; mit Phenol bräunlich; HDS mit Zystiden
→ **55**

55a (54) FK stellenweise gilbend; Hut oft scheckig mit gelben und braunen Tönen; V unter Hainbuche
→ **Hainbuchen-Täubling, S. 130**

55b FK nicht gilbend; Hut oft mehrfarbig violett-grün-creme-weinrot, aber ohne gelbe oder braune Töne; unter Laubbäumen, nur selten Hainbuche
→ **Weißstieliger Ledertäubling, S. 130**

56a (41) Stiel violett oder grünlich überlaufen → **57**

56b Stiel weiß oder rot überlaufen → **58**

57a (56) L zitronengelb, mit NH_3 nach Minuten eosinrot; V unter Kiefer
→ **Zitronenblättriger Täubling, S. 122**

57b L weißlich, mit NH_3 unveränderlich; V unter Kiefer
→ **Wolfstäubling, S. 122**

57c L weißlich, mit NH_3 unveränderlich; V unter Fichte oder Tanne
→ **Stachelbeer-Täubling, S. 122**

58a (56) V Nadelwald, unter Kiefer oder Fichte; Spp.III–IVa
→ **59**

58b V im Laubwald, unter Eiche, Buche, Hainbuche, Linde → **60**

58c V unter Birke → **61**

59a (58) Hut blutrot, matt, oft verblassend; V unter Kiefer; Spp. IIIa; mit Guajak sofort positiv
→ **Bluttäubling, S. 124**

59b Hut blut- bis kirschrot, glänzend oder stumpf; V unter Fichte; Spp. IIIb; mit Guajak sofort positiv
→ **Flammen- und Sumpf-Täubling, S. 122**

59c Hut orangerot, glänzend; V unter Kiefer oder Fichte; Spp. IIIa–b; mit Guajak schwach und langsam positiv → **Apfeltäubling, S. 126**

59d Hut weinrot bis violett; V unter Kiefer, selten Fichte; Spp. IIIc–IVa
→ **Zedernholz-Täubling, S. 122**

60a (58) Hut orangerot, oft blass, mit ockergelben Flecken; Stiel meist rötlich überhaucht; mit Guajak negativ; Spp. IVc–d; Geruch unspezifisch
→ **Gefleckter Täubling, S. 124**

60b Hut rosarot mit gelbem Zentrum; Stiel weiß; mit Guajak stark positiv; Spp. IVa–b; Geruch beim Trocknen nach Honig
→ **Scharfer Honig-Täubling, S. 124**

60c Hut violett- bis weinrot, selten rosarot, einheitlich gefärbt oder mit olivgelber Mitte; mit Guajak deutlich positiv; Spp. IVe; Geruch unspezifisch
→ **Weinroter Dottertäubling, S. 124**

61a (58) FK bis 15 cm; Hut lebhaft orange- bis kirschrot, kaum verblassend; Spp. IVd–e
→ **Scharfer Birken-Dottertäubling, S. 126**

61b FK bis 10 cm; Hut weinrot bis violettlich, meist stark verblasst; Spp.IIIa–c
→ **Verblassender Täubling, S. 126**

1 | Menthol-Schwärztäubling – Sammelart
Russula albonigra agg.

H 4–13 (15) cm, jung gewölbt, bald ausgebreitet und vertieft, matt, +/- klebrig, anfangs weiß, dann braunschwarz bis gänzlich schwarz, Huthaut kaum abziehbar **L** Anfangs weiß, bei Berührung meist direkt schwärzend ohne vorheriges Röten. **S** 2–7 × 1,5–4,5 cm, +/- wie der Hut gefärbt, bei Verletzung schwarz anlaufend ohne vorheriges Röten. **F** Weiß, schnell schwärzend, Geruch +/- fruchtig, Geschmack, +/- mentholartig, bitter oder nach Bleistiftholz. **V** Juni bis Oktober. Planar bis hochmontan, zerstreut bis selten in Bergnadel- und Laubwäldern, bodenvag. **W** Der Komplex besteht aus mindestens vier Arten, die nur mikroskopisch zu trennen sind. *R. atramentosa* ist eine weitere ähnliche Art, deren Fleisch ebenfalls ohne vorheriges Röten schwärzt, ohne Mentholgeschmack, mit lachsfarbenen Lamellen.

SPP reinweiß, Ia, **SP** 7–9 × 5,5–7 µm, J+

2 | Dichtblättriger Schwärztäubling
Russula densifolia

H 2,5–10 cm, jung konvex, dann flach gewölbt, mittig +/- vertieft, matt, oft zweifarbig mit oliv braungrauer Scheibe und weißlichem Rand. **L** Dicht stehend, weiß bis creme, bei Verletzung erst rötend, dann schwärzend. **S** 1,5–5 × 0,6–2 cm, weiß, bei Verletzung erst langsam rötend, dann graubraun werdend, nach einiger Zeit schwärzend. **F** Weiß, Verfärbung analog, Geruch unbedeutend, Geschmack im Fleisch mild, Lamellen schärflich. **V** Juli bis Oktober. Planar bis hochmontan verbreitet in Laub- und Nadelwäldern, bodenvag. **W** Ähnlich ist *R. acrifolia* mit speckiger Huthaut und sehr scharfem Fleisch.

SPP weiß, Ia. **SP** 6,6–7,2 × 5,3–6 µm, J+

3 | Dickblättriger Schwärztäubling
Russula nigricans

H 3–20 cm, jung konvex, dann flach, mittig vertieft, matt, jung grauweiß, zuletzt olivgrau bis schwarz. **L** Sehr dick und breit, entfernt stehend, mit Zwischenlamellen. **S** 2–7 × 1–3 cm, weiß, dann graubraun. **F** Hart, derb, weißlich, in allen Teilen bei Verletzung rasch rötend, dann schwärzend, Geruch unbedeutend, Geschmack mild. **V** Juli bis November, überständige schwarze Fruchtkörper bis ins Frühjahr. Planar bis hochmontan verbreitet und häufig in Nadel- und Laubwäldern, Parkanlagen. **W** Gelegentlich werden die Fruchtkörper von Zwitterlingen *(Asterophora)* parasitiert.

SPP weiß, Ia, **SP** 6,5–8 × 5–6,5 µm, J+

4 | Gemeiner Weißtäubling – Sammelart
Russula delica agg.

H 4–18 (25) cm, jung gewölbt, bald ausgebreitet, mittig vertieft, weißlich, ocker +/- umberbraun fleckig. Trocken matt +/- faserig rau, oft mit Erdpartikeln besetzt. **L** Erst weiß, dann schmutzig creme fleckend, mit oder ohne grünblauem Schein. **S** Kurz und dick, 2–8 × 1–5 cm, +/- wie der Hut gefärbt, etwas runzelig, **F** Dick, weiß, Geruch unangenehm, im Alter fischig, Geschmack widerlich, unangenehm, bisweilen scharf. **V** Juni bis Oktober. Planar bis alpin verbreitet in Laub- und Nadelwäldern aller Art, Parkanlagen, Friedhöfen, bodenvag. **W** Früher wurden Funde mit blaugrünlichen Tönen in den Lamellen als *R. chloroides* bestimmt, allerdings zeigen dieses Merkmal auch andere Arten im Komplex. *R. pallidospora* ist selten und unterscheidet sich durch cremefarbenes Sporenpulver (IIb).

SPP weißlich, Ib, **SP** 8,5–11,5 × 6,5–9 µm, J+

5 | Gelbsporiger Weißtäubling
Russula flavispora

RL-R

Sehr selten und von anderen Weißtäublingen durch das dottergelbe Sporenpulver (IVb) unterscheidbar. **V** Juli bis September auf Kalkböden.

SP 7–9 × 6–7 µm, J+

1

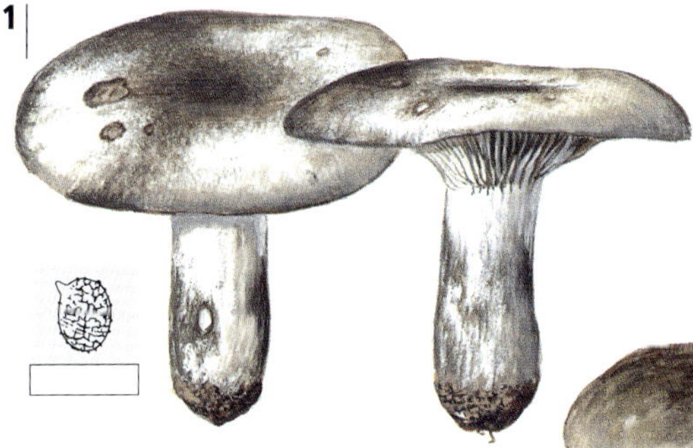

2

3

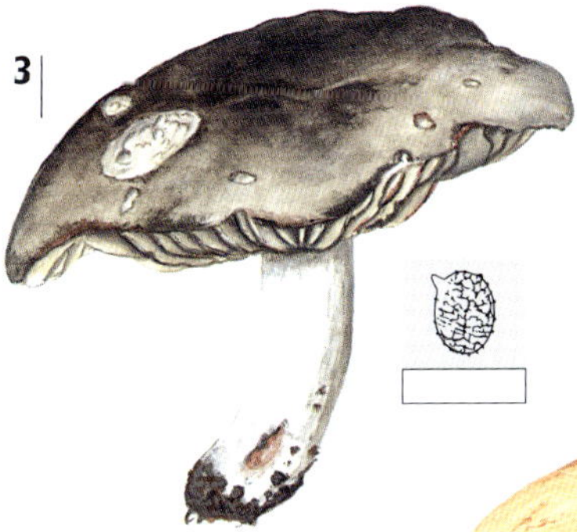

4

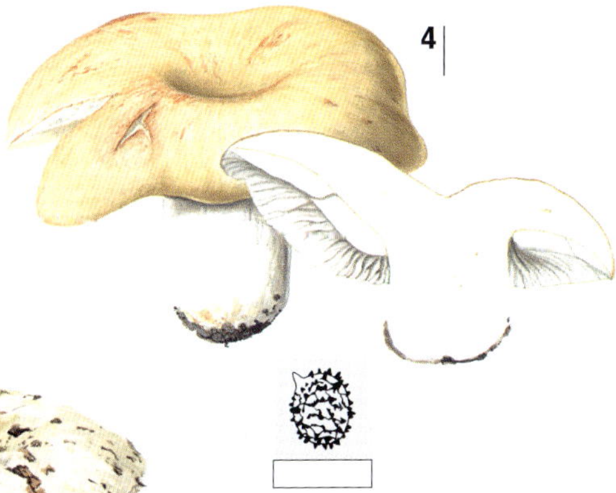

5

1 Frauentäubling
Russula cyanoxantha

H 3–16 cm, jung gewölbt, bald ausgebreitet und vertieft, trocken matt, feucht glänzend, +/- radialfaserig, schiefergrau, violett, purpurn, auch gänzlich grün. **L** Weiß, biegsam und schmierig. **S** 5–12 × 1,5–2,5 cm, reinweiß oder violett überhaucht. **F** Weiß, käsig, Stielrinde mit $FeSO_4$ negativ, geruchlos, Geschmack mild, angenehm. **V** Juni bis November. Planar bis hochmontan, Nadel- und Laubwälder, Parkanlagen, oft bei Buchen, Fichten und Eichen, bodenvag. **W** Sehr farbvariable und häufige Art, die an den elastischen, schmierenden Lamellen erkennbar ist. Verwechslungsmöglichkeiten bestehen mit *R. ionochlora* mit cremefarbenen Sporenpulver und *R. heterophylla* mit oranger $FeSO_4$-Reaktion auf der Stielrinde.

SPP weiß, Ia, **SP** 6–10 × 5–7 µm, J+

2 Speise-Täubling
Russula vesca

H 4–10 cm, jung konvex, dann flacher, mittig vertieft, trocken matt, fleischfarben, rotbraun, auch mit grünlichen Tönen, oft creme ausblassend, Huthaut meist zurückgezogen und den Hutrand nicht erreichend. **L** Weiß, weich, oft rostfleckig. **S** 3–8 × 1–2 cm, weiß, rostfleckig, nach unten verjüngt. **F** Weiß, mit $FeSO_4$ stark orange, geruchlos, Geschmack nussig mild. **V** Mai bis Oktober. Planar bis hochmontan, weit verbreitet und häufig in Nadel- und Laubwäldern, Parkanlagen mit Buchen, Eichen, Fichten, bodenvag. **W** Einer der ersten Täublinge im Frühsommer. Die am Rand eingezogene Huthaut, der zur Basis zuspitzende Stiel und die orangene $FeSO_4$-Reaktion sind gute Merkmale.

SPP weiß, Ia. **SP** 5,5–8 × 5–6 µm, J+

3 Grüner Speisetäubling
Russula heterophylla

Hut mit grünen oder braunen Tönen. Lamellen am Stielansatz stark gegabelt. Verbreitet in basischen Laubmischwäldern und Parkanlagen mit Buchen, Hainbuchen und Eichen. Stielrinde mit $FeSO_4$ stark orange. **V** Juni bis Oktober. Planar bis montan. **W** Die Lamellen sind zumindest bei jungen Fruchtkörpern relativ elastisch, aber nie so schmierend wie beim Frauentäubling.

SPP weiß, Ia. **SP** 5–8 × 4,5–6 µm, J+

4 Grüngefelderter Täubling
Russula virescens

H 3–15 cm, jung konvex, dann flach gewölbt, matt, unter der Lupe samtig, grün, gelb oder creme ausblassend, Huthaut felderig oder schuppig aufgerissen. **L** Weiß bis creme, oft gegabelt. **S** 2–7 × 2–3 cm, weiß, fest, kräftig, an der Basis oft bräunend. **F** Weiß, fest, geruchlos, Geschmack nussig, mild, sehr schmackhaft. **V** Juli bis Oktober. Planar bis hochmontan verbreitet in Laubmischwäldern, Parkanlagen, vorwiegend bei Buchen und Eichen, bodenvag. **W** Kompakte, festfleischige Art, die felderige Huthautstruktur lässt die Art von anderen grünen und milden Täublingen gut unterscheiden.

SPP weiß, Ia–Ib. **SP** 6–9 × 5–6,5 µm, J+

5 Grasgrüner Birkentäubling
Russula aeruginea

H 5–12 cm, jung konvex, dann flach und vertieft, grasgrün, olivgrün, graugrün, zum Rand hin blasser, oft rostfleckig. **L** Anfangs weiß, dann cremegelb. **S** 3–6 × 1–2,5 cm, weiß, zur Basis oft rostfleckig. **F** Weißlich, geruchlos, Geschmack mild, pikant bis scharf, besonders in den Lamellen. **V** Juni bis Oktober. Planar bis hochmontan verbreitet und häufig, tendenziell auf sauren Böden, in Wäldern, Parkanlagen, auf Friedhöfen und Grünstreifen, bei Birken oder Fichten, seltener bei Kiefern. **W** Von anderen grünen Täublingen durch das cremefarbene Sporenpulver und pikantem Geschmack unterscheidbar.

SPP creme, IIb–IIc. **SP** 6–9 × 5–6,5 µm, J+

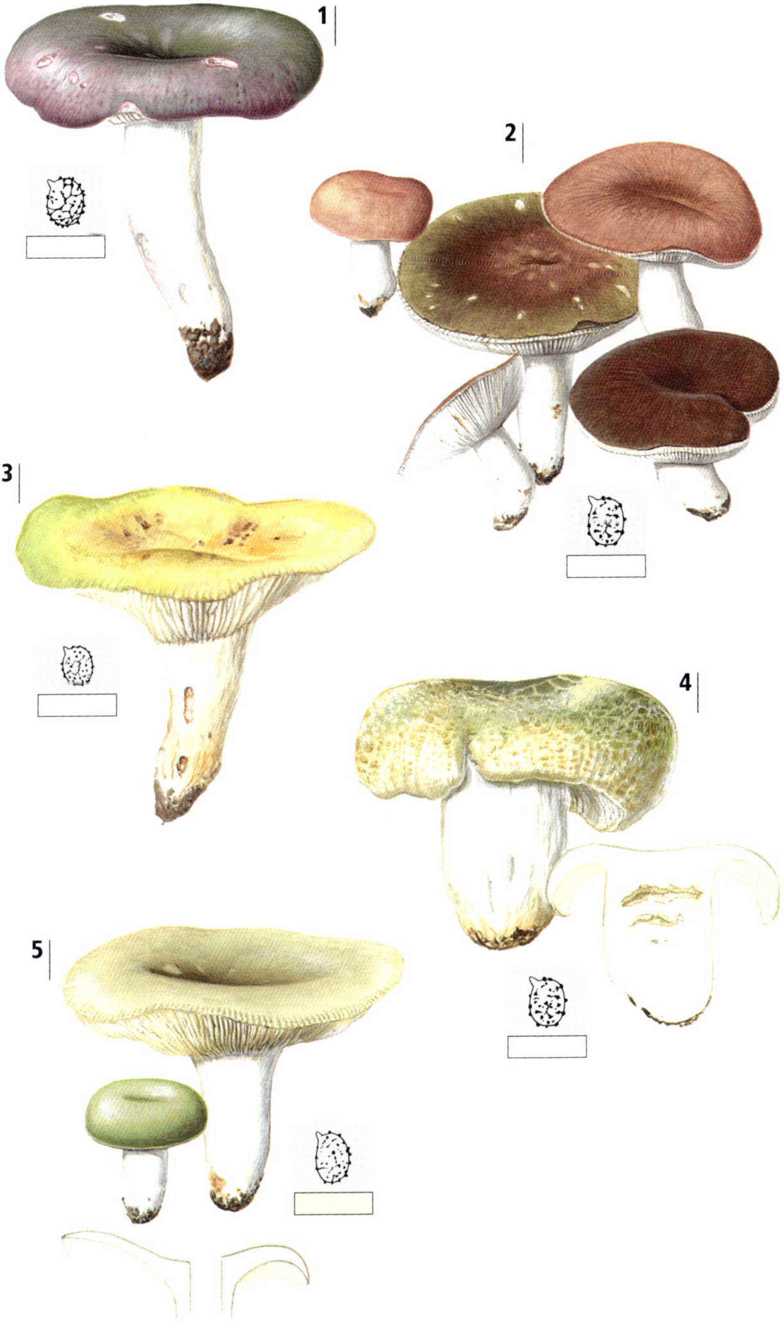
1
2
3
4
5

1 | Schöner Täubling, Samt-Täubling
Russula amoena

H 1–5 cm, jung konvex, dann flach, leicht vertieft, matt und samtig, violett, purpurrot mit dunkler Mitte **L** Creme, gedrängt. **S** 1–4 × 1–2 cm, weißlich, zur Basis verjüngt, meist gänzlich violett oder purpurrot überhaucht. **F** Weiß, dünn, Geruch nach gekochten Krabben oder Topinambur, Geschmack mild. **V** Juli bis Oktober. Planar bis montan, in Deutschland selten. In Laub- und Nadelwäldern, in Berglagen bei Weißtanne, im Flachland und Südeuropa gerne bei Esskastanie. **W** Phenol färbt die Stielrinde brombeerviolett. Ähnlich ist der Brätlings-Täubling *(R. amoenicolor)* mit südeuropäischer Verbreitung.

SPP creme, IIb–c. **SP** 5,5–8,5 × 5–8 µm, J+

2 | Violettstieliger Pfirsichtäubling
Russula violeipes

H 3–10 cm, jung konvex, dann flach und vertieft, fein samtig, schwefelgelb mit violetten, purpurnen und grünen Tönen durchmischt, jung mehlig bereift. **L** Creme, gedrängt. **S** 2–6 × 1–2 cm, creme, von wachsartiger Konsistenz, oft gänzlich violett oder purpurn überhaucht. **F** Weiß, sehr fest, Geruch krebs- oder heringsartig, im Alter nach Topinambur, Geschmack nussig, mild. **V** Juni bis September. Planar bis hochmontan, ortshäufig in bodensauren Laub- und Nadelwäldern. Oft bei Buchen, Eichen, Fichten. **W** Die ebenfalls durch Fischgerüche charakterisierten Heringstäublinge unterscheiden sich durch eine grüne $FeSO_4$-Reaktion.

SPP creme, IIa. **SP** 7–9 × 6–8 µm, J+

3 | Violettstieliger Pfirsichtäubling, gelbhütige Form
Russula violeipes f. *citrina*

Diese Form unterscheidet sich durch konstant einheitliche zitronengelbe Hutfarben und meist weiße oder nur schwach violettliche Stiele. **V** Juni bis September. Planar bis hochmontan auf sauren Böden.

SPP creme, IIa. **SP** 7–9 × 6–8 µm, J+

4 | Kleiner Frauentäubling / Papagei-Täubling
Russula ionochlora

H 4–10 cm, jung konvex, dann flacher, mittig vertieft, vielfarbig mit meist freudigen Pastelltönen in Violett, Graulila, Grün, Blau, Fleischrosa. Unter der Huthaut und an Schneckenfraßstellen rosa oder violett. **L** Creme, stark brüchig. **S** 3–8 × 1–2 cm, weiß, auch violett oder ockergelb überhaucht. **F** Weiß, dünnfleischig, geruchlos, Geschmack jung in den Lamellen pikant, sonst mild aber fade. **V** Mai bis Oktober. Planar bis montan verbreitet und häufig in Nadel- und Laubwäldern, Parkanlagen mit Buchen, Eichen, Fichten, bodenvag. **W** Einer der ersten Täublinge der Saison. Wenn man die Konsistenz der Lamellen nicht beachtet, ist eine Verwechslung mit *R. cyanoxantha* möglich. Sehr ähnlich ist auch *R. grisea*, mit kräftigen Fruchtkörpern und düsterer Farbgebung auf Lehmböden in besseren Laubwäldern.

SPP hellcreme, IIa–b, **SP** 6–8 × 5–7 µm, J+

5 | Blaugrüner Reiftäubling
Russula parazurea

H 3–12 cm, jung konvex, dann flach gewölbt, meist mit trüben Farben, schieferblau, dunkelblau, graublau, grünblau, auch fleischfarben oder braun, oft mehlig bereift. **L** Anfangs weiß, dann creme. **S** 2–7 × 1–2 cm, weiß, zur Basis verschmälert. **F** Weiß, mit $FeSO_4$ nur schwach rosa reagierend, geruchlos, Geschmack mild, fade. **V** Juni bis Oktober. Planar bis montan, häufig in bodensauren Buchen-Eichenmischwäldern, gern auch bei Linden, in Parkanlagen, auf Friedhöfen. In Kalkgebieten weitgehend fehlend. **W** Die trüben Hutfarben in Kombination mit der typischen Hutbereifung, die jedoch auch fehlen kann, kennzeichnen diese Art. Ähnlich ist *R. atroglauca* bei Birken und Pappeln.

SPP trüb weiß bis creme, Ib–IIa. **SP** 6–8 × 5–6 µm, J+

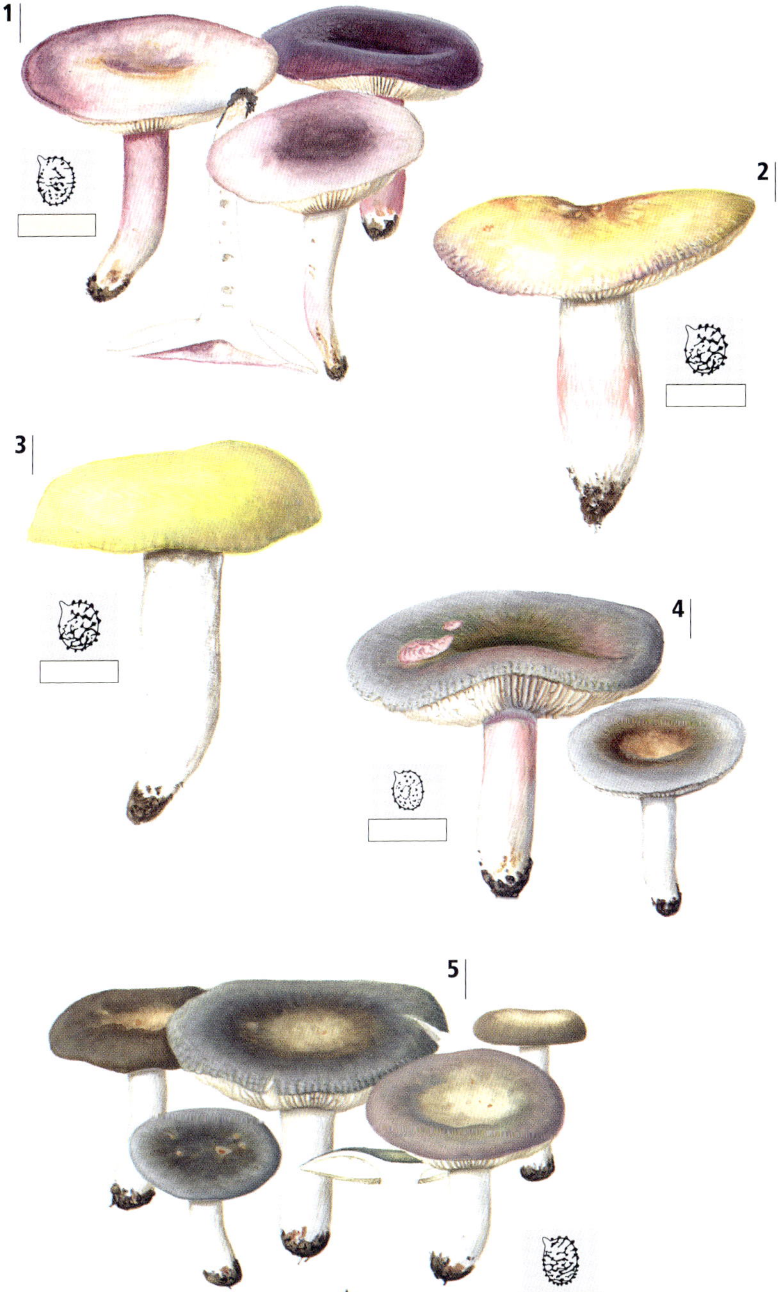
1
2
3
4
5

1 | Camembert-Täubling

Russula amoenolens

H 3–10 cm, jung gewölbt, bald flach und leicht vertieft, feucht schmierig, hell-, grau- oder sepiabraun, auch schwarzgrau oder hellocker, Rand breit gerieft. **L** Schmal, entfernt stehend, erst weiß, dann graucreme, oft tränend. **S** 2–6 × 1–2 cm, erst weiß, dann grau, innen gekammert. **F** Dünn, schmutzig weiß, Geruch nach Camembert Käse, Geschmack sehr scharf. **V** Juni bis Oktober. Planar bis montan, kalkfliehend, gern in basenarmen, sandigen Laubwäldern und Parkanlagen oft bei Eichen. **W** Die ähnliche *R. sororia* ist größer, dunkler und hat eine negative Guajak-Reaktion auf dem Stiel.

SPP creme, IIb. **SP** 7–8 × 5–6,5 µm, J+

2 | Kratzender Kammtäubling

Russula recondita

RL-V

H 2–9 cm, jung konvex, dann flach und niedergedrückt, feucht schmierig, hell-, ocker- oder umberbraun, auch elfenbeinfarben, Rand breit gerieft. **L** Schmal, mäßig gedrängt, grauweiß bis creme, Schneiden oft gebräunt. **S** 2–6 × 0,5–2 cm, weiß, innen gekammert, an der Basis oft kupferrot gefleckt. **F** Dünn, weißlich, Geruch obstartig oder nach verbranntem Gummi, Geschmack mild, aber unangenehm kratzend. **V** Juni bis Oktober. Planar bis montan in basenarmen, sandigen Mischwäldern, Parkanlagen und Grünstreifen gerne bei Eichen und Linden. **W** Ähnlich ist *R. insignis* mit gelber Stielbasis, die mit KOH orangerot reagiert.

SPP dunkelcreme bis hellocker, IIc–IIIa
SP 6,5–8,5 × 5–6,5 µm, J+

3 | Stink-Täubling

Russula foetens

H 5–18 cm, jung halbkugelig, dann konvex, im Alter flach ausgebreitet und mittig vertieft, semmelfarben, gelbbraun, ocker, HH gelatinös und schleimig, Rand breit gerieft, alt oft eingekerbt. **L** Blass, bald schmutzig creme und braunfleckig, jung tränend. **S** 4–14 × 1–4 cm, creme, feinflockig, innen grob gekammert. **F** Weiß, dickfleischig, Geruch unangenehm tranig-ölig, Geschmack widerlich und sehr scharf. **V** Juni bis Oktober. Planar bis hochmontan in Nadel- und Laubwäldern, Parkanlagen, vorwiegend bei Fichten und Buchen. Bevorzugt basische Böden. **W** Zur Abgrenzung von *R. subfoetens* dienen vor allem die breiteren Sporen.

SPP creme, IIb–c. **SP** 7,5–11 × 7–9 µm, J+

4 | Gilbender Stink-Täubling

Russula subfoetens

Der Doppelgänger von *R. foetens* wächst vor allem in Laubwäldern und Parkanlagen, gerne bei Birken. Die früher zur Unterscheidung von *R. foetens* herangezogene gelbe KOH Reaktion des Fleisches hat sich als inkonstant erwiesen. Die elliptischen kleineren Sporen sind maßgebend. **V** Juni bis Oktober. Planar bis montan.

SPP creme, IIb. **SP** 7–9,5 × 5,5–7,5 µm, J+

5 | Mandeltäubling

Russula grata (Syn. *Russula laurocerasi*)

H 4–10 cm, jung konvex, dann flach gewölbt, alt leicht vertieft, gelbbraun, ocker, anfangs klebrig, später trocken, Rand stark gerieft. **L** Gedrängt, creme mit bräunlichen Flecken. **S** 4–8 × 1–2 cm, weiß bis creme, zur Basis braun überlaufen, innen gekammert. **F** Weißlich, Geruch nach Bittermandel oder Marzipan, Geschmack unangenehm, mild bis scharf. **V** Juli bis Oktober. Planar bis hochmontan in Laubmischwäldern, vorwiegend bei Buche, bodenvag. **W** Der Morsetäubling *(R. illota)* hat einen schwächeren Geruch und unterbrochen dunkel gefärbte Lamellenschneiden. Die sehr seltene *R. fragrantissima* unterscheidet sich durch starken Anis-Geruch.

SPP blasscreme, IIa–b. **SP** 8–10 × 7–9,5 µm, J+

1

2
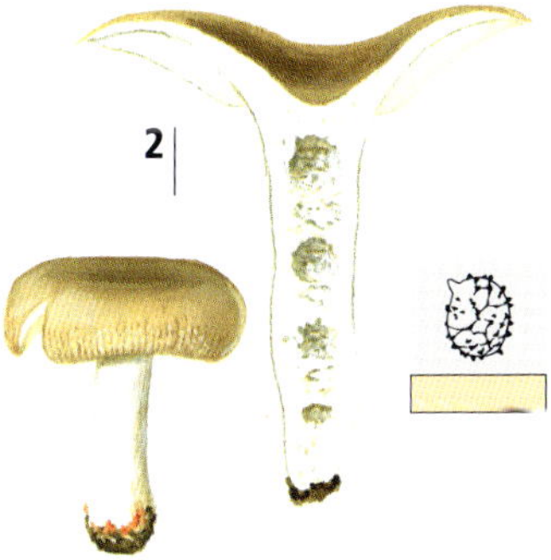

3
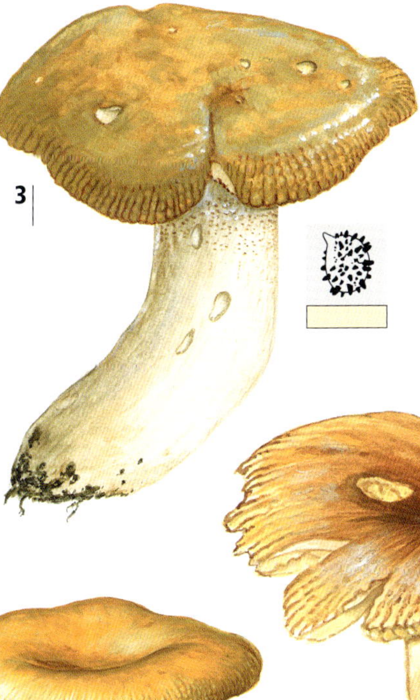

4

5

1 | Blassgelber Täubling
Russula raoultii

H 2–6 cm, jung konvex, dann flach und leicht vertieft, feucht glänzend, blass zitronengelb, Rand fast weiß und gerieft. **L** Weiß. **S** 1,5–5 × 0,5–2 cm, jung reinweiß, im Alter wässrig-glasig, Stielbasis grauend. **F** Weiß, Geruch +/- fruchtig, Geschmack sehr scharf. **V** Juli bis Oktober. Planar bis montan, zerstreut bis selten in Laubwäldern, meist bei Buchen, bodenvag. **W** Gelegentlich kommen auch rothütige Exemplare vor, die dann schwer von *R. fageticola* unterschieden werden können.

SPP reinweiß, Ia. **SP** 7–9 × 6–7,5 µm, J+

2 | Gallen-Täubling
Russula fellea

H 3–10 cm, jung konvex, dann ausgebreitet, selten vertieft, strohgelb, ockergelb bis honigbraun. Feucht glänzend schmierig, Rand oft blasser, gerieft. **L** Gedrängt, erst stroh- dann ockergelb, jung tränend. **S** 2–6 × 1–2 cm, +/- wie der Hut gefärbt, gekammert. **F** Weißlich bis blass gelb, Geruch süßlich, pelargoniumartig, nach Apfel- oder Quittenkompott, englischen Fruchtbonbons, Geschmack unerträglich brennend scharf. **V** August bis November. Planar bis hochmontan verbreitet und häufig in Buchenwäldern, in höheren Lagen auch in Nadelwäldern, bodenvag. **W** Durch den einheitlichen Farbton aller Teile gut kenntliche Art. Sehr ähnlich ist der Ockergelbe Täubling mit reinweißen Lamellen und grauendem Stiel.

SPP weiß, Ia–b. **SP** 7,5–9 × 5,5–7 µm, J+

3 | Ockergelber Täubling, Zitronen-Täubling
Russula ochroleuca

H 3–11 cm, jung konvex, dann flach und vertieft, zitronen- oder ockergelb auch grünlich gelb, schmierig, feucht glänzend. **L** Weiß. Lamellenschneide manchmal bräunend. **S** 2–8 × 1–2,5 cm, jung weiß, runzelig, im Alter bräunend und stark grauend. **F** Weiß, im Alter grauend, Geruch fruchtig, Geschmack sehr variabel, mild bis scharf, wenig schmackhaft. **V** Juni bis Dezember. Planar bis hochmontan verbreitet und sehr häufig, in Laub- und Nadelwäldern oft in Massen und bei Trockenheit oft die einzige Pilzart, bodenvag. **W** Einer der häufigsten Täublinge in Deutschland, mit unterschiedlich bewertetem Speisewert.

SPP weiß, Ib. **SP** 7–10 × 6–8 µm, J+

4 | Sonnen-Täubling
Russula solaris

H 2–6 cm, jung konvex, dann flach und leicht vertieft, Huthaut feucht schmierig und glänzend, leuchtend gelb, selten gelborange, Hutrand gerieft. **L** Mäßig dicht, lange weiß, dann creme. **S** 2–6 × 0,5–2 cm, weiß, im Alter hohl. **F** Weiß, sehr zerbrechlich, Geruch schwach obstig, Geschmack sehr scharf. **V** Juli bis Oktober. Planar bis montan verbreitet und ortshäufig, streng an Buche gebunden, in Parks und Wäldern. Bodenvag. **W** Gut gekennzeichnet durch gelbe Hutfarbe, scharfen Geschmack und cremefarbenes Sporenpulver. Gelbe Farbvarianten von Speitäublingen können durch das weiße Sporenpulver unterschieden werden.

SPP dunkelcreme bis hellocker, IIc–IIIa
SP 6–8,5 × 5,5–7,5 µm, J+

5 | Mehlstiel-Täubling
Russula farinipes

Eine weitere sehr scharfe, gelbhütige Art mit auffallend zäh-elastischer Huthaut, die durch Obstgeruch, leicht herablaufende Lamellen, mehlig-puderig bereiften Stiel und weißes Sporenpulver gekennzeichnet ist. **V** Juli bis Oktober. Planar bis montan in basenreichen Laubwälder und Parkanlagen.

SPP reinweiß, Ia. **SP** 6–8 × 5–6,5 µm, J+

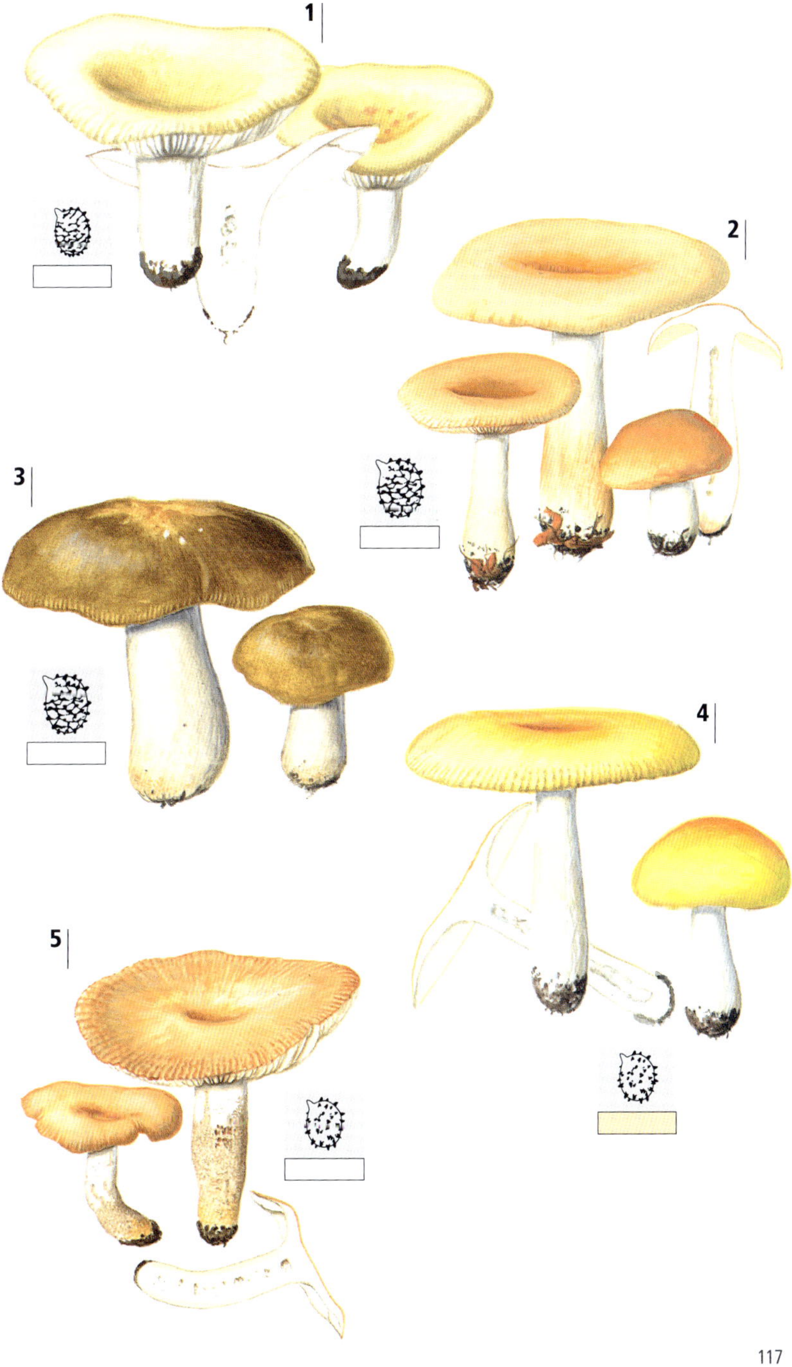
1
2
3
4
5

1 | Birken-Speitäubling
Russula betularum

RL-V

H 1–6 cm, jung konvex, bald ausgebreitet und leicht vertieft, glänzend, +/- klebrig, hellrosa oder rosaweiß, selten mit reinroten Farben, Rand kurz gerieft, Huthaut fast ganz abziehbar. **L** Entfernt, weiß. **S** 2–6 × 0,5–1,2 cm, fragil, weiß. **F** Weiß, Geruch +/- fruchtig, Geschmack sehr scharf. **V** Juli bis Oktober. Planar bis hochmontan im gesamten Verbreitungsgebiet der Birke in staunassen Bruchwäldern bis Hochmooren, auch im reinen Fichtenwald vorkommend. Oft an basen- und nährstoffarmen Standorten. **W** Kleine, zerbrechliche Art, charakterisiert durch scharfen Geschmack, blass karminrosa Hutfarben und große Sporen.

SPP reinweiß, Ia. **SP** 8–12 × 7,5–9,5 µm, J+

2 | Kirschroter Speitäubling
Russula emetica s.str.

H 3–11 cm, jung konvex, dann flacher, mittig vertieft, leuchtend kirschrot, feucht glänzend und schmierig, trocken matt. **L** Weiß. **S** 2–10 × 1–2,5 cm, weiß, lang, zylindrisch. **F** Weiß, Geruch fruchtig, Geschmack sehr scharf. **V** Juli bis Oktober. Planar bis hochmontan verbreitet, Charakterart der Bergnadelwälder, meist bei Fichte. Im Flachland auch bei Kiefer, bodenvag. **W** Ähnlich ist *R. silvestris* mit mehr hellroten Hutfarben, schmächtigerem Habitus und Vorkommen in eher trockenen Laub- und Nadelwäldern.

SPP reinweiß, Ia. **SP** 7,5–10 × 6,5–8,5 µm, J+

3 | Buchen-Speitäubling
Russula fageticola (Syn. *Russula mairei* var. *fageticola*)

H 2–11 cm, jung halbkugelig, dann konvex, im Alter flach und vertieft, scharlach- bis zinnoberrot, gerne mit weißen oder blassgelben Flecken, auch gänzlich ausblassend, selten reingelb, feucht schmierig, Rand kaum gerieft. **L** Weiß, vor allem jung mit blaugrünem Schein, im Alter etwas gilbend und bräunend. **S** 1,5–5 × 0,5–2,5 cm, weiß, fest, im Alter braunfleckend. **F** Weiß, fest, Geruch fruchtig, im Alter und beim Eintrocknen nach Honig, Geschmack sehr scharf. **V** Juli bis November. Verbreitet und häufig, streng an Buche gebunden, in Wäldern und Parkanlagen. Planar bis hochmontan. **W** Relativ engstehende Lamellen mit einem blaugrünlichen Reflex und braune Flecken am Stiel sind charakteristisch. Diese häufige Art wurde, vermutlich zu Unrecht, oft auch als *R. mairei* und *R. nobilis* bezeichnet.

SPP reinweiß, Ia. **SP** 6,5–8,5 × 5,5–7 µm, J+

4 | Schwachfleckender Täubling
Russula persicina

RL-G

H 3–10 cm, jung konvex, bald ausgebreitet und mittig vertieft, hell- oder lebhaft rot, mit weißen oder cremefarbenen Zonen, auch gänzlich creme oder weiß, Huthaut matt, fein rau gekörnt, kaum abziehbar. **L** Angewachsen bis schwach herablaufend, cremefarben, nach Berührung +/- gilbend. **S** 2–7 × 0,7–2,5 cm, weiß, gelegentlich rosa überhaucht, mäßig gilbend **F** Weiß, fest, im Alter +/- gilbend, Geruch +/- fruchtig, Geschmack scharf. **V** Juli bis Oktober. Planar bis montan, zerstreut bis selten in Wäldern und Parkanlagen bei Buchen, Eichen und Hainbuchen, auf neutralen bis basischen Böden. **W** Sehr ähnlich ist *R. roseocremea*, die stets bei Pappeln oder Weiden wächst, oft zusammen mit *L. controversus*.

SPP dunkelcreme IIb–c. **SP** 6,5–9 × 5,5–7 µm, J+

5 | Gelbfleckender Täubling
Russula luteotacta

RL-3

Ein weiterer roter scharfer Täubling in Wäldern und Parkanlagen bei Laubbäumen, Lamellen kurz herablaufend, entfernt stehend und tränend. In allen Teilen deutlich chromgelb fleckend. **V** Juli bis Oktober. Planar bis montan, kalkliebend. **W** Wenn man von typischen „Parkpilzarten" bei alten Buchen und Eichen spricht, dann gehört *R. luteotacta* sicher dazu.

SPP weiß, Ia–b. **SP** 7–9 × 6–7,5 µm, J+

1

2

3

4

5

1 | Hohlstieliger Tannentäubling
Russula cavipes

H 2–8 cm, jung gewölbt, bald ausgebreitet und vertieft, manchmal schwach gebuckelt, glänzend, +/- schmierig, vielfarbig, grün, violett, purpurn, graulila, olive. **L** Entfernt, weiß bis creme, im Alter gilbend, mit NH_3 leuchtend rosa reagierend. **S** 2–8 × 0,5–2,5 cm, zylindrisch, gekammert-hohl, weiß, chromgelb fleckend. **F** Weiß, gilbend, Geruch +/- fruchtig, Geschmack scharf. **V** August bis Oktober. Kollin bis hochmontan in Bergnadelwäldern, streng an Weißtanne gebunden, bodenvag. **W** Das Vorkommen bei Tannen, die rosa Ammoniak Reaktion und der scharfe Geschmack charakterisieren die Art.

SPP creme, IIa–b. **SP** 7–10 × 7–8,5 µm, J+

2 | Wechselfarbiger Speitäubling
Russula fragilis

H 2–10 cm, jung konvex, dann flach und vertieft, polychrom, rot, purpurn, violett, karminrosa, lila, grün, auch reingelb oder weiß. **L** Entfernt, weiß, oft gesägt oder schartig. **S** 1,5–7 × 0,5–2 cm, weiß. **F** Weiß, dünn, fragil, Geruch nach Eisbonbon, Amylazetat oder kokosnussartig, Geschmack sehr scharf. **V** August bis November, gern spät im Jahr. Planar bis montan verbreitet in Laub- und Nadelwäldern, oft bei Fichten oder Eichen, bodenvag. **W** Die seltene *R. rubrocarminea* unterscheidet sich durch fast milden Geschmack, glatte Lamellenschneiden und breitere Sporen.

SPP weiß, Ib. **SP** 7,5–10 × 6–8 µm, J+

3 | Schwarzroter Speitäubling
Russula atrorubens

H 3–9 cm, jung konvex, dann flach und vertieft, feucht glänzend, polychrom, purpurrot, weinrot, karminrot, olivgrün, graurosa, oft mit dunkler Mitte. **L** Entfernt, weiß. **S** 2–7 × 0,5–2 cm, weiß, zylindrisch, zur Basis gelegentlich verdickt. **F** Weiß, dünn, fragil, Geruch nach Eisbonbon, Amylazetat oder kokosnussartig, Geschmack sehr scharf. **V** Juli bis November. Planar bis montan, lokal verbreitet in feuchten, vorwiegend sauren Nadelwäldern oft bei Fichten, Kiefern aber auch bei Birken, Pappeln und Weiden. **W** Sehr variable Art mit breitem Wirtsspektrum, sehr ähnlich ist *R. fragilis*, mit gesägten Lamellenschneiden und größeren Sporen.

SPP weiß Ia–b. **SP** 6–8,5 × 5–6,5 µm, J+

4 | Purpurschwarzer Täubling
Russula bresadolae (Syn. *Russula atropurpurea* ss auct. Europa)

H 4–12 cm, jung konvex, dann flach und mittig vertieft, polychrom, typisch purpurrot mit purpurschwarzer Mitte, auch lila, wein- oder kupferfarben mit grünen und gelben Zonen. **L** Anfangs weiß, dann creme, im Alter grauend. **S** 2–7 × 1–2 cm, erst weiß, im Alter grau längs gefurcht. **F** Weiß, schließlich grauend, Geruch +/- fruchtig, Geschmack in den Lamellen pikant bis scharf, Fleisch fast mild. **V** Juni bis November. Planar bis montan verbreitet in neutralen und bodensauren Laub- und Nadelwäldern, Parkanlagen, besonders bei Eichen und Buchen, seltener bei Fichten und Kiefern. **W** Gelegentlich kommen Exemplare mit reingelber Hutfarbe vor.

SPP weiß, Ia. **SP** 7–9 × 5,5–7 µm, J+

5 | Pelargonien-Täubling
Russula pelargonia

RL-G

Dieser kleine bis mittelgroße, mäßig scharfe Täubling hat ähnliche Hutfarben wie *R. fragilis*, aber glatte Lamellenschneiden, einen grauenden Stiel sowie einen typischen Geruch nach Geranien. **V** Juli bis Oktober. Planar bis montan bei Eichen und Zitterpapeln.

SPP creme, IIa–b. **SP** 7–9 × 6–7,5 µm, J+

1
2
3
4
5

1 | Zedernholz-Täubling
Russula badia

H 3–12 cm, jung konvex, dann flach und vertieft, trocken matt, blutrot, braunrot, zinnoberrot, kastanienbraun, auch purpurviolett, oft mit hellen Flecken, Huthaut kaum abziehbar. **L** Dicht stehend, schmal, erst creme, dann ockergelb. **S** 2–11 × 1–3 cm, hart und fest, weiß, oft rosarot überhaucht. **F** Weiß, Geruch nach Zigarrenkisten bzw. Zedernholz, Geschmack erst mild, nach einer Minute unerträglich brennend scharf. **V** Juli bis Oktober. Planar bis hochmontan verbreitet, in sauren, nährstoffarmen Nadelwäldern vorwiegend bei Kiefern aber auch Fichten und Tannen. **W** Habituell sehr ähnlich, aber mild ist der Braune Ledertäubling *(R. integra)*.

SPP ocker bis dottergelb, IIIc–IVa. **SP** 7,5–10 × 6–8 µm, J+

2 | Stachelbeer-Täubling – Sammelart
Russula queletii agg.

H 2–8 cm, jung konvex, dann flach und vertieft, mehrfarbig in violetten und olivgrünen Tönen, violettpurpurn, weinrot, oft auch gänzlich olivgrün oder cremefarben. **L** Gedrängt, cremefarben, im Alter und bei Verletzung grünfleckig. **S** 2–8 × 0,5–2 cm, runzelig, weiß, oft gänzlich rosa oder violettpurpur überhaucht. **F** Weiß, Geruch fruchtig nach Stachelbeerkompott, Geschmack sehr scharf. **V** Juli bis November. Planar bis hochmontan, häufig in Nadelwäldern, oft bei Fichte, aber auch bei Kiefer und Tanne, bodenvag. **W** Exemplare unter Weißtanne stellen eine noch ungeklärte eigene Art dar. Ähnlich ist *R. sardonia* mit zitronengelben Lamellen und roter Ammoniak-Reaktion.

SPP dunkelcreme, IIc–d. **SP** 7–9,5 × 6–8 µm, J+

3 | Zitronenblättriger Täubling
Russula sardonia

H 3–11 cm, jung konvex, dann flach und vertieft, violett, purpurn, blutrot, selten auch rein grüngelb. **L** Gedrängt, erst hellgelb, bald zitronenfarben, oft tränend. Mit NH_3 rosarot reagierend. **S** 2–9 × 1–2,5 cm, glatt, fest, weiß, meist komplett rotviolett-purpurn überhaucht, im Alter gilbend. **F** Fest, weiß bis hellgelb, Geruch fruchtig, Geschmack sehr scharf. **V** Juli bis November. Planar bis montan, verbreitet und ortshäufig in bodensauren, stickstoffarmen Nadelwäldern, fast ausschließlich bei Kiefern. **W** Gut charakterisiert durch die zitronengelben Lamellen und die rote Ammoniakreaktion. Lokalname: „Säufernase".

SPP dunkelcreme bis hellocker, IId–IIIa. **SP** 7–9 × 6–7 µm, J+

4 | Wolfstäubling
Russula torulosa

H 3–12 cm, jung konvex, dann flach und vertieft, violett, purpurn, blutrot, weinrot, auch mit olivgrünen und cremefarbenen Tönen, ausblassend, selten auch reingelb. **L** Gedrängt, weiß bis creme. **S** 2–5 × 1–2,5 cm, kurz und gedrungen, weiß, oft rot oder violettpurpurn auf ganzer Länge überzogen. **F** Fest, hart, Geruch +/- fruchtig, Geschmack scharf. **V** Juli bis November. Kollin bis montan, selten, streng an Kiefern gebunden in basenreichen und stickstoffarmen Wäldern und Kiefernheiden, gern auf Muschelkalk. **W** Die Art ist fester und gedrungener als *R. queletii* und erscheint sehr spät im Jahr. Im Gegensatz zur ähnlichen *R. sardonia* werden kalkreiche Standorte bevorzugt.

SPP hellocker, IIIa. **SP** 7–9,5 × 6–7,5 µm, J+

5 | Flammenstiel-Täubling
Russula rhodopus

RL-3

Eine scharf schmeckende Art mit glänzend blutrotem Hut und rot überhauchtem Stiel. **V** Juli bis Oktober. Sub- bis hochmontan in moorigen Berg-Fichtenwäldern auf sauren Böden, selten.

SPP ocker, IIIa–b. **SP** 7–9 × 6–7,5 µm, J+

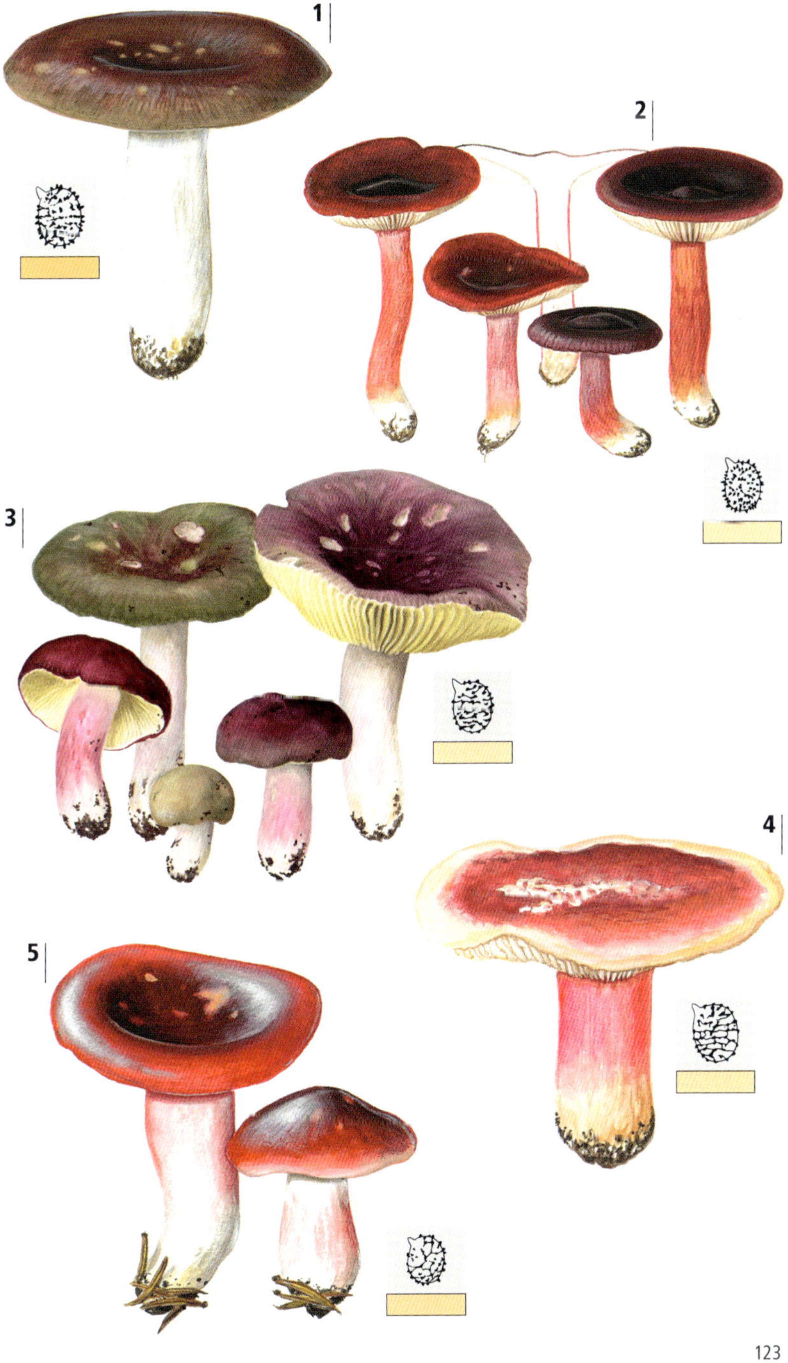
1
2
3
4
5

1 Bluttäubling
Russula sanguinaria

RL-V

H 2,5–11 cm, jung konvex, dann flach gewölbt, leuchtend blut- oder rosenrot, gelb oder weiß ausblassend, auch völlig entfärbend oder von Anfang an gelb, Huthaut trocken matt, fein rau gekörnt, nicht abziehbar. **L** Mäßig dicht, oft herablaufend, erst weiß, dann creme, im Alter gilbend. **S** 2–7 × 1–2 cm, weiß, oft blutrot überhaucht, im Alter chromgelb fleckend. **F** Weiß, jung fest und hart, Geruch +/- fruchtig, Geschmack scharf. **V** Juli bis November. Planar bis hochmontan, verbreitet in Nadelwäldern, meist bei Kiefern, aber auch Fichten und Lärchen, bodenvag. **W** Die habituell ähnliche *R. persicina* ist streng an Laubbäume gebunden.

SPP ocker, IIIa. **SP** 7,5–10 × 6,5–8,5 µm, J+

2 Sumpf-Täubling
Russula helodes

RL-1

Diese sehr selten gewordene, kräftige Art mit grauendem Stiel und sehr scharfem Geschmack in den Lamellen wächst planar bis hochmontan in sauren Moorwäldern bei Fichten und Kiefern zwischen Torfmoosen. **V** Juli bis November. **W** Der Sumpf-Täubling ist auf naturnahe, sphagnumreiche Randmoore mit Fichten spezialisiert. Da diese Lebensräume in den letzten Jahrhunderten großteils entwässert und durch den Menschen anderweitig genutzt wurden, gilt er in Deutschland als vom Aussterben bedroht.

SPP ocker, IIIa–b. **SP** 8–11 × 7,5–9 µm, J+

3 Weinroter Dottertäubling
Russula decipiens

RL-2

H 3–12 cm, jung konvex, dann flach und vertieft, vielfarbig und sehr variabel, weinrot, karminrot, auch blutrot, purpurn, isabellrosa, creme oder gänzlich blass. **L** Erst hellcreme, dann dunkel ockergelb. **S** 2–9 × 1–2,5 cm, anfangs fest und weiß, dann weich und grauend, zur Basis deutlich verjüngend. **F** Weiß, im Alter grauend, Geruch unbedeutend, Geschmack mild oder pikant, selten deutlich scharf. **V** Juni bis Oktober. Planar bis submontan, in basischen, lehmigen Laubwäldern und Parkanlagen oft bei Hainbuchen und Eichen seltener bei Buchen oder Edelkastanien. **W** Es gibt eine Reihe von ähnlichen Arten, weshalb mikroskopische Merkmale für eine sichere Bestimmung notwendig sind. Die Abbildung zeigt stark ausgeblasste Fruchtkörper.

SPP dotter, IVe. **SP** 7,5–9,5 × 6,5–8 µm, J+

4 Gefleckter Täubling
Russula maculata

RL-3

H 3–12 cm, jung konvex, dann flach und vertieft, leuchtend rot, orangerot, gelborange, oft creme oder ockergelb verblassend, meist mit kleinen für die Art typischen rostfarbenen Flecken. **L** Dicht stehend, erst creme, dann orangeocker. **S** 2–9 × 1–3 cm, auffallend hart und fest, weiß, mit oder ohne rosa angehauchten Stellen, im Alter mit der Tendenz zum Bräunen. **F** Fest, weiß, Geruch +/- fruchtig oder nach Zedernholz, Geschmack verzögert scharf. **V** Juni bis Oktober. Planar bis montan auf kalkreichen Böden in lichten, warmen Wäldern und Parkanlagen oft bei Buchen, Hainbuchen, Eichen und Linden. **W** Die negative Guajak-Reaktion auf der Stielrinde ist ein zusätzliches Bestimmungsmerkmal. Die erst kürzlich neu beschriebene Nachbarart *R. nympharum* hat eine mehr südeuropäische Verbreitung.

SPP dotter, IVc. **SP** 8,5–10,5 × 7–9 µm, J+

5 Scharfer Honigtäubling
Russula veternosa

RL-3

H 3–10 cm, jung konvex, dann flach und vertieft, meist mit blassen Farben, fleischrosa, blass purpurrosa oder hellocker, oft mit cremefarbener Mitte, Rand oft etwas kräftiger getönt. **L** Gedrängt und dünn, anfangs creme-, dann dotterfarben. **S** 2–7 × 0,5–2,5 cm, weiß, matt, anfangs fest doch schnell weich-schwammig werdend und dann grauend. **F** Weiß, weich, im Alter grauend, Geruch nach Honig, wie der Grüne Knollenblätterpilz, Geschmack scharf. **V** Juli bis Oktober. Planar bis submontan, seltene Laubwaldart auf basischen Böden, meist bei Buchen. **W** Ähnlich ist *R. decipiens*, die keinen Honiggeruch besitzt.

SPP dotter, IVa–b. **SP** 6,5–8,5 × 6–7 µm, J+

1

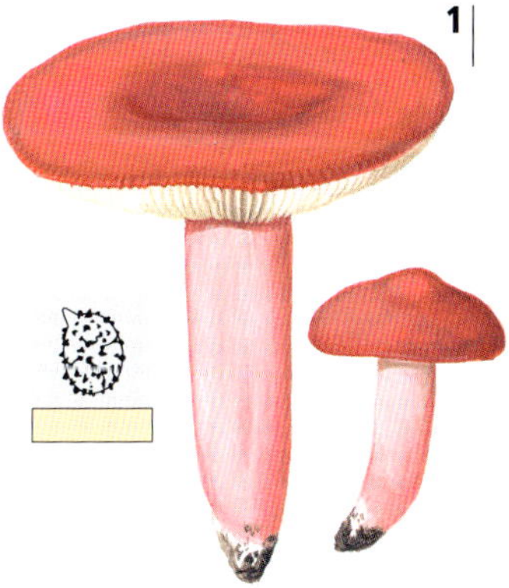

2

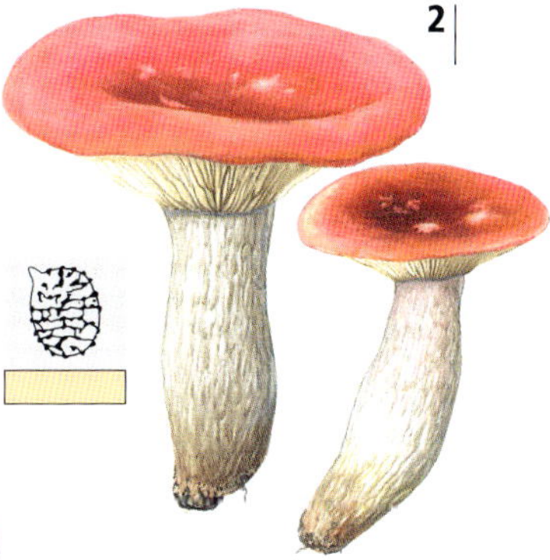

3

4

5

1 | Ziegelroter Täubling
Russula velenovskyi

H 3–9 cm, jung gewölbt, bald ausgebreitet und tellerartig niedergedrückt, oft mit Buckel, feucht schmierig glänzend, trocken matt, ziegelrot, kupferrot, mittig aprikosenfarbig, orange bis gelb aufhellend und eine Scheibe bildend. **L** Erst creme, dann buttergelb, gedrängt, Schneiden manchmal rot gefärbt. **S** 2–8 × 1–2 cm, weiß, gelegentlich mit rosa Stellen. **F** Weiß, geruchlos, Geschmack mild. **V** Juli bis Oktober. Planar bis hochmontan verbreitet in Laubmischwäldern und Parkanlagen mit Birken, Buchen, Eichen, auch im Nadelwald bei Fichten und Kiefern, bodenvag. **W** Sehr ähnlich ist die seltene *R. font-queri*, ein reiner Birkenbegleiter mit dunklerer Sporenpulverfarbe.

SPP ocker, IIIa–b. **SP** 6–8,5 × 5,5–6,5 µm, J+

2 | Verblassender Täubling
Russula exalbicans

H 3–13 cm, jung konvex, dann flach und vertieft, hellrot, altrosa, oft creme, graugelb oder grüngelb ausblassend auch gänzlich weiß, oft mit rosaroter Randzone. **L** Strohgelb bis ocker, schwach herablaufend. **S** 2–7 × 1–2,5 cm, weiß, teilweise +/- rot angehaucht, im Alter grauend. **F** Weiß, mit der Tendenz zum Grauen, Geruch +/- fruchtig, Geschmack pikant bis scharf. **V** Schon früh im Jahr ab Mai bis November. Planar bis hochmontan ausschließlich bei Birken, in Pionierwäldern, Parks und auf Grünstreifen. **W** Ein weiterer, scharfer Birkenbegleiter ist *R. gracillima* mit kleineren Fruchtkörpern und hellerem Sporenstaub.

SPP ocker, IIIa–b. **SP** 7–10 × 5,5–7 µm, J+

3 | Apfeltäubling
Russula paludosa

H 3–16 cm, jung konvex, dann flach und vertieft, glänzend wie ein rotbackiger Apfel, auch leuchtend himbeerrot oder purpurn, selten mit weniger kräftig roten Farben, dann mit mehr oder weniger gelben oder orangen Nuancen. **L** Schmal angewachsen, creme bis buttergelb. **S** 4–15 × 1–4 cm, kräftig, oft lang, reinweiß oder rot überhaucht, im Alter schwach grauend. **F** Weiß, geruchlos, Geschmack in den Lamellen pikant, sonst mild. **V** Juli bis Oktober. Planar bis hochmontan, ortshäufig in sauren Nadelwäldern, bei Kiefern und Fichten gern zwischen Heidelbeeren und Besenheide. **W** Im gleichen Biotop wächst *R. decolorans* mit orangeroten Hüten, aber deutlich grauenden Stielen.

SPP ocker, IIIa–b. **SP** 8–10,5 × 6,5–8 µm, J+

4 | Scharfer Birken-Dottertäubling
Russula intermedia (Syn. *Russula lundellii*)

RL-3

Dieser seltene, stattliche, glänzend rote Täubling mit scharfem Geschmack wächst planar bis montan ausschließlich bei Birken an feuchten Standorten in Wäldern und Parkanlagen. **V** Juli bis Oktober.

SPP dottergelb, IVd. **SP** 6,5–8,5 × 6–7,5 µm, J+

5 | Goldtäubling
Russula aurea (Syn. *Russula aurata*)

RL-V

H 3–11 cm, jung konvex, dann flach und vertieft, auf gold- oder zitronenfarbenem Untergrund sattrot oder orange, selten reingelb, Rand erst glatt, im Alter leicht gerieft. **L** Jung creme, dann buttergelb, mit chromgelben Schneiden. **S** 3–5 × 1–2,5 cm, kahl, weiß, chromgelb überhaucht. **F** Weiß, an den Rändern gelb, geruchlos, Geschmack mild. **V** Juli bis Oktober. Planar bis hochmontan, in Deutschland nur gebietsweise verbreitet auf basenreichen Böden bei Buchen, Eichen, Fichten und Tannen. Mediterran teils häufig, auch auf neutralen Böden mit Edelkastanien. **W** Wenn die Lamellen ganz oder zumindest an den Schneiden goldgelb gefärbt sind, ist dieser schöne Täubling unverwechselbar.

SPP dunkelocker bis dottergelb, IIIc–IVa
SP 7–10 × 6–8,5 µm, J+

1

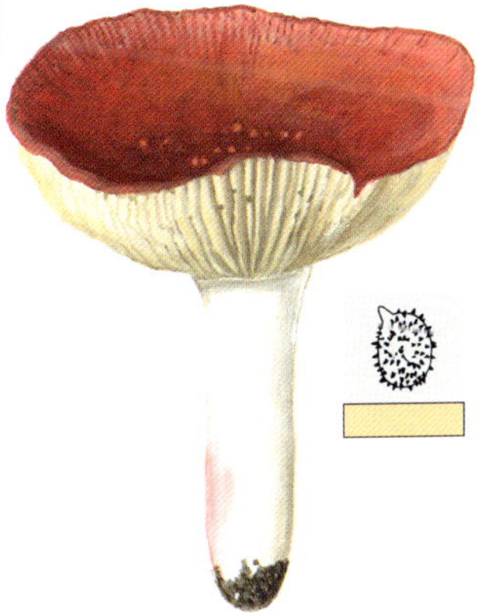

2

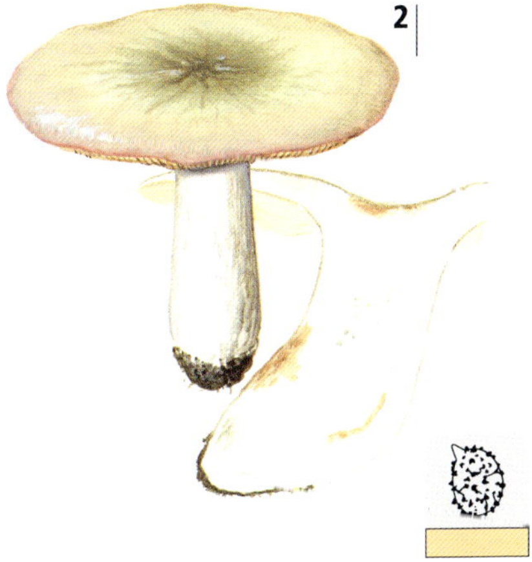

3

4

5

1 Gelber Graustieltäubling

Russula claroflava

RL-3

H 3–12 cm, jung konvex, dann flach und vertieft, feucht schmierig, trocken matt, einfarbig, satt chrom- oder goldgelb, Rand im Alter leicht gerieft. **L** Anfangs weiß bis creme, dann buttergelb, im Alter stark grau werdend. **S** 3–9 × 1–2,5 cm, voll und fest, später schwammig weich. Anfangs reinweiß, dann grauend und schwärzend. **F** Anfangs weiß, dann grauend und schwärzend, Geruch unbedeutend, Geschmack mild. **V** Juli bis Oktober. Planar bis hochmontan, zerstreut, in Bruch- und Moorwäldern bei Birken und Fichten, bodenvag. **W** Habituell ähnlich ist der Ockertäubling, dieser graut nur im Alter leicht am Stiel, unterscheidet sich außerdem durch weißes Sporenpulver und trübere Hutfarben.

SPP ocker, IIIb–c. **SP** 7–10 × 6–8 µm, J+

2 Orangeroter Graustieltäubling

Russula decolorans

RL-V

H 3–13 cm, jung halbkugelig, dann flach gewölbt und leicht vertieft, feucht schmierig, trocken matt, ziegel- oder orangerot, oft mit gelben Bereichen. **L** Anfangs weiß bis creme, dann buttergelb, im Alter stark grau werdend. **S** 2–12 × 1–3 cm, erst weiß, dann asch- bis schwärzlich grau, oft dunkel gerunzelt. **F** Weiß, im Alter grauend, im Schnitt manchmal erst schwach rötend, Geruch unbedeutend, Geschmack mild. **V** Juli bis Oktober. Planar bis hochmontan, verbreitet in sauren Nadelwäldern bei Fichten und Kiefern, gern zwischen Heidelbeeren und Besenheide. **W** Der Apfeltäubling kann am gleichen Standort wachsen, der Stiel kann ebenfalls leicht grauen, aber sein Fleisch graut nie.

SPP creme bis ocker, IIc–IIIa. **SP** 8–12 × 7–9 µm, J+

3 Mediterraner Graustieltäubling

Russula seperina

H 3–14 cm, jung konvex, dann flach und vertieft, oft große Hüte ausbildend, polychrom, rot, orange, weinbraun, purpurn, olive, grüngelb. **L** Anfangs creme, dann ocker, im Alter stark grau werdend. **S** 2–7 × 1–2 cm, erst weiß, dann asch- bis schwärzlich grau, oft dunkel gerunzelt. **F** Weiß, bei Verletzung erst rötlich, dann gräulich und/oder schwarz verfärbend, Geruch unbedeutend, Geschmack mild. **V** August bis November. Planar bis submontan, hauptsächlich pannonisch und mediterran verbreitet, dort auf kalkreichen Standorten in Macchien, Zerr- und Steineichenwäldern. **W** Es kommen auch Aufsammlungen mit reingelben Hutfarben vor.

SPP dotter IVb–c. **SP** 8–11 × 6,5–9,5 µm, J+

4 Weinroter Graustieltäubling

Russula vinosa

RL-V

H 3–15 cm, jung konvex, dann flach und vertieft, oft große Hüte ausbildend, dunkel-, wein- oder purpurrot, Mitte oft entfärbend, Rand oft weißflockig bereift. **L** Anfangs creme, dann buttergelb, im Alter grauend. **S** 3–8 × 1–3 cm, weiß, dann asch- bis schwärzlich grau, oft dunkel gerunzelt, selten rosa behaucht. **F** Weiß, im Alter grauend und schwärzend, im Schnitt manchmal erst schwach rötend, Geruch unbedeutend, Geschmack mild. **V** Juli bis Oktober. Kollin bis hochmontan, in sauren, silikatreichen oder sandigen Bergnadelwäldern ortshäufig, ansonsten selten. Hauptsächlich bei Fichten, Kiefern und Tannen. **W** In montanen Fichtenwäldern kommen noch andere Täublinge mit ähnlichen Hutfarben vor wie z. B. der braune Ledertäubling *(R. integra)*, allerdings ohne graue Stiele und Fleischverfärbungen.

SPP ocker, IIIa–b. **SP** 8,5–11 × 7–9 µm, J+

1

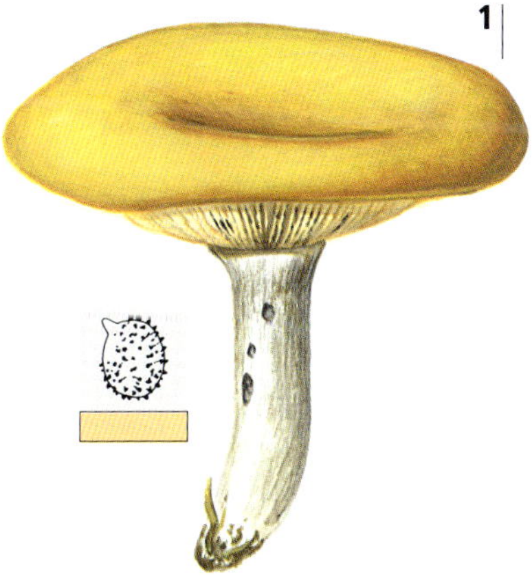

2

3

4

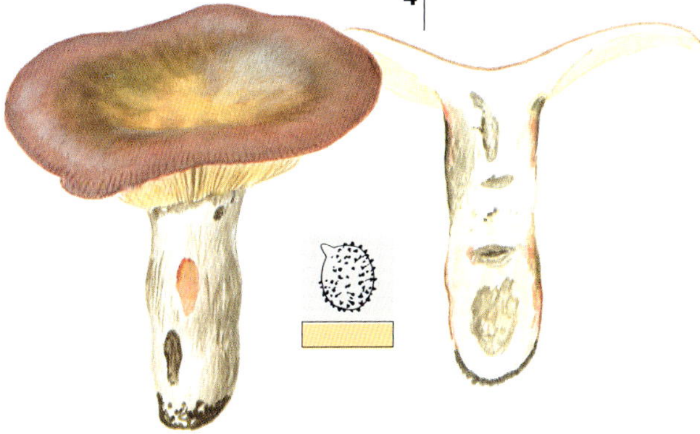

1 | Brauner Ledertäubling

Russula integra

H 3–12 cm, fleischig, jung glockig gewölbt, dann flach und vertieft, polychrom, braun, violett, purpurn, rot, gelbbraun, oliv, Huthaut glänzend, Rand im Alter gerieft. **L** Oft stark bauchig, breit, erst creme, dann ockergelb. **S** 3–8 × 1–3,5 cm, weiß, stark aderig. **F** Weiß, geruchlos, Geschmack nussig mild. **V** Juni bis November. Planar bis hochmontan verbreitet mit montanem Schwerpunkt in Wäldern und Forsten mit Fichten und Tannen, im Flachland auch mit Kiefern, selten bei Laubbäumen (Buchen, Linden), bodenvag. **W** Ein Doppelgänger dieser sehr farbvariablen Art ist der Zedernholz-Täubling *(R. badia)* mit brennend scharfem Geschmack.

SPP dotter IVc. **SP** 8–11 × 7–9 µm, J+

2 | Rotstieliger Ledertäubling – Sammelart

Russula olivacea agg.

H 4–20 cm, jung halbkugelig, dann gewölbt bis ausgebreitet, Mitte vertieft, olivbraun, weinrot-purpurn, auch mit oder gänzlich in Oliv- und Grüntönen, Huthaut trocken, samtig-warzig, felderig-rissig, oft mit konzentrischer Marmorierung. **L** Angewachsen, dick, butter- bis ockergelb, Schneiden manchmal rötlich überzogen. **S** 3–10 × 1,5–4 cm, fest und stämmig, weiß, oft rosa oder rot überzogen. **F** Fest, weiß bis creme, Geruch unbedeutend, Geschmack nussig mild. **V** Juni bis November. Planar bis hochmontan, weit verbreitet, tendenziell auf basischen Böden in Wäldern und Parkanlagen, gerne bei Buchen, Hainbuchen, Eichen, Fichten und Tannen. **W** Die brombeer-violette Phenolreaktion auf der Stielrinde ist ein sicheres Bestimmungsmerkmal. Es sind Einzelfälle von Magen-Darm-Unverträglichkeiten bekannt geworden.

SPP dotter IVc–d. **SP** 8–12 × 6,5–9 µm, J+

3 | Kurzstieliger Ledertäubling

Russula curtipes

RL-V

H oft zweifarbig, fleischrot mit ockerfarbener Mitte. **S** Meist deutlich kürzer als der Hut-Durchmesser. **V** Juli bis Oktober. Planar bis montan, relativ selten in Wäldern und Parkanlagen auf basischen Böden, vorwiegend bei Buchen.

SPP dotter IVa. **SP** 7–9,5 × 6,5–8 µm, J+

4 | Weißstieliger Ledertäubling

Russula romellii

RL-V

H 4–17 cm, jung halbkugelig, dann gewölbt bis ausgebreitet, Mitte vertieft. Polychrom, oft gelblich grün mit purpurnem Rand, auch rein himbeer-, wein-, purpur-, oder braunrot, aber auch gänzlich grün, oliv oder blasscreme, Huthaut glänzend. **L** Gedrängt bis entfernt, erst cremefarben, dann dottergelb. **S** 4–10 × 1,5–4 cm, bauchig, weiß. **F** Weiß, geruchlos, Geschmack nussig mild. **V** Schon früh im Jahr ab Juni bis November. Planar bis hochmontan, verbreitet in Rotbuchen und Eichen-Hainbuchenwäldern, bevorzugt bessere Böden. **W** Rein blutrote Funde werden oft als *R. rubroalba* angesprochen.

SPP dotter IVd. **SP** 7–9 × 6–7,5 µm, J+

5 | Hainbuchen-Täubling

Russula carpini

RL-V

H 3–10 cm, jung konvex, dann flach und vertieft, polychrom, lila bis purpurn, auch braun-olivgrün oder ocker oft mit bräunlichen oder rötlichen Flecken, Huthaut glänzend, Rand höckerig gerieft. **L** Angeheftet, anfangs creme, wachsgelb, im Alter dotterorange. **S** 3–6 × 1–2,5 cm, weiß, im Alter gilbend und bräunend. **F** Dünn, weiß, geruchlos, Geschmack mild. **V** Juni bis Oktober. Planar bis submontan, zerstreut, ortshäufig auf basischen Böden. Typische Parkart, die auch in lichten Eichen-Hainbuchenwäldern gefunden werden kann. **W** Obwohl die Hutfarben sehr variabel sind, sind das Vorkommen bei Hainbuchen und die dottergelben Lamellen gute Feldmerkmale.

SPP dotter IVd. **SP** 7,5–10 × 7–8,5 µm, J+

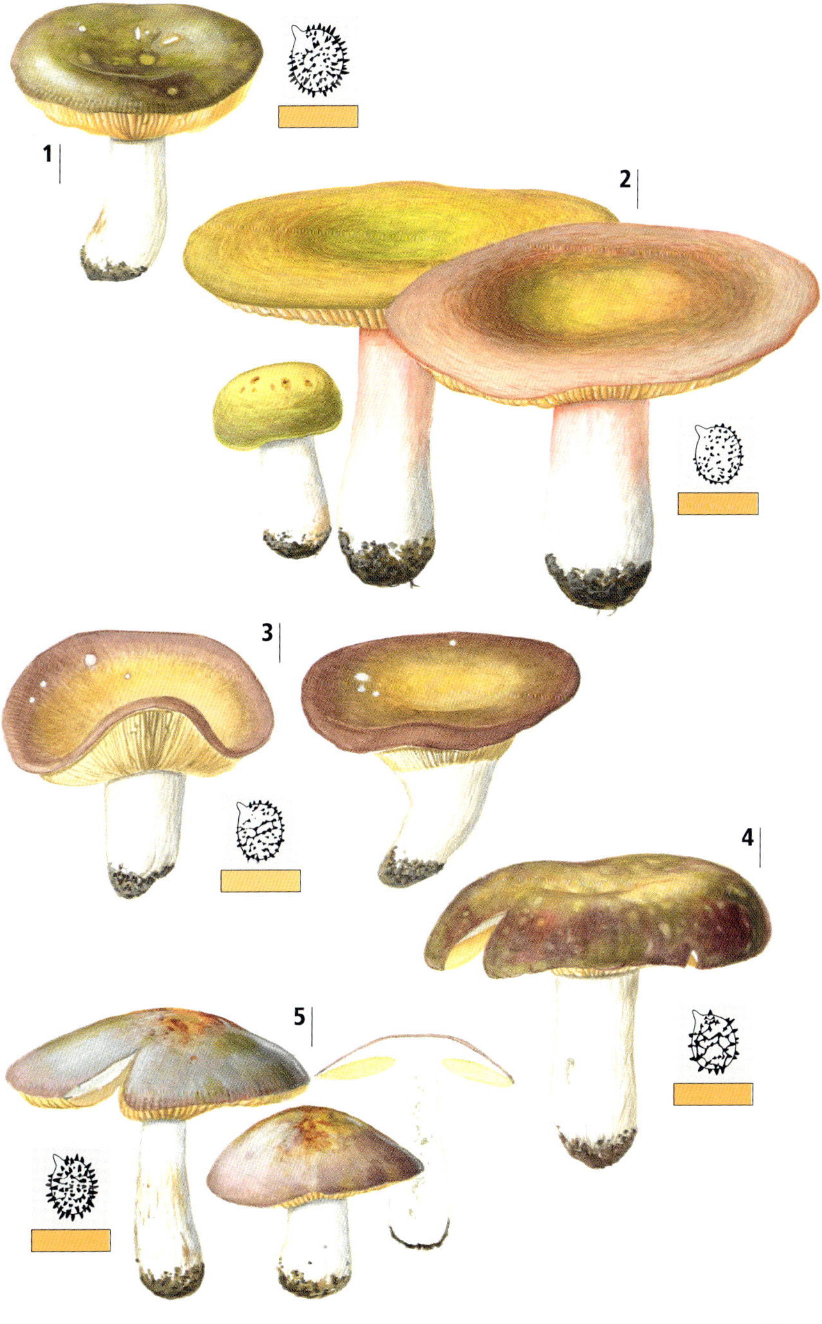
1
2
3
4
5

1 | Wiesel-Täubling
Russula mustelina

RL-V

H 4–14 cm, kompakt und kräftig, jung halbkugelig, dann gewölbt und ausgebreitet, Mitte vertieft, gelbbraun, orangebraun, haselnussbraun, lehmfarben, Huthaut feucht schmierig und speckig glänzend, Rand im Alter stark gerieft. **L** Anfangs weiß, dann cremefarben, Schneiden manchmal braunfleckig. **S** 2–7 × 1–1,5 cm, weiß, oft längs runzelig, jung hart und fest, im Alter mürbe. **F** Fest, weiß, im Alter schwach bräunend, geruchslos, Geschmack nussig mild. **V** Juli bis November. Kollin bis hochmontan, in Deutschland in sauren, nährstoffarmen Fichtenwäldern in den Mittelgebirgen verbreitet, sonst selten. **W** Habitus und Hutfarben sind dem Fichtensteinpilz von oben recht ähnlich.

SPP creme IIb. **SP** 7–10 × 5,5–7,5 µm, J+

2 | Roter Heringstäubling
Russula xerampelina

H 3–12 cm, jung konvex, dann flach und vertieft, meist leuchtend karmin- oder purpurrot, oft mit dunkler Mitte, Huthaut feucht glänzend, trocken matt, etwas rau, Rand selten gerieft **L** Erst creme, dann butterfarben, im Alter bräunend. **S** 2–8 × 1–3 cm, auf weißem Grund meist deutlich rot oder rosa überzogen, im Alter bräunend. **F** Weiß, derb, im Mark rasch bräunend, Geruch nach Heringslake, Geschmack mild. **V** Juli bis Oktober. Planar bis hochmontan verbreitet in Nadelwäldern mit Fichten, Kiefern und Tannen, bodenvag. **W** Ähnlich ist der Gebirgsnadelwald-Heringstäubling *(R. favrei)* mit mehr braunroten Hutfarben und Vorkommen ab der montanen Höhenstufe.

SPP ocker IIIc. **SP** 7,5–11 × 6–8,5 µm, J+

3 | Buchen-Heringstäubling
Russula faginea

H 4–14 cm, jung gewölbt, bald ausgebreitet und vertieft, weinbraun, rosabraun, kupferocker, gelboliv ausblassend, Huthaut matt, oft runzelig marmoriert. **L** Erst creme, dann hellocker. **S** 3–10 × 1–3 cm, weiß, im Alter bräunend, zur Basis hin oft mit kleinen braunen Schuppen besetzt. **F** Fest, weiß, später bräunend, Geruch +/- nach Hering oder Krabben, Geschmack mild. **V** Juli bis Oktober. Planar bis hochmontan, zerstreut, auf basenreichen Böden in lichten Wäldern und Parkanlagen, an Buchen gebunden. **W** +/- intensiver Fisch-Krabbengeruch (besonders beim Eintrocknen), bräunendes Fleisch und eine grüne $FeSO_4$-Reaktion am Stiel sind das gemeinsame Merkmal aller Heringstäublinge.

SPP ocker bis dotter IIIb–IVa **SP** 8–10 × 7–8,5 µm, J+

4 | Eichen-Heringstäubling
Russula graveolens

H 3–9 cm, jung konvex, dann flach und vertieft, polychrom, purpurn, rot, weinrot, rotbraun, kupferfarben, olivgrün, ocker, altrosa, hell orangebraun oder creme, Huthaut matt, etwas rau. **L** Erst creme, dann hellocker, im Alter bräunend. **S** 2–7 × 1–2,5 cm, weiß, gelegentlich rosa oder rot überzogen, im Alter bräunend. **F** Geruch nach Heringslake, Geschmack mild. **V** Juli bis Oktober. Planar bis montan verbreitet, in basenarmen Eichenwäldern, in Parkanlagen und Friedhöfen auf sandigen Böden bei Eichen oft Massenpilz. **W** Einer der farbvariabelsten Täublinge überhaupt. Ein weiterer Heringstäubling, *R. subrubens*, wächst ausschließlich bei Weiden.

SPP ocker IIIa–b **SP** 7,5–10,5 × 6–8 µm, J+

5 | Olivgrüner-Heringstäubling
Russula clavipes

H überwiegend olivgrün. **V** Juli bis Oktober. Planar bis montan, vorwiegend in sauren Nadel- und Mischwäldern bei Fichten, Kiefern, Birken und Pappeln. **W** Von anderen Heringstäublingen nur mikroskopisch sicher unterscheidbar.

SPP ocker IIIa–b **SP** 7,5–9 × 6–8 µm, J+

1

2

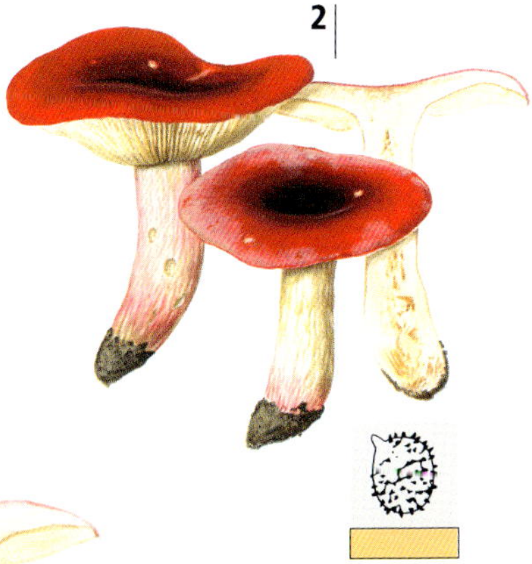

3

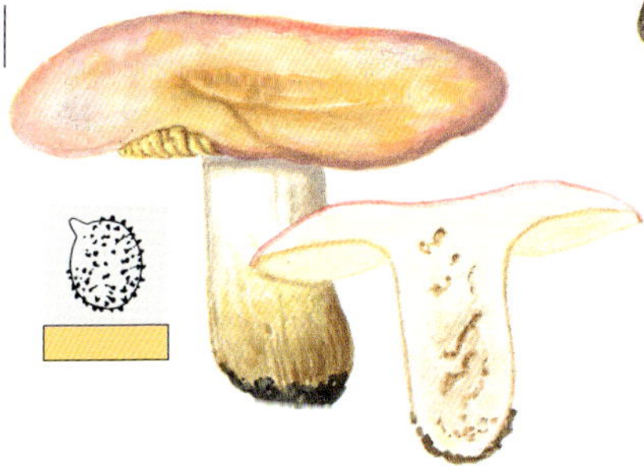

4

5

1 | Harter Zinnober-Täubling

Russula lepida (Syn. *Russula rosea*)

H 3–11 cm, jung halbkugelig, dann lange gewölbt und kaum vertieft, zinnoberrot, hell blutrot, in der Mitte oft ausgeblasst. Es kommen auch reingelbe oder cremefarbene Formen vor, Huthaut nicht abziehbar, matt, glanzlos, zart samtig oder fein flockig bereift. **L** Erst weiß, dann creme, Schneiden manchmal rot überzogen. **S** 3–9 × 1–3,5 cm, sehr hart und fest, weiß, oft rot überhaucht. **F** Sehr hart, weiß, geruchlos, Geschmack mild, nach längerem Kauen +/- bitter, nach Bleistiftholz oder kühlend an Menthol erinnernd. **V** Juli bis Oktober. Planar bis montan verbreitet und ortshäufig in Laub- und Nadelwäldern sowie Parkanlagen, überwiegend bei Buchen oder Fichten, bodenvag. **W** Ähnlich ist die sehr seltene *R. amarissima* mit gilbendem Fleisch und stark bitterem Geschmack.

SPP blasscreme IIa. **SP** 6,5–8 × 7–8 µm, J+

2 | Netzflockiger Rosa-Täubling, Morgenrot-Täubling

Russula velutipes

H 4–11 cm, jung konvex, dann flach und vertieft, fleischrosa, hell-, himbeer- oder morgenrot, oft mit cremefarbenen Zonen, auch gänzlich ausblassend. **L** Weiß bis blasscreme. **S** 2–8 × 0,5–2,5 cm, reinweiß mit netzflockiger Stielspitze, Stielbasis manchmal keulig erweitert. **F** Weiß, geruchlos, Geschmack mild. **V** Juni bis Oktober. Planar bis hochmontan, gebietsweise verbreitet, überwiegend in Buchenwäldern, bodenvag. **W** Gute Feldmerkmale sind die netzig-flockige Stielspitze und die eosinrote SV-Reaktion.

SPP weiß Ib. **SP** 6–8 × 5,5–6,5 µm, J+

3 | Ockerblättriger Zinnober-Täubling

Russula pseudointegra

RL-V

H 4–15 cm, jung konvex, dann flach gewölbt, Mitte selten vertieft, leuchtend rot, zinnoberrot, sattrosa, mitunter nach Gelb verblassend, Huthaut jung matt und kaum abziehbar, im Alter glänzend, Rand manchmal weiß bereift, kaum gerieft. **L** Gedrängt, lange blasscreme, im Alter ockergelb **S** 2–12 × 1,5–4 cm, kalkweiß, von der Basis her im Alter grauend, Stielspitze weißflockig. **F** Weiß, jung fest, Geruch fruchtig oder +/- nach Geranien, Geschmack erst mild, dann unangenehm, +/- bitter, mentholartig oder schärflich. **V** Juni bis Oktober. Planar bis submontan, zerstreut, lokal häufiger, auf basischen Böden in Laubwäldern und Parkanlagen mit Eichen, Buchen und Hainbuchen. **W** Sehr ähnlich ist *R. lepida*, die am deutlich helleren Sporenpulver und härterem Fleisch unterschieden werden kann.

SPP dotter IVb. **SP** 6,5–8 × 6–7,5 µm, J+

4 | Zinnoberroter Reiftäubling

Russula emeticicolor

RL-2

Ein kleiner milder Täubling mit lebhaft rotem in der Mitte bereiftem Hut, gerieftem Rand, weißbereiftem Stiel und weißem Sporenpulver. SV-Reaktion negativ. **V** Juni bis Oktober. Planar bis montan, selten, in basischen Laubwälder bei Buchen.

SPP weiß Ib. **SP** 6,5–8,5 × 5,5–7,5 µm, J+

5 | Wechselfarbiger Dotter-Täubling

Russula risigallina

H 1,5–6 cm, jung konvex, dann flach und vertieft, mit lebhaft orangen, gelben und roten Farbtönen, Huthaut matt, glanzlos, Rand gerieft. **L** Schon jung gelb, dann orangedotter. **S** 2–7 × 1–1,5 cm, reinweiß, zerbrechlich. **F** Dünn, weiß, Geruch beim Eintrocknen parfümiert nach Mirabellenkompott oder Rosenblüten, Geschmack mild. **V** Juni bis Oktober. Planar bis montan verbreitet, in Laub- und Nadelwäldern sowie Parkanlagen, überwiegend bei Eichen, Buchen und Hainbuchen. **W** Ähnlich ist *R. acetolens* mit reingelbem, glänzendem Hut und einer nordeuropäischen Verbreitung.

SPP dotter IVd. **SP** 6,5–9 × 6–7,5 µm, J+

1
2
3
4
5

1 | Geriefter Weich-Täubling – Sammelart
Russula nauseosa agg.

H 2–8 cm, jung konvex, dann flach und leicht vertieft, polychrom, weinrosa, purpurrot, gelbgrün, violett, oliv, Huthaut schmierig, Rand deutlich gerieft. **L** Sehr fragil, erst creme, dann buttergelb. **S** 2–7 × 0,5–2,5 cm, längs gerieft, schwammig und hohl, weiß, im Alter mit der Tendenz zum Grauen. **F** Mürbe, weiß, Geruch besonders im Alter unangenehm, Geschmack mild oder pikant. **V** Schon zeitig ab Juni bis November. Planar bis hochmontan verbreitet, typisch in Bergfichtenwäldern, bodenvag. **W** Ähnlich ist *R. cessans*, mit später Erscheinungszeit und ausschließlichem Vorkommen bei Kiefern.

SPP dotter IVb–d. **SP** 7–10 × 6–8 µm, J+

2 | Milder Wachs-Täubling
Russula puellaris

H 2–7 cm, jung konvex, dann flach und leicht vertieft, polychrom, weinrosa, lachsfarben, hellpurpurn, gelbbraun, violett, mittig meist dunkler, Rand deutlich gerieft. **L** Sehr fragil, anfangs creme, im Alter safrangelb gefleckt und stark gilbend. **S** 2–7 × 0,5–1,5 cm, anfangs weiß, dann stark gelborange gilbend. **F** Brüchig, weiß, kräftig gilbend, geruchlos, Geschmack mild. **V** Juni bis November. Planar bis hochmontan verbreitet und häufig, in Laub- und Nadelwäldern gern bei Buchen, Eichen, Birken, Fichten und Kiefern, bodenvag. **W** Ein gutes Merkmal dieser kleinen, zerbrechlichen Art ist das gilbende Fleisch in allen Fruchtkörperteilen. Ähnlich ist *R. versicolor* mit scharfem Geschmack und ausschließlichem Vorkommen bei Birken.

SPP creme IIc–d. **SP** 6,5–8,5 × 6–7 µm, J+

3 | Buckel-Täubling
Russula caerulea (Syn. *Russula amara*)

H 2–12 cm, jung konvex oder glockig, dann flach und vertieft, mittig meist mit zitzenartigem Buckel, dunkelviolett, purpurn, graurosa oder weinrot, Huthaut glänzend. **L** Jung creme, im Alter deutlich ockergelb. **S** 3–9 × 1–2 cm, weiß, im Alter längsstreifig, mit SV eosinrot. **F** Weiß, geruchlos, Geschmack mild, die abziehbare Huthaut ist bitter. **V** Juli bis November. Planar bis montan, weit verbreitet und häufig in sandigen Nadelwäldern, streng an Kiefern gebunden, kalkmeidend. **W** Typisch sind die gebuckelten Hüte und die eosinrote SV-Reaktion auf der Stielrinde.

SPP dotter IVa–b. **SP** 7–9 × 6–8 µm, J+

4 | Jodoform-Täubling – Sammelart
Russula turci agg.

H 4–10 cm, jung konvex, dann flach und vertieft, polychrom, violett, purpurn, weinrot, graurosa, olivgrün, gelbgrün, meist mit dunkler Scheibe zur Hutmitte, Huthaut feucht schleimig, trocken matt und fein bereift. **L** Erst creme, dann ockerfarben. **S** 3–7 × 1–2,5 cm, weiß, bald schwammig und hohl. **F** Weiß, mit chemischem Geruch an der Stielbasis nach Jodoform oder Medizinschrank, Geschmack mild. **V** Juli bis November. Planar bis montan, weit verbreitet, gebietsweise häufig, in Nadelwäldern, bei Kiefern und Fichten. Bodenvag. **W** Wenn man den typischen Jodoformgeruch einmal kennt, ist die Bestimmung der Artengruppe relativ leicht.

SPP ocker bis helldotter IIIa–IVa. **SP** 8–9,5 × 6–7,5 µm, J+

5 | Amethyst-Täubling
Russula amethystina

Sehr ähnlich wie *R. turci*, im Alter und bei Nässe mit chromgelb-fleckender Huthaut. **V** Juli bis November. Kollin bis subalpin unter Fichten und Tannen.

SPP ocker bis helldotter IIIc–IVa. **SP** 7–9 × 5,5–8 µm, J+

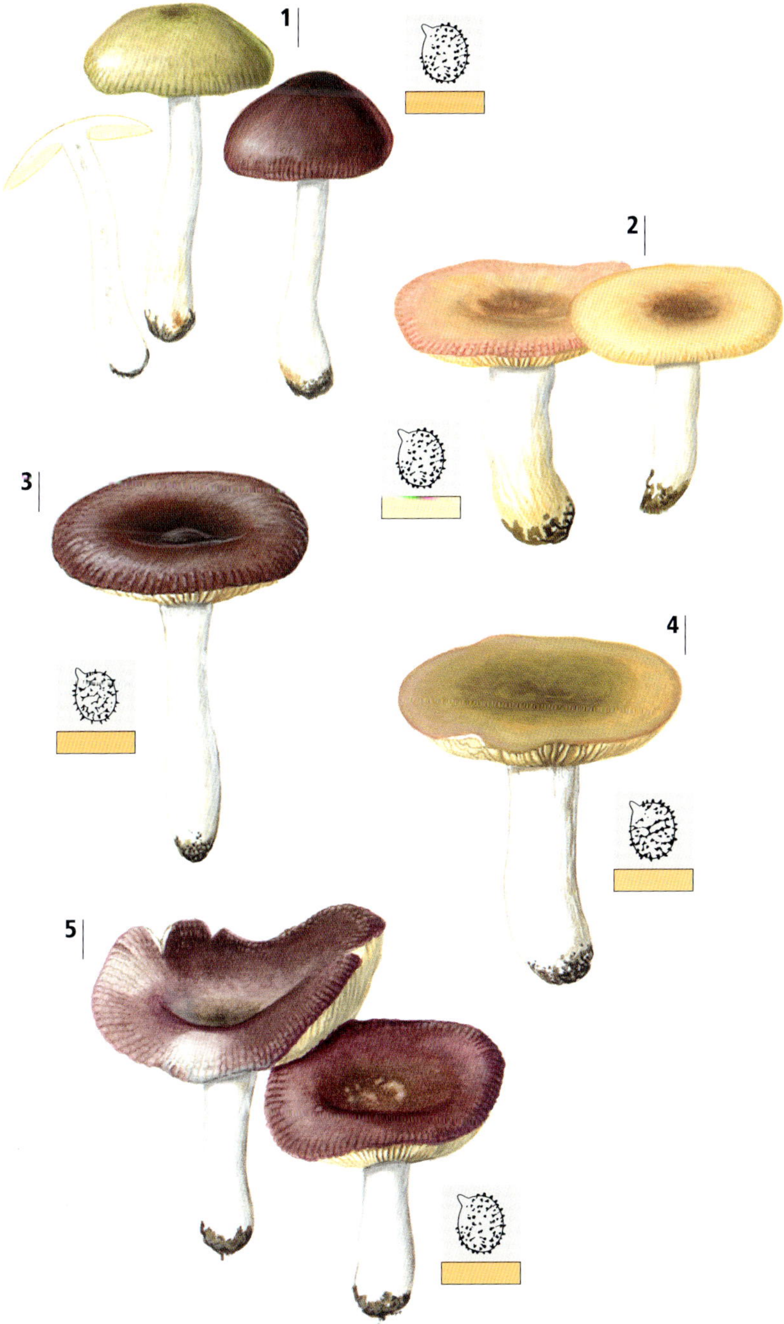
1
2
3
4
5

Hellsporer

Die hellsporigen Lamellenpilze sind eine artenreiche Gruppe mit zahlreiche Gattungen. In vielen Fällen werden die makroskopischen Merkmale zur Bestimmung ausreichend sein, was bei den Rosa-, Braun- und Dunkelsporern seltener der Fall ist. Wichtige Bestimmungsmerkmale sind die Lamellenhaltung (frei, aufsteigend, ausgebuchtet, herablaufend), die Velumverhältnisse, sowie die Statur (ritterlings-, rüblings-, trichterlings- oder helmlingsartig). Letzteres erfordert etwas Übung – manche Arten (wenn auch wenige) wollen sich nicht in diese Schubladisierung einfügen. Daher kommen einige Arten und Gattungen in den nachfolgenden Schlüsseln an mehreren Stellen vor.

1a	L frei oder FK jung von einer geschlossenen häutigen Gesamthülle (Velum universale) umgeben, die beim Strecken entweder in Flocken auf dem Hut oder als lappige Scheide am Stielgrund verbleibt; FK nie elastisch-zäh; wenn Stiel < 5 mm, dann mit Resten des Velums (Ring, Flocken) **→ 2**
1b	L angewachsen, selten frei und dann FK elastisch-zäh und Stiel < 5 mm sowie ohne Velumreste (Rüblinge, Schwindlinge); FK meist nicht von einer häutigen Außenhülle umgeben **→ 3**
2a (1)	Gesamthülle als Flocken auf dem Hut oder lappige Scheide an der Stielbasis, oft auch mit einer Teilhülle; Hut nie konzentrisch-schuppig aufreißend (aber oft mit aufliegenden Hüllresten), nie schleimig **→ Wulstlinge und Scheidenstreiflinge *(Amanita)*, S. 316**
2b	Gesamthülle am Stiel als Flockengürtel und manchmal als ringartige Zone, bisweilen kaum sichtbar; Hut oft konzentrisch-schuppig aufreißend, manchmal schleimig **→ Schirmlingsartige, S. 330**
3a (1)	Stiel mit Ring oder einer Faserzone **→ 4**
3b	Stiel ohne Reste eines Velums **→ 16**
4a (3)	Ring doppelt; FK sehr dick- und hartfleischig; Geruch nach Gurkenschale **→ Wurzelmöhrling, S. 182**
4b	Ring einfach oder nur Faserzone **→ 5**
5a (4)	Hut deutlich schmierig bis schleimig bei feuchter Witterung **→ 6**
5b	Hut trocken, auch feucht höchstens schwach klebrig **→ 9**
6a (5)	Stiel auffallend korkig-zäh im Gegensatz zum sehr weichen Hut, mit häutigem Ring; Hut jung grau, älter porzellanweiß, durchscheinend dünn, sehr schleimig; V auf Laubholz **→ Beringter Schleimrübling, S. 228**
6b	Stiel nicht auffallend zäh; V nicht auf Holz **→ 7**
7a (6)	Ringzone schleimig, bei trockenem Wetter kaum sichtbar; L breit angewachsen bis herablaufend **→ Schnecklinge p. p., S. 144**
7b	Ringzone faserig oder häutig, zumindest teilweise trocken **→ 8**
8a (7)	Stielbasis auffallend gerandet-knollig; Teilvelum spinnwebartig, farblos **→ Knolliger Schleierritterling, S. 248**
8b	Stiel zylindrisch, mit hutfarbenen Schüppchen oder Flocken im unteren Bereich; Faserringzone weißlich **→ Schleimschirmlinge, p. p., S. 334**
8c	Stiel zylindrisch, mit hutfarbenem, etwas genattertem Überzug, der in einer aufsteigenden Ringzone endet, darüber glatt und weiß; L und Stiel frisch mit bernsteinfarbenen Tropfen **→ Fleckender Schmierschirmling, S. 346**
8d	Stiel zylindrisch, längsfaserig, mit häutigem, hängenden Ring, der manchmal olivfarbene Tropfen trägt; Geruch mehlig-gurkig **→ Getropfter Schleimschirmling, S. 334**
9a (5)	Stiel im unteren Bereich verdickt, aus dem Gewebe eines parasitierten Wirtspilzes bestehend; alle Arten selten **→ Schuppenwulstlinge, S. 258**

9b Stiel nicht verdickt oder wenn zwiebelförmig dann mit Holzkontakt (auch Wurzeln) **→ 10**

10a (9) Hut zitronen- bis schwefelgelb, dachziegelig geschuppt; Stiel weiß, mit hutfarbenen Schüppchen bedeckt; V in ungedüngten Magerrasen; sehr selten **→ Schwefelgelber Schuppenritterling, S. 248**

10b Merkmale anders **→ 11**

11a (10) Stiel und Hut mit körneligem bis flockigem Überzug; Hut orangegelb, rostfarben, zinnober oder wein- bis purpurrot; Wuchs nicht büschelig **→ Körnchenschirmlinge 12**

11b Stiel glatt bis faserig, mit Ring oder Ringzone; Hut glatt, aber oft mit aufgelagerten Volumflöckchen, in stumpf gelben bis braunen Farben **→ Hallimasche 14**

12a (11) Hut weinrot bis violettbräunlich **→ Weinroter Körnchenschirmling, S. 256**

12b Hut weißlich, mit rosalicher bis cremefarbener Tönung, Geruch stark erdig, nach Roter Bete **→ Starkriechender Körnchenschirmling, S. 256**

12c Hut gelb, ocker, orange, zinnober bis rostfarben **→ 13**

13a (12) Velum am Stiel deutlich gestiefelt, in Form eines Flockenüberzugs mit deutlicher abschließender Ringzone; Hut gelb, orange- bis ockergelb **→ Amianth-Körnchenschirmling und verwandte Arten, S. 256**

13b Velum am Stiel in Form von flüchtigen Flöckchen, ohne deutliche Ringzone; Hut zinnoberrot, rostorange bis -braun **→ Zinnoberroter und Rostroter Körnchenschirmling, S. 256**

14a (11) Hut honig-, oliv-, bräunlich gelb, mit feinen sandartigen Flöckchen im Zentrum; Stielring mit gelben Flocken bekränzt, Stiel an der Basis verjüngt; in großen Büscheln verwachsen; Schnallen fehlen **→ Honiggelber Hallimasch, S. 200**

14b Hut oft in Brauntönen, Schüppchen deutlicher; Stiel an der Basis meist verdickt; Wuchs in Büscheln oder einzeln; Schnallen zumindest an den Basidien vorhanden **→ 15**

15a (14) Ringzone deutlich ausgeprägt, fast häutig, mit braunen Flocken bekränzt; meist in großen Büscheln; V meist an Nadelholzstümpfen **→ Nordischer und Dunkler Hallimasch, S. 200**

15b Ringzone weniger deutlich ausgeprägt, eher spinnwebartig, mit gelben Flocken bekränzt; Stiel mit gelben Flocken; meist einzeln oder kleinbüschelig; V meist an Laubholz, oft scheinbar am Boden **→ Wandelbarer Hallimasch, S. 200**

15c Ringzone flüchtig, eher spinnwebartig, ohne gefärbte Flocken; Stiel ohne gelbe Flocken; Wuchs und V wie 15b **→ Zwiebelfüßiger Hallimasch *(Armillaria cepistipes)***

16a (3) L herablaufend oder zumindest breit angewachsen, oft dick und wachsartig zerdrückbar; Stielbasis zuspitzend; Stielspitze mit feinen bis groben Pusteln (Lupe!); Hut oft schleimig, seltener trocken (dann nicht violett oder ziegelrot) **→ Wachsblättler p. p., S. 144**

16b L herablaufend oder zumindest breit angewachsen, dick; Stielbasis nicht zuspitzend; Stielspitze ohne Pusteln; Hut trocken, violett oder rosa-, ziegel- bis violettrot **→ Lacktrichterlinge 17**

16c andere Merkmalskombination; wenn L herablaufend, dann nicht dick und wachsartig weich **→ 18**

17a (16) ganzer FK einschließlich Basismyzel violett **→ Violetter Lacktrichterling, S. 198**

17b Basalmyzel violett; L amethystrosa; Hut orangebräunlich, fein schuppig **→ Zweifarbiger Lacktrichterling, S. 198**

17c Basalmyzel weißlich; L dem Hut gleichfarben; Hut glatt oder fein schuppig **→ Artengruppe Gewöhnlicher Lacktrichterling und verwandte Arten, S. 198**

18a (16) Stiel quergeschnitten eine weiße, orangene oder blutrote Flüssigkeit abgebend (nicht zu trockene FK testen!) **→ Milchende Helmlinge (*Mycena* p. p.), S. 262**

18b Stiel quergeschnitten eine farblose Flüssigkeit abgebend (Lupe! nicht zu trockene FK testen!) **→ Wasserfüße (*Hydropus* spp.), S. 282**

18c Stiel quergeschnitten keine Flüssigkeit abgebend **→ 19**

19a (18)	FK mit sehr reduziertem bis fehlendem Stiel; Lamellen-Schneiden nicht auffallend schartig → **20**
19b	Stiel exzentrisch bis seitlich, dick und zäh bis korkig oder Lamellen-Schneiden auffallend schartig → **22**
19c	FK normal +/- zentral gestielt; Stiel nicht gleichzeitig zäh und dick; Lamellen-Schneiden meist nicht auffallend schartig → **29**
20a (19)	Hut mit gallertiger Schicht; Zystiden dickwandig und mit Kristallschopf → **Muschelinge, S. 500**
20b	Hut ohne Gallertschicht; ohne kristallbesetzte Zystiden → **21**
21a (20)	FK frisch in allen Teilen weiß, stiellos; V auf morschem Nadelholz; SP 5–7,5 × 4–6 µm, inamyloid → **Ohrförmiger Weißseitling, S. 502**
21b	FK creme- bis rosaweiß, braun, violett, +/- stiellos; V auf Laub- oder Nadelholz; SP < 3,5 µm breit, amyloid → **Zwergknäuelinge, S. 502**
21c	FK weißlich bis cremegrau, beige, schüssel- oder löffelförmig; V auf lebenden Moosen; SP elliptisch bis tränenförmig, 6–10 × 4–7 µm breit, inamyloid → **Adermooslinge, S. 180**
21d	FK grau- bis schwarzbraun, schwärzlich, stiellos; V auf Laub- oder Nadelholz; SP rundlich, 4–6 × 3,5–5,5 µm breit, inamyloid → **Zwergseitlinge, S. 500**
22a (19)	Lamellen-Schneiden schartig → **Sägeblättlinge und Zählinge 23**
22b	Lamellen-Schneiden +/- ganzrandig → **26**
23a (22)	Geruch anisartig; FK tütenförmig, braun; V an morschem Holz → **Anis-Zähling, S. 506**
23b	Geruch anisartig; FK gestielt-muschelförmig, gelb; V an ansitzenden Weiden-Ästen → **Anis-Sägeblättling** (*Neofavolus suavissimus*)
23c	Geruch nicht anisartig → **24**
24a (23)	Stiel +/- fehlend; Hut muschelförmig, braun, etwas filzig → **Zählinge, S. 506**
24b	Stiel zentral bis exzentrisch; Hut weißlich, geschuppt → **25**
25a (24)	Hut weiß, gewölbt, dunkler schuppig; Stiel zentral, stämmig, geschuppt; V auf hartem oft verbautem Nadelholz; Geruch terpentinartig → **Schuppiger Sägeblättling, S. 506**
25b	Hut weiß, trichterig vertieft, dunkler schuppig; Stiel zentral bis exzentrisch, meist dünn; V auf Laubholz, in Auwäldern; Geruch unauffällig → **Getigerter Sägeblättling, S. 508**
26a (22)	Hut jung intensiv violett, dann zunehmend ockerlich, ledergelb; V auf Buche, seltener auf anderem Laubholz → **Birken-Knäueling, S. 506**
26b	Hut graublau, grau, beige, lederfarben, weiß → **Seitlinge 27**
27a (26)	Hut schorfig von Universalvelum; Stiel bisweilen mit Velumresten (vgl. auch Espen-Seitling, *Pleurotus calyptratus*) → **Berindeter Seitling, S. 504**
27b	Hut glatt; FK ohne Velumreste → **28**
28a (27)	L auffallend querverbunden, fast netzig, weit am Stiel herablaufend; V auf Laubholz, oft Ulme, Pappel oder Weide → **Rillstieliger Seitling, S. 504**
28b	L kaum querverbunden, wenig am Stiel herablaufend; V auf Laubholz, oft Buche → **Austern-** und **Lungen-Seitling, S. 504**
28c	L kaum querverbunden, am Stiel herablaufend; V am Fuß von großen Doldenblütler *(Ferula, Laserpitum)* oder Mannstreu *(Eryngium)* → **Kräuter-Seitling, S. 504**
29a (19)	L herablaufend oder mit herablaufender Tendenz angewachsen → **30**
29b	L breit bis schmal angewachsen, mit aufsteigender Tendenz, oder frei → **56**
30a (29)	ganzer FK lebhaft orange bis orangegelb → **31**
30b	nicht der komplette FK lebhaft orange bis orangegelb gefärbt → **34**
31a (30)	FK klein; Hut 1–4 cm, Rand frisch mit feinen, etwas klebrigen Schüppchen; V im Winter, auf Ästchen oder an der Basis von Sträuchern → **Zweisporiger Goldnabeling, S. 174**

31b FK klein; Hut 1–6 cm, glatt, schmierig, schleimig oder bereift; V in Wiesen oder auf Leber- und Laubmoosen → **32**

31c FK größer; Hut 3–10 cm und fein wilderlederartig oder 5–15 cm und glatt; V in der Streu, auf Holzresten, im Mulm, am Fuß von Laubbäumen, Wurzeln → **33**

32a (31) Stiel und Hut von abstehenden Zystiden bereift (Lupe!); V ganzjährig, mit Laubmoosen vergesellschaftet → **Gemeiner Heftelnabeling, S. 174**

32b wie 32a, aber nur am Stiel mit Zystiden; V mit Lebermoosen, selten mit Laubmoosen vergesellschaftet → **Orangeroter Nabeling, S. 178**

32c Hut glatt oder fein schuppig; Stiel glatt, glasig, etwas glänzend, Zystiden fehlend; V im Herbst, in moosigen Wiesen oder Eschen-Ahorn-Wäldern → **Saftlinge (*Hygrocybe* p. p.), S. 144**

33a (31) Hut wildlederartig, matt; Stiel längsfaserig, matt; V auf stark vermorschtem Holz, Holzresten, in der Streu oder am Erdboden in Wäldern (selten in Wiesen und dann meist blassgelb); Spp. dextrinoid → **Falscher Pfifferling, S. 72**

33b Hut glatt, etwas eingewachsen-faserig; V auf Stubben, Wurzeln oder am Stammgrund von Laubbäumen, wärmeliebend; Spp. nicht dextrinoid → **Ölbaumtrichterlinge, S. 500**

34a (30) Hut orange bis bräunlich gelb, genabelt, gerieft; Stiel dunkler; Spp. amyloid; die häufigste Art gesellig auf Nadelholz, weitere (seltene) Arten in der Nadel- oder Laubstreu → **Glöckchennabelinge, S. 178**

34b nicht mit dieser Merkmalskombination → **35**

35a (34) V auf Holz (Stämme, Äste, Wurzeln) → **36**

35b V auf Erdboden, Moosen, selten auf Mulch und Holzhäcksel → **40**

36a (35) L grünlich gelb bis goldgelb → **37**

36b L weißlich oder grau bis bräunlich → **38**

37a (36) L von jung an goldgelb; Hut gelb- bis rotbraun (etwas an Trompeten-Pfifferling erinnernd) → **Goldblättriger Nabeling, S. 176**

37b L von jung an grünlich gelb; Hut grünlich gelb, ausblassend gelbgrau bis weißlich → **Gelbgrüner Nabeling, S. 176**

37c L weißlich oder grau bis bräunlich (wenn alt gelblich vgl. *Gerronema strombodes*) → **38**

38a (36) FK vollständig weiß, meist etwas glasig wirkend, zerbrechlich; Hut < 3 cm → **Scheinhelmlinge und Adernabelinge, S. 280 und 282**

38b FK schmutzig weißlich, matt; Hut samtig, 3–10 cm → **Holz-Trichterling, S. 196**

38c FK mit grauen und braunen Farbtönen → **39**

39a (36) FK dunkelbraun, umbra bis schwarzbraun; Hut 1,5–4 cm → **Holz-Nabeling, S. 180**

39b FK hellgrau bis blass graubraun, am Rand heller bis fast weißlich; Hut 0,3–1,5 cm → **Bogenblättriger Helmling, S. 280**

39c FK cremegrau bis olivlich graubraun, manchmal schildkrötenartig gemustert; Hut 4–10 cm → **Buchen- und Ulmenrasling, S. 254**

40a (35) Hut violett- bis schiefergrau; L weißlich, mehrfach gegabelt, im Alter rötend oder mit rotbraunen Flecken; Spp. amyloid; Vorkommen in Heiden und auf ungedüngten Bergwiesen → **Rötender Wachstrichterling, S. 160**

40b nicht mit diesen Merkmalen → **41**

41a (40) Hut 0,5–3 cm → **42**

41b Hut > 3 cm → **45**

42a (24) Hut und Stiel flaumig bereift; Stiel mit blauvioletter Spitze oder blassgelb bis orange → **Heftelnabelinge, S. 174**

42b nicht Hut und Stiel flaumig bereift → **43**

43a (42) mit Grünalgen vergesellschaftet (lichenisiert); Stiel gelblich oder isabellfarben; Schnallen fehlen → **Flechtennabelinge, S. 174**

43b mit Torfmoosen *(Sphagnum)* vergesellschaftet → **Torfmoos-Nabelinge, S. 180**

43c Merkmale anders → **44**

44a (43) L dicklich, wachsartig; Hut gelbbraun, olivbraun; Basidien 6–10 × so lang wie SP-Länge; Schnallen fehlen → **Samtschnecklinge, S. 176**

44b L dicklich, wachsartig; Hut lebhaft gelb, orange, rot oder ziegelrot, meist schmierig-schleimig; Basidien 6–10 × so lang wie SP-Länge; Schnallen vorhanden → **Saftlinge p. p., S. 144**

44c L normal bis dicklich, nicht wachsartig; Hut orange- bis rostbraun oder schwarzgrau; Basidien bis 5 × so lang wie SP-Länge; Schnallen vorhanden → **Nabelinge, S. 180**

45a (41) Hut deutlich hygrophan, meist in trüben Grau- oder Brauntönen oder weißlich → **46**

45b Hut nicht oder undeutlich hygrophan, oft lebhafter orange- bis gelbbraun → **48**

46a (45) Hut firnisartig weißlich bereift, darunter weißlich bis fleischbräunlich, alt konzentrisch rinnig (wenn Geruch auffallend blütenartig vgl. Parfümierter Trichterling, S. 186) → **Bleiweißer Trichterling und verwandte Arten, S. 190**

46b Hut feucht rosabräunlich, mit weiß bereiftem dünnem Rand → **Fleischfalber Trichterling, S. 192**

46c Hut feucht fleischbräunlich bis rosacreme; Geruch anisartig → **Duft-Trichterlinge, S. 194**

46d Hut feucht graubraun bis dunkelgrau → **47**

47a (46) Spp. amyloid → **Kaffeebrauner Gabeltrichterling, S. 196**

47b Spp. nicht amyloid → **Trichterlinge p. p., S. 192**

48a (45) Spp. amyloid → **Krempentrichterlinge, S. 182**

48b Spp. nicht amyloid → **49**

49a (48) FK robust und fleischig; Stiel 1–3 cm breit; Hut weißlich, creme, hellgrau, olivlich gelbbraun → **50**

49b FK weniger fleischig; Stiel kaum über 1,5 cm breit; Hut meist orangebräunlich oder ocker (Ausnahme *Spodocybe trulliformis*, S. 190) → **51**

50a (49) Hut rahmfarben, hellcreme, gebuckelt; Geruch schwach bittermandelartig → **Mönchskopf, S. 188**

50b Hut hellgrau, ungebuckelt; Geruch stark süßlich-parfümiert → **Nebelgrauer Trichterling, S. 190**

50c Hut cremegrau, gelb- bis rötlich braun; Geruch unauffällig, schwach aromatisch → **Buchsblättriger Trichterling, S. 190**

50d Hut und Stiel grauoliv; L auffallend dazu kontrastierend; Geruch unauffällig → **Keulenfuß-Trichterling, S. 196**

51a (49) Stielbasis mit auffallenden weißen Myzelsträngen; Geruch nach Mehl oder unspezifisch; V im Frühjahr oder auf Brandstellen → **Wurzel- und Kohlentrichterlinge, S. 186**

51b ohne auffallende Myzelstränge; Geruch nie mehlartig; V höchstens zufällig und ausnahmsweise im Frühjahr oder auf Brandstellen → **52**

52a (51) Hut jung dunkel leberbraun; V im Hochgebirge → **Leberbrauner Gebirgs-Trichterling, S. 188**

52b Hut ockergelb, orangebraun bis fuchsig; V nicht alpin → **53**

53a (52) Geruch auffallend blütenartig-parfümiert; Hut oft etwas firnisartig und alt dann konzentrisch rinnig; SP glatt → **Parfümierter Trichterling, S. 186**

53b Geruch unauffällig oder schwach bittermandelartig; Hut nie firnisartig; SP glatt oder fein warzig → **54**

54a (53) Spp. creme bis rosacreme; SP fein warzig → **Fuchsiger Röteltrichterling, S. 186**

54b Spp. weißlich; SP glatt → **55**

55a (54) S hell, etwa in Lamellenfarbe; Hut mit Lauge wässrig braungelblich → **Ockergelber Trichterling, S. 188**

55b Stiel hutfarbig dunkel, zu L kontrastierend; Hut mit Lauge dunkler braun
→ Kerbrandiger Trichterling, S. 188

56a (29) Geruch stark knoblauchartig; Stiel schwarz, steif, mehrfach länger als Hutbreite **→ Saitenstieliger Knoblauchschwindling, S. 222**

56b Geruch stark knoblauchartig; Stiel rotbraun, so lang oder ein wenig länger als Hutbreite **→ Echter Knoblauch-Schwindling, S. 222**

56c ohne Knoblauchgeruch **→ 57**

57a (56) auf alten FK von Täublingen; L reduziert oder auffallend dick; Hut manchmal sich pulvrig auflösend
→ Stäubender und Beschleierter Zwitterling, S. 254

57b nicht auf alten Pilz-FK, oder wenn doch, dann L normal und dünn **→ 58**

58a (57) Vorkommen im Torfmoos; Hut flach, feucht gerieft; Stiel dünn, bis 3 mm breit; Geruch zerdrückt erst mehlartig, dann tranig
→ Sumpf-Graublatt, S. 226

58b nicht mit dieser Merkmalskombination **→ 59**

59a (58) Stiel dicht schwarzbraun samtig überzogen; Hut feucht schleimig; V auf Holz oder in Magerrasen bei Hauhechel (*Ononis* spp.)
→ Samtfußrüblinge, S. 224

59b Stiel und Hut mit abstehenden hell- bis schwarzbraunen Borsten besetzt (Lupe!) **→ Braun- und Schwarzhaariger Wurzelrübling, S. 224**

59c nicht mit diesen Merkmalen; Stiel glatt, bereift oder schleimig, aber weder samtig noch borstig **→ 60**

60a (59) Hut und Stiel mit lebhaft gelben, orangen, rosa bis roten oder grünen Farben; Stiel glasig wirkend; V meist in naturnahen Wiesen oder in Eschen-Ahornwäldern **→ Saftlinge p. p., S. 144**

60b FK grau bis graubraun, entweder komplett schleimig oder mit Geruch nach Chlorwasser oder (schwach) rötend; V meist in naturnahen Wiesen oder in Eschen-Ahornwäldern
→ Saftlinge p. p., S. 144

60c nicht mit diesen Merkmalen **→ 61**

61a (60) Hut mit firnisartig bereifter Oberfläche, Grundfarbe gelblich weiß bis fleischbräunlich
→ Bleiweißer Trichterling, S. 190 und Weißer Rasling, S. 196

61b Hut hygrophan, alt meist trichterig vertieft (manchmal nur schwach); meist Stiel schlank und länger als Hutbreite; Geruch bisweilen mehl- oder anisartig
→ 46

61c nicht mit diesen Merkmalskombinationen **→ 62**

62a (61) „Ritterlingshabitus": FK relativ dickfleischig, oft gedrungen und robust; L aufsteigend angewachsen und mit Zähnchen herablaufend; Stiel > 0,5 cm breit
→ Ritterlingsartige, S. 205

62b „Rüblingshabitus": FK dünnfleischig und elastisch-zäh, meist schmächtig; Stiel elastisch, verdrehbar; L kurz angewachsen bis fast frei oder kollarartig frei; Stiel meist < 0,5 cm breit; Hut flach gewölbt
→ Rüblingsartige, S. 202

62c „Helmlingshabitus": FK dünnfleischig und zerbrechlich, oft langstielig und schmächtig; L unterschiedlich angewachsen; Stiel < 0,5 cm breit; Hut glockig bis geschweift-gebuckelt
→ Helmlinge, S. 260

unklare Zuordnung zu 62a/62b kann auftreten bei:
Schönköpfe (S. 250)
Raslinge (S. 252 ff.)
Samtritterlinge (S. 248)
Breitblättriger Holzrübling (S. 228)
Rosasporrüblinge (S. 208)
Weichritterlinge (S. 246)

unklare Zuordnung zu 62b/62c kann auftreten bei:
Graublätter (S. 222, 254)
Helmlinge mit zähem Stiel (z. B. S. 272)
Trichterlinge mit nicht herablaufenden Lamellen (S. 190 ff.)

Saftlinge, Ellerlinge und Schnecklinge (Wachsblättler)

Wie der Name schon andeutet, ist diese Gruppe hellsporiger Blätterpilze durch besonders dicke, meist entfernt stehende und wachsartig zerdrückbare Lamellen gekennzeichnet. Gerade letzteres Merkmal fällt aber oft nicht leicht nachzuvollziehen und erfordert etwas Erfahrung.

Trotz relativ dicker, etwas wachsig wirkender Lamellen nicht zu den Wachsblättlern gehören die Lacktrichterlinge (Hut rosarötlich bis ziegelbraun oder violett und SP stachelig) sowie Arten mit gegabelten Lamellen (Gabel- und Wachstrichterlinge). Diese sind im Schlüssel der Hellsporer enthalten.

1a	Stiel an der Spitze mit feinen bis gröberen Pusteln (Lupe!), Basis zuspitzend; L breit angewachsen bis herablaufend; V als Mykorrhizapartner von Bäumen → **Schnecklinge 2**
1b	Stielspitze ohne Pusteln, Stielbasis oft nicht zuspitzend; L aufsteigend angewachsen bis herablaufend; V saprobiontisch in Wiesen, seltener im Wald → **20**
2a (1)	Hut zumindest jung weiß bis blasscreme (in der Mitte), gelegentlich alt rostgelb verfärbend → **3**
2b	Hut zumindest in der Mitte mit deutlich zitronen- bis orangegelben, orange- bis rotbraunen oder rosa- bis weinroten Farben → **6**
2c	Hut grau, oliv- bis graubraun → **14**
3a (2)	Hut trocken → **Trockener Schneckling, S. 162**
3b	Hut feucht schleimig → **4**
4a (3)	L aprikosengelb bis orangeocker → **Marillenblättriger Schneckling, S. 164**
4b	Stielspitze und meist auch Hutrand mit gelben Flocken besetzt → **Goldzahn-Schneckling, S. 164**
4c	Hut mit der Zeit rostgelb verfärbend; L getrocknet schwarzbraun → **Verfärbender Schneckling, S. 164**
4d	Stiel feucht mit schleimiger Ringzone; Hut cremegelblich; V bei Kiefern auf Kalkboden → **Schleimigberingter Schneckling, S. 164**
4e	keine dieser vier Beschreibungen zutreffend → **5**
5a (4)	V bei Buche; Stielbasis mit Kalilauge orange → **Elfenbein-Schneckling, S. 162**
5b	V bei Fichte; FK reinweiß; Stielbasis mit Kalilauge ohne Reaktion → **Fichten-Schneckling, S. 162**
5c	V bei Birke; FK mit etwas rosalicher Tönung; Stielbasis mit Kalilauge blass ockerlich → **Birken-Schneckling, S. 164**
5d	V bei Eiche; FK reinweiß, nur Hutmitte manchmal schwach getönt; Stielbasis mit Kalilauge rotbräunlich → **Trockener Eichen-Schneckling, S. 162**
6a (2)	Hut fleischrosa, weinrosa bis violettrot → **7**
6b	Hut gelb, orange bis rotbraun → **8**
7a (6)	Hut creme, mit fleischrosa getönter Mitte; V im Buchenwald auf Kalk → **Isabellrötlicher Schneckling, S. 166**
7b	Hut jung weißlich mit weinrosa Faserung, alt gänzlich weinrosa, gerieben gilbend; V im Fichtenwald auf Kalk → **Rasiger Purpur-Schneckling, S. 166**
7c	Hut von jung an purpurrosa, fleckig, gerieben nicht gilbend; V im wärmebegünstigen Eichenwald → **Geflecktblättriger Schneckling, S. 166**
8a (6)	Stiel trocken → **9**
8b	Stiel schleimig → **11**
9a (8)	Hut gelborange bis lachsfarben, Rand heller; Stiel an der Basis gelb; V unter Weißtanne → **Terpentin-Schneckling, S. 166**

9b	Hut andersfarbig oder orange; Stielbasis nicht gelb; V unter Laubbäumen → **10**
10a (9)	Hut bräunlich orange, Rand weißlich; L hutfarben; Geruch unspezifisch; V unter Buche → **Seidiggerandeter Schneckling, S. 168**
10b	Hut bis zum Rand bräunlich orange; L hutfarben; Geruch mehlartig; V unter Eiche, Hainbuche, selten Buche → **Wald-Schneckling, S. 166**
10c	Hut fleisch- bis rotbräunlich, deutlich eingewachsen-faserig; L weißlich; Geruch unspezifisch; V unter Eiche → **Mehlstiel-Schneckling *(Hygrophorus arbustivus)***
11a (8)	Hut gelb bis orange → **12**
11b	Hut beige-, orange- bis rotbraun → **13**
12a (11)	Hut creme- bis zitronengelb; Stiel ohne schleimige Ringzone; V unter Lärche → **Lärchen-Schneckling, S. 168**
12b	Hut creme- bis blassgelb; Stiel mit schleimiger Ringzone; V unter Kiefern → **Schleimigberingter Schneckling, S. 164**
12c	Hut goldgelb bis orange; Stiel ohne schleimige Ringzone; V unter Kiefer (wenn unter Lärche vgl. *H. speciosus*) → **Frostschneckling, S. 168**
13a (11)	Hut fuchs- bis kastanienbraun; Stiel jung mit schleimiger Ringzone; V im Nadel- und Laubwald Mitteleuropas → **Braunscheibiger Schneckling, S. 168**
13b	Hut in der Mitte beige bis nussbraun; Stiel ohne schleimige Ringzone; V im mediterranen Eichenwald → **Zweifarbiger Steineichen-Schneckling, S. 168**
14a (2)	Stiel schleimig und hutfarben genattert → **15**
14b	Stiel schleimig, gelblich bis weißlich längsfaserig → **16**
14c	Stiel trocken → **17**
15a (14)	V unter Kiefern auf Kalk; Stiel bauchig; Hut braungrau, 6–15 cm, Rand lange eingerollt → **Großer Kiefern-Schneckling, S. 170**
15b	V unter Fichten auf saurem Boden; Stiel schlank, zylindrisch; Hut oliv- bis braungrau; Rand nur jung eingerollt → **Natternstieliger Schneckling und verwandte Arten, S. 170**
15c	V unter Eiche oder Buche; Stiel zylindrisch; Hut olivbraun, mit NH_3 grün; Rand lange eingerollt → **Olivgestiefelter Schneckling, S. 170**
16a (14)	Hut und Stiel mit gelben Tönen; V unter Kiefern → **Frost-Schneckling, S. 168**
16b	Hut oliv- bis bräunlich grau; Stiel weißlich; V unter Buchen → **Graubrauner Schleimstiel-Schneckling, S. 170**
17a (14)	V im Frühjahr (Feb.-Mai) → **März-Schneckling, S. 172**
17b	V im Sommer bis Spätherbst (Juli-Dez.) → **18**
18a (17)	Stiel oben mit schwärzlichen Pusteln → **Schwarzpunktierter Schneckling, S. 172**
18b	Stielpusteln weißlich → **19**
19a (18)	Hut grau- bis rußbraun oder metallisch-grau; Geruch unspezifisch → **Rußbrauner und Schwarzfaseriger Schneckling, S. 172**
19b	Hut weiß bis steingrau; Geruch nach Bittermandel → **Wohlriechender Schneckling, S. 172**
20a (1)	FK matt orange, trocken, kreiselförmig, fleischig; L herablaufend; Stiel 0,5–1,2 cm breit, zuspitzend → **Orange-Ellerling, S. 148**
20b	FK matt; Hut von jung an weiß, grau, braun, schwärzlich oder violettlich, meist trocken, selten schleimig → **21**
20c	FK glasig wirkend, Hut mit lebhaft gelben, orangen, roten oder grünen Farben, schleimig oder trocken, manchmal schwärzend → **29**
21a (20)	L deutlich herablaufend → **22**
21b	L aufsteigend angewachsen, teils mit kurz herablaufendem Zähnchen → **25**
22a (21)	Hut weiß bis elfenbeinfarben oder blasscreme, feucht etwas schmierig, hygrophan → **23**

22b Hut weiß, matt, nicht hygrophan → **Weißer Wiesen-Ellerling *(Cuphophyllus berkeleyanus)***

22c Hut mit grauen bis braunen oder violettlichen Tönen, zumindest in der Mitte deutlich → **24**

23a (22) Hut rotbraun; L bräunlich → **Dattelbrauner Ellerling, S. 148**

23b Hut milchkaffeebraun, oft nur in der Mitte; L weißlich → **Farbformen des Schneeweißen Ellerlings, S. 148**

23c Hut grau bis grauviolett → **24**

24a (22) Hut grauviolett; Stielbasis gelblich → **Gelbfüßiger Ellerling, S. 148**

24b Hut grau bis grauviolett; Stiel vollständig weiß oder höchstens basal schwach ockerlich getönt → **Violettgrauer Ellerling, S. 148**

25a (21) Hut und Stiel schleimig → **Grauer Saftling, S. 150**

25b Stiel nicht schleimig, Hut höchstens schwach schmierig → **26**

26a (25) Geruch nach Chlorwasser („nitrös"); Trama und Stiel etwas rötend; Hut braungrau, oft etwas schuppig → **Rötender Nitrat-Saftling, S. 160**

26b Geruch nach Chlorwasser („nitrös"); Trama und Stiel nicht rötend; Hut grau, glatt → **Nichtrötender Nitrat-Saftling, S. 160**

26c Geruch stark nach Leuchtgas, Schwefel, Skatol → **Stinkender Samtschneckling *(Hodophilus foetens)***

26d Geruch weder nach Chlorwasser noch nach Leuchtgas oder Schwefel → **27**

27a (26) Hut braun; L und Stiel gelb (vgl. auch die Gattung Samtschneckling: *C. micacea*) → **Schwarzbräunlicher Saftling, S. 158**

27b Hut grau, schwarz oder braun; L und Stiel nicht gelb → **28**

28a (27) Hut grau bis graubraun, 2,5–8 cm; Stiel und L weißlich → **Blassrandiger Saftling, S. 160**

28b ähnlich obiger Art, aber Hut kaum über 2(–3) cm breit → **Samtschnecklinge *(Camarophyllopsis/ Hodophilus)***

28c Hut sepia, düster graubraun, oliv- bis braunschwärzlich, 3–10 cm; Stiel gleichfarbig; L heller graubraun, verletzt rötend → **Rötender Saftling, S. 160**

29a (20) FK nach und nach schwärzend, beginnend an der Stielbasis → **Artengruppe Schwärzender Saftling, S. 152**

29b FK nicht schwärzend → **30**

30a (29) Hut rosa, kegelig bis spitz gebuckelt → **Rosenroter Saftling, S. 158**

30b Hut nicht gleichzeitig rosa und kegelig oder spitz gebuckelt → **31**

31a (29) Stiel schleimig bis schmierig (frische, feuchte FK!) → **32**

31b Stiel trocken → **35**

32a (31) Lamellen-Schneide schleimig, mit Nadel abhebbar (Lupe!); L herablaufend; Geruch nach verbranntem Gummi; Hut ziegelfarben, bräunlich orange (wenn gelb vgl. auch *H. vitellina*); Stielspitze meist grünlich → **Zäher Saftling, S. 150**

32b Lamellen-Schneide nicht schleimig; Hut gelb, orange oder rot; L herablaufend → **33**

32c Lamellen-Schneide nicht schleimig; Hut gelb, orange oder rot; L aufsteigend angewachsen → **34**

33a (32) Hut und Stiel stark schleimig; Geschmack mild; SP 7–9,5 µm lang, elliptisch, kaum eingeschnürt → **Schleimfuß-Saftling, S. 150**

33b Hut und Stiel schmierig; Geschmack mild; SP 5,5–8 µm lang, elliptisch, kaum eingeschnürt → **Gelbrandiger Saftling, S. 154**

33c Hut und Stiel schmierig; Geschmack stark bitter; SP 7,9 µm lang, unregelmäßig elliptisch bis birnförmig, oft stark eingeschnürt → **Bitterer Saftling, S. 154**

34a (32) Hut flach gewölbt, dotter- bis orangegelb (selten orange); SP 7,5–10 × 4–6 µm → **Stumpfer Saftling, S. 152**

34b	Hut kegelig, gelb, orange bis rot, oft unregelmäßig geflammt; SP 9,5–14 × 5,5–10 µm **→ Artengruppe Safrangelber und Breitsporiger Saftling, S. 152**
35a (31)	Hut schleimig bis schmierig (frische, feuchte FK!) **→ 36**
35b	Hut trocken, oft etwas filzig bis schuppig (Lupe!) **→ 41**
36a (35)	L herablaufend bis breit angewachsen **→ 37**
36b	L aufsteigend angewachsen bis fast frei **→ 39**
37a (36)	Hut gelb, ohne orange oder rote Töne; Stiel < 0,3 cm breit **→ Gebrechlicher Saftling, S. 152**
37b	Hut nicht rein gelb; Stiel meist > 0,3 cm breit **→ 38**
38a (35)	Hut orangerot, mit gelbem Rand; Stiel orangegelb, zur Spitze hin rötlich **→ Gelbrandiger Saftling, S. 154**
38b	Hut (jung) kirschrot **→ Kirschroter Saftling, S. 154**
38c	Hut orange bis orangerot, mit dunklerer Papille **→ Breitblättriger Saftling *(Hygrocybe subpapillata)***
39a (36)	Hut bräunlich- bis granatrot, bis 15 cm; Stiel längsfaserig, bis 15 × 1,5 cm **→ Granatroter Saftling, S. 154**
39b	Hut braun; Stiel und L gelb **→ Schwarzbräunlicher Saftling, S. 158**
39c	Hut gelb, orange oder orangerot **→ 40**
40a (39)	Hut einfarbig gelb; L gelborange (dunkler als Hut); Geruch nach Blattwanzen **→ Schnürsporiger Saftling, S. 152**
40b	Hut einfarbig gelb bis orange; L gelb (heller als Hut); Geruch unspezifisch **→ Stumpfer Saftling, S. 152**
40c	Hut einfarbig oder geflammt gelb bis orangerot, konisch; L gelb (heller als Hut); Geruch unspezifisch **→ Artengruppe Safrangelber und Breitsporiger Saftling, S. 152**
41a (35)	Hut radialfaserig; L aufsteigend angewachsen bis fast frei **→ 42**
41b	Hut fein schuppig (Lupe!); L breit angewachsen bis herablaufend **→ 43**
41c	Hut glatt bis fein bereift; L variabel angewachsen **→ 45**
42a (41)	Hut grüngelb, konisch bis spitz gebuckelt; Stiel gleichfarben, längsfaserig **→ Kleinhütiger Saftling, S. 158**
42b	Hut rosa, konisch bis spitz gebuckelt; Stiel weißlich, glatt **→ Rosenroter Saftling, S. 158**
42c	Hut orange bis orangerot, radialfaserig bis schuppig; Stiel ebenso **→ Feuerschuppiger Saftling, S. 158**
43a (41)	L herablaufend; Hut orangerot bis rot, Hutschuppen schwärzlich; V zwischen Torfmoos in Mooren und Sümpfen **→ Schuppiger Moor-Saftling, S. 156**
43b	L herablaufend; Hut orangegelb bis rot, Hutschuppen gleichfarben; V in Wiesen und Weiden **→ Pfifferlings-Saftling, S. 156**
43c	L breit angewachsen, nicht deutlich herablaufend **→ 44**
44a (43)	Geruch nach Knoblauch; Hutschuppen oft etwas aufgerichtet **→ Knoblauch-Saftling, S. 156**
44b	Geruch unspezifisch; Hutschuppen angedrückt, oft unauffällig (Lupe!) **→ Kalkholder Saftling, S. 156**
45a (41)	Hut kirschrot; L orangerot mit hellerer Schneide; Geruch trocknend oft nach Honig **→ Prächtiger Saftling, S. 154**
45b	Hut orange; L einheitlich orange; Geruch deutlich nach Honig **→ Honig-Saftling *(Hygrocybe reidii)***
45c	Hut einfarbig gelb; L gelborange (dunkler als der Hut); Geruch nach Blattwanzen **→ Schnürsporiger Saftling, S. 152**

1 | Dattelbrauner Ellerling
Cuphophyllus colemannianus

RL-2 | §§

H 2–5 cm, jung konvex, dann flacher, +/- stumpf gebuckelt, rot-dunkelbraun. Fettig, am Rand durchscheinend gerieft. **L** Blass hellbraun, herablaufend, Flächen aderig, anastomosierend. **S** 2–8 × 0,3–1 cm, +/- zylindrisch, creme bis blassbräunlich. **F** Längsfaserig, blassbräunlich, Geruch und Geschmack mild, +/- mehlartig. **V** Ende September bis zu den ersten Bodenfrösten. Zerstreut bis sehr selten vom Flachland bis in subalpine Zonen, vorwiegend auf basischen Extensivwiesen. **W** Ausgeblasste, kleinere Exemplare könnten mit *C. fuscescens* verwechselt werden.

SP 6–9,5 × 4,5–6,5 µm

2 | Gelbfüßiger Ellerling
Cuphophyllus flavipes

RL-2 | §§

H 3–5 cm, jung konvex, dann flacher, +/- stumpf gebuckelt, grau, oft mit lila Ton. Oberfläche glatt, +/- schmierig, gerieft. **L** Grau violettlich, herablaufend, queraderig verbunden. **S** 5–8 × 0,5–0,8 cm, zylindrisch, zur Basis hin verjüngt, blassgrau bis grau, meist mit gelber Basis. **F** Brüchig, blassgrau, in der Stielbasis gelblich, ohne Geruch, Geschmack mild. **V** August bis November. Zerstreut bis sehr selten vom Flachland bis in subalpine Zonen, bodenvag, auf nährstoffarmem Grünland. **W** Makroskopisch sehr ähnlich ist *C. lacmus*. Zur Unterscheidung im Feld ist die gelbe Stielbasis zu beachten.

SP 5–8 × 4–6 µm

3 | Violettgrauer Ellerling
Cuphophyllus lacmus

RL-3 | §§

H 2–5 cm, bläulich grau, ca. ½ durchscheinend gerieft. Sehr ähnlich zu *C. flavipes*, aber mit glattem Stiel und adstringierendem, +/- bitterem Geschmack. **V** August bis November bis zur Frostperiode. In moosreichen Extensivwiesen, bodenvag. Zerstreut bis selten, gebietsweise fehlend. Wurde aber lange Zeit nicht konsequent von *C. flavipes* unterschieden.

SP 6–8,5 × 4,5–7 µm

4 | Orange-Ellerling
Cuphophyllus pratensis

RL-3 | §§

H 3–8 cm, jung konvex, dann flacher, +/- stumpf gebuckelt, im Alter mittig vertieft, trüb orange-ocker-bräunlich. Oberfläche glatt, +/- bereift. **L** Blass gelblich, herablaufend, entfernt, anastomosierend. **S** 3–7 × 0,5–1,5 cm, zylindrisch, zur Basis hin verjüngt, blaßocker. **F** Längsfaserig, weiß, im Alter blassocker, ohne Geruch, Geschmack mild. **V** August bis Dezember. Teils verbreitet, in manchen Regionen sehr selten vom Flachland bis in subalpine Zonen auf nährstoffarmem Grünland, seltener in Wäldern, bodenvag. **W** Blasse Fruchtkörper (var. *pallida*) sollten auch mit dem lange Zeit als Varietät angesehenen *C. berkeleyi* verglichen werden. Essbar, aber schonenswert.

SP 5–7,5 × 3,5–5 µm

5 | Weißer Ellerling
Cuphophyllus virgineus

§§

H 1,5–5 (8) cm, jung halbkugelig, dann flacher, +/- stumpf gebuckelt, im Alter mittig vertieft, cremeweiß, hygrophan, ¼ bis ½ durchscheinend gerieft. Oberfläche glatt, feucht schmierig. **L** Weiß, weit herablaufend, entfernt, anastomosierend. **S** 3–7 (9) × 0,3–0,8 cm, zylindrisch, zur Basis hin verjüngt, weiß. **F** Längsfaserig, cremeweiß, ohne Geruch, Geschmack mild. **V** August bis Dezember. Noch eine der häufigsten Arten, mäßig stickstofftolerant. Vom Flachland bis in alpine Zonen, bodenvag, auf nährstoffarmen Wiesen, in Eschenwäldern und Schlehengebüschen. **W** Die Art ist sehr variabel, entsprechend viele Variäteten und Formen wurden beschrieben. Gelegentlich vorhandene rosa Töne an den Fruchtkörpern stammen von Bakterienbefall. Verwechslungsmöglichkeiten bestehen mit teils giftigen, weißen Trichterlingen.

SP 7–8,5 × 4,5–5,5 µm

1

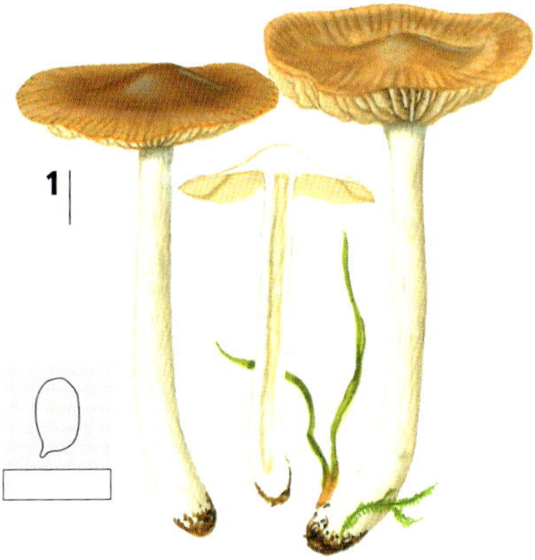

2

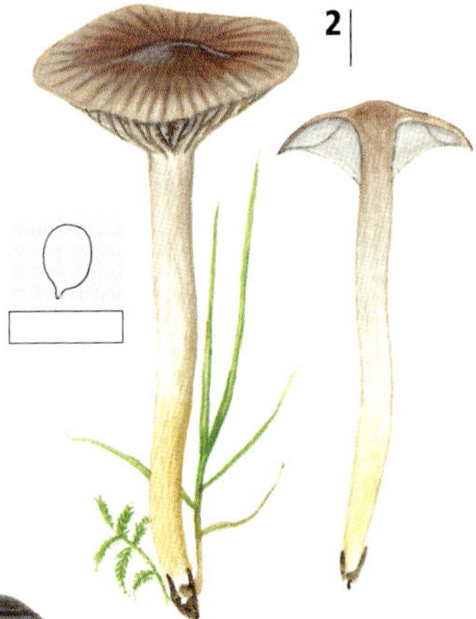

3

4

5

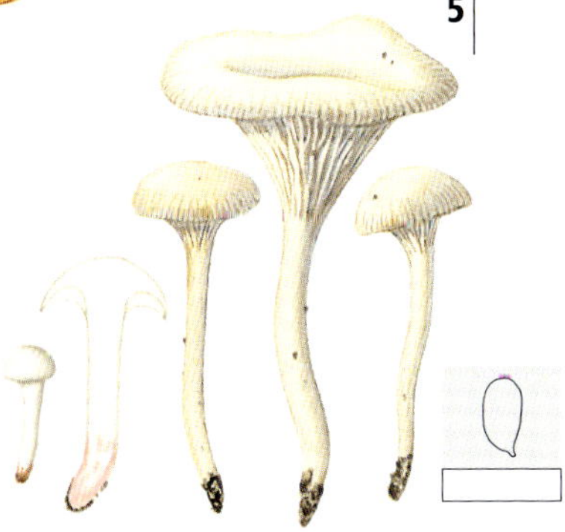

1 Grauer Saftling

Gliophorus irrigatus (Syn. *Hygrocybe irrigata*) RL-V | §§

H 2–4 cm, jung halbkugelig, dann flacher, +/- gebuckelt, rot-dunkelbraun. Feucht stark schleimig, glänzend, bis ½ durchscheinend gerieft. **L** Blass hellgrau, abgerundet angewachsen mit Zähnchen herablaufend. **S** 3–7 × 0,5–1 cm, +/- zylindrisch-hohl, oft längs gefurcht, stark schleimig, grau. **F** Brüchig, geruchlos, Geschmack mild. **V** Juli bis November. Zerstreut bis selten vom Flachland bis in subalpine Zonen, auf Extensivwiesen und in Laubwäldern mit Eschen, bodenvag. **W** In der Kombination stark schleimig und grau ist die Art schon im Gelände erkennbar.

SP 6–8,5 × 4–5 µm, L-Trama-Hyphen bis 140 µm lang

2 Zäher Saftling

Gliophorus laetus (Syn. *Hygrocybe laeta*) RL-3 | §§

H 1,5–3,5 cm, jung konvex, +/- glockig, alt flacher, orangebraun mit olivgrünen Tönen. Oberfläche feucht sehr schleimig, wenig bis ¾ durchscheinend gerieft. **L** Grünorange, sichelförmig +/- herablaufend, Schneide gelatinös. **S** 4–6 × 0,2–0,5 cm, zylindrisch, schmierig, olivgrün bis orangeocker. **F** Elastisch zäh, Geruch nach verbranntem Gummi, Geschmack mild bis säuerlich. **V** August bis November. Zerstreut bis selten vom Flachland bis in subalpine Zonen, bodenvag, auf tendenziell saurem, nährstoffarmen Wiesen. **W** Getrocknete Fruchtkörper haben violette Töne, die var. *flavus* hat reingelbe Farben, auch im Exsikkat.

SP 5–7,5 × 4–5 µm, L-Trama-Hyphen bis 130 µm lang

3 Papageien-Saftling

Gliophorus psittacinus (Syn. *Hygrocybe psittacina*) RL-V | §§

H 1,5–3,5 cm, jung halbkugelig, glockig, dann flacher gebuckelt, sehr farbvariabel von gelb über lebhaft grün bis blauviolett, Oberfläche stark schleimig, bis ½ durchscheinend gerieft. **L** Gelb-grün, abgerundet mit herablaufendem Zähnchen. **S** 2–6 × 0,3–0,5 cm, zylindrisch, stark schleimig mit gelben, grünen oder blauvioletten Farben. **F** Brüchig, Geruch und Geschmack neutral. **V** Juni bis Dezember. Teils verbreitet und noch relativ häufig vom Flachland bis in subalpine Zonen, bodenvag, auf nährstoffarmem Grünland, in Schlehengebüschen oder Eschenwäldern. **W** Im Exsikkat werden die Fruchtkörper ocker blassrosa.

SP 7,5–9,5 × 5–6 µm, L-Trama-Hyphen bis 150 µm lang

4 Ziegelbrauner Saftling

Gliophorus sciophanus (Syn. *Hygrocybe psittacina* var. *perplexa* ss. auct. europ.) §§

Habituell mit Ausnahme der ziegelroten Farben im gesamten Fruchtkörper wie *G. psittacinus*, daher lange Zeit als Varietät angesehen.

SP 7–8,5 × 4,5–5,5 µm

5 Schleimfuß-Saftling

Hygrocybe glutinipes inkl. var. *rubra* RL-V | §§

H 0,5–2,5 cm, jung halbkugelig, dann flacher mit Papille, lebhaft zitronengelb, bei der var. *rubra* scharlachrot bis orange, bis 3/4 durchscheinend gerieft. Oberfläche stark schleimig, trocken klebrig. **L** Weiß bis gelb, entfernt, breit angewachsen. **S** 1,5–4 × 0,2 cm, zylindrisch, schleimig, wie der Hut gefärbt. **F** Dünn, Geruch und Geschmack nicht signifikant. **V** Juni bis November. Teils verbreitet, gebietsweise fehlend vom Flachland bis in alpine Zonen auf nährstoffarmen Wiesen, in Eschenwäldern und Schlehengebüschen, bodenvag. **W** Die Stiele sind in frischem Zustand so schleimig, dass man die Pilzchen kaum pflücken kann.

SP 7–8 × 4–5 µm, L-Trama-Hyphen 50 bis 500 µm lang

1

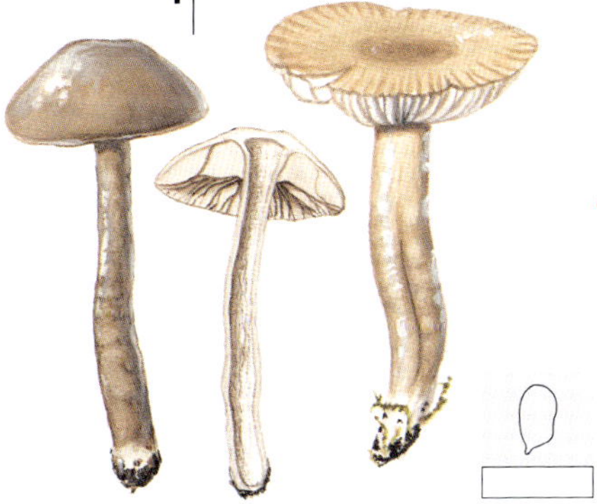

2

3

4

5

1 | Safrangelber Saftling

Hygrocybe acutoconica (Syn. *H. persistens*)

§§

H 1–5 cm, kegelig, +/- gebuckelt, zitronen- bis orangegelb. Feucht schmierig, trocken glatt, radialrissig, bis ½ durchscheinend +/- gerieft. **L** Blass hellgelb, schmal angewachsen bis fast frei, Schneide oft schartig. **S** 3–8 × 0,2–1 cm, +/- zylindrisch, gelb bis orange, leicht verdreht mit faseriger Oberfläche. **F** Längsfaserig, weißgelblich, geruchlos, Geschmack mild. **V** Mai bis November. Verbreitet vom Flachland bis in subalpine Zonen, oft in großen Gruppen, bevorzugt auf basenreichen, nährstoffarmen Extensivwiesen, auch in Pioniergesellschaften, bodenvag. **W** Die großen Sporen sind ein gutes mikroskopisches Merkmal.

SP 8–12,5 (15) × 5–6,5 µm, L-Trama-Hyphen bis > 1000 µm lang

2 | Gebrechlicher Saftling

Hygrocybe ceracea

RL-3 | §§

Eine weitere gelbe Art mit klebrigem Hut (5–30 mm), jedoch breit angewachsenen, leicht am Stiel herablaufenden Lamellen. Juli bis Dez. bis in die subalpine Zone.

SP 6,5–8 × 3–4 µm, L-Trama-Hyphen kurz, bis 100 µm

3 | Stumpfer Saftling

Hygrocybe chlorophana

§§

H 2–5 (7) cm, jung halbkugelig, dann konvex bis niedergedrückt, +/- zitronengelb, hygrophan. Oberfläche feucht schleimig-klebrig, bis ½ durchscheinend gerieft. **L** Hellgelb, bauchig, aufsteigend mit Zähnchen kurz angeheftet. **S** 2–8 × 0,5–1 cm, zylindrisch, meist mit typischer Längsfurche, hohl, gelb, Oberfläche trocken bis leicht schmierig. **F** Längsfaserig, gelb, Geruch und Geschmack nicht signifikant. **V** Juni bis November. Gebietsweise verbreitet, teils selten vom Flachland bis in subalpine Zonen auf Extensivwiesen, in Schlehengebüschen und Eschenwäldern, bodenvag. **W** Der Lamellenansatz ist ein wichtiges Unterscheidungskriterium zu ähnlichen gelben Saftlingsarten mit klebrigem Hut.

SP 7,5–9 × 4–5,5 µm, L-Trama-Hyphen bis > 1000 µm lang

4 | Kegeliger Saftling, Schwärzender Saftling

Hygrocybe conica

RL-3 | §§

H 0,5–10 cm, jung kegelig, dann glockig bis gebuckelt, sehr variabel in Größe und Farbe von Gelb über Orange zu leuchtend Rot, Oberfläche fein radial, bis ½ durchscheinend gerieft. **L** Gelbgrün, abgerundet mit herablaufendem Zähnchen. **S** 2–6 × 0,3–0,5 cm, zylindrisch, stark schleimig mit gelben, grünen oder blauvioletten Farben. **F** Brüchig, Geruch und Geschmack neutral. **V** Juni bis November. Weltweit verbreitet und häufig, bodenvag, auf nährstoffarmem Grünland, in Laubwäldern. **W** Die *conica*-Gruppe ist an den nach Verletzung schnell grau bis schwarz verfärbenden Fruchtkörpern leicht kenntlich, aber sehr variabel. Kleine Fruchtkörper in sumpfigen Biotopen werden als var. *conicopalustris* getrennt. Sehr große, robuste Fruchtkörper dürften eine eigene Art darstellen, die derzeit unter var. *pseudoconica* bekannt ist. In sandigen Küstenhabitaten mit rötlichen Lamellen wächst *H. conicoides*.

SP 8,5–10,5 × 5–6,5 µm, L-Trama-Hyphen bis > 1000 µm lang

5 | Schnürsporiger Saftling

Hygrocybe quieta (Syn. *H. obrussea*)

RL-V | §§

H 1,5–6 cm, jung konvex bis breitglockig, dann flacher gebuckelt, matt orangegelb bis hellgelb, +/- hygrophan. Oberfläche jung etwas schmierig, sonst trocken. **L** Blassgelb bis lachsorange, entfernt, ausgebuchtet angewachsen, anastomosierend. **S** 3–9 × 0,2–0,8 cm, zylindrisch, trocken, hohl, wie der Hut gefärbt. **F** Brüchig, Geruch +/- stark nach Blattwanzen (ähnlich *Lactarius quietus*). **V** Juli bis November. Teils verbreitet, gebietsweise fehlend vom Flachland bis in subalpine Zonen auf nährstoffarmen Wiesen, in Laubwäldern und Schlehengebüschen, bodenvag. **W** Der Geruch entwickelt sich oft erst nach Verletzung oder Reiben.

SP 7,5–9 × 4–5 µm, eingeschnürt, L-Trama-Hyphen bis 200 µm lang

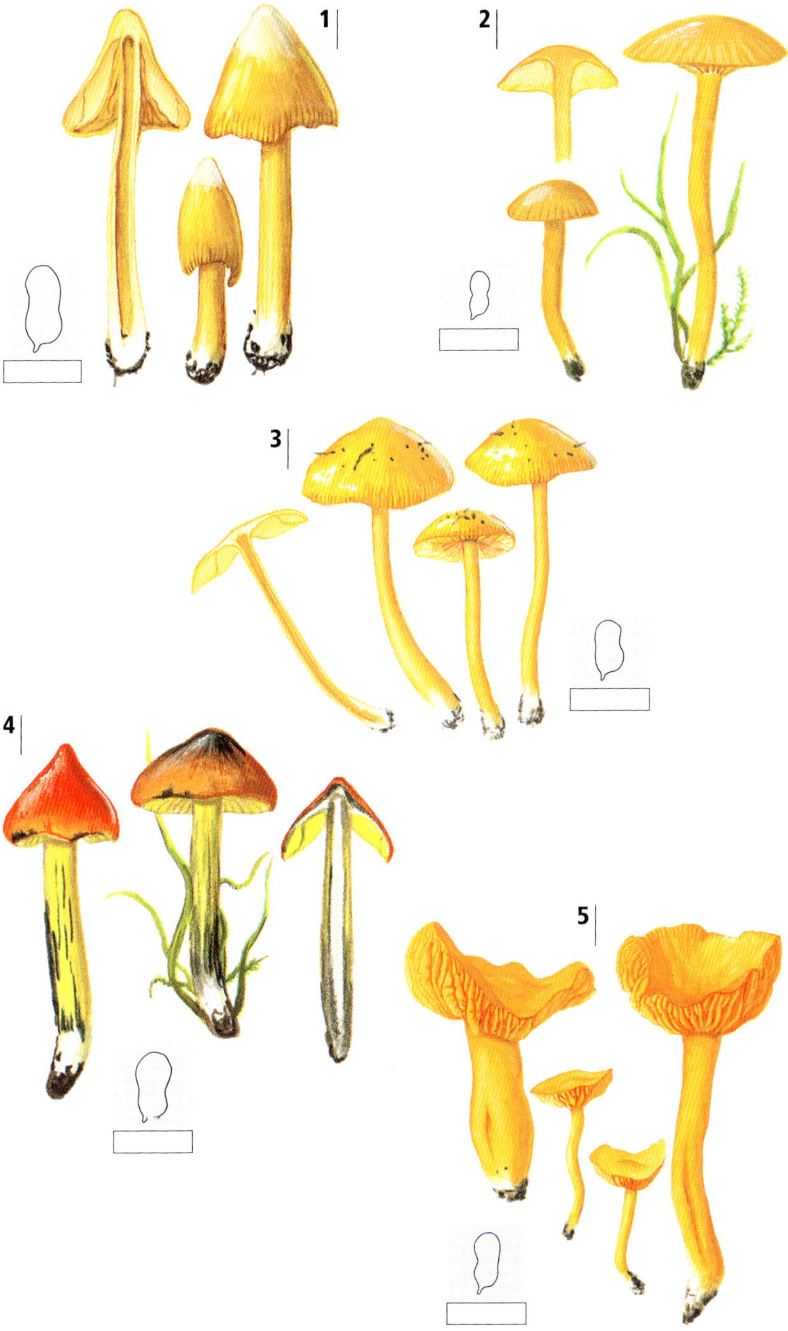
1
2
3
4
5

1 | Kirschroter Saftling

Hygrocybe coccinea

RL-3 | §§

H 1–6 cm, jung halbkugelig, dann konvex +/- breit gebuckelt, granatrot. Feucht schmierig, trocken glatt, am Rand kurz gerieft, hygrophan. **L** Orangerot, breit angewachsen mit Zähnchen, queraderig verbunden. **S** 2–7 × 0,3–0,6 cm, +/- zylindrisch, basal verjüngt, Farben ähnlich wie der Hut, trocken. **F** Relativ fest, rotorange, geruchlos, Geschmack mild. **V** September bis November. Teils verbreitet, teils selten bis fehlend vom Flachland bis in subalpine Zonen, auf nährstoffarmen Extensivwiesen und in Laubwäldern, bodenvag. **W** Die var. *umbonata* hat konstant +/- spitz gebuckelte Hüte.

SP 7,5–10 × 4,5–5,5 µm, L-Trama-Hyphen bis > 130 µm lang

2 | Gelbrandiger Saftling

Hygrocybe insipida

RL-3 | §§

H 0,4–3 cm, jung halbkugelig, dann konvex, +/- orangegelb mit hellerer Randzone. Oberfläche jung schleimig-klebrig, bis ¾ durchscheinend gerieft. **L** Gelborange, breit angewachsen und +/- weit am Stiel herablaufend. **S** 1,5–6 × 0,1–0,3 cm, zylindrisch, gelborange, apikal dunkler, Oberfläche jung +/- schmierig, alt trocken. **F** Relativ fest, Geruch und Geschmack nicht signifikant. **V** Juli bis November. Gebietsweise verbreitet, teils selten oder fehlend, vom Flachland bis in subalpine Zonen auf Extensivwiesen, in Niedermooren und Laubgehölzen, bodenvag. **W** Die Art ist sehr variabel in Größe, Form und Farbe und sollte stets mikroskopisch geprüft werden.

SP 6,5–7,5 × 3–4 µm, L-Trama-Hyphen bis > 150 µm lang

3 | Bitterer Saftling

Hygrocybe mucronella

RL-3 | §§

H 0,4–3,5 cm, jung halbkugelig, dann glockig bis gebuckelt, zinnoberrot mit heller orangegelbem gekerbten Rand. Oberfläche ca. ½ durchscheinend gerieft, nur jung schmierig, sonst matt. **L** Gelbrot, breit angewachsen, +/- herablaufend. **S** 1–4 × 0,2–0,4 cm, zylindrisch verbogen, meist trocken, rotorange, zur Basis heller. **F** Dünn, zäh, Geschmack +/- bitter. **V** September bis November. Planar bis hochmontan verbreitet, aber teils sehr selten. Auf nährstoffarmen Extensivwiesen, Parkanlagen, in Laubgehölzen. **W** Der bittere Geschmack ist ein wichtiges Erkennungsmerkmal dieser variablen Art.

SP 7–8,5 × 4,5–6 µm bei 4-sporig **BAS**, L-Trama-Hyphen bis > 200 µm lang

4 | Granatroter Saftling

Hygrocybe punicea

RL-3 | §§

H 3–10 (15) cm, jung breit kegelig, dann flacher gebuckelt, glänzend braun- bis purpurrot, hygrophan. Oberfläche jung schmierig, dann fettig. **L** Blassgelb bis orange, entfernt, aufsteigend angeheftet mit Zähnchen, anastomosierend. **S** 3–15 × 0,5–1,3 cm, zylindrisch, basal verjüngt, trocken, längsfaserig gelb orangerot. **F** Längsfaserig, im Hut orangerot, im Stiel gelblich bis weiß, Geruch und Geschmack nicht signifikant. **V** September bis November. Verbreitet, gebietsweise fehlend und stark rückläufig vom Flachland bis in subalpine Zonen auf nährstoffarmen, feuchten Extensivwiesen, bodenvag. **W** Verwechslungen sind möglich mit großen Exemplaren von *H. coccinea* oder *H. splendidissima*. Wegen Seltenheit schonenswert, in Deutschland wie alle Saftlinge streng geschützt.

SP 8,5–10 × 4,5–5,5 µm, L-Trama-Hyphen kurz, bis 100 µm

5 | Prächtiger Saftling

Hygrocybe splendidissima

RL-G | §§

Von *H. punicea* unterscheidbar durch fast freie, aufsteigend angeheftete Lamellen, +/- einheitlich gelboranges Fleisch in Hut und Stiel und honigartigen Geruch. **V** September bis November. Planar bis subalpin, sehr selten und schonenswert, in Extensivwiesen. Gelegentlich im gleichen Biotop wie *H. punicea*.

SP 7,5–9 × 4,5–5,5 µm, L-Trama-Hyphen kurz, bis 100 µm

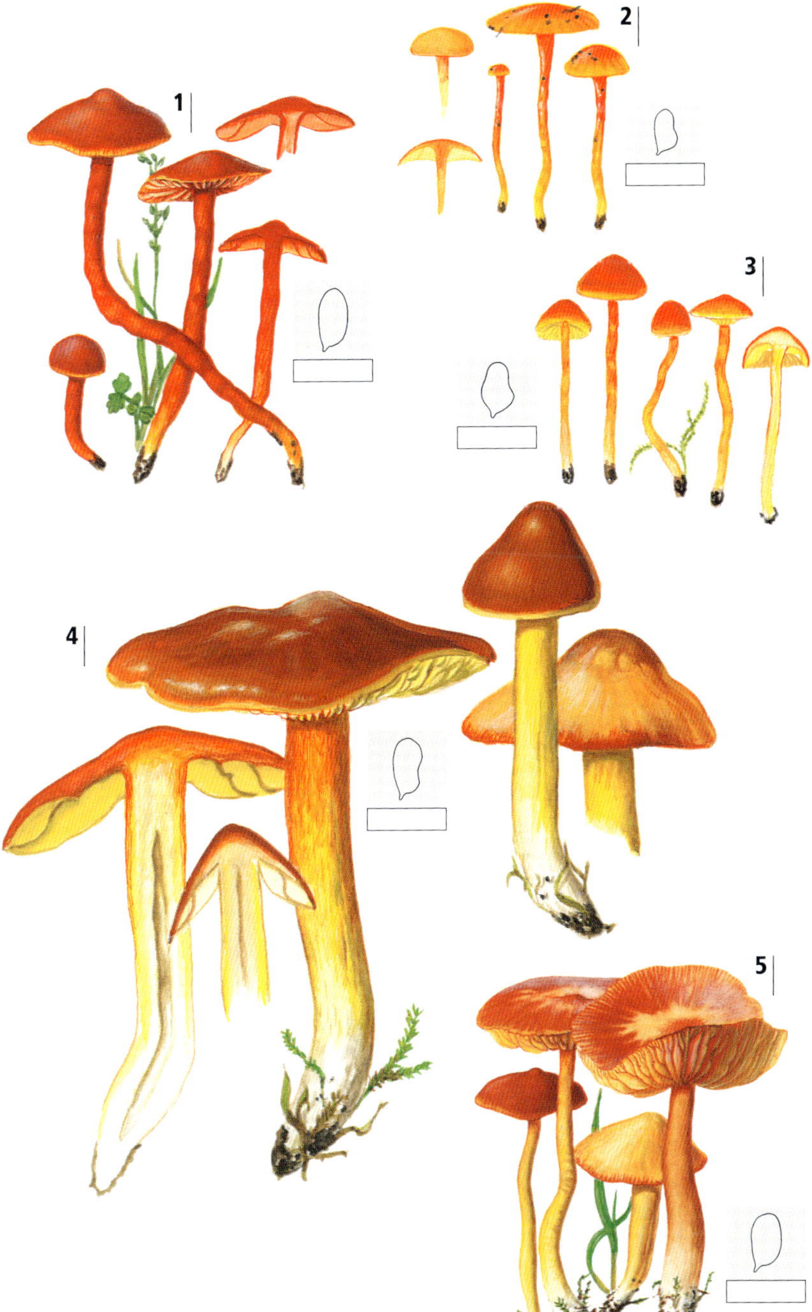
1
2
3
4
5

1 | Kalkholder Filzsaftling
Hygrocybe calciphila

RL-G | §§

H 0,5–3 cm, jung halbkugelig, dann konvex und leicht genabelt, leuchtend rotorange, älter ausgeblasst. Oberfläche trocken glatt, mit der Lupe fein flaumig-schuppig. **L** Gelborange, breit angewachsen mit Zähnchen. **S** 2–4 × 0,1–0,3 cm, +/- zylindrisch, gelborange, trocken, glatt. **F** Dünn, gelborange, Geruch und Geschmack nicht signifikant. **V** Juni bis November. Zerstreut, in den nördlichen Kalkalpen verbreitet, nur von basischen Böden bekannt vom Flachland bis in subalpine Zonen, auf nährstoffarmen Trockenrasen, in Pioniergesellschaften an Wegrandböschungen. **W** Verwechslungsmöglichkeiten bestehen mit der bodenvagen *H. miniata*, die sich nur mikroskopisch sicher durch ihre charakteristische Sporenform unterscheiden lässt.

SP 7,5–9 × 5–6 µm, L-Trama-Hyphen bis 100 µm lang

2 | Pfifferlings-Saftling
Hygrocybe cantharellus (Syn. *Hygrocybe lepida*)

RL-3 | §§

H 0,4–3,5 cm, jung konvex genabelt, dann trichterig mit Pfifferlings-Habitus mit gekerbtem Rand, mennigrot bis gelborange. Oberfläche fein filzig-schuppig (Lupe!). **L** Gelborange, breit angewachsen und +/- weit am Stiel herablaufend. **S** 2–8 × 0,2–0,5 cm, zylindrisch, orangegelb, glatt, seidig, trocken. **F** Fragil, Geruch und Geschmack fehlend oder nach rohen Kartoffeln. **V** Juli bis November. Gebietsweise verbreitet, teils selten oder fehlend vom Flachland bis in subalpine Zonen auf moosreichen Extensivwiesen und in Auwäldern, bodenvag. **W** Verwechslungsmöglichkeiten bestehen mit der dunkelschuppigen *H. coccineocrenata*, die *Sphagnum*-Moore bevorzugt.

SP 9–10,5 × 5,5–7 µm, L-Trama-Hyphen kurz bis 75 µm

3 | Schuppiger Moor-Saftling
Hygrocybe coccineocrenata

RL-2 | §§

H 0,6–2,5 cm, jung konvex genabelt, dann trichterig mit Pfifferlings-Habitus mit gekerbtem Rand, mennigrot bis orange. Oberfläche mit schwarzen Schüppchen, die zum Rand hin heller werden (Lupe!). **L** Jung weiß, dann blass gelblich orange, breit angewachsen und +/- weit am Stiel herablaufend. **S** 1,5–7 × 0,2–0,4 cm, zylindrisch, orangegelb, zur Basis blasser, glatt, trocken. **F** Fragil, dünn, Geruch und Geschmack neutral. **V** Juni bis Oktober. Zerstreut bis selten in Moorwiesen meist bei Sphagnum oder anderen Moosen. **W** Der Standort und die dunklen Schüppchen sind wichtige Feldmerkmale. An trockeneren Standorten wächst die sehr ähnliche *H. turunda*.

SP 9,5–11,5 × 5,5–6,5 µm, L-Trama-Hyphen kurz bis 110 µm

4 | Mennigroter Saftling
Hygrocybe miniata

RL-G | §§

H 0,5–5 cm, jung halbkugelig, dann konvex mit leichter Delle, mennigrot bis blassorange, hygrophan. Oberfläche trocken, fein schürfelig (Lupe!). **L** Gelb bis orangerot, entfernt, breit angewachsen mit Zähnchen. **S** 2–5 × 0,2–0,5 cm, zylindrisch, trocken, gelborange. **F** Dünn, brüchig, Geruch und Geschmack nicht signifikant. **V** Juni bis November. Verbreitet vom Flachland bis in subalpine Zonen auf nährstoffarmen Extensivwiesen, in Laubwäldern mit Ahorn, Erlen und Eschen, bodenvag tendenziell auf sauren Böden. **W** Verwechslungen sind möglich z. B. mit *H. calciphila*, mikroskopische Prüfung ist ratsam.

SP 7–9 × 4,5–5,5 µm, L-Trama-Hyphen kurz, bis 150 µm

5 | Knoblauch-Saftling
Hygrocybe helobia

RL-G | §§

Eine weitere rote Art mit trockener, leicht schürfeliger Huthaut. **V** Juni bis November. Planar bis subalpin in anmoorigen Extensivwiesen. **W** Der Knoblauchartige Geruch ist nicht immer deutlich wahrnehmbar. Hier ist es wie bei vielen anderen Pilzarten mit schwächeren Gerüchen manchmal hilfreich, die Fruchtkörper für eine Weile in geschlossenen Behältnissen aufzubewahren.

SP 8–10 × 5–6 µm, L-Trama-Hyphen 150–500 µm

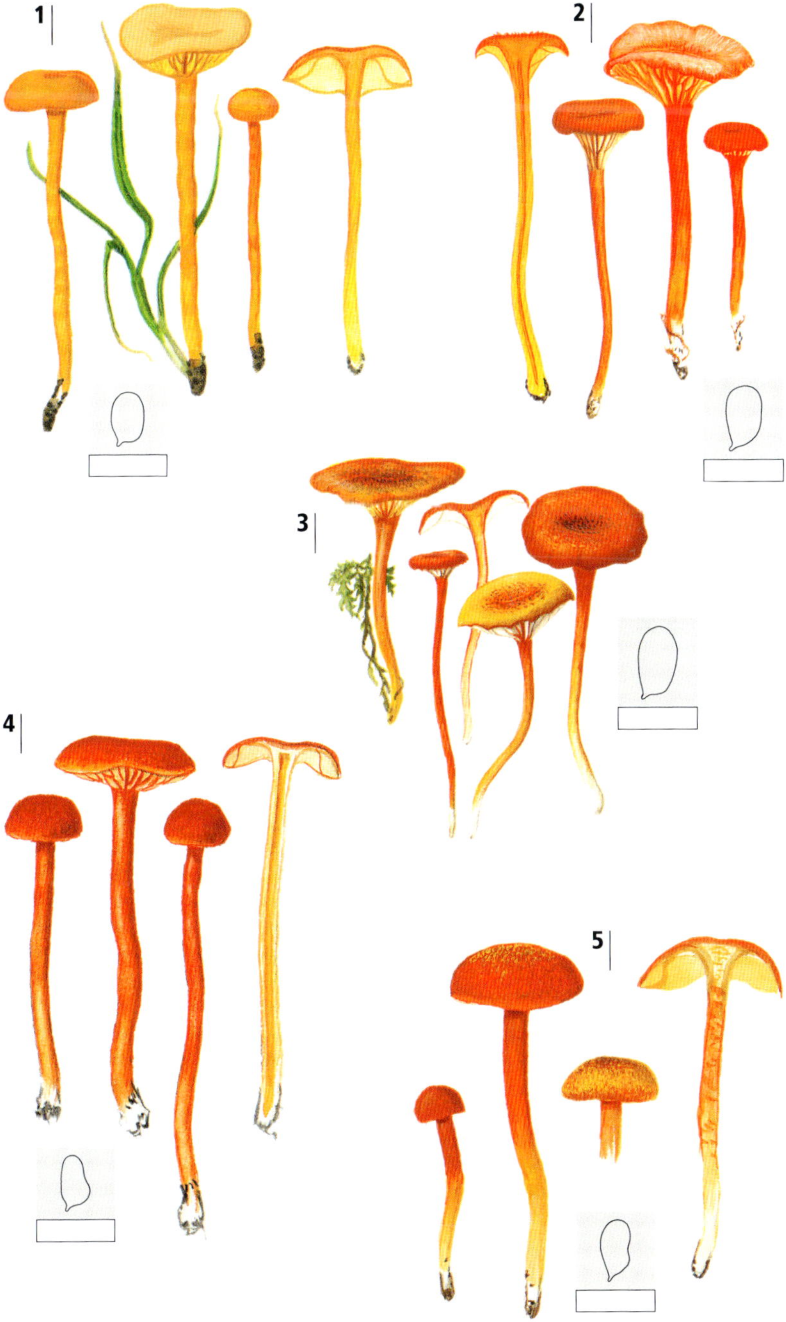
1
2
3
4
5

1 | Feuerschuppiger Saftling

Hygrocybe intermedia

RL-3 | §§

H 2,5–5 cm, spitz- bis stumpfkegelig, leuchtend rotorange. Oberfläche trocken, fein radial faserig-schuppig. **L** Weiß bis cremegelb, aufsteigend mit Zähnchen angewachsen, fast frei. **S** 2–6 × 0,5–1,5 cm, +/- zylindrisch, hohl, +/- längs gefurcht, gelborange längsfaserig, trocken. **F** Gelblich, in der Stielbasis schwach grauend, Geruch und Geschmack nicht signifikant. **V** Juli bis Oktober. Zerstreut bis selten, Flachland bis in subalpine Zonen, auf nährstoffarmen Extensivweiden und Almwiesen, bodenvag. **W** Die mittelgroße Art ist mit ihrem fein radialfaserigem Hut und Stiel schon im Gelände bestimmbar.

SP 8,5–10 × 5–6,5 µm, L-Trama-Hyphen bis 200–700 µm lang

2 | Schwarzbräunlicher Saftling

Hygrocybe spadicea

RL-G | §§

H 2,5–5 (8) cm, jung konisch, dann glockig bis ausgebreitet mit Buckel, sepiabraun, oft mit aufgerissenem Rand. Oberfläche jung schmierig, dann radialfaserig. **L** Hellgelb, aufsteigend mit Zähnchen angewachsen, fast frei, Schneide schartig. **S** 3–9 × 0,3–1 cm, zylindrisch, gelb, im Alter mit bräunlichen Fasern, trocken. **F** Gelb, brüchig, Geruch fehlend oder nach Weidenbohrer-Raupen, Geschmack mild. **V** Juni bis Dezember. Zerstreut bis selten oder fehlend vom Flachland bis in subalpine Zonen auf sauren Extensivwiesen. **W** Die Kombination von gelben Lamellen und braunem Hut ist bei den Saftlingen einmalig. Allenfalls Frostschnecklinge haben eine ähnliche Farbkombination, aber schleimige Hüte.

SP 9–12 × 5–7 µm, L-Trama-Hyphen bis > 1000 µm lang

3 | Rosenroter Saftling

Porpolomopsis calyptriformis (Syn. *Hygrocybe calyptriformis*)

RL-1 | §§

H 2,5–7 (10) cm, jung schlank konisch, dann ausgeschweift mit spitzem Buckel und radial aufreißend, altrosa, blasslila bis fleischrosa, alt ausblassend. Oberfläche leicht schmierig bis trocken, fein radialfaserig. **L** Weiß bis rosa, aufsteigend angeheftet, Schneide stark schartig. **S** 4–12 × 0,5–1,5 cm, +/- verdreht zylindrisch, weiß bis blassrosa, glatt, trocken. **F** Dünn, brüchig, weiß, Geruch und Geschmack nicht signifikant. **V** August bis November. Verbreitet in ganz Europa, aber überall sehr selten mit lokalen Vorkommen in nährstoffarmen Extensivwiesen oder Laubwäldern mit Eschen. **W** Form und Farben sind einzigartig, die extrem seltene Art somit schon im Gelände leicht bestimmbar.

SP 6,5–8 × 4,5–5,5 µm, L-Trama-Hyphen > 1000 µm lang

4 | Kleinhütiger Saftling, Grüngelber Saftling

Hygrocybe citrinovirens

RL-2 | §§

H 2–7 (9) cm, jung schlank konisch, dann ausgeschweift mit spitzem Buckel und vom Rand her radial stark aufreißend, zitronengelb bis grüngelb, alt ausblassend. Oberfläche leicht schmierig bis trocken, glatt bis eingewachsen radialfaserig. **L** Weiß mit Grünstich, entfernt, fast frei, Schneide +/- schartig. **S** 4–10 × 0,7–1,5 cm, zylindrisch mit Längsfurche, trocken, hohl, gelborange. **F** Gelblich, brüchig, Geruch und Geschmack nicht signifikant. **V** Juni bis Oktober. Selten vom Flachland bis in subalpine Zonen auf nährstoffarmen Extensivwiesen, tendenziell auf basenreichen Böden. **W** Verwechslungen sind möglich *H. acutoconica*, bei untypischen Fruchtkörpern ohne Grüntöne ist eine mikroskopische Prüfung ist ratsam.

SP 6,5–8,5 × 5–6 µm, L-Trama-Hyphen 250–600 µm lang

1
2
3
4

1 Blassrandiger Saftling
Hygrocybe fornicata

RL-2 | §§

H 2–8 cm, ritterlingsartig, breit konisch bis schirmartig, +/- gebuckelt, Rand oft hochgebogen, elfenbeinweiß, blassgrau bis ockerbraun. Oberfläche glatt, matt oder radialfaserig. **L** Weiß bis blassgrau, ausgebuchtet mit Zähnchen, queraderig verbunden. **S** 2–7 × 0,3–2 cm, zylindrisch bis leicht keulig, beige, oft faserig. **F** Stabil und fest, weiß, nach Verletzung leicht rötend, Geruch fehlend bis +/- unangenehm säuerlich-stechend, Geschmack mild. **V** September bis November. Zerstreut bis selten im Flachland, vorwiegend montan, auf nährstoffarmem Grünland, selten in Laubgehölzen, bodenvag. **W** Makroskopisch ähnlich sind Erdritterlinge, Samtritterlinge und die allerdings nitrös riechende *Neohygrocybe nitrata*.

SP 9–10,5 × 5,5–7 µm, L-Trama-Hyphen kurz 20–150 µm

2 Rötender Nitratsaftling
Neohygrocybe ingrata (Syn. *Hygrocybe ingrata*)

RL-2 | §§

H 2–6 cm, graubraun, an verletzten Stellen leicht rötend, dann schwärzend mit +/- deutlich nitrösen Geruch.
V August bis November. Planar bis subalpin vorwiegend in Extensivwiesen, fast überall selten.

SP 7–9 × 5–6,5 µm, L-Trama-Hyphen 50–200 µm

3 Nichtrötender Nitratsaftling
Neohygrocybe nitrata (Syn. *Hygrocybe nitrata*)

RL-2 | §§

H 0,6–2,5 cm, jung konvex genabelt, dann trichterig mit Pfifferlings-Habitus mit gekerbtem Rand, mennigrot bis orange. Oberfläche mit schwarzen Schüppchen, die zum Rand hin heller werden (Lupe!). **L** Jung weiß, dann blass gelblich orange, breit angewachsen und +/- weit am Stiel herablaufend. **S** 1,5–7 × 0,2–0,4 cm, zylindrisch, orangegelb, zur Basis blasser, glatt, trocken. **F** Fragil, dünn, Geruch stark nitrös, Geschmack mild. **V** Juli bis November. Zerstreut bis selten planar bis subalpin in Extensivwiesen. **W** Der intensive Geruch ist ein gutes Feldmerkmal. Falls die Fruchtkörper an verletzten Stellen +/- röten, müssen die Mikromerkmale geprüft werden.

SP 8–9 × 4,5–5,5 µm, L-Trama-Hyphen bis 260 µm lang

4 Rötender Saftling
Neohygrocybe ovina (Syn. *Hygrocybe nitiosa*)

RL-1 | §§

H 2–9 cm, konvex bis gebuckelt, rußbraun, hygrophan aufhellend. Oberfläche schmierig bis rissig radialschuppig. **L** Sepia bis dunkelgrau, rötend, entfernt, dick, ausgebuchtet angewachsen, fast frei. **S** 3–12 × 0,7–2 cm, zylindrisch bis keulig, längs gerillt, hohl, trocken und glatt, sepia bis graubraun. **F** Bräunlich, brüchig, nach Reiben rötend, Geruch +/- nitrös. **V** Juli bis November. Selten, gebietsweise fehlend, vorwiegend montan bis in subalpine Zonen auf nährstoffarmen Extensivwiesen, bodenvag. **W** Die dunklen Fruchtkörper mit dem rötenden Fleisch sind kaum verwechselbar.

SP 7,5–9 × 5–6 µm, L-Trama-Hyphen kurz, 50–200 µm

5 Rötender Wachstrichterling
Cantharellula umbonata

RL-V

H 1–3 (5) cm, flach ausgebreitet, dann trichterig mit Papille, braunviolett bis schiefergrau. Oberfläche trocken seidig, zum Rand feinfilzig. **L** Weiß bis hellgrau, alt rötlich fleckend, am Stiel herablaufend, mehrfach gegabelt, wachsartig. **S** 2–6 × 0,2–0,7 cm, +/- zylindrisch, etwas heller als der Hut, filzig. **F** Fest, weiß, nach Verletzung rosa anlaufend, Geruch und Geschmack mild. **V** August bis November. Einzeln bis büschelig als Moosparasit (*Polytrichum* u. a.) in vorwiegend sauren Wäldern der Mittelgebirge und im Norden. **W** Verwechslungsmöglichkeiten bestehen mit kleinen grauen Trichterlingen und Nabelingen. In älterer Literatur wir die Art als essbar bezeichnet, ist aber kaum ergiebig und meist selten.

SP 7–11 × 3–3,5 µm, J+, Schnallen +

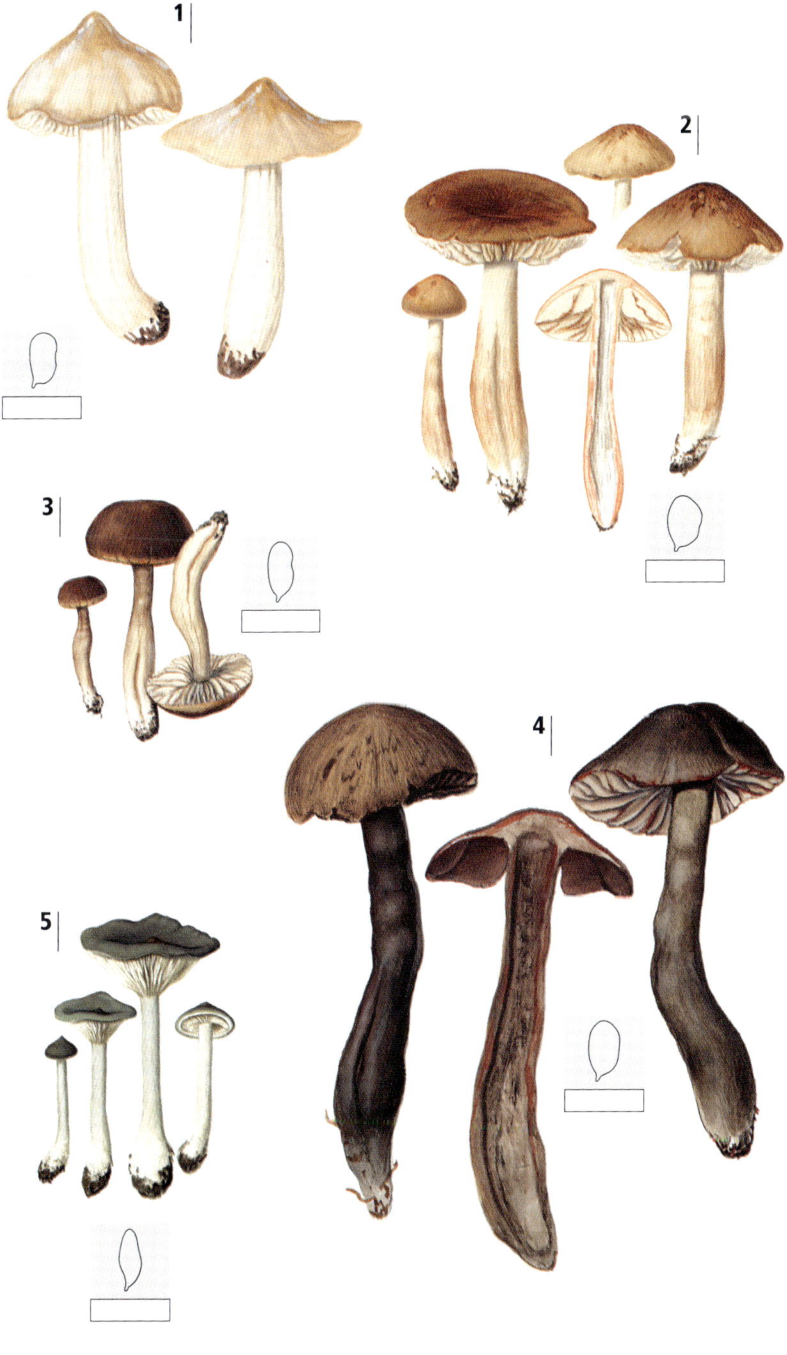
1
2
3
4
5

1 Elfenbein-Schneckling

Hygrophorus eburneus

RL-V

H 2–5 cm, konvex, älter ausgebreitet und mittig vertieft, elfenbeinweiß. Oberfläche stark schleimig, trocken klebrig. **L** Cremeweiß, wachsweich, am Stiel kurz herablaufend. **S** 4–6 × 0,5–1 cm, +/- zylindrisch verbogen, an der Spitze feinflockig trocken, zur Basis etwas schleimig. **F** Weiß, Geruch etwas obstig, nach Mandarinenschalen, Geschmack mild. **V** August bis Dezember. Weit verbreitet und häufig als Symbiont der Rotbuche oft gesellig in Wäldern und Parkanlagen, bodenvag. **W** KOH auf Hut und Fleisch negativ bzw. sehr schwach. Verwechslungsmöglichkeiten bestehen mit *H. cossus* und *H. discoxanthus*. Letzterer verfärbt mit KOH auf dem Hut deutlich gelborange. Die KOH-Reaktion am Stiel ist zur Unterscheidung nicht geeignet.

SP 7–9 × 4,5–5 µm

2 Nichtverfärbender Schneckling

Hygrophorus cossus

RL-2

H 2–8 cm, die Art ist ein Doppelgänger von *H. eburneus* und vorwiegend mit Eichen assoziiert. Juli bis Dezember. Planar bis montan in wärmebegünstigten Wäldern. Der als typisch beschriebene „Cossus"-Geruch ist ein säuerlicher Duft, den Weidenbohrer-Raupen *(Cossus cossus)* verströmen. Die Raupen sind in Europa weit verbreitet in alten Weidenstämmen.

SP 7–9,5 × 4–5,5 µm, KOH-Reaktion negativ

3 Trockener Schneckling

Hygrophorus penarius

H 3–7 cm, breit konvex gebuckelt mit +/- stark geripptem Rand, cremeweiß. Oberfläche trocken, kahl, auch feucht nur leicht schmierig. **L** Weiß bis creme, breit angewachsen, mit Zähnchen am Stiel, anastomosierend. **S** 3–4 × 1–2 cm, kürzer als der Hut-Durchmesser, zylindrisch mit verjüngter Basis, cremeweiß mit fein flockiger Oberfläche, trocken. **F** Im Hut dick, cremeweiß, ohne besonderen Geruch, Geschmack mild, leicht bitterlich. **V** Juli bis November. Zerstreut bis verbreitet, planar bis subalpin im Buchenareal, bodenvag. **W** Die Varietät *fagi* wird durch lange Stiele (10–13 cm) und die jung schmierig-schleimige Huthaut charakterisiert.

SP 6–9 × 4–5 µm, **Q** 1,8

4 Trockener Eichen-Schneckling

Hygrophorus penarioides

H 5–10 cm, die Art ist ein Doppelgänger von *H. penarius* und an Eichen gebunden. Die Fruchtkörper sind insgesamt kräftiger und haben einen fruchtigen Geruch mit Zitrus-Komponente. **V** August bis November, die genaue Verbreitung ist noch nicht gut erforscht. Die bisherigen Fundnachweise liegen alle in wärmeren Regionen, z. B. in Thüringen und Sachsen-Anhalt. Im mediterranen Raum dürfte er weit verbreitet sein.

SP 5,5–6,5 × 4–4,5 µm, **Q** 1,4–1,7

5 Fichten-Schneckling

Hygrophorus piceae

H 2–5 cm, konvex bis leicht gebuckelt, weiß. Oberfläche jung schmierig, dann trocken, matt bis +/- glänzend. **L** Jung cremerosa, dann weiß, wachsweich, breit angewachsen, +/- am Stiel herablaufend. **S** 4–10 × 0,4–1,3 cm, schlank zylindrisch, basal keulig oder verjüngt, trocken, weiß, fein flockig bereift. **F** Weiß, brüchig, Geruch und Geschmack nicht signifikant. **V** August bis November. Zerstreut, gebietsweise fehlend, vor allem in Norddeutschland, vorwiegend montan bis in subalpine Zonen, streng an Fichten gebunden, bodenvag. **W** Die cremefarbenen Lamellen sind ein charakteristisches Artmerkmal. Im Mischwald muss die Bestimmung mit mikroskopischen Merkmalen abgesichert werden, da es mehrere weiße Schnecklingsarten gibt.

SP 7–9 × 4,5–5,5 µm, KOH-Reaktion negativ

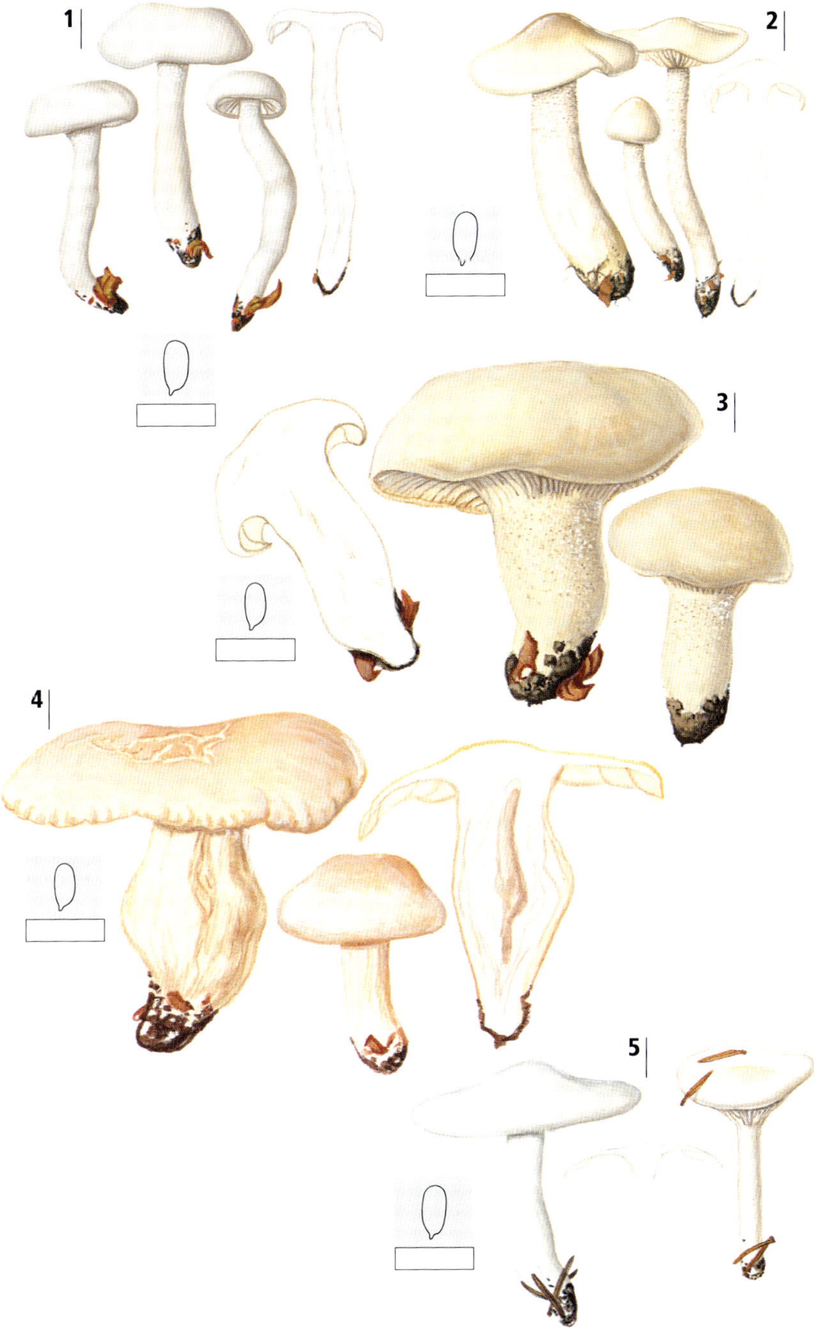
1
2
3
4
5

1 | Goldzahn-Schneckling
Hygrophorus chrysodon

H 2,5–8 cm, konvex, älter ausgebreitet, +/- mittig vertieft, elfenbeinweiß mit goldgelben Flecken, teils nur an jungen Exemplaren am Hutrand. Oberfläche schleimig bis trocken, zum Rand hin filzig-haarig. **L** Cremeweiß, auch blassrosa, wachsweich, am Stiel herablaufend, Schneide mit +/- gelben Flöckchen. **S** 3–8 × 0,5–2 cm, +/- zylindrisch, zur Basis verjüngt, schleimig bis trocken, oft mit gelben Flöckchen an der Spitze. **F** Weiß, Geruch +/- säuerlich, obstig oder fehlend. **V** Juli bis Dezember. Teils verbreitet, teils selten bis fehlend als Symbiont der Rotbuche in Wäldern und Parkanlagen, auf mineralreichen, tendenziell basischen Böden. **W** Es handelt sich um eine Sammelart, molekulargenetisch und ökologisch werden mehrere, noch unbeschriebene Arten angenommen. Funde bei anderen Baumarten sollten gut dokumentiert werden.

SP 7–9 × 4,5–5 µm

2 | Verfärbender Schneckling
Hygrophorus discoxanthus

H 3–7 cm, breit konvex, flach, +/- gebuckelt, jung elfenbeinweiß, bald gelb bis rostig fleckend. Oberfläche schleimig. **L** Weiß bis cremegelblich, breit angewachsen mit Zahn herablaufend, bräunend im Exsikkat. **S** 5–10 × 1–2 cm, zylindrisch mit verjüngter Basis, cremeweiß mit flockiger Spitze, schleimig. **F** Weißgelblich, intensiver, säuerlicher „Cossus"- Geruch. **V** Juli bis November. Verbreitet, planar bis hochmontan im Buchenareal, bodenvag, aber häufiger in basenreichen Gebieten. **W** Für eine sichere Bestimmung sollte immer die intensive KOH-Reaktion getestet werden.

SP 7–9 × 5–6 µm, KOH-Reaktion gelb- bis dunkelbraun

3 | Schleimigberingter Schneckling
Hygrophorus gliocyclus (Syn. *H. ligatus* ss. auct. p. p.)

RL-2

H 3–8 cm, konvex bis flach gebuckelt, gelblich creme. Oberfläche stark schleimig, trocken klebrig und glänzend. **L** Cremegelblich, rosa, entfernt, am Stiel herablaufend. **S** 4–10 × 0,7–1,5 cm, zylindrisch, basal keulig oder verjüngt, weiß, mit schleimiger Ringzone. **F** Weiß, Geruch nach Reiben süßlich, Geschmack mild. **V** August bis November. Zerstreut bis selten, vorwiegend montan auf basenreichen Trockenrasen, Wacholderheiden mit Kiefern. **W** Durch den schleimigen Ring und Standort gut festgelegte, allerdings durch Lebensraumverluste selten gewordene Art.

SP 7,5–9,5 × 4,5–6,5 µm

4 | Birken-Schneckling
Hygrophorus hedrychii (Syn. *H. melizeus*)

RL-3

H 3–6 cm, konvex bis +/- gebuckelt bis vertieft, elfenbeinweiß, Mitte gelblich. Oberfläche stark schleimig. **L** Weiß bis cremerosa, wachsweich, +/- am Stiel herablaufend. **S** 4–7 × 0,8–1,5 cm, zylindrisch, basal verjüngt, +/- schleimig, weißrosa, apikal flockig. **F** Weiß, Geruch aromatisch, „Cossus"-artig, süßlich, nach Bittermandeln, Geschmack mild. **V** August bis November. Zerstreut bis selten, gebietsweise fehlend, planar bis in subalpine Zonen, streng an Birken gebunden, basische, lehmige Böden. **W** Durch die Bindung an Birken gut festgelegte Art.

SP 6–9 × 3,5–5 µm, KOH-Reaktion negativ

5 | Marillenblättriger Schneckling
Hygrophorus karstenii

Ähnlich der vorherigen Art, jedoch bei Fichten im Alpenraum bzw. in Skandinavien. **V** Juli bis September, montan bis subalpin in Heidelbeer-Fichtenwäldern, in Deutschland extrem selten mit zwei älteren Nachweisen aus dem Alpenraum. Im südlichen Alpenraum (Südtirol und Trentino) ist er einer der ersten Schnecklingsarten im Sommer. **W** Der Pilz wurde zu Ehren des Mykologen und Botanikers Hermann Karsten benannt.

SP 7,5–11 × 5–7 µm

1

2

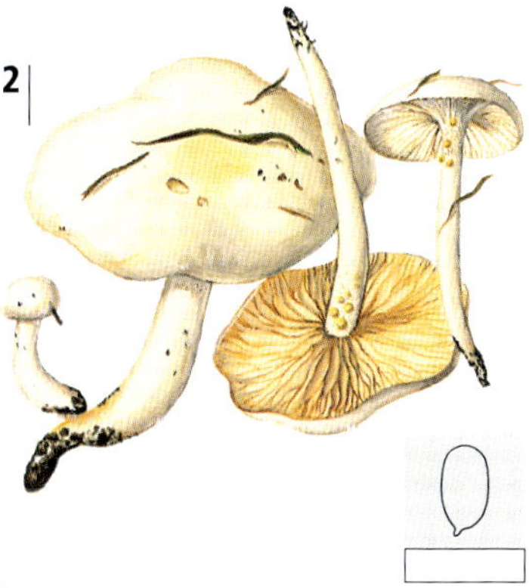

3

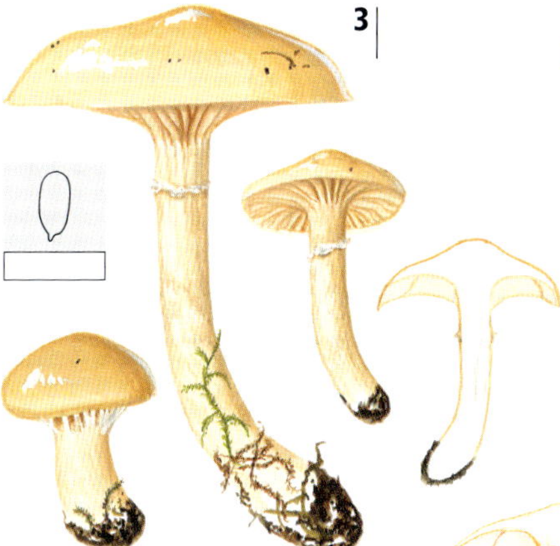

4

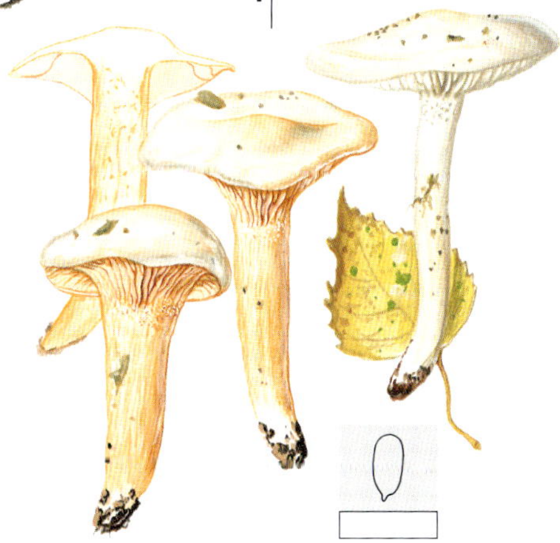

5

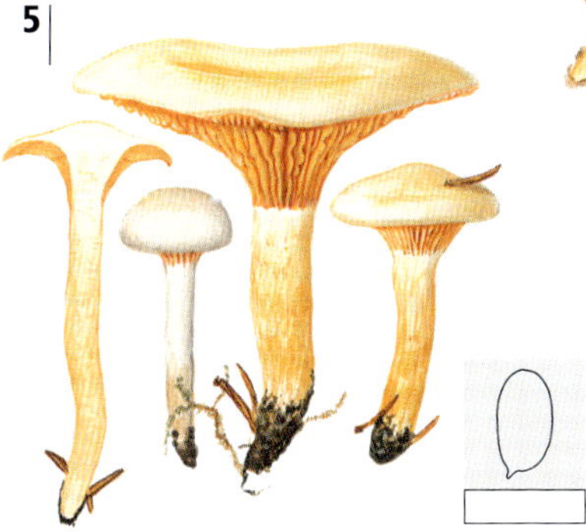

1 | Terpentin-Schneckling

Hygrophorus abieticola (Syn. *H. pudorinus*)

H 4–12 (20) cm, konvex bis gebuckelt mit eingebogenem Rand, alt +/- vertieft, blass orangebraun mit hellerem, gilbendem Rand. Oberfläche schleimig bis klebrig, radialfaserig (Lupe!). **L** Cremeweiß bis blassrosa, kurz herablaufend, mit Lamelletten. **S** 6–13 × 1–3 cm, +/- zylindrisch, trocken, mit flockiger Spitze, Basis gilbend. **F** Weiß, blass rötlich im Hut, Geruch harzig, ranzig mit Terpentinkomponente, Geschmack +/- harzig. **V** August bis November. Kollin bis hochmontan im Tannenareal obligatorisch bei Weißtannen, vorwiegend auf +/- basischen Böden. **W** Ein potenzieller Doppelgänger ist *H. poetarum*, eine Laubwaldart ohne Terpentingeruch.

SP 8–10,5 × 5–6 µm, KOH auf Stielbasis gelborange

2 | Wald-Schneckling, Hain-Schneckling

Hygrophorus nemoreus

RL-V

H 3–8 (12) cm, jung halbkugelig, dann gebuckelt bis leicht vertieft, orangebräunlich. Oberfläche fettig-schmierig. **L** Cremegelb, kurz herablaufend, mit Queradern. **S** 4–8 × 1–1,5 cm, zylindrisch, weißbräunlich, Spitze flockig, trocken. **F** Weiß, Geruch und Geschmack mehlartig. **V** Juli bis November. Verbreitet, planar bis montan in Eichen-Hainbuchenwäldern vorwiegend auf basischen Böden. **W** Ein ähnlicher Eichenbegleiter ist *H. arbustivus*, der oft erst im November/Dezember Fruchtkörper bildet. Vgl. *Cuphophyllus pratensis*.

SP 6–8 × 3,5–5 µm

3 | Isabellrötlicher Schneckling, Dichter-Schneckling

Hygrophorus poetarum

H 4–10 (20) cm, jung konvex, bald flacher mit eingerolltem, gerippten, helleren Rand, blassrosa bis apricot. Oberfläche leicht schmierig bis trocken. **L** Weiß-blasscreme, +/- breit angewachsen, dick, gegabelt. **S** 3–10 × 1–3 cm, zylindrisch, +/- keulig wurzelartig, weiß bis creme, trocken, bemehlt. **F** Weiß, fest, Geruch im Schnitt +/- fruchtig bis ranzig, Geschmack mild. **V** Juli bis November. Planar bis hochmontan, zerstreut bis selten in basenreichen Buchenwäldern. **W** Verwechslungsmöglichkeiten bestehen mit *H. abieticola* (Weißtannen), *H. fagi* (ohne Rottöne) und *H. salmonicolor* südlich der Alpen mit lachsfarbenen Lamellen.

SP 7–8 × 4,5–5,5 µm, KOH negativ

4 | Geflecktblättriger Schneckling, Purpurschneckling

Hygrophorus russula

RL-3

H 5–10 (15) cm, konvex, +/- flach gebuckelt mit eingerolltem Rand, blassrosa, karmin- bis weinrot gefleckt. Oberfläche matt. **L** Creme bis rosa, fleckig weinrot, breit angewachsen. **S** 4–8 × 0,5–3 cm, zylindrisch, +/- verjüngt, trocken, weiß befasert. **F** Weiß mit +/- purpurnen Flecken, Geruch angenehm, Geschmack mild mit Bitterkomponente. **V** September bis Dezember. Kollin bis montan, nur gebietsweise häufig im Eichenareal an wärmebegünstigten Orten, auf besseren, vorwiegend basischen Böden. **W** Die Art kommt nicht selten in mediterranen Steineichenwäldern vor und ist z. B. in Italien (in Öl eingelegt) ein sehr beliebter Speisepilz.

SP 7,5–10,5 × 5–7 µm, KOH-Reaktion auf Hut ocker- bis grüngelb

5 | Rasiger Purpur-Schneckling

Hygrophorus erubescens

RL-3

H 4–8 cm, etwas kleiner und schlanker als *H. russula*, Geschmack bitter, Hut beim reiben chromgelb. **V** August bis November in basenreichen Bergnadelwäldern, meist mit Fichten, auch Kiefern und Tannen. **W** Die sehr ähnliche *H. persicolor* gilbt nicht.

SP 7,5–10,5 × 4,5–6 µm

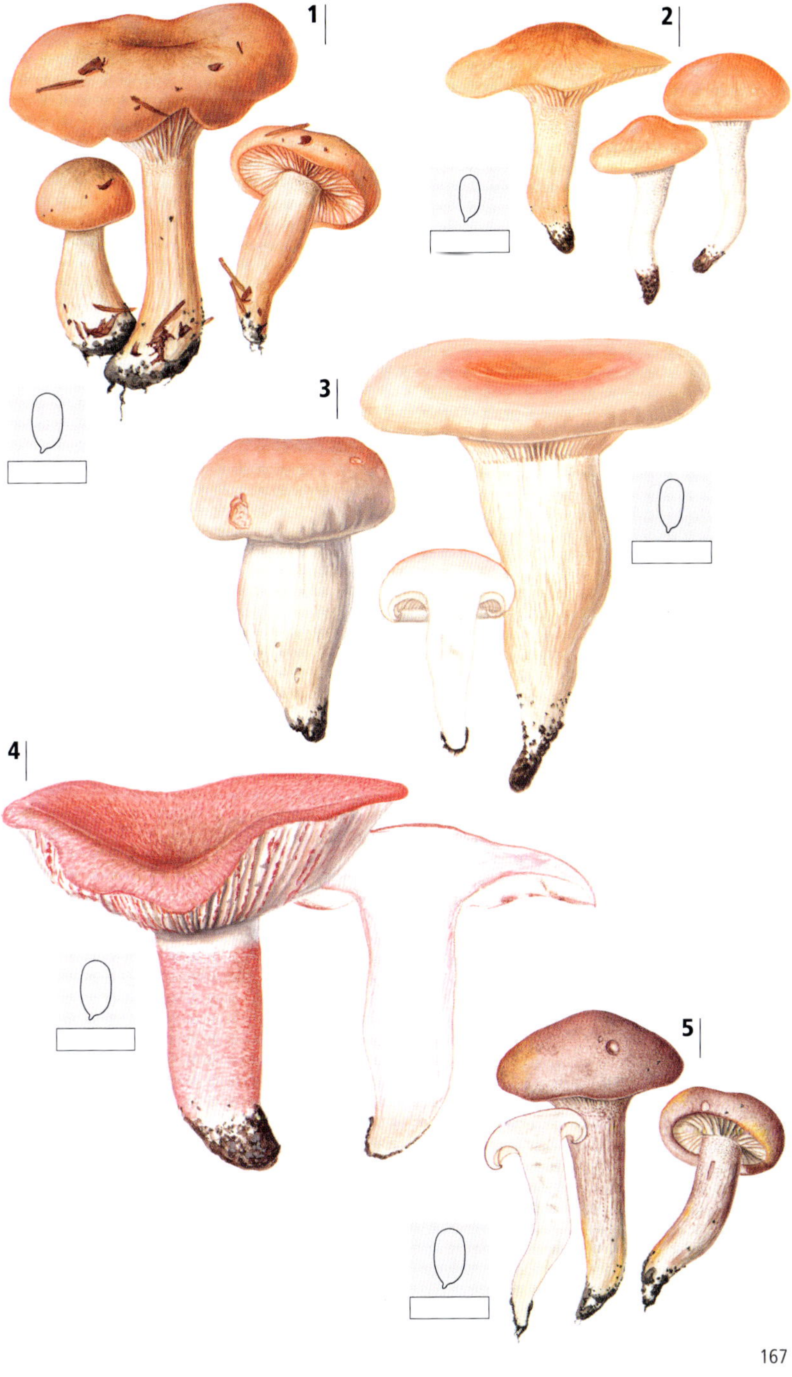
1
2
3
4
5

1 | Braunscheibiger Schneckling
Hygrophorus discoideus

H 2–5 cm, halbkugelig bis konvex, älter flach und +/- gebuckelt mit heruntergezogenem Rand. Zentral orangebraun, zum Rand deutlich heller braunbeige. Oberfläche feucht schmierig, trocken matt. **L** Creme bis beige, bogig angewachsen. **S** 2–5 × 0,3–0,8 cm, zylindrisch, +/- verjüngt, trocken, weiß, fein faserig-flockig. **F** Beige, dünn, Geruch schwach, Geschmack mild pilzartig. **V** September, oft im Spätherbst bis in die ersten Frostperioden im Dezember. Kollin bis hochmontan, in Süddeutschland gebietsweise verbreitet in Fichtenwäldern auf vorwiegend basischen Böden. **W** Wenn der Mykorrhizapartner eindeutig ist, kann die Art mit ihren braunen Hutfarben schon im Gelände bestimmt werden. Vgl. *H. unicolor*.

SP 6–9 × 3–5 µm

2 | Frost-Schneckling
Hygrophorus hypothejus

H 2–7 cm, konvex, dann vertieft bis leicht gebuckelt, oliv braungrau. Oberfläche stark schleimig. **L** Cremegelb, breit angewachsen, kurz herablaufend, mit Queradern. **S** 3–10 × 0,5–1 cm, zylindrisch, weißgelblich, +/- genattert, schleimig. **F** Weiß, Geruch +/-fruchtig, seifig harzig, Geschmack angenehm pilzartig. **V** Oktober bis Januar ab den ersten Frösten. Verbreitet, planar bis subalpin in Wäldern und Heiden mit Waldkiefern, bodenvag. **W** Die Var. *aureus* unterscheidet sich durch glatte Stiele und goldbraune bis ziegelrot leuchtende, schleimige Hüte. Bei Lärchen vgl. *H. speciosus* und *H. lucorum*.

SP 7–9 × 4–5 µm

3 | Zweifarbiger Steineichen-Schneckling
Hygrophorus leucophaeo-ilicis

RL-3

H 2–5 cm, weißcreme mit braunem Zentrum. **V** Oktober bis März, mediterran in basischen Eichenwäldern, meist mit Steineichen *(Quercus ilex)*.

SP 6–9 × 4–5,5 µm, KOH auf Fleisch und Stiel negativ

4 | Lärchen-Schneckling
Hygrophorus lucorum

H 2–4 cm, jung flach konvex, bald flach, blass zitronen- bis buttergelb. Oberfläche schleimig-klebrig je nach Feuchtegrad. **L** Weißgelblich, +/- bogig herablaufend, dünn, mit Lamelletten. **S** 4–5 × 0,3–1 cm, zylindrisch, +/- keulig zugespitzt, weiß bis gelb, schleimig bis trocken, mit flüchtiger Cortina. **F** Blassgelb, Geruch +/- obstartig, Geschmack mild pilzartig. **V** Oktober bis Dezember. Planar bis subalpin verbreitet als obligatorischer Lärchen-Symbiont in Wäldern und Parkanlagen. **W** Ein weiterer, seltener Lärchensymbiont ist der Orangegelbe Lärchen-Schneckling *(H. speciosus)* mit intensiver orangegelben Hutfarben. Im Alpenraum wird er auf tendenziell sauren Böden bis zur subalpinen Waldgrenze gefunden.

SP 7–10 × 4–6 µm

5 | Seidiggerandeter Schneckling
Hygrophorus unicolor

RL-3

H 1,5–2,5 cm, konvex, +/- papilliert, dann flach, zentral rotbraun, zum Rand hin über isabellfarben zu cremeweiß. Oberfläche stark schleimig. **L** Creme bis rosa isabellfarben, bogig angewachsen. **S** 2–5 × 0,3–0,8 cm, zylindrisch, +/- verjüngt, trocken, weiß, flockig. **F** Rosa isabellfarben, Geruch und Geschmack nicht signifikant. **V** September bis November. Kollin bis hochmontan, nur gebietsweise häufig im Buchenareal auf vorwiegend basischen Böden. **W** Sehr ähnliche Arten sind *H. carpini* (bei Hainbuchen) und *H. lindtneri* (bei Hasel).

SP 6–8 × 3,5–4,5 µm

1
2
3
4
5

1 Großer Kiefern-Schneckling
Hygrophorus latitabundus

RL-3

H 6–15 cm, konvex bis gebuckelt mit eingerolltem Rand, oliv graubraun mit dunklerer Mitte. Oberfläche sehr schleimig. **L** Weiß, beim Trocknen blassrosa, wachsweich, breit angewachsen, kurz herablaufend. **S** 5–15 × 1,5–4 cm, kräftig, oft +/- spindelig verdickt, schleimig, apikal flockig, weißlich, alt grau gebändert. **F** Blass, fest, Geruch süßlich mit Marzipankomponente, Geschmack mild. **V** September bis November. Kollin bis montan, insgesamt selten, in Trockenrasen und Wacholderheiden mit Waldkiefern auf kalkhaltigen Böden. **W** Dieser kräftige Schneckling ist durch seinen Habitus und die Standortansprüche leicht bestimmbar.

SP 9–12 × 5–7 µm, KOH-Reaktion auf Stielbasis ockerorange

2 Graubrauner Schleimstiel-Schneckling
Hygrophorus mesotephrus

RL-3

H 2–4 cm, konvex, dann ausgebreitet, graubraun zum Rand hin heller. Oberfläche stark schleimig. **L** Weiß, trocken mit Rosaton, breit angewachsen, +/- kurz herablaufend. **S** 5–10 × 0,5–1 cm, zylindrisch, weiß bis blassgrau, glatt, schleimig. **F** Weiß, Geruch und Geschmack nicht signifikant. **V** Juli bis November. Planar bis montan verbreitet, aber selten, in Laubmischwäldern bei Buchen und Eichen auf basischen Böden. **W** Die Art ist gut festgelegt durch Habitus und Standortansprüche in artenreichen „Phlegmacienwäldern" (Untergattung der Schleimköpfe aus der Gattung Cortinarius).

SP 8,5–12 × 5,5–7,5 µm, KOH auf Stielbasis orangegelb

3 Natternstieliger Schneckling
Hygrophorus olivaceoalbus

H 2–8 cm, jung glockig, dann ausgebreitet und gebuckelt, olivbraun, radialfaserig, Rand gerippt. Oberfläche stark schleimig. **L** Weiß, entfernt, breit angewachsen, +/- kurz herablaufend. **S** 5–10 × 0,5–1 cm, zylindrisch, weiß, schleimig, unterhalb der weißen Spitze olivlich grau genattert. **F** Weiß, Geruch und Geschmack nicht signifikant. **V** Juli bis November. Planar bis subalpin verbreitet und häufig als obligatorischer Fichten-Symbiont in Bergwäldern und Forsten. **W** Eine weitere, ähnliche, kleinsporige Art bei Fichten ist der seltene *H. korhonenii* mit trockenen Stielen. Sie ist aus Deutschland bislang nur im Harz nachgewiesen. Im Laubwald vgl. *H. persoonii*.

SP 11–16 × 7–8,5 µm

4 Rißpilzähnlicher Schneckling
Hygrophorus inocybiformis

H 2–6 cm, breit glockig, graubraun. **V** August bis November, in alten borealen Nadelwäldern Skandinaviens, aus Deutschland noch nicht nachgewiesen.

SP 10–14 × 6–7,5 µm

5 Olivgestiefelter Schneckling
Hygrophorus persoonii

RL-V

H 3–10 cm, halbkugelig bis breit glockig, zentral umbrabraun, zum Rand hin olivbronze. Oberfläche stark schleimig. **L** Weiß bis cremeweiß, mit olivem Ton, bogig angewachsen, entfernt. **S** 6–8 × 0,8–2 cm, zylindrisch, basal verjüngt, schleimig-klebrig, apikal weiß, flockig, nach unten olivbraun genattert. **F** Weiß, Geruch fehlend oder leicht säuerlich, Geschmack mild. **V** August bis November. Planar bis submontan, in wärmebegünstigten Eichenwäldern auf vorwiegend basischen Böden. **W** Ähnliche Arten wachsen in Nadelwäldern. Die Var. *fuscovinosus* mit weinroten Tönen kann man in mediterranen Steineichenwäldern finden.

SP 9–12 × 5–7 µm, NH_4OH auf Fleisch dunkelgrün

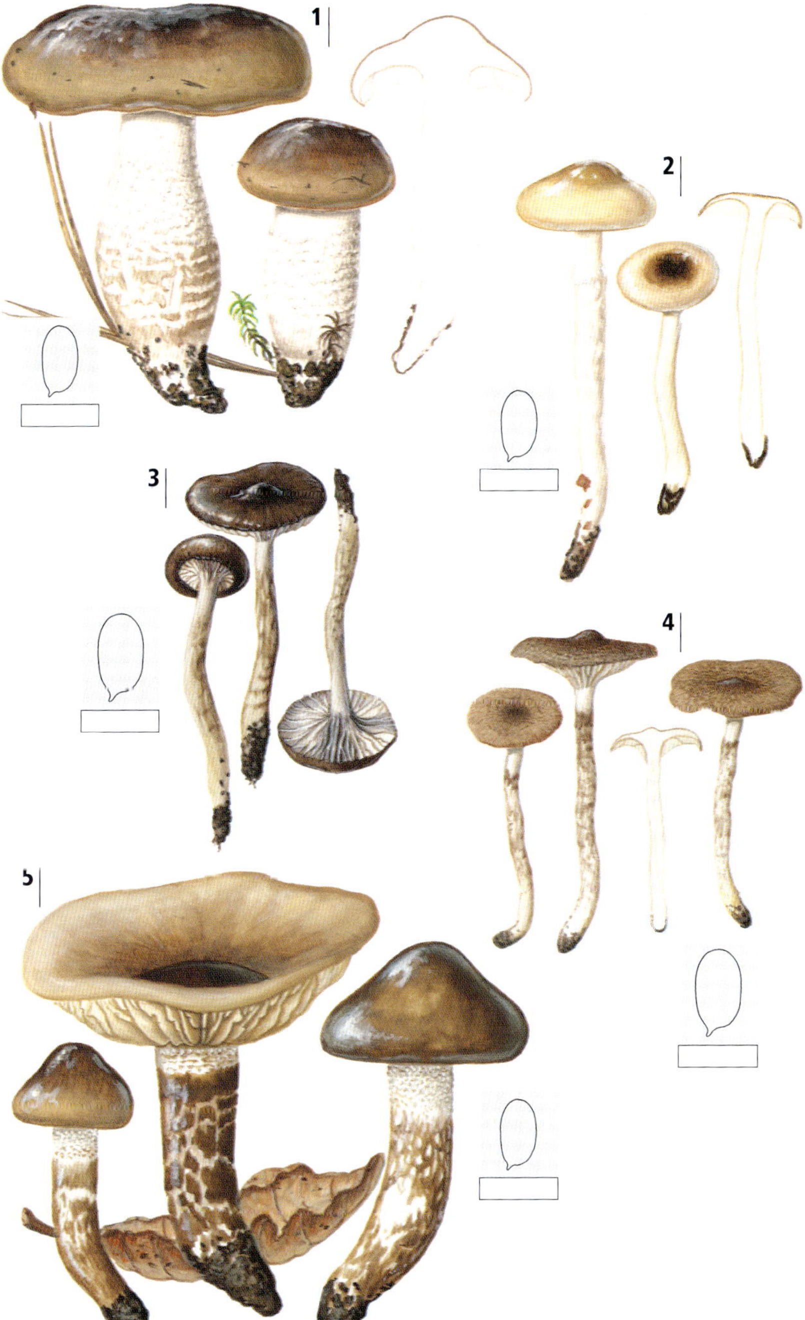
1
2
3
4
5

1 | Wohlriechender Schneckling, Marzipan-Schneckling
Hygrophorus agathosmus

H 3–6 cm, glockig bis ausgebreitet gebuckelt mit eingebogenem Rand, jung blassgrau, bald grau. Oberfläche schmierig, radialfaserig (Lupe!). **L** Weiß bis creme, breit angewachsen bis herablaufend. **S** 3–10 × 0,5–1 cm, +/- zylindrisch, trocken, weißlich, apikal feinflockig. **F** Weiß, Geruch nach Bittermandeln oder Mandelseife, Geschmack mild. **V** August bis November. Planar bis subalpin, in Süddeutschland verbreitet, im Norden seltener, im Bayerischen Wald fehlend. Vorwiegend in Nadelwäldern mit Fichten, selten mit anderen Nadelbäumen, auf +/- basischen Böden. **W** Mit seinem typischen Geruch ist die Art im Nadelwald gut bestimmbar.

SP 8–11 × 5–6 µm

2 | Rußbrauner Schneckling
Hygrophorus camarophyllus

RL-3

H 3–15 cm, jung glockig, dann konvex, alt trichterig, rußbraun-schwärzlich. Oberfläche fettig-glatt. **L** Weißcreme, dick, breit angewachsen bis deutlich herablaufend, entfernt. **S** 4–10 × 1–3 cm, zylindrisch, apikal weiß, zur Basis heller rußbraun, trocken faserig. **F** Hell, Geruch und Geschmack +/- ranzig-süßlich. **V** August bis September. Zerstreut bis selten, planar bis montan in Nadelwäldern mit Fichten und Kiefern auf tendenziell sauren Böden. **W** Die kräftige Art gilt in Skandinavien als beliebter Speisepilz.

SP 7–9 × 4–5,5 µm

3 | Schwarzfaseriger Schneckling
Hygrophorus atramentosus

RL-2

H 4–10 cm, rußgrau bis schwarzschiefer, eingewachsen radialfaserig. **F** Ohne besonderen Geruch oder Geschmack. **V** September bis Dezember. Sehr selten geworden. Montan bis subalpin in alten Nadelwäldern mit Fichte, Kiefer, Tanne. Neufunde sollten sorgfältig dokumentiert und kartiert werden. Da es kaum noch rezente Nachweise aus Deutschland gibt, könnte die Art in einer Neufassung der Roten Liste als vom Aussterben eingestuft werden.

SP 7–8,5 × 4–5,5 µm

4 | März-Schneckling
Hygrophorus marzuolus

RL-2 | §§

H 5–15 cm, jung halbkugelig, dann flach ausgebreitet, oft büschelig wachsend und verformt, von Weiß über Grau bis Rußschwarz. Oberfläche feucht schmierig, sonst trocken, bereift. **L** Weißgrau, breit angewachsen, mit Zahn, dick. **S** 4–7 × 1–3 cm, zylindrisch, weiß bis grau, trocken. **F** Weiß, fest, Geruch angenehm süßlich, Geschmack mild. **V** November bis Mai. Kollin bis hochmontan, nur noch lokal verbreitet. Im Harz liegt der nördlichste Verbreitungspunkt. Tendenziell in basenreichen, älteren Laub- und Nadelwäldern bei Buchen, Fichten und Tannen. **W** Die Fruchtkörper entwickeln sich schon unter dem Schnee bzw. in dicken Streuauflagen. Daher ist es gut möglich, das noch einige Vorkommen unbekannt sind. Aktuelle Nachweise sollten gut dokumentiert werden.

SP 6–9 × 4–5,5 µm

5 | Schwarzpunktierter Schneckling
Hygrophorus pustulatus

H 1,5–4,5 cm, halbkugelig bis konvex, dann flach, Rand +/- gekerbt, grau mit dunklerer Mitte. Oberfläche schwärzlich punktiert, fein faserschuppig, jung schmierig, dann trocken. **L** Weißcreme, bogig herablaufend, entfernt. **S** 4–8 × 0,5–0,8 cm, zylindrisch, trocken, weiß mit schwärzlichen Pusteln. **F** Weiß, Geruch und Geschmack nicht signifikant. **V** Oktober bis Dezember. Planar bis subalpin verbreitet und häufig im Fichtenareal in Bergwäldern, Forsten und Parkanlagen, bodenvag. **W** Ähnliche Fruchtkörper bildet der Marzipan-Schneckling. Ihm fehlen aber die dunklen Pusteln am Stiel.

SP 7–10 × 4,5–6 µm, KOH an der Stielbasis gelb

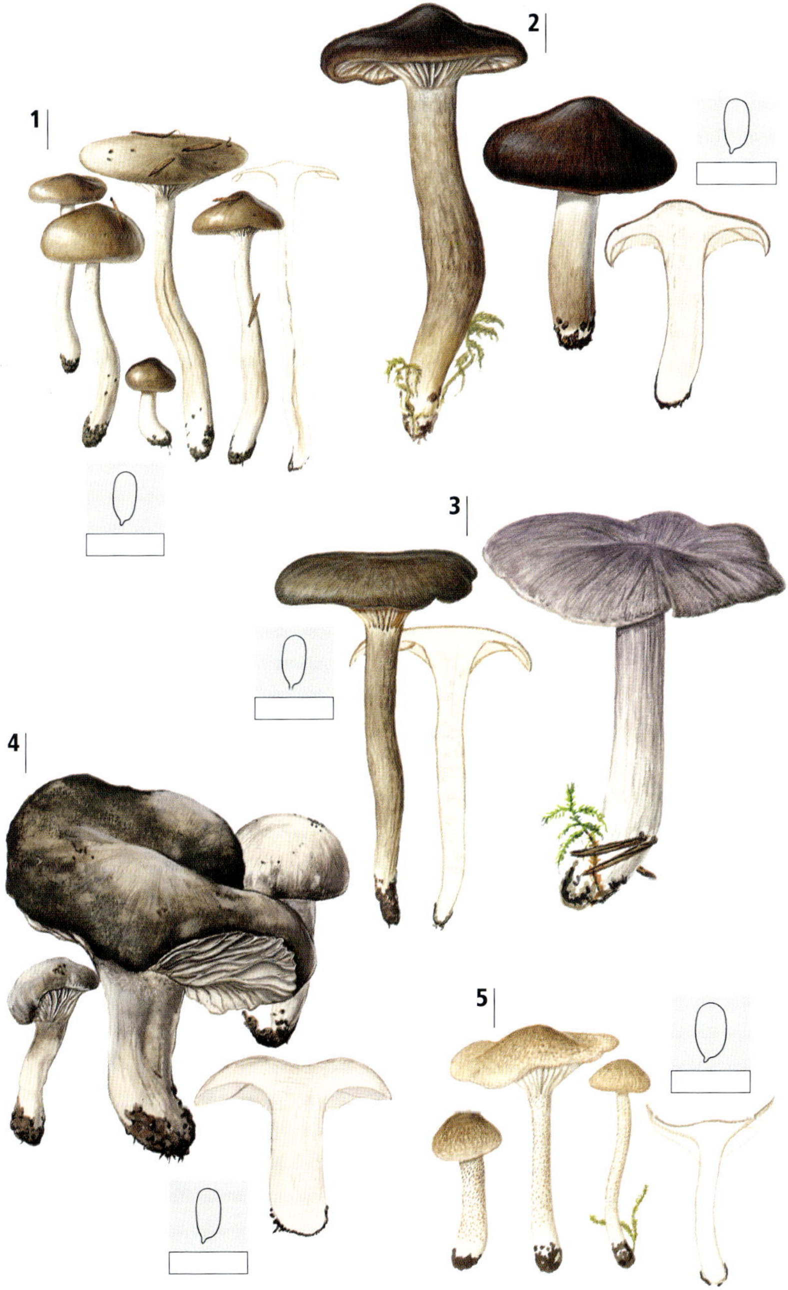
1
2
3
4
5

1 Zweisporiger Goldnabeling, Orangefarbener Duftnabeling

Haasiella venustissima

RL-2

H 0,5–6 cm, +/- vertieft, nabelingsartig, safranorange, zu Hellgelb ausblassend, Oberfläche etwas klebrig, faserig, am Rand kurzborstig (Lupe!). **L** Orange, dick, entfernt, weit herablaufend, teils gegabelt und etwas geadert. **S** 1,5–5 × 0,2–0,7 cm, +/- zylindrisch mit kurzer Wurzel und Rhizoiden, trocken, faserig-schorfig, orange. **F** Dünn, Geruch parfümiert nach Aprikosen, Geschmack aromatisch. **V** Oktober bis Dezember. Planar bis submontan, zerstreut, sehr selten. In Auwäldern bei Ahorn, Eschen, Holunder. **W** Deutschland liegt im Hauptverbreitungszentrum dieser extrem seltenen gewordenen, auffälligen und leicht bestimmbaren Art. Daher kommt dem Land eine besondere Verantwortung für den Erhalt dieses anmutigen Nabelings zu. Alle Nachweise sollten gut dokumentiert und kartiert werden. Der Pilz befindet sich auf einer IUCN-Vorschlagsliste von weltweit gefährdeten Arten.

SP 6–8 × 4–6 µm, Schnallen -

2 Gefalteter Flechtennabeling

Lichenomphalia umbellifera (Syn. *Omphalina ericetorum*)

H 0,5–2 cm, konvex, nabelingsartig, gefaltet, alt mit gekerbtem Rand, verschiedenfarbig von rötlich purpur zu ockergelb, hellgelb ausblassend, Oberfläche trocken feinfilzig (Lupe!). **L** Jung purpurn, dann gelbocker, entfernt, weit herablaufend, dreieckig, teils gegabelt. **S** 1–2,5 × 0,1–0,2 cm, matt, fein flaumig (Lupe!), rötlich purpur bis ockergelb. **F** Dünn, häutig, kein besonderer Geruch, Geschmack +/- bitter. **V** April bis Oktober. Verbreitet, aber nicht häufig, planar bis subalpin in Wäldern und Mooren auf morschem, bemoosten Holz oder Torf zusammen mit Algen. **W** Die Art gehört wegen ihrer Symbiose mit Algen zu den Flechten und wird dort als gefährdet eingestuft.

SP 7,5–10,5 × 5,5–7,5 µm, **BAS** 2- und 4-sporig

3 Zitronengelber Nabeling

Lichenomphalia hudsonia (Syn. *Omphalina hudsoniana*)

RL-G

H 0,5–1,5 cm, nabelingsartig, gelbocker. Juni bis November, nur arktisch-alpin verbreitet in Tundren auf Rohhumus (Torf) zusammen mit Algen (lichenisiert) und in der Roten Liste der Flechten Deutschlands als gefährdet bewertet. In Deutschland aus den Alpen (1700 m) und von der Küste in Schleswig-Holstein bekannt.

SP 7–10 × 4–6 µm, Schnallen -

4 Gemeiner Heftelnabeling, Orangeroter Heftelnabeling

Rickenella fibula

H 0,5–1,5 cm, konvex, nabelingsartig, trichterig, gerieft, orange bis orangebraun, alt ausblassend, hygrophan, Oberfläche fein behaart (Lupe!). **L** Jung weiß, dann blassorange, entfernt, herablaufend, anastomosierend. **S** 2–6 × 0,1–0,2 cm, matt, fein bereift (Lupe!), orange. **F** Dünn, häutig, kein besonderer Geruch, Geschmack. **V** April bis Dezember. Planar bis alpin verbreitet und sehr häufig in fast allen Biotopen mit Moosen, bodenvag. **W** Die Art ist bryophil, d. h. stets zwischen Moosen zu finden, deren absterbende organische Masse sie nutzt.

SP 5–8 × 2–3 µm, **CH** bis 70 µm lang

5 Blaustieliger Heftelnabeling

Rickenella swartzii (Syn. *Rickenella setipes*)

RL-G

H 0,5–1,5 cm, habituell mit Ausnahme der schwarzbraunen bis violettschwarzen Farben an Hut und Stiel *Rickenella fibula* sehr ähnlich einschließlich der feinen Härchen. **V** April bis Dezember. Planar bis alpin verbreitet und häufig. Oft an den gleichen Standorten wie der Orangerote Heftelnabeling.

SP 4–7 × 2–3 µm, **CH** bis 60 µm lang

1
2
3
4
5

1 Goldblättriger Nabeling

Chrysomphalina chrysophylla (Syn. *Omphalina chrysophylla*) RL-1

H 1,5–5 cm, nabelingsartig, trichterig, alt gekerbt mit gelapptem Rand, gelb olivebraun mit filziger dunkelschuppiger Mitte, hygrophan, Oberfläche trocken feinfilzig (Lupe!). **L** Jung leuchtend chromgelb, dann orangeocker, weit herablaufend, untermischt, alt queraderig. **S** 1–6 × 0,2–0,8 cm, oft verbogen, abgeflacht, kahl, gelboliv. **F** Im Stiel biegsam, Geruch und Geschmack pilzartig, mild. **V** Juli bis Oktober. Planar bis subalpin, hauptsächlich in Süddeutschland im Alpenraum, Schwarzwald und Bayerischen Wald. Vorwiegend in alten Nadelwäldern als Naturnähezeiger auf morschen, bemoosten Stämmen (Fichte, Tanne) in luftfeuchter Umgebung von Bächen. **W** Die Fruchtkörper sehen auf den ersten Blick von oben Trompetenpfifferlingen sehr ähnlich, die nicht selten an morschem Holz Fruchtkörper bilden.

SP 9–12 × 5–6 µm, Schnallen -, **CH** -

2 Gelbgrüner Nabeling

Chrysomphalina grossula (Syn. *Omphalina grossula*) RL-3

H 0,5–2,5 cm, konvex, dann genabelt, gelbgrün bis graugrün, alt ausblassend, Oberfläche matt, feinfaserig. **L** Jung gelb, dann blasser, kurz herablaufend, mit Queradern. **S** 1,5–4 × 0,2–0,3 cm, zylindrisch, gelbweißlich, trocken. **F** Blass, ohne besonderen Geruch und Geschmack. **V** Juni bis Januar ab den ersten Frösten. Gebietsweise verbreitet, planar bis subalpin in Nadelwäldern auf morschem Nadelholz, bodenvag. **W** Die kleinen Fruchtkörper sind frosttolerant und erscheinen oft erst in den kalten Wintermonaten.

SP 6,5–9 × 4–6,5 µm, Schnallen -, **CH** -

3 Stinkender Samtschneckling, Stink-Ellerling

Hodophilus foetens (Syn. *Camarophyllopsis foetens*) RL-3

H 0,5–2 cm, konvex bis flach konvex mit eingebogenem Rand, hellbraun bis schokoladenbraun, leicht hygrophan, Oberfläche glatt, matt, zentral leicht runzelig. **L** Jung beige, dann dunkel graubraun, leicht herablaufend. **S** 1,5–7 × 0,1–0,4 cm, zylindrisch, hell- bis gelbbraun, trocken, glänzend, fein punktiert. **F** Graubraun, elastisch, Geruch intensiv nach Mottenkugeln (Naphthalin). **V** Juli bis November. Planar bis montan in extensivem Grünland und Eschenauwäldern. **W** Die Samtschnecklinge wurden erst vor wenigen Jahren intensiver erforscht. In der Gattung *Hodophilus* sind nun aus Europa 15 Arten beschrieben. *H. albofloccipes*, *H. pallidus*, *H. subfoetens* und *H. tenuicystidiatus* riechen ebenfalls nach Naphthalin.

SP 5–6 × 4–5 µm, **Q** 1,24, Schnallen -

4 Gelbstieliger Samt-Schneckling

Hodophilus micaceus (Syn. *Camarophyllopsis micacea*) RL-G

H 0,7–1,7 cm, jung halbkugelig, alt konvex, Rand eingebogen, Rand gezahnt, jung gelb wie der Stiel, dann blass ockergelb bis beige, Oberfläche matt, glatt, alt +/- runzelig. **L** Blassgelb bis braungrau, etwas herablaufend. **S** 2–3 × 0,1–0,3 cm, zylindrisch, trocken, glatt, lange lebhaft gelb. **F** Elastisch, ohne besonderen Geruch und Geschmack. **V** Juli bis November. Planar bis hochmontan auf Saftlings-Wiesen, in Eschenauwäldern und Schlehengebüschen. **W** Weitere gelbstielige Arten sind *H. atropunctus*, *H. phaeoxanthus* und *H. variabilipes*.

SP 4,5–5,5 × 3,5–4,5 µm, **Q** 1,26, Schnallen -

5 Hellblättriger Samt-Schneckling

Camarophyllopsis schulzeri RL-G

H 1–3 cm, rußbraun. **L** Weiß, breit angewachsen. **F** Geruchlos. **V** Juli bis November, auf Saftlings-Wiesen und in Eschenwäldern.

SP 3,5–4,5 × 3–4 µm, HDS mit wenigen aufgeblasenen Zellen

1

2

3

4

5

1 | Orangeroter Nabeling

Loreleia postii (Syn. *Omphalina postii*)

RL-G

H 1–3 cm, jung halbkugelig, dann flacher konvex bis genabelt, orangerot bis orangebraun, deutlich gerieft, Oberfläche glatt, +/- bereift. **L** Jung weiß, dann cremegelb rosa, bogig herablaufend, mit Lamelletten. **S** 2–6 × 0,1–0,2 cm, zylindrisch, blassorange, trocken. **F** Blass, ohne besonderen Geruch und Geschmack. **V** Juni bis November. Planar bis montan vorwiegend nördlich der Mainlinie zwischen Moosen in Pioniergesellschaften, auch auf alten Brandstellen. **W** Ähnlich sind *L. marchantiae* auf Lebermoosen und *Rickenella fibula* mit kurzen Seten.

SP 6–10 × 3,5–6 µm, Schnallen -

2 | Brunnenlebermoos-Nabeling

Loreleia marchantiae (Syn. *Omphalina marchantiae*)

RL-G

H 0,3–1 cm, nabelingsartig mit abgeknicktem Rand. April bis Oktober. Planar bis alpin (2300 m) auf Lebermoosgesellschaften *(Marchantia)* in Quellfluren, Mooren, aber auch Gewächshäusern (Torfsubstrate!).

SP 8–11 × 5–6 µm, Schnallen -

3 | Rotbrauner Nabeling

Omphalina pyxidata

RL-V

H 0,8–2,5 cm, flach konvex, genabelt, alt trichterig, +/- rotbraun, hygrophan, Oberfläche feucht glänzend, glatt, +/- deutlich durchscheinend gerieft, radialrunzelig. **L** Jung weiß, dann milchkaffeebraun, +/- herablaufend, gegabelt. **S** 2–6 × 0,2–0,4 cm, zylindrisch, hell bis dunkel rotbraun, trocken, zur Basis hin +/- striegelig. **F** Elastisch, ohne besonderen Geruch und Geschmack. **V** September bis Mai in Feuchtperioden. Planar bis alpin, gebietsweise verbreitet, im Süden selten. Gesellig in Pioniergesellschaften, Dünen, alten Brandstellen, bodenvag. **W** Es gibt noch einige ähnliche rotbraune Nabelinge wie z. B. *O. galericolor*, *O. subhepatica* und *O. pseudomuralis*.

SP 8–9 × 4,5–5 µm, Schnallen +, HDS inkrustiert

4 | Geselliger Glöckchennabeling

Xeromphalina campanella

H 0,5–2,5 cm, flach konvex, dann +/- genabelt, gelbbraun bis braunorange mit dunklerer Mitte, durchscheinend gerieft, Oberfläche glatt, glänzend. **L** Hellocker bis rotbraun, weit herablaufend, gegabelt, alt mit Queradern. **S** 1–4 × 0,1–0,2 cm, zylindrisch, meist verbogen durch die Position am Holz, orangeocker bis braun matt bereift. **F** Dünn, zäh-elastisch, ohne besonderen Geruch und Geschmack. **V** Ganzjährig bei ausreichender Substratfeuchte. Planar bis subalpin, im Nordwesten selten bis fehlend, ansonsten häufig und weit verbreitet in Nadelwäldern auf morschem Starkholz von Nadelbäumen, bodenvag. **W** Alle anderen Arten der Gattung wachsen auf Holzresten und Zweigen und haben +/- gegabelte Cheilozystiden.

SP 6–8 × 3–4 µm, **CH** keulig bis 50 µm

5 | Wohlriechender Glöckchennabeling, Schwefelgelber Glöckchennabeling

Xeromphalina cauticinalis

H 0,5–2 cm, jung halbkugelig, dann flach konvex und +/- genabelt, lebhaft braunorange mit dunklerer Mitte, durchscheinend gerieft, Oberfläche glatt, glänzend. **L** Gelb, kurz herablaufend. **S** 2–6 × 0,1–0,2 cm, schlankzylindrisch, auf ganzer Länge mit Zystiden besetzt, Basis gelb-filzig. **F** Dünn, zäh-elastisch, Geruch fehlend oder stark parfümiert, Geschmack bitter. **V** September bis Dezember. Planar bis montan in der Streu von Kiefernwäldern. **W** Sehr ähnlich ist die mild schmeckende *X. fraxinophila* = *fellea* im Laubwald auf Holzresten von Buchen und Eschen. Die Abbildung rechts (identisch mit Ludwig Nr. 88.4) zeigt die Laubwaldart.

SP 5–7 × 3–4 µm, **CH** knorrig, gegabelt bis 40 µm

1
2
3
4
5

1 | Holz-Nabeling

Arrhenia epichysium (Syn. *Omphalina epichysium*)

H 1–4 cm, konvex genabelt, bald trichterig, rußbraun bis sepia, durchscheinend gerieft, Oberfläche matt, glatt bis filzig. **L** Graubraun, eng stehend, weit herablaufend. **S** 2–4 × 0,2–0,4 cm, zylindrisch, +/- exzentrisch, anthrazit, matt, trocken. **F** Blass, Geruch fehlend oder säuerlich, Geschmack mild. **V** August bis Oktober. Kollin bis subalpin bis auf 2000 m, überwiegend in Süddeutschland bis in die Alpen in naturnahen Wäldern verbreitet, aber selten. Zerstreute Vorkommen im Bayerischen Wald, Harz und in der Rhön. Vorwiegend auf morschem Fichtenstümpfen. **W** Verwechslungsmöglichkeiten bestehen mit holzbewohnenden Rötlingen mit Nabelingshabitus, die aber durch den rosa Sporenstaub unterscheidbar sind.

SP 6–9 × 3,5–5 µm, Schnallen +

2 | Torfmoos-Nabeling

Arrhenia gerardiana (Syn. *Omphalina gerardiana*)

H 1–3 cm, konvex genabelt, bald trichterig, umbrabraun bis hellbraun, radial streifig, durchscheinend gerieft, Oberfläche besonders im Zentrum mit schwarzbraunen Schüppchen, hygrophan. **L** Graubraun, entfernt, weit herablaufend, gegabelt mit dunkler Schneide. **S** 3–6 × 0,2–0,3 cm, zylindrisch, kahl, grau. **F** Blass, Geruch fehlend oder +/- mehlartig, Geschmack mild. **V** Nicht selten schon ab Mai bis Oktober. Planar bis montan in nassen *Sphagnum*-Beständen z. B. in Hochmooren, bodenvag. **W** Ähnliche Arten im Sphagnum sind *A. oniscus* ohne Hut-Schüppchen und *A. philonotis* mit blassen Hutschüppchen.

SP 9–13 × 3,5–5 µm, Schnallen +

3 | Sepiabrauner Nabeling

Arrhenia obscurata (Syn. *Omphalina obscurata*)

H 0,5–2 cm, jung konvex, bald genabelt bis tief trichterig, umbra- bis sepiabraun, durchscheinend gerieft, Oberfläche matt, glatt bis filzig. **L** Graubraun, entfernt stehend, dick, weit herablaufend. **S** 1,5–2,5 × 0,1–0,2 cm, zylindrisch, graubraun, glatt, matt, trocken. **F** Dünn, ohne besonderen Geruch und Geschmack. **V** April bis Januar (in wintermilden, atlantischen Gebieten). Planar bis montan, gebietsweise häufig, im Süden selten, in sandigen, nährstoffarmen, spärlich bewachsenen, moosigen Pioniergesellschaften oft in großen Mengen. **W** Es gibt noch eine ganze Reihe ähnlicher, kleiner brauner Nabelinge, die sich teils durch andere Stielbekleidung unterscheiden lassen. Vgl. *O. baeospora*, *O. obatra*, *O. rustica*.

SP 7,5–11 × 4,5–6,5 µm, Schnallen +

4 | Netziger Adermoosling, Blasser Adermoosling

Arrhenia retiruga

RL-3

H 0,2–1 cm, jung fingerhutartig, dann unregelmäßig rundlich, lappig, blass grau bis graubraun, Oberfläche fein filzig. **L** Reduziert auf eine glatte bis runzelig-aderige, blassgraue Fruchtschicht. **S** Meist fehlend, rudimentär an jungen Fruchtkörpern. **F** Häutig dünn, ohne besonderen Geruch und Geschmack. **V** Ganzjährig bei geeigneter feucht-milder Witterung, vorwiegend im Winterhalbjahr. Planar bis montan, weit verbreitet an Moosen und Pflanzenresten, z. B. in Auwäldern und an offenen Standorten. Arktisch verbreitet, aber im nördlichen Alpenraum fehlend, bodenvag. **W** In basenreichen Quellfluren kann man die seltene *A. lobata*, den Gelappten Adermoosling, finden. Er hat gelatinöses Fleisch und wird bis 3 cm breit.

SP 6–9,5 × 3–6 µm, Schnallen -

5 | Gezonter Adermoosling

Arrhenia spathulata

RL-3

H 1–2,5 cm, spatelförmig, graubraun mit deutlich ausgeprägtem Stiel. **V** August bis April, verbreitet an Moosen, hauptsächlich *Tortula muralis* und *ruraliformis*. Die Wirtsmoose sind weit verbreitet, man kann die Art relativ leicht gezielt in Parkanlagen und alten Gärten in nass-kalten Perioden in Moosrasen finden.

SP 6–10 × 4–6,5 µm, Schnallen -

1
2
3
4
5

1 | Wurzelmöhrling, Doppelringtrichterling

Catathelasma imperiale

RL-3

H 8–20 cm, jung halbkugelig, dann polsterförmig gewölbt, alt flach werdend, gelegentlich vertieft, hasel-, grau- bis rotbraun, trocken, Mitte meist mit scholligen Velumresten, jung mit Randbehang vom Velum, Rand lange eingerollt. **L** Jung weißlich, dann cremefarben, eng stehend, stark herablaufend, jung vom Teilvelum verdeckt. **S** 5–10 × 2,5–5 cm, zylindrisch bis schwach rübenförmig, manchmal etwas zuspitzend, weiß bis cremefarben, unterhalb der Ringe schuppig-schollig, mit einem oberen, aufsteigenden und einem unteren, fest verwachsenen häutigen Ring. **F** Weiß, dick, hart, Geruch stark nach Gurkenschale, Geschmack mild, etwas kratzend, mehlartig. **V** Juli bis November. Unter Kiefer oder Fichte, vor allem auf Kalkböden in höheren Lagen; in Europa überall selten, nur im weiteren Alpenraum noch häufiger zu finden. **W** Durch die Kombination aus doppeltem Ring und herablaufenden Lamellen unverwechselbare Art. In Deutschland außerhalb des weiteren Alpenraums fast ausgestorben.

SP 10–15 × 5–6,5 µm, J+, **CH** +

2 | Dreifarbiger Krempenritterling

Leucopaxillus compactus (Syn. *Leucopaxillus tricolor*)

RL-3 | !

H 8–20 cm, jung halbkugelig, dann polsterförmig, nicht verflachend, manchmal schwach gebuckelt, semmel- bis ockergelb, gelb- bis fleischbraun, wildlederartig, Rand lange eingerollt, schwach gerippt. **L** Jung grünlich gelb, dann creme- bis ockergelb mit schwach grünlicher Tönung, im Exsikkat purpurbraun, breit angewachsen, teils undeutlich herablaufend, ablösbar, relativ dicht stehend. **S** 5–12 × 2–5 cm, zylindrisch, basal knollig verdickt bis 8 cm, weißlich bis hell cremefarben, fein samtig wirkend. **F** Weiß, sehr fest, Geruch süßlich-ranzig, unangenehm, Geschmack mild, oft etwas bitterlich werdend. **V** Juli bis Oktober. In Laubwäldern auf Kalkboden, fast ausschließlich unter Buche; in Europa weit verbreitet, aber überall selten, in Nordeuropa weitgehend fehlend. **W** Der Gerippte Ritterling (→ S. 240) kann sehr ähnlich aussehen, ist aber einheitlicher gefärbt und hat inamyloides Sporenpulver.

SP 5,5–7,5 × 4–5,5 µm, J+, **CH** +

3 | Bitterer Krempenritterling

Leucopaxillus gentianeus

H 4–10 cm, jung flach gewölbt, bald flach und alt etwas niedergedrückt, leder-, karton- bis rötlich braun, hell kakaofarben, fein wildlederartig, Rand lange eingebogen, alt etwas gerippt. **L** Jung weißlich, dann hell cremefarben, breit angewachsen oder mit Zähnchen herablaufend, ablösbar, eng stehend. **S** 4–8 × 0,6–2 cm, zylindrisch, manchmal leicht exzentrisch, weiß, etwas faserig, trocken. **F** Weiß, Geruch deutlich mehlartig, Geschmack mehlartig und leicht bis stark bitter. **V** August bis November. In Laub- und Nadelwäldern, Kalkböden bevorzugend; in Europa weit verbreitet, aber überall selten. **W** Die Art kommt an ihren Standorten meist in größerer Zahl vor. Sie scheint in Mitteleuropa etwas häufiger zu werden.

SP 4–6 × 3,5–5 µm, J+, **CH** +

4 | Riesen-Krempentrichterling

Aspropaxillus giganteus

RL-G

H 10–30 (–50!) cm, jung flach gewölbt, bald flach und zunehmend vertieft, alt tief trichterförmig, ungebuckelt (im Gegensatz zum Mönchskopf, → S. 188), jung wie alt milchweiß bis hell cremefarben, jung fein wildlederartig, alt kahl und seidig glänzend, Rand lange eingebogen, alt deutlich gerippt. **L** Dem Hut gleichfarbig, schwach bis stark herablaufend, eng stehend, ablösbar. **S** 5–10 × 1,5–3 cm, zylindrisch, weißlich oder etwa hutfarbig, etwas faserig, oft auffallend kurz im Vergleich zum Hut. **F** Weiß, Geruch krautig-aromatisch, auch etwas unangenehm, Geschmack mild. **V** Juli bis November. In großen Hexenringen in grasigen Wäldern, in extensiven Wiesen und Weiden; in Europa weit verbreitet, nirgends häufig und in vielen Regionen rückläufig. **W** Der Speisewert der eigentlich essbaren Art wird unterschiedlich bewertet, daher empfehlen wir, ihn zunächst in kleiner Menge auf individuelle Verträglichkeit zu überprüfen. Das Myzel verursacht Schäden im umgebenden Gras, sodass die riesigen Hexenringbildungen in Wiesen selbst in Luftbildern erkennbar sind.

SP 6–9 × 4–5,5 µm, J+ (schwach)

1

2

3

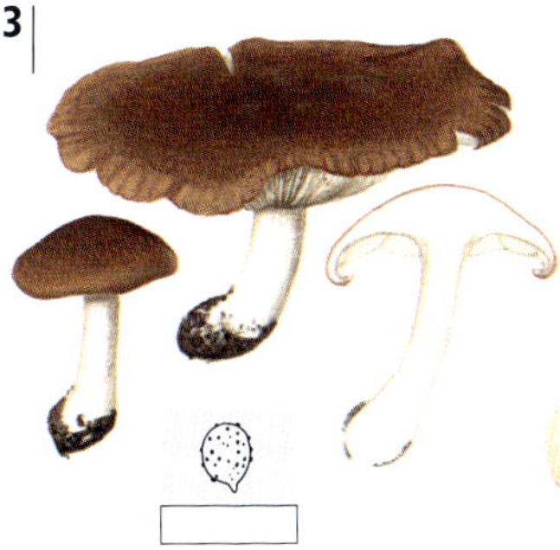

4

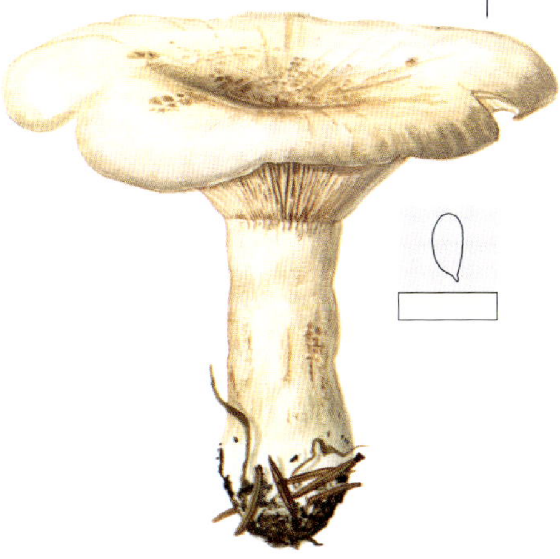

1 | Violetter Rötelritterling
Lepista nuda

H 4–12 cm, jung halbkugelig, dann flach gewölbt, alt flach und oft etwas vertieft, graupurpur, rot- bis grauviolett, Mitte im Alter oft rotbräunlich, glatt, feucht glänzend, nicht (kaum) hygrophan. **L** Jung violett bis lila, alt etwas trüber getönt, ausgebuchtet angewachsen, ablösbar. **S** 4–10 × 1–2,5 cm, zylindrisch bis keulig, manchmal etwas knollig, violett, alt blasser, manchmal fast weißlich, längsfaserig, Basis filzig und mit dem Substrat verhaftet. **F** Blass violett bis weißlich violett, über den Lamellen intensiver, Geruch auffallend süßlich-parfümiert, an Multivitaminsaft erinnernd. **V** Juli bis Dezember. In Laub- und Nadelwäldern in der Streu, oft in Ringen oder Reihen; in ganz Europa häufig. **W** Die Art gilt als blutzuckersenkend.

SP 6–8,5 × 4–5 µm, J-

2 | Schmutziger Rötelritterling
Lepista sordida

Die Art wird häufig mit dem Violetten Rötelritterling verwechselt. Sie unterscheidet sich durch dünnere, deutlich hygrophane Hüte und ein größeres Farbspektrum, das neben violetten Tönen auch fleischfarbene und violettgraue umfasst. **V** Mai bis Dezember. In Wiesen, an Wegrändern, auf Kompost, meist an ruderalen, stickstoffreichen Stellen; in ganz Europa zerstreut bis häufig.

SP 6–8 × 4–4,5 µm, J-

3 | Lilastiel-Rötelritterling
Lepista personata (Syn. *L. saeva*)

RL-3 | !

H 6–20 cm, halbkugelig, dann polsterförmig, alt flach werdend, kaum vertieft, ocker- bis horngrau, beige, hell milchkaffeebraun, in der Mitte oft etwas dunkler, glatt, nicht (kaum) hygrophan. **L** Jung weißlich, alt cremegrau, ausgebuchtet angewachsen, ablösbar. **S** 4–10 × 1,5–2,5 cm, zylindrisch bis keulig, intensiv violett, zum Hut konstrastierend, alt blasser, manchmal fast weißlich, längsfaserig. **F** Weißlich, Geruch und Geschmack unspezifisch. **V** Oktober bis Januar. In extensiven Wiesen und Weiden, Streuobstwiesen, selten in Auwäldern, vor allem auf Kalkboden, oft in Hexenringen; in Mittel- und Nordeuropa zerstreut, in Südeuropa selten. **W** Da die Art weder zu intensive Nutzung verträgt noch zu nährstoffarme Magerrasen besiedelt, ist sie auf eine extensive Bewirtschaftung angewiesen.

SP 6–8 × 4–5 µm, J-

4 | Horngrauer Rötelritterling, Marmorierter Rötelritterling
Lepista panaeolus (Syn. *L. rickenii*)

RL-V

H 4–12 cm, jung halbkugelig, dann flach gewölbt, alt flach werdend, aber nicht vertieft, grauweißlich, cremegrau, beige, graubraun, marmoriert mit dunkleren tropfenartigen Flecken, die oft konzentrisch angeordnet sind, glatt, nicht hygrophan. **L** Jung weißlich, dann cremefarben bis rosabeige, breit angewachsen, ablösbar. **S** 4–8 × 0,5–2 cm, zylindrisch, manchmal etwas keulig, cremeweißlich bis hellbeige, etwa lamellenfarbig. **F** Weißlich, feucht etwas marmoriert, Geruch schwach aromatisch oder mehlartig, Geschmack mild. **V** August bis Dezember. In mäßig nährstoffreichen Wiesenbiotopen, meist auf Kalkboden; in ganz Europa zerstreut, regional selten. **W** Es handelt sich entweder um eine sehr variable Art oder ein Aggregat *(L. nimbatus, L. luscina)*.

SP 4,5–6 × 3,5–4,5 µm, J-

5 | Veilchen-Rötelritterling
Lepista irina

H 4–10 cm, jung halbkugelig, dann gewölbt, alt fast flach werdend, nicht vertieft, creme, ockergrau bis blass bräunlich gelb, rahmfarben, glatt, feucht manchmal etwas marmoriert, nicht (kaum) hygrophan, Rand lange eingerollt, meist etwas gerippt. **L** Cremefarben, alt rosalich getönt, ausgebuchtet bis breit angewachsen, ablösbar. **S** 5–10 × 1–2,5 cm, zylindrisch, cremefarben, blassbeige, auf Druck und im Alter schwach bräunend, längsfaserig. **F** Weißlich bis hell rahmfarben, feucht etwas marmoriert, Geruch schwach bis deutlich süßlich-aromatisch, Geschmack mild. **V** September bis Dezember. In der Laubstreu, an Wegrändern, in Parks, Gärten, seltener in Wiesen; in ganz Europa zerstreut, nur regional häufiger. **W** Der charakteristische Geruch fehlt manchmal nahezu.

SP 6–8 × 3,5–5 µm, J-

1

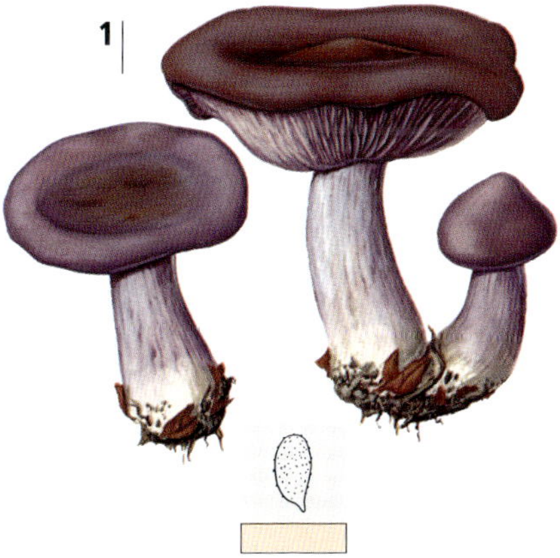

2

3

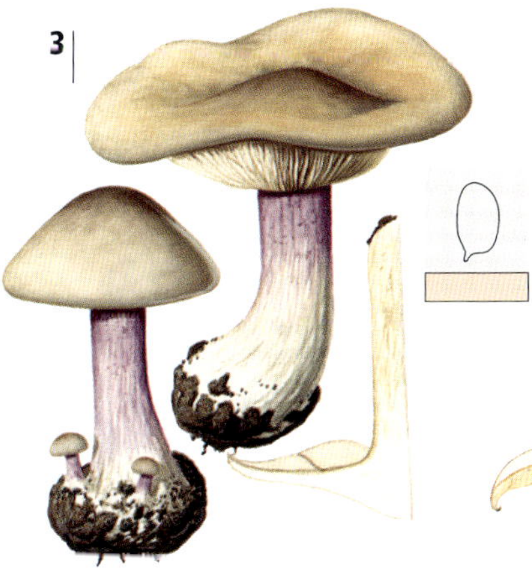

4

5

1 Fuchsiger Röteltrichterling

Paralepista flaccida (Syn. *Lepista inversa*)

H 3–10 cm, jung flach gewölbt, bald flach, schwach vertieft bis trichterförmig oder genabelt, semmelgelb, ocker, orangefuchsig, alt manchmal rotbraun, bisweilen jung getropft (f. *gilva*), glatt, etwas hygrophan, Rand lange eingebogen. **L** Jung cremeweißlich, alt ockerlich, mit fleischrosa Ton, weit herablaufend, wegschiebbar. **S** 3–6 × 0,5–1,5 cm, zylindrisch, heller hutfarbig, jung weißlich überfasert, manchmal etwas exzentrisch, Basis filzig. **F** Cremeweißlich, Geruch unspezifisch, Geschmack mild. **V** Juli bis Dezember. In Laub- und Nadelwäldern in der Streu, in Rückegassen, am häufigsten in der Nadelstreu auf sauren Böden; in ganz Europa häufig. **W** Formen mit getropftem Hut sind meist heller und dickfleischiger und werden bisweilen als eigene Art Wasserfleckiger Röteltrichterling *(P. gilva)* angesehen.

SP 4–5 × 3,5–4 µm, elliptisch, fein stachelig

2 Parfümierter Trichterling

Paralepistopsis amoenolens (Syn. *Clitocybe amoenolens*)

H 3–8 cm, jung etwas gewölbt, bald flach und trichterig vertieft, weißlich creme, bereift, darunter rosacreme bis orangeocker, alt verkahlend, oft etwas firnissartig, dadurch scheinbar hygrophan wirkend, Rand heller, lange bereift bleibend, oft etwas gerippt, lange eingerollt. **L** Jung weißlich, bald cremegelb bis orangeockerlich, herablaufend, ablösbar (!). **S** 2,5–5 × 0,5–1,5 cm, zylindrisch bis schwach verdickt, weißlich, dann blasser hutfarbig, Basis filzig. **F** Weißlich, Geruch süßlich-parfümiert, an überreife Birnen erinnernd. **V** September bis Januar. In mediterranen Nadelwäldern der höheren Lagen; in Südwesteuropa südlich der Alpen selten, nördlich der Alpen bislang (noch) fehlend. **W** Die Art löst eine als Acromelalga-Syndrom bekannte schwere Nervenschädigung hervor, wodurch wochenlange Schmerzen in den Extremitäten ausgelöst werden.

SP 4,5–6 × 3–4 µm, elliptisch, glatt

3 Bewimperter Filzkrempling

Ripartites tricholoma (Syn. *R. metrodii*)

H 2–5 cm, jung gewölbt, alt flach werdend, manchmal etwas trichterig vertieft, creme- bis fleischfarben, alt beigebräunlich, glatt, glänzend, hygrophan, Rand lange eingerollt, oft stark striegelig-haarig, alt verkahlend oder von jung an so. **L** Jung rosabeige, alt fleisch- bis erdbräunlich, deutlich herablaufend, ablösbar. **S** 2–5 × 0,3–0,8 cm, zylindrisch, heller hutfarbig, jung weißlich überfasert, Basis filzig, mit dem Substrat verklebt. **F** Weißlich, hell cremefarben, Geruch unspezifisch, Geschmack mild. **V** Juli bis November. In Nadel- und Laubwäldern, vor allem auf Kalkboden, besonders in dichter Nadelstreu von Fichte; in ganz Europa häufig. **W** Die Art ist sehr variabel was Hutrandbehaarung, Größe und Färbung anbelangt.

SP 4–5,2 × 3–4,5 µm, rundlich bis tropfenförmig, stachelig

4 Lärchen-Wurzeltrichterling

Rhizocybe vermicularis (Syn. *Clitocybe vermicularis*)

H 2–6 cm, jung gewölbt, bald verflachend, oft nicht oder nur wenig vertieft, orange- bis rotbraun, matt, glatt, feucht etwas glänzend, hygrophan, nicht selten etwas konzentrisch rissig, Rand glatt. **L** Weißlich, alt hell cremebräunlich, ziemlich eng stehend, breit angewachsen bis schwach herablaufend. **S** 2–5 × 0,5–1 cm, zylindrisch, orangecreme bis hell rötlich braun, basal mit auffallenden weißen, kräftigen Myzelsträngen, das Substrat zusammenballend. **F** Weißlich bis cremefarben, Geruch unspezifisch, oft etwas krautig, Geschmack mild, unspezifisch. **V** März bis Juli, je nach Höhenlage. In der Nadelstreu von Nadelwäldern, insbesondere unter Lärche oder Kiefer, bodenvag; in ganz Europa zerstreut bis selten. **W** Eine ähnliche Art ist die etwas kleinere *Rh. radicellata* mit graubraunem Hut ohne Rottöne. Sie wächst oft schon während der Schneeschmelze im Februar und März.

SP 3,5–4,5 × 2–3 µm, elliptisch, glatt

5 Frühlings-Kohlentrichterling, Ziegelroter Mehl-Trichterling

Bonomyces sinopicus (Syn. *Clitocybe sinopica*)

H wie vorige Art, jedoch etwas größer und lebhafter ziegelfarben, nicht hygrophan und mit starkem Mehlgeruch. **V** April bis Juli, gelegentlich bis Oktober; auf Brandstellen, aber auch an lichten Stellen in Laub- und Nadelwäldern, in Gebüschen, an Pionierstandorten, bodenvag; in ganz Europa zerstreut, regional häufiger. **W** Ähnliche Arten aus der Gattung *Bonomyces* und *Infundibulicybe* haben nicht so einen starken Mehlgeruch.

SP 7–10 × 4–6 µm, elliptisch, glatt.

1
2
3
4
5

1 | Ockergelber Trichterling

Infundibulicybe gibba (Syn. *Clitocybe gibba*)

H 2–8 cm, jung flach gewölbt, bald trichterförmig vertieft, mit meist deutlichem kleinen Buckel, creme-, semmel- bis ockergelb, trocken etwas heller, kaum hygrophan, Rand jung eingebogen und oft etwas gerippt, alt oft wellig verbogen. **L** Cremeweißlich, weit herablaufend. **S** 3–6 × 0,5–1 cm, zylindrisch, Basis keulig verbreitert, cremeweißlich, kaum dunkler als die Lamellen. **F** Cremeweißlich, Geruch etwas bittermandelartig, Geschmack mild, unspezifisch. **V** Juni bis Dezember. In Laub- und Nadelwäldern, Parks, auf Rindenschrot, bodenvag; in ganz Europa häufig. **W** Untypische Exemplare können mit weiteren Trichterlingsarten verwechselt werden.

SP 5–7,5 × 3,5–4,5 µm, tropfenförmig, glatt

2 | Kerbrandiger Trichterling

Infundibulicybe costata (Syn. *Clitocybe costata*)

H 3–12 cm, jung flach, bald trichterförmig, meist ungebuckelt, grauocker, beige bis milchkaffeefarben, trocken etwas heller, kaum hygrophan, Rand jung eingebogen, etwas filzig, gekerbt, alt wellig verbogen. **L** Cremeweißlich, weit herablaufend, zu Hut und Stiel kontrastierend. **S** 3–6 × 0,5–1 cm, zylindrisch, Basis keulig verbreitert, grauocker, dunkler als die Lamellen. **F** Cremeweißlich, Geruch unspezifisch, Geschmack mild. **V** Juni bis November. In Laubwäldern und an Wegrändern, meist auf basischen Böden; in ganz Europa häufig. **W** Kalilauge auf dem Hut ergibt eine dunkelbraune Reaktion, während der Ockergelbe Trichterling (s. o.) nur blass gelbbraun verfärbt.

SP 5–7,5 × 3,5–4,5 µm, tropfenförmig, glatt

3 | Leberbrauner Gebirgs-Trichterling, Ziegelroter Trichterling

Infundibulicybe lateritia (Syn. *Clitocybe lateritia*)

H 2–6 cm, jung gewölbt, bald flach werdend und trichterig vertieft bis genabelt, umbra- bis leberbraun, trocken satt rotbraun, matt, nicht hygrophan, Rand lange eingerollt, alt wellig, mit dunkleren Höckern oder Wärzchen. **L** Jung cremegelb, alt orangeocker, relativ entfernt, deutlich herablaufend. **S** 2–4 × 0,3–0,6 cm, zylindrisch, ocker- bis rötlich braun, längsfaserig, Basis weißfilzig. **F** Cremefarben, Geruch unspezifisch, Geschmack mild. **V** Juli bis Oktober. In alpinen Wiesen und Weiden, vor allem auf Kalkboden; nur in den Alpen, dort relativ häufig. **W** Außerhalb der Alpen kommt die Art erst wieder in subarktischen Regionen vor.

SP 7–10 × 4–5 µm, elliptisch, glatt

4 | Graufilziger Trichterling

Spodocybe trulliformis (Syn. *Clitocybe trulliformis*)

H 1,5–4 cm, jung gewölbt, bald flach, oft nur wenig vertieft, hell maus- bis braungrau, matt, filzig, mit gleichfarbigen oder etwas dunkleren Schüppchen bedeckt, nicht hygrophan, Rand etwas gekerbt. **L** Weißlich, alt hell cremebräunlich, zum Hut kontrastierend, ziemlich entfernt, deutlich herablaufend. **S** 2,5–5 × 0,2–0,6 cm, zylindrisch, hell- bis aschgrau, blasser als der Hut. **F** Weißlich, Geruch deutlich mehlartig, Geschmack ebenso. **V** Juli bis Oktober. In Laub- und Nadelwäldern, besonders in auwaldartigen Biotopen, bodenvag; in ganz Europa selten. **W** Auf Sandrasen findet sich der ähnliche Hügel-Trichterling *(Clitocybe collina)* und auch die im Mittelmeergebiet wachsende *C. font-queri* ist eine sehr ähnliche Art.

SP 3,5–4,5 × 2–3 µm, elliptisch, glatt

5 | Mönchskopf

Infundibulicybe geotropa (Syn. *Clitocybe geotropa*)

H 8–25 cm, jung gewölbt mit stumpfem Buckel, bald verflachend, alt trichterig vertieft, den Buckel beibehaltend, creme- bis lederfarben, isabellfarben, rosalich ockergelb, matt, fein wildlederartig, nicht hygrophan. **L** Weißlich, alt hell cremegelb, deutlich herablaufend. **S** 3–6 × 0,5–1,5 cm, zylindrisch, basal etwas keulig, dem Hut gleichfarbig, jung weißlich längs überfasert. **F** Weißlich bis hellcreme, Geruch schwach cyanidisch oder unspezifisch, Geschmack mild, fade. **V** August bis Dezember. In der Streu von Laub-, selten Nadelwäldern, auf Waldwiesen, bevorzugt auf basischen Böden, oft in Hexenringen; in ganz Europa zerstreut, regional seltener werdend. **W** Aufgrund des Hutbuckels, der Größe und des nicht amyloiden Sporenpulvers eigentlich unverwechselbar.

SP 7–10 × 4–6 µm, elliptisch, glatt, J-

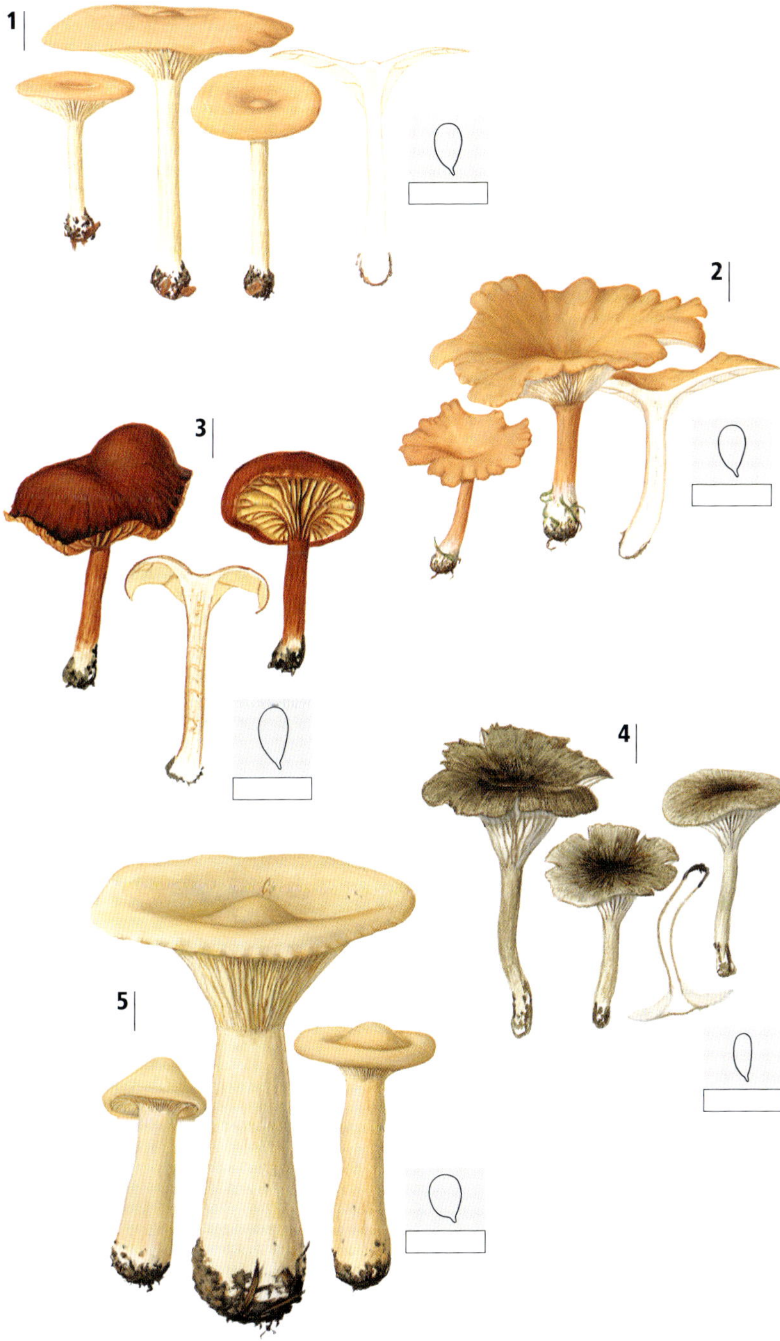
1
2
3
4
5

1 | Buxblättriger Trichterling

Clitopaxillus alexandri agg. (Syn. *Clitocybe alexandri*)

H 6–20 cm, jung gewölbt, bald verflacht, aber kaum vertieft, meist gebuckelt, beige, creme- bis ledergrau, gelb- bis rötlich braun, matt, fein filzig, manchmal undeutlich dunkler schuppig, nicht hygrophan, Rand lange eingebogen. **L** Cremeweißlich, kurz herablaufend, am Stielansatz oft gegabelt, abschiebbar. **S** 5–10 × 1–3,5 cm, keulig, cremeweißlich bis hell beigegrau, Basis weißfilzig. **F** Cremeweißlich, Geruch etwas aromatisch, Geschmack mild, unspezifisch. **V** August bis November. In Laub- und Nadelwäldern, vor allem unter Kiefer oder Fichte, auf Kalkboden; in ganz Europa zerstreut, in Südeuropa etwas häufiger. **W** Neben *C. alexandri* mit nur gelegentlichen Schnallen kommt in Deutschland auch *C. fibulatus* mit Schnallen an allen Septen vor.

SP 5–7,5 × 3,5–4,5 µm, tropfenförmig, glatt

2 | Nebelgrauer Trichterling, Nebelkappe

Clitocybe nebularis (Syn. *Lepista nebularis*)

H 8–25 cm, jung gewölbt, bald verflachend und trichterförmig vertieft, ungebuckelt, creme-, beige- bis aschgrau, alt graugelb bis bräunlich, nicht hygrophan. **L** Cremeweißlich, alt cremegelb, weit herablaufend, relativ dicht stehend, wegschiebbar. **S** 5–12 × 1–3,5 cm, zylindrisch, Basis keulig, heller hutfarbig, längsfaserig. **F** Cremeweißlich, Geruch stark und arttypisch süßlich-ranzig, Geschmack mild, etwas seifig. **V** August bis Dezember. In der Laub- und Nadelstreu von Wäldern aller Art, oft in großen Ringen; in ganz Europa häufig. **W** Aufgrund des als zellschädigend eingestuften Inhaltsstoffes Nebularin wird die Art nicht mehr zum Verzehr empfohlen, auch wenn sie früher mancherorts Marktpilz war.

SP 5,5–8,5 × 3–4,5 µm, (schmal) elliptisch, glatt

3 | Bleiweißer Trichterling, Rosasporiger Trichterling

Clitocybe phyllophila agg. (Syn. *C. cerrusata*)

H 3–8 cm, jung gewölbt, manchmal undeutlich gebuckelt, alt flach und leicht vertieft, jung weißlich, bereift, alt weiß- bis cremegelblich, oft fleckig, nicht konzentrisch rinnig, nicht hygrophan. **L** Jung weiß, bald zunehmend rosa cremegelb, breit angewachsen bis kurz herablaufend. **S** 3–8 × 0,3–1 cm, zylindrisch, basal meist etwas verdickt, weißlich, Basis weißfilzig. **F** Weißlich, Geruch unspezifisch oder schwach süßlich, Geschmack mild, unspezifisch. **V** August bis November. In der Streu von Laub- und Nadelwäldern, vor allem unter Buche oder Fichte; in Europa wohl überall häufig. **W** Vermutlich ist die Art ungiftig, im Gegensatz zu ähnlichen, schwer unterscheidbaren Arten, wie z. B. dem Großen Reif-Trichterling *(C. krizii-josephi)* mit weißlichem Sporenpulver.

SP 4,5–6 × 3–4 µm, elliptisch, glatt

4 | Rinnigbereifter Trichterling, Fleischfarbener Feld-Trichterling

Clitocybe rivulosa agg. (Syn. *C. dealbata* ss. auct.)

H 1–4 cm, jung flach gewölbt, bald niedergedrückt, alt schwach trichterig vertieft, fleisch- bis ockerbräunlich, mit weißem firnisartigem Reif überzogen, alt konzentrisch rinnig aufreißend. **L** Hell cremebräunlich, ziemlich entfernt, breit angewachsen, kaum herablaufend. **S** 1,5–3,5 × 0,2–0,6 cm, zylindrisch, rosalich cremefarben **F** Blass fleischockerlich, Geruch unspezfisch, Geschmack ebenso. **V** August bis November. In extensiv genutzten, nicht zu nährstoffarmen Wiesen und Weiden, bodenvag; in ganz Europa zerstreut bis verbreitet. **W** Eine weitere als *C. dealbata* interpretierte Art ist hell horngrau und weniger deutlich bereift. Sie wird heute *C. quisquiliarum* genannt und sieht nachfolgender sehr ähnlich.

SP 4,5–6 × 2,5–3,5 µm, elliptisch, glatt

5 | Hygrophaner Wiesen-Trichterling

Clitocybe agrestis

An denselben Standorten, jedoch in allen Teilen weißlich bis schmutzig cremegrau und nicht bereift. **V** Wie oben, manchmal auch auf abgeernteten Feldern und in Beeten; in ganz Europa häufig. **W** Für diese Art ist das deutlich getönte Sporenpulver ein wichtiges Bestimmungskriterium. Sie sieht dem Weißer Ellerling (→ S. 148) sehr ähnlich und kommt oft an denselben Standorten vor wie dieser.

SP 7–10 × 4–6 µm, elliptisch, glatt

1

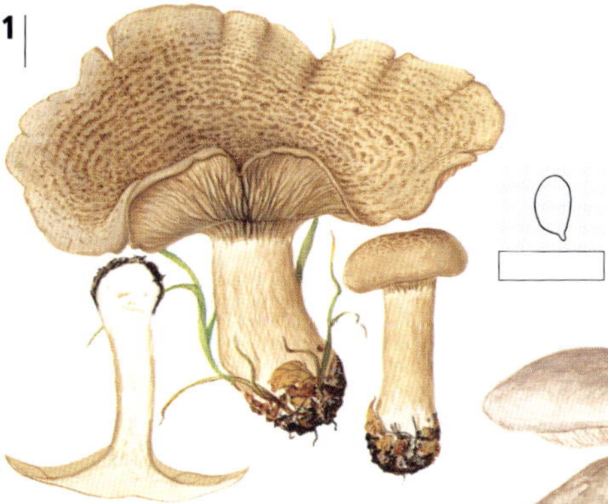

2

3

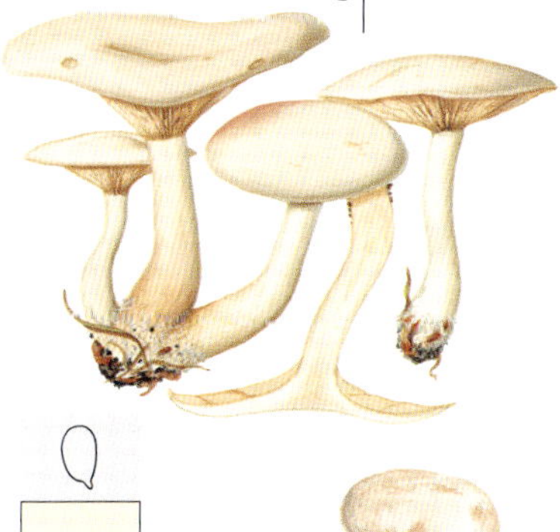

4

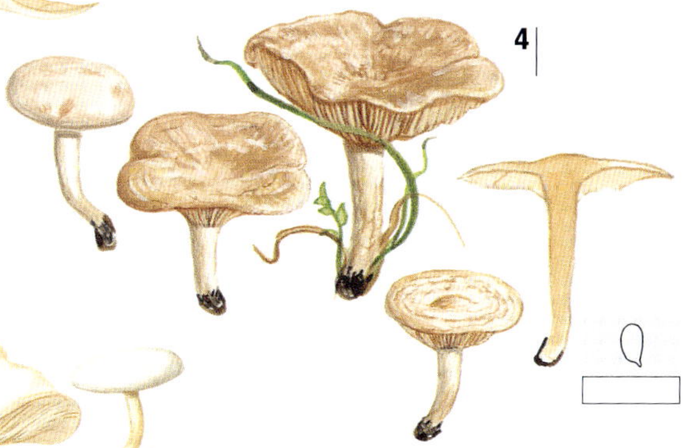

5

1 | Fleischfalber Trichterling
Clitocybe diatreta

H 1–5 cm, jung gewölbt, bald flach, nur wenig vertieft, manchmal mit kleinem Nabel, fleischfarben, cremerosa, hygrophan, Rand lange weiß bereift, meist kurz gerippt. **L** Jung cremeweißlich, alt cremerosa, kurz herablaufend, am Stielansatz oft gegabelt, abschiebbar. **S** 3–8 × 0,3–0,6 cm, zylindrisch, Basis etwas verdickt, hell rosacreme, lederfarben, Basis weißfilzig. **F** Cremeweißlich, Geruch etwas aromatisch oder fehlend, Geschmack mild, unspezifisch. **V** August bis November. In der Streu von Laub- und Nadelwäldern, bodenvag; in ganz Europa unregelmäßig verbreitet, nur regional häufig. **W** Ältere Exemplare können dem Waldfreund-Rübling (→ S. 212) ähnlich sehen.

SP 5–7,5 × 3,5–4,5 µm, tropfenförmig, glatt

2 | Kleinsporiger Mehl-Trichterling
Clitocybe ditopa

H 1–6 cm, jung flach gewölbt, bald trichterförmig vertieft, feucht dunkel braungrau, umbra, abgetrocknet hell braungrau bis lederfarben, stark hygrophan, Rand lange weiß bereift bleibend. **L** Hell braungrau, beigegrau, breit angewachsen bis schwach herablaufend. **S** 2–6 × 0,2–0,5 cm, zylindrisch, heller hutfarbig. **F** Feucht bräunlich grau, trocken fast weiß, Geruch stark mehlartig, Geschmack ebenso. **V** August bis Dezember. In der Laub- und Nadelstreu von Wäldern aller Art, oft in großen Mengen; in ganz Europa häufig. **W** Mikroskopisch ist die makroskopisch nicht immer einfach erkennbare Art schnell an den winzigen, rundlichen Sporen zu erkennen.

SP 2,5–4 × 2,5–3,5 µm, rundlich, glatt

3 | Staubfüßiger Trichterling
Clitocybe metachroa

H 2–6 cm, jung flach gewölbt, bald verflachend, alt trichterig oder genabelt, feucht ockergrau, olivlich graubraun, fettig wirkend, Rand kurz gerieft, abtrocknend fast weiß, lange mit dunkler Mitte, stark hygrophan. **L** Cremegrau, beige, breit angewachsen bis kurz herablaufend. **S** 3–7 × 0,3–0,8 cm, zylindrisch, manchmal flach gedrückt, relativ starr, hell graucreme, im unteren Bereich dunkel graubraun, Basis weißfilzig. **F** Weißlich, Geruch unspezifisch, etwas erdig oder schwach süßlich , Geschmack mild, unspezifisch. **V** September bis Dezember. Gesellig in der Streu von Laub- und Nadelwäldern, vor allem unter Buche oder Fichte, bodenvag; in Europa überall häufig. **W** Es gibt mehrere weitere kaum trennbare Arten.

SP 6–8 × 3–4,5 µm, elliptisch, glatt

4 | Weicher Mehl-Trichterling
Clitocybe vibecina

H 2–5 cm, jung flach gewölbt, bald verflachend, alt trichterig oder genabelt, feucht hell braungrau, oft mit olivlichem Ton, fettig wirkend, bis fast zur Mitte gerieft, stark hygrophan. **L** Cremegrau, beige, (kurz) herablaufend. **S** 3–6 × 0,3–0,8 cm, zylindrisch, hell graucreme, weißlich überfasert, Spitze oft etwas weißflockig, Basis weißfilzig. **F** Hell graucreme, Geruch schwach mehlartig oder unspezifisch, Geschmack mild, mehlartig. **V** Oktober bis Dezember. Vor allem in sauren Nadelwäldern, seltener in Laubwäldern; in ganz Europa häufig. **W** Ähnlich ist auch der an gedüngten Standorten wachsende Dung-Trichterling *(C. amarescens)*.

SP 5,5–7 × 3–4 µm, elliptisch bis eiförmig, glatt

5 | Stinkender Trichterling
Clitocybe foetens

Insgesamt sehr ähnlich der vorigen Art, jedoch etwas dunkler und mit aufsteigend bis breit angewachsenen Lamellen. **F** Hell graucreme, Geruch erst stark mehlartig, nach einiger Zeit käseartig oder nach Schweißfüßen, Geschmack mild, mehlartig. **V** Wie oben, manchmal auch an Wiesen- und Feldrändern, auf Grasschnitt; vermutlich in ganz Europa häufig. **W** Der arttypische Geruch entwickelt sich erst mit der Zeit.

SP 5,5–7 × 3–4 µm, elliptisch, glatt

1

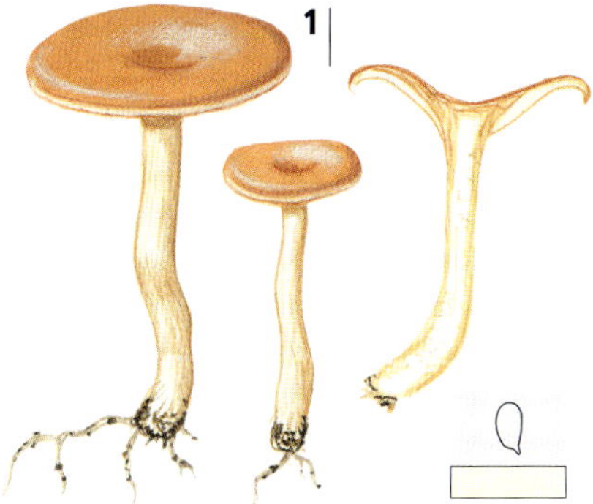

2

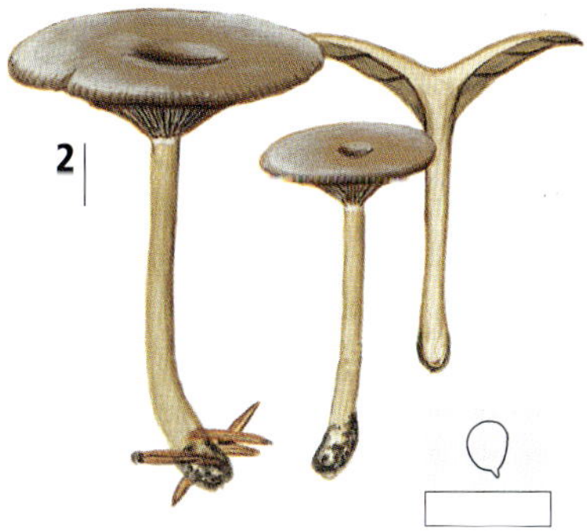

3

4

5

1 | Nabel-Trichterling
Clitocybe subspadicea

H 2–6 cm, jung gewölbt mit Nabel, bald flach bis tief trichterig, feucht oliv braungrau, sepiabraun, stark hygrophan, zu cremegrau ausblassend, Rand lange eingebogen, (fast) ungerieft. **L** Beigegrau bis milchkaffeebraun, weit herablaufend, manchmal gegabelt. **S** 3–7 × 0,3–0,7 cm, zylindrisch, oft etwas abgeflacht, alt hohl, hell cremegrau, weißlich überfasert, mit weißer Zone am Lamellenansatz, Basis weißfilzig. **F** Cremeweißlich, Geruch frisch nach Chlorwasser, Geschmack mild, unspezifisch. **V** August bis November. In der Streu von Laubwäldern, besonders unter Buchen, selten im Nadelwald, auf basischen Böden; in ganz Europa unregelmäßig verbreitet, nur regional häufig. **W** Durch die dunkle, olivliche Färbung, die weiße Zone an der Stielspitze und den Geruch eindeutig charakterisierte Art.

SP 6–8,5 × 3–4,5 µm, tropfenförmig, glatt

2 | Duft-Trichterling
Clitocybe fragrans (Syn. *C. suaveolens*)

H 1–4 cm, jung flach gewölbt, bald vertieft, undeutlich trichterförmig, feucht ocker bis graubraun, Mitte deutlich dunkler abgesetzt, abgetrocknet hell cremegrau, Mitte lange dunkler bleibend, stark hygrophan, feucht deutlich gerieft. **L** Cremefarben, breit angewachsen bis kurz herablaufend. **S** 3–7 × 0,2–0,5 cm, zylindrisch, hutfarbig, an der Basis etwas verbreitert, weißfilzig. **F** Wässrig hell cremegrau, Geruch charakteristisch anisartig, Geschmack mild, angenehm. **V** Juni bis Dezember. In der Laub- und Nadelstreu von Wäldern aller Art, in moosigen Wiesen; in ganz Europa häufig. **W** Ähnlich ist *C. obsoleta* mit +/- einfarbigem Hut, kürzerem Stiel und größeren Sporen.

SP 6–8 × 3–4 µm, ellipsoid, glatt

3 | Grüner Anis-Trichterling
Clitocybe odora

H 3–10 cm, selten größer jung flach gewölbt, bald verflachend, wellig werdend, alt flach trichterig vertieft, mint-, blau- bis graugrün, am Rand eher grauockerlich, den grünen Farbton meist völlig verlierend, verblassend, aber nicht hygrophan. **L** Cremegrau bis graugrün, breit angewachsen, kaum herablaufend. **S** 3–8 × 0,4–1 cm, zylindrisch, kürzer als Hutbreite, dem Hut gleichfarben, Basis weißfilzig. **F** Hell grünlich grau, trocken fast weiß, Geruch und Geschmack stark anisartig. **V** August bis November. Gesellig in der Streu von Laub- und Nadelwäldern, bodenvag, seltener auf sauren Böden; in Europa überall häufig. **W** Es gibt farblich abweichende Sippen, deren Status unterschiedlich beurteilt wird.

SP 6–7,5 × 4–5 µm, elliptisch, glatt

4 | Ranziger Trichterling
Singerocybe phaeophthalma (Syn. *Clitocybe hydrogramma*)

H 2–6 cm, jung flach gewölbt mit kleinem Nabel, bald verflachend, alt trichterig oder genabelt, feucht weißlich cremegrau, isabellfarben bis beige, glatt, fettig wirkend, stark hygrophan, kaum gerieft. **L** Cremeweiß, etwas heller hutfarbig, kurz bis deutlich herablaufend. **S** 3–6 × 0,3–0,8 cm, zylindrisch, hell graucreme, hutfarben, Basis weißfilzig bis striegelig. **F** Schmutzig weißlich, Geruch stark unangenehm süßlich-ranzig, widerlich, Geschmack unangenehm, bitter, selten mild. **V** August bis Dezember. In der Streu von Laub- und Nadelwäldern, bodenvag; in ganz Europa häufig. **W** Die Art lässt sich mikroskopisch sofort an den aufgeblasenen HDS-Zellen erkennen, weswegen sie auch in eine eigene Gattung gestellt wurde.

SP 4,5–7 × 3,5–4,5 µm, tropfenförmig oder elliptisch, glatt

1

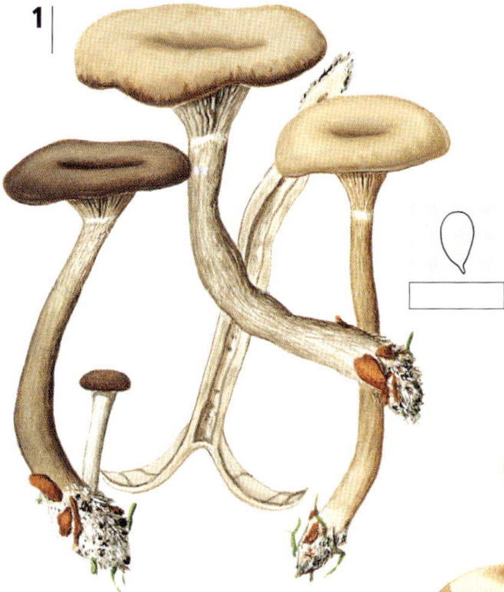

2

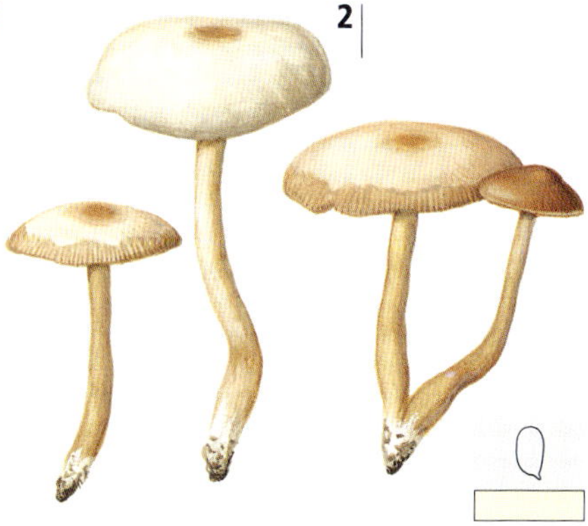

3

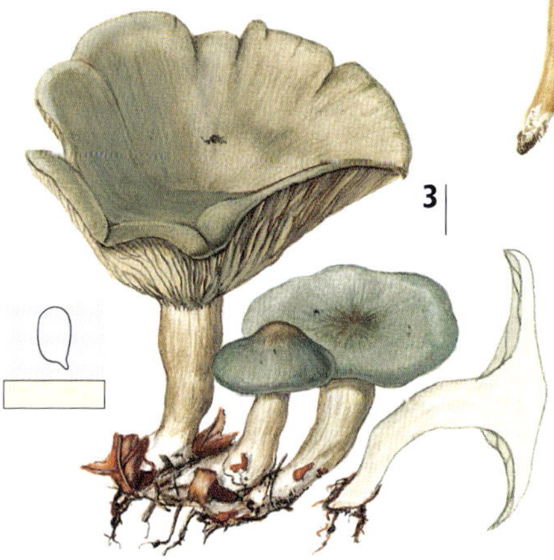

4

1 Wachsstieliger Trichterling

Leucocybe candicans (Syn. *Clitocybe candicans*)

H 1,5–4 cm, jung flach gewölbt, bald flach bis leicht vertieft, porzellan- bis elfenbeinweiß, Mitte schwach cremefarben, bereift, alt bisweilen etwas firnisartig rissig, schwach hygrophan, (fast) ungerieft. **L** Weißlich, alt cremefarben getönt, eng stehend, herablaufend. **S** 2–5 × 0,2–0,5 cm, zylindrisch, meist im unteren Bereich abgeknickt, weißlich, gleichfarbig überfasert. **F** Wässrig weißlich, Geruch etwas krautig, Geschmack unspezifisch. **V** August bis November. In der Laubstreu, besonders auf Buchenblättern, selten im Nadelwald; in Europa unregelmäßig verbreitet, nur regional häufig. **W** Ähnlich ist der Holz-Trichterling (s. u.), der aber mehlartig riecht.

SP 5–6,5 × 2,5–3,5 µm, inamyloid, Schnallen +, Zystiden -

2 Weißer Rasling

Leucocybe connata (Syn. *Lyophyllum connatum*)

H 4–8 cm, jung gewölbt, verflachend, mittig etwas vertieft, aber Rand auch alt noch abgebogen, kreide- bis grauweiß, fein bereift. **L** Weiß, alt etwas cremefarben, ausgebuchtet bis breit angewachsen, eng stehend. **S** 4–10 × 0,8–1,5 cm, zylindrisch, bisweilen abgeplattet, kreideweiß, an der Spitze etwas bepudert, meist büschelig verwachsen. **F** Wässrig weiß, etwas knorpelig, Geruch schwach blütenartig-süßlich, Geschmack mild. **V** August bis November. Entlang von Waldwegen, seltener in grasigen Wäldern, Parks, an Holzlagerplätzen; in ganz Europa häufig. **W** Die Art ist durch die violette Reaktion mit Eisensulfat auf dem Hut zweifelsfrei bestimmbar.

SP 5,5–7 × 3,5–4,2 µm, inamyloid, Schnallen +, Zystiden -

3 Holz-Trichterling

Ossicaulis lignatilis (Syn. *Clitocybe lignatilis*)

H 3–10 cm, nur jung gewölbt, bald verflachend, wellig, vertieft, kreide- bis grauweiß, schmutzig cremeweiß, feinfilzig, etwas bepudert, hygrophan. **L** Weißlich, alt cremegelb sehr dicht stehend, breit angewachsen, kaum herablaufend. **S** 2–10 × 0,4–0,8 cm, zylindrisch, meist gebogen, meistens +/- stark exzentrisch, weißlich, Basis weißfilzig. **F** Weißlich, Geruch und Geschmack mehlartig. **V** Juni bis November. Auf morschem Laubholz; in Europa weit verbreitet, aber überall selten. **W** *O. lachnopus* unterscheidet sich durch kleinere Sporen und gilt als Naturnähezeiger.

SP 4–6 × 2,5–3,5 µm, inamyloid, Schnallen +, Zystiden -

4 Keulenfuß-Trichterling

Ampulloclitocybe clavipes (Syn. *Clitocybe clavipes*)

H 3–8 (10) cm, konvex bis gebuckelt mit eingerolltem +/- gerippten Rand, alt mittig +/- vertieft, graubraun fleckig, Oberfläche matt bis feinfilzig, radialfaserig (Lupe!). **L** Cremeweiß bis gelblich, weit herablaufend, leicht ablösbar. **S** 5–8 × 1–3 cm, +/- zylindrisch, zur Basis hin verbreitert bis deutlich keulig, graubraun. **F** Wässrig-weiß, schwammig, Geruch obstig, Geschmack mild. **V** Juli bis Dezember. Planar bis hochmontan, weit verbreitet und häufig vorwiegend in der Streu von Laub- u. Nadelwäldern, bodenvag. **W** Die Giftwirkung soll besonders in Zusammenhang mit Alkohol auftreten (vgl. *Coprinus*-Syndrom).

SP 6,5–9 × 4–5 µm, inamyloid, Schnallen +, Zystiden -

5 Kaffeebrauner Gabeltrichterling

Pseudoclitocybe cyathiformis

H 4–10 cm, jung flach mit kleinem Nabel, bald trichterig, feucht maronen-, umbra- bis schokoladenbraun, glatt, stark hygrophan, Rand oft etwas wellig, kaum gerieft. **L** Beige, ockergrau, graubräunlich, weit herablaufend, oft mit Gabelungen. **S** 5–12 × 0,5–1 cm, zylindrisch, etwa hutfarben, fein überfasert. **F** Hell graubraun, Geruch und Geschmack unspezifisch. **V** September bis Dezember. In der Streu von Laub- und Nadelwäldern, in Rückegassen, auf Mulch, auf morschem Holz, bodenvag; in ganz Europa häufig. **W** In mageren Wiesen findet sich die kaum unterscheidbare, kleinere und blassere *P. expallens*.

SP 8–12 × 5–7 µm, J+, Schnallen -, Zystiden -

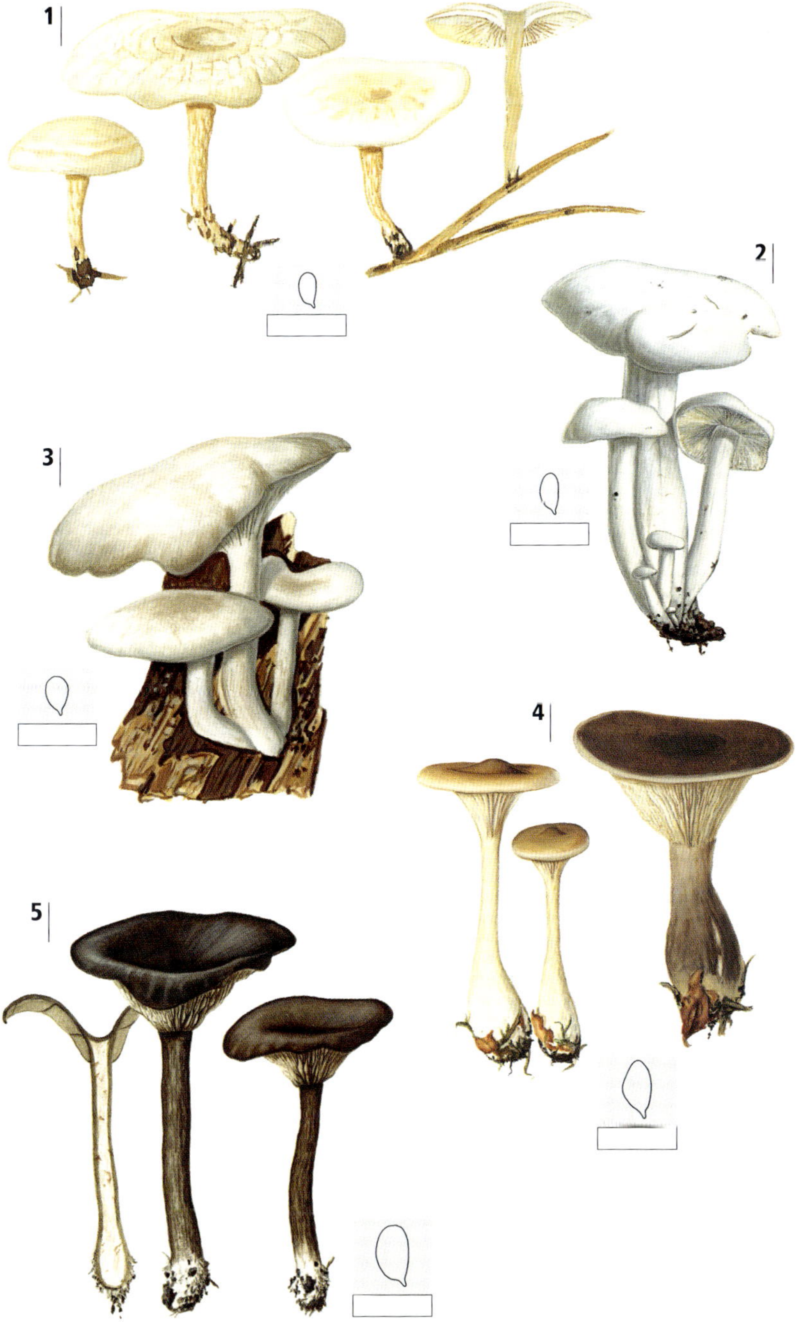
1
2
3
4
5

1 | Violetter Lacktrichterling
Laccaria amethystina

H 1–5 cm, jung konvex, dann flacher mit welligem Rand und +/- genabelt, jung leuchtend violett, dann purpurn bis hellviolett, deutlich hygrophan, Oberfläche filzig-schürfelig. **L** Violett bis purpurn, dick, wachsartig, breit angewachsen. **S** 3–8 × 0,3–0,8 cm, +/- zylindrisch, trocken, längs gestreift, violett mit striegelig-filziger Basis. **F** Violett, biegsam, besonders am Stiel, Geruch und Geschmack +/- pilzartig, mild. **V** Juni bis Dezember bis über die ersten Fröste hinaus. Planar bis montan, überall verbreitet und häufig scharenweise in Wäldern und Parkanlagen bei Laub- und Nadelbäumen, bodenvag. **W** Die Art ist stickstofftolerant und anpassungsfähig. Die Fruchtkörper können hohe Dosen an Schwermetallen (Arsenverbindungen, Cäsium) enthalten.

SP 7,5–10,5 × 7,5–10 µm, Stacheln bis 2 µm lang

2 | Zweifarbiger Lacktrichterling
Laccaria bicolor

H 1–5 cm, jung konvex, dann flacher mit welligem Rand und +/- genabelt, jung ziegelrot, +/- violett, dann blasser braunrot ocker, hygrophan, Oberfläche fein radialschuppig (Lupe!). **L** Violett bis blassrosa, dick, wachsartig, breit angewachsen mit Zahn. **S** 3–8 × 0,3–1 cm, +/- zylindrisch, trocken, längs gestreift, rotbraun mit violetter, filziger Basis. **F** Rotbraun violett, biegsam, besonders am Stiel, Geruch und Geschmack schwach süßlich-pilzartig, mild. **V** Juni bis November. Verbreitet, planar bis hochmontan, vorwiegend in Nadelwäldern als Symbiont von Fichte und Waldkiefer, bodenvag. **W** Fruchtkörper sehen meist aus wie eine Mischung aus *L. amethystina* von unten und *L. laccata* von oben.

SP 7–9,5 × 6–8,5 µm, Stacheln bis 1,5 µm lang

3 | Rotbrauner Lacktrichterling, Gemeiner Lacktrichterling
Laccaria laccata

H 1–5 cm, jung konvex, dann flacher und +/- genabelt, orangebraun bis rotbraun, hygrophan, Oberfläche glatt bis feinschuppig. **L** +/- kräftig fleischrosa, dick, entfernt, wachsartig, breit angewachsen, aderig verbunden. **S** 3–8 × 0,2–0,8 cm, +/- zylindrisch, trocken, glatt bis leicht gestreift, rotbraun mit weißfilziger Basis. **F** Blass, biegsam, besonders am Stiel, geruchlos, Geschmack mild. **V** Juli bis Dezember. Planar bis subalpin, überall verbreitet und häufig in Baumschulen, jungen Forsten und Wäldern, bei Laub- und Nadelbäumen, bodenvag, ubiquistisch. **W** Die Art ist stickstofftolerant und anpassungsfähig. Bedingt durch die große Variabilität gibt es großen Interpretationsspielraum. Wir beschreiben hier die Sammelart inkl. der sehr häufigen, rund-sporigen var. *pallidifolia*.

SP 7–11,5 × 7–9,5 µm, **Q** 1,3, bei var. *pallidifolia* 1,1, Stacheln 2–2,5 µm lang

4 | Braunroter Lacktrichterling, Braunstieliger Lacktrichterling
Laccaria proxima

H 2–5 cm, ähnlich wie L. laccata, aber **S** bis 16 × 1 cm kräftiger, braun, gefurcht.

SP 7,5–11 × 6–9 µm, **Q** 1,3, Stacheln nur bis 1 µm lang

5 | Verbogener Lacktrichterling
Laccaria tortilis

H 0,5–1,5 cm, jung konvex, dann genabelt, trichterig mit gekerbten Rand, fleischrosa bis purpurn, deutlich durchscheinend gerieft, hygrophan, Oberfläche glatt. **L** +/- fleischrosa, dick, wachsartig, +/- herablaufend. **S** 1–2 × 0,1 cm, verbogen, trocken, kahl, rotbraun. **F** Dünn, Geruch und Geschmack schwach pilzartig, mild. **V** Juni bis Oktober. Planar bis hochmontan, verbreitet, oft an feuchten Störstellen, Wegrändern, nackten Böden, bodenvag. **W** Eine weitere, kleine Art ist *L. pumilis* mit breit-elliptischen Sporen und kürzeren Stacheln

SP 8,5–12 µm, subglobos, **BAS** 2-sporig, Stacheln kräftig bis 2 µm

1

2

3
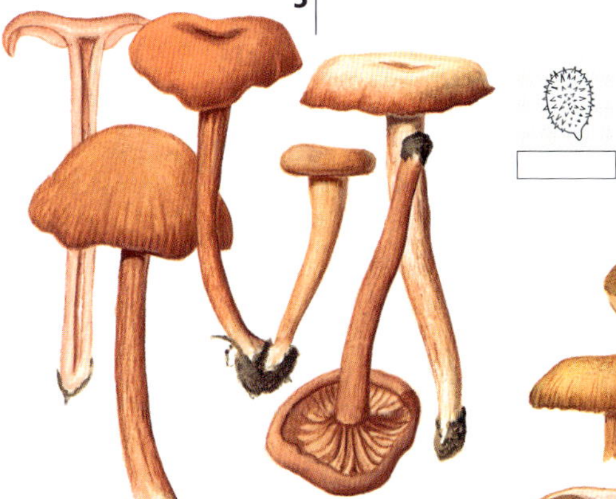

4

5

1 | Moor-Hallimasch

Desarmillaria ectypa (Syn. *Armillaria ectypa*)

RL-1

H 3–6 cm, jung konvex, dann ausgebreitet und eingedellt. Blass gelb-rotbraun, hygrophan, Mitte +/- schwarzbraun feinschuppig, Rand feucht durchscheinend gerieft, heller, reif +/- wellig gekerbt-gefaltet. **L** Jung weiß, dann blassrosa, abgerundet angewachsen, mit Lamelletten. **S** 6–12 × 0,5–1,5 cm, ohne Ring, gelb- bis nussbraun, schlank zylindrisch, +/- verdreht mit knolliger Basis. **F** Weiß bis blassbraun, längsfaserig, Geruch fehlend oder +/- würzig, Geschmack mild, +/- seifig. **V** Juni bis Oktober. Planar bis montan, sehr selten, +/- büschelig an sumpfigen Stellen in Mooren, Bruchwäldern zwischen Moosen, Sphagnum, V !!. **W** Der Anteil Deutschlands liegt bei ca. 25 % des weltweit bekannten Gesamtbestands.

SP 7–9 × 5,5–6,5 µm, J-, Schnallen +

2 | Honiggelber Hallimasch

Armillaria mellea

H 3–10 cm, jung breit kegelig, dann ausgebreitet, feucht glänzend schmierig-schleimig, gelbbraun bis gelboliv. Mitte +/- deutlich feinschuppig, Rand feucht durchscheinend gerieft, heller. **L** Jung weiß bis schmutzig rötlich, dicht, abgerundet angewachsen. **S** 6–16 × 1–2 cm, mit deutlichem, oben weißem, unten gelben Ring, schlank zylindrisch, mit verjüngender Basis. **F** Weiß, wattig, längsfaserig, Geruch bei alt muffig-kohlartig, Geschmack mild, +/- kratzend. **V** Juli bis Dezember. Planar bis montan verbreitet, ortshäufig, bevorzugt milde Lagen, meist büschelig an Laubholz. **W** Alle Hallimasch-Arten sind roh stark Magen-Darm giftig, bei empfindlichen Personen ggf. auch nach Abkochen.

SP 7,5–8,5 × 5–5,5 µm, J-, Schnallen -

3 | Dunkler Hallimasch

Armillaria ostoyae

H 3–8 cm, jung gewölbt, dann flach und vertieft, mit dunklen, abwischbaren Schüppchen, schmierig-schleimig, honigfarben, reif ausblassend, Rand feucht durchscheinend gerieft. **L** Jung creme, dann rosapurpur bis dunkelbraun, +/- eng, mit Zahn herablaufend. **S** 6–16 × 1–2 cm, mit oberseits weißem, unterseits gelben Ring, schlank zylindrisch, +/- verbogen mit verjüngender Basis. **F** Weiß wattig, längsfaserig, Geruch pilzartig, Geschmack mild, dann etwas kratzend. **V** Juli bis Dezember. Planar bis subalpin verbreitet, sehr häufig, in Laub- und Nadelwäldern, meist büschelig an Holz. **W** Die Art ist als aggressiver Parasit in Fichtenforsten bekannt. Typisch sind bei allen holzbewohnenden Arten die schwarzen Rhizomorphen.

SP 7,5–8,5 × 5–5,5 µm, J-, Schnallen +

4 | Wandelbarer Hallimasch

Armillaria lutea (Syn. *Armillaria gallica*)

Die Hutfarben variieren von fleischfarben, honig-, rot- bis zimtbraun. **V** September bis Dezember. Häufig und weit verbreitet in Laub- und Mischwäldern direkt auf Holz. Planar bis subalpin.

SP 7,5–8,5 × 4,5–5 µm, J-, Schnallen +

5 | Ringloser Hallimasch

Desarmillaria tabescens (Syn. *Armillaria tabescens*)

H 3–8 cm, jung gewölbt, bald ausgebreitet, Oberfläche mit dunklen, abstehenden Haarbüscheln, darunter ocker bis fleischfarben. Mitte +/- schollig aufbrechend, deutlich gezont. **L** Creme bis purpurbraun, angewachsen, schwach herablaufend. **S** 5–13 × 0,5–2 cm, zylindrisch, schmal spindelig, stets ohne Ring, ocker, Basis bräunend. **F** Weiß wattig, längsfaserig, an Basis olivlich, Geruch pilzartig, Geschmack mild, +/- kratzend. **V** Juli bis Dezember. In Deutschland sehr selten, in wärmeren Lagen Südeuropas weiter verbreitet. Meist büschelig an oder in der Nähe von Stümpfen, vor allem Eiche und Edelkastanie. **W** Die Art ähnelt *A. mellea*, hat aber keinen Ring.

SP 7–9,5 × 5–6,5 µm, J-, Schnallen +

1

2

3

4

5

Rüblinge, Schwindlinge und verwandte Arten

Rüblinge und Schwindlinge sind generell an ihren dünnfleischigen, elastischen Fruchtkörpern mit zähem, etwas knorpeligem Stiel zu erkennen. Allerdings ist dies nicht immer einfach zu erkennen – die Unterscheidung zu manchen schmächtigen Ritterlingsartigen oder größeren Helmlingsartigen (z. B. Rosablättriger Helmling, S. 272) kann anfangs schwierig sein. Alle Rüblingsartigen ernähren sich saprobiontisch und sind wichtige Streuzersetzer, teils auch Holzzersetzer. Lediglich die Gattung *Rhodocollybia* gilt als Mykorrhiza bildend.

1a L frei, vor dem Stiel zu einem ringartigen Kollar verwachsen → **2**

1b L nicht kollarartig verbunden, im Regelfall am Stiel angewachsen → **3**

2a (1) V in der Laub- oder Nadelstreu; Hut weißlich mit schwarzbrauner Papille → **Nadelstreu-Käsepilzchen und Seitenspross-Schwindling, S. 216 und 220**

2b V auf holzigem Substrat; Hut weißlich mit cremefarbener Papille → **Halsband-Schwindling, S. 216**

2c V auf alten Grashalmen; Hut ocker- bis braunorange → **Orangerötlicher Schwindling, S. 220**

2d V auf alten Schilf- oder Seggenblättern; Hut cremefarben mit bräunlicher Papille → **Schilf-Schwindling *(Marasmius limosus)***

3a (1) V auf am Boden liegenden oder vergrabenen Zapfen → **4**

3b V auf alten, oft unkenntlich vergammelten Pilzen → **Sklerotienrüblinge, S. 226**

3c weder auf Zapfen noch auf vergammelten Pilzen wachsend → **5**

4a (3) Stiel mit Farbverlauf von oben weiß zu rotbraun zur Basis hin, glatt; Hut ocker- bis dunkelbraun; L mäßig entfernt, weißlich → **Zapfenrüblinge, S. 226**

4b Stiel einheitlich fleischfarben bis cremebräunlich, bereift; Hut gleichfarbig; L sehr dicht stehend, cremefarben → **Mäußeschwanzrübling, S. 226**

4c Stiel einheitlich schwarz, fädig-dünn, glatt; Hut fleischbräunlich, gerieft; L sehr entfernt, bräunlich → **Rosshaar-Schwindling, S. 216**

4d Stiel einheitlich weißlich bis grau, glatt, brüchig (!); Geruch nitrös oder Lamellen-Schneiden rötlich → **vgl. Helmlinge, S. 260**

5a (3) Geruch nach faulendem Kohl (bei kleinen FK mehrere zerdrücken) → **6**

5b Geruch anders (unspezifisch oder mehlig) → **8**

6a (5) V in der Nadelstreu, einzeln Fichtennadeln aufsitzend; Stiel braunschwarz bis auf die hellere Spitze → **Nadel-Schwindling, S. 216**

6b V auf Erde, in der Laubstreu, auf Holz oder Rindenmulch → **7**

7a (6) Stiel schwarz (zumindest größtenteils), glatt → **Schwarzstieliger Stink-Rübling und Stinkender Rübling, S. 214**

7b Stiel gelblich, creme, hell bräunlich, Basis striegelig filzig → **Striegeliger Rübling, S. 214**

7c Stiel rosa- bis violettbräunlich, fleischfarben, gänzlich bereift oder fein flockig → **Unverschämter Rübling, S. 214**

8a (5) Stiel deutlich wurzelnd und FK einzeln wachsend; Spp. weiß → **9**

8b Stiel nicht wurzelnd oder Stiel wurzelnd und FK büschelig verwachsen; Spp. weiß bis cremerosa → **10**

9a (8) Hut und Stiel dunkelgrau, etwas metallisch wirkend, glatt; Geruch stark mehlig-gurkig → **Wurzel-Graublatt, S. 222**

9b Hut weißlich bis ockerbraun, feucht schleimig, runzelig; Stiel weißlich, glatt; Geruch unspezifisch → **Wurzelnder Schleimrübling, S. 224**

9c Hut und Stiel ocker bis schwarzbraun, fein borstig behaart (Lupe!) → **Braun- und Schwarzhaariger Wurzelrübling, S. 224**

9d Hut und Stiel metallisch grau, samtig (Lupe!) → **Wurzelnder Schleimrübling, S. 224**

10a (8) FK an Holz wachsend, Hut weißlich, cremegrau bis ockerlich, dunkel graubraun und radialfaserig, oder wie ein Schildkrötenpanzer gefleckt; SP rundlich (Q-Wert 1,0–1,35) → **11**

10b SP länglicher; Merkmale meist anders → **12**

11a (10) FK büschelig; Hut polsterförmig, auch alt nicht vertieft, cremegrau bis ockerlich, bisweilen wie ein Schildkrötenpanzer gefleckt; Stiel meist +/- zentral; SP 5,5–7,5 × 4,5–6 µm → **Ulmen- und Buchen Rasling, S. 254**

11b FK einzeln wachsend; Hut bald vertieft bis schwach trichterig, weißlich, fein samtig bis glatt; Stiel meist deutlich exzentrisch; SP 4,5–6,5 × 4–5 µm → **Holz-Trichterling, S. 196**

11c FK einzeln bis büschelig; Hut verflachend bis leicht vertieft, hell- bis dunkel graubraun radialfaserig auf hellerem Grund; Stiel zentral; SP 5–6,5 × 4,5–6 µm → **Fransiger Faserrübling, S. 228**

11d FK einzeln büschelig; Hut verflachend, hell- bis dunkel graubraun, radialfaserig; Stiel zentral, basal meist mit schnurartigen Myzelsträngen; SP 6,5–10 × 5,5–8 µm → **Breitblättriger Faserrübling, S. 228**

12a (10) V auf alten Grashalmen; Hut mit filzigen bis abstehenden Haarschüppchen, < 2 cm; Stiel haarig → **Haarschwindlinge, S. 220**

12b V auf Brandstellen → **Kohlen-Graublatt, S. 254**

12c V in Flach- oder Hochmooren, Sümpfen, Seggen- und Schilfrieden → **Moor-Hallimasch, S. 200**

12d V nicht wie oben, sondern auf Erde, Streu oder Holz → **13**

13a (12) Stiel bis 2 mm dick; V auf Ästen, liegenden Stämmen, Stümpfen oder Rinde → **14**

13b Stiel > 3 mm dick; V auf Erde oder Streu, an stehenden Bäumen, auf deren Wurzeln oder an Stümpfen → **15**

14a (13) Stiel schwarz, fädig, glatt, vielfach länger als Hutbreite, oft sterile Seitentriebe oder Stielchen ohne Hut ausbildend → **Roßhaar-Schwindling, S. 216**

14b Stiel creme bis bräunlich, fein beflockt, kaum mehr als doppelt so lang wie Hutbreite → **Ast-Schwindling, S. 220**

14c Stiel oben weiß, abwärts violettschwarz, bereift, oft kürzer als Hutbreite → **Weißer Zwergschwindling, S. 220**

15a (13) V am Stammgrund stehender lebender Bäume oder um diese herum auf den Hauptwurzeln; Stiele meist büschelig, oft wurzelnd → **16**

15b nicht mit diesen Merkmalen → **17**

16a (15) Stiel faserig, hell gelbbräunlich; Hut gelbbraun, jung mit feinen Faserflöckchen → **Ringloser Hallimasch, S. 200**

16b Stiel knorpelig, orangebräunlich; Hut orange- bis rotbraun, glatt → **Spindeliger Rübling, S. 210**

17a (15) V auf Holz; Wuchs einzeln; L (oliv-)gelb; Hut olivbräunlich (ähnlich den Olivschnitzlingen (S. 406), jedoch hellsporig) → **Scheinrüblinge, S. 228**

17b V auf Holz; Wuchs büschelig; L weißlich; Hut leder- bis orangebräunlich, Stiel braunrot → **Rotstieliger Rübling, S. 212**

17c V auf am Boden liegenden Ästchen, im Spätwinter und Frühjahr → **Schnee-Rübling, S. 212**

17d V auf Erde, Streu oder Rindenmulch → **18**

18a (17) Stiel im Alter mit Farbverlauf von weißlich zu rotbraun bis schwarz → **19**

18b Stiel auch alt +/- gleichfarben, höchstens schwach dunkler werdend → **20**

19a (18) Hut gelb bis ockerbraun; Stiel mind. doppelt so lang wie Hutbreite, oben gelbbraun, nach unten zu rotbraun, glatt → **Hornstieliger Schwindling, S. 218**

19b Wie voriger, jedoch Stiel fein bereift (Lupe!) → **Ledergelber Schwindling, S. 218**

19c Hut weißlich bis hell violettlich grau; Stiel ein wenig länger als Hutbreite, oben weißlich, nach unten zu grauschwarz
→ Violettlicher Schwindling, S. 218

20a (18) Spp. cremerosa bis rosalich creme; SP cyanophil, oft auch dextrinoide Dauersporen vorhanden
→ Rosasporrüblinge 21

20b Spp. weiß oder sehr schwach getönt; SP weder cyanophil noch dextrinoid
→ Blasssporrüblinge 24

21a (20) Lamellen-Schneide gesägt bis schartig; Hut orange- bis rotbraun; Stiel weißlich bis schwach hutfarben, nicht fleckig; SP rundlich bis breitelliptisch (Q = 1,0–1,4) **→ Kerbblättriger und Drehstieliger Rübling, S. 208**

21b Lamellen-Schneide nicht oder sehr ungleich gesägt; Hut und Stiel jung weiß, dann zunehmend rostfleckig; SP rundlich bis breitelliptisch (Q = 1,0–1,4)
→ Gefleckter Rübling, S. 208

21c SP elliptisch bis tränenförmig (Q = 1,5–2) **→ 22**

22a (21) Stiel zuspitzend und etwas wurzelnd; Hut rosa- bis orangebraun mit hellem Rand **→ Wurzelnder Rübling *(Rhodocollybia fodiens)***

22b Stiel basal angeschwollen bis aufgeblasen; Hut grau oder kastanien- bis purpurbraun **→ 23**

23a (22) Hut horn-, gelb- bis braungrau, glatt, feucht sich fettig anfühlend wie Butter, stark hygrophan
→ Horngrauer Butter-Rübling, S. 208

23b wie voriger, aber Hut rot- bis kastanienbraun
→ Butter-Rübling, S. 208

23c Hut rot- bis purpurbraun, fein radialfaserig, kaum hygrophan **→ Faserhütiger Butter-Rübling *(Rhodocollybia filamentosa)***

24a (20) Stiel längsfaserig bis -furchig; L sehr dicht stehend; Hut meist radialfaserig; V büschelig auf Rindenmulch, in Beeten **→ Üppiger Büschel-Rübling, S. 212**

24b Nicht mit dieser Merkmalskombination **→ 25**

25a (24) Stiel bis zur Basis glatt **→ 26**

25b Stiel bereift, beflockt oder zumindest im unteren Teil striegelig **→ 27**

26a (25) FK einfarbig creme bis lederbräunlich; L entfernt; V in Wiesen, oft in Reihen oder Ringen
→ Nelken-Schwindling, S. 218

26b Hut gelb-, orange- bis kastanienbraun; L weißlich oder gelblich, relativ eng stehend; V meist in der Streu, selten in Wiesen **→ Artengruppe Waldfreund-Rüblinge, S. 212**

27a (25) Hut und Fleisch mit Lauge grünlich; Hut feucht sehr dunkel purpurbraun
→ Purpurbrauner Rübling, S. 210

27b ohne grüne Laugenreaktion; Hut heller, gelb- bis fleischbraun **→ 28**

28a (27) L engstehend, cremefarben; Hut fleischbräunlich; Stiel fleisch- bis violettbräunlich, fein beflockt; Wuchs büschelig in Reihen und Ringen
→ Knopfstiel-Rübling, S. 210

28b L entfernt stehend, gelblich; Hut gelb- bis rötlichbraun; Stiel gelblich, nur basal striegelig; Wuchs gesellig, nicht in Büscheln
→ Brennender Rübling, S. 210

Ritterlinge und verwandte Arten

Bei den Ritterlingen und ihren Verwandten handelt es sich im Regelfall um relativ fleischige, oft sogar robuste Pilze. Viele sind Mykorrhiza bildend, nur wenige Holzbewohner. Die Lamellenhaltung ist typischerweise ausgebuchtet und mit kurzem Zähnchen am Stiel herablaufend – der „Burggraben“. Leider ist dies nicht immer so typisch ausgeprägt wie man das gerne hätte, sodass es manchmal schwierig sein kann, sich zwischen schmächtigen Ritterlingsartigen und kräftigeren Rüblingsartigen zu entscheiden. Da hilft nur, beide Schlüsselwege zu versuchen.

Nr.	von	Merkmale
1a		V auf Holz wachsend (auch vergrabenes!) → **2**
1b		V auf der Erde wachsend, ohne Holzkontakt → **3**
2a	(1)	Hut purpurfilzig bis -schuppig auf gelbem Grund; Trama lebhaft gelb; Zystiden vorhanden **→ Purpurfilziger Holzritterling, S. 244**
2b		Hut olivschwarz schuppig auf gelbem Grund; Trama lebhaft gelb; Zystiden vorhanden **→ Olivgelber Holzritterling, S. 244**
2c		Hut fein dunkelschuppig bis samtig auf gelbbraunem Grund; Trama cremefarben; Zystiden fehlen **→ Ringloser Hallimasch, S. 200**
3a	(2)	L auf Druck langsam bläulich oder schwärzlich verfärbend **→ Raslinge (Schwärzlinge) p. p., S. 252**
3b		L und Trama erst (schwach) rötend, dann schwärzend → **4**
3c		L und Trama unveränderlich oder etwas rotbräunlich oder gelb verfärbend, aber nicht schwarz werdend → **5**
4a	(3)	V in nährstoffarmen Wiesen; L weißlich; Spp. weiß, amyloid **→ Schwärzender Wiesenritterling, S. 248**
4b		V in Wäldern; L lebhaft gelb; Spp. cremefarben, inamyloid **→ Rötender Rasling, S. 252**
5a	(3)	Hut und Stiel gelb, violett oder fleischrosa, zu den weißen L kontrastierend; Geruch mehlartig; FK meist relativ klein, Hut kaum über 5 cm **→ Schönköpfe, S. 250**
5b		nicht mit dieser Merkmalskombination → **6**
6a	(5)	Spp. amyloid (Weich-, Samt- und Wiesenritterlinge) → **7**
6b		Spp. inamyloid → **9**
7a	(6)	SP warzig **→ Weichritterlinge 8**
7b		SP glatt **→ Samtritterlinge und Wiesenritterlinge, S. 248**
8a	(7)	L ocker- bis safrangelb **→ Frühlings-Weichritterling, S. 246**
8b		Stiel mit schwärzlichen Schüppchen besetzt (ähnlich den Raustielröhrlingen) **→ Dunkelflockiger Weichritterling, S. 246**
8c		L weißlich; Stiel ohne Schüppchen **→ weitere Weichritterlingsarten (Mikroskop!), S. 246**
9a	(6)	SP warzig und inamyloid, cremefarben (bis rosalich, vgl. auch Schlüssel Rosasporer) **→ Rötelritterlinge 10**
9b		SP glatt und inamyloid → **11**
10a	(9)	Hut cremefarben, oft mit rosalichem Ton, gleichmäßig glatt; Geruch aromatisch-süßlich, ähnlich reifen Walderdbeeren **→ Veilchen-Rötelritterling, S. 184**
10b		FK cremegrau bis weißlich, meist mit konzentrischen Wasserflecken am Rand; Geruch mehlartig oder krautig **→ Horngrauer Rötelritterling, S. 184**

10c	mit anderen Merkmalen → weitere seltene Rötelritterlingsarten
11a (9)	FK büschelig wachsend; Hut weiß, etwas firnisartig bereift → **Weißer Rasling, S. 196**
11b	FK büschelig wachsend; Hut braun bis grau (wenn orangebraun bis fuchsig vgl. Spindeliger Rübling, S. 210) → **Büschel-Rasling und verwandte Arten, S. 254**
11c	FK nicht oder nur ausnahmsweise zu Wenigen büschelig wachsend → **Ritterlinge 12**
12a	Stiel mit dauerhaftem, wollig-wattigem Ring → **13**
12b	Stiel ohne Ring, höchstens mit flüchtiger spinnwebartiger Zone oder dünnem Häutchen → **14**
13a (12)	Hut weißlich bis grau, +/- schuppig; Geruch etwas mehlartig; V bei Weiden → **Beringter Erd-Ritterling, S. 232**
13b	Hut orange, vergrünend, glatt bis eingewachsenfaserig; Geruch gurkig-mehlig; V unter Kiefern oder Pappel → **Halsband-Ritterling, S. 236**
13c	Hut in dunkelbraune Schuppen auf hellerem Untergrund aufbrechend; Geruch unspezifisch bis süßlich, parfümiert; V unter Kiefern oder Fichten → **Krokodil-Ritterlinge, S. 236**
14a (12)	Hut graugrün, oliv bis graulich und glatt; Fleisch rötend, vor allem in der Stielbasis; Geruch meist unangenehm nach Seifenlauge; L oft dick und splitternd → **Seifen-Ritterlinge, S. 242**
14b	Hut schiefer- bis grauschwarz, etwas eingewachsen-faserig bis glatt, feucht schmierig; Geruch mehlartig; L und Stiel oft mit gelben Flocken → **Schwarzfaseriger Ritterling, S. 242**
14c	andere Merkmalskombination: Hut anders gefärbt oder nicht glatt (sondern eingewachsen-faserig, filzig bis schuppig); meist nicht rötend; Geruch mehlartig oder unspezifisch → **15**
15a (14)	Hut gelb bis grüngelb, gelboliv, grünlich; Stiel oder L oft gelblich, glatt, radialfaserig, höchstens Mitte etwas schorfig (wenn Hutrand deutlich gerippt: 15b) → **16**
15b	Hut weiß, elfenbein bis creme, glatt bis wildlederartig → **19**
15c	Hut gelb-, orange-, rot- bis dunkelbraun oder orange, glatt, feinfilzig oder schuppig → **23**
15d	Hut weißlich bis grau, schuppig, wollig, struppigfilzig oder radialfaserig → **30**
16a (15)	Geruch stark unangenehm schwefelig oder wie Leuchtgas; L entfernt, gelb → **Schwefel-Ritterling, S. 244**
16b	Geruch mehlartig-gurkig oder unspezifisch → **17**
17a (16)	Hut zitzenförmig bis spitz gebuckelt, zitronen- bis grünlich gelb, glatt bis schwach faserig; L einfarbig gelblich; Geschmack scharf → **Gelber Pfeffer-Ritterling, S. 242**
17b	Hut konvex, ungebuckelt oder nur mit angedeutetem Buckel; Geschmack mild → **18**
18a (17)	Hut +/- trocken, gelb- bis schwarzgrün, radial gefasert, bisweilen nur Hutmitte so; L weißlich bis gelblich, oft am Hutrand intensiver → **Grüngelber und Sägeblättriger Ritterling, S. 244**
18b	Hut feucht schmierig-schleimig, grüngelb bis gelbgrün, glatt oder Mitte etwas dunkler schorfig; L einfarbig gelb → **Grünlinge, S. 242**
19a (15)	Geruch stark, unangenehm schwefelig oder nach Leuchtgas; L entfernt; FK oft klein und Hut meist <5 cm; V im Herbst, im montanen Nadelwald → **Lästiger RItterling, S. 230**
19b	Geruch und Geschmack mehlig-gurkig → **20**
19c	Geruch süßlich-ranzig, staubartig oder unspezifisch → **21**
20a (19)	V im Herbst; Hut seidig; Stielbasis oft blaufleckig (werdend); L mäßig eng stehend → **Seidiger Ritterling, S. 230**
20b	V im Frühjahr; Hut glatt; Stielbasis ohne blaue Flecken; L auffallend eng stehend → **Mai-Ritterling, S. 250**
21a (19)	Hutrand auffallend gerippt; FK gedrungen, Stiel kürzer als Hutbreite; V unter Eiche → **Gerippter Ritterling, S. 240**
21b	Hutrand glatt; FK weniger gedrungen, Stiel oft länger als Hutbreite; V unter Buche oder Birke, seltener Eiche → **22**

22a (21) Geruch süßlich-ranzig; V unter Buche **→ Unverschämter Ritterling, S. 230**

22b Geruch unauffällig, etwas erdartig; V unter Eiche und Hainbuche; oft schwierig von voriger zu trennen **→ Strohblasser Ritterling *(T. album)***

22c Geruch unauffällig, etwas erdartig; V unter Birke, oft in Ringen; FK größer und reiner weiß als vorige **→ Weißer Birken-Ritterling, S. 230**

23a (15) Stiel mit oranger Natterung; Hut orange, vergrünend **→ Oranger Ritterling, S. 236**

23b Stiel weiß bis orangebraun, aber nicht genattert **→ 24**

24a (23) Stiel bräunlich, (jung) mit abrupt weiß abgesetzter Stielspitze; Hut glatt, feucht schmierig (wenn feinfilzig oder schuppig: 24b) **→ 25**

24b Stiel zur Spitze hin nach und nach heller werdend; Hut glatt und feucht schmierig oder trocken und fein filzig bis schuppig **→ 27**

25a (24) Hutrand gerippt; Trama sehr bitter; V unter Eiche **→ Bitterer Eichen-Ritterling, S. 238**

25b Hutrand +/- glatt; Trama mild bis bitterlich; V unter Kiefer **→ 26**

26a (25) Stiel jung mit dünner häutiger Zone am Übergang zur weiß abgesetzten Spitze (alt weniger deutlich!); Trama unveränderlich **→ Fastberingter Ritterling, S. 238**

26b Stiel ohne häutige Zone; FK massig, bis 25 cm; Trama langsam rötend **→ Riesen-Ritterling, S. 236**

26c Stiel ohne häutige Zone; FK mittelgroß bis schmächtig; Trama kaum verfärbend (aber L!) **→ Weißbrauner Ritterling und verwandte Arten, S. 238**

27a (24) Trama gelb, zumindest in der Stielrinde **→ Gelbfleischiger Ritterling, S. 240**

27b Trama blass, creme bis hell holzfarben **→ 28**

28a (27) Hut fein filzig, fahl- bis gelbbraun, kaum über 5 cm; V bei Lärche **→ Lärchen-Ritterling, S. 240**

28b Hut feinfilzig bis feinst schuppig, rötlich- bis dunkelbraun, meist > 6 cm; V bei Kiefern **→ Feinschuppiger Ritterling, S. 240**

28c Hut wollig bis schuppig, rotbraun, meist < 8 cm; Hutrand wollig behangen; V bei Fichte **→ Bärtiger Ritterling, S. 240**

28d Hut glatt, fecht meist etwas schmierig bis schleimig **→ 29**

29a (28) Hut fleischbräunlich; Stiel nahezu weiß; V bei Pappel **→ Pappel-Ritterling, S. 238**

29b Hut gelb-, orange- bis olivbräunlich; Stiel hutfarbig getönt; V bei Buche **→ Brandiger Ritterling, S. 238**

30a (15) Trama mild, mehlartig; oft gilbend oder rötend **→ 31**

30b Trama mild, ohne Mehlgeschmack **→ Graublättriger Erd-Ritterling, S. 234**

30c Trama schärflich bis scharf (oft erst nach 1–2 Min.!) **→ 33**

31a (30) FK groß und robust; L und Stielspitze frisch mit wässrigen Tropfen; Stiel zur Basis hin keulig verdickt; Trama und L nicht verfärbend **→ Tiger-Ritterling, S. 232**

31b FK weniger robust, oft etwas brüchig; ohne Tropfen; Stiel zuspitzend oder zylindrisch; Trama oder L gilbend oder rötend (oft erst nach Tagen!) **→ 32**

32a (31) Trama und L gilbend (oft erst alt) **→ Gilbender Erd-Ritterling, S. 232**

32b L rötend (oft erst alt); Stielbasis oft mit blauen Flecken **→ Rötender Erd-Ritterling und verwandte Arten, S. 232**

33a (30) Hut gewölbt oder risspilzartig geschweift; Lamellen-Schneiden alt schwärzlich gestrichelt; V unter Buche **→ Schärflicher Erd-Ritterling, S. 234**

33b Hut konisch, meist auffallend gebuckelt; Lamellen-Schneiden nicht verfärbend; V im Nadelwald **→ Brennendscharfer Erd-Ritterling, S. 234**

1 | Butter-Rübling
Rhodocollybia butyracea

H 4–8 cm, jung konvex, dann ausgebreitet und flach gebuckelt, Oberfläche feucht glänzend und fettig wie Butter, trocken matt fein samtig, gelbbraun bis rotbraun, stark hygrophan, Rand feucht durchscheinend gerieft, heller. **L** Weiß, am Stiel ausgebuchtet, eng stehend, wellig, mit Lamelletten. **S** 4–8 × 0,5–1 cm, braun, sehr biegsam, teils hohl, zur Basis verbreitert und oft weißfilzig. **F** Trocken weiß wattig, alt oft wässrig, längsfaserig, Geruch schwach, Geschmack mild. **V** Juli bis Dezember. Planar bis hochmontan, weit verbreitet und sehr häufig in der Streuschicht von Laub- und Nadelwäldern, auch in Gärten, bodenvag. Einzeln, in Gruppen oder Hexenringen. **W** Die Gattung wurde von *Collybia* unter anderem wegen des blassrosa Sporenpulvers getrennt.

SP 6,5–10 × 4–4,5 µm, J-/+ (dextrinoid)

2 | Horngrauer Butter-Rübling
Rhodocollybia butyracea f. *asema*

Diese häufig auftretende Form weicht durch horngraue Hutfarben und beim Abtrocknen dunkler Hutmitte ab. Juli bis Dezember. Planar bis subalpin, bodenvag.

SP 6,5–10 × 4–4,5 µm, J-/+ (dextrinoid)

3 | Gefleckter Rübling
Rhodocollybia maculata

H 4–10 cm, kräftige Art mit Ritterlingshabitus, jung konvex, dann ausgebreitet gebuckelt, oft stark unregelmäßig gewellt, Oberfläche matt, mit charakteristischen +/- rostfarbenen Flecken. **L** Weiß bis creme, sehr eng stehend, am Stiel ausgebuchtet angewachsen, Schneide leicht gekerbt. **S** 6–12 × 1–2,5 cm, weiß, zur Basis rotbraun, verjüngt und wurzelnd. Oft hohl, teils drehwüchsig. **F** Weiß, längsfaserig, zäh elastisch-knorpelig, Geruch schwach holzig, Geschmack anfangs mild, dann bitter. **V** Juli bis Dezember. Planar bis hochmontan, meist in Gruppen, büschelig. Weit verbreitet in sauren oder übersauerten Nadel- und Mischwäldern mit Fichten und Tannen in der Streuschicht. **W** Die rostfleckigen Hüte in Verbindung mit den wurzelnden, biegsamen Stielen sind gute Feldmerkmale.

SP 5,5–6,5 × 4,5–4,5 µm, J-/+ (dextrinoid)

4 | Kerbblättriger Rübling
Rhodocollybia prolixa var. *prolixa* (Syn. *Collybia prolixa*)

H 2–7 cm, mit Ritterlingshabitus, jung breitkegelig, dann konvex, abgeflacht, oft unregelmäßig verbogen, Oberfläche glatt und glänzend, rotbraun, zur Mitte intensiver kastanienbraun. **L** Jung weiß, dann blassgelb, am Stiel ausgebuchtet angewachsen, teils gegabelt, Schneide charakteristisch stark gekerbt. **S** 3–8 × 0,5–1,5 cm, zylindrisch, längsrilllig, weiß bis hornbraun, zur Basis rotbraun und wurzelnd, oft hohl, teils drehwüchsig. **F** Weißlich, längsfaserig, elastisch-knorpelig, Geruch schwach, Geschmack mild pilzartig, auch bitter. **V** Juli bis Dezember. Planar bis hochmontan, zerstreut bis selten in sauren Nadel- und Mischwäldern. Meist in Gruppen, büschelig, mit Fichten und Tannen in Verbindung mit morschem Holz, auch an Stümpfen. **W** Die im Folgenden beschriebene drehstielige Varietät ist häufiger anzutreffen.

SP 4–6 × 3,5–5 µm, J-/+ (dextrinoid), Schnallen+

5 | Drehstieliger Rübling
Rhodocollybia prolixa var. *distorta* (Syn. *Collybia distorta*)

Der Drehstielige Rübling wurde aufgrund seiner helleren Hüte, blasserer Lamellen und Stiele, kleinerer Sporen lange Zeit als eigenständige Art angesehen. Die Zweifel anderer Autoren haben sich inzwischen durch phylogenetische Studien erhärtet. Somit gilt der in Nadelwäldern mit Schwerpunkt in Süddeutschland verbreitete Pilz nur mehr als Varietät. Er ist insgesamt deutlich häufiger als der Kerbblättrige Rübling. **V** Juli bis Dezember. Planar bis hochmontan.

SP 3,5–4,5 × 3–4 µm, J-/+ (dextrinoid), Schnallen +

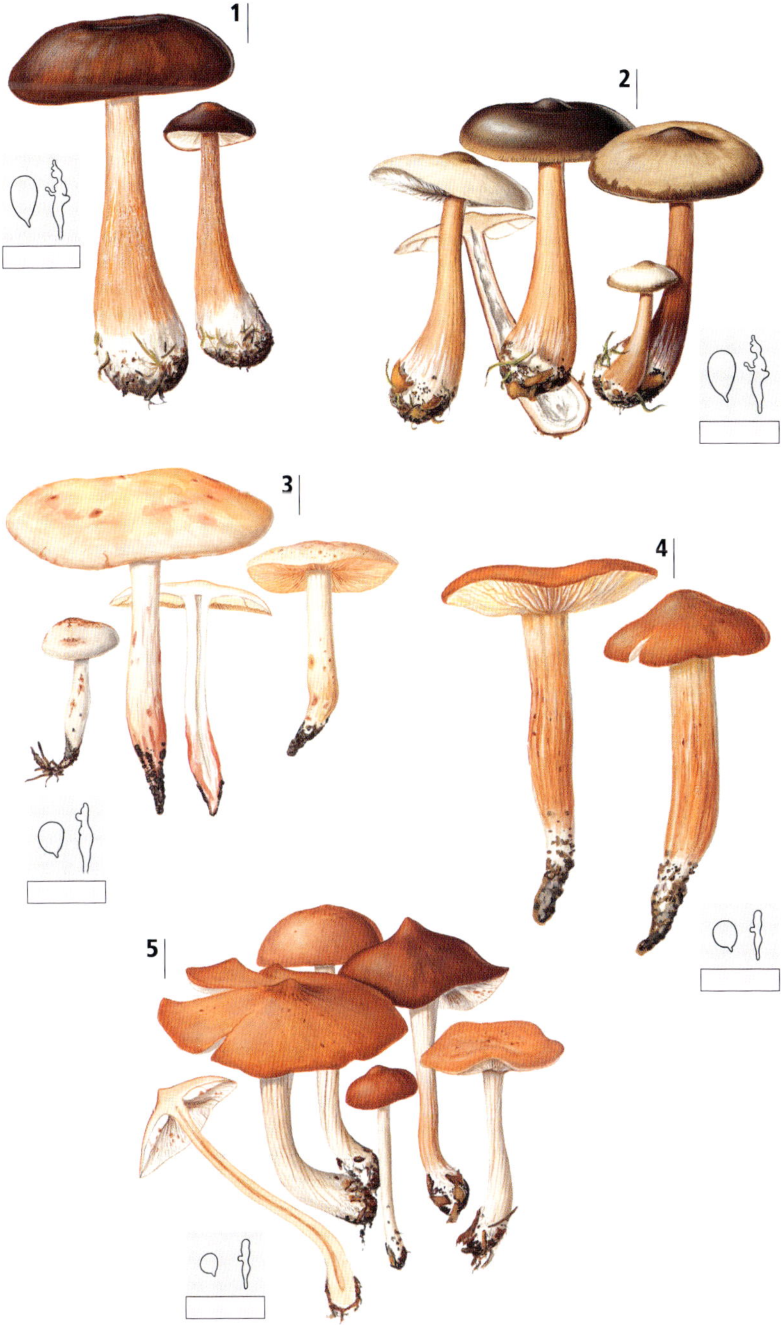
1
2
3
4
5

1 Spindeliger Rübling
Gymnopus fusipes

H 3–10 cm, jung halbkugelig, bald flach gewölbt, unregelmäßig gewölbt, orange- bis rotbraun, alt dunkel rotbraun fleckig, schwach hygrophan, knorpelig. **L** Cremeweißlich, alt zunehmend rotbraun fleckig, entfernt stehend, dick, knapp angewachsen. **S** 5–10 × 0,6–2 cm, unregelmäßig verbogen, rillig, knorpelig-zäh, mit 5–15 cm langer spindeliger Wurzel, orange- bis rotbraun, oft büschelig. **F** Weißlich, Stielrinde rotbräunlich, zäh-elastisch, Geruch und Geschmack unspezifisch. **V** Juli bis November. An den Hauptwurzeln von Laubbäumen, vor allem Eiche und Buche, besonders auf Buchenblättern, selten im Nadelwald; in Europa verbreitet, nördlich des Eichenareals fehlend. **W** Aufgrund von Färbung und knorpeligem, spindelig-wurzelndem Stiel unverwechselbar.

SP 5–7 × 3–4,5 µm, elliptisch bis eiförmig, glatt

2 Brennender Rübling
Gymnopus peronatus

H 2–8 (–10) cm, jung gewölbt, bald verflacht, oft wellig, braungelb, gelb- bis rotbraun, dünnfleischig. **L** Gelblich, braungelb, siena, knapp angewachsen bis frei, entfernt stehend, oft am Grund mit runzeligen Querverbindungen. **S** 4–8 × 0,3–0,8 cm, zylindrisch, ziemlich starr, gelbbräunlich, unterer Teil mit gelbem Filz überzogen, dessen Farbe sich beim Trocknen noch verstärkt. **F** Gelblich, zähelastisch, Geruch frisch nach Essigessenz, Geschmack nach kurzer Zeit deutlich scharf. **V** Juni bis November. In der Laub- und Nadelstreu, in Wäldern aller Art, bodenvag; in ganz Europa häufig. **W** Die Art ist sehr variabel was Färbung und Größe betrifft.

SP 7–11 × 3,5–4,5 µm, elliptisch, etwas spindelig, glatt

3 Purpurbrauner Rübling
Gymnopus fuscopurpureus

H 2–4 cm, jung fast halbkugelig, bald verflachend, nur wenig wellig werdend, dunkel rot- bis purpurbraun, glatt, hygrophan, ausgeblasst hell fleischbräunlich. **L** Purpurbraun, mäßig dicht stehend, manchmal am Grund mit kurzen Anastomosen, knapp angewachsen. **S** 3–8 × 0,2–0,4 cm, zylindrisch, oft abgeplattet und mit Längsrille, hutfarben, an der Spitze etwas bereift. **F** Feucht hutfarben, Geruch und Geschmack unspezifisch. **V** Juli bis November. In der Laubstreu, vor allem in Buchenwäldern, meist auf basischem Boden; in Europa weit verbreitet, aber überall selten. **W** Der sehr düstere Eindruck lässt auf den ersten Blick an vergammelte Pilze denken. Mit Lauge verfärben sich alle Teile des Fruchtkörpers grün, was die Abgrenzung von ähnlichen Arten einfach macht (s. u.).

SP 6,5–8,5 × 2,5–4 µm, elliptisch, glatt

4 Hellblättriger Buchenblatt-Rübling
Gymnopus fagiphilus

H 1,5–3,5 cm, zunächst stark gewölbt, mit der Zeit fast verflachend, alt manchmal schwach vertieft, ocker bis bräunlich gelb, gelb- bis rotbraun, abgetrocknet blass rosalich cremefarben, hygrophan, Rand feucht gerieft. **L** Creme- bis ockerbraun, etwas fleischfarben getönt, mäßig entfernt stehend, knapp angewachsen. **S** 3–6 × 0,1–0,3 cm, zylindrisch, jung fast auf ganzer Länge glatt, orange- bis rotbraun, älter zunehmend gelbfilzig von der Basis aufwärts. **F** Weißlich, im Stiel rötlich, ohne Reaktion auf Lauge, Geruch und Geschmack unspezifisch. **V** Juli bis November. In der Laubstreu auf Buchenblättern; in ganz Europa selten, aber wohl oft nicht erkannt. **W** Ähnliche Arten haben meist einen glatten Stiel.

SP 6,5–9 × 3,5–4,5 µm, elliptisch, glatt

5 Knopfstiel-Rübling
Gymnopus confluens

H 1,5–4 cm, jung stark gewölbt, bald verflachend, manchmal mit flach nabelartiger Vertiefung, creme-, ocker- bis hell fleischbräunlich, hygrophan, Rand auch feucht nicht gerieft. **L** Creme- bis ockerbraun, etwas fleischfarben getönt, auffallend dicht stehend, knapp angewachsen bis frei. **S** 5–12 × 0,2–0,5 cm, zylindrisch, manchmal abgeplattet oder etwas gedreht, auf ganzer Länge fein flockig, orange- bis rotbraun. **F** Cremeweißlich, im Stiel etwas dunkler, Geruch und Geschmack unspezifisch. **V** Juli bis November. In der Laub- und Nadelstreu in Wäldern aller Art, bodenvag; in ganz Europa verbreitet und häufig. **W** Die Art wächst typischerweise gleichzeitig büschelig und in Reihen und Hexenringen. Teilweise werden die Hüte als Suppenpilz verwendet.

SP 6,5–9 × 3–4 µm

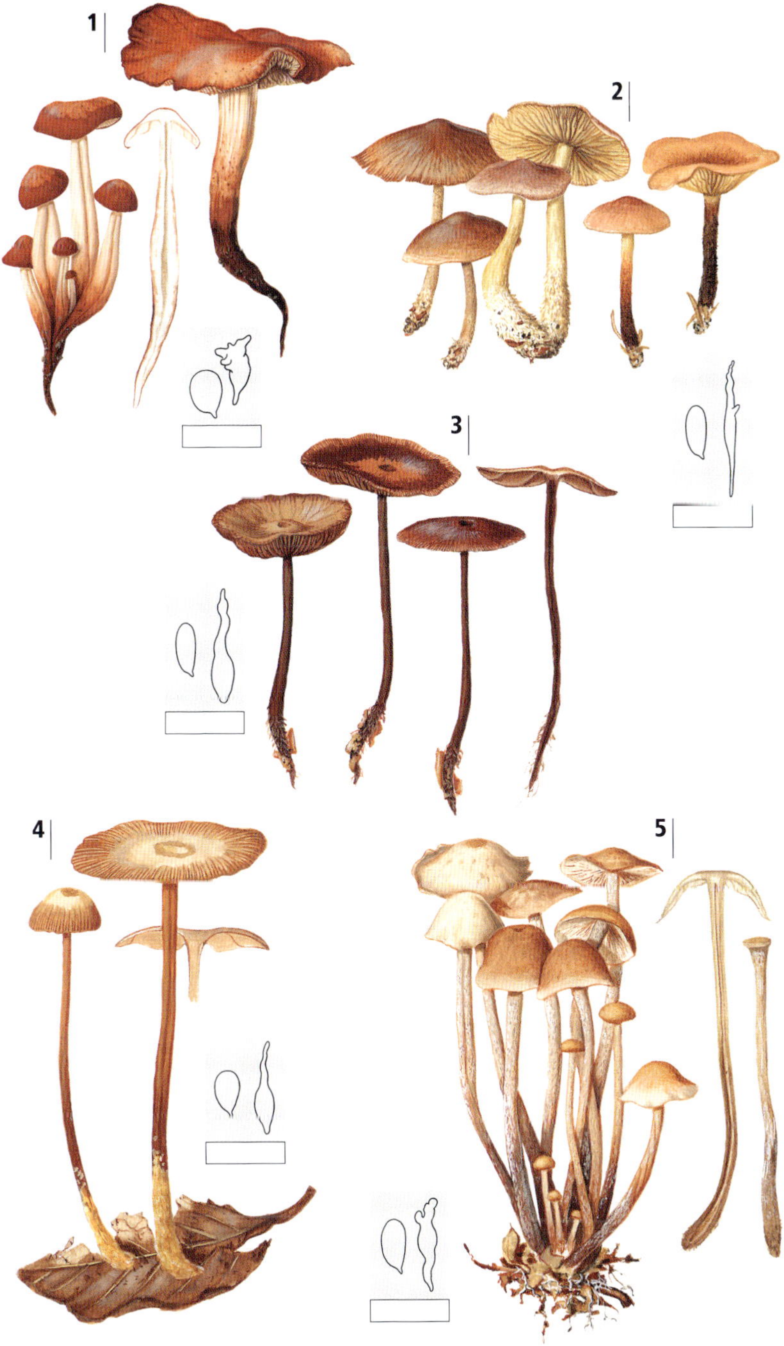
1
2
3
4
5

1 | Rotstieliger Rübling
Gymnopus erythropus (Syn. *Collybia marasmioides*)

H 1–5 cm, jung halbkugelig, bald flach, manchmal schwach gebuckelt, rot- bis kastanienbraun, hygrophan, feucht am Rand gerieft. **L** Cremeweißlich, mäßig entfernt stehend, knapp angewachsen bis frei. **S** 2–8 × 0,2–0,6 cm, zylindrisch, oft mit Längsfurche, elastisch-zäh, mit 5–15 cm langer spindeliger Wurzel, rot bis rotbraun, oft büschelig. **F** Weißlich, Stielrinde rotbräunlich, Geruch und Geschmack unspezifisch, manchmal etwas unangenehm. **V** Juli bis November. In der Laubstreu oder auf sehr morschem Laubholz; in Europa zerstreut, regional häufig, nördlich des Eichenareals fehlend. **W** Auf Nadelholz oder -streu wächst der ähnlich *G. acervatus*.

SP 5–7 × 3–4,5 µm, inamyloid, Schnallen +, Zystiden +

2 | Waldfreund-Rübling
Gymnopus dryophilus

H 2–6 cm, jung gewölbt, bald verflacht, oft wellig, braungelb, ocker, rotorange, zur Mitte oft dunkler werdend, hygrophan, feucht am Rand gerieft. **L** Cremeweiß, eng stehend, knapp angewachsen. **S** 3–10 × 0,2–0,6 cm, zylindrisch, oft abgeflacht und mit Längsfurche, orangebräunlich, glatt, Basismyzel weißlich. **F** Weißlich bis gelblich, Geruch etwas pilzartig, angenehm, Geschmack mild. **V** Juni bis November. In der Laub- und Nadelstreu, in Wäldern aller Art, in moosigen Wiesen, bodenvag; in ganz Europa häufig. **W** Wird oft als essbar bezeichnet, doch kommen Unverträglichkeiten vor. Sehr ähnlich ist *G. aquosus*, der feucht heller gefärbt ist (besonders Stiel) und ein rosaliches Basalmyzel hat.

SP 7–11 × 3,5–4,5 µm, inamyloid, Schnallen +, Zystiden +

3 | Gelbblättriger Waldfreund-Rübling
Gymnopus ocior

Eine weitere Art aus der Verwandtschaft des Waldfreund-Rüblings. Sie unterscheidet sich durch dunklere, abtrocknend oft etwas fleischfarben getönte Hüte und oft gelbe Lamellen. Weitere Unterschiede sind mikroskopischer Art **V** Wie oben, aber etwas weniger häufig. **W** Wenn die Lamellen nicht gelb sind, ist die Art nur mikroskopisch sicher zu erkennen.

SP 7–11 × 3,5–4,5 µm, inamyloid, Schnallen +, Zystiden +

4 | Schnee-Rübling
Gymnopus vernus (Syn. *Collybia nivalis*)

H 2–5 cm, zunächst halbkugelig gewölbt, mit der Zeit flach konvex, selten schwach vertieft, ocker- bis rotbraun, glatt, fettig wirkend, hygrophan, Rand auch feucht ungerieft. **L** Hellbeige bis bräunlich creme, mäßig entfernt stehend, knapp angewachsen bis frei. **S** 3–7 × 0,3–0,6 cm, zylindrisch, Basis keulig aufgeblasen, creme- bis ockergelb, jung fast auf ganzer Länge glatt, nur an der Basis etwas gelblich filzig. **F** Cremefarben, Geruch und Geschmack unspezifisch. **V** Februar bis April (je nach Höhenlage bis Juli), nach der Schneeschmelze. Auf Laubholz oder Laubstreu, oft in Auwäldern; in Europa weit verbreitet, aber sehr selten. **W** Ähnlich den Waldfreund-Rüblingen (s. o.), aber mit entfernteren Lamellen und anderer Phänologie.

SP 6,5–9 × 3,5–4,5 µm, inamyloid, Schnallen +, Zystiden +

5 | Üppiger Büschel-Rübling
Gymnopus luxurians

H 3–10 cm, zunächst gewölbt, bald verflachend, alt stark wellig-niedergedrückt, oft mit stumpfem Buckel, rot- bis weinbraun, eingewachsen-faserig, kaum hygrophan (aber verblassend), Rand feucht sehr kurz gerieft, mit Lauge grün. **L** Creme- bis ockerbraun, etwas fleischfarben getönt, sehr eng stehend, knapp angewachsen bis frei. **S** 4–10 × 0,4–1 cm, zylindrisch, meist abgeplattet, verbogen und längsfurchig, rötlich ocker, auffallend längsfaserig, glatt. **F** Weißlich, alt etwas cremerötlich, Geruch und Geschmack unspezifisch. **V** Juli bis November. Auf Mulch, Holzhäcksel, in Beeten und Warmhäusern; in ganz Europa (noch) selten, vermutlich Ende des 20. Jh. aus Amerika eingeschleppt. **W** Die in großen, dichten Büscheln wachsende Art ist unverkennbar.

SP 6,5–9 × 3,5–4,5 µm, inamyloid, Schnallen +, Zystiden +

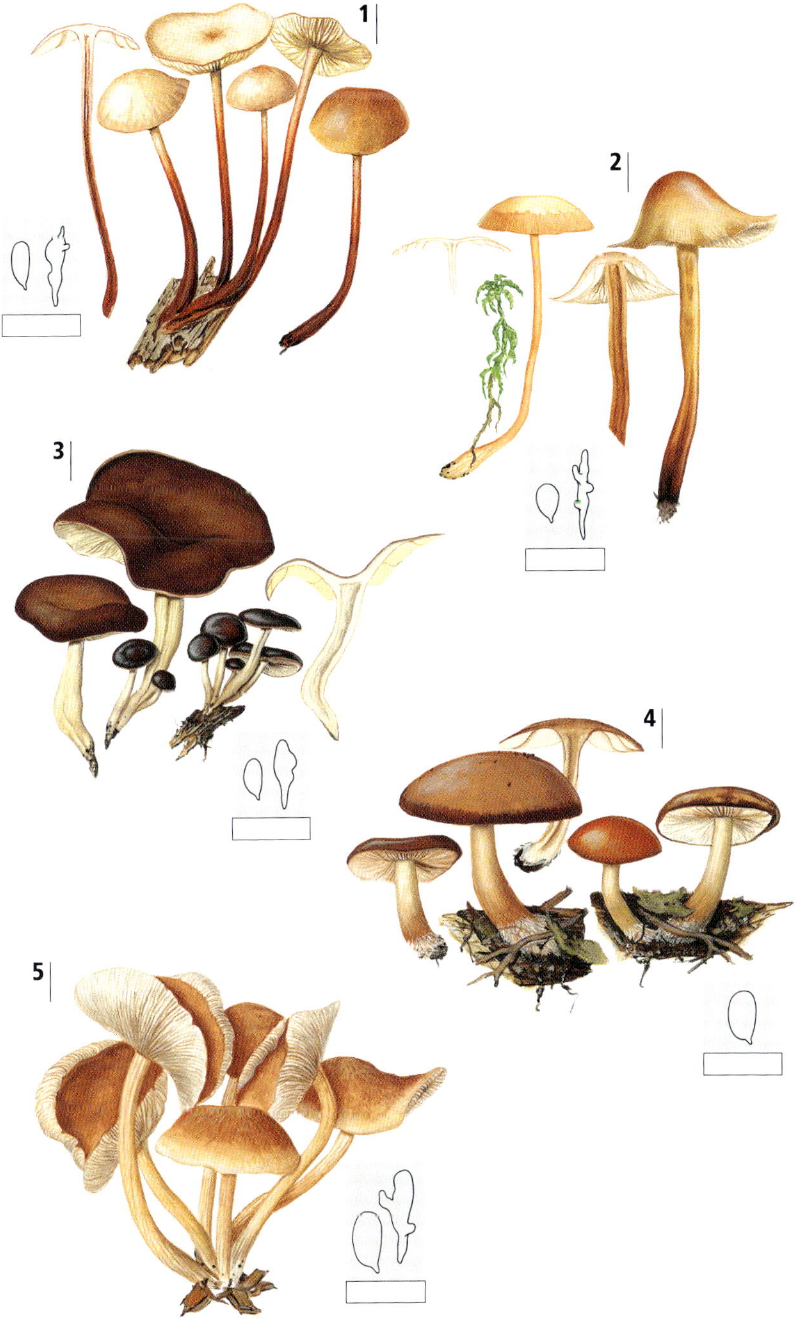
1
2
3
4
5

1 | Striegeliger Rübling
Gymnopus hariolorum

H 2–6 cm, jung halbkugelig, bald flach, manchmal schwach gebuckelt, ockergelb, gelblich fleischbräunlich, meist am Rand heller und Mitte intensiver, hygrophan, trocken weißlich mit Rosaton, fast ungerieft. **L** Cremeweißlich, mäßig dicht stehend, knapp angewachsen bis frei. **S** 3–8 × 0,2–0,6 cm, zylindrisch, oft mit Längsfurche, weißlich bis schwach creme, auf ganzer Länge überfilzt, Basis striegelig, oft büschelig. **F** Weißlich, Geruch aufdringlich nach faulendem Kohl, Geschmack ähnlich, unangenehm. **V** April bis Oktober. In der Laubstreu von vor allem Buchenwäldern, auf basischen Böden; in Europa zerstreut, in Südeuropa weitgehend fehlend. **W** Vom sehr ähnlichen Waldfreund-Rübling (→ S. 212) schon durch den filzigen Stiel unterschieden.

SP 6–7,5 × 3–4 µm, inamyloid, Schnallen +, Zystiden +

2 | Unverschämter Rübling
Gymnopus impudicus

H 1,5–4 cm, jung gewölbt, bald verflacht, oft etwas niedergedrückt, dunkel violettbraun, abtrocknend blass rosaocker, zur Mitte etwas dunkler, hygrophan, frisch am Rand bereift, gerieft. **L** jung cremeweiß, alt fleischbräunlich, mäßig entfernt, knapp angewachsen. **S** 3–10 × 0,2–0,6 cm, zylindrisch, oft abgeflacht und mit Längsfurche, violettbräunlich, weißlich bereift, zur Basis hin dunkler. **F** rosabräunlich; Geruch unangenehm nach faulendem Kohl. **V** ab Juli bis November; in der Laub- und Nadelstreu, in Wäldern aller Art, auf Rindenmulch, bodenvag; in ganz Europa mäßig häufig. **W** Aufgrund der düsteren Färbung in Verbindung mit unangenehmem Geruch und bereiftem Stiel gut kenntliche Art.

SP 7–10 × 3–4,5 µm, inamyloid, Schnallen +, Zystiden +

3 | Schwarzstieliger Stink-Rübling
Gymnopus brassicolens (Syn. *Micromphale brassicolens*)

H 1,5–4 cm, jung flach gewölbt, bald flach, oft etwas genabelt, gelb-, orange- bis rotbraun, zum Rand hin heller, hygrophan, stark gerieft. **L** Weißlich bis blasscreme, mäßig entfernt bis dicht stehend, knapp angewachsen bis frei. **S** 2–6 × 0,1–0,4 cm, zylindrisch, Basis verjüngt, an der Spitze cremegelb, darunter rotbraun bis fast schwarz, fein überreift. **F** Im Hut creme bis bräunlich, im Stiel schwarz, Geruch zerdrückt nach faulendem Kohl, Geschmack ähnlich, unangenehm. **V** April bis November. In der Laubstreu, auf basischen Böden; in Europa weit verbreitet, aber eher selten. **W** Die sehr seltene, blasserhütige var. *pallida* wächst in der Nadelstreu von Fichte oder Kiefer.

SP 5,5–7,5 × 2,5–4 µm, inamyloid, Schnallen +, Zystiden +

4 | Stinkender Rübling
Gymnopus foetidus (Syn. *Micromphale foetidus*)

H 1–3 cm, zunächst glockig gewölbt mit leicht genabelter Mitte, bald flach konvex, genabelt, rot- bis weinbraun auf den Riefen, weißlich bis hellrotbraun zwischen den Riefen, feucht bis zur Mitte gerieft, hygrophan, Rand oft etwas gekerbt. **L** Fleisch- bis rötlich braun, entfernt stehend, frei oder knapp angewachsen, manchmal teilweise ein Kollar bildend. **S** 1,5–4 × 0,1–0,4 cm, zylindrisch, meist abgeplattet, verbogen und längsfurchig, steif, fast hart, jung fleischbraun, schnell dunkelbraun bis schwarz, bereift bis filzig. **F** weinbräunlich, Geruch nach faulendem Kohl, Geschmack ähnlich, unangenehm. **V** Juni bis November. Auf Laubholz, vorzugsweise in Kalk-Buchenwäldern; in Mitteleuropa zerstreut, sonst selten. **W** Die Art scheint besonders in naturnahen Wäldern vorzukommen.

SP 7,5–10 × 3,5–5,2 µm, inamyloid, Schnallen +, Zystiden -

1

2

3

4

1 | Nadel-Schwindling
Gymnopus perforans

H 0,5–1,5 cm, anfangs gewölbt, später verflachend und mittig etwas vertieft, meist mit kleinem Buckel, ocker- bis fleischbräunlich, stark gerieft, hygrophan. **L** Beige bis rosabräunlich, entfernt, knapp angewachsen bis frei. **S** 1–3 × 0,05–0,1 cm, an der Spitze creme bis beige und rotbraun, darunter dunkelbraun zur Basis, auf ganzer Länge fein filzig-haarig (Lupe!). **F** Häutig, bräunlich, Geruch zerdrückt nach faulem Kohl, Geschmack mild bis unangenehm. **V** Das ganze Jahr über außer in Frostperioden. In der Nadelstreu, den Nadeln einzeln aufsitzend, meist bei Fichte, oft rasig zu Hunderten, bodenvag; in ganz Europa weit verbreitet und überall häufig. **W** Der Kohlgeruch ist am besten wahrnehmbar, wenn man mehrere frische Hüte zwischen den Fingern zerdrückt.

SP 6–9 × 3,5–5 µm, **CH** bis 35 µm lang

2 | Rosshaar-Schwindling
Gymnopus androsaceus

H 0,2–1 cm, jung halbkugelig, bald flach konvex mit leicht vertiefter Mitte, fleisch- bis rotbraun, feucht stark gerieft, hygrophan, Rand alt meist wellig. **L** Sehr jung weißlich, dann rosabeige bis hell bräunlich, entfernt, mit undeutlichem Kollar. **S** 2–6 × 0,03–0,1 cm, fädig dünn, schwarz, an der Spitze dunkel rotbraun, oft Scheinstielchen ohne Hut ausbildend. **F** Häutig, bräunlich, Geruch und Geschmack unspezifisch. **V** Das ganze Jahr über außer in Frostperioden. Auf Laub- und Nadelholz, Rinde, Holzresten, Wurzeln, in Wäldern aller Art, insbesondere Lärchen- und Fichtenwälder, bodenvag; in ganz Europa häufig. **W** Besonders die sterilen Stiele erinnern in Farbe und Struktur sehr an Rosshaare, weswegen der Pilz diesen Namen hat.

SP 7–8,5 × 3,5–4,5 µm, **CH** bis 30 µm lang

3 | Halsband-Schwindling
Marasmius rotula

H 0,4–1,6 cm, halbkugelig, fallschirmartig, genabelt, weiß, Oberfläche matt, fein flaumig. **L** Cremeweiß, entfernt, mit Kollar. **S** 2–6 × <0,1 cm, dünn, elastisch, an der Spitze weißlich, dann ocker bis dunkelbraun zur Basis. **F** Häutig, elastisch, Geruch und Geschmack nicht signifikant. **V** Juni bis November. Planar bis hochmontan, weit verbreitet und häufig. Vorwiegend auf Laubholzresten, Ästchen, Wurzeln, Stammbasen alter Bäume, bodenvag. **W** Die Hüte können, wie bei allen Schwindlingen, nach dem Eintrocknen bei Regen wieder aufquellen. Doppelgänger mit Kollar sind *M. bulliardii* auf Laubblättern und *M. wettsteinii* in der Nadelstreu.

SP 7–8,5 × 3,5–4,5 µm, **CH** bis 30 µm lang

4 | Nadelstreu-Käsepilzchen
Marasmius wettsteinii

H 0,3–1 cm, halbkugelig, fallschirmartig, mit kleiner Papille, weißcreme bis milchkaffeebräunlich. Oberfläche matt, fein bereift (Lupe!). **L** Hell cremeocker, entfernt, mit Kollar. **S** 1,5–4 × <0,1 cm, roßhaarartig, elastisch, an der Spitze weißlich, glänzend schwarz. **F** Häutig, elastisch, Geruch +/- pilzartig, Geschmack mild. **V** Juni bis November. Planar selten, meist montan bis hochmontan, weit verbreitet und häufig in der Nadelstreu (vorwiegend Fichte), bodenvag. **W** Vgl. *M. bulliardii* auf Laubblättern und *rotula* auf Holz und Wurzeln. *Gymnopus androsaceus* wächst auch in der Nadelstreu, hat ähnliche Stiele, aber kein Kollar.

SP 7,5–10 × 3,5–4,5 µm, **CH** bis 20 µm lang

1

2

3

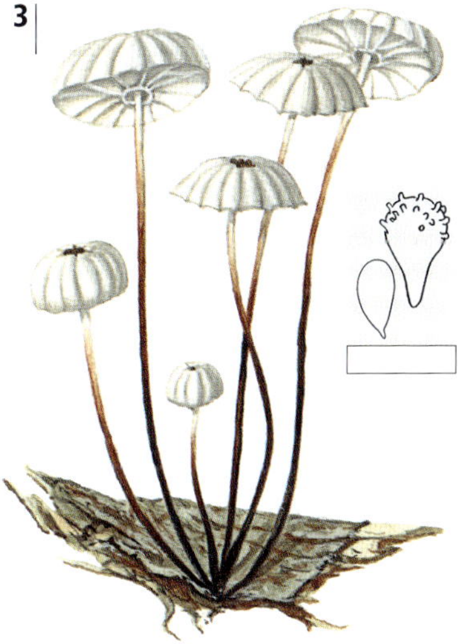

4

1 | Hornstieliger Schwindling
Marasmius cohaerens

H 1–3 cm, kegelig-glockig, dann flacher gebuckelt, ockerbraun, Oberfläche matt, feinsamtig. **L** Cremeweiß mit brauner Schneide, fast frei, +/- aderig verbunden, mit kurzen, braunen Seten (Lupe!). **S** 5–10 × 0,2–0,3 cm, +/- zylindrisch, hohl, wie poliert glänzend, orange bis dunkel rotbraun, Basis filzig-striegelig. **F** Dünn, brüchig, Geruch schwach, Geschmack +/- bitterlich. **V** August bis November. Planar bis hochmontan verbreitet, in der Streu von Wäldern mit Buchen, Fichten, selten bei anderen Baumarten, tendenziell auf basischen, lehmigen Böden. **W** Der glänzende, hornartige Stiel, die kurzen Seten an den Lamellen und die dunkle Lamellenschneide sind gute Unterscheidungsmerkmale gegenüber *M. torquescens*.

SP 8–10,5 × 4–5,5 µm, **CH** bis 20 µm, Seten bis 110 µm lang

2 | Nelken-Schwindling, Feld-Schwindling
Marasmius oreades

H 3–7cm, konvex, dann flacher gebuckelt mit gerieftem Rand, ocker bis gelbbraun, hygrophan bis creme aufhellend. Oberfläche matt, rissig. **L** Cremeocker, entfernt, bauchig, fast frei, anastomosierend. **S** 3–7 × 0,2–0,6 cm, +/- zylindrisch, fein flaumig bis filzig zur Basis, blassocker. **F** Zäh-elastisch im Stiel, Geruch +/- deutlich nach Heu oder Bittermandeln, Geschmack mild, nussig. **V** Schon zeitig im Jahr ab April bis November. Planar bis hochmontan in Reihen und Hexenringen auf Wiesen in alten Gärten, auf Viehweiden mit mäßiger Stickstoffdüngung, bodenvag. **W** Das Pilzmyzel verändert den Nährstoffgehalt im Boden, wodurch die Gräser sich blau verfärben oder absterben können. Guter Würz- und Suppenpilz.

SP 8–11x 4–6 µm, **CH** -

3 | Ledergelber Schwindling, Filzstieliger Schwindling
Marasmius torquescens

H 1–3 cm, konvex bis gebuckelt, alt mittig +/- vertieft, +/- durchscheinend gerieft, ockergelb mit dunkelbrauner Mitte. Oberfläche matt, mit kleinen braunen Seten (Lupe!). **L** Cremegelblich, bauchig, entfernt, abgerundet angewachsen. **S** 3–6 × 0,2–0,3 cm, +/- zylindrisch, trocken, samtig-filzig mit büscheligen Seten (Lupe!), hohl, apikal creme bis braun zur striegeligen Basis. **F** Im Stiel +/- elastisch, blass, Geruch leicht pilzig, Geschmack fein herb. **V** Juni bis Oktober. Planar bis hochmontan verbreitet in Laub- und Nadelwäldern auf Blättern und Zweigen in der Streu auf besseren, lehmigen Böden. **W** Vgl. *M. cohaerens* mit glatt polierten Stielen und *Gymnopus marasmioides*.

SP 7–10 × 3–5,5 µm, **CH** bis 40 µm, Seten bis 125 µm lang

4 | Violettlicher Schwindling
Marasmius wynneae

H 1–3 cm, halbkugelig bis gewölbt, alt ausgebreitet bis niedergedrückt, blassgrau bis milchweiß mit violetten Tönen, Oberfläche matt, bereift, +/- runzelig, schwach gerieft. **L** Cremegelblich, bauchig, entfernt, abgerundet angewachsen. **S** 2–7 × 0,2–0,4 cm, +/- zylindrisch, trocken, apikal weißcreme violett, über rotbraun bis schwarzbraun zur weißfilzigen Basis. **F** Dünn, Hut und Stiel elastisch-knorpelig, weiß, Geruch nach Heu/Cumarin, Geschmack mild, pilzartig. **V** Juni bis November. Planar bis hochmontan, verbreitet, aber nicht häufig. Vorwiegend in basenreichen Buchenwäldern, aber auch aus Eschenauwäldern und Offenland kartiert. **W** Mit etwas Erfahrung ist die Art gut im Gelände bestimmbar. Die milchweißen Hüte mit grauvioletter Tönung und zweifarbigen Stielen sind charakteristisch.

SP 6–9 × 3–4,5 µm, **CH** bis 40 µm lang

1

2

3

4
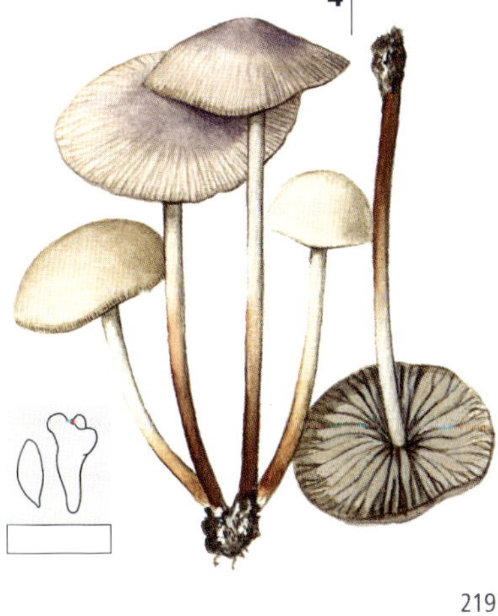

1 | Seitenspross-Schwindling
Marasmius bulliardii

H 0,2–0,8 cm, halbkugelig, fallschirmartig, deutlich genabelt, blassbräunlich mit dunklem Auge, Oberfläche matt, fein flaumig. **L** Cremeweiß, weit entfernt, mit Kollar. **S** 2–4 × <0,1 cm, dünn, elastisch, an der Spitze weißlich, zur Basis hin glänzend schwärzlich, öfters mit sterilen Seitensprossen. **F** Häutig, elastisch, Geruch und Geschmack +/- pilzartig. **V** Juni bis November. Planar bis hochmontan, weit verbreitet, teils fehlend. Vorwiegend auf Laubblättern von Buche und Eiche in Wäldern, Feldgehölzen und Parkanlagen, bodenvag. **W** Vgl. *M. wettsteinii* in der Nadelstreu und *M. rotula* an Holzresten.

SP 8–9,5 × 3,5–4,5 µm, **CH** als Bürstenzellen bis 25 µm, HDS ähnlich

2 | Orangerötlicher Schwindling
Marasmius curreyi

H 0,3–1 cm, halbkugelig, fallschirmartig, genabelt, ziegelrot mit dunklerer Papille, matt, fein flaumig. **L** Weißlich, am Rand +/- rötlich, weit entfernt, mit Kollar. **S** 2–4 × <0,1 cm, dünn, elastisch, apikal weißlich, dunkelrot bis schwarzbraun. **F** Häutig, elastisch, ohne besonderen Geruch und Geschmack. **V** Juni bis September. Planar bis montan, zerstreut, gebietsweise fehlend. Auf abgestorbenen Halmen von Binsen, Gräsern und Seggen auf Extensivwiesen, Dünen, Parkanlagen, tendenziell in basenreicheren, wärmeren Gebieten. **W** Vgl. *M. graminum* mit Sporen bis 16 µm lang und *M. limosus* in Schilfsümpfen mit blasseren Farben.

SP 8–14 × 4–6 µm, **CH** koralloid bis 20 µm

3 | Weißer Zwerg-Schwindling
Marasmiellus candidus

H 0,3–2 cm, halbkugelig- glockig, +/- radialfurchig, weiß, ocker papilliert, fein flaumig. **L** Beige, +/- kurz herablaufend, anastomosierend. **S** Kurz, gekrümmt, 0,5–1,5 × <0,1 cm, dünn, elastisch, weißlich bis dunkelbraun (bläulich). **F** Häutig, elastisch, ohne besonderen Geruch und Geschmack. **V** Juli bis November. Planar bis kollin, thermophile, nur lokal häufige Auwaldart, meist auf dünnen Laubholzzweigen. **W** Die Gattung *Marasmiellus* (>11 Arten in Europa) unterscheidet sich von der Gattung *Marasmius* (>20 Arten) durch die unterschiedliche HDS-Struktur (liegende Hyphen versus stehende, rundliche Zellen)

SP 11–16 × 8–12 µm, **CH** bis 90 µm lang

4 | Ast-Schwindling
Marasmiellus ramealis

H 0,6–1,5 cm, halbkugelig bis flach niedergedrückt, +/- papilliert, Rand +/- gerieft, weiß bis hell ockergelblich, matt, fein filzig. **L** Cremeweiß, entfernt, breit angewachsen, anastomosierend. **S** 0,5–2 × 0,1–0,2 cm, oft verbogen, dünn, elastisch, weißlich bis dunkelbraun, +/- flockig. **F** Häutig, zäh-elastisch, ohne besonderen Geruch und Geschmack. **V** Juni bis Dezember. Planar bis montan, weit verbreitet und häufig auf berindeten Ästchen, dünnen Wurzeln von Laub- und Nadelholz. **W** Vgl. *M. candidus*, *M. epiphyllus* und *M. vaillantii*.

SP 7–11 × 2,5–4 µm, **CH** bis 40 µm, mit Auswüchsen

5 | Zitzen-Haarschwindling
Crinipellis scabella (Syn. *C. stipitaria* (inval.))

H 0,4–1 cm, jung halbkugelig, dann flach konvex, mit kleiner, dunkler Papille, dicht ocker- bis rotbraun haarig-filzig, im Alter lockerer strähnig und die weiße Grundfarbe zeigend. **L** Weißlich, dann cremeweiß, eng stehend, aufsteigend angewachsen. **S** 2–4 × 0,05–0,2 cm, auf cremeweißem Grund dicht bis locker rotbraun haarig-filzig. **F** Häutig, welkend, Geruch und Geschmack unspezifisch. **V** Juni bis Dezember. In Magerrasen, Steppen und grasigem Ödland, auf trockenen Böden; in ganz Europa verbreitet und häufig. **W** In Mitteleuropa die einzige Art, in Südeuropa vgl. *C. sardoa*, *C. subtomentosa* und *C. tomentosa*.

SP 7,5–10 × 5–7 µm, nicht dextrinoid, **CH** bis 70 µm, teils mit Auswüchsen

1
2
3
4
5

1 Saitenstieliger Knoblauchschwindling

Mycetinis alliaceus (Syn. *Marasmius alliaceus*)

H 2–5 cm, flach bis leicht gebuckelt, feucht bis ½ gerieft, jung graubraun, dann weiß bis cremeocker, Oberfläche matt, hygrophan. **L** Cremeweiß bis beige, dünn, sichelförmig herablaufend. **S** 5–15 × 0,2–0,4 cm, +/- zylindrisch, steif, trocken, matt, bereift, Spitze graubraun, darunter schwarzbraun. **F** Bräunlich, Geruch penetrant nach Knoblauch, Geschmack +/- schärflich. **V** Ende Mai bis November. Planar bis hochmontan zur Buchenwaldgrenze, Großteils verbreitet und häufig, nur zwischen Nordfriesland und Ostbrandenburg fehlend. Fast ausschließlich im natürlichen Buchenareal auf Ästen und Stämmen ab der Optimalphase, bodenvag. **W** Die drei Knoblauchschwindlings-Arten wurden ab 2005 in die neue Gattung *Mycetinis* gestellt. Alle Arten können als Würzpilze verwendet werden. Größere Mengen können Magen-Darmprobleme verursachen.

SP 7,5–11 × 6–8 µm, **CH** bis 75 µm lang

2 Echter Knoblauchschwindling, Küchen-Schwindling

Mycetinis scorodonius (Syn. *Marasmius scorodonius*)

H 0,5–4 cm, konvex bis gebuckelt, frisch rosabraun, hygrophan zu beige ausblassend, Oberfläche kahl, glatt. **L** Cremeweiß bis beige, dünn, sichelförmig herablaufend. **S** 2–6 × 0,2–0,3 cm, +/- zylindrisch, glänzend rotbraun. **F** Dünn, elastisch, Geruch und Geschmack intensiv nach Knoblauch. **V** Juni bis November. Planar bis hochmontan verbreitet, gebietsweise häufig, andernorts selten bis fehlend, vorwiegend in Nadelwäldern, Dünen und nährstoffarmen Wiesen, bodenvag. **W** Ein sehr guter Würzpilz. Der in Deutschland früher verwendete Name „Mousseron" wird in Frankreich für Mairitterlinge und Nelkenschwindlinge (faux mousseron) verwendet.

SP 7–10 × 3–5 µm, **CH** bis 30 µm, koralloid

3 Scharfer Knoblauchschwindling

Mycetinis querceus (Syn. *Marasmius querceus*)

H 1–3 cm, hygrophan, cremegelblich mit intensivem Knoblauchgeruch. Oktober bis Dezember. Planar bis montan, zerstreut bis selten auf Eichenblättern in Wäldern und Parkanlagen.

SP 7–10 × 4–5 µm, **CH** -

4 Schwachriechendes Graublatt, Olivgraues Graublatt

Myochromella inolens (Syn. *Lyophyllum inolens*)

RL-V

H 2–3,5 cm, breit konisch-glockig, dann flach, immer deutlich gebuckelt, feucht +/- gerieft, blassgrau bis sepiabraun, hygrophan, Oberfläche frisch glänzend, bald matt. **L** Blassgrau bis hellocker, dünn, +/- angeheftet. **S** 3–6 × 0,2–0,7 cm, zylindrisch, starr, +/- kurz wurzelnd, hohl, trocken, grau mit weißlichen Stielschüppchen. **F** Längsfaserig, zäh, grauocker, Geruch unterschiedlich interpretiert von geruchlos bis schwach pilzartig oder mehlig, Geschmack mild. **V** September bis November. Planar bis montan, in der Eifel, im Erzgebirge, Harz, Thüringen und Schwarzwald zerstreut, anderswo selten bis fehlend. Vorwiegend in Nadelwäldern mit Fichten, bodenvag. **W** Die Gattung *Myochromella* wurde erst 2015 von *Lyophyllum* abgetrennt. Die zweite Art *M. boudieri* soll einen deutlichen Mehlgeruch aufweisen.

SP 6,5–8 × 4–5 µm, J-

5 Wurzel-Graublatt

Lyophyllum rancidum (Syn. *Tephrocybe rancida*)

H 2–5 cm, glockig bis konvex, stets deutlich gebuckelt, dunkelgrau bis sepiabraun, hygrophan zu hellgrau. Oberfläche silbrig bereift, fein übersponnen. **L** Graulich, +/- eng, angeheftet, Schneide heller, +/- gekerbt. **S** 8–12 cm inkl. wurzelartiger Verlängerung × 0,3 cm, zylindrisch-starr, hellgrau, kahl, hohl. **F** Blass, knorpelig, Geruch und Geschmack nach ranzigem Öl, +/- mehlig. **V** September bis Januar. Planar bis hochmontan verbreitet, meist einzeln in Nadel- und Laubwäldern, bodenvag. **W** Die Art ist schon im Gelände gut festgelegt durch graue Farben, +/- solitären Wuchs, wurzelnden Stiel und ranzigen Geruch.

SP 7–8,5 × 4–4,5 µm, **CH** -

1

2

3

4

5

1 | Wurzelnder Schleimrübling, Schleimiger Wurzelrübling

Xerula radicata (Syn. *Hymenopellis radicata*)

H 3–8 (12) cm, konvex bis verflachend und deutlich gebuckelt, oft tief radialrunzelig, ockerbraun, feucht stark schleimig, bei trockener Witterung seidig matt. **L** Weiß, fast frei bis kurz angeheftet, oft mit brauner Schneide. **S** 8–20 × 1–2 cm, +/- zylindrisch, an der Basis spindelig verdickt und wurzelartig bis zu 20 cm in das Substrat verlängert, trocken, weiß bis ocker, kahl bis feinflockig. **F** Blass, Geruch +/- fruchtig, Geschmack mild bis bitterlich. **V** Mai bis November. Planar bis hochmontan zur Buchenwaldgrenze, sehr häufig an Wurzeln und Stümpfen von Laubbäumen, vorwiegend Buche, bodenvag. **W** Die Hüte sind grundsätzlich essbar. Bei Zwergformen vgl. *Hydropus subalpinus*.

SP 12–17 × 9–14 µm, **CH** bis 130 µm lang

2 | Braunhaariger Wurzelrübling

Xerula pudens (Syn. *Xerula longipes*)

H 3–9 cm, konvex bis verflachend und leicht gebuckelt, ockerbraun mit rostbraunen, bis 1 mm langen Haaren dicht besetzt, alt verkahlend. **L** Weiß, fast frei bis kurz angeheftet. **S** 8–15 × 1 cm, +/- zylindrisch, an der Basis spindelig verdickt und wurzelartig verlängert, trocken, ockerbraun, komplett mit bis 0,5 mm langen rostbraunen Haaren bedeckt. **F** Blass, Geruch fehlend, Geschmack nach einer Weile bitterlich. **V** August bis Oktober. Planar bis montan, zerstreut bis selten in wärmeren Gebieten an den Wurzeln von Laubbäumen, vorwiegend Eiche auf +/- basischen Böden. **W** Bei Weißtannen wächst die seltene *X. melanotricha* mit schwarzen Haaren.

SP 8,5–12,5 × 8–10,5 µm, Zystiden dickwandig, bis 135 µm lang

3 | Schwarzbrauner Wurzelrübling

Xerula caussei

RL-2

H 3–5 cm, rußfarben, runzelig bereift. Haare hyalin, bis 0,5 mm. **V** August bis Oktober. Sehr selten in basischen Laubwäldern an Wurzeln, meist bei Buchen.

SP 9–12 × 5,5–8,5 µm, **CH** bis 100 µm lang

4 | Gewöhnlicher Samtfußrübling

Flammulina velutipes agg.

H 2–10 cm, jung konvex, bald verflachend, alt oft wellig und mittig etwas vertieft, oft tief radialrunzelig, orangeocker bis -rot, alt rotbraun, Randzone heller gelborange, feucht stark schleimig. **L** Jung weißlich und kontrastierend, alt orangegelblich, oft fleckig werdend, knapp angewachsen bis fast frei. **S** 2–8 × 0,3–0,6 cm, zylindrisch, meist gebogen durch büscheligen Wuchs, an der Spitze orangegelb, darunter bis zur Basis schwarzbraun, samtigfilzig, sehr jung orangegelb und fein samtig. **F** Blass, biegsam, im Hut etwas gelatinös, Geruch und Geschmack unspezifisch. **V** November bis März. Auf liegendem und stehendem Laubholz, je nach Sippe bevorzugt Buche, Weide oder Pappel, bodenvag; in Mittel- und Nordeuropa verbreitet und häufig, in Südeuropa seltener. **W** Anhand von Sporengröße und Aufbau der Huthaut wird diese Sammelart heute in vier Sippen getrennt, die sich makroskopisch kaum unterscheiden lassen.

SP 6–9 (–11) × 3–4,5 µm, **CH** bis 60 µm lang

5 | Hauhechel-Samtfußrübling

Flammulina ononidis

Makroskopisch im Wesentlichen wie vorige Art, jedoch durch wurzelnden Stiel, größere Sporen und völlig anderen Standort unterschieden. **S** 4–10 × 0,3–0,8 cm, zylindrisch, etwas steif wirkend, an der Basis wurzelartig bis zu 5 cm verlängert, einzeln, sonst wie oben. **V** September bis März. In Mager- und Trockenrasen, auf abgestorbenen Wurzeln und Stängeln von Dornigem Hauhechel *(Ononis spinosa)*; in Europa in den trockeneren Regionen zerstreut bis selten, sonst fehlend. **W** Diese seltene Art hat einen europaweiten Verbreitungsschwerpunkt auf den Trockenrasen im Raum Thüringen – Sachsen-Anhalt – Südniedersachsen.

SP 9–13 × 4,5–6 µm, **CH** bis 60 µm lang

1
2
3
4
5

1 Gelbknolliger Sklerotienrübling

Collybia cookei (Syn. *Microcollybia cookei*)

H 0,2–1 cm, erst konvex, später abgeflacht, cremeweiß, Mitte etwas dunkler, fein seidig bis glatt, Rand nicht gerieft. **L** Cremeweiß bis blass bräunlich, knapp bis breit angewachsen. **S** 2–6 × 0,05–0,2 cm, +/- zylindrisch, cremefarben, wurzelnd und mit vielen Rhizomorphen, aus einem kleinen ockergelben Sklerotium entspringend. **F** Weißlich, Geruch und Geschmack unspezifisch. **V** Juli bis Dezember. Auf Resten mumifizierter Pilze (z. B. Schwärztäublinge, Porlinge und andere), seltener (scheinbar?) ohne Pilzbeteiligung auf Erde, Pflanzenresten oder Holz; in ganz Europa häufig. **W** Zwei weitere Sklerotienrüblinge unterscheiden sich durch dunkelrotbraunes oder durch fehlendes Sklerotium. Der Traubenstielige Sklerotienrübling *(Dendrocollybia racemosa)* ist an seinen Seitenästchen zu erkennen (s. Titelbild).

SP 4,5–6,5 × 3–4 µm

2 Sumpf-Graublatt

Sphagnurus paluster (Syn. *Lyophyllum palustris*)

H 0,5–3 cm, konvex bis abgeflacht, +/- genabelt, sehr variabel blassgrau bis rußbraun, durchscheinend gerieft, hygrophan, glänzend. **L** Cremeweiß bis blassgrau, fast frei, +/- gegabelt und queraderig. **S** 3–12 × 0,1–0,3 cm, +/- zylindrisch, sehr brüchig, blass graubraun, jung bereift. **F** Wässrig und brüchig, im Hut häutig dünn, Geruch und Geschmack mehlartig bis ranzig. **V** Mai bis Dezember. Planar bis subalpin verbreitet in Mooren und Wassergräben mit *Sphagnum* spp. **W** Die Art lebt parasitisch an Torfmoosen und ist an ihrem Standort mit Mehlgeruch gut bestimmbar.

SP 5,5–8,5 × 3–5 µm

3 Mäuseschwanzrübling

Baeospora myosura

H 0,5–2 cm, schon jung flach, rosacreme bis fleischbräunlich oder ockerbraun, Rand etwas heller, nicht gerieft. **L** Cremeweiß bis hellbeige, kurz angewachsen, sehr eng stehend. **S** 2–10 × 0,1–0,2 cm, fädig, an der Basis wurzelnd, hell rosacreme bis beige, auf fast ganzer Länge flaumig-bereift, Basis und Wurzel abstehend behaart. **F** Weißlich, Geruch und Geschmack unspezifisch. **V** Juli bis Dezember. In Nadel- und Mischwäldern auf am Boden liegenden Zapfen von Fichte und Kiefer, selten andere Nadelbäume; in ganz Europa verbreitet und häufig. **W** Die Art wächst bisweilen mit Zapfenrüblingen zusammen und unterscheidet sich durch den flaumigen Stiel, die Farbe und die eng stehenden Lamellen. Die zweite einheimische *Baeospora*-Art wächst an Nadelholz und zeichnet sich durch jung violette Lamellen aus.

SP 3–4,5 × 1,5–2 µm; **CH** und PL bis 40 µm

4 Fichten-Zapfenrübling

Strobilurus esculentus

H 0,2–3 cm, konvex, alt +/- vertieft mit gewelltem Rand, ockerbraun bis graubraun, Oberfläche glatt, matt. **L** Weiß, schmal angeheftet. **S** 2–5 × 0,2–0,3 cm, +/- zylindrisch, jung verbogen, matt, an der Spitze weiß, zur Basis blassgelb zu ocker. **F** Weißlich, elastisch im Hut und Stiel, Geruch und Geschmack +/- pilzartig, mild. **V** November bis Juni. Planar bis subalpin im gesamten Areal der Fichte verbreitet und sehr häufig auf +/- vergrabenen Fichtenzapfen. **W** Auf Fichtenzapfen wachsen im Frühjahr auch die habituell ähnlichen, aber brüchigen und nitrös riechenden Fichtenzapfen-Helmlinge.

SP 5,5–7,5 × 3–4 µm, **CH** dickwandig bis 75 µm

5 Bitterer Zapfenrübling

Strobilurus tenacellus

Ebenfalls verbreitet, dem Fichten-Zapfenrübling sehr ähnlich, aber auf Kiefernzapfen und mit bitterem Geschmack. Vgl. *S. stephanocystis*, mild, mit anderen Cheilozystiden.

SP 5–7,5 × 2,5–3 µm, KOH auf Fleisch und Stiel negativ

1

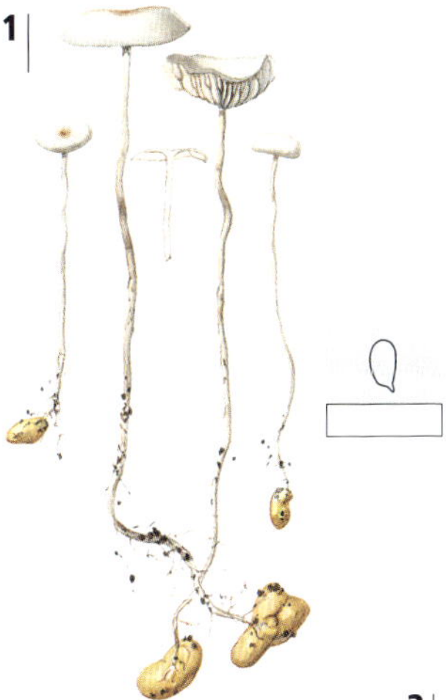

2

3

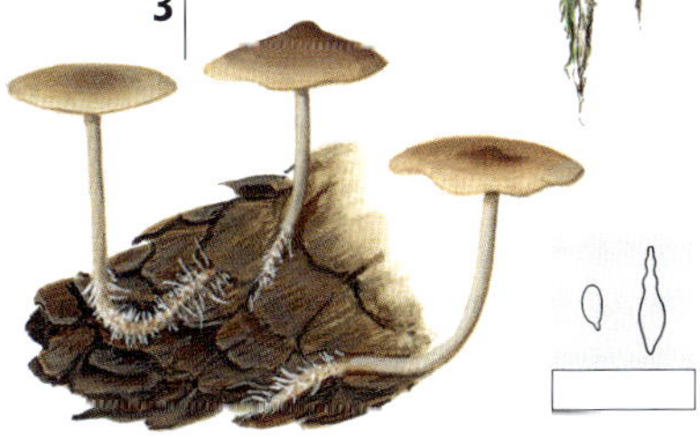

4

5

1 | Gelbblättriger Scheinrübling
Callistosporium luteoolivaceum

H 1,5–5 cm, jung stark gewölbt, bald verflachend, aber etwas konvex bleibend, dunkel olivbraun, radialstreifig hygrophan, abtrocknend gelboliv bis olivocker, auch feucht nicht gerieft. **L** Dotter- bis ockergelb, eng stehend, ausgebuchtet und mit Zähnchen herablaufend. **S** 3–6 × 0,3–0,6 cm, +/- zylindrisch, olivbräunlich, an der Spitze etwas heller und faserflockig. **F** Gelblich, Geruch und Geschmack unspezifisch. **V** Juli bis Oktober. Auf morschem Nadelholz, meist Kiefer; in ganz Europa vorkommend, überall selten. **W** Etwas häufiger ist das nur bis 2,5 cm große und kleinersporige *C. pinicola*, das Arten der Gattung *Simocybe* (→ S. 406) zum Verwechseln ähnlich sieht.

SP 5–7 × 3,5–4 µm

2 | Beringter Schleimrübling
Oudemansiella mucida (Syn. *Mucidula mucida*)

H 2–10 cm, halbkugelig, alt schirmartig, jung blassgrau, dann porzellanweiß, Oberfläche schleimig bis klebrig, radialrunzelig, am Rand durchscheinend gerieft. **L** Weiß, entfernt, ausgebuchtet angewachsen, +/- herablaufend. **S** 3–6 × 0,4–0,8 cm, +/- zylindrisch, oft gebogen, blassgrau, mit hängendem, gerieften Ring. **F** Wässrig weiß, zäh im Stiel, Geruch fehlend bis obstartig, Geschmack mild. **V** Mai bis November. Planar bis hochmontan zur Buchenwaldgrenze, verbreitet und häufig überwiegend an Buchenstämmen oder an abgestorbenen Starkästen, oft in großen Gruppen als Schwächeparasit. **W** Das vom Pilz produzierte „Mucidin" ist ein Wirkstoff, der gegen andere Pilze, Hefen und Schimmel eingesetzt werden kann.

SP 14–18 × 11–16 µm, **CH** bis 150 µm lang

3 | Breitblättriger Faserrübling
Clitocybula platyphylla (Syn. *Megacollybia platyphylla*)

H 4–15 cm, jung stark gewölbt, alt verflachend, bisweilen mittig niedergedrückt, in hellen bis dunklen Braun- und Grautönen, manchmal fast oder komplett weiß, jung +/- geschlossen faserig, dann radialfaserig und oft aufreißend, sehr dünnfleischig. **L** Weiß, alt auch etwas getönt oder an der Schneide bräunend, entfernt, auffallend breit, knapp ausgebuchtet angewachsen, teils mit Zähnchen herablaufend. **S** 4–12 × 0,8–2 cm, +/- zylindrisch, weißlich bis blass hutfarbig, längsfaserig, an der Basis mit weißen dicken Myzelsträngen. **F** Wässrig weiß, zäh, Geruch und Geschmack unspezifisch. **V** April bis Dezember. Zumeist auf morschem Laubholz, selten auf Nadelholz, bisweilen scheinbar auf Erde, in Wäldern aller Art; in ganz Europa häufig. **W** Die Art fruktifiziert auch bei großer Trockenheit noch und ist manchmal in trockenen Sommern der einzige Pilz im Wald. Die schnurartigen Myzelstränge ziehen sich weit durchs Holz und lassen die Art auch ohne Fruchtkörper erkennen.

SP 7–10 × 6–8,5 µm, **CH** bis 75 µm lang

4 | Fransiger Faserrübling
Clitocybula lacerata

H 2–5 cm, jung gewölbt, bald verflachend, alt oft niedergedrückt bis genabelt, hell- bis mausgrau gefasert, Rand meist eingerissen, unregelmäßig gekerbt bis ausgefranst. **L** Weiß oder etwas getönt, mäßig entfernt, (breit) ausgebuchtet angewachsen. **S** 3–8 × 0,2–1 cm, +/- zylindrisch, weißlich, zur Basis hin blass hutfarbig, längsfaserig, frisch fein bereift (Lupe!). **F** Wässrig weiß, zäh, Geruch etwas aromatisch-krautig oder wie Mandarinenschale, Geschmack mild, unspezifisch. **V** August bis Oktober. Sehr gesellig bis büschelig, auf morschem Nadelholz, in naturnahen Fichten- und Tannenwäldern; in den Mittelgebirgslagen Süd- und Mitteleuropas sowie im nördlichen Skandinavien selten, ansonsten weitgehend fehlend. **W** Laut manchen Angaben soll die Art auch auf Laubholz vorkommen können. Sie ist zumindest als Naturnähezeiger anzusehen, vielleicht sogar als Urwaldreliktart.

SP 4–6,5 × 4–5,5 µm, **CH** bis 75 µm lang

1

2

3

4

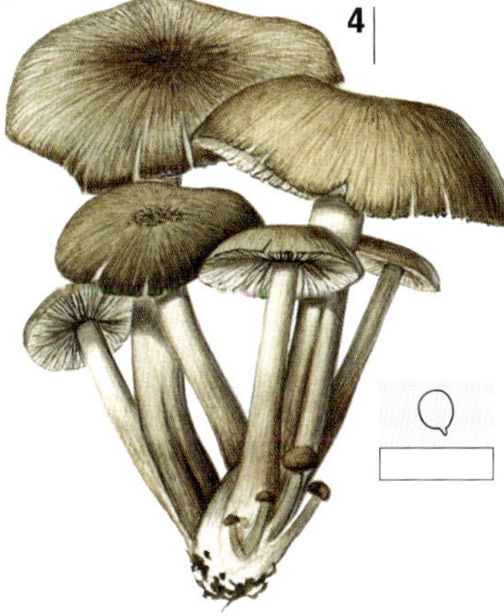

1 | Seidiger Ritterling
Tricholoma columbetta

H 5–12 cm, jung halbkugelig, dann polsterförmig gewölbt, alt oft flach mit etwas aufgebogenem Rand, weiß, alt manchmal mit blauen oder rötlichen Flecken, fein seidig. **L** Weiß, jung manchmal mit cremerosa Reflex, ausgebuchtet angewachsen. **S** 5–12 × 1–2,5 cm, zylindrisch bis schwach rübenförmig, Basal wieder etwas zuspitzend, weiß, seidig-faserig, Basis mit der Zeit oft mit blauen oder eosinroten Flecken. **F** Weißlich, Geruch und Geschmack mehlartig, gurkig. **V** August bis November. Unter Buche und anderen Laubbäumen, vor allem auf sandigen, kalkfreien, nährstoffarmen Böden; in Europa weit verbreitet, aber überall selten. **W** Dem Seidigen Ritterling können Albino-Formen des Gilbenden Erd-Ritterlings (→ S. 232) ähnlich sein.

SP 5–7 × 3,5–5 µm

2 | Unverschämter Ritterling
Tricholoma lascivum

H 4–8 cm, jung halbkugelig-glockig, bald flach gewölbt, alt meist ganz verflachend, oft mit wellig aufgebogenem Rand, graucreme, lederfarben, blass ockergrau, strohgelb, feinfilzig bis wildlederartig. **L** Weißlich bis strohblass, etwa hutfarben, mäßig entfernt stehend, ausgebuchtet angewachsen. **S** 5–8 × 0,5–1,5 cm, zylindrisch bis schwach keulig oder etwas zuspitzend, schmutzig weißlich, auf Druck etwas fleckend. **F** Weiß, Geruch arttypisch aufdringlich süßlich-ranzig, unangenehm, Geschmack unspezifisch, nach einiger Zeit zusammenziehend. **V** August bis November. In Buchenwäldern, vor allem auf basen- und humusreichen Böden; in Europa weit verbreitet. **W** Sehr ähnlich ist der Strohblasse Ritterling *(T. album)*, der vor allem unter Eiche wächst und etwas angenehmer – mit Honigkomponente – riecht.

SP 6–9 × 3,5–5,5 µm

3 | Gelbweißer Ritterling
Tricholoma sulphurescens

RL-G

Sehr ähnlich voriger Art, aber durch starkes Gilben an gedrückten Stellen erkennbar. **V** Juli bis November. In Laubwäldern auf Kalkboden; in Europa vor allem Süden, nördlich der Alpen sehr selten. **W** In Skandinavien kommt eine kaum unterscheidbare Art unter Birke vor *(T. boreosulphurescens)*.

SP 5–7,5 × 4–5,5 µm

4 | Weißer Birken-Ritterling
Tricholoma stiparophyllum

H 6–15 cm, jung glockig-polsterförmig, bald flach gewölbt, auch alt kaum ganz verflachend, weißlich, elfenbeinfarben, hell graucreme, fein wildlederartig, Rand meist etwas gerippt. **L** Jung weißlich bis hell cremefarben, ausgebuchtet angewachsen. **S** 6–12 × 1–2.5 cm, zylindrisch, manchmal etwas keulig verdickt, weiß, etwas faser-flockig oder wie bereift wirkend, Myzel weiß. **F** Weiß, Geruch staubartig, nach Rote Bete, etwas chemisch, Geschmack leicht mehlartig. **V** August bis November. Unter Birke, oft in großen Ringen; in Europa vor allem im Norden regional häufig, nach Süden zu seltener, im Mittelmeerraum weitgehend fehlend. **W** Weiße Formen des Seifen-Ritterlings (→ S. 242) können ähnlich aussehen, haben aber eine Tendenz, lachsrötlich zu verfärben.

SP 5–7 × 3,5–5 µm

5 | Lästiger Ritterling
Tricholoma inamoenum

H 2–6 cm, jung glockig, fast konisch, mit breitem, stumpfem Buckel, bald flach und alt mit aufgebogenem Rand, gebuckelt, milchweiß, creme- bis lederfaben, strohgelb, kahl. **L** Dem Hut gleichfarbig, entfernt stehend, ausgebuchtet bis breit angewachsen. **S** 4–10 × 0,3–1 cm, zylindrisch, Basis oft schwach unregelmäßig verbreitert, etwa hutfarbig, meist auffallend lang im Vergleich zum Hut. **F** Weißlich, Geruch unangenehm nach Leuchtgas, faulen Kartoffeln, Geschmack mild, bitterlich werdend. **V** August bis November. In Nadelwäldern unter Fichte und Tanne, oft nur zu wenigen; in Europa im Norden und in den Hochlagen der Mittelgebirge und Alpen, nirgends häufig und in vielen Regionen rückläufig. **W** Wer die Art nicht schon kennt, würde sie aufgrund der kleinen Fruchtkörper vermutlich nicht bei den Ritterlingen suchen. Sie ist nicht mit den anderen weißen Ritterlingen, sondern mit dem Schwefel-Ritterling (→ S. 244) verwandt, mit dem sie Geruch und Sporengröße gemein hat.

SP 9–12 × 6–7,5 µm

1

2

3

4

5

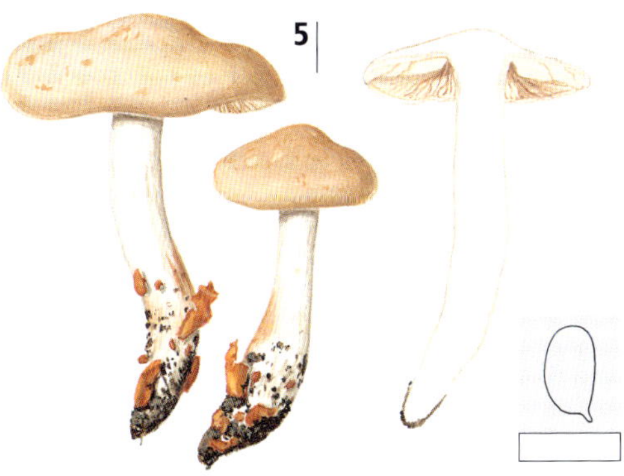

1 | Tiger-Ritterling
Tricholoma pardalotum

RL-V

H 6–15 cm, jung halbkugelig, dann polsterförmig gewölbt, auch alt kaum völlig verflachend, weiß, mit kontrastierenden schiefer- bis schwarzgrauen Schuppen. **L** Weiß, ausgebuchtet angewachsen. **S** 5–10 × 1,5–3 cm, keulig bis rübenförmig verbreitert bis 4 cm, weiß, seidigfaserig, jung mit wasserklaren Tropfen an der Spitze. **F** Weiß, Geruch und Geschmack mehlartig, gurkig. **V** August bis November. In montanen Buchen-Tannenoder Fichten-Tannenwäldern auf Kalkboden; in Mitteleuropa weit verbreitet, aber selten. **W** Als Varietät oder sehr nah verwandte Art wird *T. filamentosum* angesehen, der eine faserige bis angedrückt-breitschuppige, weniger kontrastierende Hutoberfläche hat und im Süden Europas unter Buche und Eiche vorkommt.

SP 7–9 × 5–6,5 µm

2 | Rötender Erd-Ritterling
Tricholoma orirubens

H 4–10 cm, jung halbkugelig, dann polsterförmig, schwach gebuckelt, alt verflachend, mit dichten, maus- bis schwarzgrauen Schuppen besetzt, die in der Mitte fast geschlossen bleiben können, manchmal einheitlich dunkelgrau. **L** Weiß, alt oft rötlich, Schneiden manchmal dunkel gestrichelt, ausgebuchtet angewachsen. **S** 3–8 × 0,5–2 cm, zylindrisch, weiß, seidig-faserig, manchmal mit dunkleren Fäserchen, an der Basis oft mit blauen oder eosinroten Flecken, die sich bei längerem Liegen verstärken, Basismyzel frisch gelblich. **F** Weiß, Geruch und Geschmack mehlartig. **V** August bis November. In montanen Buchen- und Fichten-Tannenwäldern auf Kalkboden; in Europa bis Mittelschweden weit verbreitet, aber nur regional etwas häufiger. **W** Die Abgrenzung gegenüber *T. atrosquamosum* ist unklar. Der Rosafüßige Erd-Ritterling *(T. basirubens)* unterscheidet sich durch flächig rosarote Verfärbung der Stielbasis und den wollig-filzigen, rostgelblich verfärbenden Hutrand.

SP 4,5–6 × 3,5–5 µm

3 | Schuppenstieliger Erd-Ritterling
Tricholoma squarrulosum

H 4–8 cm, jung gewölbt, alt meist ganz verflachend, oft mit flachem Buckel, auf weißem Grund mit abstehenden grauschwarzen Schüppchen besetzt, Rand heller und weniger schuppig. **L** Weißlich bis schwach grau getönt, ausgebuchtet (knapp) angewachsen. **S** 4–8 × 0,8–2 cm, zylindrisch, manchmal etwas keulig verdickt, auf graubräunlichem Grund mit dunkelgrau Schüppchen besetzt, Myzel weiß. **F** Weiß, manchmal schwach rötend (Stielbasis), Geruch nach Haselwurz *(Asarum europaeum)*, also aromatisch-pfefferartig, Geschmack mild, mehlartig. **V** August bis November. In warmen Laubwäldern unter Eiche und Buche; in Europa vor allem im Süden regional häufig, nördlich der Alpen selten. **W** Die Art zeigt weder blaue Flecken noch deutliches Röten.

SP 6–8 × 4–5,5 µm

4 | Gilbender Erd-Ritterling
Tricholoma scalpturatum agg.

H 3–8 cm, jung konisch bis gebuckelt-konvex, mit breitem, stumpfem Buckel, alt flach und mit aufgebogenem Rand, auf weißlichem Grund mit grauen, bräunlichen bis fast schwarzen Schüppchen, manchmal auch nahezu ungeschuppt. **L** Weißlich, alt gilbend, ausgebuchtet angewachsen. **S** 3–8 × 0,5–1,5 cm, zylindrisch, weiß. **F** Weißlich, alt gilbend, Geruch und Geschmack mehlig, etwas muffig. **V** Juni bis November. In Laub- und Nadelwäldern, in Parks und Gärten, meist auf basenreicheren Böden; in Europa überall häufig. **W** Sehr ähnlich sind der Silbergraue Erd-Ritterling *(T. argyraceum)* mit etwas schmaleren Sporen und der Spitzgebuckelte Erd-Ritterling *(T. inocybeoides)* mit sehr hellem, kaum geschupptem, spitzgebuckeltem Hut, der an einen Risspilz erinnert.

SP 4,5–6 × 3–4,5 µm

5 | Beringter Erd-Ritterling
Tricholoma cingulatum

Im Wesentlich dem Gilbenden oder Silbergrauer Erd-Ritterling gleichend, aber mit ausgepragter wolliger Velumzone am Stiel. **V** Juli bis November. Unter Weiden, insbesondere Öhrchen-Weiden (*Salix aurita* agg.); in ganz Europa verbreitet. **W** Fachleute nehmen an, dass *T. cingulatum* sich erst in den letzten 10 000 Jahren von *T. scalpturatum* abgespalten hat, also eine entwicklungsgeschichtlich sehr junge Art ist.

SP 4,5–6 × 3–4,5 µm

1

2

3

4

5

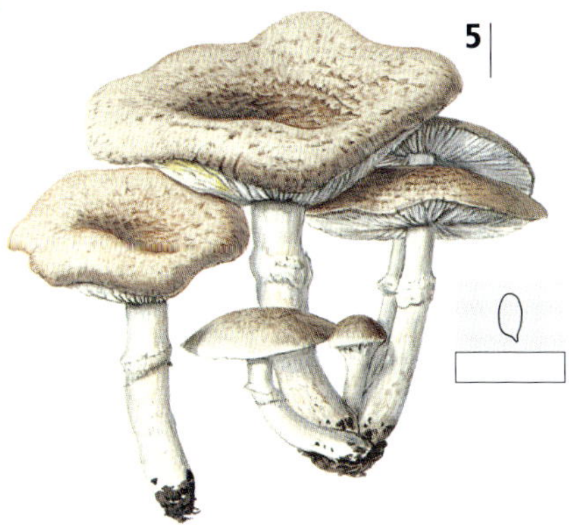

1 | Graublättriger Erd-Ritterling
Tricholoma terreum

H 3–8 (–10) cm, jung halbkugelig bis glockig, dann polsterförmig gewölbt, mit stumpfem Buckel, alt verflachend, hell- bis schwarzgrau, graubraun, auch weiß, radialfaserig bis -filzig, die Fasern bisweilen im Alter schuppig aufbrechend, Rand mit vergänglichen weißen Velumflusen. **L** Weißlich, mit grauem Unterton (besonders am Hutrand), ausgebuchtet angewachsen. **S** 3–8 × 0,6–1,5 cm, zylindrisch, weiß. **F** Weiß, Geruch und Geschmack fehlend oder unspezifisch, nicht mehlartig (!). **V** Juli bis November. Vor allem unter Kiefern, auch bei Fichte und Buche, bodenvag; in ganz Europa weit verbreitet und häufig. **W** Der Speisewert der Art ist umstritten, da der Gehalt an Saponaceoliden und eine damit verbundene eventuelle Unverträglichkeit unterschiedlich beurteilt wird.

SP 5,5–7,5 × 4–5,5 µm

2 | Rußigstieliger Erd-Ritterling
Tricholoma triste

Vom Graublättrigen Erd-Ritterling in erster Linie durch einen lange weißwollig bleibenden Hutrand und meist +/- dunkel überfaserten Stiel unterschieden. **V** August bis Oktober. Unter Kiefer und Fichte, vermutlich auch bei Buche; in Mittel- und Nordeuropa, selten (?). **W** Die Art ist weitgehend unbekannt und schwer von anderen grauen Erd-Ritterlingen abzugrenzen.

SP 6–8 × 4–5,5 µm

3 | Schärflicher Erd-Ritterling
Tricholoma sciodes

H 4–10 cm, jung gewölbt, dann breit geschweift verflachend, mit meist deutlichem, oft spitzem Buckel, maus- bis dunkelgrau, silbriggrau eingewachsen-faserig, wie Alufolie glänzend, manchmal mit violettlichem Schimmer. **L** Jung weißgrau, alt bräunlich grau und oft mit schwärzlich gestrichelten Schneiden, ausgebuchtet angewachsen. **S** 5–10 × 0,8–1,5 cm, zylindrisch, weiß, alt etwas grau überhaucht, Basis alt oft etwas graubraun fleckig. **F** Weiß, Geruch unspezifisch, schwach erdig, Geschmack erst mild, nach etwa einer Minute zunehmend scharf. **V** Juli bis November. In basenreichen Buchenwäldern; in Süd- und Mitteleuropa weit verbreitet, meist häufig, in Nordeuropa seltener. **W** Denselben metallischen Glanz zeigt auch die nachfolgende Art.

SP 6–8 × 5–6,5 µm

4 | Brennendscharfer Erd-Ritterling
Tricholoma virgatum

RL-3

H 3–8 cm, jung konisch, alt glockig oder geschweift verflachend, mit spitzem Buckel, hell- bis silbergrau, gleichfarbig eingewachsen-faserig, metallisch glänzend , Rand heller und weniger schuppig. **L** Weißlich bis schwach grau getönt, ausgebuchtet angewachsen. **S** 5–12 × 0,8–1,5 cm, zylindrisch, weißlich, vor allem alt mit wenigen dunklen Fäserchen durchzogen. **F** Weiß, Geruch kaum wahrnehmbar, unspezifisch, Geschmack erst mild, nach etwa einer Minute zunehmend scharf. **V** August bis November. In montanen und borealen Fichten- und Birkenwäldern; in Nordeuropa und den Alpen regional häufig, ansonsten selten bis fehlend, deutlich rückläufig. **W** Schärflicher und Brennendscharfer Erd-Ritterling sind ökologisch klar getrennt, ansonsten aber recht ähnlich. Ersterer hat dunklere Farbtöne und einen weniger konischen Hut.

SP 6,5–8 × 5–6,5 µm

5 | Bitterer Buchen-Ritterling
Tricholoma bresadolanum

RL-2

H 5–12 cm, jung konisch bis gebuckelt-konvex, mit breitem, stumpfem Buckel, auch alt noch polsterförmig, auf weißlichem bis silbriggrauem Grund mit locker angeordneten dunklen Schüppchen und Fäserchen. **L** Weißlich, alt cremeweiß, ausgebuchtet angewachsen, Schneide gekerbt, alt bräunend. **S** 5–10 × 1–2,5 cm, zylindrisch, weiß, mit schiefer- bis schwarzgrauen Faserschüppchen besetzt, manchmal etwas genattert wirkend, gerieben etwas bräunend. **F** Weißlich, Geruch erdig, wie Rote Bete, Geschmack erst mild, mit der Zeit zunehmend bitter. **V** August bis November. In wärmebegünstigten Eichenwäldern und Parks, bodenvag; in Südeuropa zerstreut, nach Norden zu bis Dänemark und Gotland, aber sehr selten werdend. **W** Größere Exemplare können von oben betrachtet dem Tiger-Ritterling (→ S. 232) ähnlich sehen.

SP 7–8,5 × 5–7 µm

1

2

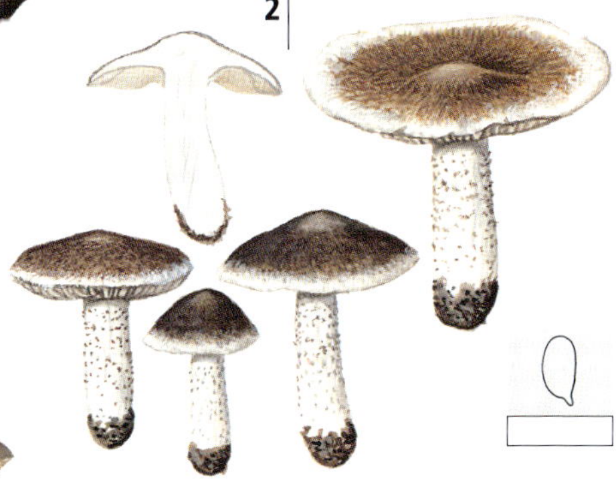

3

4

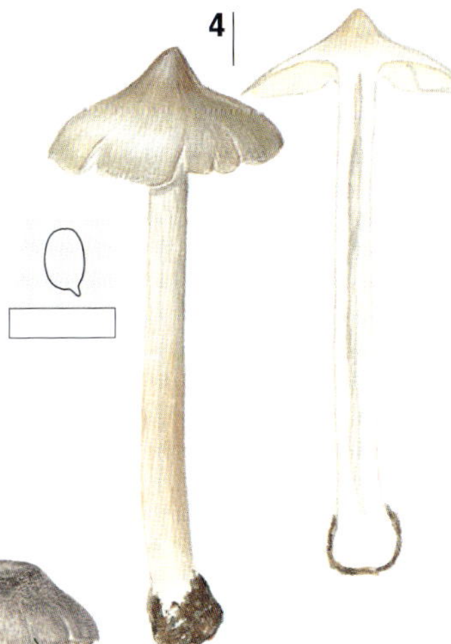

5

1 Echter Krokodil-Ritterling
Tricholoma matsutake agg.

RL-G

H 5–20 cm, jung halbkugelig, dann polsterförmig gewölbt, alt verflachend, Grundfarbe creme, beige bis hellhaselbraun, darauf undeutlich geschuppt, zum Rand hin faserig, Rand lange eingebogen, meist mit weißen Velumresten besetzt. **L** Weißlich bis creme, ziemlich gedrängt stehend, ausgebuchtet angewachsen. **S** 5–15 × 1,5–3 cm, zylindrisch, mit hutfarbigen Schuppen und Gürteln, die nach oben in einer Ringzone enden. **F** Weiß, Geruch süßlich, blumig-parfümiert, Geschmack mild, nach einiger Zeit bitterlich-zusammenziehend. **V** August bis November. In nährstoffarmen Flechten-Kiefernwäldern, unter Wald-Kiefer *(Pinus sylvestris)*; in Nord- und Mitteleuropa zerstreut verbreitet und überall selten bis sehr selten. **W** Die Art (oder die nah verwandte Art *T. magnivelaris*) wird in Japan hochgeschätzt und teurer bezahlt als Trüffeln.

SP 6,5–8,5 × 5–6 µm

2 Falscher Krokodil-Ritterling
Tricholoma caligatum

Von den anderen Krokodil-Ritterlingen durch kleinere Sporen oder dunkle Hutschuppung sowie das Vorkommen im Mittelmeergebiet unterschieden. **V** September bis Dezember. Unter Strand-, Aleppo- und Schwarz-Kiefer; in Südeuropa nicht selten.

SP 6–7,5 × 5–6 µm

3 Halsband-Ritterling
Tricholoma focale

RL-V

H 5–15 cm, jung halbkugelig, dann polsterförmig, selten ganz verflachend, meist mit flachem, stumpfem Buckel, orange bis ziegelfarben, im Alter zunehmend olivlich bis schwarzgrün radial eingewachsen-faserig, feucht schmierig-schleimig, jung mit wolligen, weißen Velumresten am Rand. **L** Weiß bis hell cremegrau, ausgebuchtet angewachsen. **S** 5–12 × 1–3 cm, zylindrisch, weiß, mit ausgeprägter weißer Ringzone, darunter weiß und orange flockig, Ringunterseite hutfarbig getönt. **F** Weiß bis cremefarben getönt, Geruch und Geschmack stark mehlig-gurkenartig. **V** Juli bis November. Auf nährstoffarmen Böden in Flechten-Kiefernwälder, selten in Pionierwäldern und auf rekultivierten Halden, unter Kiefer oder Zitter-Pappel; in ganz Europa verbreitet, außer Skandinavien und Osteuropa überall selten. **W** Der orangefarbene Hut in Kombination mit kräftiger weißer Ringzone sind sichere Erkennungsmerkmale für die Art.

SP 4–5,5 × 3–4 µm

4 Oranger Ritterling
Tricholoma aurantium

RL-V

H und **L** wie vorige Art, nur ohne Velumreste am Hutrand. **S** 5–15 × 1–3 cm, zylindrisch, Spitze weiß, abrupt in eine ausgeprägter orangefarbene Natterung übergehend, ebenso wie der Hut zunehmend grünlich verfärbend. **F** Weiß bis cremefarben getönt, Geruch und Geschmack stark mehlig-gurkenartig. **V** Juli bis November. Auf basenreichen Böden unter Fichte oder Buche, selten auch unter Eiche; in ganz Europa mit Ausnahme des hohen Nordens verbreitet, überall selten. **W** An seinen Standorten kann die Art manchmal Massenfruktifikationen mit hundert Fruchtkörper und mehr ausbilden.

SP 4,8–6 × 3–4,5 µm

5 Riesen-Ritterling
Tricholoma colossus

RL-3

H 10–25 cm, jung konisch bis gebuckelt-konvex, auch alt noch polsterförmig, orange- bis rötlich braun, ziegelfarben, schwach eingewachsen-faserig, feucht schmierig. **L** Weißlich, dann cremeweiß, alt zunehmend mit rötlichen Flecken, ausgebuchtet angewachsen. **S** 5–15 (–20) × 3–5 cm, zylindrisch oder schwach bauchig, Basis of angeschwollen, knollig und bis ca 10 cm breit (!), an der Spitze weiß, jung durch eine feine Velumzone vom blasser hutfarbig gefärbten unteren Stielteil getrennt. **F** Weißlich, im Anschnitt etwas rötend, Geruch schwach erdig, unauffällig, Geschmack mild, mit der Zeit zunehmend bitter. **V** August bis November. Unter Kiefer auf nährstoffarmen bis mäßig mineralreichen Böden, kalkmeidend; in ganz Europa verbeitet, aber überall sehr selten. **W** kleinere Exemplare ähneln dem Fastberingten Ritterling (→ S. 238), haben aber größere Sporen.

SP 7,5–9 × 5,5–6,5 µm

1

2

3

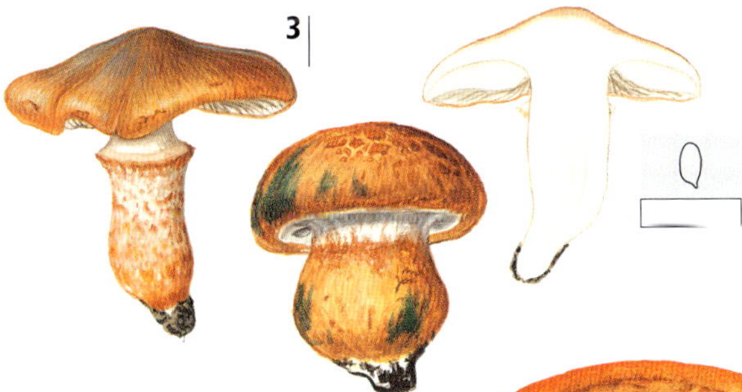

4

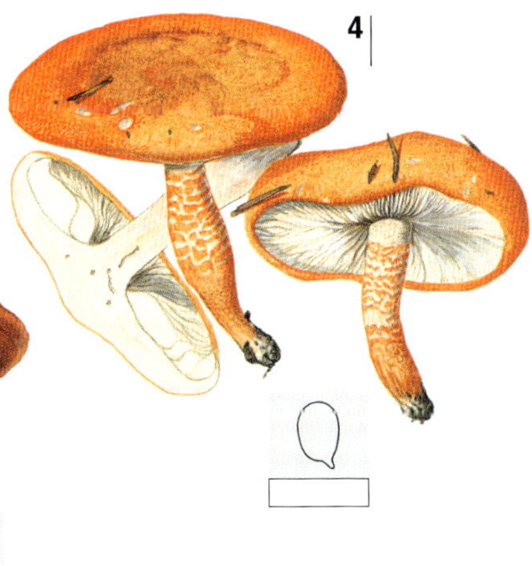

5

1 | Fastberingter Ritterling
Tricholoma batschii

RL-V

H 5–20 cm, jung halbkugelig, dann polsterförmig gewölbt, alt nicht selten verflachend, meist ohne Buckel, orange-, rost- bis rotbraun, glatt, feucht schmierig, Rand etwas heller, ziegelfarben. **L** Weißlich bis creme, alt mit rötlichen Flecken, ziemlich gedrängt stehend, ausgebuchtet angewachsen. **S** 5–10 × 1–3 cm, zylindrisch, an der Spitze weiß, zur Basis hin abrupt hutfarbig werdend, an der Übergangsstelle mit dünnem Velumrest. **F** Weiß, bei Anschnitt etwas rötlich bräunlich verfärbend, Geruch und Geschmack stark mehlartig-gurkig, etwas bitterlich-zusammenziehend. **V** August bis November. In Kiefernwäldern und -heiden, auf Kalkboden; in Süd- und Mitteleuropa zerstreut bis häufig, in Nordeuropa nur im Süden und dort selten. **W** Der Stiel steckt oft so tief in der Vegetation, dass der Pilz trotz seiner Größe kaum aus dem Boden schaut.

SP 4–6 × 3,5–5 µm

2 | Weißbrauner Ritterling
Tricholoma albobrunneum

RL-3

Von vorigem durch kleinere, dunklere FK und fehlende Ringzone unterschieden. **V** Wie vorige Art und oft mit dieser vergesellschaftet. **W** Mehrere sehr ähnliche Arten unter Kiefer unterscheiden sich z. B. durch größere Sporen, glatteren oder getropften Hut, rötendes Fleisch (*T. stans*, *T. pessundatum* und weitere).

SP 4–5,5 × 2,5–3,5 µm

3 | Bitterer Eichen-Ritterling
Tricholoma ustaloides

RL-3

H 5–15 cm, jung halbkugelig, dann polsterförmig gewölbt, meist nicht ganz verflachend, ungebuckelt oder mit flachem, stumpfem Buckel, orange bis rotbraun, feucht sehr schleimig, Rand zumindest alt arttypisch gerippt. **L** Jung weiß bis hellcreme, alt teils mit bräunlichen Flecken, ausgebuchtet angewachsen. **S** 5–10 × 1–2 cm, zylindrisch, mit (jung) klar abgesetzter weißer Spitze, darunter rotbraun überzogen oder genattert. **F** Weiß bis cremefarben getönt, Geruch und Geschmack stark mehlig-gurkenartig, stark bitter. **V** Juli bis November. Unter Eiche auf Kalkboden, wärmeliebend; in ganz Europa bis nach Schweden verbreitet, aber überall selten. **W** Der gerippte Hutrand und die starke Bitterkeit sind wichtige Merkmale.

SP 5,5–7,5 (–8) × 4,5–6 µm

4 | Brandiger Ritterling
Tricholoma ustale

H 3–10 cm, jung halbkugelig, dann polsterförmig, alt meist flach, teils mit flachem, stumpfem Buckel, olivocker, khakifarben, trüb orangebraun, feucht schleimig, Rand glatt. **L** Jung weiß bis hellcreme, zunehmend rotbräunlich gefleckt, ausgebuchtet angewachsen. **S** 4–10 × 0,6–1,5 cm, zylindrisch, unten hutfarbig, nach oben zu nach und nach heller bis weißlich, alt mit rotbräunlichen Flecken +/- gesprenkelt. **F** Weißlich, etwas bräunend, Geruch schwach mehlartig oder unspezifisch, Geschmack bitterlich bis mild, etwas mehlartig. **V** Juli bis November. In Buchenwäldern aller Art, bodenvag; in ganz Europa im Buchenareal verbreitet. **W** *T. quercetorum* ist die südeuropäische Schwesterart unter Eiche, mit etwas schmaleren Sporen und oft schwach geripptem Hutrand.

SP 5,5–7,5 × 4,5–6 µm

5 | Pappel-Ritterling
Tricholoma populinum agg.

RL-V

H 6–15 cm, selten größer, jung halbkugelig, dann polsterförmig, alt meist flach, rosabräunlich, fleischfarben, rosalich lederbraun, Mitte etwas dunkler, Rand isabellfarben, feucht schmierig. **L** Weißlich, lange so bleibend, alt mit bräunlichen Flecken, ausgebuchtet angewachsen. **S** 5–12 × 1–2,5 cm, zylindrisch oder basal schwach verdickt, weißlich, mit zunehmendem Alter von der Basis aufwärts mehr und mehr hutfarbig, ohne abgesetzte weiße Zone. **F** Weißlich, im Anschnitt langsam etwas verfärbend, Geruch und Geschmack mehlartig-gurkig, mild. **V** August bis November. In Parks, Pappelpflanzungen, an Straßen- und Waldrändern, unter Pappel, vor allem Espe, meist an menschlich beeinflussten Stellen; in ganz Europa verbreitet, regional selten. **W** Der Pappel-Ritterling wird von manchen Leuten gegessen, offenbar ohne nachteilige Folgen.

SP 4–6 × 3–4,5 µm.

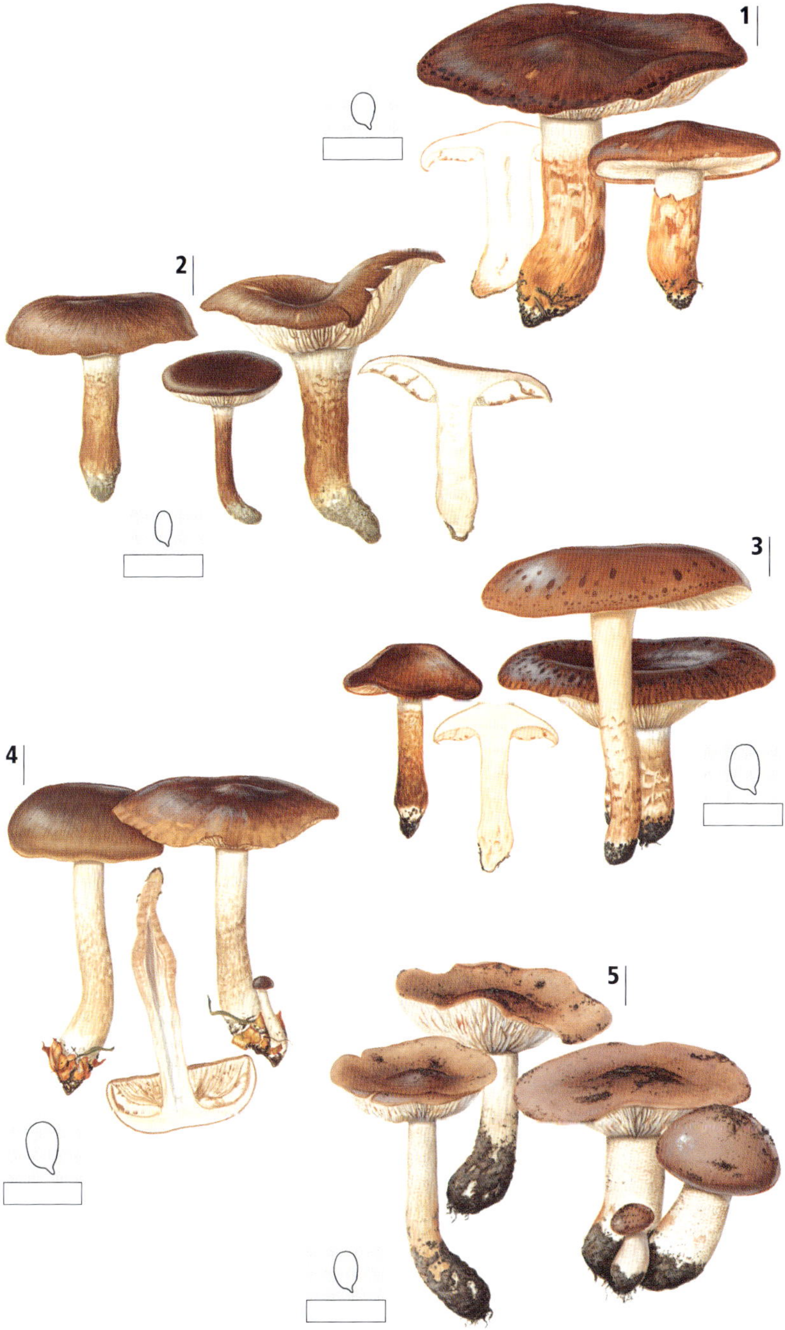
1
2
3
4
5

1 | Gelbfleischiger Ritterling

Tricholoma fulvum (Syn. *T. pseudonictitans*)

H 4–10 cm, jung gewölbt, bald verflachend, meist ohne Buckel, orange-, rost- bis rotbraun in der Mitte, glatt, feucht schmierig, Rand etwas heller, oft gelbbraun. **L** Gelb oder creme, alt bräunlich fleckig, ziemlich entfernt stehend, ausgebuchtet bis breit angewachsen. **S** 4–10 × 0,6–1,5 cm, zylindrisch, an der Spitze cremegelb, zur Basis hin zunehmend bräunlich, im Alter mehr und mehr rotbräunlich, längsfaserig. **F** Gelb, zumindest in der Stielrinde, Geruch und Geschmack stark mehlartig-gurkig, mild. **V** Juli bis November. Unter Birke oder in Fichtenwäldern, bodenvag; in ganz Europa verbreitet, in Nordeuropa deutlich häufiger als im Süden. **W** Die Sippe unter Fichte *(T. pseudonictitans)* hat cremefarbene Lamellen und einen gerippten Hutrand, die Sippe unter Birke dagegen gelbe Lamellen und der Hutrand ist lange glatt. Es kommen allerdings immer wieder Zwischenformen vor.

SP 5–6,5 × 4–5,5 µm

2 | Feinschuppiger Ritterling

Tricholoma imbricatum

RL-V

H 4–12 cm, jung halbkugelig, dann polsterförmig gewölbt, alt meist nicht ganz verflachend, rot-, zimt- bis graubraun, oft mit fleischfarbener Tönung, jung wildlederartig filzig, gleichzeitig etwas radialfaserig, Rand etwas heller, glatt. **L** Weißlich bis creme, alt mit bräunlichen Flecken, ausgebuchtet angewachsen. **S** 5–12 × 1–2 cm, zylindrisch, weißlich, zur Basis hin allmählich bräunlich, alt vollständig braun. **F** Weiß bis schwach bräunlich (Stiel), Geruch und Geschmack mehlartig. **V** August bis November. In Kiefern- und Mischwäldern, bodenvag; in ganz Europa zerstreut, regional selten.

SP 5–7 × 4–5 µm

3 | Lärchen-Ritterling

Tricholoma psammopus

H 2–6 cm, jung halbkugelig, dann polsterförmig gewölbt, meist nicht ganz verflachend, ungebuckelt, leder- bis ockerbraun, wildlederartig, Rand oft gerippt. **L** Creme bis hell ockerlich, ausgebuchtet bis knapp angewachsen. **S** 4–10 × 0,5–1 cm, zylindrisch, etwa hutfarbig, zur Spitze hin unmerklich heller. **F** Cremefarben, Geruch und Geschmack unspezifisch, manchmal schwach bitter. **V** Juli bis November. Unter Lärche, vor allem im Süden auch selten unter Kiefer (auch Fichte?), bodenvag; in ganz Europa verbreitet, aber überall selten. **W** Diese kleine Art wird oft gar nicht als Ritterling erkannt.

SP 5–6,5 × 4–5,5 µm

4 | Bärtiger Ritterling

Tricholoma vaccinum

H 3–8 cm, jung halbkugelig, dann polsterförmig, alt oft verflachend, meist mit flachem, stumpfem Buckel, rot- bis zimtbraun, haarig-filzig, in angedrückte wollige Schuppen aufbrechend, Rand fransig behangen. **L** Jung cremeweiß, alt zunehmend rotbräunlich getönt, alt gefleckt, ausgebuchtet angewachsen. **S** 4–8 × 0,6–1,5 cm, zylindrisch, weißlich, alt rotbräunlich überfasert oder fleckig, manchmal fast etwas schuppig. **F** Weißlich, etwas bräunend, Geruch und Geschmack mehlartig, bitterlich bis mild. **V** Juli bis November. In Fichtenwäldern, selten bei Tanne oder Kiefer, bodenvag; in ganz Europa verbreitet, mäßig häufig. **W** Der wollige Hut mit ebensolchem Randbehang kennzeichnen die Art.

SP 5,5–7 × 4,5–5,5 µm

5 | Gerippter Ritterling

Tricholoma acerbum

RL-2

H 8–15 cm, bisweilen noch größer, jung halbkugelig, dann polsterförmig, alt nur manchmal flach, sehr fleischig, gelb- bis rosacreme, leder- bis blass schwefelgelb, Rand lange eingerollt, gerippt. **L** Strohgelb bis creme, eng stehend, ausgebuchtet angewachsen. **S** 5–10 × 1,5–4 cm, zylindrisch, kurz und stämmig, weißlich bis blasser hutfarbig, Basis etwas dunkler. **F** Weißlich bis schwach gelblich, Geruch und Geschmack unspezifisch, mild, nach einiger Zeit adstringierend. **V** August bis November. In Parks, Alleen und Eichenwäldern, ausschließlich unter Eiche oder Esskastanie; in ganz Europa verbreitet, überall selten und rückläufig, in Südeuropa regional zerstreut. **W** In den skandinavischen Flechten-Kiefernwäldern wächst mit *T. roseoacerbum* eine sehr ähnliche, mehr rosa getönte Art, die im Mittelmeergebiet jedoch auch schon unter Eiche gefunden wurde.

SP 4,5–6 × 3,5–4,5 µm

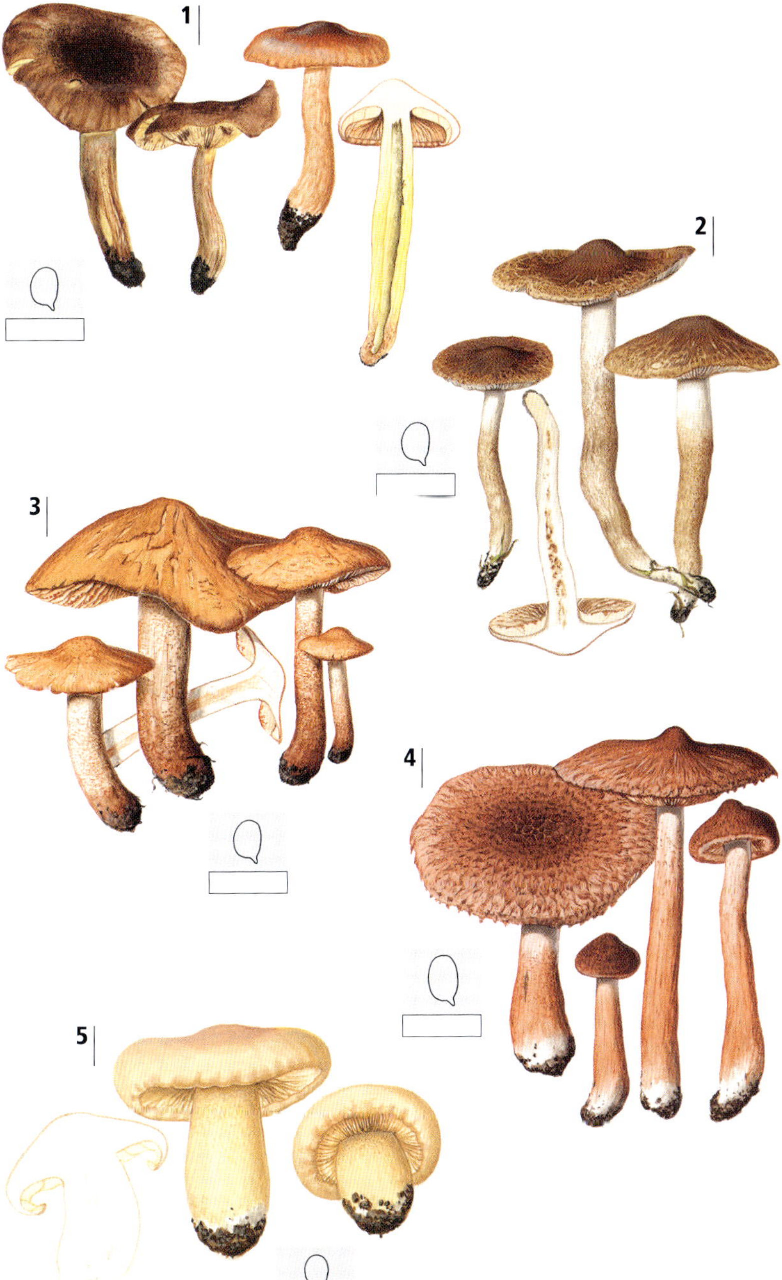
1
2
3
4
5

1 | Kiefern-Grünling
Tricholoma equestre

RL-V | §§

H 5–12 cm, jung gewölbt mit stumpfem Buckel, lange konvex bleibend, alt dann verflachend und mit wellig aufgebogenem Rand, jung zitronen- bis schwefelgelb, bald honig- bis orangegelb, in der Mitte mehr und mehr fuchsig, in dunkle Schüppchen aufbrechend, feucht schmierig bis scheimig. **L** Schwefelgelb, ausgebuchtet angewachsen. **S** 4–10 × 1–2,5 cm, zylindrisch, an der Basis oft verdickt, blass zitronengelb, längsfaserig. **F** Weißlich, in der Stielrinde und unter der Huthaut gelblich, Geruch und Geschmack stark mehlartig-gurkig, mild. **V** Juli bis November. In nährstoffarmen, sandigen Kiefernwäldern; in ganz Europa verbreitet, regional seltener und fast überall rückläufig. **W** Unter Pappeln wächst der etwas greller grüngelbe Pappel-Grünling *(T. frondosae)*. Sehr dunkelolivgrün ist auch die Mittelmeer-Art *T. chrysophyllum* sowie der eher honig- bis braungelbe *T. joachimii*. Beide haben einen mit hutfarbigen Flöckchen besetzten Stiel.

SP 6,5–8 × 4–5,5 µm

2 | Gelber Pfeffer-Ritterling
Tricholoma aestuans

RL-2

H 3–8 cm, jung konisch, dann polsterförmig gewölbt, mit deutlichem spitzen Buckel, alt geschweift (ähnlich wie viele Risspilze), gelb bis braungelb, eingewachsen-faserig mit ziegelbräunlichen Fasern. **L** Blass grünlich gelb, ausgebuchtet bis knapp angewachsen. **S** 5–12 × 1–2 cm, zylindrisch, schwefelgelb, im Alter bräunlich gelb, längsfaserig mit dunkleren Fasern. **F** Weiß bis schwach gelblich, Geruch schwach mehlartig, Geschmack zunächst mehlartig, nach kurzer Zeit zunehmend scharf. **V** August bis November. In Kiefernwäldern, nähstoffarme Böden bevorzugend; in Skandinavien und Osteuropa zerstreut, im übrigen Europa (sehr) selten. **W** Die Art ist trotz ihrer gelben Farbe nicht mit den Grünlingen verwandt, sondern mit den schärflichen Erd-Ritterlingen (→ S. 234).

SP 6–8 × 4,5–5,5 µm

3 | Schwarzfaseriger Ritterling
Tricholoma portentosum

RL-3

H 5–10 cm, jung halbkugelig, glockig, dann polsterförmig gewölbt, alt verflachend mit unregelmäßig aufgebogenem Rand, breit stumpf gebuckelt, hell, maus- bis braungrau, schwärzlich eingewachsen-faserig, bisweilen zusätzlich mit gelben Fasern und Tönen, gebuckelte Mitte braunschwarz, feucht schmierig. **L** Weißlich, mit der Zeit Gelbtöne annehmend, ausgebuchtet angewachsen. **S** 4–12 × 1–2,5 cm, zylindrisch, Basis oft angeschwollen, weiß, meist stellenweise blass chromgelb überfasert, Fraßstellen gelblich. **F** Weißlich, Geruch und Geschmack mehlartig, mild. **V** September bis Dezember. In nährstoffarmen Kiefern- und Fichtenmischwäldern, selten auch bei Buche oder Zitter-Pappel; in ganz Europa verbreitet, nicht selten, aber fast überall rückläufig. **W** In warmen Kalk-Laubwäldern Mittel- und Südeuropas wächst der ähnliche Aschgraublättrige Ritterling *(T. luridum)*, der auffallend graue Lamellen und einen olivgraubraunen Hut hat.

SP 5–7,5 × 3,5–5 µm

4 | Seifen-Ritterling
Tricholoma saponaceum

H 4–12 cm, jung halbkugelig, dann polsterförmig, oft schwach gebuckelt, auch alt oft nicht ganz verflachend, blassgrau bis graugrün, glatt, manchmal etwas getropft. **L** Weißlich, cremeweiß bis blass gelbgrün, entfernt, dicklich und alt brüchig splitternd (wie bei Täublingen!), ausgebuchtet angewachsen. **S** 4–10 × 1–2 cm, zylindrisch bis schwach verdickt, basal zuspitzend, blassgrau bis graugrünlich, glatt oder mit dunklen Schüppchen, Basis +/- deutlich orangerosa gefärbt. **F** Weißlich, etwas rosalich in der Stielbasis, Geruch nach Seifenlauge, Geschmack mild, schwach mehlartig. **V** Juli bis November. In Laub- und Nadelwäldern, bodenvag; in ganz Europa verbreitet, mäßig häufig. **W** Es gibt viele Farbvarianten, die teilweise eigenständige Arten sind.

SP 4,5–6,5 × 3–4,5 µm

5 | Weinbrauner Seifen-Ritterling
Tricholoma boudieri

Dem Seifen-Ritterling (s. o.) sehr ähnlich, aber durch silber- bis aschgrauen Hut und stark rotbraune Verfärbung unterschieden. **V** September bis November. In wärmebegünstigten Laubwäldern und Parks, in Südeuropa verbreitet, nördlich der Alpen selten.

1
2
3
4
5

1 | Grüngelber Ritterling
Tricholoma sejunctum

RL-3

H 4–10 cm, jung gewölbt mit stumpfem Buckel, bald verflacht, oft wellig aufgebogen und schwach gebuckelt, auf weißlichem Grund gelb- bis olivgrünlich eingewachsen faserig, oft nur die Mitte gefärbt. **L** Weißlich, zum Hutrand hin alt gelblich werdend. **S** 5–10 × 1–2 cm, zylindrisch, an der Basis manchmal schwach verdickt, weißlich, auch blass zitronengelb längsfaserig, an der Basis orangerosa überlaufen. **F** Weißlich, in der Stielrinde und unter der Huthaut blass gelblich, Geruch und Geschmack stark mehlartig-gurkig, mild. **V** Juli bis November. In basenreichen Laubwäldern, unter Buche, Eiche, Hainbuche; in ganz Europa außer Skandinavien verbreitet, regional zerstreut bis selten. **W** Es gibt sowohl unter Laub- als auch unter Nadelbäumen noch einige weitere Arten in diesem Komplex, u. a. *T. arvernense*, *T. viridifucatum*, *T. umbonatum* und *T. viridilutescens* (s. u.).

SP 5,5–7 × 4,5–6 µm

2 | Düsterfaseriger Ritterling
Tricholoma viridilutescens

RL-R

Im Wesentlichen wie oben, jedoch **H** düster und schwarzgrün eingewachsen-faserig, sowie auf den äußersten Millimetern zum Hutrand hin eine intensiv chromgelbe Zone bildend. **V** August bis November. In feuchten bis moorigen Nadelwäldern, unter Fichte und Tanne, auf sauren Böden; in Skandinavien und montanen Gebieten Europas, selten.

SP 6–8,5 × 5–6,5 µm

3 | Schwefel-Ritterling
Tricholoma sulphureum

H 3–8 cm, jung halbkugelig, dann polsterförmig bis flach, alt mit unregelmäßig aufgebogenem Rand, oft breit stumpf gebuckelt, schwefel-, grün- bis olivgelb, zur Mitte hin und im Alter mehr rötlich bis braungelb, auch bräunlich violett, fein wildlederartig. **L** Hutfarbig, deutlich entfernt stehend, ausgebuchtet angewachsen. **S** 4–10 × 0,5–2 cm, zylindrisch, Basis manchmal leicht angeschwollen, etwas blasser hutfarbig. **F** Schwefelgelb, Geruch stark unangenehm, leuchtgasartig, Geschmack etwas zusammenziehend. **V** August bis November. Besonders in sauren Buchenwäldern, aber auch bei anderen Laub- und Nadelbäumen, relativ bodenvag; in ganz Europa verbreitet, überall häufig. **W** Formen mit vollständig purpurviolettem Hut werden als Kröten-Ritterling *(T. bufonium)* bezeichnet, sind möglicherweise aber keine eigene Art.

SP 9–11 × 5–6,5 µm

4 | Purpurfilziger Holzritterling
Tricholomopsis rutilans

H 4–15 cm, selten größer, jung halbkugelig, dann polsterförmig, alt meist nicht ganz verflachend, schwach niedergedrückt, jung geschlossen purpur filzig, beim Aufschirmen die gelbe Hutgrundfarbe sichtbar werdend, manchmal fast komplett gelb und nur wenig purpurfaserig. **L** Gelb, Schneide fein bewimpert, ausgebuchtet bis breit angewachsen. **S** 3–10 × 1–2 cm, zylindrisch, hutfarben, manchmal schuppig bis genattert aufreißend, bisweilen etwas exzentrisch. **F** Lebhaft gelb, Geruch und Geschmack mild, etwas rettichartig. **V** Juni bis November. An Stümpfen, Wurzelausläufern oder Stämmen von Nadelbäumen; in ganz Europa verbreitet und häufig. **W** Es gibt noch weitere Sippen in diesem Komplex *(T. flammula, T. ornata)* und selbst eine auf und zwischen Adlerfarn wachsende Art *(T. pteridicola)*.

SP 5,5–7,5 × 4,5–6 µm, **CH** bis 150 µm lang

5 | Olivgelber Holzritterling
Tricholomopsis decora

H 2–8 cm, jung halbkugelig, dann flach gewölbt, alt meist flach bis schwach niedergedrückt, jung geschlossen olivschwarz filzig bis schuppig, beim Aufschirmen die gelbe Hutgrundfarbe sichtbar werdend, manchmal fast komplett gelb. **L** Gelb, Schneide fein bewimpert, ausgebuchtet bis breit angewachsen. **S** 2–6 × 0,5–1 cm, zylindrisch, gelb, olivbräunlich überfasert, nicht selten etwas exzentrisch. **F** Lebhaft gelb, Geruch und Geschmack mild, etwas rettichartig. **V** Juni bis November. An Nadelholz (auch Ästen); in den höheren Lagen Europas verbreitet und regional nicht selten. **W** DIe olivschwarzen Hutschuppen machen die Art unverwechselbar.

SP 6–7,5 × 4–5,5 µm, **CH** bis 60 µm lang

1

2

3

4

5

1 Kurzstieliger Weichritterling
Melanoleuca brevipes

H 5–12 cm, jung konvex mit lange eingerolltem Rand, dann ausgebreitet mittig vertieft mit +/- deutlichem Buckel, ockerbraun bis mausgrau mit dunkelbrauner Mitte, hygrophan, Oberfläche matt, seidig, radialfaserig. **L** Jung creme, dann graulich, schwach ausgebuchtet bis breit angewachsen. **S** Deutlich kürzer als der Hut-Durchmesser, 3–5 × 1–1,5 cm, +/- zylindrisch mit keuliger Basis, trocken, ockerbraun, längs streifig. **F** Cremeweiß, in der Steilbasis braun, längsfaserig, Geruch und Geschmack pilzartig, leicht adstringierend. **V** März bis Januar. Oft im Frühjahr. Planar bis montan, breit gestreut, im Alpen- und Voralpenraum fehlend. Vorwiegend ruderal an stickstoffreichen Plätzen wie z. B. Waldrändern, Parkanlagen, Kompoststellen. **W** Innerhalb der schwierigen Gattung ist die Art relativ gut festgelegt. Eine mikroskopische Untersuchung ist bei allen *Melanoleuca*-Funden ratsam. Vgl. *M. luteolosperma* mit buttergelbem Sporenpulver.

SP 7–10 × 4,5–7 µm, **CH** „Brennhaartyp" bis 45 × 7 µm

2 Frühlings-Weichritterling
Melanoleuca cognata

H 5–14 cm, jung konvex, dann ausgebreitet gebuckelt mit abgeknicktem Rand, gelbbraun bis milchkaffeebraun, mit Orangetönen mit dunklerer Mitte, Oberfläche matt, seidig, Huthaut bis ½ abziehbar. **L** Jung creme, bald typisch ockergelb, ausgebuchtet angewachsen. **S** 6–13 × 1–1,5 cm, +/- zylindrisch mit keuliger Basis, trocken, ockerbraun, längs streifig. **F** Beigeweiß, weich, längsfaserig, Geruch schwach mehlig, Geschmack mild. **V** April bis November. Planar bis montan, verbreitet. Vorwiegend ruderal an stickstoffreichen Plätzen wie z. B. Waldrändern, Parkanlagen, Holzlagern. **W** Die eng stehenden cognacfarbenen Lamellen und das frühe Erscheinen sind charakteristische Merkmale.

SP 7–9,5 × 4–6 µm, J+, **CH** apikal inkrustiert bis 70 × 17 µm

3 Gemeiner Weichritterling
Melanoleuca melaleuca

H 4–10 cm, stumpf bis flach gebuckelt, alt eingedrückt, Rand glatt bis gekerbt, ocker- bis schwarzbraun, Oberfläche glatt, matt, +/- fettig, Huthaut bis ½ abziehbar. **L** Jung weiß, dann creme mit Grautönen, ausgebuchtet angewachsen. **S** 5–10 × 0,5–2 cm, zylindrisch mit keuliger Basis, trocken, hellbraun-grau, längs streifig. **F** Cremeweiß im Hut, schwarzbräunlich im Stiel, elastisch, wattig, Geruch schwach grasartig-säuerlich, Geschmack mild, nussartig bis mehlig-ranzig. **V** Juli bis November, meist ab Oktober. Planar bis montan, verbreitet. Vorwiegend ruderal an nährstoffreichen, grasigen Plätzen wie z. B. an Waldwegen, in Parkanlagen. **W** Es handelt sich um einen Artenkomplex, der aktuell noch nicht abschließend erforscht ist. Vgl. *M. polioleuca*.

SP 6,5–8,5 × 5–6 µm, **CH** -

4 Schwarzbrauner Weichritterling
Melanoleuca stridula

H 1,5–3 cm, graubraun mit dunkler Papille. **S** 3–4 × 0,4 cm. **V** Mai bis November, hauptsächlich im Herbst. Die kleine Art kommt vorzugsweise in nährstoffarmen Extensivwiesen vor.

SP 7–9 × 5–6,5 µm, **CH** -

5 Dunkelflockiger Weichritterling
Melanoleuca verrucipes

RL-3

H 5–10 cm, konvex, mit heruntergezogenem, welligen Rand, cremeweiß mit dunklerer Mitte, Oberfläche glatt, seidenmatt. **L** Weißcreme, ausgebuchtet angewachsen. **S** 5–8 × 0,5–1 cm, zylindrisch, keulig verdickt, weiß, typisch schwarzbraun flockig. **F** Weiß, weich, Geruch nach Bittermandeln, Anis, Geschmack mild. **V** Mai bis Oktober. Planar bis montan, zerstreut auf Holzresten, Mulch an Waldrändern, Holzplätzen, in Gärten. **W** Die Art ist aufgrund ihrer hellen Farben und dunkelschuppigen Stiele leicht bestimmbar.

SP 8–10,5 × 5,5–6 µm, **CH** „Brennhaartyp" bis 60 × 8 µm

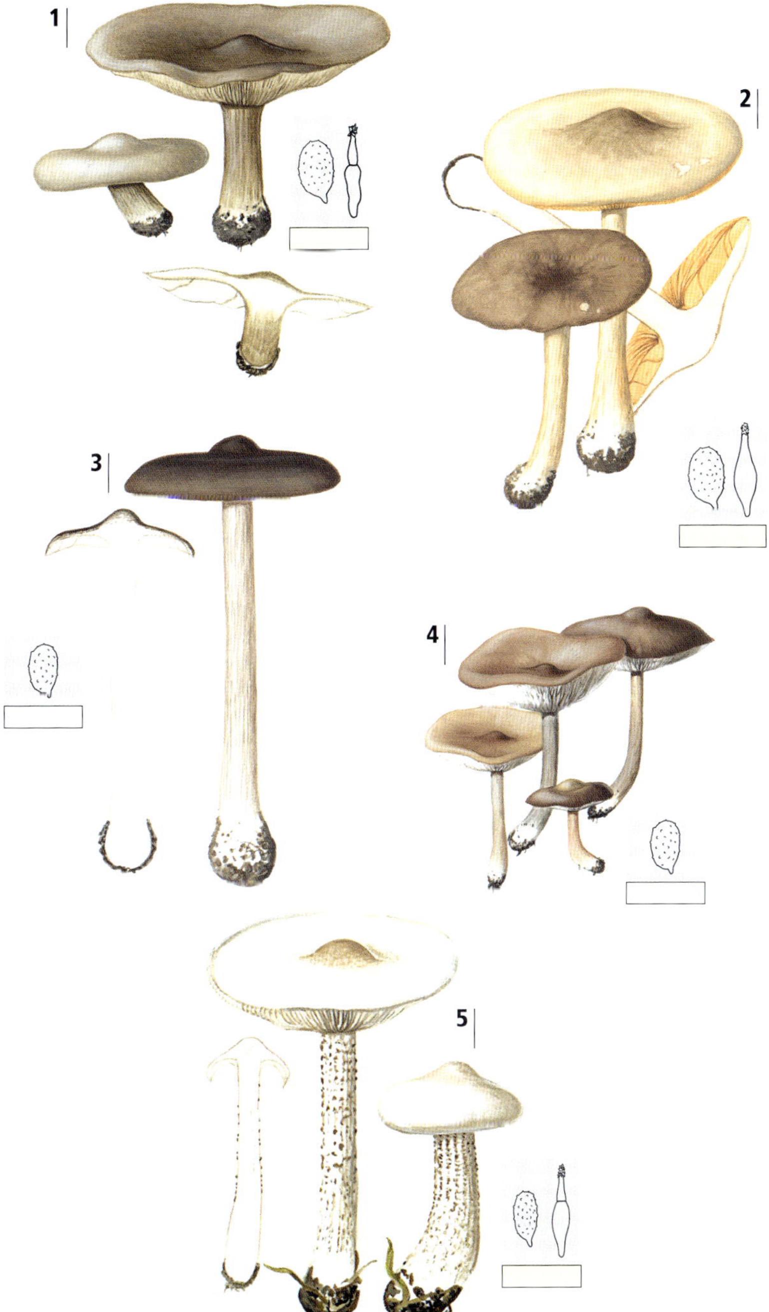
1
2
3
4
5

1 | Runzeliger Samtritterling
Dermoloma cuneifolium

H 2–4 cm, flach konvex, +/- gebuckelt, alt mittig +/- vertieft, graubraun bis beigebraun je nach Feuchtegrad mit brauner Mitte, Oberfläche samtig, runzelig, radialrissig. **L** Blassgrau, ausgebuchtet angewachsen. **S** 3–4,5 × 0,3–0,6 cm, +/- zylindrisch, trocken, beigegrau, bereift. **F** weißgrau, brüchig, längsfaserig, Geruch und Geschmack deutlich mehlartig. **V** Juni bis November. Planar bis hochmontan auf extensiven Wiesen und in Gehölzen, bodenvag. **W** *D. cuneifolium* ist die Typusart der Gattung. Derzeit sind mehr als zehn Arten und Varietäten in der Gattung beschrieben. Aufgrund von molekularen Studien werden bis zu 25 Arten in Europa erwartet.

SP 5–6,5 × 4–5 µm, J-, Schnallen +

2 | Schwefelgelber Schuppenritterling
Floccularia luteovirens (Syn. *Floccularia straminea*)

RL-G

H 5–15 cm, kompakter Ritterlingshabitus, konvex bis leicht gebuckelt, schwefelgelb grün, zu weiß entfärbend, Oberfläche kräftig konzentrisch flockig- schuppig. **L** Weiß, breit angewachsen bis ausgebuchtet. **S** 5–10 × 1–1,5cm, zylindrisch, weißgelblich, deutlich beringt, darunter gelblich kräftig flockig gegürtelt. **F** Weißgelblich, fest, Geruch schwach, angenehm, Geschmack mild bis bitterlich. **V** Juni bis November. Planar bis kollin, selten geworden aufgrund von Lebensraumverlusten. Einzeln oder in Hexenringen auf Trockenrasen und Steppen an kalkreichen, wärmebegünstigten, naturnahen Standorten. **W** *F. rickenii*, eine ähnliche Art mit kleineren Sporen ist aus Steppengebieten Osteuropas und Schwedens bekannt. Sie gilt in Deutschland als ausgestorben.

SP 6–9 × 4,5–5 µm, J+

3 | Knolliger Schleierritterling, Blasssporiger Haarschleierling
Leucocortinarius bulbiger

RL-V

H 5–15 cm, jung halbkugelig mit eingerolltem Rand, bald konvex bis flach gebuckelt, blass rotbraun. Oberfläche schmierig bis trocken je nach Feuchtegrad, am Rand lange mit weißen Velumresten. **L** Weißbeige, ausgebuchtet angewachsen. **S** 5–9 × 1–1,5 cm, zylindrisch mit bis 3,5 cm breiter, oft schiefer Knolle, mit Cortinaresten. **F** Weiß, langsam bräunend, Geruch schwach, angenehm, Geschmack mild. **V** Juli bis November. Planar bis hochmontan (1600 m) verbreitet mit Schwerpunkt im Süden. In basenreichen Wäldern vorwiegend mit Buchen und Fichten. **W** Der Habitus erinnert an echte Schleierlinge (vgl. *Thaxterogaster multiformis*), aber die glatten Sporen und das helle Sporenpulver schließen *Cortinarius* s. l. aus.

SP 7–9 × 4–5 µm, J-. Sulfoformol färbt das Fleisch blaugrün

4 | Schwärzender Wiesenritterling
Porpoloma metapodium

RL-1

H 5–10 cm, konvex bis stumpf kegelig mit eingebogenem Rand, rotbraun, sepia bis haselbraun, Oberfläche jung schmierig, bald fein samtig, flockig schuppig und +/- felderig aufreißend. **L** Blassgrau bis ockergrau, ausgerandet angewachsen, entfernt, dick, aderig. **S** Kräftig, 4–10 × 1–3,5 cm, zylindrisch, basal verjüngt, streifig, beige ockergrau. **F** Fest, beigegrau, in allen Fruchtkörperteilen sofort rötend bis schwärzend, Geruch und Geschmack mehlartig. **V** August bis November. Kollin bis hochmontan, sehr selten, aber noch +/- regelmäßig aus den letzten Rückzugsgebieten gemeldet, auf tendenziell sauren, moosreichen Extensivwiesen. **W** Vgl. *Dermoloma magicum*, die ebenfalls rötet und schwärzt.

SP 6–8 × 3–4 µm, **CH** -, Schnallen +

5 | Borstiger Wiesenritterling
Porpoloma spinulosum

RL-1

H 5–10 cm, kompakter Ritterlingshabitus, gelbbraun, mit borstigen Haaren.**V** August bis Oktober. Extrem selten, in basenreichen Laubmischwäldern.

SP 4,5–6,5 × 3–5 µm, **CH** bis 50 µm lang, Schnallen +

1
2
3
4
5

1 | Fleischrötlicher Schönkopf
Calocybe carnea

H 1–5 cm, jung flach gewölbt mit eingerolltem Rand, bald flach ausgebreitet, sehr variabel von schön rosa bis fleischfarben, Purpur- und Brauntöne, nicht hygrophan, matt, fein radialfaserig (Lupe!). **L** Weiß bis cremegelblich, sehr engstehend, abgerundet, mit kleinen Zähnchen angewachsen. **S** 2–5 × 0,2–0,8 cm, zylindrisch, fein längsfaserig, ähnlich den Hutfarben mit +/- weißer Zone an der Spitze, Basis weißstriegelig. **F** Dünn, Geruch fehlend, Geschmack mild, etwas süßlich. **V** April bis November, weit verbreitet in allen Höhenlagen. Vorwiegend im Offenland, auf mäßig gedüngten bis mageren, moosreichen, Wiesen, Weiden, Dünen, an Waldrändern in der Fichtennadelstreu, bodenvag. **W** Vgl. die +/- büschelig wachsende *C. persicolor*. Ähnlich gefärbte Rötlings-Arten sind meist dünnfleischiger mit rosa Sporenpulver.

SP 4,5–7 × 2–3,5 µm, Schnallen +

2 | Dottergelber Schönkopf
Calocybe chrysenteron

H 2–6 cm, jung +/- konvex, bald ausgebreitet. Seidenmatt glänzend, +/- bereift, goldgelb bis ockerbraun. **L** Goldgelb, sehr engstehend, breit angewachsen, am Rand mit Lamelletten. **S** 3–6 × 0,4–0,7 cm, zylindrisch, +/- längsfaserig, goldgelb, im Alter bräunend. **F** Dünn, kräftig gelb bis blassgelb, Geruch und Geschmack deutlich mehlartig, +/- bitter. **V** Juni bis November. Im Norden sehr selten, im Süden und in Sachsen weiter verbreitet, vorwiegend in Fichtenwäldern, aber auch in Buchenwäldern in der Streu. **W** Sehr nahe steht der Trügerische Schönkopf *(C. fallax = cerina)*, der mikroskopisch mit zelliger Huthautstruktur abgetrennt wird.

SP 3,5–4,5 × 2–3 µm, Schnallen +, HDS hyphig

3 | Mairitterling, Georgsritterling
Calocybe gambosa

H 3–12 cm, kompakt, jung +/- konvex, bald ausgebreitet mit eingerolltem Rand, seidenmatt glänzend, cremeweiß biss blassocker. **L** Weißcreme, sehr engstehend, kurz ausgebuchtet mit Zähnchen angewachsen, Schneide wellig, +/- gekerbt. **S** 4–7 × 1–2 cm, zylindrisch, an der Spitze erweitert, glatt, lange weiß, im Alter ockerlich. **F** Dick, brüchig, weiß bis creme, blassocker marmoriert, Geruch und Geschmack deutlich mehlartig. **V** April bis Juni. Oft in Hexenringen, Weit verbreitet und häufig von der Küste bis ins Gebirge auf basen- und mineralreichen Böden in Wäldern, Parkanlagen und Gärten bei Laub- und Nadelgehölzen. Auf sauren Böden selten bis fehlend. **W** Der Volksname Georgsritterling bezieht sich auf das jahreszeitliche Vorkommen ab der letzten Aprilwoche. Die jung ähnlichen, giftigen Riesen-Rötlinge wachsen im Herbst. Georgstag ist der 23. oder 24. April.

SP 5–7 × 2–4 µm, Schnallen +

4 | Veilchenblauer Schönkopf
Calocybe ionides

H 1,5–6 cm, +/- konvex, bald ausgebreitet und +/- gebuckelt, blauviolette Töne in vielen Varianten, lila, lilabraun bis violettbraun, matt bis feinfilzig. **L** Jung weißlich, dann blassgelb, +/- eng stehend, leicht ausgebuchtet mit Zähnchen angewachsen, Schneide wellig gekerbt. **S** 1,5–7 × 0,1–0,3 cm, zylindrisch, hohl, kahl und glänzend, leuchtend chromgelb. **F** Dünn, etwas zäh, Geruch fehlend, Geschmack mild. **V** Juni bis Oktober. Weit verbreitet in Europa, aber nur regional häufiger in Auwäldern, Laubmischwäldern mit Buchen und Eichen auf lehmigen Böden. **W** Die schönen Blautöne des Huts, verbunden mit dem deutlichen Mehlgeruch, machen diese Art schon im Gelände unverwechselbar.

SP 5–5,5 × 2,5–3 µm, Schnallen +

5 | Düsterer Schönkopf
Calocybe obscurissima

Die Art ist habituell, mikroskopisch und ökologisch sehr ähnlich, weicht aber durch konstant düstere Brauntöne, teils mit schwachem Violettton ab. Sie wird von einigen Taxonomen als Varietät von *C. ionides* angesehen.

SP 5–6 × 3–3,5 µm, Schnallen +

1

2
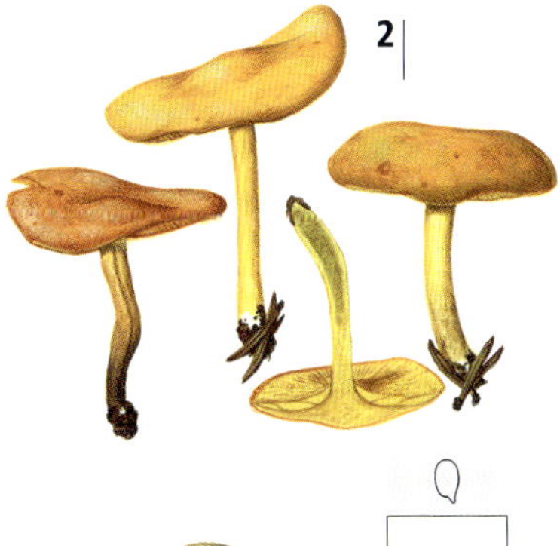

3

4

5

1 Rötender Rasling
Lyophyllum favrei

RL-R

H 6–10 cm, jung konvex mit eingebogenem Rand, bald flach ausgebreitet und +/- gebuckelt, schiefer- bis violettgrau, fein filzig, fein radialfaserig (Lupe!). **L** Gelb bis gelbgrün, verletzt rötend, ausgebuchtet angewachsen, mit Zahn herablaufend, Schneide wellig-schartig, gekerbt. **S** 5–7 × 1–1,5 cm, zylindrisch, längsfaserig, brauschwarz, bei Berührung rötend, dann schwärzend. **F** Relativ fest, unter der Huthaut gelb, ansonsten cremefarben, verletzt schnell rötend, dann langsam schwärzend, Geruch +/- muffig, Geschmack mild oder mehlartig. **V** August bis Oktober. Sehr selten in basenreichen Laub- und Nadelwäldern, Schlucht- und Auwäldern. Aus Europa sind nur 50 Wuchsorte bekannt, mehr als die Hälfte davon liegen in der Schweiz. **W** Mit gelben Lamellen und rötendem Fleisch ist die Art unverwechselbar.

SP 3–4,5 × 2–3 µm, J-, Schnallen +

2 Ockerfarbener Rasling
Lyophyllum ochraceum

RL-1

Eine weitere, sehr seltene Art mit sofort rötendem, allmählich schwärzendem Fleisch. Die Hüte sind blass grünlich gelb bis ocker. **V** August bis Oktober. Es sind nur zwei rezente Nachweise aus Süddeutschland bekannt.

SP 3–4,5 × 2–3,5 µm, J-, Schnallen +

3 Lehmfarbener Rasling
Lyophyllum paelochroum

H 3–6 cm, jung konvex, bald ausgebreitet mit flachem Buckel, Rand unregelmäßig wellig, lebhaft bis blassocker, eingewachsen faserig filzig. **L** Cremefarben, bei Berührung sofort blauend, +/- dicht stehend, mit Lamelletten, ausgebuchtet angewachsen, mit Zahn. **S** 4–6 × 0,8–1,5 cm, +/- zylindrisch, weißlich bis blassocker. **F** Fest, längsfaserig, weiß, nach Verletzung grauend, zuletzt schwarz, Geruch und Geschmack deutlich mehl-gurkenartig, auch ranzig, mild. **V** Juni bis Oktober. Planar bis montan, zerstreut, nur gebietsweise häufiger, auf lehmigen, basenhaltigen Böden in Laubwäldern, Auen und Parkanlagen. **W** *L. paelochroum* ist typisch für extensiv gepflegte Parkanlagen bei alten Hainbuchen und Eichen.

SP 4–7 × 4–6,5 µm, J-, Schnallen +

4 Spindelsporiger Rasling
Lyophyllum semitale

H 3–8 cm, jung konvex, +/- flach gebuckelt, im Alter etwas vertieft, Rand oft unregelmäßig wellig verbogen, fettig glänzend, sehr variabel von Beige über Horngrau bis Rußbraun, hygrophan, alt ausblassend. **L** Creme hellgrau, ausgebuchtet angewachsen, +/- entfernt stehend. **S** 4–8 × 0,5–1,5 cm, zylindrisch, an der Basis zuspitzend, silbergrau mit dunkleren Fasern. **F** Längsfaserig, grau, im Schnitt über ockerbraun bald schwärzend, Geruch und Geschmack mehlartig, +/- ranzig. **V** August bis November. Im Gebirge bis 1500 m häufiger, ansonsten in Deutschland überall selten. Bodenvag in verschiedensten Laub- und Nadelwaldgesellschaften, Parkanlagen. **W** Die spindeligen Sporen sind ein besonderes Merkmal, das nur wenige Raslingsarten aufweisen.

SP 6–9 × 4–5 µm, J-, Schnallen +

5 Dreiecksporiger Rasling
Lyophyllum transforme

RL-2

H 4–8 cm, +/- konvex mit eingerolltem Rand, mittig +/- vertieft, Matt bis glänzend, ockerbraun mit dunklerer, braun bis schwarzbrauner Mitte. **L** Jung weißlich, nach Berührung schnell schieferblau, allmählich schwärzend, +/- eng stehend, abgerundet angewachsen, gegabelt, mit Querverbindungen, Schneide glatt. **S** 3–7 × 0,5–1,5 cm, zylindrisch-keulig, an der Spitze weiß bereift, zur Basis hin braunschwarz. **F** Fest, längsfaserig, Geruch aromatisch, +/- grasartig, Geschmack mild, fade. **V** August bis Oktober. In Süddeutschland zerstreut bis selten, im Norden nicht nachgewiesen. In basenreichen Laub- und Nadelwäldern, oft bei Buchen auf lehmigen Böden. **W** Zwei weitere, blauende Arten mit dreieckigen Sporen sind *L. leucophaeatum* und *L. rhopalopodium*.

SP 8–9,5 × 4,5–7,5 µm, J-, Schnallen +

1

2

3

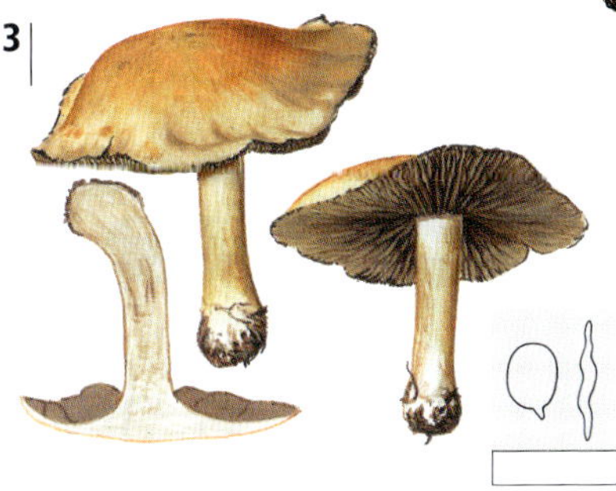

4

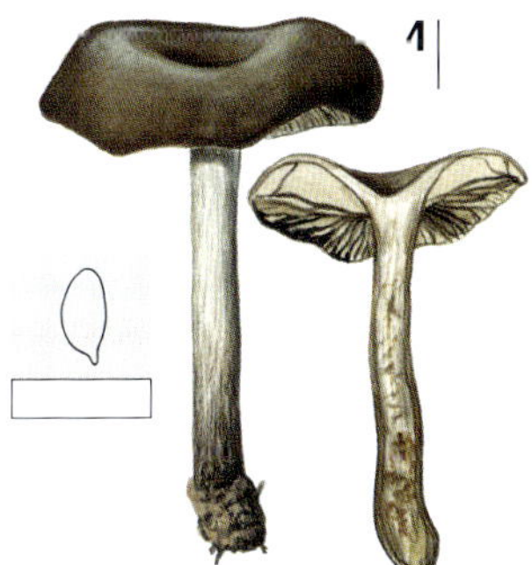

5

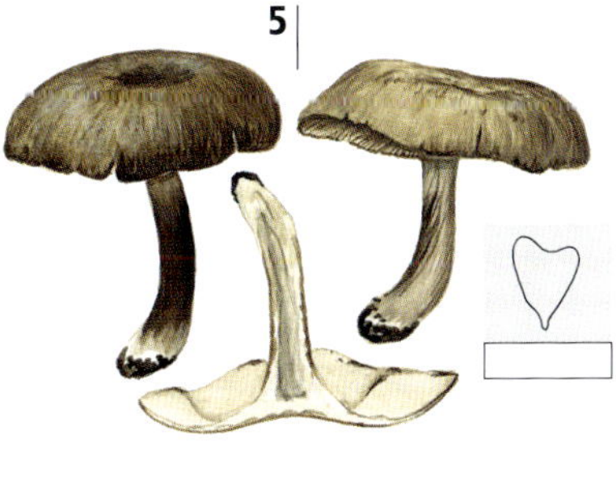

1 | Kohlen-Graublatt

Lyophyllum anthracophilum

H 1–4 cm, jung flach konvex bis ausgebreitet, bald genabelt bis trichterig vertieft, matt, glatt, feucht schwarzbraun ca. 1/4 durchscheinend gerieft, trocken beigebraun, hygrophan. **L** Grauweiß bis beigeocker, breit angewachsen bis kurz herablaufend. **S** 1–6 × 0,1–0,5 cm, voll oder hohl, apikal weißflockig, +/- glatt dunkel- bis schwarzbraun. **F** Relativ fest, im Stiel knorpelig, Geruch und Geschmack +/- mehlartig. **V** März bis Dezember. In Deutschland zerstreut bis selten, nur auf relativ jungen Brandstellen. **W** Auf Brandstellen kommen Dutzende spezialisierte Pilzarten vor, daher sind kontrollierte Feuerstellen auch in Wäldern für die Erhaltung der Biodiversität sehr wichtig.

SP 4,5–6 × 4,5–5,5 µm, subglobos, J-, Schnallen +

2 | Büschel-Rasling

Lyophyllum decastes

H 2–9 cm, jung konvex, bald flacher, +/- gebuckelt, biegsam elastisch, glänzend, glatt bis fein radial streifig, ockerbraun bis cremeockerlich. **L** Cremefarben, +/- eng, ausgebuchtet angewachsen, mit Zahn. **S** 5–12 × 1–2 cm, biegsam, +/- zylindrisch bis keulig, oft verdreht und basal verjüngt, weißlich. **F** Fest, längsfaserig, unveränderlich +/- weiß, Geruch fehlend, Geschmack mild, angenehm. **V** Juni bis November. Meist büschelig, mitunter in Hexenringen. Planar bis hochmontan weit verbreitet, bodenvag, an nährstoffreichen, krautigen Stellen an Waldrändern, auf Wiesen in alten Parkanlagen. **W** Die Art gehört zur *L. fumosum*-Sippe, mit mindestens fünf Arten und Varietäten. Sehr ähnlich ist der Panzer-Rasling (var. *loricatum*) mit fest-knorpeligen, dunkelbraunen Hüten.

SP 5,5–7 × 5–6,5 µm, subglobos, J-, Schnallen +

3 | Buchen-Rasling

Hypsizygus tessulatus

H 5–12 (20) cm, jung halbkugelig-konvex, dann abgeflacht-polsterförmig, +/- gebuckelt, matt, glatt, eingewachsen radialfaserig, creme bis ocker, mit typischen Wasserflecken. **L** Cremeweißlich, ausgebuchtet angewachsen, fast frei, +/- eng, Schneide wellig, +/- schartig. **S** 8–15 (20) × 1–3 cm, zylindrisch, voll, zäh, längs gestreift, (creme)ocker, tief im morschen Holz wurzelnd. **F** Weiß, längsfaserig zäh, dick, Geruch und Geschmack mehl-gurkenartig. **V** Juli bis November. Planar bis hochmontan weit gestreut, nirgends häufig. Meist büschelig an toten oder lebenden alten Buchen. **W** Der insbesondere durch das Ulmensterben selten gewordene Ulmenrasling *(Hypsizygus ulmarius)* unterscheidet sich makroskopisch durch die fehlenden Wasserflecken. Mit der Gattung Hypsizygus wurden die holzbewohnenden Arten aus der Gattung *Lyophyllum* abgetrennt. Der Buchenrasling ist in Japan als „Buna-Shimeji" schon länger ein beliebter Kulturpilz, der in den letzten Jahren zunehmend auf dem Europäischen Markt angeboten wird.

SP 5,5–6 × 5–5,5 µm, subglobos, J-, Schnallen +

4 | Stäubender Zwitterling

Asterophora lycoperdoides (Syn. *Nyctalis asterophora*)

H 1–2 cm, +/- halbkugelig, jung weißlich bestäubt, bald mit ocker zimtfarbenem Staub aus Chlamydosporen bedeckt. **L** Weiß, +/- entfernt, nur rudimentär oder fehlend. **S** 1–3 × 0,3–0,5 cm, zylindrisch-gebogen, weiß bis ocker. **F** Weißlich, Geruch und Geschmack mehlartig. **V** Juli bis November. Planar bis montan verbreitet, nur lokal häufig. Oft büschelig auf Fruchtkörpern von Täublingen (meist Schwärzetäublinge), seltener Milchlingen. **W** Die Gattung enthält nur zwei Arten, die beide Chlamydosporen bilden.

SP 5–6 × 3–4 µm, J-, Chlamydosporen hellbraun 13–20 × 10–20 µm

5 | Beschleierter Zwitterling

Asterophora parasitica (Syn. *Nyctalis parasitica*)

Die Art unterscheidet sich durch deutlich ausgeprägte Lamellen, grausilbrige Hüte und das Fehlen des für *N. asterophora* typischen zimtbraunen Staubs. Das Wirtsspektrum und die Verbreitung sind ähnlich, aber *N. parasitica* findet sich auch in hochmontanen Wäldern bis ca. 1200 m.

SP 5–7 × 3–4 µm, J-, Schnallen -, Chlamydosporen 12–17 × 9–10 µm.

1

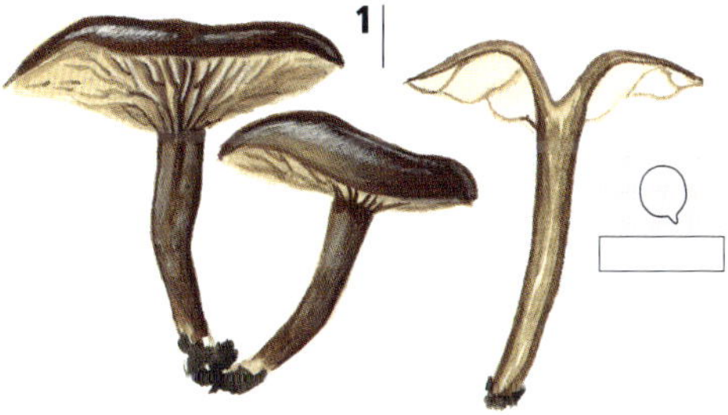

2

3

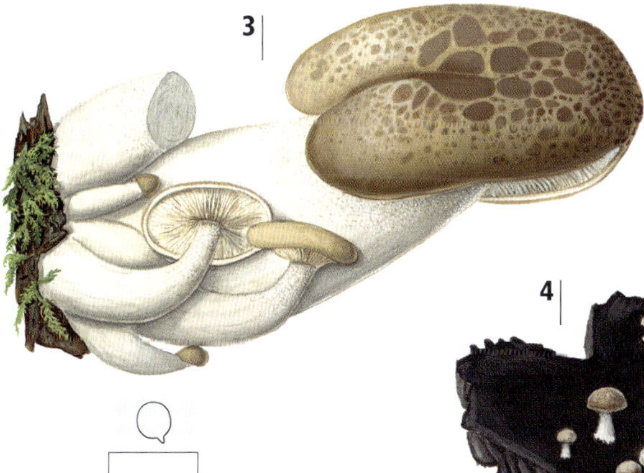

4

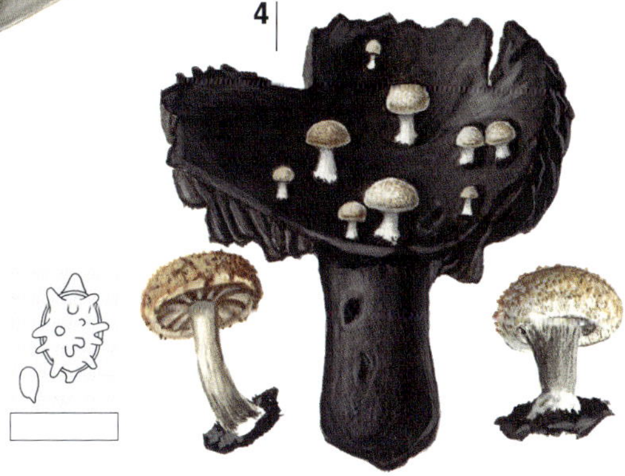

5

1 Amiant-Körnchenschirmling

Cystoderma amianthinum

H 2–5 cm, jung kegelig, dann ausgebreitet mit +/ spitzem Buckel, Huthaut typisch feinkörnig-glimmerig, lebhaft ockergelb bis gelborange, netzig-runzelig bei f. *rugosoreticulatum*. **L** Weiß bis cremegelblich, schmal angeheftet bis ausgebuchtet, +/- entfernt. **S** 3–6 × 0,4–0,6 cm, ocker, feinkörnig mit flockiger Ringzone. **F** Dünn, brüchig, weißlich-gelblich-ocker, Geruch +/- süßlich-erdig, Geschmack mild. **V** August bis Dezember. Einzeln bis gesellig, sehr weit verbreitet und häufig in moosreichen Wäldern, Wiesen und Parkanlagen bis in alpine Bereiche. **W** Die Fruchtkörper können von *Squamanita paradoxa* parasitiert werden. Sehr ähnlich ist *C. jasonis* mit zimtbraunen Hutfarben und längeren Sporen.

SP 5,5–6,5 × 3–4 µm, J+, Schnallen +

2 Starkriechender Körnchenschirmling

Cystoderma carcharias

H 2–5 cm, jung kegelig-glockig, dann flacher mit flachem Buckel, Huthaut feinkörnig-glimmerig, schmutzig weißlich bis blass rosagrau, reinweiß bei f. *album*. **L** Weiß bis creme, schmal angeheftet bis ausgebuchtet, +/- eng. **S** 3–7 × 0,3–0,6 cm, weiß bis cremefarben, mit aufsteigendem Ring, darunter körnig-flockig, Basis etwas verdickt. **F** Dünn, brüchig, weiß, Geruch stechend bis rettichartig, Geschmack mild bis unangenehm. **V** Juli bis Dezember. Einzeln bis gesellig, weit verbreitet in moosreichen Nadelwäldern, Wiesen bis in die subalpine Zone. **W** Die fleischrosa Farben verbunden mit dem strengen Geruch geben schon im Gelände gute Bestimmungshinweise.

SP 4–5,5 × 3–4 µm, J+, Schnallen +

3 Weinroter Körnchenschirmling

Cystoderma superbum

RL-3

H 2–5 cm, jung konvex, dann gebuckelt bis niedergedrückt, Huthaut matt, feinkörnig, weinrot bis purpurbraun. **L** Weiß bis creme, schmal angeheftet bis ausgebuchtet, +/- eng. **S** 3–6 × 0,4–1 cm, hohl, aber +/- elastisch, oberhalb der Ringzone weiß, darunter ähnlich den Hutfarben, faserig-flockig, alt verkahlend. **F** Dünn, creme bis blassrosa, Geruch fehlend oder +/- würzig-muffig, Geschmack mild bis unangenehm bitterlich, adstringierend. **V** August bis Oktober. Einzeln bis gesellig, zerstreut bis sehr selten in der Streu, an Holz- und Rindenresten in Nadel- und Laubmischwäldern meist bei Buchen und Kiefern. **W** Die weinroten Farben sind in der Gattung einmalig.

SP 3,5–5 × 2,5–3,5 µm, J-(+), Schnallen +

4 Rostroter Körnchenschirmling

Cystodermella granulosa (Syn. *Cystoderma granulosum*)

H 1,5–4 cm, +/- konvex, dann schirmartig abflachend. Rostbraun bis orangebraun feinkörnig, Rand heller, oft mit Velumresten. **L** Weiß bis hellcreme, +/- eng, aufsteigend abgerundet, schmal angewachsen. Schneiden fein gekerbt. **S** 2–6 × 0,3–0,5 cm, zylindrisch-starr, über der fleischfarbenen, flockig auflösenden Ringzone etwas blasser, darunter rötlich braun. **F** Weißlich, fest, Geruch fehlend o. schwach, Geschmack mild, süßlich. **V** Juli bis November, einzeln bis gesellig in der Streu von Laub- und Nadelwäldern, Waldwiesen und Triften, gern bei Kiefern, bodenvag. Verbreitet von der Ebene bis in hochmontane Regionen (ca. 1300 m). **W** Die Gattung *Cystodermella* unterscheidet sich von *Cystoderma* durch inmayloide Sporen.

SP 3,5–5 × 2,5–3 µm, J-, Schnallen +.

5 Zinnoberroter Körnchenschirmling

Cystodermella cinnabarina (Syn. *Cystoderma cinnabarinum*)

Diese Art hat ein ähnliches Verbreitungsmuster, unterscheidet sich makroskopisch durch die leuchtend apricotorangen Töne. Sie hat im Gegensatz zu *C. granulosa* deutliche Cheilozystiden.

SP 4–5 × 2–2,5 µm, J-, Schnallen +

1

2

3

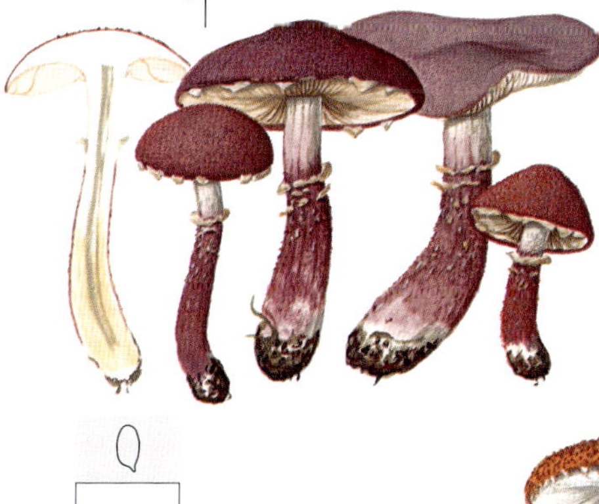

4

5

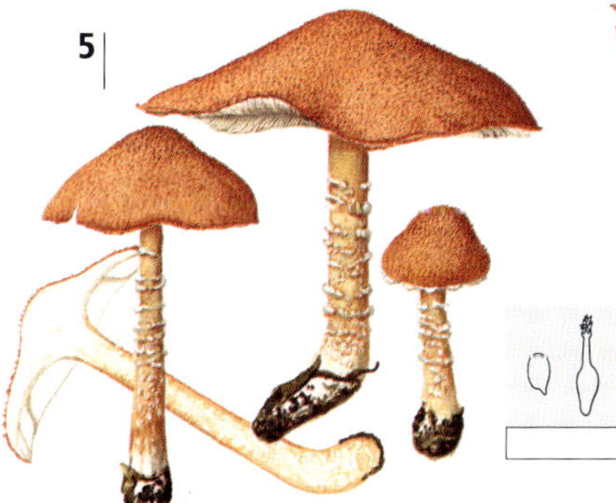

1 | Goldfarbener Glimmerschüppling
Phaeolepiota aurea

H 10–20(25) cm, halbkugelig bis schirmartig, +/- gebuckelt, Huthaut typisch feinkörnig-mehlig, +/- gerunzelt, lebhaft gold- bis orangebraun, fein dunkelbraun gepunktet (Lupe!), am Rand +/- stark mit goldbraunen Hüllresten behangen. **L** Rostocker, schmal angeheftet bis fast frei, +/- eng. **S** 9–20 × 2–4 cm, zylindrisch, voll, elastisch, mit aufsteigendem Ring gestiefelt, abwärts wie der Hut mit der Gesamthülle bekleidet. **F** Dick, fest, weißlich, nach Verletzung gelblich, Geruch fehlend oder +/- würzig, nach Mandeln, Geschmack mild bis säuerlich. **V** August bis Dezember. Planar bis hochmontan, oft gesellig, kann Hexenringe bilden, weit verbreitet, lokal häufig an nährstoffreicheren, krautigen Stellen in Wäldern, Gärten und Parks. **W** Der Speisewert ist umstritten, wir raten wegen der enthaltenen Blausäure vom Verzehr ab.

SP 9–12 × 4–5 µm, glatt bis feinwarzig, J-, Schnallen +

2 | Glattstieliger Schuppenwulstling
Squamanita contortipes

H 0,5–2 cm, halbkugelig, konvex bis leicht vertieft, grau- bis braunviolett. **L** Hellgrau bis dunkel grauviolett, breit angewachsen mit Zahn, +/- entfernt. **S** 2–9 × 0,3–0,5 cm, bis zur erweiterten Pfropfstelle wie der Hut gefärbt, darunter ockerbraun wie die Stiele des Wirts. **F** Dünn, Geruch fehlend, Geschmack mild, mehlartig. **V** September bis Oktober. Auf Häublingen *(Galerina pumila)* parasitierend, in ungedüngten Magerrasen. Sehr selten, nur nördlich der Donau bis nach Skandinavien bekannt. **W** In Europa sind sieben *Squamanita*-Arten bekannt, die alle unmittelbar aus dem Stiel ihrer Wirtspilze heraus wachsen.

SP 5–6 × 5–6,5 µm, globos, J+, Schnallen +

3 | Goldstiel-Schuppenwulstling
Squamanita paradoxa

RL-R

Die Art ist *S. contortipes* habituell sehr ähnlich, parasitiert aber auf dem Amiant-Körnchenschirmling an moosreichen Waldwegen oder auf Weiden. Aus Deutschland sind weniger als zehn Fundstellen bekannt. **V** August bis Dezember.

SP 8–10 × 4,5–5 µm, J-, Schnallen +

4 | Duftender Schuppenwulstling
Squamanita odorata

H 1–3,5 cm, jung konisch-glockig, dann flacher konvex mit groben grauvioletten Schuppen. **L** Blass lilagrau, abgerundet angewachsen, +/- entfernt. **S** 1–3,5 × 0,3–0,8 cm, oberer Teil grauviolett schuppig, unterer Teil rübenartig-knollig verwachsen, creme bis ocker. **F** Starr und fest, Geruch angenehm süßlich, in der Basis rettichartig wie der Wirt, Geschmack mild. **V** September bis November, einzeln, meist büschelig bis zu 10 Fruchtkörper, zerstreut bis sehr selten, parasitiert ausschließlich auf dem *Hebeloma mesophaeum*. An Störstellen in Wäldern und Gärten. **W** Der Wirt ist mit über 5000 Fundmeldungen in Deutschland sehr häufig. Vom Schuppenwulstling sind bislang weniger als 40 Fundmeldungen bekannt.

SP 6–9,5 × 4–6 µm, J-, Schnallen +

5 | Gelber Schuppenwulstling
Squamanita schreieri

RL-1

H 5–10 cm, jung halbkugelig, dann ausgebreitet mit Buckel, mit groben braunen Schuppen auf goldgelbem Untergrund. **L** Weißlich creme, fast frei, +/- entfernt. **S** 5–10 × 1–2 cm, mit Ring, goldbraun schuppig, unterer Teil bis zu 6 cm verbreitert, rübenartig geschwollen, +/- wurzelnd, weißlich. **F** Weiß, dickfleischig, fest, Geruch angenehm, Geschmack mild. **V** Juli bis November. Büschelig 1–5 Fruchtkörper auf einem Wirt, sehr selten. Die Art parasitiert ausschließlich auf dem Fransigen- und Stachelschuppigen Wulstling. **W** Insbesondere *Amanita strobiliformis* ist weit verbreitet und in Ausbreitung begriffen, aus Deutschland sind mehr als 1300 Fundmeldungen bekannt, vom Gelben Schuppenwulstling hingegen nur weniger als 10 Fundstellen, die Großteils in Auwäldern und Parkanlagen liegen.

SP 5–7 × 4–5,5 µm, J-, Schnallen +

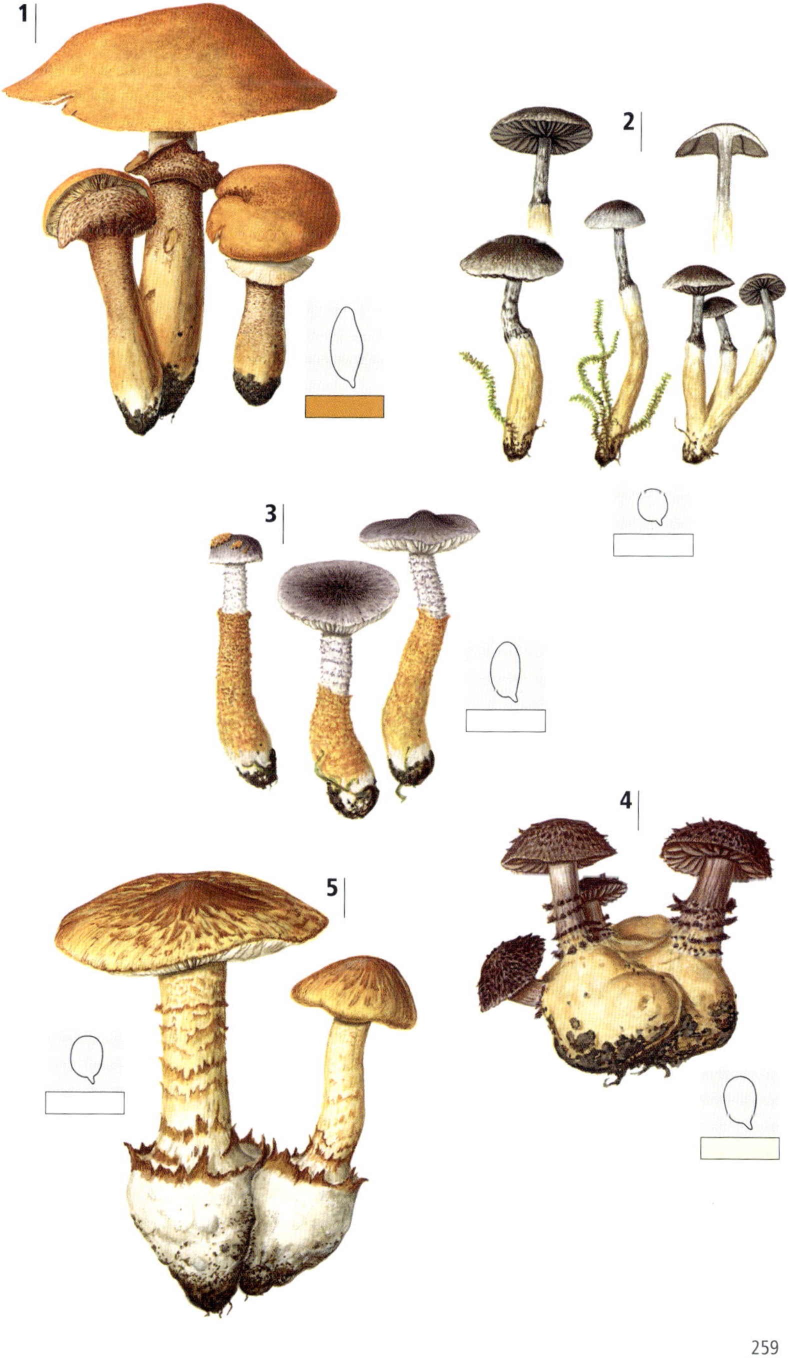
1
2
3
4
5

Helmlinge

Bis auf wenige Gruppen, die zu Anfang des Schlüssels stehen, müssen auch für Helmlinge Mikromerkmale herangezogen werden. Die Gattung ist mit 150 Arten in Deutschland erstaunlich artenreich, und viele davon sind häufig – Helmlinge sind also allgegenwärtig.

1a	FK verletzt eine weiße, orange oder braunrote Flüssigkeit absondernd („milchend") → **2**
1b	FK verletzt nicht milchend (wenn farblos, dann vgl. auch *Hydropus*, S. 282) → **4**
2a (1)	weiß milchend; Hut weißlich, creme- bis dunkelgrau bis fast schwarz → **Weißmilchender Helmling, S. 262**
2b	gelborange milchend; Hut grau, oft orange gesprenkelt → **Orangemilchender Helmling, S. 262**
2c	braunrot milchend (oft spärlich) → **3**
3a (2)	V in der Streu oder im Moos → **Purpurschneidiger Blut-Helmling, S. 264**
3b	V auf totem Holz → **Blut-Helmling, S. 262**
3c	V auf der Rinde lebender Bäume → **Bitterer Helmling, S. 262**
4a (1)	Lamellen-Schneide farbig, teilweise auch nur am Hutrand (Lupe!) → **5**
4b	Lamellen-Schneide der Fläche gleichfarben (Lupe!) → **7**
5a (4)	Lamellen-Schneide gelb, grün oder olivbraun → **S. 266**
5b	Lamellen-Schneide rosa- bis braunrot oder purpur → **6**
5c	Lamellen-Schneide lebhaft orange → **Feuriger Helmling, S. 266**
5d	Lamellen-Schneide schwärzlich; Hut grauviolett (oft verblasst); Geruch stark nach Rettich → **Schwarzschneidiger Rettichhelmling, S. 278**
6a (5)	Lamellen-Schneide rosarot; V auf Farnstängeln → **Farn-Helmling, S. 264**
6b	Lamellen-Schneide rosarot; V in der Nadelstreu → **Rosa Helmling, S. 270**
6c	Lamellen-Schneide purpur bis grauviolett; Hut und Stiel etwa gleichfarbig; V auf Nadelholz → **Lilaschneidiger Helmling, S. 264**
6d	Lamellen-Schneide braunrot → **Rotschneidiger, Kiefernzapfen- und Purpurschneidiger Blut-Helmling, S. 264**
7a (4)	Hut und Stiel mit dehn- und lösbarer gelatinöser Schicht (Lupe und Nadel!) → **Dehnbarer und Klebriger Helmling, S. 268**
7b	Hut mit lösbarer gelatinöser Schicht (Lupe und Nadel!); Stiel trocken → **Geschmückter und Blaufüßiger Helmling, S. 268**
7c	Stiel schleimig; Hut ohne gelatinöse, lösbare Schicht → **Schleimfuß-Helmling, S. 280**
7d	Weder Hut noch Stiel mit gelatinösem oder schleimigem Überzug → **8**
8a (7)	Stielbasis mit scheibchenförmigem Postament → **Postament-Helmlinge, S. 268**
8b	Stielbasis höchstens schwach verdickt, nicht postamentartig → **9**
9a (8)	L herablaufend; Hut graubraun, genabelt; V auf Ästchen und Holzresten → **Bogenblättriger Helmling, S. 280**
9b	L herablaufend; Hut grau; V in der Nadel- und Laubstreu → **Aschgrauer Helmling *(Mycena cinerella)***
9c	L herablaufend; FK komplett weiß → **Scheinhelmlinge, S. 280 ff.**
9d	L nicht herablaufend → **10**

10a (9) V auf der Rinde lebender Laubbäume; Hut meist sehr klein, bis 1,5 cm; SP rund, rundlich bis breitelliptisch **→ 11**

10b V anders; Hut oft größer als 1,5 cm; SP länglichelliptisch **→ 12**

11a (10) Hut zumindest jung grau bis rotbraun oder violett bis graublau gefärbt; Zystiden blasig mit vielen Auswüchsen; L-Trama dextrinoid (wenn bitter vgl. Bitterer Helmling, S. 262)
→ Echte Rindenhelmlinge, S. 274

11b Hut jung weiß, selten gelbbraun; Zystiden spindelig, glatt; L-Trama nicht dextrinoid
→ Falsche Rindenhelmlinge (*Phloeomana alba*, *Ph. olida* und Verwandte)

12a (10) Hut lebhaft gefärbt, gelb, orange, rosa, rot, violett, blau **→ 13**

12b Hut ohne lebhafte Farben, weiß, graubraun, grau, schwärzlich **→ 15**

13a (12) FK relativ robust für die Gattung; Geruch deutlich rettichartig; Hut und/oder Stiel mit rosa bis violetten Tönen **→ Rettich-Helmlinge, S. 278**

13b FK schmächtig helmlingsartig; Geruch nicht rettichartig; Hut mit gelben, orangen, rosa- bis korallroten Tönen **→ 14**

14a (13) Hut orange; Stiel gelb
→ Orangeroter Helmling, S. 270

14b Hut korallrot; Stiel weiß, glasig
→ Korallenroter Helmling, S. 270

14c Hut zitronengelb, aprikosenfarben bis orangerosa; Stiel weiß, glasig **→ Gelbweißer und Aprikosenfarbener Helmling, S. 270**

14d Hut wein-bis graurosa; Stiel gelb; Geruch nach Chlorwasser, V auf Holz
→ Gelbstieliger Nitrathelmling, S. 274

15a (12) V auf Erde, in der Laub- oder Nadelstreu, im Moos **→ 16**

15b V auf Holz oder Zapfen (wenn auf Rinde vgl. 10a) **→ 19**

16a (15) Hut weiß, < 0,5 cm; V direkt auf Buchenlaub (*M. polyadelpha* auf Eichenlaub); wenn nicht auf Laub vgl. Scheinhelmlinge, S. 109/110
→ Buchenblatt-Helmling, S. 276

16b Hut deutlicher gefärbt und/oder größer **→ 17**

17a (16) V in Trockenrasen, oft auf Resten der Dornigen Hauhechel (*Ononis spinosa*)
→ Hauhechel-Helmling, S. 276

17b V in der Streu in Wäldern **→ 18**

18a (16) Hut schnell flach werdend, im Alter zunehmend rostfleckig **→ Rostiger Helmling, S. 276**

18b Hut glockig bleibend, nicht rostfleckig
→ Kegeliger und Faden-Helmling, S. 276

19a (15) V an Fichtenzapfen im Frühjahr; L oft rosa werdend; Geruch nach Chlorwasser
→ Fichtenzapfen-Helmling, S. 274

19b mit anderer Merkmalskombination **→ 20**

20a (19) Stiel auffallend anders gefärbt als der Hut, gelb bis rötlich braun **→ 21**

20b Stiel auffallend längsgerillt, silbergrau metallisch
→ Rillstieliger Helmling, S. 272

20c Stiel nicht mit solchen Merkmalen **→ 22**

21a (20) Stiel gelb; Hut rosalich, fleischbräunlich; Geruch nach Chlorwasser
→ Gelbstieliger Nitrathelmling, S. 274

21b Stiel mit Farbverlauf von weiß über gelb nach rotbraun; Hut grau; Geruch mehlartig
→ Buntstieliger Helmling, S. 272

22a (21) Geruch nach Chlorwasser
→ Artengruppe Nitrathelmlinge, S. 274

22b Geruch rettich- oder mehlartig oder unspezifisch
→ 23

23a (22) Basidien 2-sporig; Stiel etwas knorpelig
→ Rosablättriger Helmling, S. 272

23b Basidien 4-sporig; Stiel brüchig
→ weitere grauhütige Helmling, S. 272

1 Orangemilchender Helmling
Mycena crocata

H 0,5–2,5 cm, jung konisch bis glockig, dann schirmartig, leicht durchscheinend gerieft, jung creme, dann ockergrau bis rußfarben, oft mit orangenen Flecken. **L** Weiß, oft mit orangegelben Flecken, engstehend, am Stiel angeheftet. **S** 5–10 × 0,2 cm, steif-elastisch, von jung grau nach rotorange verfärbend, opak, mit striegeliger Basis. **F** Mit reichlich orangem Milchsaft, sehr dünn, Geruch etwas alkalisch, rettichartig oder fehlend, Geschmack mild. **V** Juli bis November. Einzeln oder in Gruppen, im gesamten Buchenareal verbreitet, aber nur ortshäufig, meist in Verbindung mit Buchenholz, seltener andere Laubhölzer. **W** Mit den orangen Stielfarben und dem safranroten Milchsaft kann man diesen schönen Helmling schon im Gelände leicht erkennen.

SP 8–10,5 × 5–7 µm, glatt, J+, Schnallen +

2 Bitterer Helmling, Gallen-Helmling
Mycena erubescens

H 0,5–1,5 cm, jung konisch bis glockig, dann flach ausgebreitet mit Papille, durchscheinend gerieft, jung bereift, mit diversen grau- bis rotbraunen Tönen. **L** Weiß, nach Verletzung rotbraun, +/- entfernt, aufsteigend angeheftet. **S** 1–7 × 0,1 cm, jung matt bereift, an der Spitze weiß, abwärts ocker-rotbraun. **F** Sehr dünn, Geruch +/- rettichartig-alkalisch, Geschmack bald anhaltend gallenbitter. **V** September bis Dezember. Einzeln oder in kleinen Gruppen vorwiegend an der Borke lebender Laubbäume, z. B. Eichen. Lückig verbreitet in Europa. **W** An der Borke von älteren Bäumen kann man in längeren Feuchteperioden Dutzende Arten von Rindenhelmlingen finden.

SP 9,5–12 × 6,5–8,5 µm, J+, **BAS** 2 (4)-sporig, Schnallen -/(+)

3 Weißmilchender Helmling
Mycena galopus

H 1–2,5 cm, konisch bis flach ausgebreitet, durchscheinend gerieft, grau, graubraun bis sepia, meist mit dunklerer Mitte und hellerer Randzone. **L** Weiß, +/- entfernt, hoch angeheftet oder mit Zahn herablaufend. **S** 5–8,5 × 0,2 cm, elastisch, bereift, weiß bis graubraun, ähnlich den Hutfarben, mit weißem Milchsaft, besonders an der Basis und Stielspitze. **F** Mit weißer Milch, sehr dünn, weiß, Geruch +/ rettichartig, Geschmack mild. **V** Mai bis Dezember. Weit verbreitet, einer der häufigsten Helmlinge, vom Flachland bis in die subalpine Zone in allen Waldtypen in der Streu, auf diversen Pflanzenresten oder in Moospolstern, auch feuchte Stellen mit *Sphagnum*. **W** Mit der weißen Milch ist die Art leicht kenntlich.

SP 10–14 × 5–6 µm, J+, Schnallen +

4 Weißmilchender Helmling – schwarze Varietät
Mycena galopus var. *nigra*

Diese dunkle Varietät mit rußschwarzen Hüten kommt relativ häufig vor. Sie besiedelt gern humusreiche Böden in montanen Fichtenwäldern oder Mooren.

SP 10–14 × 5–6 µm, J+, Schnallen +

5 Blut-Helmling
Mycena haematopus

H 1–2,5 cm, jung eiförmig, dann stumpf-kegelig bis breitglockig, jung oft bereift, feucht durchscheinend gerieft, rotbraun bis weinbraun mit hellerer Randzone, jung am Hutrand gezähnelt. **L** Weiß, +/- entfernt, aufsteigend angewachsen. **S** 3–7 × 0,2–0,4 cm, auf ganzer Länge deutlich bereift auf weinrotem Untergrund, Basis striegelig, bei Verletzung tritt sofort Milchsaft aus. **F** Mit dunkelrotem Milchsaft, Geruch und Geschmack +/- rettichartig. **V** Juni bis Dezember. Weit verbreitet und häufig. Oft büschelig an Laubhölzern der Optimal- bis Finalphase (z. B. Ahorn, Buche und Eiche) in feuchten Laubmischwäldern, Schluchtwäldern, planar bis hochmontan. **W** Eine weitere Art mit rotem Milchsaft ist die schmächtigere *M. sanguinolenta*. Sie wächst in der Streu.

SP 8–9,5 × 5–6,5 µm, J+, Schnallen +

1
2
3
4
5

1 Farn-Helmling
Mycena pterigena

H 0,2–0,5 cm, jung fingerhutförmig, dann breit glockig, durchscheinend gerieft, flamingorosa, alt ausblassend, Rand +/- gezähnelt und länger rot. **L** Blass lachsfarben bis weiß, entfernt, aufsteigend breit angewachsen, mit Zahn herablaufend. Schneide orangerosa. **S** 1–3 × 0,02 cm, zylindrisch verbogen, fädig, glatt, an der Spitze blassrosa (auch grau), zur Basis hin orangerosa mit striegeligem Myzelfilz. **F** Extrem dünn, geruchlos. **V** Juli bis Dezember. Planar bis alpin verbreitet, lokal häufig in luftfeuchten Gebieten an abgestorbenen Farnwedeln. **W** Die winzigen Fruchtkörper kann man fast nur bei gezielter Suche finden.

SP 9,5–12,5 × 4–5 µm, J+, Schnallen +

2 Lilaschneidiger Helmling
Mycena purpureofusca

H 0,5–4 cm, jung glockig, dann flacher mit Buckel, bis zur Hälfte durchscheinend gerieft, jung mit tiefschwarz-lila Tönen, dann zu Graubraun mit lila Tönen verfärbend und zum Rand hin heller. **L** Weiß bis blassgrau-oliv, gedrängt bis +/- entfernt, alt mit Anastomosen, aufsteigend angeheftet, Schneide violettschwarz bis purpurn. **S** 2,5–8 × 0,1–0,3 cm, +/- zäh, hohl, glatt, purpurbraun, ähnlich wie der Hut, Basis oft wurzelnd. **F** Dünn, Geruch und Geschmack fehlend bis +/- rettichartig. **V** Mai bis November. Planar bis subalpin verbreitet, aber nicht häufig. In Wäldern auf der Borke verschiedener Nadelbäume (Fichte, Kiefer, Tanne). **W** Vgl. *M. rubromarginata*.

SP 9–12 × 6–8,5 µm, **BAS** 2+4-sporig, J+, Schnallen -

3 Rotschneidiger Helmling
Mycena rubromarginata

H 1–3 cm, jung konvex bis stumpfkegelig, dann ausgebreitet, bis zur Hälfte durchscheinend gerieft, grau- bis blassbraun, mit +/- lila Tönen, Mitte dunkler. **L** Weißbeige bis blassgrau, +/- entfernt, aufsteigend angewachsen, Schneide +/- weinrot. **S** 1–6 × 0,1–0,2 cm, zylindrisch, oft gebogen, glatt, horngrau, zur Basis dunkler, Basis etwas verdickt und striegelig. **F** Dünn, ohne roten Milchsaft, Geruch und Geschmack fehlend bis +/- pilzartig. **V** Mai bis November. Planar bis subalpin verbreitet, regional fehlend. In Fichtenforsten und Mischwäldern auf Holz und ablösender Rinde von Ästen und Jungbäumen verschiedener Nadelbäume (Fichte, Kiefer, Tanne), seltener an Laubholz. **W** Andere rotschneidige Helmlinge haben +/- rote Huttöne und/oder roten Milchsaft.

SP 9–13,5 × 6,5–9,5 µm, J+, Schnallen +

4 Purpurschneidiger Blut-Helmling
Mycena sanguinolenta

H 0,5–2 cm, jung konisch-glockig, dann schirmartig, fast bis zur Mitte durchscheinend gerieft, jung purpurbraun, dann blasser fleischfarben, hygrophan, mit dunklerer Mitte. **L** Jung weißlich, dann blassgrau, +/- entfernt, älter mit Anastomosen, aufsteigend, mit Zähnchen herablaufend, Schneide weinrot bis rotbraun. **S** 6–10 × 0,3–1 cm, hohl, glatt bis matt, Oberfläche, weiß bis blassrosa. Zur Basis erweitert und weißstriegelig. **F** Weiß, dünn, Geruch fehlend oder +/- rettichartig, Geschmack mild. **V** Mai bis Dezember. Planar bis subalpin verbreitet in allen Waldtypen, auch in alten Gärten oft in größeren Gruppen z. B. in Reisighaufen von Fichtenwäldern. **W** Eine weitere Art mit rotem Saft ist *M. haematopus* auf Holz.

SP 8–10 × 4–6 µm, J+, Schnallen +

5 Kiefernzapfen-Helmling
Mycena seynii

H 2,5–4 cm. **S** 3–10 × 0,2–0,4 cm. Diese weitere, rotschneidige Art aus der Sektion *Rubromarginatae* ist in Deutschland noch als Rarität anzusehen. Sie kommt im Mittelmeerraum verbreitet und im Atlantischen Raum zerstreut vor und wächst obligatorisch auf vorjährigen Kiefernzapfen.

SP 10–14 × 6–7 µm, J+, Schnallen +

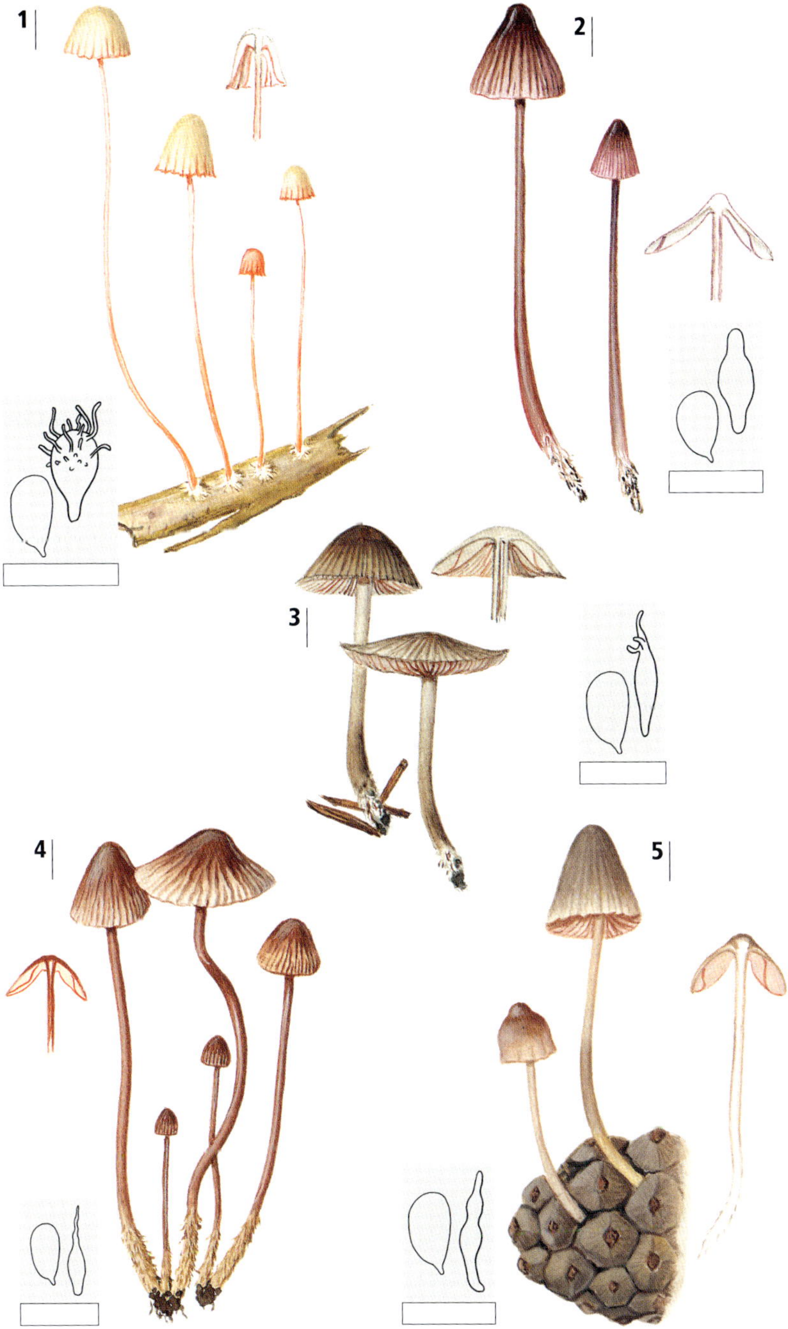
1
2
3
4
5

1 | Feuriger Helmling, Orangeschneidiger Helmling
Mycena aurantiomarginata

H 0,5–1,5 cm, konisch bis breit glockig, oft mit Papille, 2/3 durchscheinend gerieft, sepia bis ocker olivbraun, am Rand orange. **L** Jung orangegelb, dann blassoliv, aufsteigend angeheftet, +/- mit Zahn, Schneide leuchtend orange. **S** 4–7 × 0,1–0,2 cm, zylindrisch, blassocker bis olivlich, Basis feurig striegelig. **F** Dünn, Geruch und Geschmack fehlend oder +/- rettichartig. **V** August bis Dezember. Montan weit verbreitet, im Flachland deutlich seltener. Vorwiegend in Nadelwäldern in der Streu von Fichten, Kiefern und Wacholder. Bevorzugt basenreiche Böden. **W** Die feurigen Farben der Lamellenschneide und der striegeligen Stielbasis machen diesen Helmling unverwechselbar.

SP 7,5–11 × 4,5–6 µm, J+, Schnallen +

2 | Olivgelber Helmling, Graugelber Helmling
Mycena flavescens

H 0,5–1,5 cm, kegelig-glockig, alt flacher mit breitem Buckel, feucht bis zu 2/3 durchscheinend gerieft, blassgrauocker bis olivbraun, Mitte dunkler, Rand creme. **L** Weiß mit Gelbstich, +/- eng, aufsteigend angewachsen. Schneide frisch strohgelb (Lupe!), alt verblassend. **S** 1,5–6 × 0,1 cm, jung bereift, dann kahl, glatt, horngrau, Basis oft filzig-striegelig. **F** Dünn, Geruch und Geschmack +/- rettichartig oder nach rohen Kartoffeln. **V** Mai bis Dezember. Planar bis subalpin verbreitet und häufig im gesamten Buchenareal in der Laubstreu, seltener Nadelstreu, bodenvag. **W** Im Gelände sind der gelbliche Ton in den Lamellen zusammen mit dem intensiven Rettichgeruch charakteristisch.

SP 7,5–10 × 4–5 µm, J+, Schnallen +

3 | Braunschneidiger Gras-Helmling
Mycena olivaceomarginata

H 0,5–2 cm, stumpfkegelig bis ausgebreitet mit Papille, 2/3 durchscheinend gerieft, sehr variabel oliv graubraun, ockergelb, Mitte dunkler sepiabraun, Rand blasser. **L** hellcreme bis olivgrau, +/- entfernt, aufsteigend angewachsen, mit Zähnchen herablaufend, im Alter queraderig, Schneide gelb- bis rotbraun, teils undeutlich (Lupe!). **S** 2–8 × 0,1–0,2 cm, zylindrisch, glatt, an der Spitze heller, abwärts ocker bis olivgrau. **F** Dünn, Geruch fehlend oder schwach rettichartig-nitrös, Geschmack mild, +/- rettichartig. **V** Juli bis Dezember. Planar bis subalpin verbreitet in mäßig nährstoffreichen Wiesen. **W** Die Wiesenart ist sehr farbvariabel. Zur sicheren Bestimmung sind Mikromerkmale wichtig.

SP 9–11 × 5–7 µm, J+, Schnallen +

4 | Gelbschneidiger Helmling
Mycena citrinomarginata

H 0,5–2 cm, konisch-konvex, blass grüngelblich mit +/- gelber Schneide. **V** März bis Dezember. Planar bis montan weit verbreitet, insgesamt selten, in der Streu von Wäldern und Wiesen, bodenvag.

SP 8–12 × 4,5–6 µm, J+, Schnallen +

5 | Grünschneidiger Helmling
Mycena viridimarginata

H 1–3,5 cm, stumpfkegelig-glockig bis breitglockig, +/- papilliert, 2/3 durchscheinend gerieft, im Alter radialrunzelig bis gefurcht, jung matt, +/- bereift, dann glänzend, Mitte dunkler rotbraun, am Rand mehr gelboliv. **L** Jung weißlich, entfernt, älter mit Anastomosen, angeheftet oder angewachsen, mit Zähnchen, Schneide olivgelb bis olivgrün, teils fehlend oder nur am Hutrand sichtbar (Lupe!). **S** 2–7 × 0,1–0,3 cm, hohl und brüchig, kahl bis glänzend, messingfarben bis olivgrün, Basis striegelig. **F** Dünn, Geruch alkalisch, Geschmack +/- rettichartig. **V** Mai bis November. Meist an morschen, bemoosten Nadelholz-Stämmen und -Stümpfen in luftfeuchten montanen bis subalpinen Lagen. In Süddeutschland und boreal verbreitet. **W** Andere grün- bis olivschneidige Helmlinge wachsen in der Streu.

SP 9–12 × 6–7,5 µm, J+, Schnallen +

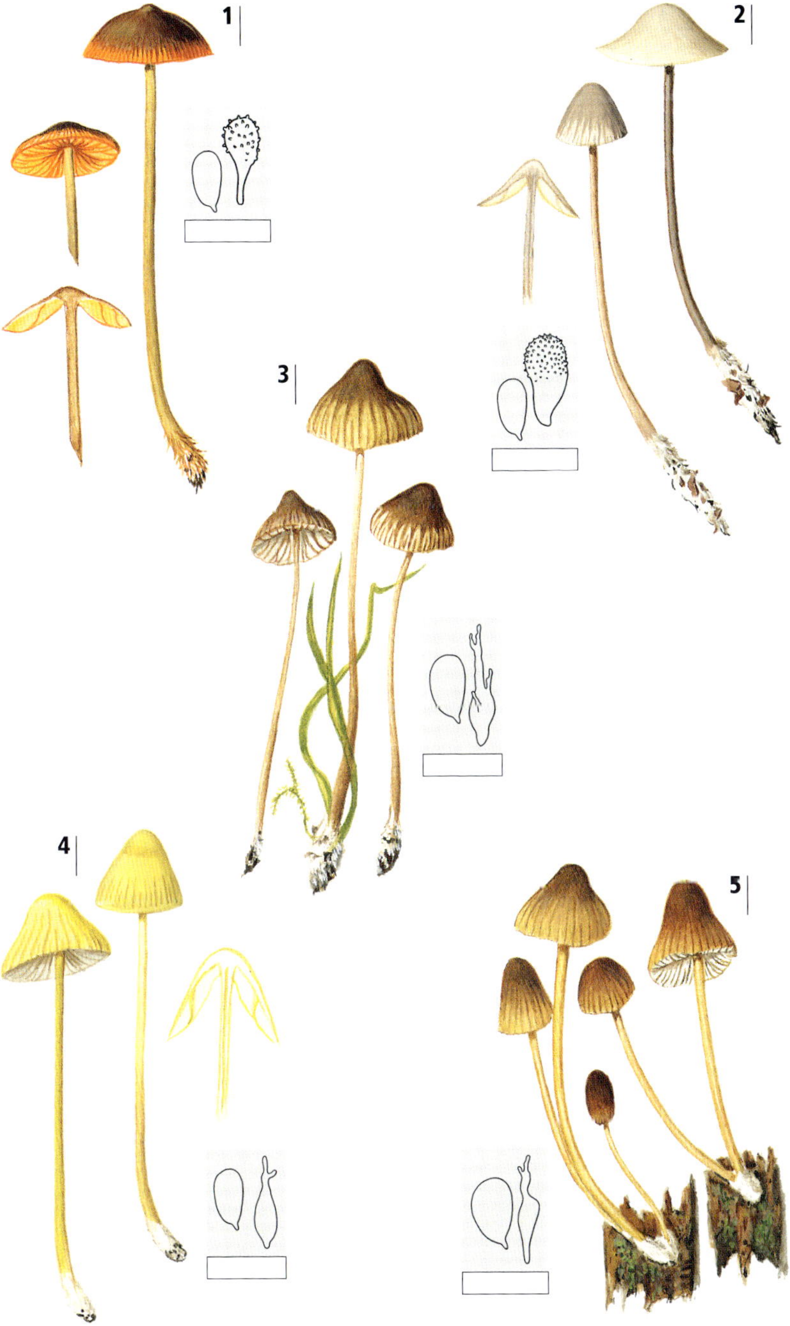
1
2
3
4
5

1 | Geschmückter Helmling
Mycena amicta

H 0,5–1,5 cm, konvex, kegelig-glockig, oft mit Papille, 2/3 durchscheinend gerieft, sehr farbvariabel von ockergelb bis grauoliv, jung manchmal komplett grau-blaugrün, Rand häufig mit blaugrüner Schmuckzone, Huthaut mit abziehbarer gelatinöser Oberschicht, dadurch fettig glänzend. **L** Jung weißlich, dann blassgrau, +/- entfernt, aufsteigend schmal angeheftet, fast frei. **S** 4–7 × 0,1–0,2 cm, zylindrisch, horngrau, komplett behaart (Lupe!), Basis +/- wurzelnd. **F** Dünn, Geruch und Geschmack fehlend oder +/- rettichartig. **V** Mai bis November. Planar bis subalpin verbreitet, aber nirgends häufig. Vorwiegend in Nadelwäldern an Holzresten, Rinde oder in der Streu, bodenvag. **W** Mit den blaugrünen Farben und den langen Stielhaaren schon im Gelände erkennbar.

SP 7,5–11 × 4,5–6 µm, J+, Schnallen +

2 | Dehnbarer Helmling
Mycena epipterygia

H 0,5–2,5 cm, jung kegelig bis breit glockig, feucht > 2/3 durchscheinend gerieft, Huthaut feucht glänzend klebrig, gelatinös-transparent, abziehbar, sehr farbvariabel – grau, gelb, braun und ocker. **L** Weiß bis blassgelblich, +/- entfernt, aufsteigend mit Zähnchen angewachsen, Schneide gelatinös, abziehbar. **S** 4,5–8 × 0,1–0,2 cm, zitronengelb oder blasser, mit abziehbarer, gelatinöser Membran. **F** Dünn, Geruch fehlend, Geschmack +/- mehlartig. **V** Juli bis Dezember. Weit verbreitet und häufig auf Streu, Holz- und Pflanzenresten in Wäldern und Offenland, bodenvag. **W** Die elastische Haut lässt sich bei frischen Pilzen von Hut und Stiel mit zwei Fingern wie eine Haut spannen. Es gibt etliche Varietäten und Formen, für die gute Feldbeobachtungen und Mikroskopie zur Bestimmung notwendig sind.

SP 8–11 × 4,5–6 µm, J+, Schnallen +

3 | Schleimiger Helmling
Mycena epipterygia var. *viscosa*

H 1,5–3 cm, +/- grau, durchscheinend gerieft, im Alter rost-braun fleckig, Geruch und Geschmack mehlartig-ranzig. **V** Juli bis Dezember. Planar bis subalpin an Stümpfen und Stämmen von Nadelholz. **W** Der Pilz ist durch Standort und Habitus so deutlich von *M. epipterygia* s. str. unterscheidbar, dass ihn einige Autoren auf Artrang sehen.

SP 8–11 × 6–7,5 µm, J+, Schnallen +

4 | Postament-Helmling
Mycena stylobates

H 0,4–1,5 cm, jung konvex, dann ausgebreitet glockig, ca. 1/2 durchscheinend gerieft, jung blassgrau, älter weißlich ausblassend, mittig oft mit winzigen konischen Stacheln (Lupe 30–40 ×!) **L** Weiß bis blassgrau, +/- eng, abgerundet angeheftet, ein Pseudocollar bildend. **S** 1–4 × 0,1 cm, fragil, zylindrisch, an der Spitze bereift, nach unten glatt, wässrig grau bis weiß, Basis scheibchenförmig bis 2 mm, flaumig weiß. **F** Sehr dünn, Geruch und Geschmack nicht signifikant. **V** Juli bis Dezember. Planar bis hochmontan verbreitet. Meist einzeln auf Blättern (Buche), Gräsern und Nadeln, bodenvag. **W** Vgl. z. B. *M. tenuispinosa* auf der Borke von Bäumen mit scheibchenförmiger Stielbasis.

SP 7,5–10,5 × 3,5–5 µm, J+, Schnallen +

5 | Klebriger Helmling
Mycena vulgaris

H 0,5–2 cm, jung konisch, bald parabolartig, genabelt, 2/3 durchscheinend gerieft, glänzend glatt bis klebrig, +/- graubraun, Huthaut gelatinös, leicht abziehbar. **L** Weiß bis blassgrau, +/- entfernt, bogig herablaufend, Schneide gelatinös. **S** 2–6 × 0,15 cm, zylindrisch, apikal bereift, abwärts glatt bis schleimig-klebrig, oben weißgrau, abwärts braungrau bis dunkelbraun, mit abziehbarer, gelatinöser Haut. **F** Dünn, Geruch verletzt +/- rettichartig, Geschmack +/- rettichartig. **V** September bis Dezember. Planar bis alpin, oft in großen Gruppen in der Nadelstreu, bodenvag. **W** Vgl. *M. cinerella* mit starkem Mehlgeruch ohne gelatinöse Haut.

SP 7–10 × 3,5–4,5 µm, J+, Schnallen +

1
2
3
4
5

1 | Korallenroter Helmling
Atheniella adonis (Syn. *Mycena adonis*)

H 0,5–1,5 cm, jung mützenförmig bis glockig, dann flach ausgebreitet, feucht durchscheinend gerieft, jung intensiv rot, älter ausblassend. **L** Weiß bis rosa, +/- entfernt, am Stiel angeheftet. **S** 2–4 × 0,2 cm, weiß bis rosa. **F** Sehr dünn, weißrosa, Geruch und Geschmack fehlend. **V** September bis November. Planar bis subalpin, einzeln oder in Gruppen, weit verbreitet, aber selten. An moosreichen, feuchteren Stellen in Mooren, Nadelwäldern und auf Extensivwiesen. **W** Etwas ähnlich, aber schon jung deutlich blasser sind *Mycena floridula* und rosafarbene Formen von *A. flavoalba*.

SP 7–9,5 × 5–5,5 µm, J-, **BAS** 2-sporig, Schnallen -

2 | Gelbweißer Helmling
Atheniella flavoalba (Syn. *Mycena flavoalba*)

H 0,5–2 cm, konisch bis flach ausgebreitet, feucht durchscheinend gerieft, weiß bis blassgelblich mit gelber Mitte, gelegentlich mit rosa Tönen. **L** Weiß, +/- entfernt, am Stiel angeheftet. **S** 3–5,5 × 0,2 cm, weiß bis blassrosa. **F** Sehr dünn, weiß, Geruch und Geschmack +/- rettichartig. **V** Mai bis Dezember. Planar bis subalpin weit verbreitet auf Extensivwiesen und in der Laub- und Nadelstreu in Wäldern, bodenvag. **W** Von E. Ludwig wurde eine bitter schmeckende Form beschrieben. Daher sollten neue Kollektionen stets geprüft werden. *Mycena floridula* mit vorwiegend rosa Tönen kann z. Zt. nur mit Sequenzierungen sicher differenziert werden.

SP 6,5–9 × 3–4,5 µm, J-, Schnallen +

3 | Lachsfarbener Helmling, Glasstiel-Helmling
Mycena floridula

Die jung korallen- bis flamingorosafarbene Art steht mit Ausnahme der Farbe *A. flavoalba* ökologisch und habituell sehr nahe. Molekulare Studien legen aber derzeit die Trennung in zwei Sippen nahe.

SP 7,5–9 × 3,5–4 µm, J-, Schnallen +

4 | Orangeroter Helmling
Mycena acicula

H 0,3–1,5 cm, jung kegelig-glockig, dann flacher, oft mit Papille, jung oft bereift, von jung bis alt +/- intensiv orangefeuerrot. **L** Weiß bis gelb, entfernt, abgerundet oder mit Zähnchen angewachsen. **S** 1,5–6 × 0,1 cm, +/- einheitlich zitronen- bis blassgelb, glatt oder fein bereift (Lupe!). **F** Häutig, gelblich, ohne besonderen Geruch und Geschmack. **V** April bis November. In ganz Europa bis in die hochmontane Stufe verbreitet und häufig. Einzeln und in Gruppen gern an krautigen, nährstoffreicheren Stellen, z. B. Au- und Schluchtwälder, auch ruderal auf diversen Pflanzenresten. **W** Dieser farbenfrohe Helmling ist bei Beachtung der gelben Stielfarben in Kombination mit den leuchtend orangen Hüten schon im Gelände kaum verwechselbar.

SP 8,5–12 × 3–4 µm, J-, Schnallen +

5 | Rosa Helmling
Mycena rosella

H 0,5–1,5 cm, jung konvex, kegelig-glockig, dann ausgebreitet, +/- papilliert, jung intensiv rosa, dann ausblassend, deutlich durchscheinend gerieft. **L** Rosa, breit angewachsen, oft mit Zahn herablaufend, die Lamellenschneide ist deutlich dunkler rosa. **S** 3–5 × 0,15 cm, hohl, glatt, sehr variabel von schmutzig weißlich über rotbraun bis blassrosa. **F** Häutig, wässrig-weiß, kein Geruch, Geschmack mild. **V** Juni bis Dezember. Verbreitet, in Deutschland eher im Süden und tendenziell kollin bis hochmontan. Meist in großer Anzahl in der Nadelstreu von Fichten- und Tannenwäldern, bodenvag. **W** Auf saurem Urgestein wie z. B. im Bayerischen Wald findet man die Art bevorzugt an mineralreichen, krautigen Stellen.

SP 7–9,5 × 4–4,5 µm, J+, Schnallen +

1
2
3
4
5

1 | Voreilender Helmling
Mycena abramsii

H 1–4 cm, schlank eiförmig bis kegelig glockig und breit konvex mit kleinem Buckel, graubraun bis dunkelbraun mit dunklerer Mitte, jung bereift, dann matt, ca. $\frac{3}{4}$ durchscheinend gerieft. **L** Weiß, +/- entfernt, aufsteigend angewachsen, +/- anastomosierend. **S** 3–9 × 0,1–0,3 cm, hohl, brüchig, zylindrisch mit verbreiterter weißstriegeliger Basis, blassgrau bis dunkel graubraun, frisch verletzt mit wässriger Flüssigkeit. **F** Dünn, brüchig, Geruch und Geschmack manchmal fehlend, meist +/- rettichartig-nitrös. **V** März bis November. Häufig und weit verbreitet in allen Höhenlagen an Laubhölzern wie z. B. Buche, Eiche und Weide. **W** Diesen Frühstarter kann man schon bald nach der Schneeschmelze in Auwäldern an morschem Starkholz entdecken.

SP 7,5–13 × 4–6,5 µm, J+, Schnallen +

2 | Frühlings-Helmling
Mycena niveipes

RL-G

H 1,5–6 cm, glockig-konvex, dunkelbraun bis grau, hygrophan, $\frac{2}{3}$ durchscheinend gerieft. **L** Weiß, aufsteigend angewachsen. **S** 2,5–8 × 0,5 cm, weiß. **F** Geruch +/- nitrös, Geschmack mild, +/- mehlig- rettichartig. **V** April bis Oktober. Planar bis montan vorwiegend auf Hartholz in feuchten Wäldern. **W** Eine sichere Abgrenzung ist in den meisten Fällen nur mikroskopisch möglich.

SP 8–11 × 5–7 µm (4-sporig), **BAS** 2+4-sporig, J+, Schnallen + bei 4-sporig

3 | Rosablättriger Helmling
Mycena galericulata

H 2–6 cm, kegelig-glockig, dann ausgebreitet mit stumpfem Buckel, wenig bis $\frac{1}{2}$ durchscheinend gerieft, glatt, alt radialrunzelig, hellbeige bis graubraun mit sepiabrauner Mitte. **L** Weiß bis rosa, +/- entfernt, breit angewachsen mit Zähnchen, alt stark anastomosierend. **S** 4–11 × 0,2–0,5 cm, glatt, graubraun, sehr elastisch, Basis striegelig, oft wurzelartig verlängert. **F** Dünn, Geruch und Geschmack mehlartig. **V** April bis Dezember. Häufig und weit verbreitet in allen Laubwaldgesellschaften, meist büschelig an Starkholz von Buche, Birke, Eiche und Hasel. **W** Der wohl größte Helmling an Holz und im Gelände gut kenntlich, wenn die Lamellen rosa gefärbt sind.

SP 9–12 × 6–7 µm (4-sporig), **BAS** 2+4-sporig, J+, Schnallen +

4 | Buntstieliger Helmling
Mycena inclinata

H 1–4 cm, glockig, breit gebuckelt, jung feucht glänzend-klebrig, hellbraun, dann dunkelbraun oder silbergrau, ca. $\frac{3}{4}$ durchscheinend gerieft. **L** Jung weiß, dann blass graubraun, +/- weinrot gefleckt, aufsteigend mit Zähnchen. **S** 3–15 × 0,15–0,4 cm, büschelig verwachsen, zylindrisch-verbogen, hohl, elastisch-zäh. Jung silbrig grau, dann von oben nach unten chromgelb, ocker bis rotbraun. **F** Dünn, Geruch würzig-ranzig, mehlig-gurkig, Geschmack ebenso, kratzend-scharf. **V** August bis Dezember. Planar bis montan verbreitet an Stümpfen und Stämmen von Laubholz, überwiegend an Eiche und Edelkastanie. **W** Die Stiele können jung +/- einheitlich weißgrau gefärbt sein.

SP 7–10 × 5–6 µm, J-, Schnallen +

5 | Rillstieliger Helmling
Mycena polygramma

H 2–4,5 cm, spitzkegelig bis kegelig-glockig, aufschirmend mit Buckel, graubraun, jung +/- bereift, ca. $\frac{2}{3}$ durchscheinend gerieft. **L** Jung blasscreme, alt +/- rosa und braunfleckig, aufsteigend angeheftet. **S** 5–10 × 0,2–0,5 cm, hohl, silbrig grau, +/- komplett mit charakteristischer Längsrillung, Basis striegelig und +/- tief wurzelnd. **F** Dünn, etwas zäh, Geruch fehlend, Geschmack mild. **V** August bis Dezember. Planar bis subalpin verbreitet in allen Laubwaldgesellschaften. Meist in kleinen Gruppen an Stümpfen oder der Basis von älteren Eichen oder Haselbüschen. **W** Die rilligen Stiele sind in der Gattung einmalig, manchmal aber nur schwach ausgeprägt.

SP 8–10,5 × 5,5–7,5 µm, J+, Schnallen +

1
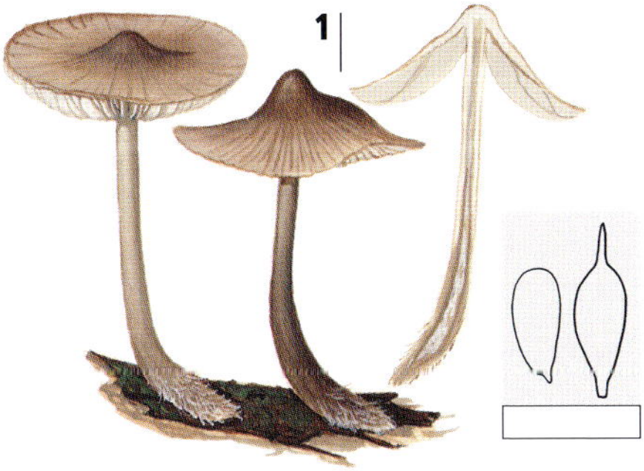

2

3

4

5
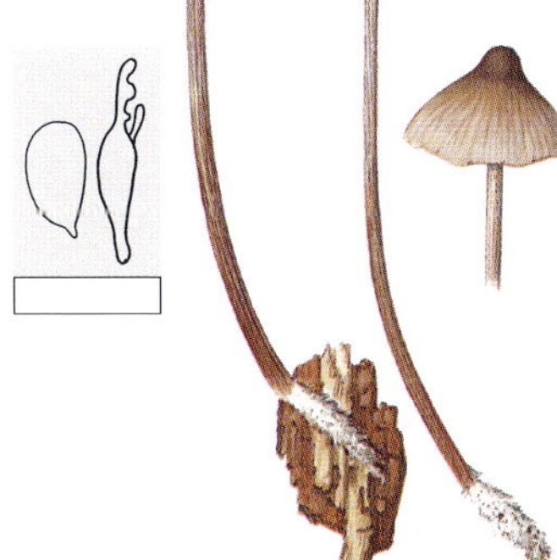

1 | Fichtenzapfen-Helmling
Mycena plumipes

H 0,5–3,5 cm, jung kegelig-glockig, dann ausgebreitet mit +/- deutlichem Buckel, dunkel haselnuss- bis sepiabraun, matt glänzend, nur am Rand kurz durchscheinend gerieft. **L** Weiß, +/- entfernt, aufsteigend angewachsen, +/- anastomosierend. **S** 3–7 × 0,15–0,4 cm, zylindrisch, +/- elastisch, aber brechbar, glatt, leicht glänzend, hellgrau bis dunkelbraun. **F** Dünn, brüchig, Geruch nitrös, Geschmack schwach rettichartig. **V** Januar bis Juni. Weit verbreitet auf vorjährigen Fichtenzapfen. Nur in Süddeutschland montan häufiger (bis 1200 m NN), bodenvag. **W** Sammler von essbaren Fichtenzapfen-Rüblingen müssen diesen Helmling mit brüchigen Stielen und nitrösen Geruch kennen, denn er ist ungenießbar und wächst zur selben Zeit am gleichen Substrat.

SP 7–9,5 × 3,5–6 µm, J+, Schnallen -

2 | Falscher Rinden-Helmling, Blauer Rinden-Helmling
Mycena pseudocorticola

H 0,3–1 cm, +/- halbkugelig, schirmartig, bereift, feinflockig (Lupe!), deutlich gefurcht, schwarzblau bis schieferblau. **L** Blaugrau, nach grauweiß ausblassend, entfernt, breit angewachsen mit Zähnchen. **S** 0,5–2 × < 0,1 cm, zylindrisch, oft gebogen, +/- blaugrau, flockig bereift. **F** Dünn, Geruch und Geschmack mehlartig. **V** August bis Dezember. In ganz Europa verbreitet. An Waldrändern, in Parkanlagen, auf der meist bemoosten Borke von älteren Laub-, seltener Nadelbäumen. **W** Die Art ist bei gezielter Suche in feucht-milden Wintern sehr häufig zu finden. Insgesamt kann man mehr als 15 Helmlings-Arten auf der Borke lebender Bäume finden.

SP 8–10,5 × 7,5–10 µm (4-sporig), **BAS** 2+4-sporig, J+, Schnallen +

3 | Rinden-Helmling
Mycena meliigena

Die Art kommt oft mit *M. pseudocorticola* vergemeinschaftet vor und ist makroskopisch nur durch die mehr weinroten, violetten Töne unterscheidbar. Eine mikroskopische Untersuchung ist ratsam. Vgl. auch *M. supina*.

SP 8–11 × 8–9,5 µm, J+, Schnallen +

4 | Gelbstieliger Nitrat-Helmling
Mycena renati

H 1–3 cm, +/- konvex, kegelig-glockig bis ins Alter, mit +/- papilliert, jung purpurn bis fleischfarben, rosa, blasser cremefarben zum Rand, +/- durchscheinend gerieft. **L** Jung weißlich, dann creme bis rosa, +/- entfernt, aufsteigend mit Zähnchen angewachsen. **S** 1,5–7 × 0,1–0,3 cm, zylindrisch, hohl, kahl und glänzend, leuchtend chromgelb. **F** Dünn, etwas zäh, Geruch fehlend, Geschmack mild. **V** April bis Oktober. Weit verbreitet in Europa, aber nur regional und montan häufiger. In Laubwaldgesellschaften meist büschelig an morschen Stümpfen oder liegendem Starkholz, bodenvag. **W** Die chromgelben Stiele in Verbindung mit dem alkalischen Geruch machen diesen Holzbewohner im Gelände unverwechselbar.

SP 8–10 × 5–6 µm, J+, Schnallen +

5 | Büscheliger Nitrat-Helmling
Mycena stipata

H 1–3 cm, konisch-glockig, wenig ausbreitend mit Buckel, matt, glatt, jung bereift, feucht glänzend, dunkel- bis graubraun mit dunklerer Streifung, ca. 2/3 durchscheinend gerieft. **L** +/- grau, +/- entfernt, hoch angeheftet mit Zähnchen. **S** 2–7 × 0,1–0,2 cm, zylindrisch, hohl, brüchig, anfangs komplett bereift, verkahlend, graubraun, basal striegelig. **F** Dünn, Geruch stark nitrös, Geschmack unangenehm, +/- adstringierend. **V** März bis Dezember. Planar bis subalpin verbreitet vorwiegend auf Starkholz von Fichten, Kiefern und Tannen. **W** Der büschelige Wuchs und der ausgeprägte nitröse Geruch sind charakteristisch. Vgl. *M. silvae-nigrae* mit zweisporigen Basidien.

SP 9–11,5 × 5,5–6,5 µm, **BAS** 4-sporig, J+, Schnallen +

1

2

3

4

5

1 | Buchenblatt-Helmling
Mycena capillaris

H 0,2–0,4 cm, stumpf kegelig bis konvex, jung grau, dann blasser bis weiß, durchscheinend gerieft. **L** Weiß, +/- entfernt, schmal angeheftet. **S** 0,5–2,5 × 0,1 cm, jung grau, dann weiß, fädig dünn, oft verbogen. **F** Sehr dünn, weiß, Geruch und Geschmack fehlend. **V** September bis Dezember. Ausschließlich an Buchenblättern in der herbstlichen Laubstreu, häufig und verbreitet im Buchenareal. **W** Auf Eichenlaub findet sich zur gleichen Zeit *M. polyadelpha*.

SP 8–11 × 3–4 µm, J+, Schnallen +

2 | Kegeliger Helmling, Jodoform-Helmling
Mycena metata

H 0,5–2,5 cm, stumpf kegelig-glockig, auch im Alter nur wenig flacher, jung bereift, dunkel- bis blassbraun, oft mit fleischrosa Tönen durchscheinend gerieft. **L** Weiß bis creme, reif meist mit Rosaton, +/- entfernt, aufsteigend, mit Zähnchen angewachsen. **S** 2,5–9 × 0,1–0,2 cm, bereift bis glatt, horngrau, an der Spitze meist heller, fragilbrüchig. **F** Dünn, Geruch +/- jodoformartig, Geschmack mild. **V** Mai bis Dezember. Planar bis hochmontan häufig und verbreitet, meist spät im Jahr in Gruppen auf Laub- und Nadelstreu, bodenvag. **W** Der Jodoform-Geruch ist meist erst beim Trocknen oder nach Lagerung in geschlossenen Behältern wahrnehmbar.

SP 8–12,5 × 4,5–6,5 µm, **BAS** 2+4-sporig, J+, Schnallen + bei 4-sporigen

3 | Faden-Helmling, Schärflicher Jodoform-Helmling
Mycena filopes

H 0,5–2 cm, konisch-glockig, variabel hellgrau bis dunkelbraun, +/- bereift, hygrophan, 2/3 durchscheinend gerieft. **S** 3–15 × 0,2 cm, graubraun. **F** Geruch beim Trocknen nach Jodoform, Geschmack mild, +/- mehlig-rettichartig, schärflich. **V** Mai bis Dezember. Planar bis hochmontan verbreitet in der Streu von Wiesen und Wäldern, bodenvag.

SP 9–11,5 × 5,5–6,5 µm (2-sporig), **BAS** 2+4-sporig, J+, Schnallen + bei 4-sporigen

4 | Hauhechel-Helmling
Mycena radicifera

RL-1

H 0,6–2,5 cm, spitzkegelig bis kegelig-breitglockig mit Papille, sepia- bis graubraun, in der Mitte deutlich dunkler, zum Rand hin aufhellend, 2/3 durchscheinend gerieft. **L** Weiß, +/- entfernt, aufsteigend, mit kleinem Zahn herablaufend, oft mit Lamelletten. **S** 1,5–6 × 0,1–0,3 cm, zylindrisch, matt hellgrau an der Spitze bis graubraun zur weißstriegeligen Basis, bis zu 1/3 wurzelartig verlängert zum Substrat. **F** Dünn, blass graubraun, Geruch und Geschmack fehlend. **V** Oktober bis Dezember. Nur von wenigen Plätzen in Europa bekannt. An Pflanzenwurzeln wie z. B. Hauhechel, vorwiegend in basenreichen, extensiven Magerrasen, Heiden und Dünen. **W** Für den Erhalt dieser Art trägt Deutschland in besonders hohem Maße Verantwortung (V !!), denn Sachsen-Anhalt liegt im Verbreitungszentrum.

SP 8,5–11 × 4–6 µm, **BAS**. 2+4-sporig, J-, Schnallen + bei 4-sporigen

5 | Rostiger Helmling
Mycena zephirus

H 1,5–5 cm, kegelig-glockig, dann aufschirmend mit Buckel, jung braun mit weißer Randzone, dann heller purpurbraun bis beige, im Alter mit typischen Rostflecken, durchscheinend gerieft. **L** Jung weiß, im Alter braunfleckig, entfernt, aufsteigend mit Zahn, mit Anastomosen. **S** 3–7 × 0,2–0,5 cm, brüchig, hohl, jung grauweiß-flockig, dann isabellfarben bis rotbräunlich. **F** Dünn, weiß. Geruch fehlend oder etwas ranzig-rettichartig, Geschmack mild, +/- bitter. **V** September bis Dezember. Weit verbreitet und häufig in der Streu von Nadelwäldern (seltener Laubstreu), bodenvag. Tendenziell an stickstoffreicheren, krautigen Standorten (z. B. Rückegassen). **W** Die Art ist sehr farbvariabel, die Rostflecke auf Hut oder Lamellen sind charakteristisch.

SP 8,5–12 × 4–5 µm, J+, Schnallen +

1
2
3
4
5

1 | Gelber Rettich-Helmling
Mycena luteovariegata

H 2,5–5 cm, jung konisch bis glockig, dann schirmartig, bis zur Hälfte durchscheinend gerieft, hygrophan, im Zentrum oder ganz schwefelgelb, zum Rand hin rotbraungrau gezont. **L** Blass graurosa, entfernt, ausgebuchtet angewachsen, mit Zahn herablaufend. **S** 5–8 × 0,4 cm, zylindrisch, rötlich grau. **F** Dünn, wässrig, Geruch und Geschmack rettichartig. **V** August bis November. Einzeln oder in Gruppen in naturnahem Grasland, Dünen und offenen Stellen. **W** Die Art wurde früher als Varietät von *M. pura* geführt und erst 2013 neu beschrieben, daher ist das Verbreitungsmuster noch unvollständig.

SP 5,5–7,5 × 3–4 µm, J+, Schnallen +

2 | Schwarzschneidiger Rettich-Helmling
Mycena pelianthina

H 1,5–5 cm, halbkugelig-glockig bis schirmartig, durchscheinend gerieft, hygrophan, feucht graubraun bis violett, trocken deutlich blasser. **L** Grauviolett, +/- entfernt, mit Anastomosen, ausgebuchtet mit Zahn angewachsen, Schneide deutlich dunkelbraun-violett abgesetzt. **S** 2,5–7 × 0,2–0,8 cm, hohl, glatt, beigebräunlich bis violett, Basis mit Myzelfilz. **F** Weiß, wässrig-braun, Geruch und Geschmack deutlich rettichartig. **V** Juni bis November. Weit verbreitet im Buchenareal, bevorzugt auf mineralischen Böden vorwiegend in der Laubstreu (Buche), seltener bei Nadelbäumen. **W** Die dunkle Lamellenschneide und der Rettichgeruch sind gute Geländemerkmale.

SP 6–7,5 × 3–4 µm, J+, Schnallen +

3 | Gemeiner Rettich-Helmling
Mycena pura

H 1–5 cm, halbkugelig-glockig, dann schirmartig, durchscheinend gerieft, hygrophan, frisch fleischrosa, trocken deutlich blasser. **L** Weiß-blassrosa, +/- eng, älter mit Anastomosen, abgerundet angeheftet, mit kurzem Zahn herablaufend. **S** 4–9 × 0,2–0,5 cm, brüchig, glatt bis matt, kahl, teils feinfaserig, grauviolett, Basis weißstriegelig. **F** Weiß, wässrig-braun, Geruch und Geschmack deutlich rettichartig. **V** Mai bis Dezember. Weit verbreitet in der Streu von Laub- und Nadelwäldern, Parkanlagen, bodenvag. Einzeln oder in kleinen Gruppen. **W** Es sind viele Varietäten, Formen und ähnliche Arten beschrieben. Sichere Bestimmungen sind nur mit Mikromerkmalen möglich. Alle Rettich-Helmlinge enthalten +/- hohe Dosen von Muskarin.

SP 6–9,5 × 4–5 µm, J+, Schnallen +

4 | Duftender Rettich-Helmling
Mycena diosma

H 1,5–4,5 cm, glockig, grauviolett-ocker, hygrophan gezont, Geruch süßlich, nach Zigarrenkisten, gerieben rettichartig. **V** August bis November. Planar bis montan vorwiegend in der Laubstreu von Buchenwäldern.

SP 7,5–10 × 3,5–5,5 µm, J+, Schnallen +

5 | Rosa Rettich-Helmling
Mycena rosea

H 2,5–6 cm, jung halbkugelig-glockig, dann schirmartig und breit gebuckelt, durchscheinend gerieft, hygrophan, schön pinkrosa mit dunklerer Mitte, trocken blasser. **L** Jung weißlich, dann blasslila, +/- eng, älter mit Anastomosen, weit ausgerandet, mit kurzem Zahn herablaufend. **S** 6–10 × 0,3–1 cm, zur Basis erweitert, hohl, glatt bis matt, Oberfläche, weiß bis blassrosa, Basis weißstriegelig. **F** Weiß, dünn, Geruch deutlich rettichartig, Geschmack mild, rettichartig. **V** Mai bis Dezember. Häufig und weit verbreitet im Buchenareal, bevorzugt auf reicheren, basischen Böden. Einzeln oder in kleinen Gruppen, vorwiegend in der Laubstreu von Buchen und Eichen. **W** Typisch intensiv pinkrosa gefärbte Fruchtkörper sind mit etwas Erfahrung schon im Gelände bestimmbar.

SP 7–8,5 × 4–5 µm, J+, Schnallen +

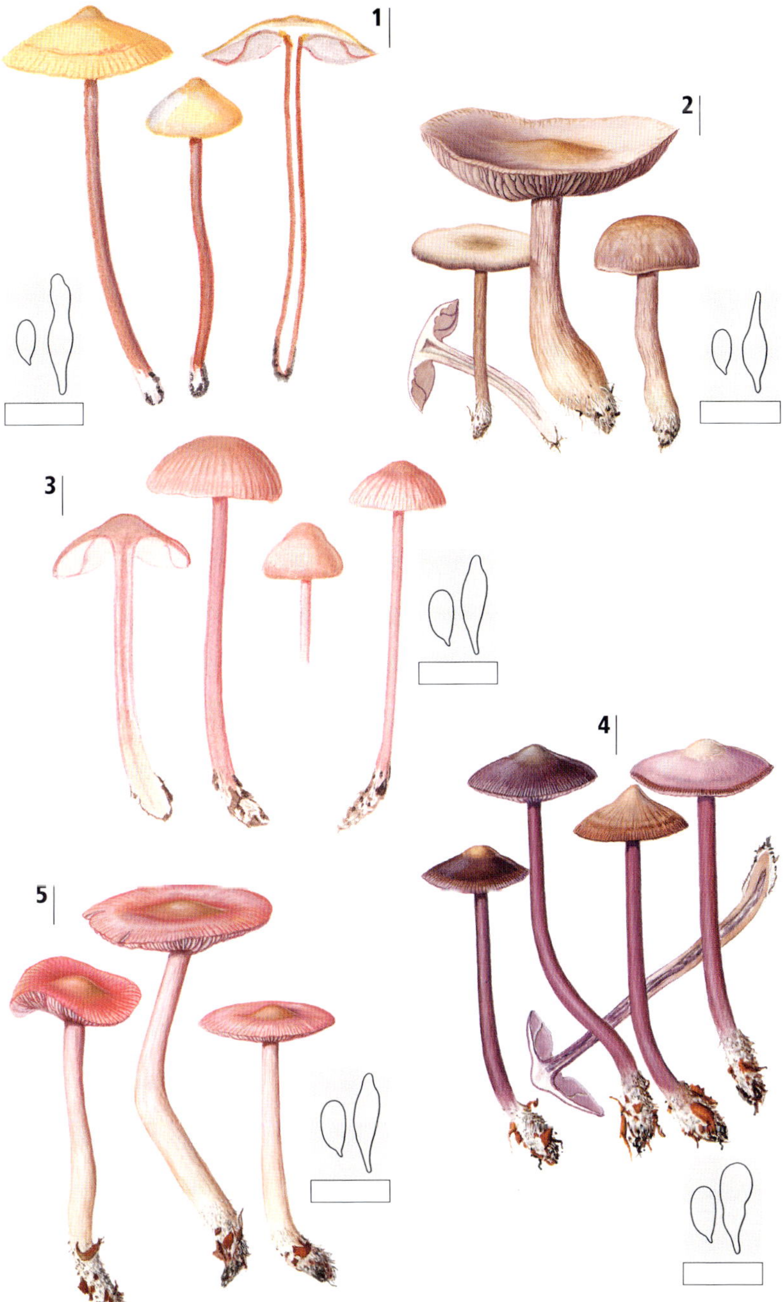
1
2
3
4
5

1 | Weißer Adernnabeling
Delicatula integrella

H 0,3–1,5 cm, jung glockig, dann konvex und genabelt, durchscheinend gerieft, jung intensiv rot, älter ausblassend. **L** Weiß, entfernt, aderig mit Anastomosen, herablaufend. **S** 1–2,5 × 0,1 cm, ganz jung mit Velum, weiß, mit Basalknöllchen. **F** Häutig, weiß, Geruch und Geschmack mild. **V** Juni bis Oktober. Planar bis montan verbreitet auf sehr morschem, oft nassem Nadelholz, Stümpfen oder Humus. **W** Die Gattung mit derzeit drei Arten in Europa wird von den sehr ähnlichen Scheinhelmlingen wegen amyloider Sporen und vorhandenem Velum getrennt. Im Bayerischen Wald kann man die Art regelmäßig an uralten Bachverbauungen finden.

SP 7,5–9 × 3–5 µm, J+, Schnallen +

2 | Rasen-Scheinhelmling
Hemimycena mairei

H 0,5–2 cm, jung halbkugelig, dann konvex bis breit gebuckelt, matt beige- bis ockergrau, leicht gerieft. **L** Weiß bis graubeige, etwas dick, entfernt stehend, breit angewachsen bis bogig herablaufend. **S** 1,5–3,5 × 0,2 cm, weiß, opak, elastisch, auf ganzer Länge mit kurzen Seten besetzt (Lupe!). **F** Weiß, Geruch und Geschmack fehlend. **V** (Mai) August bis November. Weit verbreitet in Europa, in Deutschland aber selten geworden durch Lebensraumverluste. Zwischen Moosen und Gräsern, meist auf extensiv genutzten Viehweiden oder in Parkanlagen, bevorzugt auf lehmigen, besseren Böden. **W** Habitus, die grauen Hutfarben und dicke, herablaufende Lamellen vermitteln den Eindruck eines kleinen Ellerlings.

SP 7–9,5 × 3–5 µm, J-, Schnallen +

3 | Bogenblättriger Helmling
Phloeomana speirea (Syn. *Mycena speirea*)

H 0,5–1,5 cm, jung konvex mit deutlicher Papille, dann abgeflacht, im Alter auch eingedellt, blassgrau bis ockerbraun mit meist dunklerer Mitte, gestreift. **L** Weiß bis creme, +/- entfernt, breit angewachsen bis bogig herablaufend, ältere Fruchtkörper mit Anastomosen. **S** 2–6 × 0,15 cm, blassgrau-ockerlich, fein bereift, elastisch-zäh. **F** Sehr dünn, weiß, ohne Geruch, Geschmack mild, krautig. **V** März bis Dezember. Weit verbreitet und häufig, vorwiegend auf Laubholz, z. B. Ästchen, Rindenstücke an feuchten Stellen, z. B. in Bachnähe, bodenvag. **W** In die Gattung *Phloemana* wurden holzbewohnende Helmlinge mit inamyloiden Sporen und einfachen Zystiden gestellt.

SP 6,5–10 × 4–6 µm, J-, **BAS** 2 (4)-sporig, Schnallen -

4 | Dunkelblättriger Helmling
Phloeomana clavata (Syn. *Mycena clavata*)

Diese sehr seltene Art ist durch die braunen Lamellen und Vorkommen an liegenden, bemoosten Stämmen in Naturwäldern charakterisiert. Die meisten bekannten Vorkommen liegen in Nationalparks und Naturschutzgebieten. Die Art ist ein potenzieller Naturnähezeiger. **V** Juli bis Dezember an Laub- und Nadelholz.

SP 6,5–10,5 × 5–7,5 µm, J-, **BAS** 2- und 4-sporig, Schnallen + bei 4-sporigen

5 | Schleimfuß-Helmling
Roridomyces roridus (Syn. *Mycena rorida*)

H 0,2–1 cm, jung halbkugelig, dann konvex, jung grau, dann blasser bis weiß, durchscheinend gerieft. **L** Weiß, +/- entfernt, bogig angewachsen bis herablaufend. **S** 0,5–2,5 × 0,1 cm, jung grau, dann weiß, fädig dünn, oft verbogen, feucht stark tropfend-schleimig. **F** Sehr dünn, weiß, Geruch und Geschmack fehlend. **V** Mai bis Oktober. Planar bis subalpin verbreitet in feuchten Lagen. Einzeln oder büschelig in der Nadelstreu oder an abgefallenen Stängeln von Heidelbeeren, Himbeeren und weiteren Pflanzenresten. **W** Bei feuchtem Wetter ist die Art im Gelände mit seinen stark getropft-schleimigen Fruchtkörpern leicht kenntlich.

SP 8–12 × 3,5–5 µm, J+, Schnallen +

1

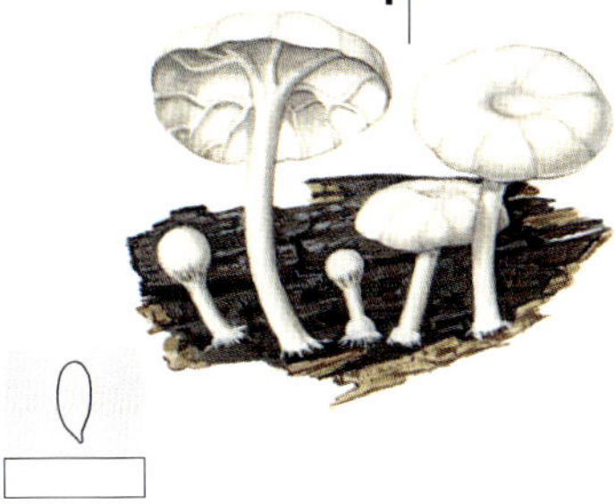

2

3

4

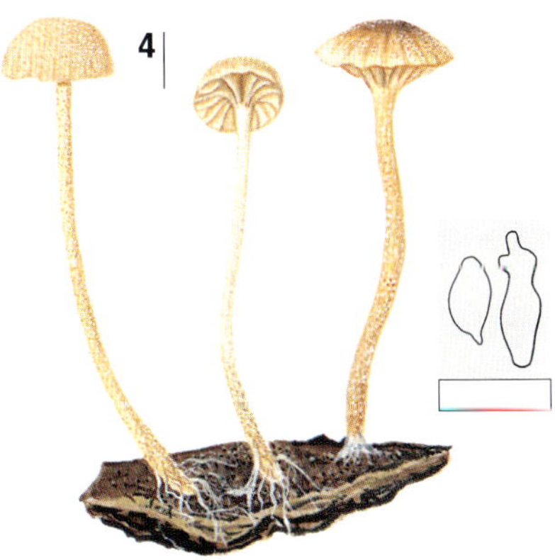

5

1 | Gipsweißer Scheinhelmling
Hemimycena cucullata

H 0,5–2 cm, jung kegelig-glockig, dann ausgebreitet mit flachem Buckel. Matt cremeweiß, leicht gerieft. **L** Weiß, dicht stehend, am Stiel angewachsen. **S** 3–6 × 0,2 cm, weiß, fein bereift, relativ starr. **F** Sehr dünn, weiß, Geruch schwach spermatisch, Geschmack süßlich-mild. **V** Juni bis November. Oft in größeren Gruppen, weit verbreitet in der Streu von Laub- und Nadelwäldern, oft an Waldrand-Lagerplätzen. **W** Die meisten der über 30 Scheinhelmlinge sind nur mit Mikromerkmalen eindeutig zu bestimmen. *H. cucullata* gehört zu den größten und kann mit etwas Übung schon im Gelände erkannt werden.

SP 10,5–13,5 × 3,5–5 µm, J-, **BAS** 2-sporig, Schnallen +

2 | Milchweißer Scheinhelmling
Hemimycena lactea

W Die Art kann ab September bis in den Winter hinein gefunden werden auf Streu, Nadeln oder Rindenstückchen von Nadelgehölzen wie Fichte, Kiefer, Wacholder.

SP 9–13 × 3–4 µm, J-, **BAS** 2-sporig, Schnallen +

3 | Schwärzender Wasserfuß
Hydropus atramentosus

H 1–3 cm, jung halbkugelig, dann glockig bis ausgebreitet mit Buckel, grauolive bis matt rußschwarz, leicht gerieft, alt schwarzfleckig. **L** Weiß, bei Verletzung schwärzend, ausgebuchtet, mit Zahn herablaufend. **S** 2–5 × 0,2–0,4 cm, von jung hellgrau bis alt schwarz, matt feinrußig, hohl, brüchig. **F** Weiß, bei Verletzung mit wässriger Flüssigkeit, die schnell purpurschwarz oxidiert, trockene Fruchtkörper sind komplett schwarz, Geruch fehlend, Geschmack mild. **V** Juni bis Dezember. Sehr selten, stets auf morschem Nadelholz, vorwiegend Tanne und Fichte in montanen, alten Wäldern. **W** Die Art wird als Naturnähezeiger angesehen, weil sie fast ausschließlich in urigen Wäldern (Bannwälder, Naturschutzgebiete) überlebt hat.

SP 7,5–11 × 3,5–5 µm, J+, Schnallen -

4 | Braunschneidiger Wasserfuß
Hydropus marginellus

RL-2

H 0,5–2 cm, jung flach gewölbt, dann ausgebreitet und genabelt, graubraun mit hellerer, durchscheinend geriefter Randzone, Oberfläche matt, fein bereift. **L** Weiß, mit brauner Schneide (Lupe!), eng stehend, am Stiel +/- herablaufend. **S** 1–3 × 0,2 cm, graubraun, ähnlich wie der Hut oder dunkler mit fein bereifter Oberfläche. **F** Häutig, grau, Geruch und Geschmack mild oder +/- rettichartig. **V** Mai bis Oktober. An morschen Tannenstümpfen (seltener Fichte). In Deutschland vorwiegend montan im Süden mit Schwerpunktvorkommen im Bayerischen Wald und Schwarzwald. **W** Die Gattung enthält in Europa ca. acht Arten, von denen fast alle als selten gelten, *H. marginellus* im Areal der Weißtanne *(Abies alba)* aber zu den häufigeren gehört.

SP 6,5–9 × 4,5–5 µm, J+, **BAS** 2+4-sporig, Schnallen -

5 | Buchenwald-Wasserfuß
Hydropus subalpinus

H 1,5–4 (5) cm, jung konvex, dann ausgebreitet mit flachem Buckel. +/- ockerolive, matt glänzend, feucht schmierig, fein radialrunzelig (Lupe!). **L** Weiß, fast frei, leicht angeheftet mit schartiger Schneide. **S** 3–8 × 0,2–0,4 cm, weiß bis ockerlich, fein bereift, relativ starr, brüchig, hohl, Basis weißstriegelig und meist wurzelartig verlängert. **F** Im Hut sehr dünn, weiß, Geruch und Geschmack fehlend. **V** April bis November. Weit verbreitet im Buchenareal von der Küste bis in die Voralpen, vorwiegend auf basenreichen Böden. Auf liegenden oder vergrabenen Holzresten oder in der Streu. **W** Der Habitus ähnelt einer Zwergform vom Wurzelnden Schleimrübling. Mikroskopisch bzw. mit etwas Felderfahrung ist die Art leicht bestimmbar.

SP 6,5–10 × 2,5–4,5 µm, J-, Schnallen +

1

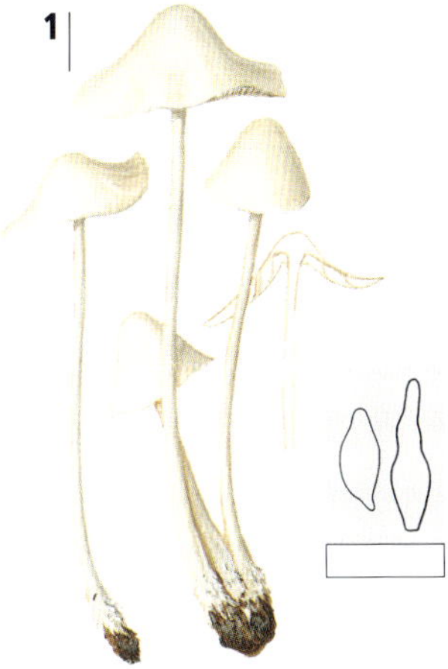

2

3

4

5

Rosasporer

1a	L frei; SP (breit-)elliptisch und glatt → **2**
1b	L angewachsen; SP eckig, warzig oder gerippt → **17**
2a (1)	Stielbasis mit Volva → **Scheidlinge 3**
2b	Stielbasis ohne Volva (falls Stiel knorpelig, Hut fettig wirkend und hygrophan: vgl. Butterrüblinge, S. 208) → **Dachpilze 5**
3a (2)	V auf Feldern, Wiesen und Weiden, an Straßenrändern; Hut schmierig, weiß bis olivgrau oder -grün → **Großer Scheidling, S. 314**
3b	V an grasigen Plätzen, in Wiesen; Hut trocken, faserig, weiß → **Kleinster Scheidling, S. 314**
3c	V in Wäldern in der Streu, auf Holz oder auf alten Nebelkappen (S. 190); Hut trocken, faserig, weiß, grau, graublau oder gelb → **4**
4a (3)	V auf alten Nebelkappen (S. 190) → **Parasitischer Scheidling, S. 314**
4b	V an Laubholz, meist an lebenden Bäumen oder liegenden Stämmen; Hut 8–20 cm, weiß (selten gelb), strähnig-faserschuppig; Volva außen bräunlich → **Wolliger Scheidling, S. 314**
4c	V auf morschem Holz oder am Boden; Hut 4–10 cm, grau bis blaugrau getönt, eingewachsen-faserig; Volva weiß bis grau → **Artengruppe Blaugrauer Scheidling, S. 314**
5a (2)	Hut glatt bis etwas runzelig, hell-, grau- bis dunkelbraun, grüngrau oder weiß bis creme (selten mit Faserschüppchen); PL dickwandig, oben mit mehreren hakigen Spitzen → **6**
5b	Hut glatt bis etwas runzelig, gelb, orange, grau, nuss- bis dunkelbraun oder weißlich; PL dünnwandig, ohne hakige Spitzen → **8**
5c	Hutoberfläche samtig-plüschig oder haarig; PL dünnwandig → **13**
6a (5)	Lamellen-Schneide schwarzbraun → **Schwarzschneidiger Dachpilz, S. 308**
6b	Lamellen-Schneide gleichfarben → **7**
7a (6)	Hut grau bis grüngrau; Stiel über Nacht meist bläulich verfärbend → **Grauer Dachpilz, S. 308**
7b	Hut in Brauntönen, braungrau; Stiel mit schwärzlichen Fäserchen, aber nie bläulich verfärbend → **Artengruppe Rehbrauner Dachpilz, S. 308**
7c	Hut weißlich, mit zerstreuten bräunlichen Fasern → **Seidiger Dachpilz, S. 308**
8a (5)	Stiel bereift oder gepustelt; HDS gemischt aus birnförmigen und langgestreckten Elementen → **9**
8b	Stiel glatt, ohne Bereifung oder Pusteln; HDS nur aus birnförmigen Elementen → **10**
9a (8)	Stiel weiß bereift; Hut braungrau, glatt bis runzelig → **Graustieliger Adern-Dachpilz, S. 310**
9b	Stiel mit bräunlichen Pusteln; Hut fein samtig, in (warmen) Brauntönen → **Samtstieliger Dachpilz** ***(Pluteus podospileus)***
10a (8)	Hut orange bis scharlachrot; L jung weiß → **Orangeroter Dachpilz, S. 310**
10b	Hut gelb, braun, grau oder weiß → **11**
11a (10)	gelbe Töne in frischem, jungem FK vorhanden → **Zimtfarbener und Gelbstieliger Dachpilz, S. 310 und 312**
11b	völlig ohne gelbe Färbung (aber bisweilen Stiel im Alter etwas gilbend) → **12**
12a (11)	Hut weiß bis schwach cremefarben, im Randbereich alt durchscheinend rosalich; Stielbasis meist etwas knollig → **Verschiedenfarbiger Dachpilz, S. 310**
12b	Hut nuss- bis rotbraun, meist deutlich geadert (Lupe!) → **Runzeliger Dachpilz, S. 310**
12c	Hut olivgrau bis grau, meist nicht oder kaum gerunzelt; meist am Erdboden → **Olivgrauer Zwerg-Dachpilz** ***(Pluteus cinereofuscus)***
13a (5)	Lamellen-Schneide schwarzbraun → **Schwarzsamtiger Dachpilz, S. 312**

13b Lamellen-Schneide gleichfarben, höchstens angetrocknet etwas bräunend → **14**

14a (13) Hut gelb → **Löwengelber Dachpilz, S. 312**

14b Hut nicht gelb → **15**

15a (14) Hut kaum größer als 2,5 cm, strähnig bis faserschuppig → **Haariger Dachpilz, S. 312**

15b Hut größer (4–12 cm), nicht strähnig-schuppig oder nur am Rand so → **16**

16a Stiel rosa (nicht immer sehr ausgeprägt!), höchstens im unteren Bereich bereift, eher längsfaserig; Hut dunkelbraun → **Rosastieliger Dachpilz, S. 312**

16b Stiel weiß bis graulich, kahl; Hut braun bis graubraun, oft im Randbereich rissig → **Herber Dachpilz *(Pluteus ephebeus)***

17a (1) Stiel fehlend oder kaum entwickelt; FK +/- muschelförmig → **18**

17b Stiel normal entwickelt bis etwas reduziert → **21**

18a L geschlitzt, sich bei Feuchtigkeit aufklappend → **Spaltblättling, S. 502**

18b L normal → **19**

19a (18) FK orange, an den Falschen Pfifferling erinnernd → **Orange-Seitling, S. 500**

19b FK weiß, creme, beige, graubräunlich → **20**

20a (19) Hut beige bis graubräunlich, glatt; kurz gestielt; SP 6–8-eckig → **Grauer Stummelfuß-Rötling, S. 304**

20b Hut weiß, +/- glatt; kurz gestielt; SP 6–8-eckig → **Parasitischer Rötling *(Entoloma parasiticum)* und verwandte Arten**

20c Hut weiß, fein flaumig-filzig; Stiel fehlt vollständig; SP spindelig, mit erhabenen Langsrippen → **Muschelförmiger-Räsling, S. 306**

21a (17) L herablaufend <u>und</u> Hut weiß bis hellgrau, kreidig bereift; Geruch gurkig, dann spermatisch; SP spindelig, gerippt → **Mehl-Räsling, S. 306**

21b nicht mit dieser Merkmalskombination → **22**

22a (21) SP warzig bis gratig-höckerig → **23**

22b SP glatt, 4–10(–12)-eckig → **Rötlinge 32**

23a (22) SP elliptisch bis subglobos, isoliert-warzig (manchmal undeutlich!), nicht cyanophil; Schnallen vorhanden → **Röteltrichterlinge und -ritterlinge p. p. 24**

23b SP elliptisch, isoliert-warzig bis gratig-höckerig, cyanophil; Schnallen fehlen (wenn vorhanden, dann SP gratig-höckerig) → **Tellerlinge 30**

23c SP rund bis rundlich, warzig; FK rosaorange bis lachsfarben; Hut oberseits runzelig; an Holz → **Orangerötlicher Adernseitling *(Rhodotus palmatus)***

23d SP mandelförmig, warzig; FK ledergelb, cremefarben, beige; südeuropische Art → **Rötelsporiger Fälbling, S. 468**

24a (23) L weit herablaufend <u>und</u> FK mit orangegelben bis fuchsiger Färbung → **Fuchsiger Röteltrichterling, S. 186**

24b nicht gleichzeitig orange bis fuchsig <u>und</u> L herablaufend → **25**

25a (24) Violette oder blaue Töne im Hut und/oder Stiel vorhanden → **26**

25b FK vollständig grau, braun, creme, weiß → **28**

26a (25) Hut beige bis grau; Stiel farblich abgesetzt violett → **Lilastiel-Rötelritterling, S. 184**

26b nicht mit dieser Merkmalskombination → **27**

27a (26) FK ritterlingsartig, fleischig; Geruch süßlich parfümiert, ähnlich Multivitaminsaft; Hut kaum hygrophan → **Violetter Rötelritterling, S. 184**

27b FK relativ dünnfleischig; Geruch unauffällig oder grasartig, eher unangenehm; Hut hygrophan → **Schmutziger Rötelritterling, S. 184**

28a (25) FK graubeige bis hellgrau; Hutrand meist wasserfleckig; V in basischen Wiesen → **Horngrauer Rötelritterling, S. 184**

28b nicht mit dieser Merkmalskombination → **29**

29a (28) FK beige, fahl bräunlich, auf Druck rotbraun verfärbend, alt bräunlich; SP fast glatt → **Fälblings-Rötelritterling *(Lepista martiorum)***

29b FK hellbeige, lederfarben, nicht verfärbend; Geruch meist deutlich nach Veilchen *(Viola odorata)* → **Veilchen-Rötelritterling, S. 184**

30a (23) FK hellgrau und düster olivgrau bis -schwärzlich-fleckend oder von Anfang an so gefärbt → **Bereifter Tellerling, S. 306**

30b FK semmelfarben bis orange → **31**

31a (30) FK fleischig, ritterlingsartig; Schnallen fehlen → **Würziger Tellerling, S. 306**

31b FK dünnfleischig, rüblingsartig; Schnallen vorhanden → **Gelbfuchsiger Tellerling, S. 306**

32a (22) Hut und Stiel weißlich, grau, beige, hell graubraun; FK groß bis mittelgroß, relativ fleischig → **33**

32b Hut oder Stiel anders gefärbt oder sehr dunkel grau; FK eher dünnfleischig → **38**

33a (32) V April bis Juni, unter Rosaceae oder Ulmen wachsend → **34**

33b V ab Juli bis Herbst, unter Buche, Eiche, Weide oder ohne Bäume auf Wiesen → **35**

34a (33) SP 10–13 µm lang; unter Ulmen; FK jung bereift, oft tief im Boden steckend; Trama mit Guajak + → **Silbergrauer Auen-Rötling, S. 288**

34b SP 8–11 µm lang; unter Rosaceae; FK cremebeige, nicht hygrophan; Trama in Fraßstellen gelbrötlich, Guajak + → **Zaun-Rötling *(Entoloma saepium)***

34c SP 8–11 µm lang; unter Rosaceae; FK hellgrau, etwas hygrophan; Trama in Fraßstellen unveränderlich, Guajak - → **Schild-Rötling, S. 288**

35a (33) L jung gelb, dann rosaocker; FK sehr robust, bis 25 cm; auf Kalkböden unter Eiche und Buche → **Riesen-Rötling, S. 288**

35b L jung nicht gelb; FK weniger robust → **36**

36a (35) V in nährstoffarmen Wiesen; FK weißlich; Geruch deutlich mehlartig; Stiel zentral; Zystiden fehlen → **Mehl-Rötling, S. 288**

36b V auf Kalkmagerrasen; FK weißlich bis graubeige; Geruch unauffällig; Stiel meist exzentrisch; Zystiden vorhanden → **Marmorierter Rötling, S. 288**

36c Merkmale anders; V meist in Wäldern → **37**

37a (36) V unter Weiden, in Weidengebüschen, auf feuchten Böden → **Weiden-Rötling, S. 290**

37b V unter Eichen, Buchen → **Weißstieliger und Niedergedrückter Rötling, S. 290**

37c V in Hochmooren, zwischen Torfmoosen → **Heide-Rötling, S. 294**

38a (32) FK mit blauem bis violettem Stiel und/oder Hut (bereits beim Sammeln notieren!) → **39**

38b FK auch jung ohne blaue/violette Farben → **44**

39a (38) V im sauren, feuchten Nadelwald → **Stahlblauer Rötling, S. 296**

39b V in Magerwiesen oder Laubwäldern → **40**

40a (39) FK ritterlingsartig → **Blauer Rötling, S. 296**

40b FK rüblings- oder helmlingsartig → **41**

41a (40) Lamellen-Schneide blauschwarz oder braun gefärbt → **Gesägtblättriger Zärtling und weitere Arten, S. 298**

41b Lamellen-Schneide gleichfarben oder heller → **42**

42a (41) V auf Holz wachsend → **Violetter Rötling, Buchenwald-Zärtling, S. 296 und 298**

42b V auf Erdboden → **43**

43a (42) Hut und Stiel blau bis violett getönt → **Schwarzblauer Rötling, Schiefergrauer Rötling (und weitere Arten), S. 296 ff.**

43b Stiel blau oder violett getönt; Hut andersfarbig → **Lilagrauer Nabelrötling, Graublaustieliger Rötling (und weitere Arten), S. 298 ff.**

44a (38) V zwischen Torfmoosen in Mooren und nassen Heiden → **Torfmoos-Rötling, S. 290**

44b V nicht zwischen Torfmoosen wachsend → **45**

45a (44) FK milchweiß; L etwas herablaufend → **Weißseidiger Rötling, S. 304**

45b FK deutlich pigmentiert → **46**

46a (45) L herablaufend, Hut zumindest im Alter trichterig bis nabelförmig vertieft → **47**

46b L aufsteigend; Hut meist nicht vertieft → **49**

47a (46) Hut zoniert (teils etwas undeutlich), bis 2,5 cm breit → **Dunkelblättriger Nabelrötling, S. 304**

47b Hut ohne Zonierung, kaum über 1 cm breit → **48**

48a (47) Hut hell braungrau, gerieft; V in Erlenbrüchen oder Mooren → **Becher-Rötling, S. 304**

48b Hut schwarzbraun, ungerieft; an Wegrändern und Pionierstandorten → **Braunblättriger Nabelrötling, S. 304**

49a (46) Hut und Stiel rosa → **Rosafarbener Zärtling und mehrere weitere Arten, S. 300**

49b Hut mit fleischrosa Schüppchen → **Rosaflockiger Zärtling, S. 300**

49c FK ohne Rosatöne → **50**

50a (49) Hut gelb, olivgelb, -grün bis -bräunlich; Geruch auffallend süßlich oder nach verbranntem Horn → **51**

50b Hut andersfarbig oder Geruch anders → **52**

51a (50) Geruch nach verbranntem Horn; Stiel grasgrün, glatt, auf Druck nach einiger Zeit blaugrün → **Braungrüner Zärtling, S. 302**

51b Geruch süßlich; Stiel graubräunlich, längsfaserig → **Zitronengelber Glöckling, S. 302**

52a (50) Hut bis zum Rand deutlich geschuppt → **53**

52b Hut faserig-filzig bis abstehend haarig → **54**

52c Hut glatt, höchstens mittig etwas schuppig oder faserig, oft durchscheinend gerieft → **55**

53a (52) Stiel glatt, wässrig grau bis bläulich grünlich → **Breitstieliger Rötling *(Entoloma turci)***

53b Stiel längsfaserig, braungrau bis porphyrbraun → **Schorfiger Filz-Rötling, S. 294**

54a (52) FK klein, Hut < 3 cm; Stiel abstehend haarig → **Behaarter Rötling und verwandte Arten, S. 294**

54b FK größer, robust, Hut > 3 cm; Stiel längsfaserig → **Porphyrbrauner Rötling, S. 294**

55a (52) Hut (feucht) gelb bis gelbbraun, scherbengelb, rostfarben → **56**

55b Hut (feucht) dunkelbraun, sepia, braungrau oder sehr hell grau bis weißlich → **57**

56a (55) Stiel glatt, oliv- bis bräunlich gelb → **Wachsgelber Zärtling, S. 302**

56b Stiel glatt, braun bis graubraun → **Gestreifter Zärtling und verwandte Arten, S. 302**

56c Stiel längsfaserig, rostgelb bis orangeocker → **Scherbengelber Glöckling und verwandte Arten, S. 292**

57a (55) Geruch auffallend tranig oder nach Ölsardinen → **Traniger Glöcking, S. 292**

57b Geruch mehlartig → **Seidiger Rötling und verwandte Arten, S. 292**

57c Geruch unspezifisch oder fehlend → **58**

58a (57) Stiel silbrig längsfaserig; Hut glockig, nie verflachend; Sporen arttypisch kreuzsporig → **Kreuzsporiger Glöckling, S. 292**

58b zumindest Sporen anders geformt → **59**

59a (58) Stiel glatt, wässrig grau bis bläulich grünlich; Hut meist zumindest in der Mitte etwas schuppig → **Breitstieliger Rötling *(Entoloma turci)***

59b Stiel längsfaserig; Hut nie schuppig → **60**

60a (59) Hut mit dunkler Papille; FK schlankstielig; V in der Laubstreu → **Schlankstieliger Glöckling und verwandte Arten, S. 292**

60b Hut gebuckelt; FK robuster; V in Grünflächen, im Frühjahr → **Frühlings-Rötling, S. 294**

1 Riesen-Rötling
Entoloma sinuatum

RL-V

H 6–20 cm, jung polsterförmig gewölbt bald flach konvex, alt verflacht, mit wellig aufgebogenem Rand, meist mit stumpfem Buckel, cremeweißlich, graucreme, beige, glatt bis fein eingewachsen-faserig. **L** Jung arttypisch aprikosenfarben, orangegelb, älter zunehmend fleischrosa, ausgebuchtet angewachsen. **S** 8–15 × 1–2,5 cm, zylindrisch oder schwach keulig, weißlich, alt schwach schmutzig gelblich, meist etwas schuppig aufreißend. **F** Weißlich, Geruch und Geschmack stark mehlartig-gurkig, mild. **V** Juli bis November. In basenreichen Buchen- und Eichenwäldern; in ganz Europa bis Südschweden verbreitet, selten, im Süden zerstreut. **W** Die Art kann als Signalart für artenreiche Kalkwälder gelten.

SP 8–11 × 7–9 µm

2 Schild-Rötling
Entoloma clypeatum

RL-V

H 3–12 cm, jung halbkugelig, bald gewölbt, alt flach konvex, mit stumpfem Buckel, hell- bis braungrau, graucreme, ockergrau, glatt bis fein eingewachsen-faserig, Rand lange abgebogen, glatt. **L** Jung blass cremegrau, älter zunehmend fleischrosa, ausgebuchtet angewachsen. **S** 5–12 × 0,5–2 cm, zylindrisch oder schwach verjüngt, weißlich, alt schwach schmutzig gelblich. **F** Weißlich, unveränderlich auch in den Madengängen im Gegensatz zum Zaun-Rötling *(E. saepium)*, mit Anilin gelb bis negativ, Geruch und Geschmack stark mehlartig-gurkig, mild. **V** April bis Juni. In Hecken, an Waldrändern, in Obstgärten, unter Schlehe, Weißdorn oder Obstbäumen, auf basenreichen Böden; in ganz Europa bis Südschweden verbreitet, aber zerstreut. **W** Ähnliche Frühjahrs-Rötlinge *(E. saepium, E. aprile)* reagieren mit Anilin orangerot.

SP 8–11 × 7–9,5 µm

3 Silbergrauer Auen-Rötling
Entoloma saundersii

RL-2

Ähnlich voriger Art, aber Hut oft verbogen, cremefarben, ungleichmäßig silbergrau überzogen und mit deutlich größeren Sporen. **V** Februar bis Mai. In feuchten Ulmen-Auwäldern, aber vielleicht auch bei Rosengewächsen (Obstbäume, Weißdorn), relativ bodenvag; in ganz Europa verbreitet, überall sehr selten. **W** Deutschland trägt für den Erhalt dieser Art eine besonders hohe Verantwortung (V !!).

SP 10,5–13 × 9,5–12 µm

4 Mehl-Rötling
Entoloma prunuloides

RL-3

H 3–8 cm, jung halbkugelig bis glockig, dann polsterförmig, stumpf gebuckelt, auch alt nicht ganz verflachend, tonfarben bis cremegrau, jung etwas dunkler. **L** Weißlich, alt fleischrosa, mäßig entfernt, ausgebuchtet bis breit angewachsen. **S** 3–8 × 0,5–1,5 cm, zylindrisch, weißlich, Basis bisweilen etwas gelblich. **F** Weiß, Geruch und Geschmack mild, stark mehlartig. **V** Juli bis November. Auf nährstoffarmen, naturnahen Wiesen, Trockenrasen und Extensivweiden; in ganz Europa verbreitet, zerstreut bis selten. **W** Eine seltene rosahütige Form wird *E. rubellum* genannt. Bis auf die blaue Hut- und Stielfarbe ist auch der Blaue Rötling (→ S. 296) sehr ähnlich und gelegentlich mit dem Mehl-Rötling vergesellschaftet.

SP 6–8,5 × 6–7,5 µm

5 Marmorierter Rötling
Entoloma excentricum

RL-3

H 2–8 cm, jung halbkugelig, dann flach gewölbt, weißlich bis blass graucreme, kalkweiß, glänzend, feucht schmierig, nicht hygrophan, Rand glatt. **L** Weiß, alt fleischrosa, ausgebuchtet bis breit angewachsen. **S** 3–10 × 0,4–1 cm, zylindrisch, Basis schwach verbreitert, weißlich, längsfaserig, meist selten etwas exzentrisch. **F** Lebhaft gelb, Geruch schwach, unspezifisch, manchmal etwas mehlartig, Geschmack mild. **V** Juli bis November. Auf Magerrasen, extensiven Weiden und Graudünen, meist auf basischen Böden; in den Kalkgebieten Europas verbreitet, aber überall selten. **W** Artkennzeichnend sind vor allem der glänzende Hut, der stark an den Mehl-Räsling (→ S. 306) erinnert.

SP 11–13 × 7–9 µm, **CH** bis 100 µm lang

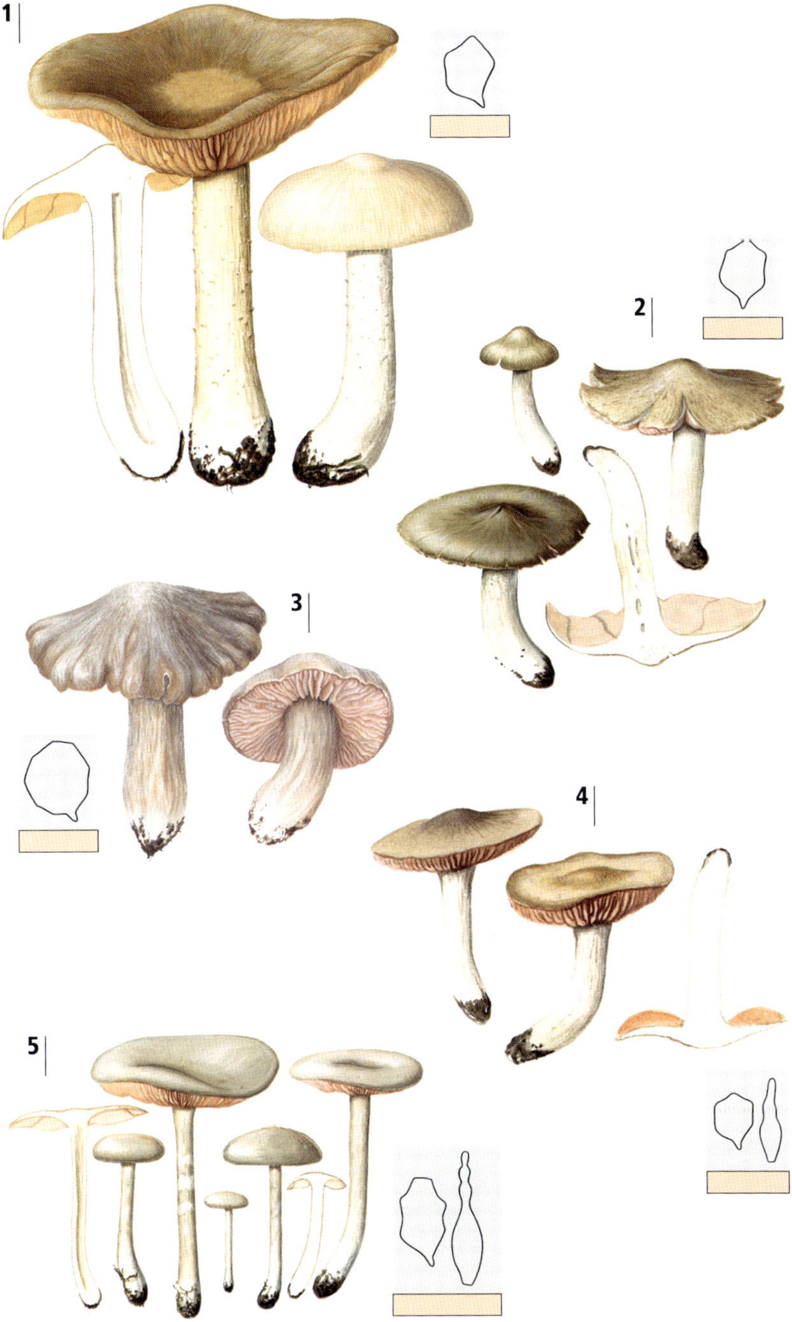
1
2
3
4
5

1 | Weißstieliger Rötling

Entoloma lividoalbum

RL-V

H 4–15 cm, jung halbkugelig bis glockig, dann gewölbt mit stumpfem Buckel, alt meist verflacht, mit wellig aufgebogenem Rand, jung grau- bis sepiabraun, alt etwas heller, glatt, speckig, Rand glatt. **L** Weißlich, älter zunehmend fleischrosa, ausgebuchtet angewachsen. **S** 4–15 × 0,5–2 cm, zylindrisch, weißlich, alt schwach schmutzig gelblich, manchmal etwas schülferig, oft in kleinen Büscheln. **F** Weißlich, Geruch und Geschmack stark mehlartig-gurkig, mild. **V** Juli bis Oktober. In Parks und lichten Eichenwäldern; in ganz Europa bis Südschweden verbreitet, meist selten. **W** Die Art kann besonders jung dem Braunen Büschelrasling (→ S. 254) zum Verwechseln ähnlich sehen.

SP 8–10 × 8–9,5 µm

2 | Niedergedrückter Rötling

Entoloma rhodopolium

H 3–12 cm, jung halbkugelig bis glockig, dann gewölbt mit stumpfem Buckel, schnell verflacht und mit wellig aufgebogenem Rand, jung ocker- bis sepiagrau, hygrophan, bis fast weiß abtrocknend, glatt, Rand feucht kurz gerieft. **L** Weißlich, älter zunehmend fleischrosa, +/- entfernt, ausgebuchtet angewachsen. **S** 5–15 × 0,5–1,5 cm, zylindrisch, weißlich, alt etwas grauend, alt hohl. **F** Weißlich, Geruch und Geschmack unspezifisch, mild. **V** Juli bis Oktober. In frischen Laubwäldern, selten im Nadelwald, bodenvag; in ganz Europa verbreitet, meist häufig. **W** Es gibt noch einige weitere sehr ähnliche, schwer bestimmbare Arten in dieser Gruppe.

SP 8–10,5 × 7–8,5 µm

3 | Alkalischer Rötling

Entoloma nidorosum

Von voriger Art in erster Linie durch den Geruch nach Chlorbleichlauge (NaClO), unterschieden, aber auch durch kleinere Fruchtkörper, feucht helleren Hut und etwas andere Ökologie. **V** Juli bis Oktober. In basischen Buchen- und Laubwäldern; in ganz Europa verbreitet.

SP 8–10,5 × 7–8,5 µm

4 | Torfmoos-Rötling

Entoloma sphagneti

RL-1

H 2–6 cm, jung glockig bis kegelig, dann flach gewölbt oder geschweift, mit deutlichem, relativ spitzem Buckel, sepia-, umbra- bis schwarzbraun, hygrophan, glatt und metallisch glänzend, Rand nicht gerieft. **L** Braungrau, alt fleischbraun, ausgebuchtet bis breit angewachsen. **S** 4–8 × 0,4–1 cm, im tiefen Torfmoos bis 15 cm lang, zylindrisch, Basis schwach verbreitert, beigegrau, kräftig dunkelbraun längsfaserig. **F** Weißlich bis hell bräunlich, Geruch und Geschmack stark mehlartig, gurkig. **V** Juli bis Oktober. Nur in intakten Hochmooren; in Mittel-, Ost- und Nordeuropa verbreitet, aber überall selten und teils stark rückläufig. **W** Für den Erhalt dieser äußerst seltenen Art trägt Deutschland eine besonders hohe Verantwortung (V !!).

SP 10–12,5 × 6,5–8,5 µm

5 | Weiden-Rötling

Entoloma sericatum

H 2–8 cm, jung glockig gewölbt, dann flach konvex, alt nicht selten etwas vertieft, feucht graubraun, beige- bis horngrau, hygrophan, Rand gerieft. **L** Jung hellgrau, zunehmend fleischrosa, ausgebuchtet bis breit angewachsen. **S** 4–8 × 0,5–1 cm, zylindrisch, graubräunlich, lange heller überfasert. **F** Weiß bis hell graubräunlich, Geruch und Geschmack etwas nach Chlorbleichlauge, auch mit schwach mehlartiger Komponente. **V** Juli bis Oktober. Vor allem in feuchten Weidengebüschen und Bruchwäldern, stets auf nassem Boden, oft im Torfmoos; in ganz Europa verbreitet, nur im Norden häufig, sonst meist selten. **W** Auch diese Art hat etliche Doppelgänger. Mikroskopisch ist sie durch zweierlei Pigmenttypen in der Huthaut charakterisiert.

SP 7,5–10 × 7–9 µm

1

2

3

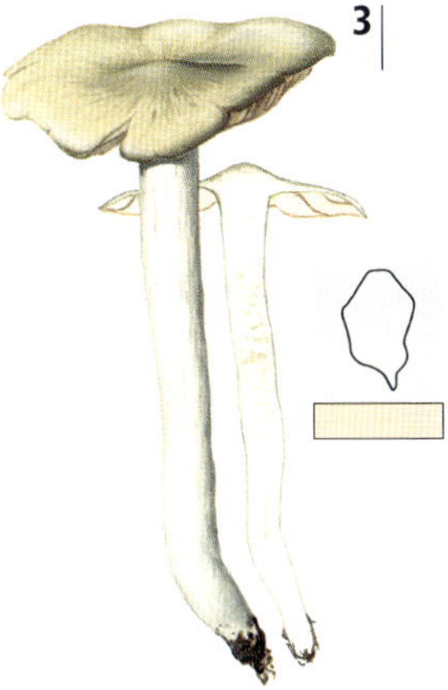

4

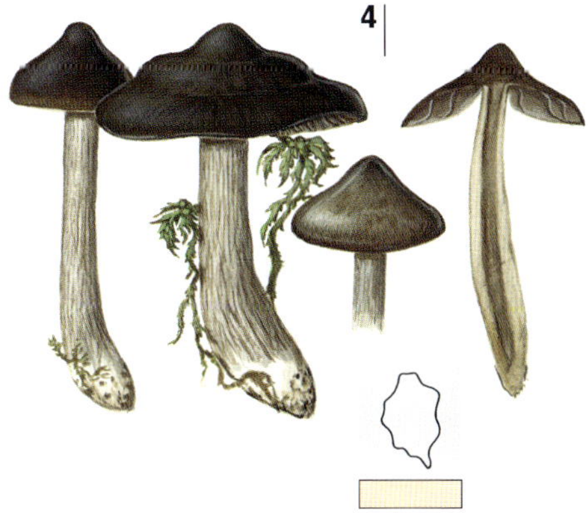

5

1 | Scherbengelber Glöckling

Entoloma cetratum

H 1–5 cm, jung konisch glockig, dann breit glockig, gebuckelt, ocker- bis rostorange, gelbbraun, ziegelfarben, hygrophan, feucht stark gerieft. **L** Jung ockergelb, dann zunehmend rosabraun, knapp angewachsen. **S** 4–10 × 0,2–0,5 cm, zylindrisch, ockergelb bis orangebräunlich, weißlich überfasert. **F** Gelblich, Geruch und Geschmack unspezifisch, mild. **V** Mai bis November. Vor allem in Nadelwäldern und Mooren, selten im Laubwald, auf sauren bis neutralen Böden; in ganz Europa verbreitet und häufig. **W** Die Art ist die häufigste ihrer Verwandtschaft, zu der noch u. a. *E. cuneatum*, *E. pallescens* und *E. testaceum* gehören.

SP 9–12 × 7–9,5 µm

2 | Kreuzsporiger Glöckling

Entoloma conferendum (Syn. *E. staurosporum*)

H 1–6 cm, jung kegelig bis glockig, dann gewölbt, nur selten verflachend, manchmal leicht genabelt, graubraun bis sepia, hygrophan, glatt oder in der Mitte feinst filzig, feucht bis halben Radius gerieft. **L** Weißlich, älter zunehmend fleischrosa, knapp angewachsen bis fast frei. **S** 3–10 × 0,2–0,6 cm, zylindrisch, oft etwas verdreht, gelb- bis braungrau, auffallend silbrig überfasert und dadurch fast metallisch wirkend. **F** Weißlich, Geruch und Geschmack unspezifisch, bisweilen etwas mehlartig, mild. **V** Mai bis Dezember. In Wäldern aller Art, auf Wiesen, in Mooren, etwas häufiger auf sauren Böden; in ganz Europa verbreitet und häufig. **W** Er ist vielleicht der häufigste Rötling. Durch die einzigartige Sporenform ist die ganze Artengruppe gut erkennbar.

SP 9–13 × 8–12 µm

3 | Schlankstieliger Glöckling

Entoloma hebes

H 1,5–3 cm, jung glockig bis konvex, mit zitzenartigem, spitzen Buckel, nicht verflachend, manchmal mit kleiner Papille statt Buckel, dunkelgrau bis olivbraun bis sepia, hygrophan, glatt, feucht bis halben Radius gerieft. **L** Schmutzig weißlich, älter zunehmend fleischrosa, knapp angewachsen bis fast frei. **S** 3–10 × 0,1–0,4 cm, zylindrisch, sehr schlank, etwas heller hutfarbig, anfangs silbrig überfasert, Basalmyzel weiß, am Stiel etwas nach oben ziehend. **F** Weißlich, Geruch und Geschmack mehlartig, ranzig, mild. **V** Juli bis November. In feuchten Laubwäldern, auf feuchten Wiesen und Heiden, sehr selten aus dem Nadelwald berichtet, bodenvag; in ganz Europa verbreitet, meist zerstreut. **W** Ähnliche weitere Arten sind meist nur mikroskopisch oder molekular zu trennen.

SP 9–13 × 6–8 µm; **CH** bis 50 µm lang

4 | Traniger Glöckling, Gebrechlicher Glöckling

Entoloma hirtipes

Von voriger Art in erster Linie durch den Geruch nach Tran oder Ölsardinen, sowie breitere Sporen unterschieden, ferner durch die frühe Erscheinungszeit und größere Fruchtkörper mit Hut 3–10 cm. **V** April bis Juni. In Fichtenwäldern (auch anderswo?); in ganz Europa zerstreut, eher selten. **W** Die Art wird in dieser Umgrenzung nicht von allen Mykologen anerkannt, erscheint uns aber gut charakterisiert.

SP 10–14 × 8–10 µm; **CH** bis 65 µm lang

5 | Seidiger Glöckling

Entoloma sericeum

H 2–8 cm, jung gewölbt, dann flach konvex bis flach, alt nicht selten etwas vertieft bis schwach trichterig, feucht dunkel graubraun, sepia- bis umbrabraun, stark hygrophan, bis fast zur Mitte gerieft. **L** Jung hell graubraun, zunehmend fleischbraun, mäßig eng stehend, ausgebuchtet bis breit angewachsen. **S** 2–10 × 0,3–0,8 cm, zylindrisch, dunkel graubraun, hutfarbig, anfangs weißlich überfasert. **F** Weiß bis hell graubräunlich, Geruch und Geschmack mild, stark mehlartig. **V** Juni bis Dezember. Auf extensiv wie intensiv genutzten Wiesenflächen gleichermaßen, auch in Vorgärten und Straßenbanketten; in ganz Europa verbreitet und häufig. **W** In die Verwandtschaft des Seidigen Rötlings gehört noch ein Dutzend weiterer Arten, deren Bestimmung selbst für Spezialisten schwierig ist. Er wächst an seinen Standorten oft in großer Zahl.

SP 7,5–10 × 6,5–9 µm

1
2
3
4
5

1 | Frühlings-Glöckling
Entoloma vernum

H 1,5–5 cm, jung konisch glockig, dann breit glockig, spitz bis stumpf gebuckelt, seltener mit Papille, dunkel graubraun, sepia, olivlich schwarzbraun, hygrophan, feucht nicht oder nur kurz gerieft. **L** Jung hell braungrau, dann zunehmend rosabraun, knapp angewachsen. **S** 2–6 × 0,2–0,5 cm, zylindrisch, oft abgeplattet, hutfarbig. **F** Blass graubraun, Geruch und Geschmack unspezifisch. **V** März bis Mai. In Lichtungen und an Rändern von Laub- und Nadelwäldern, seltener in Parks und Gärten, auf sauren bis neutralen Böden; in ganz Europa verbreitet, nicht häufig. **W** Die Art ruft nachweislich Magen-Darm-Vergiftung hervor.

SP 8–11 × 7–9 µm; **CH** -

2 | Behaarter Rötling
Entoloma dysthaloides

H 0,5–1,5 cm, jung kegelig bis glockig, dann flach gewölbt oder flach, graubraun bis dunkelgrau, nicht hygrophan, Mitte fein schuppig, zum Rand hin mit abstehenden hellen Härchen bedeckt, feucht meist gerieft. **L** Milchkaffeefarben, graubraun, älter dunkel fleischbraun, entfernt stehend, aufsteigend angewachsen. **S** 2–4 × 0,1–0,2 cm, zylindrisch, braungrau, auffallend hellbraun dicht behaart. **F** Weißlich, Geruch und Geschmack unspezifisch, mild bis etwas herb. **V** Juni bis Oktober. In feuchten, auwaldartigen Laubwäldern, oft unter Erle oder Esche, vor allem auf basenreichen Böden; in ganz Europa verbreitet, aber meist selten. **W** Die Untergattung *Pouzarella* zeichnet sich durch Fruchtkörper mit starker, abstehender Behaarung sowie graubräunlichen Lamellen aus.

SP 10–14 × 7–8,5 µm; **CH** bis 60 µm lang

3 | Schorfiger Filz-Rötling
Entoloma scabiosum

RL-2

H 1,5–6 cm, jung konvex, schnell verflachend, nicht oder undeutlich gebuckelt, mit dunkel umbrabraunen bis schwärzlichen Schuppen auf weißlichem Untergrund, nicht hygrophan, nicht gerieft. **L** Schmutzig weißlich, älter zunehmend fleischrosa, aufsteigend angewachsen. **S** 3–8 × 0,3–0,6 cm, zylindrisch, grau- bis porphyrbräunlich, längsfaserig. **F** Weißlich, Geruch und Geschmack unspezifisch, mild. **V** Juli bis November. In feuchten temperaten Laubwäldern; in Mitteleuropa verbreitet, aber selten, im restlichen Europa weitgehend fehlend. **W** Die europaweit seltene Art hat in Deutschland einen ihrer Verbreitungsschwerpunkte, weswegen sie als Art mit hoher Verantwortlichkeit eingestuft ist (V !).

SP 7–8,5 × 5,5–7 µm; **CH** bis 65 µm lang

4 | Heide-Rötling
Entoloma elodes

RL-2

H 3–8 cm, jung konvex, schnell verflachend und alt oft etwas niedergedrückt, meist schwach gebuckelt, beigegrau, ocker- bis sepiabraun, abtrocknend glimmrig, nicht hygrophan, nicht gerieft. **L** Schmutzig weißlich, älter zunehmend fleischrosa, aufsteigend angewachsen. **S** 3–8 × 0,3–0,8 cm, in tiefen Moospolstern bis 15 cm lang, zylindrisch, weißlich bis hell graubräunlich, längsfaserig. **F** Weißlich, Geruch und Geschmack mehlartig, mild. **V** Juli bis Oktober. In naturnahen Heiden und Hochmooren; in Mittel- und Nordeuropa verbreitet, aber überall selten, im restlichen Europa weitgehend fehlend. **W** Signalart für natürliche Moorgebiete!

SP 9–12 × 7–9 µm; **CH** bis 60 µm lang

5 | Porphyrbrauner Rötling
Entoloma porphyrophaeum

RL-3

H 4–12 cm, jung glockig, dann flach konvex mit +/- ausgeprägtem stumpfem Buckel, alt selten verflacht und mit aufgebogenem Rand, eingewachsen-faserig, die Fasern teils schwach schuppig aufbrechend, grau- bis sepiabraun, mit auffallendem Purpurton, nicht hygrophan. **L** Jung weißlich, zunehmend fleischrosa, mäßig eng stehend, knapp angewachsen. **S** 5–15 × 0,5–1,5 cm, zylindrisch, heller hutfarbig, ebenfalls purpurviolett getönt. **F** Weißlich, Geruch und Geschmack unspezifisch, mild. **V** Juli bis Oktober. Auf extensiv Wiesenflächen, Magerrasen, Bergweiden, bodenvag; in ganz Europa verbreitet, meist selten und rückläufig. **W** Die spektakuläre Art ist mit ihrer purpurbraunen Färbung und Größe unverkennbar. Sie kann als Signalart für extensives Grünland angesehen werden.

SP 9–12 × 6,5–8,5 µm; **CH** bis 60 µm

1

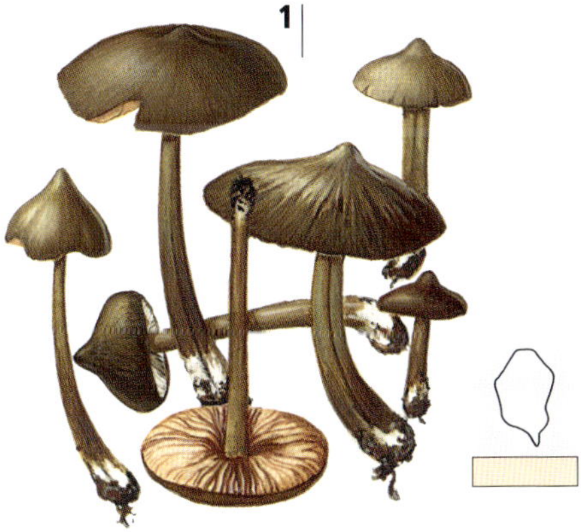

2

3

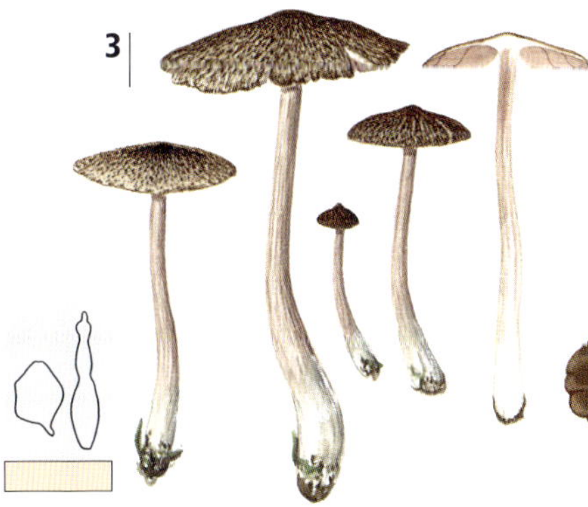

4

5

1 | Stahlblauer Rötling

Entocybe nitida (Syn. *Entoloma nitidum*)

RL-V

H 2–6 cm, jung konisch glockig, dann flach konvex, alt oft etwas niedergedrückt und verbogen, tinten- bis schwarzblau, trocken taubenblau, nicht hygrophan, glatt bis schwach faserig. **L** Weißlich, dann zunehmend fleischrosa, knapp angewachsen. **S** 3–8 × 0,3–1 cm, zylindrisch, Basis meist verjüngt, hutfarbig, längsfaserig. **F** Weißlich, in der Stielrinde und unter der Huthaut etwas bläulich, Geruch und Geschmack unspezifisch. **V** Juli bis Oktober. In feuchten, naturnahen Nadelwäldern und an Moorrändern, auf sauren Böden; in Mittel-, Ost- und Nordeuropa verbreitet, in vielen Regionen selten geworden. **W** Zeigerart für naturnahe Nadelwälder. Die Gattung *Entocybe* ist durch kleine, rundliche, nur schwach eckige Sporen gekennzeichnet und enthält noch weitere, meist nicht blau gefärbte Arten (z. B. *E. turbidum*, *E. vinaceum*).

SP 6–8 × 6–8 µm

2 | Blauer Rötling

Entoloma bloxamii

RL-3

H 4–10 cm, jung halbkugelig-glockig, dann gebuckelt gewölbt, polsterförmig, grauultramarin bis taubenblau, heller eingewachsen-faserig, stellenweise ockerlich verblassend, nicht hygrophan. **L** Weißlich, älter fleischrosa, aufsteigend angewachsen, oft fast frei erscheinend. **S** 4–8 × 1–2 cm, zylindrisch, weißlich, graublau überfasert, Basis mit gelblichen Tönen. **F** Weißlich, Geruch und Geschmack mehlig-gurkig, mild. **V** Juli bis Oktober. In naturnahen oder extensiv genutzten Wiesen, Weiden und Trockenrasen, an grasigen Waldrändern, bodenvag; in ganz Europa verbreitet, aber meist selten. **W** *E. atromadidum* unterscheidet sich durch schwarzgraublauen, meist runzelig werdenden Hut. Diese Art kommt vor allem in Südeuropa und Südengland in thermophilen Eichenwäldern vor und wurde in Deutschland bisher nur an einer einzigen Stelle in der Eifel nachgewiesen.

SP 7–8,5 × 7–8 µm

3 | Violetter Rötling

Entoloma euchroum

RL-V

H 1,5–6 cm, jung konvex, schnell verflachend, meist alt etwas verbogen niedergedrückt, blauviolett, veilchenfarben, etwas faserig, schwach glänzend, nicht hygrophan. **L** Blauviolett, älter zunehmend lilabraun, ausgebuchtet angewachsen. **S** 3–8 × 0,2–0,6 cm, zylindrisch, jung violett, bald lilabräunlich, längsfaserig. **F** Violettlich, Geruch unspezifisch oder schwach blütenartig, Geschmack unspezifisch, etwas unangenehm. **V** Juli bis November. In feuchten Laubwäldern, Auwäldern und Brüchen, meist auf Laubholz oberhalb des Bodens; in ganz Europa verbreitet, nirgendwo häufig. **W** Diese hübsche und aufgrund des Wuchses auf Holz leicht kenntliche Art kann als Naturnähezeiger gewertet werden. Sie wächst an ihren Standorten meist nur einzeln oder zu wenigen Exemplaren.

SP 7–8,5 × 5,5–7 µm; **CH** bis 50 µm lang

4 | Schwarzblauer Rötling

Entoloma chalybaeum

RL-3

H 1–3,5 cm, jung stark konvex bis halbkugelig, alt verflachend und meist genabelt oder mit Papille, schwarzblau, dunkel ultramarin, fein schuppig-filzig, zumindest in der Mitte, nicht hygrophan, manchmal feucht gerieft. **L** Weißlich oder schwach bis deutlich bläulich (= var. *lazulinum*), älter zunehmend fleischrosa, Schneide gleichfarbig, aufsteigend (knapp) angewachsen. **S** 3–6 × 0,2–0,5 cm, zylindrisch, manchmal etwas zusammengedrückt und mit Rille, dunkel graublau bis schwarzblau, glatt und glänzend. **F** Weißlich, in der Stielrinde bläulich, Geruch und Geschmack unspezifisch, mild. **V** Juni bis November. In naturnahen oder extensiven Wiesen, Weiden und Magerrasen, auf Heideflächen und Dünen, selten in alten Parkanlagen und an grasigen Wegrändern; in ganz Europa verbreitet, regional noch relativ häufig, meist rückläufig. **W** Art mit hoher Verantwortlichkeit für Deutschland (V !). Ihr Vorkommen zeigt Biotope an, in denen oft noch weitere seltene und gefährdete Arten zu finden sind.

SP 9–12 × 6,5–9 µm; **CH** bis 75 µm lang, manchmal selten bis fehlend

1

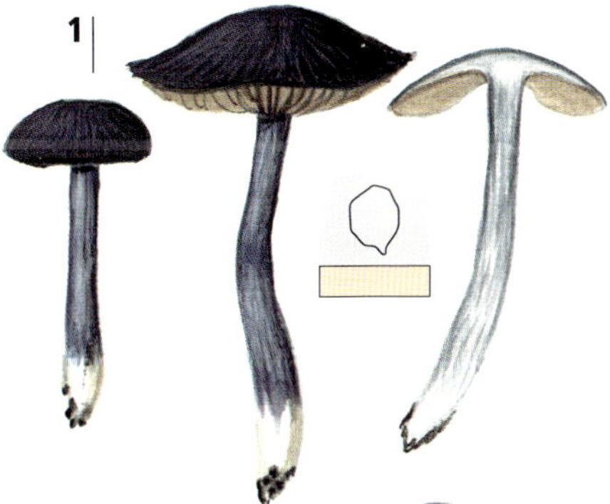

2

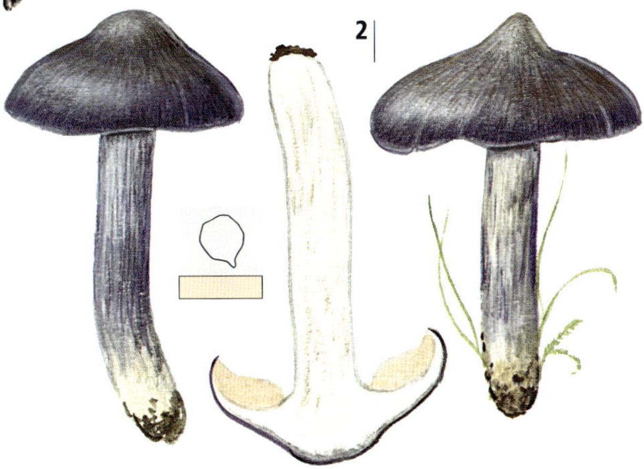

3

4

1 | Graublaustieliger Zärtling

Entoloma lividocyanulum

RL-G

H 1,5–3 cm, jung konvex, bald flach und alt oft etwas niedergedrückt, jung nuss- bis sepiabraun, mit der Zeit blasser braun oder gelbbraun, hygrophan, feinst faserig-schuppig in der Mitte, feucht bis zur Hälfte des Radius gerieft. **L** Weißlich, dann zunehmend fleischrosa, ausgebuchtet bis breit angewachsen, mit Zähnchen herablaufend. **S** 3–8 × 0,1–0,3 cm, zylindrisch, jung intensiv blau, stahlblau, schnell zu bläulich grau entfärbend, alt oder einige Zeit nach dem Sammeln auch völlig ohne Blauton, glatt. **F** Weißlich, in der Stielrinde etwas bläulich, Geruch und Geschmack unspezifisch. **V** Juli bis Oktober. Auf naturnahen Wiesen, Weiden, Magerrasen und Heide, bodenvag; in ganz Europa verbreitet, in vielen Regionen selten geworden, in Deutschland vor allem im Süden. **W** Wie viele Arten der Untergattung *Leptonia* Zeigerart für naturnahes Grünland. Wichtig ist bei diesen Arten, bereits beim Sammeln auf eventuelle Blautöne am Stiel zu achten, da diese flüchtig, aber bestimmungsrelevant sind.

SP 6–8 × 6–8 µm

2 | Buchenwald-Zärtling

Entoloma placidum

RL-G

H 1,5–4 cm, jung halbkugelig-glockig, dann konvex gewölbt, nicht verflachend, grau bis graubraun, zum Rand hin eingewachsen-faserig, in der Mitte fein schuppig, nicht hygrophan, nicht gerieft. **L** Weißlich, älter fleischrosa, aufsteigend angewachsen. **S** 3–8 × 0,2–0,4 cm, zylindrisch, ultramarin bis stahlblau, längsfaserig. **F** Weißlich, Geruch etwas mehlig, oft muffig, an den Mehl-Räsling (→ S. 306) erinnernd, Geschmack mehlartig, mild. **V** Juli bis Oktober. Auf liegendem, morschem Buchenholz, in naturnahen Buchenwäldern auf Kalkboden; in Mitteleuropa verbreitet, aber überall selten, in Südeuropa und Skandinavien weitgehend fehlend. **W** Als einzige Holz bewohnende Rötlingsart mit blauem Stiel und graubraunem Hut einfach erkennbar. Ob die Art auch ohne Holzkontakt vorkommen kann und ob sie auch an anderen Laubhölzern wächst, ist unklar.

SP 8,5–11 × 6–7,5 µm

3 | Gesägtblättriger Zärtling

Entoloma serrulatum

RL-3

H 1,5–5 cm, jung konvex, schnell verflachend, meist alt etwas niedergedrückt, genabelt, jung dunkel tinten- bis schwarzblau, zunehmend bräunlich blau entfärbend, gleichfarbig fein geschuppt, schwach glänzend, nicht hygrophan, nicht gerieft. **L** Weißlich oder mit bläulichem Ton, ausgebuchtet angewachsen, Schneide blauschwarz, etwas bewimpert. **S** 4–10 × 0,2–0,5 cm, zylindrisch, jung tief dunkelblau, bald graublau bis fast reingrau, glatt, kahl. **F** Weißlich, Geruch unspezifisch oder schwach krautig, Geschmack mild, etwas unangenehm. **V** Juli bis Oktober. In naturnahen oder extensiv bewirtschafteten Wiesen, Weiden und Heiden, bodenvag; in ganz Europa verbreitet, nirgendwo häufig. **W** Dunkelblaue oder braune Lamellenschneiden kennzeichnen eine ganze Gruppe von Zärtlingen, sodass die Bestimmung immer nur mithilfe des Mikroskops gelingt. Unter diesen Arten ist *E. serrulatum* die häufigste.

SP 9–12 × 6,5–8 µm; **CH** bis 100 µm lang, selten länger

4 | Schiefergrauer Zärtling

Entoloma mougeotii

RL-3

H 2–6 cm, jung konvex, bald verflachend, genabelt, jung graublauviolett, älter porphyr- bis violettgrau, porphyrbräunlich, fein schuppig-filzig, nicht hygrophan, Rand stets eingebogen, nicht gerieft. **L** Weißlich oder schwach grauviolettlich, älter zunehmend fleischrosa, Schneide gleichfarbig, aufsteigend breit angewachsen, mit Zähnchen herablaufend. **S** 3–8 × 0,2–0,6 cm, zylindrisch, hutfarbig oder etwas blasser, längsfaserig. **F** Weißlich, Geruch und Geschmack unspezifisch, mild. **V** Juli bis Oktober. In naturnahen oder extensiven Wiesen, Weiden und Magerrasen, auf Heideflächen, an grasigen Wegrändern, in grasigen lichten Kiefernwäldern; in ganz Europa verbreitet, regional noch relativ häufig, meist rückläufig. **W** Die Art kommt in den Alpen bis über 2000 m Höhe vor.

SP 9–12 × 6–8,5 µm; **CH** bis 60 µm lang

1
2
3
4

1 | Lilastieliger Zärtling

Entoloma allochroum

RL-R

H 2–6 cm, jung konisch, bald flach, stumpf gebuckelt, alt oft verbogen-niedergedrückt, Grundfarbe grau- bis beigebraun, am Rand etwas violettlich getönt, mit dunkler braunen bis braungrauen Schüppchen besetzt, nicht hygrophan, nicht gerieft. **L** Weißlich, dann zunehmend fleischrosa, ausgebuchtet angewachsen, mit Zähnchen herablaufend. **S** 4–8 × 0,3–0,8 cm, zylindrisch, jung intensiv rosa-bis rotviolett, zum Hut und zu den Lamellen kontrastierend, grob längsfaserig oder rauschuppig, auch alt nur wenig verblassend. **F** Weißlich, Geruch und Geschmack unspezifisch. **V** Juli bis Oktober. In etwas nährstoffreicheren Laubwäldern wie z. B. Eschen-Ahorn-Mischwälder, humusreiche Buchen- und Schatthangwälder; in Europa lückig verbreitet, überall selten. **W** Auch wenn die Art optisch eindrucksvoll und einzigartig aussieht, gibt es noch mehrere ähnliche Arten, die nur mikroskopisch auseinandergehalten werden können (z. B. *E. tjallingiorum*, *E. fulvociolaceum*).

SP 9–12 × 7,5–9,5 µm; **CH** bis 55 µm lang

2 | Rosafarbener Zärtling

Entoloma roseum

RL-R

H 1,5–4 cm, jung gewölbt, dann flach konvex, mit unauffälligem bis deutlichem Nabel, alt bisweilen verflachend oder sogar schwach niedergedrückt, intensiv rosa bis flamingofarben, kaum entfärbend, nicht hygrophan, nicht gerieft. **L** Weißlich, alt fleischrosa, aufsteigend angewachsen. **S** 2–8 × 0,2–0,4 cm, zylindrisch, hutfarbig, glatt. **F** Weißlich, in der Stielrinde etwas rosalich, Geruch und Geschmack unspezifisch. **V** Juli bis Oktober. In naturnahen oder extensiv bewirtschafteten Wiesen und Weiden, an Moorrändern, in lichten Kiefernwäldern, auf Kalkboden; in ganz Europa mit Ausnahme des nördlichen Skandinaviens verbreitet, überall sehr selten. **W** Es gibt nur wenige weitere rosa gefärbte Rötlinge.

SP 8,5–11 × 6,5–8 µm; **CH** bis 60 µm lang, manchmal spärlich

3 | Rosaflockiger Zärtling

Entoloma queletii

RL-G

H 1,5–5 cm, jung stark konvex gewölbt, alt (fast) verflachend, nicht oder schwach genabelt, jung lilarosa filzig bis feinschuppig, zumindest in der Mitte, älter mehr und mehr die elfenbeinfarbene Grundfarbe durchkommend, nicht hygrophan, nicht gerieft. **L** Weißlich, älter zunehmend fleischrosa, aufsteigend angewachsen und mit Zähnchen herablaufend. **S** 3–8 × 0,2–0,6 cm, zylindrisch, cremefarben, etwas filzig-flockig, besonders an der Spitze. **F** Weißlich, Geruch unspezifisch oder etwas blütenartig, Geschmack unspezifisch, mild. **V** Juli bis Oktober. In naturnahen feuchten Au- und Bruchwälder, vor allem im Erlen-Ulmen-Auwald, selten auf extensiven Wiesen; in ganz Europa verbreitet, überall selten, stark rückläufig aufgrund von Biotopverlusten. **W** Deutschland trägt für den Erhalt dieser Art eine besondere Verantwortung (V !).

SP 9–12,5 × 7–9 µm; **CH** bis 70 µm lang

4 | Langstieliger Nabel-Zärtling

Entoloma incarnatofuscescens

RL-2

H 0,5–2,5 cm, jung fast flach, kaum gewölbt, genabelt, dann schwach bis deutlich vertieft, trichterförmig, blass rosabraun, rosagrau, sehr jung manchmal violettblau, alt den rosa Beiton verlierend, hygrophan, feucht bis fast zur Mitte gerieft. **L** Weißlich, älter bräunlich rosa, herablaufend. **S** 1,5–4 × 0,1–0,3 cm, zylindrisch, jung ultramarin bis graublau, bald den blauen Farbton verlierend und dann grau bis braubraun, glatt. **F** Weißlich, Geruch unspezifisch oder schwach mehlig, Geschmack mehlartig, mild. **V** Juni bis Oktober. In frischen bis feuchten, etwas nährstoffreichen Laubwäldern, gerne bei Esche und Ahorn, auch an Wegrändern, meist auf lehmigen, humosen, basenreichen Böden; in ganz Europa mit Ausnahme des Mittelmeergebiets verbreitet, nur regional etwas häufiger. **W** Der Farbwechsel von jung völlig blau zu graubräunlich bei älteren Exemplaren ist so erstaunlich, dass man meinen könnte, es handele sich um zwei verschiedene Arten.

SP 8–12 × 7–9 µm

1

2

3

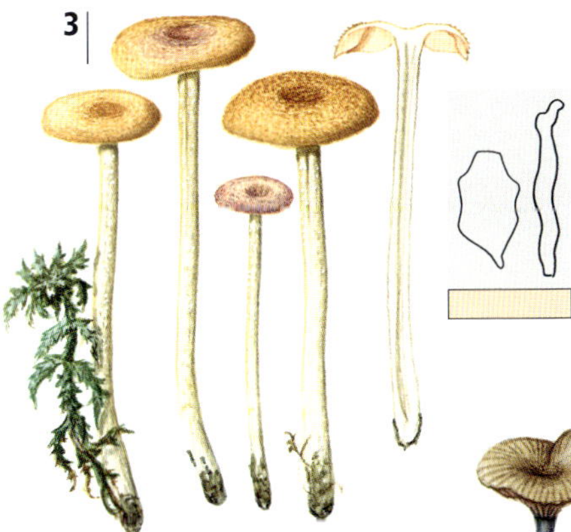

4

1 | Wachsgelber Zärtling, Rosthütiger Zärtling

Entoloma formosum

RL-G

H 1,5–4 cm, jung konisch, dann etwas aufschirmend, nie ganz flach werdend, schwach genabelt oder mit kleiner Papille, ocker- bis goldbraun, mit rostbräunlichen oder braungelben feinen Schüppchen in der Mitte, nicht hygrophan, stark gerieft. **L** Weißlich, dann zunehmend fleischrosa, ausgebuchtet knapp angewachsen. **S** 3–8 × 0,2–0,5 cm, zylindrisch, im oberen Teil ockergelb, hutfarbig, darunter heller, alt entfärbt. **F** Weißlich, Geruch und Geschmack unspezifisch. **V** Juli bis Oktober. In lichten Wäldern, auf Wiesen und Heiden, bodenvag; in ganz Europa verbreitet, überall zerstreut bis selten. **W** Warum die Art trotz der großen Bandbreite an potenziell geeigneten Biotopen so selten ist, ist unbekannt.

SP 10–14 × 7,5–9,5 µm; **CH** bis 70 µm lang

2 | Braungrüner Zärtling

Entoloma incanum

RL-G

H 1,5–4 cm, jung stark gewölbt, dann flach konvex, alt auch ganz verflachend oder schwach niedergedrückt, mit deutlichem Nabel, olivgelb bis -braun, mit grünlichem Ton in der Mitte, dort fein schuppig, Rand feucht stark gerieft. **L** Blass gelbgrünlich, alt fleischrosa, aufsteigend (breit) angewachsen. **S** 3–8 × 0,2–0,4 cm, zylindrisch, ocker bis grüngelb, bei Berührung nach mehreren Minuten giftgrün bis blaugrün verfärbend. **F** Weißlich, Geruch intensiv nach verbrannten Haaren, Mäusekot oder Schweißfüßen, Geschmack unspezifisch, mild. **V** Juni bis Oktober. An trockenen bis frischen, grasigen Stellen, auf Kalkboden; in ganz Europa verbreitet, meist nicht selten. **W** Sowohl die Stielverfärbung als auch der Geruch sind einzigartig in der Gattung.

SP 10–13 × 7,5–9 µm

3 | Gestreifter Zärtling

Entoloma longistriatum

RL-G

H 1,5–4 cm, jung glockig, dann flach konvex, bisweilen leicht niedergedrückt, genabelt, gelb-, sepia- bis graubraun, stark hygrophan, feucht bis fast zur Mitte gerieft. **L** Blass cremegrau, älter bräunlich rosa, aufsteigend angewachsen, mit Zähnchen herablaufend, Schneide alt oft bräunlich werdend. **S** 3–8 × 0,1–0,4 cm, zylindrisch, gelb- bis graubräunlich, blassgrau ausblassend, kahl, glatt. **F** Weißlich, Geruch und Geschmack unspezifisch, nicht mehlig. **V** Juni bis Oktober. In lichten Laub- und Nadelwäldern, oft an bewuchsfreien Stellen mit Flechten, auch an Wegrändern, in Wiesen, auf Heiden, bodenvag; in ganz Europa verbreitet, regional oft noch häufig, aber stark rückläufig. **W** Es gibt viele ähnliche Arten, die auch Spezialisten nur schwer unterscheiden können. Daher ist die genau Verbreitung nicht sicher bekannt.

SP 9,5–13 × 6,5–9 µm, **CH** bis 55 µm lang

4 | Breitstieliger Zärtling

Entoloma turci

Sehr variable Art, ähnlich voriger, aber durch nachstehende Merkmale unterschieden. **H** Nur wenig am Rand gerieft, oft mit rotbraunen Tönen, filziger als voriger. **S** An der Basis oft gerieben nach Stunden rötend.

SP 8–12 × 6,5–8,5 µm, **CH** bis 65 µm lang, oft keuliger als bei voriger Art

5 | Zitronengelber Glöckling

Entoloma pleopodium

H 0,5–2,5 cm, jung glockig oder konisch, alt gewölbt oder flach glockig, deutlich genabelt, zitronen- bis ockergelb, manchmal olivlich getönt, glatt, hygrophan, meist deutlich gerieft. **L** Weißlich, älter zunehmend fleischrosa, aufsteigend angewachsen und mit Zähnchen herablaufend. **S** 1,5–5 × 0,1–0,3 cm, zylindrisch, gelb-, oliv- bis rotbräunlich, fein beflockt, alt fast glatt. **F** Weißlich, Geruch auffallend süßlich, parfümiert oder nach reifen Walderdbeeren, Geschmack unspezifisch, mild. **V** Juli bis Oktober. An nährstoffreichen Stellen in Laubwäldern, oft an Wegrändern, auch unter Brennnessel oder Springkraut, meist einzeln wachsend, bodenvag; in ganz Europa verbreitet, nicht selten. **W** Die Art ist trotz ihrer gelben Farbe und des auffallenden Geruchs recht unscheinbar und wird sicherlich des Öfteren übersehen.

SP 8–11,5 × 6,5–8 µm

1
2
3
4
5

1 | Weißseidiger Rötling, Milchweißer Zärtling
Entoloma sericellum

H 1–4 cm, jung glockig bis halbkugelig, mit oder ohne Papille, dann aufschirmend, alt meist flach werdend, schwach genabelt oder mit kleiner Papille, milchweiß, oft schwach gelblich oder rosalich getönt, seidig glänzend, nicht hygrophan, nicht gerieft. **L** Weißlich, dann zunehmend fleischrosa, breit angewachsen bis schwach herablaufend. **S** 3–8 × 0,2–0,5 cm, zylindrisch, weißlich bis blassgelb, kahl, schwach seidig überfasert. **F** Weißlich, Geruch und Geschmack unspezifisch. **V** Juli bis Oktober. An grasigen Stellen in lichten Laubwäldern, in Au- und Bruchwäldern, auf nährstoffarmen Wiesen, an grasigen Weg- und Waldrändern, bodenvag; in ganz Europa verbreitet, zerstreut bis häufig. **W** Neben weiteren, sehr seltenen weißen Rötlingen könnte man die Art auch für einen Scheinhelmling (→ S. 282) halten.

SP 9–12 × 6,5–9 µm; **CH** bis 70 µm lang

2 | Dunkelblättriger Nabel-Rötling
Entoloma undatum

H 1,5–4 cm, jung flach, schnell vertieft werdend, genabelt bis trichterig, dunkelgrau- bis umbrabraun, manchmal undeutlich bis deutlich gezont, glatt, kaum gerieft. **L** Blass gelbgrünlich, alt fleischrosa, schwach bis stark herablaufend. **S** 1–4 × 0,2–0,5 cm, zylindrisch, nicht selten etwas exzentrisch, graubraun, kahl. **F** Weißlich bis hell milchkaffeebraun, kurz bis deutlich herablaufend, Geruch und Geschmack unspezifisch, manchmal etwas mehlartig, mild. **V** Juni bis Oktober. In Wäldern, an Wegrändern, auf Holzlagerplätzen, bodenvag; in ganz Europa verbreitet, nirgendwo selten. **W** Manchmal kann die Art auch an sehr morschem Holz wachsen.

SP 10–13 × 7,5–9 µm

3 | Braunblättriger Nabel-Rötling
Entoloma rusticoides

H 0,5–1,5 cm, flach konvex, deutlich genabelt, grau- bis umbrabraun, etwas filzig, hygrophan, feucht bis fast zur Mitte gerieft. **L** Jung etwas heller als der Hut gefärbt, alt dunkelbraun, entfernt stehend, herablaufend. **S** 1–3 × 0,1–0,2 cm, zylindrisch bis schwach knollig, hutfarbig dunkelbraun, kahl, fast glatt. **F** Bräunlich, Geruch und Geschmack unspezifisch. **V** Juni bis Oktober. In Pioniervegetation, an Wegrändern, an gestörten bewuchsfreien Stellen, bodenvag; in ganz Europa verbreitet, nicht selten. **W** Sehr ähnlich sind einige Nabelings-Arten (→ S. 180), die jedoch weißes Sporenpulver und elliptische Sporen haben.

SP 9,5–11,5 × 6,5–8,5 µm.

4 | Becher-Rötling, Erlen-Nabel-Rötling
Entoloma rhodocylix

RL-G

H 0,3–1,2 cm, glockig, später konvex bis fast flach, deutlich genabelt oder mit Papille, hell gelb- bis graubraun, beige, fein abstehend filzig, hygrophan, feucht stark gerieft. **L** Blass graucreme, dann fleischrosa, sehr entfernt stehend, herablaufend. **S** 1–3 × 0,05–0,2 cm, zylindrisch, hutfarbig hell graubräunlich, kahl, glatt. **F** Weißlich, Geruch und Geschmack unspezifisch. **V** Mai bis Oktober. An sumpfigen Waldstellen und in Auwäldern, häufig im Torfmoos bei Erle, selten in trockeneren Wäldern, bodenvag; in ganz Europa verbreitet, meist selten. **W** Die sehr kleinen, oft einzeln wachsenden Fruchtkörper werden sicherlich oft übersehen oder für ausgeblasste Heftelnabelinge (→ S. 174) gehalten.

SP 8–10,5 × 7–8,5, **CH** bis 60 µm lang

5 | Grauer Stummelfuß-Rötling
Entoloma byssisedum

RL-V

H 1–4 cm, jung gewölbt, rundlich, später flach konvex und nieren- bis muschelförmig, graubraun, beige, cremegrau oder milchkaffeebraun, glatt, hygrophan, Rand lange eingerollt, feucht deutlich gerieft. **L** Cremeweißlich, älter zunehmend fleischrosa, relativ eng stehend, breit angewachsen. **S** 0,2–0,5 × 0,1–0,2 cm, kurz aber stets vorhanden, zylindrisch, hutfarbig hell graubräunlich, meist exzentrisch oder seitlich, fast glatt. **F** Weißlich, Geruch und Geschmack mehlartig, mild. **V** Juni bis Oktober. An morschem Laubholz oder alten Porlingen, nach Literatur auch auf Erde, bodenvag; in ganz Europa verbreitet, nicht selten. **W** Weitere ähnlich Arten kommen sowohl innerhalb der Rötlinge vor (z. B. *E. jahnii*, *E. parasiticum*), als auch in anderen Gattung, wie z. B. Stummelfüßchen (→ S. 412) oder Adermooslinge (→ S. 180).

SP 8–11,5 × 6,5–8,5 µm

1
2
3
4
5

1 Mehl-Räsling
Clitopilus prunulus

H 3–10 cm, jung halbkugelig, bald flach polsterförmig, alt verflachend bis niedergedrückt, kalkweiß bis weißgrau, matt, bereift, Rand lange eingebogen. **L** Jung weißlich grau, alt bräunlich rosa, jung breit angewachsen, bald deutlich herablaufend, abschiebbar. **S** 2–8 × 0,5–2 cm, zylindrisch oder basal verjüngt, weißlich bis hellgrau, oft exzentrisch. **F** Weißlich, Geruch und Geschmack frisch zunächst intensiv mehlartig, bald eher spermatisch. **V** Juni bis Dezember. In Wäldern aller Art, auf Waldwiesen, bodenvag; in ganz Europa verbreitet und häufig. **W** Aus wärmebegünstigten Laubwälder wurde *C. cystidiatus* beschrieben, der vor allem in den Lamellen deutlicher grau gefärbt sein soll und oft einen wasserfleckigen Hut hat. Entgegen seinem Namen sind die Zystiden aber kein gutes Trennmerkmal zum Mehl-Räsling. Der Artenkomplex (*C. prunulus* s.l.) ist mit Dickröhrlingen assoziiert, also auch ein guter Zeiger für Steinpilz- und Hexenröhrlingsplätze.

SP 10–13 × 5–7 µm, **CH** spärlich bis fehlend, bis 40 µm

2 Muschelförmiger Räsling, Muschelräsling
Clitopilus hobsonii

H 0,5–3 cm, fächer- bis nierenförmig, jung rundlich, weiß, filzig. **L** Weiß, nur alt etwas cremerosa werdend, entfernt. **S** Bis 0,2 cm oder völlig fehlend. **F** Weiß, Geruch und Geschmack unspezifisch, selten schwach mehlartig. **V** Mai bis November. In Wäldern aller Art, an morschem Holz oder alten Porlingen; in ganz Europa verbreitet, überall häufig. **W** Es handelt sich um eine Artengruppe, deren Abgrenzung untereinander noch erforscht werden muss. Ähnlich sind vor allem Stummelfüßchen (→ S. 412) und einige Rötlingsarten (z. B. *E. jahnii*).

SP 7–10 × 4,5–6 µm

3 Würziger Tellerling, Fleischiger Tellerling
Rhodocybe gemina (Syn. *Rhodocybe truncata*)

H 3–12 cm, schwach gebuckelt mit heruntergebogenem Rand, konvex, +/- vertieft, variabel ockergelb bis rötlich ocker mit Rosaton, Oberfläche filzig matt, +/- bereift. **L** Cremeweiß bis ockerrosa, eng, gekräuselt, +/- herablaufend, Schneide schartig. **S** 3–8 × 0,5–3 cm, sehr variabel, +/- zylindrisch, verjüngt, mit Rhizoiden, längsfaserig, rillig, trocken, weißlich ocker. **F** Weiß, kompakt, Geruch angenehm würzig, Geschmack mild. **V** Juni bis Dezember. Planar bis montan, einzeln bis büschelig, weit verbreitet, in Laub- und Nadelwäldern, Gartenanlagen, bodenvag. **W** Die Art ist sehr variabel in den Fruchtkörpergrößen. Verwechslungsmöglichkeiten bestehen mit *Bonomyces sinopicus*, *Calocybe civilis*, *Rhizocybe vermicularis* (bei Lärchen).

SP 4,5–7 × 3–4,5 µm, **CH** bis 70 µm lang, Schnallen -

4 Gelbfuchsiger Tellerling
Rhodophana nitellina (Syn. *Rhodocybe nitellina*)

H 1,5–5 cm, jung kegelig, dann ausgebreitet, mit eingebogenem, gekerbten Rand, +/- papilliert, lebhaft orange- bis gelbbraun, Oberfläche glänzend, hygrophan mit konzentrischen Kreisen. **L** Weiß bis hell ocker, breit angewachsen, kurz herablaufend, mit Queradern. **S** 3–7 × 0,3–0,5 cm, zylindrisch, glatt, wie der Hut gefärbt, mit weißem Basalfilz. **F** Ockerlich, elastisch, Geruch und Geschmack stark mehlartig bis ranzig. **V** Juli bis November. Im Süden verbreitet, im Norden selten. Kollin bis subalpin (bis 2000 m) in Laub- und Nadelwäldern mit Buchen, Fichten, vorwiegend auf basischen Böden. **W** Vgl. *Rhodophana melleopallens* mit gelberen Farben und kleineren Sporen.

SP 6,5–8,5 × 4–5 µm, **CH** -, Schnallen +

5 Bereifter Tellerling, Rauchgrauer Tellerling
Clitocella popinalis (Syn. *Rhodocybe popinalis*)

H 4–7 cm, jung flach gebuckelt, bald flach, +/- genabelt, grau bis braungrau, Oberfläche matt, konzentrisch aufreißend, +/- wasserfleckig. **L** Weißlich bis grau, herablaufend, gegabelt, vom Hutfleisch leicht ablösbar. **S** 2–4 × 0,5–1 cm, zylindrisch, zur Basis verjüngt, braungrau, trocken, +/- filzig. **F** Blass, nach Verletzung +/- rötend, dann schwärzend, Geruch und Geschmack intensiv mehlartig, ranzig, bitter. **V** Juni bis November. Planar bis subalpin verbreitet, nicht häufig, in basenreichen Wäldern (oft bei Buchen und Fichten) und Wiesen. **W** Vgl. *Clitocella fallax*, *C. obscura* und *Rhodocybe parilis*.

SP 5–6,5 × 4,5–5 µm, **CH** -, Schnallen -

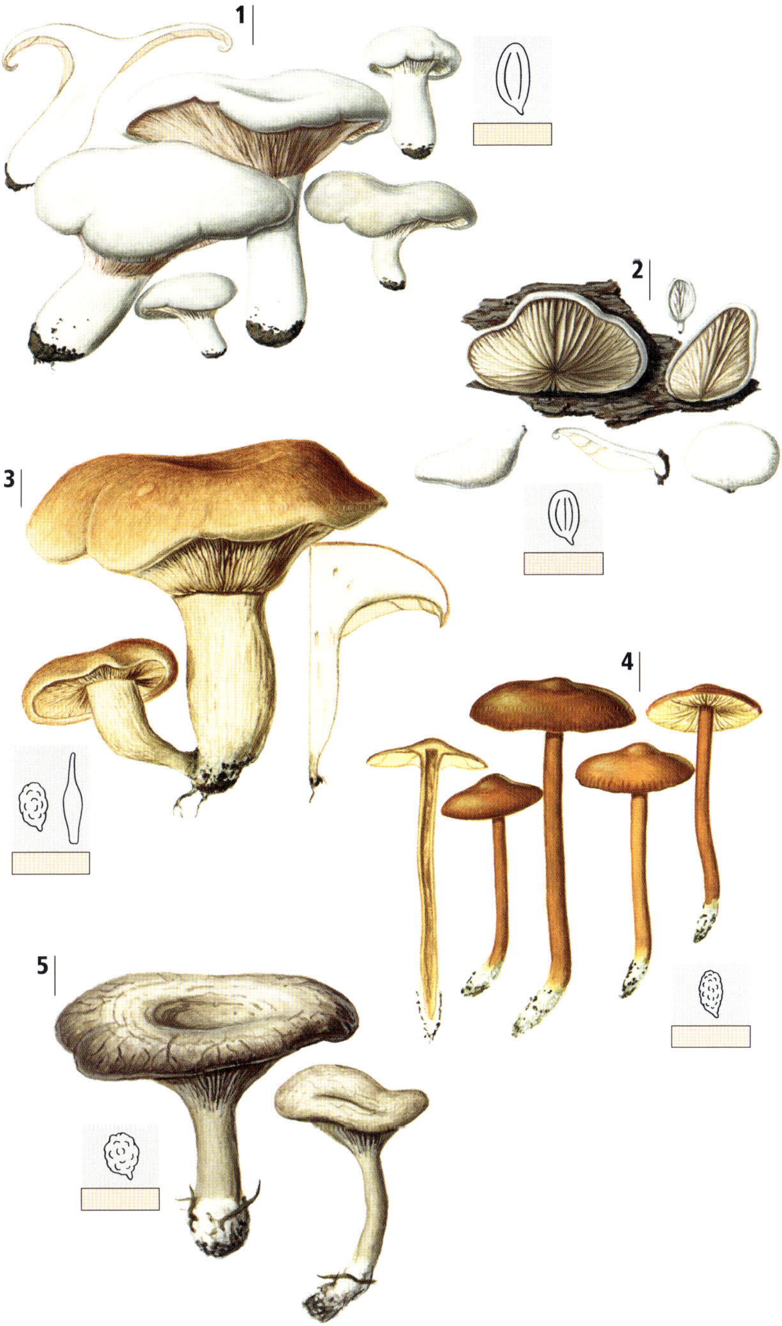
1
2
3
4
5

1 Rehbrauner Dachpilz

Pluteus cervinus

H 5–15 cm, konvex bis flach gebuckelt, variabel von schwarzbraun bis graubraun, Oberfläche in der Mitte oft runzelig fein radialfaserig (Lupe!), +/- seidig glänzend. **L** Cremeweiß bis rosa je nach Reifegrad, bauchig, dünn, frei. **S** 6–15 × 0,5–2 cm, +/- zylindrisch, trocken, weißlich mit braunen Längsfasern. **F** Blass, brüchig, längsfaserig, Geruch und Geschmack meist deutlich rettichartig, auch nach rohen Kartoffeln. **V** April bis Dezember. Planar bis montan an die Buchenwaldgrenze; verbreitet und häufig an Laubholz (Nadelholz vgl. *P. pouzarianus* und *P. primus*). **W** Die Sektion *Pluteus* wird durch das Vorhandensein von Hakenzystiden an den Lamellenflächen charakterisiert. Zur Unterscheidung der Arten sind die Substrate und Schnallenverhältnisse wichtige Merkmale.

SP 6,5–8 × 4,5–6,5 µm, **CH** keulig bis 70 µm, Schnallen -

2 Fichten-Dachpilz

Pluteus pouzarianus

H 5–12 cm, tendenziell etwas grauer als *P. cervinus*, ansonsten sehr ähnlich. **V** April bis Dezember. An Nadelholzstämmen und -stümpfen ab der Optimalphase.

SP 6–8 × 4–5,5 µm, Schnallen+ an 10–35 % der Huthauthyphen

3 Schwarzschneidiger Dachpilz

Pluteus nigrofloccosus (Syn. *Pluteus atromarginatus*)

H 5–12 cm, konvex bis flach gebuckelt, jung schwarzbraun, älter bis graubraun, Oberfläche jung kurzhaarig-filzig. **L** Cremeweiß bis rosa je nach Reifegrad, bauchig, dünn, frei mit braunschwarzer Schneide. **S** 6–12 × 0,5–1 cm, +/- zylindrisch, Basis knollig bis 2 cm, trocken, weißlich mit graubraunen Längsfasern. **F** Blass, brüchig, längsfaserig, Geruch schwach pilzartig, Geschmack mild. **V** August bis Dezember. Planar bis hochmontan verbreitet; in Wäldern, meist einzeln auf morschen Nadelhölzern (Fichte, Kiefer, Tanne), bodenvag. **W** Vgl. *P. umbrosus* an Laubholz.

SP 6–8 × 4–5,5 µm, **CH** bis 65 µm lang, Hakenzystiden +

4 Seidiger Dachpilz

Pluteus petasatus

RL-V

H 5–20 cm, jung halbkugelig, bald flach konvex, weißlich bis hellbraun mit dunklerer, schuppiger Mitte, Oberfläche glatt, bei Trockenheit felderig aufreißend. **L** Cremeweiß bis rosa je nach Reifegrad, bauchig, dünn. **S** 4–12 × 1–2,5 cm, +/- zylindrisch, Basis knollig bis 4 cm, trocken, weißlich mit graubraunen Längsfasern. **F** Blass, fest, längsfaserig, Geruch fehlend bis leicht süßlich nach welkenden Holunderblüten, rettichartig, Geschmack mild. **V** Mai bis November. Planar bis montan verbreitet, südlich der Donau selten bis fehlend; in Parkanlagen und Wäldern, oft büschelig an Laub- und Nadelholz, auf Holzplätzen, vorwiegend auf Holzhäcksel und Sägespänen, seltener an Stümpfen. **W** Die kräftigen, weißen Hüte mit stets brauner Mitte sind gute Feldmerkmale.

SP 5–7,5 × 3,5–5 µm, **CH** bis 65 × 25 µm, Schnallen -, Hakenzystiden +

5 Grauer Dachpilz, Graugrüner Dachpilz

Pluteus salicinus

H 4–12 cm, jung konvex, bald flacher, graubraun mit blaugrünem Ton, Mitte dunkler, Oberfläche matt, filzig, fein radialfaserig. **L** Cremeweiß bis rosa je nach Reifegrad, dünn. **S** 5–12 × 0,5–2 cm, +/- zylindrisch, trocken, weißlich zur Basis mit grünoliven Tönen. **F** Graugrünlich, längsfaserig, Geruch fehlend bis rettichartig, Geschmack mild. **V** Mai bis November. Planar bis montan verbreitet; in Wäldern an Stümpfen, Starkholz oder Sägespänen von Laubhölzern. **W** Der Pilz enthält Psilocybin (0,1–0,8 % der Trockenmasse) und Psilocin (< 0,05 %).

SP 7–9,5 × 4,5–6,5 µm, **CH** bis 60 × 20 µm, Schnallen +, Hakenzystiden +

1

2

3
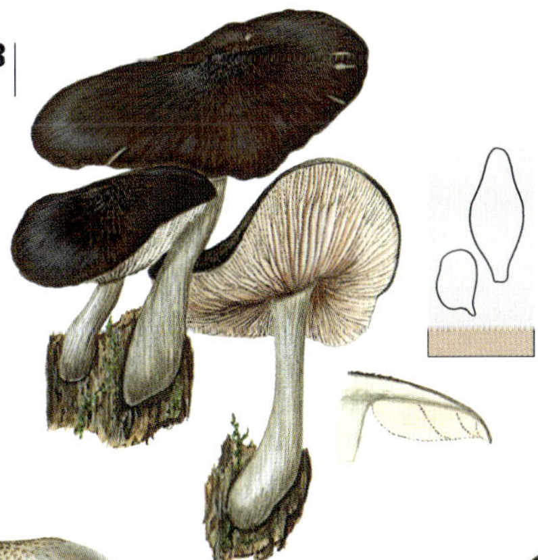

4
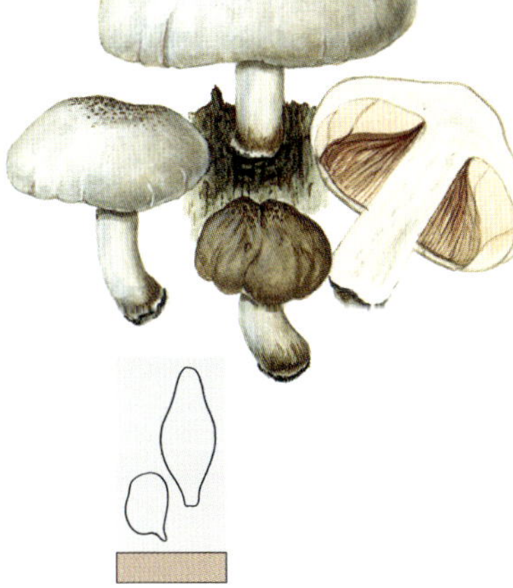

5

1 | Orangeroter Dachpilz
Pluteus aurantiorugosus

RL-3

H 2–5 cm, jung breit kegelig, bald flacher konvex, leuchtend orangerot bis orange, alt zu gelbbraun, Oberfläche glatt bis fein runzelig. **L** Weißgelblich bis rosa je nach Reifegrad, dünn. **S** 2–7 × 0,4–0,8 cm, +/- zylindrisch verbogen, trocken, strohgelb mit +/- rotpusteliger Basis. **F** Blassgelblich, fest, längsfaserig, Geruch fehlend, Geschmack mild. **V** Juli bis November. Planar bis kollin, zerstreut bis selten, in Bayern noch nicht nachgewiesen; in Auwäldern, Parkanlagen und Laubmischwäldern an Stämmen und Stümpfen von Hart- und Weichhölzern, oft im ausgehöhlten, morschen Innenteil. **W** Die Art ist durch ihre freudigen Farben bereits gut im Gelände bestimmbar.

SP 5,5–7 × 4–5,5 µm, **CH** +, Schnallen -

2 | Runzeliger Dachpilz, Weißstieliger Adern-Dachpilz
Pluteus phlebophorus

H 2–6 cm, konvex, dann flacher bis leicht vertieft, braun. Oberfläche +/- deutlich bis zum Hutrand netzig-aderig (Lupe!). **L** Weiß bis fleischbräunlich je nach Reifegrad, dünn, eng. **S** 3–6 × 0,3–0,5 cm, +/- zylindrisch verbogen mit verdickter Basis, trocken, weißcreme bis blassocker. **F** Blass, längsfaserig, Geruch fehlend bis rettichartig, Geschmack mild. **V** Mai bis November. Planar bis hochmontan zur Buchenwaldgrenze verbreitet in Laubmischwäldern und Parkanlagen an morschem Laubholz (oft an Buche), bodenvag. **W** Die Art ist sehr variabel, und es gibt noch weitere Dachpilze mit aderiger Huthaut. Eine gründliche mikroskopische Untersuchung ist ratsam. Grundsätzlich gelten mit Ausnahme von *P. salicinus* alle Dachpilze als essbar, aber die kleinen dünnfleischigen Arten sind ohne großen kulinarischen Wert.

SP 7–8 × 5–7 µm, **CH** +

3 | Verschiedenfarbiger Dachpilz, Knolliger Dachpilz
Pluteus plautus (Syn. *Pluteus semibulbosus*)

H 2–6 cm, konvex, alt flacher, sehr variabel weiß-olive-ocker-graubraun-rosa-schwarzbraun, Rand +/- rosa gestreift, Oberfläche matt, samtig, runzelig, +/- hygrophan. **L** Weiß bis fleischbräunlich je nach Reifegrad, dünn, eng. **S** 2–6 × 0,2–0,5 cm, +/- zylindrisch mit basalen Knöllchen, trocken, weißcreme bis blassocker, weiß bis braun flockig bereift (Lupe!). **F** Blass, längsfaserig, Geruch fehlend, Geschmack mild. **V** Mai bis November. Planar bis montan verbreitet in Laubmischwäldern und Parkanlagen an morschem Holz, bodenvag. **W** Der Artenkomplex ist sehr variabel und im Gelände am ehesten an der knolligen Stielbasis erkennbar. Mikroskopische Untersuchungen sind ratsam. Manche Autoren trennen die kleinere Form als *P. semibulbosus* ab.

SP 5–8,5 × 4,5–7 µm, **CH** bis 80 µm lang, Schnallen -

4 | Gelbstieliger Dachpilz
Pluteus romellii agg.

H 2–6 cm, sepiabraun mit chromgelben Stielen. **V** April bis November. Planar bis hochmontan, verbreitet auf Laubholzstümpfen und Holzresten.

SP 6–7,5 × 5,5–6,5 µm, **CH** bis 65 µm lang, Schnallen -

5 | Graustieliger Adern-Dachpilz
Pluteus thomsonii

H 0,5–3 cm, flach konvex, kräftig geadert, dattelbraun bis grau. **L** Weiß bis altrosa. **S** 2–5 × 0,1–0,3 cm, zylindrisch, grau. **F** Dünn, Geruch fehlend, Geschmack mild. **V** September bis November. Planar bis montan verbreitet auf morschem Laubholz. **W** Die Kombination von grauen Stielen und stark aderiger Huthaut ist ein recht gutes Feldmerkmal.

SP 6–8 × 5–7 µm, **CH** bis 70 µm, geschnäbelt, Schnallen -

1

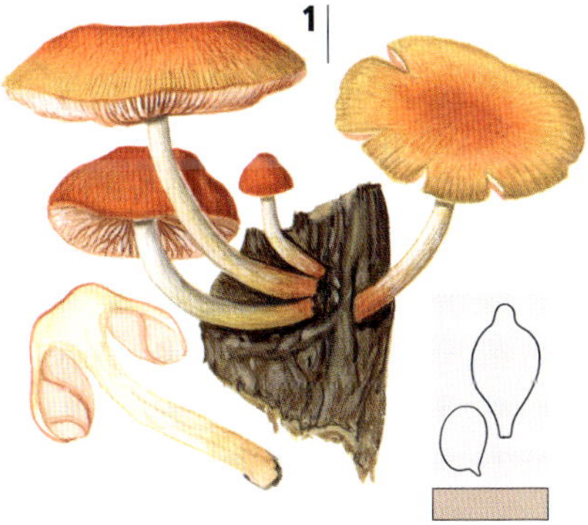

2

3

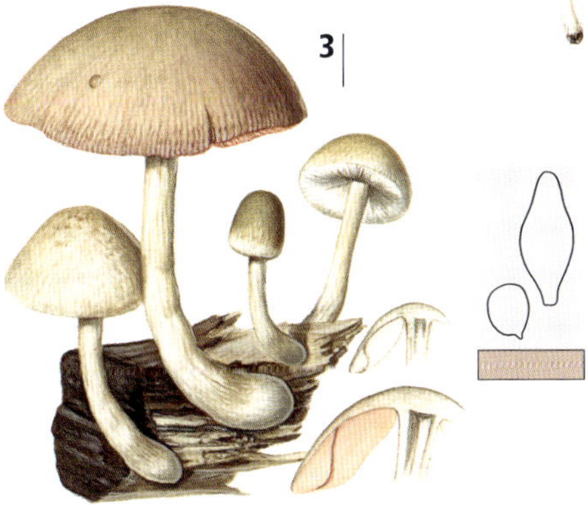

4

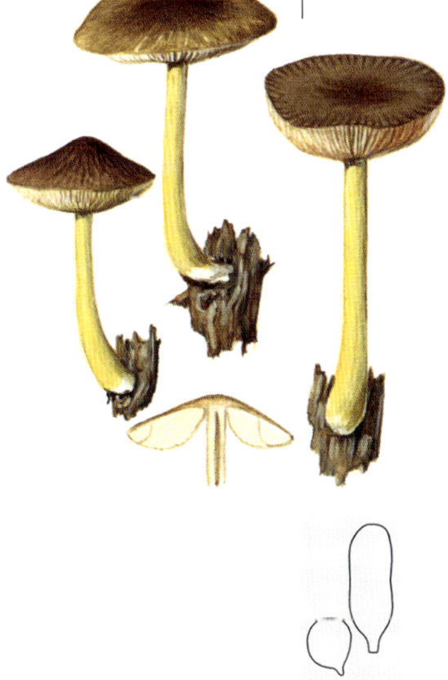

5

1 Haariger Dachpilz, Borstiger Zwergdachpilz

Pluteus hispidulus

H 0,5–1,5 cm, jung glockig, dann konvex mit bewimpertem Rand, braun bis mausgrau, Oberfläche radial gekämmt haarig. **L** Weiß bis rosa je nach Sporenreife, entfernt. **S** 2–4 × 0,1–0,2 cm, +/- zylindrisch, trocken, weiß bis blassgrau, fein befasert zur Basis. **F** Häutig dünn, ohne besonderen Geruch und Geschmack. **V** Juni bis Oktober. Planar bis montan verbreitet, aber selten in alten, naturnahen Laubmischwäldern (Nationalparke, Naturwaldreservate, Naturschutzgebiete); auf liegenden, bemoosten Laubholzstämmen oder im Mulm. **W** Die Varietät *cephalocystis* unterscheidet sich durch kopfige, bis 8,5 µm breite Cheilozystiden.

SP 6–8 × 5–6 µm, **CH** bis 45 µm lang

2 Löwengelber Dachpilz

Pluteus leoninus

H 3–7 cm, jung glockig, dann flacher und +/- gebuckelt, lebhaft goldgelb bis goldbraun, Oberfläche kahl bis samtig. **L** Weißgelblich bis rosa je nach Sporenreife, entfernt. **S** 4–10 × 0,3–1 cm, +/- zylindrisch, glasig, gestreift, trocken, weiß bis gelblich zur Basis. **F** Weiß, gelegentlich rosa im Stiel, sehr brüchig, ohne besonderen Geruch, Geschmack mild. **V** Schon ab Mai bis Oktober. Planar bis montan verbreitet in alten, naturnahen Laubmischwäldern; auf morschem Laub- und Nadelholz (oft Buche). **W** Vgl. *P. chrysophaeus* und *P. roseipes*, die früher als Varietät von *P. leoninus* beschrieben wurde.

SP 6–8 × 5–6,5 µm, **CH** geschnäbelt, bis 70 µm lang, Schnallen -

3 Zimtfarbener Dachpilz, Senfgelber Dachpilz

Pluteus chrysophaeus (Syn. *Pluteus chrysophlebius*)

H 2–3 cm, goldbraun bis goldgelb mit Grünstich. **V** Juli bis Oktober. Planar bis montan, selten, auf morschem Laubholz (Buche, Esche) in naturnahen Wäldern und Flussauen.

SP 6,5–7 × 5–6 µm, **CH** bis 60 µm lang, Schnallen -

4 Rosastieliger Dachpilz

Pluteus roseipes

H 4–8 cm, jung glockig, dann flacher und +/- gebuckelt, dunkelbraun bis mausgrau, Oberfläche fein bereift (Lupe!). **L** Weißgelblich bis rosa je nach Sporenreife, entfernt. **S** 4–10 × 0,3–1 cm, +/- zylindrisch, glasig, gestreift, trocken, blassrosa bis lachsfarben, bereift. **F** Weiß, rosa im Stiel, sehr brüchig, ohne besonderen Geruch, Geschmack mild. **V** Juni bis November. Planar bis montan, in Südwestdeutschland verbreitet, nach Norden selten bis fehlend; in morschem Nadelholz (Fichte, Kiefer, Tanne), Stämme, Stümpfe und Holzhäcksel. **W** Von *P. leoninus* hauptsächlich durch die braunrosa gefärbten Fruchtkörper und andere ökologischen Ansprüche unterschieden.

SP 6,5–8,5 × 5,5–7 µm, **CH** bis 110 µm lang, Schnallen -

5 Schwarzsamtiger Dachpilz, Schwarzflockiger Dachpilz

Pluteus umbrosus

RL-V

H 4–7 cm, jung glockig, dann gewölbt, blassbraun mit bewimperten Rand, Oberfläche flockig-samtig mit schwarzbraunen Haarbüscheln (Lupe!). **L** Weiß bis rosa, bauchig mit schwarzflockiger Schneide. **S** 5–10 × 0,5–1,5 cm, zylindrisch verbogen mit verdickter Basis, trocken, fein braun beflockt. **F** Weiß, weich, brüchig, Geruch rettichartig, Geschmack mild. **V** Juni bis November. Planar bis montan, zerstreut bis selten; in naturnahen Wäldern auf morschem Starkholz von Laub- und Nadelbäumen, oft Buche und Birke. **W** Typische Fruchtkörper sind schon im Gelände gut bestimmbar. Vgl. *P. nigrofloccosus* mit +/- glattem Hut und Hakenzystiden.

SP 5,5–6,5 × 4–5 µm, **CH** bis 65 µm lang, Schnallen +

1

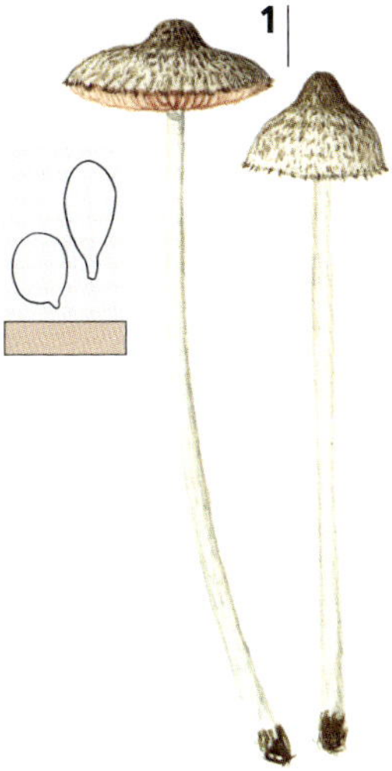

2

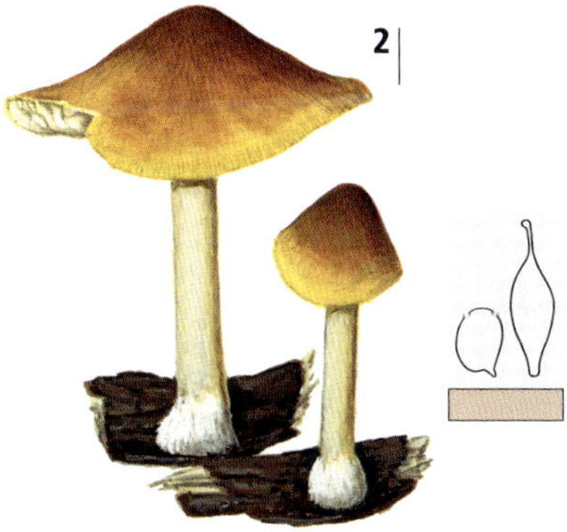

3

4

5

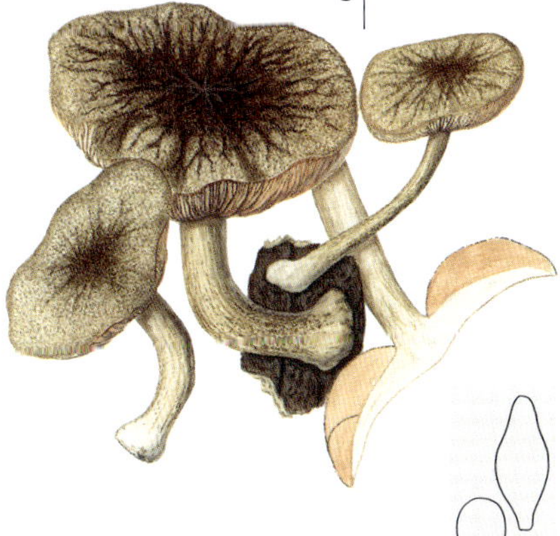

1 | Wolliger Scheidling
Volvariella bombycina

H 6–15 (20) cm, jung eiförmig-glockig, dann breiter glockig, seidigweiß (zitronengelb bei var. *flaviceps*), Oberfläche faserig-wollig, radial gekämmt, teils mit häutigen Resten der Gesamthülle. **L** Cremeweiß bis rosa je nach Reifegrad, bauchig, dünn, frei. **S** 6–15 × 1–2 cm, +/- zylindrisch, trocken, weiß, mit kräftiger, wollig-häutiger ockerbrauner Volva. **F** Weiß, weich, Geruch rettichartig, Geschmack angenehm, mild. **V** Mai bis Oktober. Planar bis montan, weit verbreitet, insgesamt selten; vorwiegend an Stammwunden lebender Bäume oder an liegendem Starkholz von Weich- und Hartholzarten (z. B. Buche, Pappel). **W** Die spektakulären Hüte ähneln den Bärenfellmützen der englischen Palastwachen. Auch wenn die Art als typischer „Biergartenpilz" an den Stämmen alter Rosskastanien gefunden wird, geht er ebenso an Buchenstämme in Naturwäldern.

SP 7–10 × 4,5–6 µm, **CH** 50–110 µm lang

2 | Blaugrauer Scheidling
Volvariella caesiotincta

RL-G

H 3–6 cm, glockig-kegelig, dann flacher gebuckelt, schiefergraublau, Oberfläche radialfaserig. **L** Weiß bis altrosa je nach Reifegrad, frei, Schneide weißflockig. **S** 4–10 × 0,3–0,7 cm, zylindrisch verbogen, weiß, mit 3- bis 4-lappiger grauer Volva. **F** Weiß mit meist deutlichem Pelargonium-Geruch, Geschmack mild bis +/- kratzend. **V** Mai bis Oktober. Planar bis montan, zerstreut, lokal verbreitet in Wäldern und Parkanlagen mit langer Habitattradition; meist an altem, morschem Laubholz (z. B. Buche, Eiche), aber auch scheinbar terrestrisch. **W** *V. murinella* wächst auf Erde, hat kleinere Fruchtkörper, ein hellgraue Volva, Sp 6–7,5 × 3,5–4,5 µm, CH ohne koralloide Auswüchse.

SP 6,5–8,5 × 4–5,5 µm, **CH** variabel 30–110 × 10–40 µm, oft geschnäbelt bis gegabelt koralloid

3 | Kleinster Scheidling
Volvariella pusilla

H 1–3 cm, weißgelblich, seidig-radialfaserig, Volva weißockergrau. **V** Mai bis Oktober. Planar bis montan; meist auf Erde in Gärten, Parks und Gewächshäusern, nitrophil. **W** Vgl. *V. hypopithis*, mit ähnlich kleinen Fruchtkörpern, deren Sporen sich in KOH nur leicht dunkler verfärben.

SP 5,5–8 × 4–5,5 µm, **CH** bis 55 × 25 µm

4 | Parasitischer Scheidling
Volvariella surrecta

H 3–8 cm, jung konvex, bald flacher gebuckelt, cremeweiß, alt bräunend, Oberfläche seidig haarig. **L** Weiß bis rosarot je nach Reifegrad. **S** 3–7 × 0,6–1,2 cm, zylindrisch, +/- trocken, weiß, flaumig, mit 2- bis 3-lappiger, häutiger Volva. **F** Weiß, zart, Geruch schwach, Geschmack mild. **V** August bis November. Planar bis montan parasitisch auf alten Nebelkappen, seltener auf Ritterlingen und dem Keulenfußtrichterling. **W** Wenn die Fruchtkörper eindeutig auf Blätterpilzen oder Resten davon wachsen, ist die Bestimmung schon im Gelände möglich. Ähnliche Fruchtkörper bildet *V. hypopithys* am Boden.

SP 6,5–8,5 × 3,5–4,5 µm, **CH** bis 90 × 30 µm

5 | Großer Scheidling
Volvopluteus gloiocephalus (Syn. *Volvariella gloiocephala*)

H 8–15 cm, jung eiförmig, dann breit kegelig, maus- bis hellgrau, Oberfläche schmierig bis glänzend, glatt. **L** Weiß bis altrosa, Schneide schartig. **S** 6–20 × 1–3 cm, zylindrisch, mit dicker weißbrauner Volva. **F** Weiß, Geruch schwach, Geschmack mild. **V** Mai bis Dezember. Planar bis montan, verbreitet an stickstoffreichen Orten wie Pferdemist, Fettwiesen und Stoppelfeldern, bodenvag. **W** Vgl. *V. krizii* und grauweiße, potenziell giftige Amanita-Arten!

SP 10,5–17,5 × 6,5–9 µm, **CH** bis 110 µm lang

1

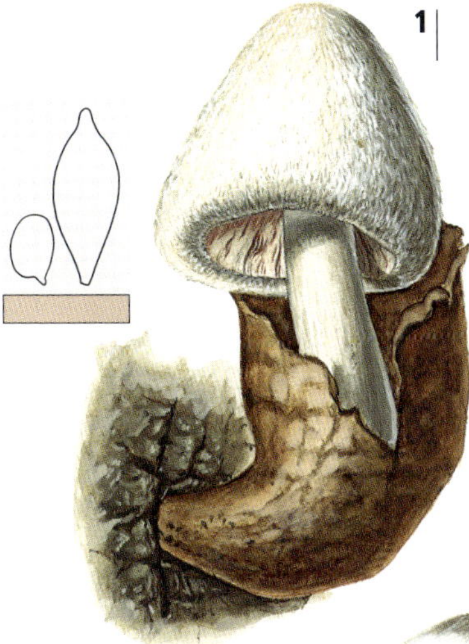

2

3

4

5

Wulstlinge und Scheidenstreiflinge

Die Gattung *Amanita* wird in die beiden großen Gruppen „Wulstlinge und Knollenblätterpilze" sowie „Scheidenstreiflinge" getrennt. Erstere haben ein Teilvelum in Form eines Ringes, letzteren fehlt dieses. Es gibt allerdings auch Arten, die sozusagen dazwischen stehen, weswegen die Trennung auf Gattungsebene seit längerer Zeit nicht mehr praktiziert wird.
Üblicherweise definierte man die Gattung *Amanita* vor allem durch die freien Lamellen, doch ist dies bei näherer Betrachtung gar nicht immer der Fall. Gerade die häufigen Perlpilze und Grauen Wulstlinge zeigen eher eine ausgebuchtet-angewachsene Lamellenanheftung; es scheint sogar oft so, als würden die Lamellen direkt in die Riefung des Ringes übergehen. Während Knollenblätterpilze und Wulstlinge eigentlich unproblematisch zu bestimmen sind, ist dies bei den Scheidenstreiflingen in vielen Fällen nur mit Mikroskop möglich.

Nr.		Merkmale
1a		Stiel mit häutigem Ring (manchmal vergänglich); L frei oder angewachsen → **2**
1b		Stiel ohne Reste eines Teilvelums; L frei → **(Scheidenstreiflinge) 14**
2a	(1)	Stielbasis eine rundliche Knolle in einer häutigen abstehenden weißen Volva → **3**
2b		Stielbasis rübenförmig bis rundlich, aber nicht in einer abstehenden weißen Volva → **6**
3a	(2)	Hut orangerot; L, Stiel und Trama gelb → **Kaiserling, S. 318**
3b		Hut grün, zumindest teilweise; Stiel mit hutfarbener Natterung; Geruch süßlich-honigartig → **Grüner Knollenblätterpilz, S. 318**
3c		Hut weiß → **4**
4a	(3)	KOH auf Hut chromgelb; Stiel mit fetzigen Velumflocken bedeckt; Hut kegelig bis gebuckelt → **Spitzkegeliger Knollenblätterpilz, S. 318**
4b		KOH auf Hut chromgelb; Stiel glatt, ohne Velumflocken; Hut flach gewölbt → **Frühlings-Knollenblätterpilz, S. 318**
4c		KOH auf Hut negativ → **5**
5a	(4)	Stiel und Hutrand mit fetzigen Velumflocken bedeckt → **Eierwulstling, S. 318**
5b		Stiel hutfarben genattert, Hutrand ohne Velumreste → **Grüner Knollenblätterpilz, S. 318**
6a	(2)	Hut orange bis rot, mit gelber Linie unter der Huthaut; Velumflocken auf dem Hut reichlich, weiß oder gelb; Stielbasis mit warzigen Velumgürteln → **Fliegenpilz, S. 320**
6b		Hut zitronen- bis primelgelb → **7**
6c		Hut weiß, fleischrosa, grau oder gelb- bis porphyrbraun → **8**
7a	(6)	Velumflocken reinweiß; Stielknolle rund, mit rundlichem Abschlusswulst → **Narzissengelber Wulstling, S. 324**
7b		Velumflocken fleischrosalich bis graugelblich; Stielknolle rund, mit dünnem Velum, das einen häutigen Abschluss bildet → **Gelber Knollenblätterpilz, S. 324**
8a	(7)	Hut braun oder grau → **9**
8b		Hut isabellfarben bis fleischrosa → **11**
8c		Hut weiß → **12**
9a	(8)	Velumreste gelb, flockig; Hut gelb-bis dattelbraun, gerieft; Stielring gelb gerandet; Stielknolle rundlich, mit warzigen Velumgürteln; Spp. nicht amyloid → **Königs-Fliegenpilz, S.320**
9b		Velumreste gelb oder gelbgrau, warzig bis flockig; Hut hellgelb, gelb-, ocker- bis graubraun, ungerieft; Stielring gelb gerandet; Stielknolle rübenförmig, mit warzigen Velumgürteln; Spp. amyloid → **Rauer Wulstling, S. 322**

9c	Velumreste weiß, grau oder porphyrbraun; Ring nicht gelb gerandet → **10**
10a (9)	Ring stabil, weiß, oberseits deutlich gerieft; Hutrand ungerieft, Velumreste hell- bis braungrau; Stielknolle rübenförmig, mit feinen Velumflocken **→ Grauer Wulstling, S. 322**
10b	Ring wenig stabil, weiß, glatt; Hutrand meist gerieft; Velumreste reinweiß; Stielknolle rund, mit deutlichem Abschlusswulst **→ Pantherpilz, S. 324**
10c	Ring häutig, dünn, porphyrbraun getönt, glatt oder schwach gerieft, Hutrand ungerieft; Velumreste porphyrbraun; Stielknolle rund, mit dünnem häutigen Abschluss **→ Porphyr-Wulstling, S. 324**
11a (8)	Ring stabil, oberseits gerieft, nicht farbig gerandet; Fraßstellen fleischrosa; Hutrand glatt; Spp. amyloid **→ Perlpilz, S. 322**
11b	Ring stabil, oberseits gerieft, hutfarben gerandet; Fraßstellen gelblich bis bräunlich (nicht fleischrosa); Hutrand glatt; Spp. amyloid **→ Rauer Wulstling, S. 322**
11c	Ring vergänglich, glatt; Fraßstellen unveränderlich; Hutrand stark gerieft; Spp. inamyloid **→ Kammrandiger Wulstling, S. 322**
12a (8)	flockig-fetzige Velumresten am Hutrand hängend und auf der Stieloberfläche; ganzer FK inkl. L weiß; Stielknolle rübenförmig, mit flockigen Velumresten **→ Fransen-Wulstling, S. 320**
12b	Merkmalskombination anders → **13**
13a (12)	Velumreste auf Hut und Stielknolle pyramidenartig-warzig; L hell milchkaffeefarben oder grünlich getönt; V vorwiegend im Laubwald **→ Stachelschuppiger Wulstling, S. 320**
13b	wie 13a, aber L weiß oder rosa; V unter Strand-Kiefern im Sand **→ Mittelmeer-Wulstling, S. 320**
13c	Velumreste auf Hut und Stielknolle fetzig flockig **→ Albinos von Arten unter 8a und 8b**
14a (1)	Velum in Form von grauen pulverigen Flocken auf dem Hut und an der Stielbasis → **15**
14b	Velum häutig (nie pulverig), meist weiß oder rostfarben, teils grau werdend → **16**
15a (14)	Hut gelb-, rötlich- bis graubraun; Stiel 10–25 cm; V in basischen Laubwäldern (nicht bei Erle) **→ Riesen-Scheidenstreifling, S. 326**
15b	Hut blass bräunlich- bis olivlichgrau; Stiel 5–10 cm; V ausschließlich bei Erle, in meist feuchten bis sumpfigen Biotopen **→ Erlen-Scheidenstreifling, S. 326**
16a (14)	Volva rostfleckig; Hut zweifarbig gezont; Lamellen-Schneiden schwärzlich gestrichelt **→ Zweifarbiger Scheidenstreifling, S. 328**
16b	Volva rostfleckig; weitere Merkmale nicht wie 16a **→ Fuchsiger und Graufuchsiger Scheidenstreifling und weitere Arten, S. 328**
16c	Volva weiß bis höchstens schwach ockerfleckig, manchmal cremefarben oder grau getönt → **17**
17a	Volva brüchig, erst weiß, dann zunehmend grau verfärbend; Hut gelb- bis olivbraun, braun- bis olivgrau **→ Pappel- und Grauhäutiger Scheidenstreifling, S. 326**
17b	Volva brüchig oder stabil, weiß oder ockerfleckig, nicht grau; Hut safrangelb, ocker, gelb, nuss-, grau- bis olivbraun, hell-, silber- bis olivgrau → **18**
18a (17)	Stiel genattert; Hut lebhaft orange- bis safrangelb; Volva sehr stabil, weiß, oft innen hutfarben getönt; SP rund bis rundlich **→ Orangegelber Scheidenstreifling, S. 328**
18b	Stiel genattert; Hut grauocker, lehmfarben, beige, cremegrau; Volva meist brüchig, weiß, oft innen hutfarben getönt, SP rund **→ Ockergrauer Scheidenstreifling und verwandte Arten, S. 328**
18c	Stiel ohne (deutliche) Natterung; Hut oliv- bis braungrau, bleigrau, oliv- bis graubräunlich; Volva stabil, weiß oder rostfleckig; SP breitelliptisch oder rund bis rundlich → **19**
19a (18)	Hut blei-, mittel- bis bräunlichgrau; Volva weiß; SP rund **→ Grauer Scheidenstreifling, S. 326**
19b	Hut silbergrau; Volva weiß; SP breitelliptisch **→ Silbergrauer Scheidenstreifling *(Amanita mairei)* und verwandte Arten**
19c	Hut oliv- bis gelbbraun, braun-bis olivgrau; Volva weiß oder etwas ockerfleckig; SP rund **→ Ockerfleckiger und Südlicher Riesen-Scheidenstreifling (*Amanita ochraceomaculata, A. battarrae* ss. str.)**

1 | Grüner Knollenblätterpilz
Amanita phalloides

H 5–15 cm, jung halbkugelig bis glockig, später ausgebreitet, gelb- bis düster olivgrün, manchmal blass, nur in der Mitte gefärbt oder weiß (var. *alba*), eingewachsen-faserig, meist ohne, selten mit einem bis wenigen großen weißen Velumfetzen. **L** Weiß, frei oder knapp angewachsen und mit Zähnchen. **S** 6–15 × 1–2,5 cm, zylindrisch, Basis abrupt knollig verdickt (bis 5 cm), weiß, hutfarbig grünlich genattert, mit häutigem, weißem, hängendem Ring, Basis in weißer, offen abstehender, stabiler Velumhülle steckend. **F** Weiß, unter der Huthaut grünlich, Geruch deutlich nach Kunsthonig, alt unangenehm süßlich. **V** Juli bis Oktober. Unter Laubbäumen, selten Nadelbäumen, bodenvag; in ganz Europa weit verbreitet, meist häufig. **W** Um die teils schwache Stielnatterung zu erkennen, muss der Pilz schräg gehalten und vom Hut Richtung Basis geschaut werden.

SP 7–10 × 6,5–8 µm, amyloid

2 | Frühlings-Knollenblätterpilz
Amanita verna

Makroskopisch wie mikroskopisch kaum von Albinos des Grünen Knollenblätterpilzes (s. o.) unterscheidbar, jedoch mit chromgelber Laugenreaktion und fehlender Stielnatterung. **V** Mai bis Oktober. In wärmebegünstigten Eichenwäldern, in Südeuropa (Mittelmeer, Atlantik) zerstreut, nördlich der Alpen äußerst selten und meist Verwechslungen mit Albinos der vorigen Art.

3 | Spitzkegeliger Knollenblätterpilz
Amanita virosa

RL-G

H 4–12 cm, jung kegelig, konisch, später glockig, sich etwas ausbreitend, sehr selten verflachend, deutlich ausgebuckelt, porzellan- bis cremeweiß, seidig-glatt, feucht schmierig, Rand oft geschwungen wie eine Acht. **L** Weiß, frei oder knapp angewachsen und mit Zähnchen. **S** 6–15 × 0,8–2 cm, zylindrisch, Basis abrupt knollig verdickt (bis 4 cm), weiß, mit flockigen weißen Velumfetzen besetzt, Ring häutig, ziemlich vergänglich, Basis in weißer, oft anliegender, stabiler Velumhülle steckend. **F** Weiß, Geruch rettichartig. **V** August bis November. Meist unter Fichte oder Buche, in sandigen bis moorigen Laub- und Nadelwäldern, auf sauren Böden; in Mittel-, Ost- und Nord-europa weit verbreitet, außerhalb Skandinaviens fast überall selten. **W** Die Art ist ebenso tödlich giftig wie die vorigen beiden Knollenblätterpilze.

SP 8–11 × 7–10,5 µm, amyloid

4 | Eier-Wulstling
Amanita ovoidea

RL-R

H 8–20 cm, jung halbkugelig, später polsterförmig, selten völlig flach, ungebuckelt, weiß bis blass cremegelblich, glatt, Rand mit flockigen Velumfetzen behangen. **L** Weiß, ausgebuchtet angewachsen mit Zähnchen. **S** 10–20 × 2–5 cm, Basis knollig verdickt bis 8–10 cm, weiß, im unteren Bereich dicht von sahnigen Velumflocken besetzt, Ring flockig, flüchtig, Volva sehr dick, abstehend, jung weiß, dann zunehmend mit ockerlichen Stellen. **F** Weiß, Geruch chemisch, metallisch, Geschmack mild. **V** August bis Dezember. Unter Laubbäumen oder Kiefer, auf kalkreichen Böden; in Südeuropa verbreitet und häufig, im südlichen Mitteleuropa sehr selten. **W** Sehr ähnlich ist der giftige Falsche Eierwulstling *(A. proxima)* mit von Anfang an ockergelber Volva und stabilerem Ring.

SP 8–11 × 5,5–7,5 µm, amyloid

5 | Kaiserling
Amanita caesarea

RL-G | §§

H 8–15 (–20) cm, jung halbkugelig, später flach gewölbt bis ausgebreitet, meist ungebuckelt, lebhaft gelb- bis rotorange, orangerot, glatt, meist ohne Velumreste. **L** Jung blassgelb, alt goldgelb, dicht stehend, (fast) frei. **S** 8–20 × 1,5–3 cm, Basis knollig bis 6 cm, zitronengelb, mit etwas dunklerer Natterung oder Flockung, Basis in dicker, offener weißer Volva steckend. **F** Gelblich weiß, stellenweise goldgelb, Geruch und Geschmack unspezifisch, mild. **V** August bis November. In wärmebegünstigten Laubwäldern, unter Eiche, Esskastanie oder Buche, relativ bodenvag; in Südeuropa weit verbreitet, regional nicht selten, nördlich der Alpen sehr selten. **W** Möglicherweise breitet sich die Art in Mitteleuropa aufgrund der Klimaerwärmung derzeit etwas aus. Als große Ausnahme unter der Wulstlingen kann die Art sogar roh gegessen werden.

SP 9–11 × 6–8 µm, inamyloid

1

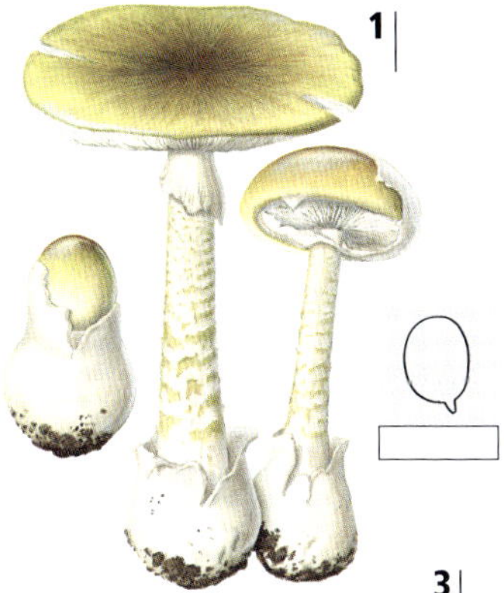

2

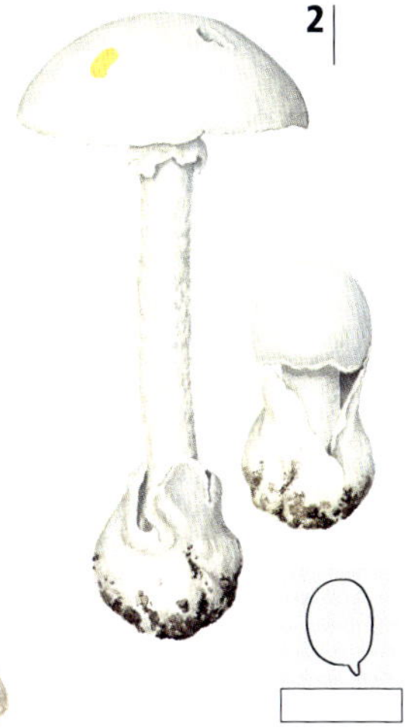

3

4

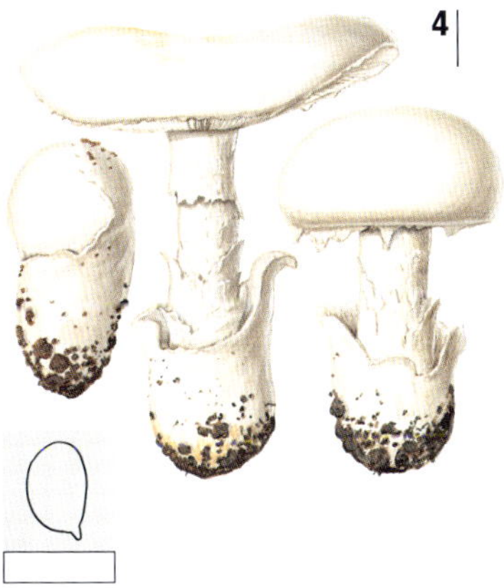

5

1 | Roter Fliegenpilz

Amanita muscaria

H 8–20 cm, jung halbkugelig, später flach konvex bis ausgebreitet, lebhaft feuer- bis orangerot, manchmal gelb orange oder orangegelb, dicht mit weißen, abwischbaren Velumflocken besetzt, selten ohne, Rand kurz gerieft. **L** Weiß, meist frei. **S** 8–25 × 1,5–3 cm, basal abrupt knollig verdickt (bis 5 cm), weiß, mit dünnem, weißem, hängendem Ring, Basis mit mehreren Gürteln erhabener Warzen besetzt, selten Gürtel ringförmig. **F** Weiß, unter der Huthaut orangegelb, Geruch und Geschmack unspezifisch, mild. **V** August bis November. Vor allem unter Birke, Fichte, Kiefer, auf sauren Böden; in ganz Europa weit verbreitet, meist häufig. **W** Als Glückssymbol oder aus Märchen sicherlich den meisten Menschen bekannte Pilzart. Ob mit Pilzstücken versetzte Milch tatsächlich Fliegen tötet, ist umstritten.

SP 9–12 × 6,5–9 µm, inamyloid

2 | Königs-Fliegenpilz, Brauner Fliegenpilz

Amanita regalis

Im Wesentlichen dem Roten Fliegenpilz gleichend, jedoch durch gelb braunen, siena bis umbrafarbenen Hut und gelbe Hüllreste unterschieden (auch am Ringrand!). **V** Juli bis Oktober. Montane, meist feuchte Fichtenwälder; in Skandinavien, Nordosteuropa und dem herzynischen Gebirgszug (Harz, Erzgebirge, Thüringer und Bayerischer Wald) verbreitet und häufig, sonst überall fehlend. **W** Sowohl der Raue Wulstling (→ S. 322) als auch der Pantherpilz (→ S. 324) können sehr ähnlich sehen. Der Königs-Fliegenpilz fängt üblicherweise etwa 6 Wochen früher an zu fruktifizieren als der Rote Fliegenpilz und wird meist Mitte September von diesem abgelöst.

3 | Fransen-Wulstling

Amanita strobiliformis

H 8–20 cm, jung halbkugelig, später polsterförmig, flach konvex, alt auch flach verflachend, grau- bis cremeweiß, mit der Zeit schmutzig cremegrau, beige, Hüllreste als dichte große Flecken, cremegrau, alt dunkler, Rand mit sahnig-flockigen Velumresten behangen. **L** Weiß, dicht stehend, angewachsen und mit Zähnchen. **S** 8–25 × 2–5 cm, zylindrisch, allmählich +/- rübenförmig verbreitert (bis 7 cm), weiß, mit sahnig-flockigen weißen Velumfetzen besetzt, Ring flockig, ziemlich vergänglich, Basis mit etwas stabileren Velumschuppen besetzt. **F** Weiß, Geruch und Geschmack schwach rettichartig. **V** Juni bis November. In basischen Laubwäldern, Parks und Alleen, oft in Städten; in Mittel- und Südeuropa weit verbreitet, regional häufig (geworden), im Norden selten bis fehlend. **W** Die Art hat in den letzten beiden Jahrzehnten im Bereich der Städte stark zugenommen.

SP 10–13 × 7–9 µm, amyloid

4 | Stachelschuppiger Wulstling, Igel-Wulstling

Amanita solitaria

H 5–12 cm, jung halbkugelig, später polsterförmig gewölbt, selten völlig flach, ungebuckelt, weiß bis blass cremegelblich, mit gleichfarbigen, pyramidenförmigen Velumresten bedeckt, alt +/- verkahlend. **L** Cremebräunlich oder graugrünlich getönt, nie reinweiß, engstehend, ausgebuchtet angewachsen mit Zähnchen. **S** 6–15 × 1,5–3 cm, Basis rübenförmig verdickt bis 5 cm, weiß, im unteren Bereich dicht von sahnigen Velumflocken besetzt, Ring häutig, schwach gerieft, stabil, Basis mit pyramidenförmigen Warzen besetzt. **F** Weiß, Geruch chemisch, medikamentös, Geschmack mild. **V** August bis Dezember. Unter Laubbäumen an wärmebegünstigten Stellen in Wäldern und Parks, meist auf Kalkböden; in Südeuropa verbreitet, nördlich der Alpen bis Südskandinavien zerstreut und selten. **W** Die Art wächst oft vergesellschaftet mit der vorigen.

SP 9–11,5 × 7–9 µm, amyloid

5 | Mittelmeer-Wulstling

Amanita boudieri

Sehr ähnlich dem Igel-Wulstling (s. o.), jedoch mit weißen L (selten fleischrosa in var. *beillei*), vergänglichem Ring und breiteren Sporen. **V** Oktober bis Februar. Unter Eiche, Esskastanie oder Kiefer, auf Sandboden, bodenvag; im Mittelmeergebiet regional häufig, nördlich der Alpen fehlend. **W** Wird von manchen Autoren als essbar bezeichnet. Wir empfehlen im mediterranen Raum grundsätzlich keine weißlichen Wulstlinge zu verzehren.

SP 10–14 × 6–7 µm, amyloid

1

2

3

4

5

1 | Perlpilz
Amanita rubescens

H 5–15 cm, jung halbkugelig, später flach konvex, alt meist flach, teils etwas niedergedrückt, weiß über rosacreme, fleischfarben bis bräunlich gelb, mit erhabenen bis flockigen, weißgrauen schmutzig gelblichen bis rosalichen Hüllresten besetzt, Rand glatt. **L** Weiß, alt mit rötlichen Flecken, dicht stehend, angewachsen und mit Zähnchen herablaufend. **S** 5–15 × 1,5–3 cm, allmählich bis abrupt rübenförmig verbreitert (bis 4 cm), weißlich, zunehmend rosalich gefleckt oder überfasert, Ring häutig, stabil, hängend, oberseits gerieft, weiß, manchmal zur Gänze zitronengelb, Basis und unterer Stiel mit feinen, flüchtigen Velumflocken besetzt. **F** Weiß, mit der Zeit besonders in Madengängen rötend, Geruch und Geschmack unspezifisch. **V** Juni bis November. In Wäldern aller Art, Parks; in ganz Europa verbreitet, überall häufig. **W** Die stets irgendwo vorhandenen Rosatöne (z. B. unter der Huthaut, in der Knolle, in Madengängen) sind artkennzeichnend.

SP von 7,5–11 × 5,5–8 µm, amyloid

2 | Grauer Wulstling
Amanita excelsa (Syn. *A. spissa*)

H 5–12 cm, jung halbkugelig, später polsterförmig gewölbt, selten völlig flach, ungebuckelt, weiß, in hellen bis dunklen Grau- oder Brauntönen, mit grau getönten, flächigen Velumflocken unregelmäßig bedeckt, Rand glatt. **L** Weiß, engstehend, ausgebuchtet angewachsen mit Zähnchen, selten +/- frei. **S** 5–12 × 1,5–3 cm, allmählich bis abrupt rübenförmig verbreitert (bis 4 cm), oft tief im Boden steckend, weißlich, zunehmend graubräunlich getönt, Ring häutig, stabil, hängend, oberseits gerieft, weiß, Basis und unterer Stiel mit feinen, flüchtigen Velumflocken besetzt. **F** Weiß, unveränderlich oder schwach bräunend in der Stielbasis, Geruch und Geschmack rettichartig. **V** Mai bis November. In Wäldern aller Art; in ganz Europa verbreitet, überall häufig. **W** Die Ring- und Knollenmerkmale sind entscheidend für eine sichere Bestimmung, insbesondere gegenüber dem Pantherpilz (→ S. 324).

SP von 7,5–11 × 5,5–8 µm, amyloid

3 | Rauer Wulstling
Amanita franchetii

H 5–10 cm, jung halbkugelig, später flach konvex, alt meist flach, sehr variabel gefärbt von weiß über zitronengelb bis gelb- und graubraun, mit anfangs spitzwarzigen, dann verflachenden, gelben Hüllresten besetzt, Rand glatt. **L** Weiß, dicht stehend, angewachsen und mit Zähnchen herablaufend. **S** 5–12 × 1,5–2,5 cm, allmählich bis abrupt rübenförmig verbreitert (bis 4 cm), weißlich, Ring häutig, stabil, hängend, oberseits gerieft, Rand zahnradartig gelb beflockt, Basis und unterer Stiel mit pyramidenförmigen, gelben Velumflocken besetzt. **F** Weiß, Geruch und Geschmack schwach rettichartig. **V** Juni bis November. In basischen Laubwäldern und Parks; in ganz Europa verbreitet, nur im Süden etwas häufiger, im Norden selten bis fehlend. **W** Die Art ist wenig bekannt. Ihr Speisewert wird uneinheitlich beurteilt, möglicherweise ist sie giftig. Auch die Sporenmaßangaben schwanken je nach Autor sehr.

SP von 7–9 × 5–7 bis 8,5–11 × 6–8 µm, amyloid

4 | Kammrandiger Wulstling
Amanita eliae

H 5–10 cm, jung stark gewölbt, schnell verflachend, meist ungebuckelt, isabell- bis fleischfarben, cremerosa, mit weißlichem bis hell cremegrauem Velum anfangs vollständig bedeckt, fetzig aufreißend, alt +/- verkahlend, Rand stark gerieft ähnlich den Scheidenstreiflingen (→ S. 326 ff.). **L** Weißlich, nicht besonders engstehend, frei bis knapp ausgebuchtet angewachsen. **S** 8–15 × 1–2,5 cm, Basis schwach knollig verdickt bis 3 cm, schmutzig weiß, meist unscheinbar genattert, Ring häutig, flüchtig, Basis mit fetzigen, oft kaum wahrnehmbaren Volvaresten. **F** Weiß. Geruch und Geschmack unspezifisch, mild. **V** Juli bis Oktober. Unter Laubbäumen an wärmebegünstigten Stellen, in Wäldern und Parks, bodenvag; in Europa sehr lückig verbreitet, überall selten bis sehr selten. **W** Die wenig bekannte, seltene Art wächst meist einzeln. Sie vereint Merkmale der Wulstlinge und der Scheidenstreiflinge.

SP 9–12,5 × 6,5–8 µm, inamyloid

1

2

3

4

1 Pantherpilz
Amanita pantherina

H 4–10 cm, selten größer, jung halbkugelig, später flach konvex, alt meist flach, teils etwas niedergedrückt, ungebuckelt, hell bis dunkel gelb- bis graubraun (umbrabraun in var. *abietinum*), mit regelmäßig angeordneten weißen (!) Velumflocken, Rand von jung an gerieft (nur alt gerieft in var. *abietinum*). **L** Weiß, normal stehend, frei oder knapp angewachsen. **S** 6–12 × 1–2 cm, abrupt rundknollig verbreitert (bis 3,5 cm), weißlich, Ring häutig, hängend, mäßig stabil und alt nicht selten fehlend, oberseits glatt, weiß, unterer Stielbereich mit mehreren unvollständigen Velumgürteln, Basis als runde Knolle mit wulstigem Abschluss, so dass der Stiel wie eingetopft wirkt. **F** Weiß, Geruch und Geschmack schwach rettichartig. **V** Juli bis November. In Wäldern aller Art, Parks, Waldwiesen, unter Laub- und Nadelbäumen, vor allem Eiche, Birke und Fichte; in ganz Europa verbreitet, regional häufig. **W** Die in montanen Fichtenwäldern vorkommende var. *abietinum* sieht dem Grauen Wulstling (→ S. 322) besonders ähnlich, weil sie wie dieser einen langen glatten Hutrand hat.

SP von 9–12 × 6,5–8,5 µm, inamyloid

2 Narzissengelber Wulstling
Amanita gemmata (Syn. *A. junquillea*)

H 4–8 cm, jung halbkugelig, später polsterförmig gewölbt, erst alt völlig flach, ungebuckelt, stroh- bis narzissengelb, alt bräunlich gelb, mit regelmäßig angeordneten weißen Velumflocken, alt meist kahl, Rand lange glatt und erst alt deutlich gerieft. **L** Weiß, engstehend, frei bis knapp angewachsen. **S** 5–10 × 0,5–2 cm, abrupt rundknollig verbreitert (bis 3 cm), weißlich, Ring dünn, hängend, vergänglich und alt nicht selten fehlend, ansonsten wie beim Pantherpilz (s. o.). **F** Weiß, Geruch und Geschmack schwach rettichartig. **V** Mai bis November. In Wäldern aller Art mit Schwerpunkt in sandigen Kiefernwäldern, bodenvag aber kalkmeidend; in ganz Europa verbreitet, regional häufig. **W** Abgesehen von den Inhaltsstoffen ist die Art nur durch die Hutfarbe vom Pantherpilz (s. o.) unterschieden, und selbst diese kann sich bei alten Fruchtkörpern annähern.

SP von 9–12 × 6,5–8,5 µm, inamyloid

3 Gelber Knollenblätterpilz
Amanita citrina

H 4–10 cm, jung halbkugelig, bald flach konvex, alt meist flach und nicht selten mit aufgebogenem Rand, in unterschiedlichen Gelbtönen von weiß über blassgelb bis zitronengelb, Hüllreste creme- bis rosagelb, flockig, alt oft +/- fehlend, Rand glatt oder sehr kurz gerieft. **L** Weiß bis schwach gelblich, dicht stehend, angewachsen und mit Zähnchen herablaufend, bisweilen frei. **S** 6–12 × 0,5–1,5 cm, abrupt in die große runde Knolle verbreitert (bis 5 cm), weißlich, Ring häutig, dünn aber stabil, hängend, oberseits sehr fein gerieft oder glatt, Basis von einer dünnen weißen Volva umgeben, die als überstehender Hautsaum sichtbar ist. **F** Weiß, Geruch und Geschmack nach Kartoffelkeimen. **V** Juni bis November. In Wäldern aller Art, bodenvag, aber Kalkböden meidend; in ganz Europa verbreitet, überall häufig. **W** Die Art enthält Bufotenin, das allerdings beim Kochen zerstört wird. Im Mittelmeergebiet wächst mit *A. asteropus* eine sehr ähnliche Art, die mit Lauge auf dem Hut chromgelb reagiert.

SP von 7–10 × 6,5–9, amyloid

4 Porphyr-Wulstling
Amanita porphyrea

H 3–8 cm, jung halbkugelig bis glockig, alt flach konvex oder ganz verflachend, meist ungebuckelt, porphyr-, schokoladen- bis umbrabraun, mit unregelmäßigen, meist spärlichen violettgrauen Velumflocken, Rand glatt. **L** Weißlich, dicht stehend, frei bis knapp ausgebuchtet angewachsen. **S** 6–12 × 1–2 cm, abrupt in die große runde Knolle verbreitert, die manchmal fast die Größe des Hutes erreicht, weißlich, Ring häutig, dünn, unterseits blass violettgrau, zunächst hängend, oberseits sehr fein gerieft oder glatt, dann an den Stiel angelegt und eine violettgraue Zone bildend, Basis von einer dünnen weißen Volva umgeben, einen überstehenden Hautsaum bildend. **F** Weiß, Geruch und Geschmack stark rettich oder meerrettichartig. **V** Juli bis November. In Nadelwäldern aller Art, auf saurem bis neutralem Boden; in Europa weit verbreitet, außer im Mittelmeergebiet nirgends selten. **W** Der violettgrau getönte Ring ist einzigartig unter den europäischen Wulstlingen.

SP 7,5–11 × 7–10,5 µm, amyloid

1

2

3

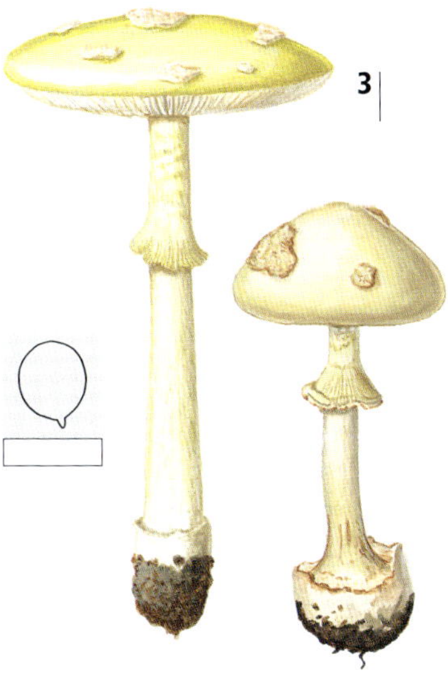

4

1 Riesen-Scheidenstreifling

Amanita ceciliae

RL-V

H 8–15 (–25) cm, jung glockig bis konisch, später flach gewölbt, alt oft völlig flach, meist flach gebuckelt, gelb-, rötlich- bis olivbraun, siena, fast vollständig mit grauen, pulverigen Velumflocken bedeckt, selten verkahlend, Rand stark gerieft und dadurch heller wirkend. **L** Weiß, engstehend, frei. **S** 10–25 × 1,5–3 cm, zylindrisch, zur Basis hin unmerklich etwas verbreitert, weißlich, von der Basis nach oben langsam vergrauend, an der Basis mit mehreren Gürteln grauer pulveriger Velumreste. **F** Weiß, Geruch und Geschmack unspezifisch. **V** Juni bis Oktober. In Laubwäldern, vor allem bei Eichen, Buche, Hainbuche, auf Kalkboden; in ganz Europa verbreitet, meist selten. **W** Durch Größe und das graue pulverige Velum einfach erkennbare Art. Sie kann als Signalart für artenreiche Laubwälder angesehen werden.

SP von 10–14 × 10–14 µm, inamyloid

2 Erlen-Scheidenstreifling, Erlen-Wulstling

Amanita friabilis

RL-1

H 2–6 cm, selten etwas größer, jung etwas konisch bis halbkugelig, später flach konvex, alt stets flach, oft etwas niedergedrückt, ungebuckelt, grau- bis olivbraun, braun- bis olivgrau, mit grauen pulverigen Velumflocken bedeckt, zunehmend verkahlend, Rand stark gerieft, heller. **L** Weißlich, relativ engstehend, frei. **S** 5–10 × 0,5–1 cm, zylindrisch, Basis schwach verbreitert bis angedeutet knollig, weißlich, schwach bis kräftig hutfarbig genattert, Basis mit grauen pulvrigen Velumresten. **F** Weiß, Geruch und Geschmack unspezifisch. **V** Juli bis Oktober. In nassen Erlen-Ulmen-Auwäldern, Erlenbrüchen und Mooren, stets bei Erle; in ganz Europa verbreitet, überall sehr selten. **W** Für den Erhalt dieser europaweit gefährdete Art trägt Deutschland ein besonders hohe Verantwortung (V !!), was nur durch den Schutz entsprechender Wälder erreicht werden kann.

SP von 8–12 × 7–10 µm, inamyloid

3 Grauhäutiger Scheidenstreifling

Amanita submembranacea

H 4–10 (–12) cm, jung glockig bis halbkugelig, bald flach konvex, alt meist flach, oliv- bis graubraun, bisweilen gelbbraun oder braungrau, Hüllreste weiß, bald grauend, oft als einzelner größerer Fleck, Rand stark gerieft, heller, Mitte dunkler. **L** Weiß, dicht stehend, frei. **S** 6–15 × 0,5–1,5 cm, allmählich zur Basis hin leicht breiter werdend, schmutzig weißlich, auch schwach hutfarben überlaufen, Volva brüchig, meist in Fetzen, weiß, bei Luftkontakt bald grauend. **F** Weiß, Geruch und Geschmack unspezifisch. **V** Juni bis November. In feuchten Nadel- seltener Laubwäldern, meist bei Fichte, auf saurem Boden; in ganz Europa verbreitet, in den höheren Lagen häufig. **W** Unter Pappel wächst mit *A. simulans* eine sehr ähnliche Art. Möglicherweise gibt es auch noch weitere, ähnliche, schlecht bekannte Arten (z. B. *A. olivaceogrisea*).

SP von 7–10 × 6,5–9, amyloid

4 Grauer Scheidenstreifling

Amanita vaginata (agg.)

H 4–10 cm, jung halbkugelig bis glockig, alt flach konvex oder ganz verflachend, oft stumpf gebuckelt, hellgrau, bleigrau bis mittelgrau, seltener braungrau, meist ohne Hüllrest, Rand stark gerieft. **L** Weißlich, dicht stehend, frei. **S** 6–12 × 0,6–2 cm, ganz allmählich zur Basis hin verbreitert, weißlich, hohl werdend, Volva weiß, häutig und stabil, +/- ohne Flecken, nicht grau werdend. **F** Weiß, Geruch und Geschmack unspezifisch. **V** Juli bis November. In Wäldern aller Art, auf Waldwiesen, bodenvag; in Europa weit verbreitet, nirgends selten, aber sicher nicht immer von ähnlichen Arten unterschieden. **W** Die grauhütigen Scheidenstreiflinge sind ein artenreicher Komplex von schwer bestimmbaren Arten. Ihr gemeinsames Merkmal sind rundliche Sporen und grau getönte Hüte. Nicht selten sind z. B. *A. ochraceomaculata* mit ockerlichen Flecken an der Volva, *A. supravolvata* unter Kiefer auf Sandböden in Südeuropa sowie *A. mairei* mit elliptischen Sporen.

SP 9–12 × 8,5–12 µm, inamyloid

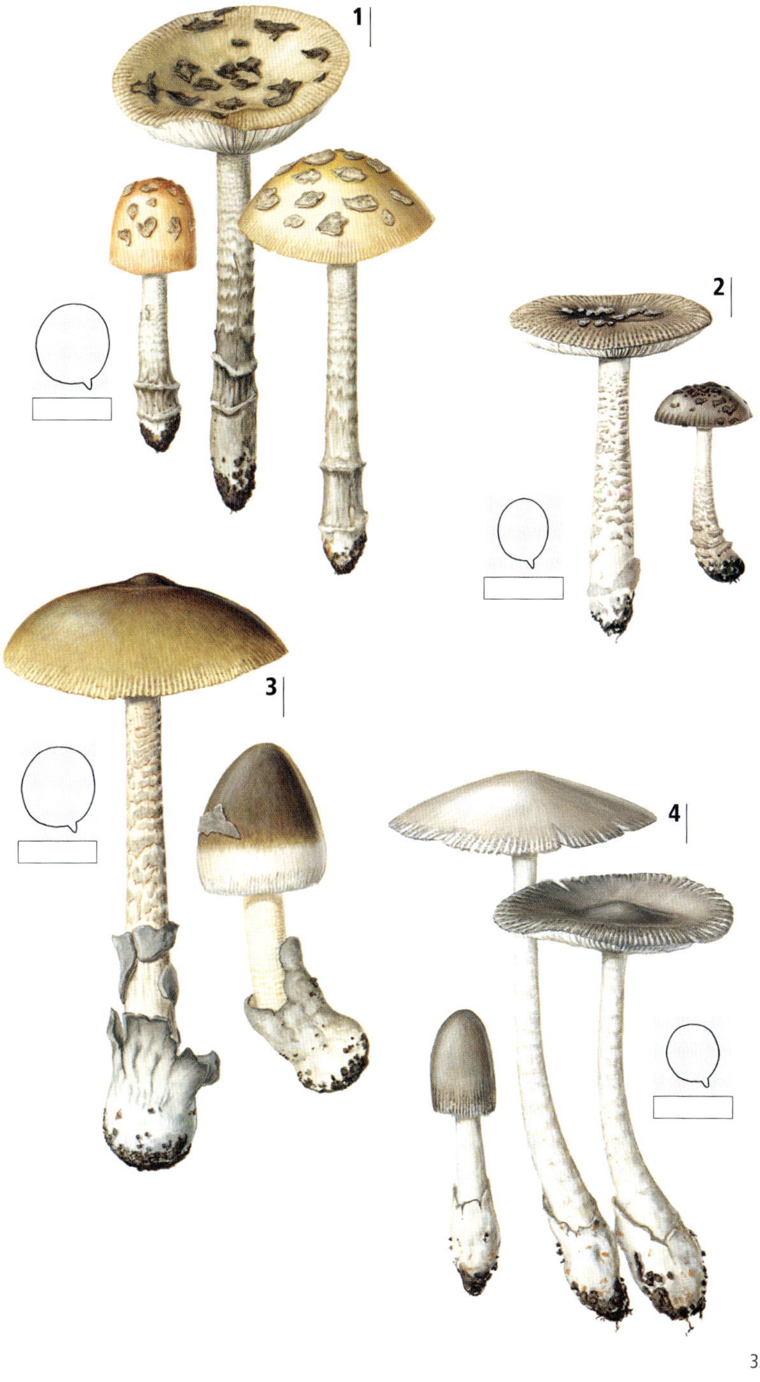
1
2
3
4

1 | Zweifarbiger Scheidenstreifling

Amanita umbrinolutea (Syn. *A. battarrae* ss. auct.)

H 4–10 cm, jung glockig bis konisch, bald flach gewölbt, alt oft verflacht, selten sanft gebuckelt, gelblich graubraun, beige, cremegrau, im Zentrum dunkler, zum Rand hin heller, vor der Riefung wiederum mit schmaler dunkler Zonierung, Rand stark gerieft und dadurch heller als der restliche Hut, meist ohne Hüllreste, seltener mit einigen bis vielen kleinen fuchsbraunen Flocken. **L** Weiß, Schneide schwärzlich gestrichelt, normal bis engstehend, frei. **S** 6–12 × 0,8–1,5 cm, zylindrisch, zu Basis hin schwach verbreitert, weißlich, schwach bis deutlich hutfarbig genattert, Volva weiß, mit zahlreichen rostbraunen Flecken, relativ stabil. **F** Weiß, Geruch und Geschmack unspezifisch. **V** Mai bis November. In Laub- und Nadelwäldern, auf sauren Böden; in ganz Europa verbreitet und häufig, in Südeuropa seltener. **W** Der Name *A. battarrae* wird heute auf eine andere Art gedeutet, die in submediterranen Laubwäldern vorkommt und im Hut eher olivocker bis gelbbraun gefärbt ist.

SP von 10–14 × 10–14 µm, inamyloid

2 | Orangegelber Scheidenstreifling

Amanita crocea

H 5–12 cm, selten größer, jung konisch bis glockig, später flach konvex, alt verflacht, oft undeutlich gebuckelt, gelborange, safran-, ocker- bis orangegelb, selten mit weißem Hüllrest, Rand stark gerieft. **L** Weißlich, relativ engstehend, frei. **S** 8–15 × 1–2,5 cm, zylindrisch, Basis kaum verbreitert, weißlich, mit hutfarbiger Natterung, Volva sehr stabil, weiß, innen cremegelb bis hutfarben. **F** Weiß, Geruch und Geschmack unspezifisch. **V** Juli bis Oktober. In lichten Laub- und Nadelwäldern, meist unter Birke, seltener Fichte, auf sauren bis neutralen, oft mineralreichen Böden; in ganz Europa verbreitet, nur regional etwas häufiger, in Südeuropa großräumig fehlend. **W** Ähnliche Arten sind z. B. *A. lividopallescens* (s. u.) oder *A. subnudipes* mit blasserem Hut und nahezu glattem Stiel.

SP von 10–13 × 9–12 µm, inamyloid

3 | Fuchsiger Scheidenstreifling

Amanita fulva

H 4–8 cm, jung glockig bis konisch, lange gewölbt, alt verflachend, oft stumpf gebuckelt, orange-, rot- bis fuchsbräunlich, meist ohne Hüllreste, Rand stark gerieft. **L** Weiß, dicht stehend, frei. **S** 6–15 × 0,4–1,2 cm, allmählich zur Basis hin leicht breiter werdend, schmutzig weißlich, Volva dünn aber stabil, weiß mit Rostflecken oder komplett rostbraun. **F** Weiß, Geruch und Geschmack unspezifisch. **V** Mai bis November. In Nadel- und Laubwäldern aller Art, auf saurem Boden; in ganz Europa verbreitet und häufig. **W** Es gibt weitere orange- bis rotbraunhütige Arten, die alle wenig bekannt sind.

SP von 9,5–12 × 9,5–13, amyloid

4 | Graufuchsiger Scheidenstreifling

Amanita fulvoides

H 6–15 cm, jung halbkugelig bis glockig, alt flach konvex oder ganz verflachend, oft stumpf gebuckelt, olivlich rot- bis dattelbraun, Mitte dunkler, fuchsig- bis umbrabraun, meist ohne Hüllrest, Rand stark gerieft. **L** Weißlich, dicht stehend, frei. **S** 8–18 × 0,8–2 cm, zur Basis hin unmerklich verbreitert, weißlich, alt schwach bräunlich getönt, Volva außen weiß, rostfleckig, innen blass hutfarbig, dick und stabil. **F** Weiß, Geruch und Geschmack unspezifisch. **V** September bis Dezember. In mediterranen Laubwäldern; in Südeuropa weit verbreitet. **W** Sehr ähnlich in den montanen Nadelwäldern Mittel- und Nordeuropas ist *A. pachyvolvata* mit noch dickerer Volva und dunklerem Hut.

SP 9–12,5 × 9,5–13 µm, inamyloid

5 | Ockergrauer Scheidenstreifling

Amanita lividopallescens (Syn. *A. subfraudulenta*)

H 5–15 (–20) cm, glockig bis konisch, lange flach konvex, alt meist ganz verflachend, oft stumpf gebuckelt, beige- bis cremegrau, hell graubräunlich, meist mit zerstreuten bräunlichen Hüllresten, Rand stark gerieft. **L** Weißlich, dicht stehend, frei. **S** 8–20 × 1–2,5 cm, zur Basis hin leicht verbreitert, weißlich, mit hutfarbiger Natterung, Volva cremegrau, dick aber brüchig. **F** Weiß; Geruch und Geschmack unspezifisch. **V** Juli bis November; in lichten Laubwäldern und Parks, an wärmebegünstigten Stellen, auf basischen Böden; in Europa weit verbreitet, im Norden selten, im Süden zerstreut. **W** Schwierige Artengruppe, die fast alle in warmen Laubwäldern auf Kalk vorkommen.

SP 9–13 × 7,5–10 µm, inamyloid

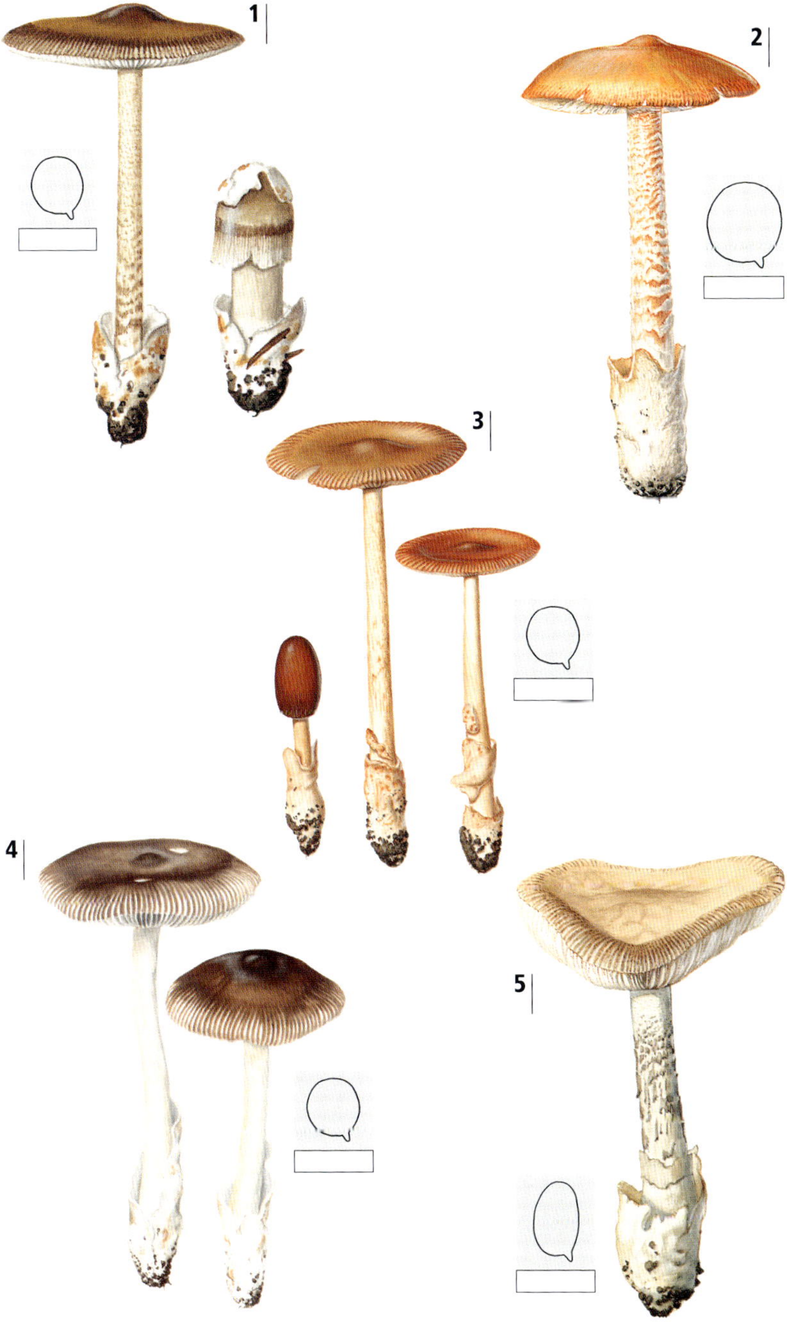
1
2
3
4
5

Schirmlingsartige und Champignons

1a Spp. weiß → **Schirmlingsartige 2**

1b Spp. dunkelbraun → **Champignons 33**

2a (1) Ring häutig und nicht fest mit dem Stiel verwachsen (verschiebbar) → **3**

2b Ring häutig und fest am Stiel angewachsen (nicht verschiebbar) oder nur schwach und vergänglich oder nur eine Faserzone → **6**

3a (2) Trama im Schnitt über orange zu rot verfärbend → **4**

3b Trama im Schnitt unveränderlich, höchstens in der Stielrinde etwas rosalich → **5**

4a (3) Hutschuppen dicht, fast dachziegelartig; V in Laub- oder Nadelstreu → **Safranschirmlinge (*Chlorophyllum olivieri* und *Ch. rhacodes*), S. 352**

4b Hutschuppen zerstreut, meist spärlich; V in Gärten, auf Kompost, in Beeten und Gewächshäusern → **Gift- und Garten-Safranschirmling (*Chlorophyllum brunneum* und *Ch. venenatum*), S. 352**

5a (3) Stiel deutlich dunkel genattert; Hut oft 15–30 cm → **Parasol und verwandte Riesenschirmlinge, S. 352**

5b Stiel glatt oder mit feiner undeutlicher Natterung; Hut kaum über 15 cm, Schuppung anliegend → **Zitzen-Riesenschirmlinge, S. 352**

5c wie 4b, aber Hutschuppen aufgebogen abstehend → **Jungfern-Egerlingsschirmling, S. 348**

6a (2) Hut stark faltig gerieft → **Faltenschirmlinge 7**

6b Hutoberfläche pudrig-mehlig (lose, abwischbar) → **8**

6c Hut feucht, deutlich schleimig → **Schleimschirmlinge, S. 334** und → **Fleckender Schmierschirmling, S. 346**

6d Hut anders, bisweilen am Rand etwas gerieft, bisweilen körnig-warzig → **11**

7a (6) ganzer FK leuchtend gelb → **Gelber Faltenschirmling, S. 350**

7b Hut cremeweißlich bis hellbeige, Schüppchen fast gleichfarbig → **Zwiebelfüßiger Faltenschirmling, S. 350**

7c Hut mit deutlich kontrastierenden violetten, dunkelbraunen oder schwärzlichen Schüppchen → **weitere Faltenschirmlingsarten *(L. brebissonii, L. melanotrichus, L. ianthinus)***

8a (6) Stiel zur Basis hin allmählich keulig werdend; Velumflocken grobflockig (vgl. auch *Pulverolepiota pulverulenta*) → **Kreideweißer Faltenschirmling, S. 350**

8b Stiel an der Basis gleichdick oder mit Knöllchen; Velumflocken meist fein puderig → **Mehlschirmlinge 9**

9a (8) Hut und Stiel violett; Geruch stark unangenehm leuchtgasartig → **Stinkender Mehlschirmling, S. 346**

9b Hut und Stiel nicht violett, bisweilen Stiel etwas violettrötlich an der Basis → **10**

10a (9) Hut 0,5–2 cm, fein bepudert, weiß, höchstens etwas rosalich getönt → **Zierlicher Mehlschirmling, S. 346**

10b Hut 1,5–4 cm, fein bepudert, weiß, mit der Zeit zunehmend fleckig rötend → **Rötender Mehlschirmling, S. 346**

10c Hut 1,5–4 cm, fein oder gröber bepudert, weiß, schmutzig creme oder rosa, nicht rötlich fleckig werdend → **weitere Mehlschirmlingsarten *(Cystolepiota adulterina, fumosifolia, moelleri)***

11a (6) Hut und Stiel gerieben gelborange, dann fleisch- bis braunrot verfärbend → **12**

11b Hut und Stiel gerieben safrangelb bis -orange verfärbend; Trama +/- unveränderlich → **Ockerbrauner Schirmling, S. 342**

11c Hut, Stiel und Trama gerieben +/- unveränderlich → **13**

12a (11) Hut 8–15 cm; FK büschelig; SP 6–8,5 µm breit, mit Keinporus
→ Büscheliger Egerlingsschirmling, S. 350

12b Hut 3–6 (–8) cm; FK meist einzeln; SP 4–5,5 µm breit, ohne Keimporus
→ Anlaufender Egerlingsschirmling, S. 350

13a (11) Ring häutig, beständig, aufsteigend bzw. nach oben trichterig abstehend, weiß **→ 14**

13b Ring häutig, dünn und schlaff, hängend
→ Spitzschuppiger Stachel-Schirmling, S. 344

13c nur +/- vergängliche Ringzone oder Faserzone vorhanden, diese oft gefärbt **→ 18**

14a (13) Hut weiß bisweilen zur Mitte hin oder Schuppung schwach creme, graulich getönt, aber nicht mit lebhaften Farbtönen **→ 15**

14b Hut deutlich und meist lebhaft gefärbt, fleisch- bis orangerosa, violett, rostorange, zumindest in der Mitte **→ 16**

15a (14) Hut deutlich abstehend schuppig, 6–12 cm
→ Jungfern-Egerlingsschirmling, S. 348

15b Hut glatt bis feinst schuppig, 4–10 cm
→ Artengruppe Rosablättriger Egerlings-schrmling, S. 348

15c Hut seidig, 1–4 cm **→ Gewöhnlicher Seiden-schirmling und verwandte Arten, S. 348**

16a (14) Hutmitte und Schuppung rost- bis rotbraun; Hut 1,5–5 cm; Geruch stark, metallisch-chemisch; SP gespornt, nicht metachromatisch
→ Stink-Schirmling, S. 336

16b nicht mit dieser Merkmalskombination, meist größer werdend; SP elliptisch bis mandelförmig, metachromatisch **→ 17**

17a (16) Hut violett, purpur **→ Veilchenfarbiger Eger-lingsschirmling, S. 348**

17b Hut orangerosa, lebhaft fleischrosa
→ Küsten-Egerlingsschirmling, S. 348

17c Hut anders gefärbt **→ weitere Egerlingsschirm-lingsarten**

18a (13) Ring bzw. Ringzone gefärbt (braun, orange, schwarz) **→ 19**

18b Ring bzw. Ringzone weiß oder nur eine Faserzone vorhanden (die gefärbt sein kann!) **→ 21**

19a (18) Ringzone mit (orange-)brauner Rille; Hut bis auf die Mitte im Wesentlichen weißlich, 5–12 cm
→ Rotknolliger Schirmling, S. 338

19b Ringzone violett- bis schwarzbraun, nicht gerillt; Hut meist mit gefärbter Schuppung, 1,5–6 cm **→ 20**

20a (19) Hutmitte und -schuppen blass grauviolett bis bräunlich grau; SP oval, 4–6 × 2,5–3,5 µm
→ Lilafarbener Schirmling, S. 340

20b Hutmitte und -schuppen schwarzbraun; SP oval, 6–9 × 3,5–5 µm
→ Schwarzschuppiger Schirmling, S. 342

20c Hutmitte und -schuppen rot- bis sepiabraun; SP spindelig, 8,5–12 × 5–7 µm
→ Körnigschuppiger Schirmling, S. 338

21a (18) Hut kakao-, nougat-, nuss-, gelb- bis dunkelbraun, mit zumindest jung pyramidenartigen, abwisch-baren Warzen, 4–10 cm (selten kleiner)
→ Stachel-Schirmlinge 22

21b nicht mit dieser Merkmalskombination **→ 24**

22a (21) dünner hängender Ring zumindest jung vorhanden; L extrem dicht stehend; SP 8–10 µm lang
→ Spitzschuppiger Stachel-Schirmling, S. 344

22b nur eine Velumringzone vorhanden; L etwas weniger dicht stehend; SP 4–7 µm lang **→ 23**

23a (22) Lamellen-Schneiden schwärzlich gestrichelt; Stiel-spitze und L jung mit bernsteinfarbenen Tropfen
→ Schwarzschneidiger Stachelschirmling, S. 344

23b Lamellen-Schneide gleichfarben; nie mit Tropfen
→ Struppiger Stachelschirmling und weitere verwandte Arten, S. 344

24a (21) Hut weiß bis cremeweißlich, gelb, olivgelb bis oliv-braun oder graugrün bis spangrün - ohne rosa, fleischfarbene, violette, beige oder rot- bis orange-braune Töne **→ 25**

24b Hut rosa, fleischfarben, violett, beige, rot, violett oder orangebraun → **26**

25a (24) Hut weiß oder Mitte und Schüppchen cremefarben; Stiel mit wolligem Überzug; SP spindelig, 11–17 µm lang → **Wollstiel- und Rettich-Schirmling, S. 338**

25b Hutmitte und Schüppchen olivbraun, auf olivgelbem Untergrund; SP elliptisch, 7–9 µm lang → **Gelbblättriger Schirmling, S. 342**

25c Hutmitte und Schüppchen jung blaugrün, alt rostig oxidierend; SP gespornt, 9–12 µm lang (wenn graugrün und SP 6–9 µm lang: vgl. *L. poliochloodes*) → **Grünschuppiger Schirmling, S. 336**

25d Hutmitte und Schüppchen olivbraun, auf olivgelbem Untergrund; SP elliptisch, 6–7,5 µm lang → **Olivgrauer Schirmling, S. 342**

26a (24) Hut mit rosa- bis fleischroten, weinrosa- bis -braunen Tönen; SP oval bis elliptisch → **27**

26b Hut ohne deutliche rosa bis weinbraune Töne; SP oft anders geformt → **29**

27a (26) Hut weinviolett, faserschuppig; SP 4–7 µm lang; Schnallen fehlend → **Purpurbrauner Schirmling, S. 340**

27b Hut rosa bis weinviolett, konzentrisch kleinschuppig; SP 6–8 µm oder 8–11 µm lang; Schnallen vorhanden → **28**

28a (27) Hut rosarot, fleischrosa, SP 6–8,5 × 3,5–5 µm (wenn Hutmitte striegelig und SP etwas kürzer: vgl. Striegeliger Schirmling, S. 342) → **Rosaroter Schirmling, S. 340**

28b Hut rosarot, fleischrosa, SP 8–11 × 4,5–6 µm → **Fleischrötlicher Schirmling, S. 340**

28c Hut weinrosa bis fleischbraun, SP 8–11 × 4,5–6 µm → **Fleischbräunlicher Schirmling, S. 340**

29a (26) Velumflocken am Stiel wattig, gelb; SP spindelig, 17–22 µm lang → **Gelbwolliger Schirmling, S. 338**

29b Velumreste am Stiel anders; SP kleiner und nicht spindelig → **30**

30a (29) SP elliptisch → **Striegeliger Schirmling und ähnliche Arten, S. 342**

30b SP gespornt → **31**

31a (30) Hut dunkel rot- bis kastanienbraun; SP 9–13 µm lang; Huthaare unseptiert → **Kastanienbrauner Schirmling, S. 336**

31b mit Velumzone; Hutmitte und Schuppen meist anders; HDS trichodermal → **32**

32a (31) jung mit häutigem, vergänglichem Ring; Hutmitte und Schuppen rotbraun; HDS hymeniform → **Stink-Schirmling, S. 336**

32b Hut ocker-, orange- bis haselbraun; SP 7–10 µm lang; Huthaare mehrfach septiert → **Fuchsbrauner Schirmling, S. 336**

32c Hut lehm-, grau- bis haselbraun, beige; SP 6–8,5 µm lang; Huthaare unseptiert → **Fahlbrauner Schirmling, S. 336**

33a (1) Hut bei kräftigem Reiben gelb verfärbend, mit KOH gelb → **34**

33b Hut bei kräftigem Reiben rötend oder ohne Verfärbung, mit KOH negativ → **39**

34a (33) Trama in der Stielbasis intensiv chromgelb anlaufend; Geruch meist deutlich karbolartig, zumindest beim Kochen; Kochwasser gelb färbend; Sulfanilsäure auf Hut negativ → **Karbol-Champignons, S. 360**

34b Trama in der Stielbasis +/- unveränderlich oder schwach gelb anlaufend; Geruch meist nach Bittermandel oder unspezifisch; Kochwasser nicht gelb verfärbend; Sulfanilsäure auf Hut lebhaft orange → **35**

35a (34) Hut gelbbraun, schuppig; FK oft sehr groß (bis 25 cm) → **Riesen-Champignon, S. 358**

35b Hut glatt oder wenn schuppig dann nicht gelbbraun; FK meist deutlich kleiner → **36**

36a (35) Hut purpur bis rosabraun überfasert; Stielbasis gedrückt ockergelb verfärbend → **37**

36b Hut anders gefärbt; Stielbasis gedrückt unveränderlich oder gelb → **38**

37a (36) Hut 4–8 cm; V in Wäldern und Parks → **Purpurfaseriger Champignon, S. 360**

37b Hut 1–4 cm; V in Wäldern
→ Weinrötlicher Zwergchampignon, S. 360

37c Hut 1–4 cm; V auf Wiesen und Weiden
→ Triften-Zwergchampignon, S. 360

38a (36) Geruch gerieben deutlich nach Bittermandel; SP 5,5–7 × 4–5 µm
→ Dünnfleischiger Anis-Champignon, S. 358

38b Geruch gerieben deutlich nach Bittermandel; SP 6,5–9 × 4,5–5,5 µm **→ Anis-Champignons, S. 358**

38c Geruch gerieben höchstens kurz nach Bittermandel, bald muffig und unangenehm; SP 9,5–12 × 7–8,5 µm; V in Wäldern und auf Wiesen
→ Wald-Champignon, S. 356

39a (33) Hut vollständig hasel- bis dunkelbraun schuppig
→ 40

39b Hut weiß bis schmutzig creme, manchmal mit wenig dunkleren Schuppen in der Mitte **→ 41**

40a (39) Trama innerhalb 10 Sek. intensiv rötend; Stielbasis ohne Wurzelstrang; SP elliptisch, 3,5–5 µm breit
→ Klein- und Großsporiger Blut-Champignon, S. 356

40b Trama langsam und weniger intensiv rötend; Stielbasis mit deutlichem Wurzelstrang; SP elliptisch, 3,5–4,5 µm breit **→ Braunscheckiger Stink-Champignon, S. 356**

40c Trama langsam und weniger intensiv rötend; Stielbasis ohne oder mit kurzem Wurzelstrang; SP breitelliptisch bis subglobos, 5–6,5 µm breit
→ Gegürtelter Champignon, S. 354

41a (39) Stiel mit doppeltem Ring, davon oberer nach unten abziehbar; V oft an Straßenrändern und Banketten, durch Asphalt und Pflasterung brechend
→ Stadt-Champignon, S. 354

41b Stielring einfach, hängend **→ 42**

42a (41) Trama im Schnitt langsam, aber kräftig rosa- bis fleischrot verfärbend **→ 43**

42b Trama im Schnitt etwas rosalich oder gar nicht verfärbend **→ 44**

43a (42) FK massig; Hut meist schollig schuppig oder aufbrechend; V an salzhaltigen Stellen (Küstenwiesen, Autobahnränder)
→ Salzwiesen-Champignon, S. 356

43b FK eher schlank; Hut glatt bis feinschuppig oder mit bräunlichen Fasern; V in Wäldern
→ Weißschuppiger Blut-Champignon, S. 356

44a (42) Stielbasis zuspitzend; V in nicht zu stickstoffreichen Wiesen, Weiden und Grünanlagen; Basidien viersporig **→ Wiesen-Champignon, S. 354**

44b Stielbasis zylindrisch bis leicht verdickt; V auf Pferdemist oder an stickstoffreichen Stellen; Basidien zweisporig **→ Zweisporiger Egerling, S. 354**

1 Getropfter Schleimschirmling

Limacellopsis guttata (Syn. *Limacella guttata*)

RL-V

H 5–12 cm, jung glockig bis konisch, bald flach kegelig gewölbt, meist stumpf gebuckelt, rahm- bis isabellfarben, beige, fleischfarben, Mitte etwas dunkler, glatt, feucht schmierig. **L** Weiß bis cremeweiß, engstehend, frei. **S** 8–15 × 0,8–2 cm, zylindrisch, Basis meist etwas knollig, weißlich, unterhalb des hängenden, schlaffen Ringes faserflockig genattert, Ring oft mit olivgrün eintrocknenden Tropfen. **F** Weiß, Geruch und Geschmack nach Gurkenschale. **V** Juli bis November. In Buchen- und Nadelwäldern, auf basischen Böden; in ganz Europa verbreitet, meist selten. **W** Die Art soll ähnlich den gilbenden Champignons Cadmium anreichern.

SP 5–7 × 4–6 µm, teilweise dextrinoid

2 Mittelmeer-Schleimschirmling

Limacella subfurnacea

H 4–10 cm, jung halbkugelig, später flach konvex, alt oft verflacht, undeutlich gebuckelt, braungrau, feucht schmierig. **L** Weißlich, engstehend, frei. **S** 5–12 × 0,8–1,5 cm, zylindrisch, weißlich, mit schmutzig cremeweißem Ring, schmierig. **F** Weiß, Geruch und Geschmack süßlich-ranzig oder mehlartig. **V** September bis Dezember. In lichten Kiefernwäldern vielleicht auch unter Eiche, bodenvag; in Süd- und Südwesteuropa in Küstennähe verbreitet und relativ häufig, sonst fehlend. **W** Der Speisewert dieser erst 1990 beschriebenen Art ist nicht bekannt.

SP 5–7 × 4,5–6,5 µm, teils dextrinoid.

3 Rotbrauner Schleimschirmling

Limacella glioderma

H 3–6 cm, jung halbkugelig, lange gewölbt, alt verflachend, oft stumpf gebuckelt, gelborange, orange-, rot- bis fuchsbräunlich, schleimig, schnell abtrocknend. **L** Jung weiß, bald cremefarben, mäßig entfernt stehend, frei bis knapp angewachsen. **S** 4–8 × 0,4–1 cm, zylindrisch, basal oft etwas zuspitzend, weißlich oberhalb der wollig-flockigen Ringzone, darunter mit hutfarbenen, fleckweise schleimigen Flockengürteln. **F** Weiß, Geruch und Geschmack schwach bis kräftig gurkig. **V** Juli bis Oktober. Vor allem in Nadelwäldern, seltener im Laubwald, in Parks, Gärten und Gewächshäusern, auf basischen Boden; in ganz Europa verbreitet und selten, regional zerstreut. **W** Aufgrund abweichender Hutfarben wurden weitere Varietäten und Arten beschrieben, etwa die weinrot gefärbte *L. vinosorubescens*.

SP 3,5–5 × 3,5–4,5 µm, oft dextrinoid

4 Glänzender Schleimschirmling

Zhuliangomyces illinitus (Syn. *Limacella illinita*)

RL-2

H 2–6 (–8) cm, jung halbkugelig bis glockig, alt flach konvex oder ganz verflachend, porzellanweiß, seltener mit cremefarbener Tönung oder mit weinroten Flecken, sehr schleimig, Schleim bei liegenden FK vollständig abfließend. **L** Weißlich, dicht stehend, frei oder knapp angewachsen. **S** 5–10 × 0,5–1,2 cm, zylindrisch-spindelig, Basis meist deutlich ausspitzend, weiß bis hutfarbig, sehr schleimig. **F** Weiß, Geruch und Geschmack mehlartig-gurkig. **V** August bis November. In Nadelwäldern oder unter Einzelbäumen in waldnahen Wiesen, lt. Literatur auch im Laubwald, auf basenreichen Böden; in ganz Europa verbreitet, aber überall selten (geworden) bis sehr selten. **W** Die Fruchtkörper erinnern sehr an den Elfenbein-Schneckling (→ S. 162), der aber breit angewachsene Lamellen und einen anderen Geruch hat.

SP 4–5,5 × 3,5–5 µm, oft dextrinoid

5 Ockergelber Schleimschirmling

Zhuliangomyces ochraceoluteus (Syn. *Limacella ochraceolutea*)

RL-G

Von vorigem nur durch die Hutfarbe und Ökologie unterschieden. **H** Ocker- bis braungelb, Mitte dunkler, ockerbraun, Rand heller. **V** Juli bis Oktober. In feuchten, nährstoffreichen Laubwäldern (Auwälder, Schatthangwälder); in Mitteleuropa weit verbreitet, überall sehr selten.

SP 4–4,5 × 3,5–4 µm, oft dextrinoid

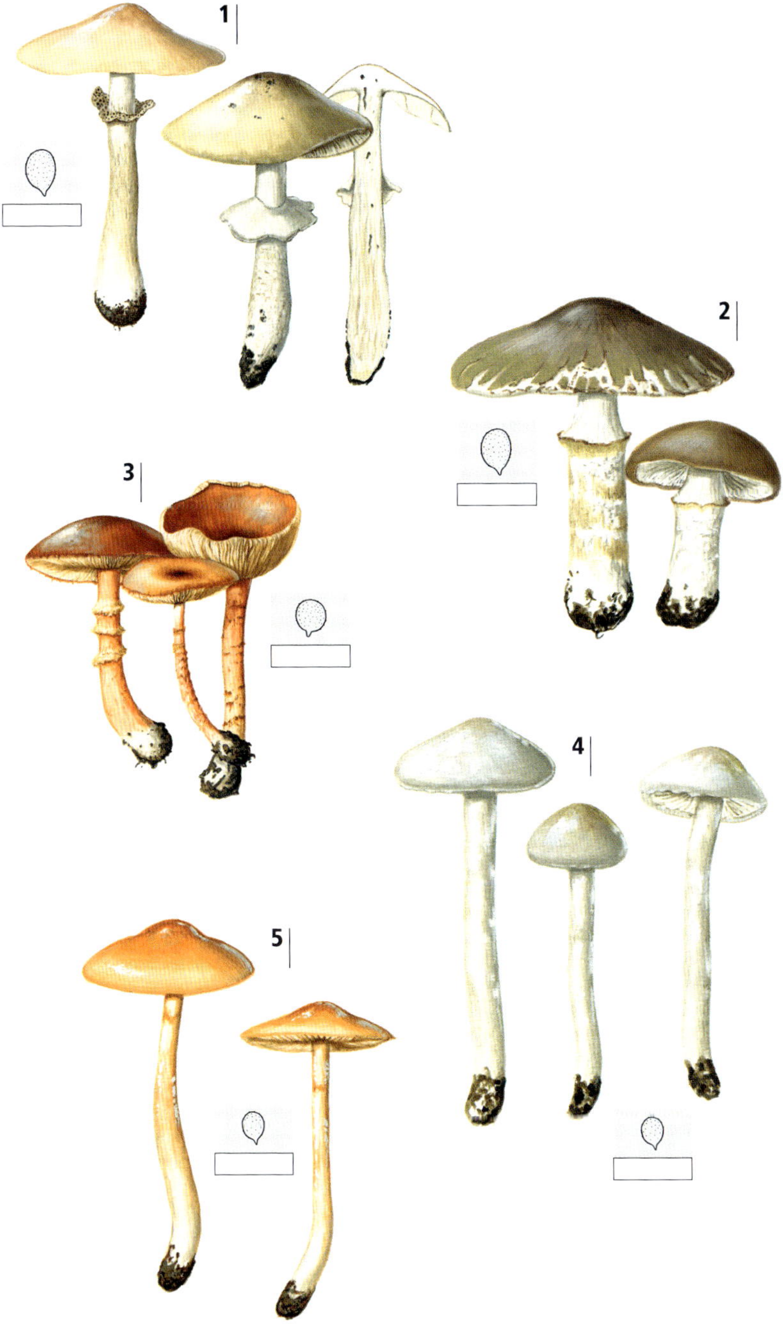
1
2
3
4
5

1 | Stink-Schirmling
Lepiota cristata

H 1,5–5 cm, jung glockig bis halbkugelig, bald flach gewölbt, stumpf gebuckelt, Mitte und Hutschuppen rot-, rosa- bis orangebraun, selten nur cremegelb, auf weißem Grund. **L** Weiß bis cremeweiß, engstehend, frei. **S** 3–6 × 0,2–0,6 cm, zylindrisch, Basis meist etwas knollig, weißlich, mit aufsteigendem, häutigem, aber vergänglichem Ring, unterwärts mit hutfarbigen Flocken. **F** Weiß, Geruch unangenehm chemisch, an Stäublinge oder Kartoffelbovist erinnernd, Geschmack unspezifisch, mild. **V** Juni bis Oktober. In nährstoffreichen Laubwäldern, an Wegrändern und Holzlagerplätzen, oft an krautigen Stellen, Stickstoffzeiger; in ganz Europa verbreitet, überall häufig. **W** Der Stink-Schirmling ist die wohl häufigste *Lepiota*-Art in Europa.

SP 5,5–8 (–9) × 2,5–4 µm, stark dextrinoid, **CH** bis 50 µm

2 | Kastanienbrauner Schirmling
Lepiota castanea

H 1,5–4 cm, jung halbkugelig bis glockig, später flach konvex, alt oft verflacht und mit aufgebogenem Rand, Mitte und Hutschuppen dunkel rotbraun bis maronifarben auf weißem Grund. **L** Weißlich, engstehend, frei. **S** 3–6 × 0,2–0,5 cm, zylindrisch, Basis etwas knollig, mit vergänglicher Faserzone, darüber cremefarben, unterwärts mit hutfarbigen Flocken und Gürtelungen. **F** Weiß, Geruch unspezifisch oder etwas zedernholzartig, Geschmack unspezifisch. **V** Juli bis Oktober. In Laub- und Nadelwäldern, auf humus- und nährstoffreicheren Böden in der Laubseltener Nadelstreu; in ganz Europa verbreitet und relativ häufig. **W** Die Art ist tödlich giftig. Vermutlich gilt dies auch für die sehr ähnlichen *L. boudieri* (s. u.) und *L. ignipes*.

SP 9–13 × 3,5–5 µm, stark dextrinoid, **CH** bis 40 µm

3 | Fuchsbrauner Schirmling
Lepiota boudieri

H 2–5 cm, jung stumpf glockig, lange gewölbt, alt verflachend, ocker-, orange- bis haselbräunlich, radialfaserig, Faserung alt etwas aufbrechend. **L** Jung weiß, bald cremefarben, mäßig entfernt stehend, frei bis knapp angewachsen. **S** 3–8 × 0,2–0,5 cm, zylindrisch, basal oft etwas verdickt, weißlich oberhalb der feinen Faserzone, darunter mit hutfarbigen Fasern und Flocken. **F** Weiß, Geruch unspezifisch, schwach chemisch, ähnlich dem Stink-Schirmling (s. o.), Geschmack unspezifisch. **V** Juli bis Oktober. In Laub- und Nadelwäldern, an humus- und nährstoffreichen Stellen; in ganz Europa verbreitet, regional zerstreut. **W** *L. boudieri* ist in dieser Gruppe die einzige Art mit septierten, schnallentragenden Huthauthyphen.

SP 7–10 × 3–4 µm, stark dextrinoid, **CH** bis 40 µm

4 | Fahlbrauner Schirmling
Lepiota cingulum

Sehr ähnlich der vorigen Art, jedoch größer werdend – **H** 3–6 (–8) cm – und mit etwas anderen Mikromerkmalen. **V** August bis November. An nährstoffeichen Stellen in Laubwäldern und an Wegrändern; in Europa sehr verstreut berichtet, aber noch ungenügend bekannt, gilt als selten. **W** Wie bei den meisten Schirmlingen muss zur sicheren Bestimmung mikroskopiert werden.

SP 5,5–8 (–9) × 2,5–4 µm, stark dextrinoid, **CH** bis 50 µm

5 | Grünschuppiger Schirmling
Lepiota grangei

RL-G

H 1–4 cm, jung glockig bis halbkugelig, bald flach gewölbt, stumpf gebuckelt, Mitte und Hutschuppen jung blaugrün, auf weißem Grund, nach und nach zu orangeocker oxidierend. **L** Weiß bis cremeweiß, engstehend, frei. **S** 3–6 × 0,2–0,6 cm, zylindrisch, Basis meist etwas knollig, weißlich oberhalb einer flüchtigen Faserzone, unterwärts mit hutfarbigen Flocken, die länger blaugrüne Töne behalten als der Hut. **F** Weiß, Geruch unangenehm chemisch, an Stäublinge oder Kartoffelbovist erinnernd, Geschmack unspezifisch, mild. **V** Juli bis Oktober. In nährstoffreichen Laubwäldern (z. B. Erlen-Eschen-Auwald), an Wegrändern, oft an krautigen Stellen, Stickstoffzeiger; in ganz Europa verbreitet, aber überall selten. **W** Beim Graugrünen Schirmling *(L. griseovirens)* ist die Hutfarbe düster oliv- bis schwarzgrün, und die Sporen sind nur 6–9 × 2,5–4 µm groß.

SP 9–12 × 3,5–5 µm, stark dextrinoid, **CH** bis 40 µm

1
2
3
4
5

1 Wollstiel-Schirmling
Lepiota clypeolaria

H 3–10 cm, jung glockig, eichelfömrig, bald konvex gewölbt, eher selten verflachend, meist stumpf gebuckelt, Mitte und Hutschuppen cremegelb, beige, blassocker, oft Mitte nicht deutlich abgegrenzt, fein schuppig, Rand oft mit weißen Velumfasern behangen. **L** Weiß bis cremeweiß, engstehend, frei. **S** 5–12 × 0,4–0,8 cm, zylindrisch, Basis nicht bis schwach verbreitert, weißlich, basal etwas gelblich, mit dichten, weißen, wolligen Gürtelzonen die nach oben in einer wolligen Ringzone enden. **F** Weiß, Geruch unangenehm chemisch, Geschmack unspezifisch, mild. **V** Juni bis Oktober. In der Streu von Laub- und Nadelwäldern, bodenvag; in ganz Europa verbreitet, meist häufig. **W** Es gibt sowohl gelbliche als auch bei Berührung gilbende Formen, deren Artstatus umstritten ist. Sie sind farblich ähnlich der nachfolgenden Art, haben aber kleinere Sporen.

SP 11,5–16 (–18) × 4,5–6,5 µm, stark dextrinoid, **CH** bis 30 µm

2 Gelbwolliger Schirmling
Lepiota magnispora (Syn. *L. ventriosospora*)

Sehr ähnlich der vorigen Art, jedoch mit orange- bis rotbraunen Hutfarben und gelbwolligen Stielüberzug, sowie längeren Sporen. **V** Wie oben.

SP (15–)17–22 × 4,5–6 µm, stark dextrinoid, **CH** bis 40 µm

3 Rotknolliger Schirmling, Feuerfüßiger Schirmling
Lepiota ignivolvata

H 5–12 cm, selten größer jung glockig, dann gewölbt, bald verflachend, mit stumpfem bis zitzenartigem Buckel, Mitte und Schuppen ocker- bis haselbräunlich auf weißlichem Grund. **L** Jung weißlich bis cremefarben, mäßig entfernt stehend, frei. **S** 5–12 × 1–1,5 cm, zylindrisch, basal meist schwach knollig verdickt, weißlich oberhalb des bräunlich berandeten Ringes, darunter mit hutfarbiger, flockiger Gürtelung, Basis gerieben orangerot verfärbend. **F** Weiß, Geruch schwach bis stark chemisch, Geschmack unspezifisch, mild. **V** Juli bis Oktober. In Laubwäldern in der Streu, vor allem unter Buchen, selten im Nadelwald; in ganz Europa verbreitet, meist häufig. **W** Die Art ist am bräunlichen, meist versetzt gebrochenen Ring und der Verfärbung der Stielbasis beim Reiben gut zu erkennen. Ähnlich den Zitzen-Riesenschirmlingen (→ S. 352), die aber einen verschiebbaren Ring haben.

SP 9–13 × 5–6,5 µm, stark dextrinoid, **CH** bis 35 µm

4 Rettich-Schirmling, Weißer Schirmling
Lepiota erminea (Syn. *L. alba*)

H 3–8 cm, jung halbkugelig oder glockig, bald flach gewölbt bis verflacht, stumpf gebuckelt oder ohne Buckel, Mitte und Hutschuppen weiß bis cremeweiß, sonnenexponiert schnell gelblich bis hellbräunlich getönt, auf cremeweißem Grund. **L** Weiß bis cremeweiß, mäßig entfernt stehend, frei. **S** 3–10 × 0,3–0,8 cm, zylindrisch, weißlich, mit schwach ausgeprägter Faserzone, darunter wollige, vergängliche Flockengürtel, alt fast kahl. **F** Weiß, Geruch etwas chemisch oder schwach rettichartig, Geschmack mild. **V** Juli bis Oktober. In kurzgrasigen Wiesen und Weiden, auf Dünen, meist auf basischen Böden; in ganz Europa in Küstennähe verbreitet und häufig, im Landesinneren zerstreut bis selten. **W** An denselben Standorten wächst die ähnliche, aber deutlich nuss- bis nougatbraun gefärbte *L. oreadiformis*, die optisch stark an den Nelkenschwindling (→ S. 318) erinnert.

SP 11–17 × 5–7 µm, stark dextrinoid, **CH** bis 40 µm

5 Körnigschuppiger Schirmling, Braunberingter Schirmling
Lepiota subgracilis (Syn. *L. kuehneriana*)

H 1,5–5 cm, jung glockig, bald flach gewölbt, stumpf gebuckelt, Mitte und Hutschuppen sepia- bis rotbraun, auf cremeweißem Grund, Mitte etwas körnelig. **L** Weißlich, mäßig engstehend, frei. **S** 3–6 × 0,2–0,6 cm, zylindrisch, Basis meist etwas knollig, weißlich oberhalb einer relativ stabilen, bräunlichen Faserzone, darunter mit hutfarbigen Flockengürteln. **F** Weiß, Geruch und Geschmack unspezifisch, mild. **V** Juli bis Oktober. In Buchen- und nährstoffreichen Laubwäldern (z. B. Erlen-Eschen-Auwald), oft in der Laubstreu; in Süd- und Mitteleuropa verbreitet, nur regional etwas häufiger. **W** Mehrere ähnliche Arten lassen sich nur mithilfe der Mikromerkmale unterscheiden.

SP 8,5–12 × 5–7 µm, stark dextrinoid, **CH** bis 35 µm

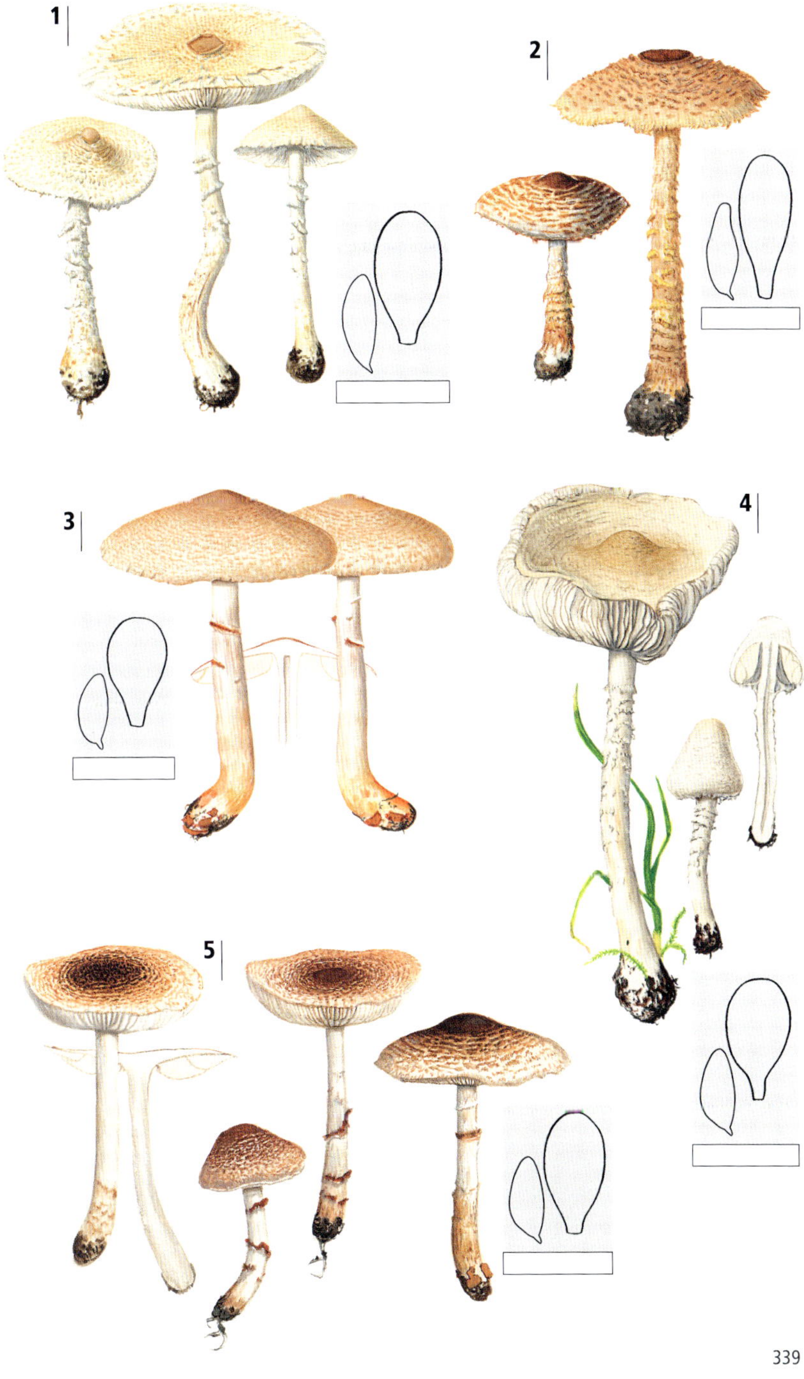
1
2
3
4
5

1 | Fleischbräunlicher Schirmling
Lepiota brunneoincarnata

H 3–6 cm, jung glockig, halbkugelig, bald konvex gewölbt, alt verflacht und mit aufgebogenem Rand, manchmal stumpf gebuckelt, Mitte und Hutschuppen wein- bis fleischbräunlich, Untergrund blasser hutfarbig, rosalich. **L** Weißlich, mäßig entfernt, frei. **S** 3–6 × 0,5–1 cm, zylindrisch, oberhalb der hutfarbigen Faserringzone rosacreme, darunter mit hutfarbigen Flockengürteln. **F** Weiß, Geruch unspezifisch. **V** Juli bis Dezember. In Trockenrasen, Dünen, ruderalen Wiesen und Parks, etwas nährstoffliebend; in ganz Europa verbreitet, in Südeuropa regional häufig, sonst überall selten. **W** Die Art ist etwas robuster und kurzstieliger als die anderen rosa gefärbten Schirmlinge (s. u.). Alle diese Arten sind tödlich giftig (Amanitin)!

SP 7,5–10,5 × 4,5–6 µm, stark dextrinoid, **CH** bis 35 µm

2 | Fleischrötlicher Schirmling
Lepiota helveola

RL-R

H 1,5–5 cm, selten größer (var. *major*), jung halbkugelig, bald flach gewölbt bis verflacht, stumpf gebuckelt, Mitte und Hutschuppen rosaockerlich bis dunkel fleischrosa, ziemlich fein geschuppt, auf cremeweißem Grund. **L** Weiß bis cremeweiß, mäßig entfernt stehend, frei. **S** 2–8 × 0,3–0,8 cm, zylindrisch, basal oft etwas kleinknollig, weißlich, mit deutlicher, unterseits rosabräunlich gefärbter Ringzone, darunter hutfarbige Flockengürtel. **F** Weiß, Geruch unspezifisch. **V** Juli bis Dezember. In Laubwäldern, an Wegrändern und Ruderalplätzen, auf basischem Boden; in Südeuropa verbreitet, aber meist selten, im restlichen Europa sehr selten. **W** Die Art kommt wie viele Schirmlinge gelegentlich in Parks unter Thujen oder (Schein-)Zypressen vor.

SP 7,5–10,5 × 4,5–6 µm, stark dextrinoid, **CH** bis 40 µm

3 | Rosaroter Schirmling
Lepiota subincarnata

H 1,5–4,5 cm, jung halbkugelig, dann gewölbt, bald verflachend, meist ungebuckelt, Mitte und Schuppen rosarot, fleisch- bis ockerrosa, meist fein geschuppt, auf weißlichem Grund. **L** Jung weißlich, mäßig engstehend, frei. **S** 2,5–6 × 0,2–0,6 cm, zylindrisch, basal meist schwach knollig verdickt, weißlich oberhalb der flüchtigen Faserzone, darunter mit hutfarbiger, flockiger Gürtelung, manchmal fast kahl. **F** Weiß, Geruch schwach chemisch, auch fruchtig-süßlich. **V** Juli bis Dezember. In Laubwäldern, Parks, Gärten, an Wegrändern, auf Ruderalflächen; in ganz Europa verbreitet, regional fast häufig. **W** Robuste Exemplare mit obstartigem Geruch werden bisweilen als *L. josserandii* bezeichnet.

SP 6–8,5 × 3,5–5 µm, stark dextrinoid, **CH** bis 35 µm

4 | Lilafarbener Schirmling
Lepiota lilacea

H 1,5–8 cm, jung halbkugelig oder glockig, bald flach gewölbt bis verflacht, ohne Buckel, Mitte und Hutschuppen anfangs grauviolett, bald bräunlich, Grundfarbe cremeweiß. **L** Weiß bis cremeweiß, mäßig dicht stehend, frei. **S** 3–10 × 0,3–0,8 cm, zylindrisch, weißlich, mit deutlicher dünner, violettbrauner Ringzone, darunter zerstreute braunviolette Flocken, oft +/- kahl. **F** Weiß, Geruch unspezifisch. **V** Juli bis Oktober. In Parks, Gärten, Beeten und Gewächshäusern, auf Rasenflächen; in ganz Europa verbreitet, aber selten. **W** Die tödlich giftige Art wurde schon mehrfach in Gärten und auf Kinderspielplätzen gefunden.

SP 4–6 × 2,5–3,5 µm, nicht oder sehr schwach dextrinoid, **CH** bis 40 µm

5 | Purpurbrauner Schirmling
Lepiota fuscovinacea

RL-G

H 3–6 cm, jung glockig, bald flach gewölbt, stumpf gebuckelt, Hut bis auf die glatte Mitte mit wein- bis bräunlich violetten Faserschuppen bedeckt, darunter weißsepia- bis rotbraun, auf cremeweißem Grund. **L** Weiß bis cremeweiß, sehr engstehend, frei. **S** 3–8 × 0,3–0,8 cm, zylindrisch, oberhalb der hutfarbigen Faserringzone kontrastierend weiß, unterwärts mit hutfarbigen, fast wolligen Flockengürteln. **F** Weiß, Geruch und Geschmack unspezifisch, mild. **V** Juli bis Oktober. In nährstoffreichen Laubwäldern (z. B. Erlen-Eschen-Auwald), an krautigen Wegrändern oder lehmigen Böschungen; in ganz Europa verbreitet, überall selten. **W** Innerhalb der Gattung *Lepiota* ist sie durch fehlende Schnallen und die faserige Hutoberfläche ziemlich isoliert. Mikroskopisch ähnelt sie den Stachelschirmlingen (→ S. 344).

SP 4–6,5 × 2–3 µm, dextrinoid, Schnallen -, **CH** bis 45 µm

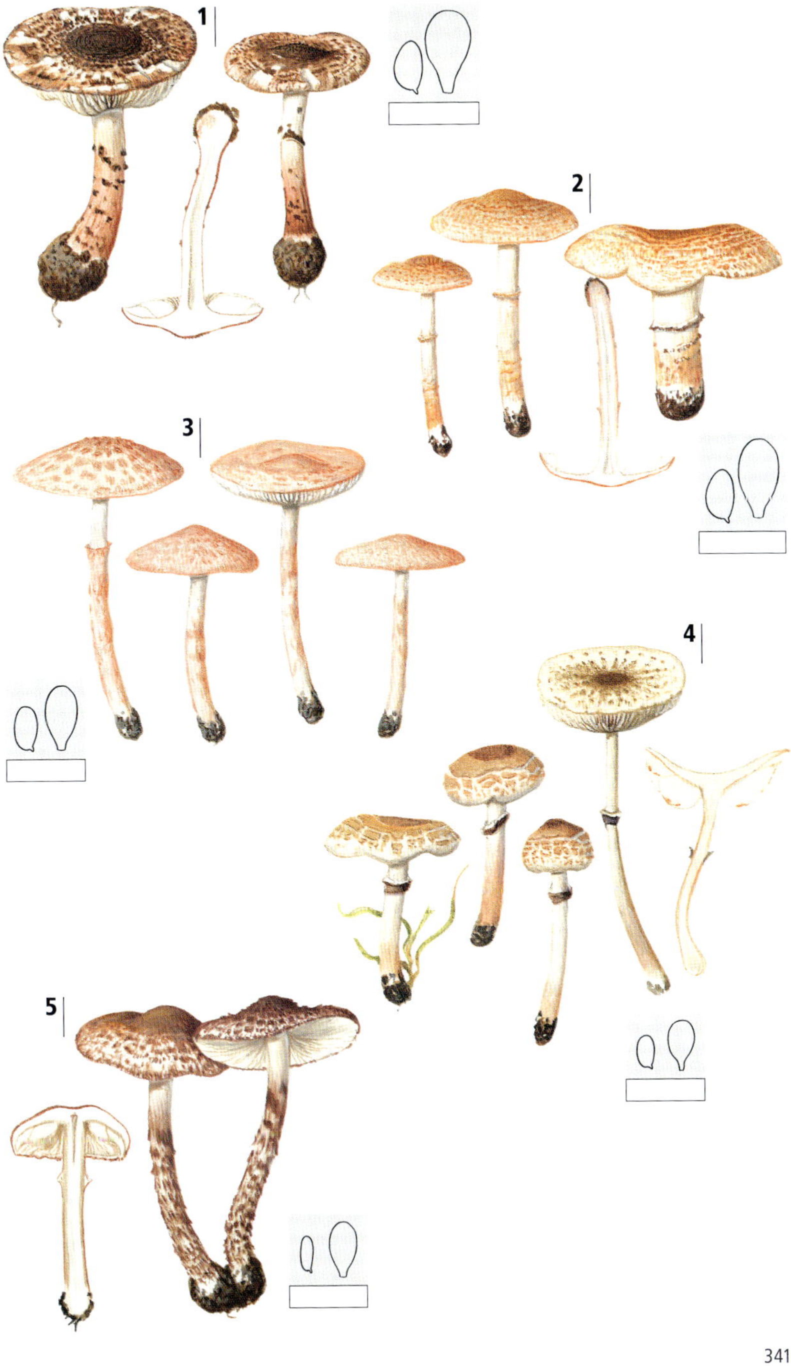
1
2
3
4
5

1 | Gelbblättriger Schirmling
Lepiota elaiophylla

H 1–4 cm, jung glockig, bald konvex gewölbt, alt verflacht, manchmal stumpf gebuckelt, Mitte und Hutschuppen oliv- bis dunkelbraun, auf gelblichem Untergrund. **L** Zitronengelb, alt etwas bräunlich getönt, mäßig entfernt stehend, frei. **S** 3–6 × 0,5–1 cm, zylindrisch, Basis kaum verbreitert, blasszitronengelb, unterwärts mit hutfarbigen, oft dichten Flockengürteln. **F** Gelblich, Geruch schwach, unspezifisch. **V** Ganzjährig. In Blumentöpfen und Gewächshäusern; in Europa nicht einheimisch, gelegentlich mit Erde oder Pflanzen eingeschleppt. **W** Sehr ähnlich ist *L. xanthophylla* mit längeren Huthautelementen, die in Südeuropa vorkommt.

SP 7–9 × 3,5–4, µm, stark dextrinoid, **CH** bis 40 µm

2 | Schwarzschuppiger Schirmling
Lepiota felina

RL-R

H 1,5–4 cm, jung halbkugelig, bald flach gewölbt, alt oft verflacht, stumpf gebuckelt, Mitte und Hutschuppen schwarzbraun bis schwarz auf cremeweißem Grund. **L** Weiß bis cremeweiß, mäßig entfernt stehend, frei. **S** 3–6,5 × 0,2–0,3 cm, zylindrisch, basal etwas verdickt, cremeweißlich, mit häutigem, schwarzbraun gerandetem Ring, darunter wenige hutfarbige Flocken. **F** Weiß, Geruch etwas nach Zigarrenkiste. **V** Juli bis Oktober. In Nadelwäldern in der Streu, seltener in Laubwäldern; in ganz Europa verbreitet, mäßig häufig, im Norden selten. **W** Etwas ähnlich kann der Braunberingte Schirmling (→ S. 338) sein, der jedoch spindelförmige Sporen hat.

SP 6–9 × 3,5–5 µm, stark dextrinoid, **CH** bis 50 µm

3 | Striegeliger Schirmling
Lepiota echinella (Syn. *L. setulosa*)

RL-G

H 0,5–2,5 cm, jung halbkugelig oder glockig, bald verflachend, mit kleinem warzenartigen Buckel, Mitte dunkelbraun, borstig-warzig, Schuppen zum Rand hin heller, bräunlich bis ockerrosa, auf cremeweißlichem Grund. **L** Jung weißlich, mäßig engstehend, (fast) frei. **S** 2–6 × 0,1–0,3 cm, zylindrisch, basal schwach knollig verdickt, cremerosa, blass graucreme, manchmal mit flüchtiger Faserzone, unterer Teil mit meist spärlichen hutfarbigen Flocken, manchmal fast kahl, Basis oft rötlich. **F** Weiß, in der Stielknolle rötlich, Geruch schwach chemisch. **V** Juli bis Oktober. In Laubwäldern in der Streu, in Parks, an Wegrändern, auf humusreichen Böden; in ganz Europa verbreitet, meist selten. **W** Die sehr variable Art kann auch rötliche Myzelstränge haben *(L. rhodorhiza)*.

SP 4,5–8 × 3,5–5 µm, stark dextrinoid, **CH** bis 35 µm

4 | Olivgrauer Schirmling
Lepiota forquignonii

H 1,5–4 cm, jung halbkugelig oder glockig, bald flach gewölbt, mit stumpfem Buckel, Mitte fein samtig, wildlederartig, nach außen zu in feinste Schüppchen aufbrechend, blass grüngrau bis olivgrau, zum Rand hin heller, kittfarben. **L** Weiß bis cremeweiß, mäßig dicht stehend, frei. **S** 3–6 × 0,3–0,5 cm, zylindrisch, weißlich, mit unauffälliger weißer Velumzone, darunter zerstreute olivgraugrüne Flocken. **F** Weiß, Geruch unspezifisch, schwach. **V** Juli bis Oktober. In Laubwäldern, auf basischen Böden; in Süd- und Mitteleuropa verbreitet, aber selten, in Nordeuropa fehlend. **W** Die fast geschlossene, blass graugrüne Hutbedeckung ist artkennzeichnend.

SP 6–7,5 × 3–4,5 µm, stark dextrinoid, **CH** bis 30 µm

5 | Ockerbrauner Schirmling
Lepiota ochraceofulva

H 4–8 cm, jung halbkugelig, bald flach gewölbt, alt meist verflacht, stumpf gebuckelt, Hut und Schüppchen orangebraun auf hell ockerlichem Grund, gerieben safranorange verfärbend, alt fleckig. **L** Jung cremeweiß, bald ockerlich, alt orangebraun fleckig, engstehend, frei. **S** 5–8 × 0,5–1 cm, zylindrisch, ockerlich, mit weißlicher vergänglicher Ringzone, unterwärts mit hutfarbigen Flockengürteln, gerieben safranorange fleckend. **F** Weiß bis ockerlich, Geruch fruchtig, süßlich, Geschmack unspezifisch, mild. **V** Juli bis Oktober. In der Streu von Nadelwäldern und Koniferenhecken, auch im Laubwald, auf nährstoffreicheren Böden; in ganz Mittel- und Nordeuropa verbreitet, überall selten, in Südeuropa fehlend. **W** Das orangegelbe Verfärben beim Reiben ist ein einzigartiges Merkmal innerhalb der kleineren Schirmlinge.

SP 7–9,5 × 4–5 µm, dextrinoid, **CH** bis 40 µm

1

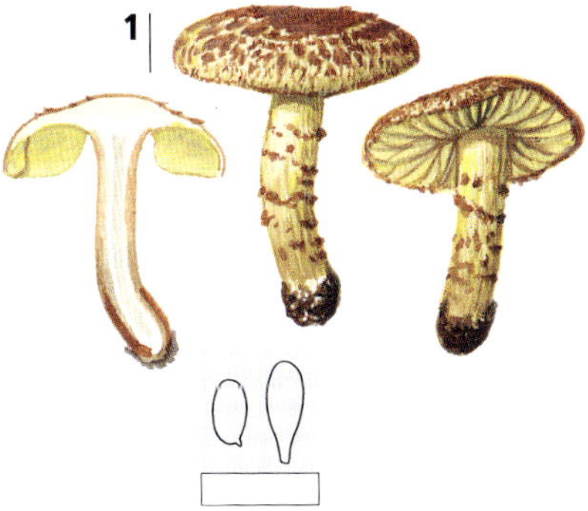

2

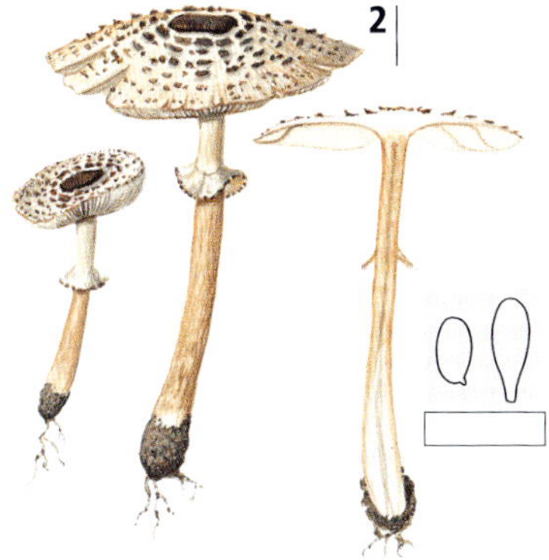

3

4

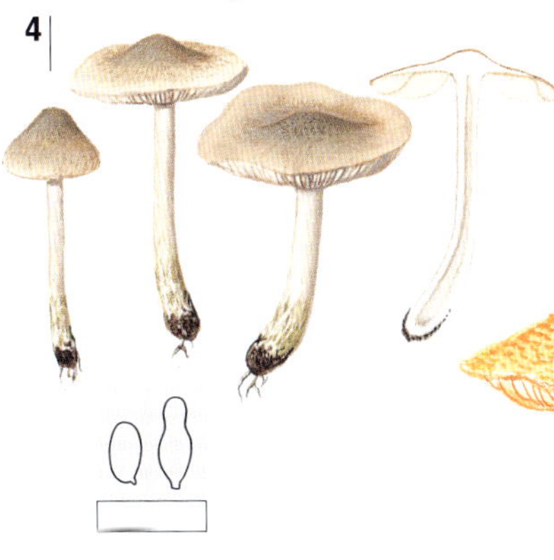

5

1 | Spitzschuppiger Stachel-Schirmling
Lepiota aspera

H 5–15 cm, auf Kompost bis 20 cm, jung halbkugelig, dann konvex gewölbt, auch alt nur selten verflacht, stumpf gebuckelt, Mitte und Hutschuppen pyramidenförmig, dunkelbraun, auf weißlichem Untergrund. **L** Weißlich, extrem engstehend, frei. **S** 5–15 × 0,8–3 cm, zylindrisch, Basis deutlich knollig (bis 4 cm), Spitze weißlich, mit hängendem, sehr dünnem Ring, der bald an den Stiel klebt, zur Basis hin mit hutfarbigen, oft vereinzelten Flocken. **F** Weiß, Geruch stark, chemisch, ähnlich dem Stink-Schirmling. **V** Juni bis November. In Laub- und Nadelwäldern aller Art, gerne tief in der Streu, an Weg- und Straßenrändern, in Garten, Parks, auf Komposthäufen, nährstoffliebend; in ganz Europa verbreitet und häufig. **W** Neben einer Magen-Darmsymptomatik tritt bei Verzehr dieser Art in Verbindung mit Alkohol (auch Tage nachher noch!) oft eine Aldehydvergiftung auf.

SP 7–9 × 2,5–4 µm, stark dextrinoid, **CH** bis 45 µm

2 | Struppiger Stachel-Schirmling
Lepiota calcicola

H 3–8 cm, jung halbkugelig, bald flach gewölbt, stumpf gebuckelt, alt bisweilen verflacht, dicht mit dunkel fleisch- bis violettbraunen Schuppen bedeckt, diese in der Mitte abstehend stachelig, zum Rand hin anliegend, Rand jung mit fetzigen Velumresten behangen. **L** Cremeweiß, engstehend (aber entfernter als bei vorherigem), frei. **S** 5–10 × 0,5–1 cm, zylindrisch, basal etwas knollig, cremeweißlich oberhalb der Faserringzone, darunter fleischbräunlich und mit spitzen, hutfarbigen Flockengürteln. **F** Weiß, Geruch etwas obstartig. **V** Juli bis Oktober. In Laubwäldern auf basen- und etwas nährstoffreichen Böden; in ganz Europa verbreitet, mäßig häufig bis selten. **W** Weitere sehr ähnliche Stachel-Schirmlinge unterscheiden sich durch Mikromerkmale, bisweilen auch durch Größe oder Farbe der Fruchtkörper.

SP 4–6 × 2,5–3,5 µm, stark dextrinoid, **CH** bis 35 µm

3 | Schwarzschneidiger Stachel-Schirmling
Lepiota hystrix

RL-G

H 3–8 cm, sehr selten größer, jung halbkugelig, bald verflachend, meist ungebuckelt, Mitte und Schuppen schwarzbraun, zum cremeweißlichem Grund kontrastierend. **L** Weißlich, engstehend, frei, Schneide dunkelbraun bis schwärzlich gestrichelt. **S** 4–8 × 0,4–0,8 cm, zylindrisch, basal meist etwas verdickt, oberhalb des vergänglichen, braun berandeten Ringes weißlich und mit bernsteinfarbenen, bald eintrocknenden Tröpfchen besetzt, darunter mit hutfarbigen Flocken. **F** Weiß, Geruch fruchtig oder chemisch. **V** Juli bis Oktober. In Laubwäldern, in Parks, an Wegrändern und nährstoff- oder humusreichen Stellen; in ganz Europa verbreitet, meist selten. **W** Die Art ist an den dunklen Lamellen-Schneiden einfach zu erkennen.

SP 5,5–7 × 2–3 µm, stark dextrinoid, **CH** bis 40 µm

4 | Blutblättriger Zwergschirmling
Melanophyllum haematospermum

H 2–5 cm, jung halbkugelig, früh flach gewölbt bis verflacht, ohne Buckel, Oberfläche pulverig, abwischbar, jung dunkel graubräunlich, älter blasser graubeige und verkahlend, am Rand lange mit zähnchenartigen Velumresten behangen. **L** Jung lebhaft karminrot, dann bräunlich rot, mäßig dicht stehend, knapp angewachsen. **S** 3–5 × 0,3–0,5 cm, zylindrisch, basal etwas verdickt, violett- bis blutrot, unterhalb der flüchtigen Faserzone dicht mit graubräunlichem Puder überdeckt. **F** Weiß, schnell rot anlaufend, Geruch unspezifisch, säuerlich, Geschmack mild. **V** Juli bis Oktober. In nährstoffreichen Laubwäldern (Auwald), an Wegrändern, auf Holzlagerplätzen und in Parks, oft bei Brennnesseln; in ganz Europa verbreitet, regional relativ selten. **W** Der Pilz wirkt ausgesprochen unscheinbar, bis man ihn umdreht und die lebhaft roten Lamellen sieht.

SP 6–8 × 3–3,5 µm

5 | Grünblättriger Zwergschirmling
Melanophyllum eyrei

RL-R

Im Habitus, Struktur und Vorkommen wie voriger, jedoch **H** und **S** hell-bis cremegrau, **L** Grau- bis bläulich grün. **W** Die Art ist in Europa ausgesprochen selten und die Standorte meist nicht dauerhaft. Das frisch grünliche Spp. wird nach einiger Zeit bräunlich.

SP 4–6 × 2,5–3,5 µm

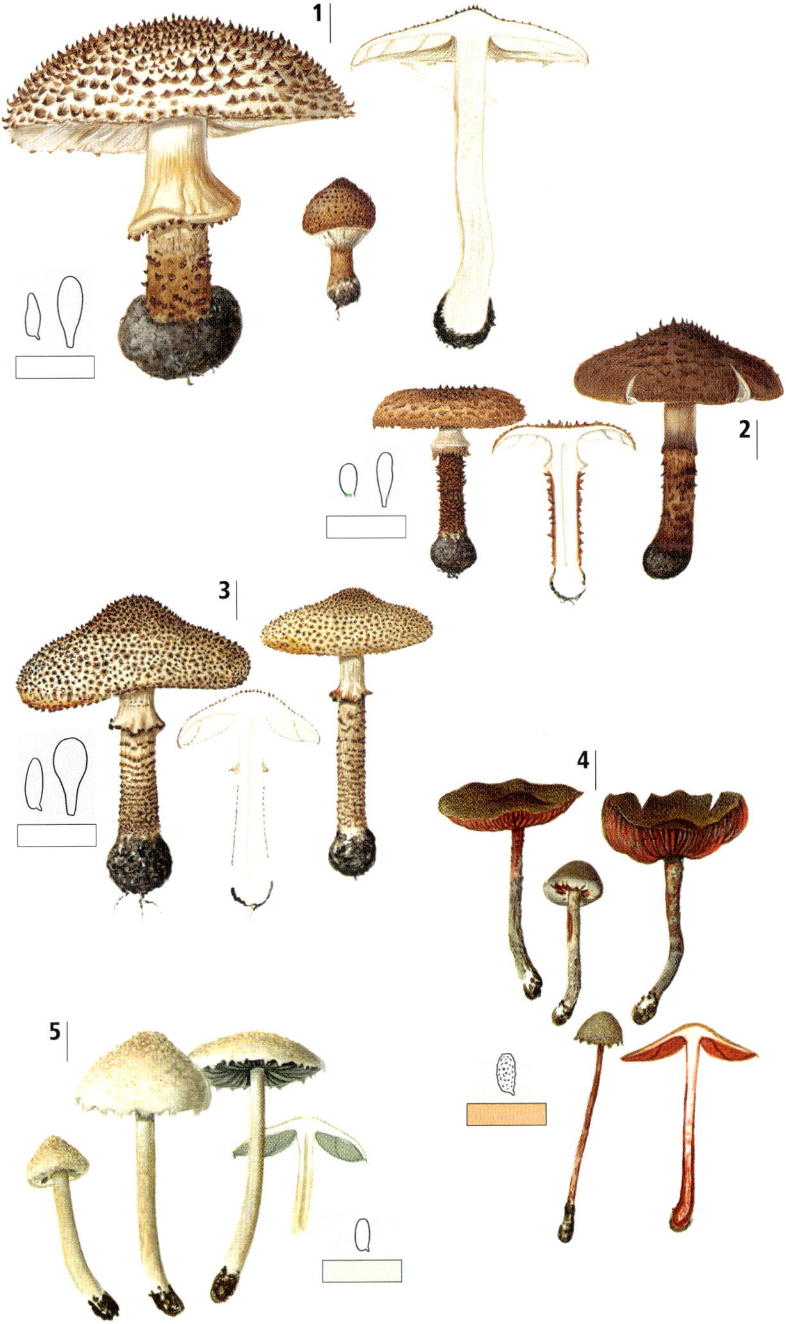
1
2
3
4
5

1 | Zierlicher Mehl-Schirmling
Cystolepiota seminuda

H 0,8–2 cm, jung glockig-konisch, dann konvex gewölbt, alt verflacht, oft stumpf gebuckelt, dicht weiß mehlig-puderig, alt verkahlend und etwas rosalich getönt. **L** Jung weißlich, alt mit Gelbton, mäßig engstehend, frei oder fast so. **S** 2–6 × 0,1–0,3 cm, zylindrisch, basal meist verdickt, weißlich bepudert, von der Basis aufwärts zunehmend die weinrote Grundfarbe hervortretend, mit sehr flüchtiger Velumzone oder ohne. **F** Weiß, Geruch unauffällig bis schwach fruchtig. **V** Juni bis November. In meist großer Anzahl in der Laubstreu von Buchen- und anderen Laubwäldern, an Wegrändern, selten im Nadelwald, nährstoffliebend; in ganz Europa verbreitet und häufig. **W** Nicht selten sieht man die abgefallenen Hutflocken im Laub neben den inzwischen verkahlten FK liegen.

SP 3,5–5 × 2–3, µm, nicht dextrinoid, **CH** -

2 | Rötender Mehl-Schirmling
Cystolepiota hetieri

RL-V

H 1,5–4 cm, jung glockig-konisch, dann konvex gewölbt, alt manchmal verflacht, oft stumpf gebuckelt, dicht weiß mehlig-puderig, alt verkahlend und etwas rosalich getönt, Flocken und Oberfläche bei Berührung langsam rötlich-bräunlich verfärbend. **L** Cremeweißlich, etwas rötend, mäßig engstehend, frei. **S** 2–6 × 0,3–0,5 cm, zylindrisch, basal meist verdickt, weißlich bepudert, aber schnell verkahlend, mit sehr flüchtiger Velumzone oder ohne. **F** Weiß, Geruch unauffällig bis schwach fruchtig, manchmal auch an den Stink-Schirmling erinnernd. **V** Juni bis November. Meist wenige in feuchten nährstoffreichen Laubwäldern, an krautigen Wegrändern, mäßig nährstoffliebend; in ganz Europa verbreitet, aber zerstreut bis selten. **W** Sehr ähnlich, jedoch nicht rötend und ohne PL, ist *C. adulterina*.

SP 5–7 × 2,5–3,5 µm, nicht dextrinoid, **CH** und PL bis 45 µm

3 | Stinkender Mehl-Schirmling
Cystolepiota bucknalii

H 2–5 cm, jung glockig-konisch, dann konvex gewölbt, alt manchmal verflacht, oft stumpf gebuckelt, dicht violett bis lilagrau mehlig-puderig auf weißlichem Grund, alt verkahlend und schmutzig-weißlich. **L** Cremeweißlich, alt etwas gelblicher, mäßig entfernt stehend, frei. **S** 4–7 × 0,2–0,5 cm, zylindrisch, basal etwas verdickt, Spitze weißlich, unterhalb einer angedeuteten Faserzone violett bepudert, alt schnell verkahlend. **F** Weiß, Geruch auffallend stark und unangenehm nach Leuchtgas, ähnlich dem Schwefel-Ritterling (→ S. 244), Geschmack mild. **V** Juni bis November. In humusreichen Buchenwäldern, feuchten nährstoffreichen Laubwäldern, an krautigen Wegrändern, nährstoffliebend; in ganz Europa verbreitet, zerstreut bis selten. **W** Die Art ist aufgrund der violetten Bepuderung und des ausgeprägt unangenehmen Geruchs eindeutig erkennbar. Sie kann als Zeigerart für wertvolle nährstoffreiche Laubwaldgesellschaften gelten.

SP 7–9,5 × 2,5–4 µm, dextrinoid

4 | Fleckender Schmierschirmling
Chamaemyces fracidus

H 4–8 cm, jung halbkugelig, lange gewölbt bleibend, mit stumpfem Buckel oder ohne, elfenbein- bis cremeweiß, ledergelblich, feucht schmierig-klebrig, trocken-matt. **L** Weißlich, mäßig dicht stehend, knapp ausgebuchtet angewachsen bis frei. **S** 4–8 × 0,5–1 cm, zylindrisch oder zur Basis hin leicht verjüngend, an der Spitze weißlich und mit bernsteinfarbenen, bald eintrocknenden Tröpfchen besetzt, unterer Teil strumpfartig mit cremegelblichem, etwas genattertem Überzug, der im oberen Stielbereich in einer aufsteigenden, flüchtigen Ringzone endet. **F** Weiß bis schwach getönt, Geruch etwas ranzig-mehlig oder ähnlich Stäublingen, Geschmack mild. **V** Juli bis Oktober. In nährstoffreichen Laubwäldern (Auwald), Kiefern- und Fichtenwälder auf Kalkboden, oft an krautigen Stellen; in ganz Europa verbreitet, im Süden etwas häufiger, im Norden meist selten. **W** Frisch ist der Pilz sehr charakteristisch, doch wenn der Stielüberzug und die Tröpfchen eingetrocknet sind, ist er schwierig zu erkennen.

SP 4,5–6 × 2,5–3,5 µm, inamyoid, **CH** und PL bis 80 µm

1

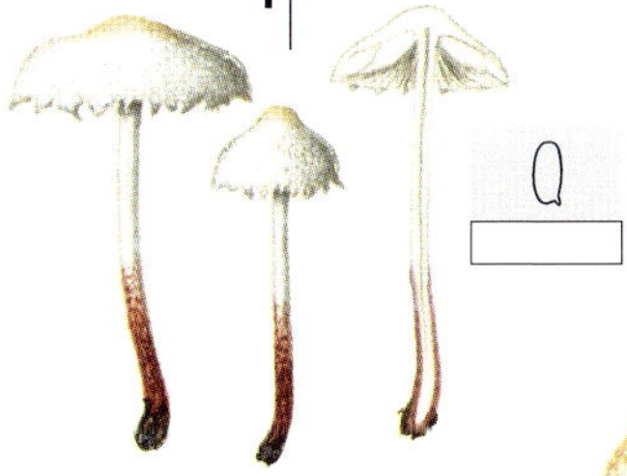

2

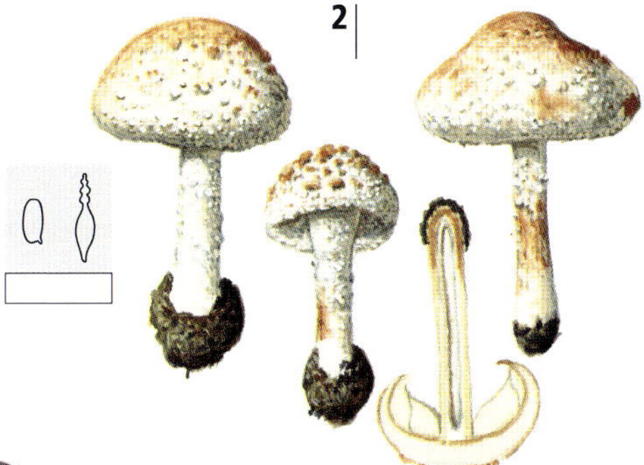

3

4

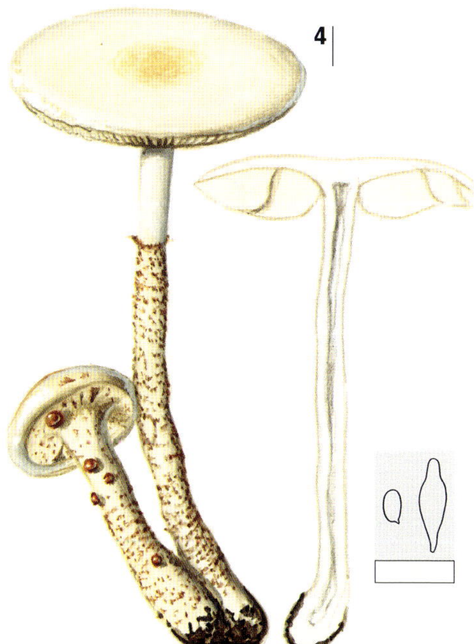

1 | Rosablättriger Egerlingsschirmling
Leucoagaricus leucothites agg.

H 4–12 cm, jung halbkugelig, dann konvex gewölbt, alt verflacht, meist flach gebuckelt, weiß, nicht selten etwas creme oder grau getönt, glatt. **L** Jung weißlich, alt meist zunehmend rosa getönt (nicht immer!), engstehend, frei. **S** 5–10 × 0,5–1 cm, zylindrisch, basal abgerundet keulig, weiß, auf Druck etwas braungelb verfärbend, glatt, mit häutigem, hängendem, weißem Ring. **F** Weiß, Geruch und Geschmack unspezifisch, mild. **V** Juni bis November. Außerhalb von Wäldern in Gärten, Parks, an Wegrändern, Straßenböschungen, Ruderalflächen, in Gewächshäusern, an nährstoffreichen Stellen; in ganz Europa verbreitet und häufig. **W** Die Artabgrenzung in dieser Gruppe wird uneinheitlich gehandhabt, insbesondere was Variabilität von Huttönung, Gilben und Lamellen-Verfärbung betrifft.

SP 7,5–10 × 5–6,5, µm, dextrinoid, metachromatisch, **CH** bis 50 µm

2 | Jungfern-Egerlingsschirmling
Leucoagaricus nympharum (Syn. *Macrolepiota puellaris*)

H 5–12 cm, jung glockig-konisch, dann konvex gewölbt, alt manchmal verflacht, ohne Buckel, Hutmitte braun, Schuppen braun, zum Rand hin heller, abstehend, Untergrund weißlich. **L** Cremeweißlich, auf Druck kaum oder sehr schwach bräunend, engstehend, frei. **S** 8–15 × 0,5–1 cm, basal keulig verdickt bis 2,5 cm, weißlich, alt etwas bräunend, mit häutigem, undeutlich doppeltem, alt verschiebbarem Ring mit fransigem Außenrand. **F** Weiß, Geruch und Geschmack unspezifisch, mild. **V** Juni bis November. Meist in der Nadelstreu von Fichtenwäldern; in ganz Europa verbreitet, in montanen Lagen zerstreut, sonst fast überall selten. **W** Aufgrund des verschiebbaren Rings war die Art früher bei den Riesenschirmlingen untergebracht. Teilweise wird sie als essbar angegeben, doch sind (seltene) Vergiftungsfälle bekannt geworden.

SP 8–11 × 5–7 µm, dextrinoid, metachromatisch, **CH** bis 80 µm

3 | Küsten-Egerlingsschirmling
Leucoagaricus littoralis (Syn. *L. sublittoralis*)

RL-R

H 3–8 cm, jung halbkugelig bis glockig, dann +/- flach, mit stumpfem, flachem Buckel, orange-, purpur- bis bräunlich rosa, fleischbräunlich, anliegend strähnig-schuppig, alt faserig-rissig. **L** Cremeweißlich, dicht stehend, frei. **S** 4–10 × 0,5–1 cm, zylindrisch, basal deutlich knollig, weißlich, basal etwas rosaorange getönt, Ring aufsteigend, meist bräunlich gerandet. **F** Weiß, Geruch und Geschmack unspezifisch. **V** August bis November. Auf Dünen an Küsten und im Inland, seltener an ruderalen Flächen in Parks und Auwäldern; in Europa mediterran-atlantisch, in Südeuropa nicht selten, in Mitteleuropa nördlich bis Dänemark und selten. **W** Sehr ähnlich ist *L. wichanskyi* mit trüberen Hutfarben und schmaleren Zystiden, sowie eine Reihe weiterer, sehr seltener Arten in mediterran-atlantischen Regionen.

SP 6,5–9,5 × 4–5,5 µm, dextrinoid, metachromatisch, **CH** bis 65 µm

4 | Veilchenfarbener Egerlingsschirmling
Leucoagaricus ionidicolor

Ähnlich vorigem, jedoch **H** dunkelviolett und **S** rotbräunlich. **V** Juli bis Oktober. In nährstoffreichen Wäldern, Parks und Gärten; in Europa nur aus wenigen Ländern bekannt. **W** Vielleicht breitet sich die Art derzeit etwas aus.

SP 6–7,5 × 3,5–4,5 µm, dextrinoid, metachromatisch, **CH** bis 45 µm

5 | Gewöhnlicher Seidenschirmling
Sericeomyces serenus (Syn. *Leucoagaricus serenus*)

H 1,5–3,5 cm, jung glockig, dann flach gewölbt, alt scheibchenartig flach, selten mit unauffälligem Buckel, seidig weiß, glänzend. **L** Weißlich, mäßig dicht stehend, frei. **S** 2–6 × 0,2–0,6 cm, zylindrisch, basal etwas knollig verdickt, weiß, seidig überfasert, mit häutigem, aufsteigendem Ring. **F** Weiß, Geruch und Geschmack unspezifisch. **V** Juli bis Oktober. In nährstoffreichen Laubwäldern (Auwald), an krautigen Wegrändern; in ganz Europa verbreitet, im Süden etwas häufiger, sonst selten. **W** Weitere seidig-weiße Arten sind nur mikroskopisch sicher zu trennen (*L. crystallifer*, *L. sericifer*, u. a.).

SP 5,5–9,5 × 4,5–5,5 µm, dextrinoid, kaum metachromatisch, **CH** bis 60 µm

1
2
3
4
5

1 | Büscheliger Egerlingsschirmling

Leucoagaricus americanus (Syn. *L. bresadolae*)

H 8–15 (–20) cm, jung konisch-halbkugelig, dann gewölbt, Mitte abgeplattet, selten ganz verflachend, Mitte und Schuppen rot- bis violettbraun, Untergrund weißlich, gerieben erst orangegelb, dann fleischbräunlich verfärbend, mit Ammoniak grün. **L** Weißlich bis creme, engstehend, frei. **S** 8–15 × 1,5–3,5 cm, nach unten spindelig-keulig, basal ausspitzend, jung weiß, auf Druck und alt zunehmend fleischbräunlich, glatt, mit häutigem, aufsteigendem, hinfälligem, etwas beweglichem, bräunendem Ring. **F** Weiß, im Anschnitt erst safranorange, dann fleischbräunlich verfärbend, Geruch und Geschmack unspezifisch, pilzig. **V** Juni bis November. Außerhalb von Wäldern in Gärten, Parks, auf Ruderalplätzen, in Gewächshäusern, auf Rindenmulch und Holzhäcksel, an nährstoffreichen Stellen; in ganz Europa verbreitet, relativ selten. **W** Die Art ähnelt sehr den Safranschirmlingen (→ S. 352), aber mit anderer Stielform.

SP 8–12 × 6–8,5 µm, dextrinoid, metachromatisch, **CH** bis 100 µm

2 | Anlaufender Egerlingsschirmling

Leucoagaricus badhamii

Ähnlich voriger Art, aber deutlich kleiner, nur selten büschelig und Fleisch orangerot anlaufend (ohne gelbe Phase). **H** 3–8 cm, cremefarben, schnell fleckweise rotbraun verfärbt, alt völlig weinbraun. **F** Weiß, sofort orangerot, dann fleischbräunlich verfärbend. **V** Juni bis November. An stickstoffreichen Stellen in und außerhalb von Wäldern, auf Mulch, Häcksel und Kompost; in ganz Europa verbreitet, vor allem im Süden, fast überall selten. **W** Einige ähnliche Arten lassen sich u. a. durch orange statt grüne Reaktion auf Ammoniak abgrenzen.

SP 6,5–9 × 4–5,5 µm, dextrinoid, metachromatisch, **CH** bis 70 µm

3 | Gelber Faltenschirmling

Leucocoprinus birnbaumii

H 1,5–6 cm, jung konisch-kegelig, ausgebreitet glockig-konvex, mit stumpfem, flachem Buckel, lebhaft chrom- bis schwefelgelb, mit goldgelben Schüppchen, stark faltig-gerieft, alt verwelkend. **L** Schwefelgelb, engstehend, frei. **S** 4–10 × 0,2–0,5 cm, keulig (bis 1 cm), schwefelgelb, Ring aufsteigend, vergänglich. **F** Hellgelb, Geruch und Geschmack unspezifisch. **V** Ganzjährig, nicht im Freien, nur in Blumentöpfen und Gewächshäusern; in Europa aus den Tropen eingeschleppt, zerstreut. **W** Von den vielen in Warmhäusern sporadisch auftretenden Arten ist der Gelbe Faltenschirmling die wohl häufigste und bekannteste. In Süditalien wurde er auch schon auf Kompost außerhalb von Gebäuden gefunden.

SP 8–12,5 × 6–8 µm, dextrinoid, metachromatisch, **CH** bis 60 µm

4 | Zwiebelfüßiger Faltenschirmling

Leucocoprinus cepistipes

H 2–6 cm, jung konisch-kegelig, ausgebreitet glockig-konvex, alt flach, +/- ungebuckelt, stark faltig-gerieft, Mitte und Schüppchen creme bis ockerbräunlich, Untergrund cremeweißlich. **L** Weiß, alt oft etwas cremebräunlich, engstehend, frei. **S** 4–10 × 0,2–0,5 cm, keulig (bis 1 cm), cremeweiß, Ring aufsteigend, vergänglich. **F** Hellgelb, Geruch schwach, etwas chemisch oder fruchtig, Geschmack unspezifisch, mild. **V** Jm Freien von Juli bis November, sonst ganzjährig. Meist in Blumentöpfen und Gewächshäusern, selten im Freien auf Kompost, Mulch und Rindenschrot; in Europa aus den Tropen eingeschleppt, selten. **W** Es gibt zahlreiche ähnliche tropische Arten, die sporadisch in Europa auftreten können.

SP 7,5–11 × 5,5–7 µm, dextrinoid, metachromatisch, **CH** bis 60 µm

5 | Kreideweißer Faltenschirmling

Leucocoprinus cretaceus

H 3–8 cm, jung glockig, dann flach gewölbt, alt verflachend, manchmal schwach gebuckelt, weiß, mit dicken mehlig-pulverigen weißen Flocken bedeckt, kaum gerieft. **L** Weißlich, dicht stehend, frei. **S** 5–12 × 0,4–0,8 cm, spindelig-keulig, Basis zuspitzend, weiß, dicht flockig, mit flockig besetztem, vergänglichem und oft fehlendem Ring. **F** Weiß, Geruch und Geschmack unspezifisch. **V** Wie voriger. **W** Der dicke pulverige Überzug von Hut und Stiel ist charakteristisch, ähnlich können manche Mehlschirmlinge sein (→ S. 346).

SP 8–12 × 5,5–8 µm, dextrinoid, metachromatisch, **CH** bis 100 µm

1

3

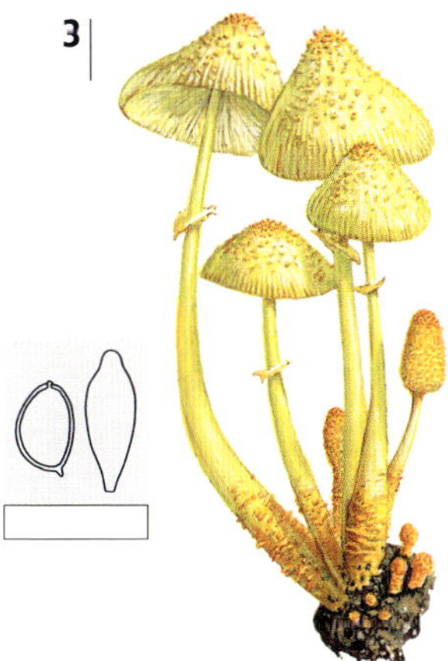

2

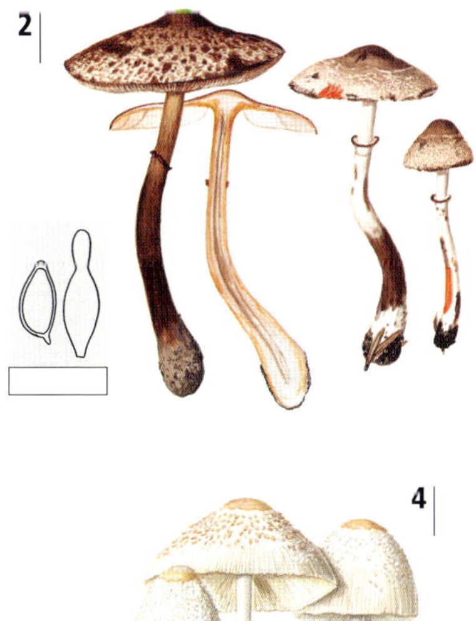

4

5

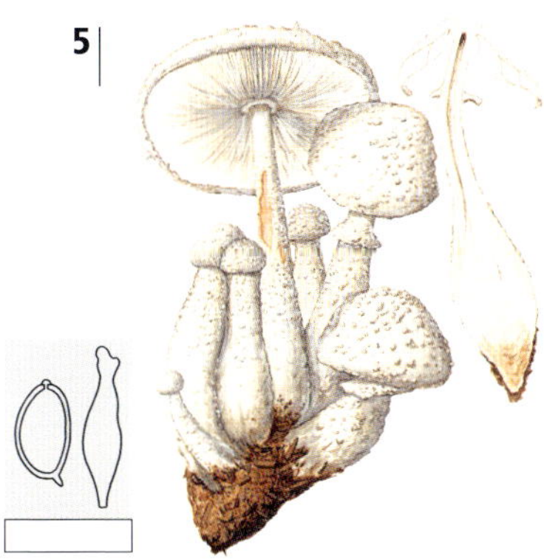

1 | Parasol

Macrolepiota procera

H 15–30 (–40) cm, eichelförmig, dann zunehmend aufschirmend, alt flach, mit deutlichem Buckel, Mitte und Schuppen rot- bis haselbraun, Schuppen zahlreich, +/- konzentrisch angeordnet, Untergrund weißlich, bei manchen Sippen Schuppen dunkel auf hell graubraunem Untergrund *(M. fuligineosquarrosa)*, manchmal mit olivgrünen Bereichen (var. *olivascens*). **L** Weißlich bis creme, engstehend, kollarartig frei. **S** 15–40 × 1–2,5 cm, basal abgesetzt knollig bis 5 cm, weiß, mit brauner Natterung, Ring mit vertiefter Mittelfurche, verschiebbar. **F** Weiß, im Anschnitt unveränderlich, in der Stielrinde nahe der Basis bei manchen Sippen etwas fleischrosa *(M. permixta)*, Geruch unspezifisch, Geschmack etwas nussig, mild. **V** Juni bis November. In lichten Wäldern, auf Waldwiesen, Lichtungen, an Straßenböschungen, bodenvag, aber nicht auf nassen Böden; in ganz Europa verbreitet, überall häufig. **W** So einfach die Artengruppe als solche erkennbar ist, so schwierig ist die Artabgrenzung zwischen den vielen Sippen dieses Komplexes. Allerdings ist dies für den Speisepilzsammler nicht relevant, da alle essbar sind.

SP 12–18 × 8–11 µm, dextrinoid, metachromatisch, **CH** bis 50 µm

2 | Zitzen-Riesenschirmling

Macrolepiota mastoidea agg.

H 6–15 cm, eichelförmig-glockig, dann konvex, alt flach, mit zitzenartigem, abgerundetem Buckel, Mitte und Schuppung creme-, hasel- bis rotbraun, Schuppen dicht, fein und zahlreich, Untergrund weißlich. **L** Weißlich bis creme, engstehend, kollarartig frei. **S** 8–15 × 0,8–1,5 cm, basal +/- ausgeprägt knollig bis 2,5 cm, auf ganzer Länge weiß, glatt oder fein genattert, alt schwach getönt, Ring einfach, mäßig verschiebbar. **F** Weiß, im Anschnitt unveränderlich, Geruch unspezifisch, Geschmack etwas nussig, mild. **V** Juni bis November. Auf Wiesen, Weiden und Trockenrasen, in lichten Wäldern, auf Waldwiesen, Lichtungen, bodenvag; in ganz Europa verbreitet, überall häufig. **W** Sippen feiner Stielnatterung werden als *M. affinis* bezeichnet. Eine Art mit genattertem Stiel (wie *M. procera*, s. o.), aber Hut bis 15 cm, mit sternförmiger Mitte und wenigen Hutschuppen wird *M. konradii* genannt.

SP 12–16 (–18) × 8–11 µm, dextrinoid, metachromatisch, **CH** bis 50 µm

3 | Olivbrauner Safranschirmling

Chlorophyllum olivieri

H 8–15 cm, jung eichelförmig-glockig, ausgebreitet konvex, alt flach und oft etwas verbogen, nicht oder nur undeutlich gebuckelt, insgesamt düster wirkend, Mitte und Schuppung olivlich rot- bis graubraun, Schuppen dachziegelartig, etwas überlappend, Untergrund olivbräunlich. **L** Weißlich bis creme, gedrückt orangerot, alt bräunlich, engstehend, kollarartig frei. **S** 8–15 × 1–2 cm, basal +/- deutlich knollig bis 2,5 cm, auf ganzer Länge weiß, alt bräunend, glatt, ohne Natterung (!), gerieben sofort gelborange, dann fleischbräunlich verfärbend, Ring mit Mittelrille (selten ohne), verschiebbar. **F** Weiß, im Anschnitt schnell gelborange, dann fleischrosa bis bräunlich anlaufend, Geruch unspezifisch, Geschmack etwas nussig, mild. **V** Juli bis November. In Nadelwäldern in der Streu, selten im Laubwald; in Europa überall verbreitet und häufig. **W** Im Laubwald und mit etwas helleren Hutfarben, ansonsten kaum unterscheidbar, ist der Gewöhnliche Safranschirmling *(Ch. rhacodes)*.

SP 8–12 × 5,5–8 µm, dextrinoid, metachromatisch, **CH** bis 45 µm

4 | Garten-Safranschirmling

Chlorophyllum brunneum (Syn. *Macrolepiota rhacodes* var. *hortensis*)

Insgesamt ähnlich voriger Art, aber in folgenden Merkmalen unterschieden: **H** 10–18 (–25) cm, Mitte und Schüppchen maronen- bis violettbräunlich, Schuppen groß, zerstreut, Untergrund cremeweißlich. **S** 10–20 × 1,5–3 cm, basal abgesetzt knollig bis 5 cm. **F** im Anschnitt orangerot bis fleischrosa anlaufend (auch Lamellen und Stiel so), Geruch unspezifisch, Geschmack etwas nussig, mild. **V** Juli bis November. In Gärten, auf Kompost, verrottenden Pflanzenresten, in Gewächshäusern und Blumentöpfen, wenn in Wäldern dann an stark nährstoffangereicherten Stellen; in Europa überall verbreitet und regional häufig. **W** Ob die Art tatsächlich essbar oder doch giftig ist bzw. nur von vielen schwer vertragen wird und wie sie sich wirklich sicher vom Gift-Riesenschirmling *(Ch. venenatum)* unterscheiden lässt, wird kontrovers diskutiert. Wir empfehlen daher, alle rötenden Riesenschirmlinge mit groben Hutschuppen zu meiden!

SP 8–12 × 5,5–8 µm, dextrinoid, metachromatisch, **CH** bis 40 µm

1

2

3

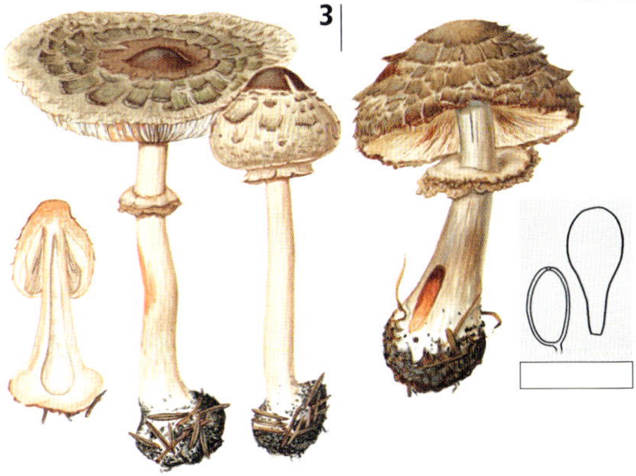

4

1 | Zweisporiger Egerling, Brauner Kultur-Champignon, Portobello

Agaricus bisporus

H 4–10 (15) cm, jung halbkugelig, dann konvex bis abgeflacht, hellbraun mit angedrückten Schüppchen (weiß bei var. *albidus*), trocken matt. **L** Jung blassrosa, dann dunkler bis purpurschwarz. **S** 3–6 (10) × 2–3 cm, zylindrisch, hellbraun, mit weißem aufsteigendem Ring, verletzt bräunend. **F** Weiß, fest, faserig, im Schnitt +/- intensiv rosabräunlich, Geruch würzig-säuerlich, Geschmack würzigpilzig. **V** Kosmopolitisch; ganzjährig als Kulturpilz, ab Mai bis Oktober, insgesamt selten in Gärten, Gewächshäusern, Kompostplätzen. **W** In den nährstoffreichen Pariser Katakomben wurden die Pilze schon im 17. Jh. angebaut und zählen bis heute weltweit zu den am meisten produzierten Kulturpilzen. Pferdemist gilt als gutes Kultursubstrat. Mit UV-B-Strahlung behandelte Fruchtkörper enthalten signifikant höhere Vitamin D2-Dosen.

SP 7–9 × 5–6,5 µm

2 | Zweisporiger Egerling, Weißer Kultur-Champignon

Agaricus bisporus var. *albidus*

Diese Varietät oder Form unterscheidet sich lediglich durch reinweiße, im Alter braungelblich fleckende Hutfarben.

SP 7–9 × 5–6,5 µm

3 | Stadt-Champignon

Agaricus bitorquis

H 4–10 cm, kompakt, festfleischig, konvex bis ausgebreitet und mit vertiefter Mitte, Oberfläche weiß-grauweiß, glatt, oft felderig aufgerissen, Rand lange eingerollt. **L** Jung fleischrosa, dann schokoladenbraun. **S** 3–6 (10) × 1–3 cm, zylindrisch mit rübenartiger Basis und Scheinwurzel, fest und voll, mit weißem, aufsteigendem, doppeltem Ring. **F** Weiß, fest, faserig, im Schnitt langsam wein-bräunlich, Geruch säuerlich bis mandelartig, Geschmack mild-nussig. **V** Mai bis November. Planar bis montan, weit verbreitet, meist an nährstoffreichen Stellen in Parkanlagen, Gärten, an Parkplätzen, Wegrändern. **W** Die Fruchtköper können sogar Asphalt durchbrechen. Da die ruderalen Wuchsorte mit Schwermetallen belastet sein können, ist vom (häufigen) Verzehr abzuraten.

SP 5–7 × 4–5,5 µm

4 | Wiesen-Champignon, Wiesen-Egerling, Drieschling

Agaricus campestris

H 4–9 (11) cm, jung halbkugelig, bei Reife flach ausgebreitet, Oberfläche faserig bis feinschuppig, weiß-grauweiß, bei der var. *squamulosus* mit gröberen ockerbraunen Schüppchen, Rand oft mit Velumresten. **L** Jung rosa, reif schokoladenbraun. **S** 4–7 × 0,5–1,5 cm, zylindrisch zur Basis verjüngt, mit weißer, dünner Ringzone. **F** Weiß, fest, faserig, im Schnitt kaum verfärbend, Geruch angenehm pilzig-würzig, Geschmack mild-nussig. **V** Typische Wiesenart, weit verbreitet auf traditionell bewirtschafteten Weiden, Gärten und Parkanalagen ab Juli bis Oktober. **W** Der Wiesenchampignon war in Deutschland Pilz des Jahres 2018, um auf die Gefährdung seiner Lebensräume durch eine intensive Landnutzung hinzuweisen.

SP 7–9 × 4–6 µm

5 | Gegürtelter Champignon / Egerling

Agaricus subperonatus

H 8–15 cm, jung halbkugelig, bei Reife flacher, am Rand mit Velumresten, gelbbraun faserschuppig. Schäffer/Pöppeltest - **L** Jung länger schmutzig-creme, mit der Sporenreife dunkelbraun. **S** 6–10 × 1,5–3 cm, kräftig, +/- zylindrisch, Ring doppelt, wattig, oberseits gerieft. **F** Sehr fest, im Schnitt sofort grau-rosa, Geruch fruchtig bis sellerieartig, Geschmack mild. **V** Schon ab Mai bis Oktober. Planar bis montan, verbreitet, ruderal an Straßenrändern, in Gärten, nitrophil. **W** Die Art kann höhere Schwermetall-Mengen speichern und soll zudem wenig schmackhaft sein.

SP 6,5–7,5 × 5–6,5 µm, **CH** bis 65 µm lang

1

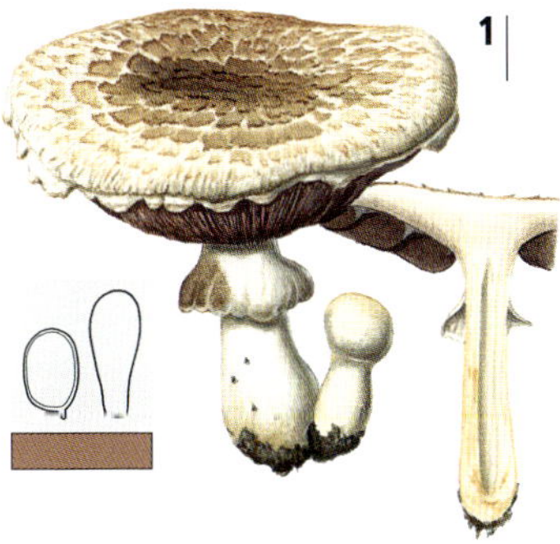

2

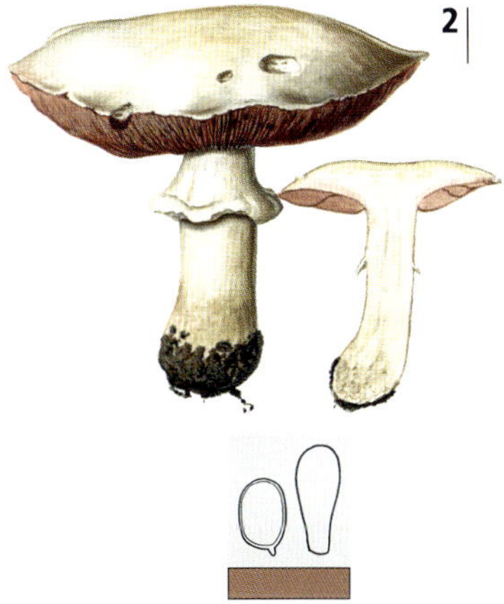

3

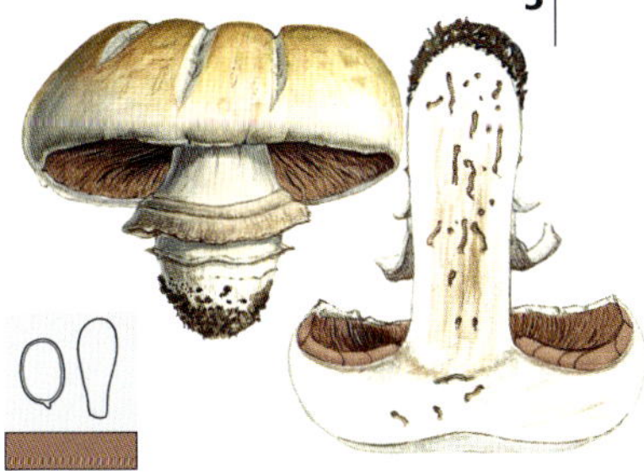

4

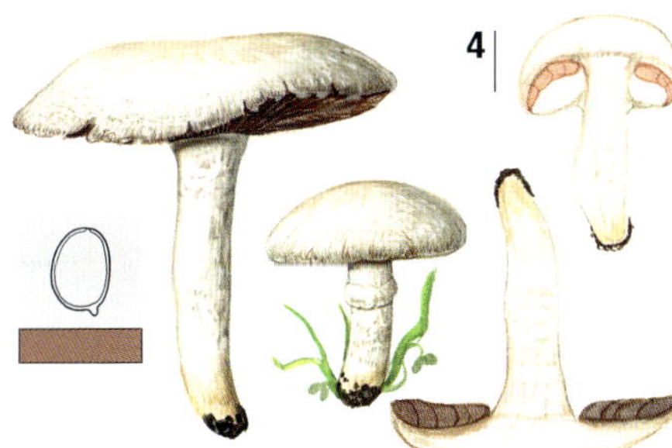

5

1 | Weißschuppiger Blut-Champignon / Egerling

Agaricus benesii (Syn. *Agaricus squamulifer*) RL-V

H 5–10 cm, jung halbkugelig, dann stumpfkegelig, weiß, Oberfläche mit cremeweißen bis ockerlichen angedrückten feinfaserigen Schüppchen. **L** Jung grau-rosa, mit der Reife braun. **S** 8–16 × 0,8–1,5 cm, zylindrisch mit +/- knolliger Basis, mit aufwärts gerichteten feinen Schüppchen und hängendem Ring. **F** Weiß, kompakt, bei Verletzung sofort rötend, in der Stielbasis safranorange, Geruch schwach, Geschmack mild-nussig. Schäffer/Pöppeltest -. **V** Juli bis November. Planar bis montan, zerstreut bis selten oder fehlend; in Laubwäldern und Extensivwiesen auf lehmigen, basenreichen Böden. **W** Von anderen Egerlingen mit rötendem Fleisch unterscheidet sich die Art durch die feinen Hutschüppchen.

SP 5–7 × 3,5–5,5 µm, **CH** bis 35 µm lang

2 | Salzwiesen-Champignon, Großer Salzwiesen-Egerling

Agaricus bernardii

H 8–15 cm, jung konvex, dann ausgebreitet, weiß, Oberfläche stark felderig aufreißend. **L** Jung grau-rosa, mit der Reife purpurbraun. **S** 6–12 × 3–4 cm, meist kürzer als der Hut-Durchmesser, +/- zylindrisch, zur Basis verjüngt, mit aufsteigendem, schmalem Ring. **F** Weiß, kräftig, bei Verletzung je nach Alter +/-schnell rötend, Geruch jung schwach, älter unangenehm nach Urin oder fischig, Geschmack mild. Schäffer/Pöppeltest -. **V** Mai bis Oktober. Planar bis montan, nur lokal häufiger, gebietsweise fehlend; auf salzreichen Wiesen in Dünen und an Straßenrändern. **W** Jung essbar, entlang von Straßen wegen der potenziellen Schwermetallbelastung zu meiden. Ähnlich kompakte Fruchtkörper bildet der allerdings nicht rötende *A. bernardiiformis*. Bislang nur in Italien, Ungarn und Spanien nachgewiesen.

SP 5,5–7,5 × 4,5–6,5 µm, **CH** bis 80 µm lang

3 | Braunscheckiger Stink-Champignon / Egerling

Agaricus impudicus RL-G

H 4–10 cm, konvex bis ausgebreitet, radial aufreißend braunschuppig mit haselbrauner Mitte. **L** Jung blass und bei Verletzung rötend, mit der Reife rosa bis braungrau. **S** 5–10 × 0,5–1,5 cm, zylindrisch, an der Basis keulig mit +/- kurzer Scheinwurzel, mit weißem, aufsteigendem, teils doppeltem Ring. **F** Weiß, langsam, oft erst nach Stunden rötend, faserig, Geruch besonders nach Reiben unangenehm metallisch, ähnlich dem Stink-Schirmling. Schäffer/Pöppeltest -. **V** Juli bis Dezember. Planar bis montan, sehr selten, nur im Norden etwas häufiger; in der Laubstreu von Au- und Nadelwäldern auf humosen, stickstoffreicheren Böden. **W** Vgl. *A. subperonatus* an ruderalen Standorten und *A. sylvaticus*.

SP 5–7 × 3,5–4,5 µm, **CH** bis 25 × 20 µm

4 | Wald-Champignon, Kleinsporiger Blut-Egerling

Agaricus sylvaticus

H 5–10 cm, konvex bis ausgebreitet mit eingebogenem Rand, ockerbraun mit fuchsig bis hellbraunen radialfaserigen Schüppchen. **L** Jung blassrosa, verletzt rötend, mit der Reife bis braunschwarz. **S** 6–10 × 1–1,5 cm, zylindrisch, an der Basis keulig bis 2,5 cm breit, mit weißem hängenden, flüchtigen Ring. **F** Weiß, bei Verletzung sofort weinrot, Geruch und Geschmack angenehm nussig-würzig. Schäffer/Pöppeltest -. **V** Mai bis November. Planar bis montan, weit verbreitet; einzeln, büschelig oder in Hexenringen in der Streu von Laub- und Nadelwäldern oder Parkanlagen, oft bei Fichten. **W** Die sichere Unterscheidung von *A. langei* ist nur mikroskopisch möglich.

SP 4,5–6,5 × 3–4,5 µm, **CH** 20–30 µm lang, mehrzellig

5 | Großsporiger Blut-Champignon / Egerling

Agaricus langei

Der Habitus ist wie bei *A. sylvaticus*. **V** Juli bis November. Nur gebietsweise häufiger; in basenreichen Laub- und Nadelwäldern sowie in Parkanlagen.

SP 6,5–8,5 × 4–5 µm, **CH** ballonförmig bis 22 µm, einzellig

1

2

3

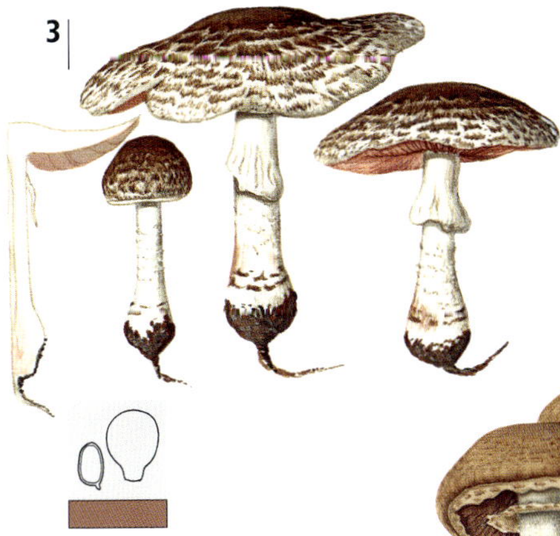

4

5

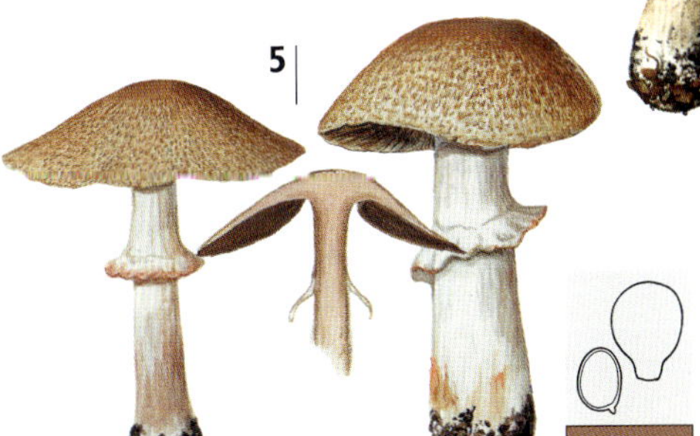

1 | Weißer Anis-Champignon, Schaf-Egerling

Agaricus arvensis

H 8–15 cm, konvex bis abgestutzt kegelig und ausgebreitet, weißcreme, Oberfläche nach Reiben gilbend, glatt bis feinschuppig. **L** Jung rosa-grau, mit der Reife bis dunkelbraun. **S** 8–15 × 1,5–3 cm, zylindrisch bis +/- keulig. Mit weißem hängendem Ring, oben glatt, unterseits zahnradartig. **F** Weiß, bei Verletzung langsam gilbend, Geruch +/- stark nach Anis/Bittermandel, Geschmack angenehm nussig. Schäffer/Pöppeltest +. **V** Mai bis November. Planar bis montan verbreitet auf Viehweiden, gedüngten Wiesen und an Waldrändern, bodenvag. **W** Alle Arten aus der Anis-Egerlings-Gruppe enthalten Agaritin und größere Mengen Schwermetalle wie Cadmium.

SP 5–9 × 4,5–5,5 µm, **CH** bis 25 × 15 µm, mehrzellig

2 | Riesen-Egerling, Braunschuppiger Riesen-Champignon

Agaricus augustus Fr. 1838

H 10–30(40) cm, jung halbkugelig, bei Reife flach, +/- dickfleischig, ockerlich konzentrisch geschuppt, trocken matt, feucht etwas glänzend, Oberfläche gerieben deutlich gilbend. Schäffer/Pöppeltest +. **L** Jung länger schmutzig creme, mit der Sporenreife dunkelbraun. **S** 12–25 × 2–7 cm, kräftig, hohl, zylindrisch mit verdickt-knolliger Basis, braunschuppig, mit hängendem, dünnen, schwach gerieften Ring. **F** Faserig, fest, im Schnitt gelbbräunlich verfärbend, Geruch angenehm nach Anis-Mandel, Geschmack nussartig. **V** Juni bis Oktober. Planar bis montan, weit verbreitet; gerne bei Fichten in lichten Wäldern, Parkanlagen, auf +/- basischen Böden. **W** Wegen hoher Cadmium-Gehalte sollte die Art, wenn überhaupt, nur in geringen Mengen verzehrt werden.

SP 8–10 × 5,5–6,5 µm, **BAS** 2-sporig

3 | Dünnfleischiger Anis-Champignon / Egerling

Agaricus sylvicola

H 6–10 cm, jung stumpf kegelig, dann konvex bis ausgebreitet, strohgelb, Oberfläche angedrückt schuppig, nach Reiben langsam intensiv gilbend. **L** Jung rosa-grau, mit der Reife bis schwarzbraun. **S** 5–10 × 1,5–2 cm, zylindrisch mit knolliger Basis. Mit weißem hängenden Ring, oben glatt, unterseits zahnradartig. **F** Weiß, dünn, Geruch +/- stark nach Anis, Geschmack angenehm nussig. Schäffer/Pöppeltest +. **V** Juni bis November. Planar bis montan verbreitet in der Streu von Laub- und Nadelwäldern, bodenvag. **W** Die ähnlichen *A. arvensis* und *A. essettei* haben größere Sporen. Agaritin- und Schwermetallgehalte schränken den Genuss dieses schmackhaften Pilzes ein.

SP 5–6 × 3–4 µm, **CH** bis 30 × 20 µm

4 | Schiefknolliger Anis-Champignon / Egerling

Agaricus essettei

Die Art unterscheidet sich von *A. sylvicola* durch die gerandete, abgeflachte Stielknolle und größere Sporen. **V** Juni bis November. Vorwiegend im Fichtenwäldern.

SP 6–8 × 4–5 µm, **CH** bis 30 × 10 µm

5 | Großsporiger Egerling

Agaricus urinascens (Syn. *Agaricus macrosporus*)

RL-G

H 10–30 cm, jung fast halbkugelig, dann konvex ausgebreitet, weißcreme, alt mit gelbocker, anliegenden Faserschüppchen, Oberfläche nach Reiben gilbend, glatt bis feinschuppig. **L** Jung rosa, mit der Reife bis dunkelbraun. **S** 10–18 × 3–4 cm, zylindrisch, sparrig-schuppig. Mit hängendem Zahnrad-Ring. **F** Weiß, in Madengängen fuchsbraun, Geruch und Geschmack jung nach Anis/Mandeln, alt urinartig. Schäffer/Pöppeltest + bei jungen Exemplaren. **V** Mai bis Dezember. Planar bis montan +/- verbreitet; oft in großen Hexenringen auf Extensivwiesen, bodenvag. **W** Die Art kann wegen der nachgewiesenen sehr hohen Cadmium-Werte nicht mehr als Speisepilz empfohlen werden. Die sehr ähnliche var. *excellens* wird vorwiegend in Laubwäldern gefunden.

SP 9–12 × 5,5–7 µm, **CH** bis 35 × 20 µm

1

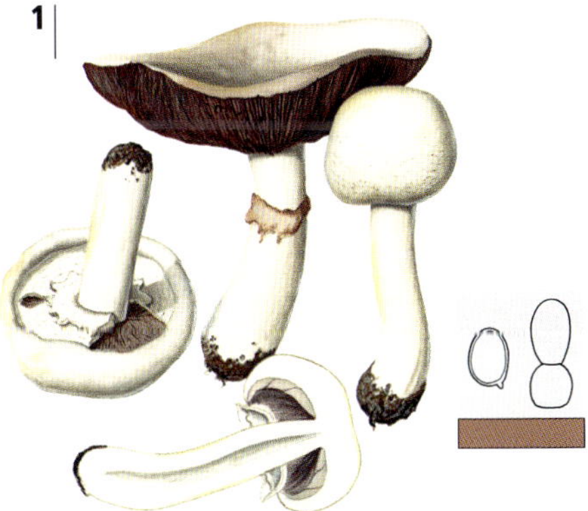

2

3

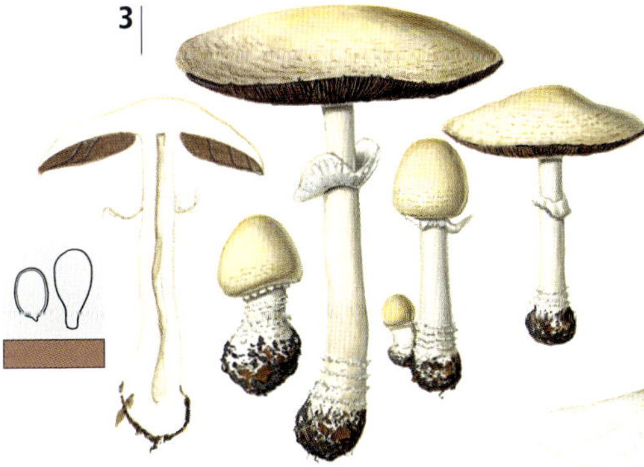

4

5

1 | Triften-Zwergchampignon, Blasser Zwerg-Egerling
Agaricus comtulus

H 1,5–3,5 cm, konvex bis ausgebreitet, radial eingewachsen faserschuppig, weiß bis gelblich braun, nach Reiben +/- stark gilbend bis rostorange. **L** Jung cremerosa, mit der Reife hell- bis dunkelbraun. **S** 2–5 × 0,5–1 cm, zylindrisch, an der Basis +/- keulig-knollig, Ring hängend, häutig dünn. **F** Weiß, faserig, im Schnitt +/- stark gilbend, Geruch nach Anis/Bittermandeln, Geschmack mild. Schäffer/Pöppeltest +. **V** Juli bis November. Planar bis montan, zerstreut bis selten auf extensiven Wiesen, Wacholderheiden, in Wäldern auf +/- basischen Böden. **W** Der Habitus ähnelt einer Miniaturform des Wiesen-Champignons.

SP 4,5–6 × 3–4 µm, **CH** meist fehlend.

2 | Purpurfaseriger Champignon / Egerling
Agaricus porphyrizon

H 4–8 cm, jung halbkugelig, dann konvex bis ausgebreitet, lila-purpur bis kupferrot radial faserschuppig. **L** Jung grau-rosa, mit der Reife braun. **S** 3–7 × 0,5–1,3 cm, weiß, zylindrisch, basal bis 2 cm keulig verdickt. Ring hängend, häutig dünn. **F** Weiß, langsam +/- chromgelb verfärbend, faserig, Geruch nach Anis/Bittermandeln, Geschmack mild. Schäffer/Pöppeltest +. **V** Juli bis November. Planar bis montan in Wäldern, Parkanlagen, auf Friedhöfen, bevorzugt auf basenreichen Böden. **W** Unter den Zwergegerlingen (Subsektion *Minores*) ist die Art der Riese. Vgl. *A. dulcidulus* mit SP 4–5 × 3–4 µm

SP 5–6 × 3,5–4 µm, **CH** bis 35 × 22 µm

3 | Weinrötlicher Zwergchampignon
Agaricus semotus

H 3–6 cm, jung halbkugelig, dann konvex bis ausgebreitet, Rand lange heruntergebogen, jung weiß, dann radialfaserig weinrot-purpur mit gilbendem Rand. **L** Jung graurosa, mit der Reife purpurbraun. **S** 3–5 × 0,5 cm, zylindrisch, an der Basis bis 1 cm knollig verdickt, Ring hängend, häutig dünn. **F** Weiß, faserig, an der Stielbasis und nach Reiben gilbend, Geruch nach Anis/Bittermandeln, Geschmack mild. Schäffer/Pöppeltest + **V** Mai bis November. Planar bis montan verbreitet in Laub- und Nadelwäldern; oft in der Fichtenstreu, bodenvag. **W** *A. dulcidulus* wird oft synonymisiert, jedoch zeigen molekulare Untersuchungen, das es sich um einen Arten-Komplex handelt.

SP 4,5–5,5 × 3–4 µm, **CH** bis 35 × 18 µm

4 | Karbol-Champignon, Veränderlicher Karbolegerling
Agaricus xanthodermus

H 5–15 cm, halbkugelig abgeplattet mit +/- trapezförmigem Querschnitt und lappigem Rand, jung kalkweiß, dann graulich und aufreißend, nach Reiben chromgelb. **L** Jung grau-rosa, mit der Reife rot bis dunkelbraun. **S** 6–12 × 1–2 cm, zylindrisch, Basis +/- gerandet knollig, mit weißem, hängenden, +/- doppeltem braunflockigen Ring. **F** Weiß, bei Verletzung besonders in der Stielbasis sofort chromgelb, Geruch besonders an der Stielbasis nach Karbol, Gallustinte, Geschmack widerlich. Schäffer/Pöppeltest - **V** Mai bis November. Planar bis kollin, weit verbreitet; in wärmeren Gebieten häufig auf nährstoffreichen Wiesen, in Wäldern und Parkanlagen, im Bergland selten. **W** Die chromgelbe Farbe und der unangenehme Geruch bleiben selbst bei der Zubereitung erhalten. Dennoch gibt es jährlich zahlreiche Vergiftungsfälle (→ siehe S. 10, „Gastrointestinales Syndrom"!).

SP 4,5–6,5 × 3,5–5,5 µm, **CH** Endzelle bis 30 × 25 µm

5 | Perlhuhn-Egerling
Agaricus moelleri (Syn. *Agaricus meleagris*)

H 5–10 cm, Habitus, Geruch und Verfärbung wie *A. xanthodermus*, aber mit rauchgrauen bis schwärzlichen, anliegen Faserschüppchen. Juni bis Oktober. Nur gebietsweise verbreitet in nährstoffreichen Wäldern und Parkanlagen.

SP 4,5–6,5 × 3–4 µm, **CH** Endzelle bis 30 × 25 µm

1

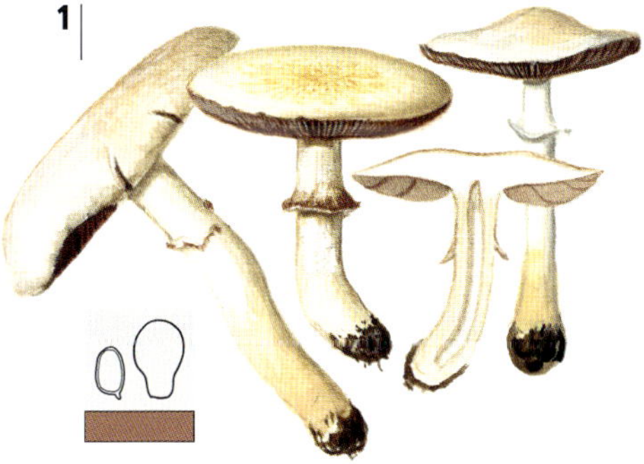

2

3

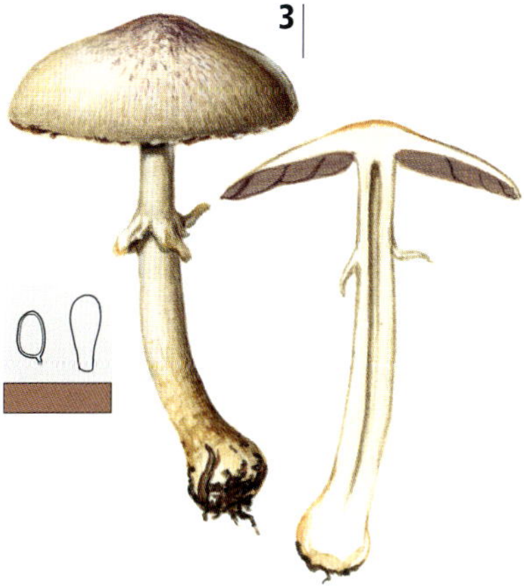

4

5

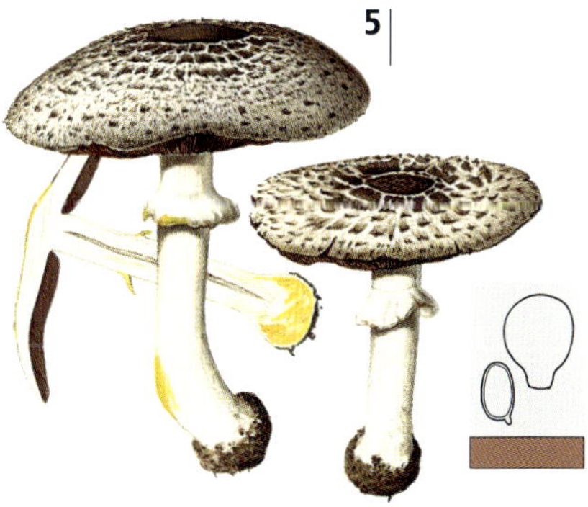

Dunkelsporer

Die dunkelsporigen Blätterpilze bestehen im Wesentlichen aus zwei großen Gruppen. Zum einen sind das die Tintlingsartigen mit den Tintlingen (früher *Coprinus*, heute *Coprinopsis*, *Coprinellus*, *Parasola* u. a.) sowie den Faserlingen (*Psathyrella* s. l.). Zum anderen sind das die Träuschlingsartigen mit den Träuschlingen, Schwefelköpfen und Kahlköpfen (*Stropharia*, *Hypholoma*, *Psilocybe*, *Deconica* u. a.). Es gibt in beiden Gruppen weder Mykorrhiza bildende noch parasitisch lebende Arten, aber einen hohen Anteil an Dungbewohnern.

1a	L frei, jung weiß, dann rosa, alt dunkelbraun; Stiel beringt → **Schlüssel Schirmlingsartige ab 33a/33b, S. 332**
1b	L jung weiß, dann grau, alt schwärzlich, frei oder angewachsen; FK bei Reife oft vom Hutrand her tintenartig zerfließend; Stiel unberingt (eine Ausnahme); Basidien von Pseudophysen umgeben → **Tintlinge 2**
1c	weder L frei noch FK sich auflösend; Stiel beringt oder unberingt; Basidien nie von Pseudophysen umgeben → **14**
2a (1)	Hut eiförmig-glockig, kahl, 3–10 cm breit, grau; Stielbasis mit kantigem Wulst; SP glatt → **Falten-Tintling, S. 366**
2b	nicht mit dieser Merkmalskombination → **3**
3a (2)	Velum fehlend <u>und</u> L frei, oft ein Scheibchen um den Stiel freilassend (wenn unklar, dann auf dickwandige, spitze Huthaare kontrollieren!) → **Rädchentintlinge 4**
3b	entweder Velum in jungen Stadien vorhanden oder L angewachsen oder beides zutreffend; nie mit spitzen, dickwandigen Huthaaren → **5**
4a (3)	Hut glockig, nie ausgebreitet; Stiel 6–15 cm hoch; dickwandige Huthaare vorhanden; L fast frei bis frei, kein Scheibchen bildend → **Steifstieliger Mürbling, S. 372**
4b	Hut nur jung glockig, alt flach ausgebreitet; Stiel 4–10 cm hoch; dickwandige Huthaare vorhanden; L fast frei bis frei, kein Scheibchen bildend → **Braunhaariger Scheibchentintling, S. 372**
4c	Hut nur jung glockig, alt flach ausgebreitet; Stiel 3–8 cm hoch; keine dickwandigen Huthaare vorhanden; L deutlich frei und ein Scheibchen um den Stiel bildend → **weitere Arten der Scheibchentintlinge (Mikroskop!), S. 372**
5a (3)	Velum fehlend → **6**
5b	Velum in Form von seidigen, feinen, silbrigen, gelblichen oder zinnoberroten Fasern → **7**
5c	Velum puderig oder in Form von Flocken, Schüppchen oder Körnchen vorhanden (oft flüchtig!) → **8**
6a (5)	Hut walzenförmig, alt ausgebreitet, bis 0,8 cm; auf Dung → **Zarter Tintling, S. 372**
6b	Hut glockig, alt gewölbt bleibend, 2–4 cm; auf Brandstellen → **Kohlen-Tintling, S. 370**
7a (5)	Velumfasern zinnober- bis rostrot; Hut 1,5–4 cm breit; SP elliptisch, glatt → **Rotbestäubter Tintling, S. 368**
7b	Velumfasern silbrig; Hut glockig bleibend, 5–12 cm breit; SP mandelförmig, warzig → **Gift-Tintling, S. 366**
7c	Velumfasern weißlich, gelblich, ocker oder bräunlich; Hut bis 2 cm breit; SP glatt → **weitere hier nicht behandelte Arten (*Coprinopsis ochraceolanata*, *C. krieglsteineri* u. a.)**
8a (5)	Velum als dichter weißer bis graurosalicher, mehliger Puder, lose auf dem Hut liegend; Hut 1–4 cm; V auf Dung → **Schneeweißer und Isabellfarbener Tintling, S. 368**

8b Velum als dichter weißer bis graulicher, mehliger Puder, lose auf dem Hut liegend; Hut 0,5–2 cm; V in naturbelassenen Wiesen, in Wagenspuren (nicht auf Dung) → **Graumehliger Erd-Tintling *(Coprinopsis semitalis)*, Narkotischer Tintling *(C. narcoticus)* u.a.**

8c Velum anders beschaffen → **9**

9a (8) Velum in Form von Sand- oder Zuckerkörnchen, sehr flüchtig (junge Hüte mit Lupe untersuchen!) → **10**

9b Velum in Form von abstehenden Schuppen (junge Hüte!) → **11**

9c Velum in Form von anliegenden Flecken oder Flocken → **12**

10a (9) Hut jung beige, dann grau, bis 1 cm, neben spärlichen Velumkörnchen mit farblosen kurzen Härchen besetzt (Lupe!); FK sehr gesellig; meist in Verbindung mit Holzresten → **Gesäter Tintling, S. 370**

10b Hut ocker- bis rotbräunlich, bis 4 cm, ohne farblose Härchen; FK einzeln bis gesellig; mit oder ohne Verbindung zu Holz → **Glimmer-Tintlinge, S. 370**

11a (9) V auf Misthaufen, Stallmist, mit Dung durchmischtem Kompost → **Struppiger Mist-Tintling und verwandte Arten, S. 368**

11b V auf Holzstückchen, Erde, Streu, Gartenabfällen (nicht auf Dung) → **Hasenpfote, S. 368**

12a (9) V auf Erde, meist auf Kalkboden; SP > 7 µm breit → **13**

12b V an Holz; SP < 5 µm breit → **Artengruppe Haus-Tintlinge, S. 370**

13a (12) Hut bis 8 cm breit; V in Laubwäldern (bes. Buche); SP 13–20 × 10–13 µm; FK mit starkem Geruch nach Mottenkugeln → **Specht-Tintling, S. 366**

13b Hut bis 4 cm breit; V in Magerrasen, an Wald- und Wegrändern; SP 9–12 × 7–8 µm → **Kleiner Specht-Tintling, S. 366**

14a (1) Stiel auf ganzer Länge bereift (Lupe!); Spp. schwarz → **Düngerlinge p. p. 15**

14b Stiel nicht bereift; Spp. schokoladenbraun, grauviolett oder schwarz → **16**

15a (14) Hutrand ohne Velumreste; V auf Erdboden, ohne direkten Kontakt zu Dung; FK schlankstielig → **Kegelhütiger Düngerling, S. 398**

15b Hutrand ohne Velumreste; V auf Dung; FK nicht schlank → **Dunkelrandiger Düngerling, S. 398**

15c Hutrand zumindest jung mit Velum behangen; V auf Dung; FK schlankstielig → **Behangener Düngerling, S. 398**

16a (14) Hut mit dunklen angedrückten Schuppen auf hellerem Grund; V gesellig bis büschelig auf Holz → **Schwefelfüßiger und Schwarzfaseriger Faserling, S. 374**

16b Hut radialfaserig bis filzig-schuppig; L oft tränend; V gesellig bis büschelig auf Erde → **Tränender Saumpilz, S. 374**

16c Hut glatt, aber oft mit weißem, faserig-flockigem bis schuppigem Velum bedeckt; V einzeln, gesellig oder büschelig, auf Erde, Holz, Stängeln oder Dung → **17**

17a (16) SP warzig; Hut stark hygrophan; V in frisch gemähten Wiesen → **Heu-Düngerling, S. 398**

17b SP glatt; V meist anders → **18**

18a (17) L reif schwarz, marmoriert; Hut glockig (auch alt), schmierig, trocken glänzend; Stiel trocken, oben längsrillig, meist mit Ring; V auf Dung; SP 15–22 µm lang → **Ring-Düngerling, S. 398**

18b L reif braunschwarz; Hut halbkugelig (auch alt), schleimig; Stiel schleimig, mit schleimigem Ring; V auf Dung; SP 15–20 µm lang → **Halbkugeliger Träuschling, S. 418**

18c nicht mit diesen Merkmalskombinationen; SP < 16 µm lang (Ausnahmen in der Gattung *Psathyrella*, dort Hüte immer trocken) → **19**

19a (18) Spp. schokoladenbraun; HDS ein Hymeniderm; immer ohne Chrysozystiden → **Faserlinge 20**

19b Spp. meist dunkler oder eher grauviolett; HDS eine Kutis (teils nur als dünne Lage); mit oder ohne Chrysozystiden → **28**

20a (19) Wuchs in großen Büscheln aus 30–150 FK, die zu einer wurzelartigen Basis verwachsen sind; Stiel unberingt; Velum flüchtig, nur sehr jung am Hutrand sichtbar → **Büscheliger Faserling, S. 376**

20b nicht aus einer strunkartigen Basis dichtbüschelig wachsend; wenn doch, dann entweder Stiel beringt *(P. leucotephra)* oder Velum jung reichlich *(P. pannucioides)* → **21**

21a (20) V im Sand von Weiß- und Graudünen, meist zwischen Strandhafer *(Ammophila arenaria)* → **Dünen-Faserling, S. 376**

21b V an anderen Standorten → **22**

22a (21) SP > 10 µm lang; Arten manchmal mit rot unterlegter Lamellen-Schneide und rosa abtrocknendem Hut → **23**

22b SP < 10 µm lang; Lamellen-Schneide nie rot unterlegt → **24**

23a (22) Hut 0,5–1,5 (-2) cm; Stiel 2–5 (-7) cm, nie wurzelnd → **Artengruppe Weg-Faserlinge, S. 378**

23b Hut 1,5–4 cm; Stiel 5–10 cm; in manchen Arten +/- deutlich wurzelnd → **Artengruppe Rotschneidiger Faserling, S. 378**

24a (22) L violettgraubraun, sehr dicht stehend; Hut jung vom Velum behangen; PL fehlend → **Behangener Faserling, S. 376**

24b L ohne violettgraue Tönung, oft weniger dicht; Velum spärlich bis reichlich; PL vorhanden → **25**

25a (24) CH und PL dickwandig und mit Kristallschopf → **Kristallmürblinge, S. 374**

25b CH und PL nicht mit Kristallschopf → **26**

26a (25) gesellig bis büschelig auf morschem Laubholz; Velum flüchtig und bald nur noch als schwacher Saum am Hutrand; SP 5,5–7 µm lang → **Wässriger Mürbling, S. 376**

26b nicht mit dieser Merkmalskombination; SP 6,5–9 µm lang → **27**

27a (26) V auf Brandstellen, vor allem im Sommer und Herbst; Velum spinnwebartig, jung reichlich → **Kohlen-Mürbling, S. 378**

27b V auf Laubholz, vor allem im Sommer und Herbst; Velum flockig, sehr reichlich → **Reichbeschleierter Faserling (S. 378) und andere hier nicht behandelte Arten**

27c V auf Erde, vor allem im Frühjahr; Velum flüchtig, spärlich und nur sehr jung vorhanden → **Artengruppe Früher Faserling, S. 376**

27d V auf Erde oder Holzstückchen, vor allem im Sommer und Herbst; Velum spärlich, flüchtig → **Gewöhnlicher Faserling und weitere hier nicht behandelte Arten, S. 378**

28a (19) CH an Lamellen-Schneide und/oder L-Fläche vorhanden → **29**

28b ohne CH → **36**

29a (28) Stiel ohne Ring, manchmal mit schwacher Faserzone; Hut nie schleimig, höchstens feucht schwach schmierig; HDS mit ausgeprägtem Hypoderm aus aufgeblasenen Zellen; SP < 13 µm lang (wenn länger dann warzig); V viele Arten büschelig bis gesellig an Holz, an feuchten Stellen in Moosen oder auf Moorboden → **Schwefelköpfe 30**

29b Stiel mit häutigem Ring; Hut meist deutlich schleimig; HDS aus liegenden Hyphen; SP < 13 µm lang; V häufig an anderen Standorten → **Träuschlinge 34**

29c Stiel mit feinen Velumflocken, wie gegürtelt; Hut olivgrün bis -braun, schleimig; HDS aus liegenden Hyphen; SP 13–19 × 8–11 µm, glatt; V in Mooren und Sümpfen → **Wurzelnder Moor-Schwefelkopf, S. 416**

30a (29) V büschelig an Holz → **31**

30b V einzeln oder gesellig, aber nicht büschelig, an morschem Holz und Holzresten → **32**

30c V einzeln oder gesellig, aber nicht büschelig, ohne Verbindung zu Holz, in Moosen oder auf sumpfigem Boden → **33**

31a (30) L jung grüngelb; Stiel leuchtend grüngelb; Geschmack sehr bitter; Velumreste auf dem Hut nur jung sichtbar, gelblich → **Grünblättriger Schwefelkopf, S. 414**

31b L jung blasscreme, dann grau; Stiel holzfarben; Geschmack mild; Velumreste nur jung am Hutrand, weißlich → **Rauchblättriger Schwefelkopf, S. 414**

31c L jung blassgrau, dann grau; Stiel holzfarben; Geschmack bitterlich; Velumreste auf dem Hut reichlich, schuppig, gelb
→ Ziegelroter Schwefelkopf, S. 414

32a (30) Stiel stark weiß wollig längs überfasert, auffällig wurzelnd; Hut jung von weißem Velum überzogen
→ Wurzelnder Schwefelkopf, S. 414

32b Stiel weiß genattert, nicht wurzelnd; Hut nur jung am Hutrand sichtbar
→ Geselliger Schwefelkopf, S. 416

33a (30) V an sumpfigen Ufern, in Heiden und Mooren, nicht zwischen Moosen **→ Geriefter Schwefelkopf und verwandte Arten, S. 416**

33b V zwischen Polytrichum-Moosen; SP 7,5–9,5 µm lang **→ Moos-Schwefelkopf, S. 416**

33c V meist zwischen Sphagnum-Moosen, seltener zwischen anderen Moosen; SP 9–12 µm lang
→ Torfmoos-Schwefelkopf, S. 416

34a (29) Hut mit blaugrünen bis bläulichen Tönen, oft ockerlich ausblassend und bisweilen völlig verschwindend (junge FK beurteilen!)
→ Blauer und Grünspan-Träuschling, S. 418

34b Hut purpur- bis weinbraun, grauviolett, grauocker bis ledergelb **→ 35**

35a (34) Hut 2–5 cm, ockergelb; Ring waagrecht abstehend, oberseits grob gerieft; Stiel unterhalb des Rings nicht schuppig; V vor allem in extensiv genutzten Wiesen und Weiden
→ Krönchen-Träuschling, S. 418

35b Hut 5–12 cm, graugelb, violettbraun bis purpurgrau; Ring hängend, vergänglich; Stiel unterhalb des Rings weiß flockig-schuppig; V in borealen und montanen Fichtenwäldern **→ Üppiger Träuschling *(S. hornemannii)***

35c Hut 6–20 cm, wein- bis rotbraun, ockergelb verblassend (*f. lutea* konstant gelbhütig); Ring hängend, glatt bis fein gerieft; Stiel unterhalb des Rings nicht schuppig; V auf Feldern, Rindenmulch, Holzhäcksel, Komposthaufen, in Gärten und Parks
→ Riesen-Träuschling, S. 418

36a (28) Stiel unterhalb der Ringzone abstehend schuppig
→ Schuppiger Träuschling und verwandte Arten, S. 406

36b Stiel unberingt, glatt oder längsfaserig **→ 37**

37a (36) Hut glockig, oft mit kleiner Papille, meist höher als breit; Stiel beim Liegen nach Stunden mit leichten Blautönen; V in naturnahen, meist feuchten Wiesen und Weiden, an grasigen Wegrändern
→ Spitzkegeliger Kahlkopf, S. 420

37b Hut gewölbt, alt +/- verflachend, breiter als hoch; Stiel mit oder ohne Blauton; V an anderen Standorten **→ 38**

38a (37) Hut 2–6 cm, alt verflachend und Rand arttypisch gewellt; FK beim Liegen nach Stunden an Druckstellen blauschwärzlich verfärbt; V auf Rindenmulch und Holzhäcksel, in Parks, Beeten, Gärten
→ Blaufärbender Kahlkopf, S. 420

38b Hut kleiner, nicht gewellt; FK nie mit bläulichen Verfärbungen; VK. anders **→ 39**

39a (38) V auf kleinen Holzstückchen oder Pflanzenstängeln; Stiel mit weißen Velumresten beflockt oder genattert **→ Weißflockiger Kahlkopf und verwandte Arten, S. 420**

39b V auf Erde in Pioniervegetation (Heiden, Halden); Stiel glatt oder weiß längs überfasert
→ Trockener Kahlkopf, S. 420

39c V in der Streu in Wäldern oder auf Dung **→ hier nicht behandelte *Deconica*-Arten**

1 | Faltentintling, Knotentintling

Coprinopsis atramentaria (Syn. *Coprinus atramentarius*)

H 3–9 (12) cm, jung schlank eiförmig, bei Reife glockig, stark furchig-faltig, jung silbrig, dann graubraun mit braunen Schüppchen. **L** Sehr dichtstehend, je nach Reife von hellgrau über braun zu schwarz zerfließend. **S** 4–20 × 0,4–2 cm, hohl, weißlich, im unteren Teil mit deutlicher Wulst, darunter braunfleckig. **F** Dünnfleischig, weiß, brüchig, Geruch schwach, Geschmack mild pilzartig. **V** April bis Dezember. Meist büschelig in Verbindung mit (vergrabenem) Laubholz; in Europa weit verbreitet vom Flachland bis in montane Zonen, bodenvag. **W** Das im Pilz enthaltene Coprin führt zu starken Symptomen in Verbindung mit Alkohol ca. 2 Tage vor bis nach der Mahlzeit. Vgl. *C. acuminata* mit abgesetzter knopfförmiger Spitze.

SP 7–11 × 4,5–6,5 µm, Schnallen +

2 | Gift-Tintling

Coprinopsis alopecia (Syn. *Coprinus alopecius*)

Dem Faltentintling sehr ähnlich, aber deutlich seltener und durch grobschollig-warzige Sporen mikroskopisch leicht unterscheidbar. **V** Juni bis November. Weit zerstreut in Nord- und Mitteldeutschland. Überwiegend ruderal in Gärten, Parkanlagen oder nährstoffreichen Wäldern.

SP 10–14,5 × 6,5–8,5 µm

3 | Specht-Tintling

Coprinopsis picacea (Syn. *Coprinus picaceus*)

H 4–8 cm, jung schlank eiförmig, bei Reife vom Rand her aufgebogen, Oberfläche braungrau bis sepia mit unregelmäßigen weißen Velumzonen. **L** Frei, dichtstehend, jung weiß, mit der Reife schwärzend und vertintend. **S** 6–30 × 1,5–2,5 cm, zylindrisch mit kleiner, striegeliger Knolle, weiß und schuppig genattert. **F** Weiß, brüchig, faserig, im Stiel hohl, Geruch jung schwach, im Alter streng. Geschmack mild bis unangenehm. **V** Juni bis Dezember. In der Laubstreu von basenreichen Buchenwäldern. **W** Der Specht-Tintling ist mit seiner charakteristischen Zeichnung kaum verwechselbar.

SP 13–19 × 9,5–13 µm, Schnallen +

4 | Kleiner Specht-Tintling

Coprinopsis stangliana (Syn. *Coprinus stanglianus*) V-Art

H 2–5 cm, jung eiförmig komplett in weiß-ockerlicher Velumhülle, Huthaut beige, bei Reife konvex und vom Rand her vergrauend, ca. ½ gerieft, Velumreste unregelmäßig. **L** Weiß, mit der Reife graubeige bis schwarz, zerfließend, sehr dicht stehend. **S** 4–12 × 0,5–1 cm, zylindrisch, basal bis 1,5 cm verdickt, weiß, fein-flockig. **F** Weiß, dünn, brüchig, Geruch schwach, +/- nach Stallmist. **V** Mai bis Oktober. Einzeln oder in Gruppen auf flachgründigen, kalkhaltigen Extensivwiesen, in Europa endemisch. **W** Für den Erhalt dieses selten gewordenen Tintlings trägt Deutschland mit ca. 50 % der bekannten Restvorkommen in besonderem Maße Verantwortung.

SP 8,5–12 × 7–8,5 µm, Schnallen +

5 | Schopftintling

Coprinus comatus

H 2–5 cm breit × 5–18 cm hoch, jung walzenförmig, mit der Reife vom Rand her ausschweifend bis zuletzt komplett vertintend, Oberfläche jung feinfaserig, bald mit groben, aufstehenden weiß-ockerlichen Schuppen, mittig glatt ockerbraun, alt +/- rosa durchfärbt. **L** Weiß, mit der Reife von außen nach innen über rosa bis schwarz, zerfließend, sehr dichtstehend. **S** 10–25 × 1–3 cm, weiß, brüchig, +/- hohl, weiß längsfaserig mit beweglichem weißem Ring. **F** Weiß, brüchig, Geruch schwach, Geschmack mild-fein nussig. **V** März bis Dezember. Meist ab Herbst; in Wäldern, Parkanlagen, Gärten an stickstoffreichen Stellen. **W** Die Art ist eine der häufigsten und auffälligsten Pilze auf gedüngten Wiesen und an Wegrändern. Junge, geschlossene Fruchtkörper sind ausgezeichnete Speisepilze.

SP 10,5–14 × 6–7 µm, **KP** +

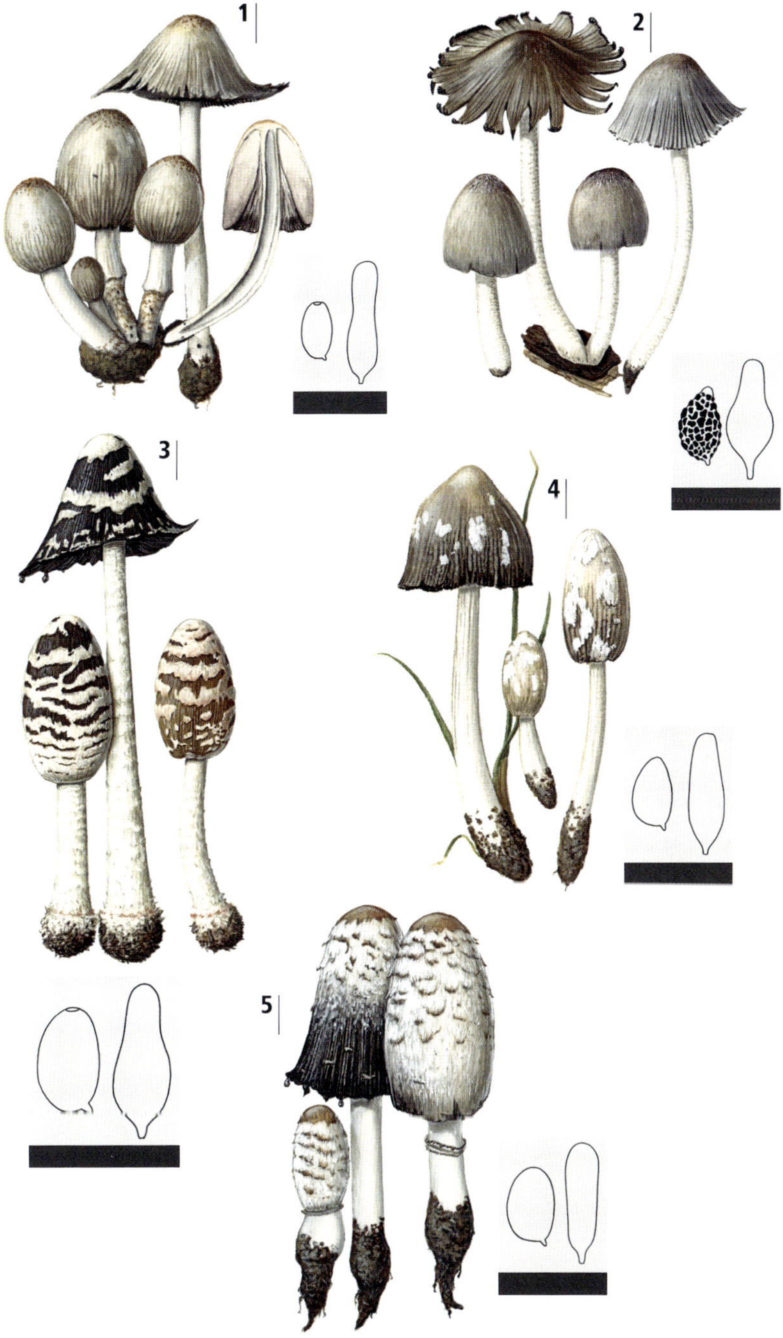
1
2
3
4
5

1 Struppiger Mist-Tintling

Coprinopsis cinerea (Syn. *Coprinus cinereus*)

H 2–6 cm, jung eiförmig, bei Reife stumpfkegelig bis abgeflacht mit kleinem Buckel, Rand oft hochgebogen, aschgrau, mit filzig-flockigem, abstehendem Velum. **L** Dichtstehend, jung weiß, mit der Reife purpurgrau bis schwarz, schnell zerfließend. **S** 4–10 (12) × 0,4–1 cm, zylindrisch, basal etwas verdickt, oft wurzelnd, brüchig, weiß, faserig-flockig, alt verkahlend. **F** Weiß, dünn, brüchig, Geruch schwach, Geschmack mild, fade. **V** Ganzjährig; vorwiegend auf Misthaufen, selten auf Kompost. **W** Da es z. B. mit *C. annuloporus* und *C. macrocephalus* noch ähnliche Arten auf Mist gibt, sind Mikromerkmale für die genaue Bestimmung erforderlich.

SP 9–12 × 6–7,5 µm, Schnallen +

2 Rotbestäubter Tintling

Coprinopsis erythrocephala (Syn. *Coprinus erythrocephalus*)

H 0,5–3 cm, jung eiförmig bis walzenförmig, bei Reife konvex bis breitkegelig, auf beigem Grund mit feinfaserigem, leuchtend orangebraunem Velum. **L** Weiß mit rostroter Schneide, frei, engstehend, mit der Reife braunschwarz, zerfließend. **S** 1–5 × 0,1–0,2 cm, zylindrisch, basal etwas verdickt, mit strahlig weißem Mycel, oft kurz wurzelnd, wie der Hut orangerot befasert, bald verkahlend. **F** Weiß, dünn, brüchig, Geruch schwach. **V** Mai bis November. Weit verbreitet, aber recht selten; in Wäldern, Parkanlagen, Gärten, Ruderalstellen auf Holzresten, Streu. **W** Im Jugendzustand ist die Art mit ihren feurig befaserten Hüten und Stielen unverwechselbar.

SP 10–12 × 6–7 µm, Schnallen +

3 Hasenpfote

Coprinopsis lagopus (Syn. *Coprinus lagopus*)

H 3–5 cm, jung schlank elliptisch, mit der Reife ausbreitend, Ränder oft hochgebogen, zart, dünnfleischig, Oberfläche üppig mit weiß-grauweißem Velum, bei Reife verkahlend. **L** frei, engstehend, grau, bei Reife stark zerfließend. **S** 5–10 × 0,5–1,5 cm, weiß mit zartem, sparrigem Velum, brüchig. **F** Dünn bis häutig, Geruch schwach, Geschmack mild. **V** März bis Dezember. Weit verbreitet in Wäldern, Parkanlagen, Gärten auf Holzresten, Streu; von der Ebene bis in hochmontane Bereiche. **W** Auf Misthaufen wachsen ähnliche Arten, wie z. B. *C. radiata*.

SP 10,5–14 × 6–8 µm, Schnallen +

4 Schneeweißer Mist-Tintling

Coprinopsis nivea (Syn. *Coprinus niveus*)

H 1,5–4 cm, jung schlank eiförmig, bei Reife glockig, sternförmig vom Rand her aufreißend, Oberfläche lange schneeweiß mit flockigen Velumresten. **L** fast frei, +/- eng, jung weiß, mit der Reife über grau schwärzend und zerfließend. **S** 5–10 × 0,3–0,7 cm, zylindrisch, brüchig, weiß mit mehlig-flockigen Velumresten. **F** Weiß bis grau, sehr dünn, geruchlos, Geschmack mild. **V** April bis November. Weit verbreitet auf Dung von Pferden und Rindern auf Extensivweiden; von der Küste bis in die Alm-Regionen der Alpen, bis in die asiatischen Steppengebiete bekannt. **W** Die schneeweißen Hutfarben und das Vorkommen auf Herbivorendung bieten schon im Gelände gute Bestimmungsmerkmale.

SP 15–19 × 8,5–11 × 11–14 µm, Schnallen +

5 Isabellfarbener Tintling

Coprinopsis pseudonivea (Syn. *Coprinus pseudoniveus)*

RL-R

Diese von der Küste bis in die Alpen verbreitete, aber seltene Art ist bislang nur von Rinderdung auf Extensivweiden bekannt. Die Hüte tragen nur sehr jung ein dichtes weißliches Velum, werden bald isabellgrau mit weißer Faserung. **V** Mai bis November.

SP 9–12,5 × 6–8 × 7,5–11,5 µm, Schnallen +

1
2
3
4
5

1 | Kohlen-Tintling

Coprinellus angulatus (Syn. *Coprinus angulatus*)

H 0,5–3 cm, jung fast zylindrisch, bei Reife glockig bis ausgebreitet, glatt mit deutlicher Riefung, ohne Velum, graubeige bis rotbraun. **L** Jung weiß, mit der Reife grau bis schwarz, zerfließend, schmal angeheftet, engstehend. **S** 1–6 × 0,1–0,3 cm, zylindrisch, basal etwas verdickt, hohl, brüchig, +/- glatt, weiß bis cremefarben. **F** Dünn, bräunlich, brüchig, geruchlos, Geschmack mild, fade. **V** April bis November. Auf Brandstellen, oft in Verbindung mit dem Brandstellenmoos *(Funaria hygrometrica)*; weit verbreitet, aber durch die immer seltener werdenden traditionellen Waldfeuerplätze limitiert. **W** Das Vorkommen auf Brandstellen in Verbindung mit den mitraförmigen Sporen ist charakteristisch für diesen Tintling.

SP 9–11,5 × 5–6,5 × 6,5–8 µm, Schnallen -

2 | Gesäter Tintling

Coprinellus disseminatus (Syn. *Coprinus disseminatus*)

H 0,5–1,5 cm, jung eiförmig bis walzenförmig, bei Reife glockig aufschirmend, auf beigem Grund dicht kurz behaart (Lupe!), reif grau gefurcht, zuletzt schwarz, nicht zerfließend. **L** Ockergrau, breit angewachsen, mit Zähnchen, +/- entferntstehend, reif grauschwarz, nur welkend. **S** 3–5 × 0,1–0,15 cm, zylindrisch, brüchig, ocker-weißlich, jung komplett mit Zystiden. **F** Weiß bis grau, dünn, brüchig, geruchlos, Geschmack mild. **V** Ganzjährig bei geeigneter Witterung; weit verbreitet und häufig, oft massenhaft an Laubholz-Strünken, Wurzelanläufen in Wäldern, Parkanlagen, Ruderalstellen. **W** Einer der häufigsten Tintlinge, schon im Gelände leicht erkennbar durch reichlich Pileozystiden an jungen Fruchtkörpern (Lupe!). Vgl. *Psathyrella pygmaea*, die an ähnlichen Standorten wächst.

SP 7–10 × 4–5,5 µm, Schnallen -

3 | Haus-Tintling

Coprinellus domesticus (Syn. *Coprinus domesticus*)

H 2–6 cm, jung eiförmig bis walzenförmig, bei Reife ausgebreitet, Ränder oft hochgebogen und strahlig aufgerissen. Jung mehlig-flockig, mit cremeockerlichen Velum, reif verkahlend, deutlich gerieft, grau-braun. **L** Weiß bis schwarzbraun, schmal angewachsen, gegabelt, reif zerfließend. **S** 3–8 × 0,2–1 cm, weiß, zylindrisch mit verdickter Basis, hohl, brüchig. **F** Dünn, Geruch und Geschmack +/- pilzartig, mild. **V** März bis November. Planar bis montan; weit verbreitet und häufig in Auwäldern, Laubmischwäldern, Gärten auf Ästen und Stämmen von Laubhölzern wie Buche, Eiche und Esche. **W** Eine Besonderheit dieser Art ist das +/- stark ausgeprägte Ozonium, ein dicht rostbrauner Myzel-Teppich am Substrat.

SP 7–10 × 4–5,5 µm, Schnallen -

4 | Gelbschuppiger Tintling

Coprinellus xanthothrix (Syn. *Coprinus xanthothrix*)

Im Gegensatz zum Haus-Tintling wächst die Art meist einzeln in der Streu von Buchenwäldern. Eine sichere Bestimmung ist nur mit Mikromerkmalen wie den bräunlich pigmentierten, kettenartigen Hutvelum-Zellen möglich. **V** April bis November.

SP 7,5–10 × 4,5–6,5 µm, Schnallen -

5 | Glimmer-Tintling

Coprinellus micaceus (Syn. *Coprinus micaceus*)

RL-R

H 1–4 cm, jung halbkugelig, bei Reife glockig bis ausgebreitet, Oberfläche jung mit glimmerigem, abwischbarem feinkörnigem Velum. **L** schmal angeheftet, eng, jung weiß, zur Reife lilagrau schwärzend bis zerfließend. **S** 3–10 × 0,2–0,5 cm, zylindrisch, brüchig, weiß, fein behaart (Lupe!). **F** Dünn, bräunlich, geruchlos, Geschmack mild, fade. **V** Ganzjährig bei geeigneter Witterung; weit verbreitet und sehr häufig, meist büschelig an Strünken, Wurzelanläufen oder vergrabenem Laubholz in Wäldern, Parkanlagen, an Ruderalstellen. **W** Verwechslungsmöglichkeiten bestehen makroskopisch z. B. mit dem Weiden-Tintling und anderen Arten der Subsektion *Micacei*.

SP 6,5–9 × 4–5 × 5–6,5 µm, Schnallen +

1
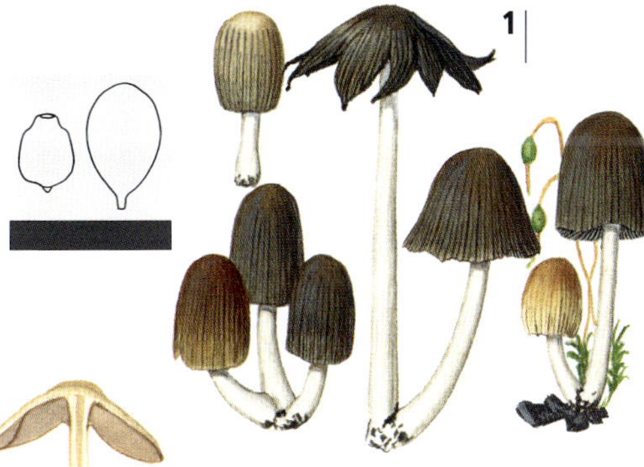

2

3
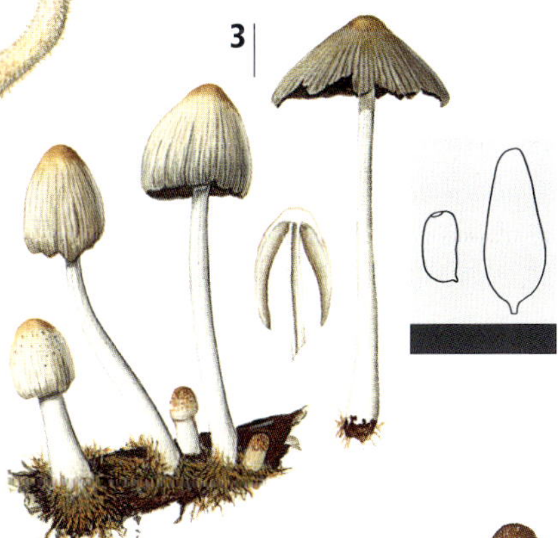

4
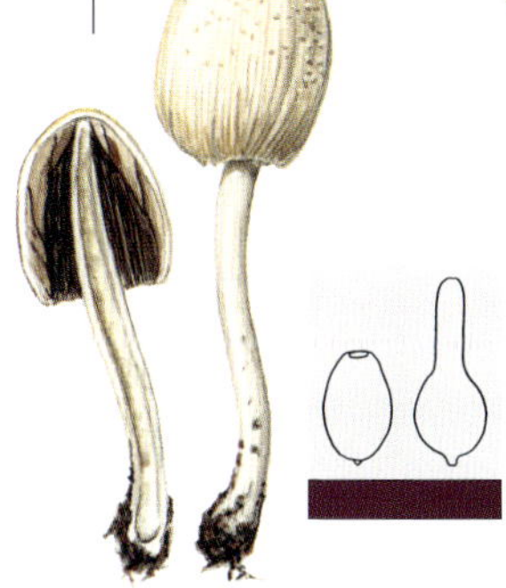

5

1 | Braunhaariger Scheibchentintling

Parasola auricoma (Syn. *Coprinus auricomus*)

H 1,5–4,5 cm, jung eiförmig, bei Reife glockig bis ausgebreitet, faltig gefurcht graubeige bis rotbraun mit deutlich abgesetzter glatter Mitte. **L** Jung weiß, mit der Reife grau bis schwarz, meist nur welkend, selten zerfließend, schmal angeheftet, +/- eng. **S** 5–11 × 0,2–0,4 cm, zylindrisch, hohl, brüchig, +/- glatt, weiß. **F** Häutig dünn, bräunlich, Geruch pilzartig, Geschmack mild, +/- adstringierend. **V** April bis Dezember, weit verbreitet in Laubwäldern, Gärten und Parkanlagen, Ruderalplätzen oft in Verbindung mit Holzresten bis in montane Lagen. **W** Es gibt vier makroskopisch sehr ähnliche Scheibchen-Tintlinge, daher sind Mikromerkmale zur Bestimmung notwendig.

SP 10–14,5 × 6–8 µm, **KP** +, Schnallen +

2 | Steifstieliger Mürbling

Parasola conopilea (Syn. *Psathyrella conopilea*)

H 1,5–4 cm, jung kegelig-glockig, bei Reife ausschweifend, feucht dattelbraun, +/- ½ durchscheinend gerieft, hygrophan, trocken beige, Oberfläche schmierig, glatt, fein behaart (Lupe!). **L** Jung hellbraun, mit der Reife dunkelbraun, schmal angewachsen, Schneide weißlich. **S** 8–14 × 0,2–0,4 cm, zylindrisch mit +/- knollig verdickter Basis, hohl, brüchig, +/- glatt, strohgelblich. **F** Dünn, creme bis bräunlich, geruchlos, Geschmack mild, fade. **V** Juni bis Dezember, weit verbreitet und häufig, oft scharenweise an Waldrändern, in Gärten und Parkanlagen, Ruderalplätzen, oft in Verbindung mit Holzresten. **W** Die Art wird aufgrund ihrer Phylogenie seit ein paar Jahren als *Parasola* geführt. Makroskopische Ähnlichkeit mit Scheibchen-Tintlingen besteht nicht, aber die dickwandigen braunen Huthaare sind charakteristisch.

SP 13–17 × 6,5–9 µm, **KP** +, Schnallen -

3 | Zarter Tintling

Parasola misera (Syn. *Coprinus miser*)

H 0,3–1 cm, jung walzenförmig und ockerbraun, bei Reife aufschirmend und vergrauend mit brauner, +/- genabelter Scheibe, faltig gefurcht. **L** Blassgrau, mit der Reife grau bis schwarz, +/- welkend, angeheftet, entfernt. **S** 0,5–4 × < 0,1 cm, fädig, glatt, hyalin. **F** Häutig dünn, geruchlos. **V** April bis Dezember, weit verbreitet auf Herbivorendung, hauptsächlich Rind und Pferd. **W** Die winzigen Fruchtkörper können gezielt auf etwas älterem Dung im Freiland gesucht oder kultiviert werden.

SP 7–10,5 × 6,5–9 × 5–7 µm, **KP** +, Schnallen +

4 | Glimmeriger Scheibchentintling

Parasola plicatilis (Syn. *Coprinus plicatilis*)

H 1–3,5 cm, jung walzenförmig graubraun, bei Reife ausgebreitet, 4/5 faltig gerieft, graubeige mit deutlich abgesetzter glatter orangebrauner Mitte. **L** Jung weiß, mit der Reife grau bis schwarz, meist nur welkend, selten zerfließend, frei, ein Kollar bildend, entfernt. **S** 3,5–6 × 0,1–0,2 cm, zylindrisch, hohl, brüchig, +/- glatt, hyalinweiß mit knöllchenartiger Basis. **F** Häutig dünn, graubeige, geruchlos, Geschmack mild. **V** März bis Dezember. Weit verbreitet und häufig; vorwiegend in lichten, grasigen Stellen in Wiesen, Gärten, Waldrändern in der Streu. **W** Sehr ähnlich, aber mit anderen Mikromerkmalen sind *P. auricoma*, *P. hercules*, *P. kuehneri*, *P. leiocephalus* und *P. megaspermus*.

SP 10–14,5 × 6–8,5 × 8,5–10 µm, **KP** exzentrisch, Schnallen +

5 | Lilagetönter Scheibchentintling

Parasola lilatincta (Syn. *Coprinus lilatinctus*)

Typisch für diesen seltenen Rädchen- oder Scheibchentintling sind die jung lilavioletten Töne, die im Alter zu graubraun bis blassgrau umschlagen. **V** Mai bis Dezember.

SP 9,5–13,5 × 6–8,5 × 9–11 µm, **KP** exzentrisch, Schnallen +

1

2

3

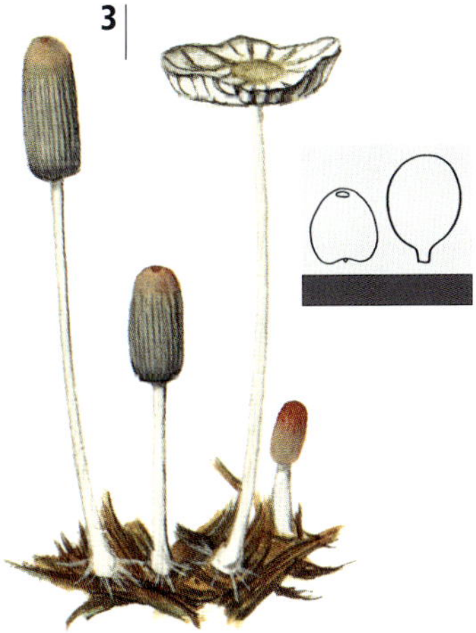

4

5

1 Tränender Saumpilz

Lacrymaria lacrymabunda (Syn. *Psathyrella velutina*)

H 3–10 cm, jung halbkugelig, schnell flach konvex werdend, alt verflacht, meist mit schwachem Buckel, angedrückt faserig-filzig, feinschuppig gegen den Rand, gelb-, ocker-, nuss- bis rostbraun (lebhaft orangefuchsig in var. pyrotricha), Rand lange von feinem Velumgespinst behangen. **L** Jung beigebraun, alt braunschwarz, ausgebuchtet angewachsen, Schneide weiß, frisch mit milchigen Tröpfchen. **S** 5–12 × 0,5–1,5 cm, zylindrisch, oberhalb der Faserzone cremegelb, darunter hutfarbig faserschuppig bis genattert. **F** Hell creme- bis orangebraun, Geruch und Geschmack unspezifisch, mild. **V** Mai bis November; an Feld-, Straßen- und Wegrändern, an nährstoffreichen, gestörten Stellen in und außerhalb von Wäldern, bodenvag; in ganz Europa verbreitet und häufig, nur in Südeuropa meist selten. **W** Ob *L. glareosa* (**H** 1,5–5 cm, olivlich cremeocker; **CH** etwas anders) wirklich abgrenzbar ist, wird vielfach bezweifelt. Gleiches gilt auch für die feurig-orangeocker gefärbte var. *pyrotricha*.

SP 8–11 × 5–6,5 µm, **CH** bis 70 µm

2 Schwarzfaseriger Faserling

Cystoagaricus maculatus (Syn. *Psathyrella maculata*) RL-2

H 2,5–6 cm, jung halbkugelig, dann konvex, alt manchmal verflachend, oft mit stumpfem, flachem Buckel, rot- bis dunkelbraun anliegend faserschuppig, auf cremebräunlichem Grund. **L** Jung cremegrau, dann rot- bis dunkelbraun, ausgebuchtet angewachsen, Schneide weiß. **S** 4–7 × 0,3–0,7 cm, oft büschelig, oberhalb des rudimentären Ringes cremeweißlich, darunter dunkelbraun, etwas flockig. **F** Cremeweiß, Geruch und Geschmack unspezifisch, mild. **V** August bis November. Auf morschen Stümpfen von Buchen, selten anderen Laubbäumen, bodenvag; in ganz Europa verbreitet, überall selten. **W** Die Art gilt als Anzeiger für naturnahe Buchen- bzw. Laubmischwälder.

SP 4,5–6 × 2,5–4 µm, **CH** bis 45 µm

3 Schwefelfüßiger Faserling, Pinsel-Mürbling

Psathyrella cotonea RL-V

H 3–8 cm, jung halbkugelig, dann konisch-konvex, alt flach, stumpf gebuckelt, jung vom Velum weiß wollig überfasert, dann mit angedrückten, hellbräunlichen Faserschuppen auf cremeweißem Grund, Mitte oft cremegelb. **L** Jung graucreme, dann milchkaffeebraun, alt dunkelbraun, ausgebuchtet angewachsen, Schneide weiß. **S** 5–12 × 0,5–1 cm, basal zuspitzend, büschelig, auf ganzer Länge weiß, flockig, alt verkahlend, Basis meist schwefel- bis ockergelb. **F** Weiß, Geruch unspezifisch, Geschmack etwas bitter. **V** Juli bis November. Auf und neben Stümpfen, seltener Stämmen von Laubbäumen, besonders Buchen; in Europa überall verbreitet, regional nicht selten. **W** Ähnlich ist die sehr seltene *P. caput-medusae*, mit abstehend schuppigem Stiel, süßlichem Geruch und schwärzenden Hutschuppen.

SP 6–8 × 3,5–4,5 µm, **CH** bis 45 µm

4 Schokoladenbrauner Kristallmürbling

Homophron spadiceum (Syn. *Psathyrella spadicea*)

H 3–10 cm, jung halbkugelig, bald verflacht und alt oft etwas wellig, leicht vertieft, meist mit flachem Buckel, beigebraun, rosabraun bis rotbraun, fleischfarben getönt, glatt, stark hygrophan, ohne Velumreste, aber Rand jung etwas bereift. **L** Jung graucreme, dann dunkel rotbraun, Schneide weiß, abgerundet angewachsen. **S** 4–8 × 0,4–1 cm, zylindrisch, schmutzig weißlich, alt hell bräunlich, im oberen Bereich fein beflockt. **F** Weißlich bis wässrig cremegrau, Geruch unspezifisch, Geschmack etwas nussig, mild. **V** Juli bis November. In Parks, lichten Laubwäldern, sehr selten im Nadelwald, am Fuß stehender Laubbäume, um Stümpfe oder an Wurzeltellern von Laubbäumen, sehr selten an Nadelbäumen; in Europa überall verbreitet, nicht häufig. **W** Die Faserlinge mit dickwandigen, kristallbesetzten Zystiden (ähnlich den Risspilzen, → S. 492ff.) wurden unlängst in eine eigene Gattung gestellt. Sie werden bisweilen als essbar bewertet.

SP 7,5–10 × 4,5–5,5 µm, **CH** bis 75 µm

1

2

3

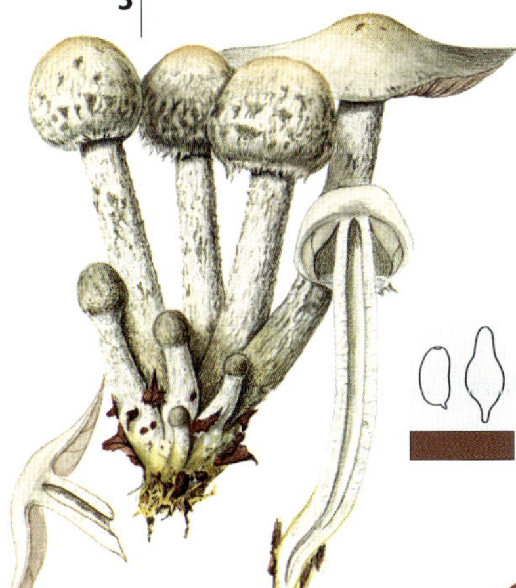

4

1 Behangener Faserling
Psathyrella candolleana

H 2–8 cm, jung halbkugelig, schnell flach konvex, alt verflacht, jung gelbbraun, bald cremeweiß bis weißlich, mit zerstreuten, vergänglichen gelblichen Velumschüppchen, feuchte Randzone etwas rosalich, kaum gerieft, jung mit Velumfetzen behangen. **L** Jung blass graucreme, alt graubraun mit violettem Ton, sehr dichtstehend, ausgebuchtet angewachsen, Schneide weiß. **S** 4–8 × 0,2–0,5 cm, zylindrisch, basal oft etwas verdickt, weiß bis gelblich weiß. **F** Wässrig grauweißlich, Geruch und Geschmack unspezifisch, mild. **V** April bis November. An feuchten, nährstoffreichen Stellen in und außerhalb von Wäldern, an Feld-, Straßen- und Wegrändern, meist auf oder an Holz, bodenvag; in ganz Europa verbreitet und häufig. **W** Sehr variable Art, die an den engen violettgrauen Lamellen erkennbar ist.

SP 6,5–9 × 4–5 µm, **CH** bis 70 µm, **PL** -

2 Büscheliger Faserling
Psathyrella multipedata

H 1–3 cm, jung glockig-konisch, dann stumpf glockig, ockerbraun bis nussbraun, abgetrocknet graucreme, sehr jung mit wenig flüchtigem Velum am Rand, feucht kurz gerieft. **L** Jung cremegrau, dann dunkel violettbraun, schmal angewachsen, Schneide weiß. **S** 3–12 × 0,2–0,4 cm, dicht büschelig, einer strunkartigen Basis entspringend, weiß, an der Basis etwas flockig. **F** Feucht blass ockerbräunlich, Geruch und Geschmack unspezifisch, mild. **V** Mai bis November. In nährstoffreichen Laubwäldern, Parks, Mulchbeeten, auf Nutzwiesen, bodenvag; in ganz Europa verbreitet, nur regional etwas häufiger. **W** Die Büschel dieser Art können aus bis zu 100 Einzelfruchtkörpern bestehen. Sie wird bisweilen als essbar bezeichnet.

SP 7–8,5 × 3,5–5 µm, **CH** bis 80 µm, **PL** bis 60 µm, spärlich

3 Früher Faserling, Graubrauner Faserling
Psathyrella spadiceogrisea

H 2–6 cm, konisch-glockig, bald ausgebreitet, alt flach, stumpf gebuckelt, feucht ocker-, rot-, nuss-, bis graubraun, stark verblassend, Rand jung mit mäßig üppigem weißem Velum, alt kahl. **L** Jung graucreme, dann milchkaffeebraun, alt dunkel graubraun mit Violettton, kurz angewachsen. **S** 4–10 × 0,3–0,7 cm, zylindrisch, weiß, alt etwas gelblich getönt. **F** Cremebräunlich, Geruch und Geschmack unspezifisch. **V** April bis Juni, selten im Herbst. In Laubwäldern (bes. Auwälder), an Wald- und Wegrändern, in Gebüschen, auf basischem, meist lehmigem Boden; in Europa überall verbreitet und häufig. **W** Es handelt sich um einen Artenkomplex schwierig zu trennender Arten, die sich bestenfalls mikroskopisch unterscheiden lassen *(P. casca, P. fatua, P. niveobadia)*.

SP 7,5–10 × 4–5,5 µm, **CH** und **PL** bis 45 bzw. 60 µm

4 Dünen-Faserling
Psathyrella ammophila

H 2–6 cm, jung halbkugelig, bald verflacht und meist etwas wellig, flach gebuckelt, feucht dunkel rot- bis schokoladenbraun, stark hygrophan, nur ganz jung mit flüchtigen Velumreste am Rand, ungerieft. **L** Jung graucreme, dann dunkel violettbraun, kurz angewachsen, relativ entfernt stehend, Schneide weiß. **S** 3–8 × 0,2–0,5 cm, zylindrisch, tief im Sand wurzelnd, schmutzig weißlich, alt hell bräunlich. **F** Wässrig cremegrau, Geruch und Geschmack unspezifisch, mild. **V** Mai bis Dezember. In Sanddünen, oft zwischen Strandhafer; in Europa an den Küsten verbreitet, auf Binnendünen äußerst selten. **W** Weitere Faserlinge, die im Sand wachsen, weichen durch kleinere Sporen ab.

SP 10–14 × 6,5–8,5 µm, **CH** und **PL** bis 50 µm

5 Wässriger Mürbling, Weißstieliges Stockschwämmchen
Psathyrella piluliformis

H 2–8 cm, jung halbkugelig, bald flacher, auch alt etwas konisch-konvex bleibend, nussbraun, rotbraun bis dattelbraun, stark hygrophan, jung mit flüchtigen, spärlichen Velumresten, sehr kurz bis gar nicht gerieft. **L** Jung graucreme, dann dunkel violettbraun, engstehend, Schneide weiß, kurz angewachsen. **S** 3–8 × 0,3–0,7 cm, zylindrisch, oft gebogen, weiß, alt basal bräunlich. **F** Wässrig bräunlich, Geruch und Geschmack unspezifisch, mild. **V** Juni bis November. In Laubwäldern aller Art, an Stümpfen, morschen Stämmen, Wurzeltellern, selten auch am Fuß stehender Laubbäume; in Europa überall verbreitet, häufig. **W** Da er ähnlich wie das Stockschwämmchen an Holz zu finden ist, und gleichfalls gegessen werden kann, erhielt er den Volksnamen „Weißstieliges Stockschwämmchen". Eine engere Verwandtschaft zu diesem besteht aber nicht. Mit anders geformten **PL** vergleiche man *P. laevissima*.

SP 4,5–6 × 3–4 µm, **CH** und **PL** bis 45 bzw. 30 µm

1

2

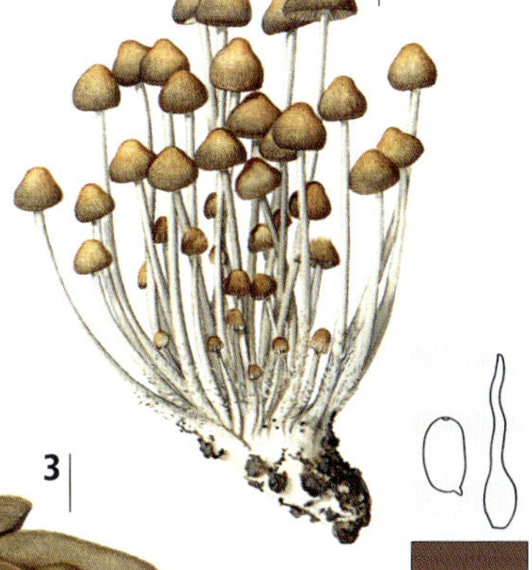

3

4

5

1 | Gewöhnlicher Faserling
Psathyrella senex (Syn. *P. fusca*)

H 1,5–4 cm, konisch-glockig, bald flach konvex, alt flach und etwas verbogen-niedergedrückt, stumpf gebuckelt, manchmal etwas runzelig, feucht dattelbraun, schokoladenbraun bis umbrabraun, stark verblassend, Rand feucht gerieft, jung mit wenigen flüchtigen Velumfasern besetzt. **L** Jung graucreme, alt schokoladenbraun, kurz bis breit angewachsen, Schneide weiß. **S** 3–8 × 0,2–0,5 cm, zylindrisch, auf ganzer Länge weiß, an der Basis oft gelblich getönt. **F** Cremebräunlich, Geruch und Geschmack unspezifisch. **V** Juni bis November. In frischen bis feuchten Laubwäldern (besonders Buchenwälder), sehr selten im Nadelwald, an Wald- und Wegrändern, meist an morschem Holz oder in der Streu; in Europa überall verbreitet und häufig. **W** Die Art wird aufgrund der schwierigen Bestimmung deutlich seltener berichtet als sie in Wirklichkeit ist.

SP 7–9,5 × 4–5,5 µm, **CH** und **PL** bis 55 µm

2 | Rotschneidiger Faserling
Psathyrella corrugis (Syn. *P. gracilis*)

H 1,5–4 cm, kegelig-konisch, alt gewölbt-gebuckelt, nicht verflachend, gelbbraun, haselbraun bis rötlich braun, sehr hygrophan, abtrocknend meist mit +/- deutlichem Rosaton, Velumreste nur sehr jung als feine Fasern am Rand, schnell verflüchtigt. **L** Jung blass graucreme, alt grauviolettbraun, mäßig dicht stehend, kurz angewachsen, Schneide weiß, darunter meist eine rote Linie sichtbar (Lupe!). **S** 4–12 × 0,2–0,4 cm, zylindrisch, basal kurz oder lang wurzelnd, weißlich. **F** Wässrig graubräunlich, Geruch und Geschmack unspezifisch, mild. **V** Mai bis November. An frischen, nährstoffreichen Stellen in und außerhalb von Wäldern, an Feld-, Straßen- und Wegrändern, meist zwischen Holzstückchen, bodenvag; in ganz Europa verbreitet und häufig. **W** Weitere ähnliche Arten unterscheiden sich u. a. durch nicht rot unterlegte Lamellen-Schneiden oder andere Mikromerkmale. Gelegentlich kommen sterile Fruchtkörper vor, deren Lamellen dann fast weiß bleiben und sehr an Helmlinge erinnern.

SP 10,5–15 × 6–7,5 µm, **CH** bis 50 µm, **PL** bis 80 µm

3 | Rotschneidiger Weg-Faserling
Psathyrella prona agg.

Die Artengruppe der Weg-Faserlinge unterscheidet sich von der Artengruppe Rotschneidiger Faserling (s. o.) im Wesentlichen nur durch die Größe. **H** 0,5–2 cm. **S** 1,5–8 × 0,1–0,2 cm. **W** Wie bei voriger gibt es viele Arten in diesem Komplex, die sich durch Färbung der Lamellen-Schneide und Mikromerkmale unterscheiden lassen.

SP 11–15 (–18) × 6–8,5 µm, **CH** und **PL** bis 75 µm

4 | Reichbeschleierter Faserling
Psathyrella spintrigeroides

H 3–6 cm, jung halbkugelig, alt flach konvex bis flach, meist schwach gebuckelt, feucht dunkel rotbraun bis ockerbraun, stark hygrophan, jung fast vollständig vom üppigen Velum überzogen, Rand auch alt noch behangen, oft kurz gerieft. **L** Jung kittfarben, dann dunkel graubraun, kurz angewachsen, relativ entfernt stehend, Schneide weiß. **S** 3–8 × 0,2–0,6 cm, zylindrisch, schmutzig weißlich, alt hell bräunlich, im unteren Teil weiß flockig vom Velum, nach oben mit einer Faserringzone abschließend. **F** Wässrig bräunlich, Geruch und Geschmack unspezifisch, mild. **V** Juni bis November. An morschem Holz in Laubwäldern, vor allem an Buchen, selten in der Streu ohne sichtbaren Holzkontakt; in Europa sehr selten berichtet, aber möglicherweise bisweilen übersehen. **W** Es gibt zahlreiche ähnliche Faserlingsarten mit ebenfalls üppigem Velum.

SP 7–9 × 4,5–5 µm, **CH** und **PL** bis 75 µm

5 | Kohlen-Mürbling
Psathyrella pennata

H 1,5–4,5 cm, jung halbkugelig, alt flach konvex, graubraun bis dunkelbraun, stark hygrophan, jung dicht mit Velumfasern überzogen, alt weitgehend verkahlt, ungerieft. **L** Jung graucreme, dann dunkel violettbraun, breit angewachsen, Schneide weiß. **S** 3–8 × 0,2–0,4 cm, zylindrisch, weißlich, im unteren Teil weißflockig vom Velum. **F** Wässrig bräunlich, Geruch und Geschmack unspezifisch, mild. **V** Ganzjährig in frostfreien Perioden. Auf Brandstellen verschiedener Altersstufen; in ganz Europa verbreitet, in fast allen Regionen selten. **W** Makro- und mikroskopisch ähnliche Arten (z. B. *P. gossypina*) wachsen normalerweise nicht auf Brandstellen.

SP 4,5–6 × 3–4 µm, **CH** und **PL** bis 45 bzw. 30 µm

1
2
3
4
5

Braunsporer

Bei den braunsporigen Blätterpilzen handelt es sich einerseits um so bekannte Gattungen wie Schleierlinge, Schüpplinge oder Risspilze, andererseits gibt es auch jede Menge kleine, unscheinbare, +/- gleich aussehende kleine braune Pilzchen. Mehr noch als bei den Hellsporern ist für viele Gruppen zur genauen Artbestimmung ein Mikroskop nötig. Aber auch ohne dieses kann man oft zumindest auf eine Artengruppe bestimmen, weshalb der folgende Schlüssel versucht so wenig Mikromerkmale wie möglich zu verwenden.

1a	L herablaufend; Spp. oliv- bis porphyrbraun → **Kremplinge, Holzkremplinge 2**
1b	L breit oder kurz angewachsen bis fast frei → **3**
2a (1)	Stiel glatt bis längsfaserig, normal ausgebildet; Mykorrhizabildner auf Erde → **Echte Kremplinge, S. 70**
2b	Stiel braunfilzig, sehr kurz und exzentrisch, selten fehlend; Hut 10–25 cm; Holzzersetzer → **Samtfuß-Holzkrempling, S. 70**
2c	Stiel fehlend; Hut 4–10 cm ; Holzzersetzer → **Muschel-Holzkrempling, S. 70**
3a (1)	Hutoberfläche feinwarzig-granuliert, aus sich lösenden Körnchen bestehend → **4**
3b	Hutoberfläche glatt, faserig, filzig, schuppig oder schleimig → **6**
4a (3)	FK sehr groß, 10–25 cm; Stiel mit hängendem Ring; V auf Erdboden → **Glimmerschüppling, S. 258**
4b	FK 1–5 cm; unberingt; V auf Erde, Holz, Kupulen oder Blättern → **Flockenschnitzlinge 5**
5a (4)	FK blass fleischbräunlich, lederfarben; V auf Buchenkupulen und Laubstreu → **Buchenwald-Schnitzling, S. 410**
5b	FK rost- rot- bis graubraun; V auf Erdboden → **Rostbrauner Flockenschüppling und verwandte Arten, S. 410**
5c	Hut orange- bis ockergelb, rost- bis rotbraun; V auf Holz → **Orangebrauner und Grobwarziger Flockenschnitzling, S. 410**
6a (3)	FK muschel-, nieren-, fächer-, halbkreisförmig, +/- ungestielt → **Stummelfüßchen 7**
6b	FK mit deutlichem Stiel → **8**
7a (6)	V auf Erdboden in Laubwäldern → **Gebrechliches Stummelfüßchen, S. 412**
7b	V auf Holz; Huthaut gelatinös, dehnbar → **412**
7c	V auf Holz oder Kräuterstängeln; Huthaut nicht gelatinös → **weitere Stummelfüßchen-Arten, sowie *Psilocybe philipsii*, *Simocybe rubi*, S. 412**
8a (6)	Stiel knorpelig, stark wurzelnd; Hut konisch oder (spitz) gebuckelt; auch jung kein Velum vorhanden; Wurzelparasiten an Nadelbäumen → **Wurzelschnitzlinge, S. 406**
8b	nicht mit diesen Merkmalen → **9**
9a (8)	Hut 0,5–1,5 cm, flach konvex, mit abstehenden rostfarbenen Schüppchen bedeckt; Stiel 0,2–1 cm, ebenso mit Schüppchen besetzt; V auf dünnen, meist ansitzenden Ästen von Weide, Rose und anderen Laubhölzern → **Spitzschuppiger Schüppchenschnitzling, S. 410**
9b	nicht mit dieser Merkmalskombination → **10**
10a (9)	Stiel schlank, zerbrechlich, hohl, flockig bereift (zumindest oben), weiß, gelb, grünlich oder rosalich; Hut deutlich gerieft, jung schmierig, weiß, gelb, grünlich, oliv, graulila, fleischfarben, rosaviolett (nie braun); L zumindest bei feuchtem Wetter +/- zerfließend; Spp. ocker- bis rostbraun; HDS hymeniform → **Mistpilze 11**
10b	nicht mit dieser Merkmalskombination → **12**

11a (10) Hut gelb oder (oliv-)grün, zumindest in der Mitte; Stiel gelblich bis grünlich; V auf gedüngtem Boden, Kompost, Dung, Holzhäcksel **→ Gold-Mistpilz, S. 390**

11b Hut rosagrau, grauviolettlich, purpur, Mitte meist fein geadert; V auf Holz in Wäldern **→ Netzadriger Mistpilz, S. 390**

11c Hut rosenrot, rosa, fleischfarben (stark verblassend), Mitte nicht geadert; V auf Dung **→ Fleischfarbener Mistpilz, S. 390**

12a (10) HDS ein Hymeniderm; Spp. graubraun **→ Ackerlinge 13**

12b HDS ein Hymeniderm; Spp. rostbraun **→ Samthäubchen und Glockenschüpplinge 21**

12c HDS aus liegenden Hyphen (Kutis); Spp. rost- bis graubraun **→ 28**

13a (12) Stiel mit häutigem Ring oder Ringzone **→ 14**

13b Stiel unberingt **→ 18**

14a (13) V auf Stümpfen und Stämmen von Pappel und anderen Laubbäumen; Stiel unterhalb des Ringes flockig-schuppig **→ Südlicher Ackerling, S. 386**

14b V auf Erdboden oder Holzhäcksel, Mulch; Stiel nirgends flockig-schuppig **→ 15**

15a (14) Hut leber-, schokoladen- bis umbrabraun; Ring gerieft **→ Leberbrauner Ackerling, S. 386**

15b Hut weiß, creme, ocker, gelb- bis haselbraun **→ 16**

16a (15) Hut weißlich, oft feldrig aufgerissen, Rand mit Velumresten behangen; Stiel mit faseriger Ringzone; V in extensiven Wiesen und Weiden, auf Trockenrasen; SP 10–14 µm lang **→ Rissiger Ackerling *(Agrocybe dura)***

16b Hut in gelben bis braunen Tönen; Stiel mit häutigem Ring; V in Sumpfwiesen oder allgemein in Parks, Gärten, an Wegrändern, Ruderalstellen, auf Mulch usw.; SP 8–11 (–12,5) µm lang **→ 17**

17a (16) V in Sumpfwiesen, oft zusammen mit dem Breitblättrigen Knabenkraut *(Dactylorhiza majalis)* **→ Feuchtwiesen-Ackerling, S. 386**

17b V auf Rindenschrot und Mulch; Hut auffallend runzelig **→ Aderiger Ackerling, S. 386**

17c V auf Erdboden, auch auf Mulch und RIndenschrot; Hut glatt oder aufgerissen, aber nicht runzelig **→ Frühlings-Ackerling, S. 386**

18a (13) FK einem Sklerotium entspringend; CH-Zystiden mit mehreren fingerförmigen Auswüchsen **→ Sklerotien-Ackerling, S. 388**

18b ohne Sklerotium; Zystiden anders geformt **→ 19**

19a (18) Hut und Stiel bereift, fahl gelbbraun; V auf Rindenschrot und Mulch; SP 9–13 µm lang **→ Falber Ackerling, S. 388**

19b Hut und Stiel bereift, braungrau, rot- bis schwarzbraun; V auf morschem Laubholz; SP 6–8 µm lang **→ Samtiger Ackerling, S. 388**

19c Hut und Stiel nicht bereift **→ 20**

20a (19) Hut lebhaft ocker- bis orangegelb, bald verflachend, jung fein samtig; SP 7–9 µm lang **→ Hohlstieliger Ackerling, S. 388**

20b Hut stumpf ocker- bis gelbbraun, lange halbkugelig bis gewölbt bleibend, glatt; SP 10–16 µm lang **→ Artengruppe Halbkugeliger Ackerling, S. 388**

21a (12) Velum als Hutbehang oder Ring zumindest bei jungen FK sichtbar **→ Glockenschüpplinge 22**

21b FK ohne Velum **→ Samthäubchen 24**

22a (21) Velum in Form eines Stielringes **→ 23**

22b Velum in Form von Fetzen am Hutrand **→ hier nicht behandelte Glockenschüpplingsarten (Mikroskop!)**

23a (22) Keimporus fehlt oder sehr undeutlich; V im Frühjahr **→ Frühlings-Glockenschüppling, S. 396**

23b Keimporus deutlich; V meist erst ab Sommer **→ weitere Glockenschüpplingsarten (Mikroskop!), S. 396**

24a (21) Hut milchweiß, kegelig, so hoch wie breit oder deutlich höher; V auf Rasenflächen **→ Artengruppe Milchweißes Samthäubchen, S. 394**

24b Hut in gelben, orangen bis braunen Tönen, höchstens so hoch wie breit → **25**

25a (24) Stiel an der Spitze mit winzigen Härchen (starke Lupe oder Mikroskop!) → **26**

25b Stiel an der Spitze nur bereift, ohne Härchen (starke Lupe oder Mikroskop!) → **27**

26a (25) Hut lebhaft orangeocker bis -braun; Stiel 5–10 cm hoch; SP 10,5–14 × 6,5–8 µm; V vor allem in der Streu in Wäldern, auch auf morschem Holz → **Langstieliges Samthäubchen, S. 394**

26b Hut blass gelbbraun; Stiel 3–6 cm hoch; SP 9,5–12 × 5–7 µm; V vor allem in Laubwälder, oft schon im Frühjahr → **Ockerstreifiges Samthäubchen, S. 394**

26c mit anderen Merkmalen und/oder anderem Vorkommen (z. B. auf Dung) → **weitere hier nicht behandelte Samthäubchen-Arten (*Conocybe* spp.)**

27a (25) Hut auffallend goldorange, auch getrocknet noch lebhaft gelb → **Gold-Samthäubchen, S. 392**

27b Hut nicht so lebhaft, getrocknet trüb gelblich oder bräunlich → **weitere nur mikroskopisch bestimmbare Samthäubchen-Arten, nur teilweise hier behandelt, S. 392**

28a (12) Hutrand jung durch eine farblose, spinnwebartige Teilhülle („Cortina") mit dem Stiel verbunden; Spp. rostbraun, in der Cortina hängen bleibend und so eine rostbraune Zone auf dem Stiel bildend; SP warzig; V auf Erde, Mykorrhiza bildend, nie Holz zersetzend → **Schleierlinge, S. 422**

28b nicht mit dieser Merkmalskombination. Wenn eine spinnwebartige Cortina vorhanden ist, dann Spp. graubraun oder SP glatt oder Holzzersetzer → **29**

29a (28) ohne Velum; ganzer FK mit olivlicher Tönung; Spp. tabakbraun; V auf Holz oder Stängeln; HDS mit Zystiden → **Olivschnitzlinge 30**

29b mit Velum, oder wenn ohne, dann Färbung, Spp.-Farbe oder V anders; HDS ohne Zystiden (Ausnahme: bei *Galerina* teilweise vorhanden, aber Spp. dann rostbraun) → **31**

30a (29) Stiel rudimentär bis fehlend → **Kurzstieliger Olivschnitzling *(Simocybe rubi)***

30b Stiel normal ausgebildet → **Buchen-Olivschnitzling und weitere Arten (Mikroskop!), S. 406**

31a (29) L jung lebhaft gold- bis rostgelb; Hut gelb, ocker, orange, rost- bis rotbraun, selten mit purpurnen Fasern, nicht hygrophan, nie schleimig; Fleisch mit Lauge schwarz; SP warzig; V saprobiontisch auf Holz, selten auf Brandstellen, in Mooren und Sümpfen zwischen Moosen oder in Wiesen an Knäuelgras *(Dactylis glomerata)* → **Flämmlinge 32**

31b nicht mit dieser Merkmalskombination; wenn mit ähnlichen Farbtönen, dann vgl. Rauköpfe (S. 432), die aber Mykorrhiza bilden und Schüpplinge (S. 400 ff.), die aber glatte SP haben → **37**

32a (31) Stiel beringt; Hut 8–20 cm; meist büschelig → **Beringter Flämmling, S. 464**

32b nicht beringt, teils mit Faserzone; Hut im Regelfall < 10 cm; gesellig oder kleinbüschelig → **33**

33a (32) Vk in Wiesen in den Büscheln von Knäuelgras *(Dactylis glomerata)*; Stiel rübenförmig verdickt und zuspitzend → **Gras-Flämmling, S. 464**

33b nicht in Wiesen; Stielform anders → **34**

34a (33) Hut jung purpurviolett mit gleichfarbenen Schüppchen, zunehmend im Grundton ockergelb werdend, und purpurbraun faserschuppig; V in Gewächshäusern (eingeschleppte tropische Arten), selten im Freien auf Mulch und Häcksel → **Artengruppe Purpur-Flämmling *(Gymnopilus purpuratus)***

34b anders gefärbt und Vk anders → **35**

35a (34) V auf Brandstellen oder auf dem Boden in Mooren, Sümpfen und Heiden, meist zwischen Moosen → **Moor-Flämmling *(Gymnopilus fulgens)* und weitere Arten**

35b V auf Holz in Wäldern → **36**

36a (35) Hut lebhaft rotbraun; L lebhaft gelb, zum Hut kontrastierend; SP 7–9 × 5–6 µm → **Dunkelstieliger Flämmling, S. 464**

36b Hut orange- bis rostbraun; L ockergelb; SP 4,5–6 × 2,5–4 µm → **Kleinsporiger Flämmling, S. 464**

36c Hut gelborange, gelb-, orange- bis rötlich-braun; L gelb- bis rostorange, mit dem Alter zunehmend rostfleckig; SP 6,5–8,5 × 4–5,5 µm **→ Samtschuppiger und Geflecktblättriger Flämmling, S. 464**

37a (31) FK mittelgroß bis groß, relativ dickfleischig, ritterlingsartig, einheitlich in fahlen Brauntönen gefärbt; Spp. graubraun; Geruch oft nach Rettich oder Kakao, selten nach Bittermandel oder parfümiert-süßlich, sehr selten fehlend; V auf Erdboden oder Brandstellen, meist Mykorrhiza bildend. SP warzig **→ Fälblinge 38**

37b nicht mit dieser Merkmalskombination **→ 48**

38a (37) zumindest in jungen Stadien eine faserige bis fast häutige Ringzone vorhanden **→ 39**

38b auch jung ohne Ringzone **→ 41**

39a (38) Geruch nach Bittermandel; Stiel häutig beringt **→ Marzipan-Fälbling, S. 466**

39b Geruch nach Rettich oder unspezifisch; Stiel mit Faserzone **→ 40**

40a (39) Hut unter dem weißlichen Velum nuss- bis dunkelbraun; SP elliptisch, 7,5–11,5 × 4,5–6,5 µm, nicht dextrinoid **→ Braunscheibiger Fälbling, S. 466**

40b Hut unter dem weißlichen Velum orange- bis fuchsbraun; SP elliptisch, 9,5–13 × 5,5–7 µm, nicht dextrinoid; V oft schon im Frühjahr **→ Dünen-Fälbling, S. 466**

40c Hut unter dem weißlichen Velum schwarzbraun bis braunschwarz; SP mandelförmig, dextrinoid **→ Düsterscheibiger Weiden-Fälbling, S. 466**

40d Hut unter dem weißlichen Velum beige bis graubräunlich; SP mandelförmig, dextrinoid; FK beim Trocknen schwärzend **→ Schwärzender Fälbling *(Hebeloma sordescens)***

41a (38) Geruch stark süßlich-parfümiert, an überreife Walderdbeeren erinnernd **→ Artengruppe Süßriechende Fälblinge, S. 468**

41b Geruch nach Rettich, Kakaopulver oder unspezifisch **→ 42**

42a (41) Geruch unauffällig oder etwas blumig; Hutrand gerippt; Stiel von der Basis her bräunend, alt völlig braun **→ Bräunender Fälbling, S. 468**

42b nicht mit dieser Merkmalskombination (ab hier meist Mikroskop erforderlich!) **→ 43**

43a (42) Hut fleischbräunlich, zum Rand hin rosalich lederfarben; Stielbasis deutlich angeschwollen bis knollig; V in sauren, meist feuchten Nadelwäldern **→ Langstieliger Moos-Fälbling, S. 472**

43b nicht mit dieser Merkmalskombination **→ 44**

44a (43) SP nicht oder nur sehr schwach dextrinoid **→ 45**

44b SP zumindest zum Teil deutlich dextrinoid **→ 46**

45a (44) Stielspitze mit groben Flocken; Hut creme bis hellbeige; FK gedrungen; V bei Eiche und Linde, seltener anderen Laubbäumen, auf trockenen Böden **→ Tonblasser Fälbling, S. 470**

45b Stielspitze mit feinen Flocken; Hut creme bis hellbeige, Mitte oft etwas dunkler, manchmal deutlich zweifarbig; FK eher schlankstielig; V bei Weide, Pappel und anderen Laubbäumen in feuchten Wäldern **→ Winziger und Kleiner Sumpf-Fälbling, S. 470 und 472**

45c andere Merkmalskombinationen **→ weitere Fälblings-Arten, S. 470 ff.**

46a (44) FK groß und stämmig; Stielspitze grob flockig; Hut 6–15 cm, polsterförmig, rötlich ockerbraun bis rotbraun; vor allem unter Buche, oft in großen Reihen **→ Großer Rettich-Fälbling, S. 472**

46b FK weniger kräftig; Stielspitze meist fein flockig, bepudert; Hut oft heller; Standort oft anders **→ 47**

47a (46) Hut dunkel rot- bis schokoladenbraun, jung mit weißer Bereifung am Rand **→ Kakao-Fälbling, S. 468**

47b Hut creme, gelb- bis ockerbraun, wenn dunkler dann ohne Bereifung **→ viele weitere, nur mikroskopisch bestimmbare Fälblings-Arten, nur teilweise hier dargestellt, S. 470 ff.**

48a (37) L lebhaft gelb, orangegelb oder creme- bis olivgelb; V auf Holz **→ 49**

48b nicht gleichzeitig L gelb und auf Holz → **58**

49a (48) Hut sehr dünnfleischig bis häutig, <3 cm, gerieft → **Häublinge p. p. 64**

49b Hut nicht besonders dünnfleischig, meist >3 cm, nicht gerieft → **Schüpplinge 50**

50a (49) Hut karottenorange, glatt; L gelborange; Fleisch nach einiger Zeit schwärzend → **Safran-Schüppling, S. 402**

50b nicht mit diesen Merkmalen → **51**

51a (50) Hut trocken, mit gleichfarbenem Filz oder angedrückten Schuppen; Stiel ungeschuppt, mit rostbrauner Basis; Chrysozystiden fehlend → **Krummstieliger Schüppling *(Pholiota tuberculosa)***

51b Hut und Stiel mit trockenen, angewachsenen Schuppen; Stielbasis nicht auffallend rostbraun; Chrysozystiden vorhanden → **52**

51c Hut ohne oder mit abwischbaren, teils im Schleim schwimmenden Schuppen; Stiel meist ungeschuppt, Basis rostbraun oder nicht; Chrysozystiden vorhanden oder fehlend → **53**

52a (51) Hut und Stiel leuchtend chrom- bis orangegelb → **Feuerschüppling, S. 400**

52b Hut mit bräunlichen Schuppen auf ocker- bis braungelber, trockener Huthaut → **Sparriger Schüppling, S. 400**

52c Hut mit bräunlichen Schuppen auf cremeweißer, trockener Huthaut; SP kleiner als bei voriger Art → **Blasser Schüppling, S. 400**

52d Hut mit bräunlichen, an der Spitze schwarzbraunen Schuppen auf braungelber, schleimiger Huthaut → **Pinsel-Schüppling, S. 400**

53a (51) V auf Brandstellen → **Kohlen-Schüppling, S. 402**

53b V auf Erde, Streu oder vergrabenem Holz → **54**

53c V auf oberirdisch liegendem Holz → **56**

54a (53) Hut blass grünlich gelb, olivlich-strohfarben, mit dunkleren Schüppchen oder ohne diese; Stiel zur Basis hin rostorange; V an Wegrändern, in Wiesen, manchmal auf vergrabenen Holzresten → **Strohblasser Schüppling, S. 402**

54b Hut hellbeige, cremeocker, lederfarben, fahlbraun, mit weißen Schüppchen, die im Hutschleim schwimmen; V in Laubwäldern, an und neben Laubholz, oft ohne sichtbaren Kontakt → **Tonblasser Schüppling, S. 402**

54c Hut lebhaft orange- bis ockergelb → **55**

55a (54) V in der Nadelstreu, auf Waldwegen im Nadelwald, auf vergrabenem Nadelholz → **Runzeliger Schüppling, S. 402**

55b V an Wegrändern, Holzlagerplätzen, auf vergrabenem Laubholz → **Fettiger Schüppling, S. 404**

56a (53) Hut 4–12 cm, lebhaft ockergelb, mit dunkelbraunen Schüppchen; Chrysozystiden vorhanden → **Hochthronender- und Goldfell-Schüppling, S. 400**

56b Schüppchen anders gefärbt; Chrysozystiden fehlen → **57**

57a (56) Hut lebhaft ocker- bis goldgelb, ohne oder mit unauffälligen, hellen Schüppchen → **Erlen-Schüppling und verwandte Arten, S. 404**

57b Hut hellbeige, cremeocker, lederfarben, mit weißen Schüppchen, die im Hutschleim schwimmen → **Tonblasser Schüppling, S. 402**

58a (48) L breit angewachsen; SP glatt, nicht dextrinoid; FK einheitlich orange-, rost- bis rotbraun → **Trompetenschnitzlinge, S. 408**

58b L breit angewachsen, gelblich; SP glatt, nicht dextrinoid; Hut cremeweiß; V ausschließlich unter Weißdorn → **Gelbblättriger Trompetenschnitzling, S. 408**

58c L breit angewachsen, grau- bis tabakbraun; SP glatt, nicht dextrinoid; V auf Ästchen und Kräuterstängeln → **Weißflockiger und Feingeriefter Kahlkopf, S. 420**

58d L aufsteigend angewachsen, ausgebuchtet oder mit Zähnchen herablaufend; SP glatt oder warzig, dextrinoid oder nicht → **59**

59a (58) Stiel mit Ring oder deutlicher Ringzone; Hut hygrophan; V meist auf Holz oder Holzresten → **60**

59b nicht mit dieser Merkmalskombination, insbesondere Ringzone meist fehlend → **62**

60a (59) Stiel unterhalb des Rings mit abstehenden bräunlichen Schüppchen; Geruch angenehm pilzartig **→ Stockschwämmchen, S. 404**

60b Stiel unterhalb des Ringes mit silbrigweißer Längsfaserung oder Natterung oder +/- glatt; Geruch meist mehlartig, muffig, eher unangenehm **→ 61**

61a (60) Stiel unterhalb des Rings silbrig längsfaserig; Spp. stark dextrinoid; SP warzig; PL vorhanden **→ Gift-Häubling, S. 476**

61b Stiel unterhalb des Rings weiß genattert bis längsfaserig; Spp. schwach dextrinoid; SP glatt; PL fehlend **→ Genatterter und Glimmerstieliger Häubling, S. 476**

61c Stiel unterhalb des Rings glatt; Spp. nicht dextrinoid; SP glatt; PL fehlend **→ Glattstieliges Stockschwämmchen, S. 404**

62a (59) Hut olivgrün bis -braun, schleimig, hygrophan; Stiel mit feinen Velumflocken, wie gegürtelt; SP 13–19 × 8–11 µm, glatt; V in Mooren und Sümpfen **→ Großsporiger Scheinschüppling, S. 416**

62b nicht mit dieser Merkmalskombination **→ 63**

63a (62) Spp. rostbraun, meist dextrinoid; Hut hygrophan, gelb-, orange- bis rotbraun, gerieft; V auf Holz, Erde oder in Moosen **→ Häublinge 64**

63b Spp. graubraun, nicht dextrinoid; Hut meist anders gefärbt oder nicht hygrophan und gerieft; V symbiontisch mit Mykorrizabindung an Laub- und Nadelbäume **→ 69**

64a (63) V zwischen Torfmoos *(Sphagnum)* in Mooren oder Sümpfen **→ 65**

64b V auf Holz, Erde oder in anderen Moosen (nicht Torfmoos) **→ 66**

65a (64) Stiel weiß genattert **→ Sumpf-Häubling, S. 476**

65b Stiel bereift, nur sehr jung mit schnell flüchtigen Velumfäserchen **→ Bereifter Häubling, S. 476**

65c Stiel glatt oder überfasert **→ weitere *Galerina*-Arten**

66a (64) Stiel bereift; CH und PL schlank flaschenförmig **→ Artengruppe Großsporiger Moos-Häubling, S. 478**

66b Stiel glatt oder überfasert; CH anders geformt, PL meist fehlend **→ 67**

67a (66) Hut konisch, mit spitzem Buckel, rotbraun; Stiel dunkelbraun; V an morschem Nadelholz **→ Spitzkegeliger Häubling, S. 476**

67b Merkmale anders **→ 68**

68a (67) FK lebhaft ockergelb; Hut bald flach; L entfernt stehend; Zystiden kopfig; V in Wiesen und Rasenflächen aller Art **→ Rasen-Häubling, S. 478**

68b FK weniger lebhaft, meist rostorange bis orangebraun; Hut selten verflachend; L normal entfernt stehend; Zystiden häufig nicht kopfig; V in Wiesen, auf Erde, auf Holz, in Moosen (Mikroskop!) **→ weitere *Galerina*-Arten, teilweise hier behandelt, S. 478**

69a (63) Hut hygrophan, +/- glatt; SP warzig; V bei Erle oder Weide an (sehr) feuchten Standorten (Ausnahme: Silberstieliger Sumpfschnitzling auch bei anderen Laubbäumen) **→ Erlenschnitzlinge 70**

69b Hut nicht hygrophan, längsfaserig, wollig-filzig oder schuppig, nur selten (seidig-)glatt; SP glatt oder unregelmäßig höckerig; V nur wenige Arten bei Erle oder Weide **→ Risspilze s. l., S. 480**

70a (69) Hut feucht stroh- bis honiggelb, nicht gerieft; CH flaschenförmig geschnäbelt **→ Honiggelber Erlenschnitzling, S. 474**

70b Hut feucht orange- bis rötlich braun, meist gerieft (nur mikroskopisch trennbare Arten!) **→ 71**

71a (70) CH flaschenförmig-geschnäbelt; Hut rotbraun; SP 9–12,5 × 5–7 µm **→ Kahler Erlenschnitzling und weitere Arten, S. 474**

71b CH keulig bis kopfig; SP oft größer **→ 72**

72a (71) Basidien 4-sporig **→ Dickblättriger Erlenschnitzling *(Naucoria submelinoides)* und weitere Arten**

72b Basidien 2-sporig **→ Zweisporiger, Silberstieliger und Weiden-Erlenschnitzling, S. 474**

1 | Frühlings-Ackerling, Voreilender Ackerling
Agrocybe praecox

H 3–6 (8) cm, jung halbkugelig, konvex bis flach gewölbt, blass semmelgelb, hygrophan, ausblassend, Oberfläche glatt, matt, alt oft stark rissig. **L** Jung tonblass, beige, mit der Sporenreife dunkelviolett-braun, angeheftet bis +/- breit angewachsen. **S** 6–10 × 0,5–1 cm, +/- zylindrisch mit knolliger Basis und weißen Rhizoiden, trocken, weißlich ocker, mit dünnem, hängendem Ring. **F** Weiß, weich, brüchig, Geruch und Geschmack mehlartig mit Kakaonoten. **V** April bis September. Vorwiegend im Mai/Juni, planar bis montan (1200 m) überall verbreitet bis häufig; ruderal in Gärten auf Holzhäcksel, Stroh, an Wegrändern, in Auwäldern, nitrophil. **W** An ähnlichen Standorten vgl. *A. dura* mit +/- bitterem Geschmack und *A. putaminum* ohne Stielring.

SP 8–10 × 5–7 µm, dickwandig bis 1 µm, **CH** 30–60 µm lang

2 | Feuchtwiesen-Ackerling
Agrocybe elatella

RL-G

H 1,5–3 cm, **S** 3–10 × 0,3 cm, mit aufsteigendem Ring. **F** Mit Mehlgeruch. **V** April bis Oktober. Oft im Mai/Juni in Feuchtwiesen, Niedermooren, Seggenriedern.

SP 8–11 × 5–8 µm, dickwandig bis 1,5 µm, **CH** bis 60 µm lang

3 | Adriger Ackerling
Agrocybe rivulosa

H 4–10 cm, jung konisch, konvex bis flach gewölbt, jung gelbocker, hygrophan zu blaßocker ausblassend, Oberfläche stark radial-runzelig-aderig. **L** Jung blassgelb, mit der Sporenreife graubraun, aufsteigend angewachsen. **S** 5–15 × 0,5–1,2 cm, +/- zylindrisch mit knolliger Basis, mit weißen Rhizoiden, trocken, weißlich ocker, mit deutlichem, hängenden Ring. **F** Weiß, brüchig, Geruch und Geschmack stark mehlartig. **V** Mai bis November. An Waldrändern, in Gärten und Parkanlagen auf Holzhäcksel; fehlt noch in einigen Regionen, aber z. B. in Westdeutschland scheinbar invasiv in Ausbreitung. **W** Holzhäcksel wird erst seit den 1980er Jahren verstärkt im Gartenbau produziert und als Mulchmaterial eingesetzt. Hierdurch wurden einige an dieses Substrat angepasste Pilzarten gefördert und konnten sich rasch verbreiten. Der Speisewert ist noch wenig bekannt, aus England wird er als schmackhaft und unproblematisch beschrieben.

SP 10–14 × 6,5–8 µm mit Keimporus 1–1,5 µm, **CH** +

4 | Südlicher Ackerling
Cyclocybe cylindracea (Syn. *Agrocybe cylindracea*)

H 2–10 cm, jung halbkugelig, konvex mit eingebogenem Rand, blassocker bis braun, Oberfläche matt, zum Rand hin deutlich gerunzelt. **L** Jung cremeweiß mit der Sporenreife bis zimtbraun, ausgebuchtet angeheftet. **S** 4–10 × 0,5–1,5 cm, +/- genattert mit deutlichem, hängendem Ring. **F** Blass, Geruch und Geschmack angenehm pilzartig. **V** Mai bis Dezember. Planar bis kollin, mediterran verbreitet, im Norden selten; fakultativ parasitisch an alten Pappelstämmen und -stümpfen. **W** Der schmackhafte Pilz wird als Pilzkultur („Pioppino") verkauft.

SP 7,5–10 × 5–6 µm, **BAS** 2-u.4-sporig, **CH** bis 45 µm lang

5 | Leberbrauner Ackerling
Cyclocybe erebia (Syn. *Agrocybe erebia*)

H 2,5–7 cm, konvex, +/- gebuckelt, leberbraun, zentral dunkler, Oberfläche frisch schmierig, deutlich radial runzelig. **L** Beige bis rostbraun, breit angewachsen mit Zahn. **S** 2–5 × 0,3–0,8 cm, zylindrisch, mit gerieftem Ring. **F** Blassocker, Geruch und Geschmack mehlartig, ranzig, adstringierend. **V** Juni bis November. Planar bis hochmontan verbreitet, aber nicht häufig; in Auwäldern und Gärten in nährstoffreichen Brennesselfluren, bodenvag. **W** Innerhalb der Ackerlinge ist die Art gut festgelegt durch Hutfarben und Wuchsort.

SP 11–15 × 6–7,5 µm, **BAS** 2-sporig, **CH** 20–75 µm lang

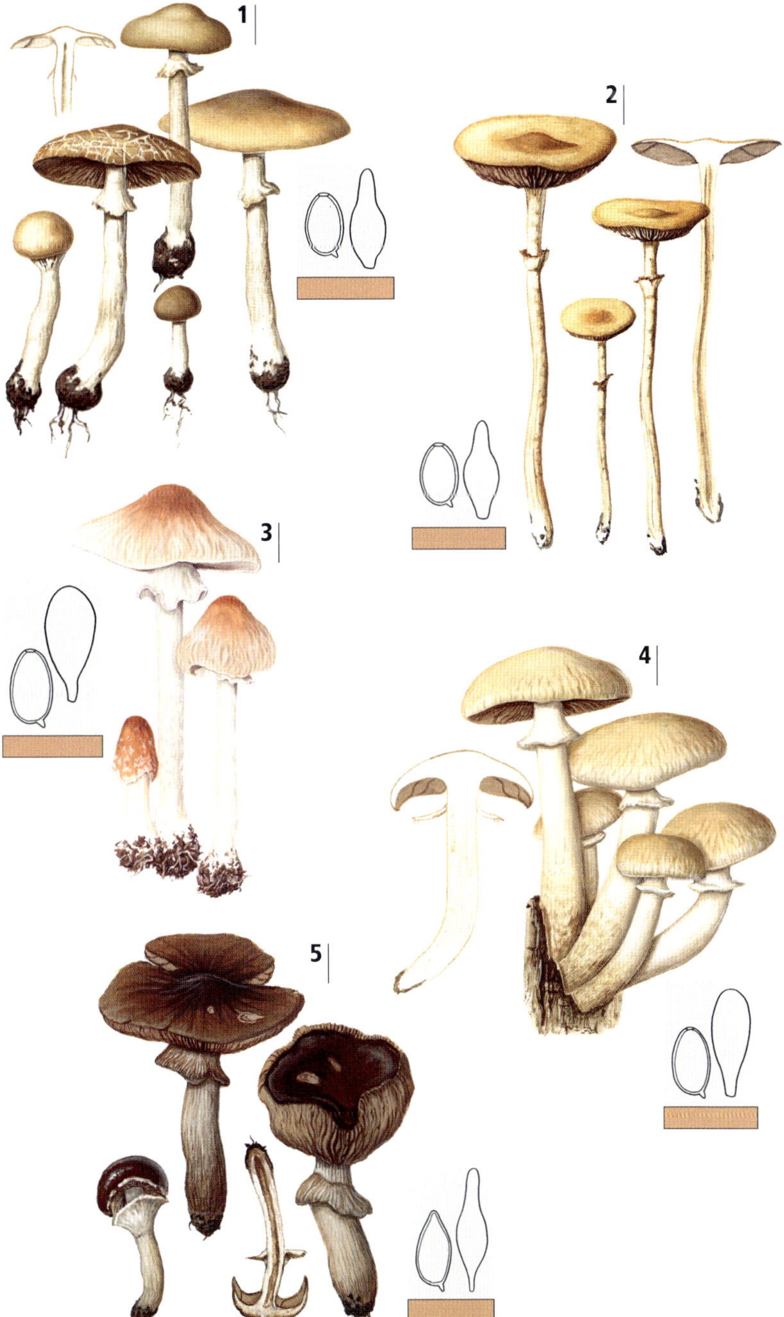
1
2
3
4
5

1 | Geschwänzter Sklerotien-Ackerling
Agrocybe arvalis

H 2–4 cm, konvex bis ausgebreitet, gelbbraun, hygrophan, Oberfläche glatt, matt, feinst bereift (Lupe!), +/- runzelig. **L** Jung blassbraun, mit der Sporenreife umbrabraun, ausgerandet angewachsen, bauchig. **S** 6–10 × 0,5–1 cm, +/- zylindrisch, biegsam, mit wurzelartiger Verlängerung. Trocken, bereift, ohne Ring. Mit erbsengroßem Sklerotium, außen braun, innen weiß. **F** Blass, Geruch und Geschmack mehlartig, +/- bitter. **V** Juni bis Oktober. Planar bis hochmontan auf Almwiesen, verbreitet, aber selten gemeldet; auf Äckern und +/- naturnahen Grasland, Waldlichtungen, bodenvag. **W** Mit der wurzelartigen Stielverlängerung und dem Sklerotium eigentlich gut bestimmbar. Man muss nur erstmal auf die Idee kommen, danach zu suchen.

SP 8–10,5 × 4,5–6 µm, **PL** bis 60 µm, mit fingerartigen Auswüchsen

2 | Samtiger Ackerling
Agrocybe firma

H 1–4 cm, dunkelbraun, bereift. **S** 3–5 × 0,5 cm, fein beflockt. **F** Mit Mehlgeruch. **V** Juni bis November. Selten, in älteren, feuchten Schluchtwäldern an morschem Laubholz (z. B. Buche, Erle), Naturnähezeiger. **W** Die bereiften, längsrilligen Stiele und die samtige Hutoberfläche sind gute Feldmerkmale.

SP 6–8 × 4–5 µm, **CH** bis 60 µm lang

3 | Halbkugeliger Ackerling, Raustieliger Ackerling
Agrocybe pediades

RL-V

H 0,5–3 cm, konvex bis flach gewölbt, jung braun, bald ockergelb, Oberfläche glatt, matt. **L** Jung blassocker, mit der Sporenreife dunkelbraun, breit angewachsen, Schneide heller. **S** 2,5–5 × 0,3 cm, +/- zylindrisch, biegsam, mit weißen Rhizoiden, trocken, weißlich ocker mit raufaseriger Bekleidung, ohne Ring. **F** Blass, Geruch und Geschmack deutlich mehlartig. **V** Mai bis Dezember. Planar bis hochmontan auf Almwiesen, verbreitet und häufig; auf gedüngten Wiesen und +/- naturnahem, extensivem Grasland, bodenvag. **W** Vgl. *A. pusiola* und *Protostropharia semiglobata*.

SP 10–16 × 7–11 µm, **CH** 20–50 µm lang, **PL** -

4 | Falber Ackerling
Agrocybe putaminum

H 3–7 cm, jung halbkugelig, konvex bis flach gewölbt, blass semmelgelb, +/- hygrophan, ausblassend, Oberfläche glatt, matt, alt oft stark rissig. **L** Jung tonblass, beige, mit der Sporenreife braun-oliv, ausgebuchtet angewachsen. **S** 3–8 × 0,5–1 cm, +/- zylindrisch und weiße Rhizoiden im Substrat, trocken, weißlich ocker, ohne Ring. **F** Weiß, weich, längsfaserig, Geruch und Geschmack mehlartig, dann bitter. **V** Juni bis November. Planar bis montan verbreitet, lokal häufig; ruderal auf Holzhäcksel, bodenvag. **W** Die Pilze sehen auf den ersten Blick *A. praecox* sehr ähnlich, haben aber kein Velum. Die früher seltene Art befindet sich in Ausbreitung, begünstigt durch die Verwendung von Mulch und Holzhäcksel in gärtnerischen Anlagen.

SP 9,5–13 × 5,5–7 µm, **CH** bis 60 µm lang

5 | Hohlstieliger Ackerling, Wachsgelber Ackerling
Agrocybe vervacti

RL-3

H 0,5–1,5 cm, halbkugelig bis konvex, lebhaft chromgelb, Oberfläche jung schmierig, dann glatt bis leicht runzelig, matt. **L** Jung ocker, mit der Sporenreife braun, breit angewachsen. **S** 2–4 × 0,1–0,4 cm, +/- zylindrisch, alt hohl, kahl oder leicht flockig-faserig, blassocker, ohne Ring. **F** Blass, Geruch und Geschmack schwach, nicht mehlartig. **V** Juni bis November. Planar bis montan zerstreut bis selten; auf tendenziell basenreichen Trockenrasen, extensiven Weiden. **W** Ähnliche kleine Arten sind *A. pediades* und *A. pusiola* sowie *Stropharia coronilla* mit flüchtigem Ring.

SP 7–9 × 4,5–6 µm, **CH** bis 45 µm lang, +/- kopfig und gegabelt

1

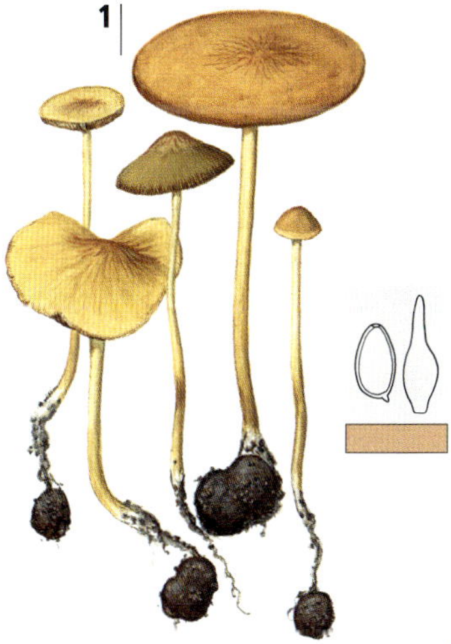

2

3

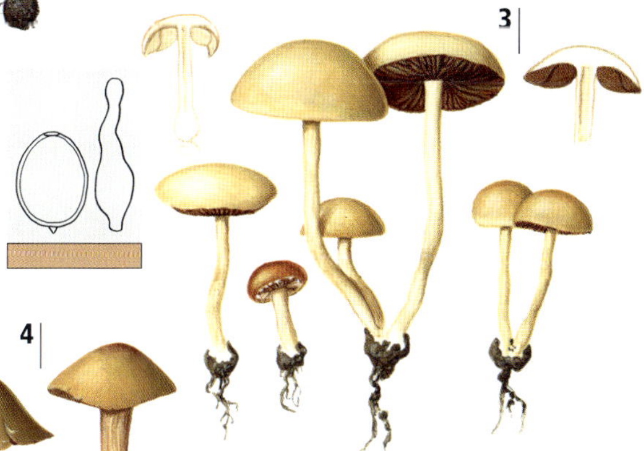

4

5

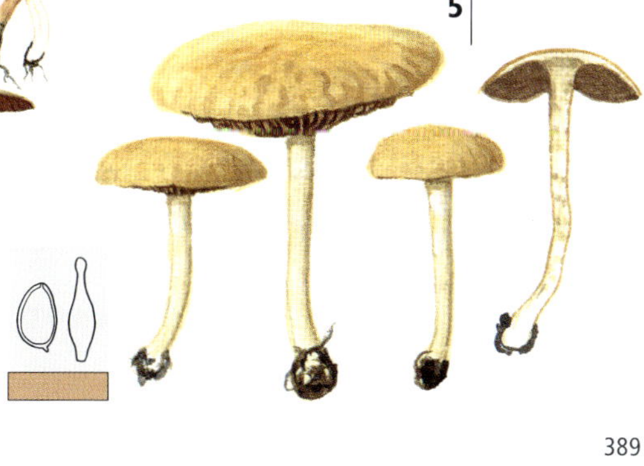

1 Fleischrosafarbener Mistpilz

Bolbitius coprophilus

H 3–9 cm, jung eiförmig, dann konvex bis flach schirmförmig, von jung flamingorosa bis alt rosagrau, hygrophan, Oberfläche jung schleimig, ausgebreitet bis ½ gerieft. **L** Jung weiß, reif bis orangebraun, frei. **S** 5–12 × 0,5–1 cm, +/- zylindrisch, trocken, weiß bis blassrosa, fein bereift flockig. **F** Blass, brüchig, im Hut dünn, Geruch und Geschmack nicht signifikant. **V** April bis Oktober. Planar bis montan, vorzugsweise auf Pferdemisthaufen, auch aus Gewächshäusern berichtet. **W** Die jung leicht kenntliche Art galt noch bis zum Jahr 2000 als selten, hat sich aber durch die Pferdehaltung weit verbreitet.

SP 11,5–16 × 8–11 × 7–9 µm, **CH** bis 55 × 19 µm

2 Netzadriger Mistpilz

Bolbitius reticulatus

H 1–4 cm, jung konvex, bei Reife ausgebreitet, sehr variabel von dunkelviolett-grau bis graubraun, feucht glänzend, Oberfläche meist +/- runzelig-aderig oder glatt. **L** Jung weiß, reif bis orangeocker, frei, eng, Schneide heller. **S** 1,5–5,5 × 0,1–0,4 cm, +/- zylindrisch, weiß bis grauweiß, bereift-flockig. **F** Blass, dünn, ohne besonderen Geruch und Geschmack. **V** Mai bis Oktober. Planar bis montan in totholzreichen Laubwäldern; oft an morschen Stämmen und Starkholz von Buchen, aber auch an Weichholz. **W** Der etablierte Gattungsname Mistpilz ist für diese Art unpassend, denn sie wächst ausschließlich auf zersetztem Holz.

SP 7–12 × 4–5,5, **CH** bis 50 × 14 µm

3 Gold-Mistpilz

Bolbitius titubans (Syn. *Bolbitius vitellinus*)

H 1–5 cm, jung schlank eiförmig, zuletzt flach ausgebreitet und +/- gebuckelt, jung zitronen- bis goldgelb, dann blasser weißlich ocker mit gelblicher Mitte, Oberfläche schleimig bis glänzend. **L** Jung creme, mit der Sporenreife bis zimtbraun, dünn, welkend. **S** 2,5–10 × 0,2–0,7 cm, zylindrisch, weiß, bereift bis flockig. **F** Dünn, häutig, fragil bis welkend, ohne besonderen Geruch und Geschmack. **V** Ende April bis Dezember. Planar bis hochmontan verbreitet und häufig in Auwäldern, Feldgehölzen, Wiesen und Gärten; auf grasartigen Substraten wie Heureste, Stroh, Pferdemist und Rinderdung, nitrophil und bodenvag. **W** Die Art ist mit den jungen zitronengelben, eiförmigen Hüten leicht kenntlich.

SP 9,5–15 × 5,5–9 µm, Keimporus bis 2 µm, **CH** bis 85 × 25 µm

4 Olivfarbener Mistpilz

Bolbitius titubans var. *olivaceus* (Syn. var. *variicolor*)

H 1,5–7 cm, mit olivbraunen Hutfarben und stark runzelig-aderig-netziger Hutmitte. **V** Mai bis Oktober. Planar bis kollin, zerstreut bis selten, oft in Parkanlagen; ruderal auf Stroh- und Grasresten, auch Holzhäcksel.

SP 10,5–14 × 6–8,5 µm, Keimporus bis 2 µm, **CH** bis 85 × 25 µm

5 Gurkenschnitzling

Macrocystidia cucumis

H 3–6 cm, jung glockig, dann ausgebreitet und breit gebuckelt, rot- bis schwarzbraun, Rand heller cremeweiß, hygrophan, Oberfläche +/- samtig bereift. **L** Weiß bis ziegelrot-ocker, fast frei, bauchig. **S** 3–8 × 0,2–0,5 cm, zylindrisch, basal verjüngt, +/- gefurcht, samtig schwarzbraun. **F** Geruch deutlich nach Gurke oder tranig-fischartig, Geschmack mild, krautig. **V** Juni bis Dezember. Planar bis hochmontan, verbreitet; meist auf Holzresten, ggf. mit Erde vermischt, ruderal in Gärten und Parkanlagen, an Forststraßen, aber auch in Naturwäldern, bodenvag und stickstofftolerant. **W** Auf Wiesen kann man die seltene var. *latifolia* mit durchscheinend gerieften, heller rotbraunen, nur bis 1 cm großen Hüten finden.

SP 8–9,5 × 3–4 µm, **CH** 60–110 µm lang, mit guter Lupe sichtbar

1
2
3
4
5

1 Kegelhütiges Samthäubchen, Schwachgestreiftes Samthäubchen

Conocybe juniana

H 0,5–2 cm, halbkugelig bis konisch-konvex, feucht ocker bis rostbraun, trocken beige-ocker, Oberfläche glatt bis schwach runzelig, am Rand durchscheinend gerieft. **L** Ocker bis rostbraun, schmal angewachsen. **S** 2,5–8 × 0,1–0,2 cm, zylindrisch mit knolliger Basis, creme-gelblich bis rotbraun, gänzlich streifig bereift. **F** Dünn, häutig, blassgelb, Geruch und Geschmack schwach, mit Kakaonoten oder pilzig. **V** Schon ab Mai bis Dezember. Planar bis alpin, in ganz Europa, aber meist unterkartiert; vorwiegend im Offenland auf Wiesen oder an grasigen Stellen in Wäldern. **W** Ähnliche Arten mit großkopfigen Zystiden sind *C. macrocephala* mit dünnwandigeren Sporen sowie die beiden Varietäten *sordescens* (SP 8–11 × 4,5–6 µm) und *subsejuncta* (SP 7–10,5 × 5–7 µm).

SP 9,7–11,5 × 5,3–6,8 µm, **CH** bis 33 × 20, Kopf 4,5–10 µm

2 Gerieftes Samthäubchen, Rostgoldenes Samthäubchen

Conocybe rickeniana

H 1–4 cm, halbkugelig bis konvex oder breitkegelig, feucht braun-orange, trocken +/-ockergelb, Oberfläche glatt, feucht bis zur Mitte durchscheinend gerieft. **L** Ocker, schmal angewachsen, +/- schartig. **S** 2–8,5 × 0,1–0,3 cm, zylindrisch mit knolliger Basis, ockergelb bis braun, komplett bereift. **F** Dünn, häutig, orangegelb. Ohne besonderen Geruch und Geschmack. **V** Juni bis November. Planar bis alpin, in ganz Europa, eine der häufigsten Samthäubchen, aber oft unterkartiert; mit breiter ökologischer Amplitude z. B. in Wiesen, an Wegrändern, in der Streu in Parks und Wäldern, bodenvag. **W** Vgl. *C. echinata* mit dunkleren Farben und *C. spiculoides* mit anderen Sporenmerkmalen.

SP 7–11,5 × 3,5–5,5 µm, **CH** bis 35 × 17,5, Kopf 3,5–10 µm

3 Gold-Samthäubchen

Conocybe aurea

H 1–4 cm, mit freudig orange-goldenen, kegelig-glockigen Hüten. **V** März bis November. In Mittel- und Südeuropa an stickstoffreichen Stellen in Fettwiesen, Komposthaufen, Blumentrögen und Gewächshäusern.

SP 9–14,5 × 5,5–8 µm, **CH** bis 24 × 11, Kopf 3–5,5 µm

4 Bleiches Samthäubchen

Conocybe subpallida

H 1–3,5 cm, halbkugelig bis stumpfkegelig und flach konvex, frisch braun, bald graubeige bis blassocker, Oberfläche matt, bis ⅔ durchscheinend gerieft. **L** Jung orangegrau, reif dunkler, schmal angewachsen. **S** 4–10 × 0,1–0,3 cm, zylindrisch mit knolliger Basis, jung weiß, dann apikal gelblich, basal rotbraun, apikal haarig bereift, leicht längsstreifig. **F** Dünn, wachsgelb, Geruch und Geschmack schwach. **V** Mai bis Dezember. Meist im Oktober, planar bis montan in Mittel- und Nordeuropa verbreitet; ruderal an nähstoffreichen Stellen in Laubwäldern. **W** Die Gattung zählt zu den LBMs und wird meist nur von wenigen Spezialisten bearbeitet.

SP 9–13,5 × 5–7 µm, **CH** bis 22 × 10, Kopf 3,5–5 µm

5 Roststieliges Samthäubchen, Zarter Moosschwamm

Conocybe tenera

H 1–4,5 cm, kegelig-glockig, jung lebhaft orange bis ockerbraun und durchscheinend gerieft, trocken graubraun-ocker. **L** Ocker bis rostbraun, schmal angewachsen. **S** 3–11 × 0,1–0,2 cm, zylindrisch mit knolliger Basis, oben gelblich, zur Basis dunkler braun, streifig bereift. **F** Dünn, häutig, wachsgelb, Geruch schwach pilzig, Geschmack etwas grasartig-spermatisch. **V** Mai bis November. Planar bis montan verbreitet auf Wiesen und in Wäldern, auf Brandstellen, bodenvag. **W** Das kleine Pilzchen wurde bereits 1774 von Julius Schaeffer als *„Agaricus tener* – der zarte Moosschwamm" erstmals beschrieben.

SP 8,5–13 × 5–7,5 µm, **CH** bis 24 × 19, Kopf 3,5–6 µm

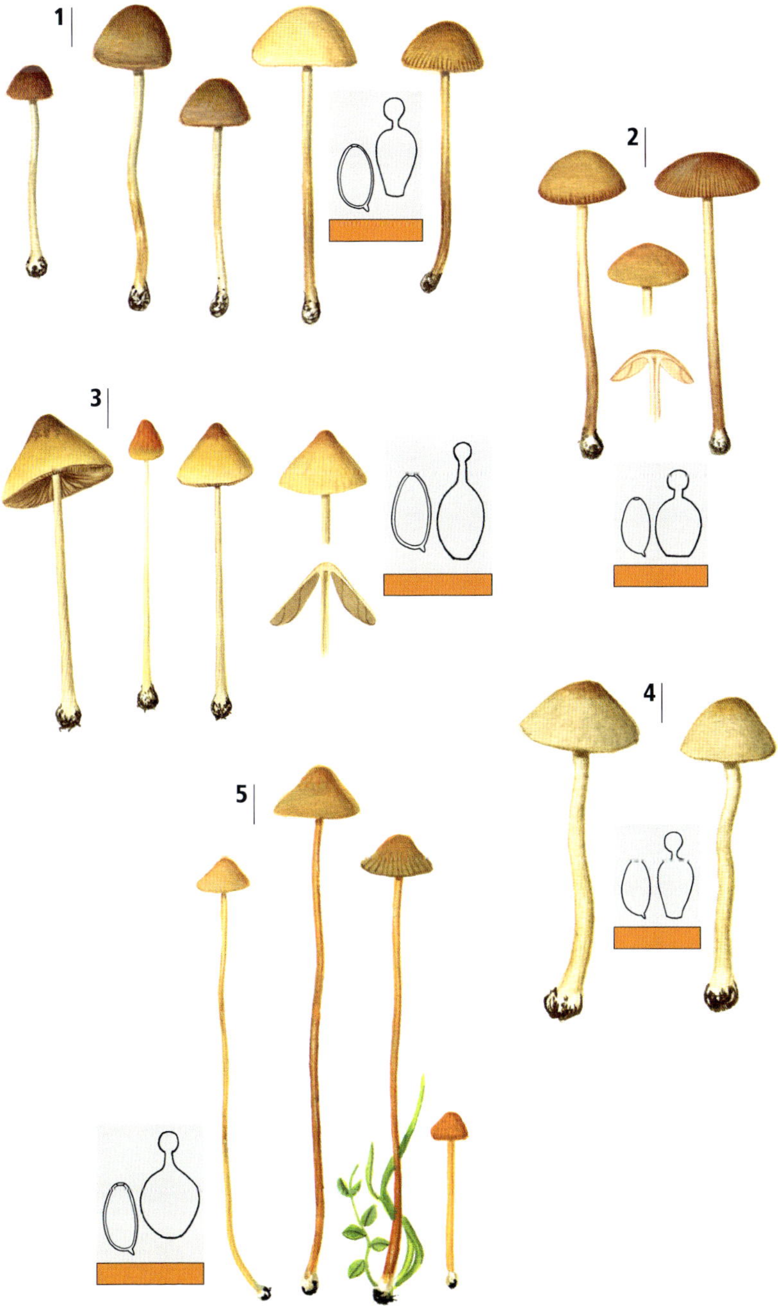
1
2
3
4
5

1 Milchweißes Samthäubchen

Conocybe albipes (Syn. *Conocybe lactea*)

H 1–3 cm, meist höher als breit langgezogen mützenartig, zylindrisch-glockig, milchweiß, alt blassocker. **L** Gelb- bis orangebraun, engstehend, fast frei, alt welkend. **S** 3–10 × 0,1–0,3 cm, zylindrisch, Basis bis 1 cm knollig, weiß, fein haarig-filzig (Lupe!). **F** Spröde, häutig, weiß. Ohne besonderen Geruch und Geschmack. **V** Mai bis November. Planar bis montan verbreitet auf nährstoffreichen Wiesen, bodenvag. **W** Die Art kann man oft auf intensiven, sattgrünen Fertigrasenflächen von neu angelegten Hausgärten beobachten.

SP 9–16 × 7–10 µm, **CH** bis 29 × 12 µm, Kopf 3–5,5 µm

2 Zweisporiges Milch-Samthäubchen

Conocybe pseudocrispa

H 0,5–2 cm, nie höher als breit. Ansonsten makroskopisch sehr ähnlich zu *Conocybe albipes* und nur mikroskopisch sicher durch die 2-sporigen Basidien. **V** März bis November. Planar bis montan, selten; in Trockenrasen, extensiveren Wiesen.

SP 10–15 × 6,5–9,5 µm, **BAS** 2-sporig, **CH** bis 26 × 15 µm, Kopf 2,5–4 µm

3 Ockerstreifiges Samthäubchen

Conocybe ochrostriata

H 0,5–4 cm, flach konisch, konvex, frisch ockerbraun, leicht fuchsig, bis zur Mitte durchscheinend gerieft, trocken glimmerig blass cremeocker. **L** Jung blassocker, reif bis gelbbraun, angeheftet. **S** 2,5–7 × 0,1–0,3 cm, zylindrisch, Basis leicht knollig, strohblass, von der Basis her bräunend, bereift haarig und längsstreifig. **F** Dünn, häutig, blass orangegrau. Ohne besonderen Geruch und Geschmack. **V** Schon sehr früh ab März bis November. Planar bis montan in ganz Europa verbreitet in Laubwäldern, Auen, ruderal in Parkanlagen, an Straßenrändern, bodenvag. **W** In Gebirgslagen (bis 2900 m), auf alpinen Matten kann var. *favrei* gefunden werden. Vgl. auch *C. velutipes* mit dunkleren Sporen.

SP 8,5–14,5 × 5–7 µm, **CH** bis 25 × 12 µm, Kopf 2,5–5 µm

4 Halbkugeliges Samthäubchen

Conocybe semiglobata

H 0,5–2,5 cm, halbkugelig bis flacher konvex, auch glockig, frisch mit ockerbraunen Cognac-Farben mit dunklerer Mitte, hygrophan, trocken matt und sandfarben. **L** Dunkel ocker bis rostbraun, eng, angeheftet. **S** 2,5–9,5 × 0,1–0,2 cm, zylindrisch, Basis mit Knöllchen, jung orangeweiß, älter bis braun-rot, fein bereift (Lupe!). **F** Dünn, häutig, blassocker. Ohne besonderen Geruch und Geschmack. **V** Juni bis November. Planar bis subalpin in ganz Europa verbreitet auf offenem Grasland, auch ruderal auf nackter Erde in Parkanlagen, stickstofftolerant. **W** Die var. *campanulata* hat größere Sporen und einen glockenförmigen Hut. In sandigen Küstenbiotopen vgl. *C. dunensis*.

SP 9–16 × 5,5–9 µm, **CH** bis 25 × 11 µm, Kopf 2,5–5 µm

5 Langstieliges Samthäubchen

Conocybe subpubescens

H 1–4 cm, flach konvex, halbkugelig oder leicht glockig, frisch goldorange mit fein behaarter Oberfläche (Lupe!), durchscheinend gerieft. Trocken ockergelb ausblassend. **L** Cremeocker bis ockerbraun, engstehend, aufsteigend angewachsen. **S** 2–10 × 0,1–0,3 cm, auffallend schlankstielig, Basis bis 0,5 cm knollig, ocker bis rostbraun, glatt bis leicht haarig-filzig (Lupe!). **F** Häutig, weißlich bis gelborange. Ohne besonderen Geruch und Geschmack. **V** Mai bis November. Planar bis montan, in ganz Europa verbreitet; vorwiegend in Wäldern in der Laub- und Nadelstreu, auch auf Stroh- und Holzresten, bodenvag. **W** Auf Dung wächst *C. pubescens* mit größeren Sporen.

SP 9–16 × 5–9,5 µm, **CH** bis 22 × 10 µm, Kopf 2,5–5 µm

1
2
3
4
5

1 Frühlings-Glockenschüppling
Pholiotina aporos

H 1–4 cm, flach bis glockig konvex, +/- gebuckelt, jung rot- bis schwarzbraun, +/- durchscheinend gerieft, hygrophan, trocken ockerbeige, glatt bis deutlich runzelig, Rand jung mit +/- deutlichen Velumresten. **L** Hell ocker bis zimtbraun, eng, abgerundet angewachsen. **S** 2–7 × 0,2–0,5 cm, zylindrisch, oben weißlich ocker, unten braun. Ring weiß, hängend, oberseits gerieft, flüchtig. **F** Blassocker, Geruch und Geschmack fehlend bis +/- nach Pelargonien. **V** Sehr früh ab Februar bis Oktober, meist April bis Juni. Planar bis montan verbreitet und häufig in Laubwäldern, Auwäldern und Parkanlagen; an krautigen, nährstoffreichen Stellen, bodenvag. **W** Wenn der flüchtige Ring fehlt, kann die Art von *Ph. vestita* nur mikroskopisch anhand der Cheilozystiden sauber getrennt werden.

SP 6–10 × 4–5,5 µm, **CH** 25–60 × 5–14 µm, kopfig bis 7,5 µm

2 Kleinsporiger Ring-Glockenschüppling
Pholiotina arrhenii

H 1–4 cm, +/- glockig, rotbraun bis ¾ durchscheinend gerieft. **V** August bis November, typische Herbstart. Planar bis montan in ganz Europa verbreitet; vorwiegend ruderal in Gärten, an nährstoffreichen Waldwegen, in Brennesselfluren. **W** Vgl. *Ph. hadrocystis* mit keuligen bis utriformen Cheilozystiden.

SP 6–9 × 3,5–5 µm, **CH** 22–60 × 8–10 µm

3 Kegelzelliger Glockenschüppling, Zwitter-Glockenschüppling
Pholiotina brunnea (Syn. *Conocybe brunnea*)

H 0,5–3 cm, flach konvex, konisch, +/- gebuckelt, jung dunkel rot- bis schokoladenbraun, bis ½ durchscheinend gerieft, hygrophan, trocken ocker-gelb, Rand mit +/- deutlichen Velumresten, Oberfläche feucht schmierig. **L** Ocker bis rostbraun, eng, abgerundet angewachsen. **S** 1–4 × 0,1–0,4 cm, zylindrisch, oben heller ocker, unten braun, feinflockig, ohne Ring. **F** Blassbraun, ohne besonderen Geruch und Geschmack. **V** Juli bis November. Planar bis hochmontan verbreitet in feuchten Laubwäldern, ruderal an Pflanzenresten, bodenvag. **W** Die langgestielt kopfigen Cheilozystiden sind in der Gattung einmalig.

SP 6–9,5 × 3,5–5,5 µm, **CH** 22–50 × 5–14 µm, kopfig bis 4 µm

4 Runzeliger Ring-Glockenschüppling
Pholiotina rugosa (Syn. *Conocybe rugosa, Pholiotina filaris*) RL-G

H 0,5–3,5 cm, jung glockig, dann flacher und +/- gebuckelt, jung rotbraun, durchscheinend gerieft, hygrophan, trocken cremegelb, Oberfläche glatt bis deutlich runzelig. **L** Hell ocker bis ockerbraun, eng, schmal angeheftet. **S** 2–6 × 0,1–0,3 cm, zylindrisch, blassocker, unten braun. Ring weißlich, hängend, oberseits +/- gerieft, flüchtig. **F** Blass bis ocker, Geruch schwach, Geschmack mild bis adstringierend. **V** März bis November. Planar bis montan verbreitet in Wäldern und Gärten, an krautigen Wegrändern, in Gewächshäusern meist auf Erde. **W** Die Fruchtkörper enthalten *Amanitin*. Vergiftungsfälle sind nicht bekannt. Vgl. *Ph. vexans* mit größeren Sporen.

SP 8–12 × 4–6 µm, **CH** 18–60 × 5–14 µm

5 Behangener Glockenschüppling
Pholiotina vestita (Syn. *Conocybe vestita*)

H 1–3 cm, jung glockig, dann flacher und +/- gebuckelt, jung dattelbraun, ca. ½ durchscheinend gerieft, hygrophan, trocken ockergelblich. Rand mit typisch zähnchenartigen Velumresten. **L** Ocker bis rotbraun, eng, breit angewachsen mit feinflockiger Schneide. **S** 2–7 × 0,1–0,4 cm, zylindrisch, leicht knollig, jung weiß, dann braun und silbrig gestreift, Ring weiß, flüchtig. **F** Weiß im Hut, im Stiel braun, Geruch und Geschmack fehlend bis schwach nach Pelargonien. **V** Mai bis Oktober. Planar bis subalpin verbreitet an krautigen, humosen Wegrändern in Wäldern. **W** Weitere Arten ohne Keimporus sind *Ph. aporos* und *Ph. rostraticystidiata*.

SP 5,5–9,5 × 3,5–5,5 µm, ohne Keimporus, **CH** 23–60 × 4–14 µm

1

2

3

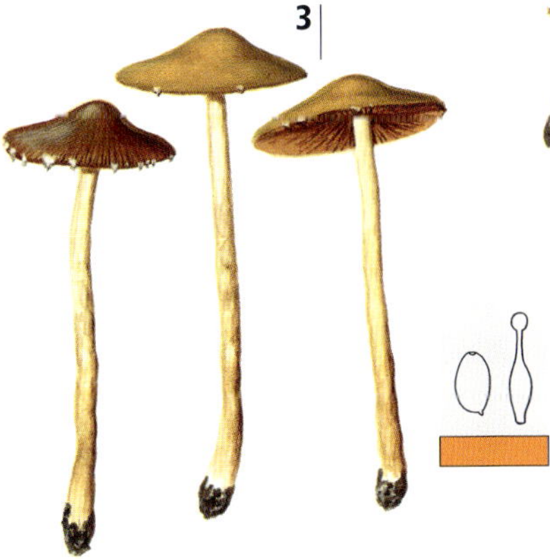

4

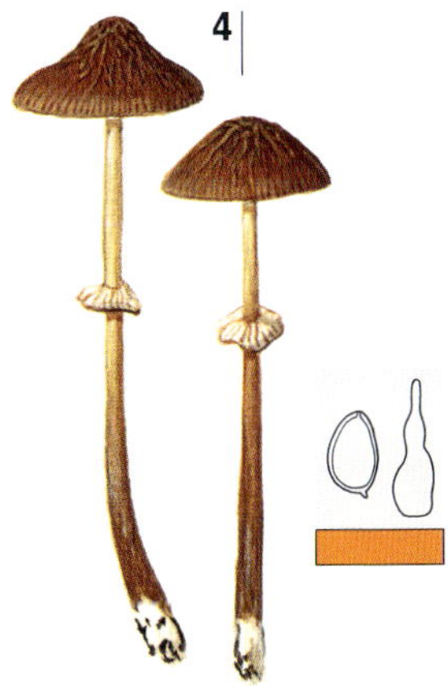

5

1 | Kegelhütiger Düngerling

Panaeolus acuminatus

H 1–2,5 cm, spitz- bis stumpfkegelig, glockig, frisch sepiabraun mit rotbräunlichem Zentrum, hygrophan, trocken ausblassend mit dunklem Rand, Oberfläche matt, glatt. **L** Marmoriert umbrabraun bis schwarz, bauchig, angeheftet. **S** 5–12 × 0,1–0,3 cm, schlank-zylindrisch, dunkel weinrot-schwärzlich, deutlich bereift, mit Guttationstropfen. **F** Dunkel, brüchig, dünn, Geruch und Geschmack nicht signifikant. **V** April bis November. Planar bis subalpin verbreitet; vorwiegend auf beweidetem, +/- nährstoffreichem Grasland, Almwiesen, bodenvag. **W** Viele Düngerlinge haben in der Front- und Profilsicht unterschiedliche Maße, weshalb in diesen Fällen drei Sporenmaße angegeben werden. Einige Arten enthalten geringere Mengen Psilocybin oder Psilocin, andere wirken zumindest roh magen-darmgiftig. Ernsthafte Vergiftungen sind nicht bekannt.

SP 13–15 × 9–12 × 6,5–9 µm, **CH** bis 45 µm lang

2 | Dunkelrandiger Düngerling

Panaeolus cinctulus

H 2–7 cm, +/- runzelig, hygrophan, rotbraun. **V** April bis November. Planar bis montan verbreitet auf älterem Stallmist z. B. von Pferden und Rindern, aber auch Heu, Holzhäcksel usw. Ähnlich ist *P. subfirmus*, eine nordisch verbreitete Art mit größeren Sporen.

SP 11–14 × 7,5–8 × 6–9 µm, **CH** bis 45 µm lang, kopfig

3 | Heu-Düngerling, Heuschnittpilz

Panaeolina foenisecii (Syn. *Panaeolus foenisecii*)

RL-G

H 2–4 cm, halbkugelig bis glockig, frisch umbra bis rotbraun, Rand bis ½ durchscheinend gerieft, stark hygrophan, trocken gezont ausblassend mit dunklem Rand und hellem Zentrum, Oberfläche matt, glatt. **L** Marmoriert umbrabraun bis schwarz, bauchig, angeheftet. **S** 5–12 × 0,1–0,3 cm, schlank- zylindrisch, dunkel weinrot-schwärzlich, deutlich bereift, mit Guttationstropfen. **F** Dunkel, brüchig, dünn, Geruch und Geschmack nicht signifikant. **V** Mai bis November. Planar bis montan verbreitet, auf beweidetem und gemähtem nährstoffreichem Grasland, Viehweiden, Sportplätze, Parkanlagen und Gärten, bodenvag. **W** Aufgrund ihrer breiten ökologischen Amplitude auf Grasschnitt sicher der häufigste Düngerling. Da die Art auch in Kindergärten und an Spielplätzen vorkommt, werden die Pilzchen nicht selten von Kleinkindern in den Mund genommen. Bislang sind keine ernsthaften Vergiftungen bekannt.

SP 14–17 × 7,5–11 µm, nicht abgeplattet, **CH** bis 45 µm lang

4 | Behangener Düngerling, Glockendüngerling

Panaeolus papilionaceus (Syn. *Panaeolus sphinctrinus, P. campanulatus*)

H 1–5 cm, jung eiförmig dann glockig, tongrau-oliv mit Velumresten am Hutrand gezähnelt, leicht hygrophan, trocken ockergrau, rissig, Oberfläche matt, glatt bis netzigrunzelig. **L** Marmoriert grau bis umbrabraun, bauchig, fast frei mit weißer Schneide. **S** 5–12 × 0,1–0,5 cm, zylindrisch, wie der Hut gefärbt. **F** Blass, brüchig, ohne besonderen Geruch und Geschmack. **V** Ganzjährig, planar bis subalpin verbreitet; häufig auf Misthaufen oder direkt auf Kuhfladen, Pferdeäpfeln usw. **W** Vgl. var. *capitatocystis* mit kopfigen Zystiden.

SP 15–18 × 10–12 × 6–9,5 µm, **CH** 30–60 µm lang

5 | Ring-Düngerling

Panaeolus semiovatus

RL-V

H 2–6 cm, eiförmig bis glockig, cremeocker, Oberfläche runzelig, frisch schmierig, trocken glänzend, glatt bis felderig rissig. **L** Marmoriert umbrabraun bis schwarz, bauchig, angeheftet. **S** 5–15 × 0,5–1 cm, zylindrisch, weißcreme, hohl, mit hängendem weißen Ring. **F** Blass, dünn, Geruch und Geschmack schwach. **V** Mai bis November. Planar bis subalpin verbreitet auf Dung von extensiv gehaltenen Haustieren (z. B. Pferde, Rinder). **W** Die var. *phalenarum* ist kleiner und ohne Ring.

SP 18–24 × 10,5–13 × 9,5–11,5 µm, **CH** bis 55 µm lang

1

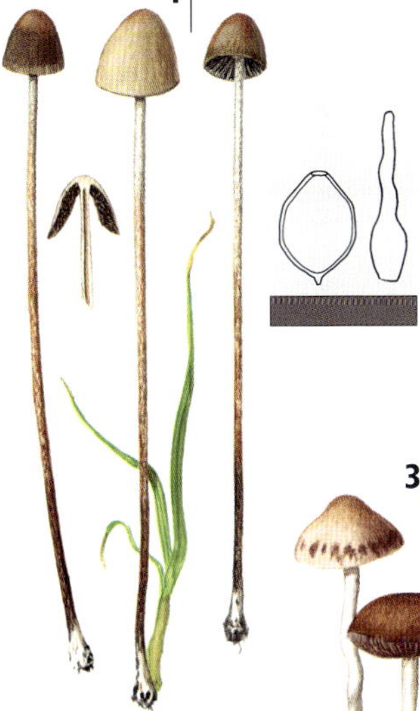

2

3

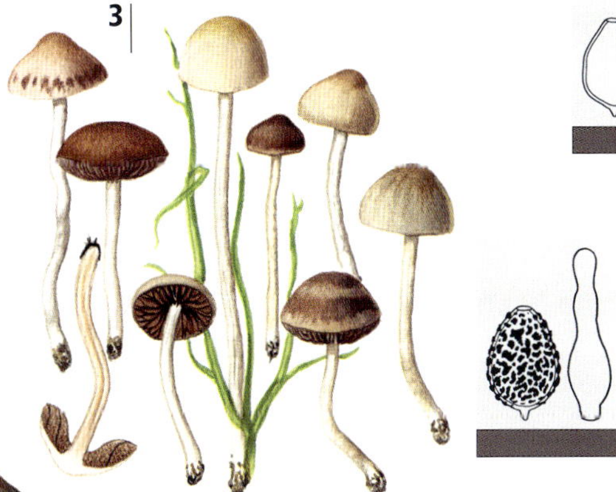

4

5

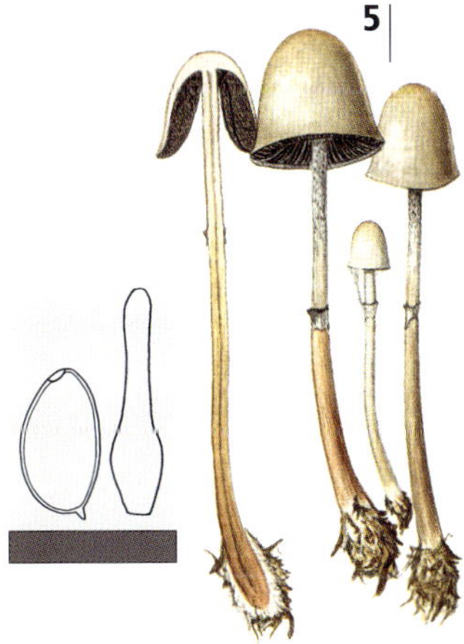

1 | Hochthronender Schüppling
Pholiota adiposa

H 6–10 cm, konvex mit eingebogenem Rand, dieser oft mit Velumfetzen, goldgelb, Huthaut stark schleimig bis klebrig-schmierig, mit +/- angedrückten fuchsigen Schüppchen. **L** Jung olivgelb, dann rostbraun, breit ausgebuchtet bis angeheftet. **S** 5–12 × 1–2 cm, zylindrisch verbogen mit keuliger Basis, blass gelbbraun, sparrig-schuppig. **F** Blass gelbbräunlich, längsfaserig, Geruch schwach (Rettich, süßlich), Geschmack mild. **V** Juni bis November. Planar bis montan verbreitet; vorwiegend büschelig an Stammwunden von lebenden Buchen bis hinauf zum Kronenansatz. **W** Die wissenschaftlichen Namen wurde lange Zeit diskutiert und unterschiedlich angewendet. *Ph. jahnii* (s. u.) wächst mehr in Bodennähe. In älterer Literatur wird der Pilz als essbar bezeichnet, Unverträglichkeiten sind nicht bekannt.

SP 7,5–10 × 5–6 µm, **CH** 25–35 × 5–10 µm

2 | Feuerschüppling
Pholiota flammans

H 4–8 cm, konvex bis gebuckelt, zitronen- bis goldgelb mit chromgelben, anliegenden bis sparrig abstehenden Schüppchen. **L** Jung gelbolive, mit der Sporenreife rostbraun, ausgerandet angeheftet. **S** 3–9 × 0,4–0,8 cm, +/- zylindrisch, gelb bis chromgelb sparrig-schuppig. **F** Gelb, rotbraun anlaufend, längsfaserig, Geruch rettichartig, Geschmack +/- bitter. **V** August bis November. Planar bis hochmontan verbreitet, einzeln bis büschelig an morschem Nadelholzstümpfen und liegenden Stämmen, selten an Laubholz. **W** Makroskopisch kaum verwechselbar. Mikroskopisch sind die kleinen Sporen charakteristisch.

SP 4–5,5 × 2,5–3 µm, **CH** 18–25 × 5–10 µm

3 | Pinsel-Schüppling
Pholiota jahnii

H 3–7 cm, jung konvex, bald flach mit eingebogenem Rand, gelb bis orangebraun, konzentrisch braun-schwarzschuppig, Oberfläche schleimig-klebrig je nach Feuchtegrad. Schüppchen lange anhaftend und zugespitzt abstehend. **L** Weiß-gelblich, mit der Sporenreife gelbbraun. **S** 4–8 × 0,5–1 cm, zylindrisch verbogen mit spitzer Basis, gelb, ockerbraun sparrig-schuppig. **F** Gelb, längsfaserig, Geruch schwach, Geschmack krautig. **V** August bis November. Planar bis montan verbreitet, vorwiegend in Bodennähe büschelig an morschen Stümpfen und liegenden Stämmen (Laub- und Nadelholz, meist Buche) in Wäldern und Parkanlagen. **W** Vgl. *Ph. aurivellus*.

SP 5–7 × 3–4 µm, **CH** 16–40 × 5–12 µm lang.

4 | Sparriger Schüppling
Pholiota squarrosa

H 6–10 (12) cm, konvex mit eingebogenem Rand, gelbocker mit hasel- bis rostbraunen Schüppchen bedeckt, immer trocken. **L** Jung blass olivgelb, dann rostbräunlich, verletzt bräunend, eng, breit angewachsen. **S** 5–12 × 1–2 cm, zylindrisch, Basis verjüngt, gelbocker, unterhalb des Rings stark sparrig-schuppig. **F** Gelblich, zähfaserig-holzig, Geruch schwach +/- rettichartig, Geschmack mild bis +/- bitter. **V** Juli bis November. Planar bis hochmontan verbreitet und überall häufig; als Schwächeparasit büschelig an der Stammbasis oder in Stammwunden von Laub-und Nadelbäumen (z. B. Apfel, Esche, Fichte). **W** Die Art wird immer wieder von unerfahrenen Sammlern mit Hallimasch-Arten verwechselt und geerntet.

SP 6–8 × 3,5–5 µm, **CH** 20–35 × 8–11µm, Chrysozystiden bis 50 µm

5 | Bleicher Schüppling, Urwaldschüppling
Pholiota squarrosoides

H 3–8 cm, creme mit braunen sparrigen Schüppchen. **V** August bis November. In alten naturnahen Wäldern als Naturnähezeiger oder Urwaldreliktart an dicken Laub- und Nadelholzstämmen, überwiegend an Buchen. **W** Die meisten bekannten Vorkommen liegen in alten Wäldern von Nationalparken und Naturwaldreservaten.

SP 4,5–6,5 × 2,5–3,5 µm, **CH** 28–45 × 8–12 µm

1

2

3

4

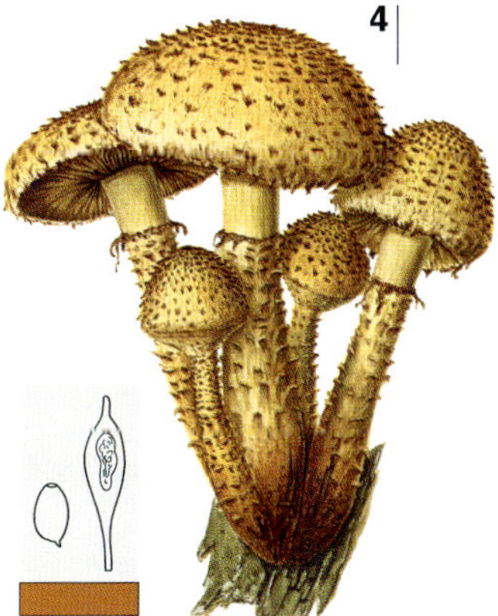

5

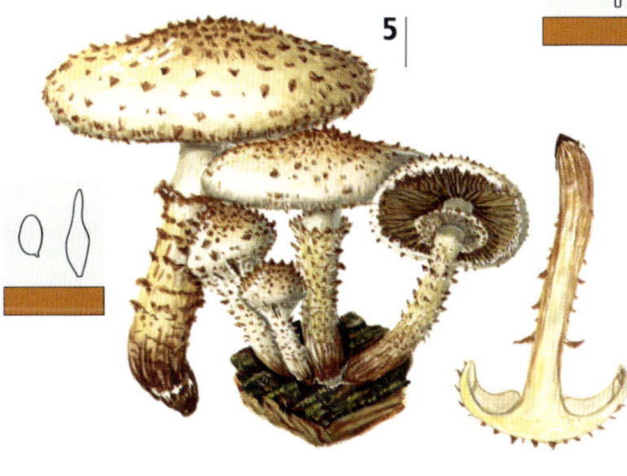

1 | Strohblasser Schüppling, Gummi-Schüppling

Pholiota gummosa

H 2–6 cm, stumpfkegelig, konvex, +/- gebuckelt, gelbgrünlich weiß mit konzentrisch anliegenden braunen Schüppchen, Huthaut +/- schmierig-klebrig, abziehbar. **L** Strohgelb, mit der Sporenreife ockerbraun, ausgerandet mit Zähnchen. **S** 3–6 × 0,3–0,7 cm, +/- zylindrisch, blassgelblich, schuppig-faserig mit Ringzone. **F** Blassgelblich im Hut, im Stiel braun, elastisch, Geruch schwach, Geschmack mild. **V** Juni bis November. Planar bis kollin verbreitet, wärmeliebend; +/- büschelig an (vergrabenen) Holzresten in Parkanlagen, an Wegrändern. **W** Die Grüntöne und die komplett abziehbare gummiartige Huthaut sind gute Geländemerkmale.

SP 6–8 × 3,5–4,5 µm, **CH** 30–45 × 5–6,5 µm

2 | Kohlen-Schüppling

Pholiota highlandensis

H 2–6 cm, konvex bis flach mit abgeknicktem Rand, fuchsig bis gelbbraun, Huthaut +/- schleimig-klebrig, trocken glänzend, komplett abziehbar. **L** Gelblich, mit der Sporenreife braun-oliv, ausgerandet mit Zähnchen. **S** 2–5 × 0,3–0,7 cm, +/- zylindrisch, blassgelblich bis rötlich braun, filzig-schuppig. **F** Blass, verletzt bräunend, elastisch, Geruch schwach, Geschmack mild bis süßlich. **V** Ganzjährig bei wintermildem Klima. Planar bis subalpin verbreitet; einzeln oder in Gruppen auf älteren Brandstellen. **W** Die Art ist einer der konstantesten Brandstellen-Besiedler. Das traditionelle Anlegen von Feuerstellen für die Waldbewirtschaftung ist vielerorts verboten oder stark eingeschränkt. Andererseits nehmen Waldbrände durch die Klimaerhitzung zu.

SP 7–8 × 4–5 µm, **CH** 20–50 × 6–15 µm

3 | Tonweißer Schüppling

Pholiota lenta

H 3–8 cm, halbkugelig bis flach ausgebreitet, hell ockergrau, am Hutrand mit weißen Schüppchen in der schleimigen Huthaut. **L** Beige bis oliv, breit angewachsen mit Zähnchen. **S** 3–6 × 0,5–1 cm, +/- zylindrisch, weißlichocker, feinschuppig mit schwacher Ringzone. **F** Blass, Geruch schwach, Geschmack mild. **V** Mai bis November, meist ab Oktober. Planar bis hochmontan verbreitet und häufig an morschen Holzresten in Laub- und Nadelwäldern (z. B. Buche, Fichte). **W** Die weißen Schüppchen sind oft nur bei frischen Exemplaren in der Schleimschicht erkennbar.

SP 6–8 × 3–4 µm, **CH** 30–48 × 8–12 µm

4 | Runzel-Schüppling

Pholiota mixta

H 1,5–5 cm, halbkugelig, konvex bis ausgebreitet, +/- gebuckelt, bräunlich mit dunkleren, anliegenden Schüppchen, Huthaut schleimig, erst beim Eintrocknen +/- runzelig. **L** Jung strohgelb, mit der Sporenreife grau-oliv, ausgebuchtet angewachsen. **S** 2–5 × 0,4–1 cm, +/- zylindrisch mit kleiner Knolle, bräunlich weiß, feinschuppig. **F** Elastisch, weiß im Hut, im Stiel gelblich braun, Geruch schwach, Geschmack mild. **V** April bis November, vorwiegend im Herbst. Planar bis montan, nur lokal häufiger; meist terrestrisch in borealen Nadelwäldern (Fichte, Kiefer). **W** Sehr ähnlich ist *Ph. lubrica*, die eher auf Holzresten wächst.

SP 6–8,5 × 3,5–4,5 µm, **CH** 25–75 × 8–13 µm

5 | Safranroter Schüppling

Pholiota astragalina

H 2–6 cm, orange- bis safranrot. **F** Elastisch, gelborange, nach Verletzung schnell schwärzend, Geschmack sehr bitter. **V** Juli bis November. Planar bis hochmontan verbreitet, im feuchten Bergland häufiger, büschelig an morschem Nadelholz (Fichte, Kiefer, Tanne).

SP 5,5–8 × 3,5–4,5 µm, **CH** 30–65 × 4–6 µm

1

2

3

4

5

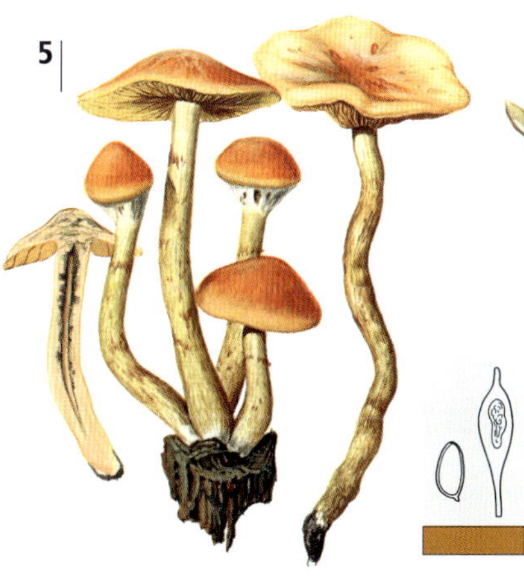

1 | Stockschwämmchen

Kuehneromyces mutabilis (Syn. *Pholiota mutabilis*)

H 3–8 cm, halbkugelig, konvex bis flach gebuckelt, rot- bis gelbbraun, stark hygrophan zu beige-ockergrau ausblassend. **L** Creme bis rostbraun, eng, breit angewachsen bis herablaufend. **S** 3–8 × 0,3–1 cm, +/- zylindrisch, trocken, bräunlich, unter dem häutigen Ring flockig-schuppig. **F** Blass, im Stiel faserig-holzig, Geruch und Geschmack angenehm würzig. **V** April bis Dezember. Planar bis hoch an die Buchenwaldgrenze, weit verbreitet und einer der häufigsten Blätterpilze; fast ausschließlich an starkem Laubholz, vorwiegend an Buchenstümpfen und -stämmen. **W** Wer Stockschwämmchen als Würz- oder Speisepilze sammelt, muss den Gifthäubling (siehe *Galerina marginata*) kennen. Vgl. außerdem die ebenfalls auf Stümpfen wachsenden, teils unbekömmlichen Schwefelköpfe (*Hypholoma* sp.).

SP 6–7,5 × 4–5 µm, **CH** 20–40 × 4,5–7 µm

2 | Glattstieliges Stockschwämmchen

Kuehneromyces lignicola (Syn. *Pholiota lignicola*)

H 1–4 cm, zimt- bis gelbbraun, hygrophan. **S** 3–7 × 0,5 cm, bräunlich, +/- glatt mit flüchtigem Ring. **F** Geruch ranzig-mehlig, Geschmack mild. **V** April bis Dezember. Planar bis subalpin, sehr selten; in naturnahen borealen Wäldern an morschem Nadelholz (Fichte, Kiefer, Lärche).

SP 6–8 × 3,5–4,5 µm, **CH** 28–40 × 6–10 µm

3 | Pappel-Schüppling

Hemipholiota populnea (Syn. *Pholiota populnea*)

H 6–20 cm, kräftig, polsterförmig eingebogener Rand, beigebraun, Oberfläche wollig-flockig mit hellen, abwischbaren Schuppen. **L** Weißlich, dann hellbraun, breit angewachsen mit heller, fein gekerbter Schneide. **S** 5–12 × 1–3 cm, zylindrisch verbogen mit hohler Knolle, weißocker, schuppig mit Ringzone. **F** Blass, im Stiel längsfaserig, im Hut weich, Geruch +/- stechend, Geschmack bitter. **V** September bis Dezember. Planar bis submontan; vor allem an Pappeln, häufig entlang von Flüssen. **W** Die stattlichen Pilze wachsen oft büschelig aus dem Stirnholz von gelagerten Pappelstämmen.

SP 7,5–9,5 × 5,5–6 µm, **CH** 20–35 × 4–10 µm

4 | Erlen-Schüppling

Flammula alnicola (Syn. *Pholiota alnicola*)

H 3–7 cm, glockig bis flach konvex mit Velumresten am Hutrand, zitronengelb mit grün-oliven Tönen, Oberfläche frisch schmierig, glatt, trocken matt. **L** Blass gelb bis rostbraun, alt fleckig, ausgebuchtet angewachsen mit Zahn. **S** 4–10 × 0,5–1 cm, zylindrisch, apikal weiß bis gelbbraun, zur Basis rotbraun, trocken, mit Ringzone, darunter +/- bräunlich gegürtelt. **F** Blass, Geruch variabel +/- obstartig-süßlich, Geschmack mild bis bitterlich. **V** August bis November. Planar bis montan verbreitet in feuchten Wäldern, Erlenbrüchen, parasitisch an Stümpfen und Stämmen von Erle, Weide, Birke und weiteren Laubhölzern. **W** Die Art ist makroskopisch sehr variabel. Es existieren eine Reihe von Synonymen und Varietäten.

SP 7,5–10,5 × 4–5,5 µm, **CH** 25–50 × 4–8 µm, ohne Chrysozystiden

5 | Fettiger Schüppling

Pholiota lucifera

H 2,5–6,5 cm, konvex bis abgeflacht und +/ gebuckelt, goldgelb, Huthaut stark schleimig bis klebrig-schmierig, mit +/- angedrückten fuchsigen Schüppchen. **L** Jung gelb, dann rostocker, eng, abgerundet angewachsen. **S** 2,5–5,5 × 0,5–1 cm, zylindrisch, unten verdickt, oben blassgelb, unten rotbraun, Ring ausdauernd, darunter braun-schuppig. **F** Blass gelbbräunlich, längsfaserig, Geruch schwach, Geschmack bitter. **V** Juni bis Oktober. Planar bis hochmontan verbreitet; nur lokal häufig in Auwäldern an morschem Holz von z. B. Esche und Pappel. **W** Vgl. *Pholiota tuberculosa* mit kopfigen Cheilozystiden, z. B. auf ansitzenden Eichenästen.

SP 7–9 × 4–5,5 µm, **CH** 30–70 × 6–12 µm, ohne Chrysozystiden

1

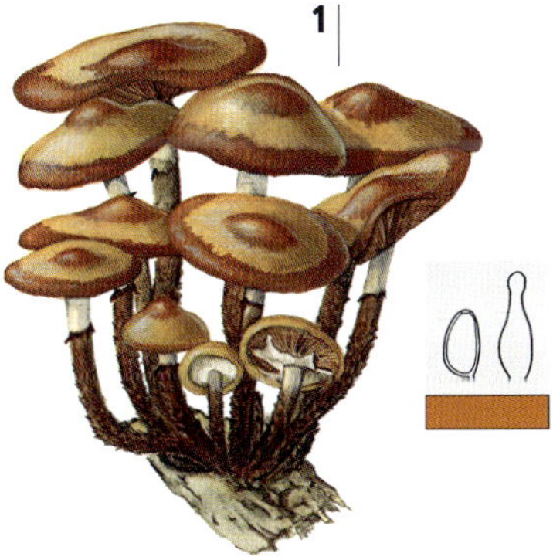

2

3

4

5

1 | Schuppiger Träuschling
Leratiomyces squamosus (Syn. *Psilocybe squamosa, Stropharia squamosa*)

H 2–5 cm, glockig bis flach gebuckelt, orangeocker, Oberfläche frisch schmierig, mit weißen Schüppchen. **L** Blassgrau bis violettgrau marmoriert, breit angewachsen, Schneide weiß. **S** 7–17 × 0,4–1 cm, schlank zylindrisch, cremebeige, oberhalb des Rings faserig, unterhalb sparrig flockig-schuppig, Ring häutig, gerieft. **F** Blass, Geruch nach Kakao oder feuchtem Holz, Geschmack mild pilzartig. **V** Mai bis November. Planar bis montan verbreitet in der Streu oder auf Holzresten, Häcksel, Rindenmulch in Laubwäldern; meist bei Buchen, aber auch Eichen und Kiefern. **W** Die var. *thrausta* wird aufgrund ihrer ziegelroten Hutfarben unterschieden.

SP 11–15 × 6,5–9 µm, **CH** 35–95 × 2–8 µm, Chrysozystiden fehlen

2 | Winter-Schüppling
Meottomyces dissimulans (Syn. *Pholiota oedipus*)

H 2–4 cm, konvex gebuckelt bis flach oder vertieft, frisch sepiabraun, hygrophan zu graubeige aufhellend, vom Rand ca. 1/3 mit weißen Velumschüppchen, Huthaut frisch schmierig-fettig glänzend, komplett abziehbar, trocken matt. **L** Blass graubraun, breit angewachsen mit Zahn herablaufend, Schneide weiß. **S** 3–6 × 0,3–1 cm, zylindrisch, hohl, beigeocker, überfasert, jung mit flüchtiger Ringzone. **F** Blass, Geruch schwach pilzig, Geschmack mild, +/- adstringierend. **V** Ganzjährig mit Schwerpunkt Dezember bis April. Planar bis montan verbreitet in feuchten Au- und Bruchwäldern; oft bei Pappeln, Eschen, Weiden in der Laubstreu. **W** Makroskopisch kann man die Art mit den Gattungen *Clitocybe*, *Lyophyllum* oder *Tubaria* verwechseln.

SP 6,5–9 × 4–6 µm, **CH** 30–65 × 7–11 µm, Chrysozystiden fehlen

3 | Gemeiner Wurzelschnitzling
Phaeocollybia lugubris

RL-G

H 3–8 cm, spitzkegelig bis stumpfglockig mit unregelmäßig gelapptem Hutrand, rötlich ocker graubraun mit Olivtönen, Oberfläche schmierig bis fettig glänzend, glatt, hygrophan. **L** Blassocker bis rostbraun, alt fleckig, eng, angeheftet. **S** 8–13 × 0,5–1,5 cm, zylindrisch nach unten verjüngt und bis zu 10 cm wurzelartig ins Erdreich verlängert, blassocker, weinrötlich fleckend. **F** Blass, zäh, Geruch +/- rettichartig, Geschmack bitter. **V** Juni bis Oktober. Überwiegend montan in bodensauren Nadelwäldern der Mittelgebirge (Bayerischer Wald, Harz, Schwarzwald); vorwiegend bei Fichten, selten in Buchenmischwäldern. **W** In Europa existieren sechs Arten. *Ph. lugubris* ist mit Abstand die größte davon. Alle Arten parasitieren auf Baumwurzeln.

SP 7–9 × 5–5,5 µm, **CH** 30–55 × 4–6 µm, geschnäbelt mit Köpfchen

4 | Olivgrüner Wurzelschnitzling
Phaeocollybia festiva

RL-G

H 2–3 cm, grünoliv bis braunoliv mit rosabraunen Lamellen. **V** Juli bis Oktober. Mit ähnlichen Standortansprüchen wie *Ph. lugubris*, aber seltener und überwiegend in alten, naturnahen Wäldern. Potenzieller Naturnähezeiger. **W** Nicht selten wachsen mehrere *Phaeocollybia*-Arten im gleichen Biotop vergemeinschaftet.

SP 7–8 × 4,5–5 µm, **CH** 20–40 × 3–7 µm, keulig

5 | Buchen-Olivschnitzling
Simocybe centunculus

H 0,5–2 cm, glockig bis flach konvex graubraun mit hellerer Randzone, Oberfläche matt, feinsamtig (Lupe!). **L** Hellgrau bis ocker, breit angewachsen, Schneide weißlich bewimpert. **S** 1–2 × 0,1–0,2 cm, zylindrisch, graubraun feinfaserig. **F** Blass, ohne besonderen Geruch und Geschmack. **V** Juni bis November. Planar bis montan verbreitet in naturnahen, totholzreichen Laubmischwäldern; überwiegend an morschem Buchenholz. **W** Es handelt sich um einen Komplex mit vielen Varietäten. *Simocybe haustellaris* hat zweisporige Basidien und exzentrische Stiele. Funde auf Gräsern vgl. mit var. *filopes*.

SP 6–8,5 × 4–6 µm, **CH** 25–65 × 6–10 µm

1
2
3
4
5

1 | Beringter Trompetenschnitzling

Tubaria confragosa

RL-G

H 2–4 cm, jung halbkugelig, dann flach konvex, mittig vertieft, je nach Feuchtegehalt rotbraun bis hellbraun, Oberfläche hellfilzig gekämmt, alt verkahlend. **L** Zimt- bis rotbraun, +/- breit angewachsen bis kurz herablaufend, eng, mit Lamelletten. **S** 4–8 × 0,2–0,5 cm, zylindrisch-gebogen, mit häutigem weißen Ring, darunter auf braunem Grund weiß genattert. **F** Blass, faserig, ohne besonderen Geruch und Geschmack. **V** Juni bis Oktober. Planar bis montan, selten, vorwiegend in naturnahen, luftfeuchten Habitaten wie Seeufer, Moore und Schluchtwälder; einzeln oder in Gruppen an morschem Holz, oft Birke und Buche. **W** Die Art kann aufgrund ihrer Restvorkommen in Naturschutzgebieten, Nationalparks und alten Biotopen als Naturnähezeiger eingestuft werden.

SP 6–8,5 × 5,5–6,5 µm, **CH** 20–50 × 4–8 µm

2 | Flockiger Trompetenschnitzling

Tubaria conspersa

H 0,5–1,5 cm, konvex bis flacher genabelt, je nach Feuchtegehalt fuchsigrot bis rötlich ocker mit weißen Velumresten bekleidet (Lupe!), hygrophan, trocken. **L** Blass- bis orangebraun, breit angewachsen bis kurz herablaufend. **S** 1,5–3 × 0,1–0,2 cm, zylindrisch, blassocker, flockig weiß überfasert. **F** Blassbraun, brüchig, Geruch und Geschmack +/- pilzig. **V** April bis November. Planar bis subalpin, weit verbreitet in Wäldern und Gärten; an feucht-humosen Stellen und auf morschen Holzresten an staunassen verdichteten Stellen (z. B. Holzplätze), bodenvag. **W** Vgl. *Flammulaster*-Arten (Sporen mit Keimporus) und *Psilocybe crobula*.

SP 7–9,5 × 4,5–7 µm, ohne Keimporus, **CH** 30–70 × 6–16 µm

3 | Gelbblättriger Trompetenschnitzling

Tubaria dispersa

H 0,5–1,5 cm, flach gewölbt, blassocker mit weißen Velumresten am Hutrand (Lupe!), Oberfläche filzig-faserig, trocken. **L** Hellgelb bis blass ockergelb mit weißer Schneide, breit angewachsen bis kurz herablaufend. **S** 1,5–3,5 × 0,1–0,2 cm, zylindrisch, weiß bis blassocker, fein überfasert. **F** Blass, dünn, Geruch und Geschmack +/- pilzig. **V** Juni bis Oktober. Planar bis montan, in Süddeutschland selten, sonst verbreitet in Parkanlagen, Auen und Wäldern in der Streu unter Weißdorn (*Crataegus* sp.). **W** Durch den besonderen Standort, weiße Stiele und gelbe Lamellen ist die kleine Art schon im Gelände bestimmbar.

SP 5–7 × 3–4 µm, **CH** 20–35 × 4–10 µm

4 | Kleinster Trompetenschnitzling

Tubaria minutalis

H < 1 cm, fuchsig-braun, durchscheinend gerieft und befasert. **V** Juni bis Oktober. Planar bis montan in Auwäldern, Bachtälchen und Parkanlagen in der Streu.

SP 4,5–6,5 × 3–4,5 µm, **CH** 20–50 × 4–8 µm

5 | Gemeiner Trompetenschnitzling

Tubaria furfuracea (inkl. *Tubaria hiemalis* und *romagnesiana*)

H 1–4 cm, konvex, dann flacher bis mittig vertieft, je nach Feuchtegehalt rotbraun-fuchsig bis hell-ockerbraun, hygrophan, durchscheinend gerieft und am Rand mit +/- deutlichen Velumresten. **L** Ocker- bis zimtbraun, breit angewachsen bis kurz herablaufend, mit hell bewimperter Schneide. **S** 1–5 × 0,1–0,4 cm, zylindrisch-gebogen, bräunlich, weiß überfasert mit schwacher Ringzone **F** Blass, mürbe, Geruch schwach, Geschmack mild. **V** Ganzjährig, vorwiegend im Winterhalbjahr. Planar bis montan, sehr häufig und weit verbreitet auf Holzhäcksel, Ästen, Stroh und Pflanzenresten. **W** Molekulare Untersuchungen stützen die Auffassung, dass es sich bei den früher getrennten *T. hiemalis* und *T. romagnesiana* nur um phänotypische Ausprägungen einer Art handelt. Der häufige Pilz wird in älterer Literatur als essbar bezeichnet. Vergiftungen sind nicht bekannt. Allerdings ist eine hohe Verwechslungsgefahr mit giftigen Braunsporern gegeben.

SP 6,5–10 × 4,5–6 µm, **CH** 20–60 × 5–12 µm

1

2

3

4

5

1 | Buchenwald-Schnitzling
Flammulaster carpophilus

H 0,4–1 cm, konvex bis flacher, je nach Feuchtegehalt rötlich braun bis beige mit mehlig-faseriger Bedeckung (Lupe!). **L** Beige bis blassbraun, aufsteigend angewachsen, entfernt. **S** 0,5–2,5 × 0,1–0,2 cm, zylindrisch mit basalem Knöllchen, blassocker, flockig weiß überfasert. **F** Blass, dünn, Geruch schwach, Geschmack mild. **V** April bis Dezember. Planar bis hochmontan zur Buchenwaldgrenze, weit verbreitet in Wäldern in der Streu; oft direkt auf vorjährigen Buchenkupulen, aber auch unter Eichen und Kriechweiden, bodenvag. **W** *F. rhombosporus* mit schlank zitronenförmigen Sporen und *F. subincarnatus* mit kopfigen Cheilozystiden sind makroskopisch sehr ähnlich.

SP 7–10 × 4,5–6 µm, **CH** 30–60 × 5–10 µm

2 | Rostbrauner Flockenschüppling, Rostroter Schnitzling
Flammulaster ferrugineus

H 0,5–2 cm, konvex bis flach gewölbt, rotbraun und feucht ca. ½ durchscheinend gerieft mit Velumresten am Hutrand, Oberfläche wollig-filzig bis fein samtig (Lupe!). **L** Ocker- bis rotbraun, breit angewachsen bis herablaufend. **S** 0,5–2 × 0,1–0,3 cm, +/- zylindrisch, rotbraun unterhalb der Ringzone. **F** Bräunlich, Geruch schwach, Geschmack +/- mild. **V** Juni bis November. Planar bis montan, im Süden zerstreut, im Norden verbreitet in Laubwäldern auf feuchter, oft mit Holzresten durchsetzter Erde. **W** Die rotbrauen Farben sind typisch. Ähnliche Arten vgl. bei *Tubaria* oder *Phaeomarasmius*.

SP 6–8 × 4–5 µm, **CH** 25–35 × 5–8 µm

3 | Orangebrauner Flockenschüppling / Schnitzling
Flammulaster limulatus

H 1–4 cm, konvex bis flach gewölbt mit eingebogenem, hellerem Rand, rostbraun bis orangebraun, Oberfläche filzig-flockig. **L** Gelb bis zimtbraun, +/- breit angewachsen mit Zahn. **S** 2–6 × 0,2–0,6 cm, +/- zylindrisch, goldgelbbräunlich. **F** Gelbbräunlich, Geruch schwach, Geschmack +/- mild. **V** Juli bis Oktober. Planar bis hochmontan, vorwiegend in alten, totholzreichen Wäldern auf stark morschen Stämmen von Laub- und Nadelholz, oft an Buche. **W** Die meisten Vorkommen dieser Zeigerart für naturnahe Wälder liegen in Naturschutzgebieten, Naturwaldreservaten oder Nationalparks.

SP 7–9 × 4–4,5 µm, **CH** 20–57 × 6–20 µm

4 | Grobwarziger Flockenschüppling / Schnitzling
Flammulaster muricatus

H 1–2 cm, rostbraun mit spitzwarzigem Velum bedeckt. **V** Juni bis Oktober. Verbreitet, aber selten an morschem Laubholz, vorwiegend Buche; in naturnahen, alten Wäldern.

SP 7–8 × 4–5 µm, **CH** 30–60 × 4–13 µm

5 | Spitzschuppiger Schüppchenschnitzling, Weiden-Schüppchenschnitzling
Phaeomarasmius erinaceus

H 0,5–2 cm, konvex bis flacher gewölbt, rotbraun und komplett mit rostbraunen, spitzen Faserschüppchen bekleidet. Je nach Alter abstehend oder flach radial gekämmt. **L** Beige bis bräunlich, aufsteigend angewachsen. **S** 0,5–1,5 × 0,1 cm, verbogen, +/- exzentrisch, rotbraun feinschuppig unterhalb der Ringzone. **F** Bräunlich, dünn, zäh, Geruch und Geschmack unauffällig. **V** April bis November. Planar bis kollin in luftfeuchten Biotopen wie z. B. Weidensümpfe auf ansitzenden oder abgefallenen, abgestorbenen Zweigen; häufigstes Substrat ist Weide, aber auch andere Laubhölzer werden besiedelt. **W** Sehr ähnlich, ebenfalls an Weidenzweigen wächst *Ph. borealis* mit kleineren Sporen, bislang nur aus Skandinavien bekannt. *Ph. rimulincola* ist sehr selten und wächst oft auf der Rinde ansitzender Rosaceen-Zweige, im Mittelmeerraum auf der Borke von Steineichen.

SP 9,5–12 × 6–8,5 µm, **CH** 30–45 × 5–8 µm

1
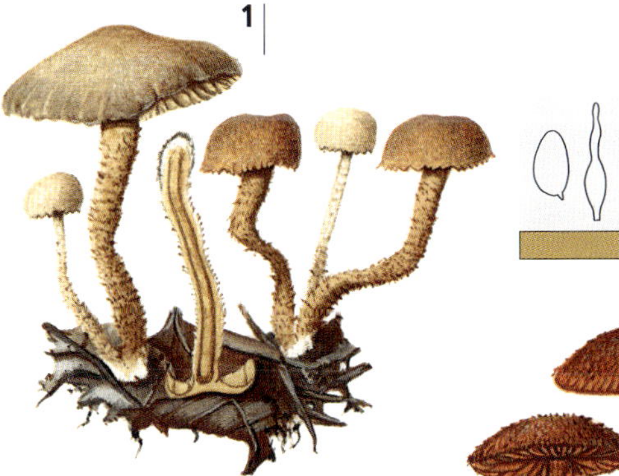

2

3

4

5
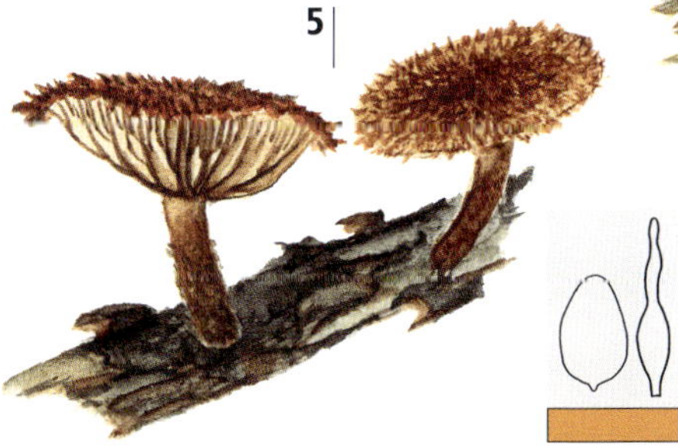

1 | Gerieftes Stummelfüßchen

Crepidotus applanatus

H 1–4 (7) cm, jung zungenförmig, dann muschel-nierenförmig, alt gelappt. Feucht glasig-weiß, +/- fettig, glatt, am Rand gerieft, hygrophan und im Alter zu ockerbraun tendierend, an der Ansatzstelle weiß-striegelig. **L** Weiß bis ockerbraun je nach Sporenreife, +/- eng. **S** Rudimentär, meist fehlend. **F** Dünn, wässrig weiß, geruchlos bis +/- gummiartig, Geschmack mild, +/- unangenehm. **V** Juni bis Dezember. Planar bis subalpin, weit verbreitet in +/- naturnahen, totholzreichen Laubmischwäldern, Auen und feuchten Schluchtwäldern; vorwiegend an morschen Laubholzstämmen von Buche u. Eiche, bodenvag. **W** Viele *Crepidotus*-Funde müssen mikroskopisch geprüft werden, denn > 20 Arten und teils große makroskopische Ähnlichkeiten geben Anlass zu Verwechslungen.

SP 4,5–7 × 4,5–6,5 µm, Schnallen +

2 | Gebrechliches Stummelfüßchen

Crepidotus autochthonus

H 2–7 cm, sowohl muschel-nierenförmig als auch +/- trichterig geschlossen mit +/- umgebogenem Rand, silbrig weiß-grau, hygrophan, mittig +/- ockerlich, Oberfläche filzig-seidig. **L** Weiß, rosalachs bis ockerbraun je nach Sporenreife, sehr engstehend, auf einen Punkt zusammenlaufend, mit Lamelletten. **S** Rudimentär, meist fehlend. **F** Sehr dünn, brüchig, weißlich, +/- geruchlos, Geschmack mild. **V** Mai bis November. Planar bis submontan zerstreut bis selten, nur ortshäufig an krautigen Wegrändern; in Laub- und Nadelwäldern direkt auf Erdboden, auch in Verbindung mit morschen Holzresten oder direkt an Stämmen. **W** Mit Hut-Durchmessern > 5–7 cm kommen nur noch die sehr seltene *C. macedonicus* und *C. mollis* mit gelatinöser Hutschicht infrage.

SP 7–9 × 5–6 µm, Schnallen +

3 | Entferntblättriges Stummelfüßchen

Crepidotus cesatii

H 0,6–1,5 cm, (halb-)kreisförmig, muschel-nierenförmig, weiß, glatt bis feinfilzig, am Rand gekerbt, im Alter schmutzig ockerbraun, manchmal mit dem Scheitel am Substrat angewachsen. **L** Weiß bis ockerbraun, rosa je nach Sporenreife, +/- eng. **S** Rudimentär, meist fehlend. **F** Sehr dünn, brüchig, wässrig weiß, geruchlos, Geschmack mild. **V** Ganzjährig. Planar bis hochmontan, weit verbreitet und gebietsweise sehr häufig in strukturreichen Laubmischwäldern, Feldgehölzen; auf ansitzenden oder herabgefallenen, berindeten wie unberindeten Ästen und Zweigen von Hart- und Weichholz. **W** Funde an Nadelholz sollten stets mikroskopisch mit *C. kubickae* abgeglichen werden.

SP 6–9 × 5,5–7,5 µm, **Q** 1,1–1,3, Schnallen +

4 | Nadelholz-Stummelfüßchen

Crepidotus kubickae (Syn. *Crepidotus subsphaerosporus*)

Die Art wurde lange Zeit als Varietät von *C. cesatii* geführt, kommt aber nur an Nadelholz, meist an morscher Borke, vor und hat ovale bis breitelliptische Sporen. **W** Die Art ist besonders verbreitet in montanen Gegenden mit verstärktem Anfall von Totholz nach Borkenkäferbefall.

SP 6–9 × 4,5–7 µm, **Q** 1,2–1,5, Schnallen +

5 | Gallertfleischiges Stummelfüßchen

Crepidotus mollis

H 2–7 cm, halbkreisförmig und seitlich angewachsen. Feucht etwas schmierig, sonst glatt, trocken feinfilzig, Rand +/- eingerollt, hygrophan, im Alter braungrau bis rostbraun fleckig. **L** Jung cremeweiß, bis rötlich braun je nach Sporenreife, Schneiden weißlich. **S** rudimentär, meist fehlend, Anwachsstelle weißfilzig. **F** +/- dick, wässrig hellbraun, trocken weiß, geruchlos, Geschmack mild, fade. **V** April bis Dezember. Häufig und weit verbreitet an Stämmen, Stümpfen und Starkästen von Laubholz wie Buche, Esche, Pappel, Weide bis ca. 1.400 m. **W** Die elastisch-gelatinöse Huthaut weist innerhalb der Gattung nur noch *C. calolepis* auf.

SP 4,5–7 × 4,5–6,5 µm, Schnallen -

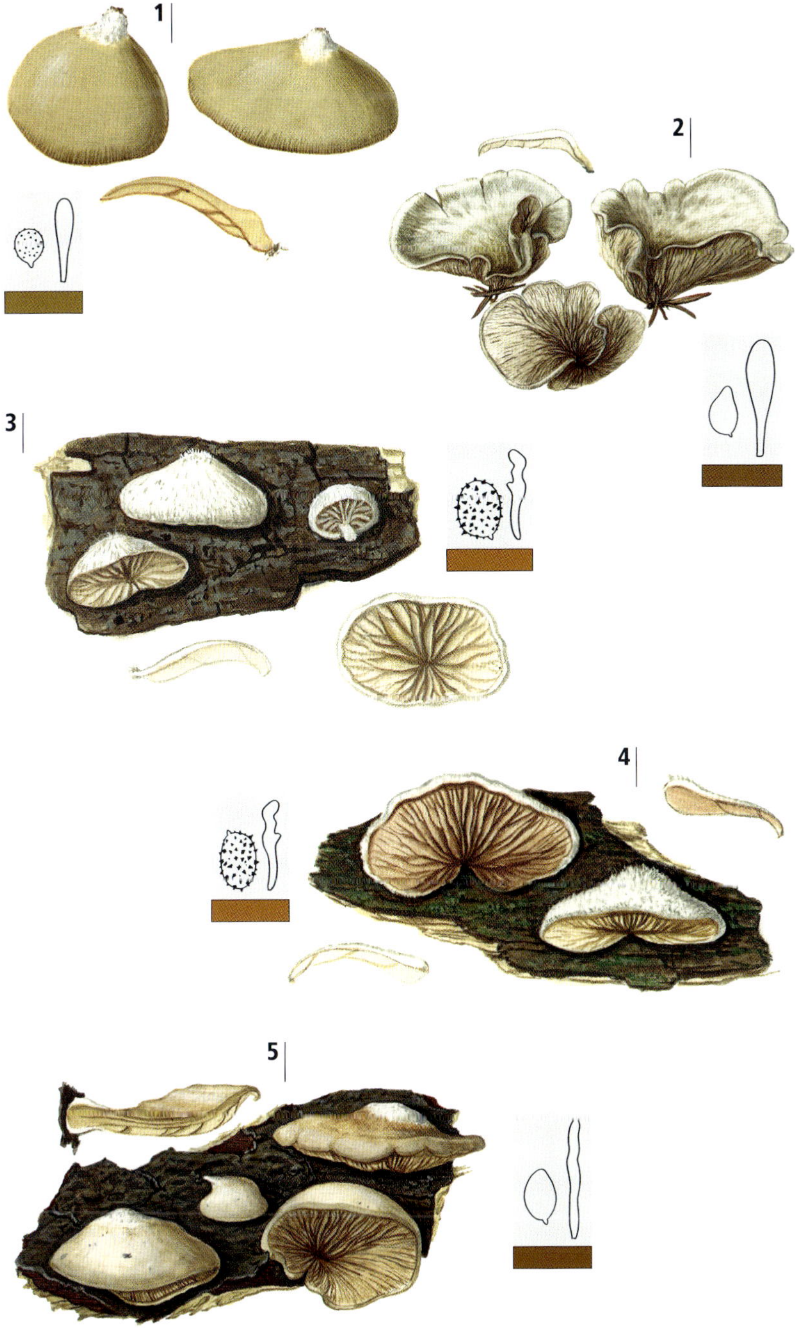
1
2
3
4
5

1 | Rauchblättriger Schwefelkopf
Hypholoma capnoides

H 3–7 cm, jung halbkugelig mit Velumresten am Hutrand, dann flacher konvex, +/- stumpf gebuckelt, senf- bis ockergelb mit dunklerer, rostgelber Mitte, alt oft violett-schwarz durch Sporenpulver. **L** Blassgrau bis rauchgrau, dann grauviolett bis violettbraun, breit angewachsen. **S** 4–8 × 0,3–0,5 cm, jung fein überfasert, zylindrisch, cremegelb bis gelbbräunlich, basal rostbraun. **F** Längsfaserig, blassbräunlich, Geruch schwach pilzartig, Geschmack mild. **V** Fast ganzjährig mit Schwerpunkt im Herbst bis in den Winter. Planar bis subalpin verbreitet, einzeln bis büschelig an Nadelholz; sehr häufig in Fichtenforsten, bodenvag. **W** Alte Exemplare können dem bitteren Doppelgänger *H. fasciculare* sehr ähnlich sehen. Dieser hat aber grüngelbe Stiele.

SP 7–9 × 4–5 µm, **KP** +, Schnallen +

2 | Grünblättriger Schwefelkopf
Hypholoma fasciculare

H 3–8 cm, jung halbkugelig mit faserigen Velumresten, Rand lang eingebogen, dann konvex bis flach ausgebreitet, grünlich bis schwefelgelb mit fuchsiger Mitte, alt oft violett-schwarz von anhaftendem Sporenpulver. **L** Jung gelbgrünlich bis schwefelgelb, dann grauviolett bis violett-braun, +/- eng, aufsteigend angewachsen. **S** 4–12 × 0,2–0,6 cm, zylindrisch, elastisch, schwefel- bis grüngelb. **F** Längsfaserig, schwefelgelb, geruchlos, Geschmack stark bitter. **V** Ganzjährig mit Schwerpunkt im Frühsommer und Herbst. Planar bis subalpin, einzeln bis büschelig an Laub- und Nadelholz; sehr häufig und weit verbreitet an Buche, Eiche, Fichte, bodenvag. **W** Die Art ist stark magen-darmgiftig.

SP 6–7,5 × 3,5–4,5 µm, **KP** +, Schnallen +

3 | Grünblättriger Zwerg-Schwefelkopf
Hypholoma fasciculare var. *subviride*

H 1–1,5 cm. **S** nur 0,1–0,3 cm breit. Deutlich zierlichere, jung schwefelgrüne Fruchtkörper. **L** Engstehend. **V** Ganzjährig. Ebenfalls weit verbreitet vorwiegend an Stämmen und Stümpfen von Laubhölzern wie z. B. Buche.

SP 6–8 × 4–4,5 µm, **KP** +, Schnallen +

4 | Ziegelroter Schwefelkopf
Hypholoma lateritium (Syn. *Hypholoma sublateritium*)

H 3–8 (12) cm, jung halbkugelig mit faserigen Velumresten, Rand lang eingebogen, mit faserigen Velumschüppchen, dann konvex bis flach ausgebreitet, ziegelrot bis fuchsig, zum Rand hin heller fleischfarben. **L** Jung creme, dann rauchgrau bis violettschwarz, ausgebuchtet angewachsen, Schneiden weißlich. **S** 4–12 × 0,4–1,3 cm, zylindrisch, starr-elastisch, mit blassgelber Spitze zur Basis hin ockerbraun. **F** Längsfaserig, cremegelblich, Geruch pilzartig, Geschmack mild, dann +/- adstringierend bis bitter. **V** April bis November. Planar bis montan, weit verbreitet, einzeln bis dichtbüschelig; häufig an Buche und Eiche, selten an Nadelholz, bodenvag. **W** Blasse Exemplare sehen mit ihren rauchgrauen Lamellen *H. capnoides* ähnlich.

SP 5–7,5 × 3,5–4,5 µm, **KP** +, Schnallen +

5 | Wurzelnder Schwefelkopf
Hypholoma radicosum

H 3–8 (12) cm, jung stumpfkegelig, dann flach konvex mit eingebogenem Rand, seidig matt, jung creme, dann +/- ziegelrot, zum Rand hin heller. **L** Jung weißlich creme, dann olivbraun bis graubraun, breit angewachsen, eng. **S** 3–8 × 0,4–0,8 cm, zylindrisch, starr-elastisch, bis zu 10 cm lang spindelig wurzelnd, auf rotbraunem Grund weiß genattert. **F** Längsfaserig, cremegelblich, Geruch süßlich bis +/- streng rettichartig, Geschmack sehr bitter. **V** August bis November. Einzeln bis büschelig vorwiegend an Fichte und Kiefer, verbreitet, nur montan gebietsweise häufiger, bodenvag. **W** Die Fruchtkörperformen sind sehr variabel, das sicherste Kennzeichen ist die lange Scheinwurzel.

SP 5,5–6,5 × 3,5–4,5 µm, **KP** +, undeutlich, Schnallen +

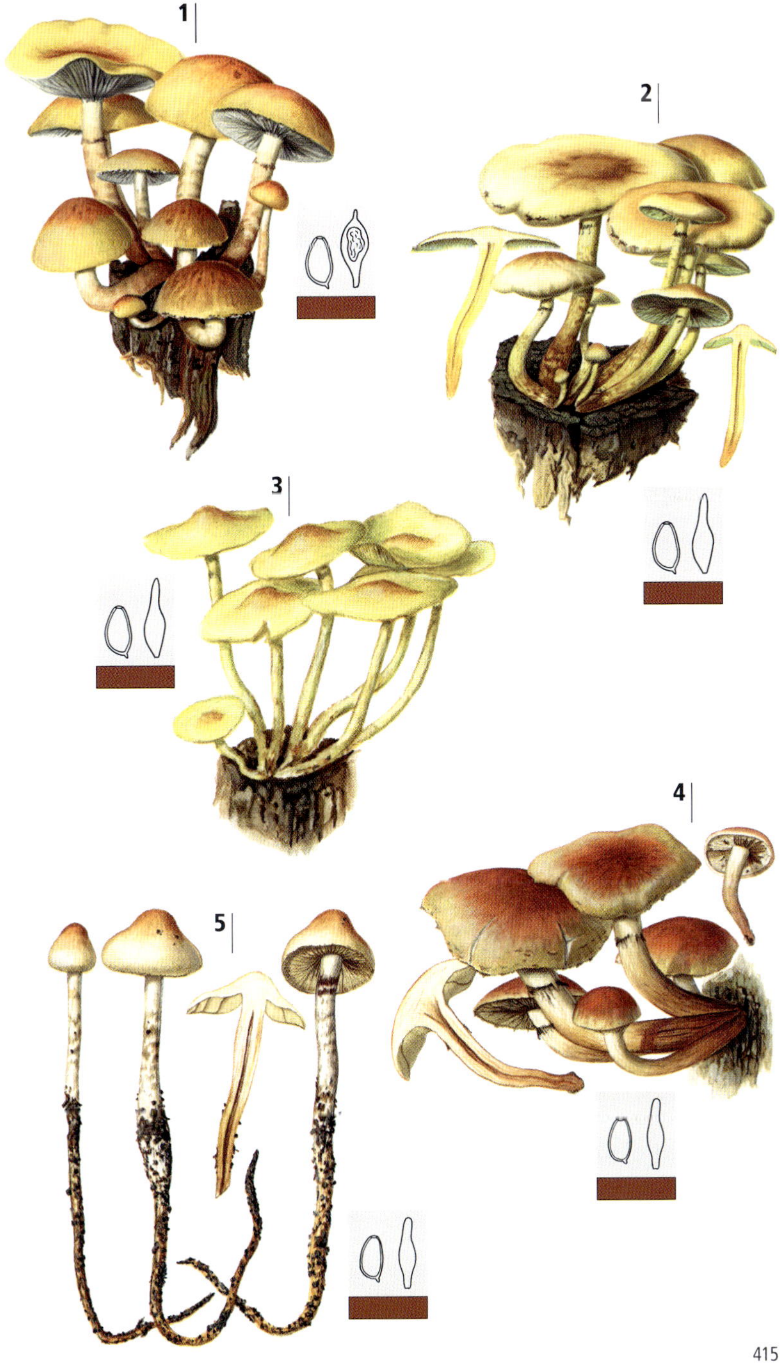
1
2
3
4
5

1 | Torfmoos-Schwefelkopf
Hypholoma elongatum

H 3–7 cm, jung halbkugelig, dann konvex bis ausgebreitet, +/- flach gebuckelt, orangebraun, ockerbraun, gelbockerlich ausblassend, Rand mit Velumresten. **L** Creme, dann graugelb bis violettbraun, angewachsen mit Zähnchen, eng. **S** 5–12 × 0,1–0,3 cm, zylindrisch, hohl, elastisch, hellgelb bis orangegelb, weiß überfasert. **F** Dünn, längsfaserig, gelbbräunlich, Geruch fehlend bis schwach muffig, Geschmack mild. **V** Juni bis November. Planar bis subalpin, weit verbreitet in Mooren, Feuchtwiesen mit Torfmoos-Gesellschaften, bodenvag. **W** Auch der Rausporige Schwefelkopf *(H. udum)* wächst an Torfmoosen, daher sind mikroskopische Untersuchungen ratsam.

SP 9–12 × 5–7 µm, **KP** +, Bs. 2 u. 4-sporig, Schnallen +

2 | Moos-Schwefelkopf
Hypholoma polytrichi

Dem Torfmoos-Schwefelkopf ähnlich, aber nicht an *Sphagnum*, sondern an anderen Moosen wie z. B. Widertonmoosen *Polytrichum* spp. **V** April bis November. In feuchten Lagen in Wäldern, an Moorrändern.

SP 7–9 × 4–5 µm, **KP** +, Schnallen +

3 | Geriefter Schwefelkopf
Hypholoma ericaeoides

RL-2

H 3–8 cm, jung halbkugelig, dann kegelig-glockig, hygrophan, orangeocker bis ockergelb mit brauner Randzone, feucht ½ durchscheinend gerieft. **L** Jung creme bis schwefelgelb, dann violettgrau, schmal angewachsen, Schneide weißflockig. **S** 4–9 × 0,1–0,3 cm, zylindrisch, verbogen, elastisch, creme bis ockerbraun, weiß überfasert, mit knolliger Basis. **F** Längsfaserig, dünn, gelblich, Geruch und Geschmack +/- rettichartig. **V** Juli bis Oktober. Planar bis subalpin, meist gesellig an feuchten, sumpfigen Stellen zwischen Moosen oder Gräsern; verbreitet, aber selten, bodenvag. **W** Sehr ähnlich, aber anhand der Mikromerkmale unterscheidbar, sind *H. ericaeum* und *H. subericaeum*.

SP 9–12 × 6–7 µm, **KP** +, klein, Schnallen +

4 | Geselliger Schwefelkopf
Hypholoma marginatum

H 1,5–4,5 cm, jung halbkugelig mit Velum(-resten), dann glockig bis konvex, matt, feucht klebrig-glänzend, ockergelb bis orangebraun. **L** Jung creme, dann olivgrau bis olivbraun, breit angewachsen, Schneiden weißlich. **S** 4–10 × 0,2–0,4 cm, zylindrisch, zäh, brüchig, alt hohl, Spitze hellgelb, nach unten graubraun mit weißlicher Natterung. **F** Längsfaserig, cremegelblich bis graubraun, Geruch +/- pilzartig, Geschmack bitter. **V** Juli bis Dezember. Planar bis hochmontan, weit verbreitet, meist in Gruppen an Nadelholz (Fichte, Kiefer) oder in der Streu, bodenvag. **W** Die deutlich genatterten Stiele und das gesellige Vorkommen an Nadelholz sind zwei gute Feldmerkmale.

SP 8–9,5 × 4–5 µm, **KP** +, Schnallen +

5 | Wurzelnder Moor-Schwefelkopf
Hypholoma myosotis (Syn. *Pholiota myosotis*)

RL-G

H 1–4 cm, jung konvex, dann flach und +/- gebuckelt, auch eingedellt, feucht schmierig-schleimig und abziehbar, umbrabraun mit Olivton, am Rand mit Velumflöckchen, hygrophan, trocken hellgelb. **L** Jung creme, dann olivbraun bis rotbraun, ausgebuchtet angewachsen, mit weißer, gezähnelter Schneide. **S** 5–15 × 0,2–0,5 cm, schlank-zylindrisch, starr-elastisch, hohl, oben hellgelblich, nach unten bräunlich mit +/- verlängerter Pseudowurzel. **F** Dünn, wässrig, ockerbraun, Geruch süßlich bis +/- rettichartig, Geschmack erst mild, dann +/- bitter. **V** Mai bis November. Verbreitet, boreal-montan gebietsweise häufiger, gesellig in Mooren zwischen Moosen, bodenvag. **W** Wegen der weißen Velumflocken an jungen Hüten und schleimiger Huthaut galt die Art früher als Schüppling *(Pholiota)*.

SP 13,5–18,5 × 8–10,5 µm, **KP** +, Schnallen +

1
2
3
4
5

1 | Grünspanträuschling
Stropharia aeruginosa

H 3–8 cm, jung konvex, dann ausgebreitet, +/- flach gebuckelt, jung intensiv blaugrün mit weißen Velumflocken, feucht-schleimig und glänzend, alt +/- ockergelb ausblassend. Huthaut oft in einem abziehbar. **L** Blassrosa bis reif violettbraun, breit angewachsen mit Zähnchen, Schneiden weißflockig. **S** 5–10 × 0,5–1,2 cm, zylindrisch, alt hohl, brüchig, blaugrün mit faserigem Ring, darunter dichtschuppig. **F** Dünn, weiß bis blau, Geruch krautig-säuerlich, Geschmack mild. **V** Juli bis Dezember. Planar bis hochmontan; weit verbreitet und häufig in Laub- und Nadelwäldern, Gärten auf Streu, Humus und morschem Holz, bodenvag. **W** Die blaugrünen Farben sind etwas gewöhnungsbedürftig, aber der Pilz ist ohne die schleimige Huthaut durchaus als Mischpilz geeignet.

SP 6,5–9 × 4–5,5 µm, **KP** + klein, Schnallen +

2 | Blauer Träuschling
Stropharia caerulea (Syn. *Stropharia cyanea*)

Auch der Doppelgänger des Grünspanträuschlings (s. o.) ist weit verbreitet, er unterscheidet sich durch die schwache Ringzone am Stiel und gleichfarbige Lamellenschneiden. **V** September bis Dezember. Wächst oft ruderal an gestörten Stellen in der Streu oder zwischen Moosen. **W** Sehr ähnlich ist die nach frisch gemahlenem Pfeffer riechende *S. pseudocyanea*.

SP 7,5–9,5 × 4,4–6 µm, **KP** + klein, Schnallen +

3 | Krönchen-Träuschling
Stropharia coronilla

H 1,5–5 cm, jung halbkugelig, dann konvex bis flach, matt seidig, trocken feinfilzig, strohgelb bis intensiv ocker. **L** Jung milchkaffeefarben, dann blauviolett-grau, aufsteigend angewachsen, +/- eng, Schneide weiß. **S** 3,5–6 × 0,4–0,8 cm, zylindrisch, jung voll, starr-brüchig, gelb-bräunlich, Ring häutig, gerieft. **F** Dünn, weiß, Geruch schwach krautig, Geschmack mild, fade. **V** Mai bis Dezember. Planar bis montan, weit verbreitet auf +/ naturnah gedüngten Wiesen und Schafweiden, bodenvag. **W** Sehr ähnlich sind einige Ackerlinge *(Agrocybe)*. Gute Merkmale sind der oberseits geriefte Ring und die grauvioletten Lamellen.

SP 7,5–9 × 4–5 µm, Schnallen +

4 | Riesen-Träuschling
Stropharia rugosoannulata

H 3–15 (25) cm, jung halbkugelig, dann polsterförmig bis niedergedrückt, feucht glänzend, +/- eingewachsen faserig, alt grobschollig aufreißend, kastanienbraun bis weinrötlich, ockergelb in der var. *lutea*. **L** Jung hell rauchgrau, zuletzt schwarzviolett, abgerundet angewachsen, Schneiden weißlich. **S** 7–20 × 1–3 cm, zylindrisch-keulig, faserig, hellgelblich mit dicken, weißen Rhizomorphen. Ring dick wattig, oberseits gerieft. **F** Dick, weiß, Geruch +/- krautig-rettichartig, Geschmack mild, leicht adstringierend. **V** Mai bis Dezember. Planar bis montan, weit verbreitet, einzeln bis truppweise; oft ruderal in Gartenanlagen auf Holzhäcksel oder an Holzplätzen. **W** Die Größen- und Farbvarianz ist enorm, ein sehr gutes Merkmal ist der zahnradförmige Ring. Der Pilz wird als „Braunkappe" in Kultursets angeboten.

SP 9,5–12,5 × 7–9 µm, **KP** +, Schnallen +

5 | Halbkugeliger Träuschling
Protostropharia semiglobata (Syn. *Stropharia semiglobata*)

H 1–4 cm, halbkugelig, älter konvex bis abgeflacht mit Buckel, gelbocker, feucht klebrig-schmierig, trocken matt bis seidig glänzend. **L** Jung hellgrau, dann dunkelbraun bis weinrot, breit angewachsen, mit weißer Schneide. **S** 5–10 × 0,2–0,5 cm, schlank-zylindrisch, steif-elastisch, +/- cremeocker, unterhalb vom weißen Ring oft mit schleimiger Zone. **F** Dünn, cremeweiß, geruchlos, Geschmack mild. **V** Mai bis Dezember. Planar bis subalpin, weit verbreitet; gesellig direkt auf Dung oder in Weiden an Dungresten von Pferd, Rind und Schaf. **W** Vgl. *S. dorsipora* mit exzentrischem Keimporus. Auf Elchdung kann die sehr ähnliche *S. alcis* wachsen.

SP 15–20 × 8–11,5 µm, **KP** +, Schnallen +

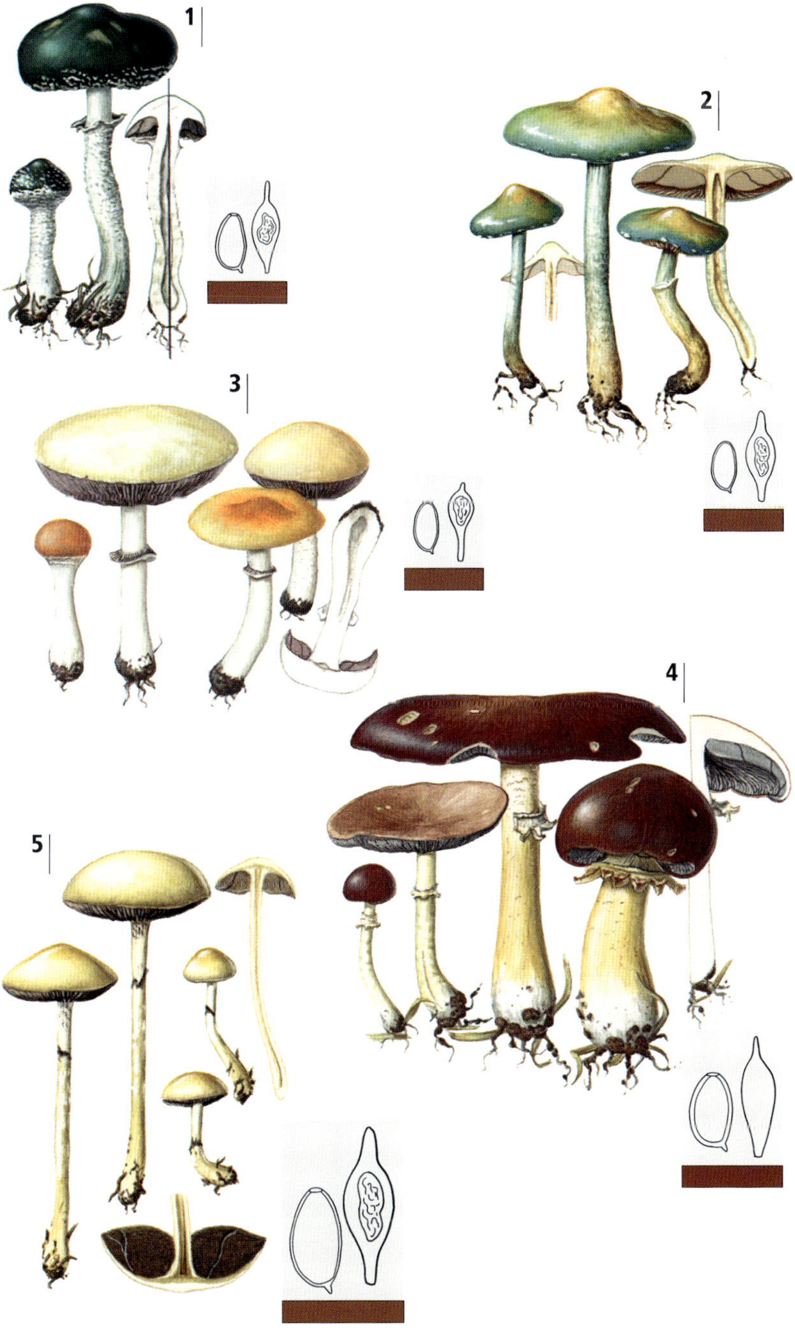
1
2
3
4
5

1 Feingeriefter Kahlkopf

Deconica inquilina (Syn. *Psilocybe inquilinus*)

H 1–2 cm, jung halbkugelig, dann ausgebreitet, +/- flach gebuckelt, feucht rotbraun und 1/3 durchscheinend gerieft, hygrophan, noch gelbocker, nach Gelbocker ausblassend, Huthaut klebrig, gummiartig und komplett abziehbar, Velum sehr spärlich. **L** Hellocker bis reif tabakbraun, breit angewachsen mit Zähnchen. **S** 2–3 × 0,1 cm, zylindrisch, ockerbraun und weißlich überfasert. **F** häutig dünn, geruchlos, Geschmack erst süßlich, dann +/- bitter. **V** April bis Dezember. Planar bis subalpin, weit verbreitet und häufig auf Pflanzenresten in Gärten und Wiesen, bodenvag. **W** Vgl. *D. crobula* mit deutlichen Velumresten.

SP 6,5–9 × 4,5–6 × 4–4,5 µm, **KP** +, Schnallen +

2 Weißflockiger Kahlkopf

Deconica crobula (Syn. *Psilocybe crobula*)

Der Weißflockige Kahlkopf steht *D. inquilina* sehr nahe, ist aber phylogenetisch eine eigene Art. Velumreste auf dem Hut und etwas kleinere, leicht rhombische Sporen sind weitere Unterschiede. **V** Mai bis November. Planar bis montan in der Streu von Laub- und Nadelbäumen.

SP 5,5–8 × 4–6 × 4–5 µm, **KP** +, Schnallen +

3 Trockener Kahlkopf

Deconica montana (Syn. *Psilocybe montana*)

H 0,5–1,5 cm, jung halbkugelig, glockig bis flach mit kleinem Buckel. Feucht rotbraun, 2/3 durchscheinend gerieft, mit Velumresten, hygrophan, trocken matt beigeocker. **L** Jung cremeocker, dann braunpurpur, breit angewachsen, +/- eng. **S** 1,5–2,5 × 0,1 cm, zylindrisch, elastisch, grau-ockerbraun, weißlich überfasert. **F** Dünn, weißlichgraubraun, Geruch und Geschmack +/- pilzartig. **V** Fast ganzjährig, meist Mai bis Dezember. Planar bis montan weit verbreitet auf mageren, sauren, sandigen Böden in offenen Flächen zwischen Moosen (*Polytrichum* spp.). **W** Die Abziehbarkeit der Huthaut ist sehr variabel und daher bei dieser Art kein verlässliches Merkmal.

SP 7–9 × 5–5,5 × 4–5 µm, **KP** +, Schnallen +

4 Blaufärbender Kahlkopf

Psilocybe cyanescens

H 3–5 cm, flach kegelig bis konvex, zuletzt niedergedrückt mit kleiner Papille. Feucht dunkelbraun, hygrophan, ocker ausblassend. Verletzt grünblau fleckend, alt schwarzgrün. Huthaut schmierig- schleimig, nicht abziehbar, 1/3 durchscheinend gerieft. **L** Jung beigeocker, dann olivbraun bis schwarzgrün, angewachsen. **S** 3–8 × 0,1–0,4 cm, zylindrisch, starr, knorpelig, jung weißlich, dann schmutzig braungrau, grünfleckig. **F** Dünn, Geruch süßlich, Geschmack mild, +/- mehlartig. **V** August bis Dezember, oft im Spätherbst. Planar bis montan, verbreitet, ruderal; in Gartenanlagen oder Forsten auf Holzhäcksel, bodenvag. **W** Wenige, +/- grünblau gefärbte Kahlkopf-Arten wie diese enthalten nennenswerte Mengen des halluzinogenen Psilocybins und fallen daher unter das Betäubungsmittelgesetz.

SP 9,5–14 × 6,5–8 µm, **KP** +, Schnallen +

5 Spitzkegeliger Kahlkopf

Psilocybe semilanceata

H 0,5–1,5 cm, spitzkegelig, zipfelmützenartig mit meist deutlicher spitzer Papille, feucht olivbraun, fettig-klebrig, glatt, hygrophan zu ockergelb ausblassend, Huthaut gummiartig, abziehbar. **L** Jung tonblass, dann braunviolett, aufsteigend schmal angewachsen, Schneiden weiß. **S** 5–12 × 0,2–0,3 cm, schlank-zylindrisch, elastisch, blassocker bis braun, weißlich längsfaserig, im Alter +/- grünlich blau. **F** Dünn, graubraun bis beige, Geruch und Geschmack +/- rettichartig. **V** Juli bis Dezember. Planar bis subalpin, weit verbreitet, einzeln bis gesellig an +/- naturnahen, sauren, mäßig nährstoffreichen, grasigen Stellen auf Almen, Dünen, Viehweiden. **W** Enthält größere Mengen von Psilocybin und fällt entsprechend unter das Betäubungsmittelgesetz.

SP 13–15 × 6,5–7,5 µm, **KP** +, Schnallen +

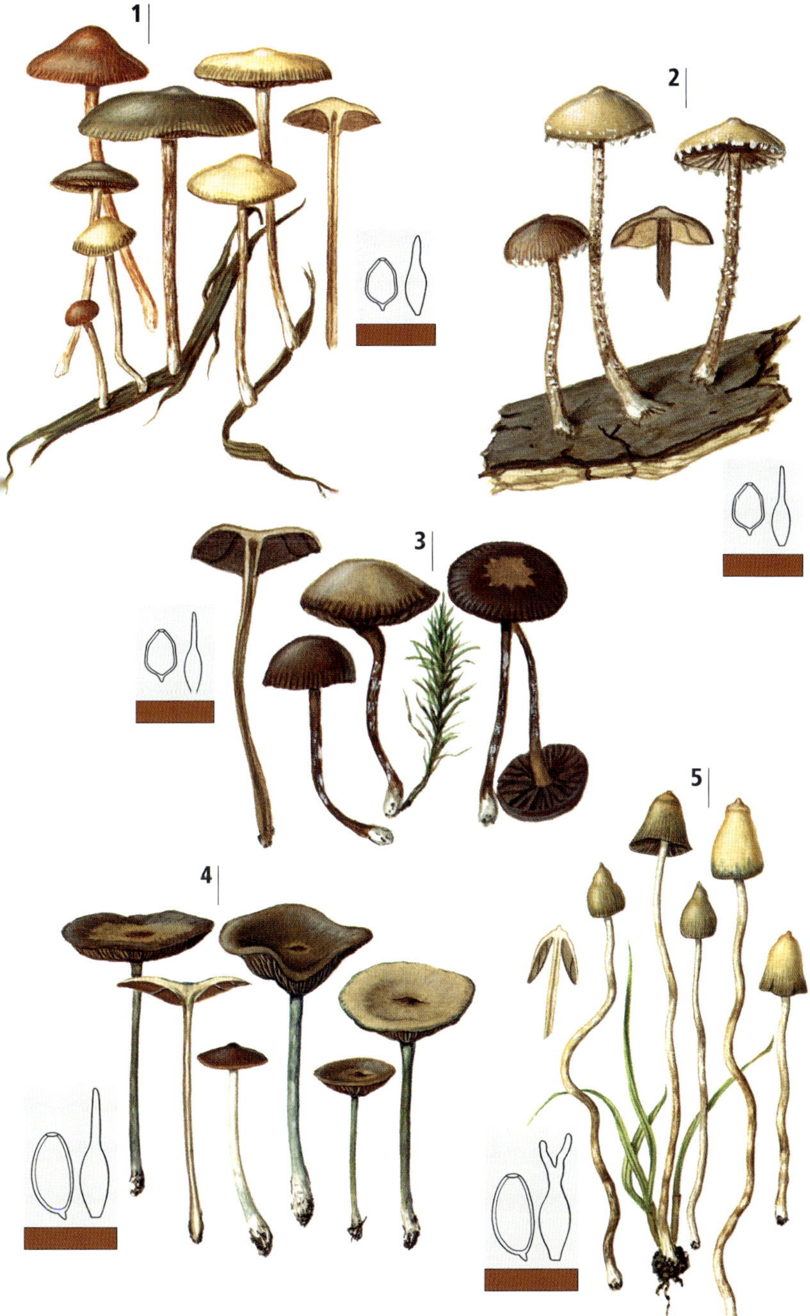
1
2
3
4
5

Schleierlinge

Die Bestimmung von Schleierlingen kann mit diesem Buch meist nur näherungsweise erreicht werden, und manchmal wird man die gefundene Art darin vergeblich suchen. Kein Wunder, bei etwa 1000 in Europa vorkommenden Arten!
Zum Bestimmen von Schleierlingen ist es unabdingbar, dass man auch junge Exemplare vorliegen hat. Die Angabe der Lamellenfarbe bezieht sich immer auf junge, noch nicht von reifen Sporen überdeckte Lamellen. Auch die Farbe und Quantität des Velums ist bei jungen Fruchtkörpern zu ermitteln. Wenn in diesem Schlüssel von „Velum" die Rede ist, ist damit immer das Außenvelum gemeint. Das Teilvelum (Cortina) ist so gut wie immer farblos und nicht relevant zur Artbestimmung (wohl aber zur Gattungsbestimmung). Ebenfalls wichtig ist die Frage, ob die Hut- oder Stieloberfläche oder beide schleimig oder trocken ist bzw. sind. Zur korrekten Beantwortung der Frage benötigt es bisweilen etwas Erfahrung, denn schwach schleimige Stiele und Hüte trocknen schnell ab, und andersherum kann es bei Regenwetter vorkommen, dass eigentlich trockene, glatte Hüte/Stiele schmierig werden. Sehr wichtig ist auch der ökologische Aspekt, insbesondere infrage kommende Mykorrhizapartner. Und letztlich können in manchen Gruppen chemische Reaktionen, insbesondere mit Kalilauge, eine Rolle beim Bestimmen spielen. Es gibt bei den Schleierlingen also viel zu beachten und zu entdecken! Dagegen ist in dieser Gattung mikroskopisch außer den Sporen nur wenig zu ermitteln.

1a	L junger FK lebhaft rot, orange, gelb oder grün und Hut trocken → **2**
1b	L junger FK gelb oder grün und Hut schleimig → **14**
1c	L junger FK anders gefärbt: weißlich, bräunlich oder blau bis violett → **26**
2a (1)	L jung olivgrün bis grüngelb → **3**
2b	L jung gelb bis safrangelb → **7**
2c	L jung orange → **10**
2d	L jung rot → **13**
3a (2)	V in Mooren im Torfmoos → **Olivblättriger Sumpf-Hautkopf und verwandte Arten, S. 434**
3b	V in Wäldern auf eher trockenen Böden → **4**
4a (3)	Hut dunkelbraun feinschuppig auf olivbraunem bis -gelbem Grund; Velum braun; V unter Weißtanne → **Braunnetziger Raukopf, S. 430**
4b	Hut gleichfarben feinschuppig; Velum grünlich → **5**
5a (4)	FK robust; Stiel > 1 cm breit; Hut feinschuppig; V unter Buche auf Kalkböden, selten unter anderen Laubbäumen → **Olivbrauner Raukopf und verwandte Arten, S. 430**
5b	FK weniger massiv; Stiel < 1 cm breit; Hut glatt bis feinfaserig → **6**
6a (5)	V im Nadelwald, selten im Laubwald, meist in höheren Lagen; Hut deutlich hygrophan; SP rundlich bis breitelliptisch, 6–8 × 5–6 µm → **Grüner Raukopf, S. 430**
6b	V unter Hainbuche oder Eiche, seltener Buche, Linde, in wärmebegünstigen Gegenden; Hut kaum hygrophan; SP elliptisch, 6–8 × 4–5 µm → **Hainbuchen-Hautkopf, S. 434**
7a (2)	SP elliptisch bis schwach mandelförmig; FK relativ dünnfleischig, risspilz- oder rüblingsähnlich → **8**
7b	SP rundlich bis breitelliptisch; FK relativ dickfleischig, ritterlingsähnlich → **9**
8a (7)	Hut flach gewölbt bis stumpf gebuckelt; Velum olivlich bis rotbraun; V auf eher trockenen Böden → **Safranblättriger Hautkopf und verwandte Arten, S. 434**

8b Hut meist spitz gebuckelt; Velum rot, spärlich; V in moorigen Fichtenwäldern, meist im Torfmoos **→ Spitzkegeliger Safran-Hautkopf, S. 434**

8c Hut stumpf bis wenig auffällig spitz gebuckelt; Velum rot, üppig; V an feuchten Standorten bei Weiden **→ Weidenhautkopf, S. 434**

9a (7) Hut etwas hygrophan, fast glatt bis feinschuppig; V in moorigen Fichtenwäldern, oft im Torfmoos **→ Löwengelber Raukopf, S. 432**

9b Hut nicht hygrophan, sparrig schuppig; Stiel ebenfalls sparrig-schuppig; V in Laubwäldern auf mäßig sauren bis basischen Böden **→ Schuppiger Raukopf, S. 432**

9c Hut nicht hygrophan, feinschuppig; Stiel glatt; V im Fichtenwald auf trockeneren Böden **→ Rhabarberfüßiger Raukopf *(Cortinarius callisteus)* und verwandte Arten**

10a (2) FK komplett rostorange; Hut jung feinschuppig; SP breitelliptisch bis rundlich, 8–10 × 6–8 µm **→ 11**

10b FK nicht einheitlich gefärbt; Hut jung feinfaserig; SP elliptisch, 5–9 × 4–5,5 µm **→ 12**

11a (10) Stiel mit gelber Velumnatterung; Hut meist deutlich konisch-glockig, spitzgebuckelt; V in feuchten Fichtenwäldern, an Moorrändern **→ Spitzgebuckelter Raukopf, S. 432**

11b Stiel glatt, ohne erkennbare Natterung; Hut meist flach-konvex mit wenig deutlichem, stumpfem Buckel; V unter Kiefern und Eichen auf trockenen Böden in wärmebegünstigter Lage **→ Orangefuchsiger Raukopf, S. 432**

12a (10) Trama im oberen Stielbereich und Hut olivgrünlich; Hutrand lange lebhaft orange; SP 5–6,5 × 3,5–4,5 µm **→ Orangerandiger Hautkopf *(Cortinarius malicorius)***

12b Trama im Stiel und Hut gelb; SP 6,5–8,5 × 4–5 µm **→ Zimt-Hautkopf, S. 436**

12c Trama im Stiel und Hut bräunlich; ganzer FK relativ düster für einen Hautkopf; Hut meist mit charakteristischer Zonierung oder „Knick"; SP 6,5–8 × 4–5 µm **→ Orangeblättriger Hautkopf, S. 436**

13a (2) FK einheitlich blut-, karmin- bis dunkelrot gefärbt **→ Blut-Hautkopf und verwandte Arten, S. 436**

13b Hut oliv- bis bräunlich gelb; Velum gelblich-olivlich, undeutlich, manchmal porphyrgrau und Stiel davon schwach genattert **→ Blutblättriger Hautkopf und verwandte Arten, S. 436**

13c Hut rot- bis orangebraun; Velum rot, den Stiel deutlich überfasernd **→ Purpurrotgenatterter Hautkopf, S. 436**

14a (1) Trama mit Jodlösung weinviolett (dextrinoid); Hut etwas hygrophan; Velum am Knollenrand gelbgrün; V kleine Art der Hochmoore **→ Olivblättriger Moor-Klumpfuß, S. 442**

14b Trama mit Jodlösung nicht weinrot; Hut nie hygrophan; Velum anders; V Arten der Laub- und Nadelwälder auf Kalkboden **→ 15**

15a (14) Stielbasis mit deutlich gerandeter Knolle (im Schnittbild besser zu beurteilen!) **→ 16**

15b Stielbasis zylindrisch bis schwach keulig, nicht (deutlich) gerandet-knollig **→ 26**

16a (15) Hut jung lebhaft gelb, grünlich grau bis blaugrau, bei Luftzutritt nach und nach zu rostorange, rotbraun bis violettrot oxidierend **→ 17**

16b Hut jung lebhaft gelb, gelbbraun, gelbgrau, schwarzgrün, die Farbe bei Luftzutritt nicht deutlich verändernd (teilweise aber Velumflocken dunkel werdend) **→ 20**

17a (16) Hut und Knollenrand jung blau- bis olivgrau, schnell wein- bis violettrot oxidierend; V unter Laubbäumen auf Kalkböden **→ Violettroter Klumpfuß, S. 452**

17b Hut jung lebhaft gelb, gelbgrün bis graugrün, oxidiert orangefuchsig bis kastanienbraun **→ 18**

18a (17) Trama mit auffallendem Anisgeruch, intensiv gelb; V in montanen Nadelwäldern vor allem der Alpen und Voralpen **→ Anis-Klumpfuß, S. 452**

18b nicht nach Anis riechend **→ 19**

19a (18) Trama im Hut blassgelblich, fast weiß; KOH auf Hut blutrot; Hut orangefuchsig oxidierend; SP 12–16 × 8–9 µm; Geruch nach Ovomaltine; V unter Buche auf Kalkböden **→ Prächtigster Klumpfuß, S. 452**

19b Trama im Hut grüngelb; KOH auf Hut oliv bis rotbräunlich; Hut rot- bis kastanienbraun oxidierend; SP 10–12 × 6–7,5 µm; Geruch nach Bananenschale; V im Laubwald oder unter Weißtanne, auf Kalkböden → **Gelbflockiger Schleimkopf, S. 452**

19c Trama im Hut weißlich bis blass grüngelblich, im Stiel violettlich; Hut oliv-rotbräunlich oxidierend, aber Rand grüngelb bleibend; KOH auf Hut blutrot; SP 10–12 × 6–7 µm; V unter Eichen oder Hainbuche, auf Kalkböden → **Grüner Klumpfuß *(Cortinarius prasinus)***

20a (16) Trama intensiv gelb, mit KOH olivgrün bis -braun → **21**

20b Trama etwas blasser gelb bis weißlich, mit KOH rötlich, rosa oder blass braun → **23**

21a (20) Hut tief schwarzgrün und zum leuchtenden Gelb von Trama und L kontrastierend; V bei Weißtanne, selten Buche, in montanen Lagen → **Schwarzgrüner Klumpfuß, S. 454**

21b Hut gelb bis grüngelb oder gelbgrün, nicht deutlich zu L und Trama kontrastierend; V unter Buche oder Fichte → **22**

22a (21) Hut und Trama intensiv schwefelgelb; Geruch nach Ovomaltine; SP 10–11,5 × 5–6 µm; V unter Buche → **Schöngelber Klumpfuß, S. 454**

22b Hut und Trama intensiv schwefelgelb; Geruch pfeffrig-aromatisch, nach Haselwurz; SP 10–11,5 × 5–6 µm; V unter Fichte → **Dottergelber Nadelwald-Klumpfuß *(Cortinarius meinhardii)***

22c Hut stumpf grüngelb, Trama intensiv grüngelb; Geruch nach Ovomaltine; SP 8,5–10 × 5–5,5 µm; V unter Buchen → **Grünlings-Klumpfuß, S. 454**

23a (20) Hut mit KOH blutrot bis rot reagierend → **Leoparden-Klumpfuß *(Cortinarius majusculus)*, Safran-Klumpfuß *(Cortinarius olearioides)* und verwandte Arten**

23b Hut mit KOH nicht oder nur schwach bräunlich reagierend → **24**

24a (23) Trama in der Stielknolle mit Ammoniak rosa reagierend; V im Nadelwald auf Kalk → **Messing-Klumpfuß, S. 454**

24b Trama in der Stielknolle mit Ammoniak nicht rosa reagierend; V im Laub- oder Nadelwald → **25**

25a (24) Hut gelb- bis rötlich-braun; Geruch nach Ovomaltine; SP 11–13 × 6,5–8 µm; V im thermophilen Laubwald auf Kalk → **Steineichen-Klumpfuß, S. 454**

25b Hut braungelb mit olivgrauem Ton; Geruch nach Mehl; SP 9–11 × 5–6 µm; V im mitteleuropäischen Laubwald auf Kalk → **Gelbgrüner Klumpfuß *(Cortinarius flavovirens)***

25c Hut olivlich ockerbraun; Geruch nach Sellerie oder Petersilie; SP 11–13 × 6,5–7,5 µm; V im borealen Nadelwald bei Fichte und Kiefer auf Kalk → **Schwefelgelber Klumpfuß *(Cortinarius sulfurinus)***

26a (1) Hut und Stiel schleimig; SP mandelförmig und > 9 µm oder rundlich bis elliptisch und < 10 µm → **27**

26b Hut schleimig, Stiel trocken; SP meist mandelförmig und > 9 µm → **38**

26c Hut und Stiel trocken; SP meist elliptisch bis rundlich und seltenen > 10 µm → **59**
Vorsicht vor schnell abtrocknendem Stielschleim oder nicht mehr schleimigen Hüten! Anklebende Substratreste können einen Hinweis auf angetrockneten Schleim geben. Im Zweifelsfall Sporen und KOH-Reaktion prüfen.

27a (26) Hut orange- bis olivbraun, > 6 cm; Stiel lange schleimig, weiß oder violett, > 8 mm breit; Trama und Huthaut mild; SP mandelförmig, > 10 µm lang → **28**

27b mit anderer Merkmalskombination → **32**

28a (27) Stiel mit dicken erhabenen Velumgürteln; L jung violettlich; V unter Laubbäumen → **Natternstieliger Schleimfuß, S. 438**

28b Stielvelum nicht in Natterungen aufbrechend; L meist nicht violettlich → **29**

29a (28) Stielbasis nach Drücken und mehreren Stunden Liegens mit süßlichem Geruch nach Kunsthonig; Hut meist olivbraun; Velumhypen ohne Schnallen → **30**

29b Stielbasis auch nach längerem Liegen nicht honigartig riechend; Hut meist orangebraun (keine Olivtöne!); Velumhyphen mit Schnallen → **31**

30a (29) Hut deutlich runzelig; Stiel tief wurzelnd, an der Spitze längsrillig; V vor allem im trockenen Laubwald, seltener unter Kiefern (und Fichte?) → **Langstieliger Schleimfuß, S. 438**

30b Hut ebenso wie Stielspitze glatt; Stielbasis zuspitzend, aber nicht auffallend tief wurzelnd; V vor allem im feuchten Fichtenwald, seltener auch im Laubwald → **Honig-Schleimfuß, S. 438**

31a (30) Stiel immer reinweiß; SP 11–14 × 5,5–7 µm; V unter Kiefer auf trockenen, nährstoffarmen Böden → **Heide-Schleimfuß, S. 438**

31b Stiel meist mit violetter Tönung; SP 13–16 × 7,5–9,5 µm; V im Heidelbeer-Fichtenwald → **Blaustiel-Schleimfuß, S. 438**

31c vor allem durch etwas andere SP-Maße von vorigen beiden abweichend; V unter Birke oder Weide, skandinavisch-alpin → **Nördlicher Schleimfuß *(Cortinarius septentrionalis)*, Gebirgs-Schleimfuß *(Cortinarius alpinus)***

32a (27) FK zumindest jung mit violettblauen bis bläulichgrauen Farbtönen auf Hut und/oder L; Trama mild oder bitter → **33**

32b FK ohne blaue oder violette Töne; Trama immer bitter → **36**

33a (32) Trama sehr bitter; Hut blauviolett, oft mit ockergelben Flecken gemischt; SP elliptisch; V im Laubwald auf Kalk, vor allem unter Buche → **Safranblauer Schleimfuß, S. 440**

33b Trama mild; Hut einfarbig ockergelb oder blaugrau bis -violett; SP rundlich → **34**

34a (33) Hut ocker- bis olivgelb; L jung blau (Buchenwald) bis violettlich grau (Nadelwald); Stiel mit ockerlichen schleimigen Velumbändern → **Blaublättriger Schleimfuß, S. 440**

34b Hut mit violetten bis blaugrauen Tönen (aber teils ockerlich ausblassend); Velum am Stiel violettlich (ebenfalls ockerlich verblassend) → **35**

35a (34) Hut und Velum jung tief blauviolett; Stiel weißlich, keulig verdickt und zuspitzend; SP 6–8 µm breit; V unter Weißtanne oder Buche, auf Kalkböden → **Blauer Schleimfuß, S. 440**

35b Hut und Velum bläulich grau, stahlblau; Stiel kaum verdickt; SP ebenso oder schmaler; V unter FIchte oder Birke, vorwiegend auf sauren Böden → **Stahlblauer Schleimfuß *(Cortinarius emunctus)*, Blassblauer Schleimfuß *(Cortinarius betulinus)***

36a (32) Hut weiß, dann etwas cremefarben; FK an einen Fälbling erinnernd → **Kristall-Schleimfuß *(Cortinarius barbatus)***

36b Hut gelbbraun bis orangegelb oder rotorange, teils weiß überreift; FK nicht an einen Fälbling erinnernd → **37**

37a (36) Hut bis 6(8) cm, lebhaft gelb- bis rötlichorange, aprikosenfarben; SP 6,5–8 µm lang → **Galliger Schleimfuß, S. 440**

37b Hut bis 3(4) cm, graugelb bis bräunlich gelb; SP 5,5–7 µm lang → **Regen-Schleimfuß, S. 440**

38a (26) L jung eigentümlich schiefer- bis olivgrau, olivocker; Trama sehr bitter; SP rundlich bis breitelliptisch → **39**

38b Nicht mit dieser Merkmalskombination → **40**

39a (38) L jung olivocker, dann oliv graubraun; CH und PL vorhanden; V im sauren, feuchten Nadelwald und in Mooren → **Weihrauch-Schleimkopf, S. 446**

39b L jung olivgrau, dann oliv graubraun; Huthaut sehr bitter; ohne CH und PL; V im Laub- und Nadelwald auf eher trockenen, meist basenreichen Böden → **Artengruppe Bitterer Schleimkopf, S. 446**

40a (38) Trama im oberen Stielbereich mit KOH schwefelgelb oder braun mit schwefelgelber Umrandung (nicht zu nasse FK testen!) → **41**

40b Trama mit KOH nicht lebhaft gelb reagierend → **46**

41a (40) Hut jung graublau bis violett (bald von der Mitte her entfärbend) → **42**

41b Hut schon jung ohne blaue oder violette Töne (höchstens in sehr jungen Stadien im Randbereich) → **43**

42a (41) L jung weißlich → **Violettrandiger Schleimkopf (*Cortinarius balteatus*, Nadelwald), Braunvioletter Schleimkopf (*Cortinarius balteatocumatilis*, Laubwald) und weitere Arten**

42b L jung violettlich → **Artengruppe Erdigriechender und Blasser Schleimkopf, S. 444**

43a (41) Hut gelb- bis bräunlich grau, kartoffelfarben; Velum unauffällig, bläulich; Trama unveränderlich oder etwas bräunend → **Braunfleckender Schleimkopf *(Cortinarius patibilis)*, Starkreagierender Schleimkopf, S. 444**

43b Hut weißlich bis kittfarben; Velum üppig, weiß; Trama langsam rötend → **Trügerischer Schleimkopf, S. 446**

43c Hut gelb, ocker, orangebraun (teilweise vom weißen Velum überdeckt) → **44**

44a (43) Velum als deutliche gelbe oder braune Gürtel am Stiel → **45**

44b Velum als üppiger weißer wolliger Überzug über Hut und Stiel; Stielbasis zuspitzend → **Fuchs-Schleimkopf, S. 446**

44c Velum weißlich, seidig und unauffällig; Stiel keulig; Lamellenschneide intensiv amethystfarben → **Semmelgelber Schleimkopf, S. 444**

45a (44) Velumgürtel gelb; V unter Birke → **Gelbgestiefelter Schleimkopf, S. 444**

45b Velumgürtel bräunlich; V im Nadelwald → **Geschmückter Schleimkopf *(Cortinarius saginus)***

46a (40) Trama mit Jodlösung weinrot reagierend; FK auf Druck violett fleckend → **47**

46b Trama mit Jodlösung ohne dextrinoide Reaktion; nicht violett fleckend → **48**

47a (46) Hut violettbraun, purpurviolett, auch graubraun, oft mit konzentrischen Wasserflecken oder Streifungen im Randbereich, 5–12 cm breit; FK oft auffallend an *Lepista nuda* (S. 184) erinnernd → **Artengruppe Purpurfleckender Klumpfuß, S. 442**

47b Hut blass violettgrau, gelblich grau bis olivgelb, kaum über 4 cm breit; FK nie an *Lepista nuda* erinnernd → **Graublauer Zwerg-Schleimkopf, S. 442**

48a (46) Hut 10–15(–20) cm, dunkel purpurbraun, alt rotbraun, auffallend runzelig, jung mit auffälligen weißen Velumflecken zerstreut bedeckt; SP 14–17 × 8–10 µm; V im basischen Laubwald → **Schleiereule, S. 450**

48b nicht mit dieser Merkmalskombination, insbesondere SP kleiner → **49**

49a (48) Hut mit violetten, blauen bis blaugrauen Farben (wenn SP rundlich vgl. blau gefärbte Schleimfüße, 35a/b) → **50**

49b Hut gelb, ocker, rot- bis graubraun, olivlich → **52**

50a (49) Hut und Knollenrand mit KOH eosinfarben reagierend; Hutoberfläche meist mit kleinen Wasserflecken → **Lila Klumpfuß, S. 450**

50b Hut und Knollenrand mit KOH ohne Reaktion (bräunlich); Hutoberfläche einheitlich, ohne Wasserflecken → **51**

51a (50) Hut tief stahl- bis graublau, bald fleckweise blassgelblich entfärbt; Velumreste auf dem Hut und am Knollenrand jung weiß, dann cremegelblich; V im Buchenwald auf Kalk → **Blauer Klumpfuß, S. 450**

51b Hut violettblau, kaum entfärbend; Velumreste unauffällig bis fehlend; V vor allem unter Eiche und Hainbuche, aber auch Buche, auf Kalk → **Adeliger Klumpfuß, S. 450**

51c Hut graublau, schnell entfärbend; Velumreste von weiß zu ockerlich verfärbend; Trama vor allem im unteren Stielbereich orangeocker; V im Nadelwald auf Kalkboden → **Scheckiger Klumpfuß *(Cortinarius aurantiobasalis)* und ähnliche Arten**

52a (49) KOH-Reaktion am Hut- und Knollenrand eosinrot; Hut eingewachsen faserig, olivlich, graugrünlich, bronzefarben; Knollenrand jung von goldgelbem, pulvrigen Velum gesäumt → **Goldstaub-Klumpfuß, S. 450**

52b KOH-Reaktion am Hut- und Knollenrand oder Knollenunterseite eosin- bis blutrot; Hut glatt, ockergelb, selten mit rosalichen Tönen durchmischt; Knollenrand nicht mit goldgelbem, pulvrigen Velum **→ hier nicht behandelte Arten aus der Verwandtschaft des Amethystblättrigen Klumpfuß (z. B. *Cortinarius catharinae, Cortinarius insignis*)**

52c FK ohne auffallend rote KOH-Reaktion **→ 53**

53a (52) L jung mit blauen oder violetten Tönen **→ 54**

53b L jung nicht blau oder violett **→ 57**

54a (53) Hut rotbräunlich, schwach hygrophan; L jung blass violettrosa; beim Liegenlassen mit Honiggeruch in der Stielbasis **→ Hygrophaner Honig-Klumpfuß, S. 442**

54b Hut anders gefärbt, nicht hygrophan; L stärker violett oder blau; kein Honiggeruch **→ 55**

55a (54) L amethystviolett; Hut ockergelb bis bräunlichocker (ohne Olivton), Mitte meist mit schorfigen Velumresten; Huthaut nicht bitter **→ Amethystblättriger Klumpfuß, S. 448**

55b L blau, stahlblau; Hut olivgraugelb, orangebraun, olivbräunlich bis grünlich, mit oder ohne Velumreste; (wenn SP rundlich vgl. 34a) **→ 56**

56a (55) Hut und Velumhaut an der Knolle olivlich graugelb; Huthaut bitter, glatt; V im Buchenwald auf Kalk **→ Buchen-Klumpfuß, S. 448**

56b Hut orange- bis rotbraun, oft mit grünlichem Ton am Rand; Huthaut mild, stark eingewachsenfaserig; V im Laub- und Nadelwald **→ Reihiger Klumpfuß und verwandte Arten, S. 448**

56c Hut olivbraungrau mit orangebraunen Tönen, mit auffallend ockerlichen Velumfetzen bedeckt; Huthaut mild, eingewachsen-faserig; V im Buchen- und Eichenmischwald auf Kalk **→ Luhmanns Klumpfuß, S. 448**

57a (53) Stielknolle gerandet, von bräunlichem Velum gesäumt; Hut gelbbräunlich, mit erst weißen, dann bräunlichen Velumfetzen bedeckt; V im Laubwald auf Kalk **→ Breitknolliger Klumpfuß, S. 448**

57b Stielknolle gerandet oder nicht, ohne Velum oder dieses gelblich; Hut weißlich, gelblich, gelbbraun, olivgelb, ockerlich, ohne deutlich auffallende Velumreste **→ 58**

58a (57) Stielbasis keulig; Stiel mit ockergelben Velumbändern bedeckt, Hut oliv- bis ockergelb, besonders in der Mitte mit feinkörneliger Struktur (Lupe!); Geruch nach frischen Maisblättern **→ Gelbgegürtelter Schleimkopf und verwandte Arten, S. 446**

58b Stielbasis variabel zylindrisch, keulig bis gerandetknollig; Stiel mit feinem seidigen weißen Velum überzogen; Hut gelbocker bis rotbräunlich, glatt, manchmal etwas hygrophan; Geruch nach Ovomaltine oder Kunsthonig; Lamellenschneiden fein gezähnelt bis schartig **→ Sägeblättriger Klumpfuß, S. 442**

58c Stielbasis gerandet-knollig; Stiel mit schwer erkennbarem weißen seidigen Velum; Hut jung weißlich, dann hell lederbräunlich, glatt; Geruch nach Ovomaltine **→ Vergrabener Klumpfuß *(Cortinarius corrosus)***

59a (26) Hut und Stiel gerieben chromgelb anlaufend; Hut anfangs weißlich, alt zunehmend rotschuppig **→ Rotschuppiger Gürtelfuß, S. 456**

59b Hut und Stiel gerieben chromgelb anlaufend; Hut jung wie alt ockergelb, mit rötlichen Fasern durchzogen **→ Gilbender Raukopf *(Cortinarius rubicundulus)***

59c Gerieben nicht chromgelb verfärbend **→ 60**

60a (26) Velum am Stiel orange, zinnober, rot bis kräftig rosa **→ 61**

60b Velum am Stiel gelblich, gelbgrün, ockergelb **→ 62**

60c Velum am Stiel braun **→ 64**

60d Velum am Stiel jung blauviolett (alt ockerlich werdend!) **→ 65**

60e Velum am Stiel weiß bis schmutzig weißlich **→ 67**

61a (60) Velum als rosa- bis zinnoberroter Ring und Bänderung; Hut 6–15 cm, orangebräunlich **→ Geschmückter Gürtelfuß, S. 456**

61b Velum orangerot den unteren Stielbereich überziehend; Hut 3–8 cm, feucht kastanien- bis violettbraun → **Feuerfüßiger Gürtelfuß, S. 456**

61c Velum zinnoberrot den ganzen FK überziehend; Hut 3–6 cm, zinnoberrot → **Zinnoberroter Wasserkopf, S. 456**

62a (60) Velum als anliegende gelbliche Natterung; Hut zumeist mit graubläulichen Farben, Oberfläche etwas glimmrig wirkend, kaum hygrophan; V im Herbst; SP 7,5–10 × 6–7,5 µm → **Artengruppe Braunvioletter Dickfuß, S. 458**

62b Velum dünn, grünlich gelb; Hut feucht rot- bis olivbraun, hygrophan, trocken olivgelb; V oft zeitig im Jahr; SP 8–10,5 × 4,5–5,5 µm → **Artengruppe Olivgelber Raukopf *(Cortinarius colymbadinus)***

62c Velum als ocker- bis orangegelbe flockige Gürtelung → **63**

63a (62) L jung violettblau, ziemlich entfernt; Stiel bis 0,4 cm dick; SP elliptisch, 8–10 × 5–6,5 µm; V unter Erle an sumpfigen Stellen → **Welligverbogener Gürtelfuß *(Cortinarius helvelloides)***

63b L jung gelbbraun, selten etwas violettlich getönt, normal stehend; Stiel bis 0,5 cm dick; SP elliptisch, 8,5–10 × 5–6,5 µm; V unter diversen Laubbäumen auf eher trockenen Böden → **Artengruppe Gelbfaseriger Raukopf, S. 462**

63c L jung gelbbraun, normal stehend; Stiel bis 0,8 cm dick; SP rundlich, 7,5–9 × 6–7 µm; V in trockenen bis frischen Nadelwäldern → **Goldgelber Raukopf *(Cortinarius gentilis)***

64a (60) Velum reichlich, dunkelbraun, in Form von abstehenden Schuppen auf Hut und Stiel → **Braunschuppiger Dickfuß, S. 458**

64b Velum reichlich, dunkelbraun, am Hutrand anliegend und als Natterung auf dem Stiel → **Braungegürtelter Dickfuß *(Cortinarius fuscoperonatus)***

64c Velum dünn, nussbraun, den unteren Stielbereich überziehend → **Rostbrauner Dickfuß, S. 458**

65a (60) Geruch stark bocksartig, nach verbrannten Haaren; Trama im unteren Stielbereich weißviolett, nur alt etwas gelbbräunlich; CH auffallend, bis 60 µm lang → **Bocks-Dickfuß, S. 458**

65b Geruch nach vergorenen Birnen, fruchtig; Trama im unteren Stielbereich ockergelb, marmoriert; CH unauffällig bis fehlend → **66**

66a (65) Hut jung violett, blaulila; Stiel 1–2,5 cm breit; SP 8–9,5 × 5–6 µm; V unter Fichte und Kiefer → **Lila Dickfuß *(Cortinarius traganus)***

66b Hut jung rötlich braun, mit violetten Velumflecken; Stiel 0,5–1,5 cm breit; SP 9–10,5 × 5,5–6,5 µm; V unter Fichte und Birke, vor allem in Skandinavien → **Schönstieliger Gürtelfuß *(Cortinarius venustus)***

67a (60) Velum als häutiger Ring ausgebildet; Hut ocker- bis orangebraun, mit weißlich-violettlich bereiftem Buckel (wenn Hut und L mit blauvioletten Tönen vgl. Wohlriechender Gürtelfuß *(Cortinarius torvus)* → **Reifpilz, S. 458**

67b Velum nicht häutig, wenn auch teilweise eine deutliche wattige Ringzone bildend → **68**

68a (67) Stiel an der Basis zugespitzt bis wurzelnd, 0,5–1,5 cm breit → **69**

68b Stiel nicht basal zugespitzt oder < 0,5 cm breit → **70**

69a (68) Stiel innen und außen violettblau; Velum jung üppig, eine weiße Gürtelung bildend → **Artengruppe Rettich-Gürtelfuß, S. 460**

69b Stiel weißlich, steif und etwas knorpelig (ähnlich den Rüblingen); Velum sehr dünn, oft fast nicht sichtbar → **Spindeliger Wasserkopf *(Cortinarius duracinus)* und verwandte Arten**

70a (68) FK in allen Teilen ocker- bis braungelb, orangebraun; Hut radial entwässernd, alt schwärzliche Flecken und Striemen bekommend; L meist entfernt stehend; Stiel meist > 0,5 cm breit; Velum oft üppig; Geruch meist auffallend erdartig, nach Staub oder Rote Bete → **Artengruppe Erdigriechender Gürtelfuß, S. 460**

70b nicht mit dieser Merkmalskombination → **71**

71a (70) Stiel < 0,4 cm breit; Hut 0,5–3(–4) cm → **72**

71b Stiel > 0,4 cm breit; Hut (3–)4–15 cm → **78**

72a (71) Hut ocker- bis rostgelb, orangebraun, oft stark gerieft; Stiel jung vollständig weiß überfasert, basal zuspitzend oder gleichdick; Geruch beim Antrocknen in der Stielbasis jodoformartig **→ Artengruppe Spitzer Wasserkopf und Artengruppe Stumpfer Wasserkopf *(Cortinarius obtusus)*, S. 462**

72b nicht mit dieser Merkmalskombination **→ 73**

73a (72) Velum seidig am Stiel ausgebildet; Stielbasis oft etwas rosalich oder rötlich; Hut im Regelfall nicht schuppig **→ 74**

73b Velum in Form von +/- flockigen Gürteln am Stiel ausgebildet; Stielbasis im Alter braunschwarz, aber ohne rötliche Töne; Hut oft fein- bis grobschuppig **→ 77**

74a (73) FK komplett violett; Hut < 1,5 cm; V unter Erlen **→ Violetter Erlen-Wasserkopf (*Cortinarius lilacinopusillus* und *Cortinarius americanus*)**

74b FK ohne Violetttöne oder nur in Teilen des FK **→ 75**

75a (74) SP 10–12 × 6–7 µm; Hut rot- bis graubraun; Stiel an der Spitze rosaviolett **→ Großsporiger Wasserkopf *(Cortinarius casimiri)***

75b SP < 10 µm lang; Hut feucht dunkel- bis schwarzbraun **→ 76**

76a (75) V im Frühjahr (selten im Herbst); SP breitelliptisch, 7,5–8,5 × 5–6 µm **→ Rosastieliger Wasserkopf, S. 462**

76b V im Herbst; SP elliptisch, 8,5–10 × 5–6 µm **→ weitere Schleierlings-Arten (*Cortinarius decipiens*, *Cortinarius umbrinolens* und andere)**

77a (73) Geruch nach Geranienblättern, Zitronenmelisse oder Rosenblüten; Hut schuppig, im Alter verkahlend **→ Artengruppe Pelargonium-Gürtelfuß und verwandte Arten, S. 462**

77b Geruch unspezifisch; Hut regelmäßig weißschuppig und nicht verkahlend; V stets bei Birke **→ Weißflockiger Gürtelfuß *(Cortinarius hemitrichus)***

77c Geruch nicht wie 77a; Hutschuppung nicht wie 77b **→ viele weitere *Cortinarius*-Arten**

78a (71) Hut lebhaft ocker-, orange- bis rotbraun, stark hygrophan, ringförmig entwässernd **→ 79**

78b Hut blass cremegrau, kaum hygrophan; V im Kalk-Buchenwald **→ Tonweißer Dickfuß *(Cortinarius turgidus)***

78c Hut ziegelrot und wenig hygrophan oder violett-, schokoladen- bis schwarzbraun **→ 80**

79a (78) V unter Birken, oft in Pionierwäldern oder Parks **→ Zimtblättriger Birken-Wasserkopf, S. 460**

79b V unter Kiefer, seltener Fichte; Trama in der Stielspitze jung etwas violettlich; SP 7,5–9 µm lang **→ Aprikosen-Wasserkopf, S. 462**

79c V unter Fichte, seltener Kiefer; Trama auch jung schon gelb- bis orangebraun; SP 5,5–7,5 µm lang **→ Quitten-Wasserkopf *(Cortinarius renidens)***

80a (78) Hut ziegelrot, kaum hygrophan; L auffallend ziegel- bis braunrot; SP 10–12 × 6–7 µm **→ Zimtroter Gürtelfuß, S. 460**

80b Hut feucht schwarzbraun, hygrophan; L schwarzbraun mit violettem Ton; SP 8–9,5 × 6–7 µm **→ Artengruppe Dunkelbrauner Gürtelfuß, S. 460**

80c Hut stumpf gelbbraun bis graubraun, hygrophan; L gelbbraun, jung violettlich getönt; SP 7,5–8,5 × 4,5–5,5 µm **→ Schrägberingter Gürtelfuß *(Cortinarius biformis)* und weitere Arten**

1 Violetter Schleierling
Cortinarius violaceus

H 5–15 cm, jung halbkugelig, später polsterförmig gewölbt bis ausgebreitet, meist mit flachem, stumpfem Buckel, samtig-filzig bis feinschuppig, tief dunkelviolett, nicht hygrophan. **L** Dunkelviolett, alt purpurbraun, relativ entferntstehend, ausgebuchtet angewachsen mit Zähnchen. **S** 6–15 × 0,8–2,5 cm, keulig verdickt, (rötlich) violett, vom grauvioletten Velum unauffällig gegürtelt. **F** Dunkelviolett, feucht marmoriert, mit KOH blutrot, Geruch schwach nach Zedernholz oder rettichartig, Geschmack etwas erdig, mild. **V** Juli bis November. Unter Espe, Birke, Buche und anderen Laubbäumen, bodenvag, aber bevorzugt auf sauren mineralreichen Böden; in Mitteleuropa weit verbreitet, nur regional häufiger. **W** Unter Nadelbäumen kommt mit *C. harcynicus* eine kaum unterscheidbare weitere Sippe mit etwas breiteren Sporen vor.

SP 11–13,5 × 7–8,5 µm; **CH** und **PL** vorhanden

2 Olivbrauner Raukopf
Cortinarius cotoneus

H 5–15 cm, jung halbkugelig, später polsterförmig gewölbt bis ausgebreitet, meist mit flachem, stumpfem Buckel, dickfleischig, samtig-filzig bis feinschuppig, jung olivlich gelbgrün, älter oliv- bis gelbbraun, nicht hygrophan. **L** Lebhaft gelboliv, später gelbbraun, schwach gedrängtstehend, ausgebuchtet angewachsen mit Zähnchen. **S** 6–12 × 0,8–2,5 cm, zylindrisch, stets mit keulig verdickter Basis, blass gelbbraun, olivgelb, alt etwas dunkler, Velum olivgrünlich, unauffällig gegürtelt, eine dünne Abschlusszone bildend. **F** Blass olivgelb, feucht etwas marmoriert, mit KOH dunkelrot, Geruch deutlich rettichartig. **V** August bis November. Unter Buche, Linde, Eiche, Hainbuche, auf basenreichen (Kalk-)Böden; in Mitteleuropa weit verbreitet, auf geeignetem Untergrund nicht selten. **W** Weitere Arten des Laubwaldes in diesem Komplex, wie z. B. *C. leproleptopus*, sind nur mithilfe von Spezialliteratur unterscheidbar.

SP 8–10 × 7–8,5 µm

3 Braunnetziger Raukopf
Cortinarius melanotus

H 4–10 cm, jung halbkugelig, später polsterförmig gewölbt bis ausgebreitet, meist mit flachem, stumpfem Buckel, olivgelb bis braunoliv, mit feinen dunkler oliv- bis schwarzbraunen Schüppchen besetzt, nicht hygrophan. **L** Olivgelb, alt hell braunoliv, relativ dicht stehend, ausgebuchtet angewachsen mit Zähnchen. **S** 4–8 × 0,6–1,5 cm, zylindrisch, Basis meist etwas verdickt aber wieder zuspitzend, hell olivgelblich, alt von der Basis her etwas dunkler, vom grauvioletten Velum dunkelbraun, meist deutlich gegürtelt oder wie ein netzartiger Überzug (daher der Name!). **F** Hell olivgelblich, feucht etwas marmoriert, mit KOH braunrötlich, Geruch meist deutlich nach Petersilie, selten rettichartig. **V** August bis November. Vor allem unter Weißtannen, sehr selten unter Kiefern oder Fichten, auf kalkreichen Böden in höheren Lagen; in Mitteleuropa selten, nur regional vorkommend. **W** Geruch, Hutschuppung und Velumfarbe machen die Art unverwechselbar.

SP 6,5–8 × 5–6,5 µm

4 Grüner Raukopf
Cortinarius venetus

H 5–15 cm, jung flach halbkugelig, später flach gewölbt bis ausgebreitet, meist ungebuckelt, samtig-filzig bis feinschuppig, feucht olivgrün bis olivbraun, abtrocknend olivgelb, im Alter mit rötlichen Tönen, hygrophan. **L** Olivgrün bis gelboliv, dicht stehend, ausgebuchtet angewachsen, mit Zähnchen. **S** 4–8 × 0,5–1,2 cm, zylindrisch, Basis gleichdick oder verjüngt, olivgelb, an der Basis jung grünlich, alt rötlich ocker, Basalfilz gelb, Velum olivgelb, unauffällig. **F** Olivgelb, mit KOH braunrot, Geruch schwach rettichartig. **V** Juli bis November. Im Nadelwald, seltener unter Buchen, vor allem in höheren Lagen, bevorzugt auf Kalkböden; in Mitteleuropa weit verbreitet, nur regional häufiger. **W** Von den anderen grünlichen Rauköpfen ist diese Art durch die schmächtigere Statur unterscheidbar und eher mit dem Hainbuchen-Hautkopf (→ S. 434) zu verwechseln.

SP 6–8 × 5–6 µm

1
2
3
4

1 | Schuppiger Raukopf
Cortinarius humicola

RL-G | V !

H 3–6 cm, jung kegelig bis glockig, später gewölbt, ausgebreitet, nicht ganz verflachend, mit spitzem bis stumpfem Buckel, abstehend schuppig, ocker- bis orangegelb, die Schuppen mit etwas dunklerer Spitze. **L** Stroh- bis ockergelb, im Alter zunehmend rostfarben überdeckt, relativ dicht stehend. **S** 5–10 × 0,6–1,2 cm, zylindrisch, mit zuspitzender Basis, manchmal fast wurzelnd, ockergelb, an der Basis gelborange, dicht mit abstehenden orangegelben Schüppchen besetzt, die nach oben von einer unauffälligen Velumringzone begrenzt werden. **F** In Hut und oberem Stiel weißlich, zur Stielbasis hin zunehmend ocker bis gelborange, Geruch etwas nach Rettich oder Zedernholz. **V** August bis November. Unter Buchen, in mäßig sauren bis basenreichen Laubwäldern; in Mitteleuropa weit verbreitet, aber überall selten. **W** Die Art ist mit keiner anderen Schleierlingsart verwechselbar, erinnert jedoch stark an den Sparrigen Schüppling (→ S. 400).

SP 7,5–9,5 × 5,5–6 µm

2 | Löwengelber Raukopf
Cortinarius limonius (Syn. *Aureonarius limonius*)

H 3–8 cm, jung halbkugelig, später gewölbt, konvex bis ausgebreitet, oft mit flachem, stumpfem Buckel, samtig bis kahl, älter feinschuppig, orangegelb bis lebhaft rostorange, schwach hygrophan. **L** Ocker bis orangegelb, später rostfarben; etwas entferntstehend. **S** 4–10 × 0,8–2 cm, zylindrisch, manchmal mit leicht zuspitzender Basis, ockergelb, an der Basis gelborange, längsfaserig, mit kaum sichtbaren gelblichen Velumgürteln. **F** In Hut und oberem Stiel ockergelblich, zur Stielbasis hin zunehmend rötlich orange, Geruch schwach rettichartig. **V** Juni bis November. Unter Fichten, in feuchten bis nassen, sauren Nadelwäldern und an Moorrändern; in Mitteleuropa weit verbreitet, aber selten, in Skandinavien häufiger. **W** Die leuchtend gelborange Färbung und der schwach hygrophane Hut machen diese Charakterart der Moorrandwälder einfach erkennbar.

SP 7,5–9 × 6–6,5 µm

3 | Spitzgebuckelter Raukopf
Cortinarius rubellus

H 3–8 cm, jung glockig bis konisch, seltener halbkugelig, später flach gewölbt, mit meist deutlichem, spitzem Buckel, Rand im Alter oft hochgebogen, filzig-feinschuppig, rotorange bis rostfarben, nicht selten einreißend. **L** Warm rostorange, relativ breit, entferntstehend. **S** 4–12 × 0,5–1,5 cm, zylindrisch, Basis oft schwach keulig oder rübenförmig verdickt, nur selten etwas zuspitzend, hutfarbig rostorange, durch mehrere gelben Velumbändern genattert. **F** Ockergelblich, von der Stielbasis nach oben zunehmend rötlich orange, Geruch schwach rettichartig. **V** Juli bis November. Unter Fichten und Tannen, in feuchten bis nassen, sauren Nadelwäldern und an Moorrändern; in Mittel- und Nordeuropa weit verbreitet, regional häufig. **W** Tödlich giftig durch Nierenschädigung! Symptome treten oft erst zwei bis drei Wochen nach der Mahlzeit auf. Die Art ist in den letzten 30 Jahren etwas häufiger geworden.

SP 8–11 × 7–8,5 µm

4 | Orangefuchsiger Raukopf
Cortinarius orellanus

H 3–10 cm, jung halbkugelig bis polsterförmig, später flach gewölbt mit stumpfem, eher flachem Buckel, Rand im Alter oft hochgebogen, filzig-feinschuppig, rostorange bis orangebräunlich, bisweilen etwas einreißend. **L** Warm rostorange, relativ breit, entferntstehend. **S** 4–12 × 0,5–1,5 cm, zylindrisch, an der Basis meist leicht zuspitzend, oben ockergelblich, nach unten zu heller hutfarbig, orangeocker bis rostorange, glatt bis fein längsfaserig, ohne sichtbare Bänderung. **F** Ockergelblich, von der Stielbasis nach oben zunehmend rötlich orange, Geruch schwach rettichartig. **V** Juli bis Oktober. Unter Eiche, Linde und Kiefer, in wärmebegünstigten Lagen, auf sauren bis neutralen, mineralreichen Böden; in Europa weit verbreitet, meist selten. **W** Tödlich giftig durch Nierenschädigung! Symptome treten oft erst nach zwei bis drei Wochen auf.

SP 8–11 × 5,5–7 µm

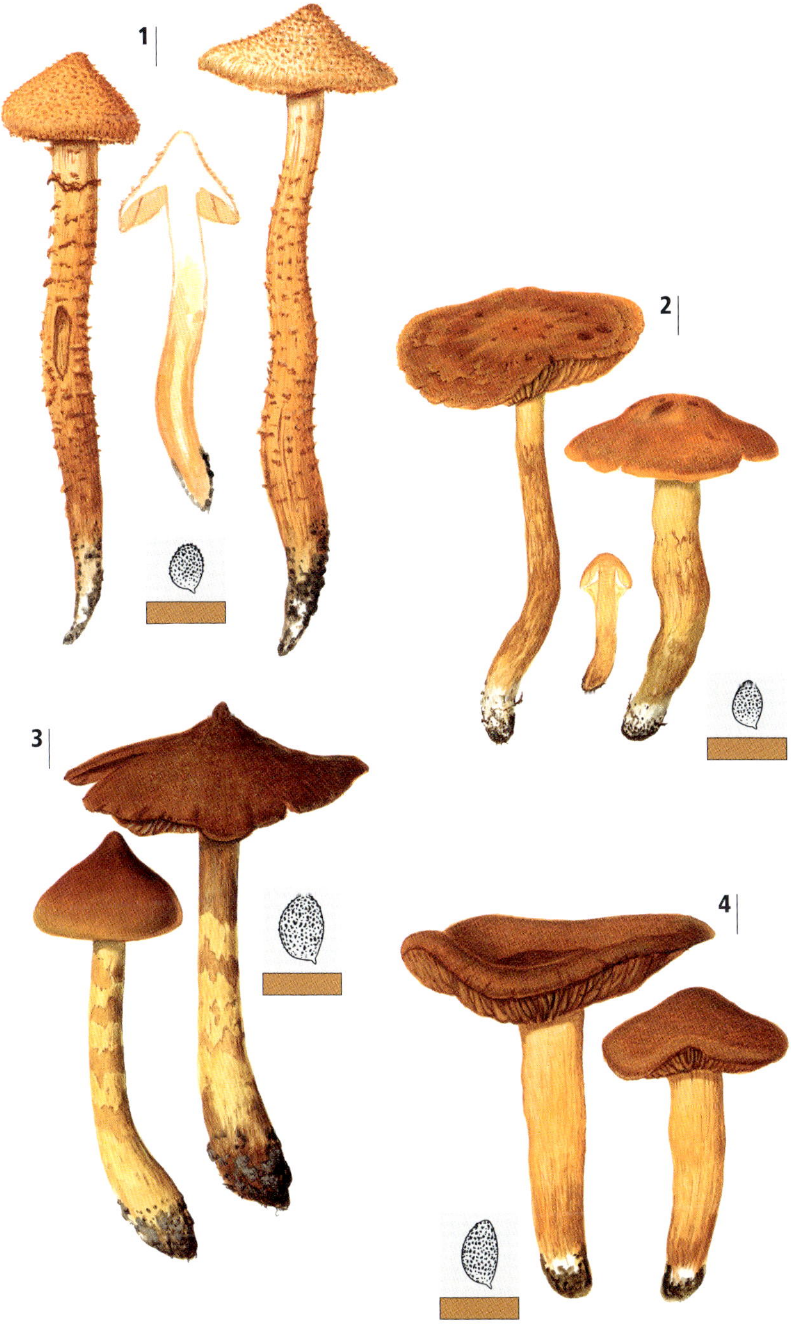
1
2
3
4

1 Hainbuchen-Hautkopf

Cortinarius olivaceofuscus

RL-G

H 3–6 cm, jung halbkugelig-glockig, später gewölbt, manchmal ausgebreitet, meist mit flachem stumpfem Buckel, jung olivgrün, dann olivbraun, eingewachsen-faserig bis schwach kleinschuppig aufbrechend. **L** Olivlich gelbgrün, dann rostfarben überdeckt, mäßig entferntstehend, ausgebuchtet angewachsen. **S** 4–8 × 0,4–0,8 cm, zylindrisch, heller hutfarbig, oliv-gelbgrün. **F** Olivgelb, Geruch und Geschmack schwach rettichartig. **V** August bis November. In wärmebegünstigten Laubwäldern, vor allem unter Hainbuche, auf Kalkboden; in Süd- und Mitteleuropa verbreitet, aber nur im Süden etwas häufiger. **W** Ähnlich sind grüne Raukopfarten (→ S. 432, sowie der Olivblättrige Sumpf-Hautkopf (s. u.).

SP 6–8 × 4–5,5 µm

2 Olivblättriger Sumpf-Hautkopf

Cortinarius chrysolithus

H 2–6 cm, jung kegelig, dann gewölbt bis ausgebreitet, mit spitzem Buckel, eingewachsen-faserig, älter stellenweise feinschuppig, oliv- bis grünlich braun. **L** Jung olivgrün, dann olivbraun, etwas entferntstehend. **S** 5–10 × 0,3–0,6 cm, zylindrisch, manchmal mit leicht verdickter Basis, olivgrünlich bis braunoliv. **F** Olivgelblich, im Stiel bräunlich, Geruch und Geschmack rettichartig. **V** Juni bis November. In Hochmooren und an Moorrändern im Torfmoos, unter Birke, Fichte oder Kiefer; in Mittel-, Ost- und Nordeuropa weit verbreitet und selten, in Skandinavien und im Baltikum etwas häufiger. **W** Im selben Biotop kommen noch *C. huronensis* mit gelberen Lamellen sowie der düster olivbraun gefärbte *C. tubarius* vor. Diese drei Arten sind nur schwer auseinanderzuhalten und können durcheinander wachsen.

SP 8–11 × 5–7 µm

3 Spitzkegeliger Safran-Hautkopf

Cortinarius croceoconus

In Habitus, Ökologie und Mikromerkmale voriger Art gleichend, farblich jedoch wie nachfolgende. **V** Juni bis November. In Hochmooren und an Moorrändern im Torfmoos, unter Nadelbäumen; in Mittel-, Ost- und Nordeuropa weit verbreitet aber generell selten, in Südeuropa weitgehend fehlend.

SP 8–11 × 5–7 µm

4 Safranblättriger Hautkopf

Cortinarius croceus

H 1,5–6 cm, jung glockig bis halbkugelig, später flach gewölbt, oft stumpf gebuckelt, Rand im Alter oft hochgebogen, feinfaserig, olivgelb bis gelbbraun, auch hasel- bis rotbraun, nicht selten einreißend. **L** Jung lebhaft gelb, bald safrangelb und zunehmend rostorange überdeckt, mäßig entferntstehend. **S** 3–8 × 0,3–0,8 cm, zylindrisch, hell olivgelb bis gelbbräunlich, manchmal mit graubraunen (var. *porphyreovelata*) oder orangelichen Velumbändern genattert. **F** Olivgelblich, Geruch und Geschmack schwach rettichartig. **V** Juli bis November. Unter Laub- und Nadelbäumen, vor allem Fichte und Kiefer, auf eher trockenen, sauren, nährstoffarmen Böden; in ganz Europa verbreitet, regional häufig. **W** Es gibt noch weitere gelbblättrige Hautköpfe, die alle deutlich seltener sind.

SP 7–9 × 4,5–5,5 µm

5 Weiden-Hautkopf, Kupferroter Hautkopf

Cortinarius uliginosus

RL-V

H 3–10 cm, jung glockig bis konisch, dann flach polsterförmig, alt verflachend, mit ausgeprägtem, meist recht spitzem Buckel, fein eingewachsen-faserig, lebhaft rotorange, später rostorange bis bräunlich orange. **L** Jung leuchtend zitronengelb, alt rostbraun, relativ engstehend. **S** 4–8 × 0,4–0,8 cm, zylindrisch, an der Basis meist leicht verdickt, oben ockergelblich, nach unten zu heller hutfarbig, mit zinnoberrotem Velum überfasert. **F** Gelblich, Geruch schwach rettichartig. **V** Juli bis Oktober. In nassen Weidengebüschen, in Mooren, Sümpfen, an Moorrändern, Fluss- und Teichufern, fast stets unter Weide; in Europa weit verbreitet, mit Ausnahme von Nord- und Nordosteuropa überall selten. **W** Sehr ähnlich ist *C. croceoconus* (s. o.) mit weniger lebhaften Farben.

SP 8–11 × 5–6,5 µm

1
2
3
4
5

1 | Zimt-Hautkopf

Cortinarius cinnamomeus

H 2–6 cm, jung halbkugelig-glockig, später gewölbt bis ausgebreitet, flach und stumpf gebuckelt, ockerbraun, orangebraun bis rotbraun, eingewachsen-faserig, alt etwas feinschuppig aufbrechend. **L** Lange lebhaft orange, alt trüber, rostbraun, mäßig entferntstehend, ausgebuchtet angewachsen. **S** 4–8 × 0,4–0,8 cm, zylindrisch, lebhaft olivgelb, alt bräunlich gelb. **F** Lebhaft gelb, Geruch und Geschmack schwach rettichartig. **V** August bis November. In Nadel-, seltener Laubwäldern, vor allem unter Fichte oder Kiefer, auf sauren, eher trockenen Böden; in ganz Europa mit Ausnahme des Mittelmeergebietes verbreitet und mäßig häufig. **W** Ähnlich ist der Orangerandige Hautkopf *(C. malicorius)* mit lebhaft orangem Hutrand und olivgrünem Stielfleisch, sowie die nachfolgende Art.

SP 6–8 × 4–5 µm

2 | Orangeblättriger Hautkopf, Düsterer Hautkopf

Cortinarius sommerfeltii

Im Wesentlichen ähnlich voriger Art, aber in der Lamellen- und Stielfärbung weniger lebhaft, Hut meist mit angedeuteter Zonierung oder umlaufendem Knick. **V** Juni bis Oktober. In feuchten bis nassen Fichtenwäldern und an Moorrändern; in Mittel- und Nordeuropa weit verbreitet, nicht selten, aber wenig bekannt, in Südeuropa weitgehend fehlend. **W** Ältere Exemplare sind so wenig lebhaft gefärbt, dass man sie eher für eine Art der Untergattung *Telamonia* halten kann als für einen Hautkopf.

SP 7–8,5 × 4,5–5,5 µm

3 | Blut-Hautkopf

Cortinarius sanguineus agg.

H 1,5–4 cm, jung habkugelig, dann gewölbt bis ausgebreitet, kaum oder flach gebuckelt, eingewachsen-faserig, karminrot bis blutrot. **L** Lebhaft karminrot bis blutrot, alt braunrot, dann olivbraun, mäßig engstehend. **S** 3–7 × 0,3–0,6 cm, zylindrisch, manchmal mit leicht verdickter Basis, hutfarbig blutrot, basal oft rosalich überfilzt. **F** Blutrot bis rosarot, Geruch und Geschmack rettichartig. **V** Juli bis November. In Laub- und Nadelwäldern, unter Buche oder Fichte, meist an feuchten Stellen; in ganz Europa verbreitet, mäßig häufig im Norden, zerstreut bis selten gegen Süden. **W** Es handelt sich um einen Artenkomplex aus etwa vier Arten, die schwer zu trennen sind. Alle färben gebeizte Wolle intensiv blutrot und sind deshalb die wohl beliebtesten Färbepilze überhaupt.

SP 6–8,5 × 4–5,5 µm, manche Sippen größer

4 | Blutblättriger Hautkopf

Cortinarius semisanguineus agg.

H 2–8 cm, jung glockig, später lange gewölbt und meist deutlich stumpf gebuckelt, alt oft verflacht und mit wellig aufgebogenem Rand, fein faserig bis feinst schuppig, gelbbraun, rötlich braun bis olivbraun. **L** Jung lebhaft karminrot, alt braunrötlich, mäßig entferntstehend. **S** 3–10 × 0,3–1 cm, zylindrisch, hell olivgelb bis gelbbräunlich, meist an der Basis rosarötlich bis orangerötlich. **F** Olivgelblich, Geruch und Geschmack schwach rettichartig. **V** Juli bis November. Vor allem in Kiefern- und Fichtenwäldern, selten im Buchenwald, auf trockenen bis nassen, stets sauren, nährstoffarmen Böden; in ganz Europa verbreitet, regional häufig. **W** Mit kleineren Sporen vgl. *C. rubrophyllus*. Je nach Farbe der Stielbasis (braun, rot, rostorange) unterscheiden Spezialisten weitere Arten in diesem Komplex.

SP 6–7,5 × 4–5,5 µm

5 | Purpurrotgenatterter Hautkopf

Cortinarius phoeniceus

RL-G

H 3–10 cm, jung glockig bis konisch, lange gewölbt, alt uneben verflacht, meist mit stumpfem Buckel, fein eingewachsen-faserig, orangebräunlich bis rostbräunlich mit feinen rötlichen Fasern durchsetzt. **L** Jung tief dunkelrot, alt rotbraun, mäßig entferntstehend. **S** 4–10 × 0,4–1,2 cm, zylindrisch, schmutzig olivgelblich, dicht vom zinnober- bis karminrotem Velum überfasert, Basis meist orangerosa. **F** Ockerrötlich, Geruch schwach rettichartig. **V** August bis November. In Buchen- oder Nadelwäldern (vor allem Kiefer), auf trockenen, sauren, nährstoffarmen Böden; in ganz Europa verbreitet, meist selten, im Norden regional mäßig häufig. **W** Meist kräftige Art, die man daher für einen Raukopf halten könnte. Diese haben aber niemals rote Lamellen.

SP 6–8,5 × 3,5–5 µm

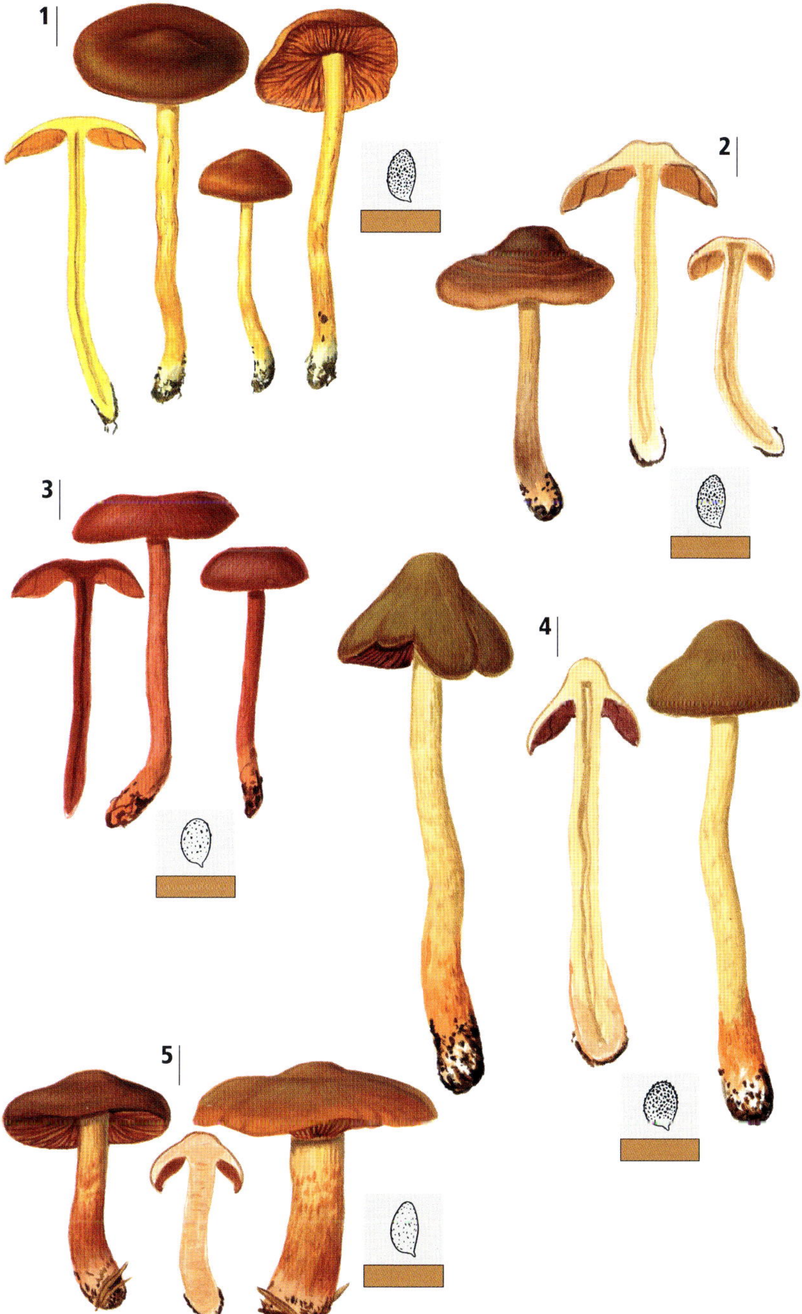
1
2
3
4
5

1 | Langstieliger Schleimfuß
Cortinarius elatior

H 4–10 cm, selten größer, jung konisch-glockig, später gewölbt bis fast flach mit großem, stumpfem Buckel, ockerbraun, olivbraun bis rotbraun, im Alter auffallend radialrunzelig, schwach hygrophan, sehr schleimig. **L** Jung cremegrau, alt rostbraun, mäßig entferntstehend, meist queradrig, Schneiden weißlich bewimpert. **S** 6–15 × 1–2 cm, zur Basis hin spindelig verjüngt, tief wurzelnd, weißlich, vom violetten Velum +/- deckend überzogen, an der Spitze rillig. **F** Weißlich, Geruch deutlich honigartig, besonders nach Reiben der Stielbasis. **V** Juli bis November. In Nadel- und Laubwäldern, vor allem unter Buche, Fichte oder Kiefer, auf sauren, nährstoffarmen Böden; in ganz Europa verbreitet und vor allem in Süd- und West-Europa ziemlich häufig. **W** Von ähnlichen Arten mit Honiggeruch durch den runzeligen Hut und die geriefte Stielspitze unterschieden.

SP 11–14 × 7–9 µm

2 | Honig-Schleimfuß
Cortinarius stillatitius

Im Wesentlichen ähnlich voriger Art, aber etwas schmächtiger und ohne die Runzelungen auf Hut und Stielspitze. **V** Juni bis Oktober. In feuchten bis nassen Fichtenwäldern und an Moorrändern, auf sauren Böden; in ganz Europa weit verbreitet, häufig.

SP 12–15 × 7–9 µm

3 | Blaustiel-Schleimfuß
Cortinarius collinitus

RL-G

H 4–12 cm, jung glockig bis halbkugelig, später lange gewölbt und meist deutlich stumpf gebuckelt, alt oft mit wellig aufgebogenem Rand, lebhaft orangebraun bis kastanienbraun, ohne Olivtönung, sehr schleimig. **L** Jung cremegrau, alt rostbraun, mäßig entferntstehend. **S** 5–10 × 0,8–2 cm, zylindrisch oder etwas zuspitzend, weißlich, meist vom violetten schleimigen Velum überdeckt. **F** Weißlich, in der Stielbasis alt bräunlich gelb, Geruch und Geschmack unspezifisch. **V** In feuchten bis nassen Fichtenwäldern und an Moorrändern, auf sauren Böden; in ganz Europa weit verbreitet, aber nur im Norden und Nordosten häufig. **W** In Skandinavien kommen weitere ähnliche Arten vor, die auch in den Alpen und den Hochlagen der Mittelgebirge auftreten könnten *(C. alpinus, C. septentrionalis)*.

SP 12–16 × 6,5–8,5 µm

4 | Heide-Schleimfuß
Cortinarius mucosus

RL-3

H 5–12 cm, jung glockig bis halbkugelig, dann konvex gewölbt, stumpf gebuckelt, auch alt kaum verflachend, lebhaft orangebraund bis kastanienbraun, ohne Olivtönung, sehr schleimig. **L** Jung cremegrau, alt rostbraun, mäßig entferntstehend. **S** 5–10 × 1–2,5 cm, zylindrisch oder etwas zuspitzend, weißlich, von weißem, schleimigem Velum überdeckt, nie mit Violettton. **F** Weißlich, in der Stielbasis alt bräunlich gelb, Geruch und Geschmack unspezifisch. **V** Juli bis November. In trockenen bis feuchten Kiefernwäldern, Mooren und Heiden, unter Wald- und Moor-Kiefer; in ganz Europa verbreitet, im Norden häufig, im Süden zerstreut bis selten, rückläufig. **W** Zur Unterscheidung zur vorigen Art kann in Zweifelsfällen die Sporenbreite herangezogen werden.

SP 12–16 × 5,5–7 µm

5 | Natternstieliger Schleimfuß
Cortinarius trivialis agg.

H 3–12 cm, jung glockig, konisch oder halbkugelig, lange gewölbt, alt wellig flach, teils mit aufgebogenem Rand, meist mit stumpfem Buckel, gelbbraun, orangebraun, olivbraun bis rotbraun, Mitte meist dunkler, sehr schleimig. **L** Jung graulila, bald rostbraun, mäßig entferntstehend. **S** 5–10 × 0,8–2 cm, zylindrisch oder mit zugespitzter Basis, schmutzig olivgelblich, dicht mit erhabenen, hutfarbigen Velumgürteln überzogen, die nach oben hin als Velumringzone abschließen. **F** Cremeweißlich, Geruch und Geschmack unspezifisch, mild. **V** Juli bis November. In Eichen- und Pionierlaubwäldern, vor allem unter Espe oder Eiche, auf trockenen, meist sauren, nährstoffarmen Böden; in ganz Europa verbreitet, meist häufig. **W** Man unterscheidet heute mehrere Arten in diesem Komplex.

SP 10,5–13 × 6–7 µm

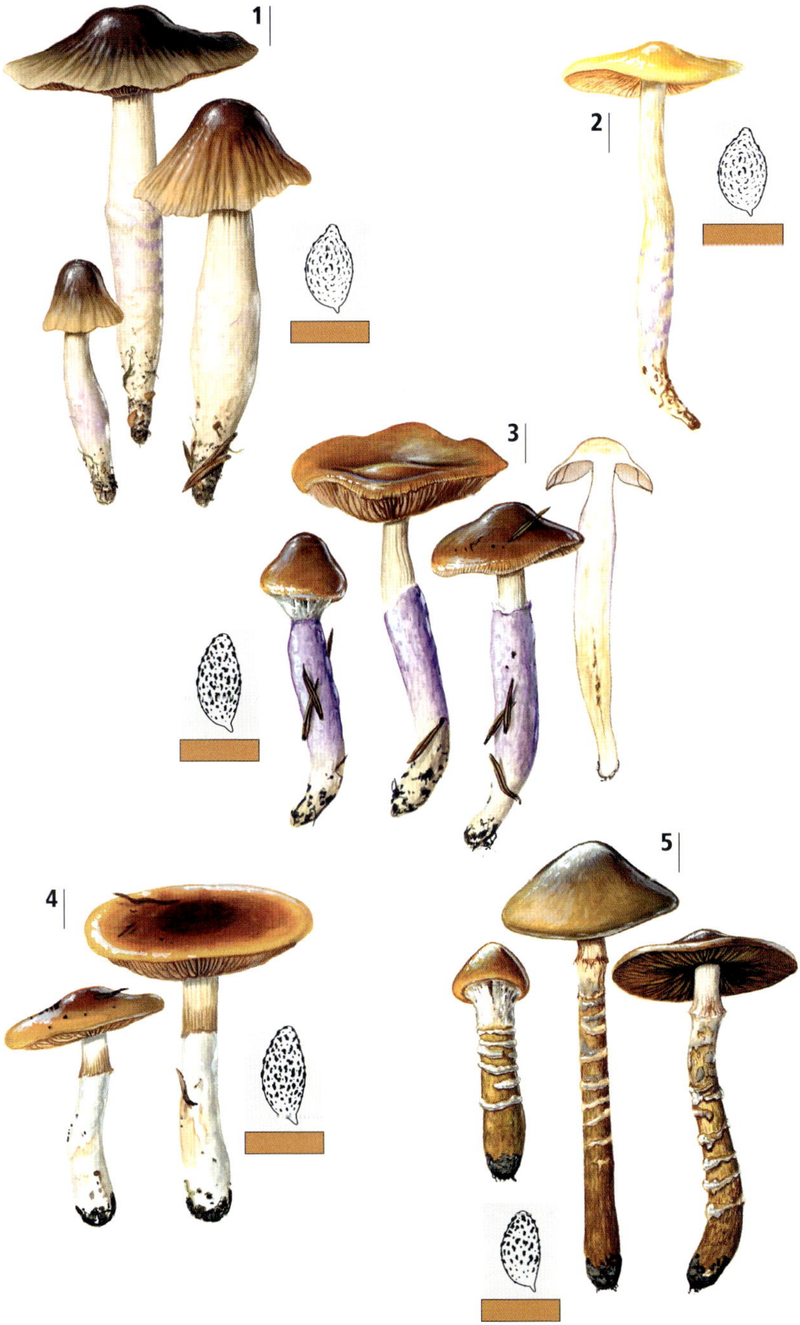
1
2
3
4
5

1 Blaublättriger Schleimfuß

Cortinarius delibutus

H 3–8 cm, jung halbkugelig, später gewölbt, alt flach, bisweilen stumpf gebuckelt, ockergelb bis olivgelb, am Rand graugelb, sehr schleimig. **L** Jung graublau bis violettgrau (in var. *illibatus* von jung an rosabräunlich), alt rostbraun, mäßig entferntstehend. **S** 5–10 × 0,5–1 cm, zur Basis hin meist keulig verdickt, weißlich, von blassgelbem, schleimigem Velum +/- deckend überzogen, beim Eintrocknen eine gelbliche Natterung hinterlassend. **F** Weißlich, in der Stielspitze jung blaugrau, Geruch und Geschmack unspezifisch. **V** Juli bis November. In Nadel- und Laubwäldern, vor allem unter Buche (var. *illibatus* vor allem unter Fichte), auf sauren bis neutralen Böden; in ganz Europa verbreitet und häufig. **W** Einige vor allem alt sehr ähnliche Arten unterscheiden sich durch bläuliche Huttöne bei jungen Fruchtkörpern.

SP 7–9 × 6–7,5 µm

2 Blauer Schleimfuß

Cortinarius salor

RL-G

H 4–10 cm, jung halbkugelig, dann flach konvex (auch alt), bisweilen mit undeutlichem Buckel, jung satt blauviolett, im Alter von der Mitte her ockerlich bis graugelb entfärbend, sehr schleimig. **L** Jung blauviolett, dann bläulich grau, alt violettlich braun, mäßig engstehend. **S** 5–12 × 0,8–1,5 cm, basal keulig-spindelig verdickt, Basis zuspitzend, weißlich bis schwach bläulich getönt, vom anfangs violetten, dann ockerlichen schleimigen Velum überdeckt. **F** Bläulich, mit der Zeit ockerbräunlich, in der Stielspitze lange violettblau bleibend, Geruch und Geschmack unspezifisch. **V** In Buchen- und Tannenwäldern, selten bei Fichte, auf basenreichen Böden; in ganz Europa verbreitet, aber überall selten. **W** Jung problemlos an der intensiv blauvioletten Farbe zu erkennen, ausgeblasste Exemplare können jedoch *C. transiens* und *C. betulinus* sehr ähnlich sehen, die allerdings beide eher auf sauren Böden vorkommen.

SP 7–10 × 6,5–8,5 µm

3 Safranblauer Schleimfuß

Cortinarius croceocoeruleus (Syn. *Thaxterogaster croceocoeruleus*)

RL-3

H 1,5–5 cm, jung halbkugelig, dann konvex gewölbt, auch alt kaum verflachend, meist ungebuckelt, blauviolett bis lila, bald fleckweise ockergelb entfärbend, sehr schleimig. **L** Jung ockerweißlich oder schwach violettgrau, alt safran- bis rostgelb, mäßig entferntstehend. **S** 4–10 × 0,4–0,8 cm, zylindrisch, basal meist schwach bis stark zuspitzend, weiß, von weißem, klebrigem Velum überdeckt, sehr weich werdend. **F** Weißlich, mit der Zeit fleckweise gelblich-ockerlich, Geruch unspezifisch, Geschmack in allen Teilen sehr bitter. **V** August bis November. In Buchenwäldern, seltener unter Linde oder Eiche, auf Kalkboden; in ganz Europa verbreitet, nur regional etwas häufiger, im Norden sehr selten. **W** Als einzige bittere blauhütige Art unkritisch.

SP 6,5–8,5 × 4–5 µm

4 Galliger Schleimfuß

Cortinarius vibratilis (Syn. *Thaxterogaster vibratilis*)

H 2–6 cm, jung halbkugelig, lange gewölbt, selten alt verflacht, meist mit stumpfem Buckel, gelborange bis ockergelb, orangebraun, mäßig schleimig, schnell abtrocknend, stark hygrophan. **L** Jung graucreme, bald orangebräunlich, mäßig engstehend. **S** 4–8 × 0,4–0,8 cm, zylindrisch oder etwas keulig, bisweilen zuspitzend, weißlich, von weißem, klebrigem Velum überzogen, schnell abtrocknend, sehr weich werdend. **F** Weißlich bis wässrig gelblich, Geruch unspezifisch, Geschmack in allen Teilen äußerst bitter. **V** Juli bis November. In Nadelwäldern, vor allem unter Fichte oder Kiefer, auf trockenen bis frischen, sauren, nährstoffarmen Böden; in ganz Europa verbreitet, nur im Norden häufig. **W** Es gibt mehrere weitere ockerliche, bittere Arten, die anhand von Sporengröße oder Hutfarbe getrennt werden.

SP 6–8,5 × 3,5–5 µm

5 Regen-Schleimfuß

Cortinarius pluvius (Syn. *Thaxterogaster pluvius*)

RL-R

Im Wesentlichen ähnlich voriger Art, aber etwas schmächtiger und jung von weißlichem Velum überzogen. Außerdem ist nur die Huthaut sehr bitter, während das Fleisch nahezu mild ist. **V** Wie vorige Art; selten. **W** die Art kann auch eher graubraune Hüte haben.

SP 5,5–7 × 3,5–4,5 µm

1

2

3

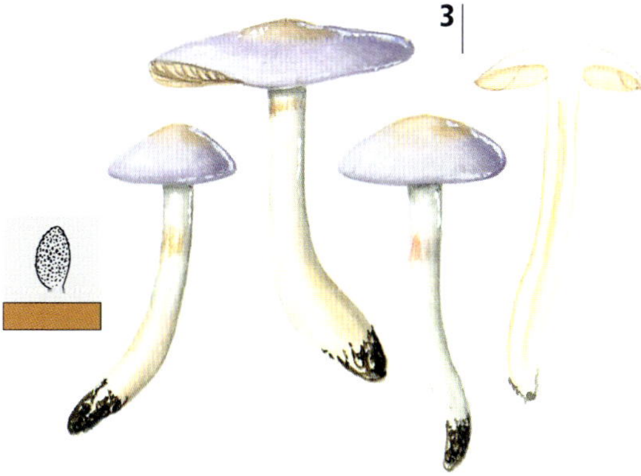

4

5

1 | Olivblättriger Moor-Klumpfuß

Cortinarius scaurus (Syn. *Thaxterogaster scaurus*) RL-3

H 3–6 cm, jung halbkugelig, später gewölbt, alt flach gebuckelt und Rand manchmal wellig aufgebogen, olivlich-graugrün, olivbraun bis graubraun, mit radialen Streifen und Flecken, besonders am Rand, sehr schleimig. **L** Jung gelb- bis olivgrün, alt olivbraun, mäßig entferntstehend. **S** 5–10 × 0,5–1 cm, im oberen Bereich metallisch stahlblau bis grünblau oder violettlich, darunter zunehmend gelblich, Basis schwach gerandet oder unregelmäßig knollig, jung von gelbgrünem Velum gerandet. **F** Weißlich im Hut, in der Stielspitze jung violettblau, im restlichen Stiel ockerlich, mit Jodlösung weinrot, Geruch und Geschmack unspezifisch. **V** Juli bis November. In sauren, feuchten Nadelwäldern, an Moorrändern und in Mooren, auf sauren Böden; in Nordeuropa meist häufig, in Mitteleuropa zerstreut und meist selten, in Südeuropa weitgehend fehlend. **W** Diese schlanke kleine Art ist an der Jodreaktion in Verbindung mit gelbgrünen Lamellen problemlos erkennbar. Sie ist Signalart für naturnahe moorige Fichtenwälder.

SP 9–11,5 × 6–7,5 µm

2 | Purpurfleckender Klumpfuß

Cortinarius purpurascens (Syn. *Thaxterogaster purpurascens*)

H 5–12 cm, jung halbkugelig, dann polsterförmig, manchmal mittig abgeflacht, grauviolett bis lilablau oder ockerbraun, olivbraun bis violettbraun, radialfaserig, mal mehr mal weniger längs geflammt und getropft, schleimig, Rand schwach hygrophan. **L** Jung blauviolett, dann bläulich grau, auf Druck dunkler violett, mäßig engstehend. **S** 5–10 × 1–2 cm, basal schwach bis deutlich gerandet-knollig (bis 4 cm), bläulich violett getönt, Knolle jung vom Velum violett berandet. **F** Bläulich, mit der Zeit lila, mit Jodlösung weinrot, Geruch und Geschmack etwas nach Ovomaltine. **V** In Nadelwäldern, auf basenreichen Böden, selten im Laubwald; in ganz Europa verbreitet, zerstreut bis regional selten. **W** Im Laubwald kommen die ähnlichen Arten *C. subpurpurascens* (syn. *C. largusoides*) und *C. collocandoides* vor.

SP 7,5–9 × 4,5–5,5 µm

3 | Graublauer Zwerg-Schleimkopf

Cortinarius subporphyropus (Syn. *Thaxterogaster subporphyropus*) RL-R

H 2–4 (–6) cm, jung halbkugelig, dann konvex gewölbt, alt meist verflacht, ungebuckelt, bläulich ockergrau, hell bräunlich-bläulich, alt heller, fast silbriggrau mit Violettton, auch ockerlich verblassend. **L** Jung violettgrau, auf Druck purpur, mäßig entferntstehend. **S** 4–6 × 0,3–0,6 cm, basal etwas knollig auf 1 cm verdickt, blass grauviolett, auf Druck purpurviolett. **F** Weißlich, bei Anschnitt intensiver violett, mit Jodlösung weinrot, Geruch und Geschmack unspezifisch, mild. **V** August bis November. In Laubwäldern, vor allem unter Buche, Eiche oder Linde, bodenvag; in ganz Europa verbreitet, überall selten. **W** Die kleinste Art der Sektion Purpurascentes variiert sehr, was Sporengröße und auch was die Ökologie angeht.

SP 8,5–11 × 5–6,5 µm

4 | Sägeblättriger Klumpfuß

Cortinarius multiformis agg. (Syn. *Thaxterogaster multiformis*)

H 4–10 cm, jung halbkugelig, lange gewölbt, alt bisweilen verflacht und mit aufgebogenem Rand, oft etwas runzelig, meist ungebuckelt, gelbbraun, ockerbraun, orangebraun bis rötlich braun, mäßig schleimig, schnell abtrocknend, schwach hygrophan. **L** Jung kittfarben, bald orangebräunlich, mäßig engstehend, Schneide oft gesägt. **S** 5–12 × 1–2 cm, undeutlich gerandet knollig oder nur angeschwollen, weißlich, basal gelbbräunlich werdend. **F** Weißlich bis wässrig gelblich marmoriert, Geruch unspezifisch, in der Stielknolle manchmal schwach honigartig, Geschmack mild. **V** Juli bis November. In Fichtenwäldern, vor allem auf sauren, mäßig nährstoffreichen Böden; in Mittel- und Nordeuropa verbreitet, in Südeuropa nur in montanen Lagen. **W** Es gibt im Laubwald mehrere ähnliche Arten, die nicht hygrophan sind.

SP 8–9,5 × 4,5–5,5 µm

5 | Hygrophaner Klumpfuß

Cortinarius caesiolamellatus (Syn. *Thaxterogaster caesiolamellatus*)

Wie vorige, aber **H** rotbraun und hygrophan, **L** jung grauviolett getönt. **V** Wie vorige Art, hauptsächlich in Mitteleuropa; zerstreut.

SP 8–9,5 × 5–6 µm

1
2
3
4
5

1 Erdigriechender Schleimkopf

Cortinarius variicolor

H 5–12 cm, jung halbkugelig, später polsterförmig, auch alt meist noch gewölbt, sehr jung vollständig rötlich violett, schnell von der Mitte her rotbraun und oft nur noch am Rand violett, eingewachsen-faserig, Mitte etwas schorfig, nur sehr feucht schleimig, schnell trocken. **L** Jung grauviolettlich, alt rostbraun, mäßig entferntstehend. **S** 4–10 × 1,5–2,5 cm, zylindrisch oder basal schwach verdickt, blassviolettlich, auf Druck und alt zunehmend bräunlich. **F** Weißlich, im Stiel oben bläulich, mit Lauge chromgelb, Geruch staubartig-erdig, Geschmack mild. **V** Juli bis November. In Nadelwäldern (vor allem Fichte), auf nicht zu sauren Böden; in ganz Europa verbreitet, in montanen Regionen häufig. **W** Die gesamte Artengruppe (ca. zwölf Arten) ist durch die gelbe Laugenreaktion der Trama gekennzeichnet.

SP 9,5–11,5 × 5,5–6,5 µm

2 Blasser Schleimkopf

Cortinarius largus

Von voriger Art vor allem durch Farbnuancen unterschieden. **H** Jung graublauviolett, dann kartoffelfarben, graubraun. **S** und **F** bläulich, mit Kalilauge bräunlicher Fleck mit chromgelber Umrandung, Geruch und Geschmack weniger erdig als vorige Art. **V** In Buchenwäldern, auf basischen bis neutralen Böden; in ganz Europa verbreitet, meist häufig. **W** Die Art soll auch sehr selten im Nadelwald vorkommen.

SP 9,5–11,5 × 5,5–6,5 µm

3 Starkreagierender Schleimkopf

Cortinarius chromatophilus (Syn. *C. sabuletorum*)

Im Wesentlichen ähnlich voriger Art, aber Violetttöne auf sehr junge Hüte beschränkt. **L** Nur ganz jung mit Blauton, dann tonfarben, alt rostbräunlich. **F** Weißlich, mit Kalilauge intensiv chromorangegelb. **V** Laubwälder auf mäßig sauren, oft sandigen Böden; in ganz Europa verbreitet, selten und wenig bekannt.

SP 9,5–11,5 × 5,5–6,5 µm

4 Semmelgelber Schleimkopf

Cortinarius varius

H 4–10 cm, jung halbkugelig, dann konvex gewölbt, manchmal mit angedeutetem Buckel, ocker- bis orangegelb, zur Mitte hin allmählich dunkler, orangebraun bis rötlich braun, wenig variabel, schleimig. **L** Jung amethystviolett, vor allem auf den Schneiden, dort die Farbe auch alt noch behaltend, beim Abbrechen vom Stiel einen violetten Ring an der Stielspitze hinterlassend. **S** 4–10 × 1–2 cm, basal keulig bis schwach unregelmäßig knollig, auch zylindrisch oder etwas zuspitzend, weiß, seidig längs überfasert, alt etwas gelblich getönt. **F** Weißlich, schwach gelb anlaufend, mit Lauge intensiv gelb (nicht reagierend bei *C. variiformis*), Geruch etwas nach Ovomaltine, Geschmack unspezifisch, mild. **V** Juli bis November. In Nadelwäldern, vor allem unter Fichte, auf basischen bis neutralen, selten auf mineralreichen sauren Böden; in ganz Europa verbreitet, regional häufig, im Süden selten. **W** In den Kalkgebieten im Fichtenwald teilweise Massenpilz und regional geschätzter Speisepilz. Er sollte jedoch nur von guten Pilzkennern gesammelt werden aufgrund der Vielzahl an verwechselbaren Schleierlingsarten!

SP 9,5–11 × 5,5–6,5 µm

5 Gelbgegürtelter Schleimkopf

Cortinarius triumphans

RL-3

H 5–15 cm, selten bis 20 cm, jung halbkugelig, lange gewölbt, alt oft verflacht und mit unregelmäßig aufgebogenem Rand, meist ungebuckelt, orange- bis ockergelb-, gelb- bis orangebräunlich, schleimig, mit zerstreuten angedrückten Faserschuppen. **L** Jung bläulich grau, dann cremegrau, alt rostbräunlich, mäßig entferntstehend. **S** 5–15 × 1–2 cm, nach unten zu schwach angeschwollen oder zylindrisch, Basis spindelig ausspitzend, blass gelbbräunlich, mit +/- erhabenen Gürteln und abstehenden Schuppen von orangebraunen Velumresten besetzt. **F** Weißlich bis blass gelblich mit Lauge gelb reagierend, Geruch nach Ovomaltine, Geschmack unspezifisch, mild. **V** Juli bis November. In trockenen bis moorigen Birkenwäldern, seltener in Parks, Gärten und Grünstreifen, unter alten Birken, vor allem auf sauren, mäßig nährstoffarmen Böden; in Mittel- und Nordeuropa verbreitet, in Skandinavien häufig, sonst seltener und rückläufig, in Südeuropa fehlend. **W** Unter Fichte kommt der ähnliche Geschmückte Schleimkopf *(C. saginus)* vor, der weniger erhabene, braune Velumgürtel aufweist.

SP 10,5–13 × 6–7,5 µm

1
2
3
4
5

1 Gelbgegürtelter Schleimkopf
Cortinarius cliduchus (Syn. *C. olidus*)

H 4–8 cm, jung halbkugelig, später konvex gewölbt, selten ganz verflachend, olivlich gelbbraun, in der Mitte körnelig strukturiert (Lupe!), feucht schleimig. **L** Jung cremegrau, alt rostbraun, mäßig entferntstehend. **S** 4–8 × 1–2,5 cm, zylindrisch, bauchig oder keulig, weißlich bis blass cremegelb, mit ockergelben Velumresten gebändert oder genattert. **F** Weißlich, Geruch nach Ovomaltine, Geschmack unspezifisch, mild. **V** August bis November. In Buchenwäldern, auf basischen bis neutralen Böden; in ganz Europa verbreitet, auf entsprechenden Böden mäßig häufig. **W** Mit dieser körnelig-grindig wirkenden Hutmitte gibt es noch weitere Arten mit etwas anderer Färbung und Ökologie (z. B. *C. olidoamethysteus*, *C. papulosus*).

SP 9–11 × 5–6 µm

2 Fuchs-Schleimkopf
Cortinarius vulpinus (Syn. *C. rufoalbus, C. ophiopus* ss. auct. europ.)

H 3–6 (–8) cm, jung halbkugelig, später polsterförmig, alt flach werdend, jung vollständig von weißem Velum überzogen, von der Mitte aus zunehmend verkahlend und die rot- bis orangebraune Farbe zeigend, feucht schwach schleimig, schnell trocken, Rand lange weiß-wollig. **L** Jung grauviolettlich, alt rostbraun, entferntstehend. **S** 4–10 × 1–2 cm, zylindrisch oder basal zuspitzend, weiß, mit dickem weißen, später gelbbraunen Velum beflockt. **F** Weißlich, in der Stielbasis etwas gelblich, Geruch nach Ovomaltine, Geschmack unspezifisch, mild. **V** Juli bis November. In Buchenwäldern, auf basischen bis neutralen Böden; in ganz Europa verbreitet, regional zerstreut, sonst selten. **W** Für den Erhalt dieser Zeigerart für naturnahe Buchenwälder trägt Deutschland eine besondere Verantwortung (V !).

SP 11–14 × 6,5–7,5 µm

3 Trügerischer Schleimkopf
Cortinarius fraudulosus (Syn. *Phlegmacium fraudulosum*)

Insgesamt vorigem ähnlich, aber vollständig cremeweißlich bis schmutzig bräunlich weiß und Stiel bisweilen basal verdickt. **F** Weißlich, im Anschnitt gilbend, später etwas rötend. **V** Juli bis November; Fichtenwälder auf Kalkboden; in Mitteleuropa verbreitet, aber selten, sonst weitgehend fehlend.

SP 12–16 × 7–8 µm

4 Bitterster Schleimkopf
Cortinarius infractus agg.

H 4–10 cm, jung halbkugelig, dann konvex gewölbt, höchstens ganz flach gebuckelt, meist olivgrau, auch ockergelb, silberweiß oder purpurbraun, etwas eingewachsen faserig, feucht schleimig, schnell abtrocknend, Huthaut sehr bitter. **L** Jung olivgrau dann olivlich rostbraun. **S** 4–10 × 1–2 cm, basal keulig bis schwach unregelmäßig knollig, auch zylindrisch, weiß, seidig längs überfasert, Spitze oft bläulich getönt. **F** Weißlich, in der Stielrinde oft graublau, in der Basis alt gelblich, Geruch etwas nach Ovomaltine, Geschmack unspezifisch, bitter. **V** Juli bis November. In Laub- und Nadelwäldern, auf basischen bis neutralen, selten auf mineralreichen sauren Böden; in ganz Europa verbreitet, häufig bis zerstreut. **W** Die olivgrauen Lamellen, die bittere Huthaut und die rundlich Sporen kennzeichnen die Artengruppe, die aus etwa sieben Arten besteht.

SP 7–8,5 × 5,5–6,5 µm

5 Weihrauch-Schleimkopf
Cortinarius subtortus

H 3–7 cm, jung halbkugelig, dann konvex-gewölbt, alt oft verflacht und mit unregelmäßig aufgebogenem Rand, ungebuckelt, olivgelb bis olivocker, schleimig, schnell abtrocknend und dann orangeocker. **L** Jung olivgrau, alt rostbräunlich, mäßig entferntstehend, Schneiden weißlich. **S** 4–8 × 0,6–1,5 cm, zylindrisch oder basal schwach angeschwollen, weißlich, wollig-längsfaserig vom Velum, alt gelbbräunlich. **F** Cremeweiß, Geruch nach Weihrauch oder Zedernholz, Geschmack unspezifisch, bitterlich. **V** Juli bis November. In feuchten bis moorigen Fichtenwäldern, in Mooren und an deren Rändern, auf sauren, nährstoffarmen Böden; in Mittel- und Nordeuropa verbreitet, aber nicht häufig, in Südeuropa weitgehend fehlend. **W** Durch die Zystiden von allen eventuellen Verwechslungsarten unterschieden.

SP 7–9 × 6–7 µm, **CH** bis 85 µm

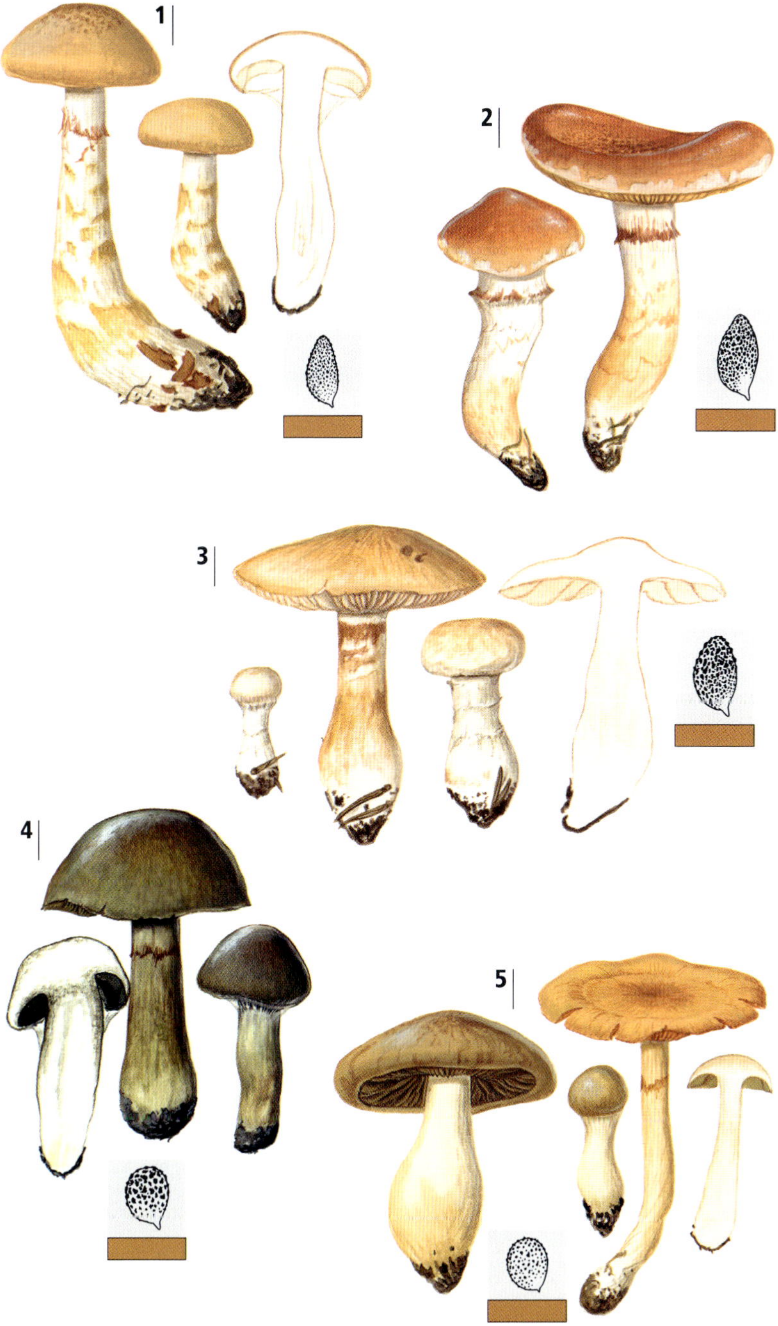
1
2
3
4
5

1 | Reihiger Klumpfuß

Cortinarius glaucopus (Syn. *Phlegmacium glaucopus*)

H 5–12 cm, jung halbkugelig, später konvex gewölbt, selten ganz verflachend, jung ocker graubraun, dann rostbraun, orangebraun bis fuchsbraun deutlich eingewachsenfaserig, feucht schleimig, Rand meist olivgrünlich getönt. **L** Jung grauviolett bis graublau, alt graubraun, mäßig entferntstehend. **S** 6–10 × 1,5–2,5 cm, schwach bis deutlich gerandet-knollig, blass blauviolett, mit etwas grünlich metallischem Schimmer, alt ockerbräunlich verblasst. **F** Jung bläulich violett, in der Stielrinde und über den Lamellen lange so bleibend, Geruch nach Ovomaltine, Geschmack unspezifisch, mild. **V** August bis November. In Nadelwäldern, sehr selten unter Laubbäumen, auf basischen bis neutralen Böden; in ganz Europa verbreitet, mäßig selten bis regional häufig. **W** Die eingewachsene Faserung des Hutes kennzeichnet die ganze Gruppe um den Reihigen Klumpfuß, ebenso die relativ kleinen Sporen.

SP 7,5–9 × 4,5–5,2 µm

2 | Luhmanns Klumpfuß

Cortinarius luhmannii (Syn. *Phlegmacium luhmannii*)

Ähnlich vorigem, aber jung fast vollständig vom ockerbraunen Velum überzogen, das in auffallenden Fetzen zurückbleibt. **S** Zur Basis hin ockerlich, stark ockerbraun längs überfasert, Knolle vom Velum ockerbraun umhüllt. **F** Blass bläulich violett, in der Stielbasis ockergelblich, Geruch nach Ovomaltine, Geschmack unspezifisch, mild. **V** Juli bis November. In Kalk-Buchenwäldern; in Süd- und Mitteleuropa verbreitet, in Deutschland regional zerstreut, sonst überall sehr selten. **W** Für den Erhalt dieser Art trägt Deutschland eine besonders hohe Verantwortung (V !!).

SP 9–10,5 × 5–6,2 µm

3 | Buchen-Klumpfuß

Cortinarius amoenolens (Syn. *Phlegmacium amoneolens*)

H 5–12 cm, jung glockig bis halbkugelig, dann konvex gewölbt, oft etwas gebuckelt, graugelb bis olivgelb, alt ockergelb, feucht schleimig, Huthaut bitter. **L** Jung lebhaft violettblau, alt graubraun. **S** 5–10 × 1–2,5 cm, basal gerandet knollig, jung vollständig, alt nur an der Spitze bläulich getönt, Knollenrand olivgelb. **V** Juli bis November. In basischen Buchenwäldern; in ganz Europa verbreitet, zerstreut, im Norden selten. **W** Auch für den Erhalt dieser Art trägt Deutschland eine besondere Verantwortung (V !).

SP 10–12 × 6–7 µm

4 | Breitknolliger Klumpfuß

Cortinarius saporatus (Syn. *Calonarius saporatus*)

RL-G

H 5–12 cm, jung halbkugelig, dann konvex gewölbt, höchstens ganz flach gebuckelt, gelb-, ocker- bis orangebraun, feucht schleimig, mit anfangs weißlichen, dann bräunlichen Velumresten. **L** Jung hell milchkaffeebraun, alt rostbraun. **S** 4–12 × 1–2,5 cm, basal auffallend gerandet-knollig (bis 5 cm), weiß, seidig längs überfasert, Spitze selten schwach bläulich getönt, Knollenrand gelbbraun. **F** Weiß, Geruch etwas nach Ovomaltine, Geschmack unspezifisch, mild. **V** August bis November. In Laubwäldern, auf basischen Böden; in ganz Europa verbreitet, selten zerstreut. **W** Die ausgeprägte Knolle in Verbindung mit einheitlich gelbbraunem Hut mit Velumschorf lassen die Art relativ gut erkennen. Verantwortungsart (V !).

SP 10–12,5 × 6–7 µm

5 | Amethystblättriger Klumpfuß

Cortinarius callochrous agg. (Syn. *Calonarius callochrous*)

H 3–7 cm, jung halbkugelig, dann flach gewölbt, alt verflacht, zitronen-, ocker-, orange- bis bräunlich gelb, schleimig, manchmal mit wenig Velumresten im Zentrum. **L** Jung rosa- bis amethystviolett, alt purpurbräunlich, mäßig entferntstehend. **S** 4–8 × 0,6–1,5 cm, basal mit deutlich gerandeter, oft abgeplatteter Knolle (bis 4 cm), weißlich bis blass ockergelblich, an der Spitze meist mit schwachem Violettton, Knollenrand gelblich. **F** Cremeweiß, im oberen Stiel grauviolettlich, Geruch nach Ovomaltine, Geschmack unspezifisch, mild. **V** Juli bis November. In basenreichen Laubwäldern (andere Arten der Gruppe in Nadelwäldern); in ganz Europa bis Schweden verbreitet, in Südeuropa relativ häufig. **W** Die mit etwa 25 Arten sehr artenreichen Gruppe der „Calochroi" zeichnet sich u. a. durch eine oft vorhandene rote bis pinkfarbene Laugenreaktion am Hut oder an der Knolle aus. Diese und die vorige Art sind dahingehend eher die Ausnahme.

SP 8,5–10,5 × 4,5–6 µm

1
2
3
4
5

1 Goldstaub-Klumpfuß

Cortinarius aureopulverulentus (Syn. *Calonarius aureopulverulentus*) RL-G

H 3–7 cm, jung halbkugelig, später konvex gewölbt, alt verflachend, jung oliv- bis graubraun, auch orange- bis fuchsbraun, eingewachsen-faserig, feucht schleimig, Rand jung goldgelb bereift, mit Lauge eosinrot. **L** Jung amethystviolett, alt purpurbraun. **S** 4–8 × 0,8–1,5 cm, deutlich gerandet-knollig, oben blass blauviolett, zur Basis hin weißlich, Knollenrand goldgelb bepudert, mit Lauge eosinrot. **F** Weißlich, in der Stielspitze bläulich violett, in der Knolle ockerlich, mit Lauge blass graurosa, Geruch nach Ovomaltine, Geschmack unspezifisch, mild. **V** August bis November. In Fichtenwäldern, auf Kalkboden; in ganz Europa zerstreut, meist selten. **W** Die eingewachsene Faserung des grünlich bräunlichen Hutes und die eosinrote Laugenreaktion machen die Art unverwechselbar.

SP 11–13,5 × 7–8,5 µm

2 Violetter Klumpfuß

Cortinarius sodagnitus (Syn. *Calonarius sodagnitus*) RL-3

H 3–7 cm, jung halbkugelig, später polsterförmig, alt fast flach werdend, intensiv violett, tief violett getropft, bald fleckweise bis vollständig ockergelb entfärbend, feucht schleimig, mit Lauge eosinrot. **L** Jung lebhaft violettblau (vor allem Schneide!), schnell trüber, alt rostbraun. **S** 2,5–6 × 1–2 cm, mit auffallend gerandeter Knolle (bis 5 cm), oben violettblau, zur Basis hin intensiver, Knollenrand violett gesäumt, mit Lauge eosinrot. **F** Blass bläulich violett, in der Stielbasis und im Hut ockergelblich, ohne Reaktion auf Lauge, Geruch nach Ovomaltine, Geschmack unspezifisch, mild. **V** Juli bis November. In Kalk-Laubwäldern, vor allem unter Buche oder Eiche; in Süd- und Mitteleuropa bis Südschweden verbreitet, selten, in Deutschland regional zerstreut, sonst überall sehr selten. **W** Für den Erhalt dieser Zeigerart für naturnahe Kalk-Laubwälder trägt Deutschland eine besondere Verantwortung (V !).

SP 9–10,5 × 5–6,2 µm

3 Blauer Klumpfuß

Cortinarius caerulescens

H 5–10 cm, jung glockig bis halbkugelig, dann konvex gewölbt, nicht gebuckelt, himmel- bis lilablau, alt graublau und fleckweise ockergelb entfärbend, schleimig, mit anfangs weißen, dann blass ockergelben Velumfetzen. **L** Jung lebhaft lilablau, alt graubraun, mit schartiger Schneide. **S** 4–8 × 1,5–2,5 cm, basal gerandet knollig (bis 4 cm), jung vollständig, alt nur an der Spitze bläulich getönt, Knollen erst weiß, dann ockergelb überhäutet. **F** Jung tief blau, schnell verblassend, in der Stielbasis ockerlich, ohne Reaktion auf Lauge, Geruch nach Ovomaltine, Geschmack unspezifisch, mild. **V** August bis November. In Kalk-Buchenwäldern; in ganz Europa verbreitet, zerstreut, im Norden selten. **W** Signalart für wertvolle Kalk-Buchenwälder mit altem Baumbestand und Habitatstradition (V !).

SP 8–11 × 4,5–6 µm

4 Schönvioletter Klumpfuß, Fliederfarbener Klumpfuß

Cortinarius terpsichores (Syn. *Phlegmacium terpsichores*) RL-G

Wie vorige, jedoch eher violettblau, wenig entfärbend, deutlich fein eingewachsen-faserig. **S** Mit wenig gerandeter Knolle. **V** August bis November. In Laubwäldern, vor allem unter Eiche, auf basischen Böden; in Süd- und Mitteleuropa verbreitet, selten. **W** Es gibt außer den hier vorgestellten noch etwa 20 weitere +/- violettblau getönte Klumpfüße.

SP 10–12 × 6–7 µm

5 Schleiereule

Cortinarius praestans RL-V

H 8–20 cm, jung halbkugelig, dann flach gewölbt, alt verflacht, violett-, purpur- bis schokoladenbraun, runzelig (!), ockerbraun entfärbend, schleimig, manchmal mit bläulichen Velumresten im Zentrum. **L** Jung bläulich grau, alt rostbraun, mäßig engstehend. **S** 10–20 × 1,5–3 cm, basal zwiebel- bis keulenförmig verdickt, weißlich, mit violettem Velumüberzug. **F** Cremeweiß, Geruch nach Ovomaltine, mild. **V** August bis November. In basenreichen Laubwäldern und Parks; in ganz Europa bis Schweden verbreitet, in Südeuropa relativ häufig, nach Norden zu selten werdend. **W** Die größte und vielleicht bekannteste Art der Schleimköpfe gilt als guter Speisepilz.

SP 13–17 × 8–10 µm

1
2
3
4
5

1 | Würziger Schleimkopf

Cortinarius percomis (Syn. *Phlegmacium percome*)

H 4–8 cm, jung halbkugelig, später polsterförmig, nicht verflachend, intensiv safrangelb bis orangegelb, Mitte braunorange und etwas feinkörnig-schuppig (Lupe!), feucht schleimig. **L** Jung lebhaft gelb, alt rostgelb, Scheide meist schartig. **S** 4–10 × 0,8–2 cm, zylindrisch oder basal schwach verdickt, grünlich gelb bis blassocker, Velum anfangs gleichfarben, bald weinbraun oxidierend. **F** Chromgelb bis zitronengelb, mit Lauge in der Stielbasis langsam schwach rötlich, Geruch eigentümlich nach geschälten Maiskolben, würzig-obstig, Geschmack unspezifisch, mild. **V** August bis November. In Fichtenwäldern auf Kalkboden; in Mitteleuropa bis Südschweden verbreitet, in höheren Lagen mäßig häufig. **W** In Südeuropa kommen noch ähnliche Arten unter Eiche und Hainbuche vor *(C. majoranae)*.

SP 11–13 × 6–7,5 µm

2 | Gelbflockiger Schleimkopf

Cortinarius nanceiensis

RL-V

Abgesehen von der rotbraunen Hutfarbe sehr ähnlich voriger Art. **H** Rot- bis kastanienbraun, Rand grüngelb bis ocker. **S** Basal keulig bis schwach knollig (nicht gerandet!). **F** Blass grünlich gelb, Geruch nach Bananenschale oder Apfel, Geschmack unspezifisch, mild. **V** August bis November. In Laubwäldern, unter Eiche, Buche, Linde, selten unter Fichte oder Kiefer, auf basischen Böden; in Mitteleuropa verbreitet, zerstreut. **W** Mit gerandeter Knolle vgl. *C. stjernegaardii* (Mitteleuropa) und *C. aurilicis* (Südeuropa).

SP 10–12,5 × 6–7 µm

3 | Violettroter Klumpfuß

Cortinarius rufo-olivaceus (Syn. *Calonarius rufo-olivaceus*)

RL-V

H 4–12 cm, jung halbkugelig, später konvex gewölbt, alt meist verflachend, jung olivgrau mit blauviolettem Ton, schnell von der Mitte aus zu weinviolett bis purpurrot oxidierend, feucht schleimig. **L** Jung olivgrün, selten violettlich, alt trüb rostbraun. **S** 4–10 × 0,8–1,5 cm, deutlich gerandet-knollig (bis 4 cm), oben blassviolett, zur Basis hin bräunlich, zunehmend weinviolett, Knollenrand weinrot. **F** Blassviolett, cremegrau verblassend, mit Lauge olivgrün, Geruch nach Ovomaltine, Geschmack unspezifisch, mild. **V** August bis November. In Laubwäldern, auf Kalkboden; in ganz Europa verbreitet, meist selten, in Südeuropa regional fast häufig. **W** Durch die Färbung, insbesondere die jung grünen Lamellen, ist diese Art nahezu unverkennbar.

SP 11–13,5 × 6,5–8 µm

4 | Anis-Klumpfuß

Cortinarius odorifer (Syn. *Calonarius odorifer*)

H 4–10 cm, jung halbkugelig, dann gewölbt, meist nicht ganz verflacht, jung olivlich graubraun, selten lilagrau am Rand, schnell oxidierend und von der Mitte aus kupferbraun bis fuchsigbraun, sehr schleimig, Randbereich manchmal fein getropft. **L** Jung grüngelb bis zitronengelb, alt rostbraun, mäßig engstehend. **S** 5–10 × 1–2 cm, basal gerandet-knollig (bis 4 cm), blass gelblich, Knollenrand und Knollenhaut weinviolett oxidierend. **F** Lebhaft chromgelb, mit Lauge dunkel purpurrot, Geruch stark nach Anis, Geschmack unspezifisch, mild. **V** August bis November. In Fichten- und Tannenwäldern, selten unter anderen Nadelbäumen, auf basenreichen Böden; in Europa im erweiterten Alpenraum verbreitet und regional häufig, nördlich der Mainlinie fehlend (außer Eifel). **W** Die Art gilt als essbar, doch empfehlen wir alle gelbfleischigen Schleierlinge zu meiden, da sie Anthrachinon-Pigmente enthalten, die möglicherweise krebserregend sind.

SP 10–12 × 6–7,5 µm

5 | Prächtigster Klumpfuß

Cortinarius elegantissimus (Syn. *Calonarius elegantissimus*)

RL-G

H 5–15 cm, jung halbkugelig, dann flach gewölbt, auch alt kaum flach, manchmal schwach gebuckelt, jung lebhaft schwefelgelb, bei Luftkontakt von der Mitte her orangebraun oxidierend, alt fast rotbraun, schleimig, Rand lange chromgelb bleibend, mit Lauge blutrot. **L** Jung grünlich gelb, alt rostbraun, mäßig entferntstehend. **S** 5–12 × 1,5–2,5 cm, basal gerandet-knollig verdickt (bis 5 cm), grünlich gelb, glänzend, alt orangebräunlich wie der Hut. **F** Gelblich weiß, in der Stielrinde chromgelb, ohne Laugenreaktion, Geruch nach Ovomaltine, Geschmack unspezifisch, mild. **V** August bis November. In Buchenwäldern auf Kalk; in ganz Europa bis Schweden verbreitet, meist selten. **W** Sehr ähnlich ist der südeuropäische *C. cedretorum* mit Blautönen im Stielfleisch und kleineren Sporen.

SP 13–15,5 × 8–9,5 µm

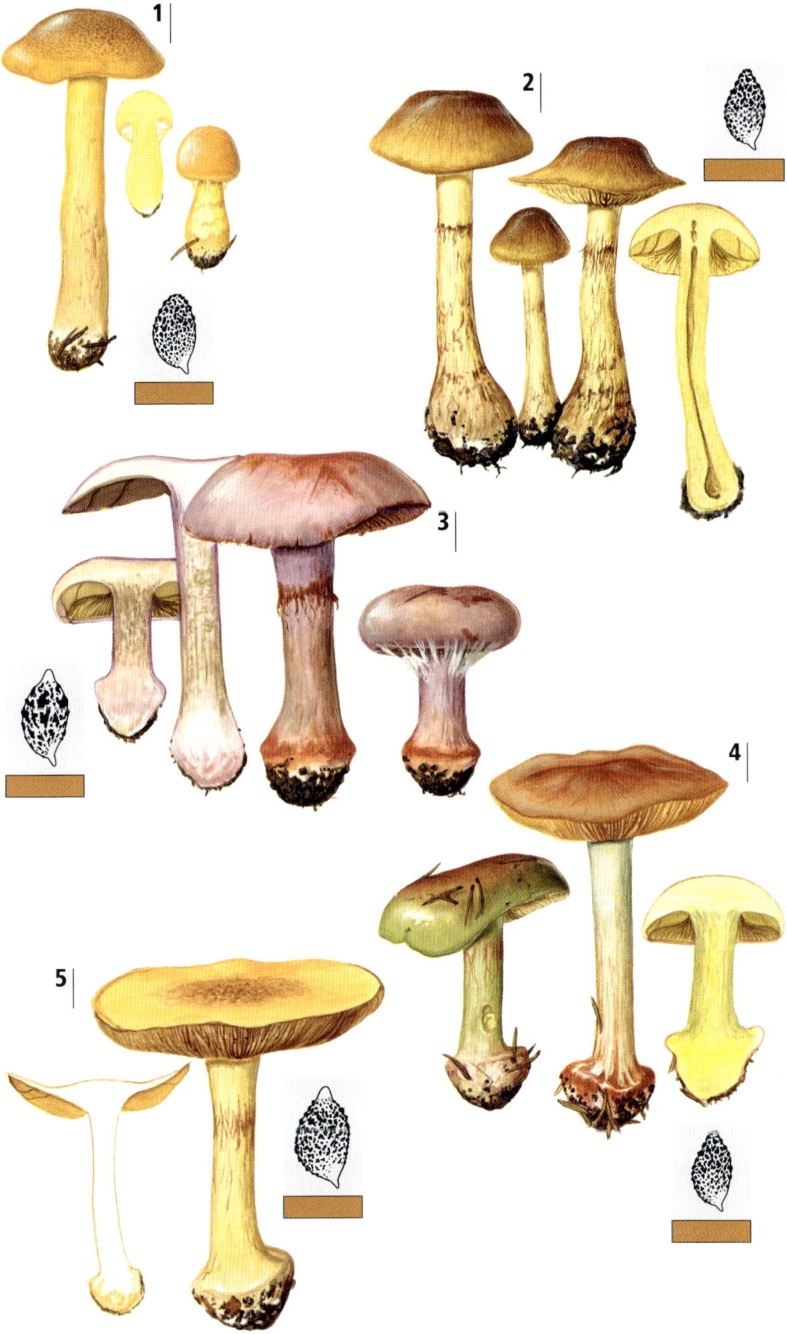
1
2
3
4
5

1 | Schöngelber Klumpfuß

Cortinarius splendens (Syn. *Calonarius splendens*) RL-V

H 3–7 cm, jung halbkugelig, später polsterförmig, alt verflachend, intensiv schwefel- bis chromgelb, Mitte mit dunklerem Velumschorf, feucht schleimig, mit Lauge olivgrün. **L** Jung lebhaft gelb, alt rostgelb. **S** 4–8 × 0,6–1,5 cm, Basis stark gerandet-knollig (bis 4 cm), etwa hutfarbig gelb, Myzel gelb. **F** Chrom- bis zitronengelb, mit Lauge schwach rosalich, Geruch nach Ovomaltine. **V** August bis November. In Buchenwäldern auf Kalkboden; in ganz Europa bis Südschweden verbreitet, mäßig häufig, rückläufig. **W** Im Nadelwald kommt der etwas kräftigere *C. meinhardii* vor, der nach Haselwurz (aromatisch-pfeffrig) riecht. Andere ähnliche Arten sind nicht ganz so leuchtend gelb gefärbt.

SP 10–11,5 × 6–7 µm

2 | Grünlings-Klumpfuß

Cortinarius citrinus (Syn. *Calonarius citrinus*) RL-G

Sehr ähnlich der vorigen Art und oft gemeinsam mit dieser wachsend. Die Farben sind aber insgesamt etwas grünlicher und der Hut ist alt mit reichlich dunklen Velumschuppen bedeckt. **W** Ähnlich ist der vor allem unter Eichen wachsende, blasser gefärbten *C. xanthochlorus*, der auch deutlich größere Sporen hat, sowie der an seinem auffallend süßlichen Blütenduft erkennbare *C. odoratus*. Der Grünlings-Klumpfuß ist wie viele an Rot-Buche gebundene Arten für Deutschland eine Verantwortungsart (V !).

SP 8,5–10 × 5,6 µm

3 | Schwarzgrüner Klumpfuß

Cortinarius atrovirens (Syn. *Calonarius atrovirens*) RL-2

H 4–10 cm, jung halbkugelig, lange deutlich gewölbt, nicht ganz verflachend, dunkel olivgrün bis schwarzgrün, alt fleckweise olivbraun entfärbend, feucht sehr schleimig, abgetrocknet schwach eingewachsen-faserig. **L** Jung schwefelgelb (amethystviolett in *C. ionochlorus*), selten violettlich, alt trüb rostbraun. **S** 4–10 × 1,5–2,5 cm, deutlich gerandet-knollig (bis 4,5 cm), schwefelgelb, zur Basis hin mit der Zeit ockerbraun. **F** Lebhaft schwefelgelb, mit Lauge olivgrün, Geruch nach Haselwurz (aromatisch-pfeffrig), Geschmack unspezifisch, mild. **V** August bis November. In Tannen-Buchen- und Tannen-Fichtenwäldern, auf Kalkboden; in den höheren Lagen Süd- und Mitteleuropas verbreitet, meist selten. **W** Die violettlamellige Form *C. ionochlorus* wächst vor allem unter Eichen in tieferen, wärmebegünstigten Regionen Europas.

SP 9,5–11,5 × 5,5–6,5 µm

4 | Messing-Klumpfuß, Strohgelber Klumpfuß

Cortinarius elegantior (Syn. *Calonarius elegantior*)

H 6–15 cm, jung halbkugelig, dann gewölbt, meist nicht ganz verflacht, ohne Buckel gelb- bis ockerbraun, oft etwas olivstichig, in der Mitte mit dunklerem Velumschorf, schleimig, trocken schwach eingewachsen-faserig. **L** Jung wachs- bis olivgelb, alt rostbraun, engstehend. **S** 5–12 × 1,5–3 cm, basal stark gerandet-knollig (bis 5 cm), blassgelblich, Knollenrand kräftig ockergelb. **F** Blassgelblich, in der Stielrinde chromgelb, in der Stielbasis mit Ammoniak rosarot, Geruch nach Ovomaltine, Geschmack unspezifisch, mild. **V** August bis November. In Nadelwäldern, auf basenreichen Böden, oft in Reihen; in den höheren Lagen Mitteleuropas regional mäßig häufig, in Süd- und Nordeuropa selten. **W** Die Art ist eigentlich essbar, aufgrund der möglicherweise krebserregenden Anthrachinon-Pigmente jedoch zu meiden.

SP 12,5–15,5 × 7–9,5 µm

5 | Steineichen-Klumpfuß

Cortinarius quercus-ilicis („quercilicis") (Syn. *Calonarius quercus-ilicis*)

In allen wesentlichen Merkmal der vorigen Art gleichend, jedoch sofort durch fehlende Ammoniakreaktion unterschieden. **V** August bis November. In wärmebegünstigten Laubwälder auf Kalk; in Europa mediterran-submediterran verbreitet und nicht selten, nördlich der Alpen nur an wenigen Stellen. **W** Zahlreiche weitere Arten unterscheiden sich durch Farbnuancen, Sporenmaße, chemische Reaktion und Ökologie.

SP 11–14 × 6,5–8 µm

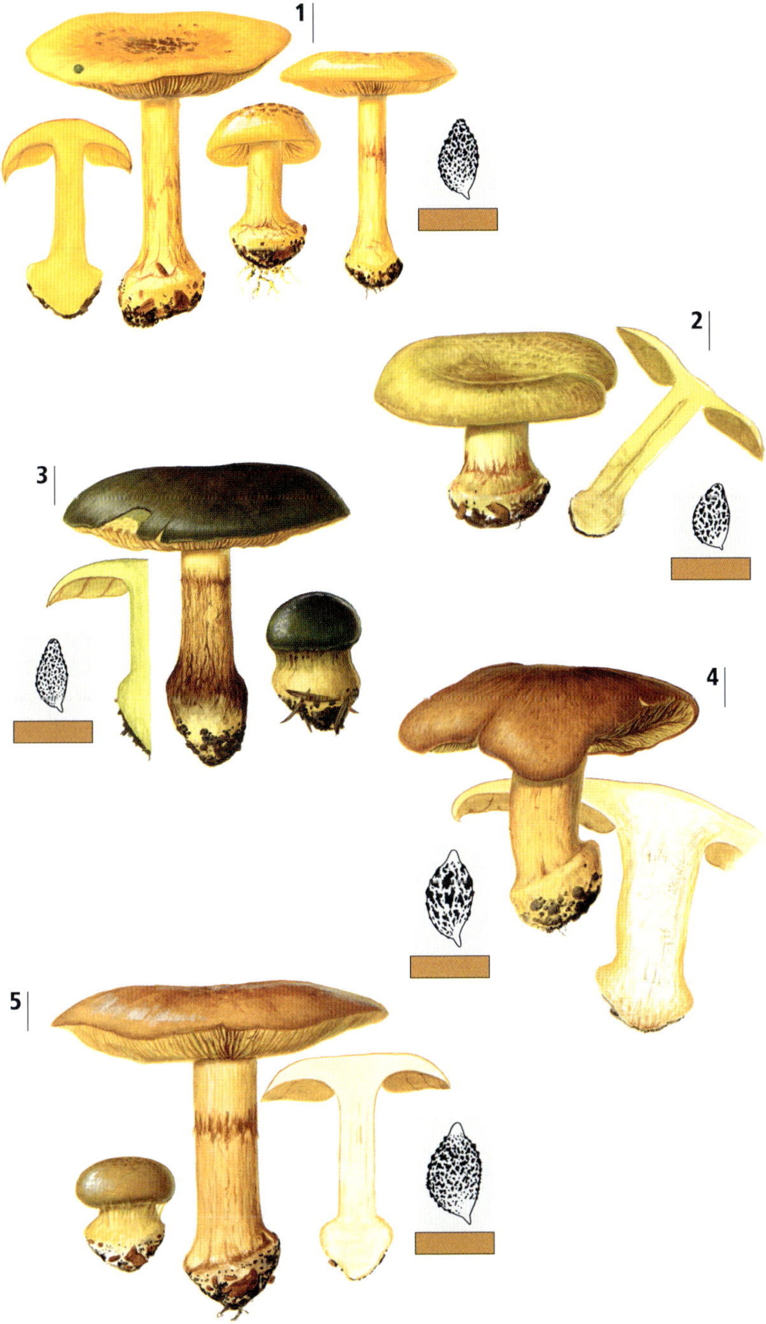
1
2
3
4
5

1 | Geschmückter Gürtelfuß

Cortinarius armillatus

RL-V

H 5–12 (–15) cm, jung halbkugelig-glockig, später konvex, alt verflachend, mit meist auffallendem, stumpfem Buckel, gelbbraun, ziegelbraun bis haselbraun, mit +/- stark ausgeprägten roten Schüppchen besetzt. **L** Jung hell gelbbraun, alt rostbraun, mäßig entferntstehend. **S** 8–20 × 0,6–2 cm, Basis meist unregelmäßig keulig angeschwollen, grauockerlich, holzfarben, Cortinazone weißlich, Velum rosarot bis ziegelrot, als ausgeprägte Ringzone und in weiteren Gürtelungen zur Basis hin. **F** Graubräunlich, Geruch und Geschmack rettichartig. **V** Juli bis November. In Birkenwäldern, Heiden und Moorrändern, stets unter Birke, auf sauren Böden; in Nordeuropa häufig, nach Süden zu seltener und aufgrund der Eutrophierung der Böden stark rückläufig, in Südeuropa fehlend. **W** Durch die ziegelroten Velumbänder und die Größe zweifelsfrei erkennbar. Obwohl sich die Anthrachinon-Pigmente ausschließlich im Velum befinden, färbt die Art dennoch Wolle kräftig rosa.

SP 9,5–12 × 6–7 µm, stark dextrinoid

2 | Feuerfüßiger Gürtelfuß

Cortinarius bulliardii

RL-2

H 2,5–8 cm, jung halbkugelig-glockig, später konvex, alt verflachend, manchmal mit flachem, stumpfem Buckel, feucht violettbraun bis kastanienbraun, zentrifugal hygrophan, entwässert ockerbraun. **L** Jung violettlich graubraun, alt rostbraun, entferntstehend, Schneide oft etwas heller. **S** 4–8 × 0,5–1,2 cm, zylindrisch, oft Basis schwach bis deutlich keulig, cremegrau bis holzfarben, von der Basis aufwärts vom Velum lebhaft orangerot überzogen, Myzel ebenso. **F** Feucht jung violett graubräunlich, alt und abtrocknend hell graubräunlich, Geruch und Geschmack unspezifisch, schwach rettichartig. **V** August bis November. In Laubwäldern, auf Kalkboden; in Südeuropa regional relativ häufig, nach Norden zu seltener, in Deutschland nur im Süden, fast überall selten. **W** Von oben gesehen ist diese Art unscheinbar und ähnlich vielen anderen Schleierlingen; erst die spektakuläre orangerote Stielbasis verrät sie.

SP 8,5–10 × 5–6 µm, stark dextrinoid

3 | Zinnoberroter Wasserkopf

Cortinarius cinnabarinus

RL-3

H 2,5–6 cm, jung halbkugelig, dann konvex, alt flach ausgebreitet, feucht intensiv zinnoberrot bis rotorange, hygrophan, abgetrocknet cremeorange. **L** Jung zinnoberrot, alt rostbraun, relativ entferntstehend. **S** 3–8 × 0,5–1 cm, zylindrisch, bisweilen basal etwas dicker, einheitlich bräunlich orange, vom Velum zinnoberrot überfasert. **F** Orangerot, feucht etwas marmoriert, mit Lauge purpurrot, Geruch und Geschmack unspezifisch, etwas rettichartig. **V** August bis November. In Laubwäldern (Buche, Hainbuche, Eiche), auf nährstoffarmen, trockenen Böden; in ganz Europa verbreitet, meist selten. **W** Ähnlich sind vor allem einige Hautköpfe (→ S. 436), die jedoch nicht hygrophan sind. Wie diese färbt der Zinnoberrote Wasserkopf Wolle sehr intensiv, wenn man eine genügend große Menge Pilz hat. Aufgrund der Rückläufigkeit der Art sollte man sie aber möglichst schonen.

SP 7,5–9 × 4,5–5,5 µm

4 | Rotschuppiger Raukopf

Cortinarius bolaris

H 3–7 cm, jung halbkugelig, dann gewölbt, alt oft flach und etwas vertieft meist ungebuckelt, jung gelblich weiß, schnell zunehmend orangerötlich geschuppt oder gefasert, gerieben chromgelb. **L** Jung cremegrau, alt rostbraun, engstehend. **S** 3–6 × 0,4–1,2 cm, zylindrisch, bisweilen etwas zuspitzend, selten etwas verdickt, weißgelblich, zunehmend orangerot geschuppt, alt vollständig braunrot, gerieben gilbend. **F** Weiß, angeschnitten chromgelb anlaufend, Geruch nach Ovomaltine, Geschmack unspezifisch, etwas schärflich. **V** Juli bis November. In Buchenwäldern auf sauren, nährstoffarmen Böden; in Mittel- und Nordeuropa weit verbreitet und regional häufig, in Südeuropa fehlend. **W** Charakterart des Hainsimsen-Buchenwaldes und aufgrund des Gilbens in allen Teilen einfach zu bestimmen. Entfernt ähnlich, da ebenfalls gilbend, ist der robuste und ungeschuppte *C. rubicundulus*.

SP 6–8 × 4,5–5,5 µm

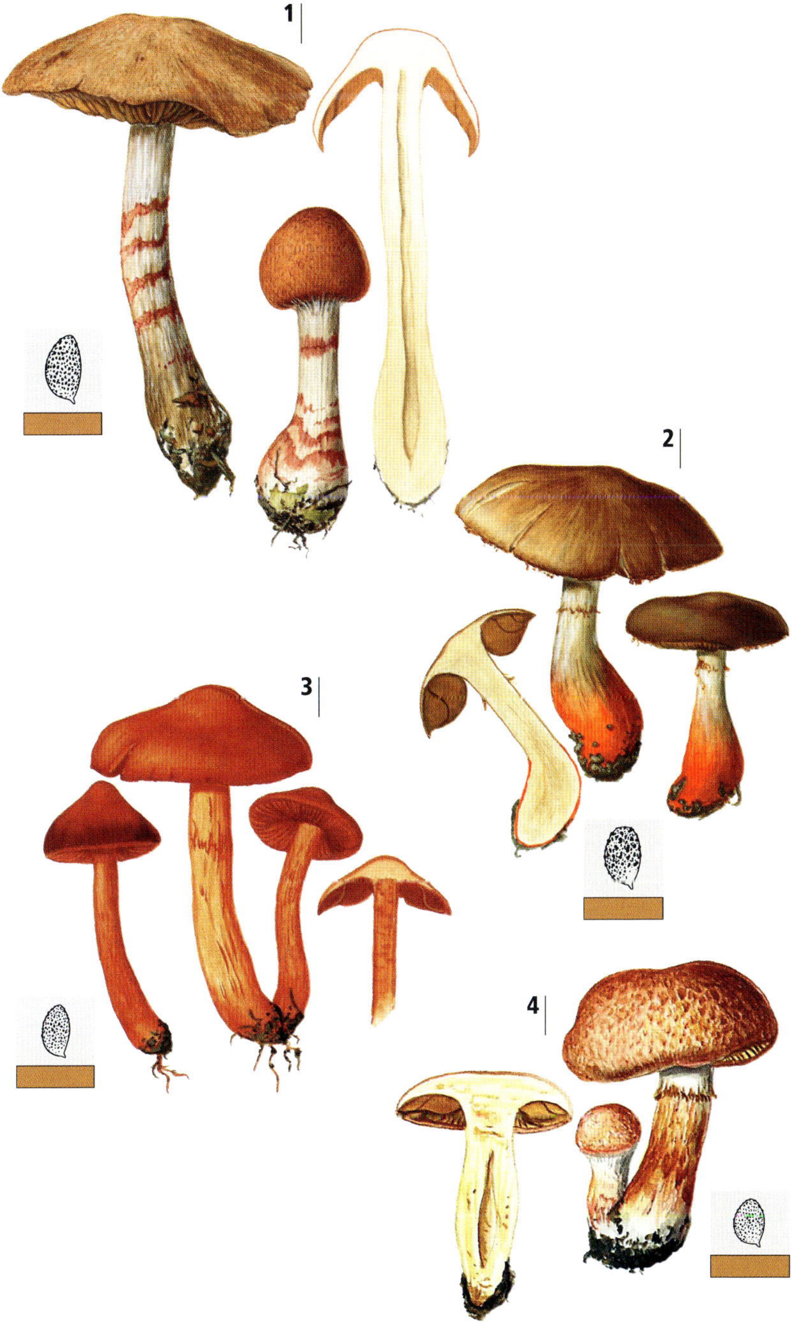
1
2
3
4

1 | Braunschuppiger Dickfuß

Cortinarius pholideus

RL-V

H 2,5–6 (–8) cm, jung halbkugelig-glockig, später konvex, alt fast verflachend, ungebuckelt, dunkel rot- bis zigarrenbraun abstehend geschuppt, auf ockerbraunem Grund, nicht hygrophan. **L** Jung violett, alt rostbraun, mäßig entferntstehend. **S** 5–12 × 0,5–1,5 cm, zylindrisch oder etwas zuspitzend, creme bis hell holzfarben, dicht mir dunkelbraunen, abstehenden Velumbändern bedeckt, Spitze jung violettlich. **F** Gelbbräunlich, jung im Stiel violettlich, Geruch und Geschmack rettichartig. **V** Juli bis November. In Birkenwäldern, Heiden und Moorrändern, stets unter Birke, auf sauren, meist feuchten Böden im Moos; in Nordeuropa häufig, nach Süden zu zunehmend seltener werdend, in Südeuropa fehlend. **W** *C. fuscoperonatus* ist ähnlich gefärbt, hat aber anliegende Velumbänder und wächst im Nadelwald auf Kalk.

SP 7–8 × 5–6 µm, mäßig dextrinoid

2 | Braunvioletter Dickfuß

Cortinarius anomalus agg.

H 2,5–10 cm, jung halbkugelig-glockig, später konvex, bläulich-graubraun, Mitte manchmal rötlich braun, glimmrig, schwach hygrophan. **L** Jung violettlich, alt rostbraun. **S** 4–10 × 0,5–1,5 cm, zylindrisch bis schwach verdickt, blass lilaweißlich, mit unauffälligen, hellgelben Velumbändern. **F** Jung violettlich, sonst grauweißlich, Geruch und Geschmack unspezifisch, mild. **V** Juli bis November. In Laub- und Nadelwäldern, bodenvag; in ganz Europa verbreitet und häufig, in Südeuropa seltener. **W** Ähnlich sind z. B. *C. anomallelus* mit länglicheren Sporen und *C. lepidopus* mit schmächtigen FK.

SP 7,5–8,5 × 6–7 µm, schwach dextrinoid

3 | Rostbrauner Dickfuß

Cortinarius caninus

H 4–10 (–12) cm, jung glockig, dann konvex, alt flach ausgebreitet, meist stumpf gebuckelt, feucht ocker- bis rötlich braun, abgetrocknet lederfarben, hygrophan. **L** Jung mit Violettstich, alt rostbraun. **S** 4–12 × 0,5–1,5 cm, zylindrisch, bisweilen basal verdickt, schmutzig weißlich, mit cremebraunem Velum strumpfartig dünn überzogen und oberwärts mit einer bräunlichen Velumlinie abschließend. **F** Feucht wässrig hell cremegrau, trocken weißlich, Geruch und Geschmack etwas rettichartig. **V** August bis November. In Fichtenwäldern, auf nährstoffarmen, trockenen Böden, meist bei jungen Fichten; in Mittel- und Nordeuropa verbreitet, im Süden meist selten. **W** Wenn das bräunliche Velum nicht bemerkt wird, ist diese Art kaum von einer Vielzahl anderer Schleierlinge zu unterscheiden.

SP 7,5–9 × 6–7 µm, kaum dextrinoid

4 | Bocks-Dickfuß

Cortinarius camphoratus

H 4–10 cm, jung halbkugelig, dann gewölbt, alt oft flach und meist sanft gebuckelt, jung hell blauviolett, lilaweißlich, bald von der Mitte her ockergelblich entfärbend, die violette Farbe alt vollständig verlierend, nicht hygrophan. **L** Jung blauviolett, alt rostbraun, engstehend. **S** 4–10 × 1–2 cm, zylindrisch, bisweilen etwas zuspitzend oder schwach verdickt, lilaweißlich wie der Hut, bald zunehmend gelblich, mit violettlichem, dann ockergelbem Velum seidig überzogen. **F** Blauviolett, von der Stielbasis nach oben ockergelb umfärbend, Geruch stark und unangenehm nach verbrannten Haaren oder Ziegenstall, Geschmack unspezifisch, mild. **V** Juli bis November. In Nadelwäldern auf feuchten, sauren, nährstoffarmen Böden; in Mittel- und Nordeuropa weit verbreitet und regional häufig, in Südeuropa fehlend. **W** Selbst alte, vollkommen ockerfarbene Exemplare können am arttypischen Geruch erkannt werden.

SP 9–10,5 × 5,5–6,5 µm, schwach dextrinoid

5 | Reifpilz, Zigeuner

Cortinarius caperatus (Syn. *Rozites caperatus*)

RL-V

H 5–15 cm, jung halbkugelig, dann gewölbt, alt oft flach, oft mit flachem, stumpfem Buckel, alt etwas runzelig, orangeocker bis ockerbraun, Mitte oft etwas violettlich getönt, weiß bereift, nicht hygrophan. **L** Jung cremegrau, alt rostbraun, Schneiden weißlich, etwas gesägt. **S** 6–15 × 0,8–2 cm, zylindrisch, weißgelblich, alt hell holzfarben, grob längsfaserig, mit häutigem, lockerem Ring (leicht abfallend!). **F** Weißlichgelb bis hell cremeocker, Geruch und Geschmack unspezifisch, mild. **V** Juli bis November. In Nadelwäldern, seltener unter Buche, Eiche oder Birke, auf sauren, nährstoffarmen, meist sandigen Böden; in Mittel- und Nordeuropa weit verbreitet und regional häufig, in Südeuropa fehlend. **W** Aufgrund ihrer Empfindlichkeit gegenüber Stickstoffeinträgen ist die Art in Mitteleuropa deutlich rückläufig.

SP 12–13 × 7–8 µm, mäßig stark dextrinoid

1

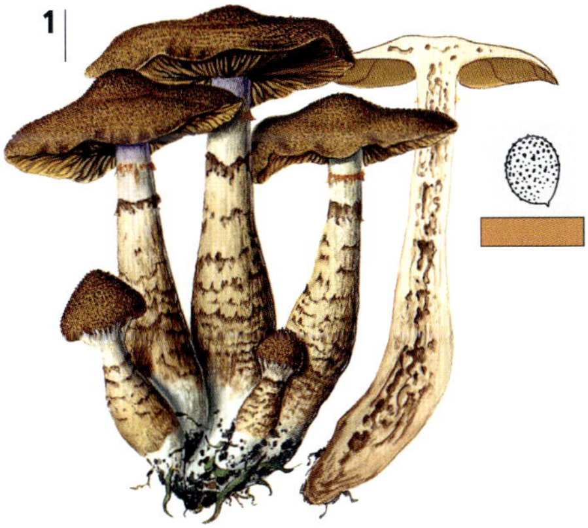

2

3

4

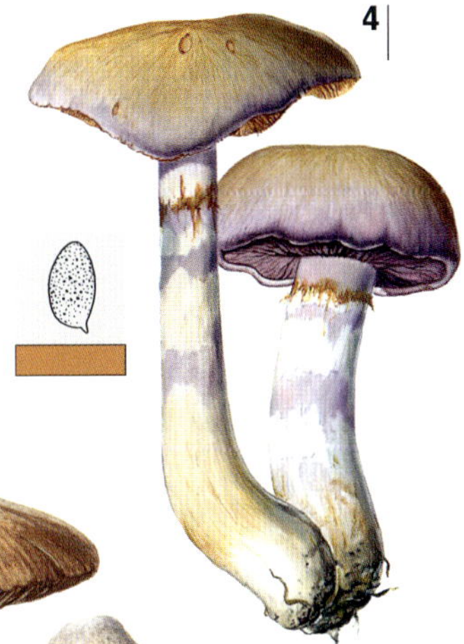

5

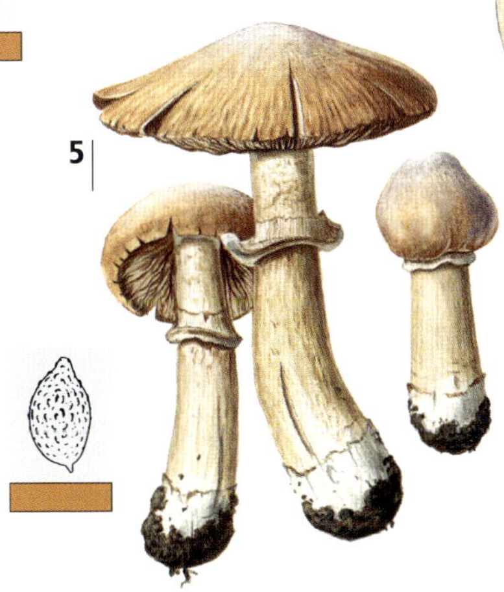

1 | Dunkelbrauner Gürtelfuß
Cortinarius brunneus

H 4–10 cm, jung halbkugelig-glockig, später konvex, alt verflachend, mit deutlichem, stumpfem Buckel, feucht dunkelbraun, maronenbraun bis umbrabraun, radial hygrophan. **L** Jung dunkel violettbraun, alt schwarzbraun, entferntstehend. **S** 6–12 × 0,5–1,5 cm, zylindrisch oder basal leicht angeschwollen, grau- bis rötlich braun, längsfaserig, Spitze oft etwas violettlich getönt, mit anfangs weißer, dann blass bräunlicher Velumringzone. **F** Bräunlich, Geruch und Geschmack schwach rettichartig. **V** August bis November. In Fichtenwäldern, an Moorrändern, auf sauren Böden; in Nordeuropa häufig, in Mitteleuropa zerstreut und rückläufig, in Südeuropa fehlend. **W** Die Fruchtkörper werden beim Trocknen fast schwarz, was für die ganze Artengruppe charakteristisch ist.

SP 7,5–9 × 5,5–6,5 µm, dextrinoid

2 | Violettstieliger Rettich-Gürtelfuß
Cortinarius evernius agg.

H 3–10 cm, jung halbkugelig, später konvex, alt verflachend, meist stumpf gebuckelt, feucht kastanienbraun, hygrophan, entwässert ockerbraun, Rand lange mit weißem Velumsaum. **L** Jung violett, alt rostbraun, entferntstehend. **S** 5–15 × 0,5–1,2 cm, zylindrisch, basal zuspitzend und manchmal etwas wurzelnd, blauviolett, von reichlichem weißen Velum gegürtelt oder überzogen, mit ausgeprägter Velumringzone. **F** Feucht intensiv blauviolett, Geruch und Geschmack unspezifisch, manchmal rettichartig. **V** Juni bis Oktober. In feuchten bis moorigen Fichtenwäldern, auf saurem Boden; in Nordeuropa häufig, in Mitteleuropa nur regional noch etwas häufiger, in Südeuropa sehr selten. **W** Die lebhaften Violetttöne im Fleisch sind charakteristisch für diese Artengruppe.

SP 9,5–11 × 5–6,5 µm, schwach dextrinoid

3 | Erdigriechender Gürtelfuß
Cortinarius hinnuleus agg.

H 2,5–10 cm, jung kegelig-glockig, dann konvex, alt flach ausgebreitet, mit deutlichem, stumpfem bis fast spitzem Buckel, feucht orangeocker bis orangebraun, rostgelb, radial hygrophan, alt zunehmend mit radialen schwarzen Striemen und Flecken, Rand mit weißem Velum zahnradartig bedeckt. **L** Jung ockergelb, dann rostbraun, dicklich, deutlich entferntstehend. **S** 4–10 × 0,5–1,5 cm, zylindrisch, hutfarbig orangeocker, vom üppigen weißen Velum anfangs gestiefelt, mit weißer Velumringzone. **F** Creme bis ockerbraun, Geruch und Geschmack etwas rettichartig. **V** Juli bis November. In Laubwäldern, vor allem Eiche, Pappel, auf nährstoffarmen, trockenen Böden; in ganz Europa verbreitet und meist häufig. **W** Die Art gehört zu einer Gruppe von schwierig zu bestimmenden Gürtelfüßen.

SP 7,5–8,5 × 5–6 µm, mäßig stark dextrinoid

4 | Zimtroter Gürtelfuß
Cortinarius laniger

H 4–10 cm, jung halbkugelig, dann gewölbt, alt bisweilen flach, kaum bis schwach gebuckelt, orange- bis ziegelbraun, eingewachsen-faserig, Rand mit weißem wolligem Velum bedeckt. **L** Lebhaft ziegelorange, alt rostbraun, mäßig entferntstehend. **S** 6–15 × 0,5–1,5 cm, zylindrisch, bisweilen basal unregelmäßig verdickt, hell graubraun, vom weißen Velum gegürtelt, mit deutlichem, wattigen Velumring. **F** Gelblich braun, Geruch und Geschmack rettichartig. **V** Juli bis November. In Fichtenwäldern auf sauren Böden; in Mittel- und Nordeuropa verbreitet, in Skandinavien häufig, in Südeuropa fehlend. **W** Charakterart der Heidelbeer-Fichtenwälder. Wenn Stielspitze und Hutrand mit violetten Tönen, vgl. *C. solis-occasus*.

SP 9–11 × 5,5–6,5 µm, stark dextrinoid

5 | Zimtblättriger Birken-Wasserkopf
Cortinarius subbalaustinus

H 3–8 (–12) cm, jung halbkugelig, dann gewölbt, alt oft flach, meist ungebuckelt, orangebraun bis rötlich braun, glatt, hygrophan. **L** Jung ocker-, alt rostbraun. **S** 4–10 × 0,5–1,2 cm, zylindrisch, oft etwas keulig verdickt, ocker- bis orangebräunlich, jung vom Velum weiß seidig überfasert. **F** Wässrig orangeocker, Geruch und Geschmack unspezifisch. **V** August bis November. In Birkenwäldern, Heiden, Parks und in Pionierwäldern, stets bei Birke, auf sauren, nährstoffarmen trockenen Böden; in Mittel- und Nordeuropa weit verbreitet und regional häufig, in Südeuropa fehlend. **W** Einer der wenigen Wasserköpfe, die man auch außerhalb von Wäldern in Parks und Alleen bei einzelnen Birken findet.

SP 7–9 × 4,5–5,5 µm, mäßig dextrinoid

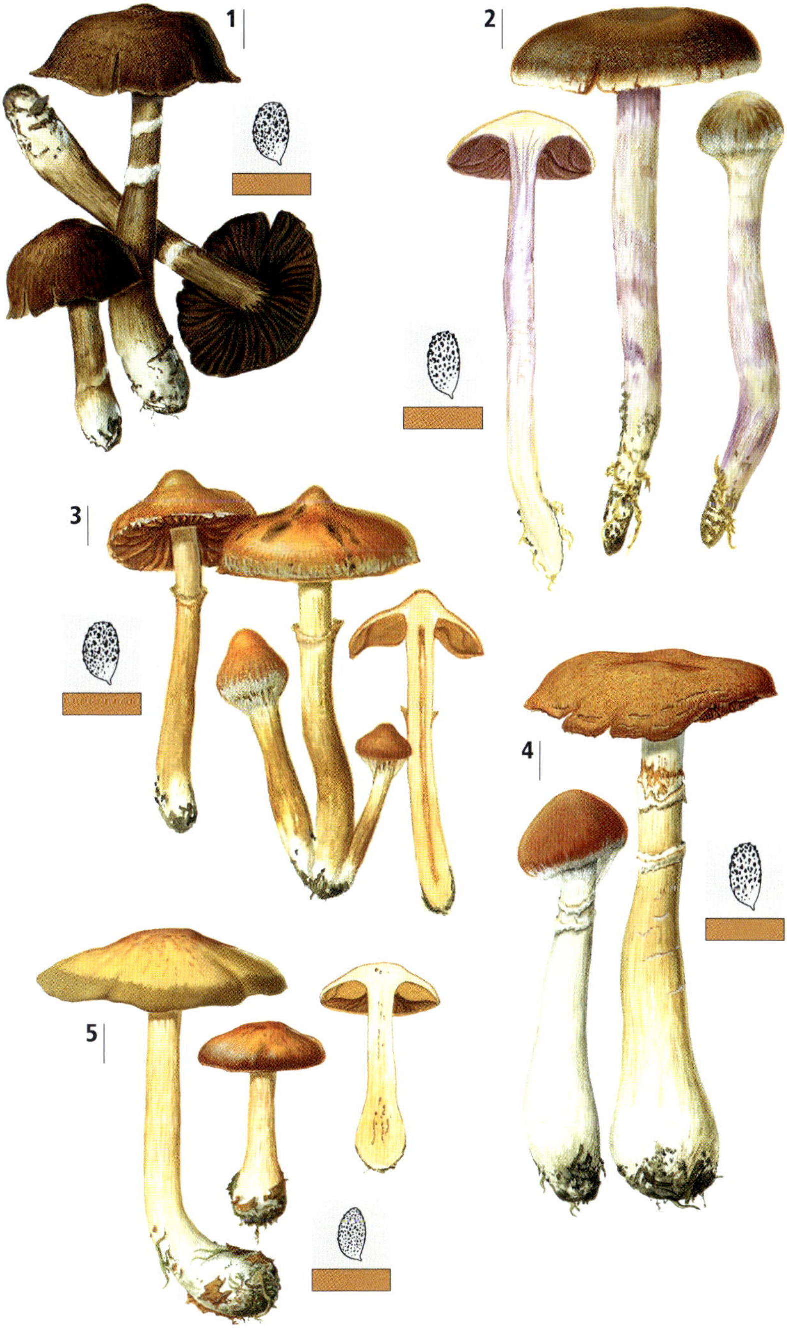
1
2
3
4
5

1 | Aprikosen-Wasserkopf

Cortinarius armeniacus

H 3–8 cm, jung halbkugelig-glockig, später konvex, mit flachem Buckel, orangeocker bis orangebraun, zentrifugal hygrophan, fettig glänzend. **L** Jung hell ockergelb, alt rostbraun. **S** 5–10 × 0,5–1,5 cm, Basis etwas verdickt, weiß, mit seidigem, weißem Velum. **F** Weißlich, in der Stielspitze grauviolett, Geruch und Geschmack unspezifisch, mild. **V** Juli bis November; vor allem in trockenen sandigen Kiefernwäldern und -heiden, auf sauren, nährstoffarmen Böden; in Nordeuropa häufig, nach Süden zu seltener, in Südeuropa weitgehend fehlend. **W** Es gibt noch viele weitere, nur schwer abgrenzbare Arten in dieser Gruppe.

SP 7,5–9 × 5–6 µm, stark dextrinoid

2 | Spitzer Wasserkopf

Cortinarius acutus

H 0,5–1,5 cm, jung spitzglockig, später konvex, nicht verflachend, mit auffallendem, spitzen Buckel, feucht orangeocker bis braunorange, bis über die Hälfte gerieft, hygrophan, entwässert ledergelb. **L** Jung braungelb bis ocker, alt rostbraun, Schneide weiß bewimpert. **S** 2–10 × 0,1–0,3 cm, zylindrisch, Basis verjüngt, braungelb, vom weißen Velum überfasert. **F** Feucht orangeocker, Geruch in der Stielbasis schwach jodoformartig, Geschmack unspezifisch **V** Juli bis November; truppweise in feuchten Nadelwäldern und an Moorrändern, vor allem unter Fichte, auf sauren Böden; in ganz Europa verbreitet, regional nicht selten, in Südeuropa seltener. **W** Die Art, wie auch etliche weitere aus dieser Gruppe, ähnelt stark einem Häubling (→ S. 476 f).

SP 7–8 × 4–5 µm, schwach dextrinoid

3 | Gelbfaseriger Raukopf

Cortinarius saniosus

H 1–4 cm, jung glockig oder eichelförmig, dann konvex, alt flach ausgebreitet und oft mit aufgebogenem Rand, stumpf oder spitz gebuckelt, feucht gelblich rotbraun, alt zunehmend schwärzlich gefleckt oder streifig, hygrophan, Rand jung gelb überfasert. **L** Jung ockergelb, alt rostbraun, relativ entferntstehend. **S** 2–6 × 0,3–0,6 cm, zylindrisch, gelbbraun, vom reichlichen Velum goldgelb gegürtelt. **F** Gelbbraun, Geruch und Geschmack unspezifisch. **V** August bis November. In Laubwäldern (Linde, Eiche) oder in Pionierwäldern bei Birke, Espe oder Weide, auf nährstoffarmen Böden; in ganz Europa verbreitet, nirgends häufig. **W** Es handelt sich um ein Aggregat aus mehreren Arten, die am goldgelben Velum erkennbar sind (z. B. *C. aureovelatus* unter Nadelbäumen).

SP 8,5–10 × 5–6,5 µm, mäßig dextrinoid

4 | Pelargonium-Gürtelfuß

Cortinarius flexipes (Syn. *C. paleiferus*)

H 1,5–4 cm, jung glockig, dann gewölbt, alt flach und mit hochgebogenem Rand, gebuckelt, jung violett, auch ohne Blautöne gelbbraun bis umbrabraun, mit weißen Schüppchen bedeckt, alt verkahlend. **L** Jung bräunlich purpur, alt rostbraun, mäßig engstehend. **S** 3–8 (–10) × 0,3–0,6 cm, zylindrisch, bräunlich, oben violett, Velum weiß, mehrere Gürtel und Flocken bildend, Stielbasis oft auffallend violett. **F** Gelbbraun im Hut, violettbraun im Stiel, Geruch nach Blättern von Pelargonien (*Pelargonium* spp.), Geschmack unspezifisch, mild. **V** Juli bis November. In Nadel- und Laubwäldern, auf sauren, nährstoffarmen Böden; in ganz Europa weit verbreitet und häufig. **W** Diese Art dürfte der wohl häufigste Gürtelfuß sein. Es gibt zahlreiche ähnliche Arten, die durch Geruch, Sporengröße, Färbung oder Standort abweichen.

SP 8–9 × 5–6 µm, mäßig dextrinoid

5 | Rosastieliger Wasserkopf

Cortinarius vernus

H 1,5–6 cm, jung glockig bis halbkugelig, dann gewölbt, alt fast flach, meist mit großem, stumpfem Buckel, feucht umbrabraun bis schwarzbraun, Mitte fast schwarz, stark hygrophan, Rand alt ganz fein rau werdend. **L** Jung cremegrau, alt rostbraun, mäßig entferntstehend. **S** 3–8 × 0,3–0,6 cm, zylindrisch, oft etwas verdickt, auf blassbraunem Grund weiß seidig überfasert, Basis fleischrötlich. **F** Graucreme, in der Stielbasis fleischrosa, Geruch und Geschmack unspezifisch, mild. **V** April bis Juli (bis November?), in lichten Laubwäldern, Parks, Alleen und Gärten, bodenvag; in Mittel- und Nordeuropa weit verbreitet, aber zerstreut, in Südeuropa selten. **W** Die Artengruppe der dunklen, rosastieligen Wasserköpfe ist eine der schwierigsten innerhalb der Schleierlinge. Es ist unklar, ob der Rosastielige Wasserkopf auch im Herbst auftreten kann.

SP 7–8,5 × 5–6 µm, mäßig dextrinoid

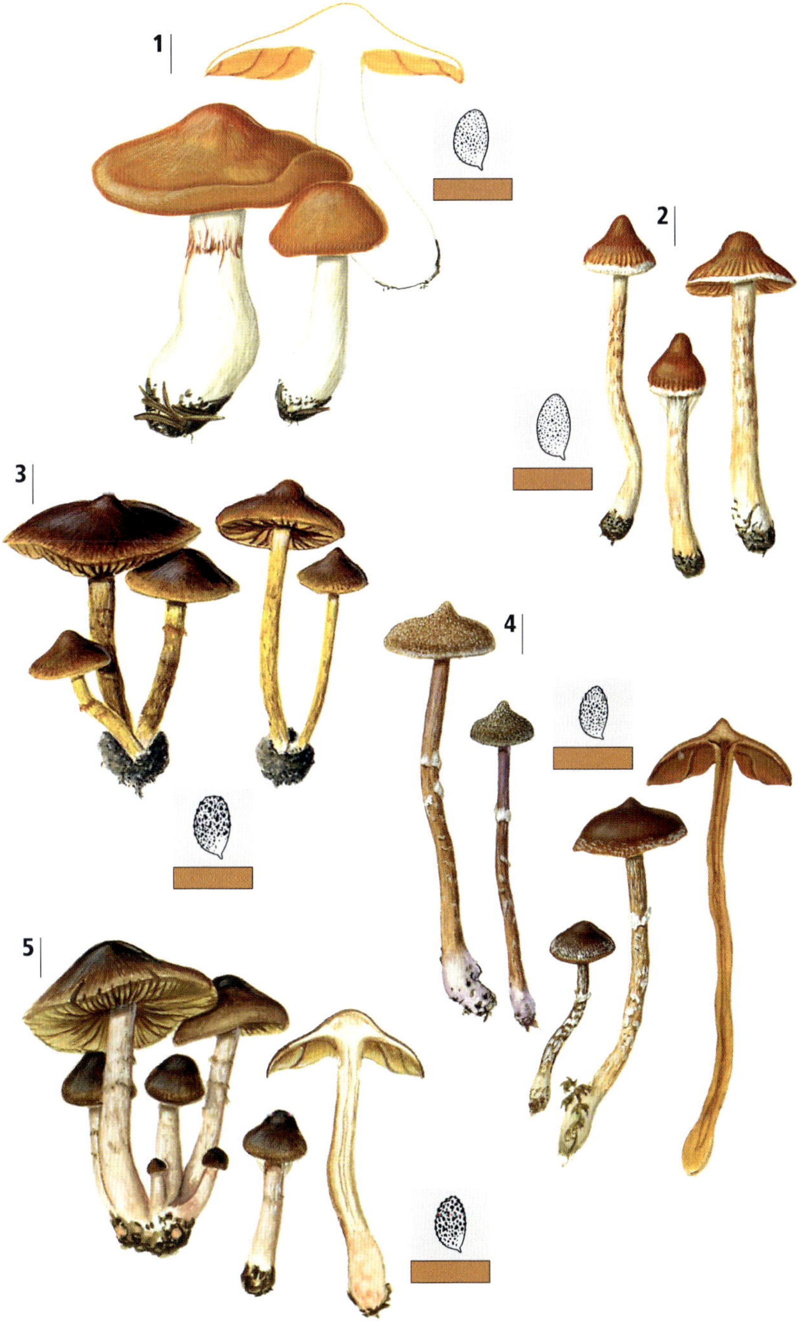
1
2
3
4
5

1 | Beringter Flämmling

Gymnopilus junonius (Syn. *Gymnopilus spectabilis*)

H (5–)10–20 cm, jung halbkugelig-glockig, später konvex, alt oft verflachend, meist ungebuckelt, safranocker bis orangeocker, alt orangebraun, faserig bis angedrückt schuppig. **L** Jung rostgelb, alt orangebraun, engstehend. **S** 8–25 × 1–5 cm, zylindrisch, meist Basis etwas verdickt, gelb bis ockerlich, mit häutigem, aufsteigendem Ring. **F** Gelb, Geruch meist unspezifisch, Geschmack sehr bitter. **V** Juni bis November. In und außerhalb von Wäldern, auf Stümpfen, Wurzeltellern und am Fuß stehender Laubbäume, bodenvag; in ganz Europa verbreitet, in den tieferen Lagen häufig, in den Mittelgebirgen selten bis fehlend. **W** Dieser Flämmling bildet manchmal einen Riesenwuchs mit bis 50 × 10 cm großen Stielen.

SP 7,5–10,5 × 5–6 µm, **CH** bis 35 µm

2 | Geflecktblättriger Flämmling

Gymnopilus penetrans (Syn. *Gymnopilus hybridus*)

H 2–8 cm, selten größer, jung halbkugelig, später konvex, alt wellig flach, orangegelb bis rostgelb, fuchsig orange, jung manchmal dunkler bräunlich, +/- glatt. **L** Jung gelb, dann rostgelb bis orangeocker, mit der Zeit meist zunehmend rostfleckig, Schneide weiß. **S** 3–10 × 0,3–1 cm, zylindrisch oder basal schwach keulig, gelb bis blassocker, vom weißen Velum längs überfasert, manchmal eine Faserringzone bildend. **F** Orangegelblich, Geruch variabel, oft etwas rettichartig, Geschmack sehr bitter. **V** Mai bis Dezember. In Nadel- und Laubwäldern aller Art, auf Nadel-, selten Laubholz, bodenvag; in ganz Europa verbreitet und häufig. **W** Die Abgrenzung zum Samtschuppigen und zum Weißbeschleierten Flämmling *(G. sapineus, G. stabilis)* wird unterschiedlich diskutiert.

SP 7–9 × 4–5,5 µm, **CH** bis 45 µm

3 | Dunkelstieliger Flämmling

Gymnopilus picreus

RL-V

H 1–4 cm, jung halbkugelig, dann konvex, alt manchmal flach ausgebreitet, ungebuckelt, lebhaft rotbraun, +/- glatt bis feinst filzig. **L** Jung lebhaft gelb, zum Hut deutlich kontrastierend, alt rostgelb, engstehend. **S** 2–6 × 0,2–0,4 cm, zylindrisch, zur Basis hin schwach verbreitert, rotbraun, im unteren Bereich dunkelbraun. **F** Orangebräunlich, Geruch unspezifisch, Geschmack bitter. **V** Juli bis Oktober. In Skandinavien relativ häufig, in Mitteleuropa meist in naturnahen Nadelwäldern in montaner Lage, in Südeuropa weitgehend fehlend. **W** Die hübsche Art ist am Farbkontrast gut zu erkennen. Sie gilt in Deutschland als Naturnähezeiger.

SP 7,5–9 × 5–6 µm, **CH** bis 40 µm

4 | Kleinsporiger Flämmling

Gymnopilus bellulus

H 1–3 cm, jung glockig, dann gewölbt, alt verflacht, orangerot, rostrot bis fuchsbraun, feinst filzig-schuppig, im Alter zunehmend verkahlend. **L** Jung ockergelb, alt rostgelb, mäßig engstehend. **S** 1,5–4 × 0,1–0,3 cm, zylindrisch, etwa hutfarbig, schwach weißlich überfasert. **F** Ockerlich, Geruch unspezifisch, Geschmack bitter. **V** Juni bis November. In Nadelwäldern, auf morschem Nadelholz, meist auf sauren Böden; im nördlichen und zentralen Europa weit verbreitet, aber überall sehr selten. **W** Vor allem im Alter ähnlich der vorigen Art, mikroskopisch aber problemlos zu erkennen.

SP 4,5–6 × 2,5–3,5 µm, **CH** bis 35 µm

5 | Gras-Flämmling

Gymnopilus flavus

RL-3

H 1,5–6 cm, jung glockig bis halbkugelig, dann gewölbt, alt fast flach, meist mit großem, stumpfem Buckel, feucht umbrabraun bis schwarzbraun, Mitte fast schwarz, stark hygrophan, Rand alt ganz fein rau werdend. **L** Jung cremegrau, alt rostbraun, mäßig entferntstehend. **S** 3–8 × 0,3–0,6 cm, zylindrisch, oft etwas zuspitzend, selten etwas verdickt, auf blassbraunem Grund weiß seidig überfasert, Basis fleischrötlich, vor allem auf Druck. **F** Graucreme, in der Stielbasis fleischrosa, etwas rötend auf Druck, Geruch und Geschmack unspezifisch, mild. **V** April bis Juli (bis November?), in lichten Laubwäldern, Parks, Alleen und Gärten, bodenvag; in Mittel- und Nordeuropa weit verbreitet, aber nur zerstreut vorkommend, in Südeuropa selten. **W** Besonders hohe Verantwortung (V !!).

SP 7,5–10,5 × 5–6 µm, **CH** bis 35 µm

1
4
2
3
5

1 | Marzipan-Fälbling
Hebeloma radicosum

H 4–12 cm, jung halbkugelig, später konvex, meist nicht verflachend, oft mit stumpfem Buckel, tonfarben, creme bis grauockerlich, schleimig, Randzone mit angedrückten Velumfetzen geschuppt. **L** Jung cremegrau, dann milchkaffeebraun bis graubraun, meist nicht tränend, Schneide weiß bewimpert. **S** 8–15 × 1–2 cm, unterer Bereich bauchig bis rübenförmig verdickt, lang wurzelnd, cremefarben, mit wattig-häutigem, doppeltem Ring, darunter etwas schuppig gegürtelt. **F** Schmutzig-weißlich bis creme, Geruch auffallend nach Bittermandel (Marzipan), Geschmack mild bis schwach bitter. **V** Juli bis November. In Laubwäldern, meist an nitrophilen, oft uringetränkten Stellen (z. B. Mäusenester), bodenvag; in ganz Europa verbreitet und häufig. **W** Unverkennbare Art, die mit ihrem wurzelnden Stiel oft (immer?) in Höhlengänge von Kleinsäugern reicht.

SP 7,5–10 × 5–6 µm, stark dextrinoid, **CH** bis 60 µm

2 | Braunscheibiger Fälbling
Hebeloma mesophaeum (Syn. *Hebeloma strophosum*)

H 1,5–8 cm, jung fast halbkugelig, bald konvex, alt verflachend, nicht oder schwach gebuckelt, nussbraun, rötlich braun bis dunkelbraun, jung von weißem Velum fast vollständig überzogen, somit die Hutfarbe nur in der Mitte sichtbar, Rand lange mit Velumresten bedeckt. **L** Jung cremegrau, dann graubraun, nicht tränend, Schneide weiß bewimpert. **S** 2–10 × 0,2–1 cm, zylindrisch, ockerbräunlich bis cremebräunlich, unterhalb einer Faserringzone vom weißen Velum schwach bis stark beflockt. **F** Graubräunlich, vom unteren Stielbereich her zunehmend schwarzbraun, Geruch und Geschmack rettichartig, meist etwas bitter. **V** Mai bis Dezember. In Nadel- und Laubwäldern aller Art, in Parks und Gärten, auf Heiden, häufig an Pionierstandorten oder bei jungen Bäumen und dort oft Massenvorkommen bildend; in ganz Europa verbreitet und häufig. **W** Der mit Abstand häufigste Cortina tragende Fälbling. Die graubraune Lamellen- und Sporenfarbe unterscheidet ihn von Schleierlingen oder Schüpplingen.

SP 8–10,5 × 4,5–6 µm, nicht dextrinoid, **CH** bis 80 µm

3 | Düsterscheibiger Weiden-Fälbling
Hebeloma nigellum

RL-1

Sehr ähnlich voriger Art, durch dunkle Farbe und Standort unterschieden, mit letzter Sicherheit aber nur mikroskopisch trennbar. **H** Schwarzbraun bis sepiaschwarz. **V** Juli bis Oktober. In nassen Weidengebüschen und -sümpfen, meist unter Öhrchen-Weiden (*Salix aurita* agg.); in Nordeuropa etwas häufiger, in Mitteleuropa selten, in Südeuropa weitgehend fehlend. **W** Die Art ist an geeigneten Standorten nicht so selten, sodass die Rote-Liste-Einstufung „vom Aussterben bedroht" zu stark erscheint.

SP 9,5–12,5 × 6–7,5 µm, stark dextrinoid, **CH** bis 40 µm

4 | Dünen-Fälbling
Hebeloma dunense (Syn. *Hebeloma collariatum*)

RL-G

Ebenfalls den vorigen beiden Arten sehr ähnlich sehend, jedoch durch relativ lebhaft orangebraune Hutfarbe auffallend. **H** Ocker- bis orangebraun. **V** Mai bis Oktober. Meist an Pionierstandorten, in Dünen, Sandgruben oder auf Halden, unter Weide oder Pappel, auch alpin bei Silberwurz; in ganz Europa verbreitet, in Küstennähe oder entlang der großen Flüsse regional nicht selten.

SP 9–12,5 × 6–7,5 µm, nicht dextrinoid, **CH** bis 65 µm

5 | Spindelfüßiger Fälbling
Hebeloma birrus

RL-G

H 1,5–5 cm, jung halbkugelig, dann gewölbt, meist nicht verflachend, oft schwach stumpf gebuckelt, feucht schleimig, ocker- bis rötlich braun, im Randbereich deutlich heller und dadurch oft zweifarbig wirkend. **L** Jung cremegrau, alt graubraun, nicht tränend, mäßig engstehend. **S** 2–7 × 0,2–0,6 cm, zylindrisch, selten basal etwas verdickt, etwas blasser hutfarbig, jung etwas längs überfasert, kurz bis deutlich wurzelnd. **F** Blass graubräunlich, Geruch und Geschmack meist rettichartig, selten mit Geruch nach schwarzem Tee, mild bis schwach bitterlich. **V** Juli bis Oktober. In Laub- und Nadelwäldern, bodenvag, aber auf sauren Böden häufiger; in ganz Europa verbreitet, mäßig häufig. **W** Mehrere ähnliche Arten lassen sich nur schwer und mittels Mikromerkmalen trennen *(H. danicum, H. pumilum)*.

SP 9,5–12 × 5–6,5 µm, stark dextrinoid, **CH** bis 50 µm

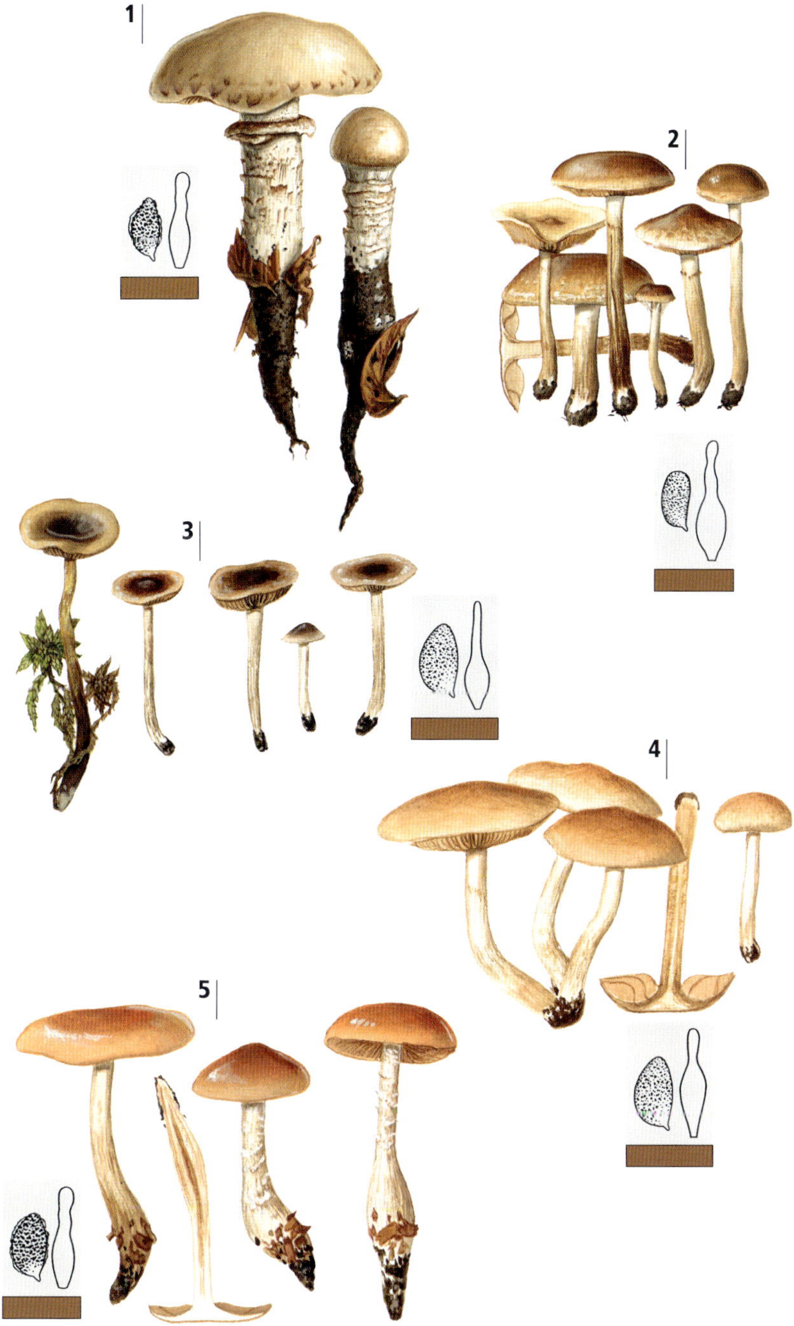
1
2
3
4
5

1 | Süßriechender Fälbling, Schwärzender Fälbling
Hebeloma sacchariolens

H 2–6 cm, jung fast halbkugelig, später konvex, bald verflachend, bisweilen mit stumpfem Buckel, tonfarben, creme bis grauockerlich, glatt, feucht schmierig-klebrig. **L** Jung cremegrau, dann milchkaffeebraun bis graubraun, nicht tränend, entfernt und oft alt unter dem Hut vorgewölbt. **S** 3–8 × 0,4–0,8 cm, zylindrisch oder schwach keulig, cremefarben, von der Basis aufwärts zunehmend bräunend. **F** Schmutzig-weißlich, Geruch auffallend süßlich-parfümiert, ähnlich überreifen Walderdbeeren, Geschmack mild bis schwach bitter. **V** Juli bis November. In Laubwäldern, Parks, an Wegrändern, oft an staunassem Stellen, bodenvag; in ganz Europa verbreitet und häufig. **W** Durch den Geruch unverkennbare Artengruppe, die aus etwa vier bis fünf Arten besteht.

SP 10–15 × 6,5–8 µm, stark dextrinoid, **CH** bis 70 µm

2 | Rötelsporiger Fälbling
Hebeloma porphyrosporum

H 3–10 cm, jung fast halbkugelig, bald konvex, alt selten verflachend, nicht oder schwach gebuckelt, creme bis ockerlich, Mitte etwas dunkler, feucht schleimig, Rand oft kurz gerippt. **L** Jung fleischrosa, erst alt fleischbraun bis purpurbraun, nicht tränend. **S** 5–12 × 0,6–1,5 cm, zylindrisch, basal oft etwas verdickt, cremeweißlich, Spitze etwas flockig. **F** Feucht cremegelblich, Geruch aromatisch-erdig oder nach Tee, Geschmack mild bis leicht bitter. **V** September bis Dezember. In mediterranen Laub- und Nadelwäldern, vor allem unter Eichen oder Kiefern; in Südeuropa verbreitet und regional nicht selten, sonst fehlend. **W** In Deutschland bisher nicht nachgewiesen.

SP 10–12,5 × 6–7,5 µm, stark dextrinoid, **CH** bis 65 µm

3 | Kakao-Fälbling
Hebeloma theobrominum

RL-G

H 3–8 cm, jung fast halbkugelig, bald konvex, alt verflachend, meist schwach gebuckelt, rötlich- bis kastanienbraun, feucht schmierig, Rand jung weiß bereift. **L** Jung cremegrau, dann graubraun, nicht tränend, Schneide weiß bewimpert. **S** 4–8 × 0,4–0,8 cm, basal keulig bis fast knollig verbreitert, selten zylindrisch, cremebräunlich, an der Spitze fein flockig bereift. **F** Schmutzig-weißlich, Geruch nach Kakao oder Rettich, Geschmack rettichartig, kaum bitter. **V** Juli bis November. In Nadel- und Laubwäldern aller Art, vor allem auf basischen Böden; in ganz Europa verbreitet, aber regional sehr unterschiedlich häufig. **W** Der namensgebende Geruch nach Kakao rührt vom gleichen Inhaltsstoff her, der bei anderen Fälblingen den Geruch nach Rettich verursacht. Insofern ist es individuell, welche Geruchswahrnehmung man hat, und kein wirklich gutes Bestimmungsmerkmal.

SP 9,5–12,5 × 6–7,5 µm, stark dextrinoid, **CH** bis 40 µm

4 | Bräunender Fälbling
Hebeloma laterinum (Syn. *Hebeloma edurum*)

H 4–12 cm, jung fast halbkugelig, bald konvex, alt nur gelegentlich verflachend, meist schwach gebuckelt, cremefarben bis isabellfarben, hell ockerlich, feucht schmierig, Rand arttypisch gerippt (manchmal kurz), lange eingebogen. **L** Jung cremegrau, dann graubraun, nicht tränend, Schneide weiß bewimpert. **S** 5–12 × 0,5–1,5 cm, zur Basis hin rübenförmig verdickt, Basis zuspitzend, ockerbräunlich bis cremebräunlich, von der Basis aufwärts zunehmend bräunend, alt vollständig dunkelbraun, Spitze grob flockig. **F** Cremeweißlich, vom unteren Stielbereich her zunehmend schwarzbraun, Geruch unauffällig, blüten- oder krautartig (nicht nach Rettich!), Geschmack etwas bitter. **V** Juli bis Dezember. In Nadelwäldern, in Parks und Gärten, häufig auf Kiefernheiden und dort oft in Ringen Massenvorkommen bildend, auf basischen Böden; in ganz Europa verbreitet und häufig. **W** Das starke Bräunen des Stiels, der gerippte Hutrand und fehlender Rettichgeruch machen die Art relativ einfach erkennbar.

SP 9–12,5 × 6–7,5 µm, nicht dextrinoid, **CH** bis 65 µm

5 | Elfenring-Fälbling
Hebeloma circinans

RL-G

Ähnlich voriger Art, aber durch kleinere FK, helleren Hut mit glattem Rand, sowie feinflockiger Stielspitze unterschieden. **V** Juli bis Oktober. In subarktischen oder subalpinen Nadelwäldern, alpin bei Silberwurz *(Dryas)*, bodenvag; in Europa nur punktuell und weit verstreut, im nördlichen Skandinavien nicht selten, sonst nur oberhalb von 1000 m, selten. **W** Etwas ähnlich ist in tieferen Lagen der größere Bräunende Fälbling (s. o.).

SP 7,5–9,5 × 5–6 µm, mäßig stark dextrinoid, **CH** bis 50 µm

1

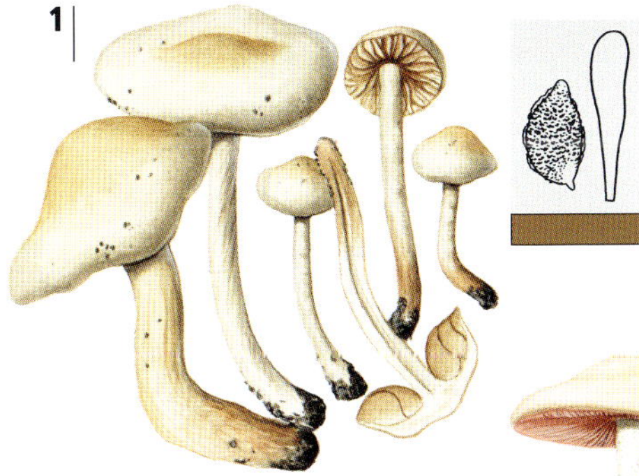

2

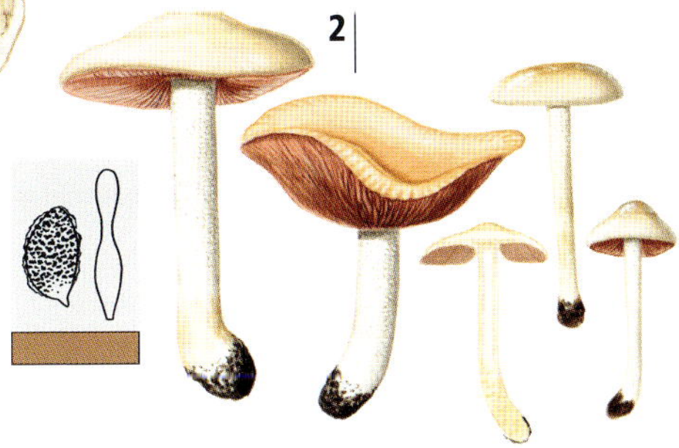

3

4

5

1 | Tonblasser Fälbling
Hebeloma crustuliniforme

H 4–10 cm, jung fast halbkugelig, später konvex, alt bisweilen verflachend, meist ungebuckelt, +/- einheitlich elfenbeinfarben, cremefarben bis tonfarben, selten dunkler, glatt, feucht schmierig. **L** Jung cremegrau, dann milchkaffeebraun bis graubraun, tränend, engstehend. **S** 4–12 × 0,6–1,5 cm, keulig bis knollig verdickt, cremeweiß, Spitze mit groben Flocken besetzt, nicht bräunend. **F** Schmutzig weißlich, auch im Stiel nicht bräunlich, Geruch und Geschmack rettichartig, mild bis schwach bitter. **V** Juli bis November. In Laubwäldern, Parks und Alleen, an Wegrändern, unter Laubbäumen (oft Eiche, nicht Weide), sehr selten unter Nadelbäumen, bodenvag; in ganz Europa verbreitet, mäßig häufig. **W** Die Art ist zwar in den meisten Pilzbüchern abgebildet, jedoch handelt es sich dabei meist um eine Sammelart für verschiedene hellhütige Arten. Erst ist den letzten Jahren ist sie klar definiert worden, und sie scheint weniger häufig zu sein als etliche ihrer hellhütigen Verwandten.

SP 10,5–12,5 × 5,5–7 µm, nicht bis schwach dextrinoid, **CH** bis 80 µm

2 | Kleiner Sumpf-Fälbling
Hebeloma helodes

RL-G

H 1–3,5 cm, jung fast halbkugelig, bald konvex, alt meist verflachend, nicht oder schwach gebuckelt, Mitte ockerbraun, nussbraun bis rotbraun, Randbereich abrupt heller, cremefarben bis hellgelblich, feucht schleimig, Rand bisweilen mit flüchtigen Velumresten. **L** Jung cremegrau, dann graubraun, Schneide weiß bewimpert, meist nicht tränend, mäßig entferntstehend. **S** 2–6 × 0,2–0,5 cm, basal oft etwas verdickt, seltener zylindrisch, cremeweißlich, Spitze fein flockig bepudert. **F** Feucht cremeweiß, auch im Stiel kaum dunkler, Geruch und Geschmack schwach rettichartig, mild bis leicht bitter. **V** August bis November. In feuchten Laubwäldern, Sümpfen, Mooren, Dünentälchen, vor allem unter Weide, Pappel oder Birke; in Nord- und Mitteleuropa verbreitet, aber meist selten, in Südeuropa fehlend. **W** Besonders in feuchten Weidengebüschen und Mooren gibt es noch eine Reihe weiterer kleiner Fälblingsarten, die meist nur mikroskopisch sicher unterschieden werden können.

SP 9–11 × 5–6 µm, nicht dextrinoid, **CH** bis 70 µm

3 | Falscher Bruchstiel-Fälbling
Hebeloma pseudofragilipes

H 4–12 cm, jung fast halbkugelig, bald konvex, alt oft verflachend, meist schwach stumpf gebuckelt, elfenbeinfarben, cremefarben bis isabellfarben, Mitte cremegelb bis hell ockerlich, farblich oft deutlich abgesetzt, feucht schmierig. **L** Jung cremegrau, dann graubraun, meist tränend, Schneide weiß bewimpert. **S** 4–12 × 0,4–1 cm, zur Basis hin etwas (selten stark) verdickt, cremeweißlich, Spitze fein bepudert. **F** Cremeweißlich, auch im unteren Stielbereich nur wenig bräunlicher, Geruch und Geschmack rettichartig, etwas bitter. **V** August bis November. In Laub- und Nadelwäldern, unter vielen Laubbaumarten, sowie Fichte und Kiefer, aber auch bei Sonnenröschen *(Helianthemum)* und Silberwurz *(Dryas)*, bodenvag, wohl häufiger auf basischen Böden; in ganz Europa verbreitet und vermutlich häufig, bisher kaum von anderen Arten (z. B. *H. fragilipes*, *H. hiemale*) getrennt. **W** Die Art wurde erst 2015 beschrieben, ist aber einer der häufigsten blasshütigen Fälblinge. Sie gehört in die sehr schwierige Sektion Clepsydroidea, in der sich ein gutes Dutzend kaum unterscheidbarer Arten befindet. Kennzeichen für die ganze Gruppe ist u. a. die des Öfteren auftretende Wandverdickung an den Zystiden.

SP 9,5–12 × 4,5–6,5 µm, mäßig dextrinoid, **CH** bis 75 µm

4 | Samtstieliger Fälbling
Hebeloma velutipes

Makroskopisch sehr ähnlich voriger Art, aber mikroskopisch durch etwas andere Zystidenform und Sporenmerkmale verschieden. **H** 3–8 cm, jung fast halbkugelig, bald konvex, alt verflachend, meist schwach gebuckelt, elfenbein- bis cremefarben, Mitte isabellfarben bis blassgelblich, feucht schmierig. **L** Jung cremegrau, dann graubraun, tränend, Schneide weiß bewimpert. **S** 4–8 × 0,4–0,8 cm, basal schwach bis deutlich knollig verbreitert, schmutzig weißlich, auf mindestens halber Länge fein pudrig bereift. **F** Weißlich, Geruch und Geschmack rettichartig, bitter. **V** Juli bis November. In Laubwäldern, vor allem auf feuchtem Boden; in ganz Europa verbreitet, überall häufig. **W** Eine ebenfalls sehr häufige, hellhütige Art. Am nächsten steht das vor allem nordeuropäisch verbreitete *H. velutipes*, das einen etwas dunkleren Hut hat und vorzugsweise in nassen Laubwäldern wächst.

SP 9,5–12 × 6–7,5 µm, mäßig bis stark dextrinoid, **CH** bis 80 µm

1

2

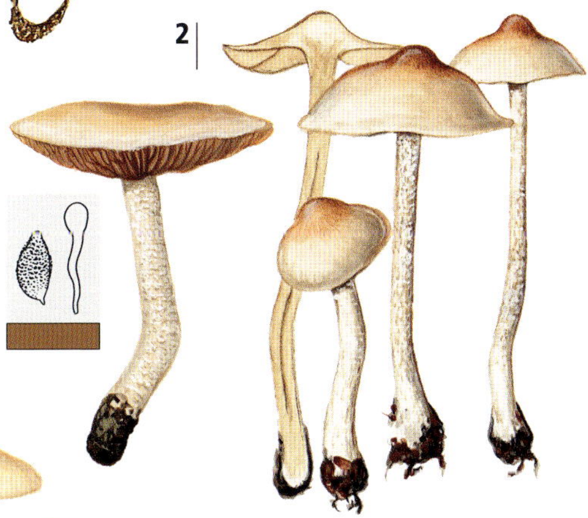

3

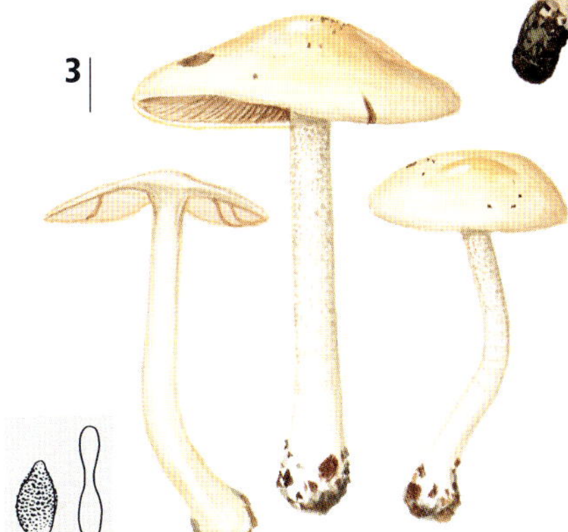

4

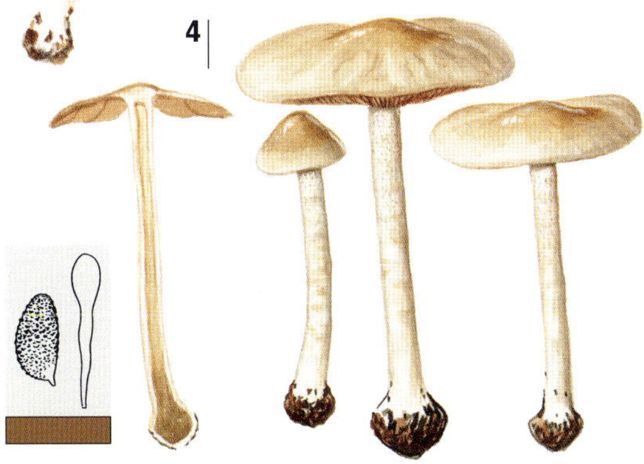

1 Langstieliger Moos-Fälbling

Hebeloma incarnatulum (Syn. *Hebeloma bryogenes*)

H 2,5–7 cm, jung glockig bis halbkugelig, später konvex, alt oft verflachend, bisweilen mit stumpfem Buckel, ocker- bis fleischbraun, zum Rand hin wenig heller, glatt, feucht schmierig-klebrig. **L** Jung cremegrau, dann milchkaffeebraun bis graubraun, meist tränend, Schneide weißlich bewimpert. **S** 5–12 × 0,5–1,5 cm, deutlich knollig oder keulig verdickt, cremefarben, von der Basis aufwärts etwas ockerlich werdend. **F** Schmutzig-weißlich, Geruch und Geschmack rettichartig, mild bis schwach bitter. **V** Juli bis November. In feuchten Nadelwäldern und an Moorrändern, bei Fichte oder Kiefer, meist im Torfmoos *(Sphagnum)*, selten zwischen anderen Moosen, auf saurem, feuchtem bis nassem Boden; in Nord- und Mitteleuropa verbreitet und häufig, in Südeuropa weitgehend fehlend oder nur in Berglagen. **W** In feuchten Berg-Nadelwäldern die häufigste *Hebeloma*-Art.

SP 9–12 × 5,5–7 µm, mäßig bis stark dextrinoid, **CH** bis 90 µm

2 Winziger Fälbling

Hebeloma pusillum

RL-G

H 1–4 cm, jung fast halbkugelig, bald konvex, alt meist verflachend, meist deutlich gebuckelt, Mitte ockerbraun bis rotbraun, feucht schmierig, Rand meist deutlich abgesetzt heller. **L** Jung cremegrau, dann graubraun, meist tränend, Schneide weiß bewimpert. **S** 2–6 × 0,2–0,5 cm, zylindrisch, cremebräunlich, von der Basis aufwärts zunehmend bräunend, Spitze fein bepudert. **F** Cremeweißlich, von der Basis her zunehmend ockerbräunlich, Geruch und Geschmack rettichartig, etwas bitter. **V** Juli bis November. In Weidengebüschen und Sümpfen, stets bei Weide *(Salix)*; in ganz Europa verbreitet, nur in Skandinavien etwas häufiger. **W** Unter Weide auf feuchtem Boden wachsen noch mehrere ähnliche Fälblingsarten.

SP 10–15 × 5–7,5 µm, nicht bis sehr schwach dextrinoid, **CH** bis 90 µm

3 Großer Rettich-Fälbling

Hebeloma sinapizans

H 5–15 cm, jung halbkugelig bis fast glockig, dann polsterförmig, alt selten verflachend, oft schwach gebuckelt, ocker- bis rötlich braun, manchmal isabellfarben bis fleischbräunlich, feucht schmierig, Rand etwas heller, lange abgebogen. **L** Jung cremegrau, dann graubraun, nicht tränend, engstehend, Schneide weiß. **S** 5–15 × 0,8–2 cm, basal meist verbreitert (bis 3 cm), seltener zylindrisch, cremeweißlich, an der Spitze grob flockig-schuppig. **F** Weißlich, Geruch und Geschmack nach Rettich, meist etwas bitter. **V** August bis November. In Nadel- und Laubwäldern, Parks, Alleen, häufig unter Buchen, vor allem auf basischen Böden, oft Ringe oder Reihen bildend; in ganz Europa verbreitet und häufig. **W** In den hohl werdenden Stiel ragt ein Zapfen Hutfleisch hinein, was oft als gutes Merkmal angesehen wird. Dies kann jedoch bei allen fleischigeren Arten der Fall sein.

SP 9,5–13,5 × 6–8,5 µm, stark dextrinoid, **CH** bis 80 µm

4 Südlicher Eichen-Fälbling

Hebeloma quercetorum

Ähnlich voriger Art, aber Stiel feiner beflockt und Lamellen entfernter, sowie ökologisch und mikroskopisch verschieden. **V** September bis Dezember. In mediterranen Laubwäldern und Parks, unter Eichen, auf Kalkboden; im mediterranen Südeuropa verbreitet, sonst fehlend.

SP 9–12 × 5,5–7 µm, mäßig dextrinoid, **CH** bis 80 µm,

5 Kuhbrauner Fälbling

Hebeloma vaccinum

RL-G

H 1,5–5 cm, jung halbkugelig-glockig, dann gewölbt, alt oft verflacht und etwas niedergedrückt, ungebuckelt, feucht schleimig, ocker- bis rötlich braun, Mitte deutlich dunkler rotbraun. **L** Jung cremegrau, dann graubraun, meist tränend, mäßig entferntstehend, Schneide weiß bewimpert. **S** 2,5–6 × 0,3–0,8 cm, zylindrisch, oft basal schwach verdickt, cremeweißlich, alt etwas dunkler, gelblich, obere Hälfte fein bereift bis flockig. **F** Schmutzig weiß, nicht bräunend, Geruch und Geschmack rettichartig, mild oder bitter. **V** Juli bis Oktober. In Dünen, Auwäldern, Sand- und Kiesgruben, auf nassem Sandboden, unter Weide oder Pappel; in Mittel- und Nordeuropa verbreitet, aber nur im hohen Norden etwas häufiger, in Deutschland vor allem an den Küsten, in Südeuropa fehlend. **W** Unter den bei Weide wachsenden Fälblingen ohne Cortina ist dies die dunkelste Art.

SP 11–15 × 6–8 µm, mäßig bis stark dextrinoid, **CH** bis 65 µm

1
2
3
4
5

1 | Blasser Erlenschnitzling

Naucoria alnetorum (Syn. *Alnicola alnetorum*) RL-G

H 1–2 cm, jung halbkugelig, konvex, dann abgeflacht, Oberfläche matt, rotbraun, ½ durchscheinend gerieft, hygrophan, trocken beigeockerlich. **L** Jung creme-ocker, reif rostbraun, schmal angewachsen, Schneiden weiß. **S** 2–5 × 0,1–0,3 cm, zylindrisch, brüchig, creme-bräunlich und längsfaserig weiß. **F** Dünn, bräunlich, geruchlos, Geschmack mild o. +/- bitter. **V** Juni bis November. Verbreitet in staunassen Bruch- und Sumpfwäldern oder Hartholzauen mit Erlen (*Alnus* spp.). **W** Erlenschnitzlinge sind an staunasse, sumpfige Standorte angepasst. Ein Großteil hat Erlen als Mykorrhizapartner, einige Arten wachsen bei Weiden (*Salix* spp.). In den meisten Fällen ist eine mikroskopische Untersuchung ratsam.

SP 13,5–18 × 7,5–10,5 µm, **BAS** 2-sporig, Schnallen +

2 | Weißstieliger Erlenschnitzling

Naucoria bohemica (Syn. *Alnicola bohemica*)

H 1–3 cm, jung kegelig-glockig, dann flacher gebuckelt, Oberfläche glatt, kastanienbraun, ⅓ durchscheinend gerieft, hygrophan, trocken ockerlich. **L** Jung weißlich, reif milchkaffeebraun, schmal angewachsen, Schneiden weiß. **S** 2–4 × 0,1–0,3 cm, zylindrisch, biegsam, cremebräunlich und längsfaserig silbrig-weiß. **F** Dünn, bräunlich, Geruch und Geschmack mild oder +/- rettichartig. **V** Juni bis Okotober. Weit verbreitet, im Süden seltener, nicht an Weide oder Erle gebunden, aber an feuchten Stellen bei vielen weiteren Laubbäumen wie Birken und Pappeln, auch bei Fichten; von der Küste bis in alpine Bereiche. **W** Die leuchtenden Hutfarben, die robusten Fruchtkörper mit Ring am Stiel und das meist büschelige Wachstum an Starkholz sind gute Feld-Merkmale.

SP 10,5–15,5 × 7–10 µm, **BAS** 2-sporig, Schnallen -

3 | Weiden-Schnitzling

Naucoria salicis (Syn. *Alnicola salicis*) RL-G

Die *N. bohemica* ähnliche Art ist an Weiden (z. B. *Salix aurita*, *S. cinerea*) auf nassen Standorten gebunden und im Norden deutlich häufiger als im Süden. **V** Juli bis Oktober. Zerstreut bis selten in Nord- und Mitteldeutschland.

SP 13–20 × 6–9 µm, **BAS** 2-sporig, Schnallen -

4 | Honiggelber Erlenschnitzling

Naucoria melinoides (Syn. *Alnicola escharoides*)

H 1,5–3 cm, jung konisch, konvex, dann abgeflacht, Oberfläche matt, feinfilzig, honigbraun, ungerieft, hygrophan, trocken cremeocker. **L** Jung cremeocker, reif olivbraun, ausgebuchtet angewachsen, Schneiden weiß. **S** 3–6 × 0,2–0,4 cm, zylindrisch, biegsam, jung hell oliv, dann bräunend. **F** Dünn, bräunlich, geruchlos, Geschmack mild oder +/- bitter. **V** August bis November. Eine der häufigsten und weit verbreiteten Erlenschnitzlinge; in Bruchwäldern, an Gewässerrändern, stets mit Erlen, bodenvag. **W** Geschnäbelte Cheilozystiden und starkwarzige Sporen sind wichtige Merkmale.

SP 9–12 × 5–6,5 µm, Schnallen +

5 | Kahler Erlenschnitzling

Naucoria scolecina (Syn. *Alnicola scolecina*) RL-V

H 1–3 cm, jung kegelig, konvex, dann abgeflacht und leicht gebuckelt, Oberfläche kahl, matt, rotbraun, ½ durchscheinend gerieft, hygrophan, trocken beigebraun. **L** Jung cremeocker, reif rostbraun, aufsteigend angewachsen, Schneiden weiß. **S** 2–6 × 0,1–0,4 cm, zylindrisch, biegsam, rotbraun und längsfaserig weiß. **F** Dünn, dunkelbraun, Geruch und Geschmack +/- rettichartig. **V** Juni bis November. Verbreitet, gebietsweise häufig; in Bruchwäldern, an Gewässerrändern, stets mit Erlen, bodenvag. **W** Äußerlich sehr ähnlich ist *N. fellea* mit stark bitterem Geschmack und nicht streng an Erle gebunden.

SP 8,5–13 × 5–7 µm, Schnallen +

1

2

3

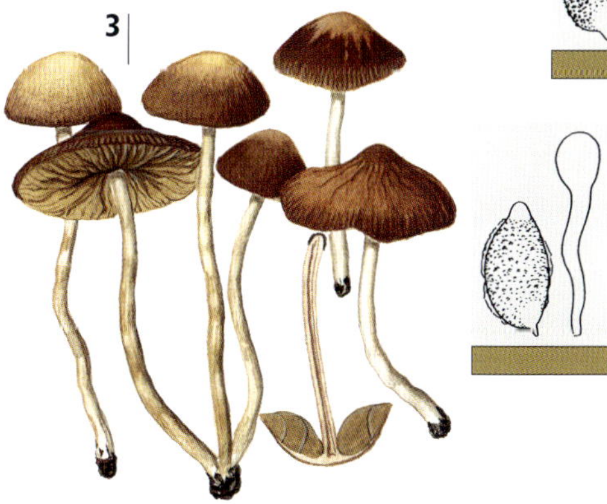

4

5

1 | Gift-Häubling
Galerina marginata

H 1–6 cm, jung halbkugelig, konvex, dann ausgebreitet, Oberfläche glatt, gelatinisiert, rotbraun bis ocker, wenig bis ½ durchscheinend gerieft, hygrophan, trocken ockergelb. **L** Jung hellocker, reif rostbraun, breit angewachsen, +/- eng. **S** 2–7 × 0,15–0,7 cm, zylindrisch, brüchig, ockerbraun, silbrig überfasert, Ring häutig, vergänglich. **F** Dünn, bräunlich, Geruch und Geschmack +/- mehlartig, mild. **V** Mai bis Dezember. Verbreitet und häufig auf Stümpfen, Stämmen, Holz-Häcksel von Nadel- und Laubhölzern in Wäldern, Gärten, ruderal; planar bis subalpin. **W** Die Art enthält größere Mengen von Amanitinen und könnte von unerfahrenen Sammlern z. B. mit Stockschwämmchen (→ S. 404) verwechselt werden (s. Phalloides-Syndrom → S. 9).

SP 7,5–10,5 × 4,5–6,5 µm, Schnallen +

2 | Weißflockiger Sumpf-Häubling
Galerina paludosa

RL-V

H 1–3 cm, jung konisch-glockig, dann flacher mit +/- deutlich gebuckelt, Oberfläche jung filzig-schorfig, ockerbraun, bis ½ durchscheinend gerieft, hygrophan, trocken ockergelb. **L** Jung hell-ocker, reif ockerbraun, breit angewachsen, +/- eng. **S** 3–17 × 0,15–0,3 cm, zylindrisch, oft tief im Torfmoos, biegsam, ocker-braun, mit weißer, unregelmäßig flockiger, +/- genatterter Ringzone. **F** Dünn, bräunlich, Geruch und Geschmack +/- mehlartig, mild. **V** Juni bis Oktober. Weit verbreitet in Mooren und nassen Stellen mit *Sphagnum*-Arten. Von der Küste bis in alpine Bereiche. **W** Die häufigste von vier an Torfmoosen wachsenden Häublings-Arten ist gut an den genatterten Velumresten am Stiel erkennbar.

SP 8–11 × 5,5–7 µm, Schnallen +

3 | Bereifter Häubling
Galerina tibiicystis

RL-3

Diese ebenfalls an Torfmoose gebundene Art hat bereifte Stiele, grobwarzige Sporen und kopfige Cheilozystiden. **V** Juni bis Oktober. Weit verbreitet und in vielen Moorgebieten anzutreffen.

SP 8–11 × 5–6 µm, Schnallen +

4 | Glimmerstieliger Häubling
Galerina sideroides

H 2–4 cm, jung stumpfkegelig, konvex gebuckelt, +/- papilliert, Oberfläche glatt, umbrabraun bis ocker am Rand, bis ¾ durchscheinend gerieft, hygrophan, trocken ockergelb. **L** Jung creme, reif ockerbraun, aufsteigend, breit angewachsen, Schneiden weißlich. **S** 2–6 × 0,2–0,6 cm, zylindrisch, elastisch-zäh, graubraun, weiß überfasert, ohne Ringzone. **F** Dünn, bräunlich, Geruch und Geschmack +/- pilzartig oder mehlartig, mild. **V** Juli bis Dezember, meist Oktober bis November. Weit verbreitet auf Nadelholz, Stümpfen, Holzhäcksel, Streu; planar bis hochmontan. **W** Die lange Zeit als eigenständige Art geführte var. *stylifera* unterscheidet sich makroskopisch durch Velumreste am Stiel.

SP 6–8,5 × 4–5 µm, Schnallen +

5 | Spitzkegeliger Häubling
Galerina triscopa

RL-V

H 0,5–1,2 cm, spitz gebuckelt bis kegelig-glockig mit dunklerer Spitze, Oberfläche glatt, rotbraun, durchscheinend gerieft, hygrophan, trocken ockergelb. **L** Jung hellocker, reif ockerbraun, +/- breit angewachsen, Spitze +/- bereift, Schneide weißlich. **S** 2–4 × 0,1–0,2 cm, meist gebogen, biegsam, braungelb bis dunkelbraun. **F** Dünn, bräunlich, Geruch und Geschmack fehlend, +/- mehl- oder rettichartig. **V** Mai bis November. Weit verbreitet, gebietsweise sehr selten, an morschem Nadelholz und Laubholz, meist Fichte, bodenvag; planar bis subalpin. **W** Die an den kleinen, spitzen Hüten gut kenntliche Art findet sich noch häufiger in totholzreichen, naturnahen, feuchten Bergwäldern, meist zu 1–4 Exemplaren.

SP 6–9 × 3,5–5 µm, Schnallen +

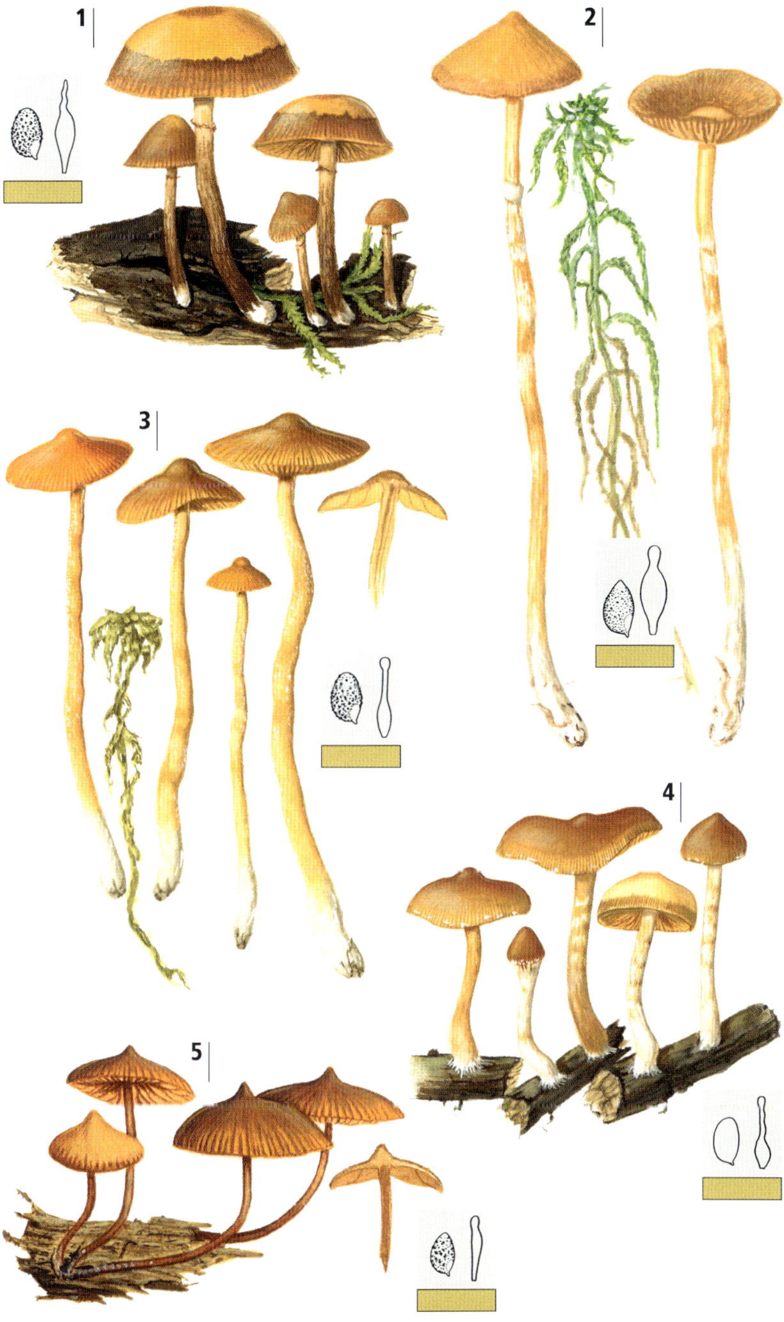
1
2
3
4
5

1 Rasen-Häubling

Galerina graminea (Syn. *Galerina laevis*)

H 0,5–1,2 cm, jung halbkugelig, konvex, dann ausgebreitet, Oberfläche glatt, ockerbraun, fast bis zur Mitte durchscheinend gerieft, hygrophan, trocken beige. **L** Ockergelb bis ocker, abgerundet angewachsen, entfernt. **S** 2–3,5 × 0,1–0,2 cm, zylindrisch, biegsam elastisch, creme bis hellgelb, weiß bereift. **F** Dünn, ockergelb, Geruch schwach bis fehlend, Geschmack mild bis +/- adstringierend. **V** Mai bis Dezember. Verbreitet und häufig in extensiven Wiesen und nährstoffreichen Rasengesellschaften in Parkanlagen, Gärten, ruderal, planar bis subalpin. **W** Es gibt eine ganze Reihe von Häublingen, die bis in den Winter herein fruktifizieren und eine gewisse Resistenz gegenüber Bodenfrösten aufweisen.

SP 7,5–10 × 4–5,5 µm, Schnallen -

2 Moos-Häubling

Galerina hypnorum

H 1–3 cm, kegelig bis hochkonvex, Oberfläche glatt, rostbraun, fast bis zur Mitte durchscheinend gerieft, hygrophan, trocken blass ocker bis beige. **L** Jung ocker, reif rostbraun, hoch angewachsen, +/- entfernt. **S** 1–3 × 0,1–0,15 cm, zylindrisch, biegsam, gelb-bräunlich, mit bereifter Spitze. **F** Dünn, ockerlich, Geruch und Geschmack +/- mehlartig, mild. **V** März bis Dezember. Verbreitet und häufig an Moosen auf Erde und Holz, in Wiesen und Wäldern, planar bis subalpin. **W** Die Art wird hier im Sinne von Ludwig Nr. 125.3. aufgefasst. Mehlgeruch und Mikromerkmale sind wichtige Kriterien.

SP 8–10 × 5–5,5 µm, kalyptrat, Schnallen +

3 Glockiger Häubling

Galerina pumila

H 1–3 cm, jung halbkugelig, dann breit konvex, Oberfläche glatt, gelbbraun mit gelblichem Rand, ca. ¾ durchscheinend gerieft, hygrophan, trocken ockergelb. **L** Jung gelb, reif ockerbraun, abgerundet breit angewachsen, mit Lamelletten. **S** 3–8 × 0,1–0,3 cm, zylindrisch, blass gelbbraun, mit Velum weißlich überfasert. **F** Dünn, brüchig, Geruch und Geschmack +/- pilzartig oder rettichartig, mild. **V** September bis Dezember. Verbreitet zwischen Moosen auf +/- naturnahen Wiesen, häufiger auf sauren Böden, planar bis subalpin. **W** Geruch, Stielbekleidung und glatte Sporen sind wichtige Bestimmungsmerkmale.

SP 9–12 × 5–6 µm, Schnallen +

4 Großsporiger Moos-Häubling

Galerina vittiformis

H 0,5–1,5 cm, halbkugelig, kegelig-glockig, Oberfläche glatt, rotbraun, bis zur Mitte durchscheinend gerieft, hygrophan, trocken blassgelb. **L** Jung hell ocker, reif ockerbraun, +/- breit angewachsen. **S** 4–6 × 0,1–0,2 cm, zylindrisch, biegsam, Spitze blass gelb-ocker, nach unten rötlich braun, mit kurzen Zystiden (Lupe!). **F** Dünn, hellbraun, geruchlos, Geschmack +/- mild, fade. **V** August bis Dezember. Verbreitet zwischen Moosen in Wäldern und Wiesen, planar bis subalpin. **W** Im *G. vittiformis-atkinsioniana*-Komplex sind genaue mikroskopische Untersuchungen erforderlich.

SP 8–11 × 5,5–7 µm bei 4-sporigen Kollektionen, Schnallen +

5 Gelbrötlicher Flaumstiel-Häubling

Galerina atkinsoniana

Der makroskopisch der vorigen Art sehr ähnliche, ebenfalls häufige Häubling unterscheidet sich durch vorhandene Pileozystiden (Lupe, Mikroskop). **V** August bis Dezember, oft erst im Spätherbst. Zwischen Moosen in grasigen Flächen in Wäldern, Gärten und Parkanlagen.

SP 9–13,5 × 6–8 µm bei 2-sporigen Kollektionen, Schnallen +

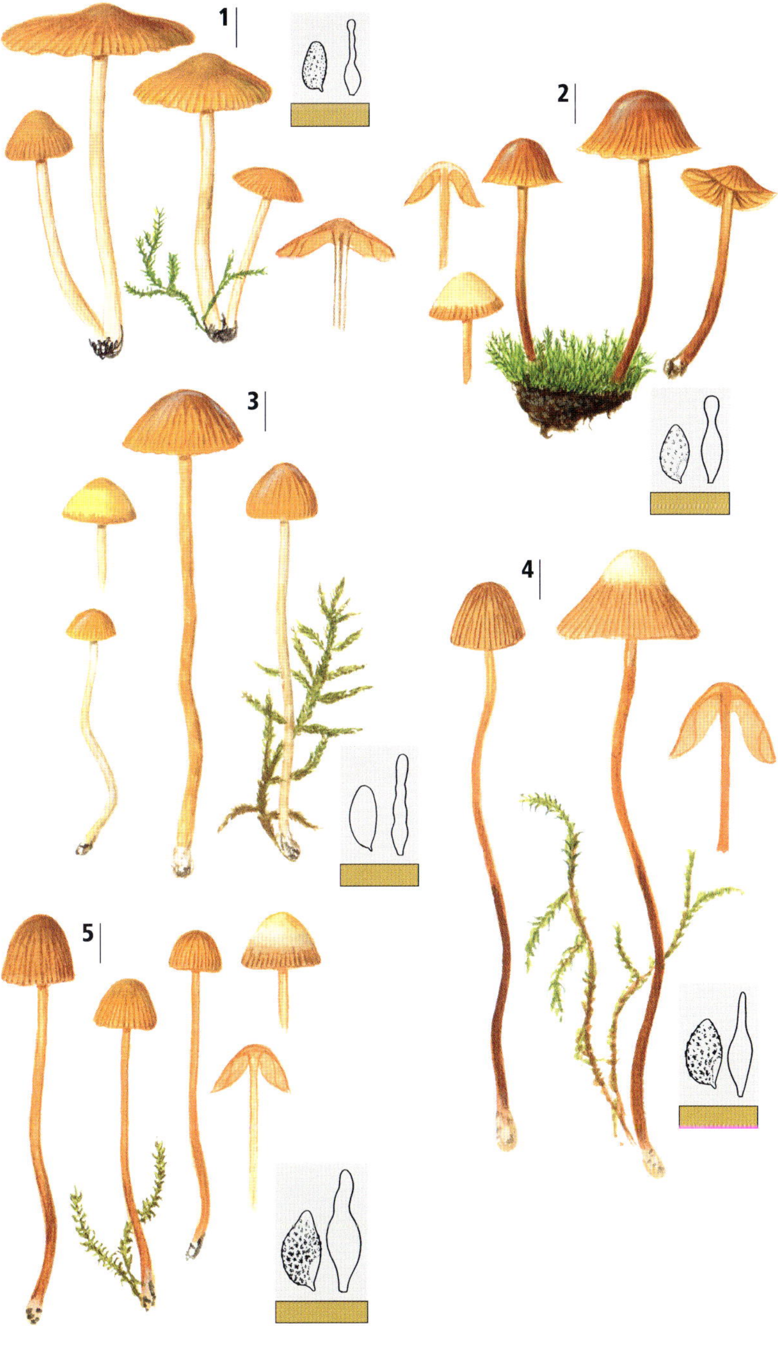
1
2
3
4
5

Risspilze

Risspilze sind im Allgemeinen ohne Mikroskop nicht bestimmbar. Sporenform und Zystidenmerkmale sind die wichtigsten Schlüsselmerkmale, auf die auch hier nicht ganz verzichtet werden kann. Ferner zeigt die Forschung, dass es zwei- bis dreimal so viele Arten gibt wie bisher in der Literatur verzeichnet. Daher sollten die Schlüsselergebnisse zumeist als Artengruppe aufgefasst werden.

1a	FK verletzt mit der Zeit ziegel- bis braunrot verfärbend → **2**
1b	FK nicht rötend → **6**
2a (1)	Geruch parfümiert obstartig, süßlich, blütenartig, seifig, nach Weinfass, Pelargonien, Sardinen oder Pferdestall → **3**
2b	Geruch typisch risspilzartig spermatisch → **4**
3a (2)	Hut faserig; Geruch parfümiert, nach gärenden Birnen oder nach Pferdestall; Zystiden (CH und PL) dickwandig, mit Kristallschopf **→ Grünroter und Birnen-Risspilz, S. 494**
3b	Hut schuppig; Geruch süßlich, nach Weinfass, Pelargonien oder Fisch; Zystiden (nur CH) dünnwandig, ohne Kristalle **→ Duftender und Hirschbrauner Risspilz, S. 484**
4a (2)	Stiel mit gerandetem Knöllchen, auf ganzer Länge bereift **→ Rötender Risspilz, S. 494**
4b	Stielbasis kaum verdickt; Stiel nicht oder nur im oberen Drittel bereift → **5**
5a (4)	FK schlank, in allen Teilen rosarot verfärbend; Hut 2–4 cm; Zystiden(CH und PL) dickwandig, mit Kristallschopf; V ab Juli **→ Weissrosa Risspilz, S. 494**
5b	FK robust, in allen Teilen ziegelrot verfärbend; Hut 3–8 cm; Zystiden (nur CH) dünnwandig, ohne Kristalle; V April–Juni **→ Ziegelroter Risspilz, S. 484**
5c	FK robust, Stiel und Trama weinrot verfärbend; Hut 3–8 cm; Zystiden (nur CH) dünnwandig, ohne Kristalle; V ab Juli **→ Weinroter Risspilz, S. 484**
6a (1)	Stiel violett getönt, zumindest im oberen Bereich; Stielbasis nie knollig **→ S. 496**
6b	Stiel nicht violett, sondern weiß, gelblich, rosa, braunrot bis braun; Stielbasis knollig oder nicht → **7**
7a (6)	L zumindest jung mit olivgelber Färbung → **8**
7b	L jung weißlich grau, kittfarben bis graucreme → **9**
8a (7)	Hut wirr faserfilzig bis etwas faserschuppig, oft olivocker bis braungelb; Zystiden (nur CH) dünnwandig, ohne Kristalle; SP glatt, bohnenförmig bis oval **→ Filzköpfe, S. 482**
8b	Hut grob längsfaserig, meist graubraun; Zystiden (nur CH) dünnwandig, ohne Kristalle; SP glatt, bohnenförmig bis oval **→ Kegeliger Risspilz und verwandte Arten, S. 486**
8c	Hut fein filzig, vom Hutbuckel aus verkahlend, nur bis 2 cm groß; Zystiden (CH und PL) dickwandig, mit Kristallen; SP höckerig **→ Graugezonter Zwerg-Risspilz, S. 490**
9a (7)	FK jung ohne Cortina; Stiel daher auf ganzer Länge bereift → **10**
9b	FK jung mit Cortina; Stiel daher nur im obersten Bereich oder gar nicht bereift → **14**
10a (9)	Stielbasis knollig bis gerandet-knollig → **11**
10b	Stielbasis zylindrisch oder nur unmerklich verdickt → **13**
11a (10)	Stiel rotbraun gefärbt; V unter Laubbäumen; SP stark höckerig **→ Sternsporiger RIsspilz, S. 490**
11b	Stiel rosarot überhaucht; V bei Fichte; SP glatt **→ Fichten-Risspilz, S. 490**
11c	Stiel weißlich bis gelblich → **12**

12a (11)	Hut ockergelb; SP höckerig **→ Gerandetknolliger Risspilz, S. 490**
12b	Hut rot- bis graubraun; SP glatt **→ Rotbrauner Risspilz, S. 492**
12c	Hut ockergelb; SP glatt; Geruch nach Honig; Zystiden (nur CH) dünnwandig, ohne Kristalle **→ Honig-Risspilz, S. 486**
13a (10)	Stiel von der Basis her bräunend bis schwärzend (auch im Fleisch); Geruch nach Bananenschale **→ Schwarzfüßiger Risspilz, S. 492**
13b	Geruch nach Bittermandel (in geschlossener Dose halten) **→ Bittermandel-Risspilz, S. 492**
13c	SP morgensternartig, stachelig **→ Schönsporiger Risspilz, S. 490**
13d	keine der vorigen Eigenschaften **→ Strohfarbener Risspilz, S. 492**
14a (9)	Stielbasis knollig bis gerandet-knollig **→ Rübenknolliger, Rundknolliger und Zitzen-Risspilz, S. 488**
14b	Stielbasis zylindrisch oder nur unmerklich verdickt **→ 15**
15a (14)	Stiel und Trama weinrot; Hut weinbräunlich; Zystiden (nur CH) dünnwandig, ohne Kristalle **→ Weinroter Risspilz, S. 484**
15b	FK anders gefärbt; Zystiden oft dickwandig mit Kristallen (CH und PL) **→ 16**
16a (15)	Hut von jung an abstehend schuppig, dunkelbraun; Zystiden (nur CH) dünnwandig, ohne Kristalle **→ 17**
16b	Hut anliegend längsfaserig oder wollig-filzig; wenn in Schüppchen aufbrechend, dann Hut nicht dunkelbraun und Zystiden dickwandig mit Kristallen **→ 18**
17a (16)	Stielbasis blau- bis graugrün **→ Blaufüßiger Risspilz, S. 484**
17b	Stielbasis rötlich-braun **→ Hirschbrauner Risspilz, S. 484**
18a (16)	Geruch blütenartig-parfümiert, nach Lerchensporn; Hut cremegrau, mit grünlich getönter Mitte **→ Grüngebuckelter Risspilz, S. 494**
18b	Geruch anders; Hut ohne grünlich getönte Mitte **→ 19**
19a (18)	Zystiden (nur CH) dünnwandig und ohne Kristalle **→ 20**
19b	Zystiden (CH und PL) dickwandig, meist mit Kristallschopf **→ 21**
20a (19)	Hut rot- bis kastanienbraun, Mitte lange mit weißen, kontrastierenden Velumflecken bedeckt **→ Gefleckter Risspilz, S. 486**
20b	Hut grau- bis gelbbraun, ockergrau, weißlich, olivlich; Velumreste meist nur jung sichtbar, nicht deutlich kontrastierend **→ Artengruppe Kegeliger Risspilz, S. 486**
21a (19)	SP auffallend langgezogen, etwa 2-mal so lang wie breit, im Umriss etwas unregelmäßig, aber kaum deutlich höckerig **→ Wirrköpfiger Risspilz, S. 488**
21b	SP nicht so langgezogen, entweder höckerig oder glatt und mandelförmig **→ 22**
22a (21)	Hut weißlich, kittfarben, cremegelb; Stiel weißlich **→ Strohfarbener Risspilz, S. 492**
22b	Hut ockergelb; Stiel weißlich **→ Kurzstieliger Risspilz, S. 492**
22c	Hut rot- bis graubraun; Stiel weißlich **→ Braunstreifiger Risspilz, S. 498**
22d	Stiel dunkler gefärbt **→ 23**
23a (22)	Hut hasel-, grau- bis rotbraun, deutlich schuppig werdend; Stiel mit der Zeit rotbräunlich überhaucht **→ Artengruppe Flockiger Risspilz, S. 498**
23b	Hut anliegend längsfaserig oder wollig-filzig; Stiel rot- bis dunkelbräunlich **→ 24**
24a (23)	Hut und Stiel eher wollig-filzig als faserig, dunkelbraun; SP höckerig; V in feuchten bis nassen Nadelwaldern **→ Artengruppe Wolliger Risspilz, S. 488**
24b	Hut längsfaserig; Stiel glatt; SP glatt; V in trockenen bis feuchten Laub- und Nadelwäldern **→ Frühlings-Risspilz und weitere Arten, S. 498**

1 | Gemeiner Filzkopf, Bittersüßer Risspilz

Mallocybe dulcamara (Syn. *Inocybe dulcamara*)

H 1,5–6 cm, jung fast halbkugelig bis konvex, schnell verflachend und oft etwas niedergedrückt, bisweilen mit flachem, stumpfem Buckel, Grundfärbung olivgelb bis bräunlich ocker, mit rötlich- bis olivbraunen Strähnen und Schüppchen dicht verfilzt besetzt. **L** Jung blass olivocker, dann olivbraun, aufsteigend angewachsen, mäßig entferntstehend, Schneide weißlich bewimpert. **S** 2–6 × 0,2–0,5 cm, zylindrisch, basal manchmal schwach verdickt, olivlich-cremegelb, fein längs überfasert, bisweilen noch undeutliche Velumreste sichtbar, Cortina weiß. **F** Olivgelblich, Geruch unspezifisch, schwach, Geschmack unspezifisch, mild, manchmal schwach süßlich-bitterlich (ähnlich Süßstoff). **V** Juni bis November. In lichten Laub- und Nadelwäldern, oft an Wegrändern, auf Halden, in Steinbrüchen und Kiesgruben, bodenvag; in ganz Europa verbreitet und häufig, aber oft als Sammelart aufgefasst. **W** Aus wie vielen Arten der *dulcamara*-Komplex besteht, ist derzeit noch Gegenstand von Forschungen. Vermutlich lassen sich rund ein Dutzend Arten anhand Velumausprägung, Sporen- und Zystidenform, Ökologie und Färbung unterscheiden.

SP 8–10,5 × 4,5–6 µm, **CH** mehrzellig, hyalin

2 | Braunschneidiger Filzkopf

Mallocybe fuscomarginata (Syn. *Inocybe fuscomarginata*)

H 1,5–5 cm, jung fast halbkugelig, bald konvex, meist schwach gebuckelt, alt selten verflacht, olivbraun bis umbrabraun, wirr faserfilzig, besonders in der Mitte Fasern fast schuppig zusammengefasst. **L** Jung blass olivocker, dann olivbraun, aufsteigend angewachsen, mäßig entferntstehend, Schneide mit zunehmendem Alter immer deutlicher braun gerandet. **S** 2–6 × 0,2–0,8 cm, zylindrisch, olivlich cremegelb, fein längs überfasert, Faserung teils etwas abstehend, Velumfaserzone jung meist gut sichtbar, Cortina gelblich. **F** Hell cremegelblich, Geruch und Geschmack unspezifisch, mild. **V** Juni bis November. In lichten Laub- und Nadelwäldern, an Wegrändern, auf Halden, vor allem auf feuchten, basischen Böden; in ganz Europa verbreitet, überall selten. **W** Durch die braunen Lamellen-Schneiden und damit auch braunen Cheilozystiden gut erkennbar.

SP 9,5–12,5 × 6–7,5 µm, **CH** ein- bis mehrzellig, braun

3 | Silbrigbeschleierter Filzkopf

Mallocybe leucoblema (Syn. *Inocybe leucoblema*)

H 3–8 cm, jung halbkugelig bis fast glockig, dann polsterförmig, konvex, alt meist verflachend, mit breitem, schwachem Buckel, Grundfarbe olivgelb bis hell ockerbraun, jung vollständig vom cremeweißen Velum überzogen, das nach und nach von der Mitte aus verschwindet, Rand lange eingebogen. **L** Jung blass olivocker, dann olivlich braun bis rötlich braun, aufsteigend angewachsen, mäßig entferntstehend, Schneide weißlich. **S** 4–8 × 0,4–1 cm, zylindrisch, olivlich ocker, dicht vom cremeweißen Velum überzogen, Velumfaserzone jung meist gut sichtbar, Cortina weiß. **F** Hell cremegelblich, Geruch und Geschmack unspezifisch, mild. **V** Juli bis November. In Nadelwäldern, auf alpinen Matten, vor allem auf basischen Böden; in ganz Europa verbreitet, überall selten bis sehr selten, in den Alpen etwas häufiger. **W** Das ausgesprochen reichliche Velum unterscheidet die Art von anderen Filzköpfen.

SP 9–12 × 6–7,5 µm, **CH** ein- bis zweizellig, hyalin

4 | Schuppenstieliger Filzkopf

Mallocybe terrigena (Syn. *Inocybe terrigena*)

H 3–8 cm, jung halbkugelig, dann flach gewölbt, alt meist verflacht und etwas niedergedrückt, selten leicht gebuckelt, olivgelb, ockergelb bis rötlich gelb, die wirr filzigen Fasern zunehmend angedrückte, dunklere Schüppchen bildend, seltener nur filzig. **L** Jung blass olivocker, dann olivbraun bis rötlich braun, aufsteigend angewachsen, mäßig entferntstehend, Schneide weiß. **S** 4–8 × 0,4–1,2 cm, zylindrisch, hutfarbig, blass olivocker, locker mit sparrig abstehenden olivbraunen bis rötlich braunen Velumschuppen besetzt, oberwärts in einer Velumfaserzone endend, Cortina weiß. **F** Hell cremeweißlich, Geruch und Geschmack unspezifisch, mild. **V** Juli bis November. In Nadelwäldern unter Fichte, Tanne, Kiefer, selten im Laubwald, auf basischen Böden; in ganz Europa verbreitet, regional (Kalkgebiete der höheren Lagen) nicht selten. **W** Durch die schuppigen Stiele unverkennbar, könnte dadurch aber für einen Schüppling (→ S. 400 ff.) gehalten werden.

SP 9,5–12 × 5,5–7,5 µm, **CH** einzellig, hyalin

1

2

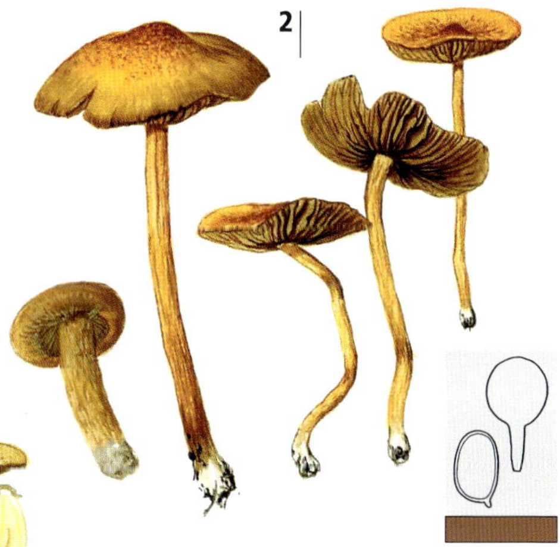

3

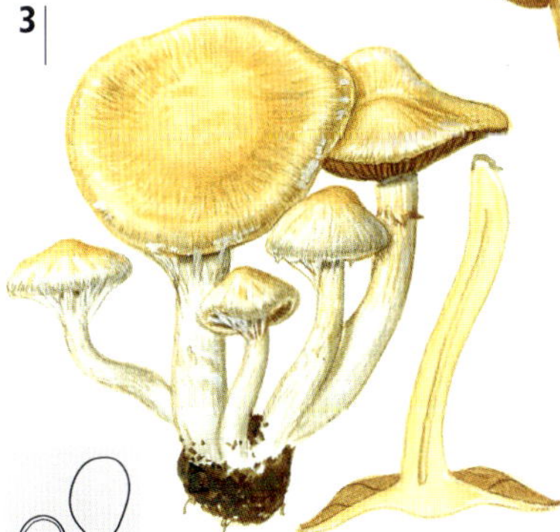

4

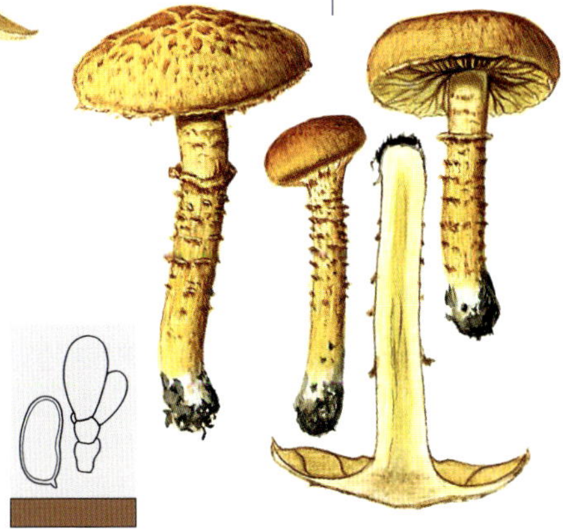

1 | Weinroter Risspilz, Weinroter Scheinrisspilz

Inocybe adaequata (Syn. *Inosperma adaequatum*)

H 4–10 cm, jung glockig bis kegelig, schnell verflachend und alt niedergedrückt mit aufgebogenem Rand, deutlich stumpf gebuckelt, weinbraun, rotbraun bis kastanienbraun, die arttypische weinrosa Tönung wenigstens in der Mitte zeigend, strähnig längsfaserig. **L** Jung grauweißlich, dann olivlich graubraun, knapp angewachsen, Schneide weißlich bewimpert. **S** 4–10 × 0,5–1 cm, zylindrisch, jung schmutzig weißlich, bald zunehmend weinrosa verfärbend, Cortina weiß. **F** Weiß, mit weinrosa Flecken, die mit zunehmendem Alter größer und mehr werden, Geruch obstartig, krautig oder spermatisch, Geschmack unspezifisch, mild. **V** Juni bis November. In lichten Laubwäldern, Parks, an Wegrändern, auf basischen bis neutralen Böden; in ganz Europa verbreitet, regional unterschiedlich häufig bis selten. **W** Diese Art enthält kein Muskarin. Wir empfehlen dennoch, generell keine Risspilze zu essen.

SP 9,5–13,5 × 6–8 µm, **CH** +

2 | Ziegelroter Risspilz, Ziegelroter Scheinrisspilz

Inocybe erubescens (Syn. *Inosperma erubescens*)

H 4–12 cm, jung glockig bis kegelig, dann konvex, alt meist verflacht bis niedergedrückt mit aufgebogenem Rand, stumpf gebuckelt, jung weißlich, fein faserig, zunehmend ziegelrötliche Flecken und Striemen bekommend, alt grob faserig, einreißend, bisweilen komplett ziegelrot verfärbt. **L** Jung grauweißlich, dann graubraun, fleckweise rötlich verfärbend, Schneide weißlich bewimpert. **S** 4–10 × 0,7–1,5 cm, zylindrisch, jung schmutzig weißlich, bald ockergelblich und zunehmend mit ziegelrötlich verfärbten Stellen, Cortina weiß. **F** Weiß, an Fraßstellen ziegelrot verfärbend, Geruch obstartig, Geschmack unspezifisch, mild. **V** April bis Juni. In Parks und lichten Laubwäldern, an Wegrändern, auf basischen Böden; in ganz Europa verbreitet, zerstreut bis selten. **W** Ebenfalls ziegelrot verfärbt sich *I. godeyi* (→ S. 494), die aber ein deutliches Stielknöllchen und eckige Sporen hat.

SP 10–14,5 × 6–7,5 µm, **CH** +

3 | Duftender Risspilz, Duftender Scheinrisspilz

Inocybe bongardii (Syn. *Inosperma bongardii*)

H 3–8 cm, jung halbkugelig, dann konvex, oft nicht ganz flach werdend, meist ohne Buckel, jung weißlich, cremefarben, längsfaserig, dann Fasern zunehmend zu angedrückten ockerbräunlichen Schuppen verklebend. **L** Jung grauweißlich, alt olivlich graubraun, mäßig entferntstehend, Schneide weißlich. **S** 4–8 × 0,5–1 cm, zylindrisch, schmutzig weißlich, mit der Zeit rotbräunlich längsfaserig, an der Spitze flockig, Cortina weiß. **F** Weißlich, im Anschnitt langsam rosarot anlaufend, Geruch süßlich-parfümiert, wie Mostbirnen, Geschmack unspezifisch, mild. **V** Juli bis Oktober. In Laubwäldern und Parks, vor allem auf basischen Böden; in ganz Europa verbreitet, in Nordeuropa selten, nach Süden zu immer häufiger werdend. **W** Sehr ähnlich, aber meist weniger schuppig, ist die erst nach Pelargonien, dann nach Sardinen riechende *I. pisciodora*.

SP 11–15 × 6–8 µm, **CH** +

4 | Hirschbrauner Risspilz, Hirschbrauner Scheinrisspilz

Inocybe cervicolor (Syn. *Inosperma cervicolor*)

H 2,5–6 cm, jung halbkugelig, dann flach gewölbt, auch alt kaum verflacht, dunkel- bis umbrabraun, Mitte angedrückt bis leicht abstehend geschuppt, alt auch bis zum Rand geschuppt, seltener nur faserig. **L** Jung grauweiß, alt olivbraun, knapp angewachsen, Schneide weiß. **S** 4–10 × 0,3–0,7 cm, zylindrisch, selten basal schwach verdickt, etwas hutfarbig, auf Druck etwas braunrötlich verfärbend, zur Basis hin dunkler als an der Spitze, dort flockig, Cortina weiß. **F** Weißlich, Geruch nach altem Weinfass, Geschmack unspezifisch, mild. **V** Juli bis November. In Nadel- und Laubwäldern, auf sauren Böden; in ganz Europa verbreitet, in höheren Lagen nicht selten. **W** Der Sparrige Risspilz *(I. hystrix)* kann ähnlich aussehen, gehört aber zu den Arten mit Kristallschopf-Zystiden.

SP 10–14,5 × 7–8,5 µm, **CH** einzellig, hyalin.

5 | Blaufüßiger Risspilz, Blaufüßiger Scheinrisspilz

Inocybe calamistrata (Syn. *Inosperma calamistratum*)

RL-2

Sehr ähnlich voriger Art in Farbe und Statur, aber etwas deutlicher schuppig und vor allem mit arttypisch blaugrüner Stielbasis. **V** Juli bis November. In Nadel-, selten Laubwäldern, auf nährstoffarmen, sauren Böden an feuchten Stellen (Bach- oder Moorränder); in ganz Europa verbreitet, selten, im Tiefland weitgehend fehlend.

SP 10–15 (–17) × 5,5–8 µm, **CH** +

1

2

3

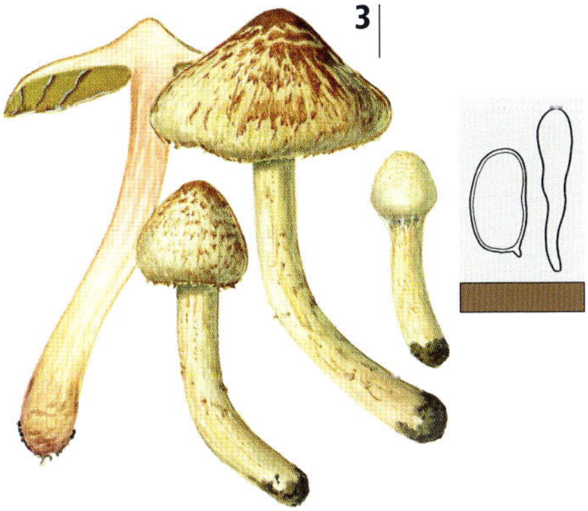

4

5

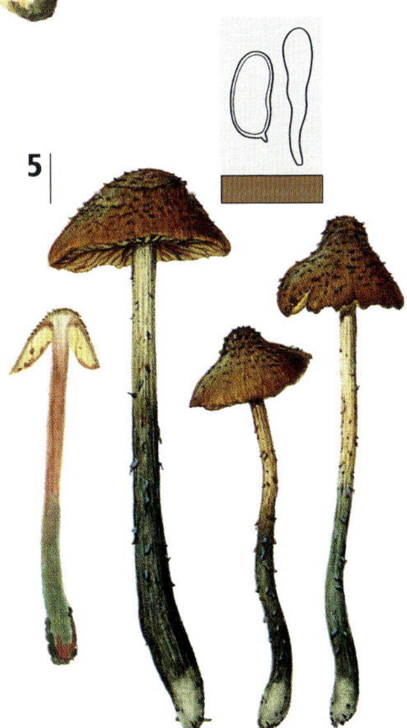

1 Gefleckter Risspilz, Gefleckter Scheinrisspilz

Inocybe maculata (Syn. *Inosperma maculatum*)

H 3–10 cm, jung glockig bis kegelig, alt risspilztypisch niedergedrückt mit abgebogenem Rand und deutlichem stumpfem Buckel, kastanienbraun bis umbrabraun, strähnig längsfaserig, meist erst alt einreißend, Mitte lange mit weißen Velumflecken bedeckt. **L** Jung grauweißlich, dann olivlich graubraun, Schneide weiß bewimpert. **S** 4–10 × 0,5–1,2 cm, zylindrisch, jung schmutzig weißlich, bald von der Mitte aus bräunlich verfärbend, Cortina weiß. **F** Weißlich, Geruch schwach, süßlich-krautig bis ranzig. **V** Juni bis November. In lichten Laubwäldern, an Wegrändern, auf basischen bis neutralen Böden; in ganz Europa verbreitet und häufig. **W** Die meist vorhandenen weißen Velumflecken auf dunkelbraunem Hut sind ein gutes Erkennungsmerkmal.

SP 8–10,5 × 5–6,5 µm, **CH** +

2 Honig-Risspilz, Honig-Scheinrisspilz

Inocybe cookei (Syn. *Inosperma cookei*)

H 2,5–6 cm, jung glockig bis kegelig, dann konvex, alt meist geschweift, vertieft mit stumpfem, ausgeprägtem Buckel und eingebogenem Rand, stroh- bis ockergelb, Mitte oft weißlich vom Velum. **L** Jung grauweißlich, dann graubraun, Schneide weißlich bewimpert. **S** 4–8 × 0,4–0,8 cm, zylindrisch, basal in eine gerandete weiße Knolle übergehend, blass strohgelb, Cortina weiß. **F** Weiß, Geruch zunächst etwas obstartig, beim Antrocknen honigartig süßlich. **V** Juni bis Oktober. In lichten Laubwäldern, selten im Nadelwald, an Wegrändern, auf basischen Böden; in ganz Europa verbreitet, zerstreut bis häufig. **W** Sehr ähnlich, jedoch mit Geruch nach Blattwanzen und etwas anderen Sporen, ist *I. quietiodor.* Weitere ähnliche Arten haben eine weniger ausgeprägte Stielknolle.

SP 8,5–11,5 × 5–7 µm, **CH** +

3 Kegeliger Risspilz, Kegeliger Scheinrisspilz

Pseudosperma rimosum (Syn. *Inocybe rimosa*)

H 2–8 cm, jung kegelig, dann aufschirmend, alt risspilztypisch geschweift, mit ausgeprägtem, meist spitzem Buckel, auf ocker- bis beigegelbem Grund gleichfarbig oder ockerbraun, nussbraun bis dunkelbraun überfasert, Rand lange eingebogen, jung mit Velumfasern behangen. **L** Jung grauweißlich, bald olivgelblich, alt olivlich gelbbraun, Schneide weißlich. **S** 4–12 × 0,5–1 cm, zylindrisch, schmutzig weißlich, mit der Zeit gelbbräunlich getönt, an der Spitze flockig, Cortina weiß. **F** Weißlich, Geruch spermatisch. **V** Juni bis Oktober. In lichten Laub- und Nadelwäldern, Parks und Gärten, an Wegrändern, vor allem auf basischen Böden; in ganz Europa verbreitet, einer der häufigsten Risspilze. **W** Sehr variable Art innerhalb einer schwierigen Gruppe ähnlich aussehender Arten, von denen zwei nachfolgend vorgestellt werden.

SP 10,5–15 × 6,5–8,5 µm, **CH** +

4 Graublättriger Risspilz, Graublättriger Scheinrisspilz

Pseudosperma obsoletum (Syn. *Inocybe obsoleta*)

Unterscheidet sich von *I. rimosa* vor allem durch nicht olivgelb getönte Lamellen und reichliches Velum. **L** 1,5–6 cm, kegelig und lange so bleibend, jung weißlich vom Velumüberzug, dann blass cremegelb bis strohgelb, gelblich grau bis hellbeige. **L** Jung grauweiß, alt graubraun, ohne Gelbton. **F** Eher mehlartig-ranzig als spermatisch riechend. **V** Wie vorige. **W** Die genaue Verbreitung ist nicht bekannt, weil die Art oft nicht als eigenständig anerkannt wurde.

SP 9–11,5 × 5,5–7 µm, **CH** einzellig, hyalin

5 Ritterlings-Risspilz, Ritterlings-Scheinrisspilz

Pseudosperma orbatum (Syn. *Inocybe orbata*)

Sehr ähnlich den vorigen Pilzen, aber durch oft robuste, tief im Boden steckende Fruchtkörper gekennzeichnet. **H** 3–10 cm, alt flach geschweift, lange weißlich oder sehr blass, alt oft mit eigentümlich grüngelber Tönung, aber auch cremegelb bis hell beigebräunlich. **L** Mit olivgelbem Ton wie bei *I. rimosa.* **S** 4–12 × 0,6–2 cm, meist auffallend stämmig, selten mit (sehr) schwach rötlichem Anflug, oft tief in der Erde steckend. **V** September bis Dezember. In Kiefernwäldern, vor allem unter Strand-Kiefer, auf Kalkboden; nur im Mittelmeerraum, dort weit verbreitet, regional nicht selten.

SP 10–15 (–17) × 5,5–8 µm, **CH** +

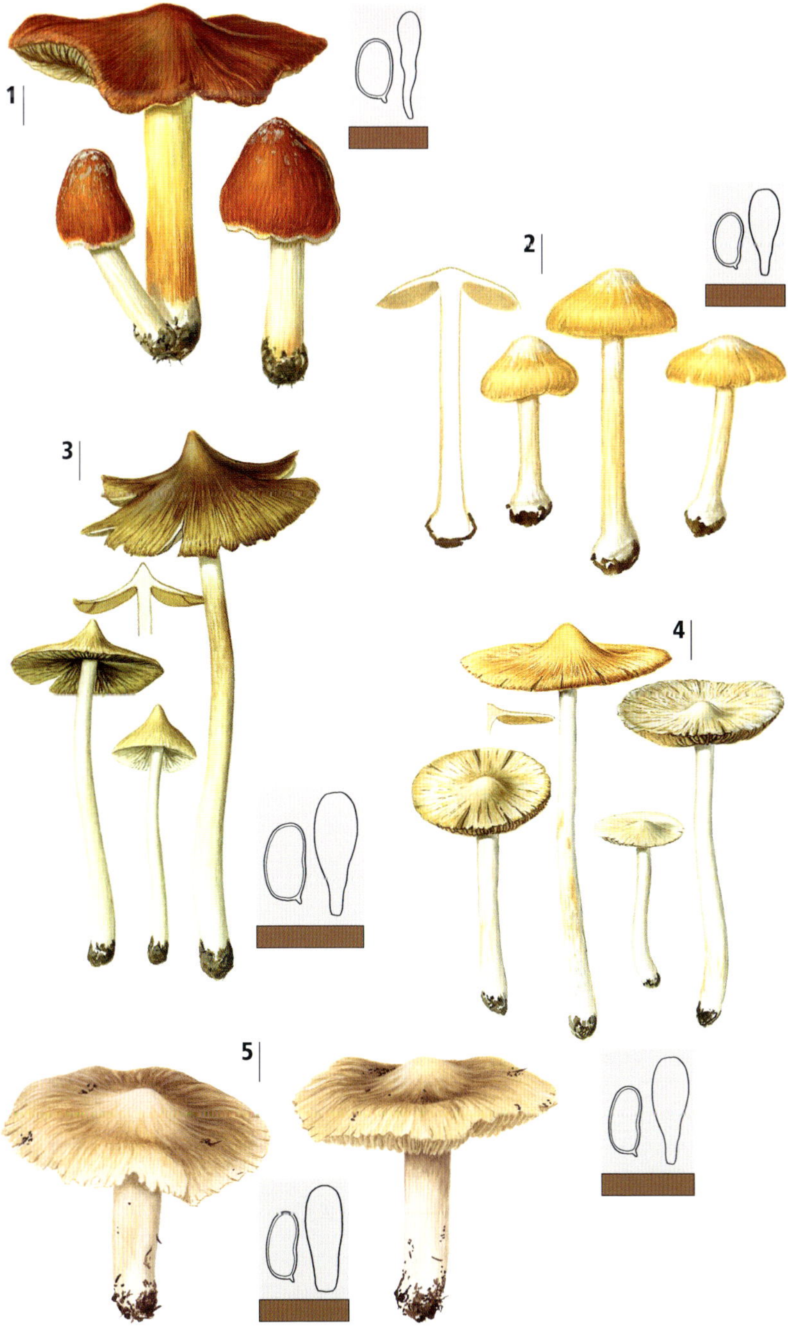
1
2
3
4
5

1 | Wolliger Risspilz
Inocybe lanuginosa

H 1,5–4 cm, jung glockig, bald fast verflachend, alt risspilztypisch niedergedrückt mit abgebogenem Rand und deutlichem, spitzem bis stumpfem Buckel, nussbraun bis umbrabraun, fein und dicht längsfaserig, dazwischen mit feinen Schüppchen, meist erst alt einreißend. **L** Jung grauweißlich, dann graubraun, Schneide weiß bewimpert. **S** 2,5–6 × 0,3–0,6 cm, zylindrisch, an der Spitze cremeweißlich, im unteren Bereich dunkelbräunlich, Cortina weiß. **F** Weißlich, Geruch spermatisch. **V** Juli bis November. In Laub- und Nadelwäldern auf sauren Böden, auch an Moorrändern, manchmal im Torfmoos; in ganz Europa mäßig verbreitet, in Nord- und Mitteleuropa häufig, in Südeuropa oft fehlend. **W** Fast nur durch vorwiegend flaschenförmige Zystiden unterscheidet sich *I. stellatospora* (Syn. *I. lanuginosa* var. *longicystis*), die sogar noch etwas häufiger ist.

SP 8–10,5 × 5–7 µm, **CH** und **PL** +

2 | Rübenstieliger Risspilz
Inocybe napipes

H 1,5–5 cm, jung kegelig-glockig, dann ausgebreitet, alt meist vertieft mit spitzem, ausgeprägtem Buckel und eingebogenem Rand, ockerbraun, nussbraun bis rotbraun, lange geschlossen längsfaserig, alt strähnig aufreißend. **L** Jung grauweißlich, dann graubraun, Schneide weißlich bewimpert. **S** 4–8 × 0,3–0,6 cm, zylindrisch, basal in eine rübenförmige weiße Knolle übergehend (bis 1,5 cm), weißlich, an der obersten Spitze etwas bereift, abwärts bräunlich und faserig, Cortina weiß. **F** Weiß, Geruch schwach, unspezifisch bis spermatisch. **V** Juni bis Oktober. In feuchten bis nassen Nadel- und Laubwäldern auf sauren Böden, meist unter Buche oder Fichte; in ganz Europa verbreitet, regional häufig, in Südeuropa seltener. **W** Mit entsprechender Erfahrung ist die Art meist schon im Gelände erkennbar, aber um ganz sicher zu gehen, müssen – wie bei fast allen Risspilzen – immer auch die jeweiligen Mikromerkmale geprüft werden.

SP 8–10,5 × 6–8 µm, **CH** und **PL** +

3 | Rundknolliger Risspilz
Inocybe assimilata

Sehr ähnlich voriger Art, aber mit rund- statt rübenknolliger Stielbasis und etwas kleineren Sporen. **V** Wie vorige und nicht selten mit dieser vergesellschaftet.

SP 7–9,5 × 5–6,5 µm, **CH** und **PL** +

4 | Zitzen-Risspilz
Inocybe acuta (Syn. *Inocybe acutella*)

H 1,5–3 cm, jung glockig bis kegelig, lange +/- kegelig bleibend, mit deutlichem spitzem Buckel, tabakbraun bis umbrabraun, selten etwas heller oder sogar ockerbraun, strähnig längsfaserig, bald einreißend. **L** Jung grauweißlich, dann graubraun, Schneide weiß bewimpert. **S** 2–6 × 0,2–0,4 cm, zylindrisch, basal schwach knollig, jung schmutzig weißlich, bald von unten her bräunlich, Cortina weiß. **F** Weißlich, Geruch spermatisch. **V** Juli bis November. In Sümpfen und Mooren, unter Weide oder Erle, oft im Uferbereich verlandender Teiche, bodenvag; in ganz Europa verbreitet, überall selten. **W** Ein größeres ökologisches Spektrum hat die sehr ähnliche *I. proximella* (Syn. *I. striata*), die etwas größer wird und stärker höckerige Sporen hat.

SP 9–12 × 6,5–7,5 µm, **CH** und **PL** +

5 | Wirrköpfiger Risspilz, Gurkensporiger Risspilz
Inocybe lacera

H 1–4 cm, sehr variabel, jung kegelig oder halbkugelig, alt konvex, mit oder ohne spitzen oder stumpfen Buckel, ocker-, rot-, kastanien-, grau- bis umbrabraun, grob verwoben längsfaserig, meist erst alt einreißend, Mitte teils etwas schuppig. **L** Jung grauweißlich, dann grau- bis olivbraun, Schneide weiß bewimpert. **S** 2–7 × 0,2–0,6 cm, zylindrisch, manchmal schwach keulig, oben grauweißlich, im unteren Bereich hutfarbig bräunlich, Cortina weiß. **F** Weißlich, Geruch spermatisch, manchmal schwach. **V** Juni bis November. In lichten Nadel-, seltener Laubwäldern, in Steinbrüchen, Kies- und Sandgruben, an Wegrändern, auf sauren, sandigen, nährstoffarmen Böden; in ganz Europa verbreitet und auf entsprechenden Böden häufig. **W** Die Art bildet mit ihren uneben-welligen Sporen ein Bindeglied zwischen den glatt- und den höckersporigen Risspilzen, gehört systematisch aber zu letzteren.

SP 10–16 × 5–7 µm, **CH** und **PL** +

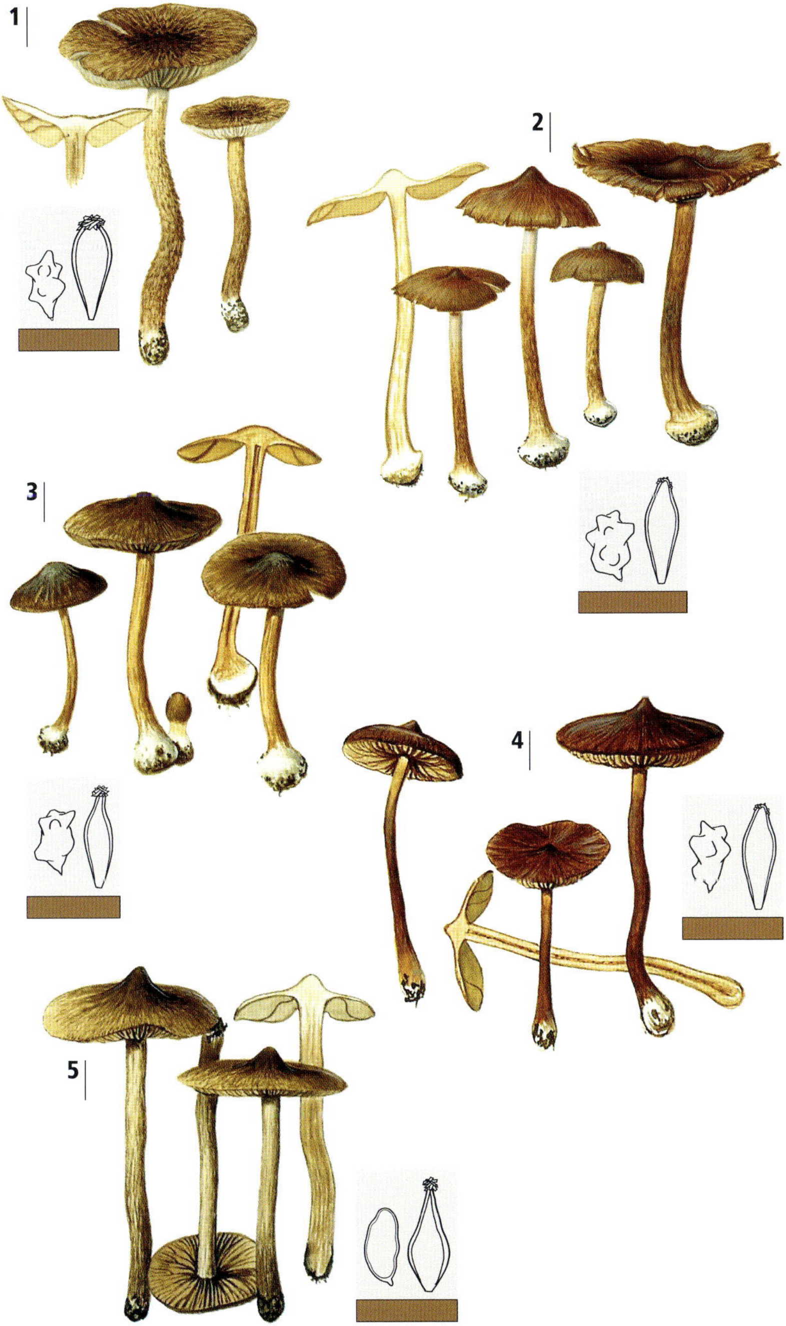
1
2
3
4
5

1 | Sternsporiger Risspilz

Inocybe asterospora

H 2,5–8 cm, jung kegelig-glockig, auch alt nicht verflachend, meist stumpf gebuckelt, nussbraun, rotbraun bis umbrabraun, grob längsfaserig, zumindest alt viel weißes Hutfleisch sichtbar, Mitte manchmal vom Velum schwach grau überdeckt. **L** Jung grauweißlich, dann olivlich graubraun, Schneide weiß bewimpert. **S** 5–10 × 0,4–0,8 cm, zylindrisch, basal abrupt in eine weiße, gerandete Knolle übergehend (bis 2 cm), auf ganzer Länge rotbraun und bereift. **F** Weißlich, in der Stielrinde rotbräunlich, Geruch spermatisch. **V** Juli bis November. In Laubwäldern und Parks, auf basischen bis neutralen Böden, auch an Moorrändern, manchmal im Torfmoos; in ganz Europa verbreitet, regional häufig. **W** Die mittelgroße bis große Art ist meist schon im Feld erkennbar, allerdings kommen auch kleinwüchsige Formen vor, die nur mikroskopisch bestimmbar sind.

SP 9,5–12 × 7,5–10,5 μm, **CH** und **PL** +

2 | Fichten-Risspilz

Inocybe piceae

H 2–6 (–8) cm, jung glockig bis halbkugelig, dann konvex und bald ausgebreitet, meist mit wenig ausgeprägtem Buckel, ockerbraun bis nussbraun, oft vom aufliegenden Velum grau getönt. **L** Jung grauweißlich, erst alt graubraun, Schneide weißlich bewimpert. **S** 4–8 × 0,4–1 cm, zylindrisch, basal in eine gerandete weiße Knolle übergehend (bis 2 cm), rosalich bis hell rotbräunlich, auf ganzer Länge bereift. **F** Weiß, in der Stielrinde rosabräunlich, Geruch deutlich spermatisch. **V** Juni bis Oktober. In Fichtenwäldern und -forsten, unter Nadelbäumen in Gärten und Parks, auf kalkhaltigen Böden; in Europa lückig verbreitet, meist selten, in Süddeutschland regional fast häufig. **W** Wenig bekannte Art, die mit zahlreichen weiteren verwechselt werden kann.

SP 8,5–12 × 6,5–8,5 μm, **CH** und **PL** +

3 | Gerandetknolliger Risspilz

Inocybe mixtilis

H 1,5–4,5 cm, jung glockig bis kegelig, bald ausgebreitet und risspilztypisch flach mit deutlichem Buckel, stroh-, bis ockergelb, jung fein längsfaserig und feucht etwas schmierig (wie *I. geophylla*, → S. 498), Rand kurz einreißend. **L** Jung grauweißlich, dann graubraun, Schneide weiß bewimpert. **S** 3–8 × 0,3–0,6 cm, zylindrisch, basal abrupt mit weißer, deutlich gerandeter Knolle, weiß, alt schwach wachsgelblich, nie mit rosalichen Tönen. **F** Weißlich, Geruch spermatisch. **V** Juni bis November. In Laub- und Nadelwäldern, in Gärten und Parks, auf Halden, bodenvag; in ganz Europa verbreitet und häufig. **W** Eine der häufigeren Arten und an den kleinen Sporen von ähnlichen abgrenzbar. Es handelt sich allerdings wohl um eine ganze Gruppe nah verwandter Arten.

SP 7,5–9,5 × 5,5–7 μm, **CH** und **PL** +

4 | Graugezonter Zwerg-Risspilz

Inocybe petiginosa

H 0,5–2 cm, jung glockig bis kegelig, schnell flach konvex oder ganz verflachend, mit stumpfem, zitzenartigem Buckel, Grundfarbe ockergelb bis oliv rötlich gelb, stark grau befilzt und daher Hut oft farblich abwechselnd grau und ockergelblich, Buckel schnell verkahlend, meist nicht einreißend. **L** Jung gelblich, dann gelbbraun, Schneide weiß bewimpert. **S** 1,5–4 × 0,1–0,4 cm, zylindrisch, basal manchmal schwach knollig, rosabräunlich, vollständig bereift. **F** Weißlich, Geruch spermatisch. **V** Juli bis November. In Buchenwäldern, im Falllaub oder auf morschem Holz, bodenvag; in ganz Europa verbreitet, außer im Süden und äußersten Norden, meist häufig. **W** Außerhalb von Buchenwäldern kommen weitere Zwerg-Risspilze vor, z. B. *I. jacobi* mit rotbraunem Hut bei Kiefern.

SP 6–8,5 × 4,5–6 μm, **CH** und **PL** +

5 | Schönsporiger Risspilz

Inocybe calospora

RL-3

H 1–3 cm, jung glockig, alt konvex oder verflachend, mit stumpfem Buckel, rot- bis haselbraun, mit abstehenden Schüppchen bedeckt. **L** Jung grauweißlich, dann graubraun, Schneide weiß bewimpert. **S** 1,5–5 × 0,1–0,3 cm, zylindrisch, basal etwas verdickt, rotbräunlich. **F** Weißlich, Geruch spermatisch, lt. Literatur auch nach Geräuchertem. **V** Juni bis November. In Auwäldern, an Flussufern, auf Kiesbänken, unter Erle oder Weide, auf feuchten Böden; in ganz Europa verbreitet, meist selten. **W** Die Art ist an ihren morgensternartigen Sporen sofort zu erkennen.

SP 10–15 × 9–14 μm, **CH** und **PL** +

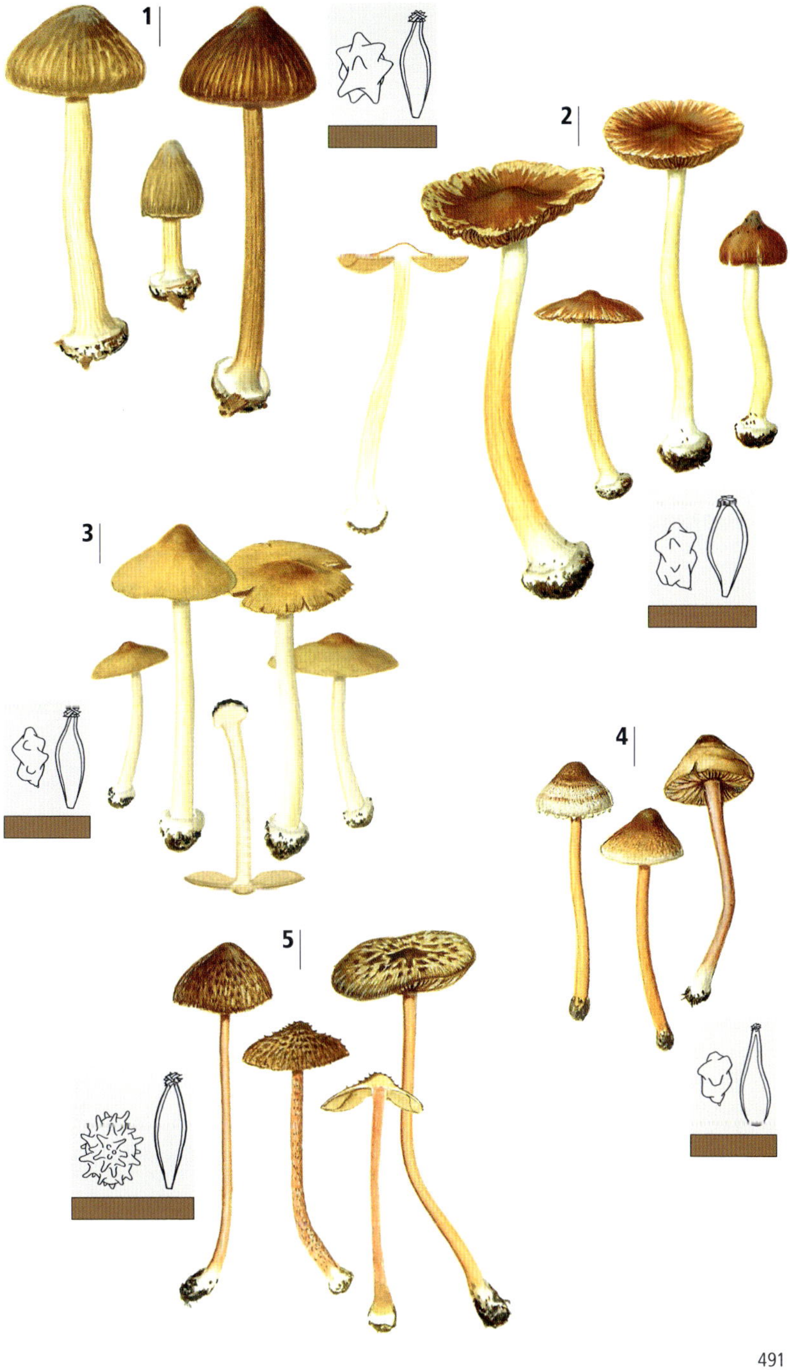
1
2
3
4
5

1 | Bittermandel-Risspilz
Inocybe hirtella

H 1,5–4 cm, jung glockig, dann konvex und bald ausgebreitet, stumpf gebuckelt, ockergelb bis honiggelb, mit etwas dunkleren Fasern durchzogen. **L** Jung grauweißlich, alt olivlich graubraun, Schneide weißlich bewimpert. **S** 4–8 × 0,4–1 cm, zylindrisch, basal manchmal schwach verdickt, strohgelb bis ockergelblich, mit leichtem Rosaton, auf ganzer Länge bereift. **F** Weiß, Geruch im ersten Moment bittermandelartig, zerdrückt risspilzartig spermatisch. **V** Juni bis Oktober. In Laubwäldern, vor allem unter Buche, auch in Auwäldern mit Erle, auf basischen Böden; in ganz Europa verbreitet, mäßig häufig. **W** Es werden zwei- und viersporige Sippen unterschieden. Der Marzipangeruch ist immer nur kurz wahrzunehmen und am besten, nachdem die Pilze eine Zeit lang in einer Dose eingeschlossen waren.

SP 7,5–10,5 × 5–6,5 µm, **CH** und **PL** +

2 | Kurzstieliger Risspilz
Inocybe langei

Voriger Art sehr ähnlich, aber ohne Bittermandelgeruch und oft gedrungen. **H** geschlossen seidig-faserig, wenig strähnig. **V** Juni bis Oktober. In Laubwäldern, in Südeuropa unter Zeder; in ganz Europa verbreitet, mäßig häufig. **W** Weitere ähnliche Arten haben meist größere Sporen oder eine deutlicher faserige Hutstruktur.

SP 6,5–8,5 × 4–5 µm, **CH** und **PL** +

3 | Rotbrauner Risspilz
Inocybe splendens

H 3–7 cm, jung kegelig-glockig, dann konvex, nur manchmal ausgebreitet, meist mit schwachem Buckel, haselraun, rotraun bis purpurbraun, fein längsfaserig bis fast glatt, feucht etwas schmierig, oft glänzend. **L** Jung grauweißlich, dann dunkel graubraun, mäßig gedrängt stehend, Schneide weiß bewimpert. **S** 3–6 × 0,5–1 cm, oft ziemlich gedrungen, basal mit weißer Knolle, die meist nicht gerandet ist, alt unten schwach gelblich, nie mit rosalichen Tönen. **F** Weißlich, in der Stielrinde oft etwas bräunlich, Geruch spermatisch bis süßlich. **V** Juni bis Oktober. In Laubwäldern und Parks, auf basenreichen Böden; in ganz Europa verbreitet, aber nirgends häufig. **W** Auffallend sind der meist robuste Habitus und der glänzende Hut ohne anhaftende Erdpartikel. Die Art ist Teil eines schwierigen Artenkomplexes, zu dem z. B. auch *I. phaeoleuca* gehört.

SP 8,5–12 × 5,5–7 µm, **CH** und **PL** +

4 | Schwarzfüßiger Risspilz
Inocybe tenebrosa

RL-V

H 1,5–4 cm, jung halbkugelig, alt flach konvex, selten ganz verflachend, nicht oder nur schwach gebuckelt, olivbraun bis rotbraun, dunkel ockergrau, längsfilzig bis -faserig, von der Mitte aus kleinschuppig aufbrechend, wenig einreißend. **L** Jung grauweißlich, dann milchkaffeebraun, Schneide weiß bewimpert. **S** 3–6 × 0,2–0,6 cm, zylindrisch, basal oft etwas verdickt, jung gelbweißlich, dann ockerlich, bald von unten her aufwärts zunehmend schwarzbraun verfärbend, vollständig bereift. **F** Weißlich, Geruch spermatisch, aber mit einer angenehmen Komponente ähnlich einer Bananenschale. **V** Juli bis Oktober (in Südeuropa Dezember). In lichten Laubwäldern oder Parks, unter Eiche, Buche, Hainbuche, Linde, bodenvag; in ganz Europa verbreitet, meist selten, in Südeuropa regional häufig. **W** Einen ebenfalls bräunenden, jedoch überfaserten Stiel und helleren Hut weist die noch seltenere Art *I. melanopus* auf.

SP 7–9,5 × 4–6 µm, **CH** und **PL** +

5 | Strohfarbener Risspilz
Inocybe sindonia agg.

H 1,5–6 (–8) cm, jung glockig, alt konvex oder verflachend, stumpf gebuckelt, cremeweiß bis schwach gelblich, alt in der Mitte deutlich getönt, in kleine Schollen aufbrechend, Rand jung vom Velum behangen. **L** Jung grauweißlich, dann graubraun, Schneide weiß bewimpert. **S** 3–10 × 0,3–0,6 cm, zylindrisch, basal verdickt bis fast knollig, weißlich, alt schmutzig cremeweiß, Bereifung oft nur bis zur Hälfte, Cortina bisweilen jung vorhanden. **F** Weißlich, Geruch spermatisch. **V** Juni bis November. In Laub- und Nadelwäldern, auf Lichtungen, an Wald- und Wegrändern, bodenvag; in ganz Europa verbreitet und häufig. **W** Typisch für die Art sind die sehr schlanken Zystiden. Makroskopisch ist der helle Hut mit Tendenz zur Schuppigkeit ein gutes Merkmal. Aus wie vielen Arten der Komplex besteht ist noch Gegenstand von Forschungen.

SP 7,5–10 × 4,5–6 µm, **CH** und **PL** +

1
2
3
4
5

1 Birnen-Risspilz
Inocybe fraudans (Syn. *Inocybe pyriodora*)

H 3–10 cm, jung kegelig-glockig, dann konvex, alt risspilztypisch geschweift, mit stumpfem Buckel und herabgebogenem Rand, manchmal ausgebreitet, meist mit schwachem Buckel, jung ockergelb und mit weißen Velumresten in der Hutmitte, alt kahl und fleckweise rötend, längsfaserig, oft in unregelmäßige Schuppen aufbrechend. **L** Jung grauweißlich, dann olivbraun, Schneide weiß bewimpert. **S** 5–10 × 0,5–1,2 cm, basal kaum verdickt, jung weißlich, alt hell rotbräunlich überfasert. **F** Weißlich, Geruch aufdringlich süßlich-parfümiert, nach Mostbirnen. **V** Juni bis Oktober. In Laubwäldern und Parks, selten im Nadelwald, auf basenreichen Böden; in ganz Europa verbreitet, meist häufig. **W** Größere, stärker rötende Kollektionen werden als *I. incarnata* bezeichnet. Sie haben kleiner Sporen (kaum über 10 µm Länge) und eine dunklere Hutgrundfarbe.

SP 9–11,5 × 6–7,5 µm, **CH** und **PL** +, mit Lauge Wände gelb

2 Grünroter Risspilz
Inocybe haemacta

H 2,5–8 cm, jung halbkugelig, alt flach konvex, selten ganz verflachend, stumpf gebuckelt, creme- bis haselbraun, filzig, alt etwas schuppig, Mitte grau- bis olivgrün und glatt, alt insgesamt fleckweise rötlich werdend. **L** Jung grauweißlich, dann olivbraun, Schneide weiß bewimpert. **S** 3–8 × 0,3–0,7 cm, zylindrisch, blass bräunlich, von unten her aufwärts grün verfärbend, alt rötend. **F** Weißlich, Geruch nach Pferdestall, auch parfümiert ähnlich obiger Art. **V** Juli bis Oktober. In lichten Laubwäldern, Gärten und Parks, vor allem unter Hasel, auf basenreichen Böden; in ganz Europa verbreitet, meist selten. **W** Der Geruch nach Pferdestall ist nicht von jedem wahrnehmbar und auch nicht bei jedem Fruchtkörper vorhanden.

SP 8,5–11 × 5,5–7 µm, **CH** und **PL** +

3 Grüngebuckelter Risspilz
Inocybe corydalina

H 2,5–8 cm, jung halbkugelig, alt flach konvex, selten ganz verflachend, stumpf gebuckelt, olivgrau, grauweißlich bis hell grauocker, etwas angedrückt-schuppig, Mitte grau- bis olivgrün und glatt, Grünton farblich und in der Intensität sehr variabel, wenig einreißend. **L** Jung grauweißlich, dann milchkaffeebraun, Schneide weiß bewimpert. **S** 3–6 × 0,2–0,6 cm, zylindrisch, basal oft etwas verdickt, jung gelbweißlich, dann ockerlich, bald von unten her aufwärts zunehmend schwarzbraun verfärbend, vollständig bereift. **F** Weißlich, Geruch parfümiert-blütenartig, nach Lerchensporn, ähnlich wie obige, aber angenehmer. **V** Juli bis November. In lichten Laubwäldern oder Parks, auf basenreichen Böden; in ganz Europa verbreitet, aber nur regional etwas häufiger. **W** Die Grünfärbung der Hutmitte rührt vom Inhaltsstoff Psilocybin her. Je höher dessen Gehalt, umso intensiver fällt die Grünfärbung aus.

SP 7–9,5 × 4–6 µm, **CH** und **PL** +

4 Rötender Risspilz
Inocybe godeyi

H 2–6 cm, jung kegelig-glockig, alt risspilzartig verflachend und mit deutlichem stumpfem bis fast spitzem Buckel, jung cremeweißlich, bald strohgelb bis ockerlich, zunehmend ziegelrot bis orangerot verfärbend, alt einheitlich so gefärbt, radialfaserig, meist nur wenig einreißend. **L** Jung grauweißlich, alt olivlich graubraun, Schneide weiß bewimpert. **S** 3–7 × 0,2–0,6 cm, basal mit abgesetzter, gerandeter weißer Knolle (bis 1,5 cm), weißlich, zunehmend rötend, auf ganzer Länge bereift. **F** Weißlich, im Schnitt langsam ziegelrot verfärbend, Geruch spermatisch. **V** Juni bis Oktober. In lichten Laubwäldern, Parks, Gärten, auf basischen bis neutralen Böden; in ganz Europa verbreitet, meist häufig. **W** Unter den rötenden Arten am bereiften Stiel mit der gerandeten Knolle erkennbar.

SP 8,5–11 × 5–6,5 µm, **CH** und **PL** +

5 Weißrosa Risspilz
Inocybe whitei (Syn. *Inocybe pudica*)

Insgesamt ähnlich voriger Art, aber später und weniger stark rötend, Stiel nur oben bereift und zylindrisch, sowie Sporen kleiner. **V** Juni bis Oktober. In Nadel- und (seltener) Laubwäldern, auf basischen bis neutralen Böden; in ganz Europa verbreitet, relativ selten, in Deutschland lückig verbreitet.

SP 8–10 × 4,5–6,5 µm, **CH** und **PL** +

1
2
3
4
5

1 | Lilaspitziger Risspilz, Braunvioletter Risspilz

Inocybe cincinnata (Syn. *Inocybe phaeocomis*)

H 1,5–3 cm, jung kegelig-glockig, dann konvex, alt meist ausgebreitet flach, mit kleinem Buckel, graubraun bis haselbraun, selten heller, mit kleinen, sparrig abstehenden Schüppchen bedeckt, die zum Rand hin anliegen und spärlicher werden. **L** Jung grauweißlich und manchmal mit schwachem Violettton, alt olivbraun, Schneide weißlich bewimpert, alt auch etwas bräunlich. **S** 2,5–5 × 0,2–0,4 cm, zylindrisch, basal kaum verdickt, an der Spitze bräunlich violett, Violettton manchmal kaum wahrnehmbar, im unteren Bereich haselbraun, mit Flocken und Schüppchen in Hutfarbe besetzt, Cortina violettlich. **F** Weißlich, in der Stielrinde apikal violettlich, Geruch spermatisch. **V** Juni bis Oktober. In Laub- und Nadelwäldern, auf basenreichen Böden; in ganz Europa verbreitet, meist häufig. **W** Ähnlich ist vor allem *I. amethystina* mit glatterem Hut, aber auch viele andere Arten, wenn die violette Tönung der Stielspitze nicht wahrgenommen wird.

SP 7,5–10 × 4,5–6 µm, **CH** und **PL** +, mit Lauge Wände gelb

2 | Grauvioletter Risspilz

Inocybe griseolilacina agg.

H 1,5–3,5 cm, jung konisch-glockig, dann halbkugelig bis konvex, selten ganz verflachend, nicht bis stumpf gebuckelt, cremegrau bis ockergrau, am Rand blass grauviolett, faserig-schuppig, besonders in der Mitte auch abstehend schuppig, wenig einreißend. **L** Jung grauweißlich, dann milchkaffeebraun, Schneide weiß bewimpert. **S** 3–6 × 0,2–0,4 cm, zylindrisch, vollständig violett, alt im unteren Bereich verblassend, faserig-seidig überzogen. **F** Weißlich, im Stiel violett, vor allem an der Spitze, Geruch spermatisch. **V** Juli bis November. In lichten Laubwäldern oder Parks, häufig unter Buche, auf basenreichen Böden; in ganz Europa verbreitet, aber nur regional etwas häufiger. **W** Die blasse, grau getönte Hutfärbung und der vollständig violette Stiel sind gute Feldmerkmale für diese Artengruppe.

SP 8–11 × 5–6,5 µm, **CH** und **PL** +

3 | Radialrissiger Violettstiel-Risspilz

Inocybe pusio

H 1,5–5 cm, jung kegelig-glockig, alt risspilzartig verflachend und mit deutlichem stumpfem Buckel, hasel- bis rotbraun, längsfaserig bis strähnig, Mitte meist geschlossen bleibend, glatt oder mit weißen Velumflocken (var. *velata*), Rand lange eingebogen, meist mehrfach einreißend. **L** Jung grauweißlich bis tonfarben, selten mit leicht violettlicher Tönung, dann graubraun, Schneide weiß bewimpert. **S** 3–7 × 0,2–0,5 cm, zylindrisch, jung auf ganzer Länge violettlich, alt nur an der Spitze so, Spitze bereift (bis zur Basis in var. *floccipes*), sonst längsfaserig. **F** Weißlich, im Stiel zumindest oben violett, Geruch spermatisch. **V** Juni bis Oktober. In lichten Laubwäldern, Parks, Gärten, auf basischen bis neutralen Böden; in ganz Europa verbreitet, meist häufig. **W** Die Beschreibung dieser Art bezieht sich auf den gesamten Artenkomplex, der derzeit in mehrere Arten aufgeteilt wird. Allen gemeinsam ist die Kombination von violettem Stiel und radialfaserigem bräunlichem Hut.

SP 8,5–11 × 5–6,5 µm, **CH** und **PL** +

4 | Lilaseidiger Risspilz

Inocybe lilacina (Syn. *Inocybe geophylla* var. *lilacina*)

H 1,5–4 cm, jung kegelig-glockig, dann konvex, meist ganz verflachend, mit spitzem Buckel, jung blass violett, alt ausblassend zu cremeweißlich mit fliederfarbenem Hauch, Zentrum ockergelblich, fein seidig, feucht glänzend, etwas schmierig, Rand meist nicht einreißend. **L** Jung grauviolett-weißlich, dann milchkaffeebraun, Schneide heller. **S** 3–7 × 0,3–0,5 cm, basal kaum verdickt, jung fliederfarben, alt von der Basis her zunehmend ockerlich, nur an der Spitze bereift, Cortina violett. **F** Violettlich im Stiel, fast weiß im Hut, Geruch spermatisch. **V** Juni bis Oktober. In Nadel- und (seltener) Laubwäldern, auf basischen bis neutralen Böden; in ganz Europa lückig verbreitet, vermutlich häufig, aber bisher nicht von anderen violetten seidigen Arten getrennt. **W** Einheitlich violette Fruchtkörper ohne gelbe Hutmitte werden als *Inocybe geophylla* var. *violacea* (Syn. *I. euviolacea*) abgetrennt.

SP 8–10 × 5–6,5 µm, **CH** und **PL** +

1

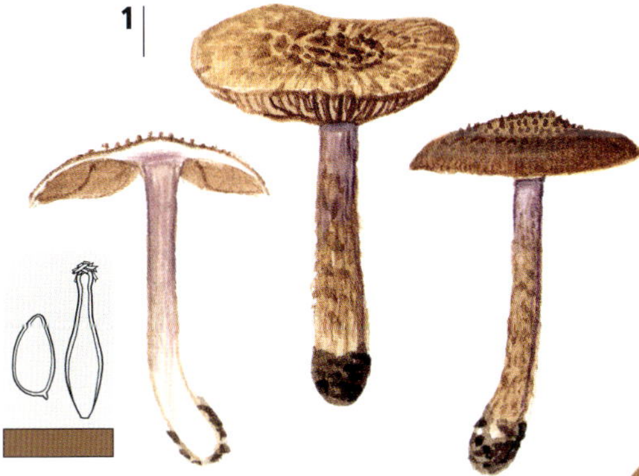

2

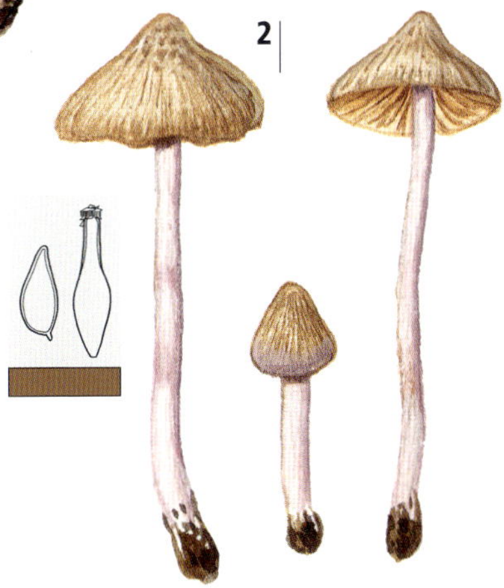

3

4

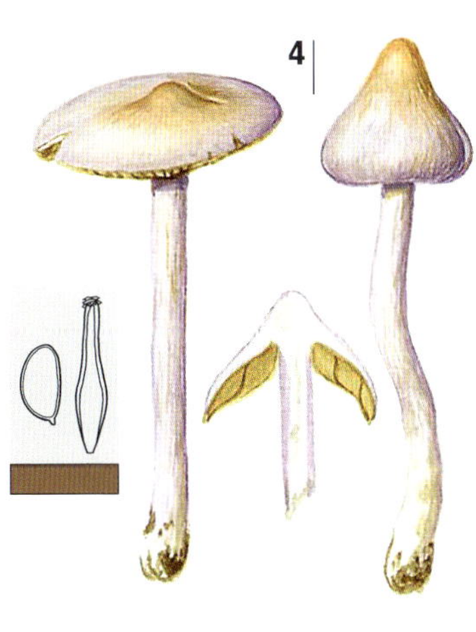

1 | Seidiger Risspilz, Erdblättriger Risspilz

Inocybe geophylla agg.

H 1–3,5 cm, jung kegelig-glockig, dann konvex, auch alt nicht flach ausgebreitet, mit deutlichem, +/- spitzem Buckel, weiß bis elfenbeinfarben, dicht und fein seidig, feucht schwach schmierig, alt etwas stärker getönt, kaum einreißend. **L** Jung weißlich grau, dann beigegrau, „erdfarben", alt olivbraun, Schneide weißlich bewimpert. **S** 2,5–7 × 0,2–0,6 cm, selten länger, zylindrisch, basal kaum bis deutlich verdickt, weiß, dünn weißseidig überfasert, alt etwas cremefarben getönt, Cortina weiß. **F** Weißlich, Geruch spermatisch. **V** Juni bis Oktober. In Laub- und Nadelwäldern aller Art, bodenvag, häufiger auf basenreichen Böden; in ganz Europa verbreitet, sehr häufig. **W** Abgesehen davon, dass es mehrere vorwiegend anhand der Sporengröße unterscheidbare Arten in dieser Gruppe gibt, ist auch *I. paludinella* makroskopisch kaum unterscheidbar, hat allerdings höckerige Sporen.

SP 8–12 × 4,5–7 µm (gesamte Gruppe), **CH** und **PL** +

2 | Flockiger Risspilz

Inocybe flocculosa

H 1,5–4 cm, jung konisch-glockig, dann halbkugelig bis konvex, selten ganz verflachend, nicht oder unauffällig stumpf gebuckelt, haselbraun bis rotbraun, selten gelbbraun, jung radialfaserig, schnell in schollige Schüppchen aufbrechend, die schwach abstehen können. **L** Jung grauweißlich, dann ockerbraun, mäßig entferntstehend, Schneide weiß bewimpert. **S** 3–6 × 0,2–0,5 cm, zylindrisch, nicht selten Basis etwas verbreitert (aber nie knollig!), jung weißlich, alt zunehmend bräunlich überlaufen, besonders basal, nur an der obersten Spitze bereift, Cortina weißlich. **F** Weißlich, Geruch spermatisch. **V** Juli bis Oktober. In lichten Laubwäldern oder Parks, seltener in Nadelwäldern (vor allem Kiefer), meist auf basenreichen Böden; in ganz Europa verbreitet und häufig. **W** Genaue Beachtung der mikroskopischen Merkmale ist für eine Bestimmung in dieser Artengruppe ausschlaggebend.

SP 8–11 × 5–6,5 µm, **CH** und **PL** +

3 | Frühlings-Risspilz

Inocybe nitidiuscula

H 1,5–4 cm, jung kegelig-glockig, alt risspilzartig verflachend, Buckel meist klein, aber ausgeprägt, stumpf bis fast spitz, haselbraun bis rotbraun, etwas verfilzt längsfaserig, Rand deutlich heller, meist mehrfach (kurz) einreißend. **L** Jung grauweißlich bis tonfarben, dann graubraun bis olivbraun, mäßig entferntstehend, Schneide weiß bewimpert. **S** 3–7 × 0,2–0,5 cm, zylindrisch, bisweilen basal schwach verdickt, im oberen Bereich rosalich, Spitze bereift, sonst längsfaserig und heller. **F** Weißlich, im Stiel oben in der Rinde rosalich, Geruch spermatisch. **V** Juni bis Oktober. Vorwiegend in Fichtenwäldern, selten im Laubwald, auf basischen bis neutralen Böden; in ganz Europa verbreitet, meist häufig. **W** Der deutsche Name ist etwas irreführend, weil die Art zwar relativ früh vorkommt, jedoch später als die typischen Frühjahrsarten wie *I. erubescens* oder *I. queletii*. Außerdem ist sie nicht selten bis in den Herbst hinein zu finden.

SP 8,5–11 × 4,5–6,5 µm, **CH** und **PL** +

4 | Braunstreifiger Risspilz

Inocybe virgatula (Syn. *Inocybe fuscidula* ss. auct. p. p.)

H 1,5–5 cm, jung kegelig-glockig, dann konvex, meist ganz verflachend, aber Rand eingebogen, mit deutlichem, stumpfem Buckel, grau-, nuss-, bis umbrabraun, stark strähnig faserig und das zur Hutfarbe kontrastierende Fleisch zeigend, Rand meist mehrfach einreißend, jung mit feinen Velumresten behangen. **L** Jung grauweißlich, dann milchkaffeebraun bis olivbraun, Schneide heller. **S** 3–7 × 0,2–0,4 cm, basal gelegentlich schwach verdickt, jung weißlich, bald zunehmend ockerlich überlaufen, nur an der Spitze bereift, Cortina weiß. **F** Fast weiß, Geruch spermatisch. **V** Juni bis Oktober. In Nadel- und Laubwäldern verschiedenster Art, vor allem unter Fichte, Eiche oder Birke, bodenvag; in ganz Europa verbreitet, überall häufig. **W** Sehr schwierige Artengruppe, deren Arten teilweise unterschiedlich interpretiert werden. Viel Wert wird auf die Ausprägung des Sporenendes (abgerundet vs. konisch) gelegt, während makroskopisch alle diese Arten etwa gleich unauffällig aussehen.

SP 8,5–11,5 × 4,5–6,5 µm, **CH** und **PL** +

1

2

3

4

1 Erdmuscheling
Hohenbuehelia geogenia

H 4–12 cm, trompetenförmig bis breit trichterig, Oberfläche feucht glänzend, trocken matt beigebraun bis graubraun, wolkig verlaufend, auffällig bereift bis grobfilzig, Rand eingebogen, oft wellig. **L** Weiß, am Stiel herablaufend, gegabelt, mit Anastomosen. **S** 2–6 × 0,5–2 cm, seitlich oder fehlend, weiß. **F** Weiß, weich, dünn, Geruch mehlartig, Geschmack mild, mehlartig. **V** Juli bis Dezember. Wärmeliebende Art, in Deutschland bevorzugt auf basischen Böden; in Laubmischwäldern, Gärten und Parkanlagen in Verbindung mit morschem Holz oder Holzabfällen. **W** Vgl. *H. petaloides*, der mehr spatelartige, gestreckt zungenförmige Fruchtkörper ausbildet. Die Gattung *Hohenbuehelia* gehört zu den nematophagen Pilzarten. Diese fangen Fadenwürmer und ergänzen so ihren Nährstoffbedarf.

SP 5,5–8,5 × 4–5 µm, glatt, J-, Zystiden (Metuloide)+

2 Orangefarbener Ölbaumtrichterling
Omphalotus illudens

H 5–15 (20) cm, trichterig, +/- kreiselförmig, jung lebhaft fuchsigorange, glänzend, dann dunkler orangerot, Oberfläche eingewachsen radialfaserig, Rand jung eingebogen, dann nach oben gerichtet. **L** Weit am Stiel herablaufend, leuchtend gelborange, mit Lamelletten, in gut abgedunkelten Räumen leuchtend (Fluoreszenz). **S** 5–8 × 1–1,5 cm, +/- exzentrisch, orange bis braun, Basis verjüngt. **F** Längsfaserig, zäh, gelblich bis bräunlich. Ammoniakreaktion intensiv grün, Geruch schwach, leicht ranzig. **V** Juli bis November. Meist in Gruppen, in warmen Laubwäldern an Eichen und Edelkastanien; nördlich der Alpen selten, submediterran und mediterran weit verbreitet und häufig. **W** Junge Ölbaumtrichterlinge können von unerfahrenen Sammlern mit Pfifferlingen verwechselt werden.

SP 5–7 × 4–6 µm, glatt, J-

3 Echter Ölbaumtrichterling
Omphalotus olearius

Der Echte Ölbaumtrichterling ist makro- und mikroskopisch sehr ähnlich. Bei den Hutfarben dominieren rotbraune Töne. Er ist aus Deutschland nicht sicher nachgewiesen und vorwiegend (sub-)mediterran in Eichenmischwäldern sowie in Olivenhainen zu finden. **V** Juli bis November. **W** Die frischen Fruchtkörper beider Arten leuchten in abgedunkelten Räumen (Biolumineszenz).

SP 5–7 × 4–6 µm, glatt, J-

4 Orange-Seitling
Phyllotopsis nidulans

H 2–8 cm, nieren- bis muschelförmig filzig-samtig bis feinschuppig, ockergelb, orangegelb bis orangebraun, Rand lange eingerollt, etwas heller. **L** Leuchtend gelb bis orange, radialstrahlig, am Hutrand mit Lamelletten. **S** Meist fehlend oder stark reduziert. **F** Gelblich, zäh, im Hut dreifach geschichtet, Geruch nach verfaulendem Kohl. **V** September bis Februar. Planar bis montan, oft in Gruppen dachziegelartig an Stämmen und Stümpfen von Laub- und Nadelholz. **W** Die auffällige, leicht kenntliche Art galt noch vor 30 Jahren deutschlandweit als selten. Inzwischen ist sie weit verbreitet.

SP 4–6 × 2–3 µm, glatt, J-. Schnallen +

5 Schwarzhaariger Zwergseitling
Resupinatus trichotis

H 0,5–1,5 (2) cm, jung cyphelloid, hufförmig bis muschelartig mit dem Scheitel am Substrat angewachsen, jung blassgrau, stark bereift (Lupe!), dann dunkler bis grauviolettlich mit braunschwarzer Myzelfilz am Scheitel (bei *R. applicatus* hell). **L** Grau, strahlenförmig, +/- entfernt, mit Lamelletten. **F** Sehr dünn, unter der Huthaut gelatinös. **V** Fast ganzjährig, frosttolerant. In Mitteleuropa verbreitet; bevorzugt an abgestorbenen Laubhölzern im Luftraum oder am Boden, seltener Nadelholz. **W** Verwechslungsmöglichkeiten bestehen mit anderen Arten der Gattung oder kleinen grauen *Hohenbuehelia*-Arten. *R. applicatus* hat hellen Myzelfilz an der Anwuchsstelle.

SP 4,5–6 × 4–5,5 µm, glatt, J-

1

2

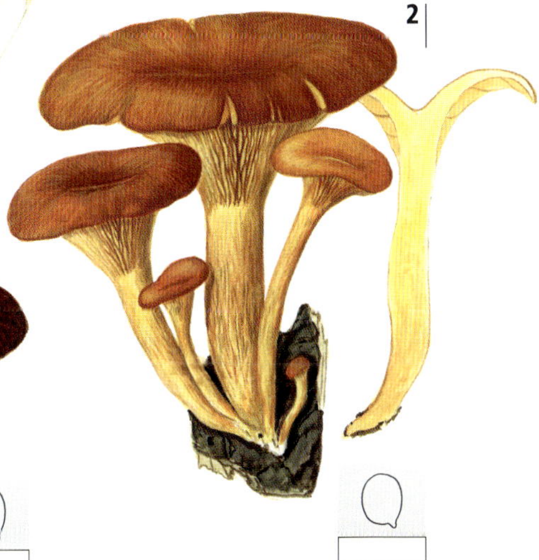

3

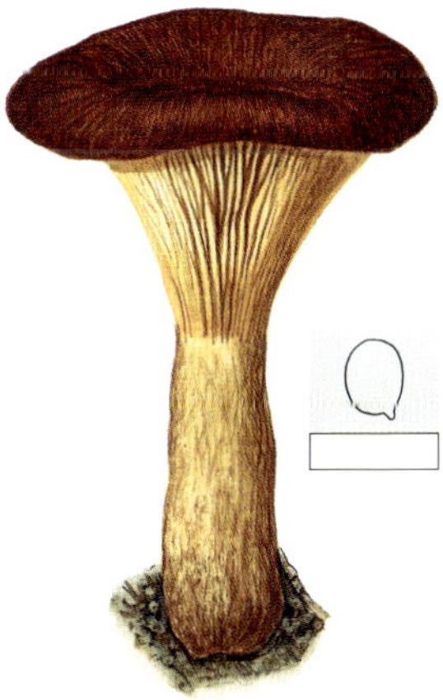

4

5

1 | Gelbstieliger Muschelseitling

Panellus serotinus (Syn. *Sarcomyxa serotina*)

H 3–12 cm, fächer- bis muschelförmig mit eingebogenem +/- gekerbten Rand, Oberfläche feucht schmierig, trocken samtig, grünoliv bis purpurbraun. **L** Jung creme, dann ockerorange, gegabelt, am Stiel deutlich. **S** 1–2 × 1–2 cm, seitlich, mit grünlichen Schüppchen auf orangem Grund. **F** Weißlich, im Hut gelatinös, geruchlos, Geschmack mild, +/- bitter. **V** Oktober bis März. Planar bis subalpin; weit verbreitet in feuchten Laubwäldern und Auen an stehenden oder liegenden Stämmen und Ästen, oft an Buche, Erle, Pappel und Weide. **W** Verwechslungsmöglichkeiten bestehen mit dem Austernseitling, der jedoch keine orangegelben Stiele oder Olivtöne im Hut hat. Alle fünf *Panellus*-Arten sind sehr frosttolerant und überwiegend im Winterhalbjahr zu finden.

SP 4–6 × 1–1,5 µm, J+, Schnallen +

2 | Bitterer Zwergknäueling

Panellus stipticus

H 1–4 cm, jung muschelförmig mit eingerolltem Rand, im Alter lappig, cremeocker bis gelbbraun, kleiig-flockig, im Alter klein felderig. **L** Ocker, sehr eng, mit Anastomosen, am Stiel deutlich abgegrenzt. **S** 0,5–2 × 0,5–1 cm, beige ocker. **F** Hellbraun, zäh-elastisch, Geruch nach Reiben +/- pilzartig, Geschmack adstringierend, bitter bis kratzend. **V** Fast ganzjährig mit Schwerpunkt im Winterhalbjahr. Planar bis subalpin verbreitet; sehr häufig an Laubholzstümpfen und -stämmen (z. B. Buche, Eiche, Birke) ab der Initialphase. **W** Die Pilze kleben an den Fingern, wenn man sie zusammendrückt.

SP 3,5–6 × 2–2,5 µm, J+, Schnallen +

3 | Milder Zwergknäueling

Panellus mitis

Auf berindeten Nadelhölzern, Reisighaufen findet man vorwiegend im Winterhalbjahr die kreideweißen, muschelförmigen Fruchtkörper. **V** Oktober bis Februar. Planar bis subalpin verbreitet.

SP 4,5–6,5 × 1–1,5 µm, J+, Schnallen +

4 | Ohrförmiger Weißseitling

Pleurocybella porrigens (Syn. *Phyllotus porrigens*)

H 2–7 (10) cm, spatel- bis muschelförmig mit eingerolltem Rand, opak bis elfenbeinweiß, hygrophan, Oberfläche fein filzig bis glatt. **L** Jung weiß, alt cremegelblich, gegabelt, mit Lamelletten. **S** Rudimentär oder fehlend. **F** Weiß, dünn, Geruch pilzartig, krautig, Geschmack mild. **V** Juni bis Oktober. Kollin bis subalpin; vor allem in montanen, feuchten Nadelwäldern auf morschem Nadelholz von Fichte, Kiefer, Tanne. **W** Auch wenn Vergiftungsfälle bislang nur aus Asien bekannt sind, wird vom Verzehr dringend abgeraten.

SP 5–7,5 × 4–5 µm, J-, Schnallen +

5 | Spaltblättling

Schizophyllum commune

H 0,5–3 (5) cm, jung halbrund bis muschelförmig, gelegentlich rosettenartig, grauweiß bis rosagrau, striegelig-borstig, alt mit grünen Algenkolonien. **L** Grau bis blassrosa, feucht mit typischem Längsspalt an der Schneide. **S** Meist stiellos am Substrat angewachsen. **F** Ocker, zäh-elastisch, trocken sehr hart, bei feuchter Witterung regenerierend, Geruch und Geschmack mild, +/- säuerlich. Wird z. B. in Äthiopien wie Kaugummi verwendet. **V** Ganzjährig. Planar bis subalpin, weltweit verbreitet; sehr häufig auf sonnenexponierten Ästen und Stämmen, vorwiegend Laub-, seltener Nadelholz. **W** Die Schizophyllaceae gehören zu den Nichtblätterpilzen. Wir haben die Art hier aus praktischen Gründen eingereiht.

SP 5,5–7 × 2–2,5 µm, J-, Schnallen +

1
2
3
4
5

1 | Kräuterseitling
Pleurotus eryngii

RL-1

H 4–20 (30) cm, konvex, im Alter unregelmäßig wellig. Glatt, matt, grau-braun bis rußbraun, Rand jung eingerollt. **L** Jung weiß, dann ocker, am Stiel herablaufend, mit Anastomosen. **S** 3–10 × 1–4 cm, kräftig, zylindrisch, +/- zentral, blass ocker. **F** Weißlich, fest, Geruch schwach pilzartig, Geschmack mild, fein nussig. **V** Oktober bis Januar (März). In Südeuropa teils verbreitet und häufig an Riesenfenchel, in Deutschland extrem selten in warmen Trockenrasen an Mannstreu oder Laserkraut. **W** Kräuterseitlinge gehören zu den schmackhaftesten Kulturpilzen und sind z. B. in Süditalien (Apulien, Kalabrien) sehr beliebte Wildpilze. Natürlich Vorkommen sind in Deutschland durch Biotopverluste leider vom Aussterben bedroht.

SP 10–13 × 4–5,5 µm, J-, Schnallen +

2 | Berindeter Seitling
Pleurotus dryinus

H 4–20 (30) cm, flach konvex, jung mit weißen Velumresten am Rand, weiß bis graubraun, filzig, feinschuppig aufreißend, im Alter und auf Druck gilbend. **L** Weiß gelblich, breit, gegabelt, mit Lamelletten, am Stiel auffällig rillig herablaufend. **S** 2–8 × 1–4 cm, wurzelartig bis spindelig ins Holz auslaufend. **F** Weiß, gilbend, dick, fest und trocken, Geruch schwach würzig, Geschmack mild, +/- süßlich. **V** Juli bis November. Planar bis subalpin verbreitet; an stehenden und liegenden Laub-, seltener Nadelholzstämmen, auch als Schwächeparasit ab der Initialphase. **W** An lebenden Bäumen können sehr große, relativ lang ausdauernde Fruchtkörper gebildet werden. Nur junge Pilze gelten als genießbar.

SP 8,5–15 × 3–5 µm, J-, Schnallen +

3 | Austernseitling
Pleurotus ostreatus

H 2–20 cm, jung spatelförmig, reif muschelartig, sehr variabel von creme bis graublau, Rand alt flatterig, +/- gerieft, Oberfläche glatt. **L** Jung weiß, beigegrau, bis 1/3 am Stiel herablaufend. **S** 1–3 × 0,5–2,5 cm, seitlich, oft zu mehreren verwachsen. **F** Weiß, fest, +/- zäh, geruchlos, Geschmack mild, angenehm. Im Hut mit Sulfovanillin weinrot. **V** Ganzjährig, vorwiegend September bis Mai. Planar bis subalpin; weit verbreitet und häufig an stehenden und liegenden Stämmen von Laubhölzern wie Buchen und Pappeln, auch an Nadelholz (Fichte). In Kulturen auch auf Stroh-Gemischen und Kaffeesatz, gelegentlich an verbautem Holz wie Tür- oder Fensterrahmen. **W** Austernseitlinge ergänzen ihre Nahrung mit Fadenwürmern (Nematoden), die sie mit speziellen Lasso-Hyphen fangen und verdauen.

SP 8–12 × 3–5 µm, Huthaut bis 120 µm dick

4 | Rillstieliger Seitling
Pleurotus cornucopiae (Syn. *Pleurotus ostreatus* var. *cornucopiae*)

Die Pilze entspringen meist einer gemeinsamen Basis (merismatisch) und haben leistenähnliche, weit am zentralen Stiel herablaufende, anastomosierende Lamellen. **V** Fast ganzjährig. Nur regional häufig, oft an Hartholz (z. B. Ulme). **W** *P. citrinopileatus*, ein Kulturpilz, bildet ähnliche Fruchtkörperformen, hat aber zitronengelbe bis ockergelbe Hutfarben. Freilandfunde sind noch selten, aber möglich.

SP 7–11 × 3,5–5 µm, Trama dimitisch

5 | Lungenseitling
Pleurotus pulmonarius

H 2–16 cm, jung spatelförmig, reif lungenförmig, milchcreme bis blassocker, Rand jung eingerollt, Oberfläche glatt. **L** Jung weiß, gilbend. **S** 1–2 × 0,5–1,5 cm, seitlich, weißcreme. **F** Weiß, fest, +/- zäh, Geruch fehlend bis +/- süßlich-ranzig, Geschmack mild, +/- bitterlich. **V** April bis November. Weit verbreitet, eher boreal-montan an Laubholz wie Birke, Buche, Pappel und Weide. **W** Habitus und Erscheinungszeit sind dem Austernseitling sehr ähnlich, von dem er oft schwer unterscheidbar ist. Die früher zur Unterscheidung verwendete SV-Reaktion ist nicht artspezifisch, sondern von der Vanillinkonzentration abhängig.

SP 7,5–11 × 3–4,5 µm, Huthaut bis 50 µm dick

1

2

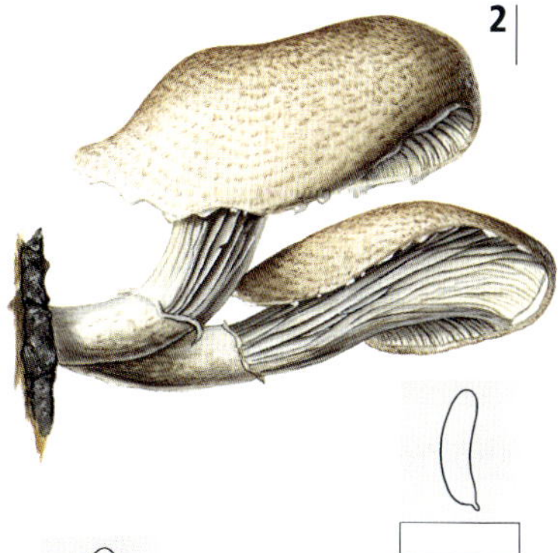

3

4

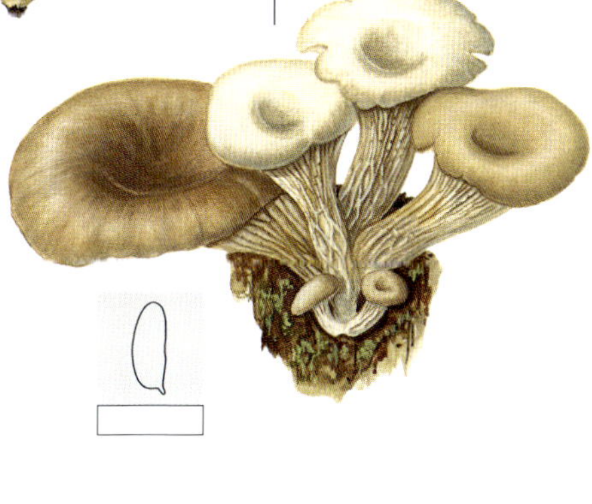

5

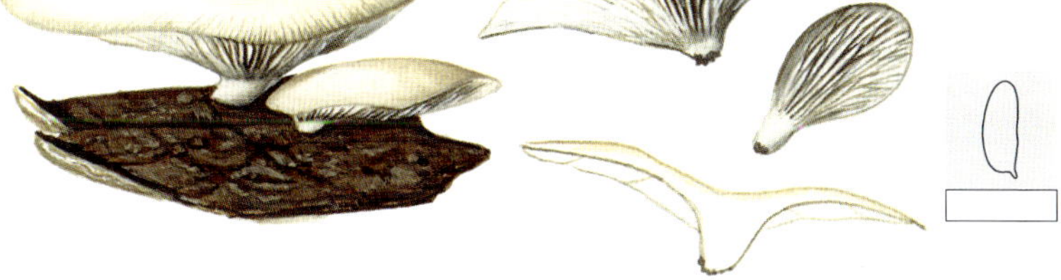

1 | Anis-Zähling
Lentinellus cochleatus

H 2–7 cm, schlank tief trichterförmig, unregelmäßig verwachsen, mit +/- eingerolltem Rand, glatt, matt, +/- runzelig, ocker- bis rotbraun. **L** Creme bis hellbraun, weit bis zur Stielbasis herablaufend, Schneiden deutlich schartig. **S** 2–8 × 0,5–1 cm, elastisch, zäh, zentral bis lateral ins Substrat verlängert, braun. **F** Wässrig, weiß bis graubraun, +/- zäh, Geruch anisartig, Geschmack mild mit Aniskomponente. **V** Juni bis November. Planar bis hochmontan weit verbreitet und häufig an morschen Stümpfen von Laub- und Nadelbäumen. **W** Der angenehme Anisduft ist sehr charakteristisch. Es existiert auch eine geruchlose var. *inolens*. Junge Exemplare gelten als essbar. Auch die Verwendung als Würzpilz ist möglich. Ältere Exemplare sind zu zäh für die Verwendung.

SP subglobos 4–5 µm, J+, Schnallen +

2 | Geschichteter Zähling
Lentinellus ursinus

H 4–16 cm, unregelmäßig muschelförmig mit eingerolltem Rand, feucht rotbraun bis dunkelbraun, trocken beige. Radial runzelig, samtig-filzig, +/-striegelig. **L** Beige ockerbraun, +/- eng, Schneiden deutlich schartig. **S** Fehlend, Pilze mit dem Scheitel am Substrat angewachsen. **F** In zwei Schichten, durch eine dunkelbraune Linie getrennt, Geruch +/- fruchtig, Geschmack +/- scharf. **V** Juni bis Dezember. Planar bis montan; selten geworden, da alte, wenig gestörte Habitate mit starkem Totholz (Laub-, und Nadelholz) benötigt werden. **W** Die Zählinge sind mit den Täublingen verwandt. *L. ursinus* und *L. castoreus* wurden in der Vergangenheit oft unterschiedlich interpretiert und vermischt.

SP 3,5–4,5 × 2,5–3,5 µm, J+, Skeletthyphen stark amyloid

3 | Runzelhütiger Zähling
Lentinellus vulpinus

Ebenfalls büschelig verwachsen an Starkholz (bevorzugt Laubholz), aber ohne amyloide Fleischreaktion und mit lehmbraunen, +/- runzeligen Hüten. **V** September bis November. Planar bis montan in naturnahen, totholzreichen Wäldern. **W** *L. castoreus* und *L. ursinus* haben skelettierte, stark amyloide Hyphen im Hutfleisch. Die intensive Reaktion kann auch durch Auftragen der Reagenz auf das Fleisch beobachtet werden.

SP 4–5 × 3–4 µm, J+, Skeletthyphen höchstens schwach amyloid

4 | Schuppiger Sägeblättling
Neolentinus lepideus

H 5–20 cm, jung halbkugelig, dann konvex bis flach, cremeweiß mit dunklen, kräftigen Schuppen, Rand eingerollt, jung mit Velumresten. **L** Jung weiß, dann gelblich, breit angewachsen, entfernt, Schneiden schartig. **S** 3–10 × 1–3 cm, zentral bis seitlich, oft wurzelartig ins Holz verlängert, Spitze weiß, zur Basis dunkler, braunschuppig. **F** Weiß, jung weich, reif gummiartig zäh, Geruch süßlich, Geschmack mild, pilzartig. **V** April bis Dezember. Planar bis montan weit verbreitet und häufig an sonnenexponiertem, starkem Laub- und Nadelholz. **W** Die Art verursacht eine starke Braunfäule an Bauhölzern wie Balken, alten Eisenbahnschwellen und Pfosten.

SP 7,5–12 × 3–4,5 µm, J-, Schnallen +

5 | Birken-Knäueling
Panus torulosus (Syn. *Lentinus* und *Panus conchatus*)

H 3–8 cm, rundlich bis muschelförmig, trichterig, jung lila bis weinbraun, bald ausblassend zu ockerbraun, feinschuppig bis radialfaserig. **L** Jung weiß, dann ocker, weit herablaufend, gegabelt, mit Anastomosen, +/- eng. **S** 1–3,5 × 1,5–2,5 cm, seitlich, jung violett, dann braun, feinfilzig bis striegelig. **F** Weiß, fest, lederig zäh, Geruch säuerlich (ähnlich der Nebelkappe), Geschmack mild, pilzartig. **V** April bis November. Planar bis kollin weit verbreitet; an Laubholzstümpfen wie Birke, Buche und Pappel. **W** Fruchtkörper ohne violette Töne kommen recht häufig vor und können dann mit Austernseitlingen oder dem Gelbstieligen Muschelseitlng verwechselt werden.

SP 5–7,5 × 2,5–3,5 µm, J-, Schnallen +

1
2
3
4
5

1 | Shii-Take
Lentinula edodes

H 2–12 cm, jung halbkugelig mit eingerolltem Rand, dann polsterförmig und aufschirmend, trocken matt graubraun mit weißen Velumfasern zum Hutrand, feucht rotbraun glänzend. **L** Weiß bis creme, abgerundet angewachsen. **S** 2–7 × 0,5–1,5 cm, fest, zylindrisch, hellbraun mit cortinaartigem Velum. **F** Fest bis zäh, Geruch intensiv nach faulendem Kohl, *Allium*-Komponenten, Geschmack würzig. **V** +/- ganzjährig bei feucht-milder Witterung. Vorwiegend als Kulturpilz verbreitet auf Laubhölzern wie Eiche und Buche, Wildvorkommen nur sporadisch und +/- ruderal etabliert, weniger als 50 Fundmeldungen in Deutschland. **W** Diese aus Asien stammende Pilzart ist ein beliebter Markt- und Zuchtpilz mit intensivem Geschmack und gesundheitsfördernder Wirkung.

SP 4,5–6,5 × 2–3 µm, J-, Schnallen +

2 | Getigerter Sägeblättling
Lentinus tigrinus

H 3–10 cm, jung konvex mit Velum und eingerolltem Rand, dann eingedellt bis trichterig, jung braun befasert, dann cremeweiß, mit Faserschüppchen. **L** Cremeweiß, gilbend, sehr eng, herablaufend, Schneiden gesägtschartig. **S** 2–7 × 0,5–1 cm, zylindrisch, wurzelartig ins Holz verlängert, cremeweiß, braun punktiert. **F** Cremeweiß, gilbend, zäh, Geruch +/- fruchtig, Geschmack erst mild pilzartig, dann +/- kratzend scharf. **V** April bis Oktober. Planar bis submontan weit verbreitet, besonders in +/- sonnigen Lagen in Auwäldern und Kopfweidenbeständen an Weichholz-Stümpfen. **W** Die Art verursacht eine Weißfäule im besiedelten Holz.

SP 6–8 × 2,5–3,5 µm, J-, Schnallen +

3 | Waben-Porling
Neofavolus alveolaris (Syn. *Polyporus alveolaris*)

H 3–8 cm, rundlich bis oval, nierenförmig, +/- trichterig vertieft mit eingerolltem Rand, orangebraun, filzig, grob radial-schuppig. **P** Jung creme, dann blassgelb, wabenartig mit längsgestreckten polygonalen Poren, am Stiel herablaufend. **S** 1–2,5 × 0,5–1cm, exzentrisch, biegsam, creme-gelblich. **F** Creme, weich, Geruch schwach, Geschmack mild. **V** April bis September. Planar bis montan verbreitet; besonders in Au- und Schluchtwäldern an Laubholzästen (z. B. Esche und Buche), bildet Weißfäule. **W** Die freudig orangebraun geschuppten Hüte mit den relativ großen, wabenartigen Poren machen die Art schon im Gelände gut kenntlich.

SP 7,5–12 × 2–4 µm, J-, dimitisch

4 | Winter-Porling
Lentinus brumalis (Syn. *Polyporus brumalis*)

H 1–6 (10) cm, rundlich, +/- trichterig vertieft mit eingerolltem Rand graubraun, +/- gezont, filzig-radialschuppig. **P** Jung creme, dann blassgrau, alt gilbend, mit rundlich bis länglichen, +/ eckigen Poren (2–3 je mm), etwas am Stiel herablaufend. **S** 1–7 × 0,5–1cm, exzentrisch bis zentral, biegsam, jung graufilzig. **F** Zäh-elastisch, Geruch pilzartig, Geschmack mild. **V** Winterhalbjahr, Oktober bis Mai. Planar bis subalpin verbreitet; häufig an Laubholzästen und -stämmen (z. B. Birke, Buche, Eiche), bildet Weißfäule. **W** Es gibt eine ganze Reihe von Stiel-Porlingen. Daher sind genaue Beobachtungen und ein Abgleich aller Merkmale wichtig.

SP 6–7 × 2–2,5 µm, J-, dimitisch

5 | Mai-Porling
Lentinus substrictus (Syn. *Polyporus ciliatus*)

Der Maiporling löst den Winterporling phänologisch ab. Der Stiel ist genattert, sehr feine, engstehende Poren (5–6 je mm), wächst auf Laubholzästen und Stämmen. **V** April bis Juli. Planar bis hochmontan; häufig und weit verbreitet. **W** *Polyporus arcularius* hat weite Poren und +/- dicht behaarte Hutränder.

SP 5–7 × 1,5–2 µm, J-, dimitisch

1

2

3

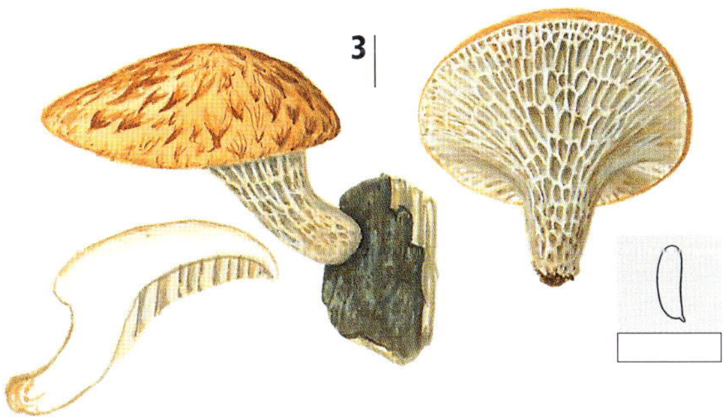

4

5

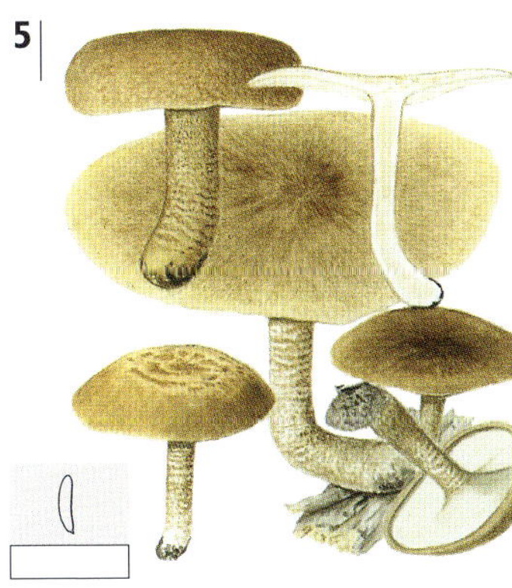

Porlinge

Mehrheitlich sind die Porlinge korkig-zähe bis harte, an Holz wachsende Pilze. Die meisten bilden Konsolen oder Flächen, nur selten werden zentrale oder seitliche Stiele ausgebildet. Im Naturkreislauf spielen die Porlinge wohl die Hauptrolle bei der Holzzersetzung. Bereits in noch stehenden Bäumen schaffen sie Mikrohabitate, die von Insekten, Spechten und anderen Tieren genutzt werden können. Die wenigsten kommen als Speisepilze in Betracht, vor allem wegen ihrer Konsistenz. Einige wenige Arten sind im jungen Zustand genießbar, eine Art ist tödlich giftig.

1a	Hym in Form von +/- regelmäßigen, runden bis eckigen Poren, die bisweilen aber langgezogen sein können **→ 2**
1b	Hym in Form von stark zerschlitzten Poren oder Lamellen, letztere nicht selten querverbunden oder labyrinthisch **→ 72**
2a (1)	FK blutrot, zungen- bis muschelförmig, relativ weichfleischig, im Schnitt einen blutroten Saft ausströmend; Porenschicht aus voneinander trennbaren Röhren zusammengesetzt **→ Leberreischling, S. 526**
2b	nicht mit diesen Merkmalen **→ 3**
3a (2)	FK auch im Alter noch weichfleischig, mit klar erkennbarem Stielteil, Wuchs auf dem Erdboden ohne Holzkontakt (Mykorrhizabildner) **→ 4**
3b	FK relativ weichfleischig; V scheinbar auf dem Erdboden, jedoch aus einem schwarzen knolligen bis rhizomartigen Sklerotium entspringend **→ 7**
3c	FK zumindest im Alter zäh bis hart oder weichfleischig und dann auf Holz oder Wurzeln **→ 8**
4a (3)	Hut und Stiel grau bis schwarz; Porenschicht +/- kontrastierend weiß; SP unregelmäßig vieleckig, inamyloid **→ Schwarzweißer Rußporling und verwandte Arten, S. 520**
4b	anders gefärbt; SP rundlich bis elliptisch, glatt oder warzig, amyloid (eine Art inamyloid und glattsporig) **→ 5**
5a (4)	FK aus mehreren rosettenartig verwachsenen, +/- stiellosen Hüten bestehend; SP rundlich, grobwarzig, stark amyloid; Trama frisch schärflich; V auf den unterirdischen Wurzeln von Weißtanne **→ Bergporling, S. 524** wenn Trama schwärzend und mild vgl. **→ Riesenporling, S. 524**
5b	FK, mit einem Hut pro Stiel (aber gelegentlich zu mehreren verwachsen), ohne Sklerotium; SP rundlich bis breitelliptisch, glatt, (schwach) amyloid oder inamyloid; Trama mild **→ 6**
6a (5)	Hut rot- bis dunkelbraun, schon jung feinschuppig bis felderig; SP 9–12 × 7–8 µm **→ Ziegenfuß-Porling, S. 520**
6b	Hut semmelfarben, orangeocker (wie Semmelstoppelpilz, S. 580), jung glatt, aber im Alter und witterungsbedingt oft eingerissen-felderig; SP 4–5 × 3–3,5 µm **→ Semmelporling, S. 520**
6c	Hut weißlich bis cremegrau, mit der Zeit oft etwas gilbend, jung glatt, aber im Alter und witterungsbedingt oft eingerissen-felderig; SP 3,5–4,5 × 3–4 µm **→ Artengruppe Schafporling, S. 520**
6d	Hut grünlich bis olivgelb, jung samtig, aber im Alter und witterungsbedingt oft eingerissen-felderig; SP 5–7 × 4,5–5 µm **→ Kammporling, S. 520**
7a (3)	FK blumenkohlartig-korallig verzweigt, mit je einem endständigen Hütchen pro Abzweigung, Sklerotium rhizomartig **→ Eichhase, S. 524**
7b	FK aus einem einzigen Hut und Stiel bestehend; Sklerotium rundlich-knollig **→ Sklerotien-Porling, S. 518**

8a (3) FK leuchtend gelb, orangegelb oder orange, sehr weich und saftig, überständig weiß und faserig, in großen Einzelhüten (bis 30 cm) oder bis 2 m langen dachziegelig angeordneten Konsolen; mit KOH ohne rote bis violette Farbreaktion; V an stehenden lebenden Laubbäumen oder toten Stämmen, insbesondere Eiche, Weide, Robinie, selten auch an Nadelholz → **Schwefelporlinge, S. 522**

8b nicht mit dieser Merkmalskombination, insbesondere nicht gleichzeitig intensiv orangegelb und in dieser Größe oder dann mit KOH rot oder violett reagierend → **9**

9a (8) FK mit KOH außen rot, rosa oder violett reagierend; FK gelb, orange oder zimtfarben → **10**
wenn flächig wachsend, frisch nach Kompott riechend, Laugenreaktion (nur?) am trockenen Fruchtkörper rot. vgl. Duftender Goldporenschwamm *(Auriporia aurulenta)* und Lachsfarbener Weichporling *(Hapalopilus salmonicolor)*

9b FK lebhaft zinnoberrot, mit KOH ohne deutliche Farbreaktion; V an lichtreichen Standorten → **Zinnober-Tramete, S. 548**

9c Hutoberfläche mit KOH ohne lebhafte Farbreaktion; FK nicht vollständig zinnoberrot → **11**

10a (9) mit KOH intensiv violett; FK zimtfarben, auch alt noch weich, einzelne Hüte bis ca 15 cm; V an liegendem totem Laubholz, selten an ansitzenden Ästen → **Zimtfarbener Weichporling, S. 526**

10b mit KOH intensiv purpur; FK lebhaft schwefel- bis orangegelb, alt korkig, einzelne Hüte bis 25 cm; V an stehenden, sehr alten Eichen (oder Esskastanien); extrem seltene Art → **Safrangelber Saftporling, S. 526**

10c mit KOH intensiv rot; FK lebhaft orange bis rostfarben, alt faserig-krümelig und meist schnell von Insekten zerfressen, einzelne Hüte bis 15 cm; V vor allem an totem Fichtenholz (seltener Buche) und meist in Gemeinschaft mit Rotrandigem Fichtenporling → **Leuchtender Weichporling, S. 526**

10d mit KOH auf den orangefarbenen Bereichen rötlich bis rosarot; FK aprikot, rosacreme bis orange, meist zoniert mit helleren Bereichen, alt oft verblassend und korkig, einzelne Hüte bis 8 cm; V an liegendem totem Laubholz → **Orangegelber Saftporling *(Tyromyces kmetii)***

11a (9) FK sehr groß werdend, (30–)60–100 cm und zumindest jung weichfleischig, alt zäh oder faserig aber nicht korkig oder hart und Poren rund bis rundlich, nie labyrinthisch oder geschlitzt (Lupe!) → **12**

11b FK nicht mit solchen Dimensionen oder härter oder Poren unregelmäßig → **13**

12a (11) FK bis 1 m Durchmesser, aus rosettig angeordneten großen Einzelhüten bestehend, die in eine gemeinsame Basis münden; Hut gelb- bis graubraun; Poren cremegelb, sehr fein (Lupe!); Trama verletzt oder beim Trocknen schwärzend; V an Laubbäumen (vor allem Buche), oft scheinbar am Erdboden auf den Hauptwurzeln → **Riesenporling, S. 524**
wenn Poren gröber, FK nicht schwärzend und Wuchs scheinbar auf Wurzeln von Weißtanne: vgl. Bergporling, S. 524

12b FK bis 1 m Durchmesser; Einzelhüte dachzieglig angeordnet, rauch- bis braungrau; Poren weißlich, sehr fein (Lupe!); Trama nicht schwärzend; V am Fuß von Laubbäumen oder an Stubben, vor allem Eiche → **Klapperschwamm, S. 524**

12c FK bis 60 cm Durchmesser, blumenkohlartig-korallig verzweigt, mit je einem endständigen Hütchen (ca. 5 cm) pro Abzweigung, Poren weißlich, sehr fein (Lupe!); Trama nicht schwärzend; aus einem rhizomartigen Sklerotium wachsend → **Eichhase, S. 524**

12d FK aus einem oder mehreren Einzelhüten bestehend; Hut bis 60 cm Durchmesser, braungelb mit schwarzbraunen kontrastierenden anliegenden Schuppen; Stiel exzentrisch bis seitlich, schwarz; Poren auch ohne Lupe gut erkennbar; Trama nach Gurkenschale riechend, nicht schwärzend → **Schuppiger Porling, S. 518**

13a (11) FK jung als weiche, saftige, gelbe Knolle beginnend, mit der Zeit deutlich hutförmig und heller werdend, ausgewachsen weiß, härter werdend, immer zu Vielen neben- und übereinander wachsend; Poren eckig-labyrintisch-zerschlitzt; Hut vor allem an der Anwuchsstelle striegelig behaart; V an toten stehenden Nadelholzstämmen oder -stubben, vor allem in höheren Lagen → **Nordischer Schwammporling, S. 522**

13b nicht mit dieser Merkmalskombination → **14**

14a (13) FK jung lebhaft olivgelb, weich und saftig, erst den Stiel entwickelnd, mit zunehmendem Alter kreiselförmig, dunkelbraun und härter werdend, alt schwarz, hart und mit einem deutlichen zentralen Stiel; auf Wurzeln (seltener Stubben oder Holz) von Nadelbäumen
→ Kiefern-Braunporling, S. 522

14b Nicht mit derartiger Fruchtkörperentwicklung und -färbung **→ 15**

15a (14) FK mit einem deutlichen, zentral bis exzentrisch sitzenden Stiel (selten kurz und seitlich gestielt) **→ 16**

15b FK ungestielt oder an der Anwachsstelle zu einem kurzen Stielchen zusammengezogen **→ 26**

16a (15) Trama hell; Hut ohne Kruste; Spp. weiß; SP zylindrisch bis langelliptisch, glatt (wenn SP elliptisch und Hut gezont und alt krustig werdend vgl. *Podofomes trogii*) **→ Stielporlinge 17**

16b Trama hell holzfarben; Hut mit Kruste; Spp. rostbraun; SP abgestutzt-elliptisch, mit innerer warziger und glatter äußerer Sporenwand
→ Glänzender Lackporling und verwandte Arten, S. 530

16c Trama rostbraun; Hut ohne Kruste; Spp. bräunlich; SP elliptisch, glatt
→ Gebänderter Dauerporling und weitere Dauer- und Filzporlinge, S. 540

17a (16) Hut schuppig, Rand bewimpert oder glatt **→ 18**

17b Hut glatt oder wildlederartig, höchstens witterungsbedingt aufreißend, Rand stets glatt **→ 23**

18a (17) Hut groß (bis 60 cm!), braungelb bis orangebraun, dunkler kontrastierend schuppig; Stiel kurz, seitlich, mit einer dunklen Rinde überzogen; Trama nach Gurkenschale riechend; SP 9–14 µm lang; V an Stümpfen, liegenden und stehenden Stämmen
→ Schuppiger Porling, S. 518

18b Hut kleiner; Trama nie mit Gurkengeruch **→ 19**

19a (18) Poren sehr fein, nur mit Lupe sichtbar; Stiel meist etwas genattert **→ Mai-Porling, S. 508**

19b Poren größer, auch ohne Lupe erkennbar; Stiel glatt **→ 20**

20a (19) SP im Mittelwert > 10,5 µm lang; Hut gelb-, orange- bis rostbraun, Hutrand immer glatt **→ 21**

20b SP im Mittelwert < 9,5 µm; Hut eher graubraun, lederbraun; Hutrand bisweilen bewimpert **→ 22**

21a (20) Hut gelb-, rost- bis fuchsbräunlich; Stiel meist zentral; Poren bis 3-mal so lang wie breit; SP 10–16 µm lang; V meist auf am Boden liegenden Buchenästen
→ Sklerotien-Porling, S. 518

21b Hut lebhafter, gelborange bis orangebraun; Stiel meist exzentrisch bis seitlich; Poren 2- bis 5-mal so lang wie breit; SP 8,5–13,5 µm lang; V meist auf ansitzenden Eschen-, Pappel-, Weiden- oder Ahornästen **→ Waben-Porling, S. 508**

22a (20) SP zylindrisch, 5–7,5 × 2–3 µm; Hut bisweilen mit kurzen Wimpern; V Oktober–März (April)
→ Winter-Porling, S. 508

22b SP zylindrisch, 7–9,5 × 2,5–4 µm; Hut oft deutlich und lang bewimpert; V oft an sonnenbeschienenen Stellen; (Februar) März bis Juli (September)
→ Weitlöchriger Stielporling *(Lentinus arcularius)*

22c SP tränen- bis langgezogen-tropfenförmig 7,5–10,5 × 3,5–5,5 µm; Hut meist mit kurzen Wimpern; V im Mittelmeergebiet unter Zistrosen, Rosmarin u. ä., auf vergrabenen Wurzelresten, Oktober bis April **→ Mittelmeer-Stielporling *(Cerioporus meridionalis)***

23a (17) Stiel deutlich wurzelnd, meist unregelmäßig verbogen und bisweilen verzweigt; V morschem, vergrabenem Holz aufsitzend (und daher scheinbar bodenbewohnend); Hut olivgelb, leder-, gelb- bis graubraun, matt und feinfilzig; generative Hyphen mit Schnallen
→ Schwarzfuß-Stielporling *(Polyporus melanopus)*

23b Stiel nicht wurzelnd, oberirdisch dem Holz aufsitzend **→ 24**

24a (23) Poren fein, nur mit Lupe sichtbar **→ 25**

24b Poren grob, rhombisch, ohne Lupe sichtbar (glatthütige Formen von eigentlich schuppigen Arten) **→ 20**

25a (24) Hut zumindest in der Mitte rotbraun, glänzend, farblich an Früchte der Rosskastanie erinnernd; Stiel meist kurz und seitlich, zumindest basal schwärzlich berindet; generative Hyphen ohne Schnallen → **Kastanienbrauner Schwarzfußporling, S. 518**

25b Hut ledergelb, gelb- bis rotbraun, matt, glatt, Stiel deutlich und meist zentral, basal bis vollständig schwarz; generative Hyphen mit Schnallen → **Artengruppe Löwengelber Porling, S. 518**

25c Hut in Grautönen, feinfilzig bis feinschuppig; Stiel gleichfarben genattert, nie schwarz; generative Hyphen mit Schnallen → **Mai-Stielporling, S. 508**

26a (15) Spp. rostbraun; SP abgestutzt-elliptisch (truncat), mit innerer warziger und glatter äußerer Sporenwand → **Lackporlinge 27**

26b nicht mit derartigen Sporenmerkmalen → **28**

27a (26) Trama braun (teils mit weißen Einschlüssen); Kruste matt, auf Daumendruck rissig werdend → **Flacher und Wulstiger Lackporling, S. 530**

27b Trama braun (teils mit weißen Einschlüssen); Kruste glänzend, auf Daumendruck kleinfelderig oder schuppenartig brechend → **Kupferroter Lackporling, S. 530**

27c Trama hell holzfarben; Kruste glänzend → **Harzige Lackporling, S. 530** vgl. auch sitzende Formen von Glänzendem und Dunklem Lackporling!

28a (26) Trama braun, mit KOH schwarz werdend; Hyphen ohne Schnallen; spitze dunkelbraune Setae in Röhren und/oder Trama oft vorhanden (nicht immer!) → **Feuerschwämme, Schillerporlinge und Verwandte 29**

28b Trama braun oder andersfarben; wenn mit KOH schwarz, dann Schnallen vorhanden; nie mit dunkelbraunen Setae → **44**

29a (28) FK jung weich und faserig (monomitisches Hyphensystem) → **Schillerporlinge 30** vgl. auch → **Kiefern-Braunporling, S. 522**

29b FK schon jung korkig-hart bis holzig (dimitisches Hyphensystem) → **Feuerschwämme 36**

30a (29) FK bis 50 cm große Polster oder Konsolen am Fuß von lebenden Eichen bildend (sehr selten an anderen Bäumen); in frischem Zustand überall mit bernsteinfarbenen Tropfen besetzt → **Tropfender Schillerporling, S. 536**

30b mit anderer Merkmalskombination → **31**

31a (30) Myzelialkern am Anwachspunkt vorhanden (ähnlich wie Zunderschwamm); Setae fehlend → **32**

31b kein Myzelialkern vorhanden; Setae vorhanden oder fehlend → **33**

32a (31) Im Mittelmeergebiet sehr häufige Art an Tamarinde *(Tamarix)*; SP 7–9,5 × 5–7 µm → **Tamarisken-Schillerporling, S. 538**

32b An Eiche (äußerst selten Buche, Esche), meist an stehenden Bäumen; FK im Regelfall einzeln → **Eichen-Schillerporling, S. 536**

32c An Pappel, selten Birke, Weide oder Vogelbeere; FK im Regelfall zu mehreren dachziegelig → **Fuchsroter Schillerporling *(Inocutis rheades)***

33a (31) Spp. weißlich bis sehr hell braun; SP farblos bis schwach gelblich → **34**

33b Spp. rostbraun; SP braungelb bis rotbräunlich → **35**

34a (33) FK dachziegelig, mit kurzen Hüten, meist bis meterlange Überzüge auf stehenden toten Erlen oder Hasel bildend (selten andere Laubhölzer); Setae der Hym wie Rosendornen gebogen → **Erlen-Schillerporling, S. 538**

34b FK knotige Überzüge mit nur wenig abstehenden Hutkanten bildend (seltener deutlich hutförmig); auf totem Buchenholz; Hym mit geraden Setae, aber in der Trama fehlend → **Knotiger Schillerporling, S. 538**

34c FK +/- flächige Überzüge bildend (seltener leicht knotig); V auf totem Buchenholz; Hym mit geraden und gebogenen Setae, auch in der Trama → **Vielgestaltiger Schillerporling *(Mensularia hastifera)***

35a (33) FK bis 30 cm große Hüte bildend, jung lebhaft orange bis fuchsrot, alt komplett schwarz; Oberfläche striegelig; an lebenden Bäumen, vor allem Esche und Obstbäume
→ Zottiger Schillerporling, S. 536

35b FK unauffällige flächige Überzüge unter der Rinde oder in Borkenfalten machend und diese aufbrechend; an Birke (selten an anderen Laubbäumen); viel häufiger ist die als Chaga bekannte imperfekte Form, die schwarze krebsartige Wülste an Birkenstämmen bildet
→ Schiefer Schillerporling, S. 538

35c FK mit anderen Merkmalen **→ weitere hier nicht behandelte Schillerporlings-Arten**

36a (29) V an Nadelholz **→ 37**

36b V an Laubholz **→ 39**

37a (36) Poren nur teilweise rund, großteils aber eckig-labyrinthisch, relativ groß (1–2 pro mm); V auf Kiefern (weitere Arten auf Lärche, Zeder oder Fichte)
→ Kiefern-Feuerschwamm und weitere *Porodaedalea*-Arten

37b Poren ausschließlich rund, oft winzig **→ 38**

38a (37) FK huf- bis polsterförmig (sehr selten flächig); SP rund, dextrinoid, 7,5–9,5 × 7–9 µm; V vor allem auf Weißtanne, selten an Fichte, Douglasie, Eibe
→ Tannen-Feuerschwamm *(Fomitiporia hartigii)*

38b FK kleine Hütchen bildend, oft seitlich zu langen Streifen verwachsen, selten resupinat; SP 7–9 × 1,5–2 µm zylindrisch bis gebogen; V an liegendem Fichtenholz oder Stubben, seltener an Kiefer
→ Fichten-Feuerschwamm *(Fuscoporia viticola)*

38c FK flächig mit aufgebogenem Rand oder mit Hütchen, teils seitlich verwachsen; SP 7–10 × 2–2,5 µm langgezogen-tränenförmig; Trama von einer oder mehreren schwarzen Linien durchzogen
→ Dunkelgezonter Feuerschwamm, S. 534
sehr selten kommt der Rostfarbene Feuerschwamm (S. 534) auch an Nadelholz vor

39a (36) SP rund und dextrinoid; FK huf- oder polsterförmig, sehr groß und kaum vom Substrat zu trennen; V an Eiche **→ Eichen-Feuerschwamm, S. 534**

39b SP rund und dextrinoid; FK kleiner; V an einer Vielzahl von Laubhölzern (weitere Arten mit enger Bindung an z. B. Sanddorn oder Rosmarin)
→ Polsterförmiger Feuerschwamm und weitere *Fomitiporia*-Arten

39c SP rund oder zylindrisch, nicht dextrinoid **→ 40**

40a (39) FK resupinat wachsend oder kleine Hutkanten bildend **→ 41**

40b FK mit deutlichen Hüten oder polsterförmig-gewölbt (aber in Astgabeln und auf der Astunterseite teilweise flächig) **→ 42**

41a (40) FK als rostbrauner Überzug; SP 5–7 × 3–3,5 µm; Setae auch im FK-Rand vorhanden und dort bis 300 µm lang **→ Rotrandiger und Großporiger Feuerschwamm, S. 534**

41b FK dunkel- bis graubraune Überzüge bildend; SP 4,5–6 × 3,5–4,5 µm; keine Setae im FK-Rand; V an Birke in naturnahen Biotopen (z. B. Birkenmoore), sehr selten an anderen Laubbäumen **→ Birken-Feuerschwamm *(Phellinus laevigatus)***

41c andere Merkmalskombinationen **→ weitere hier nicht behandelte Feuerschwämme**

42a (40) FK erdbodennah am Fuß von stehenden Eichen oder an Stubben; Trama mit sternförmigen Kristallen
→ Rotporiger Feuerschwamm, S. 534

42b FK erdbodennah am Fuß von stehenden Pfaffenhütchen, seltener Stachelbeere, sehr selten andere Sträucher; keine sternförmigen Kristalle in der Trama
→ Stachelbeer-Feuerschwamm, S. 534

42c FK mehr in der Höhe wachsend oder auf liegendem Totholz; keine sternförmigen Kristalle in der Trama
→ *Phellinus igniarius*-Komplex 43

43a (42) FK 5–10 cm; V fast ausschließlich auf Pflaumen (*Prunus* spp.)
→ Pflaumen-Feuerschwamm, S. 536

43b FK größer oder auf anderem Substrat
→ Artengruppe Weiden-Feuerschwamm, S. 536

44a (28) Trama orange, weinrosa oder rosabraun bis dunkelbraun → **45**

44b Trama weißlich, creme- bis holzfarben → **46**

45a (44) FK unförmige Klumpen oder Hüte bildend; Trama orangebraun; Geruch auffällig fenchel- bis anisartig; V an Nadelholz, meist morsche Stubben
→ **Fenchel-Porling, S. 540**

45b FK flächig mit abgebogenen Hutkanten oder mit deutlichen Hüten; Trama dunkelbraun; Oberseite stark striegelig; Poren groß, etwas unregelmäßig; V an Laubholz
→ **Braune Borstentramete, S. 540**

45c FK konsolenförmige Hüte bildend; Trama wein- bis bräunlich rosa; Oberseite fein samtig, dann glatt und krustig werdend; Poren fein; V an Weißtannen- und Fichtenstämmen und -stubben; sehr seltene Urwaldreliktart
→ **Rosenroter Baumschwamm, S. 532**

46a (44) FK groß (> 12 cm), Konsolen oder Hüte bildend; Braunfäule verursachend → **47**

46b FK entweder kleiner oder eine Weißfäule verursachend oder nicht hutbildend → **49**

47a (46) FK von jung an holzartig hart, mehrjährig; Oberfläche eine Kruste, die sich blasenbildend schmelzen lässt (Feuerzeug!)
→ **Rotrandiger Baumschwamm, S. 532**

47b FK von jung an holzartig hart, mehrjährig; Oberfläche eine Kruste, die sich nicht schmelzen lässt (Feuerzeug!); V an sehr alten Lärchen, extrem selten, in Mitteleuropa fast nur im Alpengebiet
→ **Bitterer Lärchen-Baumschwamm, S. 532**

47c FK nicht mehrjährig, weicher und ohne solche Kruste → **48**

48a (47) FK anfangs kugelig, dann zungenförmig; Hut oberseits mit pergamentartiger glatter Haut, jung weiß, dann zunehmend hell graubraun bis lederfarben, gummiartig bis fast korkig; dimitisch; V fast ausschließlich an Birke
→ **Birken-Porling, S. 528**

48b FK anfangs kugelig, dann zungenförmig; Hut oberseits samtig, jung weiß, dann gelb-, orange- bis rotbraun, weichfleischig; dimitisch; V ausschließlich an stehendem und liegendem dickem Eichenholz
→ **Eichen-Zungenporling, S. 528**

48c FK anfangs polsterförmig, dann unregelmäßige Hüte bildend; Hutrand jung rosa, mit auffallenden Dellen und Gruben; monomitisch; V an morschen Fichtenstubben, selten an anderem Nadelholz
→ **Getropfter Saftporling, S. 544**

49a (46) FK huf- bis konsolenförmig, 15–60 cm groß, sehr hart, mehrjährig, mit Myzelialkern an der Anwachsstelle; Kruste abgeschabt in KOH ein rotes Pigment freisetzend; V an Laubbäumen, vor allem Buche und Birke → **Zunderschwamm, S. 532**

49b FK ein-bis zweijährig → **50**

50a (49) Hut rot- bis dunkelbraun mit blauschwarzer Zone; junge FK bernsteinfarbene Tropfen ausscheidend, saftig-weich, in späteren Jahren hart werdend
→ **Harzporlinge, S. 520**

50b ohne blauschwarze Zone im Hut <u>oder</u> dann nicht saftig-weich → **51**

51a (50) Porenschicht auf Druck fleischrosa verfärbend; Poren oft etwas labyrinthisch oder langgezogen → **52**

51b Porenschicht nicht rosa bis rötlich verfärbend → **53**

52a (51) Hut muschelförmig; FK hart; V an noch hartem Laubholz, oft im Luftraum, vor allem an Weide und Birke → **Rötende Tramete, S. 542**

52b FK kreiselförmig, oft verbogen und ohne klar erkennbaren Hutteil, zäh aber saftig; V scheinbar am Boden auf vergrabenem Holz, seltener direkt auf Laubholz am Boden
→ **Rötender Wirrling, S. 522**

53a (51) FK konsolen- bis kissenförmig, einheitlich schmutzigweiß; Geruch auffallend anisartig; V an Kopfweiden (seltener anderen Weiden)
→ **Anis-Tramete, S. 546**

53b nicht mit dieser Merkmalskombination → **54**

54a (53) FK resupinat, mit Hutkanten oder hutbildend; Poren cremefarben, dextrinoid, von einer sterilen weißen Zone umgeben; SP fein stachelig; Skeletthyphen dextrinoid
→ **Artengruppe Wurzelschwamm, S. 542**

54b Skeletthyphen und damit auch Porenoberfläche nicht dextrinoid → **55**

55a (54) FK deutliche Hüte ausbildend, diese nicht selten dachziegelig oder seitlich verwachsen → **56**

55b FK resupinat oder Hutkanten, aber keine deutlichen Hüte bildend → **63**

56a (55) FK saftig-weich, bei starkem Druck Tropfen absondernd → **Saftporlinge 57**

56b FK korkig-zäh bis hart → **Trameten 59**

57a (56) Hut mit blauen Tönen (bisweilen kaum erkennbar); Spp. graublau → **Artengruppe Blauer Saftporling, S. 544**

57b Hut ohne blaue Töne und Spp. weißlich → **58**

58a (57) FK reinweiß, sehr bitter; V auf Nadelholz (selten Laubholz) → **Bitterer Saftporling, S. 544**

58b FK weiß bis grau, nicht bitter; V auf Laubholz → **Grauweißer Saftporling *(Postia tephroleuca)***

58c FK weiß, am Rand jung mit rosa Tönen und auffallenden Dellen, bald relativ hart werdend; Geschmack etwas bitter → **Getropfter Saftporling, S. 544**

58d FK weiß; V auf Nadelholz, stets vergesellschaftet mit einer weißen bis gelblichen, plüschigen, kissenförmigen Nebenfruchtform, die innen braunpulverig zerfällt → **Weißer Polsterpilz, S. 544**

59a (56) Poren schneeweiß und sehr fein, nicht ohne Lupe sichtbar; Hut (wenn vorhanden) ocker, orange- bis rötlich-braun; SP gebogen, 4–5 × 0,5–1 µm → **Schneeweißer Knorpelporling, S. 550**

59b nicht gleichzeitig so feinporig und mit so kleinen SP → **60**

60a (59) Porenschicht grauschwarz, zur hellen Trama deutlich kontrastierend (Schnitt!) → **Angebrannter Rauchporling, S. 548**

60b Poren (und ganzer FK) leuchtend gelb; V auf Weißtanne und Fichte, stets neben oder auf alten FK von Rotrandigem Porling *(Fomitopsis pinicola)*; Urwaldreliktart → **Zitronengelbe Weißfäule-Tramete, S. 548**

60c Porenschicht weiß bis cremefarben → **61**

61a (60) Poren komma- bis strichförmig; Hut oft grün gebuckelt aufgrund von Algen; V auf Buchenholz, seltener auf anderem Laubholz → **Buckel-Tramete, S. 546**

61b Poren rund bis rundlich oder etwas unregelmäßig eckig, aber nie langgezogen kommaförmig (außer wenn am Substrat herablaufend!) → **62**

62a (61) Hut striegelig behaart, einheitlich weißlich; Poren ca. 3 pro mm; SP 1,5–3 µm breit → **Striegelige Tramete, S. 546**

62b Hut borstig-striegelig behaart, (grau-)braun, +/- ungezont; Poren eckig-rundlich, ca. 1 pro mm; SP 3–4 µm breit → **Blasse Borstentramete, S. 540**

62c Hut samtig bis glatt, mehrfarbig gezont oder creme, ocker bis hellbraun; Poren ca. 3 pro mm; SP 1,5–3 µm breit → **Ocker- und Schmetterlings-Tramete, S. 546**

63a (55) Porenschicht grauschwarz, zur hellen Trama deutlich kontrastierend (Schnitt!) → **Angebrannter Rauchporling, S. 548**

63b Porenschicht weiß bis cremefarben, gelb, ocker, rosa bis purpurviolett → **64**

64a (63) Poren (und ganzer FK) leuchtend gelb; V auf Weißtanne und Fichte, stets neben oder auf alten FK von Rotrandigem Porling *(Fomitopsis pinicola)*; Urwaldreliktart → **Zitronengelbe Weißfäule-Tramete, S. 548**

64b Porenschicht weiß bis cremefarben, ocker, orange, rosa bis purpurviolett → **65**

65a (64) Porenschicht bei Verletzung nach einigen Minuten blutrot verfärbend → **Verfärbender Porenschwamm, S. 550**

65b Porenschicht nicht rötend → **66**

66a (65) FK in langen Reihen auf Nadelholzstämmen (an der Schnittfläche flächig), meist kleine ockergelbe Hutkanten bildend, korkig-hart; erzeugt Braunfäule → **Reihige Braunfäule-Tramete, S. 548**

66b andere Merkmale; Weißfäuleerzeuger → **67**

67a (66) Porenschicht weiß bis schmutzigcreme, bisweilen mit grünlichem bis senfgelbem Ton → **68**

67b Porenschicht ocker, orange, rosa bis violett → **70**

68a (67) Schnallen vorhanden; SP würstchenförmig gebogen → **69**

68b Schnallen fehlen; SP rund, subglobos bis breitelliptisch → **Höckeriger Porenschwamm *(Physisporinus vitreus)*, Grünlicher Wachsporling *(Ceriporia viridans)***

69a (68) Porenschicht senfgelb bis grünlich getönt, etwas glänzend; Hyphensystem monomitisch; SP 3,5–4,5 × 0,7–1 µm → **Blassgrüner Wachsporenschwamm, S. 550**

69b Porenschicht reinweiß; Hyphensystem dimitisch; SP 4–5 × 0,5–1 µm → **Schneeweißer Knorpelporling, S. 550**

69c Porenschicht weiß, mit der Zeit orange werdend; Hyphensystem dimitisch; SP 3–4,5 × 1,3–1,8 µm → **Oranger Knorpelporling, S. 550**

70a (67) Porenschicht ocker bis lachsorange oder kakaobraun; Schnallen vorhanden, kristallbesetzte dickwandige Hyphenenden vorhanden → **Schönfarbiger Kristallzystidenporling und andere *Junghuhnia*-Arten, S. 550**

70b Porenschicht erst weiß, dann zunehmend orange; Schnallen vorhanden; keine dickwandigen Hyphenenden vorhanden → **Orangeporiger Knorpelporling, S. 550**

70c Porenschicht ocker, lachsfarben, rosa oder purpurviolett; Schnallen fehlen; Zystiden oder dickwandige Hyphenenden fehlen → **Wachsporlinge *(Ceriporia)***

71a (1) FK saftig-weich, dann zäh, jung rote Tropfen ausscheidend, insgesamt rötend; Poren labyrinthisch; V meist auf vergrabenem Holz, seltener auf liegendem Laubholz → **Rötender Wirrling, S. 522**

71b andere Merkmale → **71**

72a (71) FK mit deutlich ausgebildeten Hüten, die aber zusammenwachsen können; Hym lamellig <u>oder</u> violett → **73**

72b FK flächige Überzüge bildend; Hym cremegelb bis ocker, porig, geschlitzt bis zähnchenartig → **Veränderlicher Spaltporling und verwandte Arten, S. 548**

73a (72) Hym zerschlitzt bis zähnchenartig, frisch lebhaft violett (aber bald verblassend); V auf Nadelholz → **Violetter Lederporling, S. 554**

73b Hym nicht violett → **74**

74a (73) Hym labyrinthisch, mit dicken Wänden; FK cremefarben bis graubraun; V auf dickem Eichenholz → **Eichen-Wirrling, S. 542**

74b Hym aus L gebildet, diese gelegentlich gegabelt oder querverbunden → **75**

75a (74) Hut, L und Trama orange bis orangebraun; V. auf (verbautem) Nadelholz; Braunfäuleerreger → **Zaun-Blättling, S. 540**

75b Hut, L und Trama hell; V auf Laubholz, Weißfäuleerreger → **Birkenblättling, S. 542**

1 Kastanienbrauner Schwarzfußporling

Polyporus badius (Syn. *Picipes badius*)

H 2–20 (25) cm, unregelmäßig trichterförmig mit stark welligem Rand, glänzend kastanienbraun, manchmal heller, schwach radialrunzelig. **P** Weiß bis creme, rundlich-eckig, 4–7 je mm, am Stiel herablaufend. **S** 1–5 × 0,5–2 cm, +/- exzentrisch, fest, samtig, schwarzbraun, nach unten verjüngt. **F** Weiß, dünn, +/- zäh-elastisch, Geruch pilzartig, Geschmack mild. **V** +/- ganzjährig mit Schwerpunkt April bis Oktober. Planar bis subalpin weit verbreitet; vorwiegend in totholzreichen Auwäldern, Schluchtwäldern und Naturwaldreservaten auf Laubholz. **W** Verwechslungen sind möglich mit *Polyporus melanopus*, der aber Schnallen an den generativen Hyphen hat.

SP 6–9 × 3–4 µm, J-, Schnallen +, dimitisch

2 Schuppiger Porling

Polyporus squamosus

H 8–30 (60) cm, rundlich bis oval, mittig vertieft, Rand eingebogen, mit ockerbraunen, angedrückten groben Schuppen auf hellem Grund. **P** Cremeweiß bis blassgelb, eckig-oval, 0,5–1 je mm, kurz herablaufend bis netzig am Stiel. Porenschicht bis 1 cm dick. **S** 3–10 × 2–6 cm, kräftig, an senkrechtem Substrat gebogen, zur Basis verjüngt, schwarzbraun filzig. **F** Weiß, jung weich, dann lederig-zäh, Geruch +/- mehlig-süßlich, Geschmack mild, mehlig, jung essbar. **V** April bis Oktober. Planar bis hochmontan weit verbreitet; an Laubbäumen wie Ahorn, Buche, Esche, Rosskastanie. Als Parasit an Stammwunden oder an abgestorbenem Starkholz, bildet Weißfäule. **W** Die großen Fruchtkörper des Schuppigen Porlings sind besonders an Alleebäumen auffällig. Sie bilden dort wertvolle Nisthöhlen für Käferarten (z. B. Eremit).

SP 6–8 × 2,5–3,5 µm, J-, Schnallen +

3 Sklerotien-Porling

Polyporus tuberaster

H 3–12 cm, rundlich, konvex bis trichterig vertieft mit etwas eingebogenem, bewimperten Rand, konzentrisch braunschuppig auf gelb-ockerlichen Grund. **P** Jung creme, dann blassgelb, längsgestreckt (1–2 mm) mit fein fransigem Röhrenrand, weit herablaufend. **S** 1–6 × 0,5–1,5 cm, +/- zentral, zylindrisch, biegsam, weiß-creme. **F** Weiß, elastisch-weich, Geruch und Geschmack pilzartig, auch bei Schnecken beliebt. **V** Mai bis Oktober. Planar bis montan verbreitet, jedoch nur in naturnahen, totholzreichen Wäldern; bevorzugt an Buchen- und Eichenästen. **W** Eine der ältesten Pilzdarstellungen der Antike zeigt den „pietra fungaia", ein Sklerotium mit Fruchtkörpern. Diese können ca. 30 cm Durchmesser erreichen, werden aber nicht immer gebildet.

SP 12–15 × 4–5 µm, J-, Schnallen +, dimitisch

4 Löwengelber Porling

Polyporus leptocephalus (Syn. *Cerioporus varius*)

H 1–6 (10) cm, rundlich bis unregelmäßig wellig verbogen, genabelt mit eingebogenem Rand, ockerbraun bis zimtbraun, eingewachsen radialfaserig. **P** Jung weißcreme, dann ockergrau, rundlich-eckig (4–6 je mm), am Stiel herablaufend. **S** 1–5 × 0,3–1 cm, exzentrisch bis zentral, hart mit dunkelbraun-schwarzer Basis. **F** Weiß, lederig-zäh, Geruch pilzartig, Geschmack mild. **V** Winterhalbjahr, Oktober bis Mai. Verbreitet und sehr häufig an Laubholzästen und -stämmen, vorwiegend Buche, bildet Weißfäule; planar bis hochmontan. **W** Die Art ist sehr variabel hinsichtlich der Größe. Fruchtkörper auf dicken Buchenstämmen erreichen die 5 bis 10-fache Größe gegenüber Ästen und Zweigen. Verwechslungen sind möglich mit der seltenen *P. tubaeformis*.

SP 8,5–11x 3–3,5 µm, J-, dimitisch

5 Löwengelber Porling – Zwergform

Polyporus leptocephalus f. *nummularius*

Die Zwergform *nummularius* wird auf dünnen Zweigen gebildet und erreicht dann Hutdurchmesser von 0,5–1 cm.

SP 8,5–11x 3–3,5 µm, J-, dimitisch

1

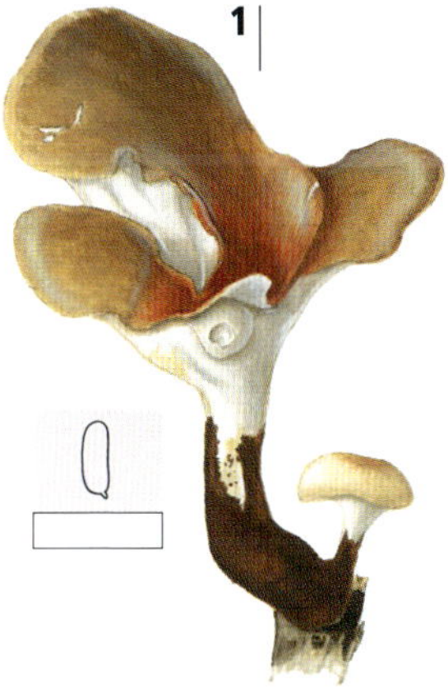

2

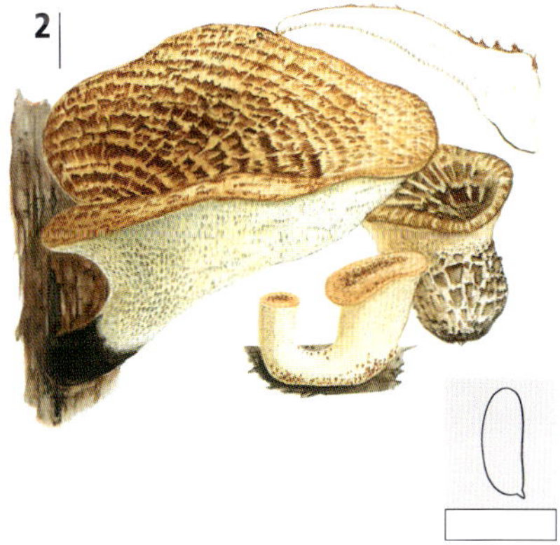

3

4

5

1 Kammporling
Albatrellus cristatus

RL-V | §§

H 3–10 cm, unregelmäßig rundlich polsterförmig in Gruppen verwachsen, mit eingebogenem Rand, filzig-schuppig, oft felderig aufgerissen, gelblich olivgrün bis braunoliv. **P** Schneeweiß, rundlich-eckig, 2–4 je mm, am Stiel herablaufend. **S** 2–4 × 1–2 cm, +/- exzentrisch, weiß, samtig, zugespitzt. **F** Weiß, brüchig-weich, im Alter korkig, Geruch angenehm, Geschmack mild bis bitter, mit H_2SO_4 rotviolett. **V** Juli bis Oktober. Planar bis montan verbreitet, aber vielerorts selten geworden, mit Schwerpunkt in Süddeutschland; naturnahe, nährstoffarme Mischwälder vorwiegend mit Buche, seltener Fichte und Tanne. **W** Die gelboliven Hutfarben und die Reaktion mit der Schwefelsäure sind gute Bestimmungsmerkmale.

SP 4–7 × 4–5 µm, J+, Schnallen -

2 Schafporling
Albatrellus ovinus

RL-V | §§

H 3–10 (20) cm, unregelmäßig rundlich polsterförmig verwachsen, Rand eingebogenen, feinfilzig, +/- felderig aufgerissen, jung cremeweiß, dann wolkig graubraun, meist mit rosavioletten Zonen. **P** Rahmweiß, rundlich-eckig, 3–5 je mm, am Stiel herablaufend, nach Reiben gilbend. **S** 2–5 × 1–3 cm, +/- exzentrisch, weiß, samtig, zugespitzt. **F** Weiß, brüchig-weich, im Alter korkig, Geruch und Geschmack angenehm pilzartig, beim Braten gelb. **V** Juli bis Oktober. Submontan bis subalpin in nährstoffarmen Fichtenwäldern verbreitet, in Norddeutschland sehr selten, bodenvag. **W** Das Fleisch ist so schmackhaft, das es früher schwarz eingefärbt und als Trüffelersatz angeboten wurde.

SP 4–5 × 3–3,5 µm, J+, Schnallen -

3 Semmelporling
Albatrellus confluens

RL-3 | §§

Für die oft in Gruppen verwachsenen Pilze sind orangebraune bis semmelgelbe Hutfarben typisch. **V** Juli bis Oktober. Planar bis subalpin; regional verbreitet in nährstoffarmen Nadelwäldern, bodenvag. **W** Im Vergleich zu *A. ovinus* hat der Semmelporling lebhaftere Farben, einen leicht bitteren Geschmack und Schnallen.

SP 4–5,5 × 3–3,5 µm, J+, Schnallen +

4 Ziegenfuß-Porling
Albatrellus pes-caprae (Syn. *Scutiger pes-caprae*)

RL-2 | §§

H 5–10 (15) cm, unregelmäßig rundlich polsterförmig, +/- verwachsen, Rand eingebogenen, filzig-felderig-schuppig, dunkel-rotbraun. **P** Rahmweiß, rundlich-eckig, 0,5–2 je mm, weit am Stiel herablaufend, gilbend. **S** 3–6 × 1,5–3 cm, keulig, +/- exzentrisch, feinschuppig, gelblich-orangebraun. **F** Weiß, brüchig-weich, Geruch und Geschmack angenehm pilzartig-nussig. **V** Juli bis Oktober. Submontan bis montan, selten; in nährstoffarmen, +/- sauren Bergmischwäldern als Symbiont von Buchen und Nadelbäumen. **W** Essbare *Albatrellus*-Arten sind in Deutschland besonders geschützt, um sie vor Übersammlung zu bewahren.

SP 8,5–12 × 7–8 µm, J-, Schnallen +

5 Schwarzweißer Rußporling
Boletopsis leucomelaena

RL-2

H 4–10 cm, unregelmäßig rundlich-konvex, Rand eingebogen, gekerbt, Huthaut eingewachsen faserig, +/- intensiv schwarzbraun. **P** Cremeweiß bis blassgrau, rundlich-eckig, 1–3 je mm, kurz herablaufend. **S** 3–8 × 1,5–3 cm, zylindrisch-keulig, zur Basis verjüngt, schwarzbraun wie der Hut. **F** Weiß, weich, bei Verletzung von rosa bis grau, Geruch schwach, Geschmack mild, +/- bitter. **V** August bis Oktober. Montan bis subalpin, selten; Symbiont der Fichte in +/- basenreichen, wenig gestörten Bergnadelwäldern. **W** Sehr selten ist *B. grisea*, ein Kiefernsymbiont mit blassgrauen Hutfarben.

SP 4–6 × 3,5–4 µm, J-, Schnallen +

1

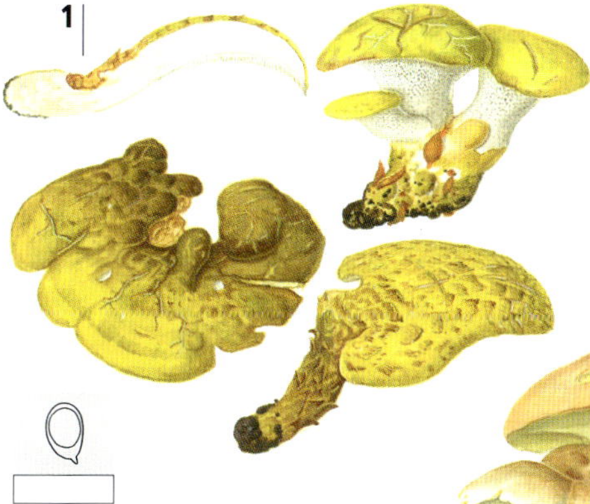

2

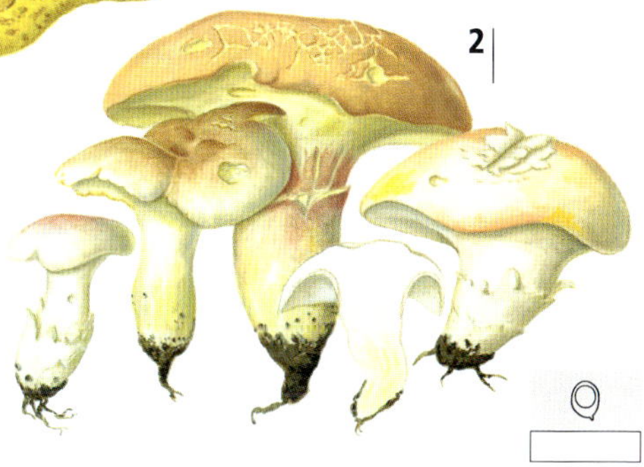

3

4

5

1 Rötender Wirrling
Abortiporus biennis

H 8–20 cm, +/- kreiselförmig bis unregelmäßig rosettenartig verwachsen, samtig-filzig, jung mit rötlichen Guttationstropfen, von weißrosa bis rotbraun, auf Druck rötlich. **P** Weiß, auf Druck rötend, labyrinthisch-eckig, 1–3 je mm. **S** 2–7 × 2–3 cm, +/- exzentrisch, weiß, oft vergraben und mit Erde verklebt. **F** Weiß, im Schnitt rötend, +/- weich, zäh-elastisch, trocken sehr hart, Geruch pilzartig, Geschmack mild. **V** Juli bis November. Planar bis montan verbreitet an morschen Stümpfen oder vergrabenen Holzresten, Wurzeln von Laubhölzern, bildet Weißfäule. **W** Häufig findet man die mit Pflanzen verwachsenen Fruchtkörper in Wiesen oder scheinbar auf dem Erdboden. Die Art ist wärmeliebend und nördlich der Alpen vorwiegend im Flachland anzutreffen.

SP 4–7 × 3,5–4 µm, J-, Schnallen +

2 Nordischer Schwamm-Porling
Climacocystis borealis

H 3–15 cm, jung rundlich polsterförmig, bald konsolen- bis fächerförmig verwachsen, schwammig weich, striegelig, gefurcht, weißlich bis strohgelb. **P** Rahmweiß bis ocker, rundlich-eckig, 1–3 je mm mit fein gezähntem Rand. **S** Fehlt, die Hüte sind zur Anwachsstelle verjüngt. **F** Weiß, elastisch-zäh gefasert, wässrig, Geruch pilzartig säuerlich, Geschmack bitter. **V** Juni bis Oktober. Submontan bis subalpin verbreitet bis häufig; im Bergland an Starkholz von Fichte ab der Initialphase, bildet Weißfäule. **W** Die wässrig-schwammigen, oft dachziegelartig an dicken Stümpfen wachsenden Fruchtkörper sind sehr auffällig.

SP 5–6 × 3,5–4 µm, J-, Schnallen +

3 Schwefel-Porling
Laetiporus sulphureus

H 10–30 (50) cm, oft bis zu 1 m hoch dachziegelig, jung knollig, dann flach muschel-zungenförmig mit wulstiger Randzone. Hell schwefelgelb bis orange gezont. **P** Gelb, winzig, rundlich, 3–5 je mm, jung mit wässrigen Guttationstropfen auf der Porenschicht. **S** Fehlt. **F** Gelb, jung weich, dann faserig-fleischig bis alt, brüchig-styroporartig, Geruch +/- säuerlich, Geschmack mild, +/- adstringierend bei Eiche. **V** März bis Oktober (alte, ausgebleichte Fruchtköper bis zum Frühjahr). Planar bis montan; verbreitet und häufig in Auwäldern, Schluchtwäldern, Parkanlagen als Schwächeparasit an lebenden alten oder abgestorbenen Laubbäumen wie z. B. Weide, Buche, Eiche, Kirsche, bildet Braunfäule. **W** Jung ein beliebter und ergiebiger Speisepilz, wegen der fleischähnlichen Konsistenz auch „chicken of the woods" genannt. Kurzes Abkochen wird vor der kulinarischen Weiterverwendung empfohlen.

SP 5–7x 3,5–5 µm, J-, Schnallen -, dimitisch

4 Berg-Schwefelporling
Laetiporus montanus (nicht abgebildet)

An Stümpfen und Stämmen von Nadelhölzern wie Fichte und Lärche kann man im Alpenraum und in Hochlagen des Bayerischen Waldes den sehr ähnlichen *Laetiporus montanus* finden. Funde an Eibe *(Taxus)* sollten ggf. sequenziert werden. **W** Eine Trennung der beiden Schwefelporlinge ohne Sequenzierungen ist nur über die Ökologie, also das Substrat Nadelholz versus Laubholz möglich. Daher verzichten wir hier auf eine separate Abbildung. Der Berg-Schwefelporling ist bis nach Asien verbreitet, wo er z. B. in der Mongolei auf alten Lärchen gefunden werden kann.

SP 5–7 × 3,5–5 µm, J-, Schnallen -, dimitisch

5 Kiefern-Braunporling
Phaeolus schweinitzii (Syn. *Phaeolus spadiceus*)

H 8–30 cm, rundlich-kreiselförmig, meist zu mehreren verwachsen, filzig, jung leuchtend schwefelgelb bis rotbraun gezont, alt dunkelbraun. **P** Olivgelb, labyrinthisch, auf Druck sofort braun. **S** 3–8 × 2–5 cm, zylindrisch-knollig, zur Basis verjüngt, schwarzbraun wie der Hut. **F** Braun gezont, weich, frisch saftig, Geruch und Geschmack säuerlich. **V** August bis Oktober. Montan bis subalpin verbreitet an Stümpfen oder im Wurzelbereich lebender Nadelbäume wie Fichte, Kiefer, Lärche, Douglasie, seltener Laubholz, bildet Braunfäule. **W** Der Kiefern Braunporling ist ein guter Färbepilz, der schöne Messingtöne an gebeizter Wolle ergibt.

SP 6–9 × 4,5–5 µm, J-, Schnallen -

1

2

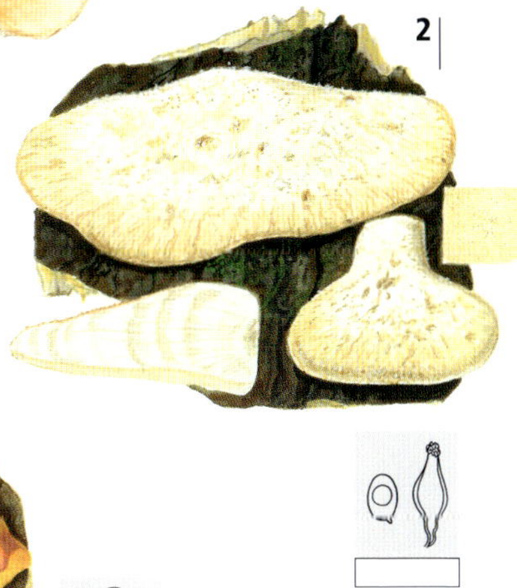

3

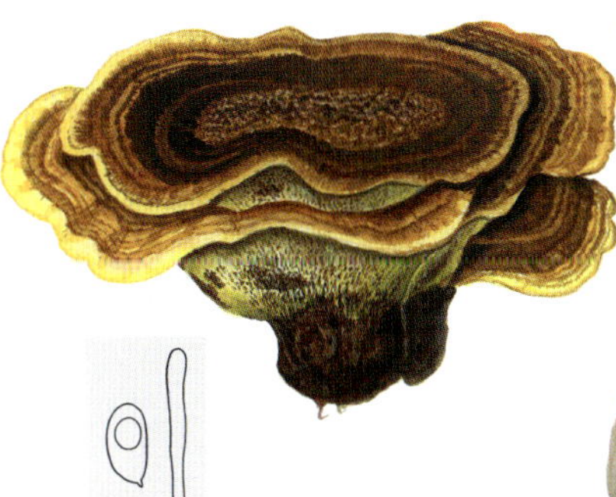

5

1 | Berg-Porling

Bondarzewia mesenterica (Syn. *Bondarzewia montana*) RL-V

H 10–20 (40) cm, fächerförmig bis unregelmäßig rosettenartig verwachsen, feinfilzig, +/- radial gezont, gelbrotbraun. **P** Weiß bis cremegelb, eckig mit gezahnten Rändern, 1–2 je mm, am Stiel herablaufend. **S** 5–10 × 2–5 cm zu mehreren in einem Strunk verwachsen. **F** Weiß, saftig-weich, Geruch angenehm nussig, Geschmack kratzend-schärflich. **V** Juli bis Oktober. Submontan-montan; im Bergland zerstreut als Wurzelparasit an lebenden, alten Weißtannen (selten andere Nadelhölzer) und Stümpfen, bildet Weißfäule. **W** Der Berg-Porling gehört verwandtschaftlich zu den *Russulales*, was man z. B. an den amyloid ornamentierten Sporen und dem scharf-kratzenden Geschmack nachvollziehen kann.

SP 6–8 × 5–7 µm, J+, Schnallen -, dimitisch

2 | Klapperschwamm

Grifola frondosa RL-3

H 20–40 (50) cm, +/- kugeliger Sammelfruchtkörper aus Dutzenden verwachsenen +/- rundlichen, fächerförmigen, seitlich gestielten Hüten – diese sind radialfaserig und gefurcht, ockerbraun bis dunkelgraubraun. **P** Rahmweiß bis creme, rundlich-eckig, 1–3 je mm, am Stiel herablaufend. **S** 10 × 10 cm im Zentralbereich, dann mehrfach verzweigt, cremeweiß, glatt. **F** Weiß, längsfaserig, Geruch +/- säuerlich, Geschmack mild. **V** August bis Dezember. Planar bis submontan verbreitet in Gebieten mit altem Laubbaumbestand; vorwiegend an Eichen als Wurzelparasit oder an Stümpfen. **W** Der Pilz wird z. B. in Italien sehr geschätzt u. gern in Öl/Essig konserviert. Vgl. *Polyporus umbellatus* (s. u.).

SP 5–6 × 3,5–4,5 µm, J-, Schnallen +

3 | Riesen-Porling

Meripilus giganteus

H 20–60 (100) cm, aus mehreren, kreisförmigen Hüten, die neben- und übereinander stehen, radialrunzelig gezont, ocker bis dunkelbraun. **P** Weiß-creme, nach Berührung grau-schwarz, 3–5 je mm. **S** Fehlt. **F** Cremeweiß, jung weich, faserig-fleischig, Geruch +/- pilzartig, Geschmack mild. Ganz jung essbar, aber sehr fad. **V** Juli bis Dezember. Planar bis montan verbreitet und häufig in Laubwäldern, Parkanlagen; an der Stammbasis lebender Bäume und auf Stümpfen z. B. von Buche und Eiche, bildet Weißfäule. **W** Im Unterschied zu Berg-Porling und Klapperschwamm schwärzen Fleisch und Poren relativ bald nach Verletzung.

SP 5,5–6,5 × 4,5–5,5 µm, J-, Schnallen -

4 | Eichhase

Polyporus umbellatus (Syn. *Dendropolyporus umbellatus*) RL-V

H 10–30 (50) cm, +/- kugeliger Sammelfruchtkörper aus Dutzenden verwachsenen +/- kreisförmigen, gestielten Hüten mit 2–5 cm Durchmesser – diese sind genabelt, radialfaserig und +/- schuppig sowie ockerbraun bis dunkelgraubraun. **P** Rahmweiß bis creme, länglich-eckig, 1–3 je mm, am Stiel herablaufend. **S** 10–15 × 5 cm, zentral und stark verzweigt, wurzelnd, mehrfach verzweigt, cremeweiß, glatt, im Erdreich wird ein schwarz berindetes Pseudosklerotium aus Hyphen, Baumwurzeln und Erdreich gebildet. **F** Weiß, brüchig, weich, Geruch angenehm, Geschmack mild bis schwach bitterlich. **V** Schon ab Frühsommer, Juni bis Oktober. Planar bis submontan, wärmeliebend, verbreitet in Gebieten mit altem Laubbaumbestand; vorwiegend an Buchen und Eichen als Wurzelparasit oder an Stümpfen, bildet Weißfäule.
W Der Pilz gehört in Asien zu den wichtigen Arten in der traditionellen Medizin und wird in zunehmendem Maße auch in Europa genutzt.

SP 7,5–10 × 3–4 µm, J-, Schnallen +

1

2

3

4

1 Leberreischling
Fistulina hepatica

RL-V

H 5–20 cm, jung rundlich polsterförmig, bald konsolen- bis breit zungenförmig, feinwarzig-klebrig glänzend, mit abziehbarer gelatinöser Haut, jung leuchtend zinnober- bis himbeerrot, dann weinrötlich braun. **P** Gelblich bis rosa, auf Druck rötlich braun, rundlich, 2–3 je mm. **S** Fehlend oder sehr kurz. **F** Weißlich weinrot geadert, weich, mit rotem Saft, Geruch schwach, Geschmack säuerlich. **V** Juni bis November. Planar bis submontan, verbreitet bis häufig in Wäldern und Parkanlagen, wärmeliebend; oft an der Basis von alten, lebenden Eichen und Edelkastanien oder Stümpfen, bildet Braunfäule. **W** Auch wenn die Pilze als essbar gelten, sind die Konsistenz und der säuerliche Geschmack gewöhnungsbedürftig.

SP 3,5–4,5 × 2,5–3 µm, J-, Schnallen +

2 Zimtfarbener Weichporling
Hapalopilus nidulans (Syn. *Hapalopilus rutilans*)

H 2–10 (12) cm, rundlich konsolen- nierenförmig, einzeln oder zu mehreren verwachsen. Filzig-samtig, +/- grubig, zimt ockerbraun. **P** Zimtbraun, eckig-rundlich, 2–4 je mm. **S** Fehlt. **F** Zimtbraun, mit Laugen (z. B. KOH) sofort purpurviolett (auch an getrockneten Fruchtkörpern), weich, korkig, +/- biegsam, Geruch schwach, Geschmack mild. **V** Ganzjährig, planar bis hochmontan verbreitet und häufig in Wäldern und Feldgehölzen; an abgestorbenen, oft noch ansitzenden Ästen und Stämmen von Laubholz wie Birke, Buche, Eiche und Weide sowie Nadelholz, vor allem Tanne, seltener Fichte und Kiefer, bildet Weißfäule. **W** Sehr guter Färbepilz mit blauvioletten Tönen, der wegen des hohen Polyporsäuregehalts weder gegessen noch als Tee zubereitet werden darf.

SP 4–5,5x 2–3 µm, J-, Schnallen +

3 Safrangelber Saftporling
Hapalopilus croceus (Syn. *Aurantiporus croceus*)

RL-1

H 5–15 cm breit, bis 10 cm tief und 2–5 cm dick, jung unregelmäßig konsolen- bis polsterförmig, bald flacher ausgebreitet, filzig bis glatt, gezont, orangegelb. **P** Jung leuchtend gelb, mit wässrigen Guttationstropfen, dann orange, eckig 2–3 je mm, Röhren 5–15 mm lang. **S** Fehlend, Hüte breit angewachsen. **F** Je nach Wassergehalt saftig-weich bis korkig-zäh, blass ockerorange, gezont, mit KOH dunkelrot, Geruch und Geschmack schwach, +/ aromatisch. **V** Mai bis November. Planar bis submontan, in Europa verbreitet, in Mittel- und Norddeutschland, überall sehr selten; vorwiegend an lebenden oder abgestorbenen alten Eichen, in Südeuropa auch Edelkastanie, bildet Weißfäule. **W** Aufgrund der besonderen Habitatansprüche, nämlich Eichen, die mehrere hundert Jahre alt sind, gehört der Pilz zu einer Auswahl von Naturnähezeigern. Deren Vorkommen ist charakteristisch für Biotope mit langer Habitattradition und naturnahem Erhaltungszustand. Oft, aber nicht generell, sind diese Biotope gesetzlich geschützt, z. B. als Naturdenkmal oder Naturschutzgebiet.

SP 4–7 × 3,5–4 µm, J-, Schnallen +, monomitisch

4 Leuchtender Weichporling
Pycnoporellus fulgens

H 4–10 cm, rundlich konsolenförmig, oft dachziegelig zu mehreren verwachsen. Filzig bis glatt, gezont, jung leuchtend orange mit gelber Zuwachszone, dann fuchsig rotbraun. **P** Jung leuchtend gelb, dann orange, unregelmäßig rundlich-eckig gezähnelt, 2–3 je mm. **S** Fehlend, Hüte breit angewachsen. **F** Orangebraun, weich bis korkig zäh, mit KOH purpurn, Geruch und Geschmack schwach, +/ aromatisch. **V** Juni bis November. Planar bis hochmontan, montan verbreitet und seit einigen Jahren in Ausbreitung, im Alpenraum allerdings selten bis fehlend; an Stümpfen und Stämmen von Fichte, Tanne oder Buche ab der Optimalphase, oft zusammen mit *Fomitopsis pinicola*, bildet Braunfäule. **W** Eine gewisse Ähnlichkeit haben manche Entwicklungsstadien der Zinnober-Tramete (*Pycnoporus cinnabarinus*, → S. 548).

SP 6–9 × 2,5–4 µm, J-, Schnallen -

1

2

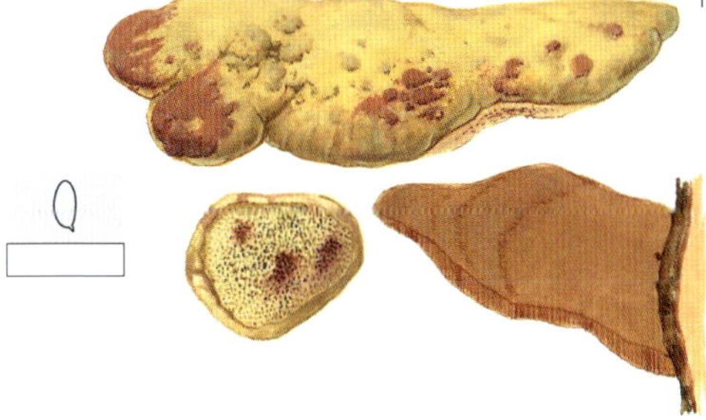

3

4

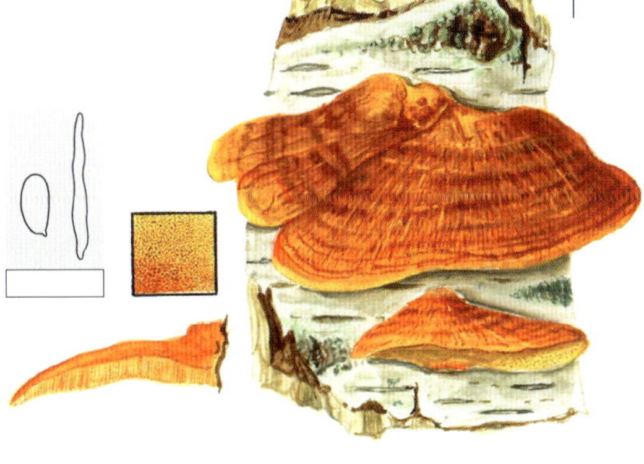

1 Eichen-Zungenporling
Buglossoporus quercinus

RL-1

H 7–15 (25) cm, huf- bis zungenförmig, flach bis konvex mit abgerundetem Rand, Oberfläche jung feinfilzig, dann glatt, jung weiß, dann gelblich bis braun. **P** Rahmweiß, rundlich, 2–3 je mm, im frischen Zustand nach Reiben weinrot. **S** Fehlt, Hut breit angewachsen. **F** Weiß, jung weich, alt fest, Geruch pilzartig, Geschmack mild, säuerlich. **V** Frühsommer von Mai bis September. Planar bis submontan, sehr selten geworden; nur noch an lebenden uralten Eichen, bildet Braunfäule. **W** Der Erhalt von Methusalembäumen und Habitattradition sind essenziell für das Überleben dieser und vieler weiterer auf alte Bäume spezialisierter Arten.

SP 6–8 × 2,5–3,5 µm, J-, Schnallen +, dimitisch

2 Schwarzgebänderter Harzporling
Ischnoderma benzoinum

H 5–15 cm, rundlich konsolen-muschelförmig mit unregelmäßigem Rand, rau-filzig bis harzig glänzend, schwarzbraun konzentrisch gebändert, runzelig, mit rotbrauner Zuwachszone, bis 1,5 cm dick. **P** Weißlich-ocker, bei Berührung braun fleckend eckig-rundlich, 4–6 je mm, jung mit bernsteinfarbenen Guttationstropfen. **S** Fehlt. **F** Jung hellocker, weich, alt braun und hart, Geruch +/- süßlich anisartig, Geschmack mild. **V** Juni bis Oktober, überständige Fruchtkörper bis ins Frühjahr. Planar bis hochmontan verbreitet und häufig in Wäldern; an Nadelholzstümpfen und Stämmen von Fichten, Kiefern, Lärchen und Tannen, bildet Weißfäule. **W** Da die Art gelegentlich schon auf Laubholz gefunden wurde, ist eine reine Trennung nach Substraten schwierig. Insbesondere auf Tannenhölzern werden häufig Porlinge gefunden, die ansonsten fast nur Laubholz besiedeln.

SP 5,5–7 × 1,5–2,5 µm, J-, Schnallen +, dimitisch

3 Laubholz-Harzporling
Ischnoderma resinosum

Morphologisch schwer von *I. benzoinum* trennbar, aber als eigene Art anerkannt. **F** Etwas dicker bis 2 cm, mit bereits aus einigen Metern Entfernung wahrnehmbarem, weihrauchartigem Geruch mit Komponenten von Anis und Orangenschalen. **V** Juni bis Dezember. Planar bis montan, tendenziell in wärmeren Gegenden in naturnahen Laubwäldern; mit ausreichendem Totholzvorrat an Stämmen und Starkästen von Buche, Birke und Linde. Im Alpenraum sehr selten bis fehlend. **W** Beide Arten sind jung essbar.

SP 5,5–7 × 1,5–2,5 µm, J-, Schnallen +, dimitisch

4 Birkenporling
Fomitopsis betulina (Syn. *Piptoporus betulinus*)

H 8–20 (30) cm, jung halbkugelig, dann muschel- bis polsterförmig, matt, derb, weißlich bis hellmilchkaffeefarben. **P** Cremeweiß, rundlich-eckig, 3–4 je mm. **S** Fehlend, Hüte breit angewachsen. **F** Weiß, weich bis zähelastisch, trocken hart, Geruch angenehm, Geschmack +/- säuerlich, adstringierend, bitter. **V** August bis Dezember, ältere Fruchtkörper bis ins Frühjahr. Planar bis hochmontan weit verbreitet und häufig; exklusiv an Birke in Wäldern, Mooren, Parkanlagen, bildet Braunfäule. **W** Als Heilpilz mit antiseptischer Wirkung innerlich und äußerlich vielseitig anwendbar. Sehr gut geeignet für die Herstellung von Pilzpapier.

SP 5–7 × 1,5–2 µm, J-, Schnallen +, dimitisch

1

2

3

4

1 Flacher Lackporling

Ganoderma applanatum

H 10–50 (70) cm, flach konsolen-tellerförmig, Oberfläche glatt, konzentrisch gezont, von hellgrau bis dunkelgraubraun, Kruste auf Druck brechend, oft rostbraun von aufliegendem Sporenpulver. **P** Weiß, rundlich, 4–6 je mm, bei Berührung sofort bräunend. **S** Fehlt, Hut breit angewachsen. **F** Rotbraun, weißlich geadert, zäh-korkig, Geruch pilzartig, Geschmack mild. **V** Mehrjährig, planar bis submontan, häufig und weit verbreitet; an lebendem und abgestorbenem Starkholz z. B. von Buche, Eiche, Tanne, bildet Weißfäule. **W** Sehr häufig findet man auf dem Hymenium Dutzende artspezifische Zitzengallen von *Agathomyia wankowiczii*. Auf der frischen Porenoberfläche kann man feine Zeichnungen anfertigen, weshalb sich der Begriff „Designer's Mushroom" für die Art etabliert hat.

SP 11–15 × 5–8 µm, J-, Schnallen +, trimitisch

2 Glänzender Lackporling

Ganoderma lucidum

H 5–15 cm, rundlich bis flach fächerförmig, zentral oder seitlich gestielt, wie lackiert glänzend orange bis kastanienbraun mit heller Zuwachszone. **P** Cremeweiß, beim Reiben dunkelrotbraun, rundlich-eckig, 4–5 je mm. **S** Selten fehlend oder rudimentär, meist 5–15 × 1–4 cm, +/- zylindrisch mit welliger, glänzend rotbrauner Oberfläche. **F** Cremeweißlich bis haselnussbraun, Geruch angenehm, Geschmack mild. **V** April bis September. Planar bis montan verbreitet bis häufig in Wäldern und Parkanlagen; an Stümpfen oder Wurzeln verschiedener Laubbäume wie Buche und Eiche sowie Fichte, bildet Weißfäule. **W** Phylogenetisch ist *G. lucidum* nicht mit dem als Heilpilz aus Asien bekannten „Reishi" *(G. sichuanense)* identisch.

SP 7–11 × 6–8 µm, J-, Schnallen +, dimitisch

3 Dunkler Tannen-Lackporling

Ganoderma carnosum

Mit dunkleren, braunschwarz glänzenden Hüten. **V** Mai bis Dezember. Planar bis montan an Tannen und Fichtenstümpfen. **W** Auf Lärchenholz wächst der ähnliche *G. valesiacum*.

SP 7–11 × 6–8 µm, J-, Schnallen +, dimitisch

4 Kupferroter Lackporling

Ganoderma pfeifferi

H 10–40 cm, breit angewachsen und +/- halbrund, Oberfläche harzig-krustig, auf Druck brechend, fein runzelig (Lupe!), schmilzt an einer Flamme, konzentrisch gezont, orangebraun bis graubraun mit weißer Zuwachszone. **P** Weiß, creme bis gelblich, rundlich, 5–6 je mm. **S** Fehlt, Hut breit angewachsen. **F** Dunkelrotbraun, konzentrisch zoniert, zäh-elastisch, Geruch pilzartig, Geschmack +/- bitter. **V** Mehrjährig, planar bis submontan, selten; in Norddeutschland gebietsweise verbreitet in Wäldern und Parkanlagen an alten, lebenden Hartholzstämmen z. B. von Buche und Eiche, bildet Weißfäule. **W** Ab Spätherbst bis Winter bildet der mehrjährige Pilz eine gelbliche Wachsschicht auf den Poren.

SP 9–12 × 6–9 µm, J-, Schnallen +, trimitisch

5 Harziger Lackporling

Ganoderma resinaceum

H 10–30 cm, breit angewachsen, jung knollig und ocker, dann +/- halbrund und typisch dreifarbig gezont, Oberfläche glänzend dunkelbraun mit orange gelbweißer, wulstiger Zuwachszone. **P** Jung cremeweiß, dann ocker bis graubraun, eckig bis rundlich, 3 je mm. **S** Fehlt, Hut breit angewachsen. **F** Blass bräunlich mit dunkler Zone zwischen Röhren und Trama, zäh-faserig, Geruch würzig, pilzartig, Geschmack +/- bitter. **V** Juni bis September, überständige Fruchtkörper länger ausdauernd. Planar bis montan verbreitet, gebietsweise selten; an alten, lebenden Eichen und weiteren Harthölzern, bildet Weißfäule. **W** *G. pfeifferi* ist sehr ähnlich, hat aber eine dunkelbraune Trama.

SP 9–11,5 × 4,5–7 µm, J-, Schnallen +, trimitisch

1
2
3
4
5

1 | Zunderschwamm
Fomes fomentarius

H 10–25 (50) cm, jung knollig, bald +/- hufförmig, Oberfläche grauschwarz gezont, Zuwachszone rotbraun. **P** Jung creme, bald ockerbraun, rundlich, 3–4 je mm, verletzt braun. **S** Fehlt, Hut breit angewachsen. **F** Rostbraun, wildlederartig, zäh-korkig, Geruch pilzartig, Geschmack +/- bitter. **V** Häufig und weit verbreitet an lebendem und abgestorbenem Starkholz von Buche, Birke u. anderen Laubhölzern, bildet Weißfäule; planar bis subalpin, mehrjährig. **W** Vielseitige Nutzung für Feuer, Kleidung, Tee und Wundauflagen sind bereits aus prähistorischen Siedlungen dokumentiert. Auch bei der bekannten Gletschermumie „Ötzi" wurde Zunderschwamm gefunden.

SP 12–20 × 4–7 µm, J-, Schnallen +, trimitisch

2 | Rotrandiger Baumschwamm
Fomitopsis pinicola

H 5–25 (50) cm, jung knollig, dann konsolen- bis hufförmig, sehr vielgestaltig, Oberseite jung wie lackiert glänzend gelborange bis kastanienbraun, älter grau – dDreifarbig gezonte Fruchtkörper sind „schwarz-rot-gold", weshalb der Name „Deutschlandpilz" gelegentlich verwendet wird. **P** Cremeweiß, älter gelblich-bräunlich, rundlich, 3–4 je mm, jung frisch mit wässrigen Guttationstropfen. **S** Fehlt, Hut breit angewachsen. **F** Cremeocker, zäh bis hart, Geruch säuerlich, Geschmack bitter. **V** Mehrjährig, planar bis subalpin, weit verbreitet u. sehr häufig an Stümpfen oder Stämmen von Laub- u. Nadelholz (Buche, Fichte uvm.), bildet Braunfäule. **W** Die Art ist als Erstbesiedler ein wichtiges Element der Stoffkreisläufe von naturnahen Waldökosystemen. Im Gegensatz zum Zunderschwamm ist die Trama hell ocker-gelblich.

SP 6–8,5 × 3–4,5 µm, J-, Schnallen +, trimitisch

3 | Rosenroter Baumschwamm
Fomitopsis rosea

RL-G

H 2–10 × 1–4 cm, jung polsterförmig, dann konsolenförmig, Oberfläche jung filzig, höckerig, gezont, braun bis schwarzbraun mit +/- violetten Zonen. **P** Sattrosa, rundlich bis längsgestreckt, 5–6 je mm, jung mit wässrigen Guttationstropfen. **S** Fehlt, Hut breit angewachsen. **F** Rosa zoniert, korkig zäh-elastisch, Geruch angenehm aromatisch, Geschmack +/- bitter. **V** Mehrjährig, montan bis subalpin, selten; nur in totholzreichen Waldgebieten mit Starkholz von Fichte und Kiefer wie z. B. dem Nationalpark Bayerischer Wald häufiger, bildet Braunfäule. **W** Auch wenn die Art altes Bauholz verfallener Berghütten besiedelt, kann sie in Wäldern als Naturnähezeiger angesehen werden.

SP 6–7 × 2,5–3 µm, J-, Schnallen +, trimitisch

4 | Wohlriechender Baumschwamm
Fomitopsis cajanderi (nicht abgebildet)

Sehr ähnlich, in Europa extrem selten, ist diese von Karelien über Sibirien, Mongolei bis nach Nordamerika an Nadelholz weit verbreitete, boreale Art.

SP 5–7 × 1,5–2 µm, allantoid, J-, dimitisch

5 | Bitterer Lärchen-Baumschwamm, Apothekerschwamm
Laricifomes officinalis

RL-1

H 10–15 × 15–30 cm, hufförmig, ältere Exemplare länger als breit mit mehreren wulstigen Zuwachszonen, jung creme bis gelblich ocker, ältere Teile grau felderig-rissig. **P** Jung cremeweiß, rundlich bis eckig, 4–5 je mm. **S** Fehlt, Hut breit angewachsen. **F** Cremeweiß, kreidig, brüchig, aber ganzer Pilz fest, kompakt, Geruch mehlartig, Geschmack bitter. **V** Mehrjährig, montan bis subalpin, sehr selten; nur im Alpenraum (und in borealen Zonen in Asien, Nordamerika) an alten, lebenden Lärchenstämmen, bildet Braunfäule. **W** Wegen der traditionellen medizinischen Verwendung (Agaricinsäure) wird diese absolut schützenswerte Art auch Apothekerschwamm genannt.

SP 4,5–5,5 × 3–3,5 µm, J-, Schnallen +, trimitisch

1

2

3

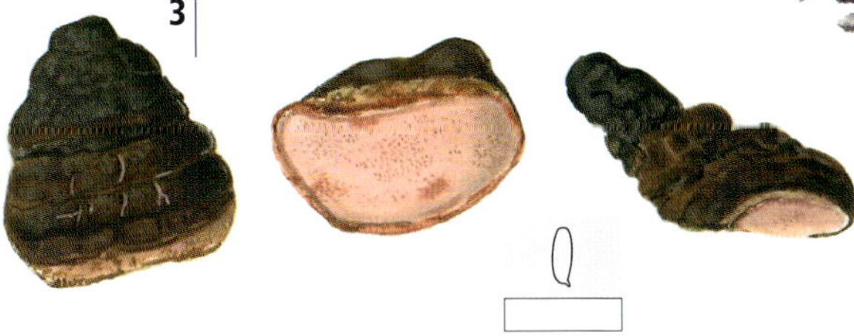

5

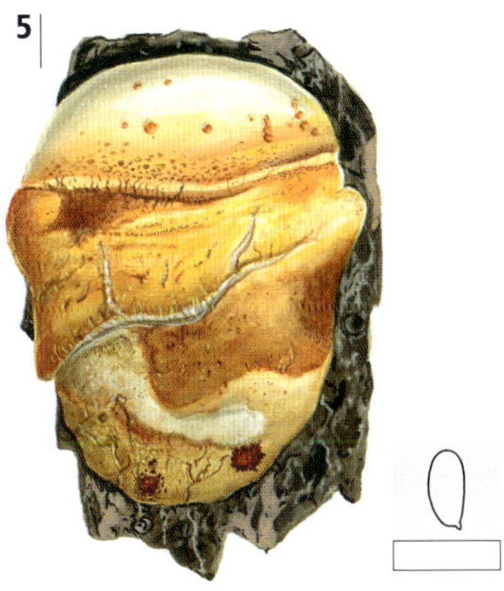

1 Eichen-Feuerschwamm

Fomitiporia robusta (Syn. *Phellinus robustus*)

H 10–20 (30) cm, jung resupinat bis knollig, bald +/- konsolenförmig, Oberfläche glatt, krustig, braun-grau-schwarz wellig gezont, Zuwachszone rotbraun, alt +/- tief rissig. **P** Jung gelbbraun, bald rostbraun, rundlich, sehr klein, 7–9 je mm, oft im 45°-Winkel zum Hut. **F** Gelbbraun, zähkorkig, Geruch und Geschmack unbedeutend. **V** Weit verbreitet an lebenden alten Eichen, meist am Hauptstamm in Kronenhöhe, bildet Weißfäule. Planar bis montan, mehrjährig. **W** Habituell ähnlich ist der auf alte Weißtannen spezialisierte Tannen-Feuerschwamm *(F. hartigii).*

SP 6–8,5 × 5,5–7 µm, J-, dimitisch, Setae bis 40 × 6 µm, selten

2 Rostbrauner Feuerschwamm

Fuscoporia ferruginosa (Syn. *Phellinus ferruginosus*)

H 5–10 × 10–50 cm, resupinat, fest am Substrat angewachsen, je nach Alter weich bis hart. Die Zuwachskanten sind filzig rostbraun und mit spitzen Setae besetzt (Lupe!). **P** Rot- bis rostbraun, rundlich, 4–6 je mm, flach bis bucklig, wulstig-höckerig an senkrechtem Substrat. **F** Gelbbraun, sehr dünn (< 2 mm dick), fast der gesamte Fruchtkörper besteht aus der bis zu 8 mm dicken Röhrenschicht. **V** Mehrjährig, planar bis subalpin, weit verbreitet und sehr häufig an liegenden und ansitzenden Ästen von Laubholz (Buche, Hasel uvm.), bildet Weißfäule. **W** Sehr ähnlich und nur mikroskopisch sicher abzutrennen ist die meist auf Eichen wachsende *F. ferrea.*

SP 5–7 × 3–3,5 µm, J-, dimitisch, Setae bis 100 × 6 µm

3 Rotporiger Feuerschwamm

Fuscoporia torulosa (Syn. *Phellinus torulosus*)

RL-R

H 5–40 × 10–25 cm, konsolenförmig bis unregelmäßig wulstig, im Querschnitt +/- dreieckig, jung rost- zimtbraun filzig-striegelig, alt schwarzbraun, dann oft mit grünen Algenkolonien. **P** Zimtbraun, 3–4 je mm, meist im 45°-Winkel zum Hut. **S** Fehlt. **F** Gelbbraun, mit KOH schwarz, korkig zäh-elastisch, Geruch aromatisch, Geschmack +/- bitter. **V** Mehrjährig, planar bis montan, mediterran häufig und weit verbreitet auf hartem Laub- und Nadelholz, nördlich der Alpen rar, bildet Weißfäule. **W** Vom Mittelmeer bis auf die Kanarischen Inseln begegnet man diesem Porling sehr häufig an Steineichen, Edelkastanien und Baumheiden.

SP 4–6 × 3–4 µm, J-, dimitisch, Setae bis 50 × 11 µm

4 Stachelbeer-Feuerschwamm

Phylloporia ribis (Syn. *Phellinus ribis*)

Sehr ähnliche, oft mit Moosen bewachsene, mehrjährige Fruchtkörper bildet diese in alten Gärten an *Ribes* spp. und in Feldhecken an alten Pfaffenhütchen *(Euonymus europaeus)* verbreitete Art.

SP 3–4 × 2,5–3 µm, J-, monomitisch, ohne Setae

5 Dunkelgezonter Feuerschwamm

Phellinus nigrolimitatus (Syn. *Phellopilus nigrolimitatus*)

RL-2

H 5–10 × 4–6 cm, resupinat, polsterförmig, mit +/- ausgeprägten Hutkanten, höckerig, rotbraun bis schwarz. **P** grau- bis rotbraun, rundlich bis eckig, 5–7 je mm. **S** Fehlt, Hut breit angewachsen. **F** Rostbraun, korkig, brüchig, mit unregelmäßiger, schwarzer Linie im Schnitt, Geruch und Geschmack unbedeutend. **V** Mehrjährig, montan bis subalpin, sehr selten, nur im Alpenraum in alten, totholzreichen Bergwäldern an Fichte, Kiefer, Lärche und Tanne. In alten Wäldern Skandinaviens ist die Art noch verbreitet. **W** Der Pilz verursacht eine typische Wabenfäule im Holz, an der man die Besiedelung auch ohne Fruchtkörper erkennen kann. In Deutschland kann er als Naturnähezeiger die naturschutzfachliche Qualität von Wäldern anzeigen.

SP 7–10 × 2–2,5 µm, J-, dimitisch, Setae bis 30 × 7 µm

1
2
3
4
5

1 Weiden-Feuerschwamm
Phellinus igniarius (Syn. *Phellinus trivialis*)

H 5–25 (35) cm, jung knollig, dann konsolenförmig mit wulstiger, +/- rissiger, grauschwarzer Oberfläche und konzentrischen Zuwachszonen, Rand wulstig, hellbraun. Ältere Fruchtkörper oft grün mit Algenkolonien. **P** Frisch rotbraun, sonst graubraun, rundlich, 5–6 je mm. Röhren bis 5 mm lang, geschichtet. **S** Fehlt. **F** Rotbraun, korkig zäh, gezont, Geruch und Geschmack unbedeutend. **V** Mehrjährig, planar bis subalpin, weit verbreitet auf diversen Laubhölzern; häufig an Weiden in Auwäldern oder an Apfelbäumen auf Obstwiesen, bildet Weißfäule. **W** Sehr variabler Artenkomplex mit var. *cinereus* an Moor-Birken sowie *Phellinus alni* an Ebereschen.

SP 5–6,5 × 4,5–6 µm, J-, Schnallen -, dimitisch

2 Pflaumen-Feuerschwamm
Phellinus pomaceus (Syn. *Phellinus tuberculosus*)

H 3–10, resupinat, semipileat, konsolen- oder hufförmig, entweder knollig-wulstig oder wulstig-gezont, grau bis schwarzbraun, Rand wulstig braun, Oberfläche glatt, +/- rissig, oft mit grünen Algenkolonien. **P** Frisch zimtbraun, älter graubraun, rundlich, 4–6 je mm. **S** Fehlt. **F** Rotbraun, korkig, zäh, Geruch und Geschmack unbedeutend. **V** Mehrjährig, planar bis montan; als Kulturfolger häufig und weit verbreitet an Stämmen und Ästen von alten Pflaumenbäumen sowie in Schlehengebüschen, bildet Weißfäule. **W** Die Pilze können Jahrzehnte lang auf den Wirtsbäumen wachsen, ohne diese signifikant zu schwächen.

SP 5–7 × 4–5,5 µm, J-, dimitisch, Setae bis 25 × 11 µm

3 Tropfender Schillerporling
Inonotus dryadeus (Syn. *Pseudoinonotus dryadeus*)

H 15–35 (50) cm, jung knollig, bald +/- kräftig konsolenförmig, Oberfläche filzig, grubig, jung creme bis gelbbraun, alt dunkler, jung mit Guttationstropfen. **P** Jung gelbbraun, dann dunkelbraun, rundlich bis eckig, 3–5 je mm. **F** Rötlich braun, frisch weich-saftig, zäh, Geruch und Geschmack aromatisch, säuerlich. **V** Juni bis Oktober, alte Fruchtkörper bis zum Frühjahr. Planar bis montan, verbreitet; an das Vorkommen von lebenden alten Eichen gebunden, meist an der Stammbasis, bildet Weißfäule. **W** Junge, frische Fruchtkörper haben charakteristische, bernsteinfarbene Guttationstropfen. Der Erhalt jahrhundertealter Eichen ist essenziell für das Überleben Dutzender Pilzarten.

SP 6–8 × 5–7 µm, J-, dimitisch, Setae bis 35 × 14 µm

4 Eichen-Schillerporling
Inonotus dryophilus

RL-G

Ebenfalls nur an Eichen, aber deutlich seltener, mit kleineren, solitären Fruchtkörpern (< 20 cm) am Hauptstamm. **V** Juni bis November, planar bis montan, meist in alten, traditionsreichen Wäldern und Parkanlagen. **W** Die Art ist ein Naturnähezeiger für den Erhaltungszustand von Laubmischwäldern mit Eichen. Die Fruchtkörper erscheinen an besiedelten Bäumen nur unregelmäßig alle paar Jahre.

SP 6–8 × 4,5–6 µm, J-, dimitisch, Setae fehlen

5 Zottiger Schillerporling
Inonotus hispidus

H 10–30 cm, halbkreis- bis konsolenförmig mit wulstiger, gelber Randzone, rotbraun-striegelig, zottig-filzig aus verklebten braunen Haaren. **P** Cremegelb bis gelbbraun, alt schwärzend, rundlich-eckig, 1–3 je mm, frisch mit Guttationstropfen. **F** Goldbraun bis rostbraun, im Schnitt sofort bräunend, gezont, saftig weich, faserig. **V** Juni bis Oktober, alte Fruchtkörper +/- ganzjährig. Weit verbreitet; vorwiegend auf alten Streuobstwiesen an Apfel- und Birnbäumen, in Nordeuropa mehr an Eschen, bildet Kernholzfäule. **W** Befallene Bäume leben noch Jahrzehnte weiter und bieten wertvolle Nistplätze für Vögel und Höhlenbrüter.

SP 8–11 × 6–8 µm, J-, Setae bis 24 × 8 µm

1

2

3

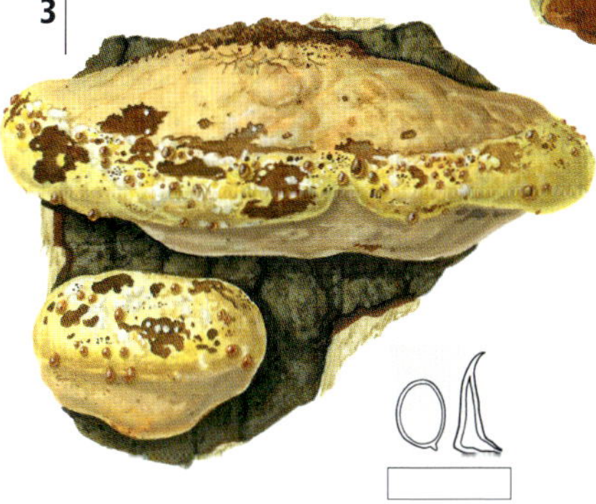

4

5

1 | Knotiger Schillerporling

Inonotus nodulosus (Syn. *Mensularia nodulosa*)

H 5–30 cm, jung flach anliegend knotig, dann effus-reflex mit mehreren, oft reihig angeordneten, 1–4 cm großen +/- abstehenden Hüten, Oberfläche jung filzig, ockerbraun bis gelbbraun, alt dunkelbraun mit heller Hutkante. **P** Jung zimtbraun, dann rostbraun, eckig, 3–4 je mm, teils 1–2 mm langgezogen. **F** Jung cremegelblich, alt braun, zäh-korkig, bis ca. 0,5 cm dick. **V** Mai bis November, alte Fruchtkörper überwintern. Planar bis montan, verbreitet im Buchenareal an Ästen oder abgestorbenen Jungbäumen, vorwiegend an Rotbuche, bildet Weißfäule. **W** Auf alten Fruchtkörpern siedelt häufig der Pustelpilz *Dialonectria cosmariospora*. Ein typischer Folgepilz ist *Antrodia serpula*.

SP 4,5–5 × 3,5–4 µm, J-, monomitisch, Setae bis 40 × 12 µm

2 | Vielgestaltiger Schillerporling

Inonotus hastifer (Syn. *Mensularia hastifera*)

Sehr ähnlich ist diese ebenfalls auf Buchen vorkommende Art, die nur mikroskopisch anhand ihrer hakenförmigen Setae unterscheidbar ist. **V** Juli bis Oktober. Planar bis hochmontan.

SP 4,5–5,2 × 3–4 µm, J-, monomitisch, Setae bis 30 × 10 µm

3 | Schiefer Schillerporling, Tschaga

Inonotus obliquus

H 8–25 cm, meist senkrecht, resupinat unter der aufbrechenden Rinde, kleine Knoten oder Wulste bildend. **P** Grau bis goldbraun (durch Sporenpulver), alt rotbraun, rundlich, 6–8 je mm, an senkrechtem Substrat langgestreckt. **F** Gelbbraun, gezont, korkig, 1–3 mm dick. **V** Juni bis November, Anamorphe mehrjährig. Planar bis subalpin, weit verbreitet im gesamten Birkenareal; oft in Mooren, nach Osten deutlich häufiger an lebenden alten Stämmen von *Betula* spp., bildet Weißfäule. **W** Viel auffälliger und als medizinisch wirksamer Tschaga bekannt ist die schwarzkrustige, krebsartige Nebenfruchtform. Diese wird bis zu 10 × 20 cm groß und am Stamm gebildet. Im Kern befindet sich eine körnige, rotbraune Struktur, die mit weißen und gelbbraunen Hyphen durchzogen ist.

SP 9–10 × 5,5–6,5 µm, J-, monomitisch, Setae bis 30 × 7 µm

4 | Erlen-Schillerporling

Inonotus radiatus (Syn. *Mensularia radiata*)

H 3–10 × 2–5 cm, halbrund bis konsolenförmig, oft dachziegelig bis reihig in Gruppen, jung feinfilzig, gelbbraun bis rostbraun, dann radialrunzelig, höckerig, +/- gezont und dunkelbraun. **P** Frisch hell graubraun, gelblich schillernd, rundlich-eckig, 2–4 je mm. **S** Fehlt. **F** Rostbraun, frisch weich, trocken brüchig, bis 0,5 cm dick. Geschmack bitter. **V** Juli bis Oktober, alte Fruchtkörper überdauernd. Planar bis montan, weit verbreitet an Starkholz von Erlen (selten andere Laubhölzer) in Au- u. Bruchwäldern, bildet Weißfäule. **W** Die Fruchtkörper des Erlen-Schillerporlings eignen sich gut zum Färben von Wolle.

SP 5–6 × 3,5–4,5 µm, J-, monomitisch, Setae bis 30 × 9 µm

5 | Tamarisken-Schillerporling

Inonotus tamaricis

H 5–10, halbrund, konsolenförmig, Rand wulstig, Oberfläche jung striegelig-filzig, rostbraun bis zimtbraun, alt graubraun und rissig. **P** Frisch dunkel rostbraun, älter grauschwarz, eckig, 1–2 je mm. **S** Fehlt. **F** Rostbraun, faserig, jung weich, alt spröde, mit körnigem, rostbraun-weißlichem Kern. **V** Juni bis Dezember, alte Fruchtkörper bis zum Frühsommer. Planar bis submontan, mediterran verbreitet an alten Tamarisken-Stämmen, bildet Weißfäule. **W** Die Art ist spezialisiert auf Tamarisken. *Inonotus rheades* mit borealer Verbreitung auf Pappeln ist sehr ähnlich.

SP 7–9,5 × 5–7 µm, J-, Schnallen -

1
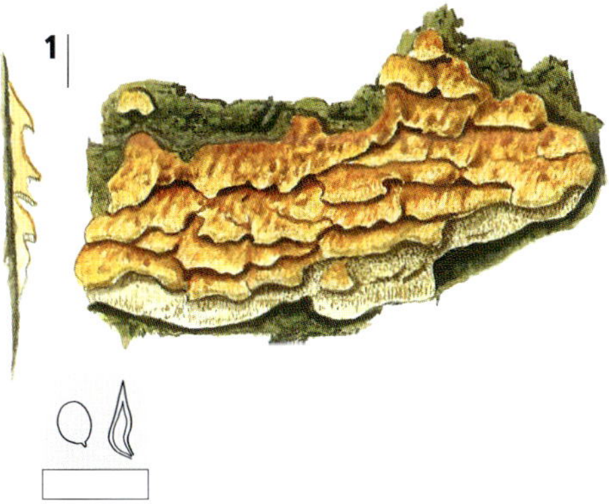

2

3

4
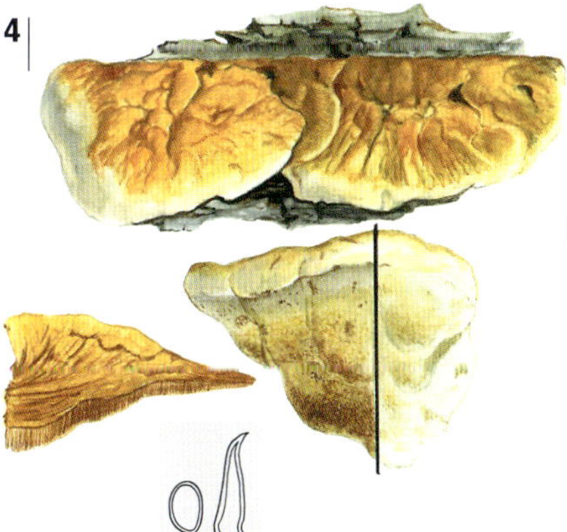

5

1 Gebänderter Dauerporling
Coltricia perennis

RL-V

H 1,5–5 cm, +/- kreisrund, trichterig, gelb- bis rotbraun konzentrisch gezont, samtig, Rand scharf, wellig, teils eingerissen. **P** Jung graubeige, dann braun, eckig, 2–4 je mm, am Stiel etwas herablaufend. **S** 2–4 × 0,2–0,6 cm, +/- zentral, filzig und +/- rostbraun. **F** Gelbbraun, korkig-zäh, dünn, Geruch schwach, Geschmack mild. **V** Mai bis November, alte Fruchtkörper überwintern. Planar bis montan verbreitet auf nährstoffarmen, eher sandigen Böden bei Laub- und Nadelbäumen, oft bei Buche und Kiefer. **W** Da es noch vier weitere, teils sehr ähnliche Arten wie z. B. *C. cinnamomea* in der Gattung gibt, sind im Zweifel mikroskopische Untersuchungen notwendig.

SP 6–9 × 3,5–5 µm, dextrinoid, dimitisch, ohne Setae

2 Blasse Borstentramete
Coriolopsis trogii (Syn. *Funalia trogii*)

H 5–10 × 2–6 cm, meist zu mehreren reihig verwachsen mit welligem Rand, Oberfläche deutlich striegelig-haarig-filzig, +/- deutlich grauocker bis bräunlich gezont. **P** Blass graubraun, rundlich-eckig bis labyrinthisch, 1–2 je mm. **F** Blass, korkig-zäh, 1–3 cm dick, KOH-Reaktion -. **V** Ganzjährig, frisch meist im Herbst. Planar bis montan, circumpolar verbreitet; auf ansitzenden, abgestorbenen Ästen von Pappeln und Weiden an lichten, sonnigen Stellen, bildet Weißfäule. **W** Die Art wird gelegentlich von Hartholz wie Ahorn, Buche und Eiche berichtet, sollte dann aber mikroskopisch untersucht werden, um Verwechslungen mit *C. gallica* zu vermeiden.

SP 9–12 × 2,5–4 µm, J-, trimitisch

3 Braune Borstentramete
Coriolopsis gallica

Gegenüber *C. trogii* wird eher Hartholz wie Esche besiedelt. Die striegeligen Hüte sind dunkler braun, die Sporen größer und die KOH-Reaktion schwarzbraun. **V** Juni bis November, alte Fruchtkörper bis zum Frühjahr überdauernd.

SP 10–16 × 3–5 µm, J-, trimitisch

4 Fenchel-Porling, Fenchel-Tramete
Gloeophyllum odoratum (Syn. *Osmoporus odoratus*)

H 5–20 × 2–10 cm, sehr unregelmäßig, teils verwachsenreihig, knollig, polsterförmig, konsolen- bis kreiselartig, Oberfläche jung filzig-lederig, alt verkahlend. Zuwachsbereich creme gelblich ocker bis orangebraun. Ältere Fruchtkörperteile schwarzbraun. **P** Gelb graubraun, rundlich, 1–2 je mm. **S** Fehlt. **F** dick und korkig-zäh, braun, Geruch intensiv nach Anis, Fenchel und Orangenschalen. Geschmack mild bis bitter. **V** Mehrjährig, planar bis subalpin verbreitet und sehr häufig; meist an alten Stümpfen von Fichten, Kiefern oder Tannen. **W** Durch den charakteristischen Geruch nach Anis und Fenchel ist dieser häufige Porling leicht kenntlich.

SP 7,5–9,5 × 3–4 µm, J-, dimitisch, Schnallen +

5 Zaun-Blättling
Gloeophyllum sepiarium

H 2–7 cm einzeln, aber oft zu mehreren +/- dachziegelig, reihig in Gruppen verwachsen, sehr variabel von resupinat bis muschel- bis kreiselförmig, Oberfläche striegelig-filzig, gelbbraun, rostbraun bis dunkel schwarzbraun, wellig gezont. **P** Lamellig, 15–20 je cm am Hutrand, hellbraun bis rostbraun, Schneiden gekerbt. **S** Fehlt. **F** Braun, dünn, biegsam elastisch-zäh, trocken brüchig. Geschmack mild bis bitter. **V** Juni bis Dezember, alte Fruchtkörper ganzjährig. Planar bis submontan, häufig und weit verbreitet an sonnenexponierten Ästen und Stämmen von Nadelhölzern, bildet Braunfäule. **W** Der Zaunblättling besiedelt auch Bauholz im Freien und kann dieses in wenigen Jahren zersetzen. Ähnlich ist der Tannen-Blättling mit 8–13 Lamellen je cm am Hutrand.

SP 8–11 × 3–5 µm, Schnallen +, trimitisch

1

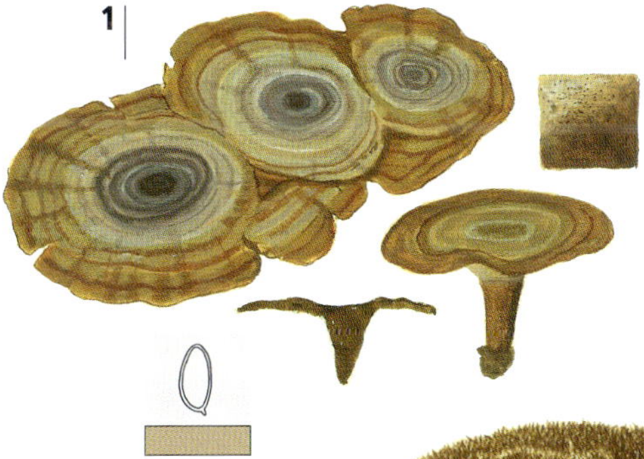

2

3

4

5

1 | Eichen-Wirrling

Fomitopsis quercina (Syn. *Daedalea quercina*)

H 5–25 cm, konsolen- oder tellerförmig, oft zu mehreren verwachsen, blassbraun bis graubraun, Oberfläche matt, gezont, feinrippig, ohne Kruste. **P** Weiß, sehr dick und lamellig-labyrinthisch. **S** Fehlt, breit angewachsen. **F** Korkig-zäh, Geruch angenehm, Geschmack bitter. **V** Mehrjährig bis zu 10 Jahre. Planar bis montan, verbreitet im gesamten Eichenareal an Stümpfen und liegendem Starkholz ab der Optimalphase, bildet Braunfäule. **W** Die nicht seltenen violetten Verfärbungen auf den Hüten sollen von einem Befall mit dem Jochpilz *Morteriella isabellina* verursacht werden. Ähnliche Farben und Zonierungen hat *Daedaleopsis confragosa* mit dünneren Fruchtkörpern auf Weichholz. Vgl. auch *Lenzites betulina* mit lamelligen Poren.

SP 5–6 × 2,5–3,5 µm, trimitisch

2 | Rötende Tramete

Daedaleopsis confragosa

H 5–15 cm, flach konsolen- bis muschelförmig, ocker- bis rotbraun radial gezont mit weißem Rand, Oberfläche uneben rau, schwach krustig. **P** Weiß bis ockerrosa, frisch auf Druck sofort rötend. Sehr variabel von eckig bis labyrinthisch-lamellig. **S** Fehlt, breit angewachsen. **F** Blassbräunlich, korkig-zäh, biegsam, Geruch und Geschmack nicht signifikant. **V** Juli bis Oktober, alte Fruchtkörper überdauern bis zum Folgejahr. Planar bis hochmontan verbreitet und häufig; vor allem an Stämmen und Starkästen von Weichhölzern wie Birken, Pappeln und Weiden, bildet Weißfäule. **W** Bei Funden an Birken sollte *D. septentrionalis* verglichen werden. Diese Art kommt vorwiegend in Skandinavien vor und wurde nur zweimal aus Deutschland gemeldet.

SP 9–11 × 2–2,5 µm, trimitisch

3 | Braunroter Blätterwirrling

Daedaleopsis tricolor (Syn. *Daedaleopsis confragosa* var. *tricolor*)

Ähnlich der vorigen Art, jedoch mit ziegelrotbraun gezonten Hüten und dünnen, wellig verbogenen, +/- gegabelten Lamellen. **V** Juli bis Oktober, alte Fruchtkörper überdauern bis zum Folgejahr. Ebenfalls weit verbreitet, oft an Kirsche, gelegentlich Birken, Ebereschen und Erlen; es wurden auch schon beide Arten gemischt am selben Substrat beobachtet.

SP 7–9 × 1,5–2,2 µm, trimitisch

4 | Gemeiner Wurzelschwamm

Heterobasidion annosum

H 5–20 cm breit, unregelmäßig höckerig, rot- bis schwarzbraun gezont mit weißer, wulstiger, unregelmäßiger Zuwachskante, Oberfläche lederig verkrustet. **P** Cremefarben, rundlich-eckig, (2)3–4(5) je mm. **S** Fehlt, breit angewachsen. **F** Gelblich weiß, korkig-holzig, ungezont, Geruch charakteristisch säuerlich. **V** Mehrjährig, weit verbreitet, parasitisch bis saprotroph; hauptsächlich an lebenden Kiefern oder -stümpfen, bildet eine Rotfäule im Wurzelbereich und kann forstliche Monokulturen schädigen. **W** Im Jahr 1998 wurde das Aggregat in drei Arten aufgetrennt, *H. parviporum* wächst überwiegend an Fichte und hat (3)4–6(7) Poren je mm. *H. abietinum* ist nur von Tanne bekannt und hat 2–3(4) Poren je mm.

Sporen 5,5–6,2 × 4–5,2 µm, feinwarzig, dimitisch

5 | Birken-Blättling

Lenzites betulinus (Syn. *Trametes betulina*)

H 4–10 × 4–6 cm, flach fächer- bis muschelförmig, weißlich bis hellbraun, 1–1,5 cm dick mit scharfem Rand, Oberfläche konzentrisch furchig gezont filzig-striegelig. **P** Cremeweiß, labyrinthisch lamellig, anastomosierend. **S** Fehlt, breit angewachsen. **F** Blass, zäh-elastisch, Geruch und Geschmack unbedeutend. **V** Einjährig, meist ab August bis Dezember mit überständigen Fruchtkörpern bis ins Folgejahr. Planar bis hochmontan, verbreitet, +/- dachziegelig an Laubhölzern wie z. B. Birke und Buche, bildet Weißfäule. **W** Von oben leicht verwechselbar mit Schmetterlingstrameten, aber von unten eindeutig.

SP 5–6 × 2–3 µm, dimitisch

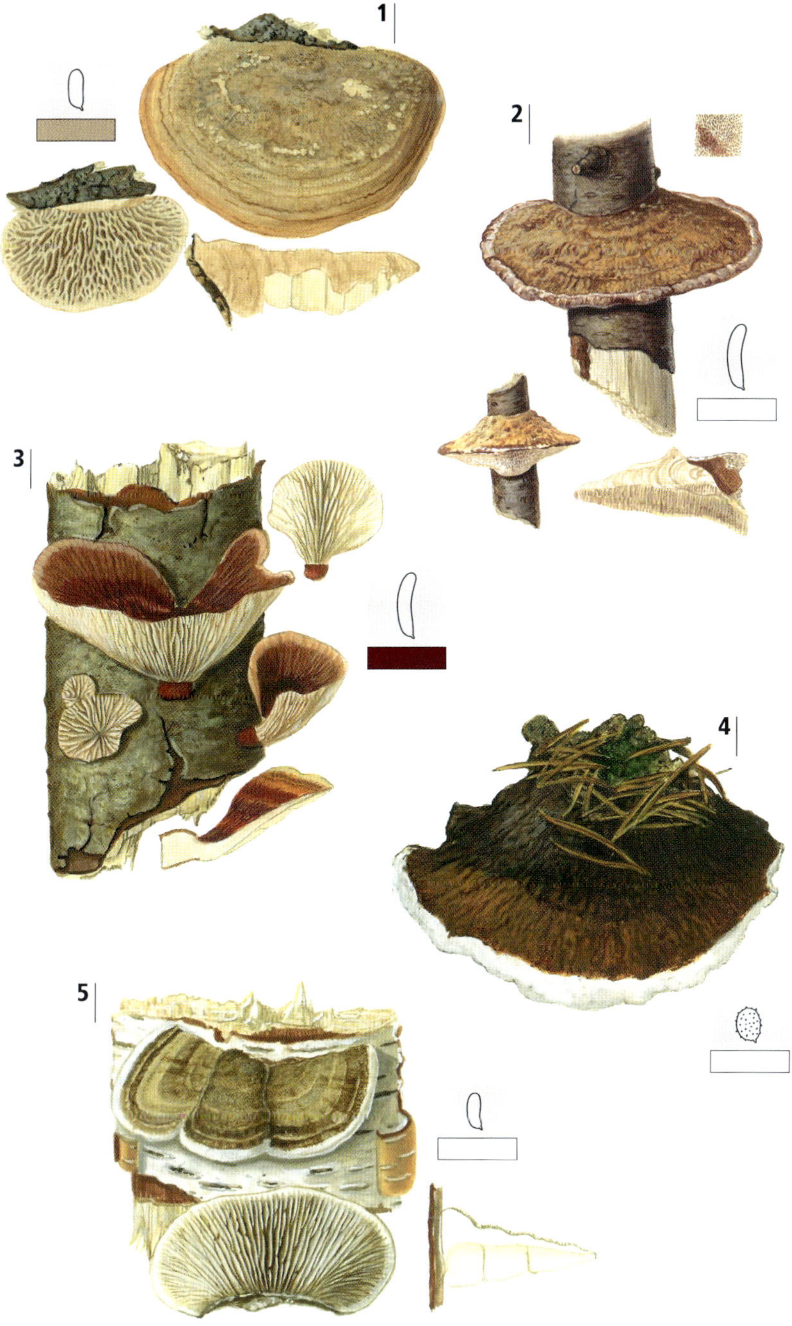
1
2
3
4
5

1 Blauer Saftporling

Cyanosporus caesius (Syn. *Postia caesia*)

FK Hüte oder nur Hutkanten ausbildend, Braunfäule-Erreger. **H** 2–6 cm, bisweilen etwas am Substrat herablaufend (effuso-reflex), graubläulich, meist fleckweise oder streifig, bei Berührung stärker blau werdend, fein filzig bis deutlich striegelig. **P** Dem Hut gleichfarbig, rundlich-eckig, 4–6 je mm. **F** Weiß, oft bläulich durchzogen, frisch sehr saftig, trocken krümelig, Geruch unspezifisch säuerlich, Geschmack mild bis etwas zusammenziehend. **V** Das ganze Jahr über. In Wäldern aller Art, auf totem Nadelholz, selten an Laubholz; in ganz Europa verbreitet und sehr häufig. **W** Bei den Saftporlingen mit bläulichem Spp. handelt es sich um einen Artenkomplex, der in Europa aus etwa zehn schwer trennbaren Arten besteht.

SP 4,5–6 × 1,5–2 µm, J+ (schwach), Schnallen +, monomitisch

2 Bitterer Saftporling

Amaropora stiptica (Syn. *Oligoporus stipticus*)

FK Hüte oder (selten) nur Hutkanten ausbildend, Braunfäule-Erreger. **H** 3–12 cm, einzeln oder manchmal zusammenwachsend, bisweilen etwas am Substrat herablaufend (effuso-reflex), weißlich bis elfenbeinfarben, glatt, oft uneben oder höckerig. **P** Weißlich, rundlich-eckig, 4–6 je mm. **F** Weiß, frisch sehr saftig und weich, trocken krümelig, Geruch unspezifisch säuerlich, Geschmack stark bitter. **V** Mai bis Dezember. In Wäldern aller Art, auf totem Nadelholz, selten an Laubholz; in ganz Europa verbreitet und überall häufig. **W** Sehr ähnlich ist der ebenfalls bisweilen weiße, aber kaum bitter schmeckende Graue Saftporling *(Postia tephroleuca)*.

SP 3,5–5 × 1,5–2 µm, J-, Schnallen +, monomitisch

3 Fleckender Saftporling

Fuscopostia fragilis (Syn. *Oligoporus fragilis*)

FK Hüte oder nur Hutkanten ausbildend, Braunfäule-Erreger. **H** 3–8 cm, einzeln oder reihig zusammenwachsend, meist etwas am Substrat herablaufend, frisch weißlich bis elfenbeinfarben, bei Berührung erst gelb, dann rostbraun bis rotbraun verfärbend, glatt bis samtig-filzig. **P** Weißlich, wie der Hut verfärbend, rundlich-eckig, 4–6 je mm. **F** Weiß, trocken bräunlich, frisch sehr saftig und weich, trocken krümelig, Geruch unspezifisch säuerlich, Geschmack etwas zusammenziehend. **V** Mai bis Dezember. In Nadelwäldern, auf totem Nadelholz, meist Fichte, Tanne oder Lärche; in fast ganz Europa verbreitet und häufig, in Südeuropa sehr selten. **W** Nur an Kiefern wächst *F. lateritia*, die kleinere Sporen hat und in Deutschland bisher nicht nachgewiesen wurde.

SP 4–6 × 1,5–2 µm, J-, Schnallen +, monomitisch

4 Getropfter Saftporling

Calcipostia guttulata (Syn. *Oligoporus guttulatus*)

FK Hüte ausbildend, Braunfäule-Erreger. **H** 4–15 cm, am Substrat breit oder schmal angewachsen, bisweilen etwas am Substrat herablaufend, weißlich, jung mit rosa Zuwachskante und rosa Zonierung, alt schmutzig weißlich, glatt, aber unregelmäßig höckerig-runzelig, Randzone mit tropfigen Vertiefungen, jung mit Guttationstropfen. **P** Weißlich, rundlich-eckig, 4–6 je mm. **F** Weiß, nur sehr jung saftig und weich, schnell trocken und faserig-krümelig, Geruch unspezifisch, Geschmack etwas zusammenziehend. **V** Mai bis Dezember. In Fichten- oder Mischwäldern, auf totem Nadelholz, meist Fichte. **W** Die Art war vor etwa 1980 kaum bekannt, hat sich jedoch derart ausgebreitet, dass sie heute zu den häufigsten Porlingen an Fichte gehört.

SP 4–5 × 2–2,5 µm, J-, Schnallen +, monomitisch

5 Weißer Polsterpilz

Postia ptychogaster (Syn. *Ptychogaster fuliginoides*)

FK Hüte oder nur Hutkanten ausbildend, bisweilen völlig flächig, Braunfäule-Erreger, meist aber nur die kissenförmige, plüschige Nebenfruchtform ausbildend, die jung innen zoniert ist und bei Reife in eine braune, pulvrige Konidienmasse zerfällt. **H** 2–5 cm, unterhalb der kissenförmigen Anamorphe gebildet, weißlich, glatt bis fein filzig. **P** Weißlich, rundlich-eckig, 2–4 je mm. **F** Weiß, frisch saftig und weich, alt krümelig, Geruch unspezifisch säuerlich, Geschmack etwas zusammenziehend. **V** Juni bis Dezember. In Fichtenwäldern, an totem Stümpfen. In Nord- und Mitteleuropa verbreitet und im anamorphen Stadium meist häufig, in Südeuropa selten. **W** Die Poren bildende Hauptfruchtform ist sehr selten, während die Kissen der Anamorphe in manchen Wäldern äußerst häufig vorkommen.

SP 4,5–5,5 × 2–3 µm, J-, Schnallen +, monomitisch

1

2

3

4

5

1 Schmetterlings-Tramete

Trametes versicolor

FK Hüte ausbildend, Weißfäule-Erreger. **H** 2–6 cm, fächer- bis halbkreis- oder rosettenförmig, teils dachziegelartig übereinander wachsend, bisweilen etwas am Substrat herablaufend, breit bis stielartig angewachsen, sehr variabel in verschiedenen braunen, gelben und blauen Tönen zoniert, Zonen abwechselnd filzig und glatt. **P** Cremeweißlich, alt strohgelb, rundlich-eckig, 3–5 je mm. **F** Weißlich, zäh-ledrig, Geruch unspezifisch säuerlich, Geschmack mild. **V** Das ganze Jahr über, einjährig, aber alte Fruchtkörper mehrere Jahre überdauernd. In Wäldern aller Art, auf totem Laubholz, selten auf Nadelholz; in ganz Europa verbreitet und der wohl häufigste Holz bewohnende Pilz überhaupt. **W** Die Inhaltsstoffe dieser Art gelten als immunabwehrstärkend. Ähnlich ist die Zonen-Tramete *(T. multicolor)*, die dicker ist, breitere Sporen hat, und nie bläuliche Zonen zeigt. Letztere sind allerdings auch bei der Schmetterlings-Tramete nicht immer vorhanden.

SP 5–7 × 1,8–2,5 µm, J-, Schnallen +, trimitisch

2 Striegelige Tramete

Trametes hirsuta

FK Hüte ausbildend, Weißfäule-Erreger. **H** 3–10 cm, fächer- bis halbkreisförmig, seltener etwas versetzt dachziegelartig über- und ineinander wachsend, breit angewachsen, weißlich bis hell cremegrau, gleichfarbig zoniert, Zonen oft von Algen grünlich, stark striegelig-borstig. **P** Grauweißlich, rundlich-eckig, 2–4 je mm. **F** Weißlich, korkig-ledrig, Geruch unspezifisch säuerlich, Geschmack etwas bitterlich. **V** Das ganze Jahr über, einjährig, aber alte Fruchtkörper bis ins nächste Jahr überdauernd. In lichten Wäldern, auf Holzstapeln und Stämmen von totem Laubholz (vor allem Buche), lichtliebend, ab der Initialphase, selten auf Nadelholz (oft Tanne); in ganz Europa verbreitet und überall häufig. **W** Die Art bildet auf lichtbeschienenem Totholz zusammen mit der Zinnober-Tramete (→ S. 548) und der Ziegelroten Kohlenbeere (→ S. 704) eine definierte Pilzgemeinschaft, die *Trametetum hirsutae* genannt wird. Ähnlich striegelhaarig sind die Borstentrameten (→ S. 540), die größere, eckigere Poren haben.

SP 6–8,5 × 1,8–2,5 µm, J-, Schnallen +, trimitisch

3 Buckel-Tramete

Trametes gibbosa

FK Hüte ausbildend, Weißfäule-Erreger. **H** 5–20 cm, fächer- bis halbkreisförmig, auf der Schnittfläche von Stubben oft rosettenförmig, breit angewachsen, weißlich bis schmutzig cremeweiß, jung fein filzig, dann kahl, meist gleichfarbig zoniert, höckerig oder runzelig, Anwachsstelle meist buckelig verdickt und oft durch Algen grün, Rand scharf. **P** Cremeweißlich, alt strohgelb, länglich bis kommaförmig, 0,2–0,5 × 0,1–0,2 cm. **F** Weißlich, korkig-hart, Geruch unspezifisch säuerlich, Geschmack etwas bitterlich. **V** Das ganze Jahr über, einjährig, aber alte Fruchtkörper mehrere Jahre überdauernd. In Wäldern aller Art, auf totem Starkholz von Buche, seltener auf anderem Laubholz; in ganz Europa verbreitet und häufig. **W** Die strichförmigen Poren machen die Art einzigartig und gut identifizierbar.

SP 4–5,5 × 2–2,5 µm, J-, Schnallen +, trimitisch

4 Anis-Tramete

Trametes suaveolens

FK Hüte ausbildend, Weißfäule-Erreger. **H** 5–15 cm breit, bis 10 cm dick, breit angewachsen, weißlich, alt elfenbeinfarbig, glatt, ungezont, Rand abgerundet. **P** Weißlich, rundlich-eckig, 1–3 je mm. **F** Weiß, elastisch-korkig, vergleichsweise weich, trocken auffallend leicht, Geruch arttypisch anisartig, Geschmack etwas zusammenziehend. **V** Mai bis November. In Auwäldern, an Bachrändern und Weidensümpfen, an stehenden Stämmen von Weide (selten Pappel), oft an Kopf-Weiden, an liegenden Stämmen weiterwachsend. In Mitteleuropa weit verbreitet und regional häufig, in Südeuropa und Skandinavien selten. **W** Gut kenntliche Art, die höchstens im nördlichen Skandinavien mit *Haploporus odorus* verwechselt werden könnte, der aber warzige, elliptische Sporen hat.

SP 8–11,5 × 3,5–4,5 µm, J-, Schnallen +, trimitisch

1

2

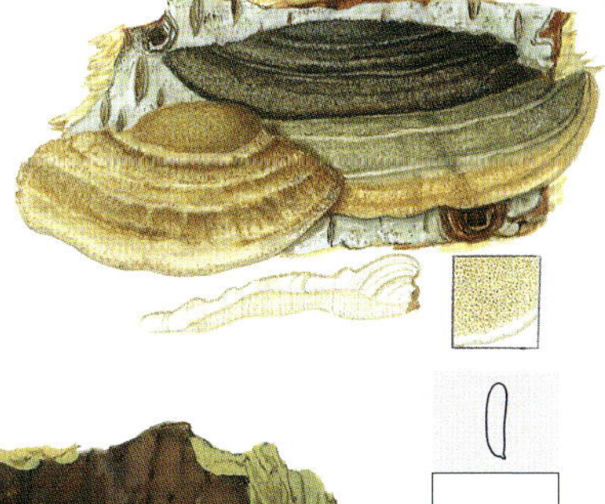

3

4

1 Zinnober-Tramete

Pycnoporus cinnabarinus

FK Hüte ausbildend, seltener nur Hutkanten, Weißfäule-Erreger. **H** 3–10 cm, fächer- bis halbkreisförmig, selten in- oder übereinander wachsend, bisweilen etwas am Substrat herablaufend, breit angewachsen, feucht zinnoberorange bis rotorange, alt etwas blasser und manchmal schwärzend, ungezont, glatt. **P** Rotorange, oft etwas intensiver als der Hut, rundlich-eckig, 2–4 je mm. **F** Zinnoberrot bis orangerot, korkig-zäh, mit Lauge blasser oder orangegelb, Geruch und Geschmack unspezifisch. **V** Das ganze Jahr über, einjährig. In lichten Wäldern aller Art, auf totem Laubholz, selten auf Nadelholz; in ganz Europa mit Ausnahme von Nordwesteuropa verbreitet und häufig. **W** Das Myzel im Holz ist ebenfalls zinnoberrot gefärbt.

SP 5,5–7 × 2–3 µm, J-, Schnallen +, trimitisch

2 Angebrannter Rauchporling

Bjerkandera adusta

FK Hüte oder Hutkanten ausbildend, aber auch völlig flächig wachsend, Weißfäule-Erreger. **H** 3–10 cm, fächer- bis halbkreisförmig, auch ineinander wachsend und bis 100 cm lang, breit angewachsen, cremegrau, beige bis ockergrau, abwechselnd heller und dunkler zoniert, samtig-filzig, Randzone weißlich, bei Druck langsam schwärzlich. **P** Rauch- bis schwarzgrau, rundlich-eckig, 4–6 je mm. **F** Cremeweißlich, deutlich zur dunkelgrauen Porenschicht kontrastierend, von dieser durch eine dunkle Linie getrennt, korkig-ledrig, Geruch und Geschmack unspezifisch. **V** Das ganze Jahr über, einjährig. In Wäldern, Parks, auf Holzstapeln, an totem Laubholz, selten auf Nadelholz; weltweit verbreitet, in ganz Europa häufig. **W** Der Kontrast zwischen Porenschicht und Fleisch ist kennzeichnend.

SP 4,5–6 × 2,5–3,5 µm, J-, Schnallen +, monomitisch

3 Reihige Braunfäule-Tramete

Fomitopsis serialis (Syn. *Antrodia serialis*)

FK Zu langgezogenen Flächen bis mehrere Meter Länge zusammenwachsend, mit oder ohne Hutkanten, vom Substrat ablösbar, Braunfäule-Erreger. **H** 0,5–3 cm abstehend, fächer- bis halbkreisförmig, gelbbraun, ockerbraun bis zimtbraun, jung fein filzig, dann kahl, schwach zoniert oder ungezont, Rand abgerundet. **P** Cremeweißlich, alt strohgelb, rundlich, 2–3 je mm. **F** Weißlich, korkig-zäh, Geruch unspezifisch säuerlich, Geschmack etwas bitterlich. **V** Das ganze Jahr über, ein- bis zweijährig. In Nadelwäldern aller Art, an liegenden toten Stämmen oder Starkästen, auch an verbautem Holz; in ganz Europa verbreitet und häufig. **W** Die Art soll sehr selten auch an Laubholz wachsen können.

SP 6,5–8,5 × 2,5–3,5 µm, J-, Schnallen +, dimitisch

4 Vielgestaltige Braunfäule-Tramete

Antrodia heteromorpha

FK Meist zu großen oder langgezogenen Flächen zusammenwachsend, mit oder ohne Hutkanten, auch Einzelhüte ausbildend, Braunfäule-Erreger. **H** 2–10 cm, jung cremefarben, dann beige, jung fein filzig, alt verkahlend, undeutlich zoniert, Rand weißlich, abgerundet. **P** Cremefarben, alt beige, eckig, verbogen oder labyrinthisch, 1–2 je mm, bei senkrechtem Wuchs größer und langgezogen. **F** Cremefarben, korkig zäh, Geruch und Geschmack unspezifisch. **V** Mai bis Dezember, einjährig. In Nadelwäldern aller Art, an Nadelholz (meist Fichte); in ganz Europa verbreitet, aber unterschiedlich häufig, meist selten, am häufigsten im nordöstlichen Europa. **W** An Laubholz kommt die sehr ähnliche *A. albida* vor, die vielleicht nur eine Subspezies darstellt. Auch sie hat eine sehr variable Porengestalt und große Sporen.

SP 10–13 × 5–7 µm, J-, Schnallen +, dimitisch

5 Zitronengelbe Weißfäule-Tramete

Antrodiella citrinella

RL-R

FK Flächig wachsend bis 8 × 3 cm oder mit schmalen Hutkanten die wenige Millimeter abstehen, Oberfläche glatt, weißlich gelb, einjährig, Weißfäule-Erreger. **P** Lebhaft bis blass zitronengelb, rundlich bis leicht verlängert, 3–5 je mm. **F** Weißlich bis blassgelb, elastisch-korkig, Geruch und Geschmack unspezifisch. **V** Juli bis Dezember. In naturnahen Nadelwälder in luftfeuchten Lagen, meist in Gegenwart von oder auf alten Fruchtkörpern des Rotrandigen Baumschwamms (→ S. 532). In Mittel- und Nordeuropa weit verbreitet, überall selten bis sehr selten. **W** Diese kleine Tramete gilt als Urwaldreliktart. Etwas ähnlich kann *Antrodia xantha* sein, die aber andere Sporen hat und eine Braunfäule erzeugt.

SP 3–3,5 × 2–2,5 µm, J-, Schnallen +, dimitisch

1
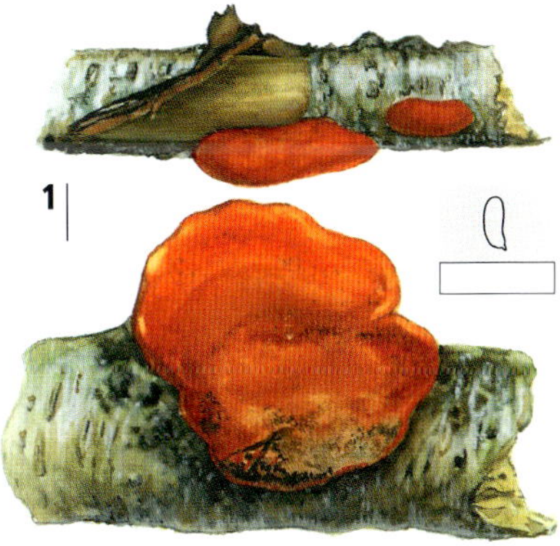

2
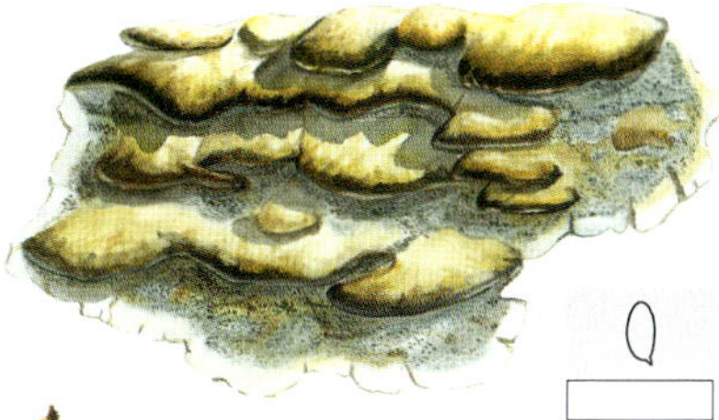

3

4
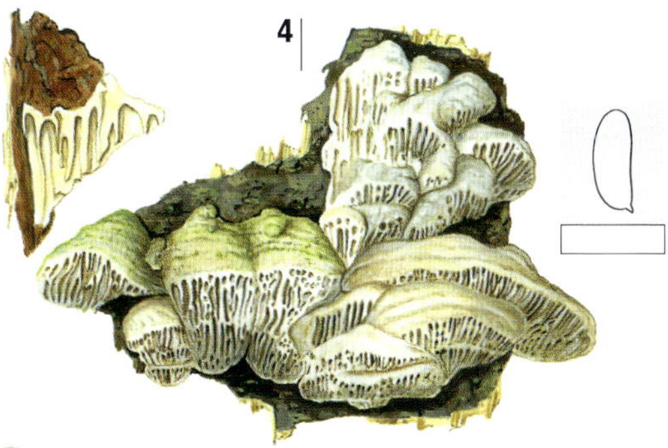

5
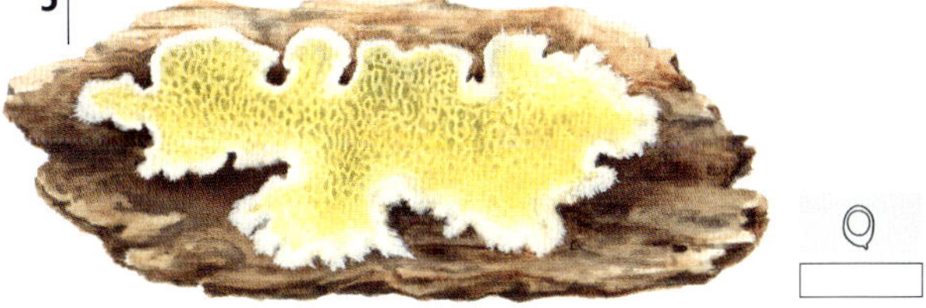

1 Schneeweißer Knorpelporling
Skeletocutis nivea agg.

FK Flächig angewachsen oder mit Hutkanten, selten Einzelhüte ausbildend, Weißfäule-Erreger. **H** 1–3 cm, fächer- bis halbkreisförmig, bisweilen ineinander wachsend, jung weißlich bis cremefarben, alt zunehmend ocker bis rotbraun ungezont, fein wildlederartig. **P** Schneeweiß, alt schmutzig weißlich, manchmal bläuliche oder rötliche Flecken bekommend, rundlich, 8–10 je mm (Lupe!). **F** Weißlich, ledrig-zäh, Geruch und Geschmack unspezifisch. **V** Mai bis Dezember, einjährig. In Laubwäldern aller Art, auf totem Holz von Esche, seltener Buche, Ahorn oder andere Laubhölzer; in ganz Europa verbreitet und häufig. **W** Die Poren dieser Art sind so fein, dass sie meist als Rindenpilz angesehen wird und erst unter der Lupe als Porling erkannt wird.

SP 3,5–5 × 0,5–0,8 µm, J-, Schnallen +, trimitisch

2 Oranger Knorpelporling
Skeletocutis amorpha

FK Insgesamt ähnlich voriger Art, aber etwas dünner und häutiger. **P** Rosaweißlich, zunehmend orange gefleckt oder vollständig orange, rundlich-eckig, 3–6 je mm, Porenschicht knorpelig. **V** März bis Dezember, einjährig. In Kiefern- und anderen Nadelwäldern, an totem Kiefernholz, selten an anderem Nadelholz; in Europa verbreitet, überall häufig. **W** Die orange werdende Porenschicht kennzeichnet die Art gut.

SP 3–4,5 × 1,2–1,8 µm, J-, Schnallen +, dimitisch

3 Verfärbender Porenschwamm
Physisporinus sanguinolentus

FK Als langgezogene Flächen bis 30 cm, flach anliegend, wachsartig, Weißfäule-Erreger. **P** Weißlich, nach Berührung langsam blutrot verfärbend, später schmutzig bräunlich bis fast schwarz, rundlich-eckig, 5–7 je mm. **F** Weißlich, wachsartig brüchig, trocken hart, Geruch und Geschmack unspezifisch. **V** April bis November, meist einjährig. In Laubwäldern aller Art, an liegendem totem Laubholz, gelegentlich auf umliegendes Substrat oder Erde übergehend; in ganz Europa verbreitet und häufig. **W** Das Röten der flach ausgebreiteten Fruchtkörper lässt die Art bereits im Feld erkennen. Ähnlich ist der nicht rötende *Ph. vitreus* mit schwach grünlichem Schimmer, der meist am Erdboden mit Holzkontakt wächst.

SP 5,5–7 × 5–6,5 µm, J-, Schnallen -, monomitisch

4 Blassgrüner Wachsporenschwamm
Ceriporiopsis pannocincta

FK Als eng am Substrat anliegende Flächen bis 50 × 20 cm, frisch wachsig-weich, trocken hart und krümelig (wie Parmesankäse), einjährig, Weißfäule-Erreger. **P** Cremegelb, zitronengelb bis grüngelblich, etwas glänzend, rundlich-eckig, 6–8 je mm. **F** Blass gelblich, als dünne gallertige Schicht zwischen Poren und Substrat, Geruch säuerlich porlingsartig, Geschmack unspezifisch. **V** Juni bis November, einjährig. In totholzreichen Laubwäldern aller Art, an starkem Laubholz, oft Buche oder Hainbuche; in Europa außerhalb der mediterranen Zone verbreitet, aber meist selten und nur regional etwas häufiger. **W** Die als Naturnähezeiger geltende Art ist in den letzten Jahrzehnten etwas häufiger geworden.

SP 3,5–4,5 × 0,7–1 µm, J-, Schnallen +, monomitisch

5 Schönfarbiger Kristallzystidenporling
Junghuhnia nitida

FK Flächig wachsend bis 15 × 5 cm, fest anliegend, aber trocken an den Rändern etwas abhebend, Randzone weiß und etwas filzig, einjährig, Weißfäule-Erreger. **P** Lebhaft ocker- bis orangegelb, eckig, 4–7 je mm. **F** Elastisch-lederartig, trocken hart und spröde, Geruch und Geschmack unspezifisch. **V** April bis Dezember. In Laubwälder aller Art, auf totem Holz von Buche, seltener anderen Laubbäumen; in ganz Europa verbreitet, überall häufig. **W** Ähnlich und auch nahe verwandt ist der Ockerfarbene Resupinatstacheling (→ S. 556), der sich im Wesentlichen durch das stachelige statt porige Hymenium unterscheidet (Lupe!). Alle weiteren Arten der Gattung sind in Europa sehr selten.

SP 4–4,5 × 2–2,5 µm, J-, Schnallen +, dimitisch, **Pseudozystiden** +

1

2

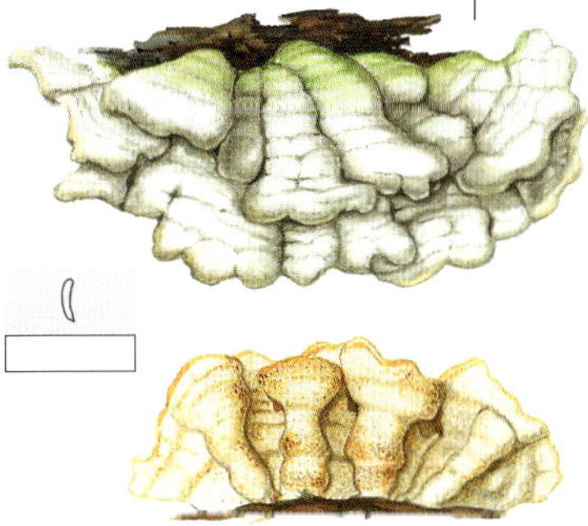

3

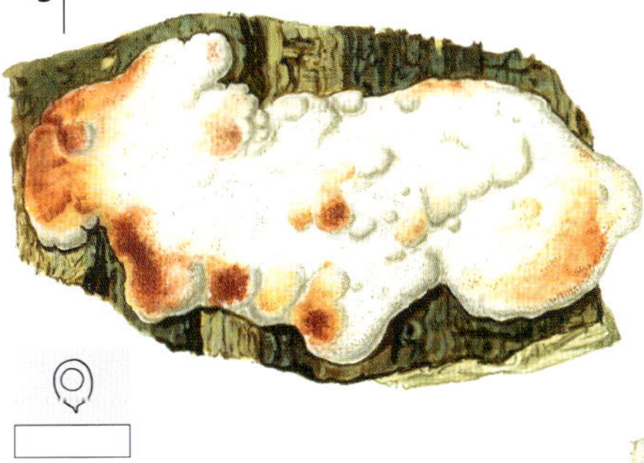

4

5

Rindenpilze

Diese Gruppe von Pilzen bildet vor allem dünne, flächige Fruchtkörper auf Holz aus. Die Konsistenz reicht von lederig über häutig bis spinnwebartig, kann aber auch gallertig sein. Nur einige wenige der ca. 600 Arten sind ausnahmsweise ohne Mikroskop bestimmbar, daher erfolgt hier nur eine Auswahl an besonders einfach erkennbaren bzw. sehr häufigen Arten.

1a	Randbereich stark zerfranst, schwefelgelb; Hym reif weinbräunlich und warzig; SP farblos **→ Schwefelgelber Rindenpilz, S. 556**
1b	Randbereich stark zerfranst, ebenso wie das Hym fleischrosa bis rosabraun und warzig; SP farblos **→ Fransiger Resupinatstacheling, S. 556**
1c	FK stark geschlitzt-zerfranst, pinselartig oder flächig mit krausem, rosettig abhebendem Rand; SP braun und höckerig-warzig **→ Gewöhnlicher Erdwarzenpilz und Weiße Lederkoralle, S. 588**
1d	Randbereich nicht oder nur wenig gefranst; Färbung anders; SP nicht braun und höckerig-warzig **→ 2**
2a (1)	Hym aus stumpfen bis spitzen Warzen oder Zähnchen bestehend (Lupe!) **→ 3**
2b	Hym wellig-runzelig bis labyrinthisch-wulstig (merulioid) **→ 7**
2c	Hym glatt oder spinnwebartig bis filzig **→ 10**
3a (2)	FK große blass- bis safrangelbe Überzüge bildend; Zähnchen 1–2 cm lang; SP inamyloid; V vor allem in Streuobstwiesen auf alten Apfelbäumen **→ Krustenförmiger Stachelbart, S. 554**
3b	FK weißlich bis cremefarben; Zähnchen bis 2 cm lang; SP amyloid; V in naturnahen Laubwäldern, vor allem auf Buchenstämmen **→ Zarter Stachelrindenpilz, S. 554**
3c	Zähnchen kürzer **→ 4**
4a (3)	FK violett (aber schnell verblassend), meist Hutkanten bildend; V auf Nadelholz **→ geschlitztporige Formen von Lederporlingen, S. 554**
4b	anders gefärbt **→ 5**
5a (4)	FK mit auffallendem Geruch nach gärendem Obst oder Birnenschnaps; Zähnchen stumpf bis spitz **→ Südbuchen-Stachelfadenpilz, S. 556**
5b	FK nicht mit derartigem Geruch **→ 6**
6a (5)	FK blass-, stroh- bis ockergelb, lange Überzüge über Holz und Rinde bildend; Zähnchen breit und meist mit geschlitzten Poren untermischt (wenn weiß vgl. Eggenporling *(Irpex lacteus)* **→ geschlitztporige Formen von Spaltporlingen, S. 554**
6b	FK semmel- bis orangegelb, oft abstehende Hutkanten oder Hütchen bildend; Zähnchen stumpf und regelmäßig (ähnlich Semmelstoppelpilz) **→ Ockerfarbener Resupinatstacheling und verwandte Arten, S. 556**
6c	FK in verschiedensten Farben, resupinat, oft sehr dünn; Zähnchen oder Warzen teils unauffällig klein (Lupe!), teils deutlich **→ weitere Gattungen z. B. *Basidioradulum, Mycoacia, Resinicium, Xylodon***
7a (2)	FK lebhaft orangegelb, auch mit fleischvioletten Farben, knorpelig-wachsartig, resupinat; Hym aus kammartigen Rippen und Wülsten bestehend **→ Orangeroter Kammpilz, S. 558**
7b	FK blass orange, am Rand mit bläulichen Farben, sehr gallertig, meist Hutkanten oder Hüte bildend; Hym aus wellig-labyrinthischen Runzeln bestehend **→ Gallertfleischiger Fältling, S. 558**
7c	FK ohne orange oder fleischrosa Farben; Randzone häutig oder wattig, weiß oder rosa **→ 8**
8a (7)	FK ledrig, dünn, ablösbar; Hym anfangs glatt, dann runzelig bis faltig, cremeweiß bis ockerlich; SP farblos **→ Ledriger Fältling, S. 560**
8b	FK dünne gestielte Hütchen bildend, teils zusammenwachsend; Hym faltig bis leistenartig, cremeweiß; SP farblos **→ Buchen-Adernzähling, S. 560**

8c FK dicker, weder eine dünne abziehbare Haut noch Hütchen bildend; SP bräunlich → **9**

9a (8) wattige Zuwachszone weiß; V innerhalb von Gebäuden → **Echter Hausschwamm, S. 558**

9b wattige Zuwachszone rosalich; V im Freien an Nadelholz → **Wilder Hausschwamm, S. 558**

10a (2) FK dünne Häutchen oder spinnwebige bis filzige Beläge bildend, die sich mit spitzer Pinzette anheben lassen, oft weiß, cremefarben bis beige (generell nur mikroskopisch bestimmbar!) → **11**

10b FK dickere, festere Beläge bildend, fest verwachsen, teilweise in orangen, blauen oder violetten Farben → **12**

11a (10) FK weiß, dünn, wie ein Kalkanstrich wirkend; V an stehendem Holunder (wenn an anderem Laubholz, dann nur mikroskopisch bestimmbar!) → **Holunder-Rindenpilz, S. 560**

11b FK jung weiß, reif cremegelb getönt, als dünner weicher Belag; V auf Laub- und Nadelhölzern; nur mikroskopisch bestimmbar: kristallbesetzte Zystiden, fehlende Schnallen, SP 5–7,5 × 2,5–3,5 µm → **Cremefarbener Rindenpilz und verwandte Arten, S. 560**

11c andere Merkmalskombinationen → **weitere hier nicht behandelte Arten und Gattungen**

12a (10) frischer FK beim Reiben langsam blutrot oder gelb (weiße Randzone testen!) verfärbend → **13**

12b frischer FK beim Reiben nicht verfärbend oder etwas schmutzig bräunlich werdend → **14**

13a (12) Hym cremegrau, rötend; V auf Nadelholz → **Blutender Nadelholz-Schichtpilz, S. 564**

13b Hym mit orangegelben Tönen, rötend; V auf Laubholz → **Blutender Laubholz-Schichtpilz *(Stereum rugosum)***

13c Hym mit orangegelben Tönen, beim Reiben vor allem in der weißen Zuwachszone gilbend; V auf Laubholz (vor allem Buche) → **Samtiger Schichtpilz *(Stereum subtomentosum)***

14a (12) Hym bei starker Vergrößerung mit dicht stehenden schwarzen Borsten besetzt (mikroskopisch eindeutiger zu sehen); FK ledrig bis hart, oft Hutkanten bildend → **Borstenscheiben 15**

14b nicht mit schwarzen Borsten im Hym → **16**

15a (14) FK lebhaft lilarot, blutrot; V auf ansitzenden Ästen von Weißtanne, nach dem Herabfallen schnell vergehend → **Blutrote Borstenscheibe, S. 562**

15b FK dunkel rot bis schwärzlich braun; V an Stubben, Stämmen und dicken Ästen von Eiche → **Umberbraune Borstenscheibe, S. 562**

15c FK dunkel gelb- bis tabakbraun; V auf ansitzenden Ästen von Buschweiden (*Salix* spp.) → **Tabakbraune Borstenscheibe, S. 562**

16a (14) FK große mosaikartige Flächen aus dicht aneinandergereihten kleinen Pölsterchen bildend; V nur auf sehr alten, dicken Eichenstämmen → **Mosaik-Schichtpilz, S. 562**

16b nicht mit dieser Merkmalskombination → **17**

17a (16) FK mit starkem Geruch nach Mottenkugeln, dicke creme- bis ockerfarbene Überzüge auf Laubholz bildend → **Mottenkugel-Lederrindenpilz, S. 564**

17b nicht mit derartigem Geruch → **18**

18a (17) FK lachs- bis orangefarben <u>und</u> Zystiden mit Kristallkappe vorhanden; SP inamyloid → **Fleischroter Zystidenrindenpilz, S. 566**

18b FK blau- bis rötlich violett <u>und</u> Zystiden mit Kristallkappe vorhanden; SP inamyloid → **Eichen-Zystidenrindenpilz und weitere *Peniophora*-Arten, S. 566**

18c FK braunviolett <u>und</u> Hyphenenden mit Kristallkappe vorhanden; SP amyloid; V auf Nadelholz → **Fichten-Amyloidschichtpilz und verwandte Arten, S. 564**

18d Ohne kristallbesetzte Zystiden bzw. Hyphenenden → **19**

19a (18) FK intensiv kobaltblau, eng anliegend ohne abstehende Ränder → **Blauer Rindenpilz, S. 566**

19b FK lebhaft rotviolett, bisweilen Hutkanten bildend und dann dort samtig bis glatt; V auf Laubholz → **Violetter Knorpelschichtpilz, S. 564**

19c FK orangegelb bis orange, oft Hutkanten oder Hütchen bildend und dann dort striegelig → **Striegeliger Schichtpilz, S. 564**

1 Violetter Lederporling

Hirschioporus abietinus (Syn. *Trichaptum abietinum*)

FK Große Flächen bildend, meist mit Hutkanten, seltener Einzelhüte ausbildend, die auch zu langen Reihen zusammenwachsen können, Weißfäule-Erreger. **H** 1–6 cm, halbkreis- bis muschelförmig, meist ineinander wachsend, weißlich bis grau, striegelig-filzig, oft von Algen grün, ungezont. **P** Frisch violett bis lila, bald verblassend oder bräunlich werdend, erst rundlich, bald zerschlitzt, 3–5 je mm. **F** Weißlich, aus einer wattigen und einer dichten Lage bestehend, mit gelatinöser Schicht über der Porenschicht (Lupe!), Geruch und Geschmack unspezifisch. **V** Das ganze Jahr über, einjährig, alte Fruchtkörper lange überdauernd. In Wäldern aller Art, auf totem Nadelholz, vor Fichte, sehr selten auf Buche, ab dem Initialstadium der Zersetzung auftretend; in ganz Europa verbreitet und häufig. **W** Die Unterscheidung zum Laubholz besiedelnden *T. biforme* (ohne gelatinöse Schicht) und zum vor allem Kiefern besiedelnden *T. fuscoviolaceum* (Poren lamellenartig langgezogen) ist nicht immer einfach.

SP 6,5–8 × 2,2–3 µm, J-, Schnallen +, dimitisch, **Zystiden** +

2 Veränderlicher Spaltporling

Schizopora paradoxa

FK Als langgezogene, unregelmäßige Flächen bis 1 m und mehr, eng anliegend und den Substratunebenheiten folgend, Rand nicht differenziert, Weißfäule-Erreger. **P** Cremeweiß bis ockerlich, im Alter auch bräunlich, sehr vielgestaltig, von eckig über zerschlitzt-porig, labyrinthisch bis zu breit und stumpf gezähnt, auch im selben Fruchtkörper oft variabel. **F** Creme bis lederfarben, elastisch-zäh, Geruch und Geschmack unspezifisch. **V** Das ganze Jahr über, einjährig. In Wäldern aller Art, an liegendem Laub- und Nadelholz und auf Rinde; in ganz Europa verbreitet und sehr häufig. **W** Die mindestens so häufige *S. radula* unterscheidet sich nur mikroskopisch durch Zystiden mit Gelkappe, die bei *S. paradoxa* fehlen. Weitere ähnliche Arten haben meist ein regelmäßig rundlich-eckiges Porenbild.

SP 4,5–6 × 3–4,5 µm, J-, Schnallen +, pseudodimitisch, **Zystiden** - oder sehr unauffällig

3 Krustenförmiger Stachelbart, Apfelbaum-Stachelkruste

Sarcodontia setosa (Syn. *S. crocea* ss. auct. europ.)

RL-V

FK Als eng am Substrat anliegende Flächen bis 30 cm Länge, dem Substrat folgend, frisch wachsartig bis zäh, Randzone meist ausgeprägt, einjährig, Weißfäule-Erreger. **ST** 1–1,5 cm lang, bis 0,1 cm im Durchmesser, schwefel- bis rostgelb, alt bräunlich. **F** Schwefelgelblich, mit zunehmendem Alter roströtlich bis weinrötlich verfärbend, Geruch süßlich-chemisch, etwas an frische Ananas erinnernd, Geschmack unspezifisch, mild. **V** Juni bis November, einjährig. In Streuobstwiesen mit altem Baumbestand, vor allem an Apfel, sehr selten an anderen Laubhölzern (z. B. Eiche), an stehenden Bäumen, oft in Spalten, Astlöchern oder unter der Rinde; in Europa verbreitet, aber überall selten geworden. **W** Die an alte Obstbäume gebundene Art hat in den letzten Jahrzehnten starke Biotopverluste hinnehmen müssen.

SP 5–6 × 3,5–4 µm, J-, Schnallen +, monomitisch, **Zystiden** -

4 Zarter Stachelrindenpilz

Dentipellis fragilis

RL-G

FK Flächig wachsend, bis 1 m lange Überzüge bildend, fest anliegend, aber trocken an den Rändern ablösend, cremeweiß, trocknend semmelgelb, Randbereich steril und etwas wattig; einjährig, Weißfäule-Erreger. **ST** Lebhaft ocker- bis orangegelb, 0,4–1 cm lang, dicht stehend, zerbrechlich. **F** Dünn, elastisch-lederartig, trocken hart und spröde, Geruch und Geschmack unspezifisch. **V** Mai bis November. In naturnahen Laubwälder aller Art, vor allem auf liegenden Stämmen von Buche oder Ahorn, etwas seltener an anderen Laubhölzern; in ganz Europa verbreitet, überall selten. **W** Es gibt eine ganze Anzahl an flach wachsenden Rindenpilzen mit stacheligem Hymenophor, doch mikroskopisch ist die Art aufgrund ihrer speziellen Zystiden und der amyloiden Sporen unverwechselbar. Diese Mikromerkmale sind auch ein Hinweis auf die systematische Einordnung dieser Art, die nämlich trotz ihrer völlig anderen Fruchtkörperform zu den Täublingsverwandten gehört.

SP 4–5,5 × 4–4,5 µm, J+, Schnallen +, monomitisch, **Zystiden** +

1

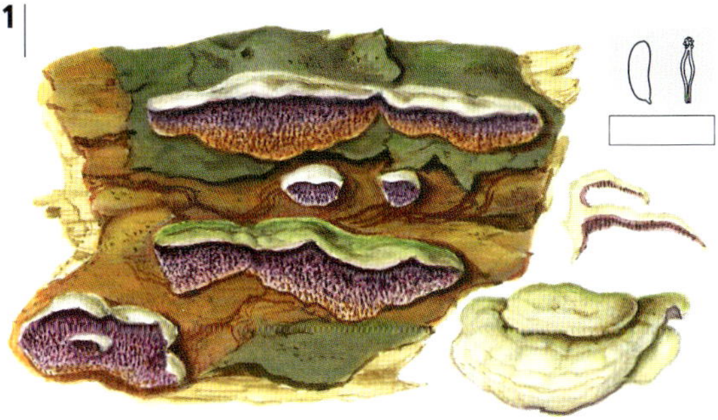

2

3

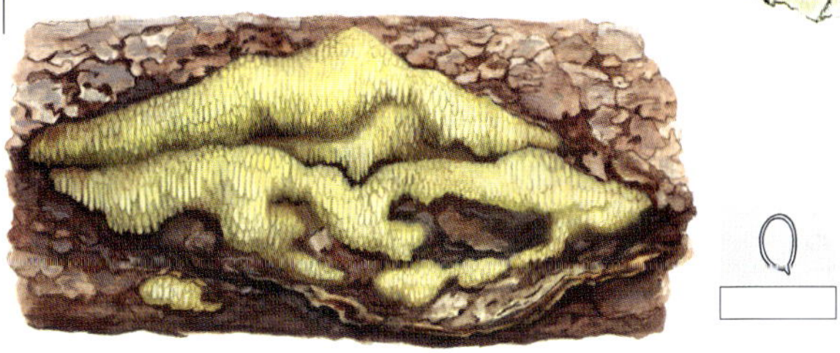

4

1 | Schütterzahn
Sistotrema confluens

FK 1–2 cm breit und hoch, kurz gestielt kreisel- bis fächerförmig, selten ungestielt und auf der Unterseite von Blättern o. ä., oberseits glatt oder etwas wellig-runzelig, schmutzig weißlich, alt etwas bräunend **S** 0,2–1,5 × 0,2–0,3 cm, weißlich bis schmutzig blass cremefarben, basal schwärzlich, im Alter etwas bräunlich werdend. **Hym** Aus schneidezahnartigen Stacheln oder zerschlitzten Poren bestehend, 0,1–0,2 cm hoch. **F** Schmutzig weißlich, frisch mit auffallendem Geruch nach Vanille, manchmal als unangenehm empfunden. **V** Juli bis November. In der Streu oder zwischen Moosen von Laubwäldern im Pionierstadium, in ganz Europa verbreitet, selten. **W** Innerhalb seiner Gattung ist dies die einzige Art, die nicht flächige Überzüge auf Holz bildet.

SP 4,5–6 × 2–2,5 µm

2 | Ockerfarbener Resupinatstacheling
Steccherinum ochraceum

FK 1–15 cm, selten größer, als flächiger Belag ausgebildet, mit oder ohne abstehende Randbereiche, bisweilen isolierte abstehende Hütchen bildend, orangeocker, Oberseite (bei abstehenden Fruchtkörper) glatt bis samtig-filzig, blasscreme, Randzone weißlich. **Hym** Aus regelmäßig angeordneten stumpfen Zähnchen von 0,5–1 cm Länge. **V** Ganzjährig; auf morschem Laubholz oder Rinde, selten auf Nadelholz, in Wäldern jeglicher Art; in ganz Europa verbreitet und überall häufig. **W** Es gibt weitere ockerfarbene Arten, die meist längere Zähnchen oder größere Sporen haben. Auch manche Porlinge können auf den ersten Blick sehr ähnlich aussehen (Lupe!).

SP 3–4 × 2–2,5 µm, J-, **Pseudozystiden** zahlreich

3 | Fransiger Resupinatstacheling
Steccherinum fimbriatum (Syn. *Etheirodon fimbriatum*)

FK 3–50 cm, als flächiger, anliegender Belag ausgebildet, lose angewachsen, ohne abstehende Randbereiche, blass rosaviolett, weinrosa, graurötlich, Randzone stark fransig-zerschlitzt, heller bis weißlich, in wurzelartige Stränge auslaufend. **Hym** Aus unregelmäßig angeordneten stumpfen Wärzchen von 0,2–0,3 cm Länge gebildet, vor allem im Zentrum des Fruchtkörpers, Randzone weitgehend steril. **V** März bis Dezember. Auf morschem Laubholz oder Rinde, seltener auf Nadelholz, in Wäldern jeglicher Art; in ganz Europa verbreitet und überall häufig. **W** Durch die violettlich-weinrosaliche Tönung und die fransige Randzone unverwechselbar.

SP 3–4 × 2–2,5 µm, J-, **Pseudozystiden** zahlreich

4 | Schwefelgelber Rindenpilz
Xenasmatella vaga (Syn. *Phlebiella vaga*)

FK Flach ausgebreitet, dicht dem Substrat anliegend, locker filzig, abhebbar, in der Zuwachszone schwefelgelb und stark fransig zerschlitzt, mit Lauge weinrot, im fertilen zentralen Bereich braungelb bis fleischbräunlich, Randbereich dünn und etwas blasser bis fast weiß. Von unterhalb des Fruchtkörpers aus gehen schwefelgelbe Myzelstränge in den Erdboden und ins Holz. **Hym** Anfangs fast glatt, dann mit zunehmender Reife warzig bis kurzstachelig. **V** März bis Dezember. In Wäldern aller Art, an der Unterseite von Laub- und Nadelholz, Mykorrhiza bildend; in ganz Europa verbreitet, überall sehr häufig. **W** Makroskopisch anhand der Färbung, Laugenreaktion und dem warzigen Hymenium meist problemlos erkennbar.

SP 5–6 × 4–4,5 µm, J-

5 | Südbuchen-Stachelfadenpilz
Phebia nothofagi

FK 3–50 cm, als flach anliegender flächiger Belag ausgebildet, wachsartig und relativ dick, meist cremebraun, beigebraun bis nussbraun, oft mit bläulichen Tönen gemischt oder jung bläulich und alt fleischbräunlich, Randbereich jung weißlich, alt bräunlich. Geruch auffallend süßlich-alkoholisch, ähnlich gärenden Birnen. **Hym** Aus dichten, 0,4–0,8 cm langen, konischen Stacheln bestehend, diese manchmal abgeplattet und breit, Spitze oft weißlich. **V** Mai bis Dezember. In Laubwäldern aller Art, auf dem Holz morscher Laubholz-Stämme; in ganz Europa verbreitet, überall selten, aber mit zunehmender Tendenz. **W** Die Art gilt als Naturnähezeiger und benötigt Wälder mit hohen Totholzmengen. Ihr Geruch macht sie problemlos erkennbar.

SP 4–6 × 2–3 µm, J-

1

2

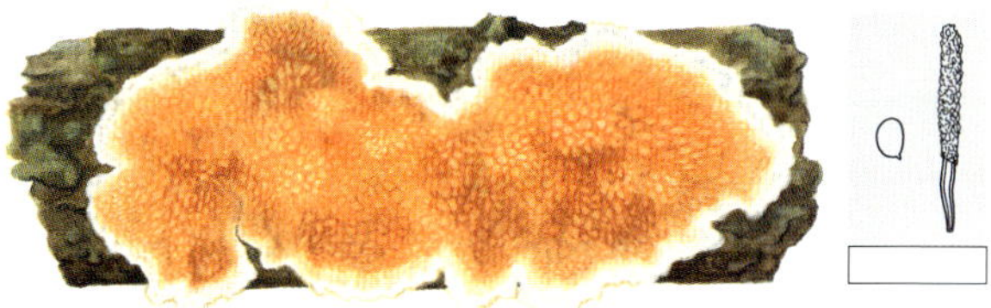

3

4

5

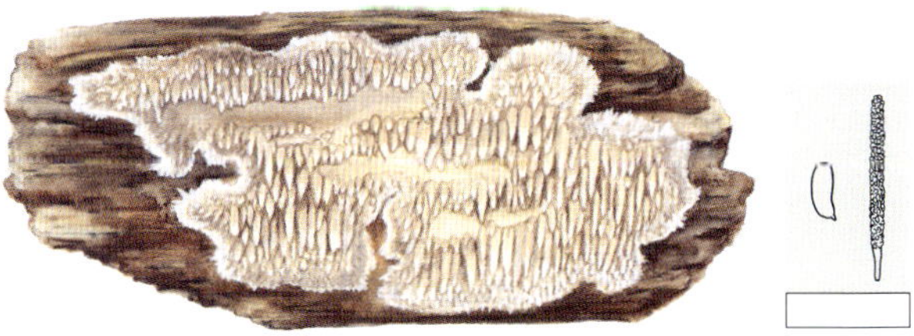

1 | Gallertfleischiger Fältling
Phlebia tremellosa (Syn. *Merulius tremellosus*)

FK Bis 1 m lange Flächen bildend, meist mit vielen Hutkanten, seltener Einzelhüte ausbildend, die auch zu langen Reihen zusammenwachsen können, Weißfäule-Erreger. **H** 2–10 cm, weißlich bis hell aprikosenfarben, striegelig-borstig. **Hym** Merulioid, aus unregelmäßigen, welligen Falten und Rippen bestehend, creme bis lachsfarben. **F** schmutzig weißlich, weich, gummiartig bis gallertig, Geruch und Geschmack unspezifisch. **V** Juli bis Dezember. In Laubwäldern aller Art, auf liegendem, meist starkem Laubholz, selten auf Nadelholz; in ganz Europa verbreitet und häufig. **W** Die Art ist aufgrund von Konsistenz, Größe und Färbung unverkennbar.

SP 3,5–4,5 × 1–1,5 µm, J-, Schnallen +, monomitisch

2 | Orangeroter Kammpilz
Phlebia radiata (Syn. *Ph. merismoides*)

FK Bis 1 m lange Flächen bildend, eng anliegend, Randzone weißlich, fransig, aber wenig auffällig. **Hym** Merulioid, aus unregelmäßigen, welligen Falten, Rippen und Graten bestehend, darauf einzelne oder zusammenwachsende Höcker (wie Hahnenkämme: Name!), gelborange, lachsfarben bis orangerot, auch mit violettgrauen Stellen oder vollständig so gefärbt. **V** Juli bis Dezember. In Laubwäldern aller Art, auf liegendem, meist starkem Laubholz, meist auf der Rinde, selten auf Nadelholz; in ganz Europa verbreitet und häufig. **W** Ein ähnlich wellig-faltig ausgebildetes Hymenium, jedoch ohne Grate und Höcker und eher rosagrau, weist auf die sehr ähnliche *Ph. rufa* hin.

SP 4,5–5,5 × 1,5–2 µm, J-, Schnallen +, monomitisch, **Zystiden** zerstreut und unauffällig, bisweilen fehlend

3 | Echter Hausschwamm
Serpula lacrymans

FK 10–50 cm, einen dicht anliegenden Belag ausbildend, bisweilen zu quadratmetergroßen Flächen zusammenwachsend, fleischig, 05–1 cm dick, ablösbar, Randbereich eine weiße, wattige Zuwachszone mit gelegentlichen Wurzelsträngen, Braunfäule-Erreger. **Hym** Merulioid bis labyrinthisch, aus unregelmäßig gewundenen, welligen Falten und Wülsten gebildet, jung in Orange-, alt in Brauntönen. **V** Ganzjährig. Innerhalb von schlecht belüfteten Gebäuden an verbautem Nadelholz (selten Laubholz); in ganz Europa verbreitet, aufgrund entsprechender Baumaßnahmen heute eher selten. **W** Der Hausschwamm ist in der Lage, beim Abbau von Holz und Mörtel das darin gebundene Wasser zu nutzen, weswegen er Feuchtigkeit nur im Anfangsstadium benötigt. Sein Vorkommen ist in manchen Bundesländern meldepflichtig.

SP 9–13 × 5–6 µm, J-, Schnallen +, dimitisch

4 | Wilder Hausschwamm
Serpula himantioides

Unterscheidet sich vom Echten (s. o.) Hausschwamm durch dünnere Fruchtkörper und eine rosaliche wattige Zuwachszone. Außerdem kommt er nur außerhalb von Gebäuden vor. Mikroskopisch zeigt er oft einzelne schwach dextrinoide Sporen. **V** März bis Dezember. In Kiefern- und anderen Nadelwäldern aller Art, an der Unterseite von Stammholz oder Stümpfen von Kiefer oder Fichte, selten an anderen Nadelbäumen, oft an Holzstapeln; in ganz Europa verbreitet, überall häufig. **W** Im Gegensatz zum Echten Hausschwamm (s. o.) kein aggressiver Bauholz-Schädling.

SP 9–13 × 5–6 µm, J-/+, teils schwach dextrinoid, Schnallen +, dimitisch

5 | Goldgelber Fältling
Pseudomerulius aureus

Ebenfalls der vorigen Art sehr ähnlich, aber durch die leuchtend orangegelbe bis goldbraune Farbe sowie an der gelblichen, häutigen, unauffälligen Zuwachszone erkennbar. Mikroskopisch durch viel kleinere, farblose Sporen unterschieden. **V** Mai bis Dezember. In Kiefern- und anderen Nadelwäldern aller Art, an morschen Stämmen oder Stümpfen von Kiefer, seltener Fichte; in ganz Europa verbreitet, regional nicht selten. **W** Ähnlich sind auch *Leucogyrophana mollusca* und weitere Arten mit welligfaltigem Hymenium. Diese sind manchmal nur mikroskopisch sicher zu bestimmen.

SP 3,5–4,5 × 1,2–1,8 µm, J-/+, teils schwach dextrinoid, Schnallen +, monomitisch

1

2

3

4

5

1 | Ledriger Fältling
Merulius corium (Syn. *Byssomerulius corium*)

FK Bis 1 m lange Flächen bildend, meist mit vielen Hutkanten, seltener Einzelhüte ausbildend, die auch zu langen Reihen zusammenwachsen können, Weißfäule-Erreger. **H** 2–10 cm, weißlich bis hell aprikosenfarben, striegelig-borstig. **Hym** Merulioid, aus unregelmäßigen welligen Falten und Rippen bestehend, creme bis lachsfarben. **F** Schmutzig weißlich, weich, gummiartig bis gallertig, Geruch und Geschmack unspezifisch. **V** Juli bis Dezember. In Laubwäldern aller Art, auf liegendem, meist starkem Laubholz, selten auf Nadelholz; in ganz Europa verbreitet und häufig. **W** Die Art ist aufgrund von Konsistenz, Größe und Färbung unverkennbar.

SP 3,5–4,5 × 1–1,5 µm, J-, Schnallen +, monomitisch

2 | Buchen-Adernzähling
Plicatura crispa (Syn. *Plicaturopsis crispa*)

FK Aus teilweise seitlich zusammenwachsenden Einzelhütchen bestehend, kurz gestielt oder stiellos schmal angewachsen, sehr gesellig, selten zusammenhängende Flächen bildend, Weißfäule-Erreger. **Hym** Aus radial angeordneten, teils gegabelten Falten oder Adern gebildet, etwas an die Leisten der Pfifferlinge erinnernd, weißlich, auch mit bläulichem Schimmer, alt oft mit roten oder blauen Flecken. **V** Ganzjährig. In Wäldern aller Art, auf liegendem und ansitzendem Astholz von Laubbäumen, vor allem an Buche, Hasel und Erle, selten an Nadelholz; in ganz Europa verbreitet und inzwischen nahezu überall häufig. **W** Die Art ist vor mehreren Jahrzehnten plötzlich sprunghaft häufiger geworden und hat nicht nur ihr Areal vergrößert, sondern auch ihr Wirtsspektrum von Buche auf alle möglichen Laub- und Nadelhölzer erweitert.

SP 3,2–4 × 1–1,5 µm, J+/- (schwach und variabel), Schnallen +, monomitisch

3 | Roter Weiden-Scheibenpilz
Cytidia salicina

FK 0,5–2 cm große rundliche Flecken, die zu länglichen Flächen bis 50 cm Länge zusammenwachsen, fleischig-zäh und etwas gallertig, trocken hornartig hart, Randbereich beim Trocknen und alt etwas abhebend wodurch die Fruchtkörper schüsselförmig aussehen, außen (= Oberseite) mehlig weißlich. **Hym** Glatt oder schwach gerunzelt, frisch kirschrot bis blutrot, wie lackiert glänzend, alt wein- bis braunrot. **V** Juli bis Dezember, alte Fruchtkörper bis ins Frühjahr überdauernd. Unterseits von ansitzenden Ästen verschiedener Weidenarten (*Salix* spp.); in ganz Europa verbreitet, meist selten. **W** Etwas ähnlich sieht die Blutrote Borstenscheibe (→ S. 562) aus, die aber nur an Tannenästen vorkommt und völlig andere Mikromerkmale hat.

SP 9–13 × 5–6 µm, J-, Schnallen +, dimitisch

4 | Cremefarbener Rindenpilz
Phanerochaete sordida agg.

FK Als dünner, dicht anliegender Belag von 3–20 cm Länge ausgebildet, selten größer. **Hym** Glatt, dem Substrat folgend, cremeweißlich, mit zunehmendem Alter gelbliche Bereiche entwickelnd. **V** April bis Dezember. In Wäldern aller Art, vor allem Laubholz, insbesondere Buche *(Ph. livescens)*, aber auch an Nadelholz *(Ph. sordida)*, an liegenden Stämmen und Ästen; in ganz Europa verbreitet, überall häufig. **W** Vor allem die beiden Arten *Ph. sordida* und *Ph. livescens* lassen sich nicht nur eindeutig durch das Substrat trennen, sondern auch anhand ihrer Zystiden und Sporenmaße.

SP 5–7 × 2,5–3,5 µm, J-, Schnallen - (im Subikulum +), monomitisch, **Zystiden** +

5 | Holunder-Rindenpilz
Lyomyces sambuci

FK Als dünner, dicht anliegender Belag von 3–20 cm Länge ausgebildet, selten größer. **Hym** Frisch glatt, dem Substrat folgend, bald etwas rissig oder uneben-höckerig werdend, grauweiß, wie ein Kalkanstrich wirkend. **V** Ganzjährig. In Gebüschen, an Wald- und Flußrändern, Ruderalstellen und auf Lichtungen, seinem Hauptwirt Holunder (*Sambucus* spp.) folgend, aber auch in Wäldern aller Art, an diversen Laubhölzern auf Holz und Rinde; in ganz Europa verbreitet, überall häufig. **W** Während man die Art an Holunder aufgrund ihres typischen Aussehens (Kalkanstrich) oft schon makroskopisch erkennen kann, muss sie an anderen Substraten stets mikroskopiert werden, um sie von den vielen ähnlichen weißen Rindenpilzen sicher unterscheiden zu können.

SP 4,5–6,5 × 3,5–4 µm, J-, Schnallen +, monomitisch, **Zystiden** +

1

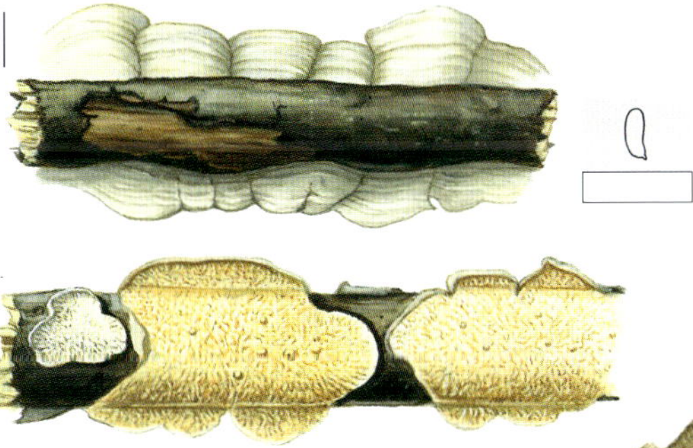

2

3

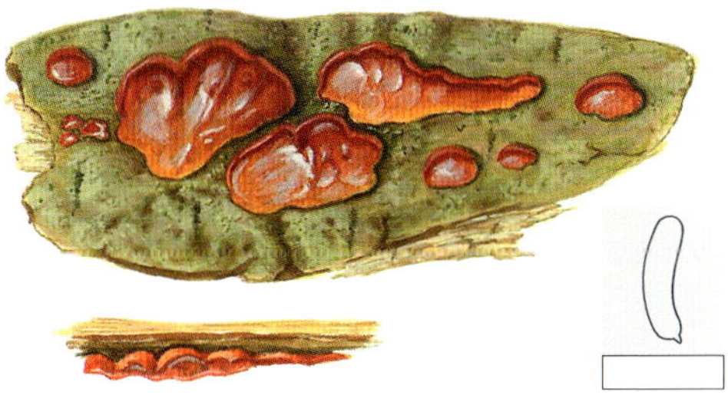

4

5

1 Blutrote Borstenscheibe
Hymenochaete cruenta

RL-V

FK 3–10 cm große, fest anliegende Flecken bildend, die mit der Zeit zu größeren Flächen zusammenwachsen können, Rand 1–3 mm abgehoben und meist aufgebogen, vermutlich einjährig. **Hym** Glatt bis uneben, dem Substrat folgend, frisch leuchtend blutrot bis weinrot, bald stumpfer gefärbt, braunrötlich, mit feinen schwarzen Härchen durchsetzt (Lupe 20-fach!). **F** Blutrot bis braunrot, ledrig-zäh, Geruch und Geschmack unspezifisch. **V** Ganzjährig. In Tannenwäldern, auf ansitzenden Ästen von Weißtanne, oft im Kronenbereich; in Mittel- und Südeuropa im Tannenareal verbreitet, aber nur regional etwas häufiger. **W** Am besten sucht man die Art nach Stürmen an herabgefallenen Ästen oder umgefallenen Bäumen. Sie verliert dann aber schnell ihre leuchtende Farbe.

SP 6–8,5 × 2–3 µm, J-, Schnallen -, monomitisch, **Seten** +

2 Umberbraune Borstenscheibe
Hymenochaete rubiginosa

FK 3–10 cm große, fest anliegende Flecken oder Einzelhütchen mit herablaufendem Hymenium bildend, die mit der Zeit zu größeren Flächen bis 1 m Länge zusammenwachsen können, mehrjährig. **H** 1–4 cm, muschel- bis schalenförmig, wellig bis gezont, schwarzbraun, +/- kahl. **Hym** Glatt oder uneben bis wellig-runzelig, dem Substrat folgend, frisch leuchtend kastanien- bis umbrabraun, Zuwachszone oft heller orangebraun abgesetzt, alt einheitlich schwarzbraun, mit feinen schwarzen Härchen durchsetzt (Lupe 20-fach!). **F** Ledrig-zäh, trocken hart, Geruch und Geschmack unspezifisch. **V** Ganzjährig. An liegendem und stehendem Holz von Eiche oder Esskastanie, auch an verbautem Eichenholz; in ganz Europa verbreitet, überall häufig. **W** An Weide wächst die ähnliche *Hydnoporia tabacina* (s. u.).

SP 4,5–6 × 2,2–3 µm, J-, Schnallen -, dimitisch, **Seten** +

3 Tabakbraune Borstenscheibe
Hydnoporia tabacina (Syn. *Hymenochaete tabacina*)

FK Anfangs als rundlich bis längliche Flecken, die aber bald zusammenfließen und als langgezogene, teils meterlange Fläche auf der Astunterseite wachsen, mit seitlich hutartig abhebenden Ränder, so dass meist die Hälfte des Substrates vom Pilz bedeckt ist, ledrig-zäh, einjährig. **H** (bzw. Hutkanten) orange- bis graubraun, bis 1,5 cm abstehend, fein filzig, alt verkahlend, etwas rillig bis gezont. **Hym** Glatt bis uneben, dem Substrat folgend, frisch rot-, violett- bis tabakbraun, mit feinen schwarzen Härchen durchsetzt (Lupe 20fach!). **F** Dünn, bräunlich, ledrig-zäh, Geruch und Geschmack unspezifisch. **V** Ganzjährig; vor allem in Weidengebüschen, an ansitzenden Ästen von buschigen Weidenarten, selten an Hasel oder Pappel; in ganz Europa verbreitet, insbesondere im Norden und Nordosten relativ häufig. **W** Die Art ist zwar in fast jedem nassen Weidengebüsch zu finden, doch leider wird dieses Biotop immer seltener, sodass auch die Tabakbraune Borstenscheibe regional rückläufig ist.

SP 5–6,5 × 1,5–2,2 µm, J-, Schnallen -, monomitisch, **Seten** +

4 Mosaik-Schichtpilz
Xylobolus frustulatus

RL-G

FK Als dicker, dicht anliegender Belag von 20 cm bis mehreren Metern Länge, pflasterstein- oder mosaikartig aufbrechend, Einzel-FK 0,5–1 × 0,5–1 cm, schwach gewölbt, mehrschichtig, mehrjährig. **Hym** Glatt, etwas bereift, grauweiß, aschgrau, cremegrau bis tongrau, manchmal mit schwachem Blau- oder Violettton, alt beigebraun. **V** Ganzjährig. In naturnahen Eichen- und Eichen-Mischwäldern, an liegenden, entrindeten Stämmen von Eiche; in ganz Europa verbreitet, selten, regional mäßig zerstreut. **W** Der Mosaik-Schichtpilz ist eine Signalart für naturnahe Eichenwälder oder alte Hutewälder. Er kommt nur dort vor, wo es erstens eine größere Menge an großkalibrigem Eichen-Totholz gibt und zweitens die Tradition dieser extensiven Waldbewirtschaftung schon viele Jahrzehnte andauert.

SP 4,5–6,5 × 3,5–4 µm, J-, Schnallen +, monomitisch, **Acanthozystiden** +

1
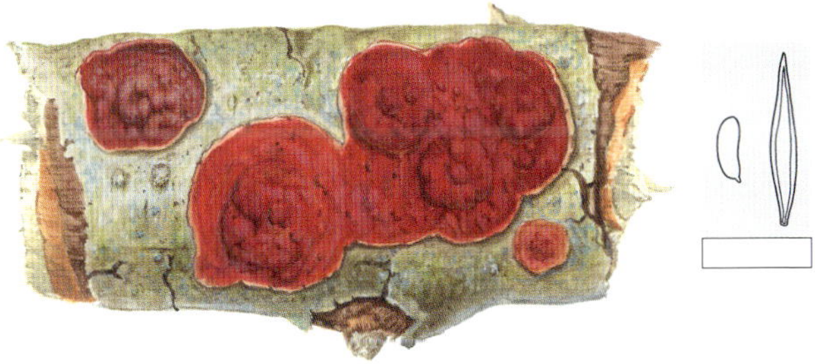

2

3

4

1 Braunfilziger Fichten-Schichtpilz

Amylostereum areolatum

FK 5–80 cm lange, oft vielfach unterbrochene Flächen bildend, häufig mit Hutkanten oder aufgebogenen Randbereichen, seltener Einzelhüte ausbildend, die auch reihig zusammenwachsen können. **H** 2–10 × 1–3 cm, olivbraun bis umbrabraun, alt schwärzlich verkrustend, jung fein samtig, ledrig-zäh bis hart. **Hym** Glatt, etwas bereift, dem Substrat folgend, jung beige, alt violettbaun. **F** Hell bräunlich, durch eine dunkle Linie vom Hutfleisch getrennt, Geruch und Geschmack unspezifisch. **V** Ein- bis mehrjährig. In Nadelwäldern aller Art, auf Stämmen oder Stümpfen, meist auf Fichte, selten Kiefer oder Tanne; in ganz Europa verbreitet und häufig. **W** Sehr ähnlich ist die vorwiegend an Weißtannen vorkommende Art *A. chailletii*. Beide Arten leben in Symbiose mit Holzwespen, durch die sie neue, meist noch lebende Wirtsbäume besiedeln können.

SP 5,5–8 × 2,5–3,5 µm, J+, Schnallen +, dimitisch, **Zystiden** +, bräunlich

2 Violetter Knorpelschichtpilz

Chondrostereum purpureum

FK Anfangs 1–3 cm große Flecken, die zu größeren Flächen bis 1 m Länge zusammenwachsen, oft mit Hutkanten oder unregelmäßig zerstreuten Hütchen, Weißfäule-Erreger. **H** Weißlich, filzig, knorpelig-zäh. **Hym** Glatt, purpurrot bis braunviolett, auch mit bläulichem Schimmer. **F** Violettbräunlich, knorpelig-zäh, von der Hutschicht durch eine dunkle Linie getrennt, Geruch und Geschmack unspezifisch. **V** Ganzjährig. In Wäldern aller Art, auf liegendem und stehendem Stammholz von Laubbäumen, vor allem an Buchen und Obstbäumen, auf der Rinde oder an frischen Schnittflächen; in ganz Europa verbreitet und inzwischen nahezu überall häufig. **W** Die Art befällt lebende Laubbäume und verursacht zum einen Gummifluss, zum anderen eine silbrig-weißliche Veränderung der Blattoberfläche (Bleiglanz-Krankheit).

SP 5–8 × 2,5–3 µm, J-, Schnallen +, monomitisch, **Zystiden** +

3 Mottenkugel-Lederrindenpilz

Scytinostroma hemidichophyticum

FK Ausgedehnte Flächen bis 2 m Länge bildend, vergleichsweise dick, fleischig-zäh fest am Substrat anliegend. **HYM** Glatt oder schwach uneben, etwas bereift, je nach Dicke creme bis rötlich ocker, rosa- bis lederfarben, manchmal mit bläulicher Tönung. **F** Cremeweißlich, korkig-zäh, Geruch auffallend stark, nach Mottenkugeln. **V** Mai bis November, alte Fruchtkörper teilweise den Winter überdauernd. An der Unterseite von liegenden Ästen verschiedener Laubhölzer, oft an Weide oder Buche, vor allem in feuchteren Waldgesellschaften (z. B. Au- und Schluchtwälder); in ganz Europa verbreitet, mäßig häufig, in Südeuropa selten. **W** Die Art ist durch den Geruch eindeutig bestimmbar.

SP 5,5–7,5 × 5–7 µm, J+, Schnallen -, dimitisch, **Zystiden** +

4 Striegeliger Schichtpilz

Stereum hirsutum

FK 5–80 cm lange, oft vielfach unterbrochene Flächen bildend, meist mit Hutkanten oder aufgebogenen Randbereichen, auch Einzelhüte ausbildend, Weißfäule-Erreger. **H** 2–10 × 1–3 cm, teils längere Reihen bildend, weißlich bis graucreme, striegelig-filzig, etwas zoniert, alt fast verkahlend. **Hym** Glatt, dem Substrat folgend, lebhaft orangegelb bis grauorange, Rand weißlich. **V** Ganzjährig. In Wäldern aller Art, an liegendem und stehendem Laubholz und auf Rinde, sehr selten auf Nadelholz; in ganz Europa verbreitet, überall sehr häufig. **W** Ähnliche Schichtpilzarten röten entweder bei Verletzung (z. B. *S. rugosum*), sind weniger stark filzig *(S. subtomentosum)*, oder ihnen fehlt die lebhaft orangegelbe Farbtönung *(S. ochraceoflavum)*.

SP 5–7,5 × 2,5–4 µm, J+, Schnallen +, dimitisch, **Zystiden** + (2 Typen)

5 Blutender Nadelholz-Schichtpilz

Stereum sanguinolentum

FK Insgesamt ähnlich vorigem, jedoch häufig kleiner und ohne abstehende Kanten bleibend. **Hym** grauweiß, cremegrau, frisch beim Reiben zögerlich blutrot verfärbend. **V** Ganzjährig. In Nadelwäldern und -forsten, auf liegendem und stehendem Nadelholz und auf Rinde; in ganz Europa verbreitet, häufig. **W** Manchmal wird die Art vom Gallertpilz *Tremella encephala* parasitiert. Zwei weitere rötende Schichtpilzarten, *S. rugosum* und *S. gausapatum*, kommen nur an Laubholz vor.

SP 7–10 × 3–4,5 µm, J+, Schnallen +, dimitisch, **Zystiden** + (2 Typen)

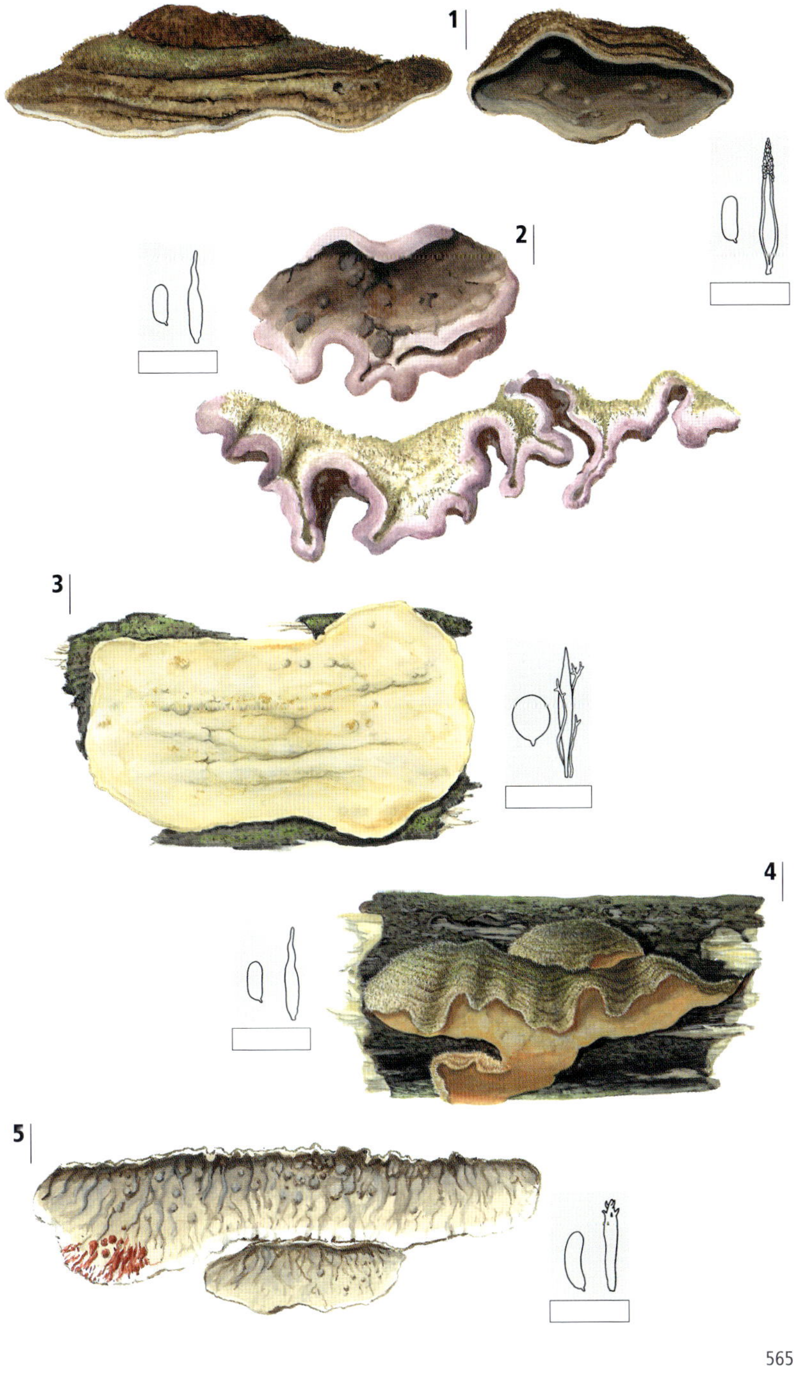
1
2
3
4
5

1 Zweifarbiger Schichtpilz
Laxitextum bicolor

FK 5–80 cm lange Flächen bildend, meist mit Hutkanten oder aufgebogenen Randbereichen, oft reihig zusammenwachsend. **H** 2–10 × 0,5–2 cm, dunkelbraun, jung fein samtig, dann +/- kahl, oft angedeutet radial gezont, ledrig-zäh bis hart. **HYM** Glatt, dem Substrat folgend, jung weißlich, dann cremefarben, deutlich zur Oberseite kontrastierend, trocken rissig werdend. **F** Bräunlich im Hut bzw. am Substrat, hell cremefarben im Bereich des Hymeniums. **V** Einjährig. In wärmebegünstigten Laubwäldern, auf liegenden Ästen oder Stämmen, meist Buchen, aber auch alle möglichen anderen Laubhölzer; in ganz Europa verbreitet, vor allem in südlichen Regionen mäßig häufig. **W** Aufgrund der Zweifarbigkeit schon makroskopisch einfach erkennbare Art.

SP 4–6 × 2,5–3 µm, J+, Schnallen +, monomitisch, **Zystiden** +.

2 Blauer Rindenpilz
Terana caerulea

FK Kleine bis mittelgroße, selten bis 50 cm lange, oft unregelmäßige Flecken bildend, eng am Substrat anliegend und auch an den Rändern nicht aufgebogen, Weißfäule-Erreger. **HYM** Glatt, kobaltblau, Randbereich noch intensiver tintenblau, alt graublau. **F** Bläulich, dünn, Geruch und Geschmack unspezifisch. **V** April bis November. In wärmebegünstigten Au- und Hangwäldern, auf liegendem und ansitzendem Laubholz; im atlantischen Teil Europas verbreitet, in Süd- wie in Südwesteuropa häufig, nach Norden und Osten zu (sehr) selten werdend. **W** Kein anderer Rindenpilz hat eine derartig blaue Färbung, sodass die Art unverwechselbar ist.

SP 7–9,5 × 4–6,5 µm, J-, Schnallen +, monomitisch, **Zystiden** -

3 Eichen-Zystidenrindenpilz
Peniophora quercina

FK Erst 1–5 cm große Flecken bildend, dann zu ausgedehnten Flächen bis 1 m Länge zusammenwachsend, vergleichsweise dick, fleischig-zäh, frisch und jung fest am Substrat anliegend, bald am Rand abgelöst, trocknend vom Rand her einrollend, wobei die schwarze Unterseite sichtbar wird, Weißfäule-Erreger. **HYM** Glatt bis uneben, von der Mitte aus höckerig werdend, rötlich- bis blauviolett, feucht etwas irisierend, trocken violettbräunlich. **F** Dunkel, gummiartig bis fast knorpelig, zäh, Geruch unspezifisch. **V** Ganzjährig, alte Fruchtkörper geschwärzt. An der Unterseite von liegenden und ansitzenden Ästen von Eichen, seltener an Buchen; in ganz Europa verbreitet, häufig. **W** Ähnlich ist die an Linde wachsende *P. rufomarginata* mit dünneren, etwas rötlicher getönten Fruchtkörpern.

SP 10–12 × 3–4 µm, J-, Schnallen +, monomitisch, **Zystiden** +

4 Fleischrosa Zystidenrindenpilz
Peniophora incarnata

FK 5–30 cm lange Flächen bildend, dicht anliegend und fest an der Unterlage haftend, Weißfäule-Erreger. **HYM** Glatt, dem Substrat folgend, trocken rissig werdend, lebhaft orange bis lachsfarben, Rand oft etwas heller. **V** Ganzjährig. In Wäldern und Gebüschen aller Art, in Parks und Gärten, an liegendem und stehendem Laubholz, sehr selten auf Nadelholz; in ganz Europa verbreitet, überall sehr häufig. **W** An Erle wachsen zwei weitere orange gefärbte *Peniophora*-Arten, die aber durch viel breitere Sporen abgegrenzt sind (*P. aurantiaca*, *P. erikssonii*).

SP 9–12 × 3,5–4,5 µm, J-, Schnallen +, monomitisch, **Zystiden** + (2 Typen)

5 Gewöhnlicher Rindensprenger
Vuilleminia comedens

FK 10–60 cm lange, sehr dünne, gallertige Beläge bildend, Rand fest anliegend, von aufgesprengter Rinde umgrenzt. **HYM** Frisch creme, bräunlich, oft bläulich getönt, etwas irisierend, bereift, zu einem kaum sichtbaren weißlichen Belag eintrocknend. **V** Ganzjährig. In Laubwäldern aller Art, an ansitzenden Ästen von Eiche, aber auch anderen Laubbäumen, herabgefallen schnell vergehend; in ganz Europa verbreitet, sehr häufig. **W** DIe Art sprengt in ihrem Wachstum die Rinde auf (Name!). Das dadurch entstehende typische Schadbild lässt die Art auch dann noch erkennen, wenn die Fruchtkörper schon wieder verschwunden sind. Weitere Arten sind z. B. der stets weißlich gefärbte Weißdorn-Rindensprenger (*V. cystidiata*), der nur an ansitzenden Weißdornästen wächst.

SP 15–23 × 5–6,5 µm, J-, Schnallen +, monomitisch, **Zystiden** -

1

2
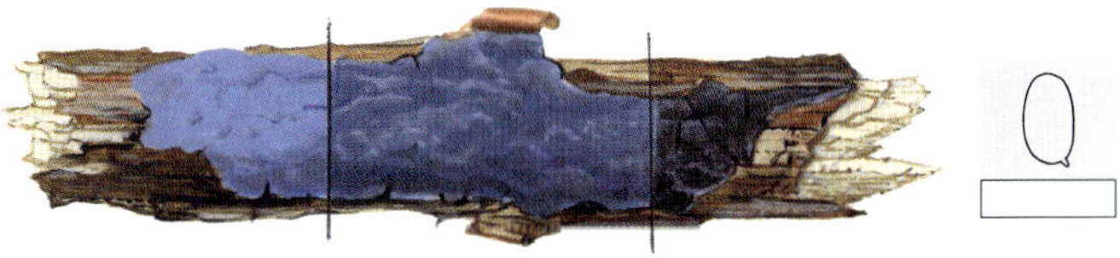

3

4

5
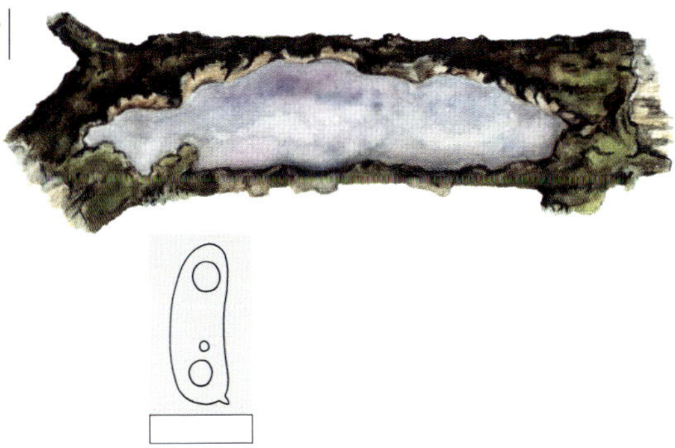

Nichtblätterpilze

Zur Bestimmung insbesondere der Korallen sind unbedingt junge Fruchtkörper erforderlich, die noch unverfälschte frische Farben haben. Zur Sporenanalyse wiederum werden reife Fruchtkörper benötigt, die bei den Korallen im Alter alle mehr oder weniger ockergelb sind.

1a	FK verzweigt, korallen- oder geweihförmig; Hym glatt oder mit wenigen Wärzchen **→ 2**
1b	FK trompeten-, kreisel- bis keulenförmig oder schlank spindelig, pfriemförmig bis zylindrisch; Hym als Leisten, Runzeln oder glatt **→ 28**
1c	FK badeschwammartig, mit bandartigen, gekräuselten Ästchen, bis 60 cm groß; an oder neben lebenden Nadelbäumen, selten Laubbäumen, auf sauren Böden **→ Krause und Breitblättrige Glucke, S. 590**
1d	Hym aus dichten Zähnchen bestehend; FK gestielt auf Erde, selten auf Zapfen oder badeschwammartig an Holz oder flächig auf Apfelbäumen **→ 53**
2a (1)	Spp. ockergelb; FK korallenförmig verzweigt **→ Echte Korallen 3**
2b	Spp. dunkelbraun; FK korallen- oder rosettenförmig oder flächig am Substrat mit fransiger Randzone **→ Erdwarzenpilze 21**
2c	Spp. weiß; FK korallenförmig, geweihartig verzweigt **→ 22**
3a (2)	FK fleischig, mit deutlichem Strunk; auf Erdboden und Mykorrhiza bildend (diese oberflächennah und meist gut erkennbar); Schnallen vorhanden oder fehlend; SP glatt, wulstig, gestreift oder warzig **→ Untergattung *Ramaria* 4**
3b	FK kaum fleischig bis zart und meist keinen deutlichen Strunk ausbildend; V saprobiontisch auf Streu oder morschem Holz (oft deutliche Myzelstränge bildend); Schnallen immer vorhanden; SP warzig bis wulstig **→ 15**
3c	FK gummiartig, zäh, leuchtend orangegelb, feucht schmierig; ohne deutlichen Strunk; V saprobiontisch auf morschem Nadelholz; SP glatt **→ Klebriger Hörnling, S. 618**
4a (3)	FK mit violetten Tönen; mit KOH rot **→ Artengruppe Violette Koralle, S. 596**
4b	FK ohne violette Farben und ohne rote KOH-Reakion **→ 5**
5a (4)	SP mit streifigem Ornament, Astspitzen meist weinrosa **→ Hahnenkamm-Korallen, S. 596**
5b	SP-Ornament nicht in Längsreihen angeordnet **→ 6**
6a (5)	FK <u>jung</u> reingelb, gold- bis orangegelb, keine lachsfarbenen Töne vorhanden **→ 7**
6b	FK <u>jung</u> mit rosaroten, orangerosa bis lachsfarbenen Tönen an den Ästen **→ 11**
6c	FK <u>jung</u> blass cremeweißlich, kittfarben, beige, hell milchkaffeefarben, auch mit rosalicher Tönung **→ 14**
7a (6)	FK schwefelgelb, am Strunk und den Ästen mit blut- bis weinroten Flecken **→ Blutrotfleckende Koralle, S. 592**
7b	FK ohne rote Flecken **→ 8**
8a (7)	Schnallen an Basidien und meist auch an den Hyphen vorhanden **→ 9**
8b	Schnallen fehlen überall, FK goldgelb (Spitzen manchmal orange); V im Kalk-Buchenwald **→ Goldgelbe Koralle, S. 592**
8c	Schnallen fehlen überall, FK primelgelb; V im thermophilen Laubwald (vor allem Eiche) **→ Hellgelbliche Koralle, S. 592**
9a (8)	SP im Umriss glatt wirkend, in Baumwollblau mit flachem, runzelig-wulstigem Ornament **→ Gelbe Koralle, S. 592**
9b	SP auch im Umriss mit erkennbarem Ornament **→ 10**
10a (9)	SP 7–10 × 3–5 µm; FK relativ klein, bis 6 cm; schwefelgelb, alt etwas bräunend; V im Laubwald **→ Gelbbräunende Koralle, S. 592**

10b SP 8–13,5 × 3,5–5,5 µm; FK groß, 15–25 cm; goldgelb, mit zunehmendem Alter oft (nicht immer!) mit rosa Tönen; V im Laub-, selten Nadelwald **→ Gelbliche Koralle *(Ramaria flavescens)***

10c SP 10–16 × 4–6 µm; FK groß, 15–20 cm; gold- bis orangegelb; V nur im Nadelwald **→ Orangegelbe Gebirgs-Koralle, S. 594**

11a Schnallen überall fehlend **→ 12**
(6)

11b Schnallen an Basidien und meist auch Hyphen vorhanden **→ 13**

12a FK jung korallenrot, intensiv rosarot; SP 3–4,5 µm
(11) breit **→ Rosenrote Koralle, S. 594**

12b FK mit gelber Grundtönung, lachsfarbenen Ästen und gelben Enden; SP 3–5 µm breit **→ Rosagelbe Koralle, S. 594**

12c FK lachsfarben mit gelben Spitzen; SP 4–6 µm breit **→ Falsche Dreifarbige Koralle *(Ramaria neoformosa)***

13a Äste lachsfarben, Spitzen auch alt noch gelb
(11) abgesetzt; SP 4,5–6,5 µm breit **→ Dreifarbige Koralle, S. 594**

13b Äste mit gelb mit rosa Tönung; SP 3,5–5,5 µm breit **→ Gelbliche Koralle *(Ramaria flavescens)***

14a Äste blassrosalich, kittfarben, creme bis blass
(11) milchkaffeefarben; SP 8–13 × 4,5–7 µm **→ Bauchweh-Koralle, S. 596**

14b FK creme- bis milchkaffeebraun, im Alter zunehmend bräunlicher; SP 7,5–11,5 × 4,5–6,5 µm breit **→ Milchkaffeebraune Koralle *(Ramaria spinulosa)***

15a FK cremeweißlich; Äste zart, teils mit schwachem
(3) Rosaton; Geruch anisartig **→ Zierliche Koralle, S. 598**

15b FK mit gelber bis ockerfarbener Grundtönung; Geruch unspezifisch oder fehlend **→ 16**

16a FK nur jung ockergelb, zunehmend olivgrün
(15) und bei Verletzung blaugrün verfärbend; SP 5,5–9,5 × 3–5 µm, isoliert-warzig **→ Grünfleckende Koralle, S. 598**

16b FK ohne olivgrüne Töne (aber Astspitzen können grün sein!) **→ 17**

17a V an oder auf Holz; SP-Ornament warzig-wulstig;
(16) Äste meist mit fleischfarbener Tönung **→ 18**

17b V in der Laub- oder Nadelstreu (nur *R. ochracea* auf Holz); SP-Ornament isoliert-stachelig; Äste reingelblich bis ocker **→ 19**

18a Äste steif aufrecht gerichtet, fleischfarben getönt,
(17) Spitzen zitronengelb; V auf oder an Laubholz, vor allem Buche **→ Steife Koralle, S. 598**

18b Äste fleischfarben getönt, Spitzen grün; V an morschem Nadelholz; SP länglich-ellipsoid (Q = 1,8–2,2) **→ Grünspitzige Koralle *(Ramaria apiculata)***

18c Äste fleischfarben bis rosabraun, mit weißlichen Spitzen; SP breit-ellipsoid (Q = 1,3–1,6) **→ Rotbraune Koralle *(Ramaria rubella)***

19a Fleisch mit KOH rosa bis rosabraun (bei trockeneren
(17) FK deutlicher!); SP 6–10 × µm lang **→ Ockergelbe Kiefern-Koralle *(Ramaria eumorpha)***

19b Fleisch braunrosa KOH-Reaktion **→ 20**

20a SP tropfenförmig, 5,5–8,5 × 2,8–4,2 µm; V in der
(19) Nadel- und Laubstreu **→ Flattrige Fichten-Koralle, S. 598**

20b SP zylindrisch-elliptisch, 3,5–6,2 × 2,2–3,5 µm; V in der Nadelstreu **→ Kurzsporige Koralle *(Ramaria myceliosa)***

20c SP tränenförmig-elliptisch, 4–6,2 × 2,5–3,5 µm; V auf morschem Laubholz **→ Kurzsporige Holz-Koralle *(Ramaria ochracea)***

21a FK korallenförmig verzweigt, deutlich gestielt;
(2) Geruch nach faulem Kohl **→ Stinkende Lederkoralle, S. 588**

21b FK trichter- bis rosettenförmig, deutlich gestielt; Geruch unauffällig **→ Trichterförmiger Erdwarzenpilz, S. 588**

21c FK stark zerschlitzt fächerförmig, pinselartig, +/- ungestielt am Substrat anliegend **→ Weiße Lederkoralle, S. 588**

22a (2)	FK lebhaft violett, purpur, lila → **23**
22b	FK lebhaft gelb bis gelborange → **24**
22c	FK weiß, creme, blassgelb, bräunlich oder grau → **25**
23a (22)	FK relativ kompakt und fleischig; Astenden immer zweispitzig; SP glatt; Basidien ohne Schnallen → **Amethystfarbige Wiesenkoralle, S. 600**
23b	FK zierlich; Astenden immer zweispitzig SP (fein) warzig; Basidien mit Schnallen → **Violette Zwergkoralle, S. 600**
23c	FK schlank, aber nicht zierlich; Astenden oft mehrspitzig; SP glatt; Basidien mit offenen Schnallen → **Amethystfarbene und Graue Kammkoralle *(Clavulina amethystina, C. cinerea)***
24a (22)	FK gelb; Geruch mehlartig; Basidien meist zweisporig; SP glatt → **Geweihförmige Wiesenkeule, S. 600**
24b	FK orangegelb bis orange; ohne Geruch; Basidien stets viersporig; SP feinwarzig → **Safrangelbe Zwergkoralle, S. 600**
25a (22)	Astenden oft kammartig mit mehr als zwei Spitzen; Basidien zweisporig, mit offenen Bügelschnallen → **Artengruppe Gewöhnliche Kammkoralle, S. 606**
25b	Astenden konstant zweispitzig; Basidien viersporig → **26**
26a (25)	FK sehr fein verzweigt, weich; Geruch stark, komplex, nach Tinte mit süßlicher Komponente; V in der Nadelstreu → **Weißliche Borstenkoralle, S. 606**
26b	FK fester; Geruch unauffällig oder fehlend; V in Wiesen oder Laubwäldern → **27**
27a (26)	SP glatt → **Zarte Wiesenkeule und verwandte Arten (*Clavulinopsis* spp.), S. 600**
27b	SP fein warzig bis stachelig → **Weiße und Robuste Wiesenkoralle und verwandte Arten (*Ramariopsis* spp.), S. 600**
28a (2)	FK mit Eisensulfat grün; keulig bis zylindrisch, apikal rundlich oder abgeplattet; Stielbreite > 1 cm (selten nur 0,5–1 cm) → **Riesenkeulen 29**
28b	FK nicht grün mit Eisensulfat; nicht keulenförmig <u>oder</u> Stiel dünner als 0,5 cm → **30**
29a (28)	FK apikal abgeplattet, mit KOH blutrot; Geschmack süßlich → **Abgestutzte Riesenkeule, S. 608**
29b	FK apikal abgerundet, mit KOH gelb; Geschmack bitter → **Herkules-Riesenkeule, S. 608**
29c	mit anderer Merkmalskombination → **Zungen-Riesenkeule *(Clavariadelphus ligula)* und weitere Arten**
30a (28)	FK kreiselförmig, jung violett, dann ocker entfärbend, fleischig; Spp. ocker; SP warzig → **Schweinsohr, S. 578**
30b	FK anders geformt oder jung nicht violett; Spp. weiß bis gelb; SP glatt → **31**
31a (30)	FK schlank spindelig, pfriemförmig, selten leicht keulig, nie in Hut und Stiel gegliedert; Hym glatt, selten schwach runzelig; Basidien 2–4-sporig → **32**
31b	FK trompeten- oder kreiselförmig, +/- deutlich in Hut und Stiel gegliedert oder tütenförmig; oben mind. 3 × so breit wie basal; Hym als Leisten oder Runzeln, selten fast glatt; Basidien mehrheitlich 5–6-sporig; Spp. weiß bis gelb (wenn dunkelbraun siehe 21b) → **Pfifferlingsverwandte 44**
32a (31)	FK verbogen-zylindrisch, schlank, unregelmäßig-runzelig, selten mit Verzweigung; Basidien 2-sporig <u>und</u> mit offener Basalschnalle → **Runzelige Kammkoralle, S. 606**
32b	FK nicht verbogen-runzelig; Basidien 2- bis 4-sporig, ohne oder mit normaler Schnalle, selten mit offener Basalschnalle (und dann 4-sporig) → **33**
33a (32)	FK auf Blättern, Kräuterstängeln oder Holz wachsend → **34**
33b	FK auf dem Erdboden → **37**
34a (33)	FK einem Sklerotium entspringend → **35**
34b	FK ohne Sklerotium → **36**
35a (34)	FK bräunlich, 2–10 cm hoch; auf Blättern in der Laubstreu → **Linsen-Fadenkeulchen, S. 606**

35b FK weißlich, oft mit rotbraunem bis schwärzlichem Stiel, 0,5–2 cm hoch; auf Blättern in feuchter Laubstreu (auch auf Holz) → **Borstenfüßiges Linsenkeulchen, S. 606**

35c mit anderer Merkmalskombination, meist < 2 cm hoch → **weitere Linsenkeulchen-Arten (*Typhula* spp.)**

36a (34) FK 4–8 × 0,1–0,2 cm; Stielbasis mit deutlichen Myzelfäden, die in der Laubstreu wurzeln; auf Blättern → **Binsen-Röhrenkeule, S. 608**

36b FK 6–15 × 0,3–0,8 cm; Stiel hohl; auf (meist vergrabenen) Holzresten → **Hohe Röhrenkeule, S. 608**

36c FK 0,5–2 cm hoch, weißlich, oft mit rotbraunem bis schwärzlichem Stiel; auf Blättern in feuchter Laubstreu (auch auf Holz) → **Borstenfüßiges Linsenkeulchen, S. 606**

36d FK bis 2 cm hoch; Stiel wie Keule gefärbt; auf pflanzlichen Resten (teilweise pathogen) → **weitere Linsenkeulchen-Arten (*Typhula* spp.)**

37a (33) FK blass- bis fleischrosa → **Artengruppe Fleischfarbene und Rosa Keule, S. 604**

37b FK purpur bis violett → **Purpur-Keule, S. 602**

37c FK blei-, oliv- bis bläulich grau, frisch deutlich bereift → **Bläulichbereifte Keule, S. 604**

37d FK weiß, creme, beige, strohblass, gelblich bis orange → **38**

38a (37) FK weiß, creme, blass rauchgrau bis blassgelblich → **39**

38b FK lebhaft gelb bis orange → **41**

39a (38) FK weißlich mit gelbem Stiel oder gänzlich gelblich; Basidien mit Schnallen; SP glatt → **Heide-Keule, S. 604**

39b FK reinweiß; Basidien mit Schnallen; SP glatt oder vereinzelt mit Stacheln → **Spitze Keule, S. 604**

39c Basidien ohne Schnallen; SP glatt → **40**

40a (38) FK cremerosa bis -grau → **Rauchgraue Keule, S. 602**

40b FK gelblich oder reinweiß mit gelblichen Spitzen → **Wurmförmige Keule, S. 604**

41a (38) FK in dichten Büscheln, bis 14 cm hoch; SP rundlich, bis 5–9 × 4,5–8,5 µm → **Spindelförmige Wiesenkeule, S. 602**

41b FK kleiner, meist nicht büschelig; SP kleiner → **42**

42a (41) SP zumindest teilweise warzig-stachelig → **Goldgelbe Wiesenkeule, S. 602**

42b SP glatt → **43**

43a (42) SP 5–8 × 2,5–4,5 µm, Apikulus 0,5 µm; FK undeutlich gestielt, Spitze oft heller → **Gelbweiße Wiesenkeule, S. 602**

43b SP 5–7,5 × 3,5–6 µm, Apikulus 1–2 µm; FK deutlich gestielt und Stiel oft intensiver gefärbt → **Schöne Wiesenkeule *(Clavulinopsis laeticolor)***

44a (31) FK gelb bis orange, vollfleischig (wenn hohlstielig vgl. gelbe Formen von 50a/50b); Hut bisweilen mit violetten Schüppchen oder weiß bis rosa bereift; Leisten manchmal weiß → **Pfifferlinge 45**

44b FK gemischtfarbig: oliv- bis dottergelb mit rosa bis violettem Hym und/oder braunem Hut; vollfleischig oder hohlstielig → **49**

44c FK vollständig grau, graubraun bis schwarz; immer hohlstielig → **51**

45a (44) Hut orange, meist nur bis 3 cm (selten bis 5 cm), relativ dünnfleischig; Huthauthyphen dünnwandig → **Samt-Pfifferling, S. 574**

45b Hut zitronen- bis dottergelb, selten blass olivocker, (3–)5–12 cm; dickfleischig; Huthauthyphen dickwandig → **46**

46a (45) Leisten jung weißlich bis creme; Hut zitronen- bis olivlich cremegelb; Stieloberfläche stark fleckend → **Rostfleckiger Pfifferling, S. 574**

46b Leisten jung gelb, zumindest in Hutrandnähe; Hut zitronen- bis dottergelb; Stieloberfläche langsam und schwach oder stark fleckend → **47**

47a (46) Stielbasis beim Reiben schnell und stark fleckend; Hut kalt gelb, zitronengelb, mit violetter Hutschuppung, die aber oft nur schwach ist oder vollständig fehlen kann → **Amethyst-Pfifferling, S. 574**

47b Stielbasis nicht oder nur sehr langsam fleckend; Hut dottergelb oder weiß bereift → **48**

48a (47) FK einheitlich dottergelb; V im Nadel- und Laubwald auf saurem Boden → **Echter Pfifferling, S. 574**

48b FK jung mit weißem Hut oder weißer Bereifung; im Laubwald auf basischen Böden (mediterran auf saurem Boden) → **Bereifter Pfifferling, S. 574**

49a (45) Hym rosalich, schwach runzelig; Hut narzissengelb, kaum genabelt; Stiel vollfleischig; Fleisch nicht schwärzend → **Gelbvioletter Pfifferling, S. 578**

49b Hym grauviolett, deutlich adrig; Hut olivgelb bis -bräunlich, kaum genabelt; Stiel vollfleischig, höchstens alt etwas hohl werdend; Fleisch und Fraßstellen mit der Zeit schwärzend → **Schwärzender Pfifferling, S. 578**

49c Hym gelb, orange, grau oder olivbraun; Hut genabelt und Stiel vollständig hohl → **50**

50a (49) Hym aus deutlichen Leisten; Stiel olivgelb; Hutränder glatt bis wellig-rippig; Geruch unspezifisch → **Trompeten-Pfifferling, S. 576**

50b Hym nur wellig-runzelig; Stiel lebhaft gold- bis orangegelb; Hutränder sehr dünn und kraus; Geruch nach Mirabellen → **Starkriechender Pfifferling, S. 576**

51a (44) Hym aus deutlichen Leisten gebildet → **Grauer Leistling, S. 576**

51b Hym nur wellig-runzelig → **52**

52a (45) FK tüten- bis trompetenförmig, ohne deutlich abgesetztem Stielteil, feucht einheitlich schwarz bis grauschwarz, 4–12 cm hoch → **Herbst-Trompete, S. 578**

52b FK trichterförmig, mit deutlich abgesetztem Stielteil, feucht braungrau, 1,5–5 cm hoch → **Krause Kraterelle, S. 576**

53a (1) FK auf vergrabenen Zapfen wachsend; mit seitlich am Hut angewachsenem Stiel → **Ohrlöffelstacheling, S. 580**

53b FK an relativ festem, meist dickem Holz wachsend (Stämme, Stümpfe) → **Stachelbärte 54**

53c FK auf dem Erdboden, höchstens zufällig auf stark vermorschtem Holz → **57**

54a (53) FK korallig verzweigte Gebilde bis 30 cm Größe bildend; Spp. und Trama amyloid → **Tannen- und Buchen-Stachelbart, S. 590**

54b FK polsterförmig oder hutbildend oder flächig mit aufgebogenen Kanten → **3**

55a (54) FK eher flächig mit abhebenden Kanten, jung gelb, alt etwas bräunlichrot verfärbend; Spp. und Trama inamyloid; meist auf alten Apfelbäumen → **Krustenförmiger Stachelbart, S. 554**

55b FK polsterförmig oder hutbildend, weiß (im Alter evtl. gelblich verfärbend); Spp. und Trama amyloid; fast ausschließlich auf Buchen → **56**

56a (55) FK polsterförmig; Stacheln 2–5 cm lang; Oberseite fransig-rissig → **Igel-Stachelbart, S. 590**

56b FK hutbildend, konsolenförmig; Stacheln 0,5–1,5 cm lang; Oberseite mit kurzen, dornartigen Stacheln (wenn Oberseite nur rau oder haarig und Hütchen dachziegelig vgl. *Climacodon septentrionalis*) → **Dorniger Stachelbart, S. 590**

57a (53) Spp. braun; trocknend nicht nach Liebstöckel riechend → **58**

57b Spp. weiß; trocknend nach Liebstöckel riechend oder wenn geruchlos dann FK weiß, semmelgelb, orange oder ocker → **66**

58a (57) FK korkig-zäh; Trama im Schnitt (teils undeutlich) gezont → **Korkstachelinge 59**

58b FK fleischig, weich; Trama nicht gezont → **Braunsporstachelinge 63**

59a (58) FK im Schnitt mit blauen Tönen, zusätzlich auch orange Farben; Trama etwas mehlartig riechend → **Bläulicher Korkstacheling, S. 586**

59b FK im Schnitt mit blauen Tönen, orange Töne fehlen völlig; Trama stark anisartig riechend → **Wohlriechender Korkstacheling, S. 586**

59c FK ohne Blautöne → **60**

60a (59) FK schwefel- bis olivgelb → **Grüngelber Korkstacheling *(Hydnellum geogenium)***

60b FK lebhaft orange (zumindest im Schnitt) → **Orangegelber Korkstacheling, S. 586**

60c FK fleischfarben bis braun → **61**

61a (60) FK jung mit roten Guttationstropfen; Trama kratzend-scharf → **Scharfer Korkstacheling, S. 586**

61b FK jung mit roten Guttationstropfen; Trama mild, mehlig schmeckend → **Rotbrauner Korkstacheling *(Hydnellum ferrugineum)***

61c FK auch jung ohne rote Guttationstropfen → **62**

62a (61) Hut zoniert; Oberfläche uneben-rillig, aber nicht stark zerklüftet → **Gezonter Korkstacheling, S. 586**

62b Hut nicht oder höchst undeutlich zoniert; Oberfläche glatt, uneben oder stark zerklüftet → **weitere Korkstachelingsarten (*Hydnellum* spp.)**

63a (58) Hutoberfläche zumindest in der Mitte mit abstehenden Schuppen; Trama mild, bis in die Stielbasis einheitlich beigegrau → **Fichten- und Kiefern-Habichtspilz, S. 582**

63b Hutoberfläche glatt oder höchstens feldrig aufgerissen, aber nicht mit aufgerichteten Schuppen; Trama teilweise bitter und in der Stielbasis graugrün → **64**

64a (63) Trama bitter, in der Stielbasis blaugrün; Hutoberfläche feldrig aufgerissen bis angedrückt schuppig; V im Laubwald → **Gallen-Stacheling, S. 582**

64b Trama bitter, in der Stielbasis blaugrün; Hutoberfläche glatt bis leicht feldrig; V im Nadelwald → **Blaufüßiger Braunspor-Stacheling, S. 582**

64c Trama mild bis bitter oder scharf, in der Stielbasis nicht blaugrün → **65**

65a (64) FK düster grau- bis schwarzviolett; Trama erst rosaviolett dann violettschwarz, bitterlich bis schärflich → **Brennender Braunspor-Stacheling, S. 582**

65b FK gelb- bis braunorange, lederfarben; Trama cremefarben, mild → **Orangebrauner Braunspor-Stacheling, S. 582**

65c mit anderen Merkmalen → **weitere Braunsporstachelingsarten (*Sarcodon* spp.)**

66a (57) Trama weich, ungezont → **67**

66b Trama korkig-zäh, gezont → **70**

67a (66) FK weiß, semmelgelb bis orangeocker; Trama mit unspezifischem Geruch → **Stoppelpilze 68**

67b FK fleisch-, violettlich- oder rostbraun; Trama trocknend nach Liebstöckel riechend → **69**

68a (67) SP bis 6,5 µm lang; Hut jung weiß bis weißlich → **Weißer Stoppelpilz, S. 580**

68b SP 7–9 × 6,5–7,5 µm, rundlich (Q = 1,1–1,25); FK gedrungen, kurzstielig; Stiel dezentral bis seitlich, 1–2 cm breit; Hut semmelgelb, blass orangeocker → **Semmel-Stoppelpilz, S. 580**

68c SP 8,5–11 × 6,5–7 µm, elliptisch (Q = 1,5–1,8); FK schlank, langstielig; Stiel zentral bis wenig dezentral; Hut rotorange, rötlichocker → **Ellipsoidsporiger Stoppelpilz *(Hydnum ellipsosporum)***

68d SP 7–9,5 × 6,5–8 µm (Q = 1,1–1,4), rundlich bis ellipsoid; FK schlank, langstielig; Stiel zentral bis wenig dezentral; Hut rotorange, rötlichocker → **Artengruppe Rotgelbe Stoppelpilze, S. 580**

69a (67) V unter Fichte; Hut violettlich fleischfarben, violettbräunlich; Trama und Stacheln unveränderlich → **Violetter Weißspor-Stacheling, S. 584**

69b V unter Kiefer; Hut rost- bis graubräunlich mit heller Randzone; Trama und Stacheln frisch leicht braun rötlich verfärbend → **Rötender Weissspor-stacheling *(Phellodon fuligineoalbus)***

70a (66) FK bläulichschwarz bis schwarzgrau, anthrazit, auch im Alter ohne Brauntöne; Stiel einheitlich strukturiert (Mikroskop!) → **Schwarzer Duftstacheling, S. 584**

70b FK zumindest im Alter mit braunen Farbtönen; Stiel mit einer schwammig-filzigen Oberflächenstruktur → **Verwachsener und Filziger Duftstacheling, S. 584**

1 | Amethyst-Pfifferling

Cantharellus amethysteus (Syn. *Cantharellus cibarius* var. *amethysteus*)

H 2–8 cm, konvex bis niedergedrückt mit wellig-buchtigem Rand, blassgelb mit +/- violetten angedrückten Schüppchen, die im Alter komplett fehlen können, Oberfläche glatt bis feinschuppig. **L** Blasser gelb, alt bräunend, dick, gegabelt bis aderig-netzig verbunden und weit herablaufend. **S** 3–7 × 1–2 cm, +/- zur Basis verjüngend, blassgelb, rostbräunlich fleckend. **F** Weißgelblich, wie bei *C. cibarius*. **V** Juli bis November. Planar bis montan, verbreitet in Laubmischwäldern; oft bei Buchen und Eichen auf besseren, lehmigen Böden. **W** Die Art wurde lange Zeit als Form oder var. von *C. cibarius* aufgefasst, lässt sich aber makro- und mikroskopisch gut unterscheiden.

SP 8,5–13 × 4,5–7,5 µm

2 | Echter Pfifferling, Eierschwamm

Cantharellus cibarius

RL-3

H 2–8 (12) cm, konvex bis niedergedrückt mit wellig-buchtigem Rand, dottergelb bis braungelb, trocken blasser, Oberfläche glatt bis feinschuppig. **L** Gelb, alt bräunend, dick, gegabelt bis aderig-netzig verbunden und weit herablaufend. **S** 3–6 × 1–2 cm, +/- zur Basis verjüngend, gelb wie der Hut, rostbräunlich fleckend. **F** Weißgelblich, fest mit Geruch nach Aprikosen und Geschmack roh langsam pfeffrig (gebraten angenehm würzig). **V** Juni bis November. Planar bis subalpin bis zur Baumgrenze, noch weit verbreitet, aber aufgrund von Stickstoff-Eutrophierung stark zurückgegangen; wächst in Laub- und Nadelwäldern z. B. bei Fichten, Buchen, Eichen auf nährstoffarmen Böden. **W** In waldreichen Gegenden (z. B. Kärnten) werden immer noch marktfähige Mengen gefunden. Andernorts (z. B. Großraum München) sind aus den ehemaligen Wagenladungen nur noch vereinzelte, wenig ergiebige Vorkommen übrig.

SP 7–9,5 × 4–5,5 µm

3 | Bereifter Pfifferling

Cantharellus pallens (Syn. *Cantharellus subpruinosus*)

H 3–10 cm, frisch gelb, deutlich weiß bereift, trocken blassgelb. **S** Kräftig, gelblich weiß, bräunend. **V** Juni bis Oktober. Planar bis montan vorwiegend in Laubmischwäldern und alten Parkanlagen; meist bei Buchen auf besseren Böden.

SP 7,5–9 × 3,5–5,5 µm

4 | Rostfleckiger Pfifferling

Cantharellus ferruginascens (Syn. *Cantharellus cibarius* var. *ferruginascens*)

H 2–7 cm, konvex bis niedergedrückt trichterig mit welligem Rand, blass schwefelgelb bis zitronengelb, Oberfläche glatt bis feinfilzig. **L** Blassgelb, bei Verletzung rostbraun, gegabelt und weit herablaufend. **S** 3–6 × 0,5–1,5 cm, +/- zur Basis verjüngend, blassgelb wie der Hut, fleckend. **F** Weißgelblich, Geschmack wie *C. cibarius*. **V** Juni bis November. Planar bis montan in wärmeren Eichen-Hainbuchenwäldern; in Deutschland sehr selten, mediterran verbreitet. **W** Die Fruchtkörper reagieren sehr schnell rostfleckig auf Verletzungen.

SP 8–10,5 × 4,5–6 µm

5 | Samt-Pfifferling, Aprikosen-Pfifferling

Cantharellus friesii

RL-G

H 1–4 cm, konvex bis niedergedrückt trichterig mit wellig gekerbtem, heruntergebogenem Rand, orangegelb bis braungelb, Oberfläche glatt. **L** Lachsfarben, gegabelt und weit herablaufend. **S** 1–3 × 0,3–0,6 cm, zylindrisch, +/- verjüngt, trocken, gelb-orange. **F** Blassgelb, nicht bräunend, dünn, brüchig, Geruch schwach, Geschmack schärflich. **V** Juli bis Oktober. Planar bis montan, nur gebietsweise häufig in zumindest oberflächensauren Buchenwäldern, oft in Gruppen an Wegrandböschungen; verbreitet z. B. im Bayerischen Wald, Erzgebirge, Harz und Schwarzwald. **W** Die Art könnte aufgrund ihrer Farben und dem dünnen Fleisch am ehesten mit dem Falschen Pfifferling verwechselt werden, der gut ausgebildete, orange Lamellen hat.

SP 8,5–11,5 × 4,5–5,5 µm

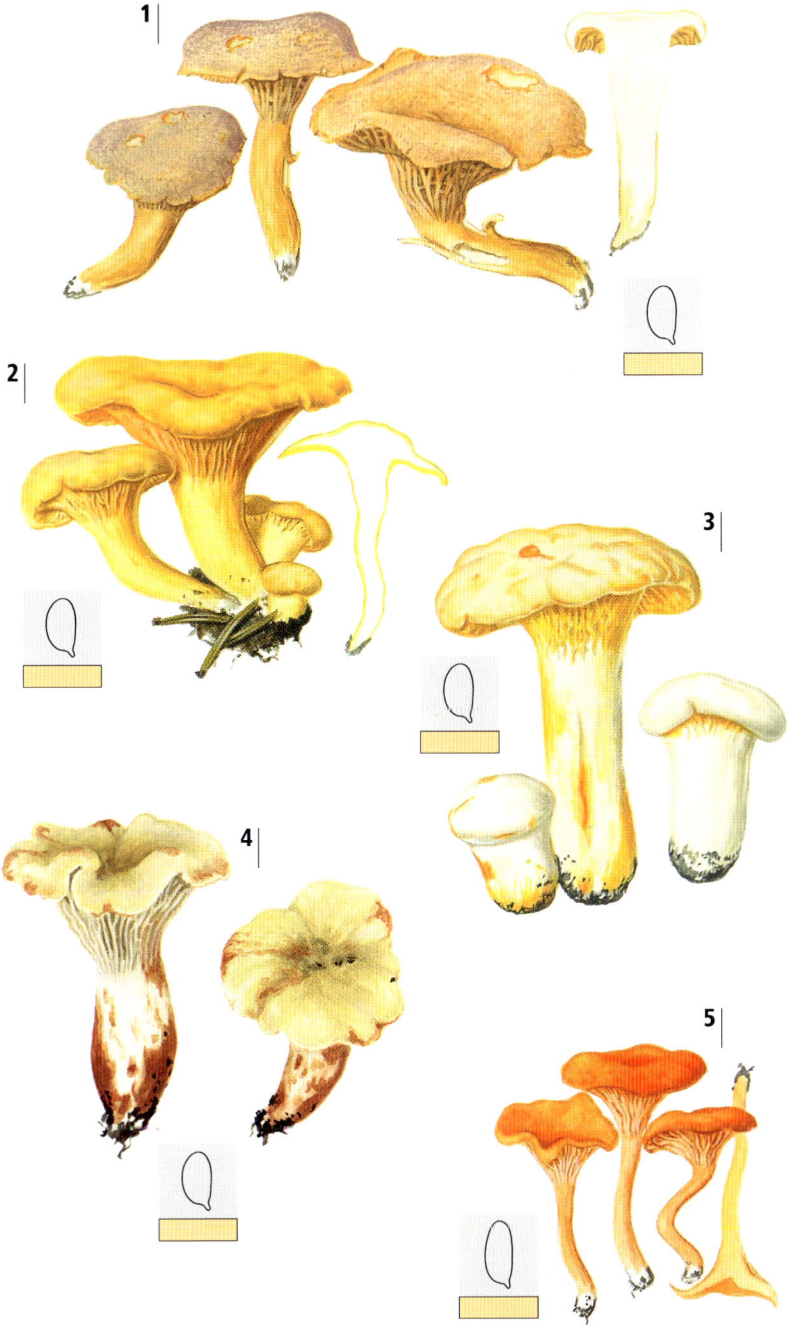
1
2
3
4
5

1 Grauer Leistling
Craterellus cinereus

RL-3

H 2–5 cm, schlank trichterig mit welligem, heruntergebogenem Rand, schwarzbräunlich, Oberfläche aderig-runzelig. **L** Aschgrau, gegabelt, queraderig und weit herablaufend. **S** 1–3 × 0,2–0,6 cm, zylindrisch, +/- verjüngt, hohl, rußgrau, +/- runzelig. **L** Grau, dünn, elastisch, Geruch angenehm, Geschmack mild. **V** Juli bis Oktober. Planar bis montan verbreitet, aber nirgends häufig; vorwiegend in basenreichen Buchenmischwäldern, oft mit Herbsttrompeten vergemeinschaftet. **W** Der Pilz gleicht habituell einer kleinen Herbsttrompete, unterscheidet sich aber durch die gut ausgeprägten grauen Leisten. Auf Brandstellen vgl. *Faerberia carbonaria*.

SP 8–10,5 × 4,5–6,5 µm

2 Starkriechender Pfifferling
Craterellus lutescens (Syn. *Cantharellus xanthopus*)

RL-3

H 2–6 cm, trompetenförmig, trichterig mit wellig gekerbtem, heruntergebogenem Rand, gelbbraun, Oberfläche filzig-schuppig. **L** Gelb bis orangegelb, jung glatt, bald runzelig-aderig herablaufend. **S** 3–6 × 0,2–0,5 cm, zylindrisch, +/- verjüngt, röhrig hohl, lebhaft gelb-orange. **L** Gelblich, elastisch, dünn, Geruch angenehm fruchtig (Aprikosen), Geschmack mild. **V** Juli bis November. Planar bis hochmontan; oft zwischen *Sphagnum* in Moorwäldern, nass-feuchten Gebirgsnadelwäldern, aber auch mediterran in sommertrockenen Kiefernwäldern, nördlich der Alpen nur in basenreichen Gebieten, südlich bodenvag. **W** Verwechslungsmöglichkeiten bestehen mit *C. tubaeformis*.

SP 10–11,5 × 6,5–8 µm

3 Krause Kraterelle
Craterellus undulatus (Syn. *Pseudocraterellus sinuosus*)

RL-V

H 2–5 cm, tief trichterig mit wellig-krausem Rand, blass graubräunlich, Oberfläche glatt bis flockig. **L** Grau, jung glatt, alt runzelig und herablaufend. **S** 2–5 × 0,3–0,6 cm, zylindrisch, +/- verjüngt, trocken, grau. **F** Blass, dünn, elastisch, Geruch schwach obstig, Geschmack mild. **V** Juli bis Oktober. Planar bis hochmontan verbreitet, oft sind mehrere Fruchtkörper verwachsen; vorwiegend in basenreicheren Buchenmischwäldern, nicht selten mit Herbsttrompeten vergemeinschaftet, südlich der Alpen bodenvag in Eichen-Kastanienwäldern. **W** Die kleinen Fruchtkörper können in der Laubstreu leicht übersehen werden. Sie benötigen wie die meisten Pfifferlingsverwandten oft mehrere Wochen zur vollen Entwicklung.

SP 9,5–11,5 × 5–7,5 µm

4 Trompeten-Pfifferling
Craterellus tubaeformis

H 2–5 cm, jung halbkugelig, bald genabelt und +/- trichterig durchbohrt mit wellig gelapptem, heruntergebogenem Rand, oliv-graubraun bis gelblich grau, Oberfläche flockig, glatt bis +/-gefurcht. **L** Graubräunlich bis schmutzig gelb, dick, gegabelt und queraderig herablaufend. **S** 2–6 × 0,4–1 cm, zylindrisch, +/- verjüngt, röhrig hohl, oliv-bräunlich. **F** Weißlich, elastisch, faserig, Geruch schwach, Geschmack mild. **V** Juli bis Dezember bis nach den ersten Frostperioden. Planar bis hochmontan häufig und weit verbreitet terrestrisch und auf morschem Holz; oft massenhaft in Laub- und Nadelwäldern bei Buche, Fichte, Kiefer, bodenvag. **W** In belasteten Gebieten kann der Trompeten-Pfifferling bis zu 1500 Bq/kg Cäsium 137 enthalten. Ansonsten ist er ein sehr guter und schmackhafter Dörrpilz. Vgl. *Chrysomphalina chrysophylla* (→ S. 176) auf morschen Stämmen in Naturwäldern.

SP 9,5–12 × 7,5–9 µm

5 Gelbstieliger Trompeten-Pfifferling
Craterellus tubaeformis var. *lutescens*

Wie die Hauptart, jedoch mit +/- goldgelben Hüten und Stielen.

SP 9,5–12 × 7,5–9 µm

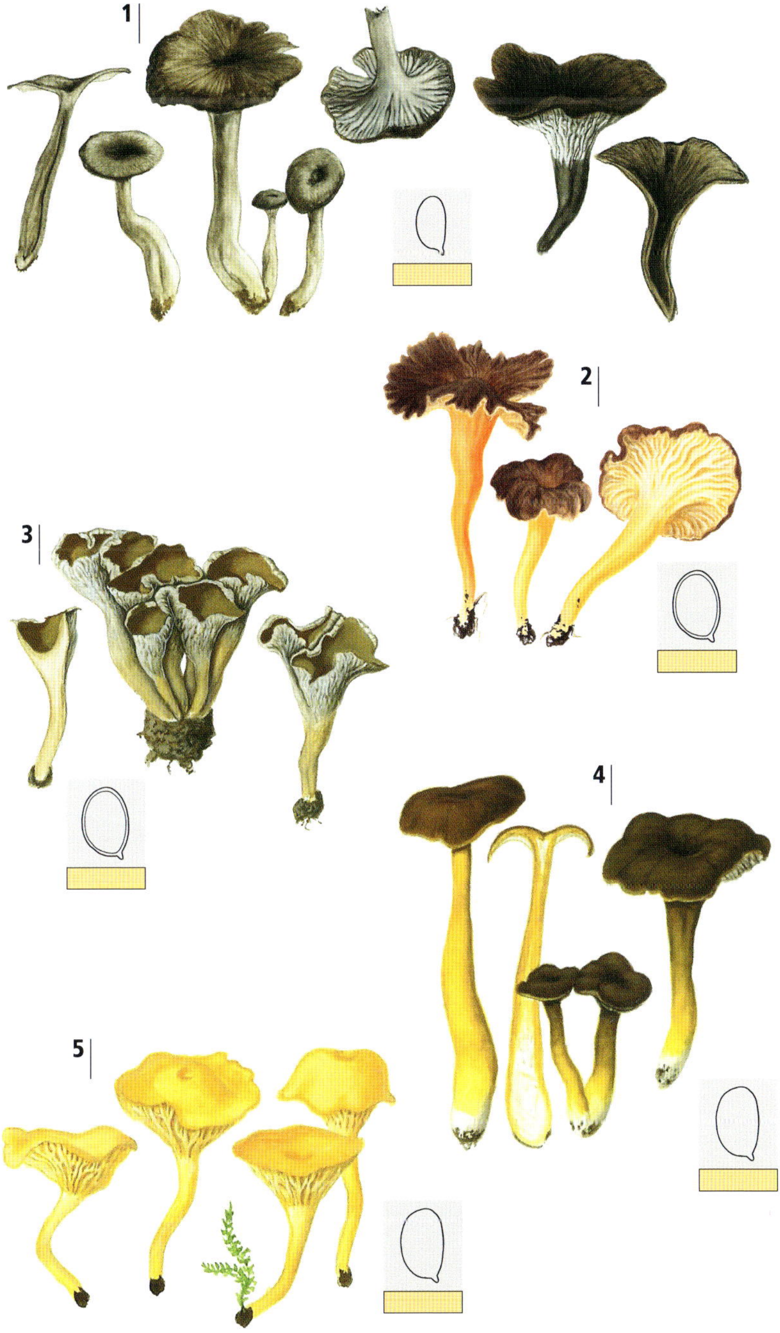
1
2
3
4
5

1 | Herbst-Trompete, Toten-Trompete
Craterellus cornucopioides

H 5–12 cm hoch und 3–8 cm breit, tief trichterig mit stark welligem eingebogenen Rand, feucht tiefschwarz, trocken dunkelgraubräunlich, Oberfläche feinschuppig bis filzig-samtig. **L** Graublau bis aschgrau, runzelig-faltig bis dick aderig. **S** 1–3 × 0,2–0,6 cm, zylindrisch, +/- verjüngt, hohl, rußgrau, +/- runzelig. **L** Grau, faserig, +/- zäh- elastisch, Geruch beim Trocknen angenehm würzig, Geschmack mild, pilzig-würzig. **V** Bei guten Niederschlägen ab Juli bis August, danach Oktober bis Dezember. Planar bis hochmontan zur Buchenwaldgrenze verbreitet, in dauerfeuchten Jahren massenhaft; vorwiegend in basenreichen Buchenmischwäldern, in Südeuropa bodenvag z. B. unter Edelkastanien. **W** Der mitunter irritierende Name „Toten-Trompete" rührt nicht nur von den dunklen Farben, sondern daher, das die Art in Südeuropa oft ab Totensonntag erscheint (ital. trombetta della morta). Der Pilz ist ein exzellenter Würz- und Speisepilz.

SP 10–13,5 × 6,5–8,5 µm

2 | Gelbvioletter Pfifferling
Craterellus ianthinoxanthus (Syn. *Cantharellus ianthinoxanthus*)

RL-2

H 2–7 cm, konvex bis niedergedrückt mit wellig-buchtigem Rand, dottergelb mit Lilaton, Oberfläche fein filzig-schorfig. **L** Rosalila, gegabelt, aderig-runzelig, anastomosierend, herablaufend. **S** 3–6 × 1–2 cm, konisch zur Basis verjüngend, weißlich bis rosa-lila. **F** Weißrosa, langsam grauend, faserig, ohne besonderen Geruch, Geschmack mild. **V** Juli bis Oktober. Planar bis hochmontan, überall sehr selten, nördlich der Donau extrem selten; einzeln oder in kleinen Gruppen in basenreichen, älteren Buchenwäldern, in Südeuropa ebenfalls selten in Laubmischwäldern. **W** Wegen Seltenheit schonenswert. Neue Funde sollten sorgfältig dokumentiert und kartiert werden.

SP 9,5–12 × 6,5–7,5 µm

3 | Schwärzender Pfifferling
Craterellus melanoxeros (Syn. *Cantharellus melanoxeros*)

RL-3

H 3–7 cm, konvex bis niedergedrückt mit wellig-buchtigem, +/- zitronengelben Rand, feucht gelbocker bis trocken ocker-hellgraubraun, Oberfläche +/- schuppig-filzig. **L** Blassgrau, gegabelt, aderig-runzelig, anastomosierend, herablaufend. **S** 3–10 × 1–2 cm, konisch zur Basis verjüngend, ockerbraun, oft büschelig verwachsen. **F** Blass, faserig, nach Verletzung langsam schwach bis deutlich schwärzend. Ohne besonderen Geruch, Geschmack mild. **V** Juli bis Oktober. Planar bis montan, zerstreut bis selten an wärmeren Standorten; einzeln oder in kleinen Gruppen in basischen bis leicht oberflächensauren, älteren Buchen- oder Eichenwäldern, in Südeuropa ebenfalls selten. **W** Wegen Seltenheit schonenswert. Neue Funde sollten sorgfältig dokumentiert und kartiert werden.

SP 8,5–10 × 5,5–6,5 µm

4 | Schweinsohr
Gomphus clavatus (Syn. *Cantharellus clavatus*)

RL-3

H 2–8 cm breit, jung kreiselförmig, abgestutzt keulig, dann kraterartig vertieft mit welligem, scharfem Rand, violettpurpur bis fleischrötlich ocker. **L** Purpurviolett, mit der Sporenreife blasser, mit ockerlichen Sporenstaub bedeckt, gabelig verzweigte, aderige Leisten mit Queradern netzig verbunden. **S** 3–9 × 2–6 cm, konisch, bis fast zur Basis mit Leisten überzogen, violett. **F** Weiß, dickfleischig, weich, Geruch und Geschmack angenehm würzig. **V** August bis Oktober. Planar bis hochmontan, nur in Süddeutschland auf basenreichen Böden zerstreut in naturnahen Bergfichtenwäldern und Buchenwäldern. **W** Aufgrund von starker Rückgangstendenz in den meisten Gebieten schonenswert. Die Art war früher ein geschätzter Marktpilz, ist aber intolerant gegenüber intensiver Waldbewirtschaftung und Stickstoffeinträgen. Verwandtschaftlich steht das Schweinsohr näher zu den Korallen *(Ramaria)* in der Ordnung *Gomphales*.

SP 10–15,5 × 4–7 µm

1

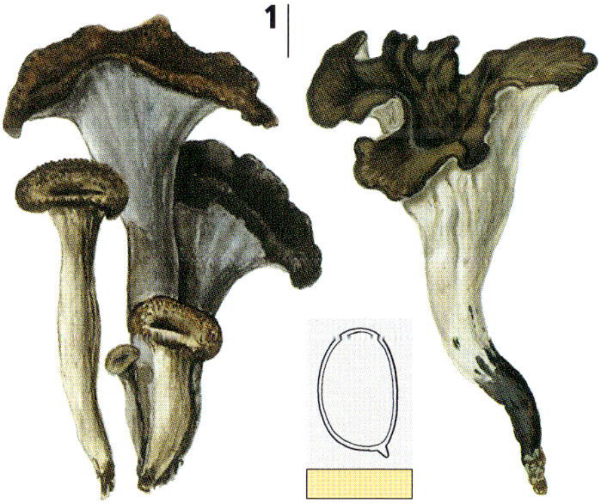

2

3

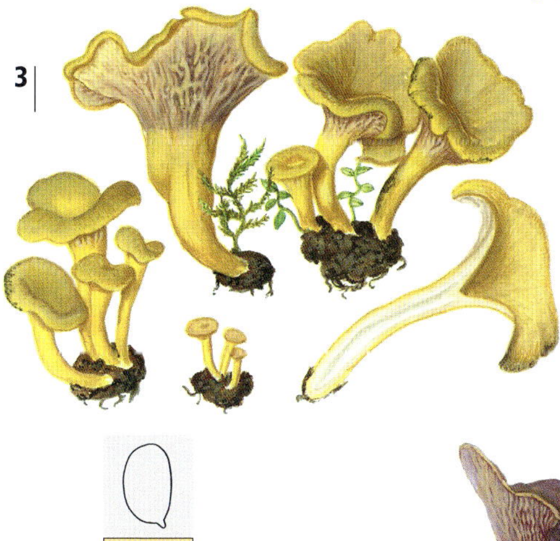

4

1 Ohrlöffel-Stacheling
Auriscalpium vulgare

H 0,5–2 cm, rundlich-nierenförmig mit einseitiger Ausbuchtung an der Stielseite, leicht gewölbt, filzig bis zottig behaart, alt verkahlend, tabak- bis rotbraun. **ST** Jung creme-beige bis fleischrosa, dann bräunlich, bis 3 mm lang. **S** 3–6 × 0,2–0,5 cm, zylindrisch, basal verdickt, exzentrisch, rotbraun zottig behaart wie der Hut. **F** Weißlich, zäh, Geruch schwach, Geschmack schärflich. **V** Ganzjährig, Hauptzeit Juli bis November. Planar bis hochmontan verbreitet, einzeln oder in Gruppen auf abgefallenen, +/- vergrabenen Zapfen, hauptsächlich an Waldkiefer. **W** Eine leicht kenntliche Art ohne Doppelgänger, die man nah am Boden suchen muss und die oft zwischen Moosen und Gräsern steckt.

SP 4,5–5,5 × 3,5–4,5 µm, J+, dimitisch

2 Weißer Stoppelpilz
Hydnum reginae (Syn. *Hydnum albidum* ss. auct. europ.)

H 5–10 (15) cm, unregelmäßig polsterförmig mit eingebogenem Rand, kalkweiß, Oberfläche matt bis feinst filzig. **ST** Cremeweiß, pfriemförmig oft mit 2–3 Spitzen, 5–8 × < 1 mm, herablaufend. **S** 2–4 × 3–4 cm, +/- zylindrisch, trocken, weißlich. **F** Weiß, +/- brüchig, im Hut weich, im Stiel derb, Geruch angenehm, Geschmack erst mild, etwas seifig, alt bitter. **V** Juli bis Dezember. Planar bis montan in Laubwäldern als Symbiont der Buche; vielerorts selten, nur in wärmeren, basenreichen Gegenden (z. B. Thüringer Becken) etwas häufiger. **W** Die aus Nordamerika beschriebene und lange Zeit für identisch gehaltene Art *H. albidum* ist in aktuellen molekularen Studien klar abgetrennt worden. Um weiße Formen anderer *Hydnum*-Arten sicher ausschließen zu können, sollten immer die Sporen gemessen werden.

SP 4,5–5,5 × 3,5–4,5 µm, J-, Schnallen +

3 Semmel-Stoppelpilz
Hydnum repandum

H 5–10 (15) cm, unregelmäßig polsterförmig mit eingebogenem Rand, blass semmelgelb bis rötlich ocker, auch fast weiß, Oberfläche matt bis feinst filzig. **ST** Cremeweiß bis hell ocker, Querschnitt rundlich, pfriemförmig zuspitzend, 3–6 mm lang, herablaufend. **S** 2–6 × 1,5–3 cm, +/- zylindrisch, trocken, weißlich. **F** Weiß, +/- brüchig, im Hut weich, im Stiel derb, Geruch angenehm, Geschmack erst mild, bald scharf, alt bitter. **V** Juli bis November. Planar bis hochmontan hauptsächlich mit Buchen und Fichten assoziiert; weit verbreitet und häufig auf tendenziell ärmeren Böden, bodenvag. **W** Der Semmel-Stoppelpilz war früher ein beliebter Marktpilz, gehört aber seit dem Reaktorunfall in Tschernobyl in den belasteten Regionen zu den am stärksten Cäsium-137-kontaminierten Arten.

SP 8–9 × 6–7,5 µm, J-, Schnallen +

4 Ellipsoidsporiger Stoppelpilz
Hydnum ellipsosporum

Aus dem *H. repandum*-Komplex sind mittlerweile elf Arten in Europa bekannt. Diese Art bevorzugt mineralreiche Laubwälder, hat lebhaft orangene Hutfarben, abgeplattete Stacheln und elliptische Sporen.

SP 9,5–11 × 5,5–7 µm, J-, Schnallen +

5 Rotgelber Stoppelpilz
Hydnum rufescens

H 3–5 cm, unregelmäßig polsterförmig mit eingebogenem Rand, apricot-orange, matt. **ST** Cremeweiß bis hell ocker, Querschnitt rundlich, pfriemförmig, 3–5 mm lang, herablaufend. **S** 2–5 × 1,5–2 cm, +/- zylindrisch, trocken, weißlich. **F** Weiß, +/- brüchig, Geruch und Geschmack wie *H. repandum*. **V** Juli bis November. Planar bis hochmontan hauptsächlich mit Buchen assoziiert; weit verbreitet und häufig auf mineralreichen Böden, bodenvag. **W** Genabelte Fruchtkörper sollten mit *H. umbilicatum* verglichen werden.

SP 7–8,5 × 6–7,2 µm, J-, Schnallen +

1

2

3

4

5

1 Brennender Braunspor-Stacheling
Sarcodon fuligineoviolaceus

RL-1

H 5–11 cm, jung gewölbt, dann flach konvex bis niedergedrückt, violettblau bis braunblau, Oberfläche glatt bis feinfilzig. **ST** Blassrosa-grau mit heller Spitze, rundlich 3–5 × 0,5 mm. **S** 3–6 × 0,8–2,5 cm, zylindrisch zur Basis schlanker bis +/- wurzelnd, trocken. **F** Schiefergrau, an der Stielbasis weinrötlich, Geruch mehlartig, Geschmack stark bitter, kratzend scharf. **V** September bis November. In kalkreichen, naturnahen Kiefernwäldern in Skandinavien, in Deutschland extrem selten, nur zwei rezente Nachweise aus Thüringen. **W** Ökologie, Fleischverfärbung und Geschmack sind wichtige Merkmale bei den seltenen Stachelings-Arten. Der ähnliche *S. joeides* wächst in Laubwäldern.

SP 5,5–6,5 × 4–5 µm, Schnallen -

2 Blaufüßiger Braunspor-Stacheling
Sarcodon glaucopus

RL-1

H 4–12 cm, jung gewölbt mit eingerolltem Rand, dann flach konvex bis niedergedrückt, glatt bis filzig, weinbraun felderig schuppig, +/- violett-braun meliert. **ST** Bräunlich, rundlich, 5–10 mm lang, 2–4-fach verzweigt, am Stiel +/- herablaufend. **S** 3–6 × 1–2,5 cm, +/- zylindrisch mit spitzer Basis, bräunlich. **F** Blass, bräunend, an der Stielbasis graugrün, Geruch süßlich mit Orangen- und Lakritz-Noten, Geschmack mild bis adstringierend-bitter. **V** August bis November. Planar bis hochmontan, vom Aussterben bedroht; in alten, naturnahen, nährstoffarmen Nadelwäldern mit Fichten auf +/- basischen Böden. **W** Fast alle *Sarcodon*-Arten sind aufgrund von Biotopzerstörung und Stickstoffeinträgen stark rückläufig und gefährdet.

SP 5–6 × 4–4,5 µm, Schnallen -

3 Fichten-Habichtspilz, Rehpilz
Sarcodon imbricatus

RL-3

H 5–20 cm, jung gewölbt mit eingerolltem Rand, dann flach konvex bis niedergedrückt, braun mit kräftigen, konzentrischen, in der Mitte sparrig abstehenden rotbraunen bis violettbraunen Schuppen. **ST** Weißlich bis grau, brüchig, rundlich, 5–12 mm lang, herablaufend. **S** 3–8 × 1–3 cm, derb, unregelmäßig zylindrisch, weißgrau bräunlich, glatt. **F** Weiß bis graubräunlich, Geruch und Geschmack würzig, alt adstringierend-bitter. **V** Juli bis November. Kollin bis hochmontan als Symbiont der Fichte in Forsten, Wäldern, und auf Almweiden, tendenziell auf basischen Böden; wie alle Stachelinge empfindlich gegen Stickstoffeinträge und in Regionen mit intensiver Landwirtschaft selten geworden. **W** Die Pilze sind nur jung als Speisepilz geeignet, aber getrocknet und gemahlen gehören sie zu den besten Würzpilzen. In sandigen, nähstoffarmen Kiefernwäldern, vor allem in Ostdeutschland und Skandinavien, wächst der früher als gleiche Art aufgefasste Kiefern-Habichtspilz *(S. squamosus)*.

SP 7–8,5 × 5–5,5 µm, Schnallen +

4 Orangebrauner Braunspor-Stacheling
Sarcodon versipellis

RL-2

H 5–15 cm, blass orangebraun, feinfilzig mit anliegenden Schüppchen. **F** Mit süßlichem Geruch nach Lakritz oder Vanille und mildem bis bitterlichem Geschmack. **V** Juli bis Oktober, sehr selten geworden; bei Fichten in naturnahen Bergwäldern im Alpenraum und Skandinavien.

SP 4,5–5,5 × 3,5–4,5 µm, Schnallen +

5 Gallen-Stacheling
Sarcodon scabrosus

RL-3

H 4–14 cm, jung gewölbt, dann flach konvex bis niedergedrückt, graubraun bis rotbraun, deutlich radialschuppig. **ST** Hellgrau, rundlich 3–10 × 1 mm. **S** 3–6 × 1–3,5 cm, graubraun. **F** Blass, an der Stielbasis blaugrün, Geruch mehlartig, Geschmack stark bitter. **V** September bis November. Planar bis kollin, selten; in Laubmischwäldern bei Buchen und Eichen, in Skandinavien bei Kiefern. **W** Bei Fichten vgl. *S. glaucopus*.

SP 6–7,5 × 3,5–5 µm, Schnallen -

1
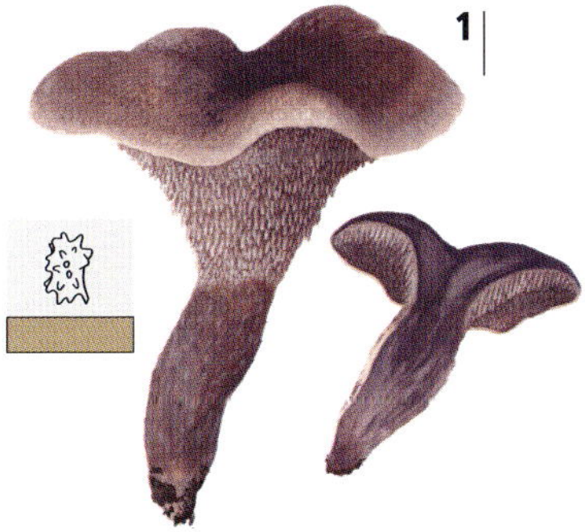

2

3

4
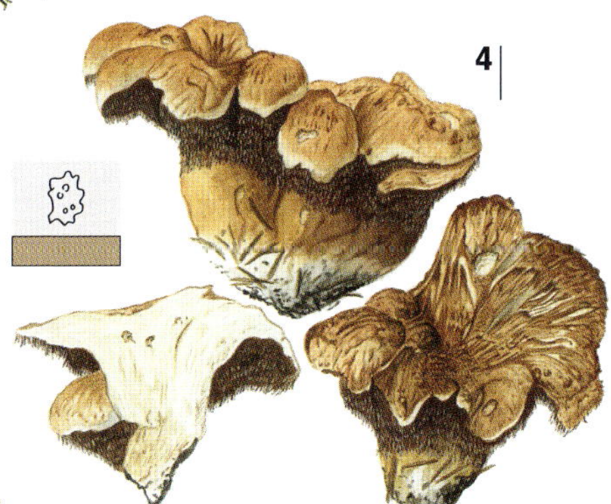

5

1 Rötender Weißspor- oder Duft-Stacheling

Phellodon fuligineoalbus (Syn. *Bankera fuligineoalba*) RL-2

H 5–10 cm, jung flach konvex, bald flacher mit heruntergebogenem weißem Rand, fleischrosa bis blassbraun, Oberfläche glatt, oft mit eingewachsenen Streuresten. **ST** Weiß-lila, 3–6 × 0,5 mm, kurz herablaufend, Hymenium von weiß über rötlich zu purpurbraun. **S** 2–5 × 1–3 cm, zylindrisch-konisch, Spitze mit weißer Ringzone, basal rotbräunlich, feinfilzig. **F** Blassrosa, spröde, Geruch mit Curry-Noten, beim Trocknen nach Maggi, Geschmack mild. **V** September bis Oktober. Planar bis kollin, selten und vielerorts rückläufig; in nährstoffarmen, sandigen Kieferwäldern. **W** *Bankera* wurde lange Zeit wegen der weicheren, nicht zähen und nicht zonierten Fleischstruktur von *Phellodon* getrennt.

SP 4,5–5,5 × 3–3,5 µm, Schnallen -

2 Violetter Weißspor- oder Duft-Stacheling

Phellodon violascens (Syn. *Bankera violascens*) RL-2

H 5–12 cm, einzeln oder zu mehreren verwachsen, jung flach konvex, bald flacher mit heruntergebogenem, alt welligem Rand, blass graubraun-violett, Oberfläche feinfilzig. **ST** Grau, 3–6 × 0,5 mm, +/- weit herablaufend. **S** 4–10 × 0,5–2 cm, zylindrisch-konisch, grauviolett, feinfilzig. **F** Schmutzig weiß im Hut, im Stiel blass grauviolett, weich-spröde, Geruch mit Curry-Noten, beim Trocknen nach Maggi, Geschmack mild. **V** August bis Oktober. Kollin bis hochmontan an feuchteren Stellen als Symbiont der Fichte in tendenziell basenreichen Nadelwäldern; auf saurem Urgestein wie im Bayerischen Wald oft an Wegrändern, Böschungen und Bachufern. **W** Fast alle Stachelings-Arten benötigen +/- alte, naturnah bewirtschaftete Wälder mit geringem Stickstoffgehalt. Neue Nachweise sollten gut dokumentiert und kartiert werden.

SP 4,5–5,5 × 4–4,5 µm, Schnallen -

3 Becherförmiger Weißspor- oder Duft-Stacheling

Phellodon tomentosus RL-2

H Einzeln 2–6 cm, oft zu mehreren verwachsen und 10 bis 20 cm breit, jung flach, bald vertieft, mittig hell- bis dunkelbraun gezont, mit +/- breiter weißer Randzone, Oberfläche feinfilzig. **ST** Jung weiß, dann grau, kurz bis 3 × 0,5 mm, +/- weit herablaufend. **S** 1–3 × 0,3–0,8 cm, schlank zylindrisch, graubraun, glatt-faserig, ohne Filz. **F** Schmutzig weiß bis braun, zäh-faserig, korkig, gezont, Geruch, besonders beim Trocknen nach Maggi, Geschmack mild bis bitter. **V** August bis November. Planar bis hochmontan, insgesamt selten; in nährstoffarmen Nadelwäldern mit Fichten oder Kiefern. **W** An den meisten Standorten wachsen die Pilze dichtrasig in größeren Gruppen oder Hexenringen. Die Art ist auffallend schlankstielig, ähnlich wie der schwarze *Ph. niger*.

SP 3–4 × 2–3,5 µm, Schnallen -

4 Schwarzweißer Weißspor- oder Duft-Stacheling

Phellodon connatus s. l. inkl. *Ph. melaleucus* RL-3

Die Sammelart ist *Ph. niger* ähnlich, hat jedoch dunkel- bis schwarzbraun gezonte Hüte. **V** September bis Oktober. Planar bis montan, meist selten; in Nadelwäldern bei Fichten und Kiefern, in Laubwäldern bei Buchen. Fehlt in den Nördlichen Kalkalpen.

SP 3,5–4,5 × 3–4 µm, Schnallen -

5 Schwarzer Weißspor- oder Duft-Stacheling

Phellodon niger RL-3

H 2–8 cm, jung flach, bald vertieft, tief schwarzblau gezont. **ST** Weißlich bis grau, 2–4 × 0,2 mm. **S** 2–7 × 0,5–2 cm, schwarz, filzig. **F** Dünn, schwarz, korkig lederartig, mit Duplex-Struktur, mit KOH grün, Geruch und Geschmack würzig nach Maggi. **V** August bis November. Planar bis hochmontan in ganz Europa zerstreut, aber selten; mit großer ökologischer Amplitude in älteren, nährstoffarmen Laub- und Nadelwäldern, bodenvag. **W** Es handelt sich hierbei vermutlich um einen noch nicht aufgelösten Artenkomplex.

SP 3,5–4 × 2,5–3,1 µm, Schnallen -

1

2

3

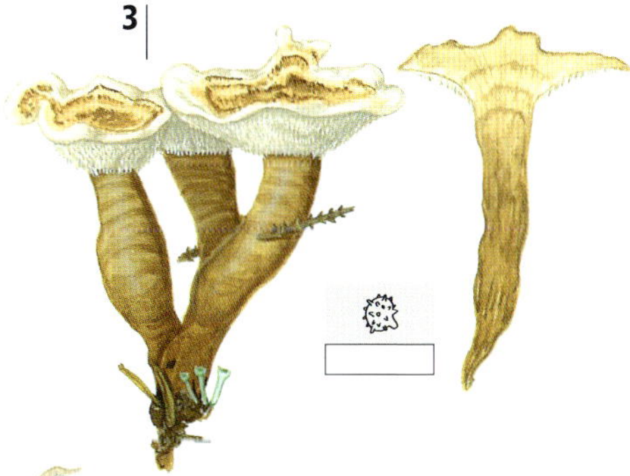

4

5

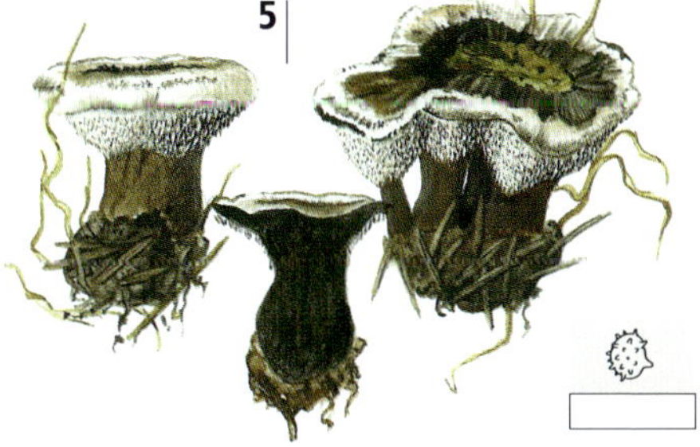

1 Orangegelber Korkstacheling
Hydnellum aurantiacum

RL-2

H 4–8 cm, kreiselförmig, jung gewölbt, dann flach und +/- höckerig, orangegelb mit hellerem, welligem Rand, Oberfläche +/-filzig. **ST** Weißlich bis orangebraun, 3–6 × < 0,5 mm, rundlich, herablaufend. **S** 2–5 × 0,5–2 cm, +/- keulig, orangebraun, filzig. **F** Korkig-lederig, im Hut weißgelblich und dunkel gezont, im Stiel safranorange mit Duplex-Struktur. KOH ohne violette Reaktion, Geruch schwach, Geschmack mild. **V** August bis Oktober. Planar bis subalpin, selten und rückläufig, meist in alten borealen Bergmischwäldern; in tendenziell basenreichen, nährstoffarmen Laub- und Nadelwäldern bei Buchen, Fichten, Kiefern und Tannen. **W** Fast alle der 14 europäischen *Hydnellum*-Arten können als Naturnähezeiger angesehen werden. Die meisten Arten sind stark gefährdet oder vom Aussterben bedroht. Vgl. *H. auratile* mit lebhaft orangenen Farben.

SP 5,5–6,5 × 4,5–5 µm, Schnallen -

2 Bläulicher Korkstacheling
Hydnellum caeruleum

RL-2

H 3–8 cm, kreiselförmig, jung gewölbt, dann flach und +/- höckerig, jung bläulich, bald rotbraun fleckend mit himmelblauer Randzone, Oberfläche +/-filzig. **ST** Blau bis purpurbraun, 3–6 × < 0,5 mm, rundlich, herablaufend. **S** 2–5 × 1–2 cm, +/- knollig-höckerig, orangebraun, filzig. **F** Korkig-lederig, im Hut schwarzblau, im Stiel orangebraun gezont mit Duplex-Struktur, Geruch +/- mehlartig, Geschmack mild bis säuerlich. **V** Juli bis Oktober. Kollin bis subalpin, selten und rückläufig; meist in alten borealen Bergmischwäldern bei Buchen, Fichten, Kiefern und Tannen. Bevorzugt basenreiche, aber stickstoffarme Biotope. **W** Neue Nachweise von seltenen Korkstachelingen sollten gut dokumentiert und kartiert werden.

SP 5,5–6 × 3,5–4,5 µm, Schnallen +

3 Gezonter Korkstacheling-Artenkomplex
Hydnellum concresens s. l.

RL-3

H 2–5 cm, oft zusammenfließend, konzentrisch braun gezont und dünnfleischig. **V** Juli bis November. Planar bis montan verbreitet in Laub-Mischwäldern, bodenvag.

SP 4,5–6 × 4–4,5 µm, Schnallen -

4 Scharfer Korkstacheling
Hydnellum peckii

RL-3

H 3–8 cm, teils zu mehreren verwachsen, kreiselförmig, jung gewölbt, dann flach und +/- höckerig. Jung blass und mit roten Guttationstropfen, dann rotbraun und radial faserig. **ST** Weiß bis rotbraun, 3–5 × 0,2 mm, rundlich, herablaufend. **S** 1–5 × 1–2,5 cm, +/- konisch, rotbraun, filzig. **F** Korkig-lederig, rotbraun gezont mit Duplexstruktur, Geruch säuerlich, Geschmack bitter, kratzend scharf. **V** Juli bis Oktober. Kollin bis subalpin, in Süddeutschland teils noch verbreitet; an Fichten gebunden, bevorzugt auf basenreichen und stickstoffarmen Böden. **W** Junge, frische Fruchtkörper sind mit ihren blutroten Tropfen spektakulär. Vgl. *H. ferrugineum* mit mildem Geschmack.

SP 5–5,5 × 3,5–4 µm, Schnallen +

5 Wohlriechender Korkstacheling
Hydnellum suaveolens

RL-2

H 3–8 cm, kreiselförmig, jung gewölbt, dann flach und +/- höckerig, jung weißlich, bald blaugrau, oft mit eingewachsener Streu, Oberfläche +/-filzig. **ST** Weißlich, graublau bis braun, 3–5 × < 0,5 mm, rundlich, weit herablaufend. **S** 3–6 × 1–1,5 cm, +/- zylindrisch bis spindelig, blauviolett, samtig-filzig. **F** Korkig-lederig, hellblau bis ultramarinblau gezont, Geruch charakteristisch angenehm süßlich nach Anis, Cumarin und Lavendel, Geschmack mild. **V** Juli bis Oktober. Kollin bis subalpin, selten und rückläufig; an Fichten gebunden, bevorzugt auf basenreichen und stickstoffarmen Böden. **W** Biotope mit Vorkommen sollten bestmöglich erhalten werden. Waldumbau und klimabedingter Borkenkäferbefall sind aktuelle Risikofaktoren.

SP 4–5 × 3–3,5 µm, Schnallen +

1

2

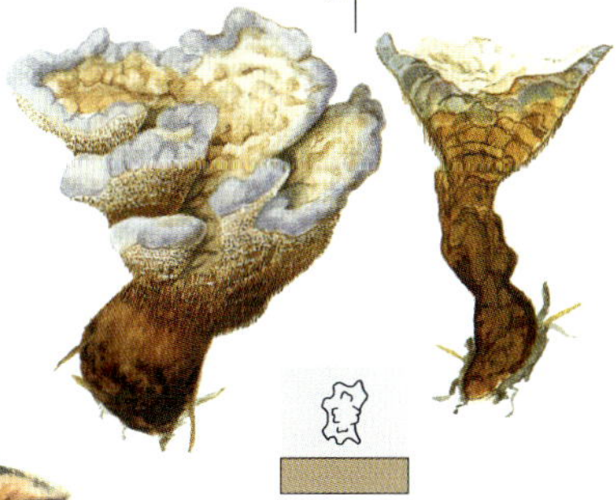

3

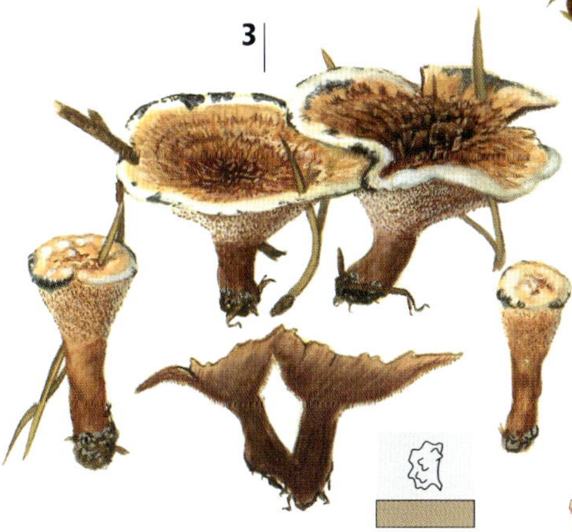

4

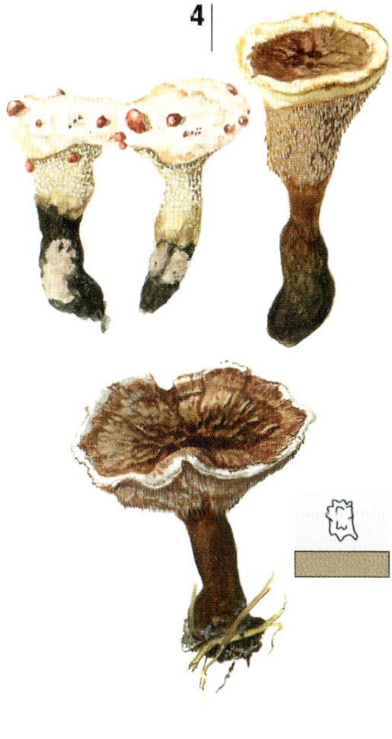

5

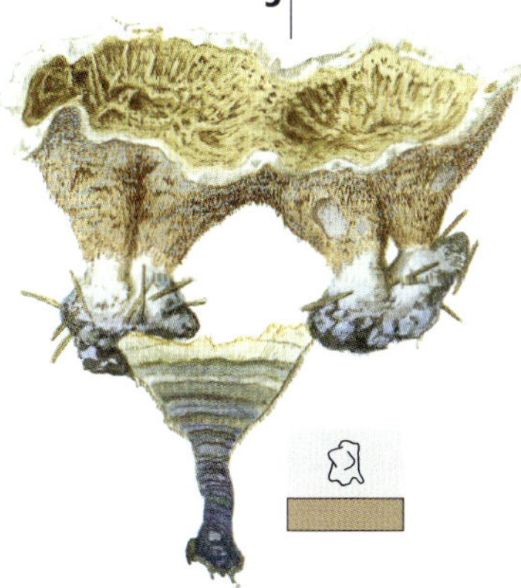

1 Gewöhnlicher Erdwarzenpilz

Thelephora terrestris

FK 5–80 cm lange Flächen bildend, meist mit Hutkanten oder abstehenden Randbereichen, oft Hüte ausbildend, die dann stufig oder rosettenartig ineinander wachsen, bei flächigem Wuchs mit fransiger Randzone. **H** 2–10 × 0,5–2 cm, dunkelbraun, ledrig-zäh, haarig bis borstig, selten angedeutet radial gezont, Rand heller bis weißlich. **FS** Dem Substrat folgend, mit zahlreichen zerstreuten bis dichtstehenden rundlichen Wärzchen, nussbraun, violettbraun bis umbrabraun. **F** Bräunlich, zäh, Geruch und Geschmack unspezifisch. **V** Mai bis Dezember, alte Fruchtkörper manchmal den Winter überdauernd. In jungen Nadelwäldern, Aufforstungen, Kahlschlägen und ähnlichen Pionierbiotopen, an liegendem Holz oder am Erdboden; in ganz Europa verbreitet und häufig. **W** Die Art ist an gestörten Stellen oft der erste Mykorrhizapilz, der Fruchtkörper bildet.

SP 8–10 × 7–8 µm, J-, Schnallen +, monomitisch, Zystiden -

2 Trichterförmiger Erdwarzenpilz

Thelephora caryophyllea

RL-3

FK Gestielt-trichterförmig, einzeln, gelegentlich an den Hüten zu mehreren zusammenwachsend. **H** 1–5 cm, flach, genabelt bis trichterförmig, oft etwas zerschlitzt oder rosettenförmig gedreht, radial runzelig oder faserig, maronen- bis purpurbraun, Randzone etwas heller, gekerbt. **FS** glatt oder schwach runzelig, etwas am Stiel herablaufend, purpur- bis umbrabraun. **ST** 1–1,5 × 4 cm, glatt, dunkelbraun bis purpurbraun. **F** Bräunlich, dünn, lederig, Geruch und Geschmack unspezifisch. **V** Ganzjährig. Auf Halden und in Pioniervegetation auf sandigem, nährstoffarmen Böden, meist unter Kiefern; in Mittel- und Nordeuropa verbreitet, meist selten. **W** Diese hübsche kleine Art ist aufgrund ihrer Biotopansprüche in den letzten zwanzig Jahre stark zurückgegangen und gilt daher als gefährdet.

SP 6,5–8,5 × 5–7 µm, J-, Schnallen +, monomitisch, Zystiden -

3 Stinkende Lederkoralle

Thelephora palmata

FK Korallenartig verzweigt, bis 12 cm hoch und 7 cm breit, Äste abgeflacht, in eine kurze, stielartige Basis zusammenlaufend, Astenden breit und stumpf. **FS** glatt, jung weißlich, bald bräunlich, alt purpurbraun bis schokoladenbraun. **ST** 0,3–1,5 cm, hellbraun bis dunkelbraun. **F** Dunkel, gummiartig, zäh, Geruch stark nach faulem Kohl, beim Trocknen stärker werdend. **V** Juli bis November. In moosigen, etwas feuchteren Nadelwäldern, oft gesellig oder in Reihen; in ganz Europa verbreitet, regional mäßig häufig, in Südeuropa selten. **W** Ein auf pH-Wert 9 eingestellter Sud ausgekochter Fruchtkörper färbt Wolle blaugrün, weswegen die Art bei Wollefärbern trotz des unangenehmen Geruchs sehr geschätzt ist.

SP 9–12 × 7–9 µm, J-, Schnallen +, monomitisch, Zystiden -

4 Weiße Lederkoralle

Thelephora penicillata

FK Flächig-krustenförmig am Boden dem Substrat anliegend, bis 15 cm groß, anfangs als weiße hautartige Fläche, dann zunehmend fransig zerschlitzt, mit aufgerichteten, unregelmäßig fächerförmigen Verzweigungen bis 3 cm Länge. **FS** Glatt, purpurbraun bis umbrabraun, unterseits und teilweise auch oberseits, Fruchtkörper daher ungleichmäßig braun und weiß gefärbt. **V** Juli bis November. In Nadel- und Laubwäldern aller Art, auf der Erde und das umgebende Substrat (Streu, Moose, Blätter usw.) überwachsend und einschließend; in ganz Europa verbreitet, meist selten, nur regional etwas häufiger. **W** Durch die flächigen, stark fransigen Fruchtkörper ist die Art gut erkennbar und von resupinaten Formen des Gewöhnlichen Erdwarzenpilzes (s. o.) unterschieden. Ähnlich soll auch *Th. mollissima* sein, doch wird dieser Name unterschiedlich interpretiert, und es ist unklar, was für ein Pilz genau damit gemeint ist.

SP 7–10 × 5–7,5 µm, J-, Schnallen +, monomitisch, Zystiden -

1

2

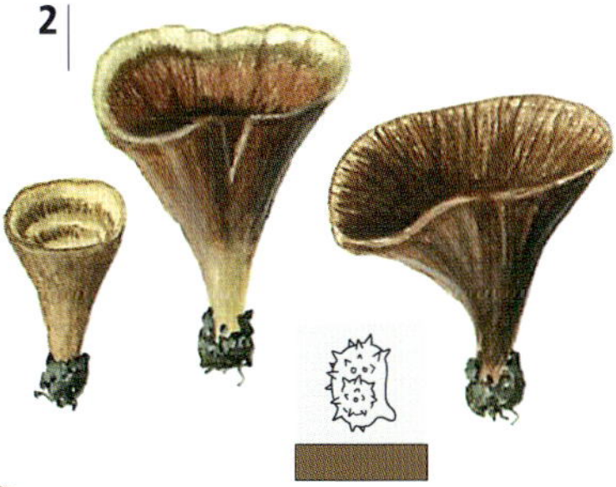

3

4

1 | Buchen-Stachelbart
Hericium coralloides

RL-G

FK Im Umriss unregelmäßig rundlich, 15–30 cm breit, 10–25 cm hoch, weißlich bis cremegelblich, aus einem kräftigen Strunk mit korallenartig verzweigten Ästen, die dicht mit herabhängenden Zähnchen besetzt sind, Äste mehrfach gegabelt, bis 1 cm dick, zur Spitze hin immer dünner werdend, weißlich bis cremegelb, mit 0,5–1,5 cm langen, unregelmäßig verteilten Stacheln besetzt, die vor allem an den Astenden dicht büschelig stehen. **F** Weißlich, Geruch und Geschmack unspezifisch, etwas fade, oft als unangenehm empfunden. **V** Juli bis November. In naturnahen Buchenwäldern mit hohem Totholzvorrat, an stehenden und liegenden Stämmen, sehr selten an anderen Laubhölzern; in ganz Europa im Areal der Rotbuche verbreitet, meist selten. **W** Alle Stachelbärte, also auch der Tannen-Stachelbart und die nachfolgenden Arten, gelten als Naturnähezeiger und kommen nur an dickem Totholz vor.

SP 6–7 × 4,5–5,5 µm, J+, Schnallen +

2 | Igel-Stachelbart
Hericium erinaceus

RL-2

FK Kissenförmig bis fast halbkugelig, bis 30 cm lang und 20 cm dick, auf zwei Drittel der Oberfläche mit langen, weißlichen, herabhängenden Stacheln besetzt, auf dem oberen Drittel mit sehr dichtstehenden, kurzen, filzig wirkenden Stacheln. **FS** Aus regelmäßigen, herabhängenden weißlichen Zähnchen von 2–5 cm Länge bestehend. **F** Weißlich, elastisch-faserig, weich, jung brüchig, alt relativ elastisch, Geruch und Geschmack unspezifisch, etwas fruchtig, schwach zitrusartig. **V** Juli bis November. In naturnahen Buchenwäldern mit hohem Totholzvorrat, an stehendem und liegendem Stammholz von Buche, sehr selten an anderen Laubhölzern; in ganz Europa verbreitet, überall selten, im Mittelmeergebiet weitgehend fehlend. **W** Da die Art sehr wohlschmeckend ist, kommt sie auch als Zuchtpilz in den Handel, meist unter dem Namen Affenkopfpilz oder Pompon/Pompom.

SP 8,5–13 × 4–6 µm, J+, Schnallen +

3 | Dorniger Stachelbart
Hericium cirrhatus (Syn. *Creolophus cirrhatus*)

RL-G

FK Aus mehreren, teils dachziegelig übereinander und nebeneinanderstehenden Teilhütchen bestehend, gesamte Konsole 10–20 cm breit und hoch. **H** 2,5–6 cm breit, flach, oft etwas unregelmäßig verbogen, cremefarben bis ockerfarben, alt ockerlich bis hell orangebräunlich, oberseits mit zerstreuten Stacheln und Wärzchen besetzt, unterseits mit langen Stacheln. **FS** Aus dichtstehenden, herabhängenden, 0,5–1,5 cm langen Zähnchen bestehend, rahmfarben bis rosacreme, trocken orangebraun. **F** Cremeweißlich, faserig, weich, dextrinoid, Geruch und Geschmack unspezifisch, mild. **V** Juli bis November. In naturnahen Buchenwäldern, seltener an anderen Laubbäumen wie z. B. Weide oder Eiche, an stehenden toten Stämmen und Stümpfen, seltener an liegenden Stämmen; in ganz Europa verbreitet, meist selten. **W** Alle Stachelbärte sind selten, wobei der Dornige Stachelbart regional noch der häufigste ist.

SP 3,5–4,5 × 3–3,5 µm, J+, Schnallen +

4 | Krause Glucke
Sparassis crispa

FK Rundlich-kissenförmig, an einen Badeschwamm erinnernd, 15–40 cm lang, 10–30 cm breit und hoch, aus einem breiten weißen Strunk und einer Vielzahl mehrfach verzweigter Äste bestehend, letztere an den Enden wellig oder bandartig und mit umgebogenem Rand, jung cremefarben, dann zunehmend gelblich, alt vor allem an den Enden gelbbräunlich. **FS** Glatt, auf der nach unten gerichteten Seite, nicht von der sterilen Oberseite zu unterscheiden. **V** Juli bis November. In Kiefernwäldern auf Sandboden, meist am Fuß noch stehender lebender Bäume oder auf deren Hauptwurzeln nahe des Stammes, selten an Douglasie oder Lärche, auf nährstoffarmen Böden; in ganz Europa verbreitet, außer in den Kalkgebieten überall häufig. **W** Die Gestalt, ähnlich einem riesigen Badeschwamm, macht die Krause Glucke unverwechselbar, wenn man von der ebenfalls essbaren Breitblättrigen Glucke *(S. laminosa)* absieht. Diese wird sogar noch größer, wächst bei Tanne, Fichte, Buche oder Eiche, und ihre bandartigen Astenden sind nicht umgebogen.

SP 4,5–6 × 3,5–4,5 µm, J-, Schnallen +

1

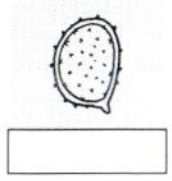

2

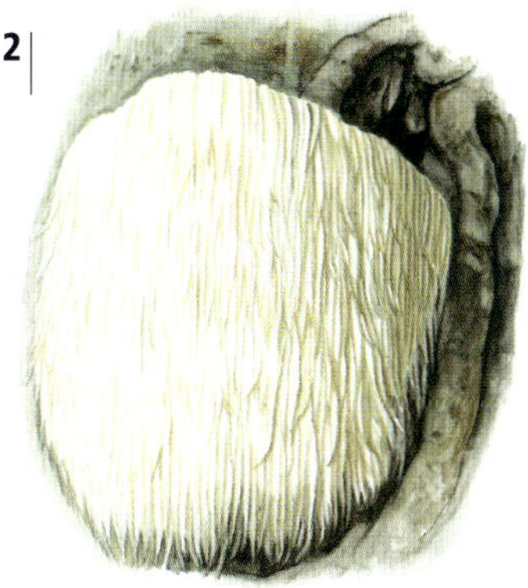

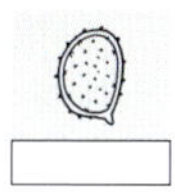

3

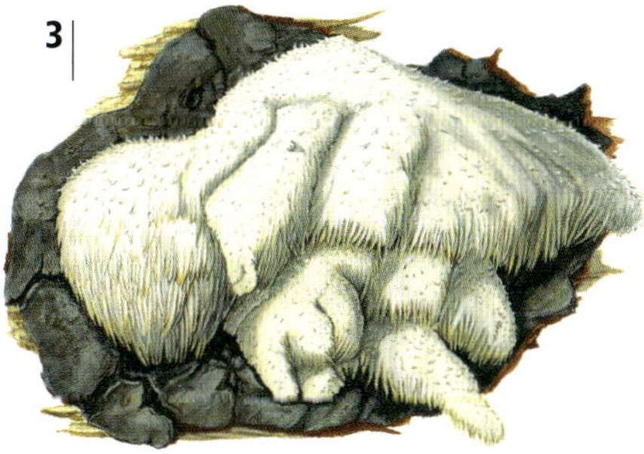

4

1 Goldgelbe Koralle
Ramaria aurea

FK Bis 15 cm hoch und breit, aus einem kräftigen Strunk zunächst mit blumenkohlartig stumpfen Astansätzen, dann Äste sich streckend und korallenartig verzweigt; Strunk breit, oft etwas unregelmäßig, weiß, nach oben zu gelblich, oft mit zerstreuten verkümmerten Astbildungen; Äste mehrfach gegabelt, gold- bis safrangelb, reif schwach rosalich getönt, Spitzen gleichfarben oder jung etwas tiefer orangegelb gefärbt. **F** Weißlich, feucht etwas marmoriert, gelegentlich mit schwach lachsfarbener Tönung. **V** Juli bis November. In naturnahen Buchenwäldern mit altem Baumbestand, auf basenreichen, kalkhaltigen Böden; in ganz Europa im Areal der Rotbuche verbreitet, selten bis sehr selten. **W** Früher wurden alle orangegelben Korallen als *R. aurea* bezeichnet, doch handelt es sich dabei meist um andere Arten, z. B. die viel häufigere *R. largentii* (→ S. 594). Die Goldgelbe Koralle ist eine Verantwortungsart (V !) für Deutschland.

SP 8,5–13 × 4–6 µm, Schnallen -

2 Gelbliche Koralle
Ramaria flava

RL-3

FK 15–25 cm breit und hoch, aus einem kräftigen Strunk zunächst mit blumenkohlartig stumpfen Astansätzen, dann Äste sich streckend und korallenartig verzweigt; Strunk unregelmäßig zylindrisch, meist konisch zugespitzt in die Erde eingesenkt, weiß, nach oben zu hellgelblich, oft mit zerstreuten verkümmerten Astbildungen, Äste mehrfach stumpf bis spitz gegabelt, jung blass, bald zunehmend intensiv zitronengelb, auch mit leicht grünlichem Ton, Spitzen gleichfarben. **F** Weißlich, feucht etwas marmoriert. **V** Juli bis November. In naturnahen Buchenwäldern mit altem Baumbestand, auf basenreichen, kalkhaltigen Böden; in ganz Europa im Areal der Rotbuche verbreitet, selten bis mäßig zerstreut. **W** Die Art ist von anderen gelben Korallen vor allem mikroskopisch durch das sehr flache Sporenornament abgrenzbar.

SP 10–15 × 4–5,5 µm, Schnallen +

3 Hellgelbliche Koralle
Ramaria subtilis

FK Im Wesentlich wie vorige, aber nur bis 8 cm breit und 12 cm hoch, sowie etwas blasser gelb. **V** Juli bis Dezember. In wärmebegünstigten Eichen- und Buchenwäldern, auf basischen Böden; in Süd- und Mitteleuropa verbreitet, nördlich der Alpen sehr selten, im Mittelmeergebiet zerstreut. **W** Der wissenschaftliche Name dieser Art wird diskutiert und kann sich noch ändern.

SP 10–16,5 × 4,5–6,5 µm, Schnallen -

4 Gelbbräunende Koralle
Ramaria flavobrunnescens

FK Bis 6 cm breit und hoch, aus einem kräftigen Strunk mit jung stumpfen Astansätzen, dann Äste sich streckend und korallenartig verzweigt, Strunk unregelmäßig zylindrisch, +/- oberflächig sitzend und kaum in die Erde eingesenkt, weiß, nach oben zu hellgelblich, oft mit zerstreuten verkümmerten Astbildungen, Äste mehrfach stumpf bis spitz gegabelt, sattgelb, Spitzen gleichfarben, Astenden auf Druck vor allem im Alter weinbräunlich verfärbend. **F** Weißlich, feucht etwas marmoriert. **V** Juli bis November. In Buchen- und Eichenwäldern, seltener unter Fichte (vor allem in Hochlagen), auf kalkhaltigen Böden; in ganz Europa verbreitet, selten bis mäßig zerstreut. **W** Die kleinen Fruchtkörper mit kleinen Sporen und das Bräunen im Alter kennzeichnen die Art.

SP 7–10 × 3–4,5 µm, Schnallen +

5 Blutrotfleckende Koralle
Ramaria sanguinea

RL-3

FK 8–15 cm breit und bis 12 cm hoch, aus einem kräftigen Strunk zunächst mit stumpfen Astansätzen, dann Äste sich streckend und korallenartig verzweigt, Strunk etwas konisch zugespitzt, wenig in die Erde eingesenkt, weiß, nach oben zu hellgelblich, wein- bis blutrot gefleckt, oft mit zerstreuten verkümmerten Astbildungen; Äste mehrfach stumpf bis spitz gegabelt, jung blass, dann primelgelb bis kalt schwefelgelb, gelegentlich ebenfalls mit wein- bis blutroten Flecken. **F** Weißlich, feucht etwas marmoriert. **V** Juli bis November. In Buchen- und Fichtenwäldern, auf kalkhaltigen Böden; in ganz Europa verbreitet, selten bis mäßig zerstreut. **W** Nur mikroskopisch durch Schnallen an den Septen unterscheidbar ist *R. eosanguinea*.

SP 8–12 × 4–5,5 µm, Schnallen -

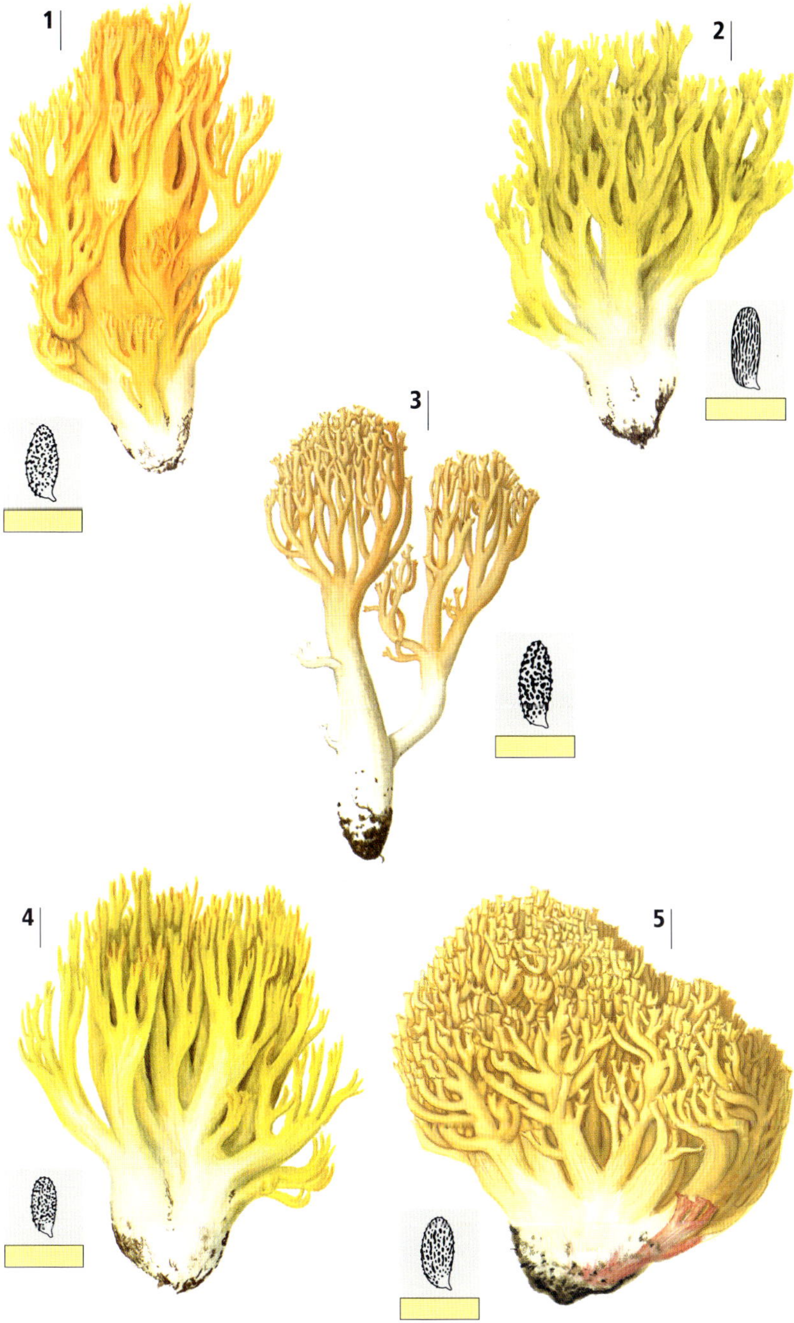
1
2
3
4
5

1 | Dreifarbige Koralle

Ramaria formosa

RL-V

FK Bis 15 cm breit und 20 cm hoch, aus einem kräftigen Strunk zunächst mit stumpfen Astansätzen, dann Äste sich streckend und korallenartig verzweigt, Strunk breit, meist etwas im Erdboden eingesenkt, oft kaum von den tief ansitzenden Ästen abgrenzbar, weiß, nach oben zu hell orangerosa, meist ohne verkümmerte Astbildungen, Äste mehrfach gegabelt, tief am Strunk entspringend, lachsfarben bis orangerosa, Spitzen schwefel- bis zitronengelb. **F** Weißlich, gelegentlich mit schwach bräunlicher Tönung nach dem Anschnitt. **V** Juli bis November. In Laubwäldern auf kalkhaltigen Böden; in ganz Europa verbreitet, regional (noch) zerstreut. **W** Die Dreifarbigkeit der Fruchtkörper kommt auch bei anderen Arten vor (s. u.). Alle Korallen mit lachsfarbenen Tönen sind nachweislich oder vermutet giftig.

SP 8,5–13 × 4–6,5 µm, Schnallen +

2 | Rosagelbe Koralle

Ramaria fagetorum ss. Schild 1978

RL-R

FK Im Wesentlich wie vorige Art, aber nur bis 8 cm breit und 10 cm hoch und (meist) mit rosalich getöntem Fleisch. Die Unterschiede liegen vor allem im mikroskopischen Bereich. **V** Juli bis November. In Buchenwäldern mit altem Baumbestand, auf basischen Böden; in Süd- und Mitteleuropa verbreitet, nördlich der Mainlinie sehr selten. **W** Der wissenschaftliche Name dieser Art wird sich vermutlich noch ändern, da sich die Originalbeschreibung auf ältere Fruchtkörper von *R. subbotrytis* bezieht (s. u.). Die Rosagelbe Koralle im heutigen Sinn ist eine Verantwortungsart (V !).

SP 7,5–11 × 3–5 µm, Schnallen -

3 | Ovalsporige Feuer-Koralle

Ramaria ignicolor

RL-R

Ebenfalls der Dreifarbigen Koralle stark ähnelnd, jedoch durch noch lebhaftere Färbung, Vorkommen im Nadelwald und andere Mikromerkmale unterschieden. **V** Juli bis November. In montanen Fichtenwäldern, auf Kalkboden; im Alpen- und Voralpengebiet verbreitet, aber selten, sonst fehlend. **W** Die jung auffallend leuchtende Färbung, vor allem aber die teils fast rundlichen Sporen sind gute Bestimmungsmerkmale.

SP 6–10 × 4–6,5 µm, Schnallen -

4 | Orangegelbe Gebirgs-Koralle

Ramaria largentii

RL-G

FK 15–25 cm breit und hoch, aus einem kräftigen Strunk jung mit blumenkohlartig stumpfen Astansätzen, mit zunehmendem Alter die Äste sich streckend und korallenartig verzweigt, Strunk breit, unregelmäßig zylindrisch, meist etwas verjüngend in die Erde eingesenkt, untere Hälfte weiß, nach oben zu hell gelblich, oft mit zerstreuten verkümmerten Astbildungen, Äste mehrfach stumpf bis spitz gegabelt, im unteren Bereich gelblich wie der Strunk, nach oben zu orangegelb bis orange, gelegentlich mit lachsfarbenem Ton, Spitzen gleichfarbig. **F** Weißlich, feucht etwas marmoriert, an den Rändern gelborange, Geruch etwas jodartig, wie Heftpflaster. **V** Juli bis November. In montanen Fichtenwäldern, auf basen- oder zumindest mineralreichen, meist kalkhaltigen Böden; in ganz Europa in den höheren Lagen verbreitet, im weiteren Alpenraums relativ häufig, sonst selten. **W** Die warm gelborange Färbung, die Größe und der Standort kennzeichnen diese Art, doch muss die Bestimmung immer mikroskopisch überprüft werden.

SP 10–15 × 4–6 µm, Schnallen +

5 | Rosenrote Koralle

Ramaria subbotrytis

FK Bis 10 cm breit und 8 cm hoch, aus einem kräftigen Strunk jung mit kurzen, stumpfen Astansätzen, dann Äste sich streckend und korallenartig verzweigt, Strunk unregelmäßig zylindrisch, +/- oberflächig sitzend und kaum in die Erde eingesenkt, weiß, nach oben zu jung rosa, älter lachsfarben, nur selten mit einzelnen verkümmerten Astbildungen, Äste mehrfach stumpf bis spitz gegabelt, jung tief rosarot, dann korallrosa, bald verblassend und einen lachsrosa Ton annehmend, Spitzen anfangs gelb, dann gleichfarben. **F** Weißlich, feucht etwas marmoriert, in den Ästen vom Rand her rosalich. **V** Juli bis November. In Buchen- und Eichenwäldern, seltener unter Hainbuche, auf kalkhaltigen Böden; in ganz Europa bis Mittelschweden verbreitet, überall selten. **W** Die Färbung junger Fruchtkörper macht die Art in Europa unverwechselbar, doch ältere Exemplare sind nicht immer einfach zu bestimmen.

SP 8–12 × 3–4,5 µm, Schnallen -

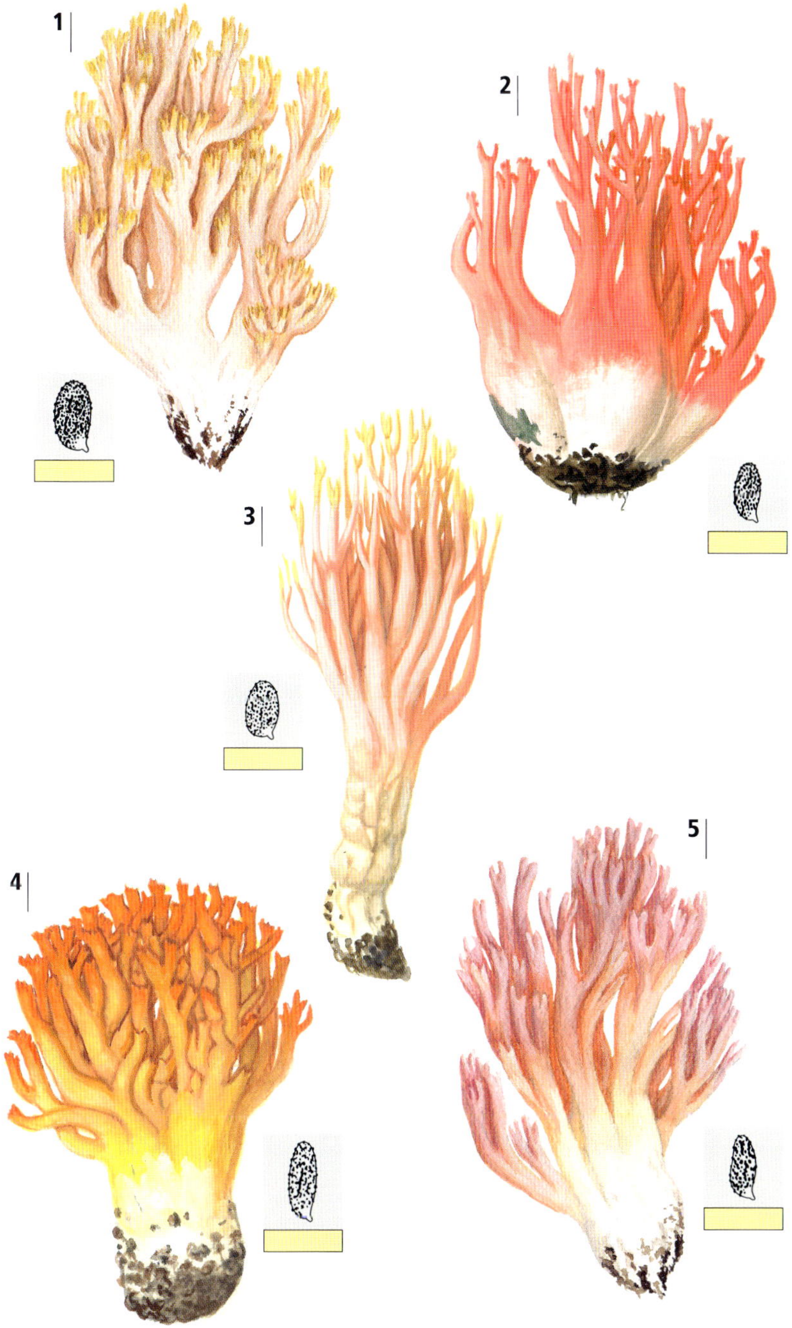
1
2
3
4
5

1 | Hahnenkamm-Koralle, Bärentatze
Ramaria botrytis

RL-2

FK Bis 15 cm breit und 20 cm hoch, aus einem kräftigen Strunk jung blumenkohlartig mit stumpfen Astansätzen, dann die Äste sich streckend und korallenartig verzweigt, Strunk breit, meist unregelmäßig konisch, leicht bis tief im Erdboden eingesenkt, weiß, nach oben zu alt etwas cremerosalich, mit wenigen verkümmerten Astbildungen, Äste mehrfach korallenartig gegabelt, weiß bis blass cremefarben, vom Spp. ockerlich getönt, Spitzen jung rosaviolett bis weinrosa, bald zu hell altrosa verblassend. **F** Weißlich, feucht etwas marmoriert, Geschmack mild. **V** Juli bis November. In Laubwäldern bei Buche, Eiche, Hainbuche oder Linde, auf basenreichen, kalkhaltigen Böden; in ganz Europa verbreitet, überall selten (geworden). **W** In früheren Zeiten war die Art ein beliebter Speisepilz, aufgrund ihrer Seltenheit sollte sie heute geschont werden. Nur mikroskopisch sicher zu trennen ist die kleinsporigere *R. rubripermanens*, die unter Fichte und Buche vorkommt. Auch *R. mairei* (s. u.) kann blassen Exemplaren recht ähnlich sehen.

SP 11–18 (–20) × 4,5–6,5 µm, Schnallen +

2 | Blasse Koralle, Bauchweh-Koralle
Ramaria mairei

RL-3

FK Bis 20 cm breit und hoch, aus einem kräftigen Strunk zunächst mit blumenkohlartig stumpfen Astansätzen, dann Äste sich streckend und korallenartig verzweigt. Strunk breit, meist unregelmäßig konisch im Erdboden eingesenkt, unten weiß, nach oben zu cremegrau bis blassbeige, meist mit einzelnen verkümmerten Astbildungen, manchmal mehrere Fruchtkörper zusammengewachsen, Äste mehrfach gegabelt, korallenartig verzweigt, schmutzig weißlich bis hell graurosa, hellbeige, Spitzen mit schwachem Rosaton. **F** Weißlich, feucht etwas marmoriert, Geruch antrocknend etwas maggiartig. **V** Juli bis November. In Laub- und Nadelwäldern, unter Fichte, Buche, Eiche, Hainbuche oder Linde, auf basenreichen, kalkhaltigen Böden; in ganz Europa verbreitet, regional nicht selten. **W** Die Art ist durch die auch jung sehr blasse Färbung schon makroskopisch meist gut erkennbar.

SP 8–12 × 4,5–6,5 µm, Schnallen -

3 | Lohbraune Koralle
Ramaria spinulosa

RL-R

FK Bis 10 cm breit und 12 cm hoch, aus einem mäßig kräftigen bis undeutlichen Strunk jung mit kurzen stumpfen Astansätzen, mit zunehmendem Alter die Äste sich streckend und korallenartig verzweigt, Strunk manchmal zylindrisch, oft aber fast fehlend und vom Boden weg in zwei bis drei Starkäste gegliedert, meist etwas verjüngend in die Erde eingesenkt, untere Hälfte weiß, nach oben zu bräunlich, milchkaffeefarben, Äste mehrfach stumpf bis spitz gegabelt, einheitlich beigebraun bis nussbraun, milchkaffeefarben, manchmal mit rötlich braunem oder violettgrauem Ton, Spitzen gleichfarbig. **F** Schmutzig weißlich, feucht etwas marmoriert. **V** Juli bis November. In Laub- und Nadelwäldern, unter Fichte oder Buche, auf basenreichen, kalkhaltigen Böden; in ganz Europa verbreitet, aber selten. **W** Die wenig bekannte Art ist anhand der Färbung gut zu erkennen, jedoch müssen zumindest blasse Exemplare mikroskopisch überprüft werden.

SP 8–12 × 4,5–6,5 µm, Schnallen -

4 | Violette Koralle
Ramaria fennica var. *fumigata*

RL-G

FK Bis 10 cm breit und ebenso hoch, oft aus einem kräftigen Strunk jung mit kurzen, stumpfen Astansätzen, bisweilen bereits an der Basis verzweigend, Äste sich später streckend und korallenartig verzweigt, Strunk unregelmäßig zylindrisch bis unförmig, manchmal reduziert, +/- oberflächig sitzend und kaum in die Erde eingesenkt, weiß, nach oben zu grauviolett bis fliederfarben, manchmal mit einzelnen verkümmerten Astbildungen, Äste mehrfach stumpf bis spitz gegabelt, jung fliederfarben, grau- bis rötlich violett, bald verblassend und schmutzig violettbräunlich, alt den Violettton völlig verlierend, manchmal olivlich werdend, mit Lauge rot, Spitzen anfangs weißlich bis rosa, dann gleichfarben. **F** Weißlich, feucht etwas marmoriert. **V** Juli bis November. In Buchen- und Eichenwäldern, seltener unter Hainbuche, auf kalkhaltigen Böden; in ganz Europa verbreitet, überall selten. **W** Nur junge Fruchtkörper sind farblich unverwechselbar, doch sobald die violette Färbung vergangen ist, ist die Art nicht einfach zu erkennen.

SP 8–12 × 4–5,5 µm, Schnallen +

1

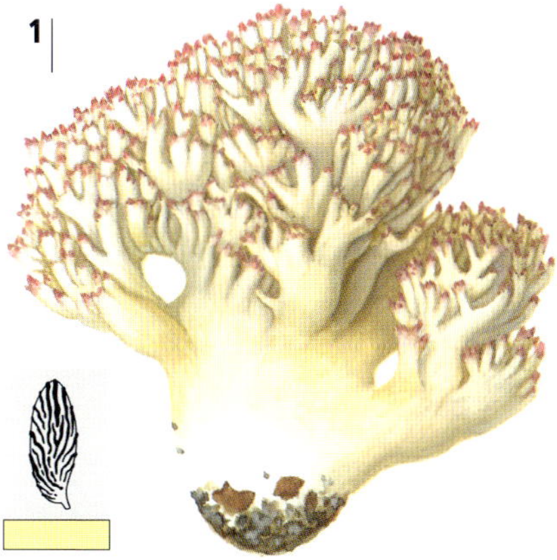

2

3

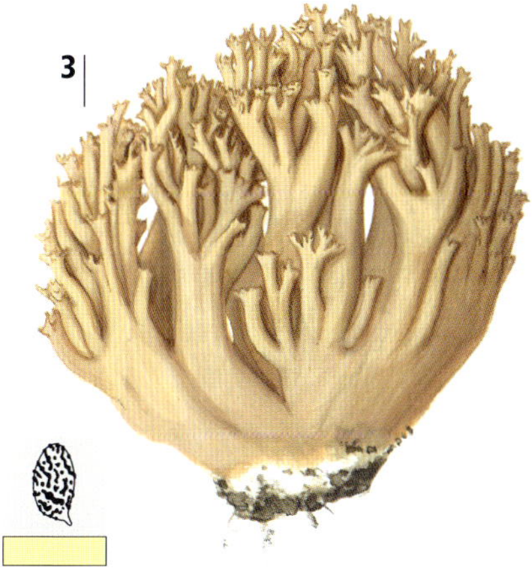

4

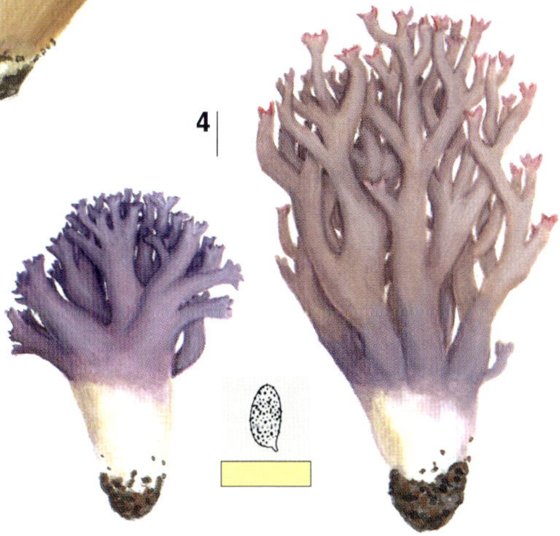

1 Steife Koralle
Ramaria stricta

FK Bis 10 cm breit und 15 cm hoch, meist aber deutlich kleiner, Strunk reduziert und zylindrisch, oft nahezu fehlend und Fruchtkörper direkt vom Boden ab verzweigt, junge Äste kurz und stumpf, bald sich streckend und verzweigend, Äste mehrfach korallenartig gegabelt, dicht beieinander und meist starr aufrecht gerichtet, jung ockergelb, mit zitronengelben Spitzen, bald zunehmend fleischrosa getönt, an Druckstellen und im Alter rotbräunlich bis weinbräunlich, Basalmyzel weiß, oft mattenartig den Stielgrund umgebend. **F** Weißlich, mit der Zeit fleischbräunlich verfärbend, elastisch, Geschmack mild bis bitterlich. **V** Juni bis Dezember. In Laubwäldern aller Art, auf morschen Stämmen, Ästen und Holzresten der unterschiedlichsten Laubbäume, manchmal scheinbar am Boden, doch stets mit Holzkontakt, sehr selten auf Kiefer, bodenvag; in ganz Europa verbreitet, überall häufig. **W** Die vielleicht häufigste Korallenart überhaupt ist an den mehrheitlich parallel aufsteigenden Ästen und dem Vorkommen in Verbindung zu Laubholz erkennbar.

SP 7–10 × 3,5–5 µm, Schnallen +

2 Grünspitzige Koralle
Ramaria apiculata

RL-G

FK Insgesamt sehr ähnlich älteren kleinen Exemplaren der Steifen Koralle (s. o.). Morphologische Unterschiede sind die deutlich grünen Astspitzen und die von jung an fleischbräunliche Astfärbung. **V** Juli bis November. In Nadelwäldern, an morschen Stubben von Fichte, Tanne oder Kiefer, auch auf vergrabenem Holz, bodenvag; in ganz Europa verbreitet, in Berglagen regional nicht selten. **W** Ältere Exemplare dieser und der vorstehenden Art sind häufig nur mikroskopisch anhand der Rhizomorphenstruktur trennbar.

SP 7–10,5 × 3,5–5 µm, Schnallen -

3 Zierliche Koralle
Ramaria gracilis

RL-G

FK Bis 6 cm breit und 10 cm hoch, kurz gestielt oder strunklos direkt vom Boden aus dicht verzweigt, Strunk wenn vorhanden kurz und schmal, weiß, oft aber fast fehlend, Äste mehrfach stumpf bis spitz gegabelt, vergleichsweise fein verästelt, einheitlich cremeweiß, meist mit zart rosalicher Tönung, Spitzen gleichfarbig, fein zerschlitzt. **F** Schmutzig weißlich, Geruch auffallend anisartig. **V** Juli bis November. In Nadelwäldern, unter Fichte oder Kiefer in der Streu, bodenvag; in ganz Europa verbreitet, regional nicht selten. **W** Wenig bekannt, aber durch den Anisgeruch einfach erkennbar. Ähnlich sind die Kammkoralle (*Clavulina coralloides*, → S. 606) und die sehr seltene *R. suecica*.

SP 5–7,5 × 2,8–4 µm, Schnallen -

4 Flattrige Fichten-Koralle
Phaeoclavulina flaccida (Syn. *Ramaria flaccida*)

FK Bis 4 cm breit und 5 cm hoch, Basis aus einer oder mehreren kurzen, stielartigen Strünken bestehend, Äste oft direkt über dem Erdboden abzweigend, Strunk zylindrisch, meist reduziert, weiß, von unten her filzig überzogen, mit weißen, dicht verwobenen Myzelsträngen, Äste mehrfach spitz gegabelt, jung wie alt ockergelb bis rötlich ocker, Spitzen gleichfarben. **F** Weißlich, etwas brüchig. **V** Juli bis November. In Laub- und Nadelwäldern, in der Streu, meist sehr gesellig in Gruppen oder Reihen, bodenvag; in ganz Europa verbreitet, häufig. **W** Es gibt mehrere weitere ockergelbe kleine Korallenarten, die sich nur mikroskopisch sicher unterscheiden lassen.

SP 5,5–8,5 × 3–4,2 µm, Schnallen +

5 Grünfleckende Koralle
Phaeoclavulina abietina (Syn. *Ramaria abietina*)

FK Im Wesentlichen der vorigen Art gleichend, aber mit olivlichem Ton und grünendem Fleisch. Die olivgrüne bis blaugrüne Verfärbung in allen Teilen nach Verletzung oder im Alter macht die Art unverkennbar. **V** Juli bis November. In Nadelwäldern, in der Streu unter Fichte, Tanne oder Kiefer, bodenvag; in ganz Europa verbreitet, regional nicht selten. **W** Nicht verwechseln darf man die Grünspitzige Koralle (s. o.), deren Astspitzen zwar grün sind, die ansonsten aber keine Verfärbung zeigt.

SP 5,5–9,5 × 3,2–5 µm, Schnallen +

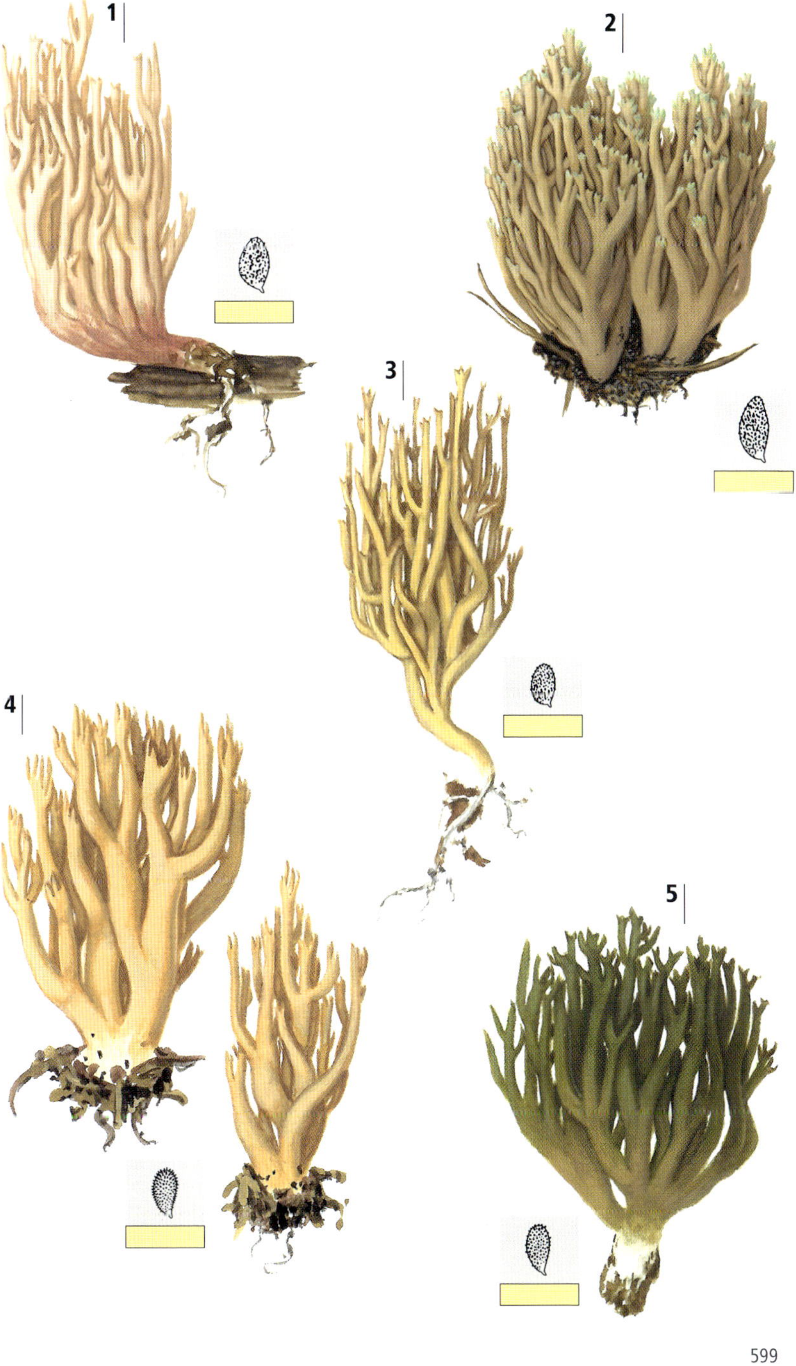
1
2
3
4
5

1 | Geweihförmige Wiesenkeule

Clavulinopsis corniculata

RL-3

FK 2–5 cm hoch und 1–4 cm breit, aus einem zylindrischen Stiel mehrfach strauch- oder korallenartig verzweigt, selten nur einfach gegabelt, bisweilen mehrere Fruchtkörper, in dichter Gruppe beisammen, Stiel 0,2–0,5 cm breit, zitronen- bis goldgelb, an der Basis weiß, glatt, feucht etwas schmierig, Äste meist mehrfach gegabelt, selten nur einfach oder gar nicht verzweigt, zitronengelb bis goldgelb, Gabelungen abgerundet U-förmig. **F** Etwas heller gelblich als die Außenseite, brüchig, Geschmack mehlartig, oft schwach bitterlich, Geruch gerieben mehlartig. **V** August bis Dezember. In ungedüngten, meist naturnahen Wiesen, Weiden und Magerrasen, oft zwischen Moosen (z. B. *Rhytidiadelphus*), bodenvag; in ganz Europa verbreitet, in entsprechenden Biotopen mäßig zerstreut. **W** Der Mehlgeruch lässt die Art meist zweifelsfrei erkennen. Sie ist die einzige dottergelbe Art dieser Verwandtschaft, die sowohl verzweigt als auch glattsporig ist. Die Ähnlichkeit mit dem Klebrigen Hörnling (→ S. 618), der gummiartig ist und an Holz wächst, ist rein äußerlich, die Arten sind nicht miteinander verwandt.

SP 4,5–6 × 4–6 µm, Schnallen +

2 | Zarte Wiesenkeule

Clavulinopsis subtilis

RL-G

FK Bis 2 cm breit und 4 cm hoch, kurz bis lang gestielt, sehr selten direkt vom Boden aus verzweigt, Stiel bis 0,3 cm breit, cremeweiß bis elfenbeinfarben, Äste mehrfach gegabelt, Gabelungen meist spitz v-förmig, einheitlich cremeweiß, meist mit zart rosalicher Tönung. **F** Schmutzig weißlich, Geruch unspezifisch. **V** Juli bis November. In naturnahen, meist etwas verfilzten Wiesen, in Hecken unter Weißdorn oder Schlehe, selten in Wäldern, meist auf nackter Erde, Kalkböden bevorzugend; in ganz Europa verbreitet, regional nicht selten. **W** Es gibt mehrere ähnliche Arten, u. a. schmächtige Exemplare der Kammkoralle (→ S. 606).

SP 4–6 × 3–4,5 µm, Schnallen +

3 | Safrangelbe Zwergkoralle

Ramariopsis crocea

RL-G

FK Der Geweihförmigen Wiesenkeule (vgl. oben) sehr ähnlich, aber ohne Mehlgeruch und mit mehr orangegelber Färbung, bis 3 cm hoch und 1,5 cm breit. **V** Juli bis November. In lichten Laubwäldern mit Esche und Ahorn, in Gebüschen (Weißdorn, Schlehe) auf lehmigem, meist kalkhaltigem Boden, seltener in ungedüngten Wiesen und Magerrasen; in ganz Europa verbreitet, überall selten. **W** Aufgrund der warzigen Sporen und der verzweigten Fruchtkörper ein typischer Vertreter der Gattung *Ramariopsis*.

SP 2,5–4 × 2,5–3,5 µm, Schnallen +

4 | Violette Zwergkoralle

Ramariopsis pulchella

RL-G

FK Bis 1,5 cm breit und 3 cm hoch, kurz bis lang gestielt, Stiel manchmal an der Basis einfach gegabelt, zylindrisch, blassockerlich, violett überhaucht, Basis weißlich, Äste mehrfach spitz gegabelt, intensiv violett, veilchenfarben, manchmal blasser oder rosaviolett, Spitzen gleichfarben. **F** Weißlich, etwas brüchig. **V** Juli bis November. In Eschen-Ahorn-Mischwäldern, in ungedüngten Wiesen und Magerrasen, bodenvag, basische Böden bevorzugend; in ganz Europa verbreitet, überall selten. **W** Die violette Färbung und die kleinen Fruchtkörper machen die Art fast unverwechselbar.

SP 3,5–4 × 3–3,5 µm, Schnallen +

5 | Amethystfarbige Wiesenkoralle

Clavaria zollingeri

RL-G

FK Bis 8 cm hoch und ebenso breit, aus einem kurzen Strunk mit zahlreichen gewundenen, verzweigten Ästen, oft durch Zusammenwachsen mehrerer Fruchtkörper entstehend, Stiel als unförmiger kurzer, breiter Strunk, weißlich, Äste gewunden, mehrfach verzweigt, tief violett, veilchenfarben, Spitzen gleichfarben, stumpf endend. **V** Juli bis November. In naturnahen, ungedüngten Wiesen und Magerrasen, selten in Pionierwäldern mit Esche und Ahorn, bodenvag; in ganz Europa verbreitet, überall selten bis sehr selten. **W** Die Art ist durch die lebhaft violette Farbe gut erkennbar. Vermutlich handelt es sich aber um einen Artenkomplex mehrerer makroskopisch kaum trennbarer Arten. Sie kann als Signalart für hochwertiges, artenreiches Grünlandbiotop gelten.

SP 4–6,5 × 3,5–5,5 µm, Schnallen - (an Basidien +)

1

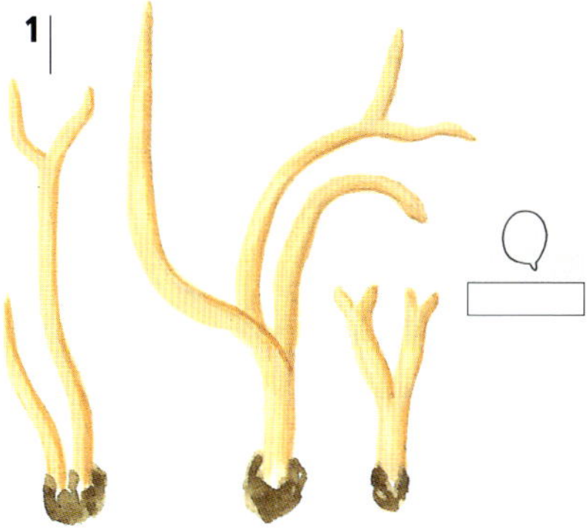

2

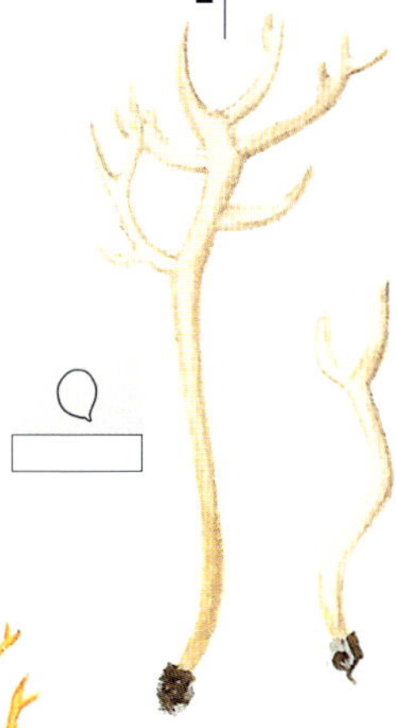

3

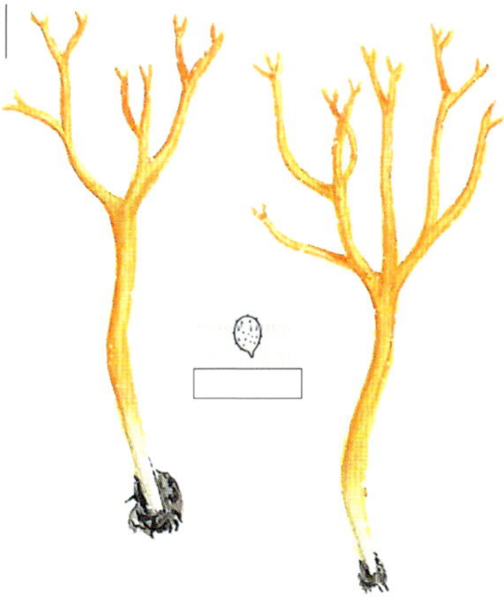

4

5

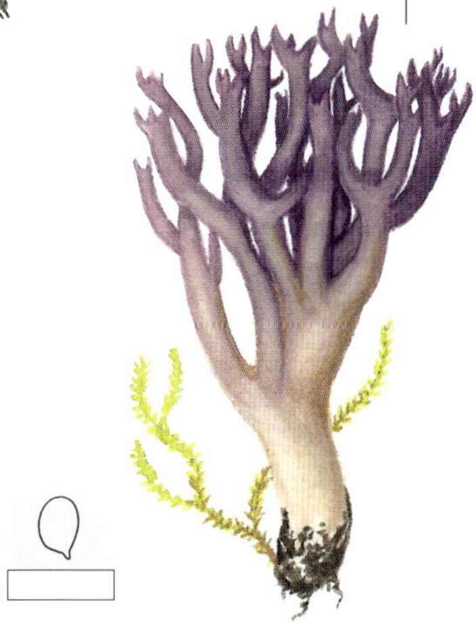

1 Goldgelbe Wiesenkeule
Clavulinopsis helvola

RL-3

FK 2–5 cm hoch und 0,2–0,4 cm breit, zylindrisch bis schwach keulig, unverzweigt, aber gelegentlich an der Spitze schwach gegabelt, oft im unteren Bereich abgeplattet, Stiel und Keule fließend ineinander übergehend und nicht voneinander abgrenzbar, lebhaft goldgelb. **F** Etwas heller gelblich als die Außenseite, brüchig, Geschmack und Geruch unspezifisch. **V** August bis Dezember. In ungedüngten, meist naturnahen moosigen Wiesen, Weiden und Magerrasen, gelegentlich in Pionierwälder oder Eschen-Ahornwäldern, bodenvag; in ganz Europa verbreitet, in entsprechenden Biotopen regional nicht selten. **W** Die mit Abstand häufigste Art der Gattung ist an der einheitlich goldgelben Färbung zu erkennen, sollte aber anhand der warzigen Sporen mikroskopisch geprüft werden.

SP 5–7 × 4,5–6 µm, Schnallen +

2 Gelbweiße Wiesenkeule
Clavulinopsis luteoalba

RL-3

FK Voriger Art sehr ähnlich, allerdings oft eher aprikosengelb und mit hellgelber bis fast weißer Spitze. Nicht selten aber wie vorige einheitlich goldgelb und dann nur mikroskopisch trennbar. **V** Wie vorige Art und nicht selten mit dieser zusammen; in ganz Europa verbreitet, überall selten. **W** Weitere gelb gefärbte Wiesenkeulen sind z. B. *C. laeticolor* mit meist orangegelbem Stielteil und weitere, nur mikroskopisch trennbare Arten. Alle sind sehr selten, die Gattung ist generell als Naturnähezeiger anzusehen.

SP 5,5–8 × 3–4,5 µm, Schnallen +

3 Spindelförmige Wiesenkeule
Clavulinopsis fusiformis

RL-2

FK 5–10 (–15) cm hoch und 0,3–0,6 cm breit, zylindrisch bis spindelig, unverzweigt, aber gelegentlich an der Spitze gegabelt, meist zu etlichen dicht büschelig wachsend, meist vollständig oder zumindest im unteren Bereich abgeplattet, Stiel und Keule fließend ineinander übergehend und nicht voneinander abgrenzbar, zitronengelb, goldgelb bis orangegelb, Spitze gelegentlich etwas dunkler orangegelb. **F** Gelblich, Geruch unspezifisch, Geschmack etwas bitter. **V** August bis Dezember. In ungedüngten, meist naturnahen moosigen Wiesen, Weiden und Magerrasen, bodenvag, etwas häufiger in montanen sauren Magerwiesen; in ganz Europa verbreitet, überall selten. **W** Die großen zuspitzenden Keulen, die in Büscheln wachsen, lassen die Art gut erkennen. Sie gilt als Signalart für naturnahe Wiesen, in denen auch viele weitere gefährdete Arten zu erwarten sind.

SP 5–8,5 × 4,5–8 µm, Schnallen +

4 Purpurfarbene Keule
Alloclavaria purpurea

RL-R

FK 6–12 cm hoch und 0,2–0,5 cm breit, zylindrisch, aber nach oben zu spindelig ausspitzend, unverzweigt, einzeln, aber gesellig oder zu wenigen büschelig wachsend, selten stellenweise rillig oder abgeplattet, Stiel und Keule fließend ineinander übergehend und nicht voneinander abgrenzbar, rosa- bis blauviolett, veilchenfarben, auch weinviolett, fein bereift (Lupe!). **F** Blass rosalich, etwas brüchig, Geruch und Geschmack unspezifisch. **V** Juli bis November. In Eschen-Ahorn-Mischwäldern, feuchten Fichtenwäldern, entlang von Bächen, bodenvag, saure Böden bevorzugend; in ganz Europa verbreitet, überall selten. **W** Die violetten schlank zylindrischen Fruchtkörper machen die Art unverwechselbar.

SP 7–9,5 × 3–4,5 µm, Schnallen - (an Basidien +), Zystiden +

5 Rauchgraue Keule
Clavaria fumosa

RL-G

FK Bis 12 cm hoch und 0,2–0,6 cm breit, zu mehreren bis 50 Fruchtkörper büschelig wachsend, Stiel und Keule fließend ineinander übergehend und nicht voneinander abgrenzbar, grauweißlich, creme- bis rauchgrau, zylindrisch, apikal zuspitzend, nicht verzweigt. **F** Weißlich, brüchig, ohne spezifischen Geruch und Geschmack. **V** Juli bis November. In naturnahen, ungedüngten Wiesen und Magerrasen, selten in Pionierwäldern mit Esche und Ahorn, bodenvag; in ganz Europa verbreitet, regional in montanen Lagen mäßig zerstreut, sonst überall selten. **W** Ähnliche Keulenarten sind entweder kleiner und einzeln wachsend oder anders gefärbt.

SP 6–7,5 × 3,5–4,5 µm, Schnallen - (an Basidien +)

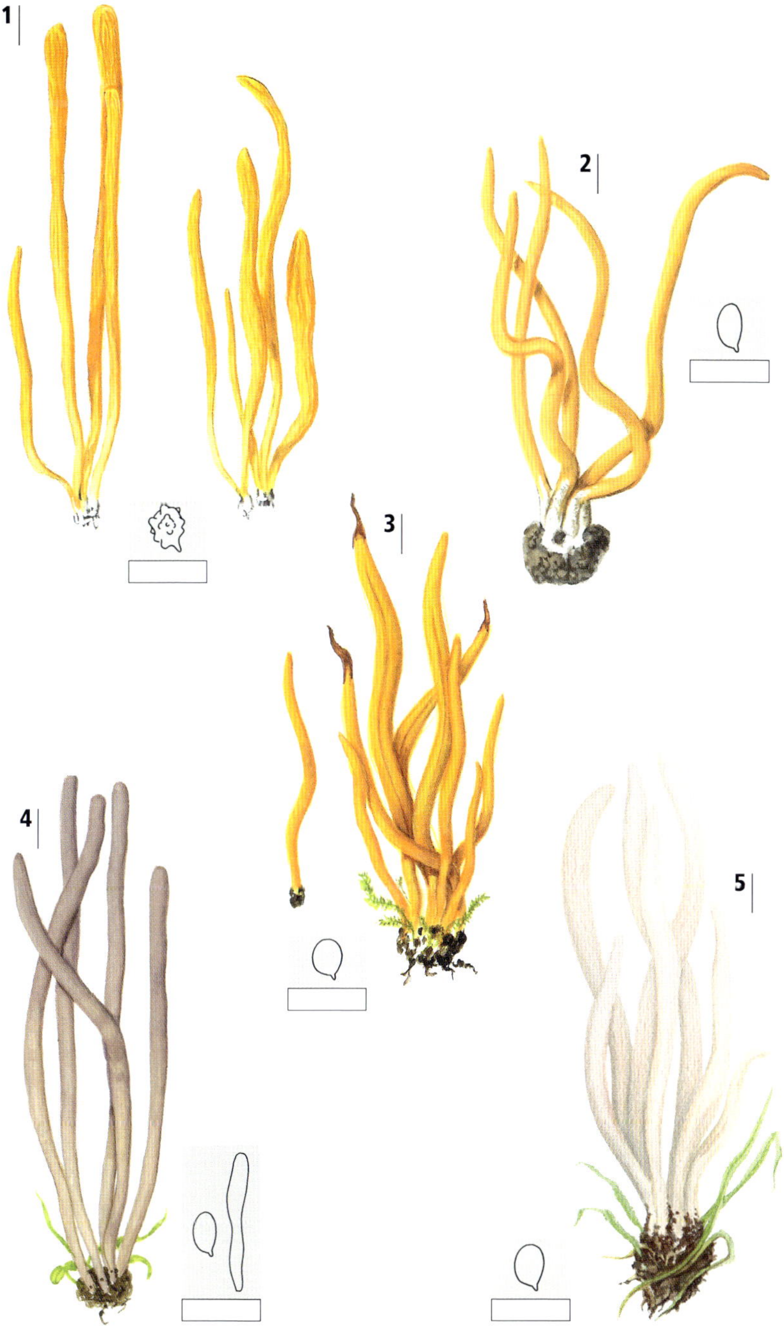
1
2
3
4
5

1 Wurmförmige Keule
Clavaria fragilis

RL-G

FK 3–10 cm hoch und 0,2–0,4 cm breit, zylindrisch, nach oben zu etwas zuspitzend, stets unverzweigt, Stiel und Keule fließend ineinander übergehend und nicht voneinander abgrenzbar, rein weiß, Wuchs einzeln oder zu mehreren büschelig eng zusammenstehend, jedoch basal nicht verwachsen. **F** Weiß, brüchig, Geschmack und Geruch unspezifisch. **V** Juli bis Dezember. In ungedüngten, meist naturnahen moosigen Wiesen, Weiden und Magerrasen, gelegentlich in Pionierwäldern, Eschen-Ahornwäldern oder in Schlehen-Liguster-Gebüsch, bodenvag; in ganz Europa verbreitet, in entsprechenden Biotopen regional nicht selten. **W** Kleine Kollektionen sind makroskopisch kaum von ähnlichen Arten zu trennen und müssen mikroskopisch bestimmt werden.

SP 5–7 × 3–4,5 µm, Schnallen -

2 Weißes Spitzkeulchen
Clavaria falcata

RL-G

FK Voriger Art sehr ähnlich, aber etwas kleiner und variabler in der Form, Spitze gelegentlich schwach verbreitert oder mit seitlichem Auswuchs, Wuchs einzeln, gesellig, nicht büschelig. **V** Wie vorige Art und nicht selten mit dieser zusammen; in ganz Europa verbreitet, meist selten. **W** Alle Arten der Gattung können als Naturnähezeiger angesehen werden, vor allem weil sie sehr sensibel auf Nährstoffeinträge reagieren.

SP 7,5–9,5 × 6,5–7 µm, Schnallen - (an Basidien +)

3 Heide-Keule
Clavaria argillacea

RL-G

FK 3–6 (–8) cm hoch und 0,3–0,6 cm breit, zylindrisch oder schwach bis deutlich keulig, unverzweigt, aber gelegentlich an der Spitze eingedellt, oft etwas abgeplattet und mit Längsrille, Stiel und Keule fließend ineinander übergehend und nicht voneinander abgrenzbar, gelblich weiß bis strohgelb. **F** Hellgelblich, Geruch und Geschmack unspezifisch. **V** Juli bis Dezember. In Heiden, Mooren und ähnlicher Pioniervegetation, auf nährstoffarmen, sauren Böden; in ganz Europa verbreitet, mit Ausnahme von größeren Heidegebieten überall selten. **W** Das Vorkommen auf sandigen Böden bei Heidekrautgewächsen ist ein guter Hinweis auf die Art.

SP (7–)9–11 × 4–5,5 µm, Schnallen -

4 Rosa Keule
Clavaria rosea

FK 3–6 cm hoch und 0,2–0,4 cm breit, zylindrisch bis spindelig, apikal stets ausspitzend, unverzweigt, Stiel und Keule fließend ineinander übergehend und nicht voneinander abgrenzbar, blass bis intensiv rosa, inkarnat, Wuchs einzeln, aber gesellig oder zu wenigen büschelig wachsend. **F** Weißlich bis blass rosalich, brüchig, Geruch und Geschmack unspezifisch. **V** Juli bis November. In ungedüngten Magerrasen, Extensivwiesen und -weiden, gelegentlich in Pionierwäldern, Eschen-Ahornwäldern oder Gebüschen, bodenvag; in ganz Europa verbreitet, überall selten. **W** Ähnlich gefärbt ist die etwas blassere Fleischfarbene Keule *(C. incarnata)*, die jedoch mikroskopisch durch große Schnallen an den Basidien unterscheidbar ist.

SP 5,5–8 × 2,5–3,5 µm, Schnallen -

5 Bläulichbereifte Keule
Clavaria greletii

RL-1

FK Bis 8 cm hoch und 0,2–0,5 cm breit, zylindrisch, unverzweigt, Spitze abgerundet, Stiel und Keule fließend ineinander übergehend und nicht voneinander abgrenzbar, schiefergrau, bläulich grau bis grünlich grau, frisch deutlich bereift, Wuchs einzeln, gelegentlich gesellig. **F** Düster grünlich grau, brüchig, ohne spezifischen Geruch und Geschmack. **V** Juli bis November. In naturnahen, ungedüngten Wiesen und Magerrasen, selten in Laubwäldern mit Esche und Ahorn, bodenvag; in ganz Europa verbreitet, überall sehr selten. **W** Für den Erhalt dieser Art hat Deutschland eine besonders hohe Verantwortlichkeit (!!).

SP 6,5–9,5 × 6–8,5 µm, Schnallen - (an Basidien +)

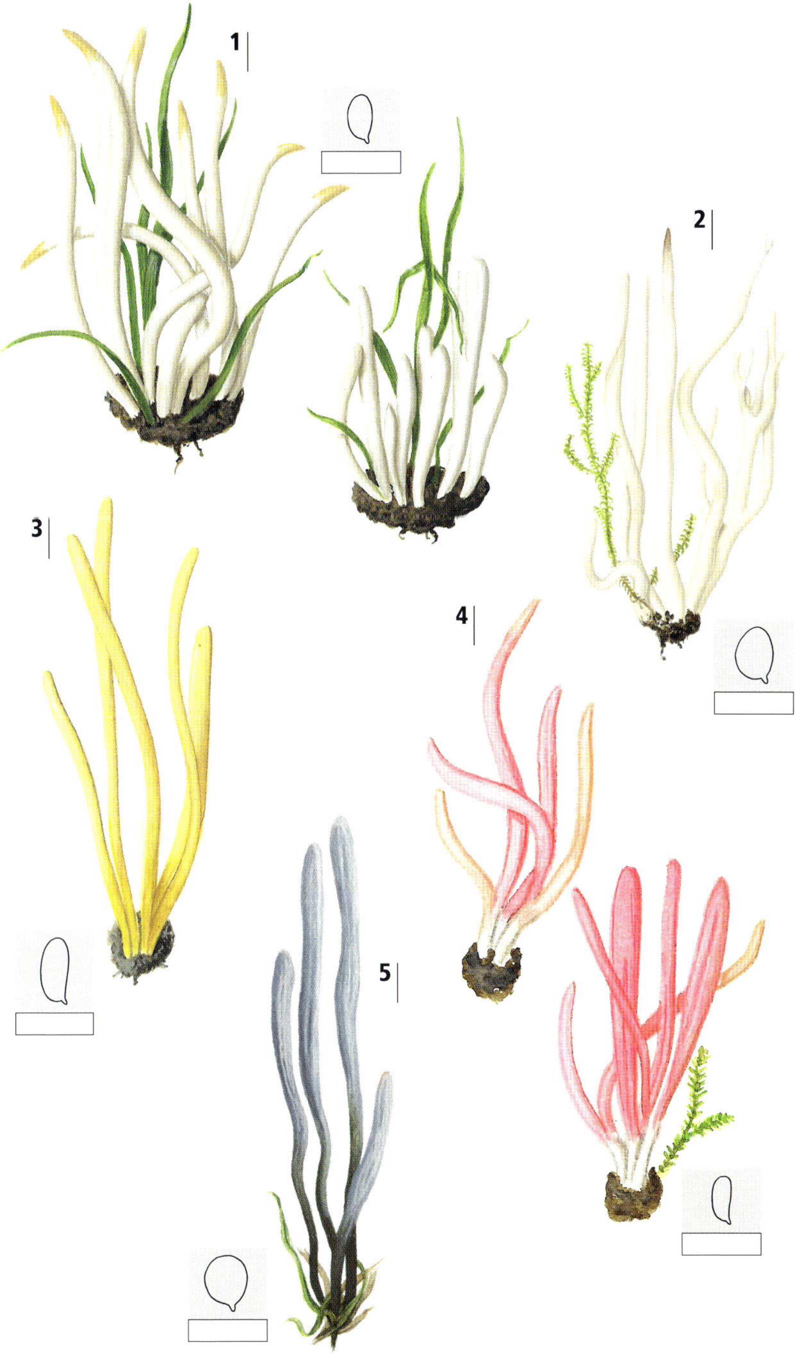
1
2
3
4
5

1 Gewöhnliche Kammkoralle
Clavulina coralloides

FK 3–10 cm hoch und 1–5 cm breit, aus einem wenig ausgeprägten Strunkteil korallenartig verzweigt, Astenden mit meist mehreren Spitzen auf gleicher Ebene (kammartig), nicht selten nur wenig bis gar nicht verzweigt, weiß bis creme, je nach Forma auch gelb (f. *lutea*), rosalich (f. *griseorosata*) oder bräunlich, Wuchs einzeln oder zu mehreren büschelig eng zusammenstehend, jedoch basal nicht verwachsen. **F** Weiß, brüchig, Geschmack und Geruch unspezifisch. **V** Juni bis Dezember. In Wäldern aller Art, Parks und Gebüschen, bodenvag; in ganz Europa verbreitet, überall häufig. **W** Es gibt mehrere ähnliche Arten, die schwer unterscheidbar sind. Im Gegensatz zu den echten Korallen haben Kammkorallen weißes Sporenpulver und andere Mikromerkmale.

SP 7–10 × 6–9 µm, Schnallen +

2 Runzelige Kammkoralle
Clavulina rugosa

FK 3–10 cm hoch und 0,3–1 cm breit, schlank keulig bis wellig zylindrisch, apikal oft schwach verzweigt, oft abgeplattet und mit Längsrille, weißlich bis blass creme, Oberfläche rau, Wuchs einzeln oder zu mehreren büschelig eng zusammenstehend, jedoch basal nicht verwachsen. **F** Weiß, brüchig, Geschmack und Geruch unspezifisch. **V** Juni bis Dezember. In Wäldern aller Art, bodenvag; in ganz Europa verbreitet, überall häufig. **W** Da auch die Gewöhnliche Kammkoralle unverzweigt sein kann, entscheidet in Zweifelsfällen das unterschiedliche Sporenmaß der beiden Arten.

SP 9–12,5 × 7,5–10,5 µm, Schnallen +

3 Weißliche Borstenkoralle
Pterula multifida

FK Bis 2–5 cm hoch und 1–3 cm breit, aus einem dünnen Stiel heraus strauchartig verzweigt, Einzeläste spitz, weißlich bis cremefarben, älter beige, sehr dichtstehend, dadurch polsterförmig wirkend, Wuchs gesellig, oft größere Flächen besiedelnd. **F** Weißlich, relativ elastisch, Geruch stark und eigentümlich, tinten-, phenol- bis vanilleartig. **V** Juli bis November. In Nadelwäldern in der Streu, auf Sägemehl oder Holzhäcksel, selten im Laubwald, bodenvag; in ganz Europa verbreitet, meist selten, regional etwas häufiger. **W** Die sehr feine Struktur des Fruchtkörpers und der auffallende Geruch machen die Art unverkennbar. In den Tropen ist die Gattung *Pterula* sehr artenreich vertreten, in Europa dagegen nur mit zwei Arten.

SP 5–7 × 3–3,5 µm, Schnallen +

4 Linsen-Fadenkeulchen
Typhula phacorhiza

FK 4–10 cm hoch, fadenförmig, unverzweigt, aus einem braunen, linsenförmigen Sklerotium entspringend, Stielteil 0,3–0,5 mm breit, etwas dunkler als der creme- bis beigefarbene Kopfteil (0,5–1 mm breit, meist etwas gebogen). **F** Hellbräunlich, wachsartig, Geruch und Geschmack unspezifisch. **V** August bis Dezember. In feuchten Laubwäldern, in der Laubstreu; in ganz Europa verbreitet, nicht selten. **W** Sehr ähnlich ist die Binsen-Röhrenkeule (*Macrotyphula filiformis*, → S. 608), die jedoch kein Sklerotium aufweist und kürzere Sporen hat.

SP 11–14 × 4,5–5,5 µm, Schnallen +

5 Borstenfüßiges Fadenkeulchen
Typhula setipes

FK Ähnlich voriger Art, jedoch rein weiß, und deutlich kleiner, 4–5 mm hoch, Stiel glasig weiß, fein haarig, 0,1–0,2 mm breit, Kopfteil zylindrisch bis schwach keulig, weiß, apikal abgerundet, 0,3–0,5 mm breit. **F** Weißlich, brüchig, Geruch und Geschmack unspezifisch. **V** Juli bis November. In feuchten Laubwäldern, auf Blatt- und Pflanzenresten, bodenvag; in ganz Europa verbreitet, überall selten, aber sicherlich oft übersehen. **W** Ein Sklerotium kann vorhanden sein oder auch fehlen. Es gibt weitere ähnliche Arten an Pflanzenresten.

SP 7–8,5 × 3–4 µm, Schnallen + oder -

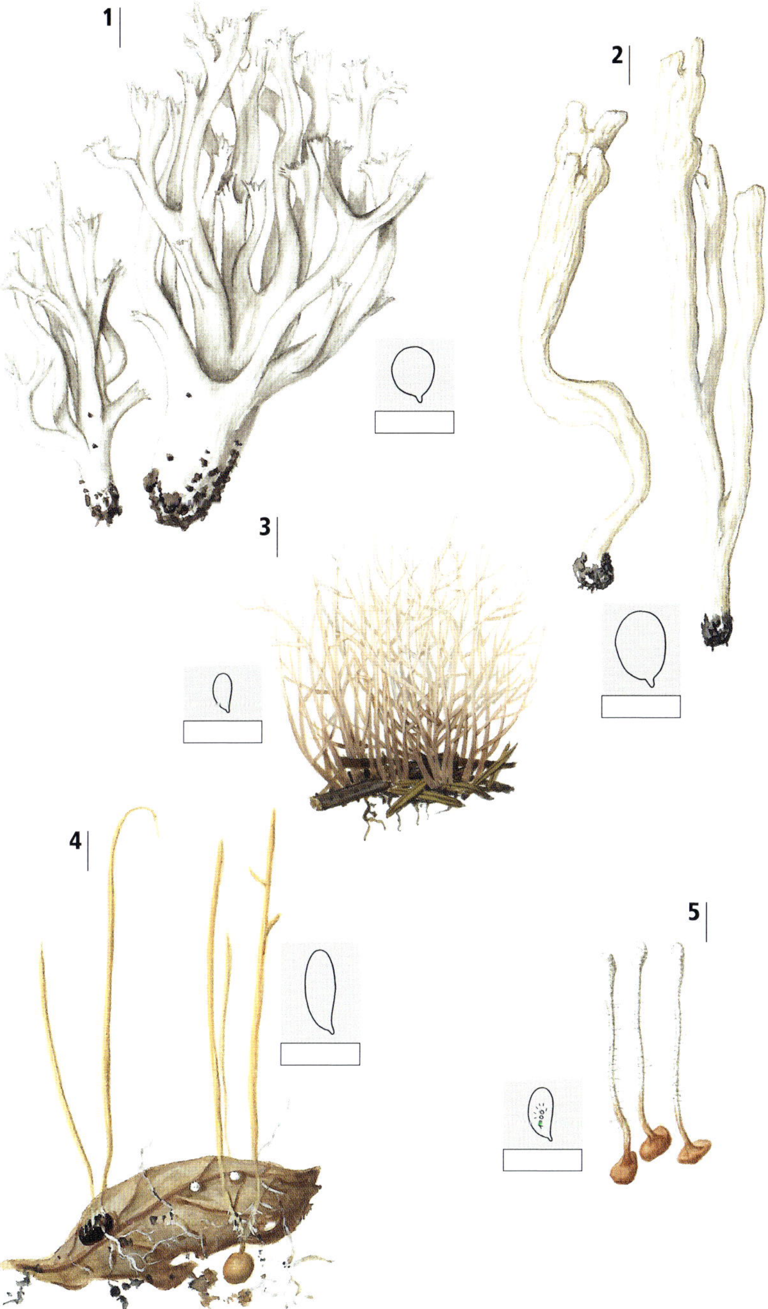
1
2
3
4
5

1 | Hohe Röhrenkeule
Macrotyphula fistulosa

FK 10–25 (–30) cm hoch und an der Spitze 0,5–1 cm breit, schlank keulig, nicht in Stiel- und Kopfteil getrennt, leder- bis ockergelb, gelbbraun bis rötlich braun, hohl, an der Basis mit weißlichem Myzelfilz, Wuchs einzeln, aber meist gesellig. **F** Bräunlich, faserig, Geschmack und Geruch unspezifisch. **V** Juni bis Dezember. In Laubwäldern aller Art, Parks und Gebüschen, oft bei Birke, auf Laubstreu und Holzresten, bodenvag; in ganz Europa verbreitet, mäßig häufig bis regional selten. **W** In der typischen Form unverwechselbar. Auf Ästchen kommt eine Zwergform vor, die oft verbogen ist und wie degeneriert aussieht (var. *contorta*).

SP 11–17 × 6–8 µm, Schnallen +

2 | Binsen-Röhrenkeule
Macrotyphula filiformis (Syn. *M. juncea*)

FK 5–12 cm hoch und 0,1–0,2 cm breit, fädig, manchmal etwas gebogen, apikal abgerundet, blasscreme bis beige, Oberfläche glatt, im Alter hohl, Wuchs einzeln, aber gesellig in großen Trupps. **F** Hellbräunlich, brüchig, Geschmack und Geruch unspezifisch. **V** Juni bis Dezember. In Laubwäldern aller Art, den Blättern der Streu aufsitzend, bodenvag; in ganz Europa verbreitet, überall häufig. **W** Vom Linsen-Fadenkeulchen (→ S. 606) unterscheidet sich die Art durch ein fehlendes Sklerotium, einen hohl werdenden Stiel und gedrungenere Sporen.

SP 7,5–10 × 4,5–6 µm, Schnallen +

3 | Herkules-Riesenkeule
Clavariadelphus pistillaris

FK Bis 20 cm hoch, keulig bis unregelmäßig kopfig, aus einem bis 1,5 cm breiten Stielteil allmählich in einen bis 5 cm breiten Kopfteil übergehend, ledergelb bis cremegelb, älter beige, Oberfläche glatt, aber uneben bis schwach runzelig, mit Lauge ockergelb, Wuchs meist gesellig. **F** Weißlich, wattig, im Schnitt schwach bräunend, Geruch unspezifisch, Geschmack bitterlich. **V** Juli bis November. In basenreichen Buchenwäldern, ausschließlich bei Rotbuche; in ganz Europa im Buchenareal verbreitet, nur regional etwas häufiger. **W** Es gibt in anderen Waldtypen ähnliche, sehr seltene Arten, weswegen man Funde von vermeintlichen Herkuleskeulen außerhalb von Buchenwäldern kritisch untersuchen sollte.

SP 9,5–14 × 5,5–7,5 µm, Schnallen +

4 | Abgestutze Riesenkeule
Clavariadelphus truncatus

RL-3

FK 8–16 cm hoch, schlank kreisel- bis keulenförmig, unverzweigt, Stielteil 0,8–1,5 cm breit, allmählich in den bis 5 cm breiten Kopfteil übergehend, dieser keulig und apikal abgeplattet, glatt bis runzelig, orangeocker, mit Lauge braunrot bis granatrot. **F** Weißlich, schwammig, Geruch unspezifisch, Geschmack künstlich süßlich. **V** August bis Dezember. In Nadelwäldern der höheren Lagen, auf Kalkböden; in den höheren Lagen Mittel- und Südeuropas verbreitet, selten. **W** Der Geschmack nach Süßstoff und die rote Laugenreaktion machen die Art problemlos von allen anderen Riesenkeulen unterscheidbar.

SP 11–14 × 4,5–5,5 µm, Schnallen +

5 | Gewöhnliche Becherkoralle
Artomyces pyxidata

FK Bis 12 cm hoch und 6 cm breit, aus einem bis 3 cm langen Strunk korallen- oder strauchartig verzweigt, Einzeläste kandelaberartig aufgebogen, weißlich bis cremefarben, älter beige, locker stehend, Spitzen krönchenförmig, mit 4–8 Spitzen auf gleicher Ebene kreisförmig angeordnet. **F** Weißlich, brüchig, Geruch und Geschmack unspezifisch. **V** Juli bis November. In meist naturnahen Laub- und Nadelwäldern, auf stark vermorschten Stämmen und Stubben, vor allem auf Kiefer, Buche, Linde, bodenvag; in ganz Europa verbreitet, überall selten, in den letzten Jahrzehnten möglicherweise etwas häufiger geworden. **W** Durch die krönchenartigen Astenden von allen anderen korallenartigen Pilzen unterschieden.

SP 4–5,5 × 2,5–3,5 µm, Schnallen +

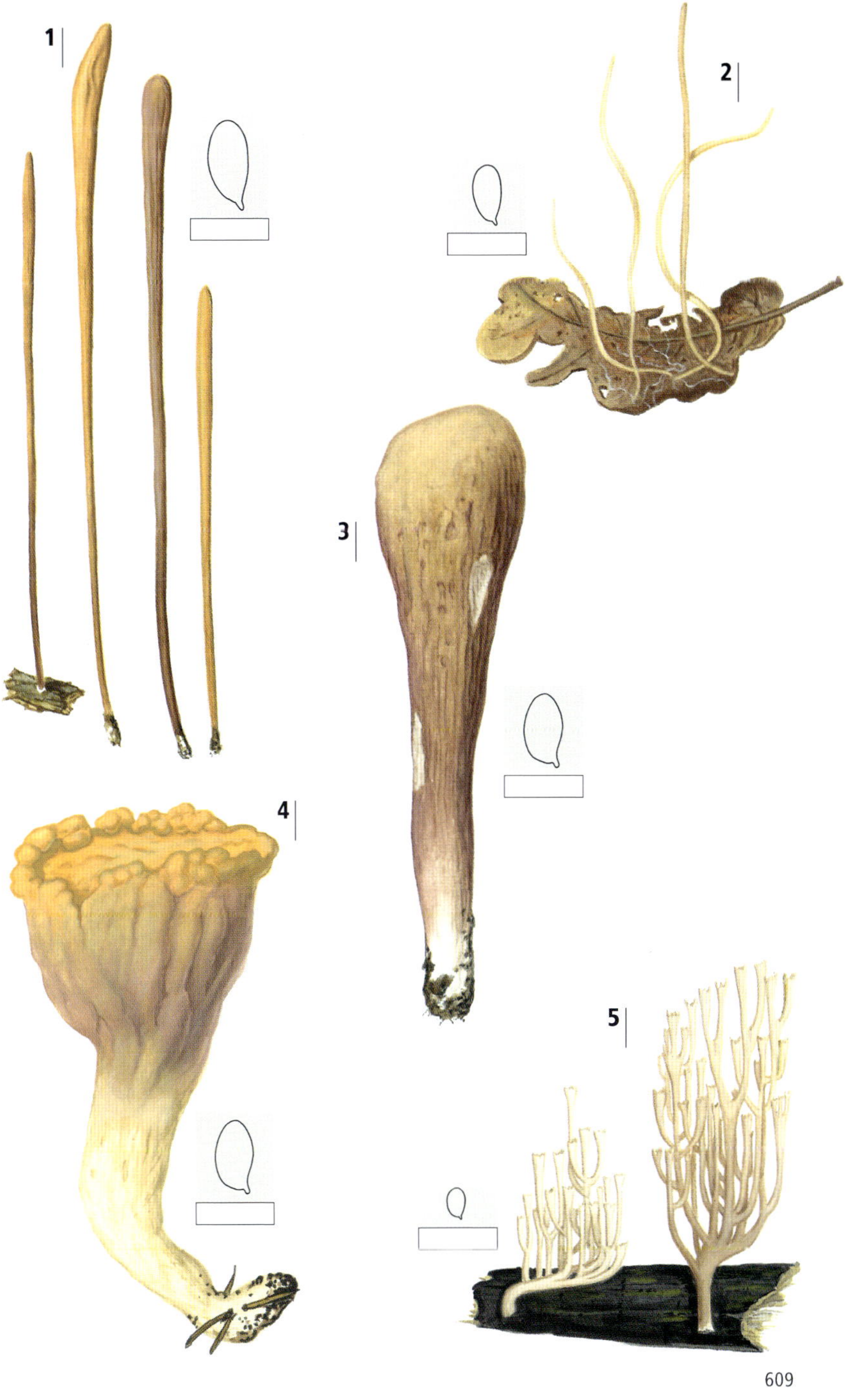
1
2
3
4
5

Gallertpilze

Gallertpilze sucht man am besten bei feuchter Witterung, denn die meisten von ihnen trocknen schnell zu einen fast unsichtbaren dünnen Film ein. Ihre Fruchtkörper bestehen aus einem lockeren, dünnen Hyphengeflecht, zwischen dem sich sehr viel gallertige Masse befindet. Diese nimmt viel Feuchtigkeit auf und lässt den Fruchtkörper stark aufquellen. Getrocknet sind die etwas größeren Arten dann hornartig hart, wie z. B. das Judasohr. Systematisch nehmen die Gallertpilze eine Sonderstellung ein, weil ihre Basidien nicht einzellig, sondern durch Längs- oder Quersepten mehrzellig sind. Daher rührt ihre wissenschaftliche Bezeichnung *„Heterobasidiomycetes"*. Neben den vielen Arten mit sehr kleinen, unscheinbaren Fruchtkörpern gibt es sogar einige Arten, die gar keine sichtbaren Fruchtkörper bilden, sondern sich ausschließlich im Hymenium von anderen Pilzen parasitisch ernähren.

1a	FK mit blass- bis rotvioletten Tönen, kreisel-, tönnchen- bis schüsselförmig; SP in Schläuchen **→ vgl. Schlüssel inoperculate Schlauchpilze, S. 678**
1b	FK violettbraun oder ohne violette Töne; meist anders geformt; SP auf längs- oder quergeteilten Basidien **→ 2**
2a (1)	Hym aus Zähnchen bestehen; FK muschel- bis zungenförmig, braun oder weiß; V an morschen Nadelholzstümpfen **→ Zitterzahn, S. 612**
2b	Fruchtschicht glatt bis wellig **→ 3**
3a (2)	FK als leicht seifige, sehr dünne Schicht auf Holz, rosa bis bläulich oder weiß **→ Rosa Wachskruste und weitere *Exidiopsis*-Arten, S. 614**
3b	FK weißliche, unregelmäßige, etwas höckerige Flächen bildend, in Dicke und Konsistenz wie Kerzenwachs; Erdboden, Substrat und lebende Pflanzen überziehend **→ Gemeine Wachskruste *(Sebacina incrustans)***
3c	FK mit braunem, aderig-runzeligem Hym; oft Kanten oder Hütchen bildend und dort oberseits haarig **→ Gezonter Ohrlappenpilz, S. 612**
3d	FK nicht als flächig ausgebreitete Schicht **→ 4**
4a (3)	FK rosa- bis orangerot, trichter- oder tütenförmig mit weißlichem Stielansatz; Vorkommen auf dem Erdboden **→ Roter Gallerttrichter, S. 612**
4b	FK pink bis lachsrosa, kreisel-, napf- oder schüsselförmig; V auf Ästen von (fast ausschließlich) Kirsche **→ Kirschbaum-Kraterpilz, S. 616**
4c	nicht mit diesen Merkmalen, insbesondere nicht rosa bis rot **→ 5**
5a (4)	FK dotter- bis orangegelb, orange; pustel-, kreisel-, pfriem- oder korallenförmig, selten unregelmäßige Klumpen bildend **→ 6**
5b	FK anders gefärbt, schwarz, braun, violettbraun oder weiß; häufig unregelmäßig klumpig oder ohrförmig **→ 11**
6a (5)	FK unregelmäßige Klumpen bildend, 1–5 cm groß; Basidien birnförmig, längsgeteilt; V parasitisch auf Rinden- oder Schichtpilzen **→ Orangegelber und Goldgelber Zitterling, S. 616**
6b	FK anders geformt oder kleiner; Basidien stimmgabelförmig; V saprobiontisch auf Holz ***→ Dacrymycetales* 7**
7a (6)	FK tropfen- bis kissen- oder becherförmig **→ 8**
7b	FK pfriemförmig, lanzettlich-keulig oder wenig verzweigt bis korallenförmig **→ Hörnlinge 10**
8a (7)	FK breit und kurz gestielt; Hym gelb; Außenseite fein samtig-filzig, weiß bis hellgelb; SP 24–30 × 8–10 µm, reif vielfach septiert **→ Gelbweißer Gallertbecher, S. 618**

8b	FK pokal- bis tönnchenförmig; Hym orangegelb; Außenseite fein samtig, weiß bis hellgelb, runzelig; SP 10–16 × 5–7 µm, unseptiert → **Aderiger Holzbecherling *(Guepiniopsis buccina)***
8c	FK meist sitzend oder etwas wurzelnd; Außenseite dem Hym gleichfarben, glatt; SP variabel, unseptiert oder mit 1–3–7 Septen → **9**
9a (8)	ohne Schnallen; SP 10–16 × 3,5–6 µm, mit 1–3 Septen mit verdickten Wänden → **Zusammenfließende Gallertträne, S. 618**
9b	ohne Schnallen; SP 16–25 × 4,5–7 µm, mit 3–7 Septen mit verdickten Wänden → **Riesen-Gallertträne *(Dacrymyces chrysospermus)***
9c	mit Schnallen; SP 9–15 × 3,5–4,5 µm, mit 0–3 Septen mit dünnen Wänden → **Napf-Gallertträne *(Dacrymyces tortus)***
9d	Merkmalskombinationen anders → **weitere Gallerttränen-Arten (*Dacrymyces* spp.)**
10a (7)	FK korallenartig mehrfach verzweigt, 2–15 cm hoch; Stiel tief wurzelnd; auf morschem Nadelholz → **Klebriger Hörnling, S. 618**
10b	FK pfriemförmig, oft mit 1–2 Verzweigungen, selten unverzweigt, 1–2 cm hoch; nicht wurzelnd; auf noch hartem Nadelholz → **Nadelholz-Hörnling *(Calocera furcata)***
10c	FK pfriemförmig, unverzweigt, selten mit 1 Gabelung, 0,5–1,5 cm hoch; nicht wurzelnd; V auf noch hartem Laubholz → **Laubholz-Hörnling, S. 618**
10d	FK mit Stiel und keulig-lanzettlichem Kopfteil, 1,5–5 cm hoch; nicht wurzelnd; V auf noch hartem Laubholz → **Zungenförmiger Hörnling *(Calocera glossoides)***
11a (5)	FK ohrförmig, jung schüsselförmig; Hym geadert; Außenseite fein samtig-filzig; Basidien spazierstockartig, querseptiert → **Judasohr, S. 612**
11b	FK flächig, manchmal Hutkanten oder Hüte bildend; Hym geadert; Oberseite gezont, filzig-haarig; Basidien spazierstockartig, querseptiert → **Gezonter Ohrlappenpilz, S. 612**
11c	FK unregelmäßig klumpig oder als Büschel aus blattartigen Lappen; Hym glatt; Basidien birnförmig, längsgeteilt → **12**
12a (11)	SP gebogen, wurstförmig; V saprobiontisch auf Holz → **Drüslinge 13**
12b	SP rundlich; V parasitisch auf Schichtpilzen oder in deren Myzelbereich auf Holz → **Zitterlinge 15**
13a (12)	FK schwarze, unregelmäßige, am Substrat anliegende Flächen bildend → **Warziger und Teerflecken-Drüsling, S. 614**
13b	FK braune oder weiße, unregelmäßige, am Substrat anliegende Flächen bildend → **weitere Drüslings-Arten (*Exidia* spp.)**
13c	FK kreiselförmig, einzeln, punktförmig am Substrat angewachsen → **14**
14a (13)	FK schwarz; Außenseite dicht mit drüsigen Stoppeln bedeckt; vor allem auf Eiche → **Stoppeliger Drüsling, S. 614**
14b	FK braun bis bernsteinfarben; Außenseite fast glatt; V vor allem an ansitzenden Weiden-Ästen → **Kreisel-Drüsling, S. 614**
15a (12)	FK braun, ein Büschel aus blattartigen Lappen bildend die an Tang erinnern; V auf Schichtpilzen (S. 564) parasitierend → **Artengruppe Blattzitterlinge, S. 616**
15b	FK weißlich, unregelmäßige Klumpen mit weißem festem Kern bildend; V auf dem Blutenden Nadelholzschichtpilz (S. 564) parasitierend → **Alabaster-Kernling, S. 616**

1 Judasohr
Auricularia auricula-judae

FK Muschel-, mützen- bis ohrförmig, 2–8 cm breit, mit dem Scheitel +/- stiellos angewachsen, Oberseite fein filzig, an der Anwachsstelle fast striegelig, rotbraun bis violettbraun, alt oder trocknend dunkel violettbraun bis fast schwarz, Unterseite mit dem Hymenium runzelig bis aderig, nicht selten täuschend einem Ohr ähnelnd, älter etwas bereift, Rand dünn, scharf, glatt. **F** Bräunlich, sehr gallertig und gummiartig biegsam, von einer dünnen zähen Haut oberseits und unterseits umgeben, trocken sehr hart, hornartig, Geschmack und Geruch unspezifisch. **V** Ganzjährig, aber nur in feuchten Witterungsperioden auffallend. In Laubwäldern aller Art, Parks und Gebüschen, vor allem an Holunder und Buche, auch an anderen Laubhölzern; in ganz Europa verbreitet, überall häufig. **W** Judasohren kommen in mehreren Arten im Handel vor, z. B. die stärker behaarte *A. polytricha*. Die Handelsbezeichnung „Chinesische Morchel" ist doppelt irreführend, denn Judasohren sind weder mit Morcheln verwandt noch schmecken sie auch nur annähernd ähnlich.

SP 16–20 × 6–8 µm, Schnallen -, Basidien querseptiert

2 Gezonter Ohrlappenpilz
Auricularia mesenterica

FK Flächige Überzüge von 15–100 cm bildend, oft mit abstehenden Hutkanten oder kleinen Hütchen bis 3 cm Breite, oberseits striegelig-haarig, grau bis olivlich gezont, oft durch Algenbewuchs grünlich, Rand lappig, gewellt, unterseits glatt, aber runzelig-adrig, purpurbraun bis schokoladenbraun. **F** Bräunlich, gallertig und biegsam, trocken hornartig hart, Geschmack und Geruch unspezifisch. **V** Ganzjährig. In wärmebegünstigten Au- und anderen Laubwäldern, an liegenden und stehenden Stämmen und Ästen von Laubholz, vor allem an Ahorn, Buche und Esche, bodenvag; in ganz Europa verbreitet, regional nicht selten, durch Klimaveränderung zunehmend. **W** Der ganze Habitus des Gezonten Ohrlappenpilzes erinnert eher an einen Schichtpilz (→ S. 564), doch die runzelige Oberfläche und die Konsistenz lassen die Verwandtschaft zum Judasohr erkennen.

SP 16–20 × 6–7,5 µm, Schnallen -, Basidien querseptiert

3 Roter Gallerttrichter
Tremiscus helvelloides

RL-G

FK Aufrecht tütenförmig, 4–12 cm hoch und bis 5 cm breit, insgesamt sehr gallertig, weich, biegsam, orangerot bis lachsrosa, Innenseite glatt, oft etwas weißlich bereift, Außenseite jung glatt, dann schwach wellig bis runzelig, Rand lange nach außen umgebogen. **F** Blass orangerosa, sehr weich und gallertig, biegsam, trocken hornartig hart, Geruch und Geschmack unspezifisch. **V** Juli bis November. In lichten Nadelwäldern, an Wegrändern, besonders entlang von kalkgeschotterten Waldstraßen, meist bei Fichte, vor allem auf Kalkböden; in ganz Europa in den höheren Lagen verbreitet, im Tiefland selten. **W** Die Art ist aufgrund von Form, Farbe und Konsistenz unverwechselbar. Sie gilt als essbar, hat aber wenig Eigengeschmack.

SP 9–11 × 5,5–6 µm, Schnallen +, Basidien längsseptiert

4 Zitterzahn, Eispilz
Pseudohydnum gelatinosum

FK Konsolen,- fächer-, hut- bis muschelförmig, 3–6 cm breit und bis 4 cm abstehend, vollständig weiß oder graubraun bis violettbraun, oberseits etwas uneben oder schorfig, unterseits mit gleichfarbigen, nicht ablösbaren Zähnchen besetzt, die 0,3–0,5 cm lang und spitz sind, Wuchs oft gedrängt bis dachziegelig miteinander verwachsen. **F** Weißlich oder bräunlich, sehr gallertig, weich und biegsam, trocken sehr hart und spröde, Geruch und Geschmack unspezifisch. **V** August bis Dezember. In Nadelwäldern, auf Stubben, seltener Stämmen und Ästen von Kiefer oder Fichte; in ganz Europa verbreitet, fast überall häufig, in Südeuropa etwas seltener. **W** Als einziger bei uns vorkommender Gallertpilz mit Hymenium aus Zähnchen ist er unverwechselbar. Meist kommen die beiden Farbformen nicht zusammen an einem Stubben vor, sondern entweder weiße oder braune Fruchtkörper.

SP 5–6 × 4,5–5 µm, Schnallen +, Basidien längsseptiert

1

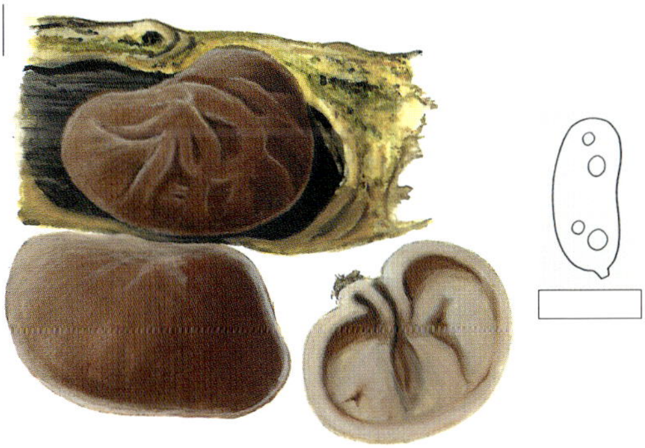

2

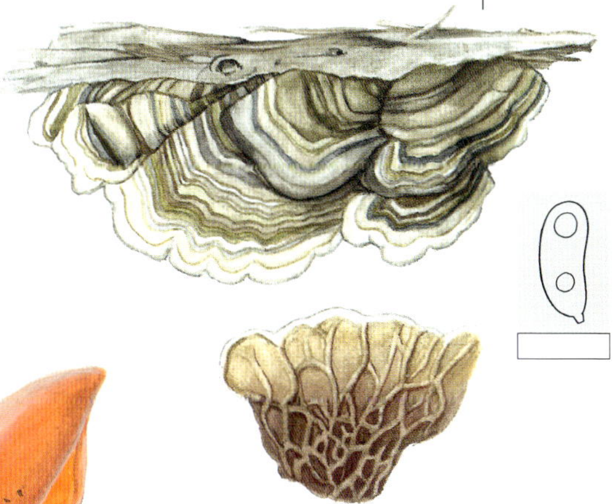

3

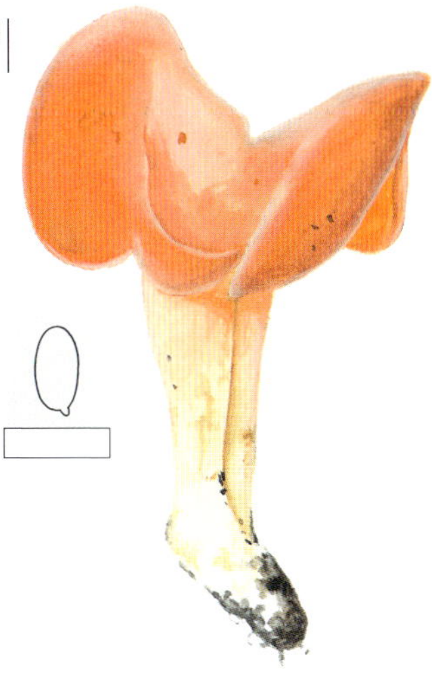

4

1 Flacher Drüsling, Hexenbutter
Exidia nigricans

FK Als unebene, wellig-höckerige Schicht dicht am Substrat anliegend, 10–30 cm lange und 2–10 cm breite Flächen bildend, schwarz bis braunschwarz, wie Lakritz wirkend, feucht aufgequollen glibberig-gallertig, Oberseite wellig-faltig, fast hirnartig, mit unauffälligen kleinen zerstreuten Wärzchen besetzt, Unterseite glatt, trocken eine flache, milimeterdicke Schicht bildend. **F** Wässrig graubräunlich, sehr gallertig, von einer dünnen zähen Haut oberseits und unterseits umgeben, trocken sehr hart, hornartig, Geschmack und Geruch unspezifisch. **V** Ganzjährig, aber nur in feuchten Witterungsperioden auffallend, in Laubwäldern aller Art, an meist wenig zersetzten toten Laubhölzern; in ganz Europa verbreitet, überall häufig. **W** Ähnlich sind die nachfolgenden beiden Arten, alle anderen Drüslingsarten sind nicht schwarz gefärbt.

SP 12–15 × 4,5–5,5 µm, Schnallen +, Basidien längsseptiert

2 Teerflecken-Drüsling
Exidia pithya

Insgesamt voriger Art sehr ähnlich, aber **FK** weniger erhaben ausgebildet, 1–5 cm lang und 0,5–3 cm breit, feucht aufgequollen, jedoch nur schwach faltig oder wellig, trocken einen glänzenden schwarzen Fleck auf dem Substrat bildend, der wie ein Teerfleck aussieht. **F** Wässrig graubräunlich, sehr gallertig, von einer dünnen zähen Haut oberseits und unterseits umgeben, trocken hornartig, Geschmack und Geruch unspezifisch. **V** Ganzjährig, aber nur in feuchten Witterungsperioden auffallend, in Nadelwäldern aller Art, an meist liegendem Nadelholz, vor allem an frisch abgestorbenen, noch berindeten Fichtenstämmchen; in ganz Europa verbreitet, überall häufig. **W** Die charakteristischen schwarzen Flecken auf Nadelholz machen die Art auch trocken leicht erkennbar.

SP 12–15 × 4,5–5,5 µm, Schnallen +, Basidien längsseptiert

3 Stoppeliger Drüsling
Exidia glandulosa

FK Je nach Ausrichtung des Substrats unterschiedlich ausgebildet, bei senkrechtem Wuchs flächige Überzüge mit breiter Anwachsstelle bildend, normalerweise aber Fruchtkörper kreiselförmig und stielartig angeheftet, alt unregelmäßig lappig, bis 5 cm breit, oberseits schwarz und glänzend, mit wenigen zerstreuten Wärzchen, Außenseite matt schwarz bis braunschwarz, stoppelig, Wuchs sehr gedrängt, teilweise auch zusammenfließend, meist einzeln bleibend. **F** Schwärzlich, gallertig, trocken hornartig hart, Geschmack und Geruch unspezifisch. **V** Ganzjährig. In Laubwäldern, an liegenden und stehenden Stämmen und Ästen von Laubholz, vor allem an Eiche; in ganz Europa verbreitet und häufig. **W** Gestalt und stoppelige Außenseite unterscheiden diese Art von der vorigen.

SP 14–18 × 4,5–5,5 µm, Schnallen +, Basidien längsseptiert

4 Kreisel-Drüsling
Exidia recisa

In der Gestalt ähnlich voriger Art, jedoch **FK** glatt bis wellig, ohne Wärzchen, honig- bis rötlich braun, bernsteinfarben, bis 3 cm breit und bis 2 cm hoch, mit kurzem Stielchen angeheftet. **F** Blass bräunlich, sehr gallertig, trocken hornartig hart, Geruch und Geschmack unspezifisch. **V** März bis Mai, seltener im Herbst, in Bachauen und an Ufern von Seen und Flüssen, an noch ansitzenden dünnen Ästen von Weide; in ganz Europa verbreitet, regional nicht selten. **W** Aufgrund ihrer speziellen ökologischen Bedürfnisse gut erkennbare Art. Sie soll selten auch an Pappel oder Erle vorkommen.

SP 12–15 × 3–4,5 µm, Schnallen +, Basidien längsseptiert

5 Rosagetönte Gallertkruste
Exidiopsis effusa

FK Als dicht anliegender Überzug von 10–50 cm Länge ausgebildet, sehr dünn (0,3 mm), seifig und abwischbar, rosalich bis rosabläulich. **V** Ganzjährig, aber nur in Feuchtperioden sichtbar, in Laubwäldern, auf liegenden Ästen und Stämmen, vor allem Buche; in ganz Europa verbreitet, überall häufig, in Südeuropa etwas seltener. **W** Dieser Pilz sorgt durch seine enzymatische Tätigkeit im Holz im Winter für das sogenannte „Haareis", das bei Temperaturen knapp unter Null grad entsteht. Dabei wird Feuchtigkeit aus dem (aufgrund von Stoffwechselvorgängen) etwas wärmeren Holz durch die Holzporen nach außen gedrückt, wo es dann sofort gefriert und weiße Eisfäden bildet.

SP 12–15 × 5–6 µm, Schnallen +, Basidien längsseptiert

1

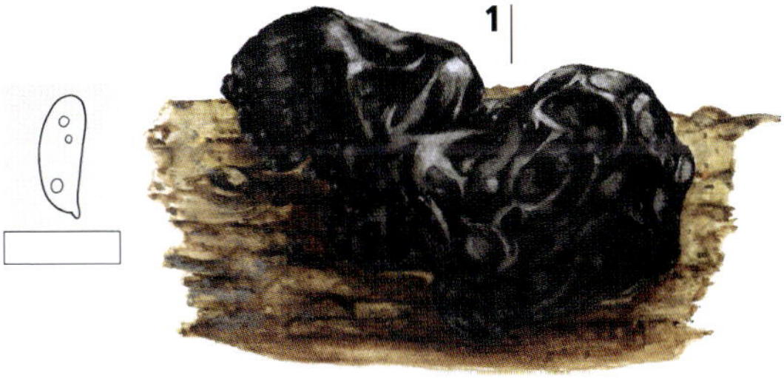

2

3

4

5

1 | Goldgelber Zitterling
Tremella mesenterica

FK Faltig gewundene bis hirnartige Klumpen von 2–8 cm Länge und 2–4 cm Breite bildend, sehr gallertig, lebhaft goldgelb bis zitronengelb, auch blasser bis hin zu völlig farblos, glatt, bei Trockenheit zu einem dünnen, +/- unsichtbaren Film schrumpfend. **F** Wässriggelblich, sehr gallertig, fast geleeartig, von einer dünnen zähen Haut umgeben, trocken sehr hart, hornartig, Geschmack und Geruch unspezifisch. **V** Ganzjährig, aber nur in feuchten Witterungsperioden auffallend. In Laubwäldern aller Art, Parks und Gebüschen, auf liegenden und ansitzenden Ästen verschiedenster Laubhölzer, auf Fruchtkörpern oder Myzel von Rindenpilzen parasitierend, insbesondere bei Arten der Gattung *Peniophora* (→ S. 566); in ganz Europa verbreitet, überall häufig. **W** Sehr ähnlich ist der Orangegelbe Zitterling, der etwas größer und fester wird als der Goldgelbe Zitterling und auf Schichtpilzen der Gattung *Stereum* (→ S. 564) parasitiert.

SP 9–15 × 7–9 µm, Schnallen +, Basidien längsseptiert

2 | Alabaster-Kernling
Tremella encephala

FK Faltige bis hirnartige, halbkugelige Polster von 1–3 cm Größe bildend, gallertig, schmutzig weißlich, elfenbeinfarben bis cremebräunlich. **F** Aus einem weißen, relativ festen Kern bestehend, der von einer wässrigbräunlichen Gallertschicht überzogen ist, der Kern besteht aus umgewandelten Wirtshyphen. **V** Ganzjährig. In Nadelwäldern aller Art, an liegenden Nadelholzstämmen und -ästen, auf den Fruchtkörpern des Blutenden Nadelholz-Schichtpilzes (→ S. 564) parasitierend; in ganz Europa verbreitet, regional nicht selten. **W** Dieser Zitterling ist aufgrund seines festen Kerns einfach zu bestimmen. Alle Zitterlingsarten leben parasitisch, ein großer Teil davon sogar ohne sichtbare Fruchtkörper zu bilden im Hymenium anderer Pilze.

SP 9–11 × 7,5–9 µm, Schnallen +, Basidien längsseptiert

3 | Blattartiger Zitterling
Phaeotremella foliacea agg.

FK Polsterförmige, lappige oder hirnartige Klumpen von 5–12 cm Durchmesser bildend, zu einer stielartigen kurzen Basis verwachsen, Äste ähnlich wie bei der Krausen Glucke (→ S. 590) bandartig verzweigt und wellig, rot- bis kandisbraun, insgesamt gallertig-zäh, biegsam, glatt. **F** Blassbräunlich, gelatinös, trocken hornartig hart und sehr klein schrumpfend, Geruch und Geschmack unspezifisch. **V** Juli bis November. In Laubwäldern aller Art, auf Fruchtkörpern oder Myzel des Striegeligen Schichtpilzes (→ S. 564) parasitierend; in ganz Europa verbreitet, zerstreut bis regional selten. **W** Die Art ist aufgrund von Form, Farbe und Konsistenz unverwechselbar. Es handelt sich um eine Artengruppe aus drei bis vier kaum trennbaren Sippen.

SP 9–11 × 6–8 µm, Schnallen +, Basidien längsseptiert

4 | Kirschbaum-Gallertpilz, Kraterpilz
Ditangium cerasi (Syn. *Craterocolla cerasi*)

RL-3

FK Kreisel-, napf- bis becherförmig, 1–2 cm breit und hoch, aber auch als gewundener bis hirnartiger Klumpen oder flächig, dann bis 5 cm lang, breit bis punktförmig angewachsen, die fast gleich aussehende imperfekte Form lebhaft pink, die Hauptfruchtform lachsfarben, ockerrosa bis graurosa, gallertig, weich, trocken sehr hart. **F** Wässrig rosabräunlich, sehr gallertig, trocken hornartig hart, Geruch und Geschmack unspezifisch. **V** Winter und Frühling. Nur bei feuchtem Wetter sichtbar, in verwilderten Streuobstwiesen, an ansitzenden Ästen alter Kirschbäume; in ganz Europa verbreitet, aufgrund der engen Biotopbindung selten. **W** Laut Literatur soll die Art selten auch an anderen Laubbäumen vorkommen können.

SP 8–11 × 3,5–4,5 µm, Schnallen -, Basidien längsseptiert

1

2

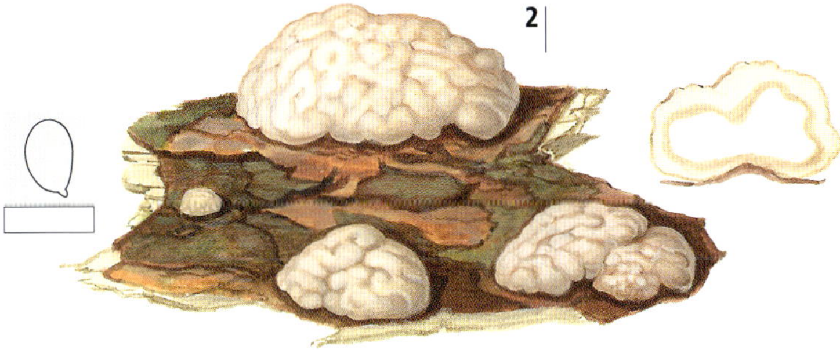

3

4

1 Zusammenfließende Gallertträne
Dacrymyces stillatus

FK Anfangs halbkugelig-polsterförmig, 0,2–0,5 cm im Durchmesser, mit der Zeit zu größeren Flächen zusammenfließend, breit oder punktförmig am Substrat angewachsen, sehr gallertig, bei Reife schleimig zerfließend, die imperfekte Form leuchtend orange, die Hauptfruchtform lebhaft goldgelb, oft verblassend bis völlig farblos, trocken fast unsichtbar und hart. **F** Wässriggelblich, sehr gelatinös, fast geleeartig, trocken sehr hart, hornartig, Geschmack und Geruch unspezifisch. **V** Ganzjährig, aber nur in feuchten Witterungsperioden auffallend. In Laub- und Nadelwäldern aller Art, auf dem Holz liegender, stehender oder hängender Äste und Stämme, auch auf der Schnittfläche von Stubben, selten auf Rinde übergehend; in ganz Europa verbreitet, überall sehr häufig. **W** Es gibt weitere Gallerttränenarten, die sich meist nur mikroskopisch sicher voneinander trennen lassen.

SP 14–17 × 5–6 µm, Schnallen +, Basidien stimmgabelförmig

2 Klebriger Hörnling
Calocera viscosa

FK Aus einem dünnen Stiel korallenartig verzweigt, 1–10 cm hoch und bis 5 cm breit, insgesamt elastisch-zäh, sehr biegsam, Äste mehrfach gegabelt, 0,2–0,4 cm im Durchmesser, glatt bis schwach runzelig, dottergelb bis orangegelb, trocken rotorange und hornartig hart, Stiel gleichfarbig, nach unten zu weiß werdend, feucht schmierig, in eine meist deutliche, bis 12 cm lange Wurzel auslaufend, glatt, oft abgeflacht und gefurcht. **F** Gelblich, elastisch, zäh, trocken sehr hart. **V** Ganzjährig. In Nadelwäldern aller Art, an morschen Nadelholzstümpfen, -stämmen oder -wurzeln, auch auf Holzresten; in ganz Europa verbreitet, sehr häufig. **W** Einer der bekanntesten Pilze, der von Kindern gerne als „Zwergenfeuer" bezeichnet wird. Trotz seiner Korallenform hat er verwandtschaftlich nichts mit den echten Korallen (→ S. 592ff.) zu tun. Seine zähe Konsistenz macht ihn ungenießbar.

SP 7,5–10 × 3,5–4,5 µm, Schnallen -, Basidien stimmgabelförmig

3 Laubholz-Hörnling
Calocera cornea

FK Pfriemförmige, meist unverzweigte Stacheln bildend, seltener mit ein oder zwei Gabelungen, 0,3–1 cm hoch und 0,1–0,2 cm breit, dotter- bis orangegelb gallertig, biegsam, ohne sichtbar abgegrenztes Stielteil, glatt, gesellig bis rasig wachsend. **F** Blassgelblich, gelatinös, trocken hornartig hart und orange, Geruch und Geschmack unspezifisch. **V** Mai bis Dezember. In Laubwäldern aller Art, auf entrindetem Holz von Stämmen oder dicken Ästen diverser Laubhölzer; in ganz Europa verbreitet, häufig. **W** Sehr ähnlich ist der Nadelholz-Hörnling *(C. furcata)*, der meist mehrfach gegabelt ist und auf Nadelholz wächst.

SP 7–10 × 2,5–4 µm, Schnallen -, Basidien stimmgabelförmig

4 Gelbweißer Gallertbecher
Ditiola peziziformis (Syn. *Femsjonia peziziformis*)

FK Kreisel-, napf- bis becherförmig, 0,5–1 cm breit und hoch, Hymenium flach scheibenförmig bis wenig gewölbt, gelegentlich auch schwach eingesunken, dottergelb, anfangs glatt, im Alter etwas runzelig, Rand etwas wulstig, weißlich, Außenseite weißlich bis sehr blassgelblich, feinfilzig, Wuchs einzeln und gesellig bis dicht büschelig. **F** Wässrig gelblich weiß, gallertig, im Kern weißlich und fester, Geruch und Geschmack unspezifisch. **V** Juni bis November. In Tannen-Buchenwäldern, seltener in anderen Laubwaldgesellschaften, an ansitzenden oder liegenden, noch berindeten Ästen von Buche oder Weißtanne, selten an anderen Laubhölzern; in Mittel- und Südeuropa verbreitet, aber selten, in Nord- und Osteuropa weitgehend fehlend. **W** Form und Farbe erinnern sehr an einen Schlauchpilz, z. B. aus der Gattung der Stängelbecherlinge (→ S. 692). Diese sind aber nicht so gallertig und mikroskopisch völlig verschieden.

SP 22–25 × 8–9 µm, Schnallen +/-, Basidien stimmgabelförmig

1

2

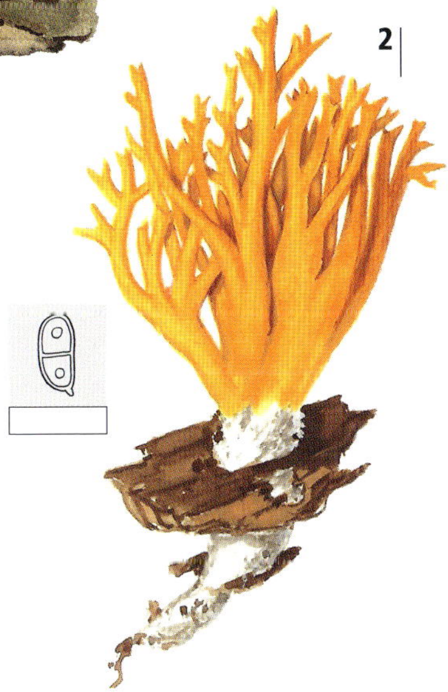

3

4

Bauchpilze & Hypogäen

Bauchpilze heißen so, weil bei ihnen die Sporenbildung im Inneren des geschlossenen Fruchtkörpers abläuft. Die ganze sporenbildende Fruchtschicht zerfällt bei Reife, sodass das Innere der Fruchtkörper fast ausschließlich aus der staubigen Sporenmasse besteht. Bei den Hypogäen (S. 638 ff) ist dies ähnlich, doch zerfällt dort das Innere nicht staubartig, sondern bleibt fest oder verschleimt. Zur Unterscheidung der Gattungen und erst recht der Arten müssen in vielen Fällen mikroskopische Details herangezogen werden. Diese beziehen sich auf die Mikrostrukturen der Gewebefasern des Fruchtkörperinneren (Capillitium), die Sporenmaße und die -ornamentation.

1a	FK gelb bis orange, im morschen Holz eingesenkt; reif sternförmig aufbrechend, und eine mittig sitzende, erst weiße, dann schwarze Kugel freilegend, die bis 5 m weit weggeschleudert wird → **Kugelschneller, S. 634**
1b	FK eine gestielte Kugel, weißlich bis grau; Kopfteil pulvrig zerfallend auf Knochen, Gehörn, Gewölle oder Federkielen → **Hornpilze, S. 716**
1c	nicht mit dieser Merkmalskombination → **2**
2a (1)	FK tönnchenförmig, jung mit hautartigem Deckel verschlossen, innen mit mehreren linsenförmigen Sporenpäckchen → **Teuerlinge, S. 636**
2b	FK sackförmig, reif aufplatzend, innen mit vielen kleinen Sporenpäckchen → **Vollgestopfter Nestling *(Nidularia deformis)***
2c	SP nicht in linsenförmigen Päckchen, sondern als lose pulvrige Masse → **3**
3a (2)	jung unterirdisch als Kugel oder Zwiebel, reif oberirdisch; Außenhülle sternförmig aufbrechend und eine mittig sitzende umhüllte Kugel freilegend → **Erd- und Wettersterne 4**
3b	stets oberirdisch; Außenhülle (oft unregelmäßig) sternförmig aufbrechend und eine mittig sitzende Sporenpulverkugel ohne Hülle freilegend → **Sternstäubling, S. 628**
3c	stets oberirdisch; Außenhülle anders oder nur zufällig sternförmig aufbrechend (z. B. bei manchen Kartoffelbovisten), dann aber ohne mittige Sporenpulverkugel → **9**
4a (3)	sternförmige Zipfel fein silbrig gefeldert; SP 8–11 µm → **Wetterstern, S. 632**
4b	Zipfel nicht feinrissig gefeldert; SP < 8 µm → **5**
5a (4)	geschlossener FK zwiebelförmig; Kugel von einem hochstehenden Kragen umgeben → **Halskrausen-Erdstern, S. 632**
5b	geschlossener FK zwiebelförmig; Kugel nicht von einem Kragen umgeben → **Flaschen-Erdstern *(Geastrum lageniforme)* u. a.**
5c	geschlossener FK rundlich, ohne Spitze → **6**
6a (5)	Peristom kegelförmig, gefurcht → **Kleiner Nest-Erdstern, Kragen-Erdstern, S. 632**
6b	Öffnung unregelmäßig fransig oder kegelförmig und dann höchstens runzelig → **7**
7a (6)	FK hygroskopisch (sich bei trockenem Wetter schließend); in Sandsteppen und Dünen → **weitere Erdstern-Arten (*Geastrum* spp.)**
7b	FK nicht hygroskopisch (bei jeder Witterung geöffnet bleibend) → **8**
8a (7)	Zipfel mit zunehmendem Alter mehr und mehr rötend → **Rotbrauner Erdstern, S. 634**
8b	Zipfel nicht rötend, im Regelfall die Spitzen umgeschlagen und unter den FK gebogen → **Gewimperter Erdstern, S. 632**
8c	Zipfel weder rötend noch umgeschlagen → **Kleinster Erdstern, S. 634 u. a.**
9a (3)	FK mit deutlichem Stiel, dessen Länge ein Mehrfaches des Kopfteils beträgt → **10**

9b FK ungestielt oder mit nur kurzem Pseudostiel
→ 11

10a (9) FK < 10 cm hoch; Kopfteil als geschlossene Kugel
→ Stielboviste, S. 636

10b FK 20–50 cm hoch; Kopfteil als Halbschale, die bei Reife zerfällt **→ Stelzenstäubling, S. 636**

11a (9) FK unreif im Schnitt mit konzentrischen bis mosaikartig angeordneten Höhlungen; mit gelben, bläulichen, braunen und schwärzlichen Farben
→ Erbsenstreuling, S. 630

11b FK unreif im Schnitt glatt bis feinporig; weißlich
→ 12

12a (11) reifende FK innen violettschwarz; Spp. +/- schwarz
→ Kartoffelboviste 13

12b Spp. amethystviolett **→ Lilafarbener Stäubling *(Calvatia fragilis)*, S. 628**

12c reifende FK innen oliv; Spp. olivbraun **→ 15**

13a (12) SP-ornament aus isolierten Stacheln; äußere Schicht (Peridie) relativ dünn, bis 1,5 mm (wenn 2–3 mm, vgl. *Scleroderma cepa*)
→ Leopardenfell- und Braunwarziger Kartoffelbovist, S. 630

13b SP-ornament netzartig verbunden **→ 14**

14a (13) äußere Schicht (Peridie) relativ dünn, bis 1,5 mm
→ Netzsporiger Kartoffelbovist, S. 630

14b äußere Schicht dick, 2–5 mm
→ Gemeiner und Mittelmeer-Kartoffelbovist, S. 630

15a (12) FK bis 60 cm groß und 15 kg schwer; Außenhülle bei Reife fetzenweise abblätternd, eine locker zusammenhängende Sporenkugel zurücklassend
→ Riesen-Bovist, S. 628

15b FK bis 10 cm groß; Außenhülle abblätternd, eine von einer pergamentartigen, grauen bis schwärzlichen Hülle umschlossene Sporenkugel zurücklassend
→ Schwärzender und Bleigrauer Eierbovist, S. 626

15c Außenhülle +/- stabil bleibend, unregelmäßig aufreißend **→ 16**

16a (15) FK auf morschem Holz; deutliche Myzelstränge vorhanden **→ Birnen-Stäubling, S. 624**

16b FK nicht oder nur zufällig auf Holz; ohne (deutliche) Myzelstränge **→ 17**

17a (16) FK reif mit kleiner, lochartiger Öffnung am Scheitel
→ 18

17b FK reif mit unregelmäßiger, großflächiger Öffnung
→ 20

18a (17) FK von langen, wolligen, nicht ablösbaren Stacheln bedeckt; in basischen Laubwäldern
→ Igel-Stäubling, S. 624

18b FK mit fetzig ablösenden, flockigen Velumresten bedeckt; in basischen Laubwäldern
→ Flocken-Stäubling, S. 626

18c FK mit andersartiger Oberfläche; oft in anderen Biotopen **→ 19**

19a (18) Warzen der Außenseite pyramidenförmig, nicht zusammengesetzt; beim Abfallen eine netzartige Struktur hinterlassend
→ Flaschen-Stäubling, S. 624

19b Warzen der Außenseite anders geformt oder mehrteilig zusammengesetzt wie ein Tipi
→ Bräunlicher Stäubling, S. 626 u. a.

20a (17) SP glatt; FK kreiselförmig, groß (bis 25 cm); Peridie feldrig; in extensivem Grasland
→ Hasen-Stäubling, S. 628

20b SP ornamentiert; andere Merkmalskombination
→ 21

21a (20) fertiler und steriler Teil durch ein Häutchen getrennt, FK rundlich bis kreiselförmig, bis 7 cm, Peridie mit zusammenneigenden Stacheln (Lupe!); V in extensivem Grünland
→ Wiesen-Staubbecher, S. 628

21b fertiler und steriler Teil ohne Häutchen getrennt, FK kopfig-keulig, sackartig, höher als breit, bis 15 cm hoch, Peridie mit kurzen, spitzen Stacheln (Lupe!); V meist in Wäldern (selten im Grasland)
→ Beutel-Stäubling, S. 624

Bestimmungsschlüssel Hypogäen: s. S. 644

1 | Gewöhnliche Stinkmorchel
Phallus impudicus

FK Sich in einem +/- unterirdischem kugeligen „Hexenei" entwickelnd, ausgewachsen aus einem Stiel- und einem Kopfteil bestehend. Hexenei 3–6 cm, rundlich-eiförmig, basal mit starkem Myzelstrang, von einer weißlichen, ledrig-zähen Hülle umgeben, darunter eine gelbbräunliche Gallertschicht, im Inneren die junge Fruchtkörper-Anlage. **H** Eichelförmig-glockig, weiß, mit wabenförmigen Vertiefungen, frisch mit einer olivgrünen Masse überzogen, die von Fliegen abgefressen wird. **S** 12–20 × 1,5–3 cm, zylindrisch, basal etwas zuspitzend, weißlich, schaumstoffartig, brüchig, hohl. **F** Weiß, Geruch im Hexenei rettichartig, ausgewachsener Fruchtkörper widerlich aas-artig, Geschmack des Hexeneis nach Radieschen. **V** Mai bis November. In Wäldern aller Art, bodenvag; in ganz Europa verbreitet und häufig. **W** Die gepellten Hexeneier sind gebraten und roh essbar. Sehr selten findet man Exemplare, bei denen ein schleierartiges Gewebe vom Hutrand hängt (var. *togatus*). Solche und ähnliche „Schleierdamen" sind in den Tropen nicht selten.

SP 4–5,5 × 1,5–2,5 µm

2 | Dünen-Stinkmorchel
Phallus hadriani

Von voriger Art nur durch weinrosa Verfärbung des Hexeneis und andere Ökologie unterschieden. **V** Juni bis Dezember. In Küstendünen, selten auf Sandböden im Inland; in ganz Europa verbreitet, am Meer zerstreut, sonst sehr selten.

SP 4–6 × 1,5–3 µm

3 | Hundsrute
Mutinus caninus

FK Sich in einem +/- unterirdischen länglichen „Hexenei" entwickelnd, ausgewachsen aus einem Stiel- und einem nicht abgesetzten Kopfteil bestehend. Hexenei 2–4 × 2–3 cm, eiförmig-länglich, basal mit Myzelstrang, von einer weißlichen, zähen Hülle umgeben, darunter eine dünne Gallertschicht, im Inneren die junge Fruchtkörper-Anlage. **H** Fließend aus dem Stiel hervorgehend und nur durch die orangerote Färbung und die aufgelagerte olivgrüne Sporenmasse von diesem unterscheidbar, abgefressen orange und etwas schaumstoffartig. **S** 5–12 × 0,5–1,2 cm, zylindrisch, basal etwas zuspitzend, weißlich, zur Spitze hin orange, schaumstoffartig, brüchig, hohl. **F** Weiß, ausgewachsen schwach aas-artig. **V** Mai bis November. In Wäldern aller Art, meist in der Laubstreu oder in morschem Holz, bodenvag; in ganz Europa verbreitet und häufig. **W** Aus Übersee eingeschleppt treten in Europa gelegentlich *M. elegans* (Stiel komplett lachsrot) und *M. ravenellii* (Kopfteil himbeerrot) auf.

SP 3,5–5 × 1,5–2,5 µm

4 | Tintenfischpilz
Clathrus archeri (Syn. *Anthurus archeri*)

FK Sich in einem +/- unterirdischem kugeligen „Hexenei" entwickelnd, ausgewachsen mehrarmig. Hexenei 1,5–4 cm, rundlich-eiförmig, basal mit rötlichem Myzelstrang, von einer weißlichen, ledrig-zähen Hülle umgeben, darunter eine gelbbräunliche Gallertschicht, im Inneren die junge Fruchtkörper-Anlage. **FK** Aus 4–6 (–8) tintenfischartigen Armen bestehend, diese leuchtend rosarot, karminrot bis lilarot, frisch mit einer olivgrünen Masse überzogen, die von Fliegen abgefressen wird, basal zu einem rudimentären weißen, schüsselartigen Stielchen zusammengezogen. **F** Weiß, Geruch im Hexenei rettichartig, ausgewachsener Fruchtkörper widerlich aas-artig. **V** Mai bis November. Auf Wiesen und Weiden, seltener in lichten Wäldern, bodenvag; in Mitteleuropa verbreitet und örtlich häufig, in Süd- und Nordeuropa noch weitgehend fehlend. **W** Die Art wurde um 1925 aus Australien eingeschleppt und breitet sich seitdem vom Elsaß aus in alle Richtungen aus.

SP 5–7 × 1,5–3 µm

5 | Gitterling
Clathrus ruber

FK Voriger Art in Größe und Farbe ähnlich, aber keine tintenfischartigen Arme, sondern eine geschlossene Gitterkugel bildend. **V** August bis Januar. Auf Wiesen und Weiden, in Gärten, lichten Eichen- und Kiefernwäldern, bodenvag; in Südeuropa (Mittelmeerraum) verbreitet und häufig, nördlich der Alpen nur selten und sporadisch.

SP 4–6 × 1,5–2,5 µm

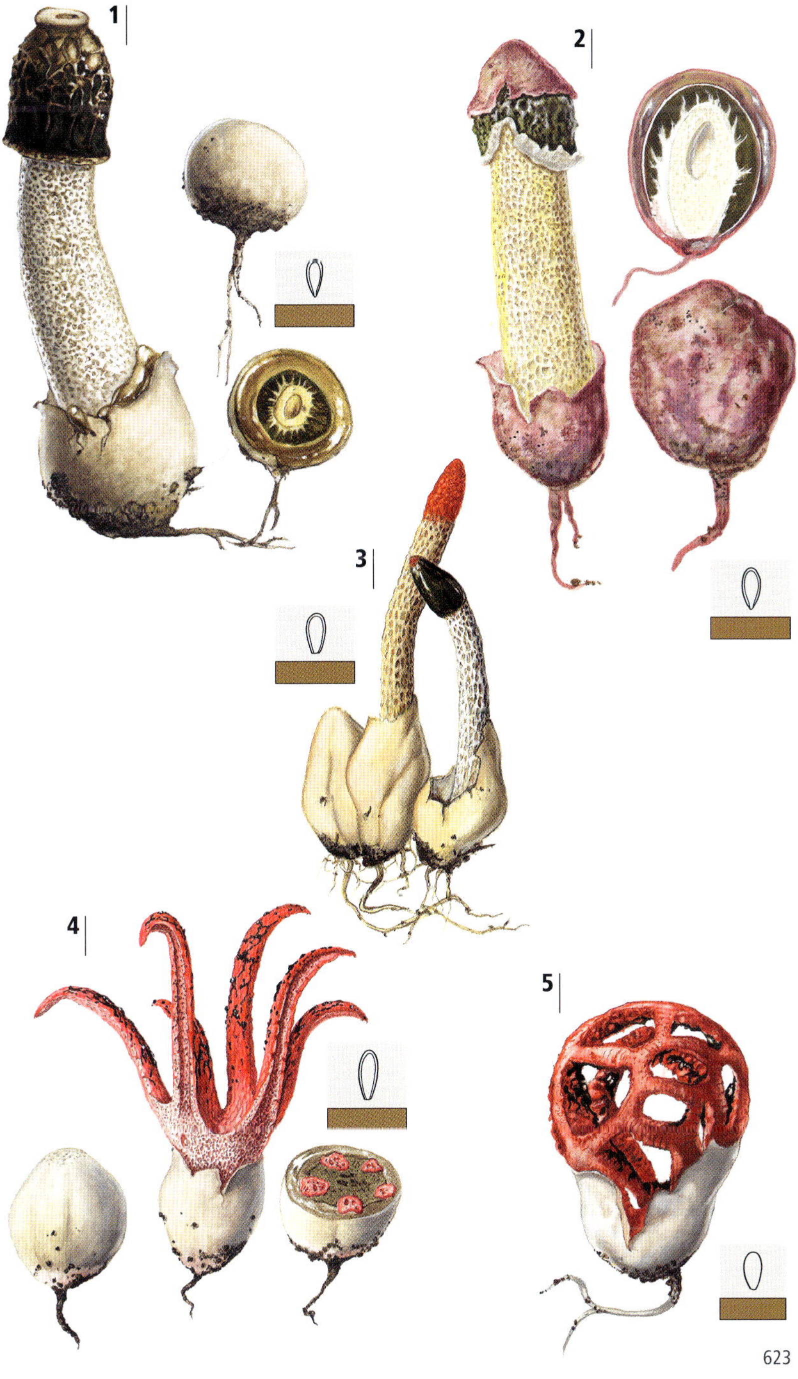
1
2
3
4
5

1 | Birnen-Stäubling

Apioperdon pyriforme (Syn. *Lycoperdon pyriforme*)

H 3–5 cm hoch und 2–3 cm breit, birnenförmig, büschelig, jung weiß bis graubeige, mit der Reife bis ockergelblich bis purpurbraun. Exoperidie stabil mit feinwarzig-körnig rauer Oberfläche, bei Reife mit kleiner Öffnung. **S** Als Subgleba ausgebildete konische Verlängerung des fertilen Oberteils mit meist deutlichen weißen Rhizomorphen im Substrat. **F** Weich, jung weiß, bei Reife wird der fertile, obere Teil gelbgrün bis olivbraun, Geruch leuchtgasartig, Geschmack mild bis unangenehm metallisch. **V** August bis November, überständig bis ins Frühjahr. Planar bis subalpin in ganz Europa verbreitet und häufig in Wäldern und Parkanlagen; wächst meist auf morschem, stärkerem Laubholz, seltener Nadelholz, aber auch auf Holzhäcksel. **W** Die einzige Art aus der Gruppe, die immer an Holz wächst. Nicht giftig, aber kaum genießbar.

SP 3,5–4 µm, rundlich, glatt, ohne Sterigmenreste

2 | Igel-Stäubling

Lycoperdon echinatum

H 2–5 cm hoch und 2–3 cm breit, subglobos bis birnenförmig, einzeln, jung kastanienbraun dicht igelig mit pyramidalen, 3–5 mm langen Stacheln (mit der Reife fallen diese ab und geben ein silbrig-braunes Netz auf der Peridie frei), Öffnung klein, rundlich. **S** Kurz, braun. **F** Weich, jung gelbbraun, bei Reife grauviolett bis dunkelbraun, Geruch schwach, Geschmack mild. **V** August bis November. Planar bis hochmontan; verbreitet auf kalkreichen Böden als Charakterart in der Streu von Buchenwäldern. **W** Die meisten Stäublinge (*Lycoperdon* s. l.) gelten jung als essbar.

SP 4–5 µm, rundlich, abgebrochene Sterigmenreste häufig

3 | Stinkender Stäubling

Lycoperdon nigrescens (Syn. *Lycoperdon foetidum*)

H 1,5–4 cm hoch und 2–3 cm breit, subglobos bis birnenförmig, +/- dunkelbraun mit 3 mm langen Stacheln, alt mit Netz, Geruch unangenehm leuchtgasartig. **V** August bis November. Planar bis hochmontan in Laub- und Nadelwäldern, bodenvag.

SP 3,5–4 µm, rundlich, glatt, ohne Sterigmenreste

4 | Beutel-Stäubling

Lycoperdon excipuliformis (Syn. *Calvatia excipuliformis*)

H 7–15 cm hoch und 4–8 cm breit, Kopfteil flach kugelig, jung cremeweiß, feinkörnig stachelig-kleiig. Mit der Reife olivbraun, Peridie im fertilen Kopfteil pergamentartig, unregelmäßig zerfallend. **S** 8–10 × 4–6 cm, walzenförmig-bauchig, +/- runzelig-faltig, nicht fertil. Bleibt oft bis in den Winter stehen, wenn der Kopfteil schon zerfallen ist. **F** Weich, jung beige, bei Reife olivbraun, Geruch schwach, Geschmack mild. **V** Juli bis November. Planar bis hochmontan in Almregionen verbreitet; in lichten Wäldern, an grasigen Waldrändern, bodenvag. **W** Die stattlichen Fruchtkörper mit den langen, dicken Stielen geben kaum Anlass zur Verwechslung. Sie werden in älterer Literatur als wohlschmeckend bezeichnet.

SP 4,5–5,5 µm, rundlich, abgebrochene Sterigmenreste häufig

5 | Flaschen-Stäubling

Lycoperdon perlatum

H 2–4 cm hoch und 2–4 cm breit, gestielt kopfig, umgekehrt flaschenförmig, jung weiß bis hellbraun, alt olivbraun. Exoperidie mit spitzdornigen, leicht ablösbaren Stacheln. Darunter deutlich netzartig. **S** 4–8 × 1,5–2,5 cm, weiß. **F** Im Stiel jung weißzellig. Im Kopf weich, mürbe, zur Reife gelblich, zuletzt flockig-staubig olivbraun, Geruch +/- rettichartig, Geschmack mild. **V** Juli bis November. Planar bis subalpin, sehr häufig und weit verbreitet; in der Streu von Laub- und Nadelgehölzen, bodenvag. **W** Vgl. *L. norvegicum* in trocken-sandigen Kiefern-Heiden mit feineren Stacheln und schwächerem Netz auf der Endoperidie.

SP 3–4,5 µm, rundlich, mit abgebrochenen Sterigmenresten

1

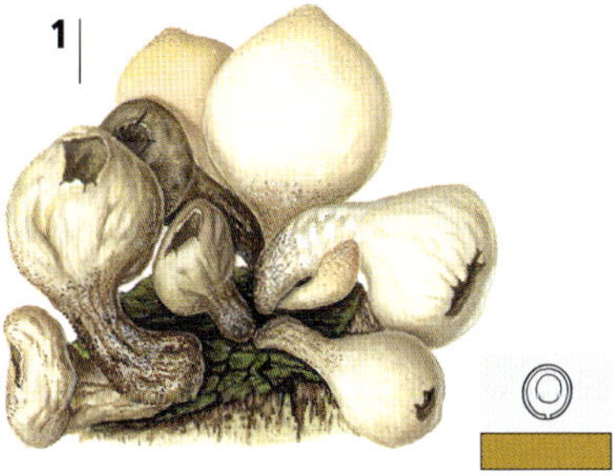

2

3

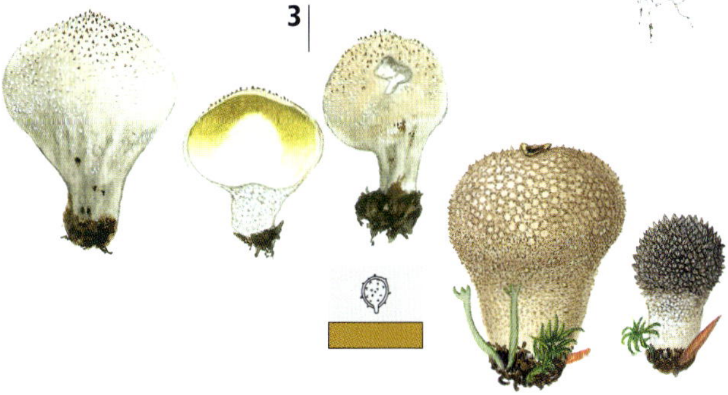

4

5

1 Flocken-Stäubling
Lycoperdon mammiforme

H 2–8 cm hoch und 2–4 cm breit, gestielt kopfig mit kleiner Papille, birnenförmig, jung mit cremeweißem Velum, das bald flockig aufreißt, darunter rosa samtig, alt ocker bis dunkelbraun. **S** 2–4 × 1–2 cm, konisch, weiß gestiefelt mit Velum. **F** Weiß, mürbe, zur Reife olivgelb bis umbrabraun, Geruch schwach, Geschmack mild. **V** August bis November. Planar bis montan, in Europa verbreitet, meist selten; in der Streu von warmen, basenreichen, +/- naturnahen Laubmischwäldern mit Buchen und Eichen. **W** Frische Fruchtkörper sind aufgrund ihrer typischen Velumflocken leicht bestimmbar.

SP 4–5 µm, rundlich, abgebrochene Sterigmenreste häufig.

2 Bräunlicher Stäubling
Lycoperdon umbrinum

H 2–4,5 cm hoch und 1,5–3 cm breit, +/- birnenförmig, jung braun dicht mit kleinen, nur bis 1 mm langen Stacheln besetzt. Alt verkahlend mit glänzend gelbbrauner Endoperidie. Öffnung 4–5 mm, +/- rundlich. **S** Kurz, konisch, braun, mit feinen, weißen Rhizomorphen. **F** Weich, olivgelb, bei Reife dunkelbraun, Geruch schwach, Geschmack mild. **V** Juli bis November. Planar bis hochmontan, weit verbreitet, nie büschelig wachsend; in der Streu von Nadelwäldern und Bergwiesen, bodenvag. **W** Vgl. *L. nigrescens* mit netziger Peridie sowie *L. subumbrinum* in basenreichen Laubwäldern mit helleren Farben und kleineren Sporen.

SP 4–4,5 µm, rundlich, ohne Sterigmenreste

3 Bleigrauer Bovist, Eierschalen-Bovist
Bovista plumbea

H 1–5 cm, subglobos, einzeln, jung in kalkweißer, +/- glatter, bis 3 mm dicker Exoperidie (diese springt beim Drücken eierschalenartig auf und gibt die bleigraue, pergamentartige Endoperidie frei), Öffnung 5–10 mm, rundlich-oval. **S** Fehlt. **F** Weich, jung weißgelblich, bei Reife oliv- bis dunkelbraun, Geruch schwach, Geschmack mild. **V** Juli bis Oktober. Planar bis hochmontan verbreitet im Grasland mit hoher ökologischer Bandbreite vom trockenen Steppenrasen bis zur Almweide, bodenvag, nitrophil. **W** Junge, innen weiße Exemplare sind essbar. Die frischen Fruchtkörper erinnern an Golfbälle und sind auch nicht selten auf Golfplätzen zu finden. Auf nährstoffarmen Trockenrasen vgl. *B. tomentosa*.

SP 4–6 × 4–5,5 µm, Sterigmenreste gerade, 8–15 µm lang

4 Schwärzender Bovist
Bovista nigrescens

H 3–7 cm, jung weiß und feinflockig, mit der Reife dunkelbraun. Insgesamt kräftiger als *B. plumbea*. **V** Juli bis November. Planar bis subalpin; nördlich der Alpen bis zum Polarkreis in naturnahen und gedüngten Wiesen.

SP 4–4,5 µm, subglobos, Sterigmenreste 8–12 µm lang

5 Zwerg-Bovist
Bovista pusilla

H 1–2 cm, globos bis subglobos, einzeln, jung weiß bis blassocker, granuliert bis leicht warzig. Mit der Reife grau- bis dunkelbraun mit weißlich-grauen flockigen Warzen. Öffnung klein, +/- rundlich. **S** Fehlt, mit basalem Myzelfilz. **F** Weich, jung weiß, bei Reife dunkelbraun, Geruch schwach, Geschmack mild. **V** Mai bis November (in wintermilden Lagen bis Februar). Planar bis montan im Offenland auf trockenen, basenreichen Felsen und Sandböden zwischen Moosen und Flechten. **W** Die ebenfalls sehr kleine *B. limosa* kann am klar abgegrenztem Peristom unterschieden werden.

SP 4,5–5,5 µm, globos bis subglobos, Sterigmenreste 3–9 µm lang

1
2
3
4
5

1 | Riesen-Bovist

Langermannia gigantea (Syn. *Calvatia gigantea*)

H 20–70 cm, halbkugelig bis schädelförmig kugelig, glatt, matt bis feinfilzig flockig, cremeweiß, mit der Reife graugelb bis gelbbräunlich gefeldert, die Peridie löst sich bei alten Fruchtkörpern komplett auf. **S** Fehlend, weiße Myzelstränge an der Basis. **F** Weich-mürbe, schnittfest, jung cremeweiß, mit der Reife breiig weich gilbend bis zuletzt olivbraun bis dunkelbraun, Geruch reif unangenehm nach Urin, Geschmack mild-fade, mit der Reife bitter. **V** Mai bis November. Planar bis montan verbreitet an stickstoffreichen Stellen in Wäldern, Brennesselfluren, Gärten und auf Viehweiden; einzeln, in Gruppen oder großen Hexenringen. **W** Die hand- bis fußballgroßen, mehrere KG schweren Fruchtkörper sind in Europa einmalig. Der kulinarische Wert wird unterschiedlich gesehen. Mit Ei und Panade gebraten überwiegen die positiven Bewertungen.

SP 3,5–5 µm, ohne abgebrochene Sterigmenreste

2 | Lilafarbener Stäubling

Calvatia fragilis (Syn. *Calvatia cyathiformis* subsp. *fragilis*) RL-1

H 3–11 cm, breit birnenförmig, jung weiß gefeldert, reif aufreißend mit typisch braunvioletter Sporenmasse.
V August bis Oktober. In trockenem, warmem Grasland, Steppen; mediterran verbreitet, in Deutschland fast ausgestorben.

SP 4,5–5,5 µm, rundlich, ohne Sterigmenreste

3 | Wiesen-Stäubling, Wiesen-Staubbecher

Lycoperdon pratense (Syn. *Vascellum pratense*)

H 1,5–3 cm hoch und 1,5–6 cm breit, kreiselförmig, gewölbt bis abgeflacht, jung cremeweiß dicht mit leicht abwischbarem, mehlig-feinflockigem Belag, alt verkahlend, gelb graubraun. Öffnung breit, fransig. **S** als fertile, konisch gefaltete Basis ausgebildet. **F** Weich, weiß, mit der Reife gelblich bis olivbraun, Geruch schwach, Geschmack mild. **V** Juli bis November. Planar bis hochmontan; weit verbreitet auf mäßig nährstoffreichen Wiesen und Weiden, ähnlich wie der Wiesen-Champignon (→ S. 354), bodenvag. **W** Ein wichtiges Feldmerkmal ist die ausgeprägte Subgleba, die vom oberen fertilen Teil durch eine häutige Schicht (Diaphragma) getrennt ist.

SP 3–4,5 µm, rundlich, ohne Sterigmenreste

4 | Hasen-Stäubling, Hasenbovist

Lycoperdon utriforme (Syn. *Calvatia utriformis*)

H 8–16 cm hoch und 5–14 cm breit, breit birnenförmig, gewölbt bis abgeflacht, jung weißgrau, felderig schuppig mit pyramidalen Warzen, bei Reife schalenförmig aufreißend und lange mit olivbraunem Sporenstaub gefüllt.
S Dick und steril, lange überdauernd. **F** Jung weich, mürbe, weiß, Geruch schwach, Geschmack mild, +/- metallisch.
V Mai bis Oktober. Planar bis subalpin (bis 2400 m) verbreitet auf Extensivwiesen. **W** Der große, auffällige Pilz ist eine gute Zeigerart für nährstoffarmes, traditionell bewirtschaftetes Grünland.

SP 4–5 µm, rundlich, ohne Sterigmenreste

5 | Stern-Stäubling

Mycenastrum corium

H 3–15 cm, jung +/- unregelmäßig subglobos, schneeweiß, bei Reife bräunend, sternförmig aufreißend mit halbrunder Schale, Endoperidie jung fleischig, bald korkiglederig, braun glänzend, bis 2 mm dick. **S** Kurz, als Pseudowurzel aus verwachsenem Myzelfilz ausgebildet.
F Jung weiß, dann über gelboliv zu dunkel purpurbraun, Geruch und Geschmack nicht signifikant. **V** Juni bis Oktober. Planar bis kollin mit kontinentaler Verbreitung bis Asien, in Westeuropa sehr selten; an nährstoffreichen, sonnigen, grasigen Plätzen, auf Viehweiden, Steppen, Dungplätzen, an Straßenrändern, in Park- und Gartenanlagen. **W** Die spektakulären Fruchtkörper sind kaum zu übersehen und leicht bestimmbar. Funde in Westdeutschland sollten gut dokumentiert und kartiert werden.

SP 8–12 µm, globos, Capillitium-Hyphen dickwandig, dornig

1
2
3
4
5

1 Erbsenstreuling, Schiefertrüfffel
Pisolithus arhizus s. l. (Syn. *Pisolithus tinctorius*)

H 8–15 cm hoch und 5–8 cm breit, fertiler Teil unregelmäßig kopfig, ockergelb bis dunkelbraun mit fleischig-lederartiger Hülle. **S** Von kurz 1–2 cm im Boden eingesenkt bis weit aufragend kräftig knochenartig, braun mit schwefelgelben Myzelsträngen. **F** Im Kopfteil typisch erbsengroß braun messingfarben gekammert, mit der Reife in braunen Sporenstaub zerfallend, Geschmack +/- würzig. **V** Juni bis November, mediterran bis Februar. Planar bis montan als Symbiont von Kiefern auf sandigen, verheideten Böden, auch auf älteren Abraumhalden und in Schieferbrüchen; in Mittel- und Südeuropa in geeigneten Biotopen verbreitet. **W** Der Erbsenstreuling wird auch Böhmischer Trüffel genannt und kann jung als Würzpilz in Scheiben getrocknet werden. Derzeit laufen molekulare Studien zur Auftrennung in bis zu 14 Arten.

Sporen 7–8 µm, globos

2 Braunwarziger Hartbovist
Scleroderma verrucosum

H 1,5–6 cm, kugelig bis oval, gelbbraun bis kastanienbraun, fein braunschuppig mit ca. 2 mm dicker Peridie, die mit der Sporenreife am Scheitel aufreißt. **S** 1–2 × 2–3 cm, mit wurzelartigen Myzelsträngen im Substrat verlängert. **F** Jung weiß, mit der Reife violett-schwarz, Peridie und Stiel im Schnitt rötend, Geruch und Geschmack von schwach bis widerlich. **V** Juni bis November. Planar bis montan; in Laub- und Nadelwäldern, Parkanlagen, meist auf lehmigen Böden bei Eichen. **W** Alle Hartboviste sind nach Verzehr mindestens Magen-darmgiftig, können aber auch Ohnmacht, Schweißausbrüche und Sehstörungen verursachen. Vgl. *S. bovista* mit netzigen Sporen.

SP 8–10 µm, rundlich mit netzartigem Ornament

3 Dickschaliger Kartoffelbovist, Deiwels-Mehlsack
Scleroderma citrinum

H 3–10 cm, rundlich-oval, kartoffelähnlich, zitronengelb bis hellocker, fein- bis grobschuppig, +/- felderig aufreißend mit 2–4 mm dicker, lederiger Peridie, die mit der Sporenreife am Scheitel weit aufreißt. **S** Fehlt, an der Basis mit wurzelartigen Myzelsträngen. **F** Jung weiß, mit der Reife purpurschwarz, Geruch von schwach rettichartig bis widerlich gummiartig, Geschmack +/- scharf. **V** Juli bis Dezember. Planar bis montan; verbreitet und häufig in bodensauren Gebieten bei Buchen und Eichen sowie in Birkenmooren. **W** In älterer Literatur wird die Verwendung als Würzpilz und Trüffel-Fake beschrieben. Deformierte, frische Fruchtkörper können vom Parasitischen Röhrling befallen sein (s. *Pseudoboletus parasiticus*).

SP 10–12 µm, rundlich mit netzigem Ornament

4 Zwiebelförmiger Hartbovist
Scleroderma cepa

H 2–5 cm, braun und kartoffelartig, ohne Stiel, mit weißen Myzelsträngen. **V** Juli bis Oktober. Planar bis kollin, selten; an warmen Stellen in Parkanlagen bei Birken, Buchen, Eichen oder Haselsträuchern.

SP 10–12 µm, rundlich mit 2 µm langen Stacheln

5 Südlicher Hartbovist, Mittelmeer-Hartbovist
Scleroderma meridionale

H 3–7,5 cm, rundlich-oval, kartoffelähnlich, gelb bis goldbraun, fein- bis grobschuppig, +/- felderig aufreißend mit 4–10 mm dicker, lederiger Peridie, die mit der Sporenreife weit aufreißt. **S** Als 3–7 cm langer Pseudostiel mit Myzelsträngen an der Basis. **F** Jung weißgelblich, im Schnitt leicht rötend, mit der Reife purpurschwarz, Geruch würzig bis unangenehm gasig, Geschmack mild. **V** Oktober bis Februar. Mediterran verbreitet auf sandigen Böden bei Kiefern und Steineichen. **W** Die Art kann nördlich der Alpen nur sporadisch gefunden werden. Aus Deutschland gibt es zwei rezente Nachweise. *S. polyrhizum* ist eine weitere kräftige, mediterrane Art, aber ohne Stiel.

SP 8,5–14,5 µm, rundlich, stachelig mit Netz, Schnallen +

1
2
3
4
5

1 | Wetterstern
Astraeus hygrometricus

FK Jung rundlich 2–3 cm, unterirdisch, bei der Reife oberirdisch sternartig öffnend mit 7–20 zugespitzten Lappen. Außenhülle graubraun, feucht lederartig biegsam und stark hygroskopisch, silbrigbraun mit attraktiver Netzzeichnung, bei Trockenheit wird die Endoperidie komplett umschlossen. Endoperidie 1–3 cm rundlich, graufaserig, mit fransiger Öffnung. **F** In der Fruchtschicht jung +/- faserig, geöffnet staubig braun. **V** Juni bis November, überständige Fruchtkörper ganzjährig. In Südeuropa häufig und typisch in warmen Eichenwäldern, in Mitteleuropa zerstreut, gebietsweise komplett fehlend, z. B. südlich der Donau bis in die Kalkalpen. **W** Der Wetterstern gehört wie die Hartboviste zu den Boletales. In Japan wird er vom Filzröhrling *Xerocomus astraeicola* parasitiert. In Asien werden junge, geschlossene *Astraeus*-Arten in der Küche verwendet.

SP 8–12 µm, rundlich, warzig

2 | Gewimperter Erdstern
Geastrum fimbriatum (Syn. *Geastrum sessile*)

FK Jung rundlich 2–5 cm, unterirdisch, bei der Reife oberirdisch sternartig öffnend mit 5–8, selten bis 11 zugespitzten, nach unten gebogenen Lappen. Außenhülle innen cremefarben bis blassrosa. Endoperidie 1–3 cm rundlich, ohne Stiel aufsitzend, graubeige, mit bewimperter Öffnung, ohne Hof. **V** August bis November. Planar bis hochmontan; in basenreichen Gebieten verbreitet in Feldgehölzen, Wäldern und Forsten, oft in der Nadelstreu bei Fichten und Kiefern. **W** Für die Unterscheidung der mehr als 30 Erdstern-Arten ist die Ausformung des Peristoms wichtig. Bei den zwei seltenen Doppelgängern *G. lageniforme* und *G. saccatum* ist das Peristom deutlich ringförmig abgegrenzt.

SP 3–4 µm, rundlich, fein stachelig, Schnallen +

3 | Halskrausen-Erdstern
Geastrum michelianum (Syn. *Geastrum triplex* ss. auct. europ.)

FK Jung zwiebelartig 4–6 cm, unterirdisch, bei der Reife oberirdisch sternartig öffnend mit 5–7 Lappen und bis zu 10 cm breit. Außenhülle fleischig, bis 0,5 cm dick, jung cremefarben, älter bräunlich und mit arttypischem kragenförmigem Ring um den Sporenbehälter. Endoperidie 2,5–4 cm rundlich, aufsitzend, hell ockerbraun, mit gefranster Öffnung und deutlichem Hof. **V** August bis November. Planar bis subalpin, in basen- und humusreichen Gebieten verbreitet an Waldrändern, in Gärten und Parkanlagen, aber auch in Moorgebieten. **W** Einer der größten europäischen Erdsterne und durch das Kollar gut bestimmbar.

SP 4,5–5,5 µm, rundlich, grobwarzig

4 | Kleiner Nest-Erdstern
Geastrum quadrifidum

RL-G

FK Jung rundlich 1,5–3,5 cm, unterirdisch, bei der Reife oberirdisch öffnend mit 4 cremefarbenen Lappen die den Sporenbehälter stelzenartig nach oben heben. Endoperidie 1–2 cm eiförmig, schiefergrau, bereift, mit kurzem Stiel, Öffnung spitzkegelig gefranst, Hof deutlich scheibenförmig. **V** August bis November, getrocknete Fruchtkörper überwintern. Planar bis subalpin verbreitet, aber nicht häufig, in basenreichen Nadelwäldern bei Fichten und Kiefern. **W** Einer der kleinsten Erdsterne und an den 4 stelzenartigen Lappen gut kenntlich. Der ebenfalls kleine *G. minimum* hat in der Regel >4 Lappen.

SP 4–5 µm, rundlich, fein stachelig, Schnallen +

5 | Kamm-Erdstern
Geastrum pectinatum

RL-V

FK 4–5 cm, mit 6–10 Lappen. Endoperidie lang gestielt und basal +/- deutlich kammartig gerieft. **V** August bis November. Planar bis subalpin in basenreichen Nadelwäldern, vorwiegend bei Fichten.

SP 3,5–4,5 µm, rundlich, stumpf-warzig

1
2
3
4
5

1 Kleiner Erdstern
Geastrum nanum (Syn. *Geastrum schmidelii*) RL-3

FK Jung rundlich 1,5–2,5 cm, unterirdisch, bei der Reife 3–5 cm breit, oberirdisch öffnend mit 5–10 beige- bis graubraunen Lappen die den Sporenbehälter nach oben heben. Endoperidie 1–1,5 cm kugelig, grau, mit kurzem Stiel, Öffnung spitzkegelig gefurcht, meist deutlich abgegrenzt. **V** Juni bis November, vertrocknete Fruchtkörper überwintern. Planar bis montan, zerstreut bis selten, überwiegend in Trockenrasen und Sand-Kiefernwäldern, gebietsweise fehlend. **W** In ähnlichen Habitaten wächst die ebenfalls sehr kleine *Geastrum minimum* s. l. In dieser Gruppe sind mikroskopische Untersuchungen zur genauen Bestimmung notwendig.

SP 4–5,5 µm, rundlich, warzig

2 Rotbrauner Erdstern
Geastrum rufescens (Syn. *Geastrum vulgatum*)

FK Jung rundlich 3–4 cm, unterirdisch, bei der Reife geöffnet 5–9 cm breit, oberirdisch öffnend mit 5–9 dickfleischigen, graurosarötlichen Lappen, die den Sporenbehälter leicht nach oben heben. Endoperidie 2–3 cm flach kugelig, flach aufsitzend, hellbraun, Öffnung bewimpert, ohne Hof. **V** Juli bis November, getrocknete Fruchtkörper überwintern. Planar bis hochmontan verbreitet; in basenreichen Nadelwäldern bei Fichten und Kiefern, gelegentlich in Laubwäldern. **W** Vgl. *G. triplex* mit zweischichtiger Exoperidie sowie G. *fimbriatum* ohne Rottöne.

SP 4–5 µm, rundlich, warzig

3 Starkbehöfter Erdstern
Geastrum berkeleyi

Auf den ersten Blick sehr ähnlich zu *G. rufescens*, aber mit sandpapierartiger Endoperidie und deutlichem Hof. **V** August bis Dezember. Planar bis montan an basenreichen Standorten unter Laub- und Nadelgehölzen in der Streu, selten.

SP 3,5–4,5 µm, rundlich, warzig

4 Kragen-Erdstern
Geastrum striatum

FK Jung rundlich 1,5–3,5 cm, unterirdisch, bei der Reife 3–6 cm breit, oberirdisch öffnend mit 6–10 Lappen, die ein halbrundes Podest für den gestielten Sporenbehälter bilden. Endoperidie 1–2 cm rund, grau, mehlig-bereift, Stiel nur in reifem Zustand sichtbar. Öffnung spitzkegelig, deutlich faltig-gerieft, ohne Hof. **V** September, alte Fruchtkörper überwintern. Planar bis montan, zerstreut bis verbreitet; vor allem auf sandigen, basenreichen Standorten in Parkanlagen, Gärten, Feldgehölzen und Kiefer-Robinienforsten. **W** Sehr ähnlich ist *G. pectinatum* mit dunklerer Endoperidie.

SP 4–4,5 µm, rundlich, warzig

5 Kugelschneller
Sphaerobolus stellatus

FK Mit nur 1–2 mm im Durchmesser recht klein, aber oft in Gruppen wachsend. Jung kugelig, zur Reife kronenförmig aufbrechend mit 5–9 ocker- oder orangegelben Zacken. Endoperidie milchig-glasig. Gleba bräunlich. **V** Juni bis Dezember. Planar bis montan, verbreitet und häufig; polyphag auf Streuresten, morschem Holz, Sägespänen, alten Dungresten. **W** Der Kugelschneller kann seine reife Sporenkapsel (Peridiole) durch einen Spannungsdruck, an dem sechs verschiedene Wandschichten beteiligt sind, bis zu fünf Meter weit in die Umgebung schleudern. Die Arten der Gattung *Pilobolus* (Pillenwerfer) können ihre Sporenpakete ebenfalls meterweit ausschleudern.

SP 6–10 × 5,5–6,5 µm, hyalin, dickwandig, Schnallen +

1

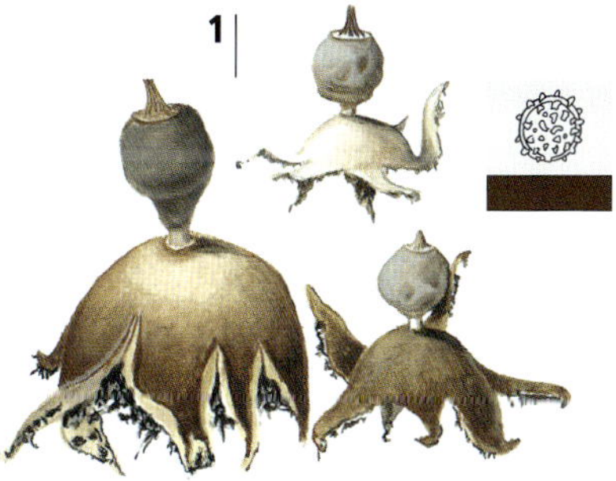

2

3

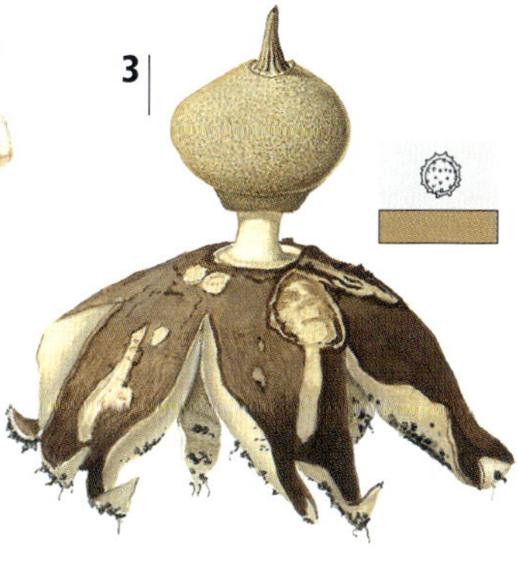

4

5

1 | Stelzenstäubling
Battarrea phalloides

RL-R

FK Jung als weißes Hexenei im Erdreich. **H** 3–5 cm, jung halbkugelig, bei Reife flacher konvex, +/- fuchsig rotbraun, jung mit Velumresten. **S** 15–25 × 2 cm, schlank-zylindrisch, hell rotbraun schuppig, mit deutlicher Volva an der Basis. **V** Juni bis November, vorwiegend west- und südeuropäisch auf sandigen Böden an warmen Standorten; in Deutschland hauptsächlich in Sachsen-Anhalt an einigen Orten standorttreu, sonst fehlend. **W** Der Stelzenstäubling gehört zu den secotioiden Pilzen, die eine evolutionäre Zwischenstufe in der Entwicklung von Lamellenpilzen und Röhrlingen hin zu Bauchpilzen darstellen. Die Gattung gehört zur Familie der *Agaricaceae* (Champignonverwandte).

SP 4–6,5 µm, rundlich

2 | Tiegel-Teuerling
Crucibulum crucibuliforme (Syn. *Crucibulum laeve*)

FK 0,5–1 cm, jung kugelig, bald napf- bis urnenförmig mit feinfaserig-filziger, dünner orangegelber Peridie und bei jungen Pilzen cremefarbener, polsterförmiger Membran. Mit der Reife löst sich die Membran auf und gibt die meist sechs linsenförmigen, blassgelben Sporenkapseln (Peridiolen) frei. Alte, +/- lederige Becher überdauern noch bis in den Winter. **V** Juli bis Januar. Planar bis montan; verbreitet und häufig an morschen Resten von Laub- und Nadelhölzern. **W** Die Art war in Deutschland Pilz des Jahres 2014, um auf die essenzielle Bedeutung der Pilze für die natürlichen Stoffkreisläufe aufmerksam zu machen.

SP 6–10 × 3,5–5 µm

3 | Gestreifter Teuerling
Cyathus striatus

FK 1–1,5 cm, becher- bis urnenförmig, doppelt so hoch wie breit. Jung dunkelbraun striegelig behaart, mit der Reife öffnet sich die helle Membran und gibt mehr als zehn linsenförmige helle Peridiolen frei. Diese sind mit einem kurzen Strang an der Becherbasis befestigt. Die Becher-Innenseite ist grau-silbrig streifig gefurcht. Alte, +/- lederige Becher überdauern noch bis zum Frühling. **V** Juli bis Januar. Planar bis montan; verbreitet und häufig an morschen Resten von Laub- und Nadelhölzern, oft an Buche. **W** Der Bleigraue Topf-Teuerling *(C. olla)* wächst auf Streu und hat glockenförmig öffnende Fruchtkörper mit einer glatten, ungestreiften Innenwand.

SP 12–21 × 7–12 µm

4 | Dung-Teuerling
Cyathus stercoreus

Die weit verbreitete, aber seltene Art unterscheidet sich von *C. striatus* durch blassere Farben, eine ungestreifte Innenwand sowie das Vorkommen auf Dung von Pflanzenfressern wie Rind, Pferd, Hase usw. **V** April bis Dezember mit Schwerpunkt Herbst. **W** Die meisten Dung besiedelnden Arten finden sich auch auf artenreichem Grünland. Das bedeutet, eine Artenverarmung der Wiesen durch intensive Nutzung und Düngung wirkt sich auch negativ auf die Dungpilz-Gemeinschaften aus.

SP 23–33 × 17–30 µm

5 | Zitzen-Stielbovist
Tulostoma brumale

H 0,8–1,5 cm, +/- kugelig, weißlich grau mit dunkelbrauner, runder, gerandeter Öffnung. **S** 2–4 × 0,2–0,4 cm, +/- zylindrisch, trocken, zäh bis hart, weißlich bis ockerbraun, glatt bis flockig-schuppig. **V** Mai bis November, alte Fruchtkörper bis zum Frühjahr. Planar bis montan verbreitet; gebietsweise häufig in klimatisch milderen Lagen, auf +/- basischen, sandigen Böden an offenen, bemoosten Standorten wie Dünen, Trockenrasen, alten Kiesgruben und Straßenböschungen. **W** Die Gattung enthält mindestens 19, teils sehr ähnliche Arten und erfordert eine genaue mikro- und makroskopische Analyse. *T. fimbriatum* ist ebenfalls gebietsweise häufig, hat dickere Stiele und nur eine fransige Öffnung ohne Rand.

SP 4–6 µm, rundlich, warzig, Schnallen -

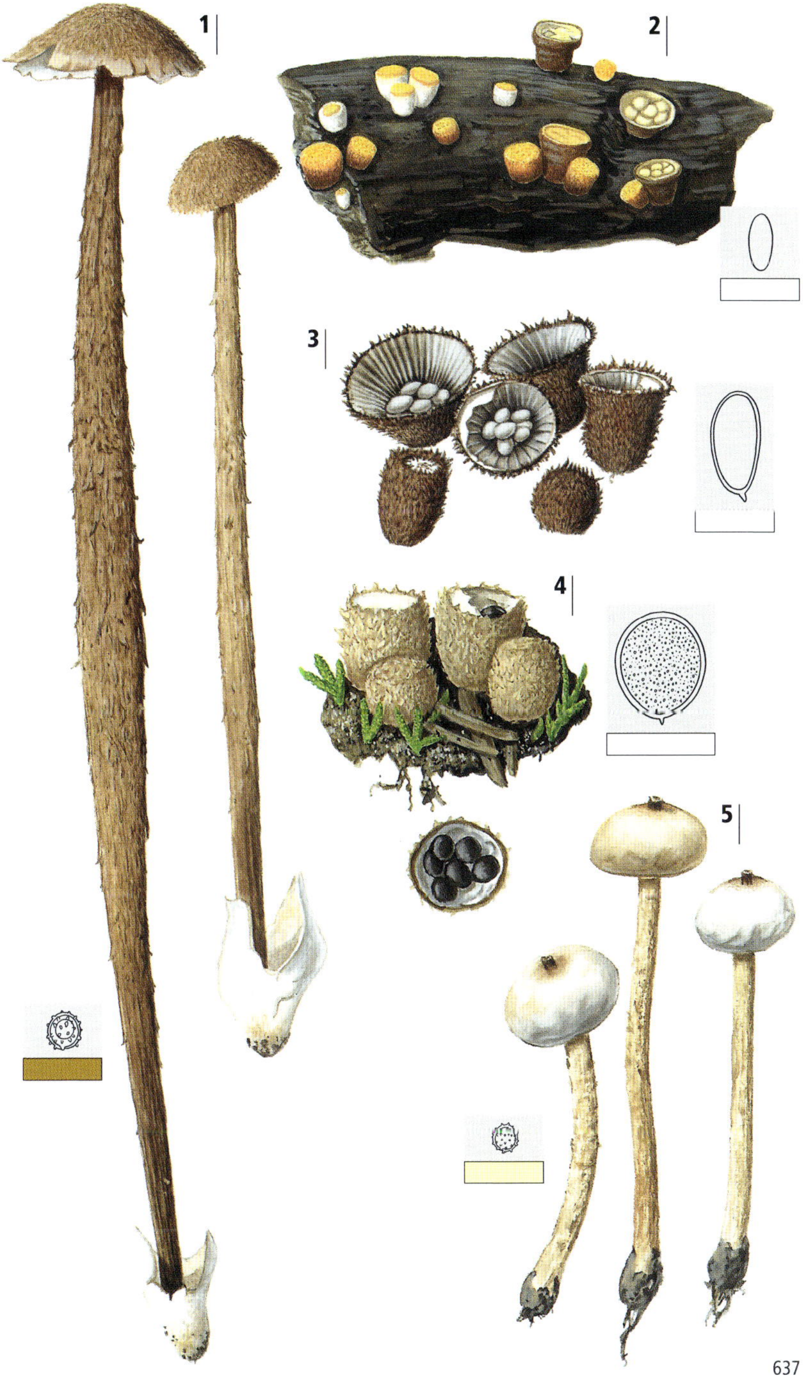
1
2
3
4
5

1 Sommer-Trüffel, Burgunder-Trüffel

Tuber aestivum (Syn. *Tuber uncinatum*)

RL-3 | §§

FK 1–10 (15) cm, fast kugelig bis unregelmäßig knollig bis Tennisballgröße (150 g, selten bis 500 g). Exoperidie braun-schwarz mit polygonalen groben Warzen. **F** Fest, je nach Reife weiß-cremefarben bis hellbraun mäandrierend, durch die reifen Sporen dunkler, mit intensivem, aromatischem Geruch, Geschmack süßlich-nussig. **V** Ganzjährig. Einzeln bis gesellig in größeren Gruppen auf basischen bis neutralen Böden in Laubwäldern, Gärten und Parkanlagen bei Buche, Eiche, Hainbuche, Hasel oder Linde. In Mitteleuropa an geeigneten Standorten weit verbreitet bis auf 1600 m, seit Jahrhunderten rückläufig in Gebieten mit intensiver Land- und Forstwirtschaft. **W** Die gesamte Gattung *Tuber* ist lt. Bundesartenschutzverordnung besonders geschützt. Auf den Märkten und in der Gastronomie werden Echte Trüffel aus Südeuropa und Übersee angeboten, die aus Wildsammlungen oder von Truffièren stammen. Sehr ähnlich ist die Teer-Trüffel *(Tuber mesentericum)*, die nach Lösungsmittel oder heißem Asphalt riecht.

SP 25–30 × 18–22 µm, **ASC** 80–100 × 60–75 µm mit (1) 2–4 (6) Sp

2 Winter-Trüffel

Tuber brumale

RL-3 | §§

FK 3–5 (10) cm, braunschwarz mit polygonalen Warzen, Gleba mäandrierend, dunkel anthrazit. **V** November bis März. An ähnlichen Standorten wie die Sommer-Trüffel. **W** Die Unterscheidung von Sommer- und Wintertrüffeln kann man nicht an der Jahreszeit festmachen, da *T. aestivum* den ganzen Winter über gefunden werden kann. Die dunkel mäandrierende Fruchtschicht und der Geruch sind aber völlig anders, sodass beide Arten mit etwas Erfahrung makroskopisch leicht unterscheidbar sind.

SP 26–30 × 16–21 µm, dicht spitzstachelig

3 Weiße Trüffel, Alba-Trüffel

Tuber magnatum

§§

FK 2–6 (20) cm, unregelmäßig rundlich-knollig, teils abgeflacht (10–100 g, selten bis > 1000 g). Exoperidie glatt bis fein granuliert (Lupe!), blassgelb bis ocker. **F** Fest, je nach Reife weißocker bis fleischrosa mäandrierend, mit intensivem, komplexem aromatischem Geruch und Geschmack nach Knoblauch und reifem Käse. **V** Ende Oktober bis Februar. Planar bis montan; auf basenreichen, sandig-lehmigen Auenböden, oft in Bach- und Flusstälern bei Pappeln und Eichen, nur in Südeuropa vom Schwarzen Meer bis nach Frankreich. **W** Mit ihren exklusiven Aromen bewegem sich „Alba"-Trüffel in einer eigenen Liga. Allerdings reichen für eine Speise sechs bis zehn Gramm je Person, wodurch sich die Marktpreise von 1,5 bis 8 € je Gramm etwas relativieren lassen.

SP 20–34 × 20–24 µm, **ASC** 50–65 × 40–60 µm mit 1–4 Sp

4 Perigord-Trüffel

Tuber melanosporum

§§

FK 2–6 (10) cm, fast kugelig bis unregelmäßig knollig. Exoperidie braun-schwarz mit polygonalen flachen Warzen. **F** Fest, dunkelbraunrötlich bis schwarzviolett mit weißen Adern, mit intensivem, charakteristischem aromatischem Geruch (Moschus, Kakaonoten) und Geschmack. **V** Oktober bis Februar. Vorwiegend submediterran-mediterran vom Balkan bis nach Frankreich (Perigord!); auf basenreichen Böden vorwiegend unter Eichen, Haseln, selten anderen Laubgehölzen. **W** Die Sporengrößen sind in der Gattung *Tuber* sehr variabel, abhängig von der Anzahl reifer Sporen je Ascus.

SP 28–32 × 16–21 µm, Stacheln bis 4 µm, **ASC** 65–85 × 50–70 µm mit 1–5 Sp

5 Rotbraune Trüffel

Tuber rufum

RL-G | §§

FK 1–3 cm, fast kugelig bis unregelmäßig knollig. Exoperidie hell- bis rotbraun, auch schwarzbraun, mit glatter bis rauer Oberfläche. **F** Fest, je nach Reife weiß-cremefarben bis rotbraun weiß geadert, mit intensivem Geruch nach geräuchertem Speck oder Blütenhonig, im Alter stechend säuerlich. **V** Juni bis Februar. Planar bis subalpin, in Wäldern und Parkanlagen bei Laub- und Nadelgehölzen, in bodensauren Gebieten vorwiegend an Störstellen wie Wegrändern. **W** Mit ihrer breiten ökologischen Amplitude und geringen Basenansprüchen die häufigste *Tuber*-Art.

SP 24–30 × 16–24 µm, **ASC** 60–80 × 50–60 µm mit (1) 3–4 (6) Sp

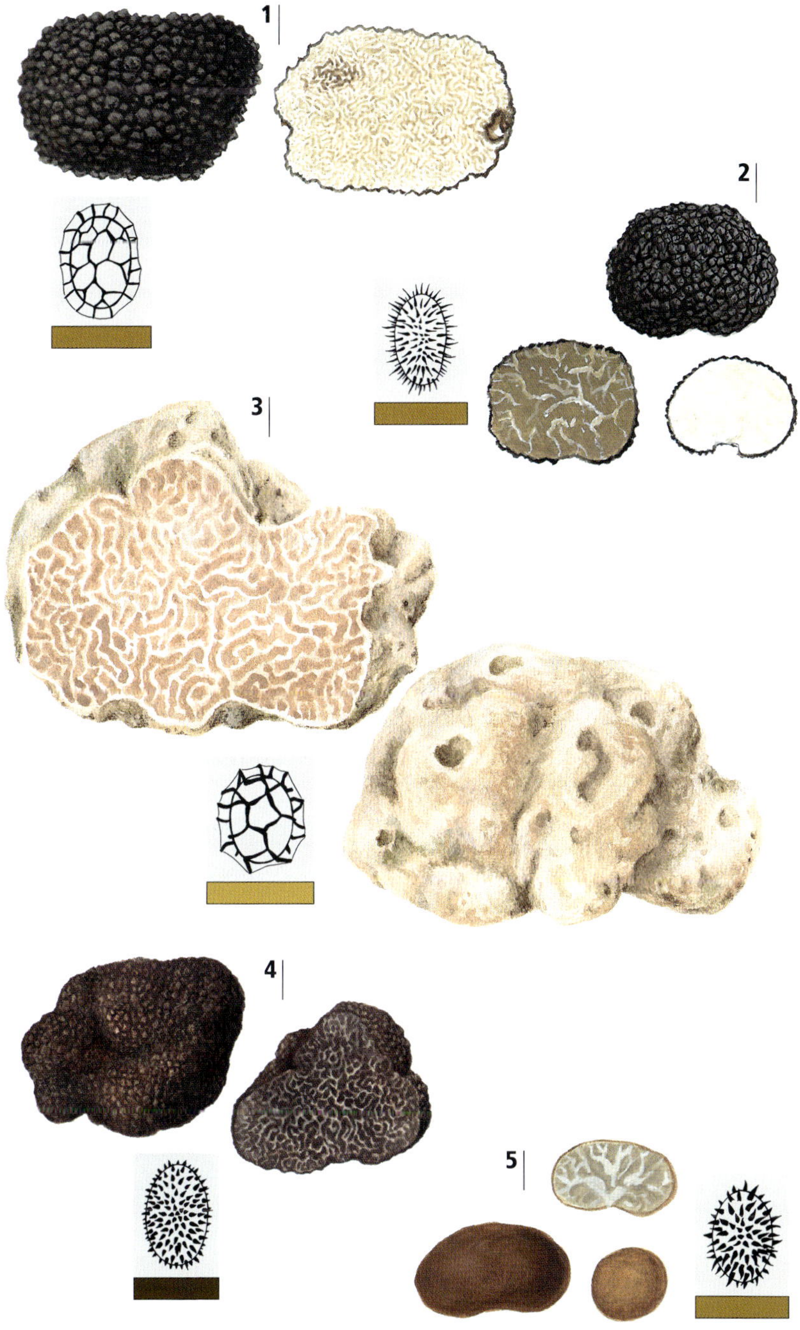
1
2
3
4
5

1 Gemeine Balsamtrüffel
Balsamia vulgaris

RL-1

FK 1–3 cm, rundlich bis unregelmäßig knollig. Exoperidie hell haselbraun bis orangebraun oder rostbraun, oft fleckig, mit feinwarziger Oberfläche aus dunkleren, abwischbaren Papillen. **F** Weich, je nach Reife weiß cremefarben gekammert, mit jung angenehm süßem Geruch, älter streng. **V** Oktober bis Januar. Planar bis montan; in Deutschland zerstreut, in wärmeren Wäldern und Parkanlagen bei Laub- und Nadelgehölzen (z. B. Buche, Eiche, Fichte, Hasel, Linde), in Südeuropa verbreitet, bodenvag. **W** *B. polysperma* wächst an ähnlichen Standorten, hat insgesamt kleinere Fruchtkörper und Sporen als die Gemeine Balsamtrüffel mit nur einem großen Öltropfen.

SP 25–30 × 11–15 µm, mit 2–3 großen Öltropfen, **ASCI** 70–100 × 30–50 µm

2 Gelbe-Kratertrüffel
Pachyphloeus citrinus

RL-R

FK 0,5–1,5 cm, rundlich, braungelb, warzig-schollig, mit graugrüner, gelb geaderter Gleba, Geruch süßlich. **V** Juni bis November. Planar bis montan; an basischen, wärmeren Standorten mit Laubgehölzen. **W** *P. conglomeratus* hat eine sehr ähnlich gefärbte Fruchtschicht, aber eine glatte Außenhülle ohne Warzen.

SP 14–17 µm, subglobos, **ASCI** 140–210 × 40–60 µm

3 Blaunuss, Blauende Bergnuss
Chamonixia caespitosa

RL-G

FK 1–3 cm, fast kugelig bis oval. Exoperidie weiß, bei Sauerstoffkontakt sofort blauend wie einige Röhrlings-Arten. **F** Weich, jung weißlich bis cremerosa gekammert, zur Reife +/- grau, verletzt blauend, Geruch schwach. **V** Ende Mai bis Oktober. Selten, vorwiegend montan in +/- sauren Bergnadelwäldern als Symbiont der Fichte in der Nadelstreu oder in nassen *Sphagnum*-Polstern. **W** Die Blaunuss gehört zur Röhrlings-Familie *(Boletaceae)* und steht der Gattung *Leccinum* nahe. Viele Hypogäen haben sich unter hohem klimatischem Druck vor mehr als 50 Mio. Jahren parallel aus oberirdisch wachsenden Pilzarten verschiedenster Verwandtschaften entwickelt.

SP 18–20 × 12–15 µm, dunkelbraun mit Längsfurchen

4 Stachelsporige Mäandertrüffel, Deutsche Trüffel
Choiromyces meandriformis (Syn. *Choiromyces venosus*)

FK 5–12 cm, unregelmäßig rundlich-knollig (bis zu 500 g schwer). Exoperidie glatt, weißlich-ocker-rotbraun fleckig. **F** Fest, cremeweiß, hellocker mäandrierend geadert, mit intensivem, säuerlichem Geruch, der bei alten Exemplaren widerlich wird. Geschmack gegart angenehm. **V** Juni bis November. Planar bis montan; weit verbreitet in Europa in Wäldern auf lehmigen, +/- kalkreichen Böden mit Laub- und Nadelgehölzen (Buche, Eiche, Fichte). **W** Funde nördlich der Alpen schaffen es immer wieder mal in die Lokalpresse, da sie von Laien für Alba-Trüffeln gehalten werden. Nach rohem Verzehr kann es zu Verdauungsstörungen kommen. Eine weniger bekannte mediterrane Art ist *C. magnusii*. Sie wächst ab Mai in Macchien bei Zistrosen.

SP 18–22 µm, globos, **ASCI** 100–150 × 40–70 µm

5 Rotbraune Rasentrüffel
Hydnotrya tulasnei

RL-3

FK 2–3 cm, unregelmäßig lappig gewunden, Exoperidie ockerrosabraun bis dunkelrotbraun, mit glatter Oberfläche. **F** Fest-elastisch, je nach Reife haselbraun bis braunrosaviolettlich mit weiß bereiftem Hymenium, labyrinthisch gewundenen, Geruch angenehm süßlich, mit Kakaokomponenten, Geschmack mild. **V** April bis Oktober. Planar bis subalpin; in Wäldern und Parkanlagen bei Laub- und Nadelgehölzen, bodenvag. **W** Die Gattung enthält in Europa derzeit fünf Arten und ist nah verwandt mit der Gattung *Gyromitra* (Lorcheln), die ebenfalls gewundene Fruchtschichten aufweist.

SP 24–30 µm, globos, **ASCI** 170–250 × 30–40 µm, 8-sporig

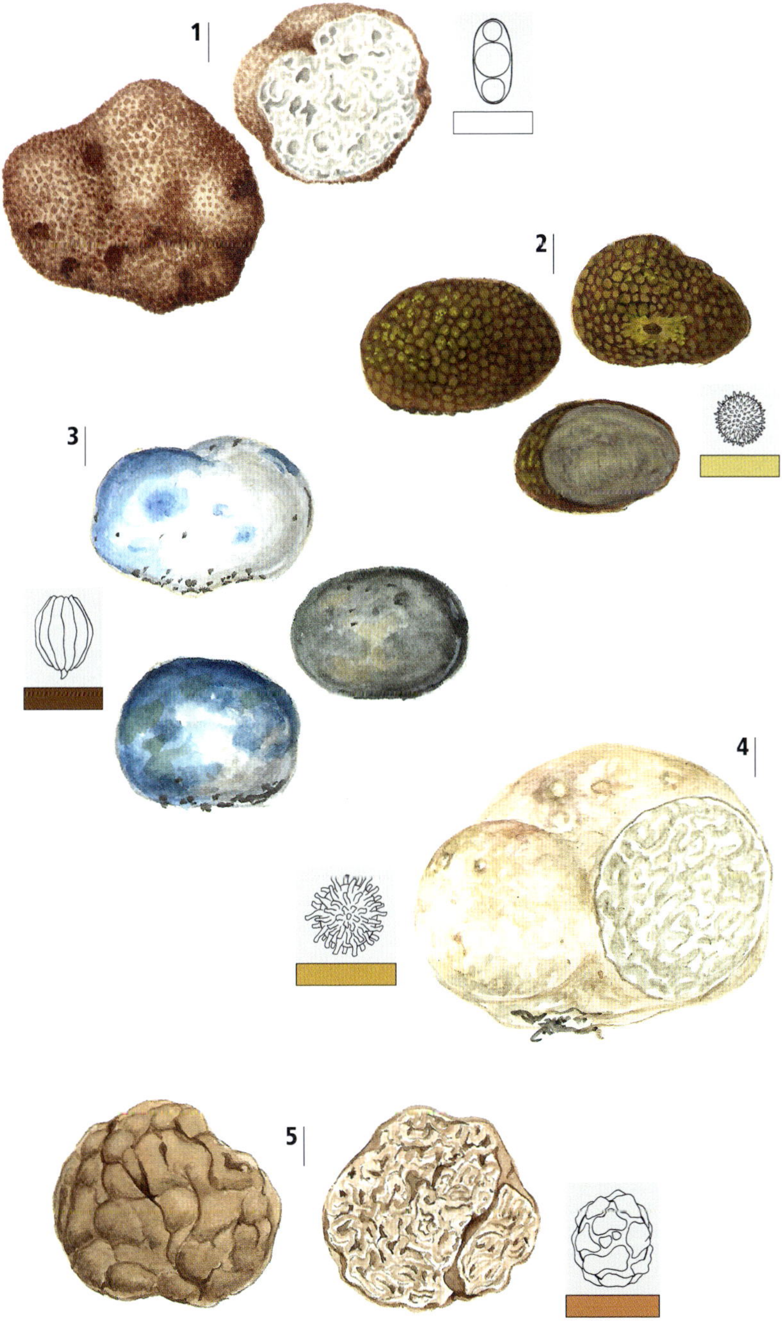
1
2
3
4
5

1 Warzige Hirschtrüffel

Elaphomyces granulatus

FK 1–5 cm, fast kugelig bis oval. Exoperidie hellbraun bis rotbraun, feinwarzig, im Anschnitt weißgelblich. **F** Fest, jung weißlich, Gleba bald mit schwarzem Sporenstaub in feinem Fasergespinst gefüllt, Geruch je nach Reife +/- intensiv mit Komponenten von Knoblauch und faulen Zwiebeln, vergoren. **V** Ganzjährig. Planar bis subalpin, sehr häufig und weit verbreitet; vorwiegend in bodensauren Nadelwäldern mit Fichten und Kiefern, auch in basenreichen Laubwäldern. **W** Die Fruchtkörper werden nicht selten von Zungenkernkeulen (*Tolypocladium* → S. 714) parasitiert. Hirschtrüffeln sammeln in belasteten Gebieten hohe Dosen von Cäsium 137. Als Hauptnahrung von Wildschweinen ist deren Fleisch dort belastet und zum Verzehr oft nicht mehr geeignet. In Europa gibt es ca. 20 Arten, zu ihrer Unterscheidung sind genaue makro- und mikroskopische Untersuchungen nötig.

SP 20–29, globos mit warzigem, bis 2 µm hohem Ornament

2 Grünfleischige Schwanztrüffel

Hysterangium clathroides

FK 1–2,5 cm, rundlich, weiß **F** Grünblau **V** September bis November. Einzeln bis gesellig in Laubwäldern, Gärten und Parkanlagen auf basenreichen Böden; in Mitteleuropa weit verbreitet. **W** In Europa gibt es mindestens zwölf Arten, die nur mit ihren Mikromerkmalen unterscheidbar sind. Sehr ähnliche, aber gestielte Fruchtkörper bildet *Phallogaster saccatus*.

SP 14,5–16,5 × 6,5–7,5 µm, Peridie aus +/- parallelen Hyphen

3 Gelbbraune Schleimtrüffel

Melanogaster broomeanus

FK 1–5 cm, fast kugelig bis oval oder knollig. Exoperidie gelbbraun bis tabakbraun, glatt, bis 0,5 mm dick. **F** Fest, Gleba mit schwarz-weiß gekammert (0,5–2 mm), im Schnitt gelatinös, Geruch je nach Reife schwach, angenehm fruchtig bis vergoren. **V** Juni bis November. Planar bis montan verbreitet in Laubwäldern und Parkanlagen, an tendenziell basenreichen Standorten mit Laubgehölzen wie Eiche, Linde, Hasel. **W** Derzeit sind aus Deutschland neun Schleimtrüffel-Arten nachgewiesen. *M. variegatus* ist makroskopisch sehr ähnlich, hat aber elliptische Sporen mit Q 1,3–1,7.

SP 6–8 × 3–4 µm, **Q** 1,8–2,1, Schnallen +

4 Großsporige Morchel-Trüffel

Gautieria morchelliformis

RL-G

FK 2–7 cm, reif ohne Außenhülle und morchelartig gekammert, rotbraun, mit weißen Stielresten, Geruch angenehm fruchtig, alt unangenehm. **V** August bis Dezember. Kollin bis hochmontan; verbreitet bei Laub- und Nadelbäumen, bodenvag. **W** Bislang waren aus Europa vier Arten beschrieben. Aktuellen, molekular gestützten Studien zufolge sind es > 20. Neue Funde sollten gründlich dokumentiert und kartiert werden.

SP 15–28 × 8–12 m, **BAS** mit 1–4 Sporen

5 Rötliche Wurzeltrüffel

Rhizopogon roseolus

RL-V

FK 1–4,5 cm, rundlich-knollig, semi-hypogäisch, bei Reife mit dem Scheitel an die Oberfläche kommend. Exoperidie gelbbran bis rotbraun, gerieben rötend, glatt bis kleinfelderig-schuppig aufreißend, bis 300 µm dick. **F** Fest, gummiartig, jung weißlich, am Rand rötlich, fein gekammert, Geruch je nach Reife schwach süßlich bis unangenehm, Geschmack mild. **V** Juni bis November. Planar bis hochmontan, verbreitet als obligatorischer Kiefern-Symbiont auf nährstoffarmen, +/- basischen Böden. **W** Die Wurzeltrüffeln gehören zu den Röhrlings-Verwandten *(Boletales)*. Sie stehen nah bei den Schmierröhrlingen *(Suillus)* und sind ebenso mit der Gattung *Gomphidius* assoziiert. Auf den Kanarischen Inseln werden Wurzeltrüffeln auf Wochenmärkten angeboten. Aus Deutschland sind derzeit 19 Arten nachgewiesen.

SP 6–8 × 2,5–4 µm, hyalin mit 2 Tropfen

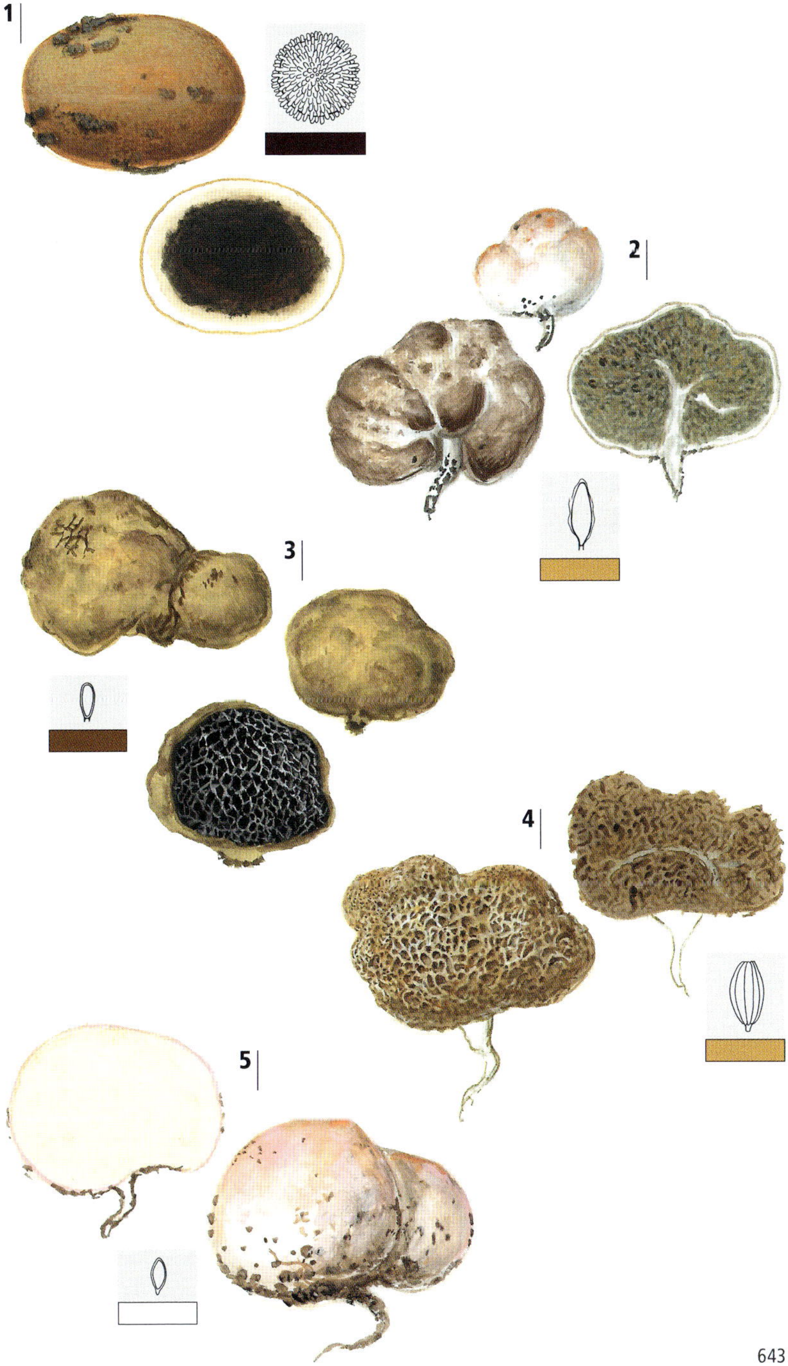
1
2
3
4
5

Hypogäen

Hypogäen, also unterirdisch wachsende Pilze, findet man entweder durch zufälliges Freikratzen an geeignet erscheinenden Standorten, oder mittels eines darauf trainierten Hundes. Einige Arten ragen bei Reife auch mit dem Scheitel über die Erdoberfläche. „Die Hypogäen" sind eine künstliche Ansammlung von nicht näher miteinander verwandten Gattungen. Die als Delikatesse geschätzten, in Deutschland allerdings unter Naturschutz stehenden Echten Trüffeln machen lediglich 4–5 von insgesamt etwa 450 in Europa vorkommenden Arten aus.

1a	SP im Inneren von Schläuchen oder Säcken **→ 2**
1b	SP auf Basidien, die aber zur Sporenreife weitgehend vergangen sein können **→ 9**
2a (1)	SP in Säcken, zu 1–6 oder zu 8 **→ 3**
2b	SP in breit- bis schmalzylindrischen Schläuchen, zu konstant 8 (selten zu 4) **→ 8**
3a (1)	SP zu 1–6 (selten bis 8), ornamentiert **→ Trüffeln 4**
3b	SP zu konstant 8, ornamentiert; V unter Bäumen **→ Mäandertrüffel, S. 640**
3c	SP zu konstant 8, ornamentiert; V in Wüsten unter krautigen Pflanzen **→ Wüstentrüffeln (*Terfezia* spp.)**
3d	SP zu konstant 8, glatt, zitronenförmig **→ Karthäusertrüffel *(Picoa carthusiana)***
4a (3)	FK schwarz, mit pyramidigen Warzen **→ 5**
4b	FK weißlich, ocker bis rotbraun, glatt **→ 6**
5a (4)	SP mit wabenartig netzigem Ornament **→ Sommer-Trüffel, S. 638**
5b	SP mit stacheligem Ornament **→ Winter- und Perigord-Trüffel, S. 638**
6a (4)	FK hell ocker bis rotbraun; SP-Ornament isoliert-stachelig **→ Rotbraune Trüffel, S. 638**
6b	FK weißlich, cremegrau bis ocker; SP-Ornament wabenförmig **→ 7**
7a (6)	FK weißlich bis beige, innen rosalich getönt; nicht nördlich der Alpen **→ Alba-Trüffel, S. 638**
7b	FK lederfarben bis ocker, an der Basis mit Höhlung **→ Hohl-Trüffel *(Tuber excavatum)***
7c	FK weißlich, weder innen rosalich getönt noch mit Höhlung **→ Weiße Frühlings-Trüffel *(Tuber borchii)* u. a.**
8a (2)	SP elliptisch, hyalin, glatt, mit 1–3 großen und mehreren kleinen Öltropfen **→ *Balsamia*, S. 640**
8b	andere Merkmalskombinationen **→ weitere Gattungen, z. B. *Genea*, *Hydnotrya* u. a.**
9a (1)	Gleba schwärzlich mit weißen Einschlüssen, bei Reife verschleimend; oft mit dem Scheitel aus dem Boden ragend **→ Schleimtrüffeln, S. 642**
9b	Gleba oliv oder braun; elastisch-gummiartig, mit Columella; an der Unterseite mit Wurzelstrang **→ Schwanztrüffeln, S. 642**
9c	Nicht mit diesen Merkmalskombinationen **→ 10**
10a (9)	Peridie vergänglich und FK dann löchrig-uneben-runzelig, an einen Schwamm erinnernd **→ Morcheltrüffeln, S. 642**
10b	Peridie nicht vergänglich **→ 11**
11a (10)	Gleba einheitlich wie feiner Schaumstoff; Peridie bei Luftkontakt rötend oder braungelb, ganz oder teilweise von einigen Würzelchen überzogen; unter Nadelbäumen **→ Wurzeltrüffeln, S. 642**
11b	Gleba ähnlich; Peridie bei Berührung tief blau verfärbend; unter Nadelbäumen **→ Blaunuss, S. 640**
11c	andere Merkmalskombinationen **→ *Hymenogaster*, *Octavianina*, *Stephanospora* u. a.**

Schlauchpilze (Ascomyceten)

Ascomyceten sind eine sehr artenreiche Gruppe. Diese beinhaltet jedoch nur wenige größere und ohne Mikroskop erkennbare Arten, wie z. B. die Lorcheln und Morcheln, einige größere Becherlinge, das Gallertkäppchen oder auch einige Kernpilze. Es kann daher in den Bestimmungsschlüsseln nicht auf mikroskopische Merkmale verzichtet werden, was schon bei der Einteilung in die drei Teilschlüssel beginnt. Die ersten beiden Teilschlüssel unterscheiden sich durch das mikroskopische Merkmal „operculat" (Ascusöffnung in Form eines Deckels) bzw. „inoperculat" (Ascusöffnung in Form eines Porus). Der dritte Schlüssel behandelt alle Kernpilze (Pyrenomyceten), also Ascomyceten, die ihr Hymenium in Höhlungen bilden, die in ein rundliches bis flächiges Gewebe eingebettet sind („Stroma").

Diese Pilze sind bis auf sehr wenige Ausnahmen krustig hart, zumindest aber korkartig zäh, und oft schwarz.
Zur makroskopischen Unterscheidung von operculaten und inoperculaten Schlauchpilzen gibt es folgende Hinweise, die aber nicht zu hundert Prozent zutreffen:

- Wachstum auf Gräser- und Kräuterstängeln → inoperculat
- Wachstum auf Erdboden oder Dung → operculat
- Fruchtkörper 5 mm oder kleiner → inoperculat (Ausnahmen vor allem im Bereich der Dung- und Moos bewohnenden Arten)
- Fruchtkörper größer als 1 cm → operculat (Ausnahmen im Bereich der Erdzungen, Gallertbecher)

1a	FK krustig hart bis korkig-zäh; geschlossene Kugeln, Polster oder flächige Schichten bildend, seltener keulig, zylindrisch, fädig oder verzweigt; im Querschnitt mit einer oder mehreren Höhlungen, diese bei Reife gelgefüllt; V fast ausschließlich auf Holz (oft eingesenkt), seltener Dung, fast nie auf Erde oder Stängeln **→ Pyrenomyceten, S. 681**
1b	FK weichfleischig **→ 2**
2a (1)	FK > 1 cm (Dungbewohner und Moosparasiten können deutlich kleiner sein); V auf Erdboden, Holz oder Dung; Ascusspitze öffnet sich bei SP-Reife mit einem Deckel oder reißt schlitzartig ein **→ operculate Schlauchpilze, S. 646**
2b	FK < 1 cm (sehr selten größer); V auf Holz oder Stängeln, fast nie auf Erdboden, nie auf Dung; Ascusspitze öffnet sich bei SP-Reife mit einem Porus, der häufig mit einer Jodlösung (IKI) blau (selten rot) anfärbbar ist **→ inoperculate, weichfleischige Schlauchpilze, S. 678**

Operculate Schlauchpilze

1a	FK zungenförmig oder gestielt und mit +/- abgesetztem Kopfteil; dieser rundlich, kegelig, sattelförmig oder lappig, jedoch nicht schüsselförmig **→ 2**
1b	FK sitzend und schüssel-, becher-, kreisel- oder ohrförmig oder gestielt und pokalförmig **→ 12**
1c	FK rotbraune wellige Flächen bildend, unterseits heller, mit Würzelchen besetzt; meist auf Brandstellen **→ Wellige Wurzellorchel, S. 654**
2a (1)	FK > 3 cm, deutlich gestielt; Kopfteil rundlich bis kegelig, waben- oder hirnartig oder unregelmäßig-lappig **→ Morcheln und Lorcheln 3**
2b	FK schlank keulig, zungenförmig, oder gestielt mit Kopfteil und dann < 3 cm **→ inoperculate weichfleischige Schlauchpilze, S. 678**
3a (2)	Hut rundlich bis kegelig, wabenförmig strukturiert, Hutrand am Stiel angewachsen oder mittig ansetzend, innen hohl; Stiel fein gepustelt, hohl; SP ohne Öltropfen, glatt **→ Morcheln 4**
3b	Hut glockig bis kegelig, fast glatt bis längsrunzelig oder mit langgezogen wabenartiger Struktur, nur an der Stielspitze angewachsen; Stiel fein genattert, ausgestopft; SP ohne Öltropfen, glatt **→ Verpeln, S. 650**
3c	Hut rundlich bis hirnartig, unregelmäßig-zipfelig oder wellig-schüsselförmig; Stiel glatt, knorpeligvoll, teils gerippt, manchmal sehr kurz; SP mit 0–3 Öltropfen, ornamentiert oder glatt **→ Giftlorcheln 5**
3d	Hut lappig, unregelmäßig-zipfelig, sattel- oder schüsselförmig; Stiel glatt, säulig oder knorpeligvoll und längsrippig; SP mit einem großen Öltropfen, glatt **→ Lorcheln 9**
4a (3)	Hutform eher rundlich, grau, braun oder gelb; Hutrand mit dem Stiel verwachsen; Längsrippen unregelmäßig verlaufend **→ Artengruppe Speise-Morcheln, S. 650**
4b	Hut eher kegelig, grau, schwarz, purpur- oder rosalich, Hutrand mit dem Stiel verwachsen; Längsrippen fast parallel **→ Artengruppe Spitz-Morcheln, S. 650**

4c	Hut pyramidenförmig, oft klein im Vergleich zum Stiel, grauschwarz; Hut mittig am Stiel angewachsen (Schnitt!); Längsrippen fast parallel **→ Artengruppe Halbfreie Morcheln, S. 650**
5a (3)	Stiel deutlich; Hut hirnartig oder unregelmäßig-zipfelig; SP glatt oder ornamentiert **→ Artengruppe Giftlorcheln 6**
5b	Stiel kurz bis kaum sichtbar; Hut unregelmäßig flach schüsselförmig; SP stets ornamentiert **→ Scheibenlorcheln, S. 654**
6a (5)	Kopfteil hirnartig gewunden, rundlich **→ 7**
6b	Kopfteil unregelmäßig-zipfelig **→ 8**
7a (6)	SP elliptisch, mit zwei Öltropfen, glatt **→ Frühjahrs-Giftlorchel, S. 652**
7b	SP elliptisch, mit einem Öltropfen, netzig-ornamentiert und an den Polen mit stumpfem Anhängsel **→ Riesen-Giftlorchel, S. 652**
7c	SP rundlich, leer, glatt; sehr seltene Urwaldreliktart **→ Rundsporige Lorchel, S. 654**
8a (6)	V im Herbst auf Nadelholz; SP mit zwei Tropfen, glatt **→ Bischofsmütze, S. 652**
8b	V im Frühjahr auf Erde; SP ornamentiert **→ Zipfel-Giftlorchel, S. 652**
9a (3)	Stiel rippig **→ 10**
9b	Stiel säulig, glatt **→ 11**
10a (9)	Stiel cremeweiß; Hut lappig-unregelmäßig, weißlich bis ockerbraun **→ Herbst-Lorchel, S. 656**
10b	Stiel rauch- bis dunkelgrau; Hut lappig-unregelmäßig, grau bis schwärzlich **→ Gruben-Lorchel, S. 656**
10c	Stiel weißlich, relativ dünn; Hut sattelförmig, braun **→ Rippenstielige Becherlorchel S. 656**

11a (9) Kopfteil cremegrau, sattelförmig bis unregelmäßig → **Artengruppe Elastische Lorchel, S. 656**

11b Kopfteil schwarz bis dunkelgrau, sattelförmig bis unregelmäßig → **Schwarze Lorchel, S. 658**

12a (1) FK gestielt; Stiel meist kurz, seltener länger und bisweilen wurzelnd → **13**

12b FK sitzend, bisweilen aber zu einer punktförmigen Anwachsstelle zusammengezogen → **21**

13a (12) Hym lebhaft oliv- bis orangegelb, orange oder rot; enthält Pigmente, die sich in Jod grün färben → **14**

13b Hym grau, braun bis gelbbraun oder schwarz; ohne in Jod grün werdende Pigmente → **15**
Um Stromabecherlinge und einige besonders großfrüchtige inoperculate Schlauchpilze auszuschließen, kann eine mikroskopische Überprüfung des Ascus nötig sein!

14a (13) Hym rot bis orangerot (sehr selten gelb); Becherrand ungekerbt; V einzeln oder zu zwei bis drei auf Laubholzästen; SP glatt → **Österreichischer Kelchbecherling und verwandte Arten, S. 660**

14b Hym rot bis orangerot; Becherrand gekerbt; V zu mehreren büschelig (scheinbar) am Boden; SP glatt → **Tulpenbecher, S. 660**

14c Hym lebhaft gelborange, gelb bis olivgelb; V einzeln am Boden; SP stark ornamentiert → **Wurzelbecherlinge, S. 670**

15a (13) FK mit langem, schlanken Stiel, einheitlich grau; Oberteil und Stiel filzig behaart → **Grauer Langfüßler, S. 658**

15b FK nicht so schlankstielig; nicht filzig oder behaart → **16**

16a (15) Ascusspitze in IKI blau verfärbend (wenn nur Ascusporus blau verfärbend, vgl. Stromabecherlinge, Schlüssel 2: Pkt. 19a ff) → **17**

16b Ascusspitze in IKI ohne blaue Reaktion → **18**

17a (16) in Dünen im Sand, meist bei Strandhafer → **Wurzelnder Sand-Becherling, S. 662**

17b auf morschem Laubholz oder Häcksel → **Veränderlicher Becherling, S. 666**

17c Ökologie anders → **weitere Becherlings-Arten (*Peziza* spp.)**

18a (17) Hym schwarz, feucht glänzend; auf morschen Stämmen von Weißtanne → **Gestielter Schwarzborstling, S. 660**

18b Hym in braunen bis braungrauen Tönen → **19**

19a (18) SP reif ornamentiert, mit einem oder mehreren Anhängseln → **Gemeine und Schildförmige Scheiben-Lorchel, S. 654**

19b SP auch reif glatt und ohne Anhängsel → **20**

20a (19) SP ohne Öltropfen; FK bis 2 cm, höher als breit; Becherrand fein weiß gezähnelt; V auf Brandstellen → **Kohlenbecherling, S. 670**

20b SP mit zwei Öltropfen; FK bis 2 cm oder größer; Becherrand gleichfarben gekerbt; V auf lehmiger Erde im Laubwald, an Wegrändern und Böschungen → **Napfförmiger Kelchbecherling und verwandte Arten, S. 670**

20c SP mit einem großen Öltropfen; FK meist größer als 3 cm; Becherrand glatt; V auf Erdboden im Laub- und Nadelwald, an Böschungen und Wegrändern → **Hochgerippte und Schwarzweiße Becherlorchel und verwandte Arten, S. 658**

21a (12) V auf Dung oder Misthaufen (im Zweifelsfall bei 21b weiter) → **22**

21b V nicht auf Dung → **27**

22a (21) FK mind. 2 cm, gelbbräunlich bis braun; Ascusspitze mit Jod blau reagierend → **Blasiger Becherling und weitere Arten, S. 666**

22b FK kleiner und/oder Ascusspitze nicht blau mit Jod → **23**

23a (22) FK bis 0,5 cm, gelborange; außen körnelig (Lupe!), aber nicht abstehend behaart; V auf Kuhfladen → **Körniger Rinderdungbecherling, S. 672**

23b FK kleiner oder anders gefärbt oder mit deutlichen Haaren (Lupe!) → **24**

24a (23) FK mit farblosen oder gefärbten abstehenden Haaren an der Außenseite → **25**

24b FK außen glatt bis körnelig → **26**

25a (24) FK bis 2 mm; Hym gelb, orange, ocker, selten rot; Haare farblos, spitz, unseptiert → **Borstiger Kotling und verwandte Arten, S. 674**

25b FK bis 3–15 mm; Hym gelb, orange, ocker, selten rot; Haare farblos, spitz bis stumpf, dunkelbraun, septiert → **Mist- und Schildborstlings-Arten (*Cheilymenia* spp., *Scutellinia* spp.), S. 676**

26a (25) SP bei Reife dunkelbraun, mit sich kreuzenden Furchen (selten Pusteln); einzeln *(Ascobolus)* oder als Päckchen *(Saccobolus)* freigesetzt; Schläuche mit Jod auf ganzer Länge blau reagierend → **Kleiiger Kotling und weitere Ascobolus- und Saccobolus-Arten, S. 672**

26b SP bei Reife farblos oder leicht gelblich, nicht längsfurchig → **nicht behandelte Arten und Gattungen (Spezialliteratur!)**

27a (21) FK außen glatt, körnelig bis pustelig oder angedrückt filzig → **28**

27b FK mit farblosen oder gefärbten, abstehenden Haaren an der Außenseite → **43**

28a (27) FK gänzlich schwarz bis sepia → 29

28b FK nicht so dunkel, vielmehr gelb, ocker, orange, rot oder in Brauntönen → **30**

29a (28) FK schüsselförmig; Außenseite mit filzigen Haaren; SP rund → **Schwarzborstlinge, S. 660**

29b FK tonnen- bis urnenförmig oder sackartig; Außenseite glatt bis körnelig oder feldrig; SP elliptisch → **Schwarzer Kelchpilz und verwandte Arten, S. 660**

30a (28) V stets in Bächen auf Laubholz, zumindest zeitweise untergetaucht; FK dunkelbraun, kissenförmig, 5–15 mm → **Babingtonscher Dickbecherling, S. 672**

30b V stets in Bächen auf Laubholz, zumindest zeitweise untergetaucht; FK gelborange, kissen- schüsselförmig, 2–5 mm → **Großsporiger Gelbbecher *(Miladina lecithina)***

30c V auf ansitzenden Ästen von Hasel oder Erle, in gedrängten Knäueln aus der Rinde hervorbrechend (seltene weitere Arten auf anderen Laubhölzern) → **Hasel-Kleiebecherling, S. 696**

30d V nicht auf im Wasser liegendem Holz (oder zufällig mit dem Holz zusammen in den Bach gelangt) bzw. nicht büschelig auf Ästen von Hasel/Erle im Luftraum → **31**

31a (30) FK bis 3 (selten 10) mm, kissen- bis schüsselförmig, lebhaft orange, gelb oder rot; SP elliptisch, spindelig oder rund, ornamentiert oder glatt (wenn rund, dann ornamentiert!); V in Verbindung mit Moosen → **Moosbecherlinge (*Octospora*, *Lamprospora*, *Neottiella* und Verwandte), S. 672**

31b FK bis 10 mm; V ohne Verbindung zu Moosen, kissenförmig, orangerot; SP rund und glatt, > 13 µm → **Rotleuchtender Kissenbecherling, S. 672**

31c FK meist größer als 10 mm, deutlich schüsselförmig; wenn SP rund und glatt, dann < 7 µm → **32**

32a (31) FK leuchtend orange; Außenseite nach einiger Zeit blaugrün verfärbend; SP rund, glatt, < 7 µm → **Leuchtender Prachtbecher, S. 670**

32b FK leuchtend orange; Außenseite trocken weiß; SP elliptisch, netzig ornamentiert → **Gewöhnlicher Orangebecherling, S. 670**

32c FK leuchtend rot (selten orange oder gelb), meist (kurz) gestielt; Außenseite trocken weiß; SP elliptisch, glatt, > 20 µm; V auf am Boden liegendem Laubholz → **Österreichischer Kelchbecherling und verwandte Arten, S. 660**

32d FK in braunen, violetten oder gelben Tönen, aber nicht so lebhaft → **33**

33a (32) FK jung eine geschlossene unterirdische Kugel, die sternförmig aufreißt und reif oberflächig sitzt, dickfleischig, bis 15 cm Durchmesser; Hym violett → **Violetter Kronenbecherling, S. 662**

33b FK von jung an schüssel-, kissen- oder ohrförmig und oberirdisch wachsend → **34**

34a (33) Ascusspitze mit Jod blau (Gattung *Peziza*) → **35**

34b Ascusspitze mit Jod nicht blau → **39**

35a (34) FK im Anschnitt eine farbige oder umfärbende Flüssigkeit absondernd (auf Taschentuch tupfen) → **36**

35b FK keine Flüssigkeit absondernd (Schnittfläche aber bisweilen farblos-feucht) → **38**

36a (35) abgesonderte Flüssigkeit violett → **Violettmilchender Becherling, S. 664**

36b abgesonderte Flüssigkeit gelb werdend (Taschentuch!) → **37**

37a (36) Hym grau; SP mit zwei Öltropfen; Paraphysenspitzen farblos → **Gelbmilchender Becherling, S. 664**

37b Hym grau bis dunkelgrau; SP mit einem Öltropfen, 15–17,5 × 8,5–10 µm; Paraphysenspitzen mit braunem Pigment → **Kleinsporiger Gelbmilchender Becherling, S. 664**

37c Hym violett; Fleisch gelb; SP mit zwei (selten einem) Öltropfen, 13,5–16 × 8–9,5 µm; Paraphysenspitzen mit grünlich gelbem Pigment → **Gelbfleischiger Lilabecherling, S. 664**

38a (36) FK im Fleisch der Basis violett → **Frühlings-Becherling, S. 666**

38b FK ohne violette Färbung des Fleisches an der Basis (violette Töne in der Hym oder Außenseite können vorkommen!) → **weitere Arten der Gattung Peziza (Mikroskop und Spezialliteratur!), S. 662–666**

39a (34) FK außen haarig-filzig, pelzig; zumindest jung deutlich im Erdboden eingesenkt → **40**

39b FK außen glatt, körnelig oder gepustelt, aber nicht filzig; oberflächig sitzend → **41**

40a (39) FK bis 12 cm groß, sternförmig aufreißend; unter Zedern → **Zedern-Sandborstling, S. 674**

40b FK 1–2 cm groß, +/- ganzrandig; nicht oder nur zufällig unter Zedern → **Gemeiner Sandborstling und ähnliche Arten (Mikroskop!), S. 674**

40c auf Brandstellen → **Arten der Gattungen *Anthracobia, Tricharina* u. ä.**

40d mit anderen Merkmalen → **weitere hier nicht behandelte Gattungen**

41a (39) FK eingeschnitten und dadurch entweder ohrförmig oder eingerollt-schüsselförmig → **Öhrlinge 42**

41b FK ganzrandig; Geruch nach Chlorwasser; V im Frühjahr → **Morchelbecherling, S. 668**

41c FK ganzrandig, nicht nach Chlorwasser riechend → **vgl. Schlüsselpunkt 20b/20c (stiellose Formen)**

42a (41) FK dunkel umbra- bis violettbraun, becherförmig; SP 13–16 × 6–8 µm → **Kröten-Öhrling, S. 668**

42b FK ockergelb, innen meist mit orangerosa Tönen oder Flecken, ohrförmig; Basalmyzel gelb in Kalilauge; SP 11,5–14 × 5,5–7 µm → **Eselsohr, S. 668**

42c FK nuss- bis graubraun, schüsselförmig; SP 14–16,5 × 6,5–8 µm → **Artenkomplex Eingeschnittener Öhrling, S. 668**

42d mit anderen Merkmalen → **weitere hier nicht behandelte Öhrlings-Arten**

43a (27) Hym gelb, orange oder rot → **44**

43b Hym grau, bräunlich, beige → **45**

44a (27) Haare der Außenseite dunkelbraun, spitz, unverzweigt, wurzelnd; Hym orangerot bis rot; SP ornamentiert → **Schildborstlinge *(Scutellinia)*, S. 676**

44b Haare der Außenseite dunkelbraun, apikal stumpf abgerundet, unverzweigt, wurzelnd; Hym orangerot bis rot; SP ornamentiert → **Mennigefarbener Borstling und verwandte Arten *(Melastiza)*, S. 676**

44c Haare der Außenseite farblos, spitz oder etwas abgestumpft, sternförmig verzweigt oder unverzweigt, wurzelnd (selten nicht); Hym zitronen- bis ockergelb; SP glatt oder ornamentiert → **Dung- und Erdborstlinge *(Cheilymenia)*, S. 676**

44d Merkmale anders → **hier nicht behandelte Gattungen, z. B. *Anthracobia, Parascutellinia, Spooneromyces, Tricharina* usw. (Mikroskop und Speziallliteratur!)**

45a (43) FK 1,5–3 cm; Haare der Außenseite dunkelbraun, spitz; SP deutlich warzig, 22–26 × 10–12 µm → **Halbkugeliger Borstling, S. 674**

45b FK 0,5–1,5 cm; Haare der Außenseite dunkelbraun, spitz, unverzweigt oder selten verzweigt; SP glatt oder sehr fein rau (Ölimmersion!); SP oft kleiner → **Braunhaarborstlinge *(Trichophaea, Trichophaeopsis)*, S. 674**

1 | Spitzmorchel, Köstliche Morchel

Morchella deliciosa (Syn. *Morchella conica*) §

H 4–15 (25) cm, schlank länglich eiförmig mit verjüngter Spitze. Längsrippig, wabenartig gekammert, 40 und 55 längliche Kammern je Seite, jung cremeocker, mit der Reife graubraun bis schwarzbraun mit etwas dunkleren Rippen. **S** 2–5 × 0,5–2 cm, zylindrisch, +/- gefurcht, hohl, jung weißlich, dann creme, alt rötend. **F** Mäßig dick, Stiel elastisch, Hut brüchig, Geruch holzig-spermatisch, Geschmack angenehm mild. **V** Februar bis Juni (September): eine der ersten Morcheln im Frühjahr. Planar bis subalpin auf +/- basischen Böden in Nadelwäldern, auch in Extensivwiesen; in Europa weit verbreitet, rückläufig in Gebieten mit intensiver Land- und Forstwirtschaft. **W** Die Gattung *Morchella* wurde in den letzten Jahren einer gründlichen, molekular gestützten Revision mit zahlreichen neuen Arten unterzogen. Sehr ähnlich sind *M. elata*, die man vorwiegend ruderal auf Rindenmulch-Plätzen findet und *M. importuna*. Morcheln sollten immer gut gegart werden, individuelle Unverträglichkeiten sind möglich. Mittlerweile sind mehr als hundert sogenannte „Morchelfälle“ mit individuellen Vergiftungserscheinungen dokumentiert (→ S. 12, Morchella-Syndrom).

SP 22–26 × 14–17 µm, glatt, Asci J-

2 | Speisemorchel, Maimorchel

Morchella esculenta (Syn. *Morchella rotunda*) §

H 4–10 cm, kopfig rund *(forma rotunda)* bis breit eiförmig, unregelmäßig wabenartig gekammert, zwischen 40 und 50 Kammern je Seite, jung grauocker, mit der Reife orangegelb bis strohgelb, seltener braun. **S** 4–15 × 3–8 cm, zylindrisch-keulig, +/- gefurcht, hohl, creme-weißlich. **F** Stiel elastisch, Hut brüchig, Geruch schwach, Geschmack angenehm mild. **V** März bis Juni, phänologisch zur Apfelblüte. Planar bis montan verbreitet auf basischen Böden in Auwäldern, Gärten, Obstwiesen. **W** Junge Stadien können mit *M. vulgaris* verwechselt werden. Die bei uns häufigste Speisemorchel ist *Morchella americana*. *M. fluvialis* ist eine mediterrane Art in Flussauen.

SP 21–24 × 13–15 µm, glatt, Asci J-

3 | Käppchenmorchel, Halbfreie Morchel

Morchella semilibera (Syn. *Morchella gigas*) §

H 2–4 cm, kegelig-glockig, zugespitzt, wenig gekammert, 12–15 vertikale, +/- regelmäßige Rippen je Seite, Kammern ocker olivbraun, Rippen dunkler braun. Hutrand frei, vom Stiel durch einen tiefen Graben getrennt. **S** 4–15 × 1–3 cm, zylindrisch, hohl, cremeweiß, rau flockig. **F** Dünn, brüchig, Geruch +/- spermatisch, Geschmack mild. **V** März bis Juni. Planar bis montan verbreitet auf basischen Böden in Auwäldern, Gärten und Parkanlagen. **W** Ähnliche Fruchtkörper bilden *M. iberica* und *populicola*, die bislang nur in Hybridpappel-Plantagen aus Südeuropa und der Türkei bekannt sind.

SP 23–25 × 14–15 µm, glatt, Asci J-

4 | Böhmische Verpel, Runzelverpel

Verpa bohemica (Syn. *Ptychoverpa bohemica*) RL-3 | §

H 2–5 cm, glockig, grob runzelig, nur an der Spitze mit dem Stiel verwachsen. **S** 4–15 × 1–3 cm, hohl, brüchig. **F** Brüchig, Geruch spermatisch, mild. **V** April bis Mai. Selten, aber regional verbreitet in Auwäldern bei Eschen und Pappeln.

SP 55–85 × 15–20 µm, glatt, Asci mit nur 2 Sporen, J-

5 | Fingerhut-Verpel, Glocken-Verpel

Verpa conica RL-G | §

H 1–2 (4) cm, glockig, abgestutzt kegelig, glatt bis schwach aderig-runzelig, olivbraun bis rötlich braun, innen ocker. Hutrand frei, nur an der Stielspitze angewachsen. **S** 3–10 (18) × 0,5–1,5 (3) cm, zylindrisch, hohl, cremeweiß, +/- bräunlich gebändert. **F** Dünn, brüchig, Geruch schwach, Geschmack mild. **V** März bis April. Planar bis montan verbreitet, aber selten, auf basischen Böden in Auwäldern und Feldgehölzen. **W** Auch wenn diese kleinen Verpeln als essbar gelten, sind sie a) schonenswert und b) wenig ergiebig.

SP 21–24 × 11–15 µm, glatt, Asci J-

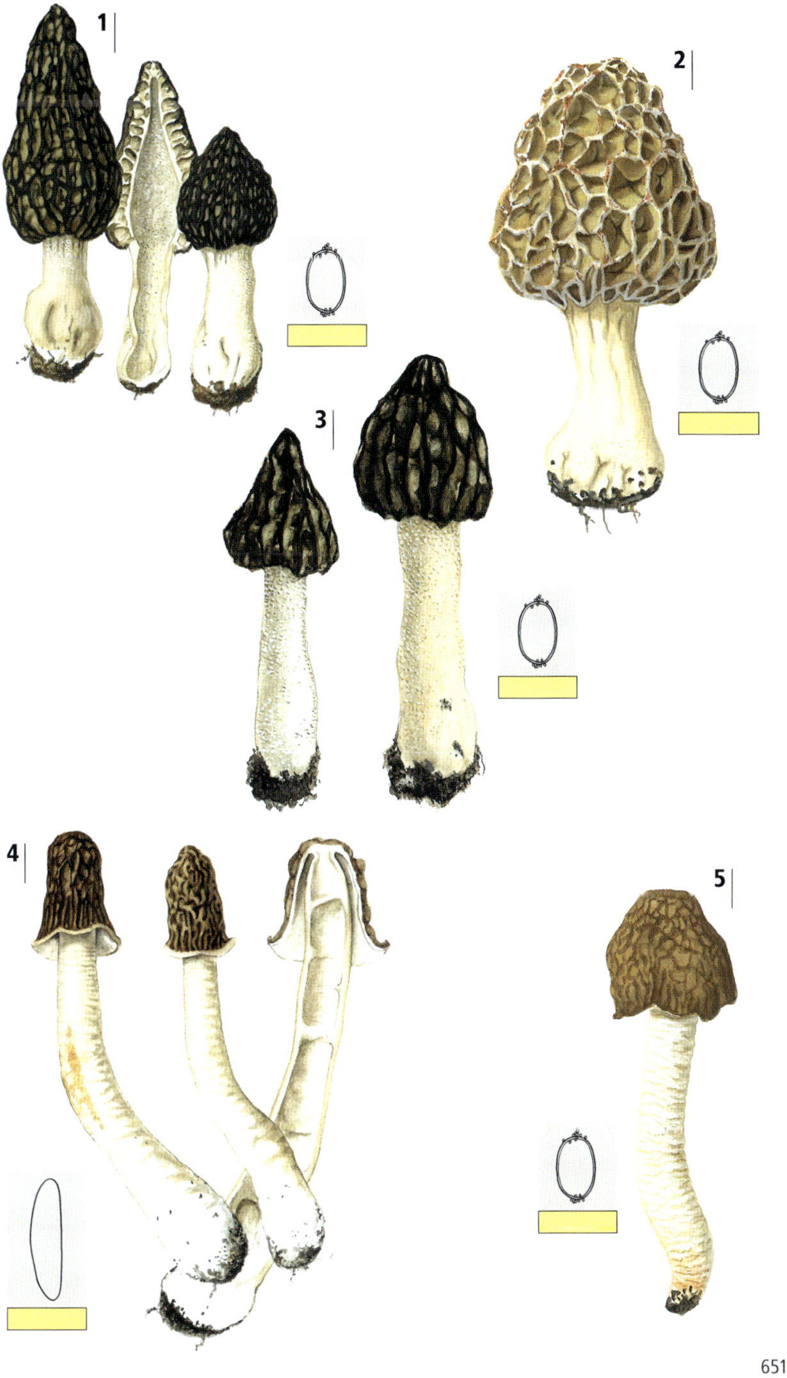
1
2
3
4
5

1 | Frühjahrslorchel, Gift-Lorchel

Gyromitra esculenta

H 5–10 (15) cm, tendenziell kopfig, unregelmäßig hirnartig gewundene Struktur, gelbocker bis dunkel rotbraun. **S** 2–6 × 2–4 cm, bis zu ⅓ der Hutlänge, kurz zylindrisch-deformiert, oft unregelmäßig mit dem Hut verwachsen, hohl gekammert, cremeweiß kleiig, alt rosa getönt. **F** Relativ dick, mäßig elastisch bis brüchig, Geruch +/- süßlich, würzig-pilzartig, Geschmack +/- morchelartig bis neutral. **V** April bis Juni. Planar bis montan; einzeln bis gesellig in größeren Gruppen in der Streu von Nadelwäldern oder auf Rindenresten an Holzlagerplätzen, vorwiegend auf sauren Böden. **W** Der Artname *esculenta* bedeutet „essbar". Die Giftwirkung entsteht durch Einatmen des flüchtigen Nervengiftes Gyromitrin (→ S. 10, *Gyromitra*-Syndrom) oder Verzehr von rohen Pilzen. Die Art war lange Zeit Marktpilz und wurde in Konserven verkauft. Funde aus Kiefernwäldern mit graubläulichen Stielfarben sollten mit der sehr selten gemeldeten *G. inflata* abgeglichen werden.

SP 20–24 × 10–11,5 µm, glatt, Asci J-

2 | Laubwald-Lorchel, Zipfel-Lorchel

Gyromitra fastigiata

RL-R

H 4–10 (15) cm, unregelmäßig lappig in mehreren Zipfeln endend, Oberfläche gerippt bis hirnartig gewunden, gelbbraun bis braun, zuletzt schwarzbraun. **S** 2–6 × 2–4 cm, zylindrisch-rippig, basal verdickt und im Substrat eingesenkt, hohl gekammert, weiß. **F** Relativ dick, wässrig, brüchig, Geruch +/- spermatisch, Geschmack mild. **V** April bis Mai. Planar bis montan; vorwiegend in basenreichen Laubwäldern in der Nähe von morschen Stämmen, sehr selten mit wenigen Schwerpunktvorkommen. **W** Die Abgrenzung gegenüber *G. esculenta* ist durch die anderen ökologischen Ansprüche relativ einfach. Die Art kann ihren Standortansprüchen als Naturnähezeiger gelten. Die ähnliche Bischofsmütze wächst im Herbst.

SP 26–36 × 12–14 µm, rau mit spitzen Anhängseln an den Polen, Asci J-

3 | Riesen-Lorchel

Gyromitra gigas

RL-3

H 8–15 (20) cm, tendenziell kopfig, unregelmäßig hirnartig gewundene Struktur, gelbocker bis dunkel rotbraun. **S** 2–4 × 2–4 cm, relativ kurz, kurz zylindrisch, grubigfaltig mit dem Hut verwachsen, hohl gekammert, cremeweiß kleiig, alt rosa getönt. **F** Relativ dick, mäßig elastisch bis brüchig, Geruch nicht signifikant, Geschmack mild. **V** April bis Juni. Planar bis subalpin, überwiegend auf basischen Böden verbreitet, aber meist selten. Einzeln bis gesellig an oder in der Nähe von morschen Nadelholzstümpfen, in Fichtenforsten, auf Kahlschlägen. **W** Nur durch die ökologischen Ansprüche und mikroskopisch sicher von der Frühjahrslorchel abgrenzbar.

SP 23–28 × 10–13 µm, ein warzig-netzig mit Anhängseln, Asci J-

4 | Bischofsmütze

Gyromitra infula

RL-V

H 4–8 (12) cm, mitraförmig, 2- bis 2-lappig in zipfelartigen Ausstülpungen, Oberfläche gerippt bis hirnartig gewunden, braun mit violetten Tönen. **S** 4–10 × 1,5–3 cm, zylindrisch, faltig-grubig, hohl, feinfilzig, weißlich bis lachsrosa. **F** Wachsartig, brüchig, Geruch schwach pilzartig, Geschmack mild. **V** September bis Dezember. Planar bis montan; einzeln bis gesellig in naturnahen Nadelwäldern oder alten Forsten, oft bei Fichten, auf morschen Stümpfen, Starkholz und Sägespänen, bodenvag. **W** In Nordeuropa wächst die ähnliche *G. ambigua* mit braunvioletten Hutfarben. Aufgrund des im Pilz enthaltenen Gyromitrins wird er als Giftpilz eingestuft, auch wenn er in älterer Literatur teilweise als wohlschmeckender Speisepilz beschrieben wurde.

SP 20–21 × 7,5–9 µm, glatt, Asci J-

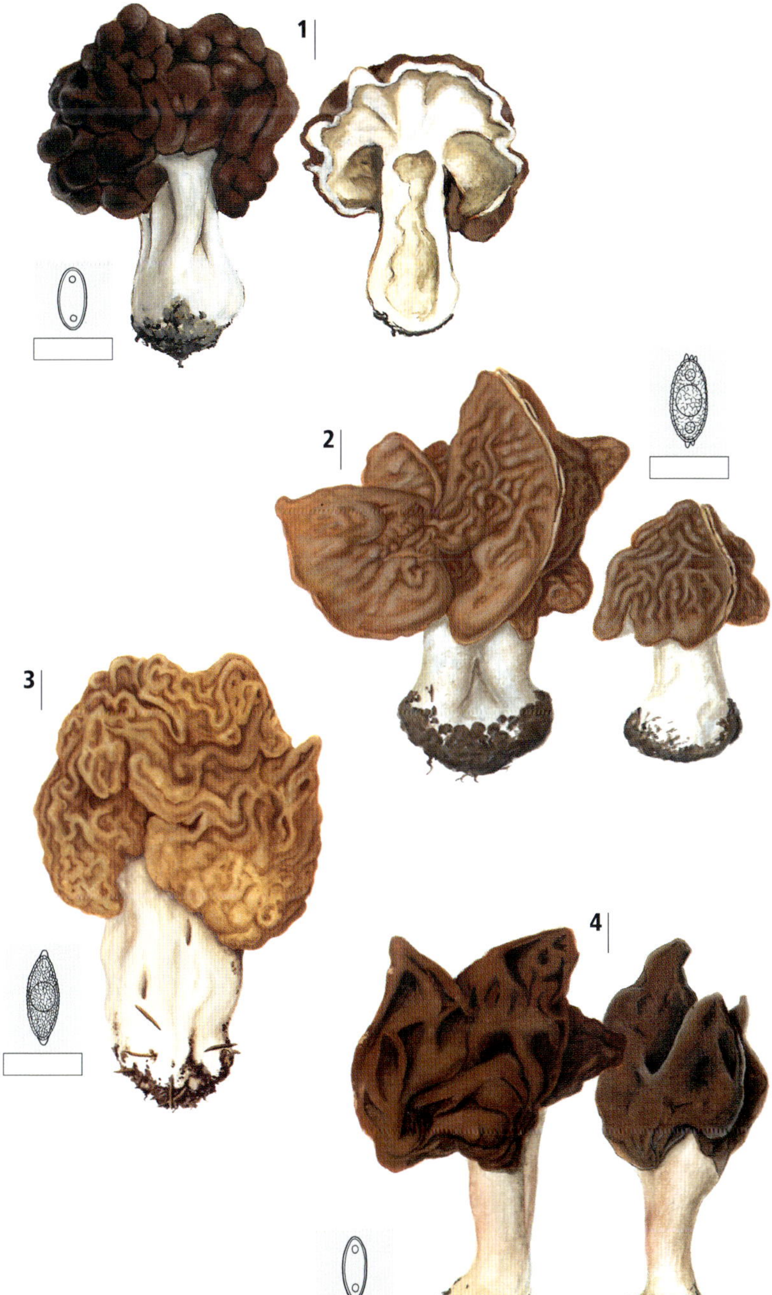
1
2
3
4

1 | Scheiben-Lorchel, Größter Scheibling

Gyromitra ancilis (Syn. *Discina perlata*)

FK 3–10 (15) cm, jung becherförmig, bei Reife unregelmäßig scheibenartig ausgebreitet, mit +/- gebogenem Rand, Innenseite zimtbraun bis rotbraun, mittig +/- stark venös. Außenseite heller ocker. **S** 1–3 × 0,5–1 cm, knorpelig, weiß. **F** Schwach elastisch bis brüchig, Geruch schwach, Geschmack mild. **V** März bis Mai. Planar bis hochmontan verbreitet; einzeln bis gesellig auf morschem Nadelholz, hauptsächlich Fichte oder Kiefer. **W** Verwechslungsmöglichkeiten bestehen mit der gelbfleischigen *G. leucoxantha*, die im Alpenraum unmittelbar nach der Schneeschmelze wächst, und mit der aus Nordamerika stammenden *G. warnei*. Alle anderen Scheibenlorcheln wachsen an Laubholz und sollten immer mikroskopisch geprüft werden. Alle Gyromitra-Arten enthalten +/- hohe Dosen an Gyromitrin und sind daher potenziell giftig.

SP 26,5–30,5 × 11,5–14,5 µm, netzig mit spitzen Enden, Asci J-

2 | Schildförmige Lorchel

Gyromitra parma (Syn. *Discina parma*)

FK 5–10 cm, schild- bis scheibenförmig ausgebreitet, mittig vertieft, mit +/- nach außen gebogenem Rand. Innenseite zimtgelb bis zimtbraun, runzelig-wellig bis lappig gefaltet. Außenseite heller ocker. **S** 1–3 × 1–2 cm, gefurcht, hohl gekammert, weißlich. **F** Schwach elastisch bis brüchig, hellbraun, Geruch unspezifisch, Geschmack mild. **V** März bis Mai. Planar bis montan; zerstreut bis selten auf morschem Laubholz in naturnahen Wäldern, bekannt von Ahorn, Buche, Erle, Esche Hasel, Pappel und Weide. **W** Verwechslungsmöglichkeiten bestehen mit *G. leucoxantha*, die im Alpenraum unmittelbar nach der Schneeschmelze wächst und *G. ancilis*, beide wachsen an Nadelholz. *Disciotis venosa* wächst auf der Erde und riecht chlorös.

SP 26–30 × 11,5–13,5 µm, netzig, mit fingerförmigen Auswüchsen, Asci J-

3 | Rundspor-Lorchel

Gyromitra sphaerospora (Syn. *Pseudorhizina sphaerospora*)

H 5–10 cm, habituell einer sehr dunkelbraunen Frühjahrslorchel ähnlich, kopfig bis stark lappig, unregelmäßig hirnartig gewundene Struktur, jung schwarzbraun, reif graubraun. **S** 2–8 × 2–4 cm, stark hohl gekammert, cremeweiß, im unteren Drittel typisch rosa gefärbte Basis. **F** Mäßig elastisch bis brüchig, Geruch und Geschmack unspezifisch. **V** April-Juli. Montan; einzeln bis gesellig auf oder neben morschem Nadelholz in feuchter Umgebung an naturnahen Bachrändern. **W** Diese leicht kenntliche Lorchel ist in Europa extrem selten. Die wenigen Fundorte in Schutzgebieten lassen auf eine Urwaldreliktart schließen. Sie wurde wegen der kugeligen Sporen lange Zeit in einer eigenen Gattung geführt. Habituell ähnlich sind die Giftlorchel und die Riesenlorchel (s. 652/1 und 3).

SP 8–12 µm, glatt, Asci J-

4 | Wurzellorchel

Rhizina undulata

FK 6–10 cm, unregelmäßig rundlich flach bis gewölbt dem Substrat anliegend, teils zu mehreren verwachsend, Hymenium glatt, je nach Feuchtegrad und Alter hell bis dunkler rotbraun gezont, mit weißlicher Zuwachszone, Unterseite mit Rhizomorphen. **F** Brüchig, hellbräunlich, 2–5 mm dick, Geruch und Geschmack unspezifisch. **V** Juni bis März. Planar bis montan verbreitet; in Nadelwäldern auf oder in der Nähe von einjährigen bis sehr alten Brandstellen, morschem Nadelholz oder nacktem sandigen Boden. **W** Der Gattungsname der Wurzellorchel bezieht sich auf die wurzelartigen Hyphenbündel an der Unterseite der Fruchtkörper. Die Vorkommen sind abhängig von einer gewissen Habitat- und Nutzungskontinuität mit Brandstellen.

SP 27–33 × 10–11 µm, fein warzig, Asci J-

1

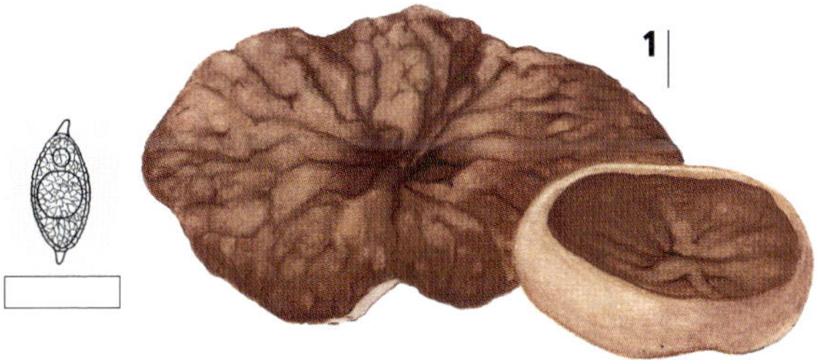

2

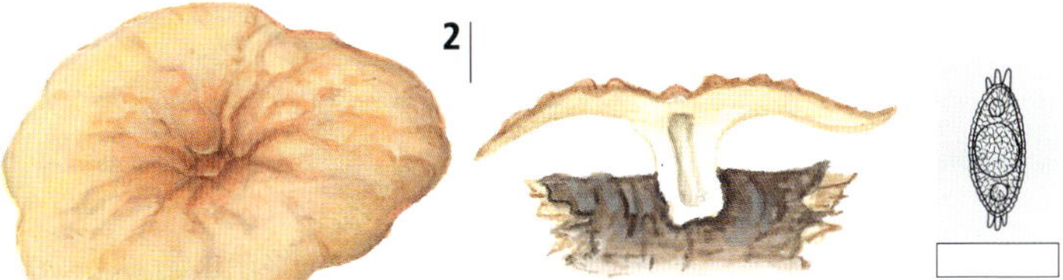

3

4

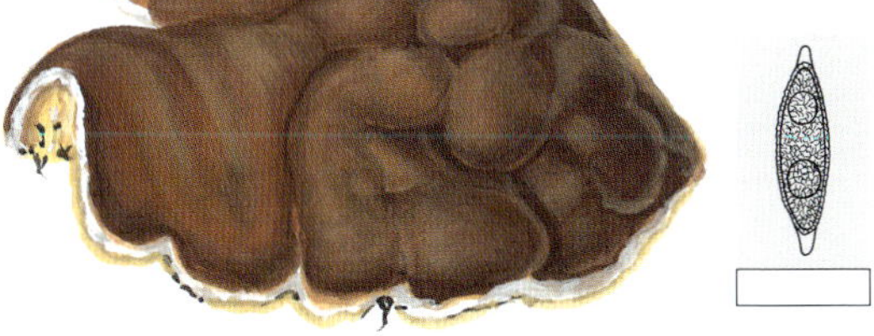

1 | Herbst-Lorchel
Helvella crispa

H 3–5 cm, sattelförmig mit 2–3 unregelmäßigen, cremeweißen bis blass ockerlichen Lappen. Rand und Unterseite alt gelbbräunlich. **S** 5–12 × 2–4 cm, +/- zylindrisch, weiß, außen längsrippig, innen längs gekammert (Querschnitt!). **F** Im Hut brüchig, im Stiel steif, Geruch und Geschmack unspezifisch. **V** September bis November. Planar bis hochmontan weit verbreitet auf basischen bis neutralen, frischen Böden in Laubwäldern, in Moosrasen von alten Gärten und Parkanlagen, stets in Verbindung mit Laubgehölzen. **W** Alle Lorchelartigen sind roh giftig. Die Gifte sind beim Erhitzen zwar flüchtig, wir raten aber generell vom Verzehr ab. Ähnliche Arten sind *H. leucophaea* und *H. lactea*. Die gesamte Gattung wurde in den letzten Jahren molekular-genetisch untersucht und neu geordnet. Zahlreiche neue Arten wurden beschrieben. In Mitteleuropa existieren mehr als 40 Arten.

SP 18–21 × 11–12,5 µm, glatt, Asci J-

2 | Elastische Lorchel
Helvella elastica

H 3–4 cm, unregelmäßig sattelförmig mit 2–3 rauchgrauen bis blass bräunlichen, eingebogenen Lappen. **S** 5–8 × 0,5–1 cm, +/- zylindrisch, hohl, weiß, +/- glatt mit flaumiger Spitze. **F** Im Hut gelatinös elastisch, im Stiel brüchig, Geruch und Geschmack unspezifisch. **V** Juli bis Dezember. Planar bis hochmontan weit verbreitet auf mineralreichen, frischen Böden in Laub- und Nadelwäldern, alten Gärten und Parkanlagen, stets in Verbindung mit Laubgehölzen. **W** Die Abgrenzung zu ähnlichen Arten ist oft nur mit mikroskopischen Merkmalen möglich. Vgl. *H. bicolor*, *H. carnosa*, *H. danica* und *H. levis*.

SP 18–21 × 11–13,5 µm, glatt, mit 2 Tropfen, Asci J-

3 | Gruben-Lorchel (Arten-Komplex)
Helvella lacunosa s. l.

H 3–5 cm, mit 2–3 unregelmäßig aufgeblasenen, teils sattelförmigen, dunkelgrauen bis schwarzbraunen Lappen. **S** 3–8 × 1–3 cm, +/- zylindrisch, hellgrau, außen längsrippig, innen längs hohl gekammert (Querschnitt!). **F** Im Hut brüchig, im Stiel steif, Geruch und Geschmack unspezifisch. **V** Juli bis November. Planar bis hochmontan weit verbreitet auf mineralreichen, frischen Böden in Laub- und Nadelwäldern, oft bei Buchen, teils auf morschen Hölzern. **W** *Helvella lacunosa* im weiteren Sinne ist durch die dunklen Hüte und graue, gekammerte Stiele gut kenntlich. Sie gehört zu einem schwierigen Komplex mit einigen in letzter Zeit neu beschriebenen Arten. Vgl. *H. atra*, *H. fuscolacunosa*, *H. nigra* und *H. pallescens*.

SP 15–19 × 9,5–12 µm, glatt, Asci J-

4 | Rippenstielige Becher-Lorchel
Helvella solitaria (Syn. *Helvella queletii*)

H 2,5–5 cm, unregelmäßig, seitlich eingedrückt, becher- bis sattelförmig, dunkelgraubraun, Hymenium glatt, Außenseite flaumig-feinkörnig, blasser, oft mit wolkigen Farbverläufen. **S** 1–6 × 1–2 cm, +/- zylindrisch, schmutzig weißlich bis blass bräunlich, deutlich längsrippig gefurcht, die Rippen gehen leicht in den Becher über. **F** Im Hut brüchig, im Stiel steif, Geruch und Geschmack unspezifisch. **V** Juli bis November. Planar bis subalpin, verbreitet, aber nicht häufig, auf mineralreichen Böden in Wäldern und alten Parkanlagen mit Laub- und Nadelbäumen. **W** Ähnlich ist *H. confusa*, die Fruchtkörper sind aber kleiner und mit Fichten assoziiert. Weitere Arten haben entweder ein geadertes Hymenium oder eine geaderte Fruchtschicht, andere Hutfarben oder sattelförmige Hüte.

SP 17–19 × 11–13,5 µm, glatt, Asci J-

1

2

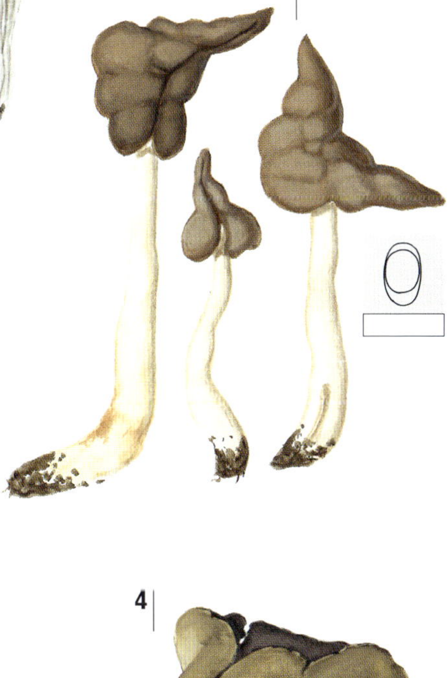

3

4

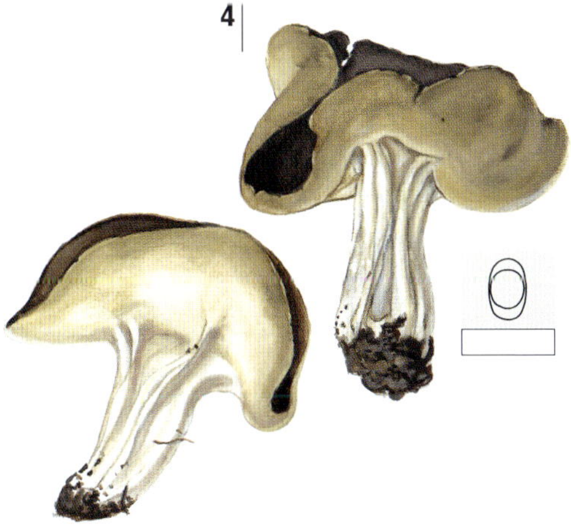

1 | Hochgerippte Becherlorchel
Helvella acetabulum

H 2–6 cm, unregelmäßig becherförmig, mit der Reife lappig aufreißend, blassbraun bis tongelblich, Hymenium glatt, Außenseite etwas bereift, blasser, mit +/- gegabelten, rundlichen Venen. **S** 1–3 × 0,5–1 cm, +/- zylindrisch, weiß bis blassbräunlich, deutlich mit runden Rippen gefurcht. Die Rippen gehen bis zur Hälfte in den Becher über. **F** Im Hut dünn, brüchig, im Stiel +/- elastisch, Geruch und Geschmack unspezifisch. **V** März bis Juni. Planar bis hochmontan verbreitet; auf +/- kalkreichen, frischen Böden in Wäldern und alten Parkanlagen mit Laubbäumen wie Buche, Eiche, Hainbuche und Hasel. **W** Ähnlich sind *H. calycina* und *H. costifera*. Sie haben stärker ausgeprägte Rippen und bilden ihre Fruchtkörper ab Juni. In älterer Literatur wird die Art als essbar bezeichnet. Obwohl die *Helvella*-Arten allgemein nur roh als giftig gelten, raten wir wegen individuell auftretender Unverträglichkeiten vom Verzehr ab.

SP 16–19 × 11–12 µm, glatt, Asci J-

2 | Schwarze Lorchel
Helvella atra

RL-G

H 3–4 cm, sattelförmig oder lappig mit 2–3 sepiabraunen bis grauschwarzen, matt bis glänzenden, eingebogenen Lappen, Ränder scharf, lange hochgebogen. **S** 3–10 × 0,5–2,5 cm, +/- zylindrisch, deutlich flaumig bereift, blass graubraun, zur Basis heller, mit 3–4 scharfen Rippen. **F** Im Hut dünn, +/- elastisch, Geruch und Geschmack unspezifisch. **V** Juni bis November. Planar bis montan zerstreut auf mineralreichen, frischen Böden in Laubwäldern und alten Parkanlagen in Verbindung mit Laubgehölzen (Buche, Birke, Hainbuche). **W** Die sichere Abgrenzung zu makroskopisch ähnlichen Arten wie z. B. *H. fusca* und *queletiana* ist nur mit mikroskopischen Merkmalen möglich. Insbesondere an alpinen und mediterranen Standorten können viele andere schwarze Sattellorchel-Arten gefunden werden.

SP 15,5–18,5 × 10–12,5 µm, glatt, Asci J-

3 | Schwarzweiße Rippen-Becherlorchel
Helvella leucomelaena (Syn. *Dissingia leucomelaena*)

H 2–4 cm, blasen-, pokal- bis becherförmig, jung mit scharfem, reif mit gekerbtem Rand, zuletzt auch tief aufreißend, graubraun, Hymenium glatt, Außenseite fein flaumig, blass rauchgrau. **S** Sehr kurzer, dicker, oft im Substrat eingesenkter Pseudostiel, der unmittelbar in den Becher übergeht, mit runden Rippen, +/- tief gefurcht, die Rippen enden am Becheransatz. **F** Dünn, wachsartig, brüchig, Geruch und Geschmack unspezifisch. **V** April bis Juni. Planar bis montan verbreitet; auf +/- kalkreichen, vegetationsarmen Böden in Forsten und offenen Wäldern, Gärten und Parkanlagen bei Kiefern und Fichten. **W** Die Art wird nicht selten in Gartenanlagen und Pflanzkübeln mit Zwergkiefern gefunden, kann also durchaus als Kulturfolger gesehen werden.

SP 20–24 × 11–13 µm, glatt, Asci J-

4 | Grauer Langfüßler
Helvella macropus (Syn. *Helvella bulbosa*)

H 1,5–3 cm, +/- becherförmig, mit der Reife flacher, Hymenium grau, glatt. Außenseite bis zum Rand hellgrau, dicht büschelig behaart. **S** 2–5 × 0,5 cm, +/- zylindrisch, filzig-haarig, hellgrau. **F** Im Hut dünn, brüchig, im Stiel +/- elastisch, Geruch und Geschmack unspezifisch. **V** Juni bis Oktober. Planar bis hochmontan verbreitet, oft einzeln auf +/- mineralreichen, feucht-frischen Böden in Laub- und Nadelwäldern und alten Parkanlagen. **W** Ähnlich sind z. B. die beiden glattsporigen *H. villosa* und *H. fibrosa*.

SP 20–26 × 9–12 µm, glatt, Asci J-

1

2

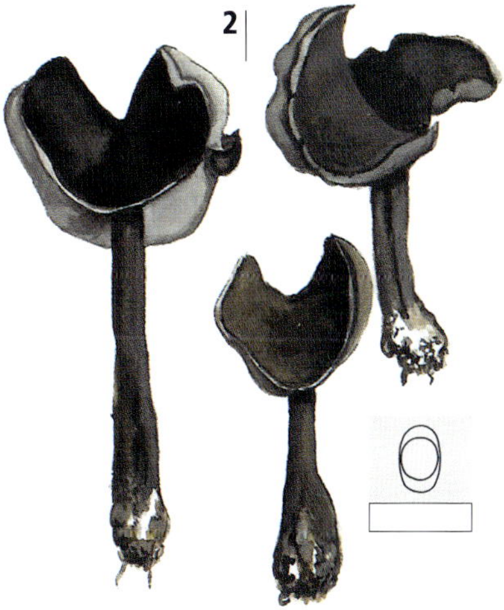

3

4

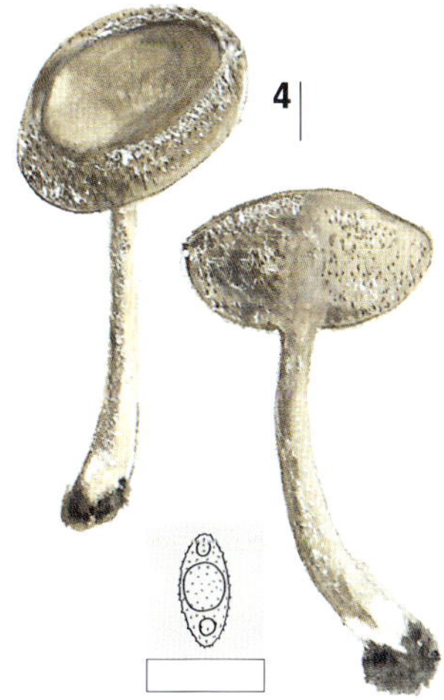

1 Tulpenbecher, Zackenrandiger Kelchbecherling

Microstoma protractum (Syn. *Sarcoscypha hiemalis*) RL-G

FK 0,5–2 cm, jung becherförmig, mit der Reife tulpenartig ausgebreitet mit deutlich gezähnter Randzone, Innenseite leuchtend zinnoberrot, glatt, Außenseite blass rötlich, Rand behaart. **S** 1–2 × 0,3–0,5 cm, nahtlos vom Becher zur Basis verjüngt, zylindrisch-konisch, gelblich weiß, glatt. Tief wurzelnd bis zum vergrabenen Substrat. **F** +/- elastisch, Geruch und Geschmack unbedeutend. **V** Januar bis Mai. Ab der Schneeschmelze in größeren Gruppen auf besseren Böden auf +/- morschen Ästen in Schluchtwäldern oder in Erlenauen; überwiegend planar bis submontan und kontinental, in Deutschland fast nur in Sachsen-Anhalt und Thüringen. **W** Die spektakulären, truppweise erscheinenden Fruchtkörper sind unverwechselbar.

SP 40–45 × 15–20 µm, glatt, dickwandig, Asci J-

2 Ungestielter Schwarzborstling

Pseudoplectania nigrella RL-G

FK 1,5–3 cm, unregelmäßig becherförmig, schwarzbraun, feucht glänzend, reif ausgebreitet mit runzelig gefaltetem Hymenium, Rand und Außenseite filzig-haarig. **F** +/- elastisch, 1–2 mm dick, Geruch und Geschmack unbedeutend. **V** März bis Mai. Planar bis montan verbreitet; einzeln oder in kleinen Gruppen stets bei Fichten in der Nadelstreu oder auf Holz auf mineralreichen, +/- basischen Böden. **W** Erst 2015 wurde die auf Holz und in Weißmoospolstern wachsende *P. lignicola* neu beschrieben, die sich mikroskopisch durch ihre zentral in der Schleimhülle liegenden Sporen unterscheidet. Das im Pilz enthaltene Peptid Plectasin gilt als vielversprechende Leitsubstanz in der Erforschung neuer Antibiotika. Eine weitere, sehr seltene Art, *P. episphagnum*, wächst in nassen Sphagnumpolstern in Hochmooren.

SP 9–11 µm, rund, glatt, dezentral in der Schleimhülle, Asci J-

3 Gestielter Schwarzborstling

Pseudoplectania melaena (Syn. *Pseudoplectania vogesiaca*) RL-2

FK 2–5 (8) cm, gestielte schwarzbraune Becher. **V** März bis Mai, einzeln bis gesellig auf liegendem Starkholz der Optimalphase in naturnahen Tannenwäldern in Süddeutschland, den Alpen und Vogesen. Aufgrund ihrer besonderen Habitatansprüche wird die selten gewordene Art als Naturnähezeiger eingestuft.

SP 11,5–13 µm, rund, glatt, mit Schleimhülle, Asci J-

4 Österreichischer oder Gemeiner Kelchbecherling

Sarcoscypha austriaca

FK 1–6 cm, jung becherförmig, dann schalenförmig bis komplett ausgebreitet, Hymenium leuchtend scharlachrot (oder gelborange in einer selteneren Form), matt, Außenseite heller rosarot. **S** +/- lang bis zum Substrat. **F** +/- biegsam bis zäh-elastisch, 1–2 mm dick, mild. **V** Januar bis Juni. Planar bis hochmontan verbreitet, einzeln bis gesellig in Schlucht- und Auwäldern an krautreichen Stellen auf herabgefallenen Laubästen (Ahorn, Erle, Esche, Weide). **W** Sehr ähnlich sind die ökologisch und mikroskopisch an den +/- geraden Haaren unterscheidbaren *S. coccinea* (Buche), *S. jurana* (Linde im Jura) und *S. macaronesica* (Kanarische Inseln).

SP 26–40 × 12–15 µm, glatt, Haare der Außenseite korkenzieherartig, Asci J-

5 Kerbrandiger Kelchpilz, Laubholz-Kelchpilz

Urnula craterium (Syn. *Sarcoscypha craterium*) RL-1

FK 2–8 cm, napf- bis urnenförmig. Hymenium graubraun, glatt mit unregelmäßig +/- grob gekerbtem Rand. Außenseite heller grau, fein filzig-schuppig. **S** 3–7 cm lang. **F** Zäh lederig, 1–2 mm dick, Geruch und Geschmack unbedeutend. **V** Dezember bis April. Selten bis fehlend, in Deutschland fast nur in Sachsen-Anhalt; auf kalkreichen Böden in Feldgehölzen an liegenden Ästen von Laubhölzern (z. B. Hasel, Holunder). **W** Die ähnliche *U. hiemalis* wächst stiellos auf dem Erdboden und wurde in Deutschland noch nicht nachgewiesen.

SP 29–35 × 13–14 µm, glatt, Asci J-

1
2
3
4
5

1 | Violetter Kronenbecherling

Sarcosphaera coronaria

RL-3

FK Anfangs kugelig, vollständig im Erdboden eingesenkt, mit zunehmender Reife hervorbrechend und gleichzeitig eine runde Öffnung bildend, dann sternförmig aufbrechend und nahezu oberflächig sitzend, 5–15 (–20) cm breit und bis 12 (16) cm hoch werdend, Innenseite blassviolett bis intensiv veilchenfarben, glatt, Außenseite hellgrau bis kittfarben, bisweilen schwach violettlich überhaucht, glatt, Wuchs einzeln bis gesellig, bisweilen dicht gedrängt. **F** Grauweißlich, bis 0,5 cm dick, sehr brüchig, Geschmack und Geruch unspezifisch. **V** Mai bis Juni. In Kiefern- oder Buchenwäldern auf Kalkboden, auch in Parks und an Wegrändern; in ganz Europa in den Kalkgebieten verbreitet, selten. **W** In vielen Büchern wird die Art als giftig bezeichnet, was zumindest für gut erhitzte Pilze nicht zutrifft. Diese war in den 1950er-Jahren sogar als Marktpilz in Jena zugelassen. Auch wenn sie kein Gyromitrin enthält, raten wir aufgrund nicht restlos geklärter Inhaltsstoffe vom Verzehr ab!

SP 14–18 × 7–9 µm, Ascusspitze J+

2 | Wurzelnder Sand-Becherling

Peziza ammophila (Syn. *P. pseudoammophila*)

RL-2

FK Gestielt-becherförmig, Becher bis 6 cm hoch und ebenso breit, Stielteil 3–6 cm lang und sehr brüchig, junge Fruchtkörper fast geschlossen im Sandboden eingesenkt, mit zunehmender Reife sternförmig aufbrechend und nahezu oberflächig sitzend, nussbraun bis schokoladenbraun, glatt, Außenseite etwas heller, sandverkrustet, Wuchs einzeln oder zu mehreren gedrängt. **F** Bräunlich, bis 0,5 cm dick, sehr brüchig, Geschmack und Geruch unspezifisch. **V** Oktober bis April. Auf Dünen im Küstenbereich, meist in der Nähe von Strandhafer *(Ammophila arenaria)*, sehr selten von Binnendünen berichtet; in ganz Europa an den Küsten verbreitet, meist selten. **W** Aufgrund der gestielten, sternförmig aufbrechenden Schüssel wird der Pilz auch „Strandtulpe" genannt.

SP 16–18 × 9,5–11 µm, Ascusspitze J+

3 | Weinroter Erd-Becherling

Peziza ampelina (Syn. *Geoscypha ampelina*)

FK Schüsselförmig, 3–6 cm breit, anfangs rundlich, im Alter unregelmäßiger und flacher werdend, Rand alt oft etwas eingerissen, Innenseite wein- bis braunviolett, glatt, Außenseite ockergrau, bisweilen schwach violettlich überhaucht, fein kleiig, Wuchs einzeln bis gesellig, bisweilen dicht gedrängt. **F** Violettweißlich, bis 0,3 cm dick, brüchig, Geschmack und Geruch unspezifisch. **V** April bis Mai. Vor allem in Auwäldern, auch in anderen feuchten Laubwäldern, an Wegrändern und in Gärten; in ganz Europa verbreitet, überall selten. **W** Violette Becherlinge müssen zur genauen Bestimmung stets mikroskopiert werden, doch diese Art ist oft schon auch durch die Größe und die ins Weinrot tendierende Färbung erkennbar.

SP 18–22 × 9,5–12 µm, Ascusspitze J+

4 | Violetter Erd-Becherling

Peziza violacea (Syn. *Geoscypha violacea, Peziza lobulata*)

FK Schüsselförmig, 1–3 cm breit, anfangs flach becherförmig, im Alter fast flach werdend, Innenseite blau- bis braunviolett, glatt, Außenseite grauviolett, fast glatt, Wuchs einzeln bis gesellig. **F** Violettweißlich, dünn, brüchig, Geschmack und Geruch unspezifisch. **V** April bis Oktober. Vor allem auf Brandstellen, auch in anderen feuchten Laubwäldern, an Wegrändern und in Gärten; in ganz Europa verbreitet, regional nicht selten. **W** Die Interpretation dieser Art war lange widersprüchlich, da es mehrere violette Becherlinge auf Brandstellen gibt. Sie wurde erst in jüngster Zeit geklärt und die Art durch glatte Sporen ohne Öltropfen definiert.

SP 12,5–14,5 × 7,5–8,5 µm, Ascusspitze J+

5 | Veilchenblauer Spindelspor-Becherling

Peziza gerardii (Syn. *Ionopezia gerardii*)

FK Ähnlich voriger Art, jedoch kleiner (0,3–1 cm) und lila bis fliederfarben, Wuchs meist dicht gesellig. **V** Juni bis Oktober. An Bachufern, Kiesbänken und feuchten Stellen in Laubwäldern; in ganz Europa verbreitet, überall selten. **W** Diese kleine Art hat einen auffallend irisierenden Violettton, etwas anders als die anderen violetten *Peziza*-Arten. Die großen, spindeligen Sporen machen sie einfach bestimmbar.

SP 20–30 × 8,5–10,5 µm, Ascusspitze diffus J+

1

2
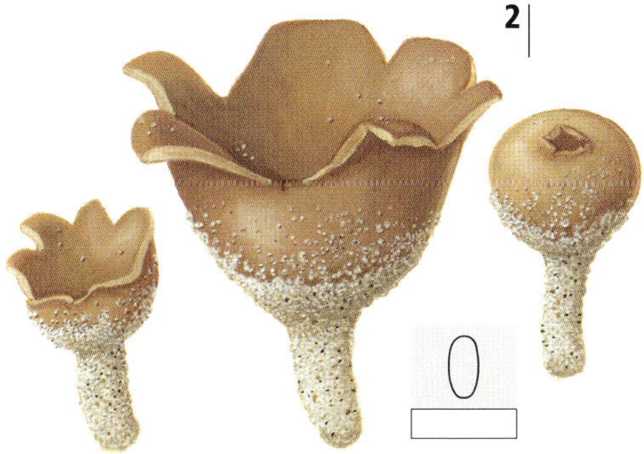

3
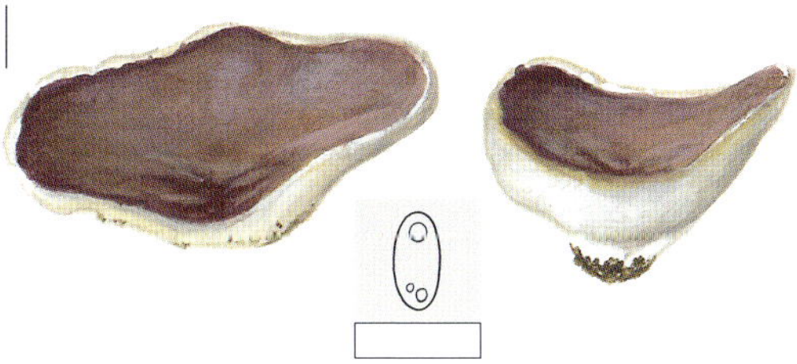

4
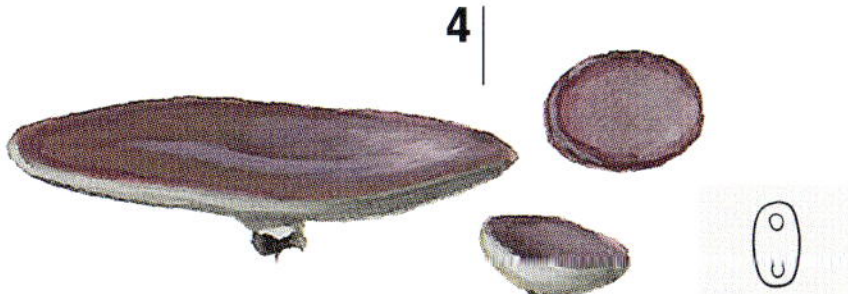

5

1 Gelbmilchender Becherling

Peziza succosa (Syn. *Paragalactinia succosa*)

FK Schüsselförmig, 1,5–5 cm breit, anfangs rundlich, im Alter unregelmäßiger und flacher werdend, stiellos breit dem Erdboden aufsitzend, Rand glatt, auch alt nur selten eingerissen, Innenseite beigegrau bis graubraun, alt eher haselbraun ohne Grauton, oft etwas gelblich getönt durch austretenden Milchsaft, Außenseite etwas heller creme- bis grünlich grau, fein kleiig, Wuchs einzeln bis gesellig. **F** Hell cremegrau, eine milchige Flüssigkeit absondernd, die schnell zitronengelb umfärbt, alt gelblich, brüchig, Geschmack und Geruch unspezifisch. **V** Mai bis Oktober. In Laubwäldern auf bewuchsfreiem, lehmigem Boden, an Wegrändern und Böschungen; in ganz Europa verbreitet, häufig. **W** Wenn das Gilben des Milchsaftes nicht gut erkennbar ist, hilft es, die Bruchstelle auf ein weißes Taschentuch zu drücken. Die betupfte Stelle wird nach 5–30 Sekunden zitronengelb.

SP 16–20 × 8–12 µm, Ascusspitze J+

2 Kleinsporiger Gelbmilchender Becherling

Peziza succosella (Syn. *Paragalactinia succosella*)

FK Jung schüsselförmig, schnell flacher werdend, alt oft völlig scheibenförmig, 0,5–2 cm breit, anfangs rundlich, im Alter unregelmäßiger, Rand nur jung deutlich, alt oft umgeschlagen bzw. nicht deutlich ausgebildet, Innenseite dunkelgrau bis graubraun, mit zunehmendem Alter dunkler werdend bis braunschwarz, glatt, Außenseite rauch- bis dunkelgrau, seltener hell beigegrau, fein kleiig, Wuchs gesellig, bisweilen dichtgedrängt. **F** Graubräunlich, brüchig, Geschmack und Geruch unspezifisch. **V** Mai bis November. In feuchten Laubwäldern, an Wegrändern, in Trockenrasen und auf Pionierböden, bisweilen auf Brandstellen; in Südeuropa verbreitet und zerstreut, in Mitteleuropa sehr selten. **W** Abgesehen von den kleinen Fruchtkörpern mit dunklerer Färbung ist diese Art von der vorigen kaum zu trennen. Ihr Hauptverbreitungsgebiet liegt in offenen Biotopen im südlichen Europa.

SP 15–17,5 × 8–11 µm, Ascusspitze J+

3 Gelbfleischiger Lilabecherling

Peziza michelii (Syn. *Paragalactinia michelii*)

FK Schüsselförmig, 1,5–4 cm breit, anfangs rundlich, im Alter unregelmäßiger und flacher werdend, Rand auch alt meist glatt, Innenseite jung blauviolett bis lila, bald den violetten Farbton verlierend und dann rötlich braun bis ockerbraun, Außenseite von jung an gelbbraun bis rötlich braun, im Alter dem Hymenium gleichfarben, fast glatt, Wuchs einzeln bis gesellig. **F** Gelblich, einen wässrigen Milchsaft ausscheidend, der nach kurzer Zeit ockergelblich eintrocknet, brüchig, Geschmack und Geruch unspezifisch. **V** Mai bis Oktober. Vor allem in feuchten Laubwäldern, an bewuchsfreien Stellen, an Wegrändern und Böschungen, auf lehmigem, meist basenreichem Boden; in ganz Europa verbreitet, meist zerstreut, regional selten. **W** Die gilbende Flüssigkeit färbt das Fleisch schon jung ockergelb, was bei jungen Fruchtkörpern einen schönen Kontrast zur violetten Hymenium ergibt.

SP 15–17,5 × 7,5–9 µm, Ascusspitze J+

4 Violettmilchender Becherling

Peziza saniosa

RL-G

FK Schüsselförmig, 1–4 cm breit, schnell flacher werdend, im Alter fast flach und relativ unregelmäßig im Umriss, stiellos breit sitzend, Innenseite düster violettschwarz glatt, Außenseite gleichfarben, dunkel schwarzviolett, fast glatt, Wuchs einzeln bis gesellig. **F** Schwarzviolett, dünn, brüchig, bei Verletzung einen opalisierend blauvioletten Milchsaft abgebend, Geschmack und Geruch unspezifisch. **V** April bis Oktober. In Nadel- und Laubwäldern, vor allem an Wegrändern und an bewuchsfreien Stellen, gelegentlich an sehr morschem Laubholz; in ganz Europa verbreitet, meist selten. **W** Als einziger Becherling mit blauvioletter Milch ist die Art problemlos erkennbar. Sie ist jedoch wegen der kleinen, sehr düster gefärbten Fruchtkörper oft nicht einfach zu sehen.

SP 14–16 × 7–8,5 µm, Ascusspitze J+

1

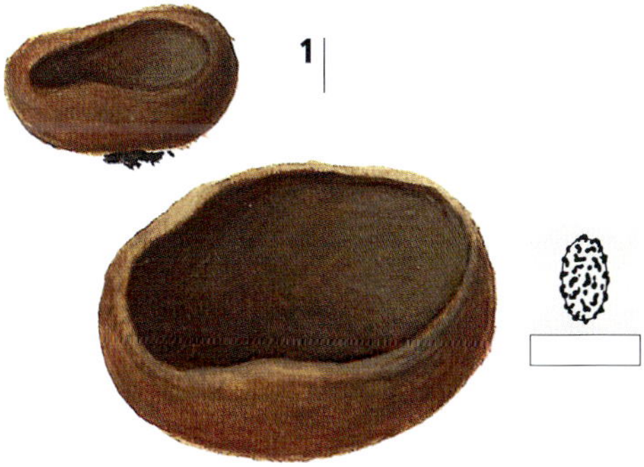

2

3

4

1 Kastanienbrauner Becherling
Peziza badia (Syn. *Legaliana badia*)

FK Schüsselförmig, 3–8 (–10) cm breit, ungestielt breit dem Erdboden aufsitzend, nur sehr jung rundlich, bald unregelmäßiger und flacher werdend, alt oft einseitig eingebogen, Rand glatt, Innenseite jung olivgrün, bald zunehmend dunkel olivbraun bis sepia, Außenseite rötlich braun, meist mit olivgrüner Tönung, alt der Innenseite gleichfarben dunkel werdend, Wuchs einzeln bis gesellig, bisweilen dicht gedrängt. **F** Wässrig olivbraun, bis 0,1 cm dick, sehr brüchig, Geschmack und Geruch unspezifisch. **V** Juni bis November. In montanen Nadel-, seltener Laubwäldern, insbesondere an lichten Stellen und an Wegrändern, seltener im Flachland; in ganz Europa verbreitet, in höheren Lagen häufig. **W** In ähnlichen Biotopen, jedoch an sehr feuchten bis moorigen Stellen, kann der oft ähnlich gefärbte Schlamm-Becherling *(Peziza limnaea)* vorkommen. Er unterscheidet sich vor allem durch ein etwas anderes Sporenornament.

SP 17–19 × 8–10 µm, Ascusspitze J+

2 Frühlings-Becherling
Peziza phyllogena (Syn. *Phylloscypha phyllogena*)

FK In Größe und Aussehen voriger Art sehr ähnlich, aber Rand und Außenseite etwas stärker kleiig. **F** Zumindest an der Basis auffallend violett, vom Rand nach unten mit der Zeit wässrig bräunlich werdend, Geschmack und Geruch unspezifisch. **V** April bis Juni. In lichten Laubwäldern, saure Böden meidend; in ganz Europa verbreitet, selten und nur regional etwas häufiger. **W** Das violette Fleisch und die frühe Erscheinungszeit machen diese Art einfach erkennbar.

SP 17–20 × 8–10 µm, Ascusspitze J+

3 Veränderlicher Becherling
Peziza varia (Syn. *P. micropus*)

FK Schüsselförmig, 3–10 cm breit, anfangs rundlich, schnell unregelmäßiger und flacher werdend, alt meist verbogen oder einseitig eingefaltet, breit sitzend oder kurz bis deutlich gestielt, Rand glatt oder schorfig, alt oft etwas eingerissen, Innenseite ocker-, nuss- bis dunkelbraun, glatt, am tiefsten Punkt oft runzelig zusammengezogen, Außenseite gleichfarben oder etwas heller, trocknend fast weißlich, fein kleiig bis deutlich granuliert, Wuchs einzeln bis gesellig. **F** Wässrig bräunlich, bis 0,2 cm dick, brüchig, Geschmack und Geruch unspezifisch. **V** April bis November. In Laubwäldern, an Wegrändern und in Gärten, auf liegenden Stämmen, Sägespänen und Holzresten, an Mauern und verputzten Wänden; in ganz Europa verbreitet, überall häufig. **W** Je nach Wuchsort und Stielausprägung wurden früher einzelne Arten unterschieden, z. B. *P. micropus* auf Holz oder *P. cerea* an Mauern.

SP 14–18 × 9–11 µm, Ascusspitze J+

4 Buchenwald-Becherling
Peziza arvernensis

FK Schüssel- bis becherförmig, 4–10 cm breit und 2–5 cm hoch, anfangs rundlich, bald unregelmäßig geformt, auch alt kaum flacher werdend, Innenseite nussbraun bis dunkelbraun, glatt, Außenseite meist deutlich heller, manchmal fast weiß, fein schorfig, Wuchs einzeln bis gesellig. **F** Wässrig bräunlich, brüchig, Geschmack und Geruch unspezifisch. **V** Mai bis Oktober. In Laubwäldern in der Laubstreu oder auf nackter Erde, vor allem unter Buchen; in ganz Europa verbreitet, regional nicht selten. **W** Von der vorigen Art vor allem durch die helle Außenseite unterschieden, letztlich aber nur durch die Sporenornamentation sicher zu trennen.

SP 11,5–18 × 8,5–10,5 µm, Ascusspitze J+

5 Blasiger Becherling
Peziza vesiculosa

FK Unregelmäßig schüssel- bis becherförmig, 4–10 cm breit und 2–5 cm hoch, meist durch gedrängten Wuchs von jung an unregelmäßig geformt, auch alt nicht flacher werdend, Innenseite nussbraun bis dunkelbraun, glatt, am tiefsten Punkt blasig aufgewölbt, Außenseite heller, cremebraun bis ockerbraun, kleiig, Wuchs gesellig, meist dicht gedrängt. **F** Wässrig bräunlich, brüchig, Geschmack und Geruch unspezifisch. **V** Juni bis Oktober. An nährstoffreichen, gedüngten Stellen, auf Kompost, Misthaufen und verrottenden Pflanzenresten; in ganz Europa verbreitet und häufig. **W** Diese meist auf Pferdemist wachsende Art ist vom Veränderlichen Becherling (s. o.) manchmal nur durch die Sporengröße und den Inhalt der Paraphysen zu unterschieden. Beide Arten werden (wie alle *Peziza*-Arten) bisweilen als essbar bezeichnet, doch sind sie allein schon wegen des brüchigen Fleisches keine empfehlenswerten Speisepilze.

SP 19–24 × 11–13,5 µm, Ascusspitze J+

1

2

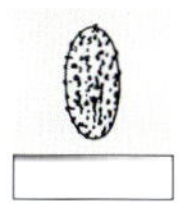

3

4

5

1 Morchel-Becherling
Disciotis venosa

FK 5–15 (18) cm, jung becherförmig, bei Reife unregelmäßig ausgebreitet mit +/- gebogenem, lappigen Rand, Innenseite gelbbraun, haselbraun bis zimtbraun, von glatt bis stark venös, mittig auch hirnartig gewunden, Außenseite cremeocker, fein kleiig, Pseudostiel vorhanden. **F** Etwas wachsartig, sehr brüchig mit intensivem, chlorösem Geruch (Javelle-Wasser), der beim Garen verschwindet, Geschmack mild. **V** April bis Mai. Einzeln bis gesellig in größeren Gruppen auf basischen bis neutralen, lehmig-sandigen Böden in Hartholzauen, Gärten und Parkanlagen, gern bei Eschen oder Pestwurzbeständen; in Mitteleuropa an geeigneten Standorten weit verbreitet bis in montane Stufen, rückläufig in Gebieten mit intensiver Land- und Forstwirtschaft. **W** Verwechslungsmöglichkeiten bestehen mit einigen weiteren braunen Becherlingen (z. B. *Gyromitra ancilis*) im Frühjahr, die aber meist an Holz wachsen. Morchelbecherlinge sind ähnlich köstlich wie Morcheln.

SP 22–25 × 11–14 µm, glatt, Asci J-

2 Eingeschnittener Öhrling
Otidea alutacea

FK 3–6 cm, unregelmäßig becherförmig, seitlich eingeschnitten, geschlitzt, mitunter einseitig verlängert, Hymenium je nach Feuchtegrad gelbbraun bis grauoliv, Außenseite etwas blasser, glatt bis fein kleiig. **F** Gelblich, +/- biegsam, 1–2 mm dick, mild. **V** September bis November. Einzeln bis gesellig in Laubwäldern, Gärten und Parkanlagen auf basenreichen Böden; in Mitteleuropa weit verbreitet. **W** Die Abgrenzung der ca. 22 aus Europa bekannten Öhrlingsarten ist vielfach nur mit mikroskopischen Merkmalen möglich.

SP 14,5–16,5 × 6,5–7,5 µm, glatt, mit 2 Tropfen, Asci J-

3 Kröten-Öhrling
Otidea bufonia

FK 3–6 cm, unregelmäßig becherförmig, seitlich eingeschnitten, geschlitzt, mitunter einseitig verlängert. Hymenium je nach Reife grau-oliv bis braun. Außenseite grau bis braun, zum Hymenium zweifarbig kontrastierend, glatt bis fein kleiig. **F** Gelblich, +/- biegsam, 1–2 mm dick, mild. **V** Juli bis November. Einzeln bis gesellig in Laubwäldern und bei Weißtannen, in Gärten und Parkanlagen auf basenreichen Böden; in Mitteleuropa weit verbreitet. **W** Auch wenn die mild schmeckenden Öhrlinge in älterer Literatur gelegentlich als essbar bezeichnet werden, sind diese a) schonenswert und b) wenig ergiebig.

SP 13–16,5 × 6–7,5 µm, spindelförmig, glatt, mit 2 Tropfen, Asci J-

4 Eselsohr
Otidea onotica

FK 6–10 × 3–6 cm, unregelmäßig ohrförmig, oft bis zu 6 Fruchtkörper büschelig verwachsen, seitlich eingeschnitten, geschlitzt. Hymenium je nach Feuchtegrad und Alter blassgelb bis leuchtendgelb und häufig mit morgenrotem Zentrum, Außenseite heller, glatt bis fein kleiig. **F** Gelbbraun, sehr brüchig, 1–2 mm dick, Geruch pilzartig, angenehm. Geschmack mild, mandelartig. **V** August bis Oktober. Einzeln bis gesellig in Nadelwäldern und Mischwäldern, oft bei Fichten auf sauren bis neutralen Böden; in Mitteleuropa weit verbreitet. **W** Auch wenn die mild schmeckenden Öhrlinge als essbar gelten, sind sie a) schonenswert und b) wenig ergiebig.

SP 11–14 × 5–6,5 µm, glatt, mit 2 Tropfen, Asci J-

5 Zitronengelber Öhrling, Eichenwald-Öhrling
Otidea concinna

FK Unregelmäßig ohrförmig, seitlich eingeschnitten, mit blassgelbem Hymenium und lebhaft gelber Außenseite. **V** Juni bis November. In Nadelwäldern und Mischwäldern, oft bei Eichen auf besseren Böden. **W** Die ähnliche *O. minor* hat kleinere Sporen, *O. phlebophora* eine aderige Außenseite.

SP 10,5–12 × 5,5–6,5 µm, glatt, mit 2 Tropfen, Asci J-

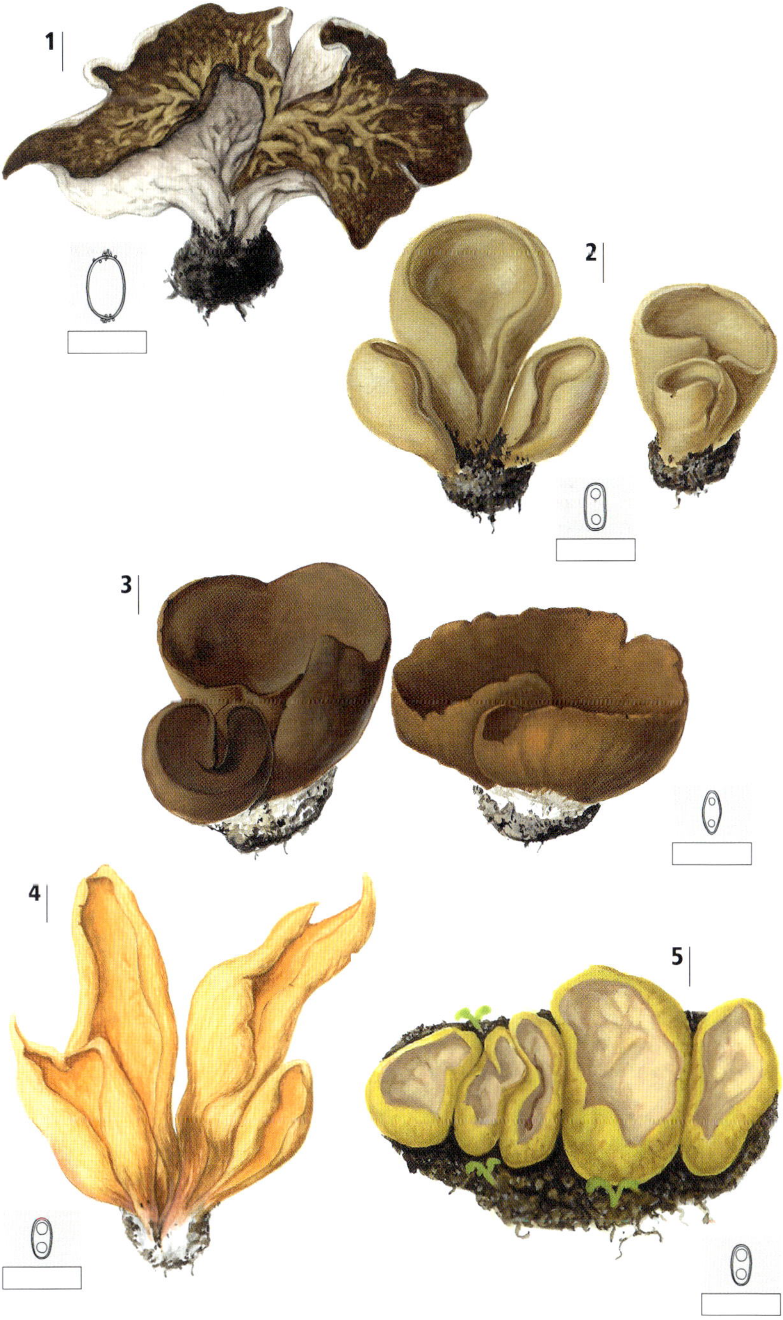
1
2
3
4
5

1 | Orange-Becherling
Aleuria aurantia

FK Schüsselförmig, 2–10 cm breit, ungestielt breit dem Erdboden aufsitzend, jung rundlich, bald unregelmäßig lappig und flacher werdend, alt oft verbogen und mit umgeschlagenem Rand, Innenseite leuchtend orange, Außenseite heller, trocken fast weiß, feinst filzig, Wuchs gesellig. **F** Weißlich, sehr brüchig, Geschmack und Geruch unspezifisch. **V** Juni bis November. Auf nackter Erde innerhalb und außerhalb von Wäldern an Weg- und Straßenrändern, oft an frisch gestörten Stellen; in ganz Europa verbreitet, überall häufig. **W** Junge Fruchtkörper dieser Art können mit dem Kissenbecherling (→ S. 672) verwechselt werden. Der Orange-Becherling wird manchmal als essbare Dekoration verwendet, hat aber kaum Eigengeschmack.

SP 13–16 × 7–9 µm, Ascusspitze J-

2 | Leuchtender Prachtbecher
Caloscypha fulgens

RL-V

FK Ähnlich voriger Art, aber etwas kleiner und rundlicher, noch intensiver orange und bei Berührung grünlich verfärbend. **V** März bis Mai. In Laub- und Nadelwäldern, meist an lichten, streufreien Stellen, vor allem bei Weißtanne, aber auch bei Eiche, Buche oder Erle; in ganz Europa verbreitet, überall selten. **W** Die Art ist an der Grünverfärbung und den runden Sporen sofort zu erkennen. Sie bildet in manchen Jahren Massenfruktifikationen und bleibt dann wieder jahrelang aus.

SP 5–6 × 5–6 µm, Ascusspitze J-

3 | Olivgelber Wurzelbecherling
Sowerbyella radiculata

RL-2

FK Gestielt-schüsselförmig, Schüssel 2–5 cm breit, Innenseite oliv- bis senfgelb, Außenseite auf senfgelbem Grund weiß gepustelt, Stiel 1–2,5 cm lang, weißlich, meist verdreht, zuspitzend, tief in der Streu wurzelnd und mit dieser verfilzt. **F** Cremeweißlich, brüchig, Geschmack und Geruch unspezifisch. **V** Juni bis November. In Nadelwäldern und Parks, in der Nadelstreu, auf basenreichen Böden; in ganz Europa verbreitet, überall selten. **W** Es gibt weitere Wurzelbecherlinge, die meist lebhafter gefärbt sind. Ohne Kenntnis der Sporenmerkmale sind sie im Regelfall nicht bestimmbar. Alle Arten der Gattung sind selten und gefährdet.

SP 12,5–14,5 × 7–8 µm, Ascusspitze J-

4 | Napfförmiger Kelchbecherling
Tarzetta cupularis

FK Gestielt pokalförmig, 0,5–2 cm breit und 0,5–2,5 cm hoch, Stielchen bisweilen fast fehlend, aber auch bis 1,5 cm hoch, Innenseite beigebraun bis nussbraun, glatt, Rand gezahnelt und nicht selten mehrfach eingerissen, Außenseite gleichfarbig, dunkler bräunlich gepustelt, Wuchs einzeln bis gesellig. **F** Wässrig graucreme, brüchig, Geschmack und Geruch unspezifisch. **V** Mai bis November. In Laubwäldern auf nackter Erde, vor allem an Wegrändern und Böschungen, bisweilen in Gärten und Parks; in ganz Europa verbreitet, häufig. **W** Es gibt mehrere sehr ähnliche Napfbecherlingsarten, die nach neuesten Erkenntnissen an bestimmte Baumarten gebunden sind. *Tarzetta cupularis* soll überwiegend bei Eichen vorkommen, während die Gruppe um *Tarzetta catinus* agg. überwiegend bei Buchen zu finden ist. Ähnliche aussehende Echte Becherlinge (Gattung *Peziza* s. l.) unterscheiden sich durch die blaue Jodreaktion der Ascusspitzen. Auch in den Gattungen *Geopora* und *Tricharina* gibt es Verwechslungsarten.

SP 19–24 × 11–14 µm, Ascusspitze J-

5 | Kohlenbecherling
Geopyxis carbonaria

FK Ähnlich voriger Art, jedoch neben dem Vorkommen auf Brandstellen durch die warmen Brauntöne (orange- bis rötlich braun) und die glatte Außenseite unterschieden. **V** Ganzjährig in milden Perioden, auf Brandstellen im Anfangsstadium, zusammen mit Drehmoos *(Funaria hygrometrica)*; in ganz Europa verbreitet, früher häufig, heute zumindest regional rückläufig. **W** Die Art kommt zusammen mit anderen obligaten Brandstellenbewohnern bereits wenigen Monate nach dem Brandereignis.

SP 13–16 × 7–9 µm, Ascusspitze J-

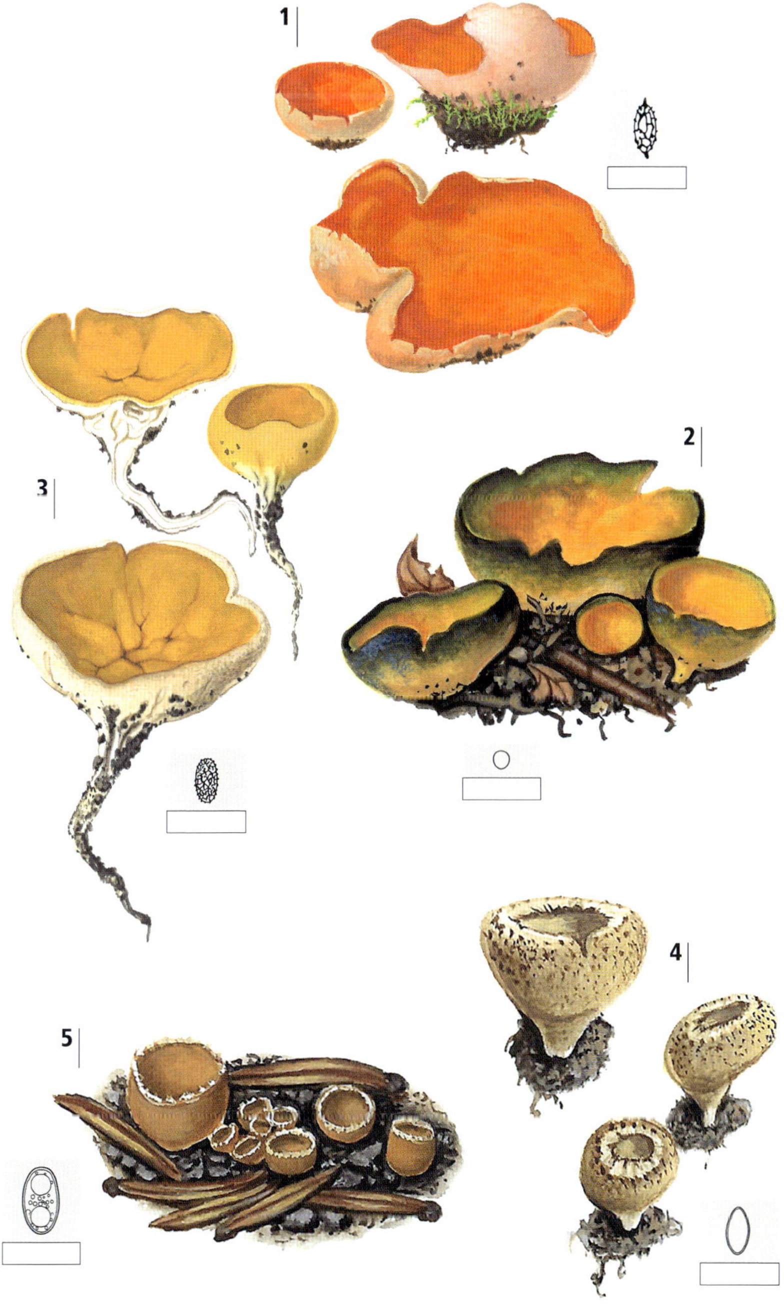
1
2
3
4
5

1 Babingtons Dickbecherling

Adelphella babingtonii (Syn. *Pachyella babingtonii*)

FK Kissenförmig, 0,3–0,8 cm breit, ungestielt, breit dem Substrat aufsitzend, rundlich, mit kaum auffallendem Randwulst zwischen Ober- und Außenseite, dunkel rotbraun bis schokoladenbraun, außen etwas heller. **F** Weißlich, teilweise gallertig. **V** März bis November. In Wäldern an sehr feuchten Stellen oder in Bächen, auf nass liegendem Laub- oder Nadelholz; in ganz Europa verbreitet, mäßig häufig. **W** Die Art kann bisweilen völlig untergetaucht wachsen.

SP 20–22 × 13–15 µm, Ascus meist diffus J+

2 Rotleuchtender Kissenbecherling

Pulvinula convexella (Syn. *P. constellatio*)

FK Flach schüssel- bis kissenförmig, 0,2–0,8 cm breit, flächig bis kreiselförmig sitzend, oberseits lachsrot bis orangerot, selten orangegelblich, glatt, Außenseite blass rötlich bis fast weiß, glatt. **F** Blass rötlich. **V** Juni bis Oktober. An bewuchsfreien Stellen, Wegrändern und Böschungen, inner- und außerhalb von Wäldern, oft zwischen Moosen; in ganz Europa verbreitet, mäßig häufig. **W** Die hier beschriebene Art ist die weitaus häufigste ihrer Gattung. Alle Kissenbecherlinge zeichnen sich durch große, runde, ölgefüllte Sporen aus.

SP 16–19 × 16–19 µm, Ascusspitze J-

3 Gewöhnlicher Moosbecherling

Octospora humosa

FK Flach schüssel- bis scheibenförmig, 0,3–1 cm breit, flächig sitzend, oberseits orangerot mit häutig abstehendem, gekerbtem, hell gelblich rotem Rand, Außenseite blass rötlich, fein weiß bepudert. **F** Blass rötlich. **V** Juni bis Oktober. An bemoosten Stellen wie Wegränder, Heiden oder Brandstellen, stets zwischen Moosen, insbesondere der Gattung *Polytrichum*, auf sauren, nährstoffarmen Böden; in ganz Europa verbreitet, häufig. **W** Moosbecherlinge sind eine Artengruppe von meist orangeroten Ascomyceten, die auf Moosen parasitieren. Sie sind im Regelfall deutlich kleiner als *O. humosa*. Zur Bestimmung sind die Kenntnis des Wirtsmooses und die Sporenmerkmale wichtig.

SP 18–21 × 11–13 µm, Ascusspitze J-

4 Körniger Rinderdung-Becherling

Coprobia granulata (Syn. *Cheilymenia granulata*)

FK Flach schüssel- bis kissenförmig, 0,1–0,3 cm breit, stiellos sitzend, innen wie außen gelborange, körnig rau, Wuchs dichtgedrängt. **F** Blass gelblich, weich. **V** Juni bis Oktober. Auf Kuhfladen in nicht zu intensiv beweideten Wiesen, selten auf anderem Dung; in ganz Europa verbreitet und häufig. **W** Es gibt in Europa etwa 400 Dung zersetzende Pilzarten unterschiedlichster Größe und systematischer Zugehörigkeit. Der Rinderdung-Becherling ist einer der häufigsten dieser Dungbewohner.

SP 15–18 × 7,5–9 µm, Ascusspitze J-

5 Kleiiger Kotling

Ascobolus stercorarius (Syn. *A. furfuraceus*)

FK Flach schüssel- bis polsterförmig, 0,1–0,3 cm breit und ebenso hoch, stiellos sitzend, anfangs grünlich gelb bis schwefelgelb, dann im Hymenium zunehmend braun von reifenden Sporen, Außenseite gleichfarbig gelb, kleiig rau, Wuchs gesellig. **F** Gelblich, weich. **V** Ganzjährig. Auf Dung verschiedenster Wild- und Nutztiere; in ganz Europa verbreitet, häufig. **W** Man findet *Ascobolus*-Arten ebenso wie viele andere Dungbewohner bei lang anhaltender feuchter Witterung bereits in der Natur. Man kann aber auch Dungproben ohne Fruchtkörper zu Hause kultivieren, wo sich nach ein bis zwei Wochen die ersten dieser Pilzarten entwickeln werden.

SP 22–27 × 11–14 µm, Ascuswand J+

1

2

3

4

5

1 Halbkugeliger Borstling
Humaria hemisphaerica

FK Tief schüsselförmig, jung fast kugelig, alt manchmal unregelmäßig und etwas verflachend, 1–3 cm breit, 0,5–1,5 cm hoch, ungestielt sitzend, Innenseite weißlich- bis cremegrau, Rand von dunklen Haaren dicht bewimpert, Außenseite ockerbraun bis hellbraun, dicht behaart, Haare kürzer als am Rand. **F** Wässrig graulich, weich, etwas brüchig. **V** Juni bis November. In Laubwäldern und Parks, an Böschungen, Weg- und Bachrändern, in der Streu, an bewuchsfreien Stellen oder auf sehr morschem Holz, seltener im Nadelwald; in ganz Europa verbreitet, häufig. **W** Die Art wird häufig von einem anderen Pilz parasitiert, der das Hymenium kalkweiß färbt und wie verschimmelt aussehen lässt.

SP 20–26 × 11–14 µm, Ascusspitze J-

2 Geselliger Borstling
Trichophaea gregaria

FK Tief schüssel- bis becherförmig, jung fast blasig, alt etwas verflachend, 1–3 cm breit, 0,3–1 cm breit, ungestielt sitzend, Innenseite weißlich- bis cremegrau, Rand dicht mit braunen Haaren besetzt, Außenseite ockergrau bis hellgrau, dicht behaart, Haare kürzer als am Rand. **F** Wässrig graulich, weich, etwas brüchig. **V** Juni bis November. In und außerhalb von Wäldern, an Böschungen, Weg- und Bachrändern, an lehmigen oder sandigen, bewuchsfreien Stellen oder auf sehr morschem Holz, selten auf Brandstellen; in ganz Europa verbreitet, häufig. **W** Durch die Farbe ist diese Art gar nicht so einfach zu entdecken, selbst wenn sie meist in größeren Gruppen vorkommt. Mehrere weitere makroskopisch kaum unterscheidbare Arten sind nur anhand der Sporen zu unterscheiden.

SP 20–26 × 11–14 µm, Ascusspitze J-

3 Kleinsporiger Sandborstling
Geopora arenosa (Syn. *Sepultaria arenosa*)

FK Tief schüsselförmig, anfangs fast kugelig, alt unregelmäßig einreißend, 0,5–2 cm breit und hoch, ungestielt in die Erde eingesenkt, bei Reife halb an die Oberfläche kommend, Innenseite cremegrau, Außenseite und Rand bräunlich, kurzhaarig bis filzig. **F** Wässrig graulich, weich, etwas brüchig. **V** Juni bis November. In Wäldern, Parks, an Wegrändern, auf Brandstellen, auf sandigem Boden, oft unter Kiefern; in ganz Europa verbreitet, meist selten. **W** Häufiger ist der großsporige Sandborstling *(G. arenicola)*. Manche Arten der Gattung *Geopora* bleiben vollständig im Boden und werden zu den Hypogäen gezählt, während die Wuchsweise der hier beschriebenen Art „semihypogäisch" genannt wird.

SP 19–22 × 11–13 µm, Ascusspitze J-

4 Zedern-Sandborstling
Geopora sumneriana

FK Wie vorige Art, aber mit 3–8 cm wesentlich größer. **V** März bis Juni; unter Zedern in Gärten und Parks, in Südeuropa in Zedernwäldern; in Süd-Europa verbreitet und häufig, nach Mitteleuropa ausstrahlend und regional nicht selten. **W** Die Bindung an die Zeder und die Größe macht die Art unverwechselbar. Sie kann zusammen mit dem ähnlich geformten, jedoch violett gefärbten Kronenbecherling (→ S. 662) wachsen.

SP 30–35 × 14–15 µm, Ascusspitze J-

5 Borstiger Kotling
Lasiobolus ciliatus

FK Kreisel- bis polsterförmig, 0,02–0,1 cm breit und ebenso hoch, stiellos sitzend, blassgelb bis orangegelb, mit zerstreuten, steif aufrechten Borsten besetzt, Wuchs gesellig. **F** Gelblich, weich. **V** Ganzjährig. Auf Dung verschiedenster Wild- und Nutztiere; in ganz Europa verbreitet, häufig. **W** Meist findet man diese winzigen Pilze nur mithilfe einer Lupe. Anhand der Sporenmaße und Haarlängen lassen sich mehrere Arten unterscheiden. Der Borstige Kotling gehört zu den häufigsten Dung bewohnenden Pilzen überhaupt und ist weltweit verbreitet.

SP 22–26 × 11,5–13,5 µm, Ascus J-

1

2

3

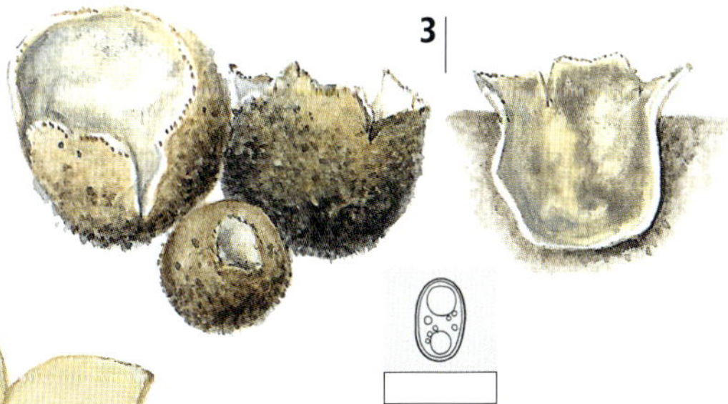

4

5

1 | Gewöhnlicher Schildborstling
Scutellinia scutellata agg.

FK Schüsselförmig, rundlich, alt oder bei gedrängtem Wuchs oft etwas verbogen, 0,5–2 cm breit, ungestielt sitzend, Innenseite leuchtend rotorange, Rand mit dunklen Haaren dicht bewimpert, Außenseite etwas heller orange, dicht behaart, Haare am Rand abwechselnd von 0,5 bis 2 mm Länge. **F** Gelblich, weich. **V** April bis Dezember. In Laub- und Nadelwäldern, an Weg- und Bachrändern, auf Holzlagerplätzen und Schlagfluren, meist auf Holz oder Zapfen; in ganz Europa verbreitet, sehr häufig. **W** So einfach die Gattung erkannt werden kann, so schwierig ist die Artbestimmung. *S. scutellata* soll selten sein und die bisher so benannte, sehr häufige Art wird jetzt *Scutellinia crinita* genannt.

SP 19–21 × 11–13 µm bzw. 17–20 × 12–14 µm *(S. crinita)*, Ascusspitze J-

2 | Spitzstacheliger Rundspor-Schildborstling
Scutellinia legaliae

FK Makroskopisch nur durch die etwas kürzere Haarlänge von der vorigen Art zu unterscheiden, Haare 0,2–1,2 mm lang. **V** Juni bis November. In und außerhalb von Wäldern, an Weg- und Bachrändern, an bewuchsfreien Stellen auf Erde oder zwischen Moosen; in ganz Europa verbreitet, regional sehr unterschiedlich häufig und vielerorts selten. **W** Rundsporige Arten von Schildborstlingen gibt es nur wenige. Sehr ähnlich ist *S. trechispora*, deren Sporenornament jedoch aus abgestutzten Stacheln gebildet wird, sodass die Sporen wie das Covid-Virus aussehen.

SP 16–19 × 16–19 µm, Ascusspitze J-

3 | Sternhaariger Erdborstling
Cheilymenia crucipila (Syn. *Scutellinia crucipila*)

FK Flach schüsselförmig, alt fast scheibig verflachend, 0,3–0,8 cm breit, ungestielt der Erde aufsitzend, innen wie außen leuchtend orangegelb, Rand sehr zerstreut mit abstehenden, blass gelblichen Borsten besetzt, Außenseite kurzhaarig bis filzig, Wuchs gesellig, manchmal dicht gedrängt. **F** Gelblich, weich. **V** Juni bis November. An Wegrändern und in Wagenspuren, auf lehmigen, feuchten frisch gestörten Böden, wo gerade die ersten Moose zu wachsen beginnen; in ganz Europa verbreitet, relativ häufig. **W** Mit etwas Erfahrung ist die Art schon anhand der zerstreuten, aber deutlichen Haare makroskopisch zu erkennen. Von ähnlichen Schildborstlingen unterscheidet sie sich durch die mehr gelborange als rotorange Färbung.

SP 15–18 × 8,5–10 µm, Ascusspitze J-

4 | Blassgelber Mistborstling
Cheilymenia theleboloides

FK Jung wie alt flach schüsselförmig, 0,3–1 cm breit, ungestielt sitzend, innen wie außen leuchtend dottergelb, Rand schwach wulstig, unauffällig bräunlich durch zerstreute kurze Härchen (Lupe!), Außenseite etwas filzig, Wuchs meist zu Dutzenden dicht gedrängt. **F** Gelblich, weich. **V** Mai bis November. Auf verrottendem pflanzlichen Material, auf Kompost, zwischen Brennnesseln, auch auf mit Dung vermischtem Stroh; in ganz Europa verbreitet, relativ häufig. **W** Die Bestimmung der etwa 20 einheimischen Arten der Gattung *Cheilymenia* setzt genaue Mikroskopierarbeit und entsprechende Fachliteratur voraus.

SP 16–20 × 8,5–10 µm, Ascusspitze J-

5 | Roter Kurzhaarborstling
Melastiza cornubiensis (Syn. *M. chateri*)

FK Jung rundlich, alt unregelmäßig flach schüsselförmig, 0,3–2 (–3) cm breit, stiellos breit der Erde aufsitzend, innen wie außen lebhaft orangerot bis zinnoberrot, Rand unauffällig mit kurzen braunen Härchen dicht besetzt, Wuchs gesellig bis gedrängt. **F** Gelblich, weich. **V** Juni bis November. In und außerhalb von Wäldern an bewuchsfreien oder moosigen Stellen, an Wegrändern und Böschungen; in ganz Europa verbreitet, häufig. **W** Kurzhaarborstlinge sind meist etwas größer als Schild- und Mistborstlinge. Mikroskopisch unterscheiden sie sich durch stumpfe statt spitze Haare und ein grobes, netziggratiges Sporenornament.

SP 16–19 × 8,5–10 µm, Ascus J-

1

2

3

4
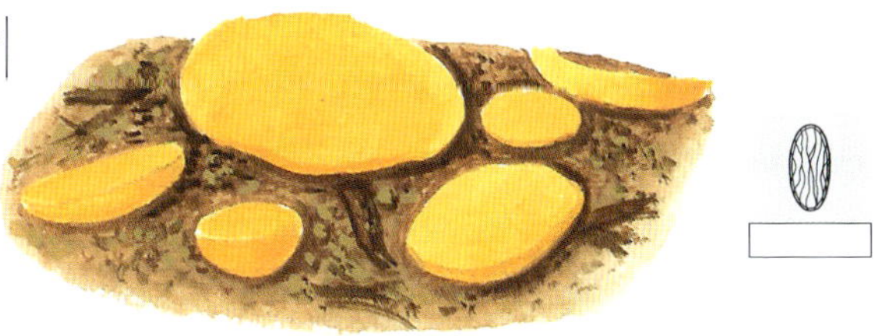

5
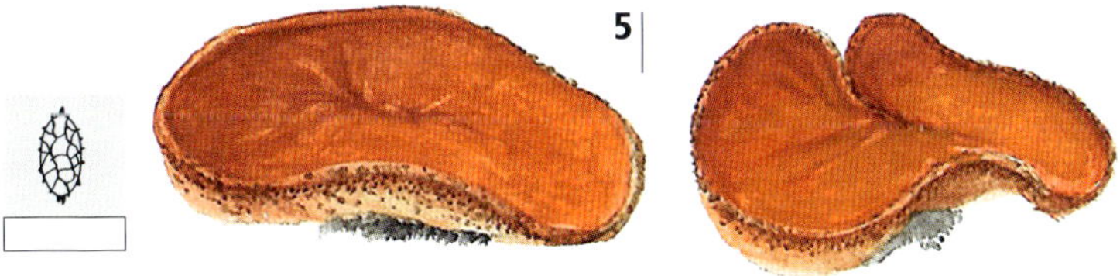

Inoperculate Schlauchpilze

1a	FK gestielt, mit +/- deutlichem Kopfteil oder keulig bis zungenförmig; Kopfteil rundlich bis unregelmäßig, aber nicht schüsselförmig → **2**
1b	FK sitzend und schüssel-, becher-, kreisel- oder kissenförmig oder eine gestielte Schüssel bildend → **11**
1c	FK länglich schiffchen- oder spaltartig, im Substrat eingesenkt, bei feuchtem Wetter aufklappend → **28**
1d	FK hirnartig, fleischviolettlich (oft sehr blass bis weißlich) → **Schlauchzitterling *(Ascotremella faginea)* und Formen des Buchenkreislings, S. 690**
2a (1)	FK keulig bis zungenförmig; Kopfteil schwarz, purpurbraun, olivgrün; Stiel gleichfarben oder blaugrün → **Erd-, Haar- und Stielzungen 3**
2b	FK keulig oder kopfig; Färbung meist anders → **6**
3a (2)	FK schwarz bis schwarzbraun → **4**
3b	FK purpur-, braun- bis fleischrot, oliv bis grün → **5**
4a (3)	Stiel und Keule mit spitzen, schwarzbraunen Haaren (Setae) besetzt → **Haarzungen, S. 684**
4b	Stiel und Keule glatt; Stiel mit schleimigem Überzug → **Schleimstielige Erdzunge, S. 684**
4c	Stiel und Keule glatt; Stiel nicht schleimig → **Erdzungen *(Geoglossum)*, S. 684**
5a (3)	Stiel pustelig bis schuppig; FK von jung an komplett grau-, oliv- oder gelbgrün; V in Wäldern → **Grüne und Graugrüne Stielzunge, S. 686**
5b	Stiel glatt; FK mit rötlichen, bräunlichen bis schwarzroten Farbtönen; V in Magerwiesen → **Schwarzrote Blassspor-Erdzunge, S. 684**
6a (2)	V auf Laubholz in Bächen, ganz oder teilweise untergetaucht wachsend → **7**
6b	V Standort anders; wenn auf Holz, dann nicht dauerhaft im Wasser liegend → **8**
7a (6)	FK weißlich, blasscreme, Kopfteil halbkugelig, trocken bräunlich → **Wasser-Helmkreisling, S. 694**
7b	FK mit orangem rundem Kopfteil und schwarzem Stiel → **Abgestutztes Tentakelkeulchen, S. 694**
8a (6)	FK gallertig; in einen rundlichen Hut und einen deutlich abgesetzten Stiel gegliedert → **9**
8b	FK nicht gallertig; Kopfteil nicht rundlich → **10**
9a (8)	Kopfteil olivgelb bis bräunlich; Stiel olivgelb → **Gallertkäppchen, S. 686**
9b	FK blass cremegrau bis hell fleischbräunlich → **Helm-Kreisling, S. 686**
10a (8)	FK keulig bis unregelmäßig kopfig, bis 6 cm hoch; Kopfteil orangegelb; Stiel weißlich; V an sumpfigen Stellen → **Sumpf-Haubenpilz, S. 686**
10b	FK spatelförmig, bis 10 cm hoch; Kopfteil flach, wellig-kräuselig, den Stiel umfassend, zitronengelb; Stiel gelblich; V in der Nadelstreu, oft bei Lärche → **Dottergelber Spateling, S. 686**
10c	FK verpelartig, bis 2 cm hoch; Kopfteil walzenförmig, längsrunzelig oder glatt; Stiel bräunlich, dünn; V in Sumpfwiesen auf Kräuterstängeln oder auf Kiefern-, Fichten- und Tannennadeln in der Streu → **Haubenpilze (*Heyderia* und *Scleromitrula*)**
11a (1)	FK kreiselförmig, gummiartig, 2–6 cm groß; Hym schwarz wie Lakritz; Außenseite sepia, körnelig; SP schwärzlich; auf der Rinde von Laubholz → **Gewöhnlicher Schmutzbecherling, S. 690**
11b	FK nicht mit diesen Merkmalen → **12**
12a (11)	FK gestielt-schüsselförmig, oft etwas verbogen, blaugrün bis türkis; V auf Laubholz und dieses ebenso türkis gefärbt → **Grünspanbecherlinge, S. 694**
12b	FK und Holz anders gefärbt → **13**
13a (12)	FK intensiv rotviolett, 0,5–2(–3) cm; innen oft etwas gallertig; SP spindelig, bei Reife meist mit 1–7 Septen, > 12 µm → **Gallertbecher, S. 690**

13b FK violettlich, blassviolett oder nahezu weiß, 0,3–1 cm; innen oft etwas gallertig; SP elliptisch, unseptiert, < 12 µm → **Gallertkreislinge, S. 690**

13c FK ohne violettliche Töne, nicht gallertig → **14**

14a (13) FK (deutlich) gestielt → **15**

14b FK sitzend oder punktförmig angeheftet → **23**

15a (14) FK auf der Außenseite glatt → **16**

15b FK auf der Außenseite mit Haaren → **21**

16a (15) Hym weiß, gelb oder ocker (nicht braun); Ascusporus mit Jod nur bis kurz unterhalb der Ascusspitze blau reagierend (selten nicht anfärbbar) → **nicht weiter aufgeschlüsselte Arten der Gattung Stängelbecherchen *(Hymenoscyphus)*, S. 692**

16b Hym lebhaft gelb; Ascusporus mit Jod bis zur Ascusspitze anfärbbar; V rasig auf Laubholz → **Zitronengelbes Reisigbecherchen, S. 694**

16c Hym beige- bis dunkelbraun, selten olivbraun bis sepia; Ascusporus mit Jod bis zur Ascusspitze anfärbbar → **17**

17a (16) FK aus einem Sklerotium entspringend oder das Substrat schwärzend; Schüssel ganzrandig und ohne Saum → **18**

17b FK ohne Sklerotium bzw. das Substrat farblich nicht verändernd; Schüssel mit gekerbtem Saum oder Zackenkranz → **Gekrönter Stängelbecherling, S. 692**

18a (17) FK aus einem Sklerotium entspringend → **19**

18b FK ohne Sklerotium direkt auf dem (geschwärzten) Substrat → **20**

19a (18) FK bis 3 cm, einzeln oder zu mehreren aus einem im Boden liegenden Sklerotium wachsend; V zwischen Buschwindröschen oder Scharbockskraut → **Anemonen-Becherling, S. 688**

19b FK bis 2 cm, zu mehreren auf geschwärzten Eicheln wachsend → **Eichel-Stromabecherling, S. 688**

19c FK bis 2 cm, auf in Binsen- oder Simsen-Stängeln befindlichen Sklerotien wachsend; V in sickernassen Feuchtwiesen → **Gattung Myriosclerotinia und ähnliche Arten**

20a (18) FK olivbraun, sepia bis fast schwarz, 0,5–1 cm; auf Fichtenzapfen, nach der Schneeschmelze → **Fichtenzapfen-Stromabecherling, S. 688**

20b FK beige bis hellbraun, 0,2–0,5 cm; auf am Boden liegenden Hasel-, Erlen- oder Weidenkätzchen → **Kätzchenbecherlinge, S. 688**

20c andere Merkmale → **weitere Arten der Gattungen *Ciboria, Lanzia, Rutstroemia* usw.**

21a (15) Hym weiß bis cremefarben, höchstens blassgelb, manchmal mit der Zeit rötend (alle Arten nur mikroskopisch unterscheidbar!) → **22**

21b Hym dotter- bis orangegelb; V auf Holz/Rinde von Nadelbäumen oder auf Harz; Haarspitzen ohne Kristallschopf (Mikroskop!) → **Nadelholzhaarbecherchen *(Lachnellula)*, S. 698**

21c Hym dotter- bis orangegelb; V auf Holz/Rinde von Laubbäumen oder auf Buchenkupulen oder Himbeerstängeln; Haarspitzen mit Kristallschopf (Mikroskop!) → **Laubholzhaarbecherchen *(Capitotricha)***

22a (21) Haare weiß, nur bis unterhalb der Spitze warzig-rau, aber Spitze etwas verbreitert und glatt; häufigste Art vor allem am Grund von alten Eichenstubben in Bodennähe oder unterseits → **Schneeweißes Haarbecherchen *(Dasyscyphella nivea)* und weitere Arten**

22b Haare weiß, bis zur Spitze warzig-rau und ohne Kristallschopf; Paraphysen lanzettlich, meist länger als die Schläuche; V auf Buchenkupulen, Erlenzapfen, Himbeerstängeln oder Holz → **Gemeines Haarbecherchen, S. 698**

22c Haare weiß, bis zur Spitze warzig-rau und ohne Kristallschopf; Paraphysen lanzettlich, meist länger als die Schläuche; auf Gräser- und Kräuterstängeln oder Holz → **weitere Arten der Gattung *Lachnum* (Mikroskop und Spezialliteratur!)**

22d Haare weiß oder braun, bis zur Spitze warzig-rau oder kahl werdend oder mit Kristallschopf; Paraphysen lanzettlich oder nicht; V auf Gräser, Kräutern oder Holz → **weitere Arten und Gattungen der Familie *Hyaloscyphaceae* (Mikroskop und Spezialliteratur!)**

23a (14) FK außen glatt oder grob-körnelig → **24**

23b FK außen dunkel filzig (Lupe); Außenschicht im Mikroskop aus rundlichen oder angulären, (meist) dunklen Zellen bestehend → **26**

23c FK außen mit abstehenden Haaren besetzt (nur mikroskopisch bestimmbare Arten!) → **27**
wenn FK 5–10 mm und Hym lebhaft gelb, orange oder rot vgl. Schlüssel operculate Ascomyceten ab Pkt. 44a ff.

24a (23) FK gelb, orange, rot, rosa, selten blasser oder durchscheinend-weißlich → **25**

24b Hym nuss- bis rotbraun; Außenseite grob körnelig; Wuchs zu mehreren in gedrängten Knäueln; V auf Hasel oder Erle (seltene weitere Arten auf anderem Laubholz) → **Kleiiger Haselbecherling, S. 696**

24c Hym hell- bis graubraun, bläulich- bis schiefergrau → **weitere hier nicht behandelte Arten und Gattungen**

25a (23) FK orange; V aus Brennnesselstängeln hervorbrechend → **Brennnesselbecherchen, S. 696**

25b FK schüssel- bis linsenförmig, gelb, orange, rosa, rötlich oder durchscheinend, glasig wirkend; Sporenbreite < 5 µm; Schläuche nicht mit in Jodlösug anfärbbaren Porus → **Knopfbecherchen (*Orbilia* und *Hyalorbilia*), S. 696**

25c FK kissen- bis polsterförmig, ockergelb, zimtfarben, matt; Sporenbreite > 5 µm; Schläuche mit in Jodlösung rot oder blau anfärbbarem Porus → **Rindenbecherchen *(Pezicula)***

26a (23) Hym bläulich- bis schiefergrau, weißlich, creme oder bräunlich; Paraphysen mit langgezogener lichtbrechender Vakuole, die sich in Lauge auflöst (Mikroskop, Vitalpräparat!); V auf Holz, Kräutern oder Gräsern, stets oberflächig sitzend → **Weichbecherchen und verwandte Gattungen, S. 696**

26b Hym dunkelgrau bis schwarz; Paraphysen leer oder mit kurzzelligen bis kugeligen, nicht lichtbrechenden Vakuolenkörpern (Mikroskop, Vitalpräparat!); V meist auf Gräsern und Kräutern und oft anfangs eingesenkt, nur sehr selten auf Holz → **Einsenkbecherchen *(Pyrenopeziza)* und verwandte Gattungen**

26c Hym olivgelb; Paraphysen ohne lichtbrechenden Inhalt; V auf dem Erdboden → **Braungelbes Linsenbecherchen *(Podophacidium xanthomelum)***

27a (26) FK 0,5–2 mm; Haare schwefelgelb; Hym weißlich, rosagrau bis grauviolettlich; die häufigste Art auf Brennnesselstängeln im Frühjahr (selten weißhaarig, selten auf anderen Kräuterstängeln) → **Brennnessel-Gelbhaarbecherchen und ähnliche Arten, S. 698**

27b FK 0,5–1,5 mm (kann alt gestielt sein!); Haare olivgelb; Hym feucht olivgrau, dann ockergelb; V auf totem, entrindetem Laubholz (oft an der Schnittfläche) → **Wachsgelbes Fleckenhaarbecherchen, S. 698**

27c FK winzig, 0,2–0,5 mm; Hym weißlich bis hellgrau; Haare bräunlich; V auf liegenden vorjährigen Stängeln von Weißwurz (*Polygonatum* spp.) → **Weißwurz-Haarbecherchen *(Trichopezizella nidulus)***

28a (1) FK/V im Frühjahr als dicht gedrängte, unregelmäßig-gewundene Wülste auf abgefallenen Ahornblättern, bei feuchter Witterung das Hym freigeben (weitere Arten auf Blättern von Weiden, Rhododendren und anderen Pfanzen) → **Ahorn-Runzelschorf und weitere Arten der Ordnung *Rhytismatales*, S. 700**

28b FK schiffchenförmig, gesellig aus dem Holz hervorbrechend, bei feuchter Witterung das bläulich irisierende Hym freigebend; V auf berindeten dünnen Eichenästen, meist noch am Baum hängend (weitere sehr seltene Arten auf anderen Substraten) → **Eichen-Spaltlippe, S. 700**

28c FK als schwarze, längliche Schlitze in Nadeln von Kiefer, Fichte oder Tanne (weitere Arten auf Heidelbeere, Binsen, Schilf und anderen Wirten) → **Kiefernadel-Spaltlippe und verwandte Arten, S. 700**

28d FK als weißer Schlitz im Holz, bei feuchter Witterung ein weißliches, rau wirkendes Polster hochwölbend; V auf Laubholz (oft Rose oder Weide) → **Grauweißes Holzscheibchen, S. 700**

Pyrenomyceten (Kernpilze)

1a FK keulig, gestielt-kopfig, zylindrisch, zungen- oder fadenförmig oder verzweigt; immer deutlich höher als breit; oft in einen Stiel- und einen Kopfteil getrennt → **2**

1b FK flächig, polster- oder kugelförmig, manchmal eingesenkt, nicht gestielt; immer breiter als hoch → **11**

2a (1) FK schwarz, innen weiß und korkig-faserig, unförmig-keulig, lanzettlich, faden- oder geweihförmig; V auf holzigem Substrat, Kräuterstängeln, Samen oder Blättern → **Holzkeulen 3**

2b FK purpur, bräunlichviolett, mit rundem Kopf auf langem, dünnem Stiel, einem schiffchenförmigem schwarzen Sklerotium entspringend; V am Boden zwischen Gräsern in feuchten Wiesen oder Wegrändern → **Mutterkorn, S. 714**

2c FK bräunlich, grau, olivgelb, orange, erst im Alter schwarz werdend, zungenförmig, keulig oder gestielt-kopfig; V auf im Boden befindlichen Hirschtrüffeln oder Insekten → **Kernkeulen 8**

2d FK cremegraue gestielte Köpfchen; V auf Gehörn, Knochen, Federkielen oder Gewölle → **Rinder- und Gewöll-Hornpilz, S. 716**

2e FK eine gestielte Schüssel; Fruchtschicht weiß mit schwarzen Punkten; V in extensiven Weiden und Dünen auf Dung von Pferd, Schaf oder Kaninchen → **Punktierte Porenscheibe, S. 706**

3a (2) V auf Laubholz → **4**

3b V auf Früchten, Samen, Fruchtschalen oder Kupulen → **6**

3c V auf Kräuter- und Gräserstängeln oder Blättern → **7**

3d V auf Dung → **hier nicht behandelte Arten**

4a (3) Nebenfruchtform verzweigt bis geweihartig (selten unverzweigt), mit weiß bepuderten Spitzen, sehr häufig; Hauptfruchtform rein schwarz, schlank-zylindrisch und ohne oder mit wenigen kurzen Verzweigungen, Oberfläche schwach längsrunzelig, undeutlich höckerig; SP 10–12 × 4,5–5,5 µm → **Geweihförmige Holzkeule, S. 708**

4b Nicht verzweigt oder unförmig mit stumpfen Auswüchsen; Hauptfruchtform mit schollig aufbrechender, rissiger Oberfläche; SP größer → **5**

5a (4) SP 12–15 × 5,5–6 µm; V fast ausschließlich auf liegenden Ästen und Stämmen von Berg-Ahorn → **Langgestielte Holzkeule, S. 708**

5b SP 19–25 × 6–7,5, µm; V auf diversem Laubholz (einschließlich seltenem Berg-Ahorn), vor allem aber auf Buchenstämmen und -stümpfen → **Vielgestaltige Holzkeule, S. 708**

5c andere Merkmalskombinationen → **weitere hier nicht behandelte Arten**

6a (3) V auf Buchenkupulen, oft tief in der Laubstreu → **Buchenfruchtschalen-Holzkeule, S. 708**

6b V auf Samen von Weißdorn *(Crataegus)* oder Hainbuche → **Weißdorn- und Hainbuchen-Holzkeule, S. 708**

7a (3) V auf feucht liegenden Stängeln, vermutlich auch auf Blättern → **Artengruppe Fadenförmige Holzkeule *(Xylaria filiformis)***

7b V auf Oliven-Blättern → **Olivenblatt-Holzkeule *(Xylaria sicula)***

8a (2) V auf Hirschtrüffeln → **9**

8b V auf im Boden befindlichen oder oberflächig liegenden Insekten → **10**

9a (8) FK schlankkeulig, zylindrisch bis zungenförmig; nicht direkt der Hirschtrüffel aufsitzend, sondern mit gelben Wurzelsträngen mit dieser verbunden → **Zungen-Kernkeule, S. 714**

9b FK mit säuligem Stiel und deutlich abgesetztem rundlichem Kopfteil; direkt der Hirschtrüffel aufsitzend → **Artengruppe Kopfige Kernkeulen, S. 714**

10a (8) FK keulig bis zylindrisch, leuchtend orange; V auf Schmetterlings-Puppen → **Orangegelbe Puppenkernkeule, S. 714**

10b FK gestielt-kopfig, holzfarben (Stiel) bis orange-ocker (Kopf); V auf Schmetterlings-Raupen **→ Raupen-Kernkeule, S. 716**

10c FK langgestielt-kopfig, violettgrau (Kopf) bis schwarz (Stiel); V auf Laufkäfer-Larven **→ Käferlarven-Kernkeule, S. 716**

10d FK langgestielt-kopfig, einheitlich creme, beige, blass bräunlich; V auf Wespen (und Fliegen?) **→ Wespen-Kernkeule, S. 716**

11a (1) Bruchstücke vom FK in Kalilauge mit löslichem Pigment (orange, gelb, grünlich, grau, violett); FK kugelig, polsterförmig oder flächig, einzelnes Stroma mindestens 5 mm groß und ohne Lupe gut erkennbar **→ 12**

11b ohne in Kalilauge lösliche Pigmente; FK (Stroma) bisweilen sehr klein **→ 16**

12a (11) FK kugelig bis birnförmig, oft mit podestartigem Anwachspunkt; im Schnitt mit mehreren konzentrischen Zonen; laugenlösliches Pigment violett oder grünlich bis beigebraun **→ Holzkohlepilze, S. 702**

12b FK kugelig, ohne konzentrische Zonierung; laugenlösliches Pigment lebhaft orange **→ Rötliche und Ziegelrote Kohlenbeere, S. 704**

12c FK halbkugelig, polsterförmig oder flächig; im Schnitt ohne konzentrische Zonierung; laugenlösliche Pigmente gelb, grünlich, graubeige, violett, nur bei flächigen Arten teilweise orange **→ 13**

13a (12) FK bei Reife schwarz (jung aschgrau bis sepia), kopfsteinpflasterartige oder uneben-wellige Flächen bildend; Ostiolen papilliert (Gattung *Jackrogersella*) **→ Vielgestaltige und Zusammenfließende Kohlenbeere, S. 702**

13b FK bei Reife anders gefärbt (aber überaltert schwarz werdend); Ostiolen eben oder leicht eingesenkt **→ 14**

14a (13) FK halbkugelig bis polsterförmig, 3–5 mm breit (aber bisweilen zu kleinen Flecken zusammenwachsend), frisch grauviolett; laugenlösliches Pigment graubeige, grüngrau oder violettlich; V auf meist noch ansitzenden, meist berindeten Ästen von Hasel, Erle oder Weide **→ Artengruppe Grauviolette Kohlenbeere, S. 704**

14b FK größere Flächen von mindestens 3 cm Länge bildend, frisch orange- bis rostbraun oder weinviolett; laugenlösliches Pigment orange oder gelb; V auf berindetem oder unberindetem Laubholz, vor allem Buche, Ahorn, Esche und Pappel (aber auch andere) **→ 15**

15a (14) FK lebhaft orange- bis rostbraun, mit orangegelbem Rand; laugenlösliche Pigmente orange; SP 5–7 × 2,5–3,5 µm **→ Gelbrandige Kohlenbeere, S. 704**

15b FK rostorange bis -braun, ohne lebhafter gefärbte Randzone; laugenlösliche Pigmente orange; SP 9–12 × 4–5,5 µm **→ Ziegelrote Kohlenbeere, S. 704**

15c FK weinviolett, meist wenig ausgedehnt (bis 10 cm), von einer schwarzen Randzone umgeben; laugenlösliches Pigment orange *(H. petriniae)* oder bernsteinfarben *(H. perforatum)* **→ weitere Arten aus der Artengruppe Ziegelrote Kohlenbeere**

15d FK weinviolett, sehr ausgedehnt (bis 200 cm), ohne schwarze Randzone; laugenlösliches Pigment gelbbraun **→ Großfrüchtige Kohlenbeere, S. 704**

16a (11) FK schwarze, krustige, oberflächig sitzende Flächen bildend; SP dunkelbraun bis schwärzlich, mit Keimschlitz **→ 17**

16b FK entweder einzelne Kügelchen bildend und/oder nicht schwarz; SP nie mit Keimschlitz, stets heller bis farblos **→ 18**

17a (16) FK blasige Krusten bildend, die sich leicht vom Substrat abheben lassen; Nebenfruchtform eine grau bepuderte, weiß berandete Fläche; SP > 30 µm lang **→ Brandkrustenpilz, S. 706**

17b FK schwarze, abstehend-berandete Flächen mit Wärzchen bildend; SP 10–15–21 µm lang (wenn SP farblos und 6–10 µm lang, vgl. Flächiges Eckenscheibchen, S. 718) **→ Buchen-Pfennigkruste und verwandte Arten, S. 706**

17c FK aus Einzelkugeln zusammengesetzte Flächen bildend, zumindest jung in einem bräunlichen Filz sitzend; SP 15–22–28 µm lang **→ Gewöhnliche Schwarzbeere und verwandte Arten, S. 706**

17d FK schwarze bis sepiafarbene, am Substrat anliegende, längliche Flächen bildend, ohne abstehenden Rand, SP 9–12–18 µm lang **→ Gewöhnliche Schlangenkohlenbeere und verwandte Arten, S. 706**

18a (16) FK kleine Kügelchen bildend, die einzeln bis gesellig oder dicht gedrängt rasig oberflächig auf Holz wachsen; stets schwarz, aber bisweilen von weißem Filz oder braunen Haaren überzogen → **19**

18b FK anders: entweder größere Flächen bildend oder mit lebhafteren Farben (Mikroskopie und Spezialliteratur - hier nur wenige Arten dargestellt!) → **21**

19a (18) FK weißfilzige Kügelchen bildend → **Wolliger Kohlenkugelpilz, S. 720**

19b FK schwarze Kügelchen, nicht mit weißem Filz umkleidet (Mikroskopie und Spezialliteratur – hier nur wenige Arten dargestellt!) → **20**

20a (19) FK papillierte Kügelchen bildend oder tropfenförmig; V auf liegenden Brennnessel-Stängeln; SP gelblich, mit 8–12 Septen; 40–50 × 6 µm → **Zugespitzter Kugelpilz, S. 720**

20b FK runde Kügelchen bildend; V einzeln oder in Grüppchen auf Laubholz (häufig Buche); SP bräunlich, mit 3 Septen, 15–18 × 4,5–5,5 µm → **Brandschwarzes Kugelkissen, S. 720**

20c FK rundliche, grobwarzige Kügelchen bildend; V einzeln oder in Grüppchen auf Laubholz (häufig Buche); SP farblos, mit 1 Septe, 35–45 × 5,5–6 µm → **Maulbeer-Kugelpilz, S. 720**

20d FK runde Kügelchen bildend, sehr gesellig, dicht gedrängte Flächen bildend; SP farblos, ohne Septe, 20–23 × 4 µm → **Gesäter Kugelpilz *(Ruzenia spermoides)***

21a (18) FK einzeln oder gesellig bis rasig wachsende, papillierte Kügelchen bildend, rot, orange oder lachsfarben; einzelnes Perithezium 0,2–0,4 mm groß; V auf Holz oder Kräuterstängeln → **Zinnoberrotes und Scharlachrotes Pustelpilzchen und verwandte Arten, S. 710**

21b FK Flächen von dicht gedrängten, papillierten Kügelchen bildend; grün, orange, rotviolett, beige oder weiß; V meist auf (bisweilen bereits vergangenen) Pilzfruchtkörpern; SP spindelig, warzig → **Schmarotzerpustelpilze, S. 710**

21c mit anderen Merkmalskombinationen → **22**

22a (21) FK oberflächig sitzend, polsterförmig oder gewölbte Flächen bildend; nie schwarz; SP bereits im Ascus zu 16 Teil-SP zerfallend → **Kissenpustelpilze 23**

22b FK oberflächig sitzend, an Flechten erinnernde, unregelmäßig lappige Polster bildend; gelb-, rötlich bis graubraun; SP zu 8 im Schlauch, mit 1 Septe und dort etwas eingeschnürt; V auf ansitzenden Weidenästen in luftfeuchter Lage (z. B. Sumpf- und Moorränder) → **Trollhand, S. 712**

22c FK hervorbrechend, rundliche bis eckige oder flächige FK freilegend, stets schwarz; SP im Schlauch zu 8 oder unzählbar vielen (aber nie 16), nicht septiert → **Eckenscheibchen 24**

23a (22) FK weiß bis orangegelb, grün gepustelt; SP grünlich → **Gelbgrüner Krustenkugelpilz und verwandte grünsporige Arten, S. 712**

23b FK gelb, etwas dunkler gepustelt; V auf der Unterseite von vor allem Birken- und Rotrand-Porlingen (weitere gelbe Arten auf anderen Substraten); SP farblos → **Porlings-Krustenkugelpilz und verwandte gelbe Arten, S. 712**

23c FK fleisch- bis braunrot, unauffällig gleichfarben gepustelt; auf Holz; SP farblos → **Rotbrauner Krustenkugelpilz und verwandte rötliche Arten, S. 712**

24a (22) FK schwarze flächige, glatte Überzüge bildend; 8 SP pro Ascus → **Artengruppe Flächiges Eckenscheibchen, S. 718**

24b FK rundlich, einzeln oder zu wenigen zusammenfließend, gesellig bis dicht gedrängt, aus der Rinde hervorbrechend; SP pro Schlauch 8 oder unzählbar viele → **25**

25a (24) SP im Schlauch unzählbar viele (Gattung *Diatrypella*) → **Artengruppe Warziges Eckenscheibchen, S. 718**

25b konstant 8 SP im Schlauch, diese 7–9 µm lang; V auf Buchenästen und -stämmen (selten anderes Laubholz) → **Buchen-Eckenscheibchen, S. 718**

25c konstant 8 SP im Schlauch, diese 5–7 µm lang; V auf noch ansitzenden Weidenästen (selten Erle oder Pappel) → **Blasiges Eckenscheibchen, S. 718**

1 | Runzelstielige Erdzunge
Geoglossum umbratile

RL-G

FK Unregelmäßig keulenförmig, 6–9 cm hoch, Kopfteil 2,5–6 cm lang und 0,2–0,6 cm breit, schwarz bis bräunlich schwarz, lanzettlich bis zungenförmig, meist unregelmäßig und abgeplattet, Stielteil 3–5,5 cm lang und 0,2–0,3 cm breit, bräunlich schwarz, zylindrisch, oben meist arttypisch schuppig-schorfig, selten glatt. **F** Wässrig bräunlich, weich. **V** Juli bis Dezember. In Magerrasen, extensiven Weiden und Mähwiesen, selten in Vorwäldern und Gebüschen oder an Straßenrändern; in ganz Europa verbreitet, meist selten, regional zerstreut. **W** Alle Erdzungenarten sind als selten anzusehen, wobei *G. umbratile* zumindest gebietsweise noch die häufigste ist. Die schuppige Stielspitze lässt sie oft schon im Feld erkennen.

SP (60–)65–85 × 5–6,5 µm, 7 Septen, Ascusporus J+

2 | Täuschende Erdzunge
Geoglossum fallax

RL-G

FK Makroskopisch nur durch die stets glatte Stielspitze und die rein schwarze Färbung (ohne Braunton) von voriger Art unterschieden. **V** Juni bis November. Wie die vorige Art und oft mit ihr vergesellschaftet; in ganz Europa verbreitet, überall selten. **W** Neben der Täuschenden Erdzunge gibt es noch etwa 6–8 weitere schwarze Erdzungenarten, die sich alle nur mikroskopisch sicher unterscheiden lassen.

SP (60–)70–95 × 4–5,5 µm, reif bis 12 Septen, Ascusporus J+

3 | Schleimstielige Erdzunge
Glutinoglossum glutinosum

RL-G

FK Unregelmäßig keulenförmig, Kopfteil 1,5–5 cm lang und 0,4–0,7 cm breit, schwarz, lanzettlich, oft etwas unregelmäßig und abgeplattet, Stielteil 2–6 cm lang und 0,2–0,4 cm breit, bräunlich schwarz, zylindrisch, schleimig bis klebrig. **F** Wässrig bräunlich, weich. **V** August bis Dezember. In Magerrasen, extensiven Weiden und Mähwiesen, selten in Vorwäldern und Schlehen-Liguster-Hecken; in ganz Europa verbreitet, überall selten. **W** Der Kopfteil geht übergangslos in den Stiel über, was die Art von ähnlichen Erdzungen unterscheidet, die teilweise auch einen klebrigen Stiel haben können.

SP (60–)70–95 × 4–5,5 µm, 3–5 (–7) Septen, Ascusporus J+

4 | Gewöhnliche Haarzunge
Trichoglossum hirsutum

RL-G

FK Unregelmäßig keulenförmig, 4–10 cm hoch, fein samtig-borstig (Lupe!), Kopfteil deutlich abgesetzt, 2–6 cm lang und 0,4–1,2 cm breit, schwarz, kopfig, keulig, lanzettlich oder spatel- bis zungenförmig, meist unregelmäßig gefurcht oder abgeplattet, Stielteil 2–6 cm lang und 0,2–0,4 cm breit, schwarz, zylindrisch. **F** Wässrig bräunlich, weich. **V** Juli bis Dezember. In Magerrasen, extensiven Weiden und Mähwiesen, Hochmooren, selten an trockenen, nährstoffarmen Straßenrändern; in ganz Europa verbreitet, zerstreut, regional bereits selten geworden. **W** Die dunklen, spitzen Seten (Borsten) sind das Unterscheidungsmerkmal der Haarzungen gegenüber den ansonsten identisch aussehenden Erdzungen.

SP (80–)90–150 × 4–5,5 µm, reif bis 15 Septen, Ascusporus J+

5 | Schwarzrote Blassspor-Erdzunge
Thuemenidium atropurpureum

RL-1

FK Unregelmäßig keulen- bis zungenförmig, 5–9 cm hoch, Kopfteil 3–6,5 cm lang und 0,5–1,2 cm breit, purpurschwarz, glatt, unregelmäßig zungen- bis spatelförmig oder langgezogen keulig, meist unregelmäßig gefurcht und abgeplattet, Stielteil 2–5 cm lang und 0,2–0,4 cm breit, purpurschwarz, zylindrisch, fein schuppig oder flockig, nicht immer deutlich vom Kopfteil getrennt. **F** Wässrig bräunlich, weich. **V** August bis Dezember. In Magerrasen, extensiven Weiden und Mähwiesen, feuchten Heiden und Flachmooren; in ganz Europa verbreitet, überall sehr selten. **W** Der Purpurton kann auch fehlen, sodass rein schwarze Fruchtkörper vorkommen.

SP 20–35 × 4,5–6 µm, 3–5 (–7) Septen, Ascusporus J+

1
2
3
4
5

1 | Grüne Erdzunge
Microglossum viride

RL-G

FK Unregelmäßig keulen- bis zungenförmig, 3–6 cm hoch, Kopfteil 2,5–4 cm lang und 0,3–0,7 cm breit, gelbgrün, olivgrün bis graugrün, spatel-, keulen- bis zungenförmig, meist unregelmäßig abgeplattet und gefurcht, Stielteil 2–3,5 cm lang und 0,2–0,4 cm breit, bläulich grün bis olivgrün, zylindrisch, etwas schuppig bis schorfig. **F** Graugrünlich, weich. **V** Juli bis Dezember. In feuchten Wäldern, oft in Erlenbrüchen oder an Bachrändern, stets in Verbindung mit Lebermoosen; in ganz Europa verbreitet, selten. **W** Jüngst wurde erkannt, dass die vorwiegend in feuchten Buchenwäldern ohne Lebermoos vorkommende Sippe eine eigene Art darstellt, die *M. griseoviride* heißt. Sie ist etwas häufiger als *M. viride*. Ähnlich ist auch *Microglossum olivaceum* und verwandte Arten.

SP 16–21 × 5–6 µm, 3–4 Septen, Ascusporus J+

2 | Sumpf-Haubenpilz
Mitrula paludosa

RL-V

FK Unregelmäßig keulenförmig, 2,5–6 cm hoch, Kopfteil deutlich abgesetzt, 1,5–4,5 cm lang und 0,4–1 cm breit, lebhaft orange bis gelb oder blassgelb, selten weißlich, kopfig, walzen- bis spatelförmig, oft unregelmäßig verbogen, Stielteil 1–3 cm lang und 0,2–0,4 cm breit, durchscheinend weißlich, brüchig. **F** Wässrig weißlich, brüchig. **V** Mai bis August; in nassen Gräben, in Sümpfen, an sumpfigen Bachrändern, bisweilen im Wasser stehend, auf verrottendem Pflanzenmaterial; in ganz Europa verbreitet, zerstreut, regional bereits selten geworden. **W** Die Art kommt meist an staunassen Stellen mit höchstens schwach fließendem Wasser vor.

SP 10–15 × 2,5–3,5 µm, überreif oft mit Septe, Ascusporus J+

3 | Gallertkäppchen
Leotia lubrica

FK Kopfig bis keulenförmig, 3–6 cm hoch, Kopfteil 1–2 cm lang und breit, olivgelb bis olivgrün, umgedreht schüsselförmig mit nach unten eingebogenem Rand, unregelmäßig verbogen und abgeplattet, Stielteil 2–6 cm lang und 0,2–0,4 cm breit, olivgelb, zylindrisch, abgeflacht und mit Längsfurche, fein gepustelt, feucht etwas schmierig, sehr biegsam. **F** Wässrig gelblich, sehr elastisch, gallertig. **V** Juli bis November. In Laub- und Nadelwäldern, auf trockenen bis moorigen, stets nährstoffarmen Böden; in ganz Europa verbreitet, überall häufig. **W** Durch einen Pilzbefall können die Fruchtkörper schwarzgrün verfärben (linke Exemplare). Unaufmerksame Pilzsammler könnten das Gallertkäppchen mit dem Trompeten-Pfifferling (→ S. 576) verwechseln, mit dem es oft vergesellschaftet vorkommt.

SP (60–)70–95 × 4–5,5 µm, 3–5 (–7) Septen, Ascusporus J+

4 | Helm-Kreisling
Cudonia circinans

RL-2

FK Insgesamt ähnlich voriger Art, jedoch nur 2–4 cm hoch und anders gefärbt, Kopfteil cremegelb, Stielteil oben gleichfarbig, nach unten zu rotbräunlich bis violettbräunlich, Wuchs bisweilen in Hexenringen. **V** August bis Oktober. In hochmontanen bis subalpinen Fichtenwäldern; in den Hochlagen Europas verbreitet, regional nicht selten. **W** Als typische Art der Berglagen findet man den Helm-Kreisling vor allem in den Alpen und den höheren Mittelgebirgen Süddeutschlands.

SP 30–40 × 2–2,5 µm, 1–3 Septen, Ascusporus J-

5 | Dottergelber Spateling
Spathularia flavida

RL-3

FK Gestielt fächer- bis zungenförmig, 3–9 cm hoch, Kopfteil 3–5 cm lang und 1–1,5 cm breit, dottergelb bis ockergelb, den Stiel unregelmäßig fächer- bis halbkreisförmig umschließend, flach gedrückt, unregelmäßig gefurcht, Stielteil 2–6 cm lang und 0,4–0,8 cm breit, weißlich, zylindrisch, etwas abgeflacht. **F** Weißlich, im Kopfteil gelblich weiß. **V** August bis November. In Nadelwäldern in der Nadelstreu, häufig unter Lärchen; in ganz Europa verbreitet, überall selten. **W** Die Art scheint in den letzten 20 Jahren etwas häufiger geworden zu sein.

SP 35–50 × 4,5–6 µm, 3–5 Septen, Ascusporus J-

1

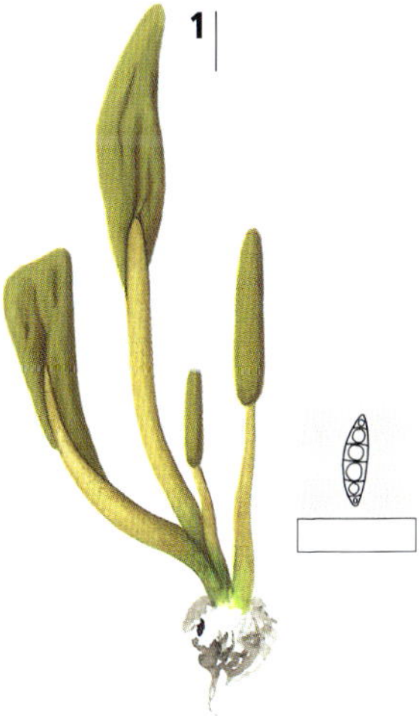

2

3

4

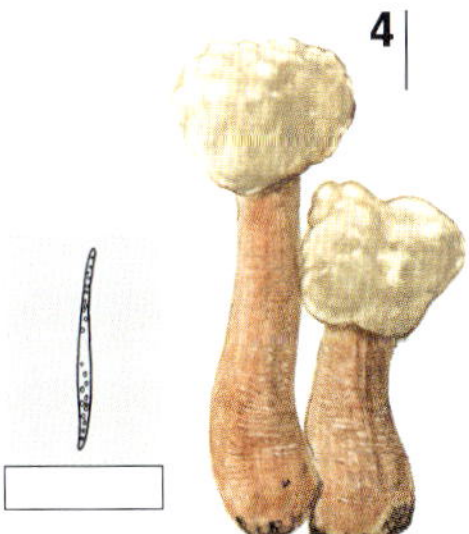

5

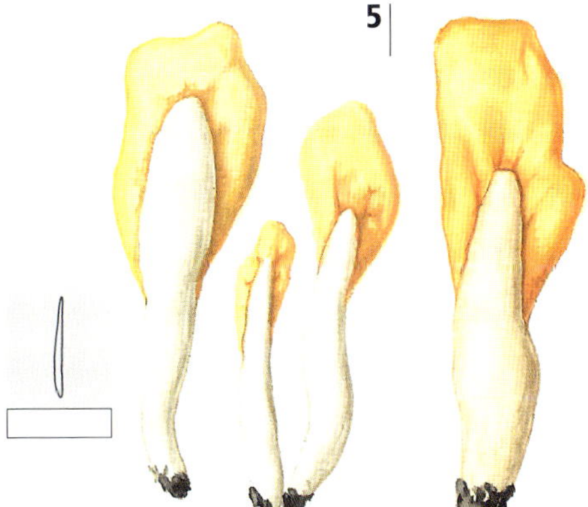

1 Anemonen-Sklerotienbecherling

Dumontinia tuberosa

FK Gestielt becher- bis pokalförmig, alt schüssel- bis fast scheibenförmig werdend, 1–3 cm breit, hellbraun, nussbraun bis kastanienbraun, Innenseite oft etwas runzelig, Stiel 3–10 cm lang und 0,2–0,4 cm breit, gleichfarbig, meist unregelmäßig verbogen, zu einem Teil in die Erde wurzelnd und einem dort verborgenen Sklerotium entspringend, Sklerotium unregelmäßig knollig, außen schwarz und fast glatt, innen weiß, von einem oder mehreren Fruchtkörpern besetzt. **F** Wässrig bräunlich, weich. **V** April bis Mai. In feuchten Wäldern, in Brüchen, an Böschungen und Weg- oder Bachrändern, stets in Verbindung mit Buschwindröschen (*Anemome nemorosa* oder *ranunculoides*); in ganz Europa verbreitet, nirgends selten. **W** In Verbindung mit Scharbockskraut *(Ficaria verna)* wächst die kaum unterscheidbare *D. binucleosporum*, die allerdings bisher noch nicht gültig beschrieben wurde.

SP 12–16 × 6–8 µm, Ascusporus J+

2 Gewöhnlicher Sklerotienbecherling

Sclerotinia sclerotiorum

FK Sehr ähnlich voriger Art, 0,3–1 cm breit, hell grauocker bis bräunlich, Stiel 0,5–2 cm lang, zu mehreren einem walzenförmigen Sklerotium entspringend, Sklerotium oft noch im Stängel der Wirtspflanze liegend. **V** Mai bis Juli. In feuchten Wiesen, an sumpfigen Bachrändern, auf verrottenden Stängeln unterschiedlichster Blütenpflanzen; in ganz Europa verbreitet, selten, aber an den Standorten meist massenhaft. **W** Es gibt eine ganze Reihe ähnliche Arten, sowohl mit als auch ohne Sklerotium, die aber im Regelfall stark wirtsspezifisch sind.

SP 9,5–12 × 4,5–5,5 µm, Ascusporus J+

3 Fichtenzapfen-Stromabecherling

Rutstroemia bulgarioides

FK Becher- bis schüsselförmig, an der Basis zu einem +/- deutlichen, sockelartigen Stiel zusammengezogen, 0,3–1 cm breit, innen wie außen düster braunschwarz bis sepiaschwarz, innen oft etwas runzelig, feucht glänzend, trocken matt, Außenseite fein rau bis fast glatt, Rand scharf, schwarz. **F** Olivbräunlich, biegsam und schwach gallertig. **V** Direkt nach der Schneeschmelze Februar bis Mai (je nach Höhenlage), in Nadelwäldern, auf am Boden liegenden Fichtenzapfen; in ganz Europa verbreitet, im Alpenraum zerstreut, sonst selten. **W** Die Art ist durch Farbe und Vorkommen auf Fichtenzapfen im zeitigen Frühjahr unverkennbar. In manchen Jahren tritt sie plötzlich häufig auf, dann fehlt sie aber wieder jahrelang an vielen Standorten.

SP 7–9,5 × 3,5–5 µm, Ascusporus J+

4 Brauner Eichel-Stromabecherling

Ciboria batschiana

FK Gestielt becher- bis schüsselförmig, 0,4–1,5 cm breit, nussbraun bis rotbraun, Innenseite oft etwas runzelig, Stiel gedrungen bis schlank, 0,2–1 cm lang, gleichfarbig, zur Basis hin dunkel schwarzbraun. **F** Wässrig bräunlich, etwas zäh. **V** August bis Oktober. In Eichen- oder Eichenmischwäldern, stets auf geschwärzten vorjährigen Eicheln; in ganz Europa verbreitet, relativ häufig. **W** Der Zähe Stromabecherling (*R. firma*, auf Laubholz) und der Weißtannen-Stromabecherling (*R. elatina*, auf Weißtanne) sind Beispiele für sehr ähnlich aussehenden Arten, die meist an dem von ihnen besiedelten Substrat erkannt werden können.

SP 7–10 × 4–5 µm, Ascusporus J+

5 Erlenkätzchen-Stromabecherling

Ciboria amentacea

FK Gestielt becherförmig, selten flach scheibig mit abgebogenem Rand, 0,3–1 cm breit, einheitlich beige bis grauocker bis auf den weißlich gezähnelten Rand, Stiel schlank bis fädig, meist wellig verbogen, 0,5–3 cm lang, gleichfarbig, oft schlaff dem Boden anliegend. **F** Wässrig cremebräunlich, etwas zäh. **V** Februar bis April. In feuchten Wäldern mit Erlen, auf in der Streu liegenden männlichen Erlen-Kätzchen; in ganz Europa verbreitet, häufig. **W** Auf Birken-, Hasel- und Erlenkätzchen gibt es weitere, nur mikroskopisch unterscheidbare Arten.

SP 7,5–10 × 4–5 µm, Ascusporus J+

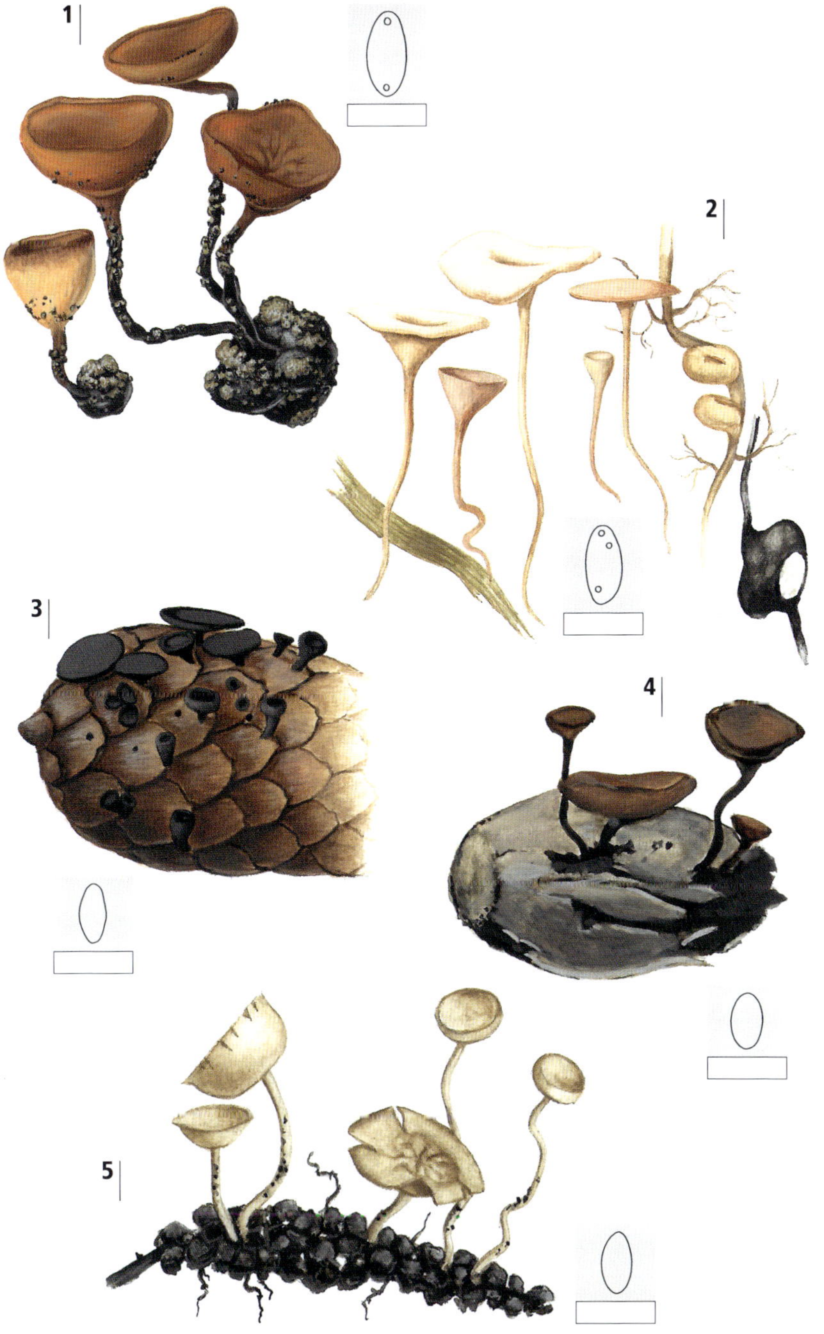
1
2
3
4
5

1 Fleischroter Gallertbecher

Ascocoryne sarcoides

FK Scheiben-, kissen- bis kreiselförmig, kurz gestielt, 0,5–1,5 cm breit, violett- bis fleischrosa, Hymenium alt etwas nabelförmig vertieft, oft wellig, Außenseite feucht gleichfarbig, glatt wirkend, trocken weißlich und fein kleiig. **F** Wässrig fleischrosa, sehr gallertig. **V** August bis Januar. In Wäldern aller Art, auf liegenden Ästen und Stämmen, auf Stubben, Laub- und Nadelholz besiedelnd; in ganz Europa verbreitet, häufig. **W** Das noch häufigere Konidienstadium ist am dicht gedrängten, etwas hirnartig wirkenden Wuchs und der lebhaft fleischrosa Färbung erkennbar. Oft kommen beide Formen gleichzeitig vor. Die anderen *Ascocoryne*-Arten besitzen anders aussehende oder keine Konidienstadien, ihre Ascusstadien sind dagegen nur mikroskopisch unterscheidbar.

SP 12–17 × 4,5–5,5 µm, reif mit 1–3 Septen, Ascusporus J+

2 Buchen-Gallertkreisling

Ombrophila pura (Syn. *Neobulgaria pura*)

FK Sehr ähnlich der vorigen Art, aber größer und blasser, kreisel- bis napfförmig, 1–4 cm breit und fast ebenso hoch, cremeweißlich bis rosaweißlich, blass violettgrau, Rand schwach gezähnelt, Außenseite schorfig. **F** Fast farblos, elastisch-gallertig. **V** August bis Januar. In Buchenwäldern, auf wenig zersetzten Ästen und Stämmen von Buchen, sehr selten auf anderen Laubbäumen; in ganz Europa verbreitet, relativ häufig und an seinen Standorten meist massenhaft. **W** Es gibt eine hirnartig gewundene Wuchsform (var. *foliacea*), die dem Schlauchzitterling *(Ascotremella faginea)* sehr ähnlich sieht. Beide haben große Ähnlichkeit mit Gallertpilzen (→ S. 614 ff.), bei denen es jedoch keine violett gefärbten Arten gibt.

SP 7–9 × 3,5–4,5 µm, Ascusporus J+

3 Fichtenzapfen-Gallertkreisling

Ombrophila ianthina

FK Kreisel- bis kurzgestielt-kissenförmig, 0,2–0,4 cm breit und hoch, blass violettlich, manchmal nahezu weiß, Rand alt etwas wellig oder leicht herabgebogen, Außenseite glatt. **F** Blass violettlich, gallertig. **V** Mai bis Oktober. In Nadelwäldern, auf im Matsch liegenden Fichtenzapfen, meist an trockenfallenden Bachrändern im austrocknenden Bachbett; in ganz Europa verbreitet, häufig. **W** Die Art ist durch Farbe und Vorkommen auf sehr feucht liegenden Fichtenzapfen unverkennbar, aber unauffällig und nur bei gezielter Suche zu finden.

SP 5–7 × 2,5–3,5 µm, Ascusporus J+

4 Schmutzbecherling

Bulgaria inquinans

FK Kreiselförmig, alt eher schüsselförmig mit kurzem breitem Stiel, 1,5–3,5 cm breit und fast ebenso hoch, Hymenium glänzend schwarz, alt oft schwach nabelig vertieft, Außenseite schwarzbraun bis sepia, körnelig oder schülferig. **F** Schwärzlich bis olivschwarz, etwas an Lakritz erinnernd, etwas gallertig-knorpelig, trocken stark schrumpfend. **V** August bis Mai. In Laubwäldern, auf liegenden, berindeten Stämmen von Eiche, Hainbuche oder Buche, selten auf anderen Laubhölzern; in ganz Europa verbreitet, überall häufig. **W** Streicht man mit dem Finger über das reife Hymenium, wird dieser durch die schwärzlichen Sporen schmutzig.

SP 10–16 × 6–7,5 µm, Ascusporus J+

5 Konidien-Schwarzbecher

Holwaya mucida

FK Unregelmäßig schüssel- bis scheibenförmig, oft etwas verbogen, 0,3–1 cm breit, an der Basis zu einem bis 0,2 cm langen Stielchen zusammengezogen, einheitlich schwarz, Konidienform phallusartig mit grauweißer, gallertig-schleimiger Haube auf einem bis 2,5 cm langen schwarzen Stiel. **F** Schwärzlich, etwas zäh. **V** Oktober bis Januar. In Laubwäldern mit alten Linden, auf abgefallenen Starkästen und Stämmen, seltener Stubben, die meist noch berindet und bemoost sind; in ganz Europa verbreitet, zerstreut bis regional selten. **W** Diese Art kann als ein Naturnähezeiger gelten, weil sie nur auf altem, dickem Lindenholz vorkommt.

SP 40–65 × 3–4 µm, Ascusporus J+

1
2
3
4
5

1 Gekrönter Stängelbecherling
Cyathicula coronata

FK Pokal- bis becherförmig, lang gestielt, Becher 0,1–0,2 cm breit und hoch, creme bis blass ockerlich, außen und innen glatt, Rand kronenartig mit abstehenden spitzen Zähnchen besetzt, Stiel zylindrisch, 0,1–0,3 mm lang, relativ dünn, gleichfarbig. **F** Blass cremeweiß, weich. **V** August bis November. An krautreichen Stellen, auf liegenden vorjährigen Pflanzenstängeln aller Art; in ganz Europa verbreitet, relativ häufig. **W** Dieser Stängelbecherling ist an seinem gekrönten Rand einfach zu erkennen. Er wächst im Herbst, während die meisten anderen Stängelbecherlingsarten im Frühsommer vorkommen.

SP 16–22 × 4,5–5 µm, Ascusporus J+

2 Pokalförmiger Stängelbecherling
Cyathicula cyathoidea

FK Sehr ähnlich der vorigen Art, aber ohne Randborsten. **V** März bis November. In Wiesen, an Ruderalstellen, allgemein an krautreichen Plätzen, auf vorjährigen Stängeln von Blütenpflanzen, häufig an Brennnessel; in ganz Europa verbreitet, sehr häufig. **W** Einer der häufigsten kleinen Becherlinge auf Kräuterstängeln und in kaum einem Brennnesselbestand fehlend.

SP 8–11 × 1,8–2,5 µm, Ascusporus J+

3 Invasives Eschenblattstiel-Stängelbecherchen
Hymenoscyphus fraxineus

FK Kurzgestielt, kreisel- bis polsterförmig, 0,1–0,5 cm breit, weißlich, Stielchen 0,1–0,2 cm hoch, an der Basis schwarz. **F** Weißlich, weich. **V** Juni bis August. In Auwäldern und feuchten Laubwäldern, auf am Boden liegenden vorjährigen Stielen von Eschenblättern; in Europa seit etwa 20 Jahren zunehmend verbreitet, in Mittel- und Osteuropa häufig. **W** Die ursprünglich in Asien beheimatete Art konnte vermutlich aufgrund gestiegener Temperaturen in Europa Fuß fassen und löst das Eschentriebsterben aus. Das seit jeher einheimische, nahezu identische Echte Eschenblattstiel-Stängelbecherchen *(H. albidus)* schädigt die Esche dagegen nicht. Es scheint von der neuen Art verdrängt zu werden.

SP 15–22 × 4–5,5 µm, Ascusporus J+

4 Fruchtschalen-Stängelbecherchen
Hymenoscyphus fructigenus

FK Gestielt becher- bis schüsselförmig, 0,1–0,4 cm breit, weißlich bis creme, Stielchen 0,2–0,6 cm hoch, gleichfarbig. **F** Weißlich, weich. **V** Juli bis November. In Laubwäldern, auf liegenden Eichen-Fruchtschalen; in ganz Europa verbreitet, überall häufig. **W** Ähnliche Sippen kommen auf den Fruchtschalen anderer Bäume vor, z. B. auf Hasel- oder Walnussschalen, Ahorn- oder Hainbuchensamen, Erlenzapfen oder Kastanien.

SP 18–21 × 4,5–5 µm, Ascusporus J+

5 Schildförmiges Stängelbecherchen
Hymenoscyphus scutula

FK Nahezu identisch wie vorige Art aussehend, jedoch mit anderer Ökologie und anderen Mikromerkmalen. **V** Juni bis Oktober. In verkrauteten Wiesenflächen, an Ruderalstellen und an Plätzen mit abgestorbenem Kräuterstängeln, auf den vorjährigen Stängeln wachsend; in ganz Europa verbreitet, zerstreut bis häufig. **W** Die Art ist nur mithilfe des Mikroskops sicher zu bestimmen, weil es sehr viele gleich aussehende Arten an solchen Plätzen gibt.

SP 19–25 × 4–5 µm, Ascusporus J+

1

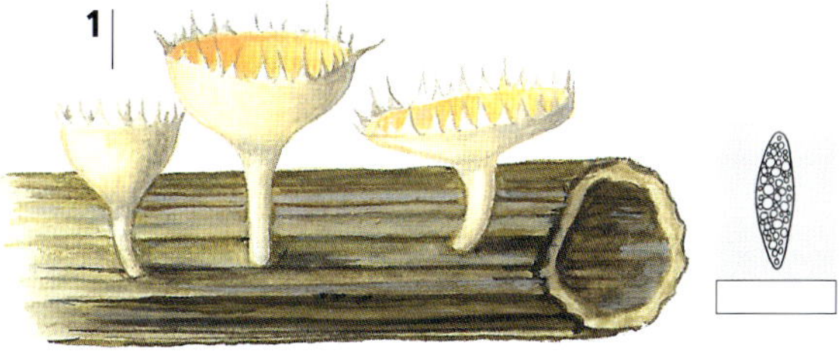

2

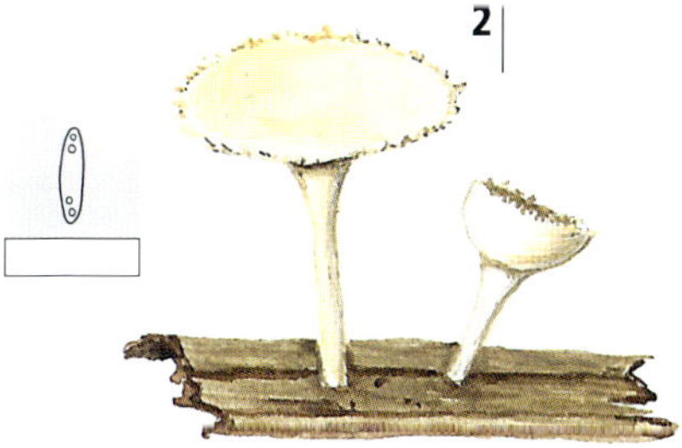

3

4

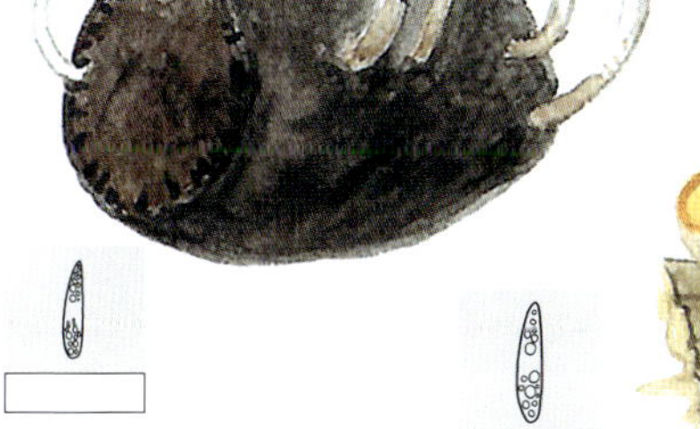

5

1 Zitronengelbes Reisigbecherchen
Calycina citrina

FK Scheiben- bis schüsselförmig, kurz gestielt oder nahezu sitzend, Becher 0,2–0,3 cm breit, zitronengelb, außen und innen glatt, Rand wenig ausgeprägt, Wuchs gesellig bis dichtgedrängt. **F** Gelblich, weich. **V** Juli bis November. In Laubwäldern aller Art, vor allem in Buchenwäldern, auf liegenden, entrindeten Ästen von Buchen, seltener Hainbuchen oder Erlen; in ganz Europa verbreitet, häufig. **W** Es gibt zahlreiche ähnliche gelbe Arten, insbesondere in der Gattung Stängelbecherlinge *(Hymenoscyphus)*.

SP 8–14 × 3–4,5 µm, alt mit Septe, Ascusporus J+

2 Kleinsporiger Grünspanbecherling
Chlorociboria aeruginascens

RL-G

FK Jung becherförmig, alt schüssel- bis scheibenförmig, oft unregelmäßig verbogen, kurz gestielt, Innenseite lebhaft blaugrün bis spangrün, glatt, alt oft etwas runzelig, Außenseite jung weißlich und etwas rau, alt wie Innenseite gefärbt und fast glatt. **V** Juni bis November. In Laubwäldern aller Art, vor allem in feuchten Buchenwäldern und in Erlenbrüchen; in ganz Europa verbreitet, gebietsweise häufig. **W** Der Pilz färbt auch das besiedelte Holz tief blaugrün. Derartig verfärbtes Holz ist viel häufiger anzutreffen als Fruchtkörperbildungen. Es wurde früher für Einlegearbeiten genutzt.

SP 6–10 × 2–2,5 µm, Ascusporus J+

3 Wasser-Helmkreisling
Cudoniella clavus

FK Nagelförmig, kurz bis lang gestielt, Köpfchen konvex, polsterförmig bis halbkugelig, 0,3–1 cm breit, schmutzig weißlich, beim Eintrocknen zunehmen braun werdend, glatt, Stiel schlank, abhängig von der Wassertiefe bis 2,5 cm lang, weißlich, am Anwachspunkt etwas bräunlich (nicht schwarz), glatt. **F** Weißlich, weich, fast gallertig. **V** April bis August. In fließenden Gewässern, Abzugsgräben, durchströmten Sumpfstellen, Sickerquellen, auf im Wasser oder Schlamm liegendem Laubholz, vor allem in Gegenden mit sauren Böden; in ganz Europa verbreitet, zerstreut, in Südeuropa auf die höheren Berglagen beschränkt. **W** Die Art kommt nur bei guter Wasserqualität vor, ist aber nicht ganz so anspruchsvoll wie z. B. die Tentakelkeulchen (s. u.). An ähnlichen Stellen und bisweilen vergesellschaftet wächst auch der seltenere Backenzahn-Kreisling *(C. tenuispora)*, der gedrungener und dicker ist, wie schon sein Name sagt.

SP 8,5–11 × 3,5–4,5 µm, Ascusporus J+ (sehr schwach)

4 Dünnstieliger Helmkreisling
Cudoniella acicularis

FK Wie eine Miniaturausgabe der vorigen Art, jedoch mit völlig anderer Ökologie, Köpfchen 0,1–0,4 cm, Stiel bis 1 cm lang. **V** August bis Dezember. In Eichen- und Mischwäldern, auf Stümpfen und dickem entrindetem Holz von Eiche; in ganz Europa verbreitet, zerstreut, höchstens regional häufig. **W** Ähnlich sind etliche Arten der Gattung Stängelbecherling *(Hymenoscyphus)*, und tatsächlich ist die Gattungsgrenze zwischen jenen und *Cudoniella* nicht restlos geklärt.

SP 18–23 × 5–6 µm, Ascusporus J-

5 Abgestutztes Tentakelkeulchen
Vibrissea truncorum

RL-3

FK Nagelförmig, gestielt-kopfig, Köpfchen polster- bis linsenförmig, oft etwas unregelmäßig, 0,3–0,6 cm breit und fast so hoch, dottergelb bis orangegelb, selten blasser oder elfenbeinfarben, glatt, etwas knorpelig, Stiel gedrungen bis schlank, je nach Wassertiefe 0,5–2,5 cm hoch, 0,2–0,3 cm breit, anfangs wässrig cremegrau, zunehmend dunkler bis fast schwarz werdend, fein bereift, an der Basis etwas filzig-haarig. **F** Wässrig grauweißlich, weich, etwas gallertig im Kopfteil. **V** April bis Juli je nach Höhenlage. In fließenden, nährstoffarmen Bächen mit hoher Wasserqualität, auf im oder am Wasser liegenden Laubholz; in ganz Europa verbreitet, selten, nur in den höheren Berglagen etwas häufiger. **W** Die Art ist durch Standort und Erscheinungsbild unverkennbar. Ihre langen Sporen kann man unter der Lupe sehen, wenn der Pilz ins Trockene gebracht und beleuchtet wird. Dieser Reiz initiiert den Sporenabschuss, sodass diese sich als feine Fäden über das Hymenium bewegen. Alle *Vibrissea*-Arten können als Indikatoren für eine besondere Wasserqualität gewertet werden.

SP 190–230 × 1,5–2 µm, Ascusporus J+

1

2

3

4

5

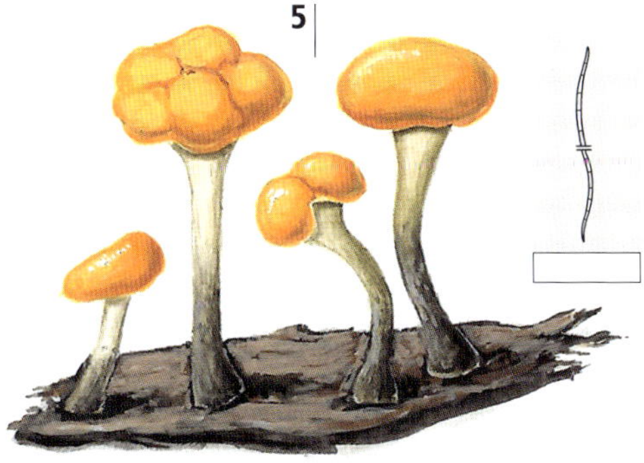

1 Fleischbraunes Wasserscheibchen

Graddonia coracina

RL-3

FK Scheiben- bis knopfförmig, flach polsterförmig, sitzend, Scheibe 0,2–0,4 cm breit, jung weiß, dann zunehmend rosabräunlich getönt, alt fleischbräunlich, trocknend schwarz werdend, Außenseite dunkelbraun bis schwärzlich, etwas rau, Wuchs gesellig bis dichtgedrängt. **F** Wässrig graulich, weich. **V** Ganzjährig mit Schwerpunkt März bis Juni. In fließenden, nährstoffarmen Bächen mit hoher Wasserqualität, auf im oder am Wasser liegendem Laubholz; in ganz Europa verbreitet, in den Mittelgebirgslagen zerstreut bis häufig, im Flachland selten. **W** Junge, noch weiße Fruchtkörper sind schwer von z. B. *Hymenoscyphus imberbis* zu unterscheiden, doch die rosabräunliche Farbe älterer Fruchtkörper machen die Bestimmung eindeutig.

SP 16–22 × 8–10,5 µm, Ascusporus J-

2 Aschgraues Weichbecherchen

Mollisia cinerea

FK Jung becherförmig, alt schüssel- bis scheibenförmig, meist Rand gewellt, sitzend, 0,1–0,4 cm breit, Innenseite hell grau, glatt, alt oft etwas runzelig zusammengezogen, Außenseite dunkelbraun, fein kleiig. **V** März bis Mai (ähnliche Arten ganzjährig). In Laubwäldern aller Art, auf am Boden liegendem Laubholz; in ganz Europa verbreitet, nicht sehr häufig. **W** Es gibt sehr viele +/- grau gefärbte *Mollisia*-Arten, die meist unkritisch als *M. cinerea* bezeichnet werden. Ihre genaue Bestimmung muss Spezialisten vorbehalten bleiben.

SP 6–10 × 2,2–3 µm, Ascusporus J+

3 Nierensporiges Knopfbecherchen

Orbilia xanthostigma

FK Scheiben- bis knopfförmig, manchmal schwach schüsselförmig vertieft, sitzend, 0,1–0,3 cm breit, innen wie außen leuchtend dottergelb bis orangegelb, bisweilen auch blasser oder weißlich, etwas durchscheinend oder glasig wirkend, glatt. **F** Gelblich, weich. **V** Ganzjährig. In Wäldern aller Art, auf liegendem Laub- und Nadelholz, auf der Schnittfläche von Stümpfen; in ganz Europa verbreitet, sehr häufig. **W** Viele weitere *Orbilia*-Arten können fast identisch aussehen und sind nur mikroskopisch zu trennen. DIe meisten Arten der Gattung besiedeln allerdings ansitzende Äste im Luftraum. Auch Gallerttränen (→ S. 618) oder das Brennnesselbecherchen (s. u.) können ähnlich aussehen.

SP 2,5–4 × 1,2–1,8 µm, Ascusporus J-

4 Orangefarbenes Brennnesselbecherchen

Calloria neglecta

FK Sehr ähnlich der vorigen Art, jedoch etwas satter orange gefärbt und deutlicher berandet, schüsselförmig, 0,1 cm breit, meist von seiner kissenförmigen, gleich gefärbten Konidienform begleitet. **V** April bis Juni. Überall wo Brennnesseln wachsen, an Ruderalstellen, Wegrändern usw., an feucht liegenden vorjährigen Halmen; in ganz Europa verbreitet, sehr häufig. **W** Fast immer vergesellschaftet mit den schwarzen Fruchtkörpern des Zugespitzten Brennnessel-Kugelpilzes (→ S. 720). Beide Arten fehlen in kaum einem größeren Brennnesselbestand.

SP 11–15 × 3,5–4,5 µm, reif septiert, Ascusporus J-

5 Hasel-Kleiebecherling

Encoelia furfuracea

FK Jung kugelig-blasig und geschlossen, nur die ockergraue, stark kleiige Außenseite zeigend, bei Reife unregelmäßig becherförmig aufreißend, mit zimtbraun, haselbraun bis rotbrauner Innenseite, Rand stark einreißend, fast sternförmig, Außenseite ledergrau, grob kleiig, Wuchs zu mehreren büschelig gedrängt. **F** Blass bräunlich, etwas zäh. **V** Februar bis Mai. An Waldrändern, in lichten Gehölzen, in Gärten und Parks, an ansitzenden dicken Ästen und Stämmen von alten Haselsträuchern, aus der Rinde hervorbrechend; in ganz Europa verbreitet, zerstreut bis häufig. **W** Die Art ist durch Standort und Erscheinungsbild unverkennbar. Selbst nachdem die Fruchtkörper vergangen sind, kann man anhand der löchrigen Rindenstruktur noch das Schadbild der Art erkennen.

SP 12 × 2–2,5 µm, Ascusporus J+

1

2

3

4
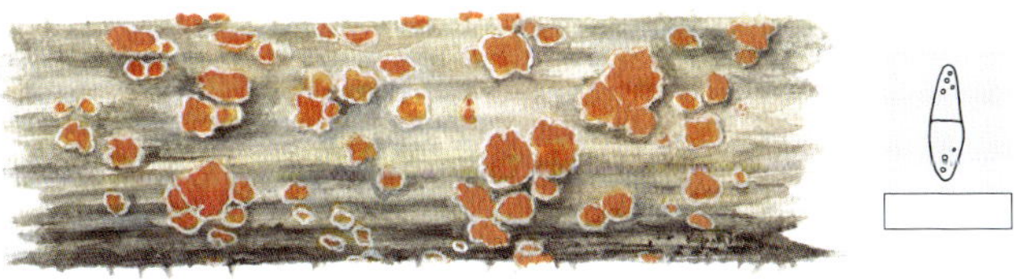

5
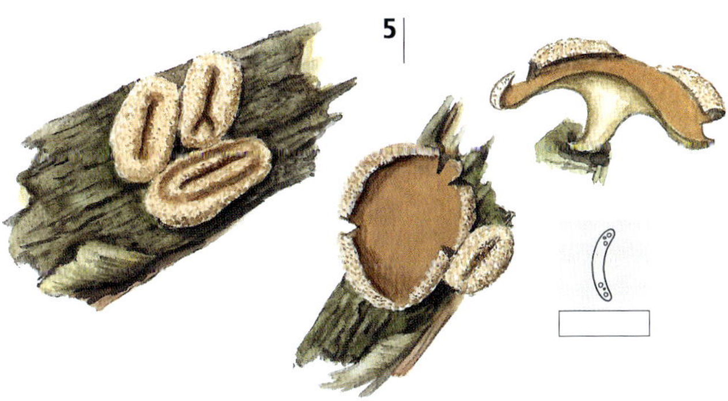

1 | Schneeweißes Haarbecherchen
Lachnum virgineum (Syn. *Dasyscyphus virgineus*)

FK Pokal- bis becherförmig, gestielt, in allen Teilen rein weiß; Scheibe 0,05–0,2 cm breit, glatt, Rand abstehend behaart, Außenseite ebenfalls behaart und Haare dort etwas länger als am Rand, Wuchs gesellig bis rasig. **F** Wässrig weißlich, weich. **V** April bis Juni. In Laubwäldern und Gebüschen, auf liegendem Laub-, selten Nadelholz, häufig auf Buchenfruchtschalen (Kupulen), Erlenzapfen, auch auf Himbeer-Stängeln; in ganz Europa verbreitet, sehr häufig. **W** Auf Kupulen gibt es nur dieses eine weiße Haarbecherchen, aber an Laubholz finden sich etliche weitere weiße Arten, sodass zur exakten Bestimmung mikroskopiert werden müsste.

SP 6–9 × 1,8–2,5 µm, Ascusporus J+

2 | Lärchen-Haarbecherchen
Lachnellula occidentalis

FK Jung becherförmig, alt flach schüsselförmig, kurz gestielt, 0,2–0,5 cm breit; Innenseite lebhaft gelborange bis sonnengelb, glatt, Rand etwas eingebogen, dicht weißhaarig, Außenseite einschließlich Stielchen gleichfalls weiß behaart. **F** Weißlich, weich. **V** Ganzjährig in frostfreien Perioden. In Wäldern aller Art, auf am Boden liegenden oder noch ansitzenden, berindeten Ästen von Lärchen; in ganz Europa verbreitet, häufig. **W** Oft findet man die Art auf krebsartigen Wucherungen, die vermutlich von ihr ausgelöst werden. Ob und inwiefern sich *L. willkommii* unterscheidet, ist unklar.

SP 15–22 × (5,5–)7–9 µm, Ascusporus J+ (rot)

3 | Weißtannen-Haarbecherchen
Lachnellula subtilissima

FK Äußerlich nicht von voriger Art (und weiteren *Lachnellula*-Arten) zu unterscheiden, nur über Mikroskopie bestimmbar. **V** Ganzjährig. In Nadelwäldern aller Art, auf liegenden, berindeten Ästen, selten Stämmen verschiedener Nadelbäume; in ganz Europa verbreitet, häufig. **W** Der deutsche Name ist etwas irreführend, da die Art ebenso auf Fichte und etwas seltener auf Kiefer vorkommt.

SP 6–9,5 × 2–2,5 µm, Ascusporus J+ (rot)

4 | Gelbhaariges Haarbecherchen
Trichopeziza mollissima (Syn. *Dasyscyphus mollissimus*)

FK Schüsselförmig, 0,1–0,3 cm breit, Innenseite grauweißlich, blass creme- bis rosagrau, glatt, Rand mit abstehenden, schwefelgelben (selten weißen) Haaren besetzt, Außenseite kurzhaarig, ebenfalls gelb. **V** Mai bis Oktober. An Ruderalstellen, Wegrändern, in krautreichen ungepflegten Wiesen, an feucht liegenden vorjährigen Kräuterstängeln, vor allem Doldenblütler oder Brennnessel; in ganz Europa verbreitet, häufig. **W** Ähnlich sind weitere Trichopeziza-Arten, z. B. *T. sulphurea*, die sich nur mikroskopisch unterscheiden lassen.

SP 13–20 × 2–2,5 µm, Ascusporus J+ (erst blau, dann rotviolett)

5 | Wachsgelbes Haarbecherchen
Neodasyscypha cerina (Syn. *Dasyscyphus cerinus*)

FK Tief schüsselförmig, 0,05–0,2 cm breit, alt etwas verflachend, stiellos sitzend, Innenseite jung olivgrau, älter wachs- bis ockergelb, dehydriert dunkelocker, glatt, Rand gelbbraun flaumig bis kurzhaarig, Außenseite ebenso, Wuchs oft dicht gedrängt. **F** Wässrig graucreme, weich, etwas brüchig. **V** Mai bis Dezember. In Wäldern, Hecken und Gebüschen, an liegendem und ansitzendem Laubholz, auf Stubben, meist an noch harten Stellen oder Schnittflächen, oft etwas sonnenexponiert; in ganz Europa verbreitet, häufig. **W** Mit etwas Erfahrung und Lupe ist diese Art schon im Gelände bestimmbar.

SP 4–6 × 2,2–3 µm, Ascusporus J+

1

2

3

4

5

1 Ahorn-Runzelschorf

Rhytisma acerinum

FK Als schwarze Flecken auf den noch ansitzenden, grünen Blättern entstehend, 1–2 cm im Durchmesser, nach der Überwinterung der am Boden liegenden Blätter schwellen die Flecken unregelmäßig wulstig-blasig an, bei Reife brechen die Rippen und Wülste der Länge nach spindelig-schlitzförmig auf und legen das grünlich graue Hymenium frei. **F** Wässrig weißlich, weich. **V** Ganzjährig, reif März bis Juni. In Laubwäldern, auf Blättern des Berg-Ahorns; in ganz Europa verbreitet, sehr häufig. **W** Der verursachte Befall wird Teerflecken-Krankheit genannt und schädigt die Bäume nicht. Der Verzehr befallener Blätter bzw. Triebe soll bei Pferden eine lebensbedrohliche Rhabdomyolyse auslösen.

SP 50–75 × 1,5–2,5 µm, Ascusporus J-

2 Eichen-Spaltlippe

Colpoma quercinum

FK Schiffchen- bis breit schlitzförmig, oft etwas gebogen, 0,2–1 cm lang und bis 0,3 cm breit, tief eingesenkt, bei Reife durch die Rinde brechend und aufklappend, sodass das bläulich grau irisierende Hymenium sichtbar wird, gesellig und dicht wachsend (meist quer bis schräg zur Wuchsrichtung des Zweigs). **F** Graubläulich bis weißlich, weich. **V** Ganzjährig, mit Hymenium jedoch nur in feuchten Perioden (meist November bis April), vor allem in jungen Eichenaufforstungen, auch in Laubwäldern aller Art, auf noch ansitzenden, berindeten Zweigen und dünnen Ästen von Eichen; in ganz Europa verbreitet, häufig. **W** Die charakteristisch kreuz und quer schlitzartig aufbrechende Rinde an dünnen Eichenästchen lässt die Art auch dann erkennen, wenn die Fruchtkörper bereits wieder verschwunden sind.

SP 55–80 × 1,5–2 µm, Ascusporus J-

3 Kiefernnadel-Spaltlippe

Lophodermium pinastri

FK Kaffeebohnenartig, als schwarzer Längswulst mit mittigem Schlitz, feucht wie ein halb geöffneter Mund aussehend, 0,02–0,03 cm lang, Innenseite mit braungrauem, weichem Hymenium, außen schwarz und hart. **V** Ganzjährig. In Kiefern- und Kiefernmischwäldern aller Art, auf am Boden liegenden Kiefernnadeln; in ganz Europa verbreitet, sehr häufig. **W** Weitere Spaltlippen wachsen an Fichtennadeln *(L. piceae)*, aber auch an Schilf *(L. arundinaceum)* oder mumifizierten Heidelbeeren *(L. maculare)* und vielen anderen Substraten. Ähnlich ist auch der Adlerfarn-Fleckenpilz *(Rhopographus filicinus)*.

SP 80–140 × 1,5–2 µm, Ascusporus J-

4 Grauweißes Holzscheibchen

Propolis farinosa (Syn. *P. versicolor*)

FK Schlitzförmig aus dem Holz brechend, 0,1–0,5 cm lang und 0,05–0,3 cm breit, Hymenium eingesenkt, kalkweiß, bepudert, leicht polsterförmig gewölbt, allseitig vom Holz begrenzt, an einem Ende oder seitlich mit hochstehendem Holzrest. **F** Bräunlich, weich. **V** Ganzjährig. In Wäldern aller Art, an liegendem und ansitzendem Laubholz, selten an Nadelholz; in ganz Europa verbreitet, sehr häufig. **W** Es handelt sich um einen Artenkomplex von knapp zehn Arten, die teilweise noch unbeschrieben sind.

SP 25–30 × 7–9 µm, Ascusporus J-

5 Großsporiges Kiefern-Schildbecherchen

Therrya fuckelii

FK Erst als schwarzer Wulst unter der Rinde, dann hervorbrechend, tief eingesenkt schüsselförmig, 0,05–0,2 cm breit, durch einen Zackenkranz aufgeworfener Rinde begrenzt; Innenseite jung olivgrau, grünlich oliv bis gelboliv, bald schwarz werdend. **F** Gelblich grau, etwas gallertig-zäh. **V** April bis August. In Kiefernwäldern und -heiden, an liegenden und ansitzenden, berindeten Kiefernästen; in ganz Europa verbreitet, gebietsweise selten und nur regional etwas häufiger. **W** Durch kürzere Sporen unterscheidet sich die ebenfalls auf Kiefern vorkommende, viel seltenere *Therrya pini*.

SP 110–145 × 4–5,5 µm, Ascusporus J-

1

2

3

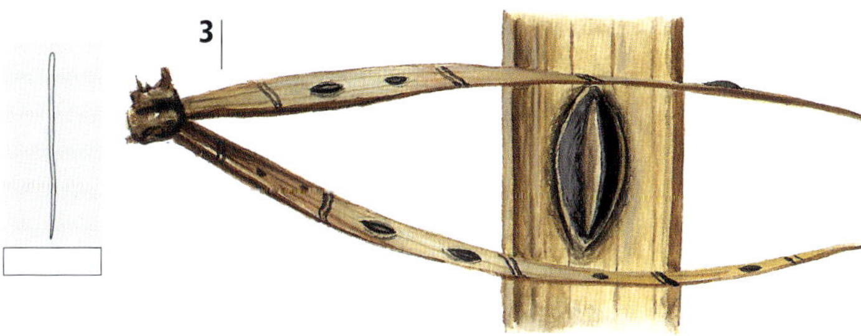

4

5

1 | Gemeiner Holzkohlenpilz

Daldinia concentrica

FK Breit knollig, teils zu kissenförmigen Mehrfachfruchtkörper zusammenwachsend, meist ungestielt, einzeln 2–8 cm breit und 2–6 cm hoch, jung weinbraun, mit Reife frisch glänzend schwarz und Oberfläche fein netzig-rissig, innen abwechselnd weißlich und schwarz zoniert, laugenlösliches Pigment violettlich. **V** Ganzjährig, reif Mai bis Juli. In Auwäldern, wärmebegünstigten Laubwäldern, auf Stubben und Stämmen von Laubhölzern, vor allem Esche, Ahorn, Pappel, Buche (nicht Birke!); im atlantischen Europa verbreitet und relativ häufig, im kontinentalen Europa selten, in den höheren Mittelgebirgen fehlend. **W** Früher hielt man sie für die einzige einheimische Art der Gattung, inzwischen weiß man, dass es bei uns etwa fünf bis sechs Holzkohlenpilze gibt.

SP 12,5–16 × 6–8 µm, Ascusporus J+

2 | Erlen-Holzkohlenpilz

Daldinia petriniae

FK Wie die vorige Art, aber etwas kleiner und fast nur auf Erle vorkommend. **W** Eine weitere Art ist *D. childiae* mit orangebräunlicher Laugenreaktion, vor allem auf Esche.

SP 12,5–16,5 × 6–7,5 µm, Ascusporus J+

3 | Tannen-Kugelschwamm

Camarops tubulina

RL-R

FK Kissenförmig gewölbt, hart, jung aus dem Holz hervorbrechend, bei Reife oberflächig sitzend, in Faserrichtung des Holzes längs gestreckt, bis 15 cm lang und 5 cm breit, jung dunkelgrau- bis schokoladebraun, fein samtig, alt schwarz (karbonisiert), feucht glänzend, Perithezien länglich-flaschenförmig, mehrlagig, Ostiolen etwas papilliert. **V** Ganzjährig, reif Mai bis August. In montanen Nadelwäldern, auf Stämmen und dicken Ästen von Fichte und Weißtanne, sehr selten auf Buchen; in ganz Europa verbreitet, sehr selten, in den höheren Mittelgebirgen örtlich zerstreut. **W** Die Art gilt als Naturnähezeiger. Im Initialstadium abgestorbene Rotrandige Baumschwämme (→ S. 534) können äußerlich ähnlich sehen, glänzen aber nicht und sind völlig anders aufgebaut (durchschneiden!).

SP 5,5–8 × 2,5–4,2 µm, Ascusporus J-

4 | Zusammenfließende Buchen-Kohlenbeere

Jackrogersella cohaerens

FK Kissenförmig bis leicht kreiselförmig, bis 0,5 cm breit und hoch, zu großen kopfsteinpflasterartigen Flächen von bis zu 50–100 cm Länge zusammenfließend, frisch graubraun bis grauschwarz, jung auch mit düster ziegelbrauner Färbung, alt schwarz und krustig hart, Ostiolen deutlich genabelt, Laugenreaktion olivgrau bis schmutzig graugrün, sehr junge Exemplare manchmal weinfarben. **V** Ganzjährig. In Laubwäldern aller Art, an liegendem und stehendem Buchenholz; in ganz Europa verbreitet, sehr häufig. **W** Die Art kommt ausschließlich an der Buche vor. Es gibt ähnlich dicht wachsende schwarze Pyrenomyzeten aus anderen Gattungen, die aber alle keine Farbreaktion mit Lauge zeigen.

SP 9–11,5 × 3,5–5,5 µm, Ascusporus J+

5 | Vielgestaltige Kohlenbeere

Jackrogersella multiformis

FK Ähnlich der vorigen Art, aber größere und eher polsterförmige Kissen bildend, nur selten zu ausgedehnten Flächen zusammenfließend, Laugenreaktion rotbraun bis ockerbräunlich, jung lebhaft bräunlich orange. **V** Ganzjährig. In Wäldern aller Art, an liegendem und stehendem Holz von Birke, Erle oder Hainbuche, selten an Hasel; in ganz Europa verbreitet, sehr häufig. **W** Die Form der Fruchtkörper und die unterschiedliche Laugenreaktion trennen die Art klar von der vorigen.

SP 9–10,5 × 3,5–5 µm, Ascusporus J+

1
2
3
4
5

1 Rötliche Kohlenbeere
Hypoxylon fragiforme

FK Rundliche bis halbkugelige Kugeln von bis 1 cm Durchmesser bildend, frisch rostorange bis orangebraun, alt schwarz (karbonisiert), bisweilen zu unregelmäßig polsterförmigen Flächen zusammenwachsend und dann relativ groß, an *Daldinia* erinnernd, Pigmente in Lauge lebhaft orange. **V** Ganzjährig. In Laubwäldern aller Art, auf liegendem und stehendem Holz in der Initialphase, nahezu ausschließlich an Buche, oft an lichtbegünstigten Stellen; im ganz Europa verbreitet, überall sehr häufig. **W** Sehr ähnlich ist die Zimtbräunliche Kohlenbeere *(H. howeanum)* mit kleineren Sporen, die an verschiedenen Laubhölzern vorkommt, allerdings nur sehr selten an einer Buche.

SP 10,5–15,5 × 5–7 µm, Ascusporus J+

2 Purpurviolette Kohlenbeere
Hypoxylon fuscum

FK Halbkugelig oder kissenförmig, 0,2–0,5 cm breit, bisweilen zu kleinen Flächen bis 5 cm Länge zusammenfließend, frisch purpurviolett bis grauviolett, alt schwarz (karbonisiert), Laugenreaktion olivgelb bis bernsteinfarben. **V** Ganzjährig. In lichten Laubwäldern, Gebüschen, Erlenbrüchen, an liegendem und stehendem, meist berindetem Holz von Hasel, Erle oder Hainbuche, selten an Weide, Birke oder Ahorn. **W** Durch kleinere Sporen trennt sich *H. eurasiaticum* ab, durch violette Laugenreaktion *H. fuscoides*. Ferner findet man auf Eiche das sehr seltene *H. porphyreum* mit eher bräunlicher Laugenreaktion.

SP 11–16x 5,5–8 µm, Ascusporus J+

3 Ziegelrote Kohlenbeere
Hypoxylon rubiginosum

FK Flach ausgebreitet bis leicht kissenförmig, zu kleinen bis mittelgroßen Flächen bis 15 cm Länge zusammenfließend (Anamorphe auch größere Überzüge bildend), frisch ziegelorange bis rostorange, dann weinrötlich, alt schwarz (karbonisiert), Laugenreaktion lebhaft orange. **V** Ganzjährig, reif Mai bis August. In Laubwäldern aller Art, auf meist liegenden entrindeten Ästen und Stämmen von Laubhölzern, häufig auf Buchen; in ganz Europa verbreitet, häufig (aber unkritisch oft als Sammelart bestimmt). **W** Aus diesem Artenkomplex wurden in den letzten Jahren weitere Arten mit teils andersfarbiger Laugenreaktion beschrieben *(H. petriniae, H. perforatum, H. macrocarpum)*.

SP 9–11,5 × 4–5,5 µm, Ascusporus J+

4 Großfrüchtige Kohlenbeere
Hypoxylon macrocarpum

FK Wie die vorige Art, aber deutlich größere Flächen bildend, von jung an purpur- bis weinviolett, Laugenreaktion oliv- bis graugelb. **V** Ganzjährig. In Laubwäldern aller Art, an liegenden entrindeten Stämmen und starkem Astholz, vor allem Buche und Ahorn; in ganz Europa verbreitet, häufig. **W** Wenig bekannte Art, die aber durch die großflächigen Fruchtkörper und die nicht orange Laugenreaktion einfach bestimmbar ist.

SP 9,5–11,5 × 4–5 µm, Ascusporus J+

5 Gelbrandige Kohlenbeere
Hypoxylon subticinense

FK Anfangs scheibenförmig, dann unregelmäßig polsterförmig und zu größeren Flächen bis 15 cm Länge und 5 cm Breite zusammenfließend, jung auffallend gelborange bis rostorange, insbesondere in der Randzone, diese jung fein haarig (Lupe!), nach und nach ziegelbraun bis rostbraun und kahl werdend; Laugenreaktion lebhaft orange. **V** Ganzjährig. In Wäldern aller Art, vor allem an ansitzenden Ästen, seltener an liegendem Holz unterschiedlichster Laubbäume und Sträucher; in ganz Europa verbreitet, in Süd- und Südwesteuropa zerstreut, sonst überall selten. **W** Etwas häufiger ist das kleinsporige *H. ticinense*. Beide Arten fallen durch ihre lebhafte Färbung auf, wodurch die jungen Fruchtkörper eher an Rindenpilze als an Kohlenbeeren erinnern.

SP 8–11,5 × 4–5,5 µm, Ascusporus J+

1

2

3

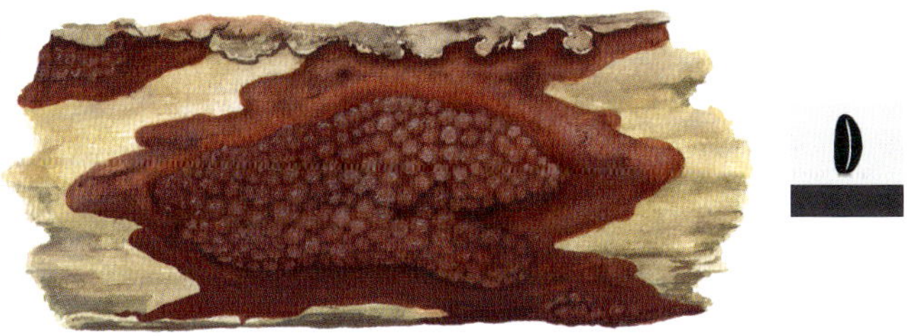

4

5

1 Gewöhnliche Schlangenkohlenbeere
Nemania serpens

FK Verlängerte und teils verzweigte, unregelmäßige Flächen von bis zu 6,5 × 2 cm bildend, frisch schwarzbraun bis fast schwarz, feucht bei Reife glänzend, alt schwarz karbonisiert. **V** Ganzjährig. In Laubwäldern aller Art, auf liegendem und stehendem Laubholz; in ganz Europa verbreitet, mit Ausnahme der Hochlagen überall häufig.

W Von ähnlichen Schlangenkohlenbeeren durch die rote Jod-Reaktion des Ascusporus zu unterscheiden. Im Gegensatz zu Kohlenbeeren (*Hypoxylon* spp., → S. 702 ff.) hat die Gattung *Nemania* keine laugenlöslichen Pigmente.

SP 10,5–14 × 4–5,5 µm, Ascusporus J+

2 Brandkrustenpilz
Kretzschmaria deusta

FK Halbkugelig oder kissenförmig, 1–5 cm breit, oft zu langen Flächen verbunden und das komplette Substrat überziehend, nur punktuell angewachsen und daher gut abhebbar, jung bleigrau bis sepiabraun, alt blasenförmig, krustig, innen hohl, schwarz (karbonisiert), die Anamorphe grünlich grau bepudert, mit weißer Randzone.
V Ganzjährig. In Wäldern aller Art und Parks, an stehenden Bäumen im Wurzelbereich als aggressiver Parasit, danach saprobiontisch an Stämmen und Stubben weiterwachsend; in ganz Europa verbreitet, sehr häufig.
W Der Pilz überzieht das besiedelte Holz mit einer dünnen, schwarzen Kruste wie eine Lackschicht, sodass es für Konkurrenz unangreifbar wird. Solche Holzstücke sehen aus wie verkohlt.

SP 25–31 × 7–10 µm, Ascusporus J+

3 Buchen-Pfennigkruste
Biscogniauxia nummularia

FK Anfangs regelmäßig rundliche, flache Flächen bildend, zu unregelmäßigen Überzügen bis etliche Dezimeter Länge zusammenfließend, frisch glänzend schwarz, von einem niedrigen Saum der aufgeworfenen Rinde umgrenzt.
V Ganzjährig, reif Mai bis August. In Laubwäldern aller Art, auf liegenden, berindeten Ästen und Stämmen von Laubhölzern, neuerdings zunehmend auch an stehenden geschwächten Bäumen, ausschließlich auf Buchen; in ganz Europa im Buchenareal verbreitet, häufig und durch die trockenen Sommer stark zunehmend. **W** Diese früher nur als Saprobiont bekannte Art breitet sich durch die trockenen Sommer stark aus und schädigt geschwächte Buchen massiv.

SP 9,5–13,5 × 7–9,5 µm, Ascusporus J+

4 Gewöhnliche Schwarzbeere
Rosellinia aquila

FK Dichte Flächen aus schwarzen kugelförmigen Einzel-Fruchtkörpern (Peritzenzien) von 0,1 cm Durchmesser bildend, diese mit zitzenartiger Öffnung (Ostiole), auf einer sepiabräunlichen filzigen Matte aufsitzend bzw. in diese eingesenkt (Lupe!). **V** Ganzjährig. In Laubwäldern aller Art, an liegenden Stämmen und starkem Astholz verschiedener Laubhölzer; in ganz Europa verbreitet, häufig. **W** Vor allem an Weißtanne wächst *R. thelaena*, deren Sporen längere Anhängsel haben.

SP 17–22 × 6–8 µm, Ascusporus J+

5 Punktierte Porenscheibe
Poronia punctata

FK Gestielt kreisel- bis nagelförmig, Schale flach, 0,3–1,2 cm im Durchmesser, weiß mit schwarzen Punkten (Ostiolen), Stiel 0,5–2 cm lang, verbogen, schwarz, tief im Substrat eingesenkt. **V** Mai bis Oktober. In Extensivweiden, auf Pferdedung; in ganz Europa vorkommend, überall sehr selten und weiträumig ausgestorben. **W** Die Art galt in Mitteleuropa über 100 Jahre lang als ausgestorben, konnte in den letzten 20 Jahren aber an wenigen Stellen wiedergefunden werden. Dies ist vor allem auf die Biotoppflege von Extensivrasen mit Pferden zurückzuführen. Eine ähnliche, kleinere Art wächst auf Hasen- und Kaninchendung *(P. erici)*.

SP 20–28 × 6–10 µm, Ascusporus J+

1

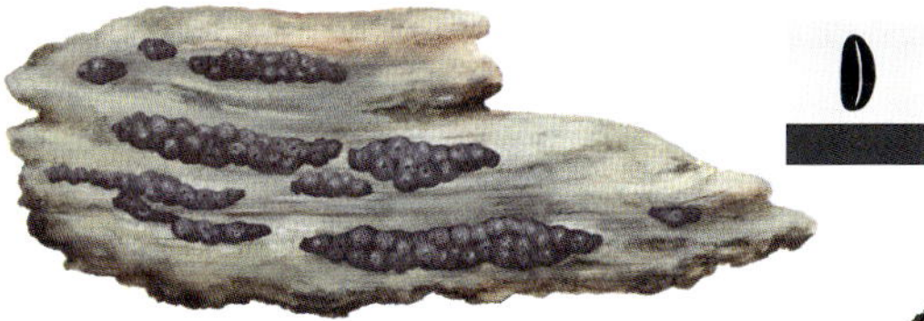

2

3

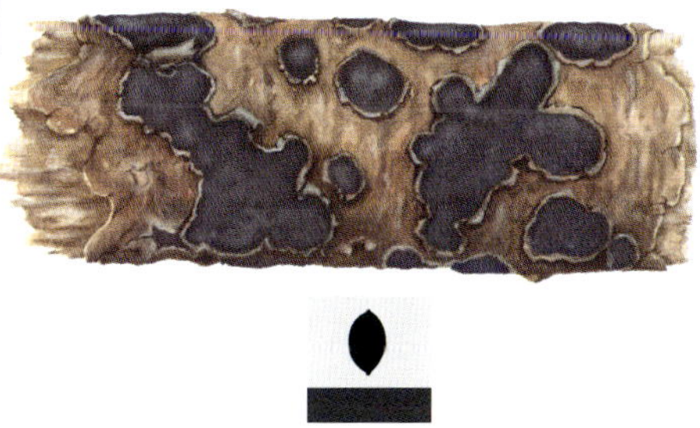

4

5

1 Geweihförmige Holzkeule
Xylaria hypoxylon

FK Gabel- bis geweihförmig, verzweigt, gestielt, 2–8 cm hoch, schwarz, mit weiß bepudertem Oberteil (Anamorphe) oder unverzweigt und spießförmig, etwas höckerig, schwarz (Teleomorphe). **V** Februar bis Juni, die Anamorphe ganzjährig. In Laubwäldern aller Art, auf liegendem und stehendem Laubholz und Holzresten; in ganz Europa verbreitet, eine der häufigsten Pilzarten überhaupt. **W** Während die verzweigte Anamorphe auffallend ist, ist die Teleomorphe nicht einfach zu entdecken. Auch die Holzkeulen überziehen Holz mit einer schwarzen Kruste, wie der Brandkrustenpilz (→ S. 706).

SP 12–15 × 5,5–6,5 µm, Ascusporus J+

2 Buchenfruchtschalen-Holzkeule
Xylaria carpophila

FK Im Wesentlichen der vorigen Art gleichend, aber dünner und fädiger, dadurch eher schlaff wirkend. **V** Ganzjährig, reif April bis Juni. Auf Buchenfruchtschalen (Kupulen), in der Laubstreu von Laubwäldern und Parks; in ganz Europa im Buchenareal verbreitet, häufig. **W** Meist liegen die Kupulen tief in der Laubstreu, sodass die Art nur durch gezieltes Suchen gefunden werden kann.

SP 12–13,5 × 5–5,5 µm, Ascusporus J+

3 Weißdorn-Holzkeule
Xylaria oxyacanthae

FK Der Geweihförmigen Holzkeule (s. o.) äußerst ähnlich sehend, jedoch etwas kleiner und dünner, 2–5 cm hoch, Stiel schwarz bis violettlich, tief im Humus eingesenkt. **V** Mai bis September (Anamorphe), August bis Dezember (Teleomorphe). An Waldrändern, in Hecken und Gärten, unter Weißdornbüschen mit dicker Humusschicht, auf den vorjährigen mumifizierten Früchten (bzw. Kernen); in ganz Europa vorkommend, überall selten. **W** An ihren Fundstellen kommt die Art oft zu Hunderten vor.

SP 9–13 × 4,5–6 µm, Ascusporus J+

4 Vielgestaltige Holzkeule
Xylaria polymorpha

FK Unregelmäßig keulig oder knollig, ungestielt oder mit kurzem Stielchen, 3–7 cm hoch, 1–3 cm breit, schwarz, etwas rau, innen weiß, faserig, korkig hart. **V** Ganzjährig, reif Mai bis August. In Laubwäldern aller Art, vor allem an Stubben und Stämmen von Buchen, bisweilen geschwächte Bäume befallend; in ganz Europa im Buchenareal verbreitet, mäßig häufig. **W** Ähnliche Arten kommen in den Tropen vor und werden von dort bisweilen eingeschleppt (z. B. *X. digitata*). Sie können eine Gefahr für Bäume in Gewächshäusern darstellen.

SP 22–29 × 7–9,5 µm, Ascusporus J+

5 Langgestielte Holzkeule, Ahorn-Holzkeule
Xylaria longipes

FK In einen Stiel- und einen Kopfteil gegliedert, Oberteil walzen- bis schlauchförmig, 3–8 cm hoch und 0,3–0,8 cm breit, oft etwas gebogen, schwarz, rau, innen weiß und korkig, Stiel zylindrisch, 1–3 cm lang, 0,2–0,4 cm breit, schwarz, glatt, zur Basis hin filzig. **V** Ganzjährig. In feuchten Laubmischwäldern, an liegenden Stämmen und starkem Astholz von vor allem Berg-Ahorn, seltener Esche, Hainbuche und weiteren Laubhölzern; in ganz Europa verbreitet, häufig. **W** Diese Art schwärzt das Holz nicht komplett, sondern nur fleckweise, sodass ein an Leoparden- oder Giraffenfell erinnerndes Muster entsteht, das „Giraffenholz". Von der vorigen Art unterscheidet im Zweifelsfall die Sporengröße.

SP 12–16 × 5,5–7,5 µm, Ascusporus J+

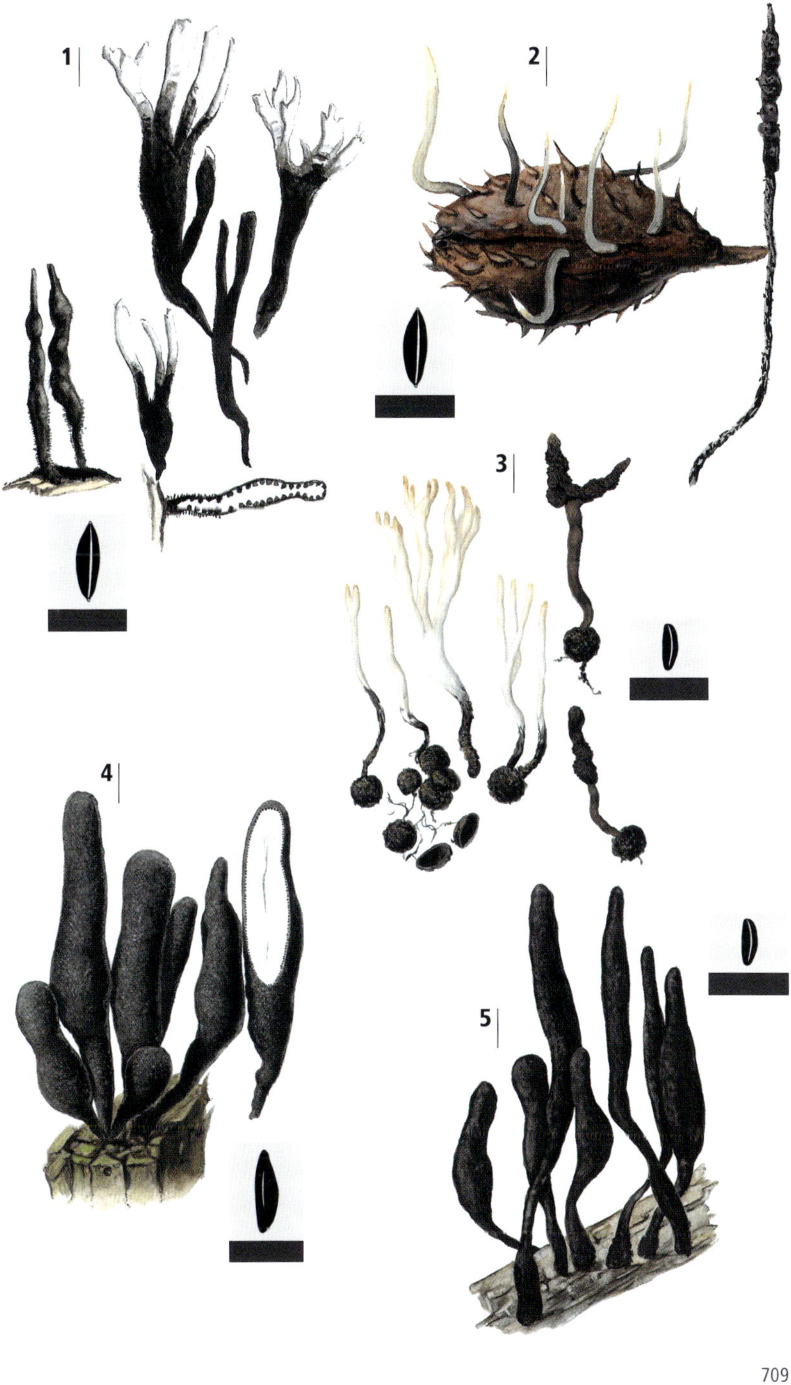
1
2
3
4
5

1 Scharlachroter Pustelpilz

Neonectria coccinea (Syn. *Nectria coccinea*)

FK Kugelförmig bis birnförmig, mit kleiner Papille, scharlach- bis blutrot, 0,2–0,3 mm breit, zu mehreren oder in dichten Gruppen, auf einer unauffälligen gelblichen Unterlage (Stroma) sitzend, meist aus der Rinde hervorbrechend. **V** Ganzjährig. In Laubwäldern aller Art, auf liegendem und stehendem Laubholz, vor allem auf Buche; in ganz Europa verbreitet, sehr häufig. **W** Es gibt sehr viele ähnliche Pustelpilze, die aber meist nur der Spezialist exakt bestimmen kann. Viele davon – auch der Scharlachrote Pustelpilz – gelten als Krankheitserreger bei Bäumen und Sträuchern.

SP 10–13 × 5–6 µm, Ascusporus J-

2 Zinnoberroter Pustelpilz

Nectria cinnabarina

FK Wie die vorige Art, jedoch büschelig auf einem rötlichen Stroma sitzend, Kügelchen 0,1–0,2 mm breit – auffallender und meist zeitgleich vorkommend ist die rosafarbene, kissenförmige Anamorphe, die oft auch ohne die Teleomorphe wächst und 0,1–0,2 cm breit ist. **V** Ganzjährig. In Wäldern aller Art, auf ansitzenden oder liegenden, noch berindeten Ästen und Zweigchen in der Initialphase, häufig auf Birke oder Buche; in ganz Europa verbreitet, sehr häufig. **W** Die rosa Anamorphe findet sich meist auf Reisig und kann Äste komplett überziehen.

SP 16–20 × 5,5–6 µm, Ascusporus J-

3 Reizker-Schmarotzerpustelpilz

Hypomyces lateritius

FK Meist nur in der Anamorphe anzutreffen, die als weißer Überzug die Lamellen des befallenen Reizkers ersetzt; darauf entsteht die Teleomorphe, die aus dicht gedrängten gelbbräunlichen Kügelchen besteht, welche 0,3–0,5 mm breit sind. **V** August bis November. In Nadelwäldern, überall wo seine Wirtspilze, die Reizker-Arten (→ S. 78) vorkommen, sehr selten auf anderen Milchlingen; in ganz Europa verbreitet, zerstreut bis selten. **W** Der Schmarotzerpustelpilz verhärtet die befallenen Fruchtkörper und verhindert dessen Lamellenbildung, damit er seinen gesamten Lebenszyklus durchführen kann, bevor sein Wirt vergammelt.

SP 20–28 × 3,5–5,5 µm, Ascusporus J-

4 Grüner Schmarotzerpustelpilz

Hypomyces viridis

FK Zunächst als grüner schimmelartiger Belag, der den kompletten Wirtspilz befällt, die Teleomorphe vor allem im Bereich der (nicht mehr vorhandenen) Lamellenschicht, als olivgrüne Kügelchen mit Papille, 0,2–0,3 mm breit, dicht gedrängt in einem grünlichen Filz eingebettet. **V** August bis November. In Wäldern aller Art, vor allem Täublinge, seltener Milchlinge befallend; in ganz Europa verbreitet, mäßig häufig. **W** Auch dieser Pustelpilz verhärtet seine Wirtsfruchtkörper und verhindert die Lamellenbildung.

SP 26–40 × 5–6 µm, Ascusporus J-

5 Orangefarbener Schmarotzerpustelpilz

Hypomyces aurantius

FK Im Wesentlichen der vorigen Art gleichend, jedoch lebhaft orange gefärbt. **V** Ganzjährig. In Wäldern aller Art, an alten Fruchtkörpern von Porlingen, häufig an Harzporlingen (→ S. 528) oder am Kastanienbraunen Stielporling (→ S. 518); in ganz Europa verbreitet, häufig. **W** Diese Art verhärtet ihren Wirt nicht, da er auf sowieso recht langlebigen, zähfleischigen Arten parasitiert.

SP 23–27 × 4,5–5 µm, Ascusporus J-

1

2

3

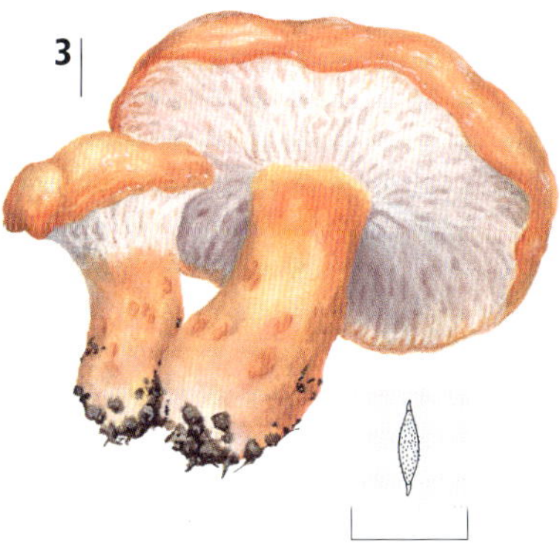

4

5

1 | Rotbrauner Krustenkugelpilz

Trichoderma viride (Syn. *Hypocrea rufa*)

FK Als rundliche bis kissenförmige Polster und Flecken bis 1 cm Länge beginnend, dann zu größeren Flächen zusammenfließend, rötlich braun, durch die Ostiolen dunkler gepunktet – der Lebenszyklus beginnt als blau- bis spangrüne, schimmelartige Anamorphe, die nach einiger Zeit weiß und filzig wird, anschließend die Teleomorphe diesem weißen Filz entspringend. **V** Anamorphe ganzjährig, Teleomorphe Juni bis November. In Laubwäldern aller Art, auf liegendem, entrindetem Laubholz; in ganz Europa verbreitet, häufig (vor allem die Anamorphe). **W** Es handelt sich um einen Artenkomplex mehrerer schwer abgrenzbarer Arten. Wie bei allen *Trichoderma*-Arten zerfallen die acht Sporen sehr früh im Ascus in zwei Teile, sodass diese de facto 16-sporig sind.

SP 3,5–5,5 × 3,5–4,5 µm, Ascusporus J-

2 | Gelbgrünlicher Krustenkugelpilz

Trichoderma aureoviride (Syn. *Hypocrea aureoviridis*)

FK Als rundliche Polster von 0,2–0,4 cm Durchmesser, anfangs milchweiß, etwas durchscheinend wirkend, dann zunehmend ockergelb, bei Reife grün punktiert aufgrund der grünlichen Sporen. **V** April bis Dezember. In Wäldern aller Art, auf liegenden, entrindeten, morschen Stämmen und Starkästen von Laubholz; in ganz Europa verbreitet, häufig. **W** Auch hierbei handelt es sich um einen Artenkomplex.

SP 4,5–6,5 × 3,5–5 µm, Ascusporus J-

3 | Porlings-Krustenkugelpilz

Trichoderma pulvinatum (Syn. *Hypocrea pulvinata*)

FK Rundliche bis unregelmäßige Polster auf der Unterseite von alten Porlingen bildend, 0,3 cm lang, bisweilen zu noch größeren Flächen zusammenfließend, zitronengelb bis wachsgelb. **V** Juni bis November. Auf Birkenporling, Rotrandigem Fichtenporling und ähnlichen großen Porlingen der Familie *Fomitopsidaceae*; in ganz Europa verbreitet, zerstreut bis selten. **W** Sehr ähnlich ist *T. citrinum*, das auf Holz und umgebender Streu oder Erde wächst und Fruchtkörper von bis zu 1 qm bildet.

SP 4,5–5 × 2–2,5 µm, Ascusporus J-

4 | Ledergelbes Pustelkeulchen

Trichoderma alutaceum (Syn. *Podostroma alutacea*)

RL-G

FK Keulenförmig bis zylindrisch, festfleischig, anfangs weißlich, dann ledergelb, ockerorange bis braunorange, im oberen Teil mit dunkleren Pünktchen (Ostiolen) besetzt, Stielteil weißlich, kaum vom Oberteil abgrenzbar, bisweilen mehrere Fruchtkörper zusammengewachsen. **V** August bis November. In naturnahen Nadelwäldern, an morschem Nadelholz (Stubben, Stämme), selten an Laubholz; in ganz Europa verbreitet, überall selten, in Skandinavien etwas häufiger. **W** Auf Erdboden statt auf Holz wächst das sehr ähnliche Weißstielige Pustelkeulchen *(T. leucopus)*. Das in Asien beheimatete Orangerote Pustelkeulchen *(T. cornu-damae)* gilt als tödlich giftig und ist die einzige Pilzart, deren Gift auch über Hautkontakt aufgenommen werden kann.

SP 3–5 × 3–4 µm, Ascusporus J-

5 | Trollhand, Weiden-Scheinflechtenpilz

Hypocreopsis lichenoides

RL-3

FK Kissen- bis flechtenförmig, 2–8 cm im Durchmesser, bis 0,5 cm dick, in mehrere radiale Wülste geteilt, sodass sich ein stern- bis handförmiges Aussehen ergibt (Name!), gelbbraun bis rotbraun. **V** November bis März. In feuchten Weidenbrüchen, an Moorrändern, auf ansitzenden Ästen von Weiden, selten auf anderen Laubbäumen; in Nordeuropa regional häufig, in Mitteleuropa selten bis sehr selten. **W** Aufgrund der Form der Fruchtkörper und dem Wuchsort an Weidenästen ist die Art unverkennbar. Sie parasitiert möglicherweise auf der Tabakbraunen Borstenscheibe (→ S. 562).

SP 22–30 × 6–9 µm, Ascusporus J-

1

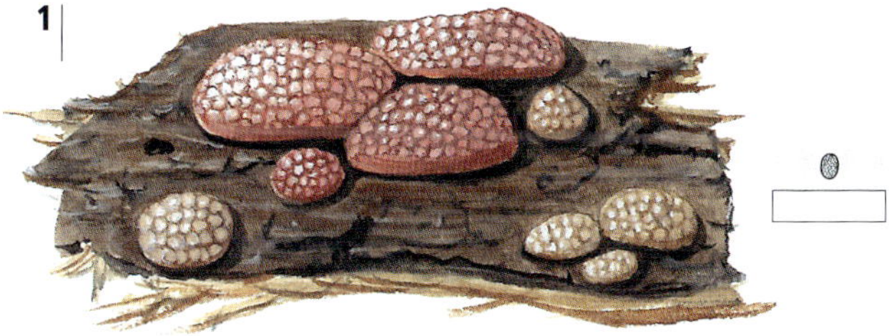

2

4

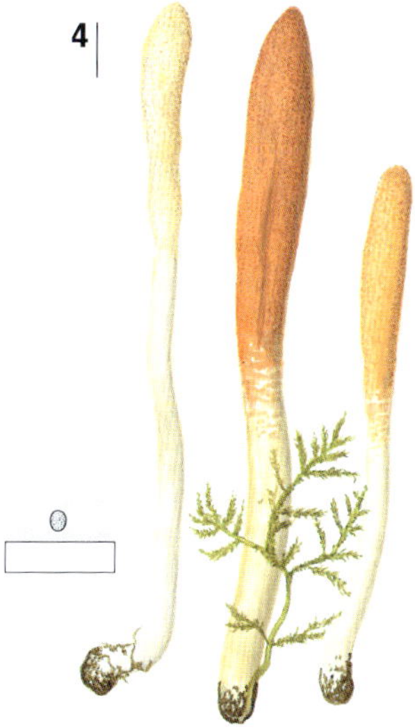

3

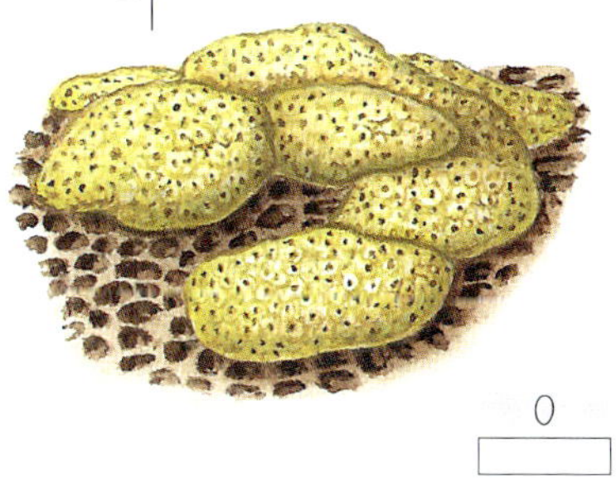

5

1 Mutterkorn, Krähenkorn

Claviceps purpurea

FK Mit fertilem Kopfteil, 1,5–3 mm Durchmesser, rosagelblich mit eingesenkten, purpurnen Perithezien-Öffnungen. **S** 0,5–1,5 × 0,01 cm, lila, glatt, einzeln oder zu mehreren Fruchtkörpern auf einem schwarzen Sklerotium wachsend. **V** April bis Juli, zur Gräser-Blüte entwickeln sich die Fruchtkörper am Boden. Planar bis hochmontan weit verbreitet und häufig auf Ähren von Wildgräsern und Getreide, wo vereinzelt anstelle der Samen schwarze Sklerotien gebildet werden. **W** Mit Mutterkorn verunreinigtes Getreide war die Ursache für das im Mittelalter aufgetretene Antoniusfeuer (vgl. Ergotismus). Funde an *Phragmites australis* werden als *C. microcephala* bezeichnet, deren Artrang noch nicht abschließend geklärt ist.

SP 100–120 × 1 µm, septiert, glatt, Asci bis 160 µm, J-

2 Kopfige Kernkeule

Tolypocladium capitatum (Syn. *Elaphocordyceps capitata*)

FK Mit fertilem, eiförmigem Kopfteil, 0,5–1 cm Durchmesser, currygelb bis ockerbraun mit bei der Reife herausragenden, dunkleren Perithezien-Öffnungen. **S** 3–8 × 1 cm, schwefelgelblich, feinschuppig, längsfaserig. **F** Gelb. **V** Juni bis November. Planar bis hochmontan; einzeln oder gesellig auf im Boden befindlichen Hirschtrüffel-Arten (meist *Elaphomyces granulatus* oder *E. muricatus*) an moosreichen Stellen in Laub- und Nadelwäldern, bodenvag. **W** Die Vorkommen sind meist standorttreu. *T. capitatum* ist deutlich seltener als *T. ophioglossoides*. *T. longisegmentatum* mit 30–50 µm langen Sporensegmenten kann nur mikroskopisch unterschieden werden.

SP fädig, Segmente 12–30 × 2,5–3 µm, glatt, Asci bis 350 µm, J-

3 Zungen-Kernkeule

Tolypocladium ophioglossoides (Syn. *Elaphocordyceps ophioglossoides*)

FK Mit fertilem schlank keulenförmigem Kopfteil, 1–2 × 0,5–1 cm, rotbraun bis schwarz mit bei der Reife herausragenden, dunkleren Perithezien-Öffnungen rau punktiert. **S** 3–6 × 0,5–1 cm, bräunlich, zur Basis hin schwefelgelblich, mit gelben Rhizomorphen bis zum Wirtspilz. **F** Gelb. **V** Juni bis November. Planar bis hochmontan; einzeln oder gesellig auf im Boden befindlichen Hirschtrüffel-Arten (meist *Elaphomyces granulatus* oder *E. muricatus*) an moosreichen Stellen in Laub- und Nadelwäldern, bodenvag. **W** Die Vorkommen sind meist standorttreu. *T. capitatum* ist mit Abstand die häufigste aller auf Hirschtrüffeln parasitierenden Kernkeulen.

SP 200 × 2 µm, septiert, Teilsporen 2,5–5 × 1,5–2 µm, Asci bis 250 µm, J-

4 Weißfleischige Kernkeule

Tolypocladium rouxii (Syn. *Elaphocordyceps rouxii*)

FK Habituell wie *T. capitatum*, Kopf jedoch purpurbraun, Stiel grauoliv und mit weißem Fleisch. **V** Juni bis September. Auf braunen Hirschtrüffeln; in Deutschland extrem selten und nur aus alten Wäldern von Nationalparken und Naturschutzgebieten gemeldet. **W** Daher erscheint eine naturschutzfachliche Einstufung als Urwaldreliktart sinnvoll. Neue Nachweise sollten gut dokumentiert und kartiert werden.

SP fädig, septiert, Teilsporen 15–22 × 2,5–3,5 µm, glatt, Asci J-

5 Orangegelbe Puppenkernkeule

Cordyceps militaris

FK Mit schlank keulenförmigem fertilem Kopfteil, 2–3 × 0,5 cm, leuchtend orangegelb mit bei der Reife herausragenden, dunkleren, spitzen Perithezien rau punktiert. **S** 1–3 × 0,5 cm, blasser als der Kopf. **F** Gelb. **V** Juli bis November. Planar bis hochmontan; einzeln auf vergrabenen Schmetterlingspuppen- und Raupen in feucht-nassen, moosreichen Wäldern und Naturwiesen. **W** Die kleine, aber auffällige Art ist unverwechselbar. Auf anderen Insekten, Larven und Puppen kommen noch einige spezifische Kernkeulen vor.

SP in langen Ketten, Teilsporen 4,5–5 × 1,5 µm, glatt, Asci bis 300 µm, J-

1

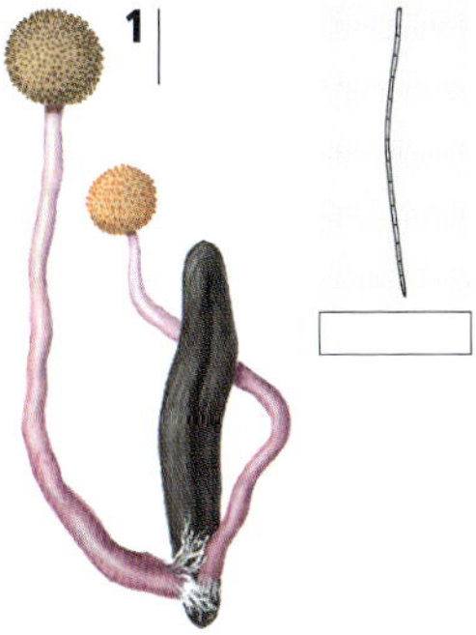

2

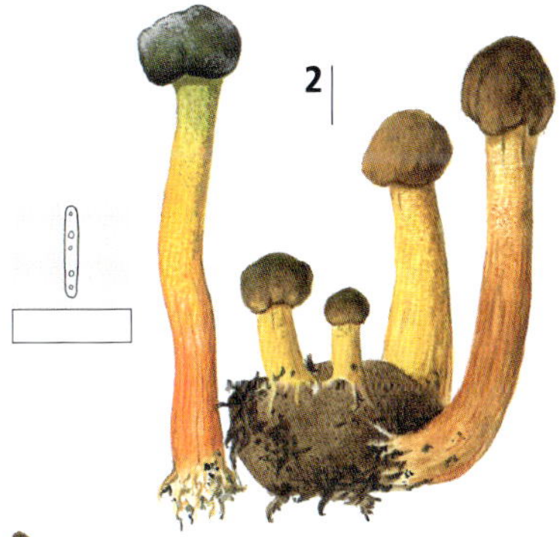

3

4

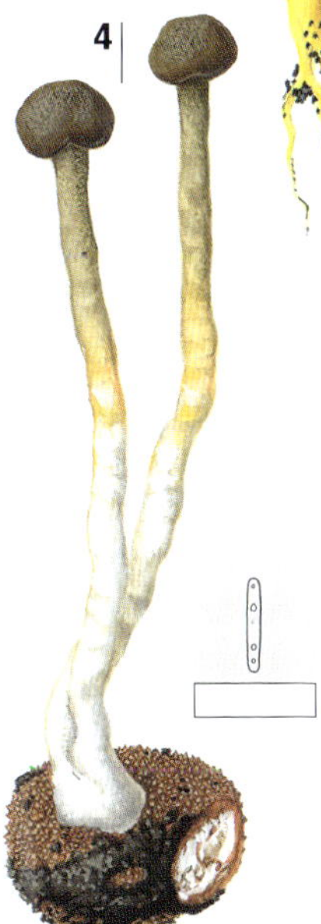

5

1 | Käferlarven-Kernkeule

Ophiocordyceps entomorrhiza (Syn. *Cordyceps carabi*) RL-R

FK Die in der Abbildung rechts noch als NFF gezeigten Fruchtkörper bilden mit der Reife ovale, blassgraue Kopfteile mit 0,2–0,4 cm Durchmesser. Ähnlich wie bei *O. dittmarii* (716/3) treten die Perithezienmündungen dann hervor und bilden eine raue Oberfläche (Lupe!). Am Stielansatz des Kopfteils befindet sich ein +/- deutliches Kollar. **V** Mai bis September. Planar bis montan; einzeln oder in Gruppen auf toten Laufkäfern *(Carabidae)* in Wäldern und Feldgehölzen. **W** Nicht selten kann man weiße, gestielte Keulchen auf den Käfern oder direkt an den Kernkeulen beobachten. Diese gehören zur hier nicht abgebildeten asexuellen Form des parasitisch lebenden *Polycephalomyces ramosus*.

SP fadenförmig, Teilsporen 6–8 × 1,5–2 µm, glatt, Asci 300–600 µm, J-

2 | Raupen-Kernkeule

Ophiocordyceps gracilis

FK Mit länglich eiförmigem fertilem Kopfteil, 0,2–0,4 cm, gelbbraun mit komplett eingesenkten Perithezien, von denen nur die Mündungen (Ostiolen) sichtbar sind (Lupe!). **S** 1–2 × 0,2 cm, weißlich. **F** Blass. **V** März bis Juni. Planar bis submontan; einzeln auf +/- zersetzten Larven des Hopfen-Wurzelbohrers und anderer Nachtfalter-Arten der Gattung *Hepialus*. **W** Die frühe Erscheinungszeit ist typisch für diese Kernkeule. Etwas ähnlich ist *O. larvicola*, die auf Käferlarven parasitiert. Sie hat +/- deutliche violette Töne in Stiel- und Kopfteil.

SP fadenförmig, Teilsporen 5–9 × 1,5–2 µm, glatt, Asci bis 300–500 µm, J-

3 | Wespen-Kernkeule

Ophiocordyceps ditmarii

FK Mit ovalem fertilem Kopfteil, 0,2–0,4 × 0,2 cm, blass cremegelblich mit bei der Reife herausragenden, dunkleren, spitzen Perithezien rau punktiert. **S** 1–3 × 0,1 cm, blass creme. **V** Juni bis September. Planar bis hochmontan; meist einzeln auf teils vergrabenen toten Wespen (*Vespa* sp.) in feucht-nassen, moosreichen Wäldern und Naturwiesen. **W** Vorkommen auf Wespen sollten gut untersucht, ggf. sequenziert werden. Die meisten Funde auf Wespen wurden bislang zu *O. sphecocephala* gestellt, die aber vermutlich eine tropisch-subtropische Art ist.

SP in langen Ketten, Teilsporen 8–14 × 1,5–2 µm, glatt, Asci bis 180 µm, J-

4 | Gewöll-Hornpilz

Onygena corvina

FK Gestielte, jung weißliche, rundliche Köpfchen mit 1–2 mm Durchmesser, die mit der Sporenreife hellbraun werden und zerfallen. Die Oberfläche ist fein körnig (Lupe!). **S** 0,5–2 × 0,2 mm, weiß bis blass bräunlich. **V** März bis November. Planar bis montan, meist gesellig auf alten Federn, Fellresten, Eulen-Gewölle, Kadavern von Saatkrähen oft bei Fichten; in Mitteleuropa weit verbreitet, aber nicht oft kartiert. **W** Die Hornpilze gehören zur Familie der *Onygenaceae*. Diese bilden gestielte Cleistothezien. Das sind rundliche Sporenbehälter, die sich bei Reife nicht öffnen und die Sporen ausschleudern, sondern zerfallen.

SP 4–7,5 × 2,5–4 µm, glatt, mit 2 Tropfen, Asci 9–14 × 6,5–9 µm

5 | Kuh-Hornpilz

Onygena equina RL-G

FK Gestielte, jung weißliche, rundliche Köpfchen mit 2–4 mm Durchmesser, die mit der Sporenreife hellbraun werden und zerfallen. Die Oberfläche ist fein körnig (Lupe!). **S** 0,3–1 × 0,2 mm, weiß bis blass bräunlich. **V** März bis Oktober. Planar bis subalpin, extrem selten geworden, da geeignetes Substrat von Menschen genutzt wird und selten in der Natur liegen bleibt; einzeln bis rasig in größeren Gruppen auf älteren, am Boden liegenden Hufresten (Pferd) oder diversen Hörnern von Rindern, Schafen, Ziegen.

SP 5,5–9,5 × 3–6 µm, glatt, Asci 14–24 × 11–16 µm

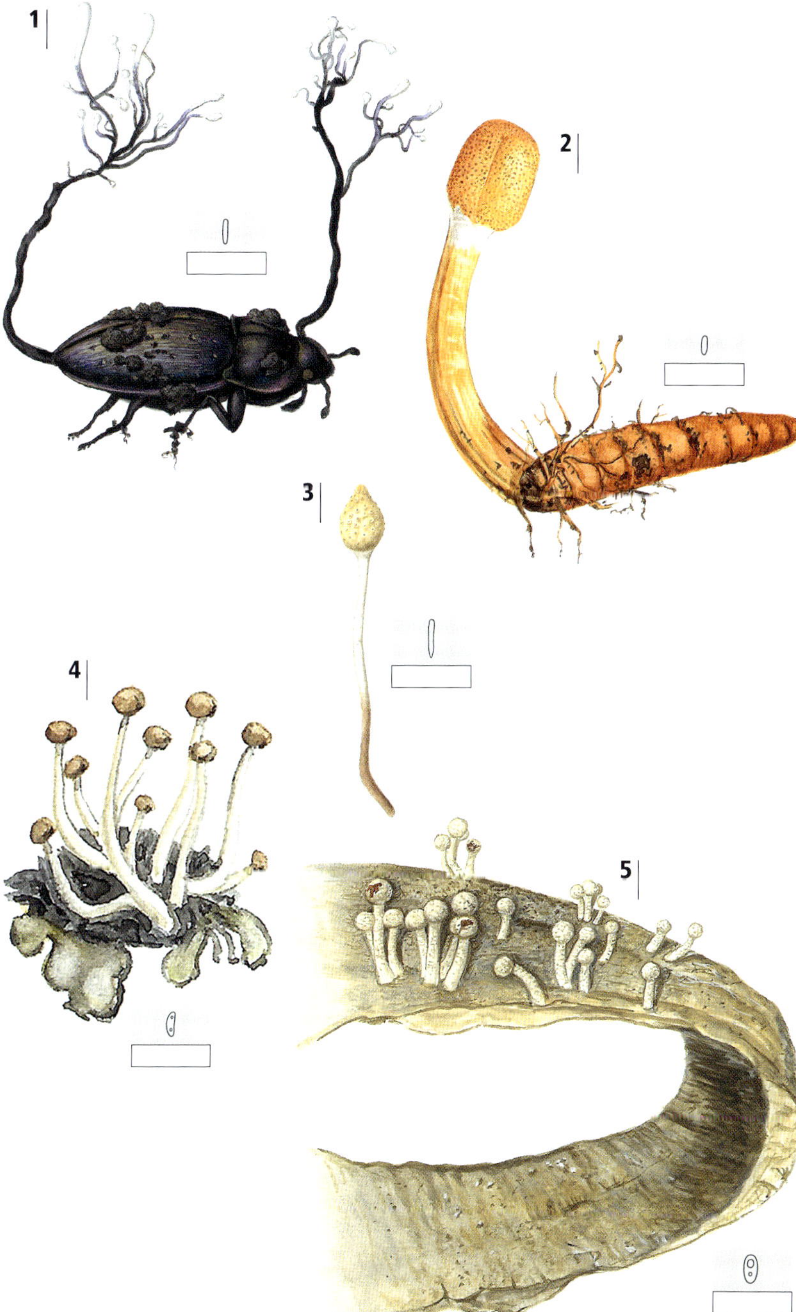
1
2
3
4
5

1 | Eichen-Eckenscheibchen
Diatrypella quercina

FK Als unregelmäßig rundliche bis eckige Polster, 0,2–0,4 cm, oft mehrere zu länglichen Flächen bis 1,5 cm Länge zusammenfließend, aus der Rinde hervorbrechend, schwarz, innen grauweißlich, am Rand von hochgestellten Resten der aufgeplatzten Rinde umgeben, Wuchs gesellig bis rasig, oft ganze Äste überziehend. **V** Ganzjährig, reif Februar bis Juni. In Laubwäldern aller Art, auf liegenden oder noch ansitzenden, berindeten Ästen von Eichen; in ganz Europa verbreitet, sehr häufig. **W** Kaum unterscheidbar ist das Warzige Eckenscheibchen *(D. verruciformis)*, das vor allem an Hasel und Buche wächst. Die Gattung *Diatrypella* unterscheidet sich durch vielsporige Schläuche von *Diatrype* mit nur acht Sporen pro Schlauch.

SP 7–9 × 2 µm, Ascusporus J-

2 | Buchen-Eckenscheibchen
Diatrype disciformis

FK Als rundliche bis scheibenförmige Polster von 0,3–0,5 cm Durchmesser, meist isoliert bleibend und nur selten wenige zusammenfließend, oberseits abgeflacht, schwarz, innen grauweißlich, am Rand mit unauffälligen hochstehenden Rindenresten gesäumt (weniger deutlich als bei voriger Art). **V** Ganzjährig, reif Februar bis Juni. In Laubwäldern aller Art, auf liegenden, berindeten Ästen und Stämmen von Buchen; in ganz Europa verbreitet, sehr häufig. **W** Es gibt an Buchen weitere rasig wachsende schwarze Pyrenomyceten, z. B. der Krustige Buchenkugelpilz *(Melogramma spiniferum)*.

SP 7–9 × 1,5–2 µm, Ascusporus J-

3 | Blasiges Eckenscheibchen
Diatrype bullata

FK Sehr ähnlich der vorigen Art, aber etwas unregelmäßiger in der Form, größer (0,3–0,7 cm) und häufiger zu mehreren zusammenfließend. **V** Ganzjährig, reif Februar bis Juni. Auf ansitzenden oder frisch abgefallenen Ästen von Weiden (*Salix* spp.); in ganz Europa verbreitet, mäßig häufig. **W** Durch das Vorkommen auf Weiden gut erkennbar, wobei die Art lt. Literatur selten auch auf Erlen oder Pappeln vorkommen soll.

SP 5–7,5 × 1,5–2 µm, Ascusporus J-

4 | Flächiges Eckenscheibchen
Diatrype stigma agg.

FK Unregelmäßige, glatt wirkende Flächen bildend, die unter der Rinde beginnen und diese großflächig ablösen, anfangs sepiabraun, dann schwarz, Rand tief schwarz und schwach wulstig, ohne Rindenreste (Unterschied zur Pfennigkruste, S. 706), alt oft etwas rissig, mehrere Dezimeter lang und ganze Äste überziehend. **V** Ganzjährig. In Laubwäldern aller Art, an liegenden und ansitzenden Ästen von verschiedenen Laubhölzern; in ganz Europa verbreitet, sehr häufig. **W** Kollektionen von Buche werden heute als *D. decorticata* abgetrennt, während die „echte" *D. stigma* vor allem auf Birken vorkommen soll. Die Unterschiede sind auch mikroskopisch äußerst gering.

SP 6–11 × 2 µm, Ascusporus J-

5 | Stacheliger Krustenhöckerpilz
Eutypa spinosa

FK Als flächiger, krustiger, dicht mit Warzen besetzter Belag, aus kleineren Flächen zu teils meterlangen Flächen zusammenwachsend, matt schwarz, Warzen in Aufsicht mit kreuzförmigem Schlitz, Perithezien im Holz eingesenkt. **V** Ganzjährig. In Laubwäldern aller Art, auf liegenden Stämmen und dicken Ästen von Buche, sowohl auf Holz als auch auf Rinde; in ganz Europa im Buchenareal verbreitet, sehr häufig. **W** Mit etwas Übung ist die Art gut von anderen flächig wachsenden schwarzen Pyrenomyceten unterscheidbar.

SP 5,5–8 × 1,5–2,5 µm, Ascusporus J+

1

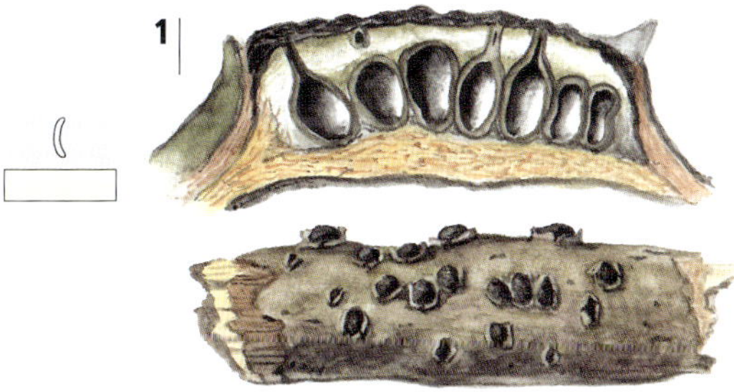

2

3

4

5

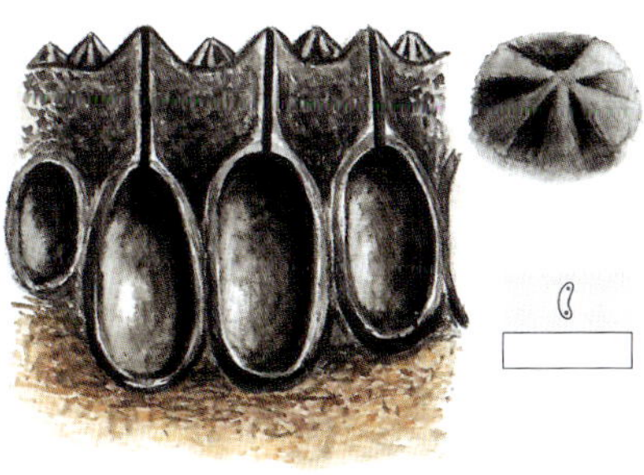

1 Maulbeer-Kugelpilz
Bertia moriformis

FK Kugelig bis etwas länglich, bis 1 mm hoch und etwas weniger breit, zu mehreren dichtgedrängt bis rasig, schwarz, außen grob warzig und daher einer Brombeere oder Maulbeere ähnelnd (Lupe!). **V** Ganzjährig. In Laubwäldern aller Art, auf dem Holz liegender Äste, vor allem Buchen, seltener Erlen, Eschen und andere; in ganz Europa verbreitet, häufig. **W** Durch etwas schmalere Sporen unterscheidet sich *B. latispora*, die vorwiegend auf Weißtannen und Fichten vorkommt.

SP 35–48 × 5–6,5 µm, Ascusporus J-

2 Brandschwarzes Kugelkissen
Melanomma pulvis-pyrius

FK Als rundliche Kügelchen von 0,3–0,5 mm Durchmesser ausgebildet, einzeln wachsend, aber gesellig bis rasig in Gruppen, oft zu Hunderten, schwarz, Außenseite etwas rau oder runzelig. **V** Ganzjährig. In Laubwäldern aller Art, auf liegenden, unberindeten Ästen und Stämmen von verschiedenen Laubhölzern, häufig auf Buchen; in ganz Europa verbreitet, sehr häufig. **W** Kleine schwarze Kügelchen finden sich auch in anderen Gattungen, z. B. *Chaetosphaeria* oder *Coniochaeta*, sodass ohne Mikromerkmale keine sichere Bestimmung möglich ist.

SP 15–17,5 × 4,5–6 µm, Ascusporus J-

3 Wolliger Kohlenkugelpilz
Lasiosphaeria ovina

FK Als rundliche Kügelchen von 0,4–0,6 mm Durchmesser ausgebildet, einzeln aber gesellig, schwarz, Außenseite dicht weißfilzig überzogen, sodass nur eine kleine schwarze Spitze frei bleibt. **V** Ganzjährig, reif April bis November. Auf am Boden liegendem, morschem Laubholz; in ganz Europa verbreitet, häufig. **W** Diese Art ist der einzige Kugelpilz mit weißfilziger Außenseite und daher problemlos zu erkennen.

SP 35–50 × 4–6 µm, Ascusporus J-

4 Zugespitzter Kugelpilz
Leptosphaeria acuta

FK Kugelförmig mit ausgezogener Spitze, zwiebel- bis tropfenförmig, 0,3–0,6 mm hoch, schwarz, glatt und glänzend, sich anfangs unter der Stängeloberfläche entwickelnd und durch diese hervorbrechend, sehr gesellig und ganze Stängel überziehend. **V** Ganzjährig, reif März bis August; in den verschiedensten Biotopen, auf liegenden toten Stängeln von Brennnesseln; in ganz Europa verbreitet, sehr häufig. **W** Es gibt kaum einen Brennnesselbestand, in dem diese Art nicht zu finden wäre, im Frühsommer meist begleitet vom Pokalförmigen Stängelbecherling (→ S. 692) und vom Orangefarbenen Brennnesselbecherchen (→ S. 696).

SP 40–50 × 6 µm, mit 6–11 Septen, Ascusporus J-

5 Mauersporiger Robinien-Kugelpilz
Camarosporidiella elongata (Syn. *Cucurbitaria elongata*)

FK In Form kleiner kissenförmiger Kügelchen, die zu 3–20 in Grüppchen zusammengedrängt aus der Rinde hervorbrechen, matt schwarz, fast glatt, von hochgestellten Rindenresten umgeben. **V** Ganzjährig. Auf liegenden oder ansitzenden Ästen von Robinie; in ganz Europa verbreitet, häufig. **W** Ähnliche Arten kommen auf anderen Substraten vor, z. B. *Cucurbitaria berberidis*, der Mauersporige Berberitzen-Kugelpilz.

SP 29–34 × 10–12 µm, Ascusporus J-

1

2

3

4

5

1 | Birnen-Gitterrost
Gymnosporangium sabinae

FK In zwei sehr unterschiedlich aussehenden Wirtsformen vorkommend: Stadium 0 als 1–3 cm große, gallertige, orange- bis braungelbe Zapfen, auf angeschwollenen Stellen von Wachholdersträuchern (*Juniperus sabinae* und andere), Stadium I als angeschwollene rotgelbe bis schwarzrote Flecken auf der Blattoberseite von Birne *(Pyrus communis)*, unterseits eichelförmige braune Aecidien von 0,2 cm Höhe. **V** Stadium 0 Mai bis Juni, Stadium I September bis November. In ganz Europa weit verbreitet, überall wo Wachholder und Birnbäume weniger als 500 Meter entfernt voneinander vorkommen. **W** Eine direkte Übertragung von Birnbaum zu Birnbaum ist nicht möglich, denn eine Infektion kann nur über die Sporenlager von Wachholder kommen. Befallene Wachholder bleiben zeitlebens infiziert.

SP Stadium 0: 40–50 × 22–28 µm; Stadium 1: 25–40 µm

2 | Preiselbeer-Nacktbasidie
Exobasidium vaccinii

FK Als verdickte Flecken auf und unter den Blättern gebildet. Oberseits entstehen rote Flecken mit gelblicher Randzone, die entweder etwas eingesenkt oder aufgewölbt erscheinen. Unterseits sind diese Flecken weißlich und mehlig bestäubt. Hier befindet sich die Fruchtschicht, die fast ausschließlich aus Basidien ohne eigentliches Hymenium besteht. **V** Juni bis November. Ausschließlich auf Blättern der Preiselbeere *(Vaccinium vitis-idaea)*, daher vor allem auf sauren, nährstoffarmen, sandigen Böden; im Areal des Wirtes relativ verbreitet. **W** Es gibt noch viele weitere *Exobasidium*-Arten an anderen *Vaccinium*- und *Rhododendron*-Arten, die teilweise die Blätter, teilweise aber auch die Sprosse befallen.

SP 11–16 × 2,5–4 µm

3 | Pfirsich-Kräuselkrankheit
Taphrina deformans

FK Als verdickte Bereiche auf gekräuselten Blättern gebildet, vor allem an den Blatträndern. Gelbliche bis weinrote, aufgeblasene Flecken, bei Reife samtig überzogen, unterseits fehlt die Bereifung meist, befallene Blätter kräuseln sich zunehmend, werden gelb und fallen schon im Sommer ab – befallen werden bereits die gerade austreibenden Blattknospen. **V** Februar bis Juni. Ausschließlich auf Pfirsicharten (*Prunus persica* und verwandte Arten) oder auf Mandelbäumen; im Areal des Wirtes relativ verbreitet, trotz Bekämpfungsmaßnahmen. **W** Gekräuselte Blätter können auch durch Insekten verursacht werden, doch gibt es dann keine oder nur kleinflächige Anschwellungen.

SP 3–8 × 3–7 µm, oft schon im Schlauch knospend

4 | Erlen-Narrentasche
Taphrina alni

FK Als verdickte, hohle, zungenartige Auswüchse an den weiblichen Kätzchen („Zapfen") gebildet, anfangs grünlich, bald rot bis rotviolett, im Alter bräunlich und trocken fast schwarz. Die Fruchtschicht, die fast ausschließlich aus Asci ohne eigentliches Hymenium besteht, befindet sich auf der Außenseite. **V** Juni bis August. Ausschließlich auf den weiblichen Kätzchen von Erlen (*Alnus* spp.), vor allem in niederschlagsreichen bzw. besonders luftfeuchten Gegenden; in Europa in Nord- und Mitteleuropa verbreitet, im Süden seltener. **W** In Deutschland scheint diese Art die Grau-Erle *(Alnus incana)* zu bevorzugen.

SP 6–8 × 4–6 µm

5 | Birken-Hexenbesen
Taphrina betulina agg.

FK Kaum wahrnehmbar auf Blättern von Hexenbesen (diese sehr auffälligen Hexenbesen entstehen durch wuchernde Zweigknospen, die aufgrund übermäßig dichten Wachstums beim Austreiben ein vogelnestartiges Zweigegewirr bilden), das Hymenium befindet sich auf den Blättern, die im Frühjahr in den Hexenbesen gebildet werden. **V** Ganzjährig. Ausschließlich auf Birken *(Betula* spec.); im Areal des Wirtes weit verbreitet und nicht selten. **W** Es gibt einerseits noch weitere Taphrina-Arten die Hexenbesen bilden, z. B. auf Hainbuche *(Taphrina carpini)* oder Kirsche *(Taphrina wiesneri)*, andererseits können ähnlich aussehende Gebilde auch durch andere Schädlinge bzw. Viren ausgelöst werden. Sogar auf Birken selbst scheint es mehrere schwer unterscheidbare Arten zu geben.

SP 4–6 × 3,5–5 µm

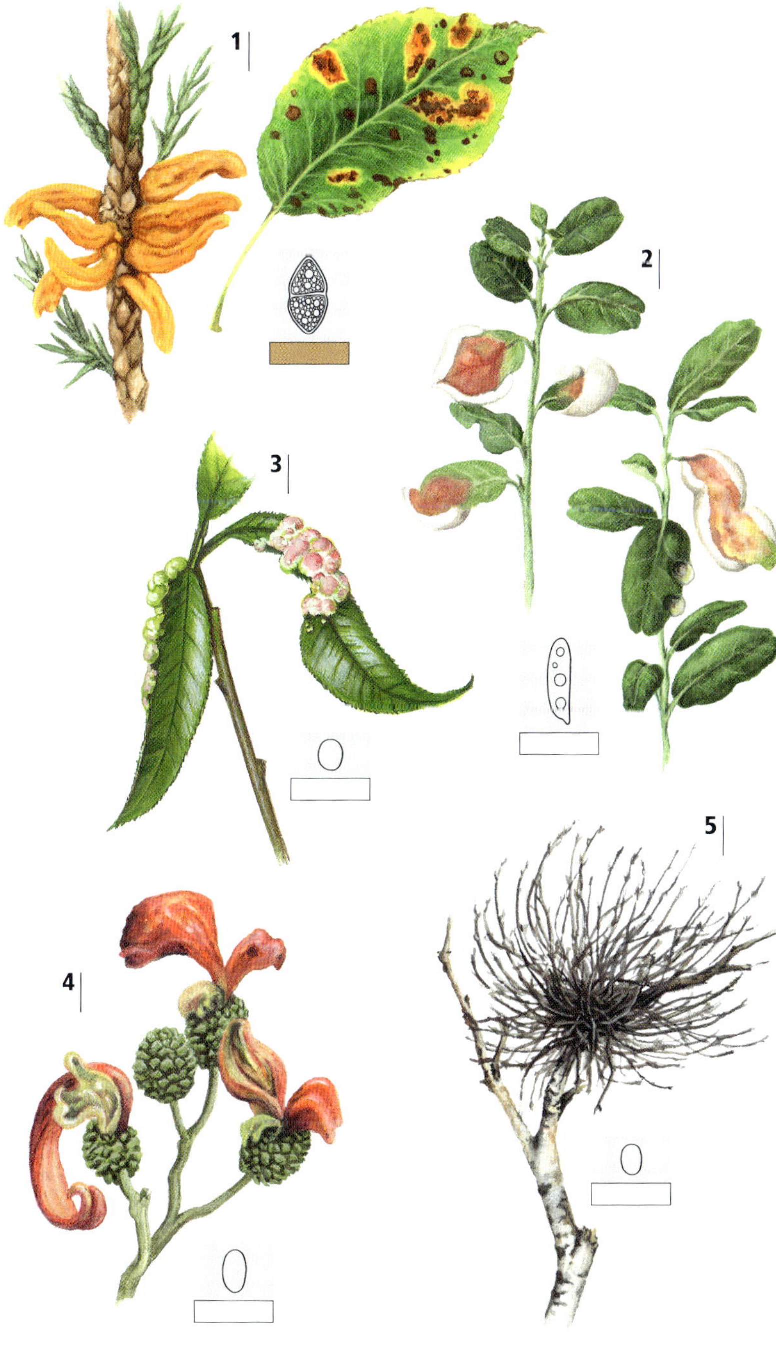
1
2
3
4
5

1 Erbsen-Rost
Uromyces pisi

FK In unterschiedlichen Stadien vorkommend. Auf Schmetterlingsblütlern (Erbsen, Wicken, Tragant u. ä.) im Blattgewebe wachsend, Sporenlager als bräunliche Flecken ober- und unterseits, bei Reife zusammenfließend und pulvrig werdend, befallene Pflanzen verkümmert, kaum blühfähig, auf Zypressen-Wolfsmilch *(Euphorbia cyparissias)* blattunterseits erst weiße, dann orangegelbliche, weiß berandete, hervorbrechende Becherchen (Aecien) bildend, befallene Pflanzen gelbgrün, mit reduzierten Blättern und überdurchschnittlichem Längenwachstum. **V** Februar bis Juli. In ganz Europa weit verbreitet, häufig. **W** Ein Wirtswechsel zwischen Wolfsmilch und Schmetterlingsblütler muss nicht zwingend durchgeführt werden.

SP 15–25 × 14–22 µm

2 Mais-Beulenbrand
Ustilago maydis

FK Als Gallbildung an allen Teilen der Maispflanze, insbesondere am Kolben und dort besonders auffällig, befallene Stellen schwellen bis doppelte Faustgröße an, die gallenartigen Wucherungen sind weißlich, im Innern zunächst hell und feucht, mit zunehmender Reife aber in fast schwarzes Sporenpulver zerfallend, zuletzt nur noch von einer pergamentartigen grauen Haut überdeckt, die unregelmäßig einreißt. **V** August bis Oktober. In ganz Europa im Anbaugebiet von Mais *(Zea mays)* verbreitet, relativ häufig. **W** Die jungen Wucherungen sind essbar, solange sie noch innen hell und feucht sind und gelten in Südamerika als Delikatesse (Huitlacoche). In der Schweiz als Marktpilz zugelassen, in Deutschland dagegen nicht.

SP 8–11 × 8–11 µm

3 Eichen-Mehltau
Erysiphe alphitoides

FK Ähnlich der vorigen Art, jedoch ober- wie unterseits als dichter weißer Belag ausgebildet, dunkle Kügelchen (Kleistothezien) werden oft nur sehr vereinzelt oder überhaupt nicht gebildet. **V** Juni bis November. In Wäldern aller Art, sofern Eichen untermischt sind; in ganz Europa verbreitet und sehr häufig. **W** Es werden insbesondere Jungpflanzen befallen, die teilweise erheblich geschwächt werden können. Dieser Mehltau wurde Anfang des 20. Jahrhunderts aus Amerika eingeschleppt.

SP 20–24 × 12–14 µm

4 Laubbaum-Mehltau
Phyllactinia guttata

FK Zunächst als weiße Flecken aus Myzel auf der Unterseite von Blättern und an Blattstielen beginnend, diese zusammenfließend und das gesamte Blatt unterseits locker weißfilzig überziehend, bei Reife mit winzigen (0,2 mm), zunächst gelben, dann schwarzen Kügelchen (Kleistothezien) durchsetzt (Lupe!), die die eigentlichen Fruchtkörper bilden. **V** August bis Oktober. Auf ansitzenden Blättern verschiedener Laubbäume, vor allem Hasel, Buche, Birke; in ganz Europa verbreitet, überall häufig, nur im Süden seltener. **W** Die Art bildet meist nur zwei Sporen pro Schlauch aus, seltener drei oder vier.

SP 32–40 × 21–25 µm

5 Springkraut-Mehltau
Podosphaera balsaminae (Syn. *Sphaeroteca balsaminae*)

FK Zunächst als oberseitige weiße Flecken, dann als dichter weißer Belag aus Myzel auf Ober- und Unterseite von Blättern, bei Reife mit darin eingesenkten winzigen schwarzbraunen Kügelchen (Lupe!). **V** Juli bis Oktober. Ausschließlich auf den Blättern vom Springkraut (*Impatiens* spp.); in ganz Europa verbreitet und häufig. **W** Es gibt noch eine weitere Mehltau-Art auf dem Großen Springkraut *(Leveillula taurica)*, die etwas größere Fruchtkörper bildet, aber nur mikroskopisch sicher unterscheidbar ist.

Konidien 24–32 × 13–17 µm (**SP** 16–22 × 11–16 µm)

1

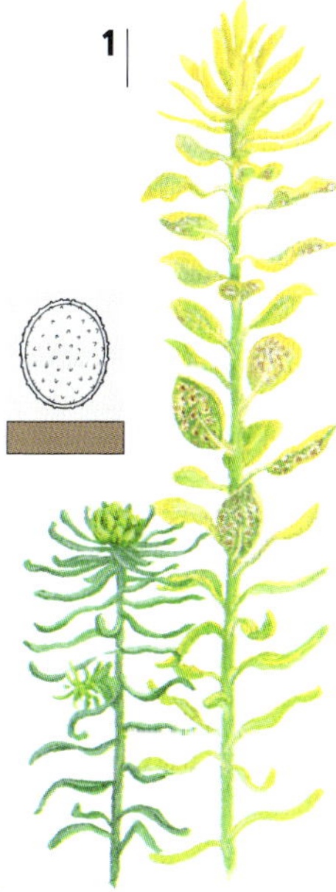

2

3

5

4

Service

Glossar

Agg.: Eine Artengruppe aus schwer unterscheidbaren Arten, die als Aggregat (Komplex) behandelt werden.
amyloid: Jodreagenzien wie → **Melzers Reagenz** färben Sporen/Sporenpulver oder Schläuche (→ **Asci**) bei positiver Reaktion blau.
Anamorphe: siehe → **Nebenfruchtform**.
Anastomosen: Querverbindungen zwischen Lamellen.
Apiculus: Sporenanhängsel, das die Ansatzstelle der Spore am → **Sterigma** kennzeichnet.
Apothecium: Becherförmige Fruchtkörperform von → **Ascomyceten**.
Ascomyceten: Schlauchpilze, die (meist 8) Sporen in Schlauch- oder sackartigen Zellen (→ **Asci**) bilden.
Ascus/Asci: Schlauch- bis sackartige Zellen, in denen Sporen gebildet werden.
Basidie: Meist keulenförmige Sporenträgerzelle, auf der meist 4 → **Sporen** auf → **Sterigmen** gebildet werden.
Basidiomyceten: Ständerpilze bilden ihre Sporen auf → **Basidien** (Ständern).
Bilateral: Im Lamellenquerschnitt sichtbarer Verzweigungstyp der Zellen.
Bodenvag: Alle Bodentypen von basisch bis sauer.
Braunfäule: Beim Holzabbau durch Pilze wird vorwiegend Zellulose abgebaut, das Holz färbt sich rotbraun (z. B. Rotrandporling)
Brennhaarzystiden: Spezielle Zystidenform, meist bei Weichritterlingen.
Cheilozystiden: An der Lamellenschneide wachsende → **Zystiden** (z. B. Rißpilze).
Chlamydosporen: ungeschlechtliche, durch Zellteilung entstandene Sporen, z. B. beim Stäubenden Zwitterling.
Chrysozystiden: → **Hymenialzystiden** von Schüpplingen, Schwefelköpfen,Träuschlingen mit lichtbrechendem, meist gelblich gefärbten oder mit KOH gelbem Inhalt.
Cortina: → **Velum** mit spinnwebartiger Struktur, das charakteristisch für alle Schleierlingsartigen Pilze (Cortinariaceae) ist.
Cyphelloid: Fruchtkörperform fingerhutartig (z. B. *Cyphella digitalis*).
Dermatozystiden: Zystiden auf der Huthaut, z. B. bei Täublingen.
Dextrinoid (=pseudoamyloid): Mit Jodlösung (z. B. Melzer's) meist weinbraun reagierende Sporen oder Lamellentrama (z. B. *Mycena*).
Diaphragma: Sterile Haut zwischen Gleba und Stiel einiger Bauchpilze.
Dimitisch: Zwei Hyphentypen in einem Fruchtkörper (z. B. Maiporling).
Divertikulat: Verzweigt, z. B. Huthautzystiden bei *Mycena*.
Duplex-Struktur: Zweischichtige Trama, z. B. bei Korkstachelingen (*Hydnellum*).
Endoperidie: Innere Hülle von Bauchpilzen.
Epicutis: Oberste Hutdeckschicht.
Exoperidie: Äußere Hülle von Bauchpilzen.
Exsikkat: Für Sammlungen getrocknete Pilzfruchtkörper.
Exsudat: Beim Wachstum von Pilzen ausgeschiedene Flüssigkeit (z. B. viele Porlinge).
Exzentrisch: Von der Mitte abweichend, z. B. Stielansatz am Hut (z. B. *Entoloma excentricum*).
Fertil: Sporen ausbildend, fruchtbar (z. B. Lamellenschneide).
Filiform: Fadenförmig, z. B. Fruchtkörper, → **Paraphysen**.
Fimicol: Auf Dung und Dunggemischen wie Stallmist wachsend.
Forma (f.): Häufig auftretende Abweichungen von Fruchtkörpermerkmalen, z. B. runzelige Hutstrukturen oder Farben, denen kein Artrang zugestanden wird.
Fruchtkörper: Sporenträger, der aus dem Myzel gebildet wird.
Fusiform: Spindelförmig, meist bei Sporen (z. B. *Byssonectria*).
Gekammert: Stielfleisch im Längsschnitt mit hohlen Kammern, z. B. *Gyroporus cyanescens*, *Russula cavipes*.
Gelifiziert: Hyphenschicht gallertiger Masse (z. B. *Hygrophorus*).
Genabelt: Hutmitte eingedellt, z. B. *Omphalina* s. l.
Genattert: Hutstruktur gebändert, z. B. Parasol.
Gesägt: Struktur der Lamellenschneide, z. B. *Lentinus*.
Gestiefelt: Velumstruktur am Stiel in Form eines geschlossenen Überzugs von der Stielbasis an aufwärts.
Getropft: Rundliche Flecken auf Stiel oder Hut, die beim Eintrocknen von → **Exsudat** entstehen (z. B. *Postia guttulata*).
Gleba: Fruchtschicht in Bauchpilzen, die sich bei Reife in schleimige oder pulverige Masse wandelt.
Gratig: Sporenornament einiger Milchlings- und Täublingsarten.
Grubig: Stiel oder Hut mit flachen, meist andersfarbigen Gruben, (z. B. Grubiger Milchling).
Halluzinogen(e): Psychotrope Substanzen, wie z. B. Psilocybin, die Bewusstseinsveränderungen bewirken.
Hauptfruchtform (HFF): Pilzfruchtkörper, der sexuelle Sporen enthält, die in → **Asci** oder auf → **Basidien** gebildet werden. Wird auch → **Teleomorphe** genannt. Vgl. → **Nebenfruchtform**.
Hutdeckschicht (HDS): Oft mikroskopisch, aber auch makroskopisch charakteristische oberste Huthaut (z. B. Samthäubchen).
Hyalin: Farblose Zellen, Sporen. Sporenpulver weiß.
Hygrophan(ität): Mehrfarbiges Aufhellen bei Pilzhüten beim abtrocknen, z. B. Stockschwämmchen.
Hymenialsetae: → Setae in der Fruchtschicht, z. B. *Phellinus* s. l.
Hymenium: Fruchtschicht von Pilzen, in der Sporen gebildet werden, z. B. Lamellenoberfläche, Röhrenschicht.
Hyphe(n): +/- oft durch Querwände (→ Septen) geteilter Zellstrang der Pilze, aus denen das Pilzgeflecht (→ **Myzel**) besteht und die Pilzfruchtkörper gebildet werden.
Hypogäisch/Hypogäe: Unterirdisch wachsende Pilze (z. B. Hirschtrüffel, Echte Trüffel).
Inkrustiert: Mikroskopisch sichtbare Kristalle, Pigmente auf Hyphen, Zystiden und Haaren.
Inoperculat: Schmale obere Öffnung der Asci, durch die die reifen Sporen austreten (z. B. Erdzungen/Geoglossaceae). Vgl. → **operculat**.
Kalyptrat: Ablösende Sporenwände, z. B. *Galerina hypnorum*.
Kaulozystiden: Auf der Stieloberfläche sichtbare → Zystiden (z. B. *Inocybe flocculosa*).
Knolle: Auffällig verdickte Stielbasis (z. B. *Leucocortinarius bulbiger*).
Kollar: Ringförmige Verbindung von Lamellen, die den Stiel nicht erreichen (z. B. Halsbandschwindling).
Konidien/Konidiosporen: Durch Abschnürung von Hyphen entstandene, asexuelle Fortpflanzungseinheiten. Vgl. → **Chlamydosporen**.
Kopfig: Mikroskopisch sichtbare Verbreiterungen der Spitze von Zystiden (z. B. *Galerina laevis*).
Lactiferen: Milchsaft enthaltende Zellen (z. B. Milchlinge).
Lamelletten: Verkürzte Lamellen zwischen normalen Lamellen (Blättern), (z. B. Dickblättriger Schwärzetäubling).
Latenzzeit: Bei Pilzvergiftungen der Zeitraum zwischen Mahlzeit und auftretenden Symptomen.
Lateral: Seitlich, Seitenständiger Stiel, z. B. Stummelfüßchen.
Leisten: Dickere, runzelig-aderige lamellenähnliche Strukturen, z. B. Echter Pfifferling.
Melzers Reagenz: Jod-Jodkalium-Lösung, mit der → **amyloide** Reaktionen an Sporen/Sporenpulver festgestellt werden können.
Membranös: Häutig, vgl. Rindenpilze, z. B. *Athelia*.
Meruloid: Faltig gewunden (z. B. *Phlebia tremellosa*).
Metuloide: Dickwandige, mitunter mit Kristallschopf besetzte → **Zystiden** (z. B. *Inocybe geophylla*).
Mukronat: → **Zystiden** mit ausgezogener Spitze (z. B. Sparriger Schüppling).
Mykorrhiza: = Pilzwurzel, eine Lebensgemeinschaft von Pflanzen mit Pilzen, wobei die Pilze Wasser und Nährsalze gegen Kohlenhydrate (Zucker) der Pflanzen tauschen.

Myzel/Mycelium: Das feine Pilzgeflecht aus Hyphen, die nur wenige µm dick sind, im Boden oder Substrat.

Nebenfruchtform (NFF): Fruchtkörper, der asexuell entstandene Sporen (z. B. → **Konidiosporen**) enthält, die meist durch Abschnürung/Zellteilung entstehen. Wird auch als Anamorphe bezeichnet.

Netzig: Stieloberflächenstruktur von Dickröhrlingen (z. B. Satanspilz oder Sporenskulptur vieler Milchlinge/Täublinge.

Niedergedrückt: Eingedrückte Hutform vieler älterer Pilze (nicht → **trichterig**).

Operculat: Deckelförmige, obere Austrittsöffnung für Sporen von → Ascomyceten (z. B. Morcheln). Vgl. → **inoperculat**.

Ornament(ation): Mikroskopisch sichtbare, anfärbbare Oberflächenstruktur von Sporen (z. B. Schleierlinge).

Ostiolum: Öffnung zum Sporenauslass bei Pyrenomyceten (z. B. *Hypoxylon fragiforme*).

Ozonium: Sogenanntes Luftmyzel, oft rostbraun, auf der Unterseite von Laubhölzern, mit oder ohne Verbindung zum Fruchtkörper (z. B. Haustintling).

Paraphyse(n): Schlanke, sterile Zellen in der Fruchtschicht von Schlauchpilzen zwischen den → **Asci**.

Parasit: Organismus, der von anderen Lebewesen lebt und diese schädigt (z. B. Wurzelschwamm). Siehe Ernährungsstrategien der Pilze, Seite 5.

Peridie: Hülle/Haut, vgl. → **Endoperidie, Exoperidie**.

Peristom: Öffnung der → **Endoperidie** von reifen Bauchpilzen/Erdsternen, durch die die Sporen ausgelassen werden.

Perithezium: Fruchtkörperform von Ascomyceten, die einzeln oder in einem → **Stroma** eingebettet sein können (z. B. Rotpustelpilze).

Phylogenetischer Baum: Baumförmige Grafik zur Veranschaulichung der hypothetischen Verwandschaftsverhältnisse von Arten, heutzutage meist durch die Analyse von DNA gewonnen.

Phylogenie: Stammesentwicklung von Pflanzen, Pilzen und Tieren.→ **Phylogenetischer Baum**.

Pileozystiden/Pilozystiden: Auf der Huthaut wachsende → **Zystiden** (z. B. Täublinge).

Poren: Röhrenmündungen von Porlingen und Röhrlingen.

Pleurozystiden: Auf der Lamellenfläche wachsende → **Zystiden** (z. B. Rehbrauner Dachpilz).

Primordialhyphen: Auch Primordien genannt. Mikroskopisch kleine, kugelige Verflechtungen des Pilzmyzels, aus denen die Fruchtkörper entstehen. Bei Täublingen bestimmungsrelevante Elemente der Hutdeckschicht.

Radial: Strahlenförmig von der Hutmitte ausgehende Struktur (z. B. *Coprinopsis radiata*).

Resupinat: Flach, ohne Hutkanten wachsende Fruchtkörper von Rindenpilzen und Porlingen (z. B. Blauer Rindenpilz).

Rezeptaculum: Poröser Stiel der Blumen- und Rutenpilze (z. B. Hundrute).

Rhizoiden: Feine, wurzelartige Hyphenbündel an der Stielbasis bis ins Substrat.

Rhizomorphen: Dicke, wurzelartige Hyphenbündel an der Stielbasis oder im Substrat (z. B. Breitblatt-Rübling, Hallimasch).

Ring: +/- häutiger (z. B. Wiesenchampignon) oder scheimiger (z. B. Heideschleimfuß) Rest der Teilhülle am Stiel. Auch Manschette genannt.

Röhren: Schwammartige Fruchtschicht der Röhrlinge.

Ruderal: Offene, von Menschen beeinflusste Sekundärbiotope mit angepassten Pflanzengemeinschaften, wie Industriebrachen, Kiesgruben, Schuttplätze, Wegränder.

Saprobiont: Pilze, die von totem organischem Material leben. Siehe Ernahrungsstrategien der Pilze, Seite 5.

Schäffer/Pöppeltest: chemische Reaktion bei Champignons. Ein Tropfen Sulfanilsäure ergibt auf dem Hut einen gelben bis orangen Fleck (positiv) oder bleibt farblos (negativ). Ersetzt die früher gebräuchliche Schäffersche Kreuzungsreaktion mit Salpetersäure und Anilin.

Scheide: siehe → **Volva**.

Schnalle(n): Wichtiges mikroskopisches Bestimmungsmerkmal, das als Bogen, Brücke, Klammer oder Schwellung an den → **Septen** von → **Basidiomyceten** vorhanden sein kann.

Semipileat: bei Porlingen und Rindenpilzen werden nur angedeutete Hüte gebildet (z. B. Pflaumen-Feuerschwamm).

Sequenzierungen: Vulgo für DNA-Sequenzierungen, ein etabliertes Laborverfahren zur Erforschung der Merkmale und Verwandschaftsverhältnisse von Organismen.

Septe(n): Querwand zwischen den Hyphenzellen, manchmal mit → **Schnalle(n)**.

Setae/Seten: Meist +/- dickwandige, zuspitzende braunschwarze Zellen (z. B. *Hymenochaete*). Vgl. auch → **Spinulae**.

Sitzend: Fruchtkörper, der ohne Stiel dem Substrat „aufsitzt" (z. B. Boviste).

Sklerotium: Stärkehaltiges Überdauerungsorgan aus Pilzhyphenmasse, das von wenigen mm bis 30 cm Durchmesser groß sein kann (z. B. *Collybia tuberosa*, *Polyporus tuberaster*). Bei günstigen Wuchsbedingungen können Fruchtkörper daraus gebildet werden.

Sphaerozysten: Kugelig, ballonartig aufgeblasene Zellen, z. B. Körnchenschirmling, Hefetintling.

Spinulae: Dickwandige, meist braune, zuspitzende lange Zellen, ähnlich den → **Setae**, z. B. *Marasmius torquescens*.

S. l.: Sensu lato = in weiterem Sinne.

Spore(n): Oft gattungs- oder arttypisch geformte Verbreitungsorgane der Pilze.

Stacheln: Fruchtschicht der Stachelpilze, z. B. Habichtspilz.

Sterigma/Sterigmen: Sporenhalter bei → **Basidiomyceten**.

Steril: Fruchtkörper ohne Sporen, unfruchtbar.

Stroma: Festes Hyphengewebe, meist braun bis schwarz, in dem die → Perithezien von Kernpilzen eingebettet sind (z. B. Vielgestaltige Holzkeule).

Subcutis: Unterhaut, also die Schicht unterhalb der → **Hutdeckschicht**.

Subgleba: Sterile Schicht unterhalb der → Gleba von Bauchpilzen (z. B. Birnenstäubling).

Substrat: Lebendes oder totes Material, auf dem Pilze wachsen, z. B. Holz, Laubstreu.

Taxonomie: Wissenschaftliche Lehre zur Namensgebung und Systematik der Organismen (Ordnung → Familie → Gattung → Art).

Teleomorphe: siehe Hauptfruchtform.

Trama: Fachbegriff für „Pilz-Fleisch".

Trichterig: +/- trichterförmig eingetiefte Hutform (z. B. Gabeltrichterling).

Trimitisch: drei Hyphentypen in einem Fruchtkörper (z. B. Flacher Lackporling)

Trunkat: Abgestutzt, sowohl bei Mikro- als auch Makromerkmalen (z. B. *Clavariadelphus truncatus*).

Varietät: Systematischer Rang unterhalb einer Art, durch ein konstantes Merkmal abweichend, aber noch nicht soweit entfernt, daß ein Artrang gerechtfertigt ist.

Velum: Junge Fruchtkörper, von einer Teilhülle (Velum partiale, z. B. *Agaricus campestris*) oder Gesamthülle (Velum universale, z. B. *Amanita muscaria*) eingeschlossen, die bei Reife aufreißt.

Volva: Rest eines Velums, der scheidenartig an der Stielbasis von Blätterpilzen sichtbar ist (z. B. Scheidenstreiflinge).

Weißfäule: Im Unterschied zur → **Braunfäule** bauen die Pilze Lignin ab, wodurch die zurückbleibende Zellulose weiß wird (z. B. Zunderschwamm).

Wurzelnd: Stielbasis mit wurzelartiger Verlängerung (z. B. Wurzelrübling).

Xylobiont: Pilze, die von abgestorbenem Holz leben (vgl. → **Saprobiont**). Siehe Ernährungsstrategien der Pilze, Seite 5.

Zusammenfließend: Einzelfruchtkörper, die mit einander verwachsen oder verschmelzen, z. B. Zusammenfließende Gallerttränе).

Zystide(n): Mikroskopisch sichtbare Zellbildungen z. B. auf Hut, Lamellen und Stiel.

Register – deutsche Namen

Ackerling, Adriger 386
–, Falber 388
–, Feuchtwiesen- 386
–, Frühlings- 386
–, Geschwänzter Sklerotien- 388
–, Halbkugeliger 388
–, Hohlstieliger 388
–, Lederbrauner 386
–, Samtiger 388
–, Südlicher 386
Adermoosling, Gezonter 180
–, Netziger 180
Adernnabling, Weißer 280
Adernzähling, Buchen- 560
Anhängselröhrling, Echter 38
–, Nadelwald- 38
Anis- Champignon, Dünnfleischiger 358
–,Schiefknolliger 358
–, Weißer 358
Apfeltäubling 126
Austernseitling 504

Balsamtrüffel, Gemeine 640
Baumschwamm, Bitterer Lärchen- 532
–, Rosenroter 532
–, Rotrandiger 532
–, Wohlriechender 532
Becherkoralle, Gewöhnliche 608
Becherling, Blasiger 666
–, Buchenwald- 666
–, Frühlings- 666
–, Gelbmilchender 664
–, Kastanienbrauner 666
–, Kleinsporiger Gelbmilchender 664
–, Körniger Rinderdung- 672
–, Morchel- 668
–, Orange- 670
–, Veilchenblauer Spindelspor- 662
–, Veränderlicher 666
–, Violettmilchender 664
–, Wurzelnder Sand- 662
Becherlorchel, Hochgerippte 658
–, Rippenstielige 656
–, Schwarzweiße Rippen- 658
Beulenbrand, Mais- 724
Birkenpilz, Gewöhnlicher 68
–, Moor- 68
–, Vielfarbiger 68
–, Wollstieliger 68
–, Zwergbirken- 68
Birkenporling 528
Birkentäubling, Grasgrüner 110
Bischofsmütze 652
Bitterröhrling, Wurzelnder 40
Blätterwirrling, Braunroter 542
Blättling, Birken- 542
–, Zaun- 540
Blaunuss 640
Blut- Champignon, Großspuriger 356
–, Weißschuppiger 356
Bluttäubling 124
Borstenkoralle, Weißliche 606
Borstenscheibe, Blutrote 562
–, Tabakbraune 562
–, Umberbraune 562
Borstentramete, Blasse 540
–, Braune 540
Borstling, Geselliger 674
–, Halbkugeliger 674
Bovist, Bleigrauer 626
–, Riesen- 628
–, Schwärzender 626
–, Zwerg- 626
Brandkrustenpilz 706
Braunfäule- Tramete, Reihige 548
–, Vielgestaltige 548
Braunporling, Kiefern- 522
Braunspor-Stacheling, Blaufüßiger 582
–, Brennender 582
–, Orangebrauner 582
Brennnesselbecherchen, Orangefarbenes 696
Butterpilz 52
–, Ringloser 54

Champignons siehe Egerlinge
Champignon, Gegürtelter 354
–, Karbol- 360
–, Purpurfaseriger 360
–, Salzwiesen- 356
–, Stadt- 354
–, Wald- 356
–, Wiesen- 354

Dachpilz, Fichten- 308
–, Gelbstieliger 310
–, Grauer 308
–, Graustieliger Adern- 310
–, Haariger 312
–, Löwengelber 312
–, Orangeroter 310
–, Rehbrauner 308
–, Rosastieliger 312
–, Runzeliger 310
–, Schwarzsamtiger 312
–, Schwarzschneidiger 308
–, Seidiger 308
–, Verschiedenfarbiger 310
–, Zimtfarbener 312
Dauerporling, Gebänderter 540
Dickbecherling, Babingtons 672
Dickfuß, Bocks- 458
–, Braunschuppiger 458
–, Braunvioletter 458
–, Rostbrauner 458
Dottertäubling, Scharfer Birken- 126
–, Wechselfarbiger 134
–, Weinroter 124
Drüsling, Flacher 614
–, Kreisel- 614
–, Stoppeliger 614
–, Teerflecken- 614
Duft- Milchling, Dunkler 98
–, Kleiner 98
Düngerling, Behangener 398
–, Dunkelrandiger 398
–, Heu- 398
–, Kegelhütiger 398
–, Ring- 398

Eckenscheibchen, Blasiges 718
–, Buchen- 718
–, Eichen- 718
–, Flächiges 718
Egerlinge siehe Champignons
Egerling, Großsporiger 358
–, Perlhuhn 360
–, Riesen- 358
–, Zweisporiger 354
Egerlingsschirmling, Rosablättriger 348
–, Anlaufender 350
–, Büscheliger 350
–, Jungfern 348
–, Küsten- 348
–, Veilchenfarbener 348
Eichhase 524
Ellerling, Dattelbrauner 148
–, Gelbfüßiger 148
–, Orange- 148
–, Violettgrauer 148
–, Weißer 148
Erbsenstreuling 630
Erd- Becherling, Violetter 662
–, Weinroter 662
Erd- Ritterling, Beringter 232
–, Brennendscharfer 234
–, Gilbender 232
–, Graublättriger 234
–, Rötender 232
–, Rußigstieliger 234
–, Schärflicher 234
–, Schuppenstieliger 232
Erdborstling, Sternhaariger 676
Erdmuscheling 500
Erdstern, Gewimperter 632
–, Halskrausen- 632
–, Kleiner 634
–, Kleiner Nest- 632
–, Rotbrauner 634
–, Starkbehöfter 634
–, Kamm- 632
–, Kragen- 634
Erdwarzenpilz, Gewöhnlicher 588
Erdwarzenpilz, Trichterförmiger 588
Erdzunge, Grüne 686
–, Runzelstielige 684
–, Schleimstielige 684
–, Schwarzrote Blassspor- 684
–, Täuschende 684
Erlengrübling 48
Erlenschnitzling, Blasser 474
–, Honiggelber 474
–, Kahler 474
–, Weißstieliger 474
Eselsohr 668

Fadenkeulchen, Borstenfüßiges 606
–, Linsen- 606
Fälbling, Bräunender 468
–, Braunscheibiger 466
–, Dünen- 466
–, Düsterscheibiger Weiden- 466
–, Elfenring- 468
–, Falscher Bruchstiel 470
–, Großer Rettich- 472
–, Kakao- 468
–, Kleiner Sumpf- 470
–, Kuhbrauner 472
–, Langstieliger Moos- 472
–, Marzipan- 466
–, Rötelsporiger 468
–, Samtstieliger 470

–, Spindelfüßiger 466
–, Südlicher Eichen- 472
–, Süßriechender 468
–, Tonblasser 470
–, Winziger 472
Faltenschirmling, Gelber 350
–, Kreideweißer 350
–, Zwiebelfüßiger 350
Faltentintling 366
Fältling, Gallertfleischiger 558
–, Goldgelber 558
–, Ledriger 560
Faserling , Behangener 376
–, Büscheliger 376
–, Dünen- 376
–, Früher 376
–, Gewöhnlicher 378
–, Reichbeschleierter 378
–, Rotschneidiger 378
–, Rotschneidiger Weg- 378
–, Schwarzfaseriger 374
–, Schwefelfüßiger 374
Faserrübling, Breitblättriger 228
–, Fransiger 228
Feuerschüppling 400
Feuerschwamm, Dunkelgezonter 534
–, Eichen- 534
–, Pflaumen- 536
–, Rostbrauner 534
–, Rotporiger 534
–, Stachelbeer- 534
–, Weiden- 536
Filzkopf, Braunschneidiger 482
–, Gemeiner 482
–, Schuppenstieliger 482
–, Silbriggeschleierter 482
Filzkrempling, Bewimperter 186
Filzröhrling, Aprikosen- 60
–, Blutroter 58
–, Brauner 58
–, Eichen- 58
–, Rosafleischiger 58
Filzsaftling, Kalkholder 156
Flämmling, Beringter 464
–, Dunkelstieliger 464
–, Geflecktblättriger 464
–, Gras- 464
–, Kleinsporiger 464
Flechtennabeling, Gefalteter 174
Fliegenpilz, Königs- 320
–, Roter 320
Flockenschüppling, Grobwarziger 410
–, Orangebrauner 410
–, Rostbrauner 410
Frauentäubling 110
–, Kleiner 112
Frühjahrslorchel 652

Gabeltrichterling, Kaffebrauner 196
Gallertbecher, Gelbweißer 618
–, Fleischroter 690
Gallertkäppchen 686
Gallertkreisling, Buchen- 690
–, Fichtenzapfen- 690
Gallertkruste, Rosagetönte- 614
Gallertpilz, Kirschbaum- 616
Gallertträne, Zusammenfließende 618
Gallerttricher, Roter 612
Gelbfuß, Kupferroter 72
Gitterling 622
Gitterrost, Birnen- 722
Glimmerschüppling, Goldfarbener 258
Glöckchenennabeling, Geselliger 178
–,Wohlriechender 178
Glockenschüppling, Behangener 396
–, Frühlings- 396
–, Kegelzelliger 396
Glöckling, Frühlings- 294
–, Kreuzsporiger 292
–, Scherbengelber 292
–, Schlankstieliger 292
–, Seidiger 292
–, Traniger 292
–, Zitronengelber 302
Glucke, Krause 590
Goldblatt, Europäisches 62
Goldnabeling, Zweisporiger 174
Goldtäubling 126
Graublatt, Kohlen- 254
–, Schwachriechendes 222
–, Sumpf- 226
–, Wurzel- 222
Graustieltäubling, Gelber 128
–, Mediterraner 128
–, Orangeroter 128
–, Weinroter 128
Grünling, Kiefern- 242
Grünspanbecherling, Kleinsporiger 694
Grünspanträuschling 418
Gurkenschnitzling 390
Gürtelfuß, Dunkelbrauner 460
–, Erdigriechender 460
–, Feuerfüßiger 456
–, Geschmückter 456
–, Pelargonium 462
–, Violettstieliger Rettich- 460
–, Zimtroter 460

Haarbecherchen, Gelbhaariges 698
–, Lärchen- 698
–, Schneeweißes 698
–, Wachsgelbes 698
–, Weißtannen- 698
Haarschwindling, Zitzen- 220
Haarzunge, Gewöhnliche 684
Habichtspilz, Fichten- 582
Hallimasch, Dunkler 200
–, Honiggelber 200
–, Moor- 200
–, Ringloser 200
–, Wandelbarer 200
Hartbovist, Braunwarziger 630
–, Südlicher 630
–, Zwiebelförmiger 630
Harzporling, Laubholz- 528
–, Schwarzgebänderter 528
Hasenpfote 368
Hasenröhrling 48
Haubenpilz, Sumpf- 686
Häubling, Bereifter 476
–, Gelbbrötlicher Flaumstiel- 478
–, Gift- 476
–, Glimmerstieliger 476
–, Glockiger 478
–, Großsporiger Moos- 478
–, Moos- 478
–, Rasen- 478
–, Spitzkegeliger 476
–, Weißflockiger Sumpf- 476
Hausschwamm, Echter 558
–, Wilder 558
Hautkopf, Blut- 436
–, Blutblättriger 436
–, Hainbuchen- 434
–, Olivblättriger Sumpf- 434
–, Orangeblättriger 436
–, Purpurrotgenatterter 436
–, Safranblättriger 434
–, Spitzkegeliger Safran- 434
–, Weiden- 434
–, Zimt- 436
Heftelnabeling, Blaustieliger 174
–, Gemeiner 174
Helmkreisling, Dünnstieliger 694
–, Wasser- 694
Helmling, Bitterer 262
–, Blut- 262
–, Bogenblättriger 280
–, Braunschneidiger Gras- 266
–, Buchenblatt- 276
–, Buntstieliger 272
–, Büscheliger Nitrat- 274
–, Dehnbarer 268
–, Duftender Rettich- 278
–, Dunkelblättriger 280
–, Faden- 276
–, Falscher Rinden- 274
–, Farn- 264
–, Feuriger 266
–, Fichtenzapfen- 274
–, Frühlings- 272
–, Gelber Rettich- 278
–, Gelbschneidiger 266
–, Gelbstieliger Nitrat- 274
–, Gelbweißer 270
–, Gemeiner Rettich- 278
–, Geschmückter 268
–, Grünschneidiger 266
–, Hauhechel- 276
–, Kegeliger 276
–, Kiefernzapfen- 264
–, Klebriger 268
–, Korallenroter 270
–, Lachsfarbener 270
–, Lilaschneidiger 264
–, Olivgelber 266
–, Orangemilchender 262
–, Orangeroter 270
–, Postament- 268
–, Purpurschneidiger Blut- 264
–, Rillstieliger 272
–, Rinden- 274
–, Rosa 270
–, Rosa Rettich- 278
–, Rosablättriger 272
–, Rostiger 276
–, Rotschneidiger 264
–, Schleimfuß- 280
–, Schleimiger 268
–, Schwarzschneidiger Rettich- 278
–, Voreilender 272
–, Weißmilchender 262
–, Weißmilchender – schwarze Varietät 262
Heringstäubling, Buchen- 132
–, Eichen- 132
–, Olivgrüner 132
–, Roter 132
Hexenbesen, Birken- 722
Hexenröhrling, Flockenstieliger 40
–, Glattsieliger 44
–, Netzstieliger 44

Hirschtrüffel, Warzige 642
Hohlfußröhrling 50
Holzkeule, Buchenfruchtschalen- 708
–, Geweihförmige 708
–, Langgestielte 708
–, Vielgestaltige 708
–, Weißdorn- 708
Holzkohlenpilz, Erlen- 702
–, Gemeiner 702
Holzkrempling, Muschel- 70
–, Samtfuß 70
Holzritterling, Olivgelber 244
–, Purpurfilziger 244
Holzscheibchen, Grauweißes 700
Honigtäubling, Scharfer 124
Hörnling, Klebriger 618
–, Laubholz 618
Hornpilz, Gewöll- 716
–, Kuh- 716
Hundsrute 622

Judasohr 612

Kahlkopf, Blaufärbender 420
–, Feingeriefter 420
–, Spitzkegeliger 420
–, Trockener 420
–, Weißflockiger 420
Kaiserling 318
Kammkoralle, Gewöhnliche 606
–, Runzlige 606
Kammpilz, Orangeroter 558
Kammporling 520
Kammtäubling, Kratzender 114
Käppchenmorchel 650
Kartoffelbovist, Dickschaliger 630
Käsepilzchen, Nadelstreu- 216
Kelchbecherling, Napfförmiger 670
–, Östereichischer oder Gemeiner 660
Kelchpilz, Kerbrandiger 660
Kernkeule, Käferlarven- 716
–, Kopfige 714
–, Raupen- 716
–, Weißfleischige 714
–, Wespen- 716
–, Zungen- 714
Kernling, Alabaster- 616
Keule, Bläulichbereifte 604
–, Heide- 604
–, Purpurfarbene 602
–, Rauchgraue 602
–, Rosa 604
–, Wurmförmige 604
Kiefernröhrling, Großsporiger 46
Kissenbecherling, Rotleuchtender 672
Klapperschwamm 524
Kleiebecherling, Hasel- 696
Klumpfuß, Amethystblättriger 448
–, Anis- 452
–, Blauer 450
–, Breitknolliger 448
–, Buchen- 448
–, Goldstaub- 450
–, Grünlings- 454
–, Hygrophaner 442
–, Luhmanns 448
–, Messing- 454
–, Olivblättriger Moor- 442
–, Prächtigster 452
–, Purpurfleckender 442
–, Reihiger 448
–, Sägeblättriger 442
–, Schöngelber 454
–, Schönvioletter 450
–, Schwarzgrüner 454
–, Steineichen- 454
–, Violetter 450
–, Violettroter 452
Knäueling, Birken- 506
Knoblauchschwindling, Echter 222
–, Saitenstieliger- 222
–, Scharfer 222
Knollenblätterpilz, Frühlings- 318
–, Gelber 324
–, Grüner 318
–, Spitzkegeliger 318
Knopfbecherchen, Nierensporiges 696
Körnchenschirmling, Amiant- 256
–, Rostroter 256
–, Starkriechender 256
–, Weinroter 256
–, Zinnoberroter 256
Knorpelporling, Orangener 550
–, Schneeweißer 550
Knorpelschichtpilz, Violetter 564
Kohlenbecherling 670
Kohlenbeere, Gelbrandige 704
–, Großfrüchtige 704
–, Purpurviolette 704
–, Rötliche 704
–, Vielgestaltige 702
–, Ziegelrote 704
–, Zusammenfließende Buchen- 702
Kohlenkugelpilz, Wolliger 720
Kohlentrichterling, Frühlings- 186
Königsröhrling 38
–, Falscher 38
Koralle, Blasse 596
–, Blutrotfleckende 592
–, Dreifarbige 594
–, Flattrige Fichten- 598
–, Gelbbräunende 592
–, Gelbliche 592
–, Goldgelbe 592
–, Grünfleckende 598
–, Grünspitzige 598
–, Hahnenkamm- 596
–, Hellgebliche 592
–, Lohbraune 596
–, Orangegelbe Gebirgs- 594
–, Ovalsporige Feuer- 594
–, Rosagelbe 594
–, Rosenrote 594
–, Steife 598
–, Violette 596
–, Zierliche 598
Korkstacheling, Bläulicher 586
–, Gezonter 586
–, Orangegelber 586
–, Scharfer 586
–,Wohlriechender 586
Kornblumenröhrling 48
Kotling, Borstiger 674
Kotling, Kleiiger 672
Kraterelle, Krause 576
Kratertrüffel, Gelbe 640
Kräuselkrankheit, Pfirsich- 722
Kräuterseitling 504
Krempenritterling, Bitterer 182
–, Dreifarbiger 182
–, Riesen- 182
Krempling, Erlen- 70
–, Porphyrsporiger 70
–, Verkahlender 70
Kristallmürbling, Schokoladenbrauner 374
Kristallzystidenporling, Schönfarbiger 550
Krokodil- Ritterling, Echter 236
–, Falscher 236
Kronenbecherling, Violetter 662
Krustenhöckerpilz, Stacheliger 718
Krustenkugelpilz, Gelbgrünlicher 712
–, Porlings- 712
–, Rotbrauner 712
Kugelkissen, Brandschwarzes 720
Kugelpilz, Mauersporiger Robinien- 720
–, Maulbeer- 720
–, Zugespitzter 720
Kugelschneller 634
Kugelschwamm, Tannen- 702
Kuhmaul 72
Kurzhaarborstling, Roter 676

Lackporling, Dunkler Tannen- 530
–, Flacher 530
–, Glänzender 530
–, Harziger 530
–, Kupferroter 530
Lacktrichterling, Braunroter 198
–, Rotbrauner 198
–, Verborgener 198
–, Violetter 198
–, Zweifarbiger 198
Langfüßler, Grauer 658
Lärchenröhrling, Grauer 52
–, Rostroter 52
Leberreischling 526
Lederkoralle, Stinkende 588
–, Weiße 588
Lederporling, Violetter 554
Lederrindenpilz, Mottenkugel- 564
Ledertäubling, Brauner 130
–, Kurzstieliger 130
–, Rotstieliger Sammelart 130
–, Weißstieliger 130
Leistling, Grauer 576
Lilabecherling, Gelbfleischiger 664
Lorchel, Elastische 656
–, Gruben- 656
–, Herbst- 656
–, Laubwald- 652
–, Riesen- 652
–, Rundspor- 654
–, Scheiben- 654
–, Schildförmige 654
–, Schwarze 658
Lungenseitling 504

Mäandertrüffel, Stachelsporige 640
Maggipilz 96
Mairitterling 250
Mandeltäubling 114
Mäuseschwanzrübling 226
Mehl-Schirmling, Rötender 346
–, Stinkender 346
–, Zierlicher 346
Mehl- Trichterling, Kleinsporiger 192
–, Weicher 192
Mehltau, Eichen- 724
–, Laubbaum- 724
–, Springkraut 724
Milch- Brätling 100
–, Heller 100

Milchling, Atlantischer 94
–, Birken- 86
–, Braunfleckiger 88
–, Braunzottiger 86
–, Eichen- 92
–, Erlen- 96
–, Flatter- 92
–, Flaumiger 86
–, Fleischblasser 90
–, Flügelsporiger 82
–, Gebänderter Hainbuchen- 90
–, Goldflüssiger- 98
–, Graublasser 90
–, Graufleckender 88
–, Graugrüner 88
–, Grubiger Fichten- 86
–, Hasel- 90
–, Heide- 90
–, Kampfer- 96
–, Langstieliger Pfeffer- 100
–, Lärchen- 84
–, Lila 98
–, Mediterraner Gruben- 84
–, Milder 94
–, Nordischer 88
–, Olivbrauner 88
–, Orangefuchsiger 94
–, Pechschwarzer 82
–, Pfützen- 92
–, Queradriger 84
–, Rosaanlaufender 82
–, Rosascheckiger 100
–, Rotbrauner 92
–, Rotgegürtelter 94
–, Schüppchen- 98
–, Schwarzbrauner 82
–, Später 94
–, Süßlicher 92
–, Wässriger 96
–, Wimpern- 86
–, Wolliger 100
Mist- Tintling, Schneeweißer 368
–, Struppiger 368
Mistborstling, Blassgelber 676
Mistpilz, Fleischrosafarbener 390
–, Gold 390
–, Netzadriger 390
–, Olivfarbener 390
Mohrenkopf 82
Mönchskopf 188
Moor-Schwefelkopf, Wurzelnder 416
Moosbecherling, Gewöhnlicher 672
Morchel-Trüffel, Großsporige 642
Mürbling, Kohlen- 378
–, Steifstieliger 372
–, Wässriger 376
Muschelseitling, Gelbstieliger 502
Mutterkorn 714

Nabel Rötling, Braunblättriger 304
–, Dunkelblättriger 304
Nabeling, Brunnenlebermoos- 178
–, Gelbgrüner 176
–, Goldblätteriger 176
–, Holz- 180
–, Orangeroter 178
–, Rotbrauner 178
–, Sepiabrauner 180
–, Torfmoos- 180
–, Zitronengelber 174
Nacktbasidie, Preiselbeer- 722
Nadelholzröhrling 48
Narrentasche, Erlen- 722
Nitratsäftling, Rötender 160
–, Nichtrötender 160

Ochsenröhrling 44
Ohrlappenpilz, Gezonter 612
Öhrling, Eingeschnittener 668
–, Kröten- 668
–, Zitronengelber 668
Ölbaumtrichterling, Echter 500
–, Orangefarbener 500
Olivschnitzling, Buchen- 406

Pantherpilz 324
Parasol 352
Perlpilz 322
Pfefferröhrling 46
Pfennigkruste, Buchen- 706
Pfifferling, Echter 574
–, Amethyst- 574
–, Bereifter 574
–, Gelbstieliger Trompeten-Pfifferling 576
–, Gelbvioletter 578
–, Rostfleckiger 574
–, Samt- 574
–, Schwärzender 578
–, Starkriechender 576
–, Trompeten-Pfifferling 576
Pfifferling, Falscher 72
Pfirsichtäubling, Violettstieliger 112
–, Violettstieliger, gelbhütige Form 112
Polsterpilz, Weißer 544
Porenscheibe, Punktierte 706
Porenschwamm, Verfärbender 550
Porling, Berg- 524
–, Fenchel- 540
–, Löwengelber 518
–, Löwengelber - Zwergform 518
–, Mai- 508
–, Nordischer Schwamm- 522
–, Riesen- 524
–, Schuppiger 518
–, Schwefel- 522
–, Sklerotien- 518
–, Waben- 508
–, Winter- 508
–, Ziegenfuß 520
Prachtbecher, Leuchtender 670
Puppenkernkeule, Orangegelbe 714
Purpurröhrling, Blasser 42
–, Blaufleckender 44
–, LeGals 42
–, Weinroter 42
Pustelkeulchen, Ledergelbes 712
Pustelpilz, Scharlachroter 710
–, Zinnoberroter 710

Rasentrüffel, Rotbraune 640
Rasling, Büschel- 254
–, Dreiecksporiger 252
–, Lehmfarbener 252
–, Ockerfarbener 252
–, Rötender 252
–, Spindersporiger 252
–, Ulmen- 254
–, Weißer 196
Räsling, Mehl- 306
–, Muschelförmiger 306
Rauchporling, Angebrannter 548
Raufuß, Gelber 64
–, Hainbuchen- 64
–, Pappel- 64
–, Steineichen- 64
Raukopf, Braunnetziger 430
–, Gelbfaseriger 462
–, Grüner 430
–, Löwengelber 432
–, Olivbrauner 430
–, Orangefuchsiger 432
–, Rotschuppiger 456
–, Schuppiger 432
–, Spitzgebuckelter 432
Reifpilz 458
Reiftäubling, Blaugrüner 112
–, Zinnoberroter 134
Reisigbecherchen, Zitronengelbes 694
Reizker, Blut- 78
–, Echter 78
–, Fichten- 78
–, Lachs- 78
–, Spangrüner Kiefern- 78
Resupinatstacheling, Fransiger 556
–, Ockerfarbener 556
Riesenkeule, Abgestutze 608
–, Herkules- 608
Riesenschirmling, Zitzen- 352
Rindenpilz, Blauer 566
–, Cremefarbener 560
–, Holunder- 560
–, Schwefelgelber 556
Rindensprenger, Gewöhnlicher 566
Ring-Glockenschüppling, Kleinsporiger 396
–, Runzeliger 396
Risspilz, Birnen- 494
–, Bittermandel- 492
–, Blaufüßiger 484
–, Braunstreifiger 498
–, Duftender 484
–, Fichten- 490
–, Flockiger 498
–, Frühlings- 498
–, Gefleckter 486
–, Gerandetknolliger 490
–, Graublättriger 486
–, Graugezonter Zwerg- 490
–, Grauvioletter 496
–, Grüngebuckelter 494
–, Grünroter 494
–, Hirschbrauner 484
–, Honig- 486
–, Kegeliger 486
–, Kurzstieliger 492
–, Lilaseidiger 496
–, Lilaspitziger 496
–, Radialrissiger Violettstiel- 496
–, Ritterlings- 486
–, Rotbrauner 492
–, Rötender 494
–, Rübenstieliger 488
–, Rundknolliger 488
–, Schönsporiger 490
–, Schwarzfüßiger 492
–, Seidiger 498
–, Sternsporiger 490
–, Strohfarbener 492
–, Weinroter 484
–, Weißrosa 494
–, Wirrköpfiger 488
–, Wolliger 488
–, Ziegelroter 484
–, Zitzen- 488

Ritterling, Bärtiger 240
–, Bitterer Buchen- 234
–, Bitterer Eichen- 238
–, Brandiger 238
–, Düsterfaseriger 244
–, Fastberingter 238
–, Feinschuppiger 240
–, Gelber Pfeffer- 242
–, Gelbfleischiger 240
–, Gelbweißer 230
–, Gerippter 240
–, Grüngelber 244
–, Halsband 236
–, Lärchen- 240
–, Lästiger 230
–, Oranger 236
–, Pappel- 238
–, Riesen- 236
–, Schwarzfaseriger 242
–, Schwefel- 244
–, Seidiger 230
–, Seifen- 242
–, Tiger- 232
–, Unverschämter 230
–, Weinbrauner Seifen- 242
–, Weißbrauner 238
–, Weißer Birken- 230
Röhrenkeule, Binsen- 608
–, Hohe 608
Röhrling, Dunkler Arven- 56
–, Düsterer 50
–, Elfenbein- 56
–, Fahler 62
–, Gallen- 50
–, Gehämmerter 62
–, Gold- 52
–, Goldporiger 46
–, Körnchen- 54
–, Kuh- 56
–, Maronen- 62
–, Mediterraner Körnchen- 54
–, Moor- 52
–, Parasitischer 62
–, Sand- 56
–, Schwarzblauender 40
Rost, Erbsen- 724
Rötelritterling, Horngrauer 184
–, Lilastiel- 184
–, Schmutziger 184
–, Veilchen- 184
–, Violetter 184
Röteltrichterling, Fuchsiger 186
Rotfußröhrling, Bereifter 60
–, Falscher 60
–, Gewöhnlicher 60
–, Starkblauender 60
Rotkappe, Espen- 66
–, Heide- 66
–, Laubwald- 66
–, Nadelwald- 66
Rötling, Alkalischer 290
–, Becher- 304
–, Behaarter 294
–, Blauer 296
–, Grauer Stummelfuß- 304
–, Heide- 294
–, Marmorierter 288
–, Mehl- 288
–, Niedergedrückter 290
–, Porphyrbrauner 294
–, Riesen- 288
–, Schild- 288
–, Schorfiger Filz- 294
–, Schwarzblauer 296
–, Silbergrauer Auen- 288
–, Stahlblauer 296
–, Torfmoos 290
–, Violetter 296
–, Weiden- 290
–, Weißseidiger 304
–, Weißstielieger 290
Rübling, Brennender 210
–, Butter- 208
–, Drehstieliger 208
–, Gefleckter 208
–, Gelbblättriger Waldfreund- 212
–, Hellblättriger Buchenblatt- 210
–, Horngrauer Butter- 208
–, Kerbblättriger 208
–, Knopfstiel- 210
–, Purpurbrauner 210
–, Rotstieliger 212
–, Schnee- 212
–, Schwarzstieliger Stink- 214
–, Spindeliger 210
–, Stinkender 214
–, Striegeliger 214
–, Unverschämter 214
–, Üppiger Büschel- 212
–, Waldfreund- 212
Runzelschorf, Ahorn- 700
Rußporling, Schwarzweißer 520

Safranschirmling, Garten- 352
–, Olivbrauner 352
Saftling, Bitterer 154
–, Blassrandiger 160
–, Feuerschuppiger 158
–, Gebrechlicher 152
–, Gelbrandiger 154
–, Granatroter 154
–, Grauer 150
–, Kegeliger 152
–, Kirschroter 154
–, Kleinhütiger 158
–, Knoblauch- 156
–, Mennigroter 156
–, Papageien- 150
–, Pfifferlings- 156
–, Prächtiger 154
–, Rosenroter 158
–, Rötender 160
–, Safrangelber 152
–, Schleimfuß- 150
–, Schnürsporiger 152
–, Schuppiger Moor- 156
–, Schwarzbräunlicher 158
–, Stumpfer 152
–, Zäher 150
–, Ziegelbrauner 150
Saftporling, Bitterer 544
–, Blauer 544
–, Fleckender 544
–, Getropfter 544
–, Safrangelber 526
–, Grauer 544
Sägeblattling, Getigerter 508
–, Schuppiger 506
Samt-Schneckling, Stinkender 176
–, Gelbstieliger 176
–, Hellblättriger 176
Samtfußrübling, Gewöhnlicher 224
–, Hauhechel- 224
Samthäubchen, Bleiches 392
–, Gerieftes 392
–, Gold- 392
–, Halbkugeliges 394
–, Kegelhütiges 392
–, Langstieliges 394
–, Milchweißes 394
–, Ockerstreifiges 394
–, Roststieliges 392
–, Zweisporiges Milch- 394
Samtritterling, Runzeliger 248
Sandborstling, Kleinsporiger 674
–, Zedern- 674
Satansröhrling 42
Saumpilz, Tränender 374
Schafporling 520
Scheibchentintling, Braunhaariger 372
–, Glimmeriger- 372
–, Lilagetönter 372
Scheidenstreifling, Erlen- 326
–, Fuchsiger 328
–, Grauer 326
–, Graufuchsiger 328
–, Grauhäutiger 326
–, Ockergrauer 328
–, Orangegelber 328
–, Riesen- 326
–, Zweifarbiger 328
Scheidling, Blaugrauer 314
–, Großer 314
–, Kleinster 314
–, Parasitischer 314
–, Wolliger 314
Scheinhelmling, Gipsweißer 282
–, Milchweißer 282
–, Rasen- 280
Scheinrübling, Gelbblättriger 228
Schichtpilz, Blutender Nadelholz- 564
–, Braunfilziger Fichten- 564
–, Mosaik- 562
–, Striegeliger 564
–, Zweifarbiger 566
Schildbecherchen, Großsporiges Kiefern- 700
Schildborstling, Gewöhnlicher 676
–, Spitzstacherliger Rundspor- 676
Schillerporling, Eichen- 536
–, Erlen- 538
–, Knotiger 538
–, Schiefer 538
–, Tamarisken- 538
–, Tropfender 536
–, Vielgestaltiger 538
–, Zottiger 536
Schirmling, Fahlbrauner 336
–, Fleischbräunlicher 340
–, Fleischrötlicher 340
–, Fuchsbrauner 336
–, Gelblättriger 342
–, Gelbwolliger 338
–, Grünschuppiger 336
–, Kastanienbrauner 336
–, Körnigschuppiger 338
–, Lilafarbener 340
–, Ockerbrauner 342
–, Olivgrauer 342
–, Purpurbrauner 340
–, Rettich- 338
–, Rosaroter 340
–, Rotknolliger 338
–, Schwarzschuppiger 342

–, Striegeliger 342
–, Wollstiel- 338
Schlangenkohlenbeere, Gewöhnliche 706
Schleiereule 450
Schleierling, Violetter 430
Schleierritterling, Knolliger 248
Schleimfuß, Blaublättriger 440
–, Blauer 440
–, Blaustiel- 438
–, Galliger 440
–, Heide- 438
–, Honig- 438
–, Langstieliger 438
–, Natternstieliger 438
–, Regen- 440
–, Safranblauer 440
Schleimkopf, Bitterster 446
–, Blasser 444
–, Erdigriechender 444
–, Fuchs- 446
–, Gelbflockiger 452
–, Gelbgegürtelter 444
–, Gelbgegürtelter 446
–, Graublauer Zwerg- 442
–, Semmelgelber 444
–, Starkreagierender 444
–, Trügerischer 446
–, Weihrauch- 446
–, Würziger 452
Schleimrübling, Beringter 228
–, Wurzelnder 224
Schleimschirmling, Getropfter 334
–, Glänzender 334
–, Mittelmeer- 334
–, Ockergelber 334
–, Rotbrauner 334
Schleimtrüffel, Gelbbraune 642
Schmarotzerpustelpilz, Grüner 710
–, Orangefarbener 710
–, Reizker 710
Schmierling, Fleckender 72
–, Rosenroter 72
Schmierröhrling, Weißbrauner 54
Schmierschirmling, Fleckender 346
Schmutzbecherling 690
Schneckling, Birken- 164
–, Braunscheibiger 168
–, Elfenbein- 162
–, Fichten- 162
–, Frost- 168
–, Gefleckblättriger 166
–, Goldzahn- 164
–, Graubrauner Schleimstiel- 170
–, Großer Kiefern- 170
–, Isabellrötlicher 166
–, Lärchen 168
–, Marillenblättriger 164
–, März- 172
–, Natternstieliger 170
–, Nichtverfärbender 162
–, Olivgestiefelter 170
–, Rasiger Purpur- 166
–, Rißpilzähnlicher 170
–, Rußbrauner 172
–, Schleimigberingter 164
–, Schwarzfaseriger 172
–, Schwarzpunktierter 172
–, Seidiggerandeter 168
–, Terpentin- 166
–, Trockener 162
–, Trockener Eichen- 162
–, Verfärbender 164
–, Wald- 166
–, Wohlriechender 172
–, Zweifarbiger Steineichen- 168
Schnitzling, Buchenwald 410
–, Weiden- 474
Schönfußröhrling 40
Schönkopf, Dottergelber 250
–, Düsterer 250
–, Fleischrötlicher 250
–, Veilchenblauer 250
Schopftintling 366
Schüppchenschnitzling, Spitzschuppiger 410
Schuppenritterling, Schwefelgelber 248
Schuppenröhrling, Weinroter 50
Schuppenwulstling, Duftender 258
–, Gelber 258
–, Glattstieliger 258
–, Goldstiel- 258
Schüppling, Bleicher 400
–, Erlen- 404
–, Fettiger 404
–, Hochthronender 400
–, Kohlen- 402
–, Pappel- 404
–, Pinsel- 400
–, Runzel- 402
–, Safranroter 402
–, Sparriger 400
–, Strohblasser 402
–, Tonweißer 402
–, Winter- 406
Schütterzahn 556
Schwanztrüffel, Grünfleischige 642
Schwärztäubling, Dichtblättriger 108
–, Dickblättriger 108
–, Menthol- Sammelart 108
Schwarzbecher, Konidien- 690
Schwarzbeere, Gewöhnliche 706
Schwarzborstling, Gestielter 660
–, Ungestielter 660
Schwarzfußporling, Kastaniebrauner 518
Schwefelkopf, Geriefter 416
–, Geselliger 416
–, Grünblättriger 414
–, Grünblättriger Zwerg 414
–, Moos- 416
–, Rauchblättriger 414
–, Torfmoos 416
–, Wurzelnder 414
–, Wurzelnder 416
–, Ziegelroter 414
Schwefelporling, Berg- 522
Schwefelröhrling, Falscher 40
Schwindling, Ast- 220
–, Halsband- 216
–, Hornstieliger 218
–, Ledergelber 218
–, Nadel- 216
–, Nelken- 218
–, Orangerötlicher 220
–, Rosshaar- 216
–, Seitenspross- 220
–, Violettlicher 218
–, Weißer Zwerg- 220
Schweinsohr 578
Seidenschirmling, Gewöhnlicher 348
Seitling, Berindeter- 504
–, Orange- 500
–, Rillstieliger 504
Semmelporling 520
Shii-Take 508
Silberröhrling 38
Sklerotienbecherling, Anemonen- 688
–, Gewöhnlicher 688
Sklerotienrübling, Gelbknolliger 226
Spaltblättling 502
Spaltlippe, Eichen- 700
–, Kiefernnadel- 700
Spaltporling, Veränderlicher 554
Spateling, Dottergelber 686
Speisemorchel 650
Speisetäubling, Grüner 110
Speitäubling, Birken- 118
–, Buchen- 118
–, Kirschroter 118
–, Schwarzroter 120
–, Wechselfarbiger 120
Spitzkeulchen, Weißes 604
Spitzmorchel 650
Stachel-Schirmling, Schwarzschneidiger 344
–, Spitzschuppiger 344
–, Struppiger 344
Stachelbart, Buchen- 590
–, Dorniger 590
–, Igel- 590
–, Krustenförmiger 554
Stachelfadenpilz, Südbuchen- 556
Stacheling, Gallen- 582
–, Ohrlöffel- 580
Stachelrindenpilz, Zarter 554
Stängelbecherling, Fruchtschalen- 692
–, Invasives Eschenblattstiel- 692
–, Schildförmiges 692
–, Gekrönter 692
–, Pokalförmiger 692
Stäubling, Beutel- 624
–, Birnen- 624
–, Bräunlicher 626
–, Flaschen- 624
–, Flocken- 626
–, Hasen- 628
–, Igel- 624
–, Lilafarbener 628
–, Stern- 628
–, Stinkender 624
–, Wiesen- 628
Steinpilz 36
–, Birken- 36
–, Hainbuchen- 36
–, Kiefern- 36
–, Schwarzhütiger 36
–, Sommer- 36
Stelzenstäubling 636
Stielbovist, Zitzen- 636
Stink-Champignon, Braunscheckiger 356
Stink-Täubling 114
–, Gilbender 114
Stinkmorchel, Dünen- 622
–, Gewöhnliche 622
Stockschwämmchen 404
–, Glattstieliges 404
Stoppelpilz, Ellipsoidsporiger 580
–, Rotgelber 580
–, Semmel- 580
–, Weißer 580
Stromabecherling, Brauner Eichel- 688
–, Erlenkätzchen- 688
–, Fichtenzapfen- 688
Strubbelkopfröhrling 50
Stummelfüßchen, Entferntblättriges 412

–, Gallertfleischiges 412
–, Gebrechliches 412
–, Gerieftes 412
–, Nadelholz- 412

Tannentäubling, Hohlstieliger 120
Täubling, Amethyst- 136
–, Blassgelber 116
–, Buckel- 136
–, Camembert 114
–, Flammenstiel- 122
–, Gallen- 116
–, Gelbfleckender 118
–, Gelfeckter 124
–, Grüngefelderter 110
–, Hainbuchen- 130
–, Jodoform- Sammelart 136
–, Mehlstiel 116
–, Milder Wachs- 136
–, Netzflockiger Rosa- 134
–, Ockergelber 116
–, Pelargonien- 120
–, Purpurschwarzer 120
–, Schöner 112
–, Schwachfleckender 118
–, Sonnen- 116
–, Speise- 110
–, Stachelbeer- Sammelart 122
–, Sumpf- 124
–, Verblassender 126
–, Wiesel- 132
–, Zedernholz- 122
–, Ziegelroter 126
–, Zitronenblättriger 122
Tellerling, Bereifter 306
–, Gelbfuchsiger 306
–, Würziger 306
Tentakelkeulchen, Abgestutzes 694
Teuerling, Dung- 636
–, Gestreifter 636
–, Tiegel- 636
Tintenfischpilz 620
Tintling, Gelbschuppiger 370
–, Gesäter 370
–, Gift- 366
–, Glimmer- 370
–, Haus- 370
–, Isabellfarbener 368
–, kleiner Specht 366
–, Kohlen- 370
–, Rotbestäubter 368
–, Specht 366
–, Zarter 372
Tramete, Anis- 546
–, Rötende 542
–, Buckel- 546
–, Schmetterlings- 546
–, Striegelige 546
–, Zinnober- 548
Träuschling, Blauer 418
–, Halbkugeliger 418
–, Krönchen- 418
–, Riesen- 418
–, Schuppiger 406
Trichterling, Bleiweißer 190
–, Buxblättriger 190
–, Duft- 194
–, Fleischfalber 192
–, Graufilziger 188
–, Grüner Anis- 194
–, Holz- 196
–, Hygrophaner Wiesen- 190
–, Kerbrandiger 188
–, Keulenfuß- 196
–, Leberbrauner Gebirgs- 188
–, Nabel- 194
–, Nebelgrauer 190
–, Ockergelber 188
–, Parfümierter 186
–, Ranziger 194
–, Rinnigbereifter 190
–, Staubfüßiger 192
–, Stinkender 192
–, Wachsstieliger 196
Trollhand 712
Trompete, Herbst- 578
Trompeten- Pfifferling 576
–, Gelbstieliger 576
Trompetenschnitzling, Beringter 408
–, Flockiger 408
–, Gelbblättriger 408
–, Gemeiner 408
–, Kleinster 408
Trüffel, Perigord- 638
–, Rotbraune 638
–, Sommer- 638
–, Teer- 638
–, Weiße 638
–, Winter- 638
Tulpenbecher 660

Urwaldschüppling 15, 400

Verpel, Böhmische 650
–, Fingerhut- 650
Violett-Milchling, Blasser 80
–, Hellgelber 80
–, Klebriger 80
–, Trockener 80
–, Zottiger 80

Wachstricherling, Rötender 160
Wachsporenschwamm, Blassgrüner 550
Wasserfuß, Braunschneidiger 282
–, Buchenwald- 282
–, Schwärzender 282
Wasserkopf, Aprikosen- 462
–, Rosastieliger 462
–, Spitzer 462
–, Zimtblättriger Birken- 460
–, Zinnoberroter 456
Wasserscheibchen, Fleischbraunes 696
Weich-Täubling , Geriefter Sammelart 136
Weichbecherchen, Aschgraues 696
Weichporling, Leuchtender 526
–, Zimtfarbener 526
Weichritterling, Dunkelflockiger 246
–, Frühlings- 246
–, Gemeiner 246
–, Kurzstieliger 246
–, Schwarzbrauner 246
Weiden-Scheibenpilz, Roter 560
Weißfäule-Tramete, Zitronengelbe 548
Weißspor-Stacheling, Becherförmiger 584
–, Rötender 584
–, Schwarzer 584
–, Schwarzweißer 584
–, Violetter 584
Weißseitling, Ohrförmiger 502
Weißtäubling, Gelbsporiger 108
–, Gemeiner Sammelart 108
Wetterstern 632
Wiesenkeule, Gelbweiße 602
–, Geweihförmige 600
–, Goldgelbe 602
–, Spindelförmige 602
–, Zarte 600
Wiesenkoralle, Amethystfarbige 600
Wiesenritterling, Borstiger 248
–, Schwärzender 248
Wirrling, Eichen- 542
–, Rötender 522
Wolfsröhrling 42
Wolfstäubling 122
Wulstling, Eier- 318
–, Fransen- 320
–, Grauer 322
–, Kammrandiger 322
–, Mittelmeer- 320
–, Narzissengelber 324
–, Porphyr- 324
–, Rauer 322
–, Stachelschuppiger 320
Wurzelbecherling, Olivgelber 670
Wurzellorchel 654
Wurzelmöhrling 182
Wurzelrübling, Braunhaariger 224
–, Schwarzbrauner 224
Wurzelschnitzling, Gemeiner 406
–, Olivgrüner 406
Wurzelschwamm, Gemeiner 542
Wurzeltrichterling, Lärchen- 186
Wurzeltrüffel, Rötliche 642

Zähling, Anis- 506
–, Geschichteter 506
–, Runzelhütiger 506
Zapfenrübling, Bitterer 226
–, Fichten- 226
Zärtling, Braungrüner 302
–, Breitstieliger 302
–, Buchenwald- 298
–, Gesägtblättriger 298
–, Gestreifter 302
–, Graublaustieliger 298
–, Langstieliger Nabel- 300
–, Lilastieliger 300
–, Rosafarbener 300
–, Rosaflockiger 300
–, Schiefergrauer 298
–, Wachsgelber 302
Ziegenlippe 58
Zinnober-Täubling, Harter 134
–, Ockerblättriger 134
Zitterling, Blattartiger 616
–, Goldgelber 616
Zitterzahn 612
Zonen-Milchling, Blasser 84
–, Schöner 84
Zunderschwamm 532
Zungenporling, Eichen- 528
Zwergchampignon, Triften- 360
–, Weinrötlicher 360
Zwergknäueling, Bitterer 502
–, Milder 502
Zwergkoralle, Safrangelbe 600
–, Violette 600
Zwergröhrling, Kurzsporiger 46
Zwergschirmling, Blutblättriger 344
–, Grünblättriger 344
Zwergseitling, Schwarzhaariger 500
Zwitterling, Beschleierter 254
–, Stäubender 254
Zystidenrindenpilz, Eichen- 566
–, Fleischrosa 566

Register – wissenschaftliche Namen

abieticola, Hygrophorus 166
abietina, Phaeoclavulina 598
abietina, Ramaria 598
abietinum, Heterobasidion 542
abietinum, Trichaptum 554
abietinus, Hirschioporus 554
Abortiporus 522
abramsii, Mycena 272
acer, Lactarius 82
acerbum, Tricholoma 240
acerinum, Rhytisma 700
acerrimus, Lactarius 84
acervatus, Gymnopus 212
acetabulum, Helvella 658
acetolens, Russula 134
acicula, Mycena 270
acicularis, Cudoniella 694
acrifolia, Russula 108
acris, Lactarius 82
acuminatus, Panaeolus 398
acuta, Inocybe 488
acuta, Leptosphaeria 720
acutella, Inocybe 488
acutoconica, Hygrocybe 152, 158
acutus, Cortinarius 462
adaequatum, Inosperma 484
Adelphella 672
adiposa, Pholiota 400
adonis, Atheniella 270
adonis, Mycena 270
adulterina, Cystolepiota 346
adusta, Bjerkandera 548
aeruginascens, Chlorociboria 694
aeruginea, Russula 110
aeruginosa, Stropharia 418
aerus, Boletus 36
aestivalis, Boletus 36
aestivum, Tuber 638
aestuans, Tricholoma 242
affinis, Macrolepiota 352
Agaricus 354 ff.
Agathomyia 530
agathosmus, Hygrophorus 172
agrestis, Clitocybe 190
Agrocybe 386 f.
agyraceum, Tricholoma 232
alba, Lepiota 338
Albatrellus 520
albida, Antrodia 548
albidum, Hydnum 580
albidus, Hymenoscyphus 692
albipes, Conocybe 394
albobrunneum, Tricholoma 238
albocarneus, Lactarius 90
albonigra, Russula 108
albostipitatum, Leccinum 66
album, Tricholoma 230
alcis, Stropharia 418
Aleuria 670
alevolaris, Neofavulus 508
alexandri, Clitocybe 190
alexandri, Clitopaxillus 190
alliaceus, Marasmius 222
alliaceus, Mycetinis 222
allochroum, Entoloma 300
Alloclavaria 602
alnetorum, Alnicola 474
alnetorum, Naucoria 474
alni, Phellinus 536
alni, Taphrina 722
Alnicola 474
alnicola, Pholiota 404
alopecia, Coprinopsis 366
alopecius, Coprinus 366
alphitoides, Erysiphe 724
alpinus, Cortinarius 438
alutacea, Otidea 668
alutacea, Podostroma 712
alutaceum, Trichoderma 712
alveolaris, Polyporus 508
Amanita 318 ff.
amara, Russula 136
amarellus, Chalciporus 46
amarescens, Clitocybe 192
amarissima, Russula 134
Amaropora 544
amentacea, Ciboria 688
americana, Morchella 650
americanus, Leucoagaricus 350
amethysteus, Cantharellus 574
amethystina, Inocybe 496
amethystina, Laccaria 198
amethystina, Russula 136
amianthinum, Cystoderma 256
amicta, Mycena 268
ammophila, Peziza 662
ammophila, Psathyrella 376
amoena, Russula 112
amoenicolor, Russula 112
amoenolens, Clitocybe 186
amoenolens, Paralepistopsis 186
amoenolens, Russula 114
amorpha, Skeletocutis 550
ampelina, Geoscypha 662
ampelina, Peziza 662
Ampulloclitocybe 196
Amylostereum 564
anatinus, Hodophilus 176
ancilis, Gyromitra 654
androsaceus, Gymnopus 216
angulatus, Coprinellus 370
angulatus, Coprinus 370
annosum, Heterobasidion 542
annuloporus, Coprinopsis 368
anomallelus, Cortinarius 458
anomalus, Cortinarius 458
anserinus, Cortinarius 448
anthracophilum, Lyophyllum 254
Anthurus 622
Antrodia 548
Antrodiella 548
apiculata, Ramaria 598
Apioperdon 624
aporos, Pholiotina 396
appendiculatus, Boletus 38
appendiculatus, Butyriboletus 38
applanatum, Ganoderma 530
applanatus, Crepidotus 412
aquila, Rosellinia 706
aquosus, Gymnopus 212, 214
arbustivus, Hygrophorus 166
archeri, Anthurus 622
archeri, Clathrus 622
arcularius, Polyporus 508
arenicola, Geopora 674
arenosa, Geopora 674
arenosa, Sepultaria 674
areolatum, Amylostereum 564
argillacea, Clavaria 604
armeniacus, Cortinarius 482
armeniacus, Rheubarbariboletus 60
armeniacus, Xerocomus 60
Armillaria 200
armillatus, Cortinarius 456
Arrhenia 180
arhizus, Pisolithus 630
Artomyces 608
arvalis, Agrocybe 388
arvensis, Agaricus 358
arvernensis, Peziza 666
Ascobolus 672
Ascocoryne 690
aspera, Lepiota 344
aspideus, Lactarius 80
Aspropaxillus 182
assimilata, Inocybe 488
Asterophora 254
asterophora, Nyctalis 254
asteropus, Amanita 324
asterospora, Inocybe 490
astraeicola, Xerocomus 632
Astraeus 632
astragalina, Pholiota 402
Atheniella 270
atkinsoniana, Galerina 478
atlanticus, Lactarius 94
atra, Helvella 658
atramentaria, Coprinopsis 366
atramentarius, Coprinus 366
atramentosus, Hydropus 282
atramentosus, Hygrophorus 172
atroglauca, Russula 112
atromadidum, Entoloma 296
atromarginatus, Pluteus 308
atropurpurea ss. auct. europa, *Russula* 120
atropurpureum, Thuemenidium 684
atrorubens, Russula 120
atrosquamosum, Tricholoma 232
atrotomentosa, Tapinella 70
atrovirens, Calonarius 454
atrovirens, Cortinarius 454
augustus, Agaricus 358
aurantia, Aleuria 670
aurantiaca, Hygrophoropsis 72
aurantiaca, Peniophora 566
aurantiacum, Hydnellum 586
aurantiacus, Lactarius 94
aurantiomarginata, Mycena 266
aurantiorugosus, Pluteus 310
Aurantiporus 526
aurantium, Tricholoma 236
aurantius, Hypomyces 710
aurata, Russula 126
aurea, Conocybe 392
aurea, Phaeolepiota 258
aurea, Ramaria 592
aurea, Russula 126
Aureoboletus 46
Aureonarius 432
aureopulverulentus, Calonarius 450

aureopulverulentus, Cortinarius 450
aureovelatus, Cortinarius 462
aureoviride, Trichoderma 712
aureoviridis, Hypocrea 712
aureus, Pseudomerulius 558
auricoma, Parasola 372
auricomus, Coprinus 372
auricula-judae, Auricularia 612
Auricularia 612
aurilicis, Cortinarius 452
Auriscalpium 580
austriaca, Sarcoscypha 660
autochthonus, Crepidotus 412
azonites, Lactarius 82

***b**abingtonii, Adelphella* 672
babingtonii, Pachyella 672
badhamii, Leucoagaricus 350
badia, Imleria 62
badia, Legaliana 666
badia, Peziza 666
badia, Russula 122, 130
badius, Picipes 518
badius, Polyporus 518
badius, Xerocomus 60
Baeospora 226
Balsamia
balsaminae, Podosphaera 724
balsaminae, Sphaerotheca 724
Bankera 584
batschiana, Ciboria 688
batschii, Tricholoma 238
battarrae ss. auct., Amanita 328
battarrae, Amanita 328
Battarrea 636
bellinii, Suillus 54
bellulus, Gymnopilus 464
benesii, Agaricus 356
benzoinum, Ischnoderma 528
berberidis, Cucurbitaria 720
berkeleyi, Geastrum 634
bernardii, Agaricus 356
bernardiiformis, Agaricus 356
Bertia 720
bertiolllonii, Lactifluus 100
betularum, Russula 118
betulicolus, Boletus 36
betulina, Fomitopsis 528
betulina, Taphrina 722
betulina, Trametes 542
betulinus, Cortinarius 440
betulinus, Lenzites 542
betulinus, Piptoporus 528
bicolor, Laccaria 198
bicolor, Laxitextum 566
bidum ss. auct. europ., *Hydnum* 580
biennis, Abortiporus 522
biforme, Trichaptum 554
binucleosporum, Dumontinia 688
birnbaumii, Leucocoprinus 350
birrus, Hebeloma 466
Biscogniauxia 706
bisporus var. *albidus, Agaricus* 354
bisporus, Agaricus 354
bitorquis, Agaricus 354
Bjerkandera 548
blennius, Lactarius 88
bloxamii, Entoloma 296
bodenvag, Gyromitra 652
bohemica, Alnicola 474
bohemica, Naucoria 474
bohemica, Ptychoverpa 650
bohemica, Verpa 650
bolaris, Cortinarius 456
Bolbitius 390
Boletellus 46
Boletinus 50
Boletopsis 520
Boletus 36 ff.
bombycina, Volvariella 314
Bondarzewia 524
bongardii, Inocybe 484
bongardii, Inosperma 484
Bonomyces 186
borealis, Climacocystis 522
boreosulphurescens, Tricholoma 230
botrytis, Ramaria 596
boudieri, Amanita 320
boudieri, Lepiota 336
boudieri, Tricholoma 242
bovinus, Suillus 56
Bovista 626
brassicolens, Gymnopus 214
brassicolens, Micromphale 214
bresadolae, Leucoagaricus 350
bresadolae, Russula 120
bresadolae, Suillus 52
bresadolanum, Tricholoma 234
brevipes, Melanoleuca 246
broomeanus, Melanogaster 642
brumale, Tuber 638
brumale, Tulostoma 636
brumalis, Lentinus 508
brumalis, Polyporus 508
brunnea, Conocybe 396
brunneohepaticus, Lactarius 94
brunneoincarnata, Lepiota 340
brunneum, Chlorophyllum 352
brunneus, Cortinarius 460
bryogenes, Hebeloma 472
bubalinus, Hortiboletus 58
bubalinus, Xerocomus 58
Buchwaldoboletus 48
bucknallii, Cystolepiota 346
bufonia, Otidea 668
bufonium, Tricholoma 244
Buglossoporus 528
bulbiger, Leucocortinarius 248
bulbosa, Helvella 658
Bulgaria 690
bulgarioides, Rutstroemia 688
bullata, Diatrype 718
bulliardii, Cortinarius 456
bulliardii, Marasmius 216, 220
butyracea f. asema, *Rhodocollybia* 208
butyracea, Rhodocollybia 208
Butyriboletus 38
byssisedum, Entoloma 304
Byssomerulius 560

***c**aerulea, Russula* 136
caerulea, Stropharia 418
caerulea, Terana 566
caerulescens, Cortinarius 450
caeruleum, Hydnellum 586
caesarea, Amanita 318
caesia, Postia 544
caesiolamellatus, Cortinarius 442
caesiolamellatus, Thaxterogaster 442
caesiotincta, Volvariella 314
caesius, Cyanosporus 544
caespitosa, Chamonixia 640
cajanderi, Fomitopsis 532
calamistrata, Inocybe 484
calamistratum, Inosperma 484
calcicola, Lepiota 344
calciphila, Hygrocybe 156
Calcipostia 544
caligatum, Tricholoma 236
Callistosporium 228
callitrichum, Leccinum 66
callochhrous, Calonarius 448
callochrous, Cortinarius 448
Calloria 696
Caloboletus 40
Calocera 618
Calocybe 250
Calonarius 448 ff.
calopus, Boletus 40
calopus, Caloboletus 40
Caloscypha 670
calospora, Inocybe 490
Calvatia 628
Calycina 694
calycina, Helvella 658
calyptriformis, Hygrocybe 160
calyptriformis, Porpolomopsis 158
Camarophyllopsis 176
camarophyllus, Hygrophorus 172
Camarops 702
Camarosporidiella 720
campanella, Xeromphalina 178
campestris, Agaricus 354
camphoratus, Cortinarius 458
camphoratus, Lactarius 96
candicans, Clitocybe 196
candicans, Leucocybe 196
candidus, Leucopaxillus 182
candidus, Marasmiellus 220
candolleana, Psathyrella 376
caninus, Cortinarius 458
caninus, Mutinus 622
Cantharellula 160
Cantharellus 574 f.
cantharellus, Hygrocybe 156
caperatus, Cortinarius 458
caperatus, Rozites 458
capillaris, Mycena 276
capitata, Elaphocordyceps 714
capitatum, Tolypcoladium 714
capnoides, Hypholoma 414
caput-medusae, Psathyrella 374
carabi, Cordyceps 716
carbonaria, Geopyxis 670
carcharias, Cystoderma 256
carnea, Calocybe 250
carnosum, Ganoderma 530
carpinaceus, Boletus 36
carpini, Hygrophorus 168
carpini, Russula 130
carpophila, Xylaria 708
carpophilus, Flammulaster 410
caryophyllea, Thelephora 588
casca, Psathyrella 376
castanea, Lepiota 336
castaneus, Gyroporus 48
castoreus, Lentinellus 506
Catathelasma 182
caussei, Xerula 224
cauticinalis, Xeromphalina 178
cavipes, Boletinus 50
cavipes, Russula 120
ceciliae, Amanita 326

cedretorum, Cortinarius 452
centunculus, Simocybe 406
cepa, Scleroderma 630
cephalocystis, Pluteus 312
cepistipes, Leucocoprinus 350
ceracea, Hygrocybe 152
cerasi, Craterocolla 616
cerasi, Ditangium 616
cerea, Peziza 666
cerina, Neodasyscypha 698
cerinus, Dasyscyphus 698
Cerioporus 518
Ceriporiopsis 550
cerrusata, Clitocybe 190
cervicolor, Inocybe 484
cervicolor, Inosperma 484
cervinus, Pluteus 308
cesatii, Crepidotus 412
cessans, Russula 136
cetratum, Entoloma 292
chailletii, Amylostereum 564
Chalciporus 46
chalybaeum, Entoloma 296
Chamaemyces 346
Chamonixia 640
chateri, Melastiza 676
Cheilymenia 672, 676
Chlorociboria 694
chloroides, Russula 108
chlorophana, Hygrocybe 152
Chlorophyllum 352
Choiromyces 640
Chondrostereum 564
chromatophilus, Cortinarius 444
Chroogomphus 72
chrysenteron, Calocybe 250
chrysenteron, Xerocomellus 60
chrysodon, Hygrophorus 164
chrysolithus, Cortinarius 434
Chrysomphalina 176
chrysophaeus, Pluteus 312
chrysophlebius, Pluteus 312
chrysophylla, Chrysomphalina 176
chrysophylla, Omphalina 176
chrysorrheus, Lactarius 92, 98
cibarius var. *amethysteus, Cantharellus* 574
cibarius var. *ferruginascens, Cantharellus* 574
cibarius, Cantharellus 574
Ciboria 688
ciliatus, Lasiobolus 674
ciliatus, Lentinus 508
ciliatus, Polyporus 508
cincinnata, Inocybe 496
cinctulus, Panaeolus 398
cinerea, Coprinopsis 368
cinerea, Mollisia 696
cinereus, Coprinus 368
cinereus, Craterellus 576
cingulatum, Tricholoma 232
cingulum, Lepiota 336
cinnabarina, Cystodermella 256
cinnabarina, Nectria 710
cinnabarinum, Cystoderma 256
cinnabarinus, Cortinarius 456
cinnabarinus, Pycnoporus 548
cinnamomea, Coltricia 540
cinnamomeus, Cortinarius 436
circellatus, Lactarius 90
circinans, Cudonia 686
circinans, Hebeloma 468
cirrhatus, Creolophus 590
cirrhatus, Hericium 590
cisalpinus, Xerocomellus 60
citrina, Amanita 324
citrina, Calycina 694
citrinella, Antrodiella 548
citrinomarginata, Mycena 266
citrinovirens, Hygrocybe 158
citrinum, Scleroderma 630
citrinum, Trichoderma 712
citrinus, Calonarius 454
citrinus, Cortinarius 454
citrinus, Pachyphloeus 640
claroflava, Russula 128
clathroides, Hysterangium 642
Clathrus 622
Clavaria 604
Clavariadelphus 608
clavata, Phloeomana 280
clavatus, Cantharellus 578
clavatus, Gomphus 578
Claviceps 714
clavipes, Ampulloclitocybe 196
clavipes, Clitocybe 196
clavipes, Russula 132
Clavulina 606
Clavulinopsis 602
clavus, Cudoniella 694
cliduchus, Cortinarius 446
Climacocystis 522
Clitocella 306
Clitocybe 186 ff.
Clitocybula 228
Clitopaxillus 190
Clitopilus 306
clypeatum, Entoloma 288
clypeolaria, Lepiota 338
coccinea, Hygrocybe 154
coccinea, Nectria 710
coccinea, Neonectria 710
coccinea, Sarcoscypha 660
coccineocrenata, Hygrocybe 156
cochleatus var. *inolens, Lentinellus* 506
cochleatus, Lentinellus 506
cognata, Melanoleuca 246
cohaerens, Jackrogersella 702
cohaerens, Marasmius 218
colemannianus, Cuphophyllus 148
collina, Clitocybe 188
collinitus, Cortinarius 438
collinitus, Suillus 54
Collybia 208 ff.
colossus, Tricholoma 236
Colpoma 700
Coltricia 540
columbetta, Tricholoma 230
comatus, Coprinus 366
comedens, Vuilleminia 566
commune, Schizophyllum 502
compactus, Leucopaxillus 182
comtulus, Agaricus 360
concentrica, Daldinia 702
conchatus, Lentinus 506
concinna, Otidea 668
concrescens, Hydnellum 586
conferendum, Entoloma 292
confluens, Albatrellus 520
confluens, Gymnopus 210
confluens, Sistotrema 556
confragosa var. *tricolor, Daedaleopsis* 542
confragosa, Daedaleopsis 542
confragosa, Tubaria 408
confusa, Helvella 656
conglomeratus, Pachyphloeus 640
conica, Hygrocybe 152
conica, Morchella 650
conica, Verpa 650
connata, Leucocybe 196
connatum, Lyophyllum 196
connatus, Phellodon 584
Conocybe 392 ff.
conopilea, Parasola 372
conopilea, Psathyrella 372
conspersa, Tubaria 408
constellatio, Pulvinula 672
contortipes, Squamanita 258
controversus, Lactarius 100, 118
convexella, Pulvinula 672
cookei, Collybia 226
cookei, Inocybe 486
cookei, Inosperma 486
cookei, Microcollybia 226
Coprinellus 370
Coprinopsis 366 f.
Coprinus 366 ff.
Coprobia 672
coprophilus, Bolbitius 390
coracina, Graddonia 696
coralloides, Clavulina 606
coralloides, Hericium 590
Cordyceps 714 f.
Coriolopsis 540
corium, Byssomerulius 560
corium, Merulius 560
corium, Mycenastrum 628
cornea, Calocera 618
corniculata, Clavulinopsis 600
cornubiensis, Melastiza 676
cornucopiae, Pleurotus 504
cornucopioides, Craterellus 578
cornudamae, Trichoderma 712
coronaria, Sarcosphaera 662
coronata, Cyathicula 692
coronilla, Stropharia 388, 418
corrugis, Psathyrella 378
Cortinarius 430 ff.
corvina, Onygena 716
corydalina, Inocybe 494
cosmariospora, Dialonectria 538
cossus, Hygrophorus 162
costata, Clitocybe 188
costata, Infundibulicybe 188
costifera, Helvella 658
cotonea, Psathyrella 374
cotoneus, Cortinarius 430
cramesinus, Pulveroboletus 46
Craterellus 576 f.
craterium, Sarcoscypha 660
craterium, Urnula 660
Craterocolla 616
Creolophus 590
Crepidotus 412
cretaceus, Leucocoprinus 350
Crinipellis 220
crinita, Scutellinia 676
crispa, Helvella 656
crispa, Plicatura 560
crispa, Plicaturopsis 560
crispa, Sparassis 590
cristata, Lepiota 336
cristatus, Albatrellus 520

crobula, Deconica 420
crobula, Psilocybe 408
crocata, Mycena 262
crocea, Amanita 328
crocea, Ramariopsis 600
crocea, Sarcodontia 554
croceocoeruleus, Cortinarius 440
croceocoeruleus, Thaxterogaster 440
croceoconus, Cortinarius 434
croceus, Aurantiporus 526
croceus, Cortinarius 434
croceus, Hapalopilus 526
crocipodium, Leccinellum 64
cruciburliforme, Crucibulum 636
Crucibulum 636
crucipila, Cheilymenia 676
crucipila, Scutellinia 676
cruenta, Hymenochaete 562
crustuliniforme, Hebeloma 470
crystallifer, Leucoaragicus 348
cucullata, Hemimycena 282
cucumis var. *latifolia, Macrocystidia* 390
cucumis, Macrocystidia 390
Cucurbitaria 720
Cudonia 686
Cudoniella 694
cuneifolium, Dermoloma 248
Cuphophyllus 148
cuprinus, Paxillus 70
cupularis, Tarzetta 670
curreyi, Marasmius 220
curtipes, Russula 130
cyanea, Stropharia 418
cyaneobasileucum, Leccinum 68
cyanescens, Gyroporus 48
cyanescens, Psilocybe 420
Cyanoboletus 40
Cyanosporus 544
cyanoxantha, Russula 110, 112
Cyathicula 692
cyathiformis subsp. *fragilis, Calvatia* 628
cyathiformis, Pseudoclitocybe 196
cyathoidea, Cyathicula 692
cyathuliformis, Lactarius 96
Cyathus 636
Cyclocybe 386
cylindracea, Agrocybe 386
cylindracea, Cyclocybe 386
cystidiata, Vuilleminia 566
cystidiatus, Clitopilus 306
Cystoagaricus 374
Cystoderma 256
Cystodermella 256
Cystolepiota 346
Cytidia 560

***D**acrymyces* 618
Daedalea 542
Daedaleopsis 542
Daldinia 702
danicum, Hebeloma 466
Dasyscyphus 698
dealbata, Clitocybe 190
decastes, Lyophyllum 254
decipiens, Lactarius 92
decipiens, Russula 124
decolorans, Russula 126, 128
Deconica 420
decora, Tricholomopsis 244
deformans, Taphrina 722
delibutus, Cortinarius 440
delica, Russula 108
Delicatula 280
deliciosa, Morchella 650
deliciosus, Lactarius 78
Dendropolyporus 524
densifolia, Russula 108
Dentipellis 554
depilatum, Hemileccinum 62
depilatus, Boletus 62
Dermoloma 248
Desarmillaria 200
deterrimus, Lactarius 78
deusta, Kretzschmaria 706
Dialonectria 538
diatreta, Clitocybe 192
Diatrype 718
Diatrypella 718
digitata, Xylaria 708
dimarii, Ophiocordyceps 716
diosma, Mycena 278
disciformis, Diatrype 718
Discina 654
Disciotis 668
discoideus, Hygrophorus 168
discoxanthus, Hygrophorus 162, 164
dispersa, Tubaria 408
disseminatus, Coprinellus 370
disseminatus, Coprinus 370
dissimulans, Meottomyces 406
Dissingia 658
distorta, Collybia 208
Ditangium 616
Ditiola 618
ditopa, Clitocybe 192
domesticus, Coprinellus 370
domesticus, Coprinus 370
dryadeus, Inonotus 536
dryadeus, Pseudoinonotus 536
dryadophilus, Lactarius 80
dryinus, Pleurotus 504
dryophilus, Gymnopus 212
dryophilus, Inonotus 536
dulcamara, Inocybe 482
dulcamara, Mallocybe 482
Dumontinia 688
dunense, Hebeloma 466
duriusculum, Leccinum 64
dysthaloides, Entoloma 294

***e**burneus, Hygrophorus* 162
echinatum, Lycoperdon 624
echinella, Lepiota 342
ectypa, Armillaria 200
ectypa, Desarmillaria 200
edodes, Lentinula 508
edulis, Boletus 36
edurum, Hebeloma 468
effusa, Exidiopsis 614
elaiophylla, Lepiota 342
Elaphocordyceps 714
Elaphomyces 642
elastica, Helvella 656
elata, Morchella 650
elatella, Agrocybe 386
elatior, Cortinarius 438
elegans, Mutinus 622
elegantior, Calonarius 454
elegantior, Cortinarius 454
elegantissimus, Calonarius 452
elegantissimus, Cortinarius 452
eliae, Amanita 322
ellipsosporum, Hydnum 580
elodes, Entoloma 294
elongata, Camarosporidiella 720
elongata, Cucurbitaria 720
elongatum, Hypholoma 416
emetica, Russula 118
emeticolor, Russula 134
encephala, Tremella 616
Encoelia 696
engelii, Hortiboletus 58
Entocybe 296
Entoloma 288 ff.
entomorrhiza, Ophiocordyceps 716
epichysium, Arrhenia 180
epichysium, Omphalina 180
epipterygia var. *viscosa, Mycena* 268
epipterygia, Mycena 268
episphagnum, Pseudoplectania 660
equestre, Tricholoma 242
equina, Onygena 716
erebia, Agrocybe 386
erebia, Cyclocybe 386
ericaeoides, Hypholoma 416
ericaeum, Hypholoma 416
ericetorum, Omphalina 174
erikssonii, Peniophora 566
erinaceus, Hericium 590
erinaceus, Phaeomarasmius 410
erminea, Lapiota 338
erubescens, Hygrophorus 166
erubescens, Inocybe 484
erubescens, Inosperma 484
erubescens, Mycena 262
eryngii, Pleurotus 504
Erysiphe 724
erythrocephala, Coprinopsis 368
erythrocephala, Coprinus 368
erythropus var. *junquilleus, Neoboletus* 40
erythropus, Gymnopus 212
erythropus, Neoboletus 40
escharoides, Alnicola 474
esculenta, Gyromitra 652
esculenta, Morchella 650
esculentus, Strobilurus 226
essettei, Agaricus 358
Etheirodon 556
euchroum, Entoloma 296
eurasiaticum, Hypoxylon 704
Eutypa 718
evernius, Cortinarius 460
evosmus, Lactarius 84
exalbicans, Russula 126
excelsa, Amanita 322
excentricum, Entoloma 288
excipulformis, Calvatia 624
excipuliformis, Lycoperdon 624
Exidia 614
Exidiopsis 614
Exobasidium 722
expallens, Pseudoclitocybe 196
eyrei, Melanophyllum 344

***f**ageticola, Russula* 116, 118
fagetorum, Ramaria 594
fagi, Hygrophorus 166
faginea, Russula 132
fagiphilus, Gymnopus 210
falcata, Clavaria 604
fallax, Calocybe 250
fallax, Geoglossum 684

farinipes, Russula 116
farinolens, Lepiota 340
farinosa, Propolis 700
fasciculare var. subviride, Hypholoma 414
fasciculare, Hypholoma 414
fastigiata, Gyromitra 652
fatua, Psathyrella 376
favrei, Lyophyllum 252
favrei, Russula 132
fechtneri, Boletus 38
fechtneri, Butyriboletus 38
felina, Lepiota 342
fellea, Naucoria 474
fellea, Russula 116
felleus, Tylopilus 50
Femsjonia 618
fennica var. fumigata, Ramaria 596
ferrea, Fuscoporia 534
ferruginascens, Cantharellus 574
ferrugineus, Flammulaster 410
ferrugineus, Xerocomus 58
ferruginosa, Fuscoporia 534
ferruginosus, Phellinus 534
festiva, Phaeocollybia 406
fibrosa, Helvella 658
fibula, Rickenella 174
fibulatus, Clitopaxillus 190
filamentosum, Tricholoma 232
filiformis, Macrotyphula 608
filopes, Mycena 276
fimbriatum, Etheirodon 556
fimbriatum, Geastrum 632
fimbriatum, Steccherinum 556
fimbriatum, Tulostoma 636
firma, Agrocybe 388
Fistulina 526
fistulosa, Macrotyphula 608
flaccida, Paralepista 186
flaccida, Phaeoclavulina 598
flaccida, Ramaria 598
flammans, Pholiota 400
flammula, Tricholoma 244
Flammulaster 410
Flammulina 224
flava, Ramaria 592
flavescens, Mycena 266
flavida, Spathularia 686
flavidus, Lactarius 80
flavidus, Suillus 52
flavipes, Cuphophyllus 148
flavispora, Russula 108
flavoalba, Atheniella 270
flavoalba, Mycena 270
flavobrunnescens, Ramaria 592
flavus, Gymnopilus 464
flexipes, Cortinarius 462
Floccularia 248
flocculosa, Inocybe 498
floridula, Atheniella 270
floridula, Mycena 270
fluens, Lactarius 88
fluvialis, Morchella 650
focale, Tricholoma 236
foenisecii, Panaeolina 398
foenisecii, Panaeolus 398
foetens, Camarophyllopsis 176
foetens, Clitocybe 192
foetens, Hodophilus 176
foetens, Russula 114
foetidum, Lycoperdon 624
foetidus, Gymnopus 214
foetidus, Micromphale 214
foliacea, Phaeotremella 616
fomentarius, Fomes 532
Fomes 532
Fomitiporia 534
Fomitopsis 528 ff.
font-queri, Russula 126
formosa, Ramaria 594
formosum, Entoloma 302
fornicata, Hygrocybe 160
forquignonii, Lepiota 342
fracidus, Chamaemyces 346
fragiforme, Hypoxylon 704
fragilis, Calvatia 628
fragilis, Clavaria 604
fragilis, Dentipellis 554
fragilis, Fuscopostia 544
fragilis, Oligoporus 544
fragilis, Russula 120
fragrans, Clitocybe 194
franchetii, Amanita 322
fraudans, Inocybe 494
fraudulosus, Cortinarius 446
frauduolsum, Phlegmacium 446
fraxineus, Hymenoscyphus 692
fraxinophila, Xeromphalina 178
friabilis, Amanita 326
friesii, Cantharellus 574
frondosa, Grifola 524
frondosae, Tricholoma 242
fructigenus, Hymenoscyphus 692
frustulatus, Xylobolus 562
fuckelii, Therrya 700
fulgens, Caloscypha 670
fulgens, Pycnoporellus 526
fulginoides, Ptychogaster 544
fuligineoalba, Bankera 584
fuligineoalbus, Phellodon 584
fuligineoviolaceus, Sarcodon 582
fuliginosus, Lactarius 82
fulva, Amanita 328
fulvissimus, Lactarius 94
fulvoides, Amanita 328
fulvum, Tricholoma 240
fumosa, Clavaria 602
Funalia 540
furfuracea, Encoelia 696
furfuracea, Tubaria 408
furfuraceus, Ascobolus 672
fusca, Helvella 658
fuscescens, Cuphophyllus 148
fuscidula ss. auct. p.p., Inocybe 498
fuscoides, Hypoxylon 704
fuscomarginata, Inocybe 482
fuscomarginata, Mallocybe 482
fuscoperonatus, Cortinarius 458
Fuscoporia 534
Fuscopostia 544
fuscopurpureus, Gymnopus 210
fuscoroseus, Butyriboletus 38
fuscovinacea, Lepiota 340
fuscoviolaceum, Trichaptum 554
fuscum, Hypoxylon 704
fuscus, Lactarius 98
fusiformis, Clavulinopsis 602
fusipes, Gymnopus 210

galericolor, Omphalina 178
galericulata, Mycena 272
Galerina 476 f.
gallica, Armillaria 200
gallica, Coriolopsis 540
galopus var. nigra, Mycena 262
galopus, Mycena 262
gambosa, Calocybe 250
Ganoderma 530
Gautieria 642
Geastrum 632 f.
gelatinosum, Pseudohydnum 612
gemina, Rhodocybe 306
gemmata, Amanita 324
gentianeus, Leucopaxillus 182
gentilis, Aureoboletus 46
geogenia, Hohenbuehelia 500
Geoglossum 684
geophylla var. lilacina, Inocybe 496
geophylla var. violacea, Inocybe 496
geophylla, Inocybe 498
Geopora 674
Geopyxis 670
Geoscypha 662
geotropa, Clitocybe 188
geotropa, Infundibulicybe 188
gerardiana, Arrhenia 180
gerardiana, Omphalina 180
gerardii, Ionopeziza 662
gerardii, Peziza 662
giantea, Calvatia 628
gibba, Clitocybe 188
gibba, Infundibulicybe 188
gibbosa, Trametes 546
gigantea, Calvatia 628
giganteus, Aspropaxillus 182
giganteus, Meripilus 524
gigas, Gyromitra 652
gigas, Morchella 650
gilva, Paralepista 186
glandulosa, Exidia 614
glareosa, Lacrymaria 374
glaucescens, Lactifluus 100
glaucopus, Cortinarius 448
glaucopus, Phlegmacium 448
glaucopus, Sarcodon 582
gliocyclus, Hygrophorus 164
glioderma, Limacella 334
Gliophorus 150
Gloeophyllum 540
gloiocephala, Volvariella 314
gloiocephalus, Volvopluteus 314
glutinipes, Hygrocybe 150
glutinopallens, Lactarius 90
glutinosum, Geoglossum 684
glutinosus, Gomphidius 72
glyciosmus, Lactarius 98
godeyi, Inocybe 484
Gomphidius 72
Gomphus 578
gossypina, Psathyrella 378
gracilima, Russula 126
gracilis, Ophiocordyceps 716
gracilis, Ramaria 598
Graddonia 696
graminea, Galerina 478
grangei, Lepiota 336
granulata, Cheilymenia 672
granulata, Cheilymenia 672
granulata, Coprobia 672
granulatus, Elaphomyces 642
granulatus, Suillus 54
granulosa, Cystodermella 256
granulosum, Cystoderma 256

grata, Russula 114
graveolens, Russula 132
gregaria, Trichophaea 674
greletii, Clavaria 604
grevillei, Suillus 52
Grifola 524
grisea, Boletopsis 520
grisea, Russula 112
griseolilacina, Inocybe 496
griseovirens, Lepiota 336
griseoviride, Microglossum 686
grisescens, Russula 103
grossula, Chrysomphalina 176
grossula, Omphalina 176
gummosa, Pholiota 402
guttata, Limacellopsis 334
guttata, Limecella 334
guttata, Phyllactinia 724
guttulata, Calcipostia 544
guttulatus, Oligoporus 544
Gymnopilus 464
Gymnopus 210 ff.
Gymnosporangium 722
Gyrodon 48
Gyromitra 652 f.
Gyroporus 48

***H**aasiella* 174
hadriani, Phallus 622
haemacta, Inocybe 494
haematopus, Mycena 262, 264
haematospermum, Melanophyllum 344
Hapalopilus 526
Haploporus 546
harcynicus, Cortinarius 430
hariolorum, Gymnopus 214
hartigii, Fomitiporia 534
hasitfera, Mensularia 538
hastifer, Inonotus 538
haustellaris, Simocybe 406
Hebeloma 466 ff.
hebes, Entoloma 292
hedrychii, Hygrophorus 164
helobia, Hygrocybe 156
helodes, Hebeloma 470
helodes, Russula 124
Helvella 656 f.
helvelloides, Tremiscus 612
helveola, Lepiota 340
helveticus, Chroogomphus 72
helvola, Clavulinopsis 602
helvus, Lactarius 96
hemidichophyticum, Scytinostroma 564
Hemileccinum 62
Hemimycena 280 f.
Hemipholiota 404
hemisphaerica, Humaria 674
hepatica, Fistulina 526
hepaticus, Lactarius 94
hercules, Parasola 372
Hericium 590
Heterobasidion 542
heteromorpha, Antrodia 548
heterophylla, Russula 110
hetieri, Cystolepiota 346
hiemalis, Sarcoscypha 660
hiemalis, Tubaria 408
hiemalis, Urnula 660
highlandensis, Pholiota 402
himantioides, Serpula 558
hinnuleus, Cortinarius 460
Hirschioporus 554
hirsuta, Trametes 546
hirsutae, Trametetum 546
hirsutum, Stereum 564
hirsutum, Trichoglossum 684
hirtella, Inocybe 492
hirtipes, Entoloma 292
hispidulus, Pluteus 312
hispidus, Inonotus 536
hobsonii, Clitopilus 306
Hodophilus 176
Hohenbuehelia 500
holopus, Leccinum 68
Holwaya 690
Homophron 374
hortensis, Lactarius 90
Hortiboletus 58
howeanum, Hypoxylon 704
hudsoniana, Lichenomphalia 174
hudsoniana, Omphalina 174
Humaria 674
humicola, Cortinarius 432
humosa, Octospora 672
huronensis, Cortinarius 434
Hydnellum 586
Hydnoporia 562
Hydnotrya 640
Hydnum 580
hydrogramma, Clitocybe 194
Hydropus 282
Hygrocybe 150 ff.
hygrometricus, Astraeus 632
Hygrophoropsis 72
Hygrophorus 162 ff.
Hymenochaete 562
Hymenopellis 224
Hymenoscyphus 692
Hypholoma 414 f.
hypnorum, Galerina 478
Hypocrea 712
Hypocreopsis 712
Hypomyces 710
hypopithys, Volvariella 314
hypothejus, Hygrophorus 168
Hypoxylon 704
hypoxylon, Xylaria 708
Hypsizygus 254
Hysterangium 642
hystrix, Inocybe 484
hystrix, Lepiota 344

***i**anthina, Ombrophila* 690
ianthinoxanthus, Cantharellus 578
ianthinoxanthus, Craterellus 578
iberica, Morchella 650
igniarius var. *cinereus, Phellinus* 536
igniarius, Phellinus 536
ignicolor, Ramaria 594
ignipes, Lepiota 336
ignivolvata, Lepiota 338
illinita, Limacella 334
illinitus, Zhuliangomyces 334
illota, Russula 114
illudens, Omphalotus 500
illyricus, Lactarius 90
imbricatum, Tricholoma 240
imbricatus, Sarcodon 582
Imleria 62
Imperator 44
imperiale, Catathelasma 182
impolitum, Hemileccinum 62
impolitus, Boletus 62
importuna, Morchella 650
impudicus var. *togatus, Phallus* 622
impudicus, Agaricus 356
impudicus, Gymnopus 214
impudicus, Phallus 622
inamoenum, Tricholoma 230
incanum, Entoloma 302
incarnata, Clavaria 604
incarnata, Inocybe 494
incarnata, Peniophora 566
incarnatofuscescens, Entoloma 300
incarnatulum, Hebeloma 472
inclinata, Mycena 272
inflata, Gyromitra 652
infractus, Cortinarius 446
infula, Gyromitra 652
Infundibulicybe 188
ingrata, Neohygrocybe 160
Inocybe 482 ff.
inocybiformis, Hygrophorus 170
inocybeides, Tricholoma 232
inolens, Lyophyllum 222
inolens, Lypophyllum 222
inolens, Myochromella 222
Inonotus 536 f.
Inosperma 484 f.
inquilina, Deconica 420
inquilinus, Psilocybe 420
inquinans, Bulgaria 690
insignis, Russula 114
insipida, Hygrocybe 154
insulsus, Lactarius 84
integra, Russula 122, 128, 130
integrella, Delicatula 280
intermedia, Hygrocybe 158
intermedia, Russula 126
intermedius, Lactarius 84, 86, 98
inversa, Lepista 186
involutus, Paxillus 70
ionides, Calocybe 250
ionidicolor, Leucoagaricus 348
ionochlora, Russula 110, 112
ionochlorus, Cortinarius 454
Ionopeziza 662
irina, Lepista 184
irrigata, Hygrocybe 150
irrigatus, Gliophorus 150
Ischnoderma 528

***J**ackrogersella* 702
jahnii, Pholiota 400
joeides, Sarcodon 582
josserandii, Lepiota 340
juncea, Macrotyphula 608
Junghuhnia 550
juniana, Conocybe 392
junonius, Gymnopilus 464
junquillea, Amanita 324
junquilleus, Boletus 40
jurana, Sarcoscypha 660

***k**arstenii, Hygrophorus* 164
korhonenii, Hygrophorus 170
Kretzschmaria 706
kubickae, Crepidotus 412
kuehneriana, Lepiota 338
Kuehneromyces 404

***L**accaria* 198
laccata, Laccaria 198

lacera, Inocybe 488
lacerata, Clitocybula 228
Lachnellula 698
lachnopus, Ossicaulis 196
Lachnum 698
lacmus, Cuphophyllus 148
lacrymabunda, Lacrymaria 374
lacrymans, Serpula 558
Lacrymaria 374
Lactarius 78 ff.
lactea, Conocybe 394
lactea, Helvella 656
lactea, Hemimycena 282
Lactifluus 100
lacunarum, Lactarius 92
lacunosa, Helvella 656
laeta, Hygrocybe 150
Laetiporus 522
laetus, Gliophorus 150
laeve, Crucibulum 636
laevis, Galerina 478
lageniforme, Geastrum 632
lagopus, Coprinopsis 368
lagopus, Coprinus 368
laminosa, Sparassis 590
langei, Agaricus 356
langei, Inocybe 492
laniger, Cortinarius 460
lanuginosa, Inocybe 488
largentii, Ramaria 594
largus, Cortinarius 444
Laricifomes 532
larvicola, Ophiocordyceps 716
lascivum, Tricholoma 230
Lasiobolus 674
Lasiosphaeria 720
laterinum, Hebeloma 468
lateritia, Clitocybe 188
lateritia, Fuscopostia 544
lateritia, Infundibulicybe 188
lateritium, Hypholoma 414
lateritius, Hypomyces 710
latitabundus, Hygrophorus 170
laurocerasi, Russula 114
Laxitextum 566
Leccinellum 64
Leccinum 64 ff.
legaliae, Boletus 42
legaliae, Rubroboletus 42
legaliae, Scutellinia 676
Legaliana 666
lenta, Pholiota 402
Lentinellus 506
Lentinula 508
Lentinus 508
Lenzites 542
leoninus, Pluteus 312
leoninus, Pluteus 312
leonis, Lactarius 98
Leotia 686
lepida, Hygrocybe 156
lepida, Russula 134
lepideus, Neolentinus 506
lepidopus, Cortinarius 458
lepidum, Leccinellum 64
Lepiota 336 ff.
Lepista 184 ff.
leproleptopus, Cortinarius 430
leptocephalus f. nummularius, Polyporus 518
leptocephalus, Polyporus 518
Leptosphaeria 720
Leratiomyces 406
Leucoagaricus 348 f.
leucoblema, Inocybe 482
leucoblema, Mallocybe 482
Leucocoprinus 350
Leucocortinarius 248
Leucocybe 196
Leucogyrophana 558
leucomelaena, Boletopsis 520
leucomelaena, Dissingia 658
leucomelaena, Helvella 658
Leucopaxillus 182
leucophaea, Helvella 656
leucophaeatum, Lyophyllum 252
leucophaeo-ilicis, Hygrophorus 168
leucopodium, Leccinum 66
leucopus, Trichoderma 712
leucothites, Leucoagaricus 348
leucoxantha, Gyromitra 654
lichenoides, Hypocreopsis 712
Lichenomphalia 174
ligatus ss. auct. p.p, Hygrophorus 164
lignatilis, Clitocybe 196
lignatilis, Ossicaulis 196
lignicola, Buchwaldoboletus 48
lignicola, Kuehneromyces 404
lignicola, Pholiota 404
lignicola, Pseudoplectania 660
lignyotus, Lactarius 82
lilacea, Lepiota 340
lilacina, Inocybe 496
lilacinus, Lactarius 98
lilatincta, Parasola 372
lilatinctus, Coprinus 372
Limacella 334
limnaea, Peziza 666
limonius, Aureonarius 432
limonius, Cortinarius 432
limosa, Bovista 626
limulatus, Flammulaster 410
lindtneri, Hygrophorus 168
littoralis, Leucoagaricus 348
livescens, Phanerochaete 560
lividoalbum, Entoloma 290
lividocyanulum, Entoloma 298
lividopallescens, Amanita 328
lividus, Gyrodon 48
lobata, Arrhenia 180
longipes, Xerula 224
longipes, Xylaria 708
longisegmentatum, Tolypocladium 714
longistriatum, Entoloma 302
Lophodermium 700
Loreleia 178
lubrica, Leotia 686
lubrica, Pholiota 402
lucidum, Ganoderma 530
lucifera, Pholiota 404
lucorum, Hygrophorus 168
lugubris, Phaeocollybia 406
luhmannii, Cortinarius 448
luhmannii, Phlegmacium 448
lundellii, Russula 126
lupinus, Boletus 42
lupinus, Rubroboletus 42
lurdius, Suillellus 44
luridiformis, Boletus 40
luridum, Tricholoma 242
luridus, Boletus 44
luridus, Lactarius 80
lutea, Armillaria 200
luteoalba, Clavulinopsis 602
luteo-olivaceum, Callistosporium 228
luteotacta, Russula 118
luteovariegata, Mycena 278
luteovirens, Floccularia 248
lutescens, Craterellus 576
luteus, Suillus 52
luxurians, Gymnopus 212
lycoperdoides, Asterophora 254
Lycoperdon 624 ff.
Lyomyces 560
Lyophyllum 252 f.
Lypophyllum 222

maceodnicus, Crepidotus 412
macrocarpum, Hypoxylon 704
macrocephala, Conocybe 392
macrocephalus, Corinopsis 368
Macrocystidia 390
Macrolepiota 352
macropus, Helvella 658
macrosporus, Agaricus 358
Macrotyphula 608
maculata, Psathyrella 374
maculata, Rhodocollybia 208
maculata, Russula 124
maculatum, Inosperma 486
maculatus, Cystoagaricus 374
maculatus, Gomphidius 72
magnatum, Tuber 638
magnispora, Lepiota 338
magnusii, Choiromyces 640
mairei var. fageticola, Russula 118
mairei, Amanita 326
mairei, Hemimycena 280
mairei, Lactarius 86
mairei, Ramaria 596
mairei, Russula 118
majoranae, Cortinarius 452
malculata, Inocybe 486
malicorius, Cortinarius 436
Mallocybe 482
mammiforme, Lycoperdon 626
mammosus, Lactarius 98
Marasmiellus 220
marasmioides, Collybia 212
Marasmius 216 ff.
marchantiae, Loreleia 178
marchantiae, Omphalina 178
marginata, Galerina 476
marginatum, Hypholoma 416
marginellus, Hydropus 282
marzuolus, Hygrophorus 172
mastoidea, Macrolepiota 352
matsutake, Tricholoma 236
maydis, Ustilago 724
meandriformis, Choiromyces 640
mediterraneensis, Lactarius 84
mediterraneensis, Suillus 54
Megacollybia 228
meinhardii, Cortinarius 454
melaena, Pseudoplectania 660
melaleuca, Melanoleuca 246
Melanogaster 642
Melanoleuca 246
Melanomma 720
Melanophyllum 344
melanopus, Inocybe 492
melanopus, Polyporus 518
melanosporum, Tuber 638

melanotus, Cortinarius 430
melanoxeros, Cantharellus 578
melanoxeros, Craterellus 578
Melastiza 676
meleagris, Agaricus 360
meliigena, Mycena 274
melinoides, Naucoria 474
melizeus, Hygrophorus 164
mellea, Armillaria 200
Melogramma 718
mendax, Suillellus 44
Mensularia 538
Meottomyces 406
meridionale, Scleroderma 630
Meripilus 524
merismoides, Phlebia 558
Merulius 558 f.
mesenterica, Auricularia 612
mesenterica, Bondarzewia 524
mesenterica, Tremella 616
mesentericum, Tuber 638
mesophaeum, Hebeloma 466
mesotephrus, Hygrophorus 170
metachroa, Clitocybe 192
metapodium, Porpoloma 248
metata, Mycena 276
micacea, Camarophyllopsis 176
micaceus, Coprinellus 370
micaceus, Coprinus 370
micaceus, Hodophilus 176
michelianum, Geastrum 632
michelii, Paragalactinia 664
michelii, Peziza 664
Microcollybia 226
Microglossum 686
Micromphale 214
micropus, Peziza 666
Microstoma 660
militaris, Cordyceps 714
miniata, Hygrocybe 156
minimum, Geastrum 634
minor, Otidea 668
minutalis, Tubaria 408
miser, Coprinus 372
misera, Parasola 372
mitis, Panellus 502
mitissimus, Lactarius 94
Mitrula 686
mixta, Pholiota 402
mixtilis, Inocybe 490
moelleri, Agaricus 360
mollis, Crepidotus 412
Mollisia 696
mollissima, Thelephora 588
mollissima, Trichopeziza 698
mollissimus, Dasyscyphus 698
mollusca, Leucogyrophana 558
montana, Bondarzewia 524
montana, Deconica 420
montana, Psilocybe 420
montanus, Laetiporus 522
Morchella 650
morchelliformis, Gautiera 642
moriformis, Bertia 720
mougeotii, Entoloma 298
mucida, Holwaya 690
mucida, Mucidula 228
mucida, Oudemansiella 228
Mucidula 228
mucosus, Cortinarius 438
mucronella, Hygrocybe 154
multicolor, Trametes 546
multifida, Pterula 606
multiformis, Cortinarius 442
multiformis, Jackrogersella 702
multiformis, Thaxterogaster 442
multipedata, Psathyrella 376
muricatus, Flammulaster 410
murinella, Volvariella 314
muscaria, Amanita 320
mustelina, Russula 132
musteus, Lactarius 90
mutabilis, Kuehneromyces 404
mutabilis, Pholiota 404
Mutinus 622
Mycena 262 ff.
Mycenastrum 628
Mycetinis 222
Myochromella 222
myosotis, Hypholoma 416
myosotis, Pholiota 416
myosura, Baeospora 226

***n**anceiensis, Cortinarius* 452
nanum, Geastrum 634
napipes, Inocybe 488
Naucoria 474
nauseosa, Russula 136
nebularis, Clitocybe 190
nebularis, Lepista 190
necator, Lactarius 88
Nectria 710
neglecta, Calloria 696
Nemania 706
nemoreus, Hygrophorus 166
Neoboletus 40
Neobulgaria 690
Neodasyscypha 698
Neofavulus 508
Neohygrocybe 160
Neolentinus 506
Neonectria 710
nidorosum, Entoloma 290
nidulans, Hapalopilus 526
nidulans, Phyllotopsis 500
nigellum, Hebeloma 466
niger, Phellodon 584
nigrella, Pseudoplectania 660
nigrescens, Bovista 626
nigrescens, Lycoperdon 624
nigricans, Exidia 614
nigricans, Russula 108
nigrofloccosus, Pluteus 308
nigrolimitatus, Phellopilus 534
nitellina, Rhodocybe 306
nitida, Entocybe 296
nitida, Junghuhnia 550
nitidiuscula, Inocybe 498
nitidum, Entoloma 296
nitiosa, Hygrocybe 160
nitrata, Hygrocybe 160
nivalis, Collybia 212
nivea agg., *Skeletocutis* 550
nivea, Coprinopsis 368
niveipes, Mycena 272
niveus, Coprinus 368
nobilis, Russula 118
nodulosa, Mensularia 538
nodulosus, Inonotus 538
nothofagi, Phebia 556
nucatum, Leccinum 68
nuda, Lepista 184
nummularia, Biscogniauxia 706
Nyctalis 254
nympharum, Leucoagaricus 348
nympharum, Russula 124

***o**bliquus, Inonotus* 538
obrussea, Hygrocybe 98
obscurata, Arrhenia 180
obscurata, Omphalina 180
obscuratus, Lactarius 96
obscurisporus, Paxillus 70
obscurissima, Calocybe 250
obsoleta, Clitocybe 194
obsoleta, Inocybe 486
obsoletum, Pseudosperma 486
occidentalis, Lachnellula 698
ochraceofulva, Lepiota 342
ochraceolutea, Limacella 334
ochraceoluteus, Zhuliangomyces 334
ochraceomalculata, Amanita 326
ochraceum, Lyophyllum 252
ochraceum, Steccherinum 556
ochroleuca, Russula 116
ochrostriata var. *favrei, Conocybe* 394
ochrostriata, Conocybe 394
ocior, Gymnopus 212
Octospora 672
odora, Clitocybe 194
odorata, Squamanita 258
odoratum, Gloeophyllum 540
odoratus, Osmoporus 540
odorifer, Calonarius 452
odorifer, Cortinarius 452
odorus, Haploporus 546
oedipus, Pholiota 406
officinalis, Laricifomes 532
olearius, Omphalotus 500
olidoamethysteus, Cortinarius 446
Oligoporus 544
olivacea, Russula 130
olivaceoalbus, Hygrophorus 170
olivaceofuscus, Cortinarius 434
olivaceomarginata, Mycena 266
olivaceum, Microglossum 686
olivieri, Chlorophyllum 352
olla, Cyathus 636
Ombrophila 690
omphaliformis, Lactarius 96
Omphalina 174 ff.
Omphalotus 500
oniscus, Arrhenia 180
ononidis, Flammulina 224
onotica, Otidea 668
Onygena 716
Ophiocordyceps 716
ophioglossoides, Elaphocordyceps 714
ophioglossoides, Tolypocladium 714
orbata, Inocybe 486
orbatum, Pseudosperma 486
Orbilia 696
oreades, Marasmius 218
oreadiformis, Lepiota 338
orellanus, Cortinarius 432
orirubens, Tricholoma 232
ornata, Tricholoma 244
Osmoporus 540
Ossicaulis 196

ostoyae, Armillaria 200
ostreatus var. *cornucopiae, Pleurotus* 504
ostreatus, Pleurotus 504
Otidea 668
Oudemansiella 228
ovina, Lasiosphaeria 720
ovina, Neohygrocybe 160
ovinus, Albatrellus 520
ovoidea, Amanita 318
oxyacanthae, Xylaria 708

***P**achyella* 672
Pachyphloeus 640
pachyvolvata, Amanita 328
paelochroum, Lyophyllum 252
paleiferus, Cortinarius 462
pallens, Cantharellus 574
pallidus, Lactarius 90
palmata, Thelephora 588
paludinella, Inocybe 498
paludosa, Galerina 476
paludosa, Mitrula 686
paludosa, Russula 126
paluster, Sphagnurus 226
palustris, Lyophyllum 226
Panaeolus 398
panaeolus, Lepista 184
Panellus 502
pannocincta, Ceriporiopsis 550
pantherina, Amanita 324
panuoides, Tapinella 70
Panus 506
papilionaceus, Panaeolus 398
papulosus, Cortinarius 446
paradoxa, Schizopora 554
paradoxa, Squamanita 258
Paragalactinia 664
Paralepista 186
Paralepistopsis 186
parasitica, Asterophora 254
parasiticus, Pseudoboletus 630
Parasola 372
parazurea, Russula 112
pardalotum, Tricholoma 232
parilis, Rhodocybe 306
parma, Discina 654
parma, Gyromitra 654
parviporum, Heterobasidion 542
Paxillus 70
peckii, Hydnellum 586
pectinatum, Geastrum 632
pediades, Agrocybe 388
pelargonia, Russula 120
pelianthina, Mycena 278
pelletieri, Phylloporus 62
penarioides, Hygrophorus 162
penarius, Hygrophorus 162
penetrans, Gymnopilus 464
penicillata, Thelephora 588
Peniophora 566
pennata, Psathyrella 378
percandidum, Leccinum 66
percome, Phlegmacium 452
percomis, Cortinarius 452
perennis, Coltricia 540
perforans, Gymnopus 216
perforatum, Hypoxylon 704
perlata, Discina 654
perlatum, Lycoperdon 624
peronatus, Gymnopus 210
perplexus, Gliophorus 150
persicina, Russula 118, 124
persistens, Hygrocybe 152
personata, Lepista 184
persoonii, Hygrophorus 170
pes-caprae, Albatrellus 520
pes-caprae, Scutiger 520
petasatus, Pluteus 308
petiginosa, Inocybe 490
petriniae, Daldinia 702
petriniae, Hypoxylon 704
Peziza 662 ff.
pezizaeformis, Femsjonia 618
peziziformis, Ditiola 618
pfeifferi, Ganoderma 530
phacorrhiza, Typhula 606
Phaeoclavulina 598
Phaeocollybia 406
phaeocomis, Inocybe 496
Phaeolepiota 258
Phaeolus 522
Phaeomarasmius 410
phaeophthalma, Singerocybe 194
Phaeotremella 616
Phallogaster 642
phalloides, Amanita 318
phalloides, Battarrea 636
Phallus 622
Phanerochaete 560
Phebia 556
Phellinus 534 f.
Phellodon 584
Phellopilus 534
philonotis, Arrhenia 180
Phlebia 558
Phlebiella 556
phlebophora, Otidea 668
phlebophorus, Pluteus 310
Phlegmacium 446 ff.
Phloeomana 280
phoeniceus, Cortinarius 436
pholideus, Cortinarius 458
Pholiota 400 ff.
Pholiotina 396
Phyllactinia 724
phyllogena, Peziza 666
phyllogena, Phylloscypha 666
phyllophila, Clitocybe 190
Phylloporia 534
Phylloporus 62
Phylloscypha 666
Phyllotopsis 500
Phyllotus 502
Physisporinus 550
picacea, Coprinopsis 366
picaceus, Coprinus 366
piceae, Hygrophorus 162
piceae, Inocybe 490
piceinum, Leccinum 66
picinus, Lactarius 82
Picipes 518
picreus, Gymnopilus 464
pictus, Suillus 50
pilatii, Lactarius 88
piluliformis, Psathyrella 376
pinastri, Lophodermium 700
pini, Therrya 700
pinicola, Fomitopsis 532
pinophilus, Boletus 36
piperatus, Chalciporus 46
piperatus, Lactarius 100
piperatus, Lactifluus 100
Piptoporus 528
pisciodora, Inocybe 484
pisi, Uromyces 724
Pisolithus 630
pistillaris, Clavariadelphus 608
pithya, Exidia 614
placidum, Entoloma 298
placidus, Suillus 56
platyphylla, Clitocybula 228
platyphylla, Megacollybia 228
plautus, Pluteus 310
pleopodium, Entoloma 302
Pleurocybella 502
Pleurotus 504
plicatilis, Coprinus 372
plicatilis, Parasola 372
Plicatura 560
Plicaturopsis 560
plorans, Suillus 56
plumbea, Bovista 626
plumipes, Mycena 274
Pluteus 308 ff.
pluvius, Cortinarius 440
pluvius, Thaxterogaster 440
Podosphaera 724
Podostroma 712
poetarum, Hygrophorus 166
polygramma, Mycena 272
polymorpha, Xylaria 708
Polyporus 508 ff.
polyrhizum, Scleroderma 630
polysperma, Balsamia 640
polytrichi, Hypholoma 416
pomaceus, Phellinus 536
popinalis, Clitocella 306
popinalis, Rhodocybe 306
populicola, Morchella 650
populinum, Tricholoma 238
populnea, Hemipholiota 404
populnea, Pholiota 404
porninsis, Lactarius 84
Poronia 706
porosporus, Xerocomellus 60
Porphyrellus 50
porphyria, Amanita 324
porphyrizon, Agaricus 360
porphyrophaeum, Entoloma 294
porphyrosporum, Hebeloma 468
porphyrosporus, Porphyrellus 50
Porpoloma 248
Porpolomopsis 158
porrigens, Phyllotus 502
porrigens, Pleurocybella 502
portentosum, Tricholoma 242
Postia 544
postii, Loreleia 178
postii, Omphalina 178
pouzarianus, Pluteus 308
praecox, Agrocybe 386, 388
praestans, Cortinarius 450
pratense, Lycoperdon 628
pratense, Vascellum 628
pratensis, Cuphophyllus 148
procera, Macrolepiota 352
projectellus, Aureoboletus 46
projectellus, Boletellus 46
prolixa var. *distorta, Rhodocollybia* 208
prolixa, Collybia 208
prolixa, Rhodocollybia 208
prona, Psathyrella 378

Propolis 700
Protostropharia 418
protractum, Microstoma 660
proxima, Amanita 318
proxima, Laccaria 198
proximella, Inocybe 488
pruinatus, Xerocomellus 60
prunuloides, Entoloma 288
prunulus, Clitopilus 306
psammopus, Tricholoma 240
Psathyrella 372 ff.
pseudoammophila, Peziza 662
Pseudoboletus 630
Pseudoclitocybe 196
pseudocorticola, Mycena 274
Pseudocraterellus 576
pseudocrispa, Conocybe 394
pseudocyanea, Stropharia 418
pseudofragilipes, Hebeloma 470
Pseudohydnum 612
Pseudoinonotus 536
pseudointegra, Russula 134
Pseudomerulius 558
pseudonictitans, Tricholoma 240
pseudonivea, Coprinopsis 368
pseudoniveus, Coprinus 368
Pseudoplectania 660
pseudoregius, Boletus 38
Pseudorhizina 654
pseudoscabrum, Leccinellum 64
Pseudosperma 486
Psilocybe 420
psittacina var. *perplexa* ss. auct. europ., *Hygrocybe* 150
psittacina, Hygrocybe 150
psittacinus, Gliophorus 150
pterigena, Mycena 264
pterosporus, Lactarius 82
Pterula 606
Ptychogaster 544
ptychogaster, Postia 544
Ptychoverpa 650
pubescens, Conocybe 394
pubescens, Lactarius 86
pudens, Xerula 224
pudica, Inocybe 494
pudorinus, Hygrophorus 166
puellaris, Macrolepiota 348
puellaris, Russula 136
pulchella, Ramariopsis 600
pulchrum, Leccinum 68
pulmonarius, Pleurotus 504
Pulveroboletus 46
pulverulentus, Boletus 40
pulverulentus, Cyanoboletus 40
pulvinata, Hypocrea 712
pulvinatum, Trichoderma 712
Pulvinula 672
pulvis-pyrius, Melanomma 720
pumila, Galerina 478
pumilis, Laccaria 198
pumilum, Hebeloma 466
punctata, Poronia 706
punicea, Hygrocybe 154
pura, Mycena 278
pura, Neobulgaria 690
pura, Ombrophila 690
purpurascens, Cortinarius 442
purpurascens, Thaxterogaster 442
purpurea, Alloclavaria 602
purpurea, Claviceps 714
purpureofusca, Mycena 264
purpureum, Chondrostereum 564
pusilla, Bovista 626
pusilla, Volvariella 314
pusillum, Hebeloma 472
pusio, Inocybe 496
pustulatus, Hygrophorus 172
putaminum, Agrocybe 388
Pycnoporellus 526
Pycnoporus 548
pygmaea, Psathyrella 370
pyriforme, Lycoperdon 624
pyriformis, Apioperdon 624
pyriodora, Inocybe 494
pyrogalus ss. auct., *Lactarius* 90
pyrogalus, Lactarius 90
pyxidata, Omphalina 178
pyxidatus, Artomyces 608

quadrifidum, Geastrum 632
queletii, Boletus 44
queletii, Entoloma 300
queletii, Helvella 656
queletii, Russula 122
queletii, Suillellus 44
quercetorum, Hebeloma 472
quercetorum, Tricholoma 238
querceus, Marasmius 222
querceus, Mycetinis 222
quercina, Daedalea 542
quercina, Diatrypella 718
quercina, Fomitopsis 542
quercina, Peniophora 566
quercinum, Colpoma 700
quercinum, Leccinum 66
quercinus ad int., *Xerocomus* 58
quercinus Xerocomus 58
quercinus, Buglossoporus 528
quercus-ilicis, Calonarius 454
quercus-ilicis, Cortinarius 454
quieta, Hygrocybe 152
quieticolor, Lactarius 78
quietiodor, Inocybe 486
quietus, Lactarius 92
quisquiliarum, Clitocybe 190

radiata, Coprinopsis 368
radiata, Mensularia 538
radiata, Phlebia 558
radiatus, Inonotus 538
radicans, Boletus 40
radicans, Caloboletus 40
radicata, Hymenopellis 224
radicata, Xerula 224
radicellata, Rhizocybe 186
radicifer, Mycena 276
radicosum, Hebeloma 466
radicosum, Hypholoma 414
radiculata, Sowerbyella 670
Ramaria 592
Ramariopsis 600
ramealis, Marasmiellus 220
rancida, Tephrocybe 222
rancidum, Lyophyllum 222
raoultii, Russula 116
ravenellii, Mutinus 622
recisa, Exidia 614
recondita, Russula 114
regalis, Amanita 320
reginae, Hydnum 580
regius, Boletus 38
regius, Butyriboletus 38
renati, Mycena 274
repandum, Hydnum 580
repraesentaneus, Lactarius 80
resimus, Lactarius 86
resinaceum, Ganoderma 530
resinosum, Ischnoderma 528
Resupinatus 500
reticulatus, Bolbitius 390
retiruga, Arrhenia 180
rhacodes var. *hortensis, Macrolepiota* 352
rhacodes, Chlorophyllum 352
rheades, Inonotus 538
Rheubarbariboletus 60
Rhizina 654
Rhizocybe 186
Rhizopogon 642
Rhodocollybia 208
Rhodocybe 306
rhodocylix, Entoloma 304
rhodopolium, Entoloma 290
rhodopurpureus, Boletus 44
rhodopurpureus, Imperator 44
rhodopus, Russula 122
rhodorhiza, Lepiota 342
rhodoxanthus, Boletus 42
rhodoxanthus, Rubroboletus 42
rhombosporus, Flammulaster 410
rhopalopodium, Lyophyllum 252
Rhytisma 700
ribis, Phellinus 534
ribis, Phylloporia 534
Rickenella 174
rickeniana, Conocybe 392
rickenii, Lepista 184
rimosa, Inocybe 486
rimosum, Pseudosperma 486
rimulincola, Phaeomarasmius 410
Ripartites 186
risigallina, Russula 134
rivulosa, Agrocybe 386
rivulosa, Clitocybe 190
robusta, Fomitiporia 534
robustus, Phellinus 534
romagnesiana, Tubaria 408
romagnesii, Lactarius 82
romellii agg., *Pluteus* 310
romellii, Russula 130
rorida, Mycena 280
Roridomyces 280
roridus, Roridomyces 280
rosea, Clavaria 604
rosea, Fomitopsis 532
rosea, Mycena 278
rosea, Russula 134
roseipes, Pluteus 312
rosella, Mycena 270
Rosellinia 706
roseoacerbum, Tricholoma 240
roseocremea, Russula 118
roseogriseus, Butyriboletus 38
roseolus, Rhizopogon 642
roseotinctum, Leccinum 66
roseum, Entoloma 300
roseus, Gomphidius 72
rostraticystidiata, Pholiotina 396
rotula, Marasmius 216
rotunda, Morchella 650
rotundifoliae, Leccinum 68
rouxii, Elaphocordyceps 714
rouxii, Tolypocladium 714

Rozites 458
rubellum, Entoloma 288
rubellus, Cortinarius 432
rubellus, Hortiboletus 58
rubellus, Xerocomus 58
ruber, Clathrus 622
rubescens, Amanita 322
rubicundulus, Cortinarius 456
rubicundulus, Paxillus 70
rubiginosa, Hymenochaete 562
rubiginosum, Hypoxylon 704
Rubinoboletus 46
rubinus, Rubinoboletus 46
rubripermanens, Ramaria 596
rubroalba, Russula 130
Rubroboletus 42
rubrocarmnea, Russula 120
rubrocinctus, Lactarius 94
rubromarginata, Mycena 264
rubrosanguineus, Boletus 42
rubrosanguineus, Rubroboletus 42
rufa, Hypocrea 712
rufa, Phlebia 558
rufescens, Geastrum 634
rufescens, Hydnum 580
rufoalbus, Cortinarius 446
rufomarginata, Peniophora 566
rufo-olivaceus, Calonarius 452
rufo-olivaceus, Cortinarius 452
rufum, Tuber 638
rufus, Lactarius 92
ruginosus, Lactarius 82
rugosa, Clavulina 606
rugosa, Conocybe 396
rugosoannulata, Stropharia 418
Russula 108 ff.
russula, Hygrophorus 166
rusticoides, Entoloma 304
rutilans, Hapalopilus 526
rutilans, Tricholomopsis 244
rutilus, Chroogomphus 72
Rutstroemia 688

sabinae, Gymnosporangium 722
saccatum, Geastrum 632
saccatus, Phallogaster 642
sacchariolens, Hebeloma 468
saeva, Lepista 184
saginus, Cortinarius 444
salicina, Cytidia 560
salicinus, Pluteus 308
salicis, Alnicola 474
salicis, Naucoria 474
salmonicolor, Hygrophorus 166
salmonicolor, Lactarius 78
salor, Cortinarius 440
sambuci, Lyomyces 560
sanguifluus, Lactarius 78
sanguinaria, Russula 124
sanguinea, Ramaria 592
sanguineus, Cortinarius 436
sanguineus, Pycnoporus 548
sanguinolenta, Mycena 262, 264
sanguinolentum, Stereum 564
sanguinolentus, Physisporinus 550
saniosa, Peziza 664
saniosus, Cortinarius 462
sapineus, Gymnopilus 464
saponaceum, Tricholoma 242
saporatus, Calonarius 448
saporatus, Cortinarius 448
Sarcodon 582
Sarcodontia 554
sarcoides, Ascocoryne 690
Sarcomyxa 502
Sarcoscypha 660
Sarcosphaera 662
sardoa, Crinipellis 220
sardonia, Russula 122
satanas, Boletus 42
satanas, Rubroboletus 42
saundersii, Entoloma 288
scabella, Crinipellis 220
scabiosum, Entoloma 294
scabrosus, Sarcodon 582
scabrum, Leccinum 68
scalpturatum, Tricholoma 232
scaurus, Cortinarius 442
scaurus, Thaxterogaster 442
Schizophyllum 502
Schizopora 554
schmidelii, Geastrum 634
schreieri, Squamanita 258
schulzeri, Camarophyllopsis 176
schweinitzii, Phaeolus 522
sciodes, Tricholoma 234
sciophanus, Gliophorus 150
Scleroderma 630
Sclerotinia 688
sclerotiorum, Sclerotinia 688
scalpturatum agg., *Tricholoma* 232
scolecina, Alnicola 474
scolecina, Naucoria 474
scorodonius, Marasmius 222
scorodonius, Mycetinis 222
scoticus, Lactarius 86
scrobiculatus, Lactarius 86, 98
scutellata, Scutellinia 676
Scutellinia 676
Scutiger 520
scutula, Hymenoscyphus 692
Scytinostroma 564
sejunctum, Tricholoma 244
semibulbosus, Pluteus 310
semiglobata var. *fampanulata, Conocybe* 394
semiglobata, Conocybe 394
semiglobata, Protostropharia 418
semiglobata, Stropharia 418
semilanceata, Psilocybe 420
semilibera, Morchella 650
seminuda, Cystolepiota 346
semiovatus var. *phalenarum, Panaeolus* 398
semiovatus, Panaeolus 398
semi-sanguifluus, Lactarius 78
semisanguineus, Cortinarius 436
semitale, Lyophyllum 252
semotus, Agaricus 360
senex, Psathyrella 378
seperina, Russula 128
sepiarium, Gloeophyllum 540
septentrionalis, Cortinarius 438
septentrionalis, Daedaleopsis 542
Sepultaria 674
serenus, Leucoagaricus 348
serenus, Sericeomyces 348
serialis, Antrodia 548
serialis, Fomitopsis 548
sericatum, Entoloma 290
sericellum, Entoloma 304
Sericeomyces 348
sericeum, Entoloma 292
sericifer, Leucoagaricus 348
serifluus, Lactarius 96
serotina, Sarcomyxa 502
serotinus, Panellus 502
serpens, Nemania 706
Serpula 558
serrulatum, Entoloma 298
sessile, Geastrum 632
setipes, Rickenella 174
setipes, Typhula 606
setosa, Sarcodontia 554
setulosa, Lepiota 342
seynii, Mycena 264
sichuanense, Ganoderma 530
sideroides var. *stylifera, Galerina* 476
sideroides, Galerina 476
silvestris, Russula 118
Simocybe 406
simulans, Amanita 326
sinapizans, Hebeloma 472
sindonia, Inocybe 492
Singerocybe 194
sinopica, Clitocybe 186
sinopicus, Bonomyces 186
sinosus, Pseudocraterellus 576
sinuatum, Entoloma 288
Sistotrema 556
Skeletocutis 550
sodagnitus, Calonarius 450
sodagnitus, Cortinarius 450
solaris, Russula 116
solitaria, Amanita 320
solitaria, Helvella 656
sommerfeltii, Cortinarius 436
sordida, Lepista 184
sordida, Phanerochaete 560
sororia, Russula 114
Sowerbyella 670
spadicea, Hygrocybe 158
spadicea, Psathyrella 374
spadiceogrisea, Psathyrella 376
spadiceum, Homophron 374
spadiceus, Phaeolus 522
Sparassis 590
Spathularia 686
spathulata, Arrhenia 180
speciosus, Hygrophorus 168
spectabilis, Gymnopilus 464
speirea, Mycena 280
speirea, Phloeomana 280
Sphaerobolus 634
sphaerospora, Gyromitra 654
sphaerospora, Pseudorhizina 654
Sphaerotheca 724
sphagneti, Entoloma 290
Sphagnurus 226
sphinctrinus, Panaeolus 398
spiniferum, Melogramma 718
spinosa, Eutypa 718
spinosulus, Lactarius 98
spintrigeroides, Psathyrella 378
spinulosa, Ramaria 596
spinulosum, Porpoloma 248
spissa, Amanita 322
splendens, Calonarius 454
splendens, Cortinarius 454
splendens, Inocybe 492
splendidissima, Hygrocybe 154
Spodocybe 188
spraguei, Suillus 50

Squamanita 258
squamosa, Psilocybe 406
squamosus var. *thrausta, Leratiomyces* 406
squamosus, Leratiomyces 406
squamosus, Polyporus 518
squamosus, Sarcodon 582
squamulifier, Agaricus 356
squarrosa, Pholiota 400
squarrosoides, Pholiota 400
squarrulosum, Tricholoma 232
stabilis, Gymnopilus 464
stangliana, Coprinopsis 366
stanglianus, Coprinus 366
staurosporum, Entoloma 292
Steccherinum 556
stellatospora, Inocybe 488
stellatus, Sphaerobolus 634
stercorarius, Ascobolus 672
stercoreus, Cyathus 636
Stereum 564
stigma, Diatrype 718
stillatitius, Cortinarius 438
stillatus, Dacrymyces 618
stiparophyllum, Tricholoma 230
stipata, Mycena 274
stipitaria, Crinipellis 220
stiptica, Amaropora 544
stipticus, Oligoporus 544
stipticus, Panellus 502
stjernegaardii, Cortinarius 452
straminea, Floccularia 248
striatum, Geastrum 634
striatus, Cyathus 636
stricta, Ramaria 598
stridula, Melanoleuca 246
strobilaceus, Strobilomyces 50
strobiliformis, Amanita 320
strobilomyces 50
Strobilurus 226
Stropharia 418
strophosum, Hebeloma 466
stylobates, Mycena 268
suaveolens, Clitocybe 194
suaveolens, Hydnellum 586
suaveolens, Trametes 546
subalpinus, Hydropus 282
subappendiculatus, Boletus 38
subappendiculatus, Butyriboletus 38
subbalaustinus, Cortinarius 460
subbotrytis, Ramaria 594
subcircellatus, Lactarius 90
subdulcis, Lactarius 92
subericaeum, Hypholoma 416
subfoetens, Russula 114
subfraudulenta, Amanita 328
subfurnacea, Limacella 334
subgracilis, Lepiota 338
subincarnata, Lepiota 340
subincarnatus, Flammulaster 410
sublateritium, Hypholoma 414
sublittoralis, Leucoagaricus 348
submembranacea, Amanita 326
subnudipes, Amanita 328
subpallida, Conocybe 392
subperonatus, Agaricus 354
subporphyropus, Cortinarius 442
subporphyropus, Thaxterogaster 442
subpruinosus, Cantharellus 574
subpubescens, Conocybe 394
subrubens, Russula 132
subruginosus, Lactarius 82
subspadicea, Clitocybe 194
subsphaerosporus, Crepidotus 412
subticinense, Hypoxylon 704
subtilis, Ramaria 592
subtilis, Ramariopsis 600
subtilissima, Lachnellula 698
subtomentosa, Crinipellis 220
subtomentosus, Xerocomus 58
subtortus, Cortinarius 446
subvolemus, Lactifluus 100
succosa, Paragalactinia 664
succosa, Peziza 664
succosella, Paragalactinia 664
succosella, Peziza 664
Suillellus 44
Suillus 50 ff.
sulphurescens, Tricholoma 230
sulphureum, Tricholoma 244
sulphureus, Laetiporus 522
sumneriana, Geopora 674
superbum, Cystoderma 256
supravolvata, Amanita 326
surrecta, Volvariella 314
swartzii, Rickenella 174
sylvaticus, Agaricus 356
sylvicola, Agaricus 358

t*abacina, Hydnoporia* 562
tabacina, Hymenochaete 562
tabescens, Desarmillaria 200
tabidus, Lactarius 92
tamaricis, Inonotus 538
Taphrina 722
Tapinella 70
Tarzetta 670
tenacellus, Strobilurus 226
tenebrosa, Inocybe 492
tenera, Conocybe 392
tenuispora, Cudoniella 694
Tephrocybe 222
tephroleuca, Postia 544
Terana 566
terpsichores, Cortinarius 450
terpsichores, Phlegmacium 450
terrestris, Thelephora 588
terreum, Tricholoma 234
terrigena, Inocybe 482
terrigena, Mallocybe 482
tessulatus, Hypsizygus 254
testaceoscabrum, Leccinum 66
Thaxterogaster 440 f.
theiogalus, Lactarius 92
thelaena, Rosellinia 706
theleboloides, Cheilymenia 676
Thelephora 588
theobrominum, Hebeloma 468
Therrya 700
thomsonii, Pluteus 310
Thuemenidium 684
tibiicystis, Galerina 476
ticinense, Hypoxylon 704
tigrinus, Lentinus 508
tinctorius, Pisolithus 630
tithymalinus, Lactarius 94
titubans var. *olivaceus, Bolbitius* 390
titubans var. *variicolor, Bolbitius* 390
titubans, Bolbitius 390
Tolypocladium 714
tomentosa, Crinipellis 220
tomentosus, Phellodon 584
torminosus, Lactarius 78, 86, 98
torosus, Boletus 44
torosus, Imperator 44
torquescens, Marasmius 218
tortilis, Laccaria 198
torulosa, Fuscoporia 534
torulosa, Russula 122
torulosus, Panus 506
torulosus, Phellinus 534
Trametes 546
Trametetum 546
transforme, Lyophyllum 252
transiens, Cortinarius 440
trechispora, Scutellinia 676
Tremella 616
tremellosa, Phlebia 558
tremellosus, Merulius 558
Tremiscus 612
Trichaptum 554
Trichaptum 554
Trichoderma 712
Trichoglossum 684
Tricholoma 230 ff.
tricholoma, Ripartites 186
Tricholomopsis 244
Trichopeziza 698
Trichophaea 674
trichotis, Resupinatus 500
tricolor, Daedaleopsis 542
tricolor, Leucopaxillus 182
tridentinus, Suillus 52
triplex ss. auct. europ., *Geastrum* 632
triscopa, Galerina 476
triste, Tricholoma 234
triumphans, Cortinarius 444
trivialis, Cortinarius 438
trivialis, Lactarius 88
trivialis, Phellinus 536
trogii, Coriolopsis 540
trogii, Funalia 540
trulliformis, Clitocybe 188
trulliformis, Spodocybe 188
truncata, Rhodocybe 306
truncatus, Clavariadelphus 608
truncorum, Vibrissea 694
tubaeformis var. *lutescens, Craterellus* 576
tubaeformis, Craterellus 576
Tubaria 408
tubarius, Cortinarius 434
Tuber 638
tuberaster, Polyporus 518
tuberculosus, Phellinus 536
tuberosa, Dumontinia 688
tubulina, Camarops 702
tulasnei, Hydnotrya 640
Tulostoma 636
turci, Entoloma 302
turci, Russula 136
turpis, Lactarius 88
turunda, Hygrocybe 156
Tylopilus 50
Typhula 606

u*dum, Hypholoma* 416
uliginosus, Cortinarius 434
ulmarius, Hypsizygus 254
umbellatus, Dendropolyporus 524

Bildnachweis

Alle Illustrationen von Erhard Ludwig, außer:

Sylvia Heidemann 8/4; 31; 44/2; 48/3; 64/2; 70/2; 82/5; 84/2; 94/1; 108/5; 122/3; 124/3,5; 124/4; 128/3; 134/4; 180/4; 288/3; 292/4; 318/2; 328/4; 386/3; 486/5; 524/1; 530/3; 532/2; 534/5; 536/4; 538/2; 548/5; 554/3; 556/5; 556/4; 556/3; 556/2; 558/1; 562/3; 566/3; 566/5; 574/4; 578/2; 580/5; 582/1; 590/1; 592/1; 592/2; 592/4; 594/1; 594/4; 596/2; 602/5; 604/5; 612/4; 614/5; 616/4; 618/1; 628/1; 638/3; 638/4; 640/1; 652/3; 654/3; 660/3; 676/3; 684/3; 686/3; 692/3; 696/4; 698/5; 704/2; 704/4; 704/3; 704/5; 706/3; 706/1; 710/3; 712/2; 722/2; 722/1; 722/4; 722/5; 724/3; 724/5; 724/1; 724/2; sowie sämtlich Sporen- und Zystiden-Zeichnungen.

Roo Vandergift 5.

Peter Karasch 7; 8; 14; 15; 16; 17; 18; 19; 20; 21; 22; 23; 24; 25; 26; 27; 28/29; 726/727.

Sporenpulver-Farbtabelle Seite 102 nach Romagnesi, nach einer Vorlage von Helga Marxmüller aus ihrem Buch „Russularum Icones", mit freundlicher Genehmigung der Autorin.

Die auf dem Umschlag und im Buch abgebildeten Arten:
Vorderseite v. l: *Abortiporus biennis*, *Dendrocollybia racemosa*, *Amanita excelsa*.
Rückseite: *Amanita submembranacea*. Hintere Klappe v. l: *Cortinarius armillatus*; *Clathrus archeri*; *Cantharellus ianthinoxanthus*. Seite 28/29: *Laetiporus sulphureus*; Seite 726/727: *Oudemansiella mucida*.

Illustrationen hintere Klappe, innen: **Wolfgang Lang**.
Piktogramme Speisewert und Trophien: **Maya Franke**, Grafik und Illustration, Stuttgart, *mayafranke.de*.

Wichtige Hinweise für den Benutzer

Auch die ausführlichste Diagnose in einem Pilzbestimmungsbuch kann die umfassende Erfahrung nicht ersetzen, die ein Pilzsammler erst im Laufe der Zeit erwirbt. Lassen Sie deshalb selbst bestimmte Pilze beim geringsten Zweifel vorsichtshalber von einem Fachmann nachbestimmen (Pilzberatungsstellen, anerkannte Pilzberater). Im Zweifelsfall sollten Sie eine fragliche Art nicht verwenden. Verlag und Autoren tragen keinerlei Verantwortung für Fehlbestimmungen durch den Leser oder für individuelle Unverträglichkeiten.

Allgemein gilt: Pilze nie roh essen! Sofern nicht anders angegeben, schließt der Hinweis „essbar" stets ein, dass der Pilz zuvor durch Braten, Kochen etc. eine Hitzebehandlung erfuhr.

Impressum

Umschlaggestaltung von **Claudia Adam**, Darmstadt, unter Verwendung von Illustrationen von **Erhard Ludwig**.

Unser gesamtes Programm finden Sie unter **kosmos.de**.
Über Neuigkeiten informieren Sie regelmäßig unsere Newsletter, einfach anmelden unter **kosmos.de/newsletter**.

ISBN 978-3-440-17027-4
Projektleitung, Redaktion: Heiko Fischer
Projektassistenz: Lisa Hummel
Gestaltungskonzept: Claudia Adam, Darmstadt
Gestaltung und Satz: typopoint GbR, Ostfildern
Lektorat: Barbara Kiesewetter und Robert Fischer, München
Produktion: Markus Schärtlein
Druck und Bindung: Printer Trento
Printed in Europe / Imprimé en Europe

FSC www.fsc.org MIX Papier | Fördert gute Waldnutzung FSC® C015829

umbellatus, Polyporus 524
umbellifera, Lichenomphalia 174
umbilicatum, Hydnum 580
umbonata, Cantharellula 160
umbratile, Geoglossum 684
umbrinolutea, Amanita 328
umbrinum, Lycoperdon 626
umbrosus, Pluteus 312
uncinatum, Tuber 638
undatum, Entoloma 304
undulata, Rhizina 654
undulatus, Craterellus 576
unicolor, Hygrophorus 168
urinascens, Agaricus 358
Urnula 660
Uromyces 724
ursinus, Lentinellus 506
ustale, Tricholoma 238
ustaloides, Tricholoma 238
Ustilago 724
utriformis, Calvatia 628
utriformis, Lycoperdon 628
uvidus, Lactarius 80

v*accinum, Hebeloma* 472
vaccinum, Tricholoma 240
vaccinii, Exobasidium 722
vaga, Phlebiella 556
vaga, Xenasmatella 556
vaginata, Amanita 326
valesiacum, Ganoderma 530
validus, Paxillus 70
varia, Peziza 666
variegatus, Melanogaster 642
variegatus, Suillus 56
variicolor, Cortinarius 444
variicolor, Leccinum 68
varius, Cerioporus 518
varius, Cortinarius 444
Vascellum 628
velenovskyi, Russula 126
vellereus, Lactarius 100
vellereus, Lactifluus 100
velutina, Psathyrella 374
velutipes, Flammulina 224
velutipes, Hebeloma 470
velutipes, Russula 134
venenatum, Chlorophyllum 352
venetus, Cortinarius 430
venosa, Disciotis 668
venosus, Choiromyces 640
ventriosospora, Lepiota 338
venustissima, Haasiella 174
vermicularis, Clitocybe 186
vermicularis, Rhizocybe 186
verna, Amanita 318
vernum, Entoloma 294
vernus, Cortinarius 162
vernus, Gymnopus 212
Verpa 650
verruciformis, Diatrypella 718
verrucipes, Melanoleuca 246
verrucosum, Scleroderma 630
versicolor, Propolis 700
versicolor, Russula 136
versicolor, Trametes 546
versipelle, Leccinum 66
versipellis, Sarcodon 582
vervacti, Agrocybe 388
vesca, Russula 110
vesiculosa, Peziza 666
vestita, Conocybe 396
vestita, Pholiotina 396
veternosa, Russula 124
vibecina, Clitocybe 192
vibratilis, Cortinarius 440
vibratilis, Thaxterogaster 440
Vibrissea 694
vietus, Lactarius 88
vinosa, Russula 128
vinosorubescens, Limacella 334
violacea, Geoscypha 662
violacea, Peziza 662
violaceus, Cortinarius 430
violascens, Bankera 584
violascens, Bankera 584
violascens, Lactarius 80
violeipes forma citrina, Russula 112
violeipes, Russula 112
virescens, Russula 110
virgatula, Inocybe 498
virgatum, Tricholoma 234
virgineum, Lachnum 698
virgineus, Cuphophyllus 148
virgineus, Dasyscyphus 698
viride, Microglossum 686
viride, Trichoderma 712
viridilutescens, Tricholoma 244
viridimarginata, Mycena 266
viridis, Hypomyces 710
virosa, Amanita 318
viscidus, Suillus 52
viscosa, Calocera 618
vitellinus, Bolbitius 390
vitreus, Physisporinus 550
vittiformis, Galerina 478
vogesiaca, Pseudoplectania 660
volemus, Lactarius 100
volemus, Lactifluus 100
Volvariella 314
Vuilleminia 566
vulgare, Auriscalpium 580
vulgaris, Balsamia 640
vulgaris, Mycena 268
vulgatum, Geastrum 634
vulpinum, Leccinum 66
vulpinus, Cortinarius 446
vulpinus, Lentinellus 506

w*ankowiczii, Agathomyia* 530
warnei, Gyromitra 654
wettsteinii, Marasmius 216
whitei, Inocybe 494
wichanskyi, Leucoagaricus 348
willkommii, Lachnellula 698
wynneae, Marasmius 218

x*antha, Antrodia* 548
xanthodermus, Agaricus 360
xanthopus, Cantharellus 576
xanthostigma, Orbilia 696
xanthothrix, Coprinellus 370
xanthothrix, Coprinus 370
xantthophylla, Lepiota 342
Xenasmatella 556
xerampelina, Russula 132
Xerocomellus 60
Xerocomus 58
Xeromphalina 178
Xerula 224
Xylaria 708
Xylobolus 562

z*ephirus, Mycena* 276
Zhuliangomyces 334
zollingeri, Clavaria 600
zonarioides, Lactarius 84
zonarius, Lactarius 84

Literatur und Weblinks

Deutsche Gesellschaft für Mykologie: **Leitfaden für Pilzsachverständige**, 2023.

Flammer, R.: **Giftpilze**, AT 2014.

Flück, M.: **Welcher Pilz ist das?**, Kosmos 2020

Gminder, A.: **Handbuch für Pilzsammler**, Kosmos 2021

Gröger, F.: **Bestimmungsschlüssel für Blätterpilze und Röhrlinge in Europa**, Teil 1 u. 2, Regensburger Mykologische Schriften, Band 13, 2006, Band 17, 2014.

Krieglsteiner, G. J. & Gminder, A.: **Die Großpilze Baden-Württembergs**, Band 1–5, Ulmer 2000–2010

Lassoe, T. & Petersen, J. H.: **Fungi of Temperate Europe**, Vol. 1 u. 2, Princeton University Press 2019.

Ludwig, E.: **Pilzkompendium**, Band 1, IHW Verlag 2001, Band 2–4, Fungicon Verlag 2007–2017

Deutsche Gesellschaft f. Mykologie: Aktuelles aus der Pilzszene, Forum, Naturschutz, Pilzsachverständige, Feldmykologie, PilzCoach, Kontakte zu Experten, Vereinen und Gleichgesinnten. www.dgfm-ev.de

Flora Incognita: Pflanzenbestimmungs-App mit Bilderkennung, Texten und Verbreitungskarten zu Pflanzen in Deutschland und Europa.

Mycopedia: Mykologisches Pilzlexikon mit Begriffserklärungen, Fotos, Zeichnungen. www.mycopedia.ch

Pilze-Deutschland: Verbreitungskarten zu mehr als 13.000 Pilzarten und Bilder von Pilzen in Deutschland. www.pilze-deutschland.de

Rote-Liste-Zentrum: Informationen zum Naturschutz und Rote-Liste-Status aller Organismen in Deutschland. www.rote-liste-zentrum.de

Giftnotruf-Zentralen

Berlin: Giftnotruf der Charité
Tel.: 030 19240

Bonn: Informationszentrale gegen Vergiftungen, Zentrum für Kinderheilkunde, Universitätsklinikum Bonn
Tel.: 0228 19240

Erfurt: Gemeinsames Giftinformationszentrum der Länder Mecklenburg-Vorpommern, Sachsen, Sachsen-Anhalt und Thüringen
Tel.: 0361 730730

Freiburg: Vergiftungs-Informations-Zentrale Freiburg
Tel.: 0761 19240

Göttingen: Giftinformationszentrum-Nord der Länder Bremen, Hamburg, Niedersachsen und Schleswig-Holstein (GIZ-Nord)
Tel.: 0551 19240

Mainz: Giftinformationszentrum (GIZ) der Länder Rheinland-Pfalz und Hessen
Tel.: 06131 19240

München: Abteilung für Klinische Toxikologie und Giftnotruf München
Tel.: 089 19240

Österreich, Wien: Vergiftungsinformationszentrale Wien
Tel.: +431 4064343

Schweiz, Zürich: Tox Info Suisse
Tel.: +41 442515151 (Notfall), +41 442516666 (Auskunft), 145 (landesintern, Notfall)